개정판

# 화공안전기술사

에듀인컴

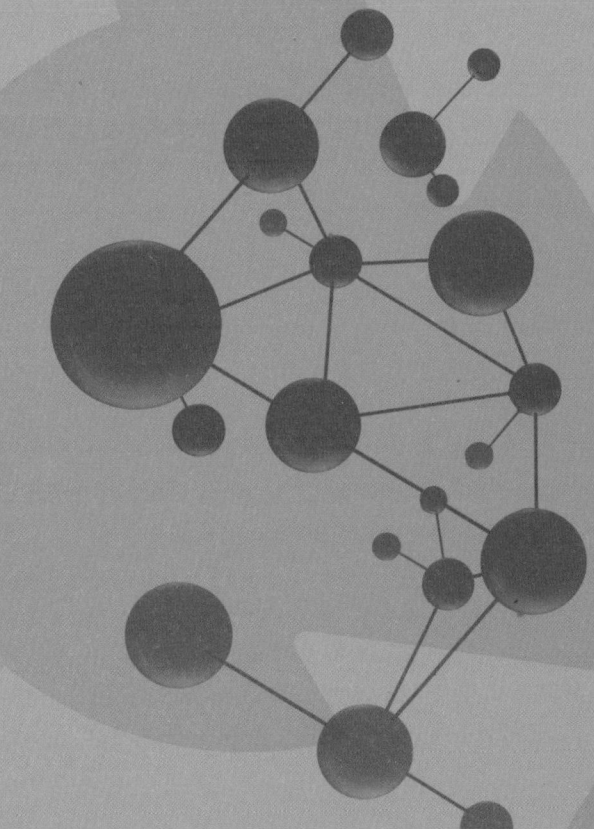

- 1편 화공안전일반
- 2편 화공안전 관련 법령
- 3편 예상문제 풀이
- 4편 기출문제풀이
- 5편 KOSHA GUIDE
- 6편 화공안전기술사 기출문제

예문사

# PREFACE

지금 우리사회는 모든 분야에서 선진사회로 도약하고 있습니다. 그러나 산업현장에서는 아직도 협착·추락·전도 등 반복형 재해와 화재·폭발 등 중대산업사고, 유해화학물질로 인한 직업병 문제 등으로 하루에 약 5명, 일 년이면 1,900여 명의 근로자가 귀중한 목숨을 잃고 있으며 연간 약 9만여 명의 재해자가 발생하고 있습니다.

산업재해를 줄이지 않고는 선진사회가 될 수 없습니다. 그러므로 각 기업체에서 안전의 역할은 커질 수밖에 없는 상황이고 안전은 더욱더 강조될 수밖에 없습니다.

화공안전기술사 시험이 시행된 지는 오래되었으나 수험생들은 시험에 대한 정보 및 자료가 없었기 때문에 그동안 많은 어려움이 있었습니다. 이런 배경을 가지고 기획된 이 책은 수험생들에게 도움이 되고 재해 감소, 안전 관련 업무에도 조금이나마 보탬이 되기를 희망하는 마음으로 집필하였습니다. 또한 산업안전지도사 2차 화공안전공학을 준비하는 수험생들한테도 이 책이 큰 도움이 될 것이라 생각됩니다.

따라서 기존 수험서들의 문제풀이 방식에서 탈피하여 화공안전 이론, 화공안전 관련 법령, 서술형 문제를 체계적으로 정리하여 화공안전기술사 시험과 산업안전지도사 시험을 처음 준비하는 수험생들도 어려움 없이 접근하도록 하였고, 이해 위주로 정리하여 변형된 문제에 대처할 수 있도록 하였습니다.

**각 파트별 특징은 다음과 같습니다.**
Part 1은 화공안전에 대한 전문적인 지식과 현장경험이 부족한 수험생이 이해하기 쉽도록 이론과 함께 사진을 수록하였고, 보충설명이 필요하거나 출제빈도가 높은 Part에는 단답형 문제를 추가하였습니다.
Part 2는 화공안전기술사/산업안전지도사 시험에 꼭 필요한 법령을 최소한으로 실었습니다.
Part 3는 지난 10년간 화공안전공안전기술사 기출문제를 분석하여 출제빈도가 높거나 출제가 예상되는 문제를 엄선하여 "위험물질 정의 및 분류", "화재의 기본개념" 등 10개의 Part로 구성하였습니다.

오랫동안 정리한 자료를 다듬었지만, 그럼에도 미흡한 부분이 많을 것입니다. 이에 대해서는 독자 여러분의 애정 어린 충고를 겸허히 수용해 계속 보완해나갈 것을 약속드립니다.
끝으로 본서가 완성되는 데 많은 도움을 준 관계자분께 감사의 뜻을 전합니다.

저자 일동

시험정보

# 국가기술자격시험안내 - 화공안전기술사

## *1*_자격검정철자안내

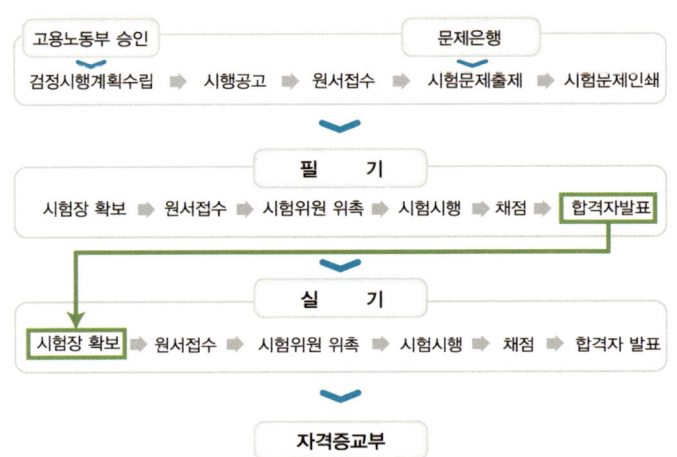

| | | |
|---|---|---|
| **1** 원서 접수 | 인터넷접수(www.Q-net.or.kr) | |
| **2** 필기원서접수 | 필기접수 기간 내 수험원서 인터넷 제출<br>사진(6개월 이내에 촬영한 반명함판 사진파일(jpg), 수수료 : 전자결제<br>시험장소 본인 선택(선착순) | |
| **3** 필기시험 | 수험표, 신분증, 필기구(흑색 싸인펜 등) 지참 | |
| **4** 합격자 발표 | 인터넷(www.Q-net.or.kr)<br><br>응시자격(기술사, 기능장, 기사, 산업기사, 전문사무일부종목)<br>제한종목은 합격예정자 발표일로부터 8일 이내에(토, 공휴일 제외)<br>반드시 응시자격서류를 제출하여야 하며 단, 실기접수는 4일임 | |
| **5** 실기원서접수 | 실기접수기간 내 수험원서 인터넷 제출<br>사진(6개월 이내에 촬영한 반명함판 사진파일(jpg)), 수수료 : 정액<br>시험일시, 장소, 본인 선택(선착순)<br>단, 기술사 면접시험은 시행 10일 전 공고 | |
| **6** 실기시험 | 수험표, 신분증, 수험지참준비물 준비 | |
| **7** 최종합격자발표 | 인터넷 www.Q-net.or.kr | |
| **8** 자격증교부 | 인터넷 또는 방문 | |

## 2_응시자격 조건체계

**기술사**
- 기사 취득 후 + 실무경력 4년
- 산업기사 취득 후 + 실무경력 5년
- 기능사 취득 후 + 실무경력 7년
- 4년제대졸(관련학과) + 실무경력 6년
- 동일 및 유사직무분야의
  다른 종목 기술사 등급 취득자

**기능장**
- 산업기사(기능사) 취득 후 + 기능대 기능장 과정 이수
- 산업기사 등급 이상 취득 후 + 실무경력 5년
- 기능사 취득 후 + 실무경력 7년
- 실무경력 9년 등
- 동일 및 유사직무분야의
  다른 종목 기사 등급 이상 취득자

**기사**
- 산업기사 취득 후 + 실무경력 1년
- 기능사 취득 후 + 실무경력 3년
- 대졸(관련학과)
- 2년제전문대졸(관련학과) + 실무경력 2년
- 3년제전문대졸(관련학과) + 실무경력 1년
- 실무경력 4년 등
- 동일 및 유사직무분야의
  다른 종목 기사 등급 이상 취득자

**산업기사**
- 기능사 취득 후 + 실무경력 1년
- 대졸(관련학과)
- 전문대졸(관련학과)
- 실무경력 2년 등
- 동일 및 유사직무분야의
  다른 종목 산업기사 등급 이상 취득자

**기능사**
자격제한 없음

시험정보

## 3_검정기준 및 방법

### (1) 검정기준

| 자격등급 | 검정기준 |
|---|---|
| 기술사 | 응시하고자 하는 종목에 관한 고도의 전문지식과 실무경험에 입각한 계획, 연구, 설계, 분석, 조사, 시험, 시공, 감리, 평가, 진단, 사업관리, 기술관리 등의 기술업무를 수행할 수 있는 능력의 유무 |
| 기능장 | 응시하고자 하는 종목에 관한 최상급 숙련기능을 가지고 산업현장에서 작업관리, 소속기능인력의 지도 및 감독, 현장훈련, 경영계층과 생산계층을 유기적으로 연계시켜 주는 현장관리 등의 업무를 수행할 수 있는 능력의 유무 |
| 기 사 | 응시하고자 하는 종목에 관한 공학적 기술이론 지식을 가지고 설계, 시공, 분석 등의 기술업무를 수행할 수 있는 능력의 유무 |
| 산업기사 | 응시하고자 하는 종목에 관한 기술기초이론지식 또는 숙련기능을 바탕으로 복합적인 기능업무를 수행할 수 있는 능력의 유무 |
| 기능사 | 응시하고자 하는 종목에 관한 숙련기능을 가지고 제작, 제조, 조작, 운전, 보수, 정비, 채취, 검사 또는 직업관리 및 이에 관련되는 업무를 수행할 수 있는 능력의 유무 |

### (2) 검정방법

| 자격등급 | 검정방법 ||
|---|---|---|
| | 필기시험 | 면접시험 또는 실기시험 |
| 기술사 | 단답형 또는 주관식논문형<br>(100점 만점에 60점 이상) | 구술형 면접시험<br>(100점 만점에 60점 이상) |
| 기능장 | 객관식 4지택일형(60문항)<br>(100점 만점에 60점 이상) | 주관식 필기시험 또는 작업형<br>(100점 만점에 60점 이상) |
| 기 사 | 객관식 4지택일형<br>-과목당 20문항<br>-과목당 40점 이상(전과목 평균 60점 이상) | 주관식 필기시험 또는 작업형<br>(100점 만점에 60점 이상) |
| 산업기사 | 객관식 4지택일형<br>-과목당 20문항<br>-과목당 40점 이상(전과목 평균 60점 이상) | 주관식 필기시험 또는 작업형<br>(100점 만점에 60점 이상) |
| 기능사 | 객관식 4지택일형(60문항)<br>(100점 만점에 60점 이상) | 주관식 필기시험 또는 작업형<br>(100점 만점에 60점 이상) |

## 4_국가자격종목별 상세정보

### (1) 진로 및 전망
- 화학제품을 제조, 취급, 보관하는 사업체나 연구소 및 정부 관련 기관으로 진출할 수 있다.
- 화공안전기술사의 고용은 증가할 것이다. 경제가 서서히 회복되면서 '99. 5월 월평균 근로시간수는 202.2시간으로 전년 동기 195.2시간에 비해 7.0시간(36%) 증가하였고, 제조업 평균 공장가동률도 '99. 6월 79.8%를 나타내 '98. 6월의 가동률 66.3%에 비해 13.5% 증가하였으나 산업안전보건조직은 정부의 안전보건에 관한 규제완화 및 기업의 구조조정에 따라 많이 축소되어 재해증가가 우려되고 있다. 또한 화학제품을 제조, 취급, 보관하는 사업체에서 안전사고는 인체에 치명적인 영향을 줄 수 있기 때문에 이를 연구하고 관리하는 화공안전기술사의 고용은 증가할 것이다.

### (2) 종목별 검정현황

| 종목별 | 연도 | 필기 응시 | 필기 합격 | 필기 합격률(%) | 실기 응시 | 실기 합격 | 실기 합격률(%) |
|---|---|---|---|---|---|---|---|
| 화공 안전 기술사 | 2021 | 224 | 26 | 11.6 | 50 | 26 | 52 |
| | 2020 | 232 | 24 | 10.3 | 37 | 20 | 54.1 |
| | 2019 | 218 | 24 | 11 | 40 | 20 | 50 |
| | 2018 | 100 | 5 | 5 | 14 | 8 | 57.1 |
| | 2017 | 98 | 10 | 10.2 | 11 | 2 | 18.2 |
| | 2016 | 134 | 2 | 1.5 | 4 | 2 | 50 |
| | 2015 | 85 | 3 | 3.5 | 7 | 5 | 71.4 |
| | 2014 | 80 | 7 | 8.8 | 7 | 3 | 42.9 |
| | 2013 | 28 | 2 | 7.1 | 4 | 4 | 100 |
| | 2012 | 23 | 5 | 21.7 | 8 | 6 | 75 |
| | 2011 | 19 | 9 | 47.4 | 12 | 8 | 66.7 |
| | 2010 | 19 | 11 | 57.9 | 11 | 8 | 72.7 |
| | 2009 | 25 | 1 | 4 | 2 | 1 | 50 |
| | 2008 | 29 | 2 | 6.9 | 8 | 5 | 62.5 |
| | 2007 | 28 | 2 | 7.1 | 10 | 4 | 40 |
| | 2006 | 21 | 11 | 52.4 | 13 | 5 | 38.5 |
| | 2005 | 22 | 2 | 9.1 | 2 | 1 | 50 |
| | 2004 | 15 | 2 | 13.3 | 2 | 2 | 100 |
| | 2003 | 25 | 5 | 20 | 5 | 5 | 100 |
| | 2002 | 19 | 7 | 36.8 | 8 | 7 | 87.5 |
| | 2001 | 21 | 4 | 19 | 5 | 5 | 100 |
| | 1977~2000 | 339 | 79 | 23.3 | 88 | 76 | 86.4 |
| 소계 | | 1,804 | 243 | 13.5 | 348 | 223 | 64.1 |

### (3) 시험의 일부 면제

- 안전관리직무 분야의 기계안전·전기안전·화공안전·건설안전·산업위생관리 기술사 및 「의료법」에 따른 직업환경의학과 전문의 : 1차(산업안전보건법, 산업안전일반), 2차
  ⇒ 1차 시험의 기업진단·지도 과목과 3차(면접) 시험에 응시하면 됨
- 기계·전기·화공·건설(토목 또는 건축을 말한다)·위생 박사학위 취득 후 산업안전·산업위생 분야에 3년 이상 전담한 경력자 : 1차(산업안전일반), 2차
  ⇒ 1차 시험의 산업안전보건법령, 기업진단·지도 과목과 3차(면접) 시험에 응시하면 됨
- 「국가기술자격법 시행규칙」 별표 2에 따른 기계직무 분야·전기·전자직무 분야(전기 중 직무 분야로 한정한다.)·화학직무 분야, 건설직무 분야(토목 중 직무 분야 또는 건축 중직무 분야를 말한다.)의 기술사 또는 기계·전기·화공·건설(토목 또는 건축을 말한다.)·위생 박사학위소지자 : 2차
  ⇒ 1차 시험과 3차(면접) 시험에 응시하면 됨
- 「공인노무사법」에 따른 공인노무사 : 1차(산업안전보건법령)

# 국가기술자격시험안내 - 산업안전·보건지도사

## 1_자격개요

**(1) 개요**

행정규제 완화방침에 따라 사업장 내의 자율안전관리가 취약해질 우려가 있고, 생산설비의 노후화 등으로 대형 산업사고 발생 가능성이 높아지고 있으나, 사업장 내의 위험성을 평가하고 대처할 수 있는 전문인력이 거의 없기 때문에 산업안전·보건지도사 제도를 도입하게 되었다.

**(2) 시행처**

한국산업인력공단(www.hrdkorea.or.kr)

**(3) 진로 및 전망**

지도사는 일종의 개인사업면허로 자신의 전문지식에 따라 보수 등에서 큰 차이를 보인다. 앞으로는 대기업에서의 자율적인 안전·보건관리 체계가 정착되도록 고도의 기술을 요하는 사업을 지원하는 데 지도사의 역할이 부각될 전망이며, 사업장안전·보건관리자로도 취업이 가능할 것이다.

## 2_지도사의 직무

**(1) 산업안전지도사는 타인의 의뢰를 받아 다음 각 호의 직무를 한다.**
1. 공정상의 안전에 관한 평가·지도
2. 유해·위험의 방지대책에 관한 평가·지도
3. 제1호 및 제2호의 사항과 관련된 계획서 및 보고서의 작성
4. 안전보건개선계획서의 작성
5. 산업안전에 관한 사항의 자문에 대한 응답 및 조언

**(2) 산업보건지도사는 타인의 의뢰를 받아 다음 각 호의 직무를 한다.**
1. 작업환경의 평가 및 개선 지도
2. 작업환경 개선과 관련된 계획서 및 보고서의 작성
3. 산업위생에 관한 조사·연구
4. 안전보건개선계획서의 작성
5. 산업위생에 관한 사항의 자문에 대한 응답 및 조언

## 3_응시자격

제한없음(누구나 응시 가능)

## 4_시험안내

### (1) 1차 시험

| 산업안전지도사 | | 산업보건지도사 | |
|---|---|---|---|
| 과목 | 출제영역 | 과목 | 출제영역 |
| 산업안전보건법령 | 「산업안전보건법」, 같은 법 시행령, 같은 법 시행규칙, 「산업안전보건기준에 관한 규칙」 | 산업안전보건법령 | 산업안전지도사와 동일 |
| 산업안전일반(6영역) | 산업안전교육론, 안전관리 및 손실방지론, 신뢰성공학, 시스템안전공학, 인간공학, 산업재해 조사 및 원인 분석 등 | 산업위생일반(5영역) | 산업위생개론, 작업관리, 산업위생보호구, 건강관리, 산업재해 조사 및 원인 분석 등 |
| 기업진단·지도 | 경영학(인적자원관리, 조직관리, 생산관리), 산업심리학, 산업위생개론 | 기업진단·지도 | 경영학(인적자원관리, 조직관리, 생산관리), 산업심리학, 산업안전개론 |

## (2) 2차 시험

| 산업안전지도사 | | 산업보건지도사 | |
|---|---|---|---|
| 과목 | 출제영역 | 과목 | 출제영역 |
| 기계<br>안전공학 | • 기계·기구·설비의 안전 등(위험기계·양중기·운반기계·압력용기 포함)<br>• 공장자동화설비의 안전기술 등<br>• 기계·기구·설비의 설계·배치·보수·유지기술 등 | 산업위생<br>공학 | • 산업환기설비의 설계, 시스템의 성능검사·유지관리기술 등<br>• 유해인자별 작업환경측정 방법, 산업위생통계 처리 및 해석, 공학적 대책 수립기술 등<br>• 유해인자별 인체에 미치는 영향·대사 및 축적, 인체의 방어기전 등<br>• 측정시료의전처리 및 분석 방법, 기기 분석 및 정도관리기술 등 |
| 전기<br>안전공학 | • 전기기계·기구 등으로 인한 위험 방지 등(전기방폭설비 포함)<br>• 정전기 및 전자파로 인한 재해예방 등<br>• 감전사고 방지기술 등<br>• 컴퓨터·계측제어 설비의 설계 및 관리기술 등 | | |
| 화공<br>안전공학 | • 가스·방화 및 방폭설비 등, 화학장치·설비안전 및 방식기술 등<br>• 정성·정량적 위험성 평가, 위험물 누출·확산 및 피해 예측 등<br>• 유해위험물질 화재폭발 방지론, 화학공정 안전관리 등 | 산업의학<br>분야 | • 직업병의 종류 및 인체발병경로, 직업병의 증상 판단 및 대책 등<br>• 역학조사의 연구방법, 조사 및 분석방법, 직종별 산업의학적 관리대책 등<br>• 유해인자별 특수건강진단 방법, 판정 및 사후관리대책 등<br>• 근골격계질환, 직무스트레스 등 업무상 질환의 대책 및 작업관리 방법 등 |
| 건설<br>안전공학 | • 건설공사용 가설구조물·기계·기구 등의 안전기술 등<br>• 건설공법 및 시공방법에 대한 위험성 평가 등<br>• 추락·낙하·붕괴·폭발 등 재해요인별 안전대책 등<br>• 건설현장의 유해·위험요인에 대한 안전기술 등 | | |

## (3) 3차 시험

| 시험과목 | 평정내용 | 시험방법 |
|---|---|---|
| 면접시험 | • 전문지식과 응용능력<br>• 산업안전·보건제도에 대한 이해 및 인식 정도<br>• 지도·상담 능력 | 평정내용에 대한 질의응답 |

## (4) 시험시간

| 구분 | 시험과목 | 입실시간 | 시험시간 | 문항수 |
|---|---|---|---|---|
| 제1차 시험 | 공통필수 Ⅰ·Ⅱ·Ⅲ (3개 과목) | 09 : 00 | 09 : 30~11 : 00 (90분) | 과목별 25문항 (총 75문항) |
| 제2차 시험 | 전공필수 (1개 과목) | 09 : 00 | 09 : 30~11 : 10 (100분) | 논술형 4문항 (3문항 작성, 필수 2/택 1) 단답형 5문항 (전항 작성) |
| 제3차 시험 | 면접 | - | 1인당 20분 내외 | - |

## (5) 합격자 결정(산업안전보건법 시행령 제33조의16)
- 필기시험은 매 과목 100점을 만점으로 하여 40점 이상, 전과목 평균 60점 이상 득점한 자
- 면접시험은 평정요소별 평가하되, 10점 만점에 6점 이상 득점한 자

## (6) 수험자 유의사항

### ▪ 제1차시험 수험자 유의사항

1) 답안카드는 검은색 사인펜만 사용가능하며, 기타 필기구를 사용하여 발생하는 불이익은 전적으로 수험자의 귀책사유가 됩니다.
2) 답안카드의 답항을 정정하고자 할 경우에는 답안카드 교체를 원칙으로 하되, 수정테이프를 사용하여 정정할 경우 전산자동채점 결과에 따르며 이에 대한 불이익은 모두 수험자의 책임입니다.
   ※ 수정액·스티커 등은 사용불가하며, 수정테이프를 사용한 정정범위는 답항에 한정하며 수험번호 및 형별부분은 수정할 수 없음
   ※ 교체답안카드는 수험자가 직접 "X"표시 후, 감독관이 회수

### ▪ 제2차시험 수험자 유의사항

1) 주관식(논술형) 필기시험 답안작성은 검은색 또는 청색 필기구 중 하나의 필기구만을 사용하여 답안을 작성하여야 하며 연필, 사인펜, 기타 유색 필기구로 작성된 답안은 "0점" 처리됩니다.
   ※ 지정되지 않은 필기구를 사용하여 발생한 불이익은 수험자 책임임
2) 주관식(논술형) 필기시험 답안정정 시에는 정정할 부분을 두 줄(=)로 긋고 다시 기재하기 바랍니다(답안지는 1인 1부만 지급)
   ※ 답안정정 횟수는 제한이 없으며 수정테이프 및 수정액은 사용할 수 없음

## 공통사항

1) 응시원서의 허위작성, 위·변조 등의 사실이 발견되거나 응시자격에 결격사유가 발견된 때에는 해당 수험자의 시험은 무효처리됩니다.
2) 수험자는 시험시행 전까지 시험장소 및 교통편을 확인하여야 하며(단, 시험실 출입은 불가) 해당차수의 입실시간까지 신분증(주민등록증, 유효기간 내 여권, 운전면허증, 공무원증, 외국인등록증, 재외동포거소증, 중·고등학생증, 청소년증, 신분확인증명서, 주민등록발급신청서만 허용), 수험표, 지정필기구를 소지하고 해당시험실의 지정좌석에 착석해야 합니다.
   ※ 수험자 좌석배치도는 시험당일 08:40에 해당 시험실에 부착
   ※ 신분증의 청소년증, 중·고등학생증은 주민등록번호(전체), 사진이 있어야 함
   ※ 본인이 원서접수 시 선택한 시험장과 지정된 시험실 좌석 이외는 응시불가
3) 수험자는 시험시간 및 수험자 입실시간을 반드시 확인하여 시험응시에 착오 없으시기 바랍니다.
4) 시험 중에는 화장실 출입 등 중도퇴실하실 수 없으므로 과다한 수분 섭취를 자제하고 배탈예방 등 건강관리에 유의하시기 바랍니다.
   ※ 단, 배탈·설사 등 긴급사항 발생으로 중도퇴실하는 경우 시험실 재입실이 불가하며, 시험(해당교시) 종료 시까지 시험본부에 대기하여야 함
5) 시험이 시작되면 휴대전화 등 통신장비와 전산기기는 일절 휴대 및 사용할 수 없으며, 시험 도중 관련 장비를 휴대하다가 적발될 경우 실제 사용여부와 관계없이 부정행위자로 처리될 수 있음을 유의하시기 바랍니다.
   ※ 계산기는 메모리 제거 및 초기화 후 감독위원의 확인을 받아 사용가능
6) 시험종료 후 감독위원의 답안(지)카드 제출지시에 불응한 채 계속 답안을 작성하는 경우 당해시험은 무효처리하고, 부정행위자로 간주될 수 있으니 유의하시기 바랍니다.
7) 부정행위를 한 수험자에 대하여는 당해 시험을 무효로 하고, 산업안전보건법 시행령 제33조의17에 따라 당해 시험시행일로부터 5년간 시험응시자격을 정지합니다.
   ※ 부정행위 유형은 공단의 국가자격 「국가자격 시행 관리·운영지침」에 의함
8) 시험장에는 별도의 시계가 구비되지 않을 수 있으므로 손목시계를 준비하시기 바라며 휴대전화 등 데이터 저장기능이 있는 기기는 시계대용으로 사용하실 수 없습니다.
9) 부정행위를 하거나 답안카드에 기재된 수험자 안내사항 및 답안카드 작성방법에 따르지 않아 당해시험이 무효가 되지 않도록 주의하시기 바랍니다.
10) 시험문제지는 공개하지 않으므로 시험종료 후에는 반드시 문제지 및 답안카드(지)를 제출하시기 바랍니다.
11) 시험 당일 시험장 내에는 주차가 불가능하거나 협소하니 대중교통을 이용하여 주시고, 또한, 교통혼잡이 예상되므로 미리 입실할 수 있도록 하시기 바랍니다.

# PART 1 | 화공안전일반

**제1장 위험물 안전대책 | 3**
    1 위험물이란? ·············································································· 3
    2 NFPA 위험물 구분 및 표시 ···················································· 25
    3 물질안전보건자료(MSDS) ························································ 26

**제2장 화재 안전대책 | 30**
    1 연소란? ···················································································· 30
    2 화재 예방대책 ········································································ 36
    3 화재의 종류 및 소화방법 ························································ 41
    4 자동화재탐지설비 ···································································· 52

**제3장 폭발 안전대책 | 54**
    1 폭발이란? ················································································ 54
    2 폭발방지대책 ·········································································· 64

**제4장 화학설비 안전대책 | 76**
    1 화학설비의 종류 및 안전기준 ················································ 76
    2 공정안전기술 ·········································································· 90

**제5장 공정안전보고서(PSM) | 106**

1. 공정안전보고서 일반 ·································································· 106
2. 공정안전보고서 세부사항 ························································ 108
3. 도면(Drawing) ··········································································· 111
4. 국소배기장치 ············································································· 119

# PART 2 | 화공안전 관련 법령

**제1장 화공안전 관련 법·시행령·시행규칙 | 125**

1. 유해·위험방지계획서 심사 및 확인제도 ································ 125
2. 안전보건 진단 ············································································ 131
3. 공정안전보고서 심사 및 확인 제도 ········································ 135

**제2장 산업안전보건기준에 관한 규칙 | 143**

1. 폭발·화재 및 위험누출에 의한 위험방지 ······························ 143
2. 전기로 인한 폭발화재 위험 방지 ············································ 168

**제3장 화공안전 관련 고시 | 170**

1. 제조업 등 유해·위험방지계획서 제출·심사·확인에 관한 고시
   (제2020-29호) ··········································································· 170
2. 공정안전보고서 제출·심사·확인 및 이행상태평가 등에 관한 규정
   (제2020-55호) ··········································································· 194
3. 가스누출감지경보기 설치에 관한 기술상의 지침(제2020-49호) ·········· 261

## PART 3 | 예상문제 풀이

1. 위험물질 정의 및 분류 ·················································· 265
2. 화재의 기본개념 ···························································· 271
3. 폭발의 기본개념 ···························································· 281
4. 화재 및 폭발 예방대책 ·················································· 291
5. 폭발위험장소 구분 및 방폭설비 ····································· 297
6. 부식 및 방식 ································································· 304
7. 화학공장 안전설계 및 안전장치 ···································· 314
8. 릴리프(Relief) 및 플레어(Flare) 시스템 ······················· 325
9. 정전기 예방대책 ···························································· 338
10. 공정안전관리제도(PSM) ··············································· 344

## PART 4 | 기출문제 풀이 | 369

## PART 5 | KOSHA GUIDE

1. 방유제 설치에 관한 기술지침 ·········································· 439
2. 긴급차단밸브 설치에 관한 기술지침 ································ 445
3. 분진폭발방지에 관한 기술지침 ········································ 451
4. 가스누출감지경보기 설치 및 유지보수에 관한 기술지침 ······· 458
5. 안전밸브 등의 배출용량 산정 및 설치 등에 관한 기술지침 ··· 481
6. 플레어시스템의 역화방지설비 설계 및 설치에 관한 기술지침 ··· 513

7. 플레어시스템의 녹아웃드럼 설계 및 설치에 관한 기술지침 ·················· 527
8. 플레어시스템의 설계・설치 및 운전에 관한 기술지침 ······················ 541
9. 가연성 가스 및 증기혼합물의 폭발한계 산정에 관한 기술지침 ·········· 579
10. 가스 및 증기상의 화재・폭발 위험성이 있는 설비의 설계에 관한
    기술지침 ······································································································ 589
11. 화학공장의 화재예방에 관한 기술지침 ·················································· 607
12. 가스폭발위험장소의 설정에 관한 기술지침 ·········································· 623
13. 가스폭발위험장소 설정에서의 인화성물질 누출원평가에 관한
    기술지침 ······································································································ 761
14. 가스폭발위험장소 설정에 있어서의 환기평가에 관한 기술지침 ········· 784
15. 가스폭발위험장소 범위설정에 관한 기술지침 ······································ 812
16. 분진폭발 위험장소 설정에 관한 기술지침 ············································ 849
17. 배관내 이송물질 표시에 관한 안전가이드 ············································ 870
18. 위험기반검사(RBI) 기법에 의한 설비의 신뢰성 향상 기술지침 ······· 876
19. 화염방지기 설치 등에 관한 기술지침 ···················································· 902
20. 불활성 가스 치환에 관한 기술지침 ························································ 924
21. 결함수 분석 기법 ······················································································· 936
22. 누출원 모델링에 관한 기술지침 ······························································ 960
23. 방호계층분석(LOPA)기법에 관한 기술지침 ········································ 993
24. 정유 및 석유화학 공장의 소방설비에 관한 기술지침 ······················ 1013
25. 배관계통의 공정설계에 관한 기술지침 ················································ 1030
26. 저장탱크 과충전방지에 관한 기술지침 ················································ 1047
27. 화학공장의 혼합공정에서 화재 및 폭발 예방에 관한 기술지침 ······· 1061
28. 인화성 잔류물이 있는 탱크의 청소 및 가스제거에 관한 기술지침 ·· 1075
29. 위험성평가를 기반으로 하는 인화성 액체 취급장소에서의
    폭발위험장소 설정에 관한 기술지침 ···················································· 1090
30. 불산/불화수소 취급근로자의 중독 예방 및 응급대응 지침 ············· 1107
31. 화학설비 고장률 산출기준에 관한 기술지침 ······································ 1118

# PART 6 | 화공안전기술사 기출문제

63회 화공안전기술사 기출문제(2001년도) ·············· 1133
65회 화공안전기술사 기출문제(2001년도) ·············· 1135
66회 화공안전기술사 기출문제(2002년도) ·············· 1137
68회 화공안전기술사 기출문제(2002년도) ·············· 1140
69회 화공안전기술사 기출문제(2003년도) ·············· 1142
71회 화공안전기술사 기출문제(2003년도) ·············· 1144
72회 화공안전기술사 기출문제(2004년도) ·············· 1147
75회 화공안전기술사 기출문제(2005년도) ·············· 1149
78회 화공안전기술사 기출문제(2006년도) ·············· 1151
81회 화공안전기술사 기출문제(2007년도) ·············· 1153
84회 화공안전기술사 기출문제(2008년도) ·············· 1155
87회 화공안전기술사 기출문제(2009년도) ·············· 1157
90회 화공안전기술사 기출문제(2010년도) ·············· 1159
93회 화공안전기술사 기출문제(2011년도) ·············· 1162
96회 화공안전기술사 기출문제(2012년도) ·············· 1164
99회 화공안전기술사 기출문제(2013년도) ·············· 1166
102회 화공안전기술사 기출문제(2014년도) ·············· 1168
105회 화공안전기술사 기출문제(2015년도) ·············· 1170
108회 화공안전기술사 기출문제(2016년도) ·············· 1172
111회 화공안전기술사 기출문제(2017년도) ·············· 1176
114회 화공안전기술사 기출문제(2018년도) ·············· 1178
117회 화공안전기술사 기출문제(2019년도) ·············· 1183
119회 화공안전기술사 기출문제(2019년도) ·············· 1186
120회 화공안전기술사 기출문제(2020년도) ·············· 1189
122회 화공안전기술사 기출문제(2020년도) ·············· 1193
123회 화공안전기술사 기출문제(2021년도) ·············· 1198
125회 화공안전기술사 기출문제(2021년도) ·············· 1201
126회 화공안전기술사 기출문제(2022년도) ·············· 1204
128회 화공안전기술사 기출문제(2022년도) ·············· 1211

# 화공안전일반 Part 01

## Contents

제1장 위험물 안전대책     3
제2장 화재 안전대책     30
제3장 폭발 안전대책     54
제4장 화학설비 안전대책     76
제5장 공정안전보고서(PSM)     106

# 01 위험물 안전대책

## 1 위험물이란?

### 1. 위험물이란?

#### 1) 위험물 정의

위험물은 다양한 관점에서 정의될 수 있으나, 화학적 관점에서 정의하면, 일정 조건에서 화학적 반응에 의해 화재 또는 폭발을 일으킬 수 있는 성질을 가지거나, 인간의 건강을 해칠 수 있는 우려가 있는 물질을 말한다.

#### 2) 위험물의 특징

(1) 공기 중에서 매우 빠르게 산화되어 화재 또는 폭발을 일으킬 수 있다.
(2) 반응 시 가연성 가스 또는 유독성 가스를 발생시킨다.
(3) 외부로부터의 충격이나 마찰, 가열 등에 의하여 쉽게 화학변화를 일으킬 수 있다.
(4) 화학적으로 불안정하여 다른 물질과 격렬하게 반응하거나 스스로 분해가 잘 된다.
(5) 화학반응 시 반응속도가 다른 물질에 비해 빠르며, 반응 시 대부분 발열반응으로 그 열량 또한 비교적 크다.

### 2. 물질의 상태와 종류

#### 1) 물질의 상태와 성질

물질의 상태에는 기체, 액체, 고체의 세 가지가 있고, 그 특징은 다음과 같다.

⟨ 기체, 액체, 고체상태의 일반적 성질 ⟩

| 성질 | 기체상태 | 액체상태 | 고체상태 |
|---|---|---|---|
| 압축성 | 거의 무한 | 약간 | 거의 무시 |
| 팽창성 | 거의 무한 | 약간 | 거의 무시 |
| 부피/모양 | 용기의 모양과 부피 | 용기의 모양이나 일정한 부피 | 일정한 모양과 부피 |
| 흐름 | 빠름, 아주 작은 점도 | 느림, 여러 가지 점도 | 거의 무시, 높은 점도 |
| 구조 | 완전히 무질서 | 제한된 부분만 질서 | 거의 완전히 질서 |
| 에너지 함량 | 가장 큼 (에너지를 제거하면 액체나 고체상태로 됨) | 중간 크기 (에너지를 제거하면 고체상태, 에너지를 더하면 기체상태가 됨) | 가장 적음 (에너지를 가하면 액체나 기체상태로 됨) |

물리적 성질은 물질의 조성 변화 없이 관찰되는 성질인 끓는점, 인화점, 전도성, 내열성 등을 말하고, 화학적 성질은 분해, 결합 등 물질의 조성이 바뀌어 다른 물질이 생성되는 과정인 화학반응에서 관찰되는 성질이다. 여기서 화학반응이란 물질의 원자가 바뀌어 다른 물질이 생성되는 분해, 결합 등의 반응을 말한다.

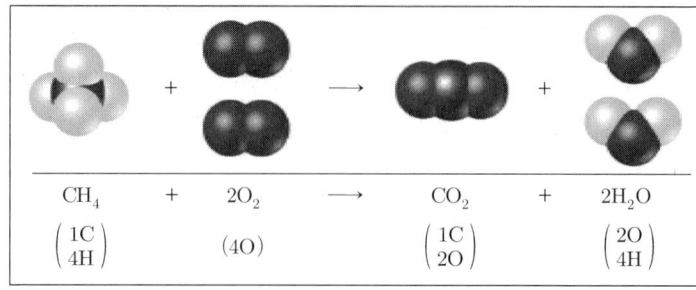

[ 메탄의 화학적 변화 ]

2) 물질의 분류

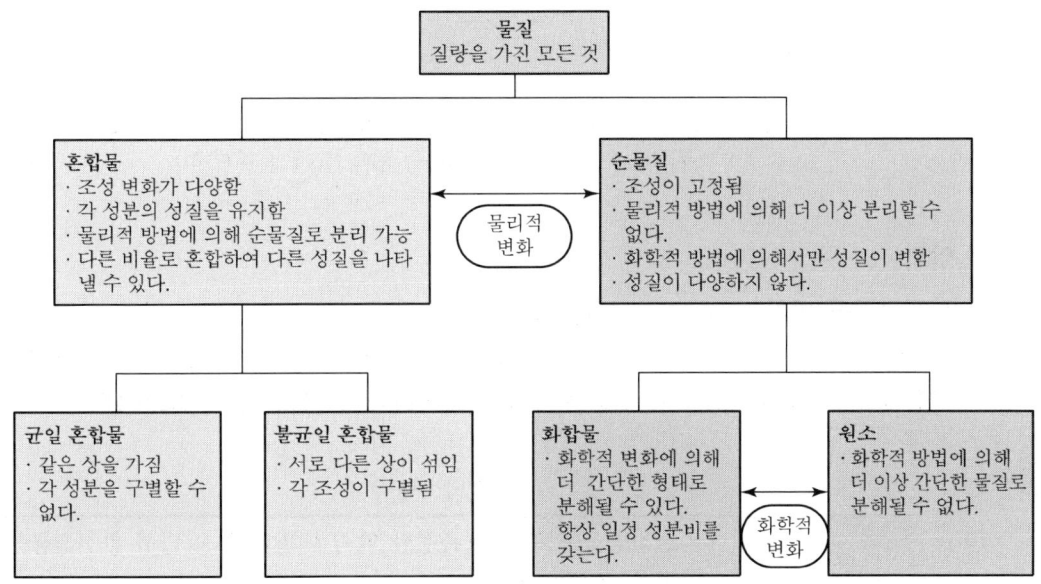

[물질의 분류]

※ 화합물인 물의 조성과 성질을 가지는 가장 작은 입자인 H₂O 분자를 전기분해하면 산소원자 1개와 수소원자 2개로 분해되므로 물분자 H₂O는 3개의 원자로 구성 또는 산소(O)원소와 수소(H)원소 2종으로 구성되어 있다고 말함

## 3. 단위 및 기초법칙

1) 온도

　(1) 상대온도 : 해수면의 평균대기압하에서 물의 끓는점과 어는점을 기준하여 정한 온도

　　① 섭씨온도(℃) : 물의 어는점(0°)과 끓는점(100°)을 100등분하여 기준으로 정한 온도
　　② 화씨온도(°F) : 물의 어는점(32°)과 끓는점(212°)을 180등분하여 기준으로 정한 온도

　(2) 절대온도 : 분자운동이 완전 정지하여 운동에너지가 0이 되는 온도

　　① 켈빈온도(K) : 섭씨의 절대온도(-273℃=0K)
　　② 랭킨온도(R) : 화씨의 절대온도(-460°F=0R)
　　　⟨ ℃, °F, K, R 간의 관계식 ⟩
　　　　°F = 1.8 × ℃ + 32,　$K$ = ℃ + 273,　$R = K \times 1.8$

(3) 열손실률

$$Q = K \times \frac{T_1 - T_2}{t}$$

여기서, $Q$ : 열손실률(kcal/m²·hr), $K$ : 열전달률(kcal/m·hr·℃)
$T_1$ : 고온측(℃), $T_2$ : 저온측(℃), $t$ : 재질 두께(m)

## 2) 압력

단위면적에 미치는 힘으로, 그 단위는 다음과 같다.

1atm = 1.01325bar = 1.01325×10⁵N/m²(Pa) = 0.101325MPa = 101.325kPa = 1013.25hPa
= 1.033kg_f/cm² = 14.7lb_f/in²(psi) = 760mmHg(torr) = 29.92inHg = 10.33mH₂O

〈 압력의 구분 〉

| | |
|---|---|
| 절대압력 | • 완전진공을 기준으로 측정한 압력을 말한다. 따라서 완전진공의 절대압력은 0(Zero)이다.<br>절대압력 = 대기압 + Gauge 압력(정압상태)<br>       = 대기압 − 진공압력(부압상태)<br>• 단위는 kg_f/cm²a(절대압력에는 a를 붙여서 사용) |
| 표준대기압 | • 온도 0℃, 중력 가속도가 9.8m/s²인 곳에서 수은주 높이 760mm를 나타내는 압력이다.<br>• 760mmHg = 1atm = 1.033kg_f/cm²a = 14.7lb_f/in²a(psia) |
| 게이지압력 | • 대기압 상태를 영(0)으로 하여 이것보다 높은 압력을 정(正), 낮은 압력을 부(負)로써 나타내는 압력.<br>• 단위는 mmHg, atm, bar, kg_f/cm², lb_f/in² 등 다양하다. |

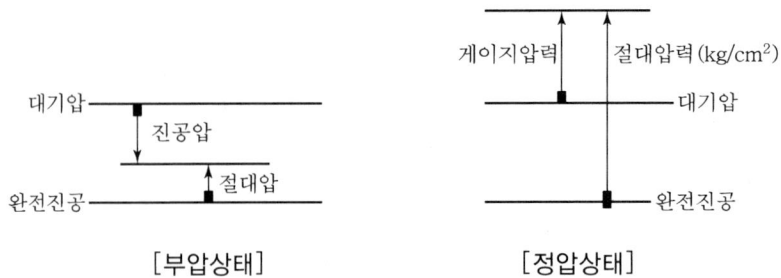

[부압상태]　　　　　　[정압상태]

> **Point**
>
> 표준 대기압하에서 진공식 보일러의 진공압력이 600mmHg이었다면, 절대압력은 얼마인가? 또한 이때의 진공도는?
> - 진공상태에서 절대압력 = 대기압 - 진공압력 = 760mmHg - 600mmHg = 160mmHg
>   진공도 = 진공압력/대기압 = 600mmHg / 760mmHg = 78.9%

### 3) 기초 법칙

(1) 보일-샤를의 법칙

① 온도가 일정할 때 기체의 부피는 압력에 반비례하는 보일의 법칙과 압력이 일정할 때 기체의 부피는 온도에 비례하는 샤를의 법칙을 조합하여 만든 법칙으로서 이상기체의 경우에 성립한다.

② $\dfrac{P_1 V_1}{T_1} = \dfrac{P_2 V_2}{T_2}$

여기서, P : 압력, V : 부피, T : 온도

(2) 이상기체 상태방정식

① 기체의 압력은 기체 몰수와 온도의 곱을 부피로 나눈 값에 비례한다는 것을 표현한 식

② $PV = nRT = \dfrac{W}{M} RT$

여기서, P : 절대압력(atm), V : 부피($\ell$), R : 0.082($\ell \cdot atm/mol \cdot K$)
T : 절대온도(K), n : 몰수(mol), M : 분자량, W : 질량(g)

(3) 열역학 제1법칙

에너지보존의 법칙으로 계(System)의 내부에너지 변화는 계가 흡수한 열과 계가 한 일(Work)의 차이로서 다음과 같이 표현할 수 있다.

$\Delta E = E_{final} - E_{initial} = Q(\text{Heat, 열}) - W(\text{Work, 일})$

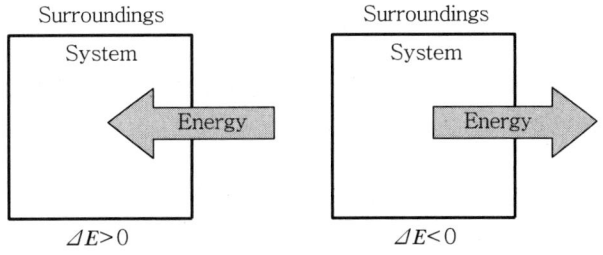

[내부에너지 변화]

(4) 단열변화(단열압축, 단열팽창)

① 열역학 제1법칙 $E=Q-W$에서 계(System)와 주위(Surroundings) 사이에 열교환이 차단되어 $Q=O$인 경우로서 $E=-W$가 된다. 따라서 계(System)가 일을 하면 내부에너지는 감소하여 온도가 내려가고(단열팽창), 반대로 계가 주위로부터 일을 받으면 내부에너지는 그만큼 증가하여 온도가 상승한다.(단열압축)

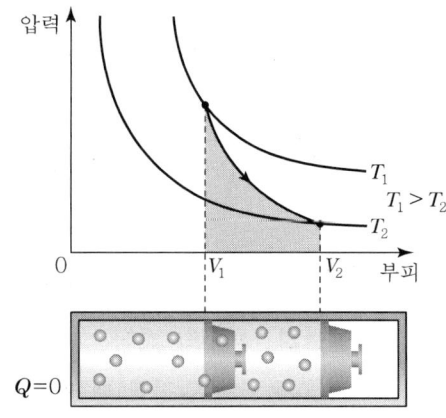

[단열과정]

② $\dfrac{T_2}{T_1}=\left(\dfrac{V_1}{V_2}\right)^{r-1}=\left(\dfrac{P_2}{P_1}\right)^{\frac{(r-1)}{r}}$

여기서, $\gamma$(비열비-Specific Heat Ratio, 단열지수-Adiabatic Exponent)$=\dfrac{정압비열(C_p)}{정용비열(C_v)}>1$

(5) 액화가스의 부피

액화가스 부피=액화가스 무게×1/증기밀도

(6) Flash율 : 엔탈피 변화에 따른 액체의 기화율

$$\text{Flash율}=\dfrac{e_2-e_1}{기화열}$$

여기서, $e_1$ : 본래 엔탈피, $e_2$ : 변화된 엔탈피

> **Point**
>
> 대기압, 100℃에서 액체상 물의 엔탈피가 1kcal/kg이었던 것을 2kcal/kg로 가압하였다가 대기 중에 노출시켰을 때 Flash율은 얼마인가?(단, 물의 기화열은 540kcal/kg이라고 가정)
>
> ▣ Flash율$=\dfrac{e_2-e_1}{기화열}=\dfrac{(2-1)\text{kcal/kg}}{540\text{kcal/kg}}=0.00185$

⑨ 액화가스의 기화량 : 액화가스가 대기 중으로 방출될 때의 기화되는 양

$$기화량(kg) = 액화가스 질량(kg) \times \frac{비열(kJ/kg℃)}{증발잠열(kJ/kg)} \times [외기온도(℃) - 비점(℃)]$$

⑩ 0℃, 1기압에서 기체 1몰의 부피 : 22.4 $\ell$

### 4) 화학식의 종류와 정의

(1) 실험식(조성식)

화합물을 구성하는 원자들의 가장 간단한 정수비를 표시한 식을 말한다. 예를 들어, 아세트산 분자식($C_2H_4O_2$)에서 탄소, 수소 및 산소 원자의 수의 비는 1 : 2 : 1이므로 실험식은 $CH_2O$이다. 벤젠($C_6H_6$)과 아세틸렌($C_2H_2$)의 분자식은 다르지만 실험식은 CH로 같다.

$$분자식 = 실험식 \times n$$

(2) 분자식

한 개의 분자 중에 들어있는 원자의 종류와 그 수를 원소기호로 표시한 식

(3) 시성식

분자의 성질을 표시할 수 있는 라디칼(작용기)을 표시하여 그 결합상태를 표시한 식(아세트산 : 실험식 $CH_2O$, 분자식 $C_2H_4O_2$, 시성식 $CH_3COOH$)

(4) 구조식

분자 내 원자와 원자 사이의 결합모양이나 배열상태를 원자가와 같은 수의 결합선으로 연결하여 나타낸 식

[아세트산 구조식]

### 5) 화학반응의 분류

(1) 부가반응

① 둘이나 그 이상의 물질이 화합하여 하나의 화합물을 만드는 반응
② A+Z → AZ
③ 부가반응의 예 : $C_2H_4$(에틸렌) + $Cl_2$(염소) → $C_2H_4Cl_2$(2염화에틸렌)

(2) 분해반응

하나의 화합물이 둘 또는 그 이상의 물질로 분해되는 반응

(3) 단일치환반응

① 하나의 금속이 하나의 화합물 또는 수용액으로부터 다른 금속 또는 수소를 치환하는 반응
② 수소취성 : 수소는 고온, 고압에서 강($Fe_3C$) 중의 탄소와 반응하여 메탄을 생성한다.

$$Fe_3C + 2H_2 \rightarrow CH_4 + 3Fe$$

(4) 이중치환반응

두 화합물의 음이온이 서로 교환되어 완전히 다른 화합물을 생성하는 반응

(5) 중화반응

이중치환반응의 특별한 유형으로, 산과 염기가 반응하여 물을 생성하고 중화되는 반응

(6) 중합반응(Polymerization)

① 단량체(Monomer)가 촉매 등에 의해 반응하여 다량체(Polymer)를 만들어내는 반응이다.
② $A + A + \cdots + A \rightarrow -[A]^n$

## 4. 「산업안전보건법」상 위험물 분류

### 1) 위험물질의 종류

| 위험물 종류 | 물질의 구분 |
|---|---|
| 폭발성 물질 및 유기과산화물 | 가. 질산에스테르류<br>나. 니트로 화합물<br>다. 니트로소 화합물<br>라. 아조 화합물<br>마. 디아조 화합물<br>바. 하이드라진 유도체<br>사. 유기과산화물<br>아. 그 밖에 가목부터 사목까지의 물질과 같은 정도의 폭발의 위험이 있는 물질<br>자. 가목부터 아목까지의 물질을 함유한 물질 |

| | |
|---|---|
| 물반응성 물질 및 인화성 고체 | 가. 리튬<br>나. 칼륨·나트륨<br>다. 황<br>라. 황린<br>마. 황화인·적린<br>바. 셀룰로이드류<br>사. 알킬알루미늄·알킬리튬<br>아. 마그네슘분말<br>자. 금속 분말(마그네슘 분말은 제외한다)<br>차. 알칼리금속(리튬·칼륨 및 나트륨은 제외한다)<br>카. 유기 금속화합물(알킬알루미늄 및 알킬리튬은 제외한다)<br>타. 금속의 수소화물<br>파. 금속의 인화물<br>하. 칼슘 탄화물·알루미늄 탄화물<br>거. 그 밖에 가목부터 하목까지의 물질과 같은 정도의 발화성 또는 인화성이 있는 물질<br>너. 가목부터 거목까지의 물질을 함유한 물질 |
| 산화성 액체 및 산화성 고체 | 가. 차아염소산 및 그 염류<br>나. 아염소산 및 그 염류<br>다. 염소산 및 그 염류<br>라. 과염소산 및 그 염류<br>마. 브롬산 및 그 염류<br>바. 요오드산 및 그 염류<br>사. 과산화수소 및 무기 과산화물<br>아. 질산 및 그 염류<br>자. 과망간산 및 그 염류<br>차. 중크롬산 및 그 염류<br>카. 그 밖에 가목부터 차목까지의 물질과 같은 정도의 산화성이 있는 물질<br>타. 가목부터 카목까지의 물질을 함유한 물질 |
| 인화성 액체 | 가. 에틸에테르, 가솔린, 아세트알데히드, 산화프로필렌 그 밖에 인화점이 섭씨 23도 미만이고 초기끓는점이 섭씨 35도 이하인 물질<br>나. 노르말헥산, 아세톤, 메틸에틸케톤, 메틸알코올, 에틸알코올, 이황화탄소 그 밖에 인화점이 섭씨 23도 미만이고 초기끓는점이 섭씨 35도를 초과하는 물질<br>다. 크실렌, 아세트산아밀, 등유, 경유, 테레핀유, 이소아밀알코올, 아세트산, 하이드라진 그 밖에 인화점이 섭씨 23도 이상 섭씨 60도 이하인 물질 |

| | |
|---|---|
| 인화성 가스 | 가. 수소<br>나. 아세틸렌<br>다. 에틸렌<br>라. 메탄<br>마. 에탄<br>바. 프로판<br>사. 부탄<br>아. 영 별표 10에 따른 인화성 가스<br>※ 인화성 가스 : 인화한계 농도의 최저한도가 13퍼센트 이하 또는 최고한도와 최저한도의 차가 12퍼센트 이상인 것으로서 표준압력(101.3 kPa)하의 20℃에서 가스 상태인 물질 |
| 부식성 물질 | 가. 부식성 산류<br>  (1) 농도가 20퍼센트 이상인 염산·황산·질산 그 밖에 이와 같은 정도 이상의 부식성을 가지는 물질<br>  (2) 농도가 60퍼센트 이상인 인산·아세트산·불산 그 밖에 이와 같은 정도 이상의 부식성을 가지는 물질<br>나. 부식성 염기류<br>  농도가 40퍼센트 이상인 수산화나트륨·수산화칼륨 그 밖에 이와 같은 정도 이상의 부식성을 가지는 염기류 |
| 급성 독성 물질 | 가. 쥐에 대한 경구투입실험에 의하여 실험동물의 50퍼센트를 사망시킬 수 있는 물질의 양, 즉 LD50(경구, 쥐)이 킬로그램당 300밀리그램 - (체중) 이하인 화학물질<br>나. 쥐 또는 토끼에 대한 경피흡수실험에 의하여 실험동물의 50퍼센트를 사망시킬 수 있는 물질의 양, 즉 LD50(경피, 토끼 또는 쥐)이 킬로그램당 1,000밀리그램 - (체중) 이하인 화학물질<br>다. 쥐에 대한 4시간동안의 흡입실험에 의하여 실험동물의 50퍼센트를 사망시킬 수 있는 물질의 농도, 즉 가스 LC50(쥐, 4시간 흡입)이 2,500ppm 이하인 화학물질, 증기 LC50(쥐, 4시간 흡입)이 10mg/ℓ 이하인 화학물질, 분진 또는 미스트 1mg/ℓ 이하인 화학물질 |

**산업안전보건법상 위험물질의 종류를 7가지로 구분하여 쓰시오**
☐ 1.폭발성 물질 및 유기과산화물, 2.물반응성 물질 및 인화성 고체, 3.산화성 액체 및 산화성 고체, 4.인화성 액체, 5.인화성 가스, 6.부식성 물질, 7.급성 독성 물질

**산업안전보건법상 위험물 중 급성 독성물질의 정의에 대한 다음 설명의 ( ) 안에 들어갈 수치를 쓰시오.**
- LD50(경구, 쥐) : (   )mg,   LD50(경피, 토끼 또는 쥐) : (   )mg
- 가스 LD50(쥐, 4시간 흡입) : (   )ppm
- 증기 LC50(쥐, 4시간 흡입) : (   )mg/L
- 분진 또는 미스트 LC50(쥐, 4시간 흡입) : (   )mg/L

☐ 300, 1,000, 2,500, 10, 1

**다음의 위험물 종류에 해당하는 위험물질을 찾아서 번호를 쓰시오.**
(1) 폭발성 물질 및 유기과산화물
(2) 물반응성 물질 및 인화성 고체
(3) 산화성 액체 및 산화성 고체
　① 니트로글리세린　　　② 리튬
　③ 황　　　　　　　　　④ 염소산칼륨
　⑤ 질산나트륨　　　　　⑥ 셀룰로이드류
　⑦ 마그네슘 분말　　　 ⑧ 질산에스테르

☐ 1. 폭발성 물질 및 유기과산화물 : ①, ⑧
　 2. 물반응성 물질 및 인화성 고체 : ②, ③, ⑥, ⑦
　 3. 산화성 액체 및 산화성 고체 : ④, ⑤

## 2) 위험물질 등의 제조 등 작업 시의 조치

사업주는 안전보건규칙 별표 1의 위험물질(이하 "위험물"이라 한다)을 제조 또는 취급하는 경우에 폭발·화재 및 누출을 방지하기 위한 적절한 방호조치를 하지 아니한 경우에 다음 각 호의 행위를 해서는 아니 된다.

(1) 폭발성 물질, 유기과산화물을 화기나 그 밖에 점화원이 될 우려가 있는 것에 접근시키거나 가열하거나 마찰시키거나 충격을 가하는 행위

  ① 폭발성 물질은 자체에 산소를 함유하고 있어 자신의 산소를 소비하면서 연소하기 때문에 다른 가연성 물질과 달리 연소속도가 대단히 빠르며, 폭발적이다.
  ② 니트로셀룰로오스는 건조한 상태에서는 자연 분해되어 발화할 수 있으므로 에틸알코올 또는 이소프로필 알코올로 습면 상태로 보관한다.

(2) 물반응성 물질, 인화성 고체를 각각 그 특성에 따라 화기나 그 밖에 점화원이 될 우려가 있는 것에 접근시키거나 발화를 촉진하는 물질 또는 물에 접촉시키거나 가열하거나 마찰시키거나 충격을 가하는 행위

  ① 물반응성 물질은 공기 중의 습기를 흡수하거나 수분에 접촉했을 때 발화 또는 발열을 일으킬 위험이 있다.
  ② 물반응성 물질은 수분과 반응하여 가연성 가스를 발생하여 발화하는 것과 발열하는 것이 있다.

| 가연성 가스 발생 | 나트륨, 알루미늄 분말, 인화칼슘($Ca_3P_2$) 등 |
|---|---|
| 발열 및 접촉한 가연물 발화 | 생석회(CaO), 무수 염화알루미늄($AlCl$), 과산화나트륨($Na_2O_2$), 수산화나트륨(NaOH), 삼염화인($PCl_3$) 등 |

  ③ 종이, 목재, 석탄 등 가연성 고체에 의한 화재는 발화온도 이하로 냉각하든가, 공기를 차단시키면 연소를 막을 수 있다.
  ④ 인화성 고체가 분체 상태로 공기 중에 적당한 농도로 분산되어 있는 상태에서 착화되면 분진폭발 위험이 있고, 이와 같은 인화성 분체를 폭발성 분진이라고 한다. 공기 중에 분산된 분진으로는 석탄, 유황, 나무, 밀, 합성수지, 금속(알루미늄, 마그네슘, 칼슘실리콘 등의 분말) 등이 있다.
  ⑤ 인화성 분체 중 금속분말(알루미늄, 마그네슘, 칼슘실리콘 등)은 다른 분진보다 화재발생 가능성이 크고, 발생 시 화상을 심하게 입는다.

(3) 산화성 액체, 산화성 고체를 분해가 촉진될 우려가 있는 물질에 접촉시키거나 가열하거나 마찰시키거나 충격을 가하는 행위

| 산화성 산류 | 아염소산, 염소산, 과염소산, 브롬산(취소산), 질산, 황산(황과 혼합 시 발화 또는 폭발 위험) 등 |
|---|---|
| 산화성 액화가스 | 아산화질소, 염소, 공기, 산소, 불소 등이 있으며, 산화성 가스에는 아산화질소, 공기, 산소, 이산화염소, 오존, 과산화수소 등 |
| 산화성 염류 및 무기과산화물 | 과산화칼륨, 과산화나트륨 등 |

① 일반적으로 자신은 불연성이지만 다른 물질을 산화시킬 수 있는 산소를 대량으로 함유하고 있는 강산화제이다.
② 가열·충격·마찰 등에 의해 분해되어 산소가 공급되기 때문에 가연물과 반응해 급격한 산화·환원반응에 따른 연소 및 폭발이 가능하고, 위험물 자체의 분해도 격렬하다.
③ 가열, 충격, 마찰, 분해를 촉진하는 약품류와의 접촉을 피하고, 환기가 잘 되는 차가운 곳에 보관해야 한다.
④ 소화방법으로는 산화제의 분해를 멈추게 하기 위하여 냉각해서 분해온도 이하로 낮추고, 가연물의 연소도 억제하고 동시에 연소를 방지하는 조치를 강구해야 한다.
⑤ 알칼리 금속의 과산화물(과산화칼륨, 과산화나트륨 등)은 물 또는 공기 중의 수분과 반응하여 발열하는 성질이 있으므로 저장·취급시 물이나 습기에 접촉되는 것을 방지해야 하고, 소화제로 물을 사용할 수 없기 때문에 다른 가연성 물질과는 같은 장소에 저장하지 말아야 한다.
⑥ 황산($H_2SO_4$)의 특성
　㉠ 경피독성이 강한 유해물질로 피부에 접촉하면 큰 화상을 입는다.
　㉡ 물($H_2O$)에 용해 시 다량의 열을 발생한다.
　㉢ 묽은 황산은 각종 금속과 반응(부식)하여 수소($H_2$)가스를 발생시킨다.

(4) 인화성 액체를 화기나 그 밖에 점화원이 될 우려가 있는 것에 접근시키거나 주입 또는 가열하거나 증발시키는 행위

① 인화성 액체는 액면에서 계속적으로 인화성 증기가 발산되어 점화원에 의해 인화·폭발의 위험성이 있다.
② 인화성 액체의 위험성은 그 물질의 인화점(Flash Point)에 의해 구분되며, 인화점이 낮을수록 위험성이 높다.

③ 인화성 액체는 인화점 이하로 유지되도록 하여야 한다. 또한, 액체나 증기의 누출을 방지하고 정전기 및 화기 등의 점화원에 대해서도 항상 관리해야 한다.

(5) **인화성 가스를 화기나 그 밖에 점화원이 될 우려가 있는 것에 접근시키거나 압축·가열 또는 주입하는 행위**

① 인화성 가스에는 NTP(Normal Temp. & Press.)에서 기체상태인 인화성 가스(수소, 아세틸렌, 메탄, 프로판 등) 및 인화성 액화가스(액화수소, LNG, LPG 등)가 있다.

② 인화성 가스 및 증기가 공기 또는 산소와 혼합하여 혼합가스의 조성이 연소 범위에 있을 때, 점화원에 의해 착화되면 화염은 순식간에 혼합가스에 전파되어 가스 폭발을 일으킨다.

③ 인화성 가스 중에는 공기의 공급 없이 분해폭발(폭발상한계 100%)을 일으키는 것이 있는데 이러한 물질로는 아세틸렌, 산화에틸렌 등이 있으며, 고압일수록 분해폭발을 일으키기 쉽다.

④ 아세틸렌($C_2H_2$)의 폭발성

㉠ 화합폭발 : $C_2H_2$는 Ag(은), Hg(수은), Cu(구리)와 반응하여 폭발성의 금속 아세틸리드를 생성한다.

㉡ 분해폭발 : $C_2H_2$는 1기압 이상으로 가압하면 분해폭발을 일으키므로 아세톤 등에 침윤시켜 다공성 물질이 들어있는 용기에 충전시킨다.

㉢ 산화폭발 : $C_2H_2$는 공기 중에서 산소와 반응하여 연소폭발을 일으킨다.

⑤ 인화성 가스가 고압상태이기 때문에 발생하는 사고형태로는 가스용기의 파열, 고압가스의 분출 및 그에 따른 폭발성 혼합가스의 폭발, 분출가스의 인화에 의한 화재 등을 들 수 있다.

(6) **부식성 물질 또는 급성 독성물질을 누출시키는 등으로 인체에 접촉시키는 행위**

① 독성물질의 표현단위

㉠ 고체 및 액체 화합물의 독성 표현단위

ⓐ LD(Lethal Dose) : 한 마리 동물의 치사량

ⓑ MLD(Minimum Lethal Dose) : 실험동물 한 무리(10마리 이상)에서 한 마리가 죽는 최소의 양

ⓒ LD50 : 실험동물 한 무리(10마리 이상)에서 50%가 죽는 양

ⓓ LD100 : 실험동물 한 무리(10마리 이상) 전부가 죽는 양

㉡ 가스 및 증발하는 화합물의 독성 표현단위

ⓐ LC(Lethal Concentration) : 한 마리 동물을 치사시키는 농도

ⓑ MLC(Minimum Lethal Concentration) : 실험동물 한 무리(10마리 이상)에서 한 마리가 죽는 최소의 농도
ⓒ LC50 : 실험동물 한 무리(10마리 이상)에서 50%가 죽는 농도

(7) 위험물을 제조하거나 취급하는 설비가 있는 장소에 인화성 가스 또는 산화성 액체 및 산화성 고체를 방치하는 행위

> **Point**
>
> 산업안전보건법상 위험물 제조, 취급시 화재, 폭발재해를 방지하기 위해 제한해야 할 사항을 3가지 쓰시오.
> 1. 폭발성 물질, 유기과산화물을 화기나 그 밖에 점화원이 될 우려가 있는 것에 접근시키거나 가열하거나 마찰시키거나 충격을 가하는 행위
> 2. 물반응성 물질, 인화성 고체를 각각 그 특성에 따라 화기나 그 밖에 점화원이 될 우려가 있는 것에 접근시키거나 발화를 촉진하는 물질 또는 물에 접촉시키거나 가열하거나 마찰시키거나 충격을 가하는 행위
> 3. 산화성 액체, 산화성 고체를 분해가 촉진될 우려가 있는 물질에 접촉시키거나 가열하거나 마찰시키거나 충격을 가하는 행위

## 5. 「위험물안전관리법」상 위험물 분류

### 1) 위험물

(1) 「위험물안전관리법 시행령 제2조」상의 "위험물"이라 함은 인화성 또는 발화성 등의 성질을 가지는 것으로서 화재 위험이 큰 물질을 말한다.

(2) 이들 물질은 그 자체가 인화 또는 발화하는 것과, 인화 또는 발화를 촉진하는 것들이 있으며, 이러한 물질들의 일반성질, 화재예방방법 및 소화방법 등의 공통점을 묶어 제1류에서 제6류까지 분류한다.

### 2) 위험물의 분류

(1) 제1류 위험물(산화성 고체)
① 정의 : 액체 또는 기체 이외의 고체로서 산화성 또는 충격에 민감한 것
② 종류 : 아염소산·염소산·과염소산 염류, 무기과산화물 등

(2) 제2류 위험물(가연성 고체)
  ① 정의 : 고체로서 화염에 의한 발화의 위험성 또는 인화의 위험성이 있는 것
  ② 종류 : 황화린, 적린, 유황, 철분, 금속분, 마그네슘 등
    ㉠ 황화린은 3황화린($P_4S_3$), 5황화린($P_4S_5$), 7황화린($P_4S_7$)이 있으며, 자연발화성 물질이므로 통풍이 잘되는 냉암소에 보관한다.
    ㉡ 적린은 독성이 없고 공기 중에서 자연발화하지 않는다.(발화온도는 약 260℃)
    ㉢ 마그네슘은 은백색의 경금속으로서, 공기 중에서 습기와 서서히 작용하여 발화한다. 일단 착화하면 발열량이 매우 크며, 고온에서 유황 및 할로겐, 산화제와 접촉하면 매우 격렬하게 발열한다.

(3) 제3류 위험물(자연발화성 및 금수성 물질)
  ① 정의

| 자연발화성 물질 | 고체 또는 액체로서 공기 중에서 발화의 위험성이 있는 것 |
|---|---|
| 금수성 물질 | 고체 또는 액체로서 물과 접촉하여 발화하거나 가연성 가스를 발생할 위험성이 있는 것 |

   ㉠ 물과 반응 시에 가연성 가스(수소)를 발생시키는 것이 많으므로 저장용기의 부식을 막고 수분의 접촉을 방지한다.
   ㉡ 금속화재는 소화용 특수분말 소화약제($NH_4H_2PO_4$ 등)로 소화시키고, 소량의 초기화재는 건조사에 의해 질식 소화시킨다.
  ② 종류 : 칼륨, 나트륨, 황린, 유기금속화합물 등
   ㉠ 황린은 보통 인 또는 백린이라고도 불리며, 맹독성 물질이다. 자연발화성이 있어서 물속에 보관해야 한다.
   ㉡ 알킬알루미늄은 알킬기(R-)와 알루미늄의 화합물로서, 물과 접촉하면 폭발적으로 반응하여 가연성 가스를 발생한다. 용기는 밀봉하고 질소 등 불활성 가스를 봉입한다.
   ㉢ $CaC_2$(탄화칼슘, 카바이드)은 백색 결정체로 자신은 불연성이나 물과 반응하여 아세틸렌을 발생시킨다.
   ㉣ 인화칼슘은 인화석회라고도 하며 적갈색의 고체로 수분($H_2O$)과 반응하여 유독성 가스인 포스핀 가스를 발생시킨다.
   ㉤ 산화칼슘은 생석회라고도 하며 자신은 불연성이지만 물과 반응 시 많은 열을 내기 때문에 다른 가연물을 점화시킬 수 있다.

(4) 제4류 위험물(인화성 액체)
  ① 정의 : 액체(제3석유류, 제4석유류 및 동식물유류에 있어서는 1기압과 20℃에서 액상인 것)로서 인화의 위험성이 있는 것
  ② 종류

| 위험물 | | 지정수량 |
|---|---|---|
| 특수인화물 (이황화탄소, 디에틸에테르 그 밖에 발화점 100℃ 이하인 것 또는 인화점이 −20℃ 이하이고 비점이 40℃ 이하인 것) | | 50리터 |
| 제1석유류 (아세톤, 휘발유 그 밖에 인화점 21℃ 미만) | 비수용성 액체 | 200리터 |
| | 수용성 액체 | 400리터 |
| 알코올류 (탄소원자 수가 1~3개 포화1가 알코올) | | 400리터 |
| 제2석유류 (등유, 경유 그 밖에 인화점 : 21℃~70℃ 미만) | 비수용성 액체 | 1,000리터 |
| | 수용성 액체 | 2,000리터 |
| 제3석유류 (중유, 클레오소트유 그 밖에 인화점 70℃~200℃ 미만) | 비수용성 액체 | 2,000리터 |
| | 수용성 액체 | 4,000리터 |
| 제4석유류 (기어유, 실린더유 그 밖에 인화점 200℃~250℃ 미만) | | 6,000리터 |
| 동식물유류 (동물의 지육 등 또는 식물의 종자나 과육으로부터 추출한 것으로서 인화점 250℃ 미만) | | 10,000리터 |

(5) 제5류 위험물(자기반응성 물질)
  ① 정의 : 고체 또는 액체로서 폭발의 위험성 또는 격렬하게 가열분해되는 물질
    ㉠ 가연성으로서 산소를 함유하므로 연소속도가 극히 빨라 폭발적인 연소를 하며 소화가 곤란하다.
    ㉡ 가열, 충격, 마찰 또는 접촉에 의해 착화·폭발이 용이하다.
  ② 종류 : 유기과산화물, 질산에스테르류, 니트로화합물, 아조화합물 등
    ※ 하이드라진(Hydrazine, $N_2H_4$)은 「산업안전보건법」상 폭발성물질로 분류되지만, 「위험물안전관리법」상 위험물로 분류되지 않는다.

(6) 제6류 위험물(산화성 액체)
  ① 정의 : 액체로서 다른 물질을 산화시킬 수 있는 물질
  ② 종류 : 과염소산, 과산화수소, 질산 등

## 6. 유해물질

유해물질이란 인체에 어떤 경로를 통하여 침입하였을 때 생체기관의 활동에 영향을 주어 장애를 일으키거나 해를 주는 물질을 말한다.

1) 유해물질 인체 흡수 경로
  ① 피부 또는 점막을 통한 흡수
  ② 호흡기를 통한 흡수
  ③ 구강 및 소화기를 통한 흡수

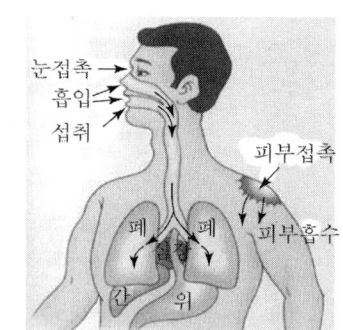

2) 표시단위
  (1) 가스 및 증기 : ppm 또는 mg/m³
  (2) 분진 : mg/m³(단, 석면은 개/cm³)
  (3) 농도변환

  ① $ppm = mg/m^3 \times \dfrac{24.45(상온\ 25\,°C,\ 1기압)}{분자량}$

  ② 온도보정 : $ppm = mg/m^3 \times \dfrac{22.4}{M} \times \dfrac{T(°C)+273}{273}$ (여기서, M : 분자량, T : 온도)

3) 유해물질의 성상

| 구분 | 성상 | 입자의 크기 |
|---|---|---|
| 흄(Fume) | 고체 상태의 물질이 액체화된 다음 증기화되고, 증기화된 물질의 응축 및 산화로 인하여 생기는 고체상의 미립자(금속 또는 중금속 등) | 0.01~1μm |
| 스모크(Smoke) | 유기물의 불완전 연소에 의해 생긴 작은 입자 | 0.01~1μm |
| 미스트(Mist) | 공기 중에 분산된 액체의 작은 입자(기름, 도료, 액상 화학물질 등) | 0.1~100μm |

| | | |
|---|---|---|
| 분진(Dust) | 공기 중에 분산된 고체의 작은 입자(연마, 파쇄, 폭발 등에 의해 발생됨. 광물, 곡물, 목재 등)<br>유해성 물질의 물리적 특성에서 입자의 크기가 가장 크다. | 0.01~500μm |
| 가스(Gas) | 상온·상압(25℃, 1atm) 상태에서 기체인 물질 | 분자상 |
| 증기(Vapor) | 상온·상압(25℃, 1atm) 상태에서 액체로부터 증발되는 기체 | 분자상 |

### 4) 유해물질 노출기준

노출기준이란 근로자가 유해인자에 노출되는 경우 노출기준 이하 수준에서는 거의 모든 근로자에게 건강상 나쁜 영향을 미치지 아니하는 기준을 말하며, 1일 작업시간 동안의 시간가중 평균 노출기준(Time Weighted Average, TWA), 단시간 노출기준(Short Term Exposure Limit, STEL) 또는 최고 노출기준(Ceiling, C)으로 표시한다.

(1) 시간가중 평균 노출기준(TWA, Time Weighted Average)

① 매일 8시간씩 일하는 근로자에게 노출되어도 영향을 주지 않는 최고 평균농도

② $TWA 환산값 = \dfrac{C_1 T_1 + C_2 T_2 + \cdots + C_n T_n}{8}$

여기서, $C$ : 유해요인의 측정치(단위 : ppm 또는 mg/m³)
$T$ : 유해요인의 발생시간(단위 : 시간)

(2) 단시간 노출기준(STEL, Short Term Exposure Limit)

근로자가 1회에 15분간 유해인자에 노출되는 경우의 기준으로 이 기준 이하에서는 1회 노출간격이 1시간 이상인 경우에 1일 작업시간 동안 4회까지 노출이 허용될 수 있는 기준을 말한다.

(3) 최고 노출기준(C, Ceiling)

근로자가 1일 작업시간 동안 잠시라도 노출되어서는 안 되는 기준을 말하며, 노출기준 앞에 "C"를 붙여 표시한다.

(4) 혼합물인 경우의 노출기준(위험도)

① 오염원이 여러 개인 경우, 각각의 물질 간의 유해성이 인체의 서로 다른 부위에 작용한다는 증거가 없는 한 유해작용은 가중되므로, 노출기준은 다음 식에서 산출되는 수치가 1을 초과하지 않아야 한다.

$$위험도\ R = \dfrac{C_1}{T_1} + \dfrac{C_2}{T_2} + \cdots + \dfrac{C_n}{T_n}$$

여기서, $C$ : 화학물질 각각의 측정치(위험물질에서는 제조·취급 또는 저장량)
$T$ : 화학물질 각각의 노출기준(위험물질에서는 규정량)

- 위험물질의 경우는 규정량에 대한 제조·취급 또는 저장량을 적용한다.
- 화학설비에서 혼합 위험물의 R값이 1을 초과할 경우 특수화학설비로 분류된다.

② TLV(Threshold Limit Value) : 미국 산업위생전문가회의(ACGIH)에서 채택한 허용농도 기준. 매일 8시간씩 일하는 근로자에게 노출되어도 영향을 주지 않는 최고 평균농도

$$혼합물의\ 노출기준 = \frac{1}{\frac{f_1}{TLV_1} + \frac{f_2}{TLV_2} + \cdots\cdots + \frac{f_n}{TLV_n}}$$

여기서, $f_x$ : 화학물질 각각의 측정치(위험물질에서는 제조·취급 또는 저장량)
$TLV_x$ : 화학물질 각각의 노출기준(위험물질에서는 규정량)

〈 화학물질 노출기준 〉

(고용노동부고시 제2013-38호, 2013.08.14 개정)

| 일련 번호 | 유해물질의 명칭 | | 화학식 | 노출기준 | | | | 비고 (CAS번호 등) |
|---|---|---|---|---|---|---|---|---|
| | 국문표기 | 영문표기 | | TWA | | STEL | | |
| | | | | ppm | mg/m³ | ppm | mg/m³ | |
| 1 | 가솔린 | Gasoline | – | 300 | 900 | 500 | 1,500 | [8006-61-9] 발암성 1B(가솔린 증기의 직업적 노출에 한함), 생식세포 변이원성 1B |
| 39 | 니켈 (가용성화합물) | Nickel(Soluble compounds, as Ni) | Ni(NO₃)₂· 6H₂O/NiSO₄·6H₂O | – | 0.1 | – | – | [7440-02-0], 발암성 2 |
| 215 | 벤젠 | Benzene | C₆H₆ | 1 | 3 | 5 | 16 | [71-43-2] 발암성 1A, 생식세포 변이원성 1B |
| 228 | 불소 | Fluorine | F₂ | 0.1 | 0.2 | – | – | [7782-41-4] |
| 371 | 암모니아 | Ammonia | NH₃ | 25 | 18 | 35 | 27 | [7664-41-7] |
| 321 | 시안화수소 | Hydrogen cyanide | HCN | C 4.7 | C 5 | – | – | [74-90-8] Skin |
| 491 | 카르보닐 클로라이드(포스겐) | Carbonyl chloride | COCl₂ | 0.1 | 0.4 | – | – | [75-44-5] |

| 569 | 톨루엔 | Toluene | $C_6H_5CH_3$ | 50 | 188 | 150 | 560 | [108-88-3] 생식독성 2 |
| 640 | 포름알데히드 | Formaldehyde | HCHO | 0.5 | 0.75 | 1 | 1.5 | [50-00-0] 발암성 1A |
| 697 | 황화수소 | Hydrogen sulfide | $H_2S$ | 10 | 14 | 15 | 21 | [7783-06-4] |

주 : 1. Skin 표시 물질은 점막과 눈 그리고 경피로 흡수되어 전신 영향을 일으킬 수 있는 물질을 말함(피부자극성을 뜻하는 것이 아님)
　　2. 발암성 정보물질의 표기는 「화학물질의 분류·표시 및 물질안전보건자료에 관한 기준」에 따라 다음과 같이 표기함
　　　가. 1A : 사람에게 충분한 발암성 증거가 있는 물질
　　　나. 1B : 시험동물에서 발암성 증거가 충분히 있거나, 시험동물과 사람 모두에서 제한된 발암성 증거가 있는 물질
　　　다. 2 : 사람이나 동물에서 제한된 증거가 있지만, 구분1로 분류하기에는 증거가 충분하지 않은 물질

> **Point**
>
> 산업안전보건법에서 정한 공정안전보고서 제출대상 업종이 아닌 사업장으로서 위험물질의 1일 취급량이 염소 10,000kg, 수소 20,000kg, 프로판 1,000kg, 톨루엔 2,000kg인 경우 공정안전보고서 제출대상 여부를 판단하기 위한 R값은 얼마인가?
>
> 〈유해위험물질의 규정량〉
>
> | 유해·위험물질명 | 규정량(kg) |
> |---|---|
> | 1. 가연성 가스 | 취급 : 5,000 |
> |  | 저장 : 200,000 |
> | 2. 인화성 액체 | 취급 : 5,000 |
> |  | 저장 : 200,000 |
> | 3. 염소 | 20,000 |
> | 4. 수소 | 50,000 |
>
>  $R = \dfrac{10,000}{20,000} + \dfrac{20,000}{50,000} + \dfrac{1,000}{5,000} + \dfrac{2,000}{5,000} = 1.5$ (1 이상은 공정안전보고서 제출대상임)
> 프로판은 가연성 가스이고 톨루엔은 인화성 액체임(PART 2 화공안전 관련 법령 참조)

### 5) 중금속의 유해성

(1) 카드뮴 중독

① 이타이이타이 병 : 일본 도야마현 진쯔강 유역에서 1910년 경 발병 - 폐광에서 흘러나온 카드뮴이 원인
② 허리와 관절에 심한 통증, 골절 등의 증상을 보인다.

(2) 수은 중독
① 미나마타 병 : 1953년 이래 일본 미나마타만 연안에서 발생
② 흡입시 인체의 구내염과 혈뇨, 손떨림 등의 증상을 일으킨다.

(3) 크롬 화합물(Cr 화합물) 중독
① 크롬 정련 공정에서 발생하는 6가 크롬에 의한 중독
② 비중격천공증을 유발한다.

6) 유해물질에 대한 안전대책
(1) 유해물질의 제조·사용의 중지, 유해성이 적은 물질로의 전환(대체)
(2) 생산공정 및 작업방법의 개선(대체)
(3) 유해물질 취급설비의 밀폐화와 자동화(격리)
(4) 유해한 생산공정의 격리와 원격조작의 적용(격리)
(5) 국소배기에 의한 오염물질의 확산방지(환기)
(6) 전체환기에 의한 오염물질의 희석배출(환기)
(7) 작업행동 개선을 위한 교육 실시

유해물질의 취급 등으로 근로자에게 유해한 작업에 있어서 그 원인을 제거하기 위하여 조치해야 할 작업환경 개선의 기본원칙 3가지를 쓰시오.
■ 작업환경 개선의 기본원칙
① 대체 : 사용물질의 변경, 작업공정의 변경, 생산시설의 변경
② 격리 : 작업자 격리, 작업공정 격리, 생산시설 격리, 저장물질 격리
③ 환기 : 전체환기, 국소배기

## 2  NFPA 위험물 구분 및 표시

### 1. 위험물 구분

1) 화학물질은 반드시 단독의 성질을 가지는 것만이 아니라, 가연성이면서 유독성인 것도 있다. 따라서 물질의 위험성을 종합적으로 평가하여 근로자에게 이를 정확히 알려주는 것이 매우 중요하다.
2) NFPA(National Fire Protection Association)에서는 위험물의 위험성을 연소위험성(Flammability Hazards), 건강위험성(Health Hazards), 반응위험성(Reactivity Hazards)의 3가지로 구분하고 각각에 대하여 위험이 없는 것은 0, 위험이 가장 큰 것은 4로 하여 5단계로 위험등급을 정하여 표시한다.

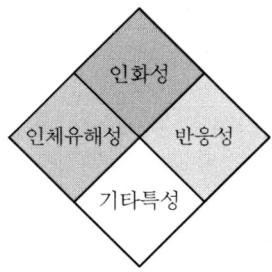

### 2. 위험물 표시

1) 연소위험성(적색)
2) 건강위험성(청색)
3) 반응위험성(황색)
4) 기타 위험성(흰색)

| ₩ | 금수성 물질(Do not use water) |
|---|---|
| OX | 산화제(Oxdizer) |

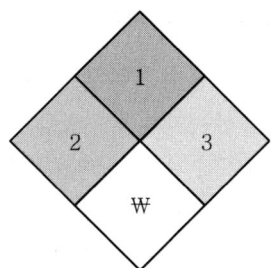

[NFPA의 위험성 표시 라벨]

## ③ 물질안전보건자료(MSDS)

### 1. 물질안전보건자료(MSDS)

1) MSDS 작성·비치 등의 대상화학물질

    다음의 분류기준에 해당하는 화학물질 및 화학물질을 함유한 제제(법 110조, 시행규칙 141조 관련)

    (1) 물리적 위험성 물질(16종)

        폭발성 물질, 인화성 가스/액체/고체/에어로졸, 물반응성 물질, 산화성 가스/액체/고체, 고압가스, 자기반응성 물질, 자연발화성 액체/고체, 자기발열성 물질, 유기과산화물, 금속 부식성 물질

    (2) 건강 유해성 물질(11종)

        급성 독성 물질, 피부 부식성 또는 자극성 물질, 심한 눈 손상성 또는 자극성 물질, 호흡기/피부 과민성 물질, 발암성 물질, 생식세포 변이원성 물질, 생식독성 물질, 특정 표적 장기 독성 물질(1회 노출/반복 노출), 흡인 유해성 물질

    (3) 환경 유해성 물질(2종)

        수생 환경 유해성 물질, 오존층 유해성 물질

        ※ 유해인자의 분류기준

        - 화학물질의 분류기준(물리적 위험성 16종, 건강 및 환경 유해성)
        - 물리적 인자의 분류기준(소음, 진동, 방사선, 이상기압, 이상온도 등 5종)
        - 생물학적 인자의 분류기준(혈액매개 감염인자, 공기매개 감염인자, 곤충 및 동물 매개 감염인자 등 3종)

2) 물질안전보건자료에 포함되어야 할 사항

    (1) 화학물질 또는 이를 함유한 혼합물로서 산업안전보건법에 따른 분류기준에 해당하는 것(대통령령으로 정하는 것은 제외한다)을 제조하거나 수입하려는 자는 다음 각 호의 사항을 적은 자료를 고용노동부령으로 정하는 바에 따라 작성하여 고용노동부장관에게 제출하여야 한다. 이 경우 고용노동부장관은 고용노동부령으로 물질안전보건

자료의 기재 사항이나 작성 방법을 정할 때 「화학물질관리법」 및 「화학물질의 등록 및 평가 등에 관한 법률」과 관련된 사항에 대해서는 환경부장관과 협의하여야 한다.
① 제품명
② 물질안전보건자료대상물질을 구성하는 화학물질 중 산업안전보건법상 분류기준에 해당하는 화학물질의 명칭 및 함유량
③ 안전 및 보건상의 취급 주의사항
④ 건강 및 환경에 대한 유해성, 물리적 위험성
⑤ 물리·화학적 특성 등 고용노동부령으로 정하는 사항
  ㉠ 물리·화학적 특성
  ㉡ 독성에 관한 정보
  ㉢ 폭발·화재 시의 대처 방법
  ㉣ 응급조치 요령
  ㉤ 그 밖에 고용노동부장관이 정하는 사항

### 3) 물질안전보건자료의 일부 비공개 승인

(1) 영업비밀과 관련되어 화학물질의 명칭 및 함유량을 물질안전보건자료에 적지 아니하려는 자는 고용노동부령으로 정하는 바에 따라 고용노동부장관에게 신청하여 승인을 받아 해당 화학물질의 명칭 및 함유량을 대체할 수 있는 명칭 및 함유량으로 적을 수 있다. 다만, 근로자에게 중대한 건강장해를 초래할 우려가 있는 화학물질로서 「산업재해보상보험법」에 따른 산업재해보상보험및예방심의위원회의 심의를 거쳐 고용노동부장관이 고시하는 것은 그러하지 아니하다.

### 4) 물질안전보건자료의 작성·제출 제외 대상 화학물질 등

(1) 「건강기능식품에 관한 법률」에 따른 건강기능식품
(2) 「농약관리법」에 따른 농약
(3) 「마약류 관리에 관한 법률」에 따른 마약 및 향정신성의약품
(4) 「비료관리법」에 따른 비료
(5) 「사료관리법」에 따른 사료
(6) 「생활주변방사선 안전관리법」에 따른 원료물질
(7) 「생활화학제품 및 살생물제의 안전관리에 관한 법률」에 따른 안전확인대상생활화학제품 및 살생물제품 중 일반소비자의 생활용으로 제공되는 제품
(8) 「식품위생법」에 따른 식품 및 식품첨가물
(9) 「약사법」에 따른 의약품 및 의약외품

⑽ 「원자력안전법」에 따른 방사성물질
⑾ 「위생용품 관리법」에 따른 위생용품
⑿ 「의료기기법」에 따른 의료기기
⒀ 「총포·도검·화약류 등의 안전관리에 관한 법률」에 따른 화약류
⒁ 「폐기물관리법」에 따른 폐기물
⒂ 「화장품법」에 따른 화장품
⒃ 제1호부터 제15호까지의 규정 외의 화학물질 또는 혼합물로서 일반소비자의 생활용으로 제공되는 것(일반소비자의 생활용으로 제공되는 화학물질 또는 혼합물이 사업장 내에서 취급되는 경우를 포함한다)
⒄ 고용노동부장관이 정하여 고시하는 연구·개발용 화학물질 또는 화학제품. 이 경우 산업안전보건법 규정에 따른 자료의 제출만 제외된다.
⒅ 그 밖에 고용노동부장관이 독성·폭발성 등으로 인한 위해의 정도가 적다고 인정하여 고시하는 화학물질

## 2. MSDS 대상화학물질을 담은 용기 및 포장 경고표지 포함사항

1) 명칭 : 제품명
2) 그림문자 : 화학물질의 분류에 따라 유해·위험의 내용을 나타내는 그림
3) 신호어 : 유해·위험의 심각성 정도에 따라 표시하는 "위험" 또는 "경고" 문구
4) 유해·위험 문구 : 화학물질의 분류에 따라 유해·위험을 알리는 문구
5) 예방조치 문구 : 화학물질에 노출되거나 부적절한 저장·취급 등으로 발생하는 유해·위험을 방지하기 위하여 알리는 주요 유의사항
6) 공급자 정보 : 물질안전보건자료대상물질의 제조자 또는 공급자의 이름 및 전화번호 등

| 테트라에틸 납(Cas No. 78-00-2) | | |
|---|---|---|
|  | | 위험 |
| 유해위험 문구 | •삼키면 치명적임  •피부와 접촉하면 유독함  •흡입하면 치명적임<br>•피부에 자극을 일으킴  •눈에 심한 자극을 일으킴  •암을 일으킬 수 있음<br>•태아 또는 생식능력에 손상을 일으킬 것으로 의심됨  •(중추신경계)에 손상을 일으킴<br>•호흡기계 자극을 일으킬 수 있음  •장기간 또는 반복노출 되면 (신경계)에 손상을 일으킴<br>•수생생물에 매우 유독함  •장기적인 영향에 의해 수생물에게 고독성이 있음 | |
| 예방조치 문구 | 모든 안전 예방조치 문구를 읽고 이해하기 전에는 취급하지 마시오. 취급 후에는 손을 철저히 씻으시오. 환경으로 배출하지 마시오. 보호장갑·보호의·보안경·...·안면보호구를 착용하시오. 즉시 의료기관(의사)의 진찰을 받으시오. 오염된 모든 의복은 벗거나 제거하시오. 흡입하면 신선한 공기가 있는 곳으로 옮기고 호흡하기 쉬운 자세로 인정을 취하시오. 눈에 묻으면 몇 분간 물로 조심해서 씻으시오. 가능하면 콘택트렌즈를 제거하시오. 계속 씻으시오. 밀봉하여 저장하시오. 용기는 환기가 잘 되는 곳에 단단히 밀폐하여 저장하시오. (관련 법규에 명시된 내용에 따라) 내용물·용기를 폐기하시오. | |
| 인천광역시 부평구 기능대길 25 한국산업안전공단 (000-000-0000) | | |

[화학물질에 대한 경고표지의 예]

# 02 화재 안전대책

## 1 연소란?

### 1. 연소의 정의
연소(Combustion)란 어떤 물질이 산소와 만나 급격히 산화(Oxidation)하면서 열과 빛을 동반하는 현상을 말한다.

### 2. 연소의 3요소
물질이 연소하기 위해서는 가연성 물질(가연물), 산소공급원(공기 또는 산소), 점화원(불씨)이 필요하며, 이들을 연소의 3요소라 한다.

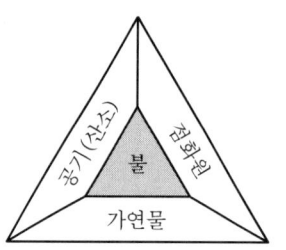 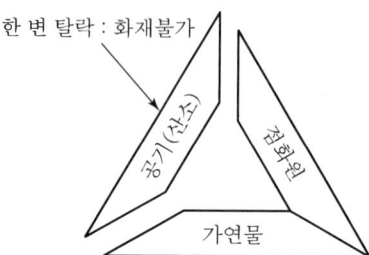

[연소의 3요소]

1) 가연물의 조건
   (1) 산소와 화합이 잘 되며, 연소 시 연소열(발열량)이 클 것
   (2) 산소와 화합 시 열전도율이 작을 것(축적열량이 많아야 연소가 용이함)
   (3) 산소와 접촉할 수 있는 입자의 표면적이 클 것(물질의 상태에 따른 표면적 : 기체>액체>고체)
   (4) 산소와 화합하여 점화될 때 점화열이 작을 것

2) 산소공급원 : 산화성 물질 또는 조연성 물질
   (1) 공기 중의 산소(약 21%)
   (2) 자기반응성 물질(제5류 위험물) : 가연물인 동시에 자체 내부에 산소를 함유하고 있어 공기 중의 산소를 필요로 하지 않고 점화원만으로 연소하는 물질(니트로셀룰로오즈, 피크린산, 니트로글리세린, 니트로톨루엔 등)
   (3) 산화제 : 할로겐원소 산화물, 염소산염류, 과산화물, 질산염류 등의 강산화제

3) 점화원

연소반응을 일으킬 수 있는 최소의 에너지(절화 에너지)를 제공할 수 있는 것으로서 기계적 점화원(충격, 마찰, 단열압축 등), 전기적 점화원(전기 스파크, 정전기 등), 열적 점화원(용접 불꽃, 고온표면, 용융물 등) 및 자연발화 등으로 구분된다.

〈 점화원의 구분 〉

| 구분 | 발생원 |
| --- | --- |
| 나화 | 용접 또는 용단 시의 불꽃, 성냥 등의 화염, 방전불꽃, 버너 등 |
| 고온 표면 | 전열 및 고열 액체 또는 가열공기나 증가로서 가열된 고체 표면 등 |
| 복사열 | 발열체의 복사열 |
| 전기스파크 | 전기스위치 개폐, 배선 단락, 전기 누전 등 |
| 정전기 | 분체 수송, 액체 이송, 수증기 분출, 합성수지 마찰 등 |

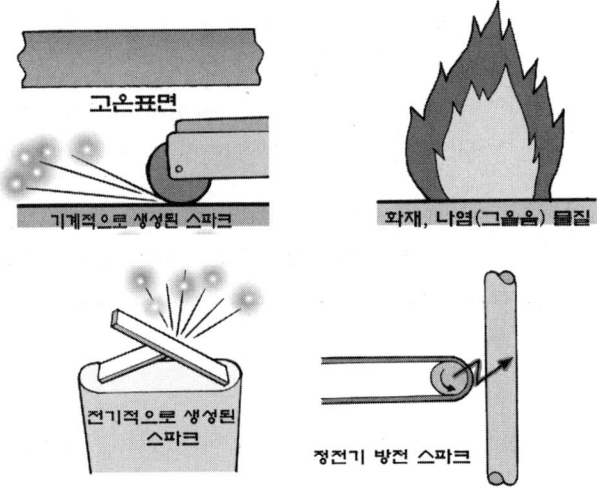

[가능한 점화원]

## 3. 연소의 종류

### 1) 연소형태에 따른 분류

| 구분 | 연소형태 | 정의 | 해당물질 |
|---|---|---|---|
| 기체 | 확산연소 | 가연성 가스가 공기(산소) 중에 확산되어 연소범위에 도달했을 때 연소하는 현상으로, 기체의 일반적 연소 형태 | 수소, 메탄, 프로판, 부탄 등 |
|  | 예혼합연소 | 가연성 가스 또는 액체연료의 증기와 공기를 미리 연소범위의 혼합가스로 만들어 연소하는 형태 | 엔진 내 가솔린 연소 |
| 액체 | 증발연소 | 액체 표면에서 가연성 증기가 발생하여 공기(산소)와 혼합하여 연소범위를 형성하게 되고, 점화원에 의해 연소하는 현상으로, 액체연소의 가장 일반적 형태 | 알코올, 에테르, 가솔린, 벤젠 등 |
|  | 분무연소 | 점도가 높고 비휘발성인 액체의 경우 액체입자를 분무하여 연소하는 형태. 액적의 표면적을 넓게 하여 공기와의 접촉면을 크게 해서 연소하는 형태이며, 분무된 미립자를 액적 또는 유적이라 한다. | 스프레이 화염 등 |
| 고체 | 표면연소 | 연소물 표면에서 산소와의 급격한 산화반응으로 빛과 열을 수반하는 연소반응. 가연성 가스 발생이나 열분해 없이 진행되는 연소반응으로, 불꽃이 없는 것이 특징이다. | 코크스, 숯, 목탄, 금속분(알루미늄, 나트륨 등) 등 |
|  | 분해연소 | 고체 가연물이 가열됨에 따라 가연성 증기가 발생하여, 공기와 가스의 혼합으로 연소범위를 형성하게 되어 연소하는 형태 | 목재, 종이, 석탄, 플라스틱 등 |
|  | 증발연소 | 고체 가연물이 가열되어 융해되며 가연성 증기가 발생, 공기와 혼합하여 연소하는 형태 | 황, 나프탈렌, 파라핀 등 |
|  | 자기연소 | 분자 내 산소를 함유하고 있는 고체 가연물이 외부 산소 공급원 없이 점화원에 의해 연소하는 형태 | 질산에스테르류, 셀룰로이드류, 니트로화합물 등의 폭발성 물질 |

(1) 확산연소

가연성 가스가 공기 중에 확산, 혼합하여 연소범위에 이르고, 점화원에 의해 점화되어 연소하게 되는 현상

(2) 증발연소

알코올, 에테르, 가솔린, 벤젠 등 인화성 액체가 증발하여 증기를 형성하고, 공기 중에 확산, 혼합하여 연소범위에 이르고, 점화원에 의해 점화되어 연소하게 되는 현상

(3) 분해연소

석탄, 목재 등 고체 가연물이 온도 상승에 따른 열분해로 인해 가연성 가스가 방출되어 연소하는 현상

(4) 표면연소

고체 표면의 공기와 접촉하는 부분에서 착화하는 현상

(5) 수소-산소계 연쇄반응(Branching Chain Reaction)

연소가 진행 중인 상황에서 열분해에 의해 수소와 산소가 생성되고, 그것에 의해 연쇄적으로 계속하여 연소가 진행되는 현상

① 연소가스에는 최종생성물, 중간생성물 및 반응물질이 포함되어 있다.
② 연쇄반응을 유지시키는 활성기는 OH·H·O이다.
③ 연소가스 중에 중간생성물이 들어 있는 것은 1,700℃ 정도에서의 열해리에 의한 것이다.
④ 가열, 분해, 연소, 전파의 4단계 연소반응 중 분해단계 반응의 속도가 가장 빠르다.

**다음 물질이 공기 중에서 연소할 때 이루어지는 주된 연소의 종류를 쓰시오.**
① 수소　　　　　② 알코올　　　　　③ TNT　　　　　④ 알루미늄가루

■ ① 수소 : 확산연소　　② 알코올 : 증발연소
　③ TNT : 자기연소　　④ 알루미늄가루 : 표면연소

**기체의 연소형태 2가지와 고체의 연소형태 4가지를 쓰시오.**
■ 1. 기체의 연소형태
　　① 확산연소　　② 예혼합연소
　2. 고체의 연소형태
　　① 표면연소　　② 분해연소
　　③ 증발연소　　④ 자기연소

**인화점에 대하여 간단히 설명하시오.**

◘ 인화점(Flash Point)

인화성 증기를 발생하는 액체 또는 고체가 공기 중에서 점화원에 의해 표면 부근에서 연소하기에 충분한 농도를 발생시키는 최저의 온도를 인화점이라 한다. 즉, 인화성 액체 또는 고체가 공기 중에서 생성한 가연성 증기가 폭발(연소)범위의 하한계에 도달할 때의 온도를 말한다. 인화점은 가연성 물질의 위험성을 나타내는 대표적인 척도이며, 낮을수록 위험한 물질이라 할 수 있다. 밀폐용기에 인화성 액체가 저장되어 있는 경우 용기의 온도가 낮아 액체의 인화점 이하가 되면 용기 내부의 혼합가스는 인화의 위험이 없다.

| 물질 | 인화점(℃) | 물질 | 인화점(℃) |
|---|---|---|---|
| 에틸에테르 | −45 | 벤젠 | −11 |
| 가솔린 | −43 | 메틸알코올 | 11 |
| 아세트알데히드 | −39 | 테레핀유 | 35 |
| 이황화탄소 | −30 | 등유 | 50 |
| 아세톤 | −20 | 경유 | 65 |

※ 연소점(Fire Point)
연소점이라 함은 인화성 액체가 공기 중에서 열을 받아 점화원의 존재하에 지속적인 연소를 일으킬 수 있는 온도이다. 동일한 물질일 경우 연소점은 인화점보다 약 3~10℃ 정도 높으며 연소를 5초 이상 지속할 수 있는 온도이다.

**발화점에 대하여 간단히 설명하시오.**

◘ 발화점(AIT, Auto Ignition Temperature)

가연성 물질을 외부에서 화염, 전기불꽃 등의 착화원을 주지 않고 공기 중 또는 산소 중에서 가열할 경우에 착화 또는 폭발을 일으키는 최저온도를 발화점(발화온도, 착화점, 착화온도)이라 한다. 이는 외부로부터 직접적인 점화원 없이 열의 축적에 의해 연소반응이 일어나는 것을 말하며, 발화점에 영향을 주는 인자들은 다음과 같다.
① 압력이 높아지면 발화점은 낮아진다.
② 산소와 친화력이 좋고 산소농도가 높을수록 발화점은 낮아진다.
③ 물질의 반응성이 높고, 발열량이 높은 경우 발화점은 낮아진다.

<가연성 물질의 발화점>

| 물질 | 발화점(℃) | 물질 | 발화점(℃) |
|---|---|---|---|
| 황린 | 45~60 | 부탄 | 430~510 |
| 셀룰로이드 | 140~170 | 프로판 | 460~520 |
| 석탄 | 140~300 | 에틸렌 | 500~519 |
| 가솔린 | 210~300 | 벤젠 | 562 |
| 종이, 목재 | 220~300 | 수소 | 580~590 |
| 등유 | 254 | 메탄 | 615~682 |
| 아세틸렌 | 400~440 | 암모니아 | 650 |

## 4. 자연발화

물질이 공기(산소) 중에서 천천히 산화되며 축적된 열로 인해 온도가 상승하고, 발화온도에 도달하여 점화원 없이도 발화하는 현상

### 1) 자연발화의 형태와 해당물질

| 자연발화의 형태 | 해당물질 |
|---|---|
| 산화열에 의한 발열 | 석탄, 건성유, 기름걸레, 기름찌꺼기 등 |
| 분해열에 의한 발열 | 셀룰로이드, 니트로셀룰로오스(질화면) 등 |
| 흡착열에 의한 발열 | 석탄분, 활성탄, 목탄분, 환원 니켈 등 |
| 미생물 발효에 의한 발열 | 건초, 퇴비, 볏짚 등 |
| 중합에 의한 발열 | 아크릴로니트릴 등 |

### 2) 자연발화의 조건

(1) 표면적이 넓을 것  
(2) 발열량이 클 것  
(3) 물질의 열전도율이 작을 것  
(4) 주변온도가 높을 것

### 3) 자연발화 방지대책

(1) 통풍이 잘 되게 할 것  
(2) 주변온도를 낮출 것  
(3) 습도를 적절하게 유지할 것  
(4) 열전도가 잘 되는 용기에 보관할 것

## ② 화재 예방대책

### 1. 화재의 예방대책

화재를 예방하는 방법에는 위험물 관리, 점화원 관리 또는 산소 관리 등의 방법이 있다.

#### 1) 위험물 관리

위험물 종류별 제조 또는 취급 등에 필요한 특별한 사항은 제1장 위험물 안전대책에 따르면 기타 사항은 다음과 같다.

(1) 위험물 관리의 일반사항

① 사업장 내에서 취급하는 위험물은 잘 설계된 취급설비(용기류나 배관류 등)에서 벗어나지 않도록 관리되어야 한다. 취급설비에서 벗어날 경우에는 소각처리를 하는 등의 조치를 취하여 안전하게 배출되도록 하여야 한다.

② 위험물 취급설비는 공정의 운전조건(운전압력, 운전온도 등)과 취급물질의 물성, 사용재질의 특성, 설비의 설치목적 등에 따라 내압, 내열성 또는 내부 식성을 고려하여 설계하여야 한다.

③ 윤활유 등과 같이 인화점이 높아서 위험물질에 포함되지 않는 물질도 고압에 의해 미스트(Mist) 상태로 분무되는 경우에는 가스와 같은 위험성을 갖게 되므로 핀홀(Pinhole)과 같은 미세한 구멍에서 안개처럼 누출되지 않도록 관리되어야 한다.

(2) 압력용기의 설계 및 재질선정

압력용기의 설계압력과 설계온도는 KOSHA GUIDE(화학설비 등의 공정설계에 관한 기술지침)에 따라 결정하여야 하며, 재질은 KOSHA GUIDE(화학설비의 재질선정에 관한 기술지침)에 따라 부식방지 측면에서 취급 유체에 적합한 재질을 선정하여야 한다.

(3) 배관의 설계 및 재질선정

배관의 설계조건은 KOSHA GUIDE(화학설비 등의 공정설계에 관한 기술지침)에 따라 결정하여야 하며, 재질은 KOSHA GUIDE(화학설비의 재질선정에 관한 기술지침)에 따라 부식방지 측면에서 취급유체에 적합한 재질을 선정하여야 한다.

(4) 접속부의 관리

취급 유체의 조건에 적합한 재질의 개스킷을 사용하고, 접합면을 상호 밀착시키는 등 적절한 조치를 취하여야 한다.

(5) 위험물 저장탱크

① 인화성 물질을 저장하는 상압탱크는 탱크의 입·출하와 일광에 의한 증발량을 고려하여 충분한 크기의 통기구를 상부에 설치하여야 한다. 외부화재 등 복사열에 의한 증발량 증가에 대해서는 통기구 외에 긴급통기설비를 설치하고, 지붕형 상압탱크 내부폭발에 대해서는 탱크의 원통과 지붕을 연결하는 부위에 취약부위를 만들어야 한다.

② 액화석유가스와 같이 상온·상압하에서 가스인 가연성 가스를 액화시켜 보관하거나 액상의 가연성 물질을 압력용기에 보관하는 경우에 설비의 주위에서 화재가 발생되면 전달된 열에 의해 비등액체팽창증기폭발이 발생될 수 있으므로, 설비의 냉각이나 복사열을 차단하기 위한 물분무설비 등이 설치되어야 한다.

③ 인화성 물질, 가연성 액화가스 등을 저장하는 탱크의 주위에는 누출 시 확산에 의한 화재의 확대를 예방하기 위하여 방유제를 설치하여야 한다. 방유제는 KOSHA GUIDE(방유제 설치에 관한 기술지침)에 따른다.

(6) 안전거리

안전보건규칙 제271조(안전거리) 및 안전규칙 별표 8에 따른다.

(7) 내화조치

가스 또는 분진폭발위험장소에 설치되는 건축물 등에는 화재 시 붕괴에 의한 화재의 확대를 방지하기 위하여 철구조물에 내화조치를 하여야 한다. 내화의 방법은 KOSHA GUIDE(내화구조에 관한 기술지침)에 따른다.

(8) 공정배출물의 처리

공정으로부터 배출되는 인화성 물질의 증기, 가연성 가스 등은 연소·흡수·세정·포집 또는 회수 등의 방법으로 처리하여야 한다. 이 중 연소처리 및 회수에 의한 방법은 KOSHA GUIDE(플레어시스템의 설치에 관한 일반 기술기준)와 KOSHA GUIDE(플레어시스템의 공정설계 기술지침)에 따른다.

(9) 위험물 취급설비의 유지·보수

위험물을 취급하는 설비의 성능을 유지하기 위해서는 주기적으로 유지·보수를 실시하여야 하는데 설비의 유지·보수는 KOSHA GUIDE(화학공장의 정비보수에 관한 안전관리지침)에 따른다.

(10) 긴급 시 위험물 이동

대형의 위험물저장탱크에 화재가 발생되었을 때는 내부의 위험물을 펌프를 이용하여 안전한 장소로 이송하는 등의 방법으로 화재의 규모를 최소화하여야 한다.

2) 점화원 관리

점화원의 종류는 기계적 점화원, 전기적 점화원, 열적 점화원 및 자연발화 등으로 구분되고, 일반적으로 최소점화에너지는 압력이나 산소농도가 증가하면 낮아지고, 분진이 가스보다 높게 나타난다.

(1) 기계적 점화원의 관리
① 기계적 점화원은 운동에너지, 위치에너지 및 탄성에너지가 열에너지로 전환되면서 점화원으로 작용하게 된다. 기계적 점화원을 관리하기 위해서는 열에너지로 전환이 가능한 기계적인 요소를 관리하여야 한다. 기계적 점화원의 관리방법은 다음과 같다.
㉠ 설비의 점검·정비 시에는 비점화성 재질의 공구류를 사용한다.
㉡ 높은 장소에서는 철재 자재 또는 공구 등 낙하 위험이 있는 물체가 방치되지 않도록 정리정돈 등의 조치가 필요하다.
② 가연성 가스의 압축과 같은 단열압축은 압력의 증가에 따라 온도가 상승하므로, 압축된 가스의 온도가 취급 중인 물질의 발화온도와 비교하여 발화온도의 80%를 초과하지 않도록 다단압축을 시키면서 중간냉각을 시키는 등의 조치가 필요하다.

(2) 전기적 점화원의 관리
① 가스폭발위험장소나 분진폭발위험장소에 사용되는 전기설비는 점화원으로 작용되지 않도록 적절한 형태의 방폭형 전기기계기구를 설치하여야 한다.
② 폭발위험장소의 설정은 KOSHA GUIDE(가스폭발위험장소의 설정 및 관리에 관한 기술지침), KOSHA GUIDE(분진폭발위험장소 설정에 관한 기술지침)에 따라 이루어져야 한다.

(3) 열적 점화원의 관리
① 열적 점화원은 불꽃, 고온의 표면과 같이 에너지의 크기가 크고, 온도가 취급 중인 위험물질의 발화온도를 초과하므로 쉽게 점화원으로 작용된다.
② 운전온도는 당해 위험물 발화온도의 80%를 초과하지 않도록 공정물질과 스팀 사용 기기류에 대해서는 보온조치를 하여 고온의 표면이 노출되지 않도록 하여야 한다.

(4) 정전기 관리
① 정전기는 이론상 $10^6\,\Omega$ 이하만 유지하면 체류하지 않는 것으로 되어 있지만 전기적으로 격리된 부위에 대해서는 본딩(Bonding) 등의 방법으로 $10^3\,\Omega$ 이하로 유지하여야 한다. 그리고 설비의 한곳 이상은 접지저항 $10\,\Omega$ 이하의 접지를 실시하여야 한다.

② 근로자가 겨울철에 심하게 움직이면 인체에 대전되는 정전기의 전위는 $10^4$V 이상이 되며 인체의 평균적인 정전용량은 200pF 정도이므로 인체의 대전 에너지는 10mJ 정도 된다.

$$E = \frac{1}{2}CV^2 = \frac{1}{2} \times (200 \times 10^{-12}) \times (10^4)^2 = 0.01\,\text{J} = 10\,\text{mJ}$$

여기서, $E$ : 대전에너지(J)
$C$ : 정전용량(F)
$V$ : 전압(V)

③ 정전기로 인해 인체에 대전될 수 있는 에너지는 탄화수소류의 평균적인 최소점화에너지의 40배에 해당하여 화학공장 내에서 점화원으로 작용될 위험이 있다. 따라서 근로자들에게 지급되는 작업복은 제전사의 코로나방전의 원리에 의해 인체의 정전기를 위험수준 이하로 낮추어주는 제전복을 지급하여야 한다.

(5) 자연발화의 관리

① 운전온도가 대기온도보다 높아서 고온용 보온을 해놓은 부위에 고비점의 탄화수소류(윤활유 등)가 침투되어 있거나, 기름걸레를 한곳에 장기간 방치하는 경우에 발화할 수 있으므로 청결하게 유지되어야 한다.

② 발화점이 비교적 낮은 고분자물질이 모아져 햇빛에 노출된 경우는 자연발화가 쉽게 이루어지므로, 이러한 조건을 피하여야 한다.

## 3) 산소 관리

(1) 최소산소농도(MOC, Minimum Oxygen Concentration)

산소농도를 최소산소농도 이하로 관리하면 연소하지 않는다. 대부분 가연성 가스의 최소산소농도는 10% 정도이고, 가연성 분진인 경우에는 8% 정도이다. 인화성 액체의 증기에 대한 최소산소농도는 12~16% 정도이고 고체화재 중에 표면화재는 약 5% 이하, 심부화재에 대해서는 약 2% 이하이다.

(2) 불활성화(Inerting)

① 불활성화란 가연성 혼합가스나 혼합분진에 불활성 가스를 주입하여 희석(불활성 가스의 치환), 산소의 농도를 최소산소농도 이하로 낮게 유지하는 것이다.

② 불활성 가스는 질소, 이산화탄소, 수증기 또는 연소배기가스 등이 사용된다. 연소억제를 위하여 관리되어야 할 산소의 농도는 안전율을 고려하여 해당물질의 최소산소농도보다 4% 정도 낮게 관리되어야 한다.

③ 안정적이고 지속적인 불활성화를 유지하기 위해서 대상설비에 산소농도측정기를 설치하고 산소농도를 관리하여야 한다.
④ 산소농도측정기는 정확한 농도측정을 위하여 제조회사에서 제시하는 기간이 초과되기 전에 교정이 필요하며, 감지부(Sensor)를 주기적으로 교체해 주어야 한다.

(3) 불활성화 방법

불활성화를 위한 치환(Purge) 방법에는 다음과 같이 진공치환(Vacuum Purge), 압력치환(Pressure Purge), 스위프치환(Sweep-Through Purge), 사이폰 치환(Siphon Purge)이 있다.

① 진공치환 : 압력용기류에 주로 적용하며 완전 진공설계가 이루어진 용기류에 적용이 가능하고, 저압에만 견딜 수 있도록 설계된 큰 용기에는 사용이 어렵다. 진공퍼지는 압력퍼지에 비해 퍼지시간이 길지만 불활성 가스 소모가 적다.
② 압력치환 : 압력용기류에 적용이 가능하며 가압시키는 압력은 설계압력 이내에서 결정되어야 한다. 목표로 하는 농도에 대한 치환횟수는 진공치환의 방법과 같다.
③ 스위프치환 : 한쪽의 개구부로 치환가스를 공급하고 다른 한쪽으로 배출시키는 방법으로, 주로 배관류에 적용하는 것이 바람직하다. 또한, 스위프퍼지는 용기나 장치에 압력을 가하거나 진공으로 할 수 없을 때 사용된다.
④ 사이폰치환 : 대상기기에 물이나 적합한 액체를 채운 뒤 액체를 배출시키면서 치환가스를 주입하는 방법으로 이루어지며, 퍼지에 필요한 가스의 양은 용기의 부피와 같으므로 불활성 가스 주입량이 최소로 요구된다. 액체를 채웠을 때 하중에 문제가 되는 경우에는 적용이 불가능하다.

## ③ 화재의 종류 및 소화방법

### 1. 화재의 종류

| 구분 | A급 화재 | B급 화재 | C급 화재 | D급 화재 |
|---|---|---|---|---|
| 명칭 | 일반 화재 | 유류·가스 화재 | 전기 화재 | 금속 화재 |
| 가연물 | 목재, 종이, 섬유, 석탄 등 | 각종 유류 및 가스 | 전기기기, 기계, 전선 등 | Mg 분말, Al 분말 등 |
| 유효 소화효과 | 냉각효과 | 질식효과 | 질식, 냉각효과 | 질식효과 |
| 적용 소화제 | • 물<br>• 산·알칼리 소화기<br>• 강화액 소화기 | • 포말소화기<br>• $CO_2$ 소화기<br>• 분말소화기<br>• 증발성 액체소화기<br>• 할론1211<br>• 할론1301 | • 유기성 소화기<br>• $CO_2$ 소화기<br>• 분말소화기<br>• 할론1211<br>• 할론1301 | • 건조사<br>• 팽창 진주암 |
| 표현색 | 백색 | 황색 | 청색 | 색표시 없음 |

**B급 화재에 적응성이 있는 소형수동 소화기 4가지를 적으시오.**
▶ 포말 소화기, 이산화탄소 소화기, 분말 소화기, 할로겐화합물 소화기

### 1) 일반 화재(A급 화재)

(1) 목재, 종이 섬유 등의 일반 가열물에 의한 화재
(2) 물 또는 물을 많이 함유한 용액에 의한 냉각소화, 산·알칼리, 강화액, 포말 소화기 등이 유효하다.

### 2) 유류 및 가스화재(B급 화재)

(1) 제4류 위험물(특수인화물, 석유류, 에스테르류, 케톤류, 알코올류, 동식물류 등)과 제4류 준위험물(고무풀, 나프탈렌, 송진, 파라핀, 제1종 및 제2종 인화물 등)에 의한 화재, 인화성 액체, 기체 등에 의한 화재이다.

(2) 연소 후에 재가 거의 없는 화재로 가연성 액체 등에 발생한다.
(3) 공기 차단에 의한 질식소화효과를 위해 포말소화기, $CO_2$ 소화기, 분말소화기, 할로겐화물(할론) 소화기 등이 유효하다.

(4) 유류화재 시 발생할 수 있는 화재 현상

① 보일 오버(Boil Over) : 원유나 중질유 등의 유류저장탱크 화재 시 유면에서부터 열파(Heat Wave)가 서서히 아래쪽으로 전파되어 탱크 저부의 물에 도달했을 때 비점이 낮은 물이 급비등하여 대량의 수증기로 부피팽창하는 경우 표면에 있는 다량의 유류가 탱크 밖으로 불이 붙은 채 비산되는 현상

- 보일 오버(Boil Over) 발생조건
  ㉠ 저장 탱크 상부에 뚜껑이나 지붕이 없거나 화재로 파손된 탱크일 것
  ㉡ 한 종류가 아닌 여러 개의 비점을 가진 불균일한 유류 저장탱크일 것
  ㉢ 탱크 밑부분에 물 또는 습기를 함유한 찌꺼기 등이 있을 것
  ㉣ 거품을 형성하는 고점도의 성질을 가진 유류일 것
  ㉤ 화재가 장시간 계속될 것

② 슬롭 오버(Slop Over) : 중질유와 같이 점성이 큰 유류에 화재가 발생하면 유류의 액표면 온도는 물의 비점 이상으로 상승하게 되는데, 이때 물 또는 포를 화염이 왕성한 뜨거운 액표면에 방사하면 소화용수는 급비등으로 부피팽창을 일으켜 유류가 갑작스럽게 탱크 외부로 Overflow 되거나 분출되는 현상을 말한다. 보일오버 현상과 마찬가지로 화재의 확대 및 진화작업에 장애요인이 되나 슬롭오버 현상은 유류의 표면에 한정되기 때문에 비교적 덜 격렬하다

③ Froth Over : 화재가 발생하지 않은 상태에서 중질유 등 비점이 큰 뜨거운 유류가 물 위에 유입될 때 물이 수증기로 변하면서 부피팽창에 의하여 갑작스럽게 용기 외부로 Overflow 되거나 분출이 발생하는 현상을 말한다. 전형적인 예는 뜨거운 아스팔트를 물이 들어 있는 탱크 트럭에 주입할 때 일어난다.

④ 링 파이어(Ring fire) : 위험물 저장탱크 Type 중 부상식 지붕(Floating Roof Tank) Type의 저장탱크에 화재가 발생한 경우 탱크의 측판과 Floating 데크의 실(Seal) 부위에서 화염이 Ring 모양으로 발생하는 화재

### 3) 전기화재(C급 화재)

(1) 전기를 이용하는 기계·기구 또는 전선 등 전기적 에너지에 의해서 발생하는 화재
(2) 질식, 냉각효과에 의한 소화가 유효하며, 전기적 절연성을 가진 소화기로 소화해야 한다. 유기성 소화기, $CO_2$ 소화기, 분말소화기, 할로겐화물(할론) 소화기 등이 유효하다.

### 4) 금속화재(D급 화재)

(1) Mg분, Al분 등 공기 중에 비산한 금속분진에 의한 화재
(2) 소화에 물을 사용하면 안 되며, 건조사, 팽창 진주암 등 질식소화가 유효하다.

## 2. 소화(Extinguishment) 방법

소화의 원리는 연소의 반대 개념으로서 연소의 4요소인 가연물, 산소공급원, 점화원, 연쇄반응이 성립되지 못하게 제어하는 것으로서 다음의 4가지 방법이 있다. 이들 중 제거, 질식, 냉각소화는 물리적 소화(Physical Extinguishment)이나, 억제(연쇄반응차단)소화는 화학적 소화(Chemical Extinguishment)가 된다. 각각의 특징은 다음과 같다.

1) 제거소화

　(1) 가연물의 공급을 중단하여 소화하는 방법

　(2) 제거소화의 방법

　　① 가스의 화재 : 공급밸브를 차단하여 가스 공급을 중단
　　② 산불 : 화재 진행방향의 목재를 제거하여 진화

2) 질식소화

　(1) 산소(공기)공급을 차단하여 연소에 필요한 산소 농도 이하가 되게 하여 소화하는 방법

　(2) 질식소화의 방법

　　① 포말(거품)을 사용하여 연소물을 감싸는 방법
　　② 소화분말을 이용하여 연소물을 감싸는 방법
　　③ 이산화탄소로 산소 공급을 차단하는 방법
　　④ 할로겐 화합물로 산소 공급을 차단하는 방법
　　⑤ 불연성 고체로 연소물을 감싸는 방법
　　⑥ 물을 분무상으로 방사하는 방법

　(3) 질식소화를 이용한 소화기 종류

　　① 포말소화기
　　② 분말소화기
　　③ 탄산가스 소화기
　　④ 건조사, 팽창 진주암, 팽창 질석

## 3) 냉각소화

(1) 물 등 액체의 증발잠열을 이용, 가연물을 인화점 및 발화점 이하로 낮추어 소화하는 방법

(2) 냉각소화를 이용한 소화기 종류
   ① 물
   ② 강화액 소화기
   ③ 산·알칼리 소화기

## 4) 억제소화

(1) 가연물 분자가 산화됨으로 인해 연소가 계속되는 과정을 억제하여 소화하는 방법

   ※ 억제소화는 물질의 연소과정에서 생성되는 연쇄반응의 원인물질인 활성 자유라디칼(Free Radical)을 할론 소화약제의 불활성 라디칼(F·, Cl·, Br· 등)과 결합하게 하여 연쇄반응을 강제로 종료시키는 방법

(2) 억제소화를 이용한 소화기 종류
   ① 사염화탄소(C.T.C) 소화기 : 할론 1040
   ② 일취화 일염화 메탄(C.B) 소화기 : 할론 1011
   ③ 일취화 삼불화 메탄(B.M.T) 소화기 : 할론 1301
   ④ 일취화 일염화 이불화 메탄(B.C.F) 소화기 : 할론 1211
   ⑤ 이취화 사불화 에탄(F.B) 소화기 : 할론 2402

**화재에 대한 소화방법에 대하여 설명하시오.**

□ 소화이론 4가지

| 구분 | 물리적 소화 | | | 화학적 소화 |
|---|---|---|---|---|
| | 제거소화 | 질식소화 | 냉각소화 | 억제소화 |
| 소화원리 | 가연물의 공급을 중단하여 소화하는 방법 | 산소(공기)공급을 차단하여 연소에 필요한 산소 농도 이하가 되게 하여 소화하는 방법 | 물 등의 액체의 증발잠열을 이용, 가연물을 인화점 및 발화점 이하로 낮추어 소화하는 방법 | 가연물 분자가 산화됨으로 인해 연소가 계속되는 과정을 억제하여 소화하는 방법 |

## 3. 소화기

### 1) 가압방식에 의한 소화기 분류

(1) 축압식

① 소화기 용기 내부에 소화약제와 압축공기 또는 불연성 가스인 이산화탄소, 질소를 충진하여 그 압력에 의해 약제가 방출되는 방식
② 이산화탄소 소화기, 할로겐화물 소화기 등이 해당

(2) 가압식

① 수동펌프식 : 피스톤식 수동펌프에 의한 가압으로 소화약제 방출
② 화학반응식 : 소화약제의 화학반응에 의해 생성된 가스의 압력으로 소화약제 방출
③ 가스가압식 : 소화기 내부 또는 외부에 별도의 가압가스용기를 설치하여 그 압력에 의해 소화약제 방출

### 2) 소화기의 종류

[소화기의 적용화재 표시]

(1) 포소화기

가연물의 표면을 포(거품)로 둘러싸고 덮는 질식소화를 이용한 소화기

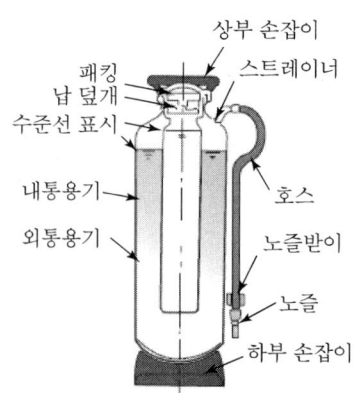

[포소화기의 구조]

① 기계포

에어포(공기포)라고도 하며, 가수분해단백질, 계면활성제가 주성분인 소화제 원액을 발포기로 공기와 혼합하여 포를 만들어 방사

㉠ 저팽창형 포제 : 4~12배 팽창하며 내열성과 점성을 더하기 위해 철염 또는 방부제를 혼합한다. 주로 유류화재 소화 시 사용

㉡ 고팽창형 포제 : 100배 이상 팽창하며 단시간에 빠르게 화염 표면을 덮을 수 있다. 고층 건물, 화학약품 공장 등의 화재 소화 시 사용

㉢ 혼합장치의 종류
ⓐ 관로혼합장치
ⓑ 차압혼합장치
ⓒ 펌프혼합장치

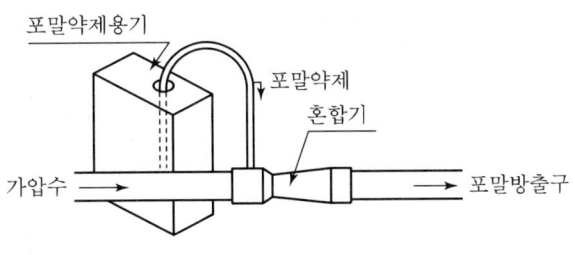

[관로 혼합장치]

② 화학포

중탄산나트륨과 황산알루미늄의 화학반응에 의해 포말을 생성, 방사한다.

㉠ 소화약제 화학 반응식
$$6NaHCO_3 + Al_2(SO_4)_4 + 18H_2O \rightarrow 3Na_2SO_4 + 2Al(OH)_3 + 6CO_2 + 18H_2O$$

㉡ 구조에 따라 보통전도식, 내통밀폐식, 내통밀봉식 등이 있다.

㉢ 포말 소화제의 구비조건
ⓐ 부착성이 있을 것
ⓑ 열에 대해 강한 막을 형성하며 유동성이 있을 것

(2) **분말소화기**

① 분말 입자로 가연물 표면을 덮어 소화하는 것으로, 질식소화 효과를 얻을 수 있다.
② 모든 화재에 사용할 수 있으며, 전기화재와 유류화재에 효과적이다.
③ 구조에 따라 축압식과 가스가압식이 있다.

④ 소화약제 종류와 화학반응식
   ㉠ 중탄산나트륨(중조) : 약제 분해에 의해 생긴 이산화탄소와 수증기로 소화한다.
      $2NaHCO_3 \rightarrow Na_2CO_3 + CO_2 + H_2O$
   ㉡ 중탄산칼륨 : 중탄산나트륨보다 소화력이 크다.
      $2KHCO_3 \rightarrow K_2CO_3 + CO_2 + H_2O$
   ㉢ 인산암모늄 : 열분해에 의해 부착성이 좋은 메타인산을 생성하여 다른 소화분말보다 30% 이상 소화력이 좋다. 모든 화재에 효과적이다.
      $NH_4H_2PO_4 \rightarrow HPO_3 + NH_3 + H_2O$
⑤ 금속화재용으로는 염화바륨($BaCl_2$), 염화나트륨($NaCl$), 염화칼슘($CaCl_2$) 등을 사용한다.

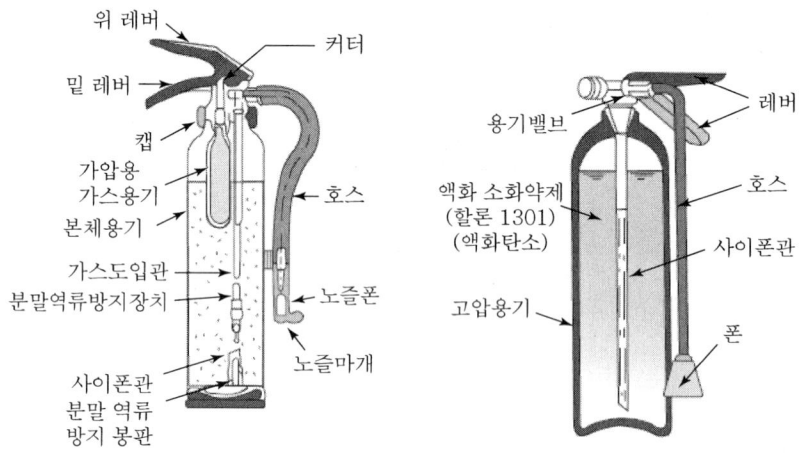

[분말소화기의 일반적인 구조]  [할로겐 화합물 소화기의 구조]

(3) 증발성 액체 소화기(할로겐 화합물 소화기)
   ① 소화원리
      ㉠ 증발성 강한 액체를 화재표면에 뿌려 증발잠열을 이용해 온도를 낮추어 냉각소화 효과로 소화한다.
      ㉡ 소화약제 중 할로겐 원소가 가연물이 산소와 결합하는 것을 방해하는 부촉매 효과로 연소가 계속되는 것을 억제하여 소화한다.
   ② 종류
      ㉠ 사염화탄소($CCl_4$)(할론1040) : 무색투명한 불연성 액체. 고온에서는 이산화탄소와 반응하여 포스겐가스($COCl_2$)를 발생하므로, 밀폐되거나 좁은 장소에서는 사용이 제한된다.
         ⓐ 건조한 공기 중 : $2CCl_4 + O_2 \rightarrow 2COCl_2 + 2Cl_2$

ⓑ 수분 또는 습도가 높은 곳 : $CCl_4 + H_2O \rightarrow COCl_2 + 2HCl$

ⓒ 고온에서 이산화탄소와 반응 : $CCl_4 + CO_2 \rightarrow 2COCl_2$

ⓓ 산화철과 반응 : $3CCl_4 + Fe_2O \rightarrow 3COCl_2 + 2FeCl_3$

ⓒ 일취화 일염화 메탄($CH_2ClBr$)(할론 1011) : 무색투명하고 증발하기 쉬운 불연성 액체이다. 부식성이 커서 황동제 놋쇠로 용기를 만들어 사용한다.

ⓒ 일취화 삼불화 메탄($CF_3Br$)(할론 1301) : 비점이 −57.7℃로 할로겐화물 소화약제 중 비점이 가장 낮아 빠르게 증발한다.

ⓒ 이취화 사불화 에탄($C_2F_4Br_2$)(할론 2402) : 독성 및 부식성이 적어 안정도가 높으며, 증발성 액체 소화기 중 소화효과가 가장 크다.

ⓒ 일취화 일염화 이불화 메탄($CF_2ClBr$)(할론 1211) : 무색, 무취이며 전기적으로 부도체여서, 전기화재 소화에 쓸 수 있다.

③ 소화효과의 크기

ⓒ 할로겐 원소별 : $F_2 < Cl_2 < Br_2 < I_2$

ⓒ 소화기 종류별 : 1040 < 2402 < 1211 < 1301

④ 증발성 액체 소화기의 구비조건

ⓒ 비점이 낮을 것(쉽게 증발될 것)

ⓒ 증발잠열이 클 것(냉각효과)

ⓒ 증발된 증기가 공기보다 무겁고 불연성일 것(질식효과)

(4) 이산화탄소(탄산가스) 소화기

① 이산화탄소를 고압으로 압축, 액화하여 용기에 담아놓은 것으로 가스 상태로 방사된다. 연소 중 산소농도를 필요한 농도 이하로 낮추는 질식소화가 주된 소화효과이며, 냉각효과를 동반하여 상승적으로 작용하여 소화한다.

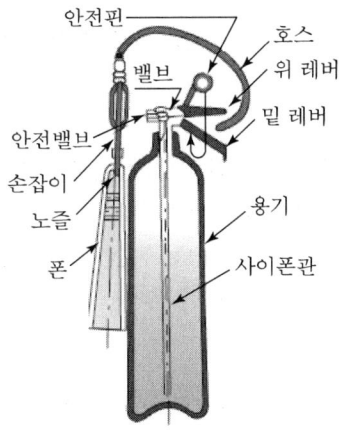

[이산화탄소 소화기의 구조]

② 이산화탄소 소화기의 특징
　㉠ 용기 내 액화탄산가스를 기화하여 가스 형태로 방출한다.
　㉡ 불연성 기체로, 절연성이 높아 전기화재(C급)에 적당하며, 유류(B급) 화재에도 유효하다.
　㉢ 방사 거리가 짧아 화재현장이 광범위할 경우 사용이 제한적이다.
　㉣ 공기보다 무거우며, 기체상태이기 때문에 화재 심부까지 침투가 용이하다.
　㉤ 반응성이 매우 낮아 부식성이 거의 없다.

(5) 강화액 소화기
① 물 소화약제의 단점을 보완하기 위하여 물에 탄산칼륨($K_2CO_3$) 등을 녹인 수용액으로서 부동성이 높은 알칼리성 소화약제이다.
② 탄산칼륨으로 인해 빙점이 $-30℃$까지 낮아져 한랭지 또는 겨울철에 사용할 수 있다.
③ 유류 또는 전기 화재에 유효하다.

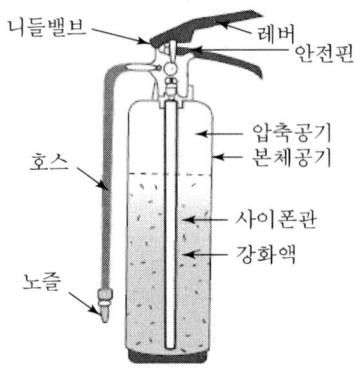

[강화액 소화기의 구조]

(6) 산 · 알칼리 소화기
① 황산과 중탄산나트륨(중조)의 화학반응에 의해 생성된 이산화탄소의 압력으로 물을 방출시키는 소화기를 말한다.
$$2NaHCO_3 + H_2SO_4 \rightarrow Na_2SO_4 + 2CO_2 + 2H_2O$$
② 일반화재에 적합하며, 분무 노즐을 사용하는 경우 전기화재에도 유효하다.

(7) 간이 소화제
소화기 및 소화제가 없는 곳에서 초기소화에 사용하거나 소화를 보강하기 위해 간이로 사용할 수 있는 소화제를 말한다.

① 건조사

질식소화 효과로, 모든 화재(A급, B급, C급, D급)에 사용할 수 있다. 건조사 보관 및 사용방법은 다음과 같다.

㉠ 반드시 건조되어 있을 것
㉡ 인화성 및 발화성 물질이 함유되어 있지 않을 것
㉢ 포대, 반절된 드럼, 벽돌담 안에 저장하며 부속기구로 삽, 양동이 등을 비치할 것

② 팽창질석, 팽창진주암

질식소화 효과의 간이소화제로 질석, 진주암 등 암석을 1,000~1,400℃로 가열, 10~15배 팽창시켜 분쇄한 분말이다. 비중이 매우 작고 가볍다. 발화점이 낮은 알킬알미늄류, 칼륨 등 금속분진 화재에 유효하다.

# ④ 자동화재탐지설비

## 1. 정의
화재에 의해 발생되는 열·연기 또는 화염을 이용하여 자동으로 화재를 감지하고 벨 또는 사이렌 등으로 경보하여 화재를 조기에 발견함으로써 초기소화 및 조기피난을 가능하게 하는 방재설비

## 2. 구성
수신기, 감지기, 중계기, 발신기, 음향장치 등

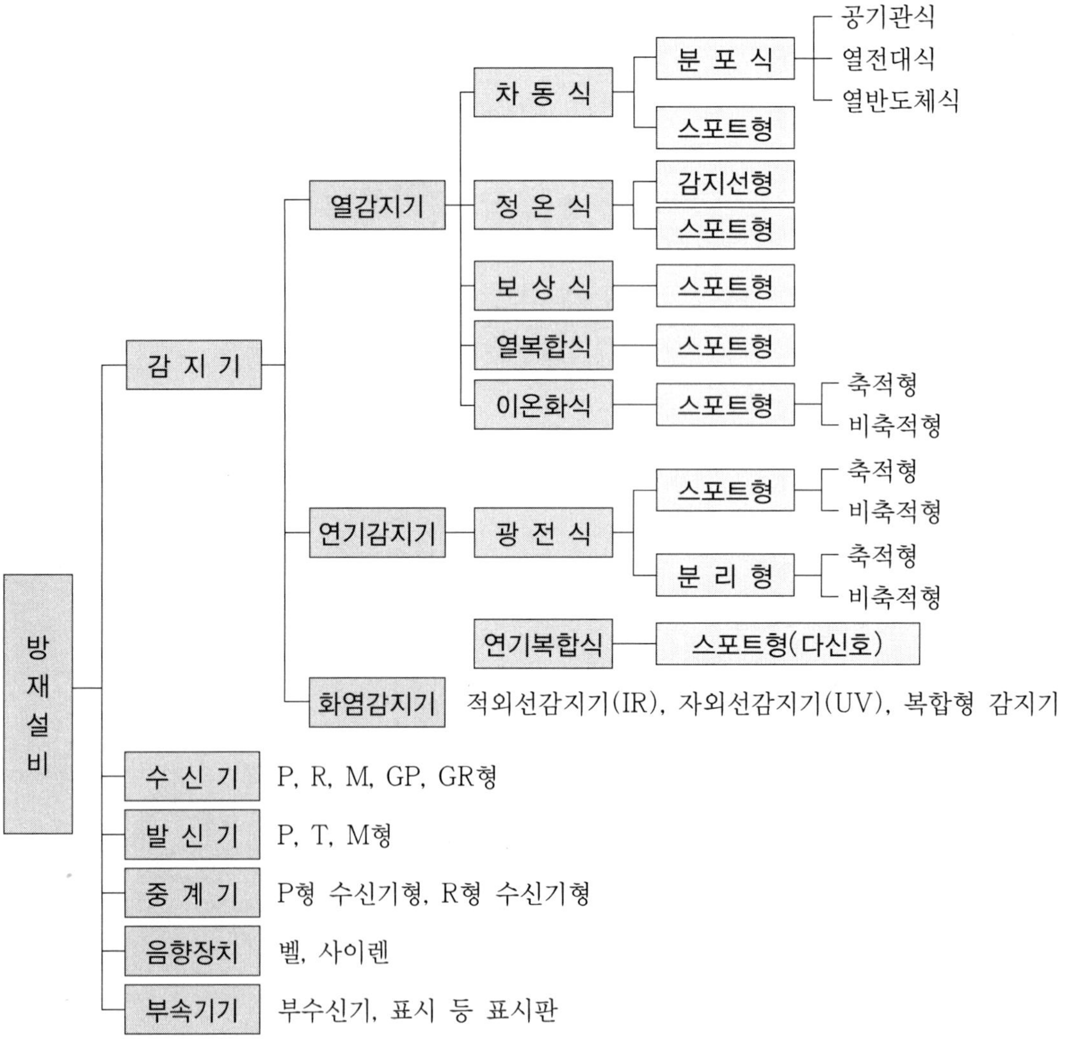

```
                            ┌─ 공기관식
                    ┌─ 분포식 ─┼─ 열전대식
            ┌─ 차동식 ┤        └─ 열반도체식
            │       └─ 스포트형
            │       ┌─ 감지선형
            ├─ 정온식 ┤
            │       └─ 스포트형
   ┌─ 열감지기 ┼─ 보상식 ── 스포트형
   │        ├─ 열복합식 ── 스포트형
   │        │                  ┌─ 축적형
   │        └─ 이온화식 ── 스포트형 ┤
   │                           └─ 비축적형
감지기 ┤                    ┌─ 축적형
   │        ┌─ 광전식 ─ 스포트형 ┤
   │        │                └─ 비축적형
   ├─ 연기감지기 ┤              ┌─ 축적형
   │        │        분리형 ┤
   │        │              └─ 비축적형
   │        └─ 연기복합식 ── 스포트형(다신호)
   └─ 화염감지기   적외선감지기(IR), 자외선감지기(UV), 복합형 감지기

방재설비
   ├─ 수 신 기    P, R, M, GP, GR형
   ├─ 발 신 기    P, T, M형
   ├─ 중 계 기    P형 수신기형, R형 수신기형
   ├─ 음향장치    벨, 사이렌
   └─ 부속기기    부수신기, 표시 등 표시판
```

1) 수신기

   (1) P형 수신기

   감지기, 발신기, 경종 등을 실선으로 연결하는 방식으로서 중·소규모의 건물에 많이 사용

   (2) R형 수신기

   감지기, 발신기와 수신기의 사이에 중계기를 접속하여 감지기나 발신기에서 발하여지는 신호를 고유의 신호로서 수신하는 방식

   (3) GP형, GR형

   P형 또는 R형 수신기에 가스누설탐지 기능을 부가한 방식

2) 감지기

   (1) 열감지기

   ① 차동식 : 온도상승률이 일정치를 넘는 경우에 동작하는 감지기로 스포트형과 분포형으로 구분
   ② 정온식 : 한정된 장소의 주위온도가 일정온도 이상이 될 때 동작하는 감지기로 감지선형과 스포트형으로 구분
   ③ 보상식 : 온도변화에 의한 감도가 변화하는 것으로 차동식과 정온식의 기능 겸비

   (2) 연기감지기

   ① 이온화식 : 주위의 공기가 일정한 농도의 연기를 포함하게 되는 경우에 작동하는 것으로서 연기에 의하여 이온전류가 변화하여 작동하는 감지기
   ② 광전식 : 주위의 공기가 일정한 농도의 연기를 포함하게 되는 경우에 작동하는 것으로서 연기에 의하여 광전소자에 접하는 광량의 변화로 작동하는 것
   ③ 연복합식 : 이온화식 연기감지기와 광전식 연기감지기의 성능이 있는 것으로서 두 가지의 기능이 함께 작동되면 작동신호를 발하는 감지기

# 03 폭발 안전대책

## 1 폭발이란?

### 1. 폭발이란?

가연성 가스와 적당한 공기가 미리 혼합되어 폭발범위 내에 있을 경우, 확산의 과정이 생략되기 때문에 화염의 전파 속도가 매우 빠른데, 이러한 혼합 가스에 착화하게 되면 착화원에 국한된 반응영역이 혼합가스 중으로 퍼져 나간다. 그 진행속도가 0.1~1.0m/s 정도 될 때, 이를 연소파라 한다. 이러한 연소파의 전파속도에 따라 연소(Combustion)와 폭발로 구분되며, 폭발은 다시 폭연(Deflagration)과 폭굉(Detonation)으로 구분되고, 각각의 특징은 다음과 같다.

#### 1) 연소(Combustion)

열과 빛을 내면서 화염이 미연소 혼합가스 속으로 전파하는 것으로 압력파(Pressure Wave)를 생성시키기에 충분한 가스를 생성시키지 않으며, 전파속도는 0.1~10m/s 정도이다.

#### 2) 폭연(Deflagration)

열과 빛을 내면서 화염이 미연소 혼합가스 속으로 전파하면서 주위에 파괴효과를 줄 수 있는 압력파가 생성된다. 이러한 현상은 연료의 표면 주위에서 일어나는데, 그 전파속도는 100m/s 이하이다.

#### 3) 폭굉(Detonation)

연소파가 일정 거리를 진행한 후 연소 전파 속도가 1,000~3,500m/s 정도에 달할 경우 이를 폭굉현상(Detonation Phenomenon)이라 하며, 이때의 반응영역을 폭굉파(Detonation Wave)라 한다. 폭굉파의 속도는 음속(공기 중 340m/sec)을 앞지르고 진행후면에는 그에 따른 충격파가 있다.

(1) 폭발한계와 폭굉한계

폭굉은 폭발이 발생된 후에 일어나는 것이므로 폭굉한계는 폭발한계 내에 존재한다. 따라서 폭발한계는 폭굉한계보다 농도범위가 넓다.

(2) 폭굉유도거리

가늘고 긴 관에서 폭발성 혼합가스가 존재할 때 한쪽 끝에서 점화된 화염은 초기에 천천히 연소해 나가지만 차츰 가속되어 어느 지점에서 갑자기 폭굉으로 전이하는데, 이때 폭굉으로 발전하는 데 걸리는 거리(시간)를 말한다. 다음의 경우 폭굉유도거리는 짧아진다.
① 정상 연소속도가 큰 혼합가스일 경우
② 점화원의 에너지가 큰 경우
③ 압력이 높을수록
④ 관경이 작을 경우
⑤ 관벽이 거칠고 돌출물이 있을수록 폭굉유도거리는 짧아진다. 즉, 연소파면에 난류가 일어나기 쉬운 조건이 있으면 화염면적이 크게 되고 속도가 증가하기 때문이다.

3) 폭발위력이 미치는 거리

$$r_2 = r_1 \times \left(\frac{W_2}{W_1}\right)^{1/3}$$

여기서, $r_1$, $r_2$ : 폭발점과의 거리, $W_1$, $W_2$ : 폭발물의 양

> **Point**
>
> 폭발의 정의와 성립조건에 대해 간단히 설명하시오.
>  1. 폭발의 정의
>     폭발은 어떤 원인으로 인해 급격한 압력 상승과 함께 폭음과 화염 등을 일으키는 현상을 말한다.
>  2. 폭발의 성립조건
>     ① 가연성 가스(증기 또는 분진)가 폭발범위 내에 있어야 한다.
>     ② 혼합되어 있는 가스가 밀폐되어 있는 방이나 용기 같은 것에 충만하게 존재하여야 한다.
>     ③ 점화원(에너지)이 있어야 한다.

## 2. 가스폭발의 원리

### 1) 용어의 정의

(1) 폭발한계(Explosion Limit)

폭발이 발생할 수 있는 공기 중 인화성 가스의 농도범위(Vol%)를 폭발한계(폭발범위)라고 말하며 폭발범위가 넓은 물질일수록 위험도가 높다.

(2) 폭발하한계(Lower Explosive Limit, LEL)

가스 등이 공기 중에서 점화원에 의해 착화되어 화염이 전파되는 최소 농도

(3) 폭발상한계(Upper Explosive Limit, UEL)

가스 등이 공기 중에서 점화원에 의해 착화되어 화염이 전파되는 최대 농도

[연소(폭발)범위의 정의]

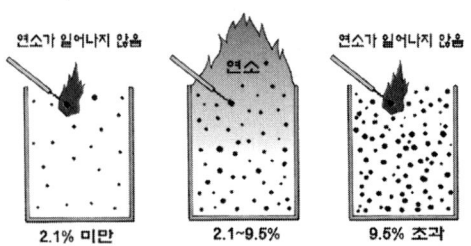

[프로판 가스의 연소범위를 통한 폭발범위의 이해]

## 2) 최소점화에너지(Minimum Ignition Energy, MIE)

### (1) 정의

가연성 물질을 점화시키는 데 필요한 최소 에너지를 말하며, 분진을 포함한 모든 가연성 물질은 고유한 최소점화에너지를 필요로 하는데, 탄화수소의 평균적인 최소점화에너지는 0.25mJ이다.

### (2) 최소점화에너지에 영향을 주는 인자

① 가연성 물질의 조성
② 압력 : 압력에 반비례(압력이 클수록 최소점화에너지는 감소한다.)
③ 혼입물 : 불활성 물질이 증가하면 최소점화에너지는 증가

### (3) 최소점화에너지의 특징

① 일반적으로 분진의 최소점화에너지는 가연성 가스보다 크다.
② 온도가 높을수록 최소점화에너지는 감소한다.
③ 유속이 커지면 점화에너지는 커진다.
④ 화학양론농도보다 조금 높은 농도일 때에 최소값이 된다.

### (4) 최소점화에너지 측정

최소점화에너지는 소염거리 이상으로 떨어진 전극 사이에 전기불꽃이 터지는 방전에너지를 측정하여 구할 수 있다. 전극과 연결된 축전기의 용량을 C(Farad), 전극에 걸리는 전압을 V(Volt)라고 할 때 방전에너지 E(Joule)를 다음 식으로 계산한다.

$$E = \frac{1}{2}CV^2 (\mathrm{mJ})$$

여기서, $E$ : 방전에너지, $C$ : 전기용량, $V$ : 전압

※ 소염거리 : 최소점화에너지를 측정한 때에 전극 간의 간격을 좁게 하면 아무리 많은 양의 전기불꽃에너지를 주어도 혼합가스가 착화되지 않는데, 이때의 최대간격을 소염거리라 한다. 이는, 전극간격이 좁아지면 전극을 통하여 방열이 증대하기 때문에 착화되지 않는 원리이다.

## 3. 폭발물질의 상태에 따른 분류

### 1) 기상폭발

#### (1) 가스폭발
수소, 일산화탄소, 메탄, 프로판 등의 가연성 가스와 조연성 가스의 혼합가스가 폭발범위 내에 있을 때의 폭발

#### (2) 분해폭발
에틸렌, 산화에틸렌, 아세틸렌 등이 어떤 조건하에서 분해될 때 발열과 동시에 생성된 가스의 열팽창으로 압력이 급상승하는 것을 말하며, 조연성 가스가 필요하지 않다. 분해폭발을 일으키는 가스를 분해폭발성 가스라 하고, 거의 대부분 가연성 가스이며 공기와 혼합할 때 가스폭발의 위험이 있다.

#### (3) 분무(미스트)폭발
공기 중에 분출된 가연성 액체의 미세한 액적(mist)에 의한 폭발
① 가연성 액체가 무상(안개)상태로 공기 중에 누출되어 부유상태로 공기와의 혼합물이 되어 폭발성 혼합물을 형성하여 폭발이 일어나는 것
② 미스트와 공기와의 혼합물에 발화원이 가해지면 액적이 증기화하고 이것이 공기와 균일하게 혼합되어 가연성 혼합기를 형성하여 폭발이 일어나는 것

#### (4) 분진폭발
미분탄, 소맥분 등 가연성 고체의 미분말이 공기 중에 현탁되어 있을 때의 폭발
※ 분무 및 분진폭발은 공기 중에 부유 또는 현탁된 미세한 액적 및 미분이 착화에너지에 의하여 기화, 증발, 열분해 등의 물리·화학적 작용에 따라 발생된 가연성 가스에 의해 폭발하게 되므로 기상폭발로 취급

### 2) 응상폭발(응상이란 고상과 액상의 총칭)

#### (1) 폭발성 화합물의 폭발
분자 내 산소를 함유하고 있어 연소속도가 대단히 빠른 폭발성 물질의 폭발과 흡열화합물의 분해반응에 의한 폭발

#### (2) 증기폭발
액상에서 기상으로의 급격한 상변화에 의한 폭발

① 급격한 상변화에 의한 폭발(Explosion by rapid phase transition)
② 용융금속이나 슬러그(Slug) 같은 고온의 물질이 물 속에 투입되었을 때, 물은 액상에서 기상으로 급격한 상변화에 의해 수증기 폭발이 일어나게 되며, 수증기 폭발이라고도 한다.
③ 저온액화가스(LPG, LNG)가 사고로 인해 탱크 밖으로 누출되었을 때에도 조건에 따라서는 급격한 기화에 따른 증기폭발을 일으킨다.
④ 폭발의 과정에 착화를 필요로 하지 않으므로 화염의 발생은 없으나 증기폭발에 의해 공기 중에 기화한 가스가 가연성인 경우에는 증기폭발에 이어서 가스폭발이 발생할 위험이 있다.

(3) 고체상태에서의 전이에 의한 폭발

증기폭발은 액상과 기상 간의 상변화가 급격히 일어난 때의 현상이나 고체인 무정형 안티몬이 동일한 고체인 안티몬으로 전이할 때도 발열함으로써 주위의 공기를 팽창시켜 발생하는 폭발

(4) 전선폭발

알루미늄제 전선에 한도 이상의 대전류가 흘러 순식간에 전선이 가열되고 용융과 기화가 급속하게 진행되어 폭풍을 일으키는 것처럼 전선이 고상에서 급격히 액상을 거쳐 기상으로 전이할 때 발생하는 폭발

## 4. 기타 폭발

### 1) 증기운 폭발(UVCE, Unconfined Vapor Cloud Explosion)

(1) 증기운 : 저온 액화가스의 저장탱크나 고압의 가연성 액체용기가 파괴되어 다량의 가연성 증기가 폐쇄공간이 아닌 대기 중으로 급격히 방출되어 공기 중에 분산·확산되어 있는 상태를 말한다.
(2) 가연성 증기운에 착화원이 주어지면 폭발하여 Fire ball을 형성하는데 이를 증기운 폭발이라고 한다.
(3) 증기운 크기가 증가하면 점화 확률이 높아진다.

## 2) 비등액체팽창 증기폭발(BLEVE, Boiling Liquid Expanding Vapor Explosion)

(1) 비등점이 낮은 액체를 그 액체의 대기압에서의 비등점보다 상당히 높은 온도와 고압으로 저장하고 있는 용기 또는 저장탱크가 어떤 원인에 의하여 파열될 때 탱크 내의 액체가 급격한 압력 강하로 인하여 증발, 팽창하면서 발생되는 폭발현상을 말한다. BLEVE 현상이 저장액체가 인화성 액체일 경우에 발생하면 누출되어 증발된 가스는 주위의 공기와 혼합하여 폭발범위를 형성하고, 섬화원에 의해 착화됨에 따라 대형 화염이 지면에서 형성되었다가 공의 모양으로 상부로 상승하게 되는데 이를 Fire ball이라 한다. 주위에 큰 열복사의 위험을 주게 되는 Fire ball 현상은 주로 LPG 또는 인화성 액체의 용기 저장탱크가 화재에 노출되었을 때 발생한다. 용기가 화재에 노출되었을 경우 화염이 용기 벽면에 닿게 되면 용기 내부의 액체 온도가 증가하게 되어 용기 내부의 압력은 점차 증가하게 된다. 용기 벽면의 온도는 액체가 차 있는 부분은 내부 액체로의 열전달에 의하여 급격히 증가되지는 않으나 액체가 차 있지 않은 상부의 벽면 온도는 급격히 증가함에 따라 상부 벽면의 강도가 저하되어 용기 내부의 압력을 견디지 못하고 결국 파열하게 되어 BLEVE 및 Fire ball 현상이 발생하게 된다.

[BLEVE]

[Fire ball]

(2) BLEVE 방지대책

① 열의 침투 억제 : 열의 전달속도를 느리게 하기 위해 탱크표면에 단열조치(내부 위험물 이송시간 확보)
② 탱크의 과열방지 : 저장탱크 표면 냉각을 위한 Water Spray 설치
③ 탱크로 화염의 접근 금지 : 방유제 내부 경사를 조정하여 화염차단 또는 최대한 지연
④ 화재 발생 시 탱크로 유입되는 물질을 차단하기 위해 유입배관에 긴급차단장치를 설치
⑤ 탱크 폭발방지를 위한 충분한 용량의 안전장치(안전밸브 등) 설치

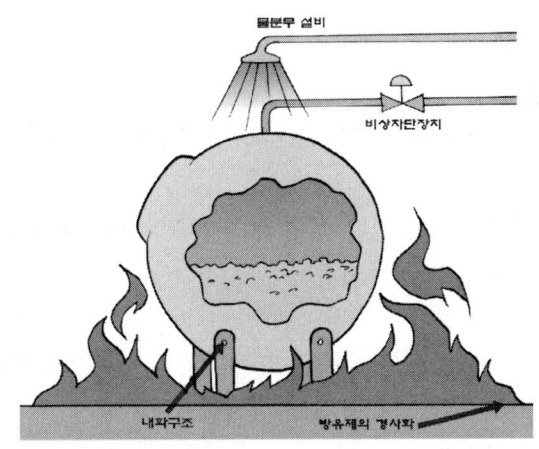

[BLEVE 방지대책]

## 3) 분진폭발

(1) 정의

분진이라 함은 직경 420미크론(Micron) 이하의 미세한 분말상의 물질로서 적절한 비율로 공기와 혼합되면 점화원에 의하여 폭발할 위험성이 있는 물질을 말한다.

(2) 분진폭발의 순서

퇴적분진 → 비산 → 분산 → 발화원 → 전면폭발 → 2차 폭발

(3) 분진폭발의 특성

① 가스폭발보다 점화 및 발생에너지가 크다.
② 폭발압력과 연소속도는 가스폭발보다 작다.
③ 불완전연소로 인한 가스중독의 위험성은 크다.
④ 화염의 파급속도보다 압력의 파급속도가 크다.
⑤ 가스폭발에 비하여 불완전 연소가 많이 발생한다.
⑥ 주위 분진에 의해 2차, 3차 폭발로 파급될 수 있다.

(4) 분진폭발에 영향을 주는 인자

① 분진의 입경이 작을수록 폭발하기 쉽다.
② 일반적으로 부유분진이 열의 손실이 많아 퇴적분진에 비해 발화온도가 높다.
③ 연소열이 큰 분진일수록 저농도에서 폭발하고 폭발위력도 크다.
④ 분진의 비표면적이 클수록 폭발성이 높아진다.

(5) 분진폭발의 예방
① 분진생성방지
㉠ 분진발생설비는 밀폐구조로 하여 가능한 분진이 외부로 비산되지 않도록 하여야 한다.
㉡ 설비 주위로 비산된 분진이 분진층을 형성하지 못하도록 주기적으로 청소를 실시하여야 한다.
② 점화원 관리
㉠ 분쇄기의 입구에는 금속과 분쇄기와의 접촉으로 인한 스파크의 발생을 방지하기 위하여 금속분리장치를 설치하여야 한다.
㉡ 공기로 분진을 수송하는 설비와 관련 덕트의 접속부위는 정전기 예방을 위해 접지 및 본딩을 실시하여야 한다.
㉢ 분진발생 또는 취급 지역에서는 흡연, 나화 등 점화원을 발생시키는 행위를 금지하여야 한다.
③ 불활성 가스 봉입
㉠ 분진발생 설비가 폐쇄계(Closed System)로 설치되어 있는 경우에는 질소 등과 같은 불활성 가스를 봉입하여 산소농도를 폭발최소농도 이하로 낮추어야 한다.
㉡ 불활성 가스 공급배관에는 불활성 가스의 공급을 확인할 수 있는 유량계, 압력계 등의 계측장치를 설치하고, 불활성 가스가 봉입되는 설비에는 산소농도측정계를 설치하여 설비 내의 산소농도를 폭발최소농도 이하로 유지하여야 한다.

(6) 분진폭발 방호장치
① 설비에서 분진폭발이 발생되었을 때 폭발이 인근 설비로 전달되지 않도록 최고폭발압력에 견딜 수 있는 고속작동밸브 등을 사용하여 설비를 차단할 수 있는 차단장치
② 분진폭발로 인한 압력 상승 시 분진 및 연소물을 실비 외로 분출시킬 수 있는 폭발압력 방산구
③ 설비 내의 분진점화를 감지하는 즉시 적절한 소화용제를 분사할 수 있는 폭발억제장치

## 5. 폭발등급

### 1) 안전간격

내측의 가스점화 시 외측의 폭발성 혼합가스까지 화염이 전달되지 않는 한계의 틈이다. 8ℓ의 둥근 용기 안에 폭발성 혼합가스를 채우고 점화시켜 발생된 화염이 용기 외부의 폭

발성 혼합가스에 전달되는가의 여부를 측정하였을 때 화염을 전달시킬 수 없는 한계의 틈 사이(화염일주한계)를 말한다. 안전간격이 작은 가스일수록 폭발 위험이 크며, 가스폭발한계 측정 시 화염 방향이 상향일 때 가장 넓은 값을 나타낸다.

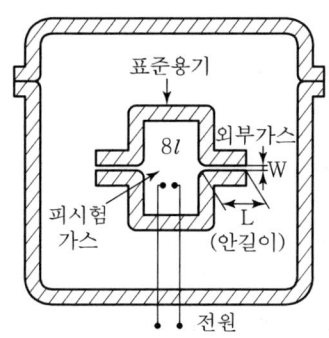

### 2) 폭발등급에 따른 안전간격과 해당물질

안전간격 값에 따라 폭발성 가스를 분류하여 등급을 정한 것

| 폭발등급 | 안전간격(mm) | 해당물질 |
|---|---|---|
| 1등급 | 0.6 이상 | 메탄, 에탄, 프로판, n-부탄, 가솔린, 일산화탄소, 암모니아, 아세톤, 벤젠, 에틸에테르 |
| 2등급 | 0.4~0.6 | 에틸렌, 석탄가스, 이소프렌, 산화에틸렌 |
| 3등급 | 0.4 이하 | 수소, 아세틸렌, 이황화탄소, 수성가스 |

## 2 폭발방지대책

### 1. 폭발방지대책

가스 및 증기상의 화재폭발위험성이 있는 설비의 폭발방지를 위한 방법은 다음과 같다.

#### 1) 폭발예방(Explosion Prevention)

(1) 폭발범위 밖에서 운전

연소물질의 농도를 변화시켜 운전조건을 폭발범위 밖으로 조정하는 방법으로는 연소물질, 연소조연제 또는 불활성 가스를 추가 공급 또는 제거하는 것이다. 이 경우에 정상 운전뿐만 아니라 시운전(Start Up), 비정상 운전, 운전정지(Shut Down) 및 비상조치 운전 중에도 폭발범위 내에 들어가지 않도록 조치하여야 한다.

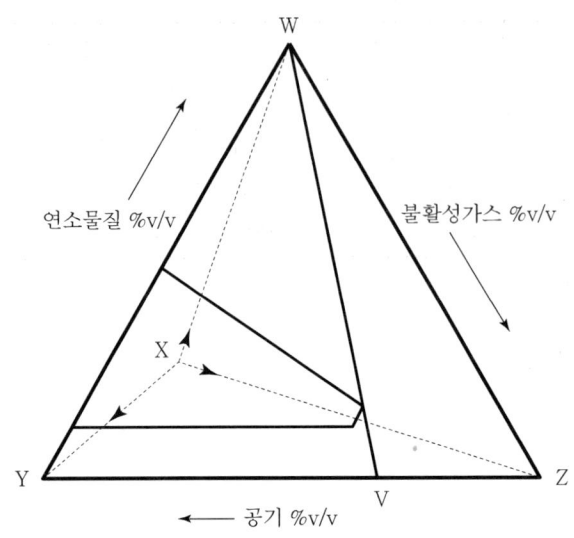

[폭발범위 회피 방법도]

(2) 점화원 제거

화재의 3요소 중 하나인 점화원을 설비의 화재·폭발 위험성이 있는 물질과의 접촉을 차단시키는 방법이다.

## 2) 폭발방호(Explosion Protection)

### (1) 폭발봉쇄(Explosion Containment)

설비 내에서 폭발을 봉쇄시킬 수 있는지 여부는 설비 내에서 이상상태가 발생하여 폭발이 발생한 경우 설비가 최대폭발압력에 견딜 수 있느냐에 달려 있다. 봉쇄는 연소물질의 혼합물이 폭연을 일으키는 경우에 한하여 사용할 수 있으며, 폭굉을 일으키는 경우에는 적용할 수 없다.

### (2) 폭발억제(Explosion Suppression)

폭발의 초기단계에서 감지기가 폭발억제장치를 작동시켜 고압 불활성 가스 등 폭발억제제를 설비 내부에 분사시키는 방법으로 폭발을 조기에 진압하여 큰 폭발로 이어지지 않도록 하는 방법이다.

### (3) 폭발방산(Explosion Venting)

안전밸브나 파열판 등에 의해 설비 내부와 압력을 방출하는 방법으로 독성물질을 취급하는 경우에는 대기 중으로 방출하지 말아야 한다.

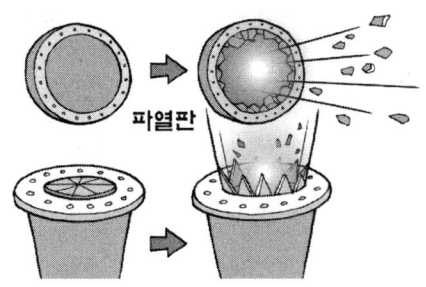

[폭발방산의 예 - 파열판]

## 3) 방폭설비

### (1) 방폭구조의 종류

| 방폭구조(Ex) 종류 | 구조의 원리 | 대상기기 |
|---|---|---|
| 내압방폭<br>(Explosion-Proof, d) | 전폐구조로 용기 내부에서 폭발성 가스 및 증기가 폭발하였을 때 용기가 그 압력에 견디며(durable) 또한 접합면, 개구부 등을 통해서 외부의 폭발성 가스에 인화될 우려가 없는 구조 | ① 아크가 생길 수 있는 모든 전기기기<br>② 표면온도가 높이 올라갈 수 있는 모든 전기기구 |

| 방폭구조 | 구조 | 적용 |
|---|---|---|
| 압력방폭<br>(Pressurized, p) | 용기내부에 보호기체(신선한 공기 또는 불연성 기체)를 압입하여 내부압력을 유지함으로써 폭발성 가스 또는 증기가 침입하는 것을 방지하는 구조 | 아크가 생길 수 있는 모든 전기기기 |
| 유입방폭<br>(Oil Immersed, o) | 전기기기의 불꽃, 아크 또는 고온이 발생하는 부분을 기름 속에 넣어 기름면 위에 존재하는 폭발성 가스 또는 증기에 인화될 우려가 없도록 한 구조 | 아크가 생길 수 있는 모든 전기기기 |
| 안전증방폭<br>(Increased Safety, e) | 정상운전 중에 폭발성 가스 또는 증기에 점화원이 될 전기불꽃, 아크 또는 고온이 되어서는 안될 부분에 이런 것의 발생을 방지하기 위하여 기계적, 전기적 구조상 또는 온도상승에 대해서 특히 안전도를 증가시킨 구조 | ① 안전증 변압기 전체<br>② 안전증 접속단자 장치<br>③ 안전증 측정계기 |
| 본질안전방폭<br>(Intrinsic Safety, i) | 정상시 및 사고시(단선, 단락, 지락 등)에 발생하는 전기불꽃, 아크 또는 고온에 의하여 폭발성 가스 또는 증기에 점화되지 않는 것이 점화시험, 기타에 의하여 확인된 구조 | 이론적으로는 모든 전기기기를 본질안전 방폭화를 할 수 있으나 동력을 직접 사용하는 기기는 실제적으로 사용 불가능<br>① 신호기 ② 전화기 ③ 계측기 |
| 몰드방폭<br>(Encapsulation, m) | 폭발성 분위기를 점화시킬 수 있는 아크, 또는 스파크 발생부분을 컴파운드로 둘러씌워 점화되지 않도록 한 구조 | 아크가 생길 수 있는 모든 전기기기 |
| 비점화 방폭<br>(Non-Sparking, n) | 정상상태에서는 전기기기의 부품이 주위의 폭발성 가스 또는 증기를 점화시킬 우려가 없도록 한 구조 | 아크가 생길 수 있는 모든 전기기기 |
| 특수방폭<br>(Special, s) | 상기 이외의 방폭구조로서 폭발성 가스 또는 증기에 점화 또는 위험분위기로 인화를 방지할 수 있는 것이 시험, 기타에 의하여 확인된 구조 | 폭발성 가스에 점화하지 않는 기기의 회로, 계측제어, 통신관계 등 미전력 회로를 가진 기기 |

(2) 방폭기기 중 내압방폭구조, 본질안전방폭구조 및 비점화방폭구조는 대상 가스 또는 증기의 그룹에 따라 IIA, IIB, IIC로 분류되는데 대상 가스 및 증기 그룹은 내압방폭구조는 최대실험안전틈새, 본질안전방폭구조는 최소점화전류비에 따라 분류된다. 또한, IIB로 표시된 전기기기는 IIA 전기기기를 필요로 하는 지역에 사용할 수 있고, IIC로 표시된 전기기기는 IIA 또는 IIB 전기기기를 필요로 하는 지역에 사용할 수 있다.

※ 최대실험안전틈새(MESG, Maximum Experimental Safe Gap)란 IEC에서 규정한 조건에 따라 시험을 10회 실시했을 때 화염이 전파되지 않는 접합면의 길이(안길이)가 25mm인 접합의 최대틈새를 말한다.

① 내압방폭구조의 MESG에 따른 가스 또는 증기의 분류

| 폭발등급 | IIA | IIB | IIC |
|---|---|---|---|
| 틈의 폭(mm) | W≥0.9 | 0.9>W>0.5 | W≤0.5 |

※ 탄광용을 Group I(메탄), 공장 및 사업장용을 Group II로 구분하고 Group II는 MESG에 따라 IIA, IIB, IIC로 세분화됨

② 본질안전방폭구조의 최소점화전류비에 따른 가스 또는 증기의 분류

| 가스 또는 증기의 최소점화전류비의 범위 | 가스 또는 증기의 분류 |
|---|---|
| 0.8 초과 | IIA |
| 0.45 이상~0.8 이하 | IIB |
| 0.45 미만 | IIC |

※ 본질안전방폭구조의 대상가스 또는 증기는 메탄가스의 최소점화전류에 대한 각각의 최소점화전류의 비율로서 위 표와 같이 분류됨

(3) 가스·증기의 발화 온도에 따른 선정

① 전기기기의 최대표면온도는 존재가능성이 있는 가스나 증기의 발화온도에 도달하지 않도록 선정되어야 한다.
② 전기기기의 표시가 주위 온도범위를 표시하고 있지 않다면 기기는 -20~40℃ 범위 내에서 사용될 수가 있으며, 주위온도 표시가 있는 전기기기는 그 표시 범위 내에서 사용한다.
③ 가스·증기 발화온도와 전기설비의 허용최고 표면온도

| 온도등급 | 가스·증기의 발화온도(℃) | 해당가스 | 허용최고 표면 온도(℃) |
|---|---|---|---|
| T1 | 450 초과 | 수소, 아세톤, 암모니아, 메탄, 프로판, 메탄올, 톨루엔, 벤젠 등 | 450 이하 |
| T2 | 300~450 | 아세틸렌, 에틸렌, 부탄, 에탄올 등 | 300 이하 |
| T3 | 200~300 | 가솔린, 헥산, 황화수소 등 | 200 이하 |
| T4 | 135~200 | 아세트알데히드, 에틸에테르 등 | 135 이하 |
| T5 | 100~135 | 이황화탄소 등 | 100 이하 |
| T6 | 85~100 | 질산에틸 등 | 85 이하 |

**다음과 같은 방폭구조의 표시에서 밑줄 친 부분을 설명하시오.**
Ex d ⅡB T₅ IP54

- ① d : 방폭구조 종류(내압방폭구조)
- ② ⅡB : 그룹을 나타낸 기호(광산용 Ⅰ, 산업용 폭발성 가스 또는 증기는 MESG에 따라 ⅡA, ⅡB, ⅡC로 구분됨)
- ③ T₅ : 온도등급 또는 최고표면온도(100℃ 이하)

### (4) 방폭구조의 선정

① 가스폭발 위험장소

| 폭발위험장소 분류 | 방폭구조의 전기기계·기구 |
|---|---|
| 0종 장소 | ① 본질안전방폭구조(ia)<br>② 그 밖에 관련 공인 인증기관이 0종 장소에서 사용이 가능한 방폭구조로 인증한 방폭구조 |
| 1종 장소 | ① 내압방폭구조(d) ② 압력방폭구조(p)<br>③ 충전방폭구조(q) ④ 유입방폭구조(o)<br>⑤ 안전증방폭구조(e) ⑥ 본질안전방폭구조(ia, ib)<br>⑦ 몰드방폭구조(m)<br>⑧ 그 밖에 관련 공인 인증기관이 1종 장소에서 사용이 가능한 방폭구조로 인증한 방폭구조 |
| 2종 장소 | ① 0종 장소 및 1종 장소에 사용 가능한 방폭구조<br>② 비점화방폭구조(n)<br>③ 그 밖에 2종 장소에서 사용하도록 특별히 고안된 비방폭형 구조 |

② 분진폭발 위험장소

| 폭발위험장소 분류 | 방폭구조의 전기기계·기구 |
|---|---|
| 20종 장소 | ① 밀폐방진방폭구조(DIP A20 또는 B20)<br>② 그 밖에 관련 공인 인증기관이 20종 장소에서 사용이 가능한 방폭구조로 인증한 방폭구조 |
| 21종 장소 | ① 밀폐방진방폭구조(DIP A20 또는 A21, DIP B20 또는 B21)<br>② 밀폐방진방폭구조(SDP)<br>③ 그 밖에 관련 공인 인증기관이 21종 장소에서 사용이 가능한 방폭구조로 인증한 방폭구조 |

| | |
|---|---|
| 22종 장소 | ① 20종 장소 및 21종 장소에 사용 가능한 방폭구조<br>② 일반방진방폭구조(DIP A22 또는 B22)<br>③ 그 밖에 22종 장소에서 사용하도록 특별히 고안된 비방폭형 구조 |

(5) 방폭구조의 구비조건
① 시건장치를 할 것
② 대상기기에 접지단자를 설치할 것
③ 퓨즈를 사용할 것
④ 도선의 인입방식을 정확히 채택할 것

(6) 지하작업장 등의 폭발위험 방지
① 인화성 가스가 발생할 위험이 있는 장소에서 작업하는 경우 가연성 가스의 농도를 측정하도록 하고 그 결과를 기록·보존
  ㉠ 매일 작업을 시작하기 전
  ㉡ 가스의 누출이 의심되는 경우
  ㉢ 가스가 발생하거나 정체할 위험이 있는 장소가 있는 경우
  ㉣ 장시간 작업을 계속하는 때(이 경우 4시간마다 가스농도를 측정하도록 하여야 한다)
② 가스의 농도가 폭발하한계 값의 25% 이상으로 측정된 경우에는 즉시 근로자를 대피시키고 화기나 그 밖에 점화원이 될 우려가 있는 기계·기구 등의 사용을 중지하고 통풍·환기 등을 실시

## 2. 폭발범위

### 1) 혼합가스의 폭발범위 계산

가연성 가스나 인화성 액체의 증기에 대한 폭발범위는 밀폐식 측정장치에서 가스나 증기와 공기의 혼합기체를 실험장치에 주입하여 점화시키면서 폭발압력을 측정하는데, 가스나 증기의 농도를 변화시키면서 연소범위를 결정한다.

(1) 르샤틀리에(Le Chatelier) 법칙

$$L = \frac{100}{\dfrac{V_1}{L_1} + \dfrac{V_2}{L_2} + \cdots\cdots + \dfrac{V_n}{L_n}} \text{ (순수한 혼합가스일 경우)}$$

또는

$$L = \frac{V_1 + V_2 + \cdots + V_n}{\dfrac{V_1}{L_1} + \dfrac{V_2}{L_2} + \cdots + \dfrac{V_n}{L_n}} \text{(혼합가스가 공기와 섞여 있을 경우)}$$

여기서, $L$ : 혼합가스의 폭발한계(%) - 폭발상한, 폭발하한 모두 적용 가능
$L_1, L_2, L_3, \cdots, L_n$ : 각 성분가스의 폭발한계(부피%) - 폭발상한계, 폭발하한계
$V_1, V_2, V_3, \cdots, V_n$ : 전체 혼합가스 중 각 성분가스의 부피%(순수 혼합가스 식에서 부피% 대신 부피분율 적용시 분자는 100이 아니라 1임)

> **Point**
>
> 기체의 조성비가 아세틸렌 70%, 클로로벤젠 30%일 때 혼합기체의 폭발하한계를 구하시오.
> (단, 아세틸렌 폭발범위 2.5~81, 클로로벤젠 폭발범위 1.3~7.1)
>
> ■ 혼합기체 폭발하한계 : 르샤틀리에 법칙 이용
>
> 혼합가스의 폭발하한계 $L = \dfrac{100}{\dfrac{70}{2.5} + \dfrac{30}{1.3}} = 1.957 ≒ 1.96(\%)$
>
> 또는
>
> 혼합가스의 폭발하한계 $L = \dfrac{1}{\dfrac{0.7}{2.5} + \dfrac{0.3}{1.3}} = 1.957 ≒ 1.96(\%)$

(2) 실험데이터가 없어서 연소한계를 추정하는 경우에는 다음 식을 이용한다.(Jones 식)

$$\text{LFL} = 0.55 C_{st}, \text{UFL} = 3.50 C_{st}$$

여기서, $C_{st}$ : 완전연소가 일어나기 위한 연료, 공기의 혼합기체 중 연료의 부피(%)

$$C_{st}(\text{화학양론조성}) = \frac{\text{연료의 몰수}}{\text{연료의 몰수} + \text{공기의 몰수}} \times 100 (\text{단일성분일 경우})$$

$$C_{st}(\text{화학양론조성}) = \frac{1}{\dfrac{V_1}{C_{st1}} + \dfrac{V_2}{C_{st2}} + \dfrac{V_3}{C_{st3}} + \cdots + \dfrac{V_n}{C_{stn}}} \times 100 (\text{혼합가스일 경우})$$

여기서, $C_{st1}, C_{st2}, \cdots, C_{stn}$는 각 가스의 화학양론 조성, $V_1, V_2, \cdots, V_n$은 각 가스의 부피비

> **Point**
>
> 가연성 혼합가스가 메탄($CH_4$) 80%, 에탄($C_2H_6$) 10%, 부탄($n-C_4H_{10}$) 10%로 구성되어 있다. 공기 중에서 이 3성분 혼합가스의 화학양론 조성을 구하면?(단, 각 단독가스의 화학양론 조성은 메탄 9.5%, 에탄 5.6%, 부탄 3.1%로 한다.)
>
> ■ $C_{st} = \dfrac{1}{\dfrac{V_1}{C_{st1}} + \dfrac{V_2}{C_{st2}} + \dfrac{V_3}{C_{st3}} + \cdots + \dfrac{V_n}{C_{stn}}} \times 100 = \dfrac{100}{\dfrac{80}{9.5} + \dfrac{10}{5.6} + \dfrac{10}{3.1}} = 7.44(\%)$

### 2) 완전연소 조성농도($C_{st}$)

(1) 화학양론 농도라고도 하며, 가연성 물질 1몰이 완전히 연소할 수 있는 공기와의 혼합비를 부피비(%)로 표현한 것이다. 화학양론에 따른 가연성 물질과 산소와의 결합 몰수를 기준으로 계산되며 일반적으로 완전연소 시 발열량과 폭발력은 최대가 된다.

(2) 유기물 $C_nH_xO_y$에 대하여 완전연소 시 반응식과 공기몰수, 양론농도는 다음과 같이 계산할 수 있다.

완전연소 반응식 : $C_nH_xO_y + \left(n + \dfrac{x}{4} - \dfrac{y}{2}\right)O_2 \rightarrow nCO_2 + \left(\dfrac{x}{2}\right)H_2O$

이때, $n$ : $CO_2$ 몰수, $\dfrac{x}{2}$ : $H_2O$ 몰수

공기몰수 $= \left(n + \dfrac{x}{4} - \dfrac{y}{2}\right) \times \dfrac{100}{21} = 4.76n + 1.19x - 2.38y$

∴ 양론농도 $C_{st} = \dfrac{1}{(4.76n + 1.19x - 2.38y) + 1} \times 100 (vol.\%)$

> **Point**
>
> 부탄($C_4H_{10}$)이 완전연소하기 위한 화학양론식을 쓰고, 완전연소에 필요한 화학 양론농도[가연성 물질 1몰이 완전히 연소할 수 있는 공기에 대한 부피비(%)]를 구하시오.(단, 부탄의 폭발하한계는 1.6vol%이다.)
>
> ■ 1) 화학양론식 : $2C_4H_{10} + 13O_2 = 8CO_2 + 10H_2O$
>
>    2) 완전연소에 필요한 양론농도 : $Cst = \dfrac{1}{(4.76n + 1.19x - 2.38y) + 1} \times 100$
>
>       $= \dfrac{100}{(1 + (4.76 \times 4 + 1.19 \times 10))} = 3.13[vol\%]$
>
>    (n=4 : 탄소 원자수, x=10 : 수소 원자수, y=0 : 산소 원자수)

(3) 할로겐원소(X)가 포함된 화합물 $C_nH_xO_yX_f$에 대한 양론농도는 다음과 같은 식으로 계산할 수 있다.

$$C_{st} = \frac{100}{1 + 4.773\left(n + \dfrac{x - f - 2y}{4}\right)} \ (vol.\%)$$

(4) 최소산소농도(MOC)

가연성 혼합가스 내에 화염이 전파될 수 있는 최소한의 산소농도는 공기와 가연성 성분에 대한 산소의 백분율을 말하며, 연소반응식의 화학양론적 계수와 폭발하한의 곱한 값으로 다음과 같이 계산한다.

최소산소농도(MOC) = 화학양론적 계수 × 폭발하한계

부탄($C_4H_{10}$)에 대한 최소산소농도(MOC)를 계산하시오.(단, 부탄의 폭발하한계는 1.6Vol%이다.)

■ 1) 부탄의 산화반응식

$$C_4H_{10} + \frac{13}{2}O_2 \rightarrow 4CO_2 + 5H_2O$$

2) 최소산소농도$\left(\dfrac{\text{산소의 몰수}}{\text{가연성 가스의 몰수} + \text{공기의 몰수}}\right)$

$MOC = \left(\dfrac{\text{산소의 몰수}}{\text{가연성 가스의 몰수}}\right) \times 폭발하한계\left(\dfrac{\text{가연성 가스의 몰수}}{\text{가연성 가스의 몰수} + \text{공기의 몰수}}\right)$

$= \dfrac{13}{2} \times 1.6 = 10.4 Vol\%$

3) 폭발(연소)한계에 영향을 주는 요인

(1) 폭발범위에 대한 온도의 영향

① 기준이 되는 25℃에서 100℃씩 증가할 때마다 폭발(연소)하한계는 값의 8%가 감소하며, 폭발(연소)상한은 8% 증가한다.

폭발(연소)하한계 : $L_t = L_{25℃} - (0.8 L_{25℃} \times 10^{-3})(T - 25)$

폭발(연소)상한계 : $U_t = U_{25℃} + (0.8 U_{25℃} \times 10^{-3})(T - 25)$

② 연소하한계는 온도증가와 함께 감소하고, 연소상한계는 온도증가와 함께 증가한다.

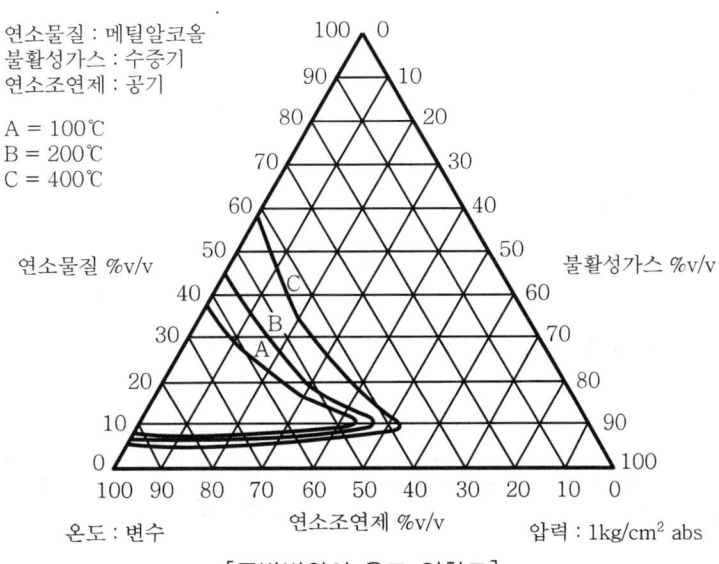

[폭발범위의 온도 영향도]

### (2) 폭발범위에 대한 압력의 영향

압력은 폭발(연소)하한계에 거의 영향을 주지 않지만 폭발(연소)상한계는 일반적으로, 압력상승에 따라 증가하는 경향이 있어 압력이 증가하면 폭발(연소)범위는 넓어진다고 할 수 있다. 그러나 압력이 증가하면 연소물질에 따라 폭발(연소)범위가 좁아지는 경우도 있으므로 압력의존도는 실측이 필요하다.

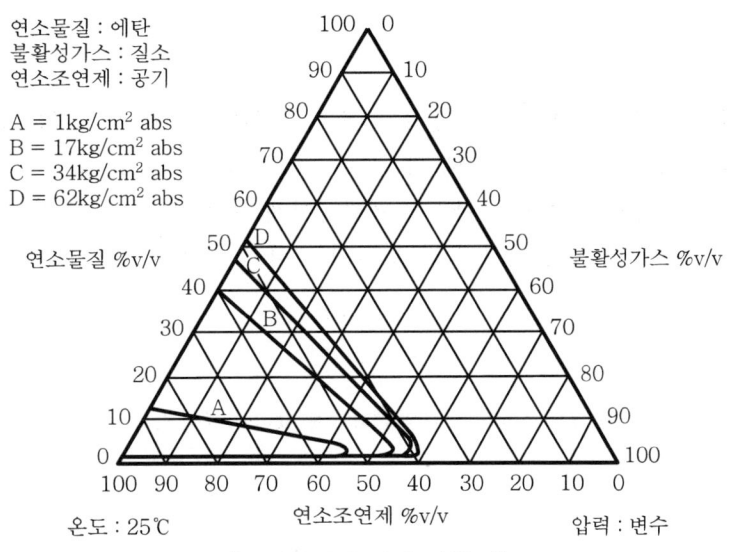

[폭발범위의 압력 영향도]

(3) 산소의 영향

폭발(연소)하한계는 공기나 산소 중에서 변함이 없으나 폭발(연소)상한계는 산소농도 증가에 따라 비례하여 상승하게 된다.

(4) 화염의 진행 방향

폭발범위는 위쪽으로 전파하는 화염에서 측정하면 가장 큰 값이 측정되고, 아래쪽으로 전파하는 화염에서는 가장 작은 값, 수평으로 전파하는 화염은 그 중간 값으로 측정된다. 그러므로 안전상 목적으로는 가장 큰 값을 선택하는 것이 바람직하다.

〈공기 중에서 각종 가스 등의 폭발범위〉

| 물질명 | 폭발하한계(%) | 폭발상한계(%) | 물질명 | 폭발하한계(%) | 폭발상한계(%) |
|---|---|---|---|---|---|
| 이황화탄소($CS_2$) | 1.2 | 44 | 산화에틸렌($C_2H_4O$) | 3 | 80 |
| 톨루엔($C_7H_8$) | 1.4 | 6.7 | 수소($H_2$) | 4.0 | 75 |
| 벤젠($C_6H_6$) | 1.4 | 7.1 | 아세트알데히드($C_2H_4O$) | 4.1 | 55 |
| 프로판($C_3H_6$) | 2.2 | 9.5 | 메탄($CH_4$) | 5 | 15 |
| 아세틸렌($C_2H_2$) | 2.5 | 81 | 석탄가스(Coal gas) | 5.3 | 32 |
| 에탄($C_2H_6$) | 3.0 | 12 | 일산화탄소(CO) | 12.5 | 74 |
| 아세톤($CH_3COOH$) | 3 | 13 | 암모니아($NH_3$) | 15 | 28 |

5) 위험도

(1) 폭발하한계 값과 폭발상한계 값의 차이를 폭발하한계 값으로 나눈 값이다.
(2) 기체의 폭발 위험수준을 나타낸다.
(3) 일반적으로 위험도 값이 큰 가스는 폭발상한계 값과 폭발하한계 값의 차이가 크며, 위험도가 클수록 공기 중에서 폭발 위험이 크다.

$$H = \frac{U - L}{L}$$

여기서, $H$ : 위험도, $L$ : 폭발하한계 값(%), $U$ : 폭발상한계 값(%)

> **Point**
>
> 일산화탄소의 폭발범위가 공기 중에서 11.5~72%라면, 일산화탄소의 위험도는 얼마인가?
>
> ■ $H = \dfrac{U-L}{L}$, 위험도(H) $= \dfrac{72-11.5}{11.5} = 5.26$

6) Brugess – Wheeler의 법칙

포화탄화수소계의 가스에서 폭발하한계의 농도 X(vol%)와 그의 연소열 Q(kcal/mol)의 곱은 일정

$$X \cdot \dfrac{Q}{100} \fallingdotseq 11 \text{(일정)}$$

# 04 화학설비 안전대책

## 1 화학설비의 종류 및 안전기준

### 1. 화학설비의 종류

#### 1) 화학설비(안전보건규칙 별표 7 제1호)

(1) 반응기·혼합조 등 화학물질 반응 또는 혼합장치
(2) 증류탑·흡수탑·추출탑·감압탑 등 화학물질 분리장치
(3) 저장탱크·계량탱크·호퍼·사일로 등 화학물질 저장설비 또는 계량설비
(4) 응축기·냉각기·가열기·증발기 등 열교환기류
(5) 고로 등 점화기를 직접 사용하는 열교환기류
(6) 캘린더(Calender)·혼합기·발포기·인쇄기·압출기 등 화학제품 가공설비
(7) 분쇄기·분체분리기·용융기 등 분체화학물질 취급장치
(8) 결정조·유동탑·탈습기·건조기 등 분체화학물질 분리장치
(9) 펌프류·압축기·이젝터(Ejector) 등의 화학물질 이송 또는 압축설비

#### 2) 화학설비의 부속설비(안전보건규칙 별표 7 제2호)

(1) 배관·밸브·관·부속류 등 화학물질이송 관련설비
(2) 온도·압력·유량 등을 지시·기록 등을 하는 자동제어 관련설비
(3) 안전밸브·안전판·긴급차단 또는 방출밸브 등 비상조치 관련설비
(4) 가스누출감지 및 경보관련 설비
(5) 세정기·응축기·벤트스택(Vent Stack)·플레어스택(Flare Stack) 등 폐가스처리설비
(6) 사이클론·백필터(Bag Filter)·전기집진기 등 분진처리설비
(7) (1)~(6)의 설비를 운전하기 위하여 부속된 전기관련 설비
(8) 정전기 제거장치·긴급 샤워설비 등 안전관련 설비

## 3) 특수화학설비

안전보건규칙 별표 9에 따른 위험물을 동표에서 정한 기준량 이상으로 제조 또는 취급하는 다음 각 호의 어느 하나에 해당하는 화학설비

(1) 발열반응이 일어나는 반응장치
(2) 증류·정류·증발·추출 등 분리를 행하는 장치
(3) 가열시켜주는 물질의 온도가 가열되는 위험물질의 분해온도 또는 발화점보다 높은 상태에서 운전되는 설비
(4) 반응폭주 등 이상화학반응에 의하여 위험물질이 발생할 우려가 있는 설비
(5) 온도가 섭씨 350℃ 이상이거나 게이지압력이 980kPa($10kg_f/cm^2$) 이상인 상태에서 운전되는 설비
(6) 가열로 또는 가열기

## 4) 화학설비 안전대책

(1) 화학설비 및 그 부속설비를 내부에 설치하는 건축물의 구조

건축물의 바닥, 벽, 기둥, 계단 및 지붕 등에 불연성 재료를 사용하여야 한다.

(2) 부식방지

화학설비 또는 그 배관 중 위험물 또는 인화점이 60℃ 이상인 물질이 접촉하는 부분에 대해서 부식에 의한 폭발·화재 또는 누출을 방지하기 위해 그 물질의 종류·온도·농도 등에 따라 부식이 잘 되지 않는 재료를 사용하거나 도장 등의 조치를 하여야 한다.

① 부식이 잘 되지 않는 재료 : 티타늄, 유리, 도자기, 고무, 합성수지 등 내식성 재료
② 도장 : 내식도료의 도포, 산화피막처리, 전기방식처리 등
③ 재료의 선정 : 부식 및 도장, 경제성을 고려하여 선정한다.
④ 가스의 금속 부식성
   ㉠ 암모니아
      ⓐ 동, 동합금, 알루미늄 합금에 대해서는 심한 부식성을 나타내므로 사용해서는 안 된다.
      ⓑ 탄소강($Fe_3C$)은 부식시키지 않는다.
   ㉡ 염화수소(HCl), 산화질소($NO_2$), 염소($Cl_2$) 등은 수분($H_2O$) 존재 시 탄소강을 부식시키므로 사용할 수 없다.

### (3) 덮개 등의 접합부

덮개·플랜지·밸브 및 콕의 접합부에 대해 위험물질 등의 누출로 인한 폭발·화재 또는 누출을 방지하기 위해 적절한 개스킷을 사용하고, 접합면을 상호 밀착시키는 등의 조치를 하여야 한다.

### (4) 밸브 등의 개폐방향 표시 등

화학설비 또는 그 배관의 밸브·콕 또는 이들을 조작하기 위한 스위치 및 누름버튼 등에 대하여 오조작으로 인한 폭발·화재 또는 위험물 누출을 방지하기 위해 개폐방향 등을 색채 등으로 표시하여 구분되도록 하여야 한다.

① 물질의 종류와 그 식별색

| 물질의 종류 | 식별색 |
|---|---|
| 물 | 파랑 |
| 증기 | 어두운 빨강 |
| 공기 | 흰색 |
| 가스 | 연한 노랑 |
| 산 또는 알칼리 | 회보라 |
| 기름 | 어두운 주황 |
| 전기 | 연한 주황 |

② 위험표시의 보기(황산)

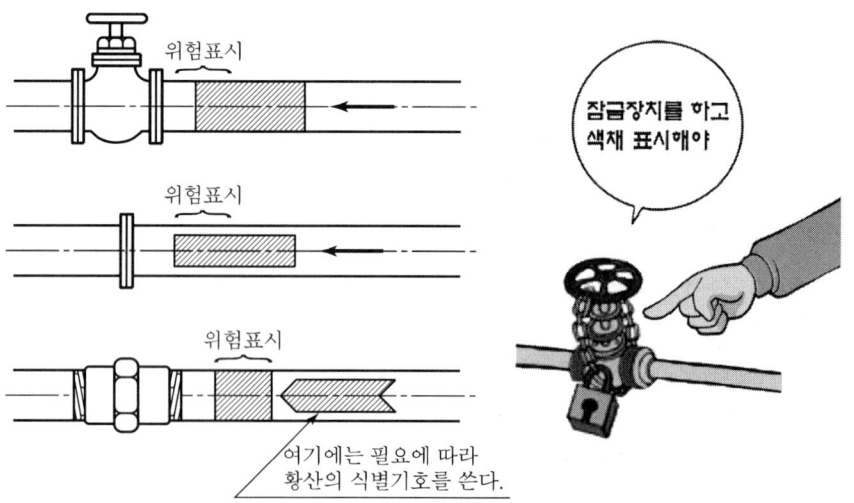

③ 고압가스 용기 도색

| 가스의 종류 | 용기 도색 |
|---|---|
| 액화탄산가스 | 청색 |
| 산소 | 녹색 |
| 수소 | 주황색 |
| 아세틸렌 | 황색 |
| 액화암모니아 | 백색 |
| 액화염소 | 갈색 |
| 액화석유가스(LPG) 및 기타 가스 | 회색 |

> **Point**
>
> **다음 고압가스의 용기에 해당하는 색을 쓰시오.**
> ① 산소    ② 아세틸렌    ③ 액화암모니아    ④ 질소
>
> ▣ ① 산소 : 녹색
>   ② 아세틸렌 : 황색
>   ③ 액화암모니아 : 백색
>   ④ 질소 : 회색

(5) 안전거리

위험물을 저장·취급하는 화학설비 및 그 부속설비는 폭발 또는 화재에 의한 피해를 최소화하기 위해 안전거리를 유지해야 한다.

〈안전거리〉

| 구분 | 안전거리 |
|---|---|
| 1. 단위공정시설 및 설비로부터 다른 단위공정시설 및 설비의 사이 | 설비의 바깥 면으로부터 10미터 이상 |
| 2. 플레어스택으로부터 단위공정시설 및 설비, 위험물질 저장탱크 또는 위험물질 하역설비의 사이 | 플레어스택으로부터 반경 20미터 이상. 다만, 단위공정시설 등이 불연재로 시공된 지붕 아래에 설치된 경우에는 그러하지 아니하다. |

| 구분 | 내용 |
| --- | --- |
| 3. 위험물질 저장탱크로부터 단위공정시설 및 설비, 보일러 또는 가열로의 사이 | 저장탱크의 바깥 면으로부터 20미터 이상. 다만, 저장탱크의 방호벽, 원격조종 소화설비 또는 살수설비를 설치한 경우에는 그러하지 아니하다. |
| 4. 사무실·연구실·실험실·정비실 또는 식당으로부터 단위공정시설 및 설비, 위험물질 저장탱크, 위험물질 하역설비, 보일러 또는 가열로의 사이 | 사무실 등의 바깥 면으로부터 20미터 이상. 다만, 난방용 보일러인 경우 또는 사무실 등의 벽을 방호구조로 설치한 경우에는 그러하지 아니하다. |

(6) 특수화학설비 안전장치

| 구분 | 내용 |
| --- | --- |
| 계측장치 설치 | 특수화학설비에는 내부의 상태를 조기에 파악하기 위하여 필요한 온도계·유량계·압력계 등의 계측장치를 설치하여야 한다. |
| 자동경보장치 설치 | 특수 화학설비를 설치하는 때에는 그 내부의 이상상태를 조기에 파악하기 위해 필요한 자동경보장치를 설치하여야 한다. 자동경보장치를 설치하는 것이 곤란한 때에는 감시인을 두고 그 특수화학설비의 운전 중 설비를 감시하도록 하는 등의 조치를 하여야 한다. |
| 긴급차단장치 설치 | 특수화학설비에는 이상상태 발생에 따른 폭발·화재 또는 위험물 누출을 방지하기 위해 원재료 공급의 긴급차단, 제품의 방출, 불활성 가스 주입 또는 냉각용수 공급 등을 위해 필요한 장치를 설치하여야 한다. |
| 예비동력원 설치 | 특수화학설비 및 그 부속설비에 대한 동력원의 이상에 의한 폭발·화재 또는 위험물 누출을 방지하기 위해 다음과 같은 예비동력원을 설치하여야 한다.<br>① 비상발전기 : 경유엔진, 스팀터빈, 가스터빈 발전기 등 4시간 이상 사용할 연료를 보관할 것<br>② 축전지설비 : 비상발전기가 가동되어 정격전압을 확보할 때까지의 예비전원<br>③ 비상용 수전설비 : 상시전원과는 별도의 비상전원을 수전받기 위한 설비<br>④ 계장용 압축공기 : 계측제어용 압축공기를 5분 이상 공급할 수 있을 것<br>⑤ 기타 : 소방펌프, 자체 배터리 저장 경보설비, 고가수조, 무전원 조명장치 등 |

> **Point**
> 특수화학설비 설치 시 내부의 이상상태를 조기에 파악하기 위한 계측장치의 종류를 3가지 쓰시오.
> ▣ 온도계, 유량계, 압력계

(7) 방유제 설치

위험물질을 액체상태로 저장하는 저장탱크를 설치하는 경우에 위험물질이 누출되어 확산되는 것을 방지하기 위하여 방유제를 설치하여야 한다.

(8) 화학설비와 그 부속설비의 개조, 수리 및 청소 등을 위해 설비를 분해하거나 설비 내부에서 작업할 때 준수할 사항
 ① 당해 작업방법 및 순서를 정하여 미리 관계근로자에게 교육할 것
 ② 작업책임자를 정하여 당해작업을 지휘하도록 할 것
 ③ 작업장소에 위험물 등이 누출되거나 고온의 수증기가 새어나오지 않도록 할 것
 ④ 작업장 및 그 주변의 인화성 물질의 증기 또는 인화성 가스의 농도를 수시로 측정할 것

## 2. 반응기

반응기는 화학반응을 최적 조건에서 수율이 좋도록 행하는 기구이다. 화학반응은 물질, 온도, 농도, 압력, 시간, 촉매 등의 영향을 받으므로, 이런 인자들을 고려하여 설계·설치·운전하여야 안전한 작업을 할 수 있다.

1) 반응기의 분류

 (1) 조작방법에 의한 분류
  ① 회분식 반응기  ② 반회분식 반응기  ③ 연속식 반응기
 (2) 구조에 의한 분류
  ① 교반조형 반응기  ② 관형 반응기
  ③ 탑형 반응기    ④ 유동층형 반응기

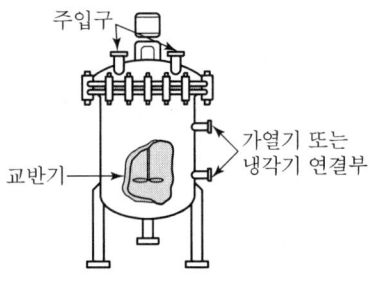

[교반조형 반응기]

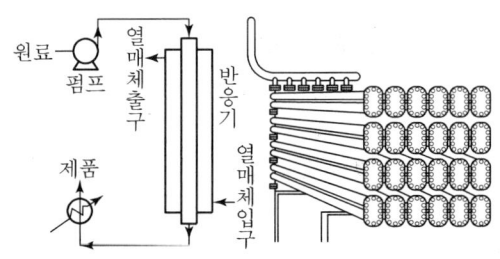

[관형 반응기]

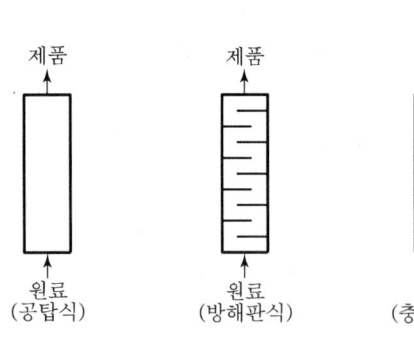

[탑형 반응기]

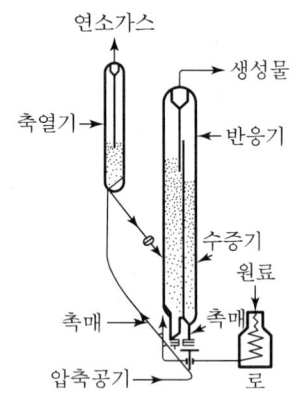

[유동층형 반응기]

## 2) 반응기 안전설계 시 고려할 요소

(1) 상(Phase)의 형태(고체, 액체, 기체)   (2) 온도범위
(3) 운전압력   (4) 부식성

## 3) 반응기의 안전조치

(1) 폭발·화재 분위기 형성 방지 : 원재료 주입 및 반응 중 또는 생성물 취출 시 필요할 경우 불활성 가스를 이용하여 치환한다.
(2) 반응잔류물 등의 축적으로 인한 혼합 및 반응 폭주를 방지한다.
  - 반응폭주 : 온도, 압력 등 제어상태가 규정의 조건을 벗어나는 것에 의해 반응 속도가 지수 함수적으로 증대되고 반응 용기 내의 온도, 압력이 급격히 이상 상승되어 규정 조건을 벗어나고, 반응이 과격화되는 현상

(3) 인화성 액체와 같은 위험물질을 드럼을 통해 주입하는 경우 드럼을 접지하고 전도성 파이프를 이용, 정전기 및 전하에 의한 점화에 주의한다.
(4) 계측기 및 제어기의 점검을 통해 오류가 없도록 한다.
(5) 환기설비, 가스누출 검지기 및 경보설비, 소화설비, 물분무설비, 비상조명설비, 통신설비 등을 갖춘다.
(6) 이상반응 시 내부의 반응물을 안전하게 방출하기 위한 장치를 설치한다.
(7) 반응 중에는 반응기 내부의 공정조건을 확인한다.
(8) 배기설비에는 필요할 경우 역화방지기를 설치한다.

### 4) 반응폭발에 영향을 미치는 요인
(1) 냉각시스템    (2) 반응온도    (3) 교반상태

## 3. 증류탑

증류탑은 두 개 또는 그 이상의 액체 혼합물을 끓는점(비점) 차이를 이용하여 성분을 분리하는 것을 목적으로 하는 장치이다. 증류탑은 내부의 각 Tray에서 기체와 액체를 접촉시켜 물질전달 및 열전달원리를 적용하여 성분을 효율적으로 분리하게 된다.

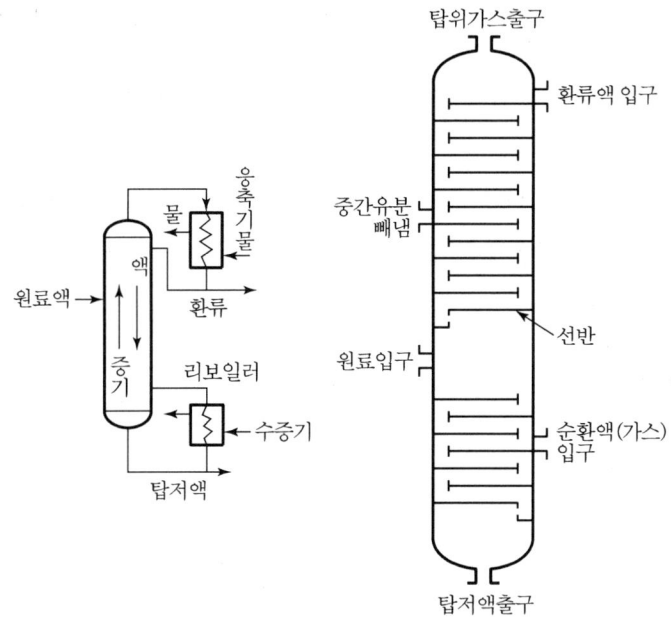

[증류탑의 개략도]

※ Distillation(증류)과 분해증류(Cracking Distillation, Cracking)의 차이점
Distillation(증류)는 원유(Crude Oil)로부터 비점이 유사한 여러 Fraction을 비점(Boiling Point) 차이를 이용하여 분리하는 기술인 반면에, Cracking은 열(Heat Energy) 또는 촉매(Catalyst)를 이용하여 부가가치가 낮은 증류탑 Bottom Product 등 분자량이 큰 물질을 분해해서 끓는점이 낮은 가솔린 등을 만드는 석유정제 공정이다.

## 1) 증류방식

증류에는 환류(Reflux)를 하지 않는 단증류(Simple Distillation)와 환류(Reflux)를 이용하여 증류탑 상부에서 기체와 액체의 역류접촉을 통해 정밀한 분리를 하는 정류(Rectification)가 있는데 증류탑 내부에서의 운전압력과 조작방식 등에 따라 다음과 같이 분류할 수 있다.

### (1) 운전압력에 따른 분류

① 상압증류(Atmospheric Distillation)
일반적으로 대기압하에서의 증류를 말하며, 정유공장에서는 원유를 상압하에서 증류하여 가솔린, 등유, 경유, 중유 등을 생산한다.

② 감압증류(Vacuum Distillation)
대기압보다 낮은 압력에서는 물질의 끓는점이 내려가는 현상을 이용하여 상압에서 끓는점까지 가열하면 분해할 우려가 있는 물질을 증류할 때 사용

③ 고압증류
상압보다 높은 압력하에서 끓는점이 낮은 용액을 증류할 때 사용

### (2) 조작방식에 따른 분류

① 회분증류(Batch Distillation)
원료액을 반복적으로 증류기에 넣어 불연속적으로 조작하는 증류

② 연속증류(Continuous Distillation)
증류탑에 원료를 연속적으로 공급하여 탑 정상에서는 끓는점이 낮은 성분(Light Fraction), 탑 하부에서는 끓는점이 높은 성분(Heavy Fraction)을 연속적으로 추출하는 증류

## 2) 증류탑 점검항목

| 일상점검항목 | 자체검사(개방점검)항목 |
|---|---|
| 도장의 열화 상태 | 트레이 부식상태, 정도, 범위 |
| 기초볼트 상태 | 용접선의 상태 |
| 보온재 및 보랭재 상태 | 내부 부식 및 오염 여부 |
| 배관 등 연결부 상태 | 라이닝, 코팅, 개스킷 손상 여부 |
| 외부 부식 상태 | 예비동력원의 기능 이상 유무 |
| 감시창, 출입구, 배기구 등 개구부 이상 유무 | 가열장치 및 제어장치 기능의 이상 유무 |
| | 뚜껑, 플랜지 등의 접합상태의 이상 유무 |

## 3) 증류설비 안전장치

(1) 환기설비, 가스누출감지기, 경보설비, 소화설비, 통신설비 설치
(2) 온도제어기, 온도기록계, 온도경보장치 설치
(3) 압력측정기, 압력경보장치 설치
(4) 예비동력원 설치


## 4. 열교환기(Heat Exchanger)

고온유체와 저온유체 사이에 열이동(Heat Transfer)이 일어나게 하는 장치로서 두 부분으로 구분된 열교환기의 한쪽에는 고온의 유체가 흐르고 다른 한쪽에는 저온의 유체가 흘러서 고온 유체의 열에너지가 고체 벽을 통하여 저온 유체로 전달되어 열교환이 일어나는데 이를 효율적으로 수행하도록 만든 장치를 열교환기라 한다.

### 1) 열교환기의 분류

(1) 기능에 따른 분류

① 열교환기(Heat exchanger) : 온도차가 있는 두 유체 간에 단순히 열을 교환하는 장치
② 냉각기(Cooler) : 냉각수 등을 이용하여 고온 측 유체를 냉각시키는 장치
③ 예열기(Preheater) : 공정에 유입되기 전 유체를 가열(예열)하는 장치
④ 기화기(Evaporator) : 저온 측 유체에 열을 가하여 기화시키는 장치
⑤ 재비기(Reboiler) : 탑저액의 재증발을 위한 장치. 탑저의 Heavy Liquid(분자량이 큰 물질)를 Reboiler에서 가열하여 증류탑으로 재투입함으로써 탑저 Product에서의

Light한 성분(분자량이 작은 물질)을 제거하여 순도를 높이는 장치
ⓖ 응축기(Condenser) : 고온 측 유체에서 열을 빼앗아 액화시키는 장치

(2) 구조에 의한 분류
① 다관원통(Shell & Tube Type)
  ㉠ 고정관판형(Fixed Tube Sheet Type)
  ㉡ 유동두형(Floating Head Type)
  ㉢ U-Tube형
  ㉣ Kettle형 : Shell Side에서 Pool Boiling이 일어나는 경우에 사용되며, 구조가 간단하고 증기를 손쉽게 얻을 수 있어 Reboiler로서 널리 사용됨
② 이중관식(Double Pipe Type)
③ 판형(Plate Type)
④ 코일식(Coil Type)
⑤ Air Cooled 열교환기 : 냉각수 대신에 공기를 냉각매체로 이용하여 강제 통풍시켜 내부유체를 Cooling시키는 형태의 열교환기

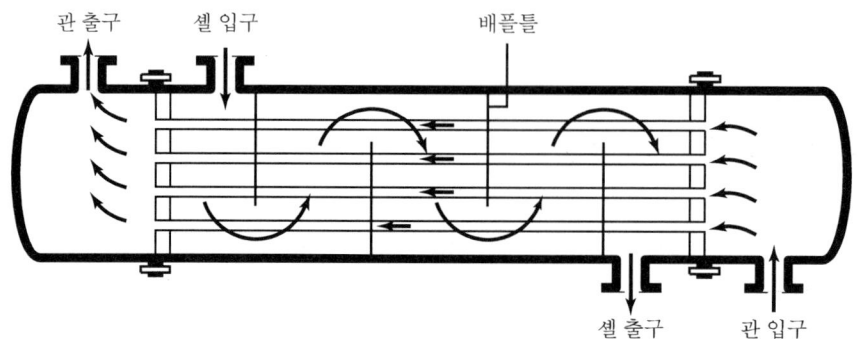

[고정관판형 열교환기]

2) 열교환기 점검항목

| 일상점검 항목 | 자체검사(개방점검) 항목 |
| --- | --- |
| 도장부 결함 및 벗겨짐 | 내부 부식의 형태 및 정도 |
| 보온재 및 보랭재 상태 | 내부 관의 부식 및 누설 유무 |
| 기초부 및 기초 고정부 상태 | 용접부 상태 |
| 배관 등과의 접속부 상태 | 라이닝, 코팅, 개스킷 손상 여부 |
|  | 부착물에 의한 오염 상황 |

## 5. 건조설비

건조설비는 원재료에 있는 물, 유기용제 등의 습기를 제거하기 위한 설비이다. 건조설비는 대상물의 성상, 함수율, 처리능력, 열원 등에 따라 그 형태와 크기가 매우 다양하다.

### 1) 건조설비 형태에 따른 분류

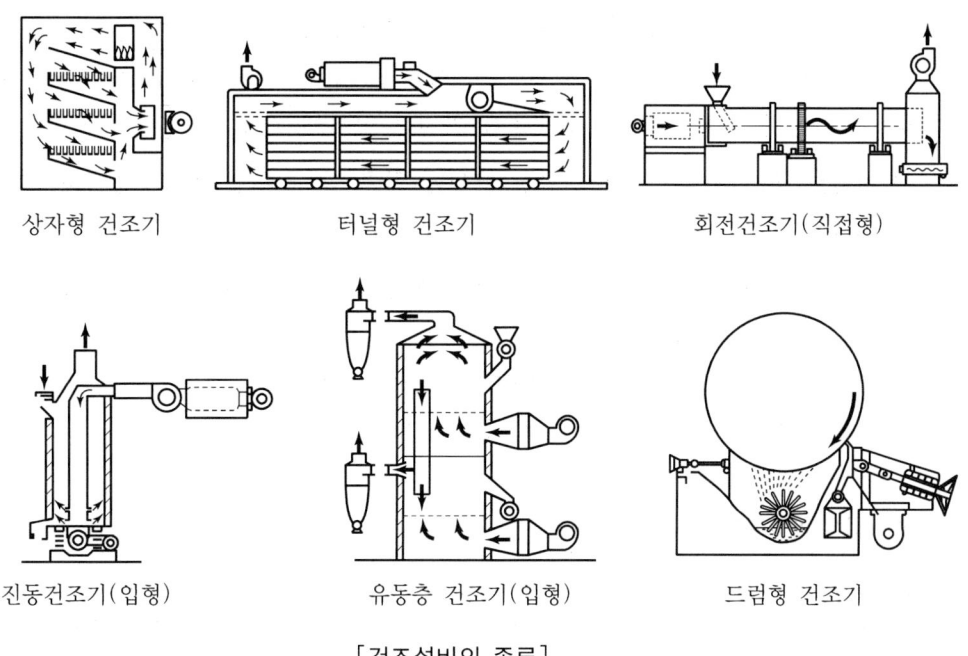

[건조설비의 종류]

### 2) 열원의 종류

| 열원 | 고체·액체·기체 연료 | | 수증기·온수·열매체 | 전기 | | 폐가스 |
|---|---|---|---|---|---|---|
| 가열장치 방식 | 직접연소식 (직화식) | 간접가열식 (간접식) | 열교환 | 전열식 | 적외선식 | 열교환 |
| 열원 이용방식 | 화염을 직접 이용 | 열교환을 통해 가열 | | | 복사열 | |

## 3) 건조설비의 구성

| 구조부분 | 바닥 콘크리트, 철골, 보온판 등 기초부분, 몸체, 내부구조물 등 |
|---|---|
| 가열장치 | 열원공급장치, 열 순환용 송풍기 등 |
| 부속설비 | 전기설비, 환기장치, 온도조절장치, 소화장치, 안전장치 등 |

## 4) 위험물 건조설비 건축물 구조_위험물 건조설비의 정의

다음에 해당하는 위험물 건조설비의 건조실을 설치하는 경우, 독립된 단층건물 또는 건축물의 최상층에 설치하거나 내화구조를 가지고 있어야 한다.

(1) 위험물 또는 위험물이 발생하는 물질을 가열·건조하는 경우 내용적이 $1m^3$ 이상인 건조설비

(2) 위험물이 아닌 물질을 가열·건조하는 경우
   ① 고체 또는 액체연료의 최대사용량이 10kg/h 이상인 건조설비
   ② 기체연료의 최대사용량이 $1m^3/h$ 이상인 건조설비
   ③ 전기사용 정격용량이 10kW 이상인 건조설비

## 5) 건조설비의 구조

(1) 건조설비의 외면은 불연성 재료로 만들 것
(2) 건조설비의 내면과 내부의 선반이나 틀은 불연성 재료로 만들 것(유기과산화물을 가열 건조하는 것은 제외한다)
(3) 위험물 건조설비의 측벽이나 바닥은 견고한 구조로 할 것
(4) 위험물 건조설비는 그 상부를 가벼운 재료로 만들고 주위상황을 고려하여 폭발구를 설치할 것
(5) 위험물 건조설비는 건조 시 발생되는 가스·증기 또는 분진을 안전한 장소로 배출시킬 수 있는 구조로 할 것
(6) 액체연료 또는 가연성 가스를 열원으로 사용하는 건조설비는 점화할 때에 폭발 또는 화재를 예방하기 위하여 연소실이나 기타 점화하는 부분을 환기시킬 수 있는 구조로 할 것
(7) 건조설비의 내부는 청소가 쉬운 구조로 할 것
(8) 건조설비의 감시창·출입구 및 배기구 등과 같은 개구부는 발화 시에 불이 다른 곳으로 번지지 아니하는 위치에 설치하고, 필요한 때에는 즉시 밀폐할 수 있는 구조로 할 것

⑼ 건조설비는 내부의 온도가 국부적으로 상승되지 아니하는 구조로 설치할 것
⑽ 위험물 건조설비의 열원으로서 직화를 사용하지 말 것
⑾ 위험물 건조설비 외의 건조설비의 열원으로서 직화를 사용하는 때에는 불꽃 등에 의한 화재를 예방하기 위하여 덮개를 설치하거나 격벽을 설치할 것

### 6) 건조설비 취급 시 주의사항

⑴ 위험물 건조설비를 사용하는 경우에는 미리 내부를 청소하거나 환기할 것
⑵ 위험물 건조설비를 사용하는 경우에는 건조로 인하여 발생하는 가스·증기 또는 분진에 의하여 폭발·화재의 위험이 있는 물질을 안전한 장소로 배출시킬 것
⑶ 위험물 건조설비를 사용하여 가열건조하는 건조물은 쉽게 이탈되지 않도록 할 것
⑷ 고온으로 가열건조한 인화성 액체는 발화의 위험이 없는 온도로 냉각한 후에 격납시킬 것
⑸ 외면이 현저히 고온이 되는 건조설비의 근접한 장소에는 인화성 액체를 두지 않도록 할 것

## 2 공정안전기술

### 1. 제어장치

#### 1) 제어장치의 정의

공정의 제어는 장치의 운전 성패와 더불어 안전성 확보에 가장 중요한 역할을 하는 것이다. 수동제어는 사람이 직접 제어하는 반면, 자동제어는 기계 또는 장치의 운전을 사람 대신 기계에 의해 행하도록 하는 기술이다.

(1) 수동제어

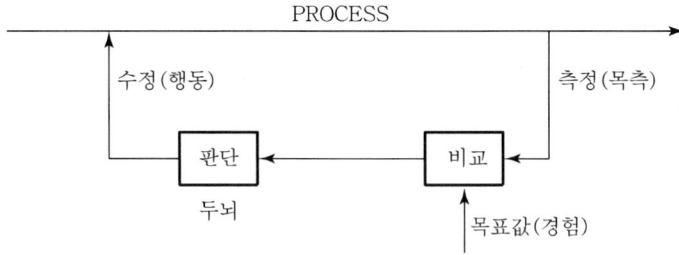

(2) 자동제어

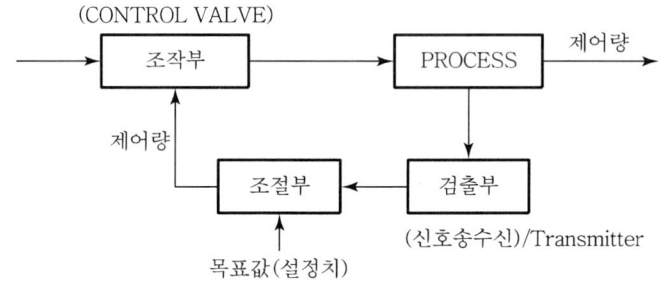

① 자동제어 시스템 작동순서 : 공정량 → 검출부 → 조절부 → 조작부 → 제어량
② 부분별 기능
   ㉠ 검출부 : 피드백(Feedback)요소라고도 하며, 제어량(공정량)을 검출하여 신호를 만들어 조절부로 보내주는 장치

ⓒ 조절부 : 검출부에서 신호를 받아 제어알고리즘을 이용하여 제어량을 결정하는 장치
　　ⓒ 조작부 : 조절부의 신호에 의해 실제로 개폐 등의 동작을 하는 밸브 등의 장치
② 자동제어의 종류
　　㉠ 인터록 제어
　　　운전원의 오조작이나 장치의 오동작인 경우에도 안전해야 하기 때문에 장치 자체가 어떤 조건을 갖추지 않으면 작동되지 않도록 하는 제어방식
　　㉡ 피드백 제어
　　　위의 그림과 같이 폐회로를 구성하며, 측정된 제어(制御)량과 목표(目標)값을 비교하고, 그것들을 일치시키도록 동작을 행하는 제어를 말한다. 예를 들면, 공기조화장치는 실내온도(제어량)를 검지하여 설정된 온도(목표값)와 비교하여 제어편차가 없도록 차가운 공기의 양(조작량)을 조절한다.

2) 제어동작(조절부에 의한 제어에 필요한 동작)

| 불연속 제어동작 | 위치동작<br>(On-Off control) | 단계적 2종의 조작신호를 보내는 2위치 동작과 2종 이상의 조작신호를 보내는 다위치 동작으로 구분 |
|---|---|---|
| 연속 제어동작 | 비례동작<br>(Proportional control)<br>〈비례제어기〉 | 설정값에서 벗어난 공정변수에 비례하여 조작신호를 보내는 동작으로, 비례대역을 좁게 하면 같은 오차값이라도 조작신호 변화가 커지게 된다. |
| | 적분동작<br>(Integral control)<br>〈비례적분제어기〉 | 비례제어에서 발생하는 잔류편차(Offset)를 적분동작이 자동으로 수정하여 제어를 안정화시킨다. 그러나 외란에 의한 급격한 변화에 대해 안정화된 때까지 시간이 걸리는 단점이 있다. |
| | 미분동작<br>(Derivative control)<br>〈비례미분제어기〉 | 비례제어와 비교해서 외란에 의한 급격한 변화에 대한 응답이 빠르며 짧은 시간 내에 제어를 안정화시킨다.<br>미분동작은 변화의 기울기에 비례하는 조작량으로 수정동작을 행하므로 급격한 외란에 대해 큰 조작량을 준다. |

## 2. 안전장치의 종류

### 1) 안전밸브(Safety Valve)

설비나 배관의 압력이 설정압력을 초과하는 경우 작동하여 내부압력을 분출하는 장치

[안전밸브의 여러 가지 형상]

(1) 안전밸브의 종류

스프링식(화학설비에서 가장 많이 사용), 중추식, 지렛대식

(2) 안전밸브 설치 기준

① 압력상승의 우려가 있는 경우
② 반응생성물에 따라 안전밸브 설치가 적절한 경우
③ 열팽창 우려가 있을 때 압력상승을 방지할 경우

(3) 안전밸브 등의 설치

다음에 해당하는 화학설비 및 그 부속설비에는 과압에 따른 폭발을 방지하기 위하여 안전밸브 또는 파열판을 설치하여야 한다.

① 압력용기(안지름이 150밀리미터 이하인 압력용기는 제외하며, 관형 열교환기는 관의 파열로 인한 압력상승이 동체의 최고사용압력을 초과할 우려가 있는 경우에 한정한다)
② 정변위 압축기
③ 정변위 펌프(토출축에 차단밸브가 설치된 것에 한정한다)
④ 배관(2개 이상의 밸브에 의하여 차단되어 대기온도에서 액체의 열팽창에 의한 파열이 우려되는 것에 한정한다)
⑤ 그 밖에 화학설비 및 그 부속설비(이상화학반응, 밸브의 막힘 등 이상상태로 인한 압력상승으로 해당 설비의 최고사용압력을 초과할 우려가 있는 것에 한정한다)

(4) 고압가스의 종류

| 압축가스 | 수소, 산소, 질소, 메탄 등 비점이 낮은 가스 |
|---|---|
| 액화가스 | 프로판, 부탄, LPG, 염소, 암모니아, 탄산가스, 프레온 등 |
| 용해가스 | 아세틸렌 |

(5) 고압가스 용기 파열의 주요원인

① 용기의 내압력 부족
  ㉠ 용기 내벽의 부식
  ㉡ 강재의 피로
  ㉢ 용접 불량
② 용기 내 압력의 이상상승
③ 용기 내에서의 폭발성 혼합가스의 발화

(6) 차단밸브의 설치금지

안전밸브 등의 전·후단에는 차단밸브를 설치하여서는 아니 된다. 다만, 다음에 해당하는 경우에는 자물쇠형 또는 이에 준하는 형식의 차단밸브를 설치할 수 있다.

① 인접한 화학설비 및 그 부속설비에 안전밸브 등이 각각 설치되어 있고, 해당 화학설비 및 그 부속설비의 연결배관에 차단밸브가 없는 경우
② 안전밸브 등의 배출용량의 2분의 1 이상에 해당하는 용량의 자동압력조절밸브[구동용 동력원의 공급이 차단되는 경우 열리는 구조인(Fail Open) 것에 한정한다]와 안전밸브 등이 병렬로 연결된 경우
③ 화학설비 및 그 부속설비에 안전밸브 등이 복수방식으로 설치되어 있는 경우
④ 예비용 설비를 설치하고 각각의 설비에 안전밸브 등이 설치되어 있는 경우
⑤ 열팽창에 의하여 상승된 압력을 낮추기 위한 목적으로 안전밸브가 설치된 경우
⑥ 하나의 플레어스택(Flare Stack)에 둘 이상의 단위공정의 플레어헤더(Flare Header)를 연결하여 사용하는 경우로, 각각의 단위공정의 플레어헤더에 설치된 차단밸브의 열림·닫힘상태를 중앙제어실에서 알 수 있도록 조치한 경우

## 2) 파열판(Rupture Disk)

밀폐된 압력용기나 화학설비 등이 설정압력 이상으로 급격하게 압력이 상승하면 파단되면서 압력을 토출하는 장치이다. 짧은 시간 내에 급격하게 압력이 변하는 경우 적합하다.

[파열판의 형태]

(1) 파열판의 설치기준
　① 반응폭주 등 급격한 압력상승의 우려가 있는 경우
　② 급성 독성물질의 누출로 인하여 주위의 작업환경을 오염시킬 우려가 있는 경우
　③ 운전 중 안전밸브에 이상물질이 누적되어 안전밸브가 작동이 안될 우려가 있는 경우

(2) 파열판 설계기준식

$$P = 3.5\sigma_u \times (\frac{t}{d}) \times 100$$

　　여기서, $P$ : 파열압력($kg/cm^2$), $d$ : 직경,
　　　　　$\sigma_u$ : 재료의 인장강도($kg/mm^2$), $t$ : 두께(mm)

(3) 파열판의 특징
　① 압력 방출속도가 빠르며, 분출량이 많다.
　② 높은 점성의 슬러리나 부식성 유체에 적용할 수 있다.
　③ 설정 파열압력 이하에서 파열될 수 있다.
　④ 한 번 작동하면 파열되므로 교체하여야 한다.

(4) 파열판 및 안전밸브의 직렬설치

급성 독성물질이 지속적으로 외부에 유출될 수 있는 화학설비 및 그 부속설비에 파열판과 안전밸브를 직렬로 설치하고 그 사이에는 압력지시계 또는 자동경보장치를 설치하여야 한다.
　① 부식물질로부터 스프링식 안전밸브를 보호할 때
　② 독성이 매우 강한 물질을 취급 시 완벽하게 격리할 때
　③ 스프링식 안전밸브에 막힘을 유발시킬 수 있는 슬러리를 방출시킬 때
　④ 압력방출장치가 작동된 후 방출구가 개방되지 않아야 할 때

3) 통기설비

인화성 액체를 저장·취급하는 대기압 탱크에는 통기관(Vent) 또는 통기밸브(Breather Valve)를 설치하여 정상운전 시에 탱크 내부가 진공 또는 가압되지 않도록 외기를 흡입 또는 증기를 방출할 수 있는 충분한 용량의 통기설비를 사용하여야 한다.
① 인화성 액체를 저장하는 용기의 통기관 및 통기밸브에는 외부의 화염이 탱크로 유입하지 못하도록 끝단에 화염방지기를 설치하여야 한다.
② 휘발성이 높아 증발손실이 많고 위험성이 높은 인화성 액체 저장탱크에는 통기밸브(Breather Valve)를 설치한다.

[통기밸브의 실제 설치 모습]

### 4) Emergency Vent(긴급방출)

정상운전 시에는 닫혀 있다가 저장탱크 주위에서 화재가 발생한 경우 탱크내부의 증기발생량이 급격하게 증가되어 탱크 내부압력이 설정압력에 도달되었을 때 자동으로 개방되면서 많은 양의 가스·증기 등을 일시에 탱크외부로 방출시켜 탱크를 보호하는 맨홀 또는 기계 뚜껑 등을 말한다.

저장탱크에 Emergency Vent와 통기밸브가 함께 설치된 경우에는 Emergency Vent의 작동압력을 통기밸브의 설정압력보다 약간 높게 설정하여 평상시에는 통기밸브를 통해 증기를 방출시키고, 외부화재 등 이상 시에 Emergency Vent가 작동되도록 해야 한다.

### 5) 폭압방산공

폭압방산공은 건물, 건조로 또는 분체의 저장설비 등에 설치하는 압력방출장치로서 폭발로부터 건물, 설비 등을 보호하는 기능을 갖는다. 다른 압력방출장치에 비해 구조가 간단하고 방출 면적이 넓어 방출량이 많고, 방출에 따른 2차적인 피해를 예방하기 위해 방출방향을 안전한 장소로 향하게 하는 것이 중요하다.

### 6) 화염방지기(Flame Arrester)

(1) 비교적 저압 또는 상압에서 가연성 증기를 발생하는 인화성 물질 등을 저장하는 탱크에서 외부로 그 증기를 방출하거나 탱크 내로 외기를 흡입하는 부분에 설치하는 안전장치

(2) 일반적으로 40mesh 이상의 가는 눈금의 철망을 여러 겹 겹친 소염소자식 화염방지기와 밀봉 액체를 사용하는 액봉식 화염방지기가 있다.

(3) 소염소자식 화염방지기는 인화성 가스가 통과하는 통기관에 금속망 혹은 좁은 간격을

가지는 금속판을 사용하여 고온의 화염이 좁은 간격의 벽면에 접촉, 열전도에 의해서 급속히 열을 빼앗겨 착화온도 이하로 낮아지게 하여 소염하는 원리이고, 액봉식 화염방지기는 통기관을 물속을 통과하게 함으로써 냉각효과를 증대시켜 소염시키는 원리이다.

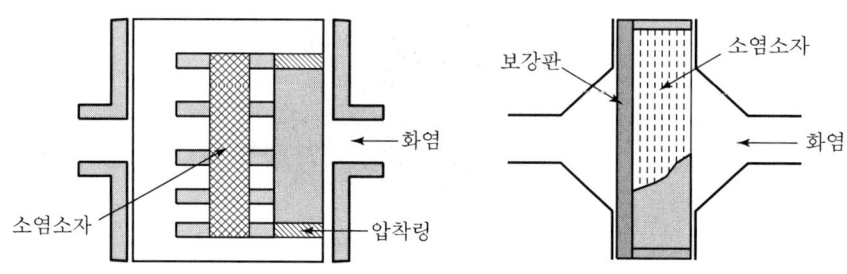

[화염방지기의 구조]

### 7) Steam Trap

(1) 증기배관 내에 생성되는 응축수는 송기상 지장이 되어 제거할 필요가 있는데, 이때 수증기는 배출되지 않도록 하고, 생성된 응축수만 자동적으로 배출하기 위한 장치

(2) 종류
   ① Disk type   ② Bimetal Type   ③ Bucket Type

> **Point**
>
> 스팀이 누출되는 장소를 확인하기 위해 증기배관의 보온커버를 벗기는 작업을 하고 있다. 위험요인 및 안전대책을 3가지 쓰시오.
>
> 1. 위험요인
>    ① 방열장갑을 착용하고 있지 않아 고온의 배관에 의한 화상위험이 있다.
>    ② 고온의 증기가 계속 누출되고 있어 얼굴에 화상위험이 있다.
>    ③ 보온커버 등에서 발생하는 가루나 분진 등에 의한 눈의 상해위험이 있다.
> 2. 안전대책
>    ① 방열장갑을 착용하고 작업한다.
>    ② 보안면을 착용하여 얼굴, 눈을 보호한다.
>    ③ 공정에 지장이 없다면 스팀밸브를 차단한 후 작업을 한다.

## 3. 송풍기

기체를 수송하는 장치로, 토출 압력 1kg/cm² 이하의 저압을 요구하는 경우 사용한다.

### 1) 송풍기의 분류

| 구분 | 회전형 | 용적형 |
|---|---|---|
| 종류 | 원심식, 축류식 | 회전식, 왕복동식 |
| 원리 | 기계적 회전에너지를 이용하여 기체를 송풍 | 실린더 내에 기체를 흡입, 분출하여 송풍 |

(1) 원심식 송풍기 : 내부의 임펠러(Impeller : 날개)를 회전시켜 원심력에 의해 기체를 송풍
(2) 축류식 송풍기 : 프로펠러 회전에 의한 추력에 의해 기체를 송풍
(3) 회전식 송풍기 : 내부에 한 개 또는 여러 개의 피스톤을 설치하고 이것을 회전시켜 피스톤 사이 체적 감소를 이용하여 기체를 송풍
(4) 왕복동식 송풍기 : 실린더의 피스톤을 왕복시켜 흡입밸브와 토출밸브를 작동하여 기체를 송풍

### 2) 송풍기의 상사법칙(안전설계 시 고려할 사항)

(1) 송풍량($Q$)은 회전수($N$)와 비례한다.
(2) 정압($P$)은 회전수($N$)의 제곱에 비례한다. 또 직경의 제곱에 비례한다.
(3) 축동력($L$)은 회전수($N$)의 세제곱에 비례한다.

## 4. 압축기

토출 압력 1kg/cm² 이상의 공기 또는 기체를 수송하는 장치

### 1) 압축기의 분류

| 구분 | 회전형 | 용적형 |
|---|---|---|
| 종류 | 원심식, 축류식 | 회전식, 왕복동식, 다이어프램식 |
| 원리 | 기계적 회전에너지를 이용하여 기체를 송풍 | 실린더 내에 기체를 흡입, 분출하여 송풍 |

(1) 회전식 압축기 : Casing 내에 1개 또는 수개의 특수 피스톤을 설치하여 이것을 회전시킬 때 Casing과 피스톤 사이의 체적이 감소해서 기체를 압축

(2) 왕복동식 압축기 : 실린더 내에서 피스톤을 왕복시켜 이것에 따라 개폐하는 흡입밸브 및 배기밸브의 작용에 의해 기체를 압축

(3) Casing 내에 들어 있는 날개바퀴를 회전시켜 기체에 작용하는 원심력에 의해서 기체를 압축

(4) 축류식 압축기 : 프로펠러의 회전에 의한 추진력에 의해 기체를 압송

### 2) 왕복동식 압축기의 주요 이상현상 및 원인

| | |
|---|---|
| 실린더 주변 이상음 | • 피스톤과 실린더 헤드와의 틈새가 너무 넓은 것<br>• 피스톤 링의 마모, 파손<br>• 실린더 내에 물 등 이물질이 들어가 있는 경우 |
| 크랭크 주변 이상음 | • 베어링의 마모와 헐거움<br>• 크로스헤드의 마모와 헐거움 |
| 가스온도 상승 | • 흡입, 토출 밸브의 불량 |

## 5. 펌프

압력이 낮은 곳에 있는 액체를 압력이 높은 곳으로 이송시키는 장치

### 1) 공동현상(Cavitation)

원심펌프가 높은 속도로 운전될 때 Impeller 흡입부에서의 압력이 낮아지는데 이 압력이 이송유체의 증기압보다 낮아지면 이송되는 유체의 증기가 발생되어 펌프가 소음과 진동을 일으키고, 결국 기계적 손상을 입게 되는 현상

※ 유효흡입양정(NPSH, Net Positive Suction Head)은 펌프 공동현상(Cavitaion)의 발생 가능성을 점검하는 척도인데, 보통 NPSHa > NPSHr×1.3 인 경우에 Cavitation이 발생하지 않는다. NPSHa(Available)는 펌프의 설치 조건, 즉 수면과 펌프의 거리(흡입양정), 흡입관경 및 배관의 길이, 이송액체의 종류와 온도 등에 의해 결정되고 NPSHr(Required)은 펌프 제작자에 의해 결정되며, 계산에 의해서도 구할 수 있으나 실험에 의해 구하는 방법이 더 정확하다.

(1) 발생조건

① 흡입양정이 지나치게 클 경우
② 흡입관의 저항이 증대될 경우

③ 흡입액이 과속으로 유량이 증대될 경우
④ 관 내의 온도가 상승할 경우

(2) 예방방법

① 펌프의 회전수를 낮춘다.
② 흡입비 속도를 작게 한다.
③ 펌프의 흡입관의 두(Head) 손실을 줄인다.
④ 펌프의 설치위치를 되도록 낮추어 유효흡입양정(NPSH)을 크게 한다.

## 2) 수격작용(Water Hammering)

펌프에서 물의 압송 시 정전 등에 의해 펌프가 급히 멈춘 경우 또는 수량조절 밸브를 급히 개폐한 경우 관 내 유속이 급변하면서 물에 심한 압력변화가 발생하여 소음과 진동이 발생하고 심한 경우 토출관이 파손되는 현상

## 3) 서징(Surging)

펌프를 불안정한 영역에서 운전 시 특별한 변동을 주지 않아도 진동이 발생하여 주기적으로 운동, 양정, 토출량이 변동하는 현상

## 4) 베이퍼록 현상(Vapor Lock)

액체가 관 속을 흐를 때 유동하는 물속의 어느 부분의 정압이 관 속의 액체 증기압보다 낮을 경우 액체가 증발하여 부분적으로 증기가 발생되는 현상. 증기의 압축성 유체 성질로 인하여 펌프의 힘이 유체에 제대로 전달되지 못한다.

# 6. 배관 및 피팅류

## 1) 관이음 및 개스킷

(1) 관이음

고압관에서는 누설방지를 위해 용접이음이 좋고, 보수를 위해 분리하여야 할 필요가 있을 경우에는 플랜지 등 일시적 접합을 사용한다. 또한, 관이 길고 온도변화가 클 때에는 신축을 고려하여 신축 이음을 사용한다.

① 관 부속품(Pipe Joint)

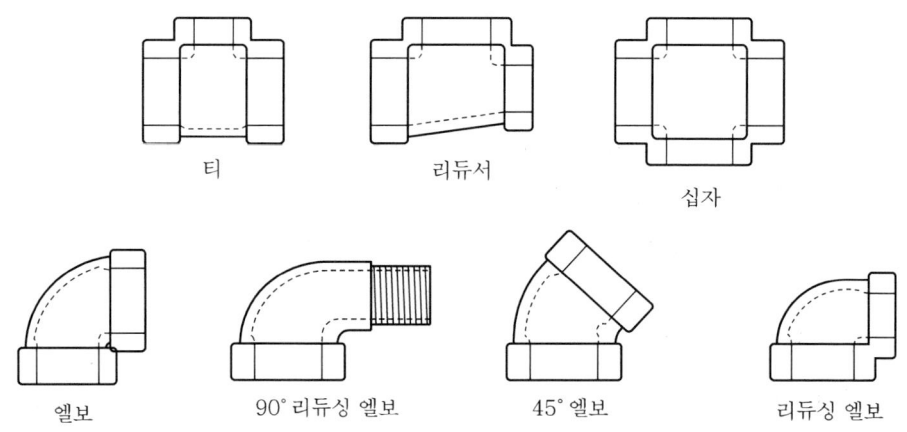

[여러 가지 관 부속품]

② 용도에 따른 관 부속품

| 용도 | 관 부속품 |
|---|---|
| 관로를 연결할 때 | 플랜지(Flange), 유니온(Union), 커플링(Coupling), 니플(Nipple), 소켓(Socket) |
| 관로의 방향을 변경할 때 | 엘보(Elbow), Y자관(Y-branch), 티(Tee), 십자관(Cross) |
| 관의 지름을 변경할 때 | 리듀서(Reducer), 부싱(Bushing) |
| 가지관을 설치할 때 | 티(Tee), Y자관(Y-branch), 십자관(Cross) |
| 유로를 차단할 때 | 플러그(Plug), 캡(Cap), 밸브(Valve) |
| 유량을 조절할 때 | 밸브(Valve) |

③ 배관설계 시 배관특성을 결정하는 요소 : 압력, 온도, 유량

(2) 개스킷(Gasket)

관 플랜지 고정 접합면에 끼워 볼트 및 기타 방법으로 죄어 유체의 누설을 방지하는 부속품. 복원성, 유연성이 좋아야 하며, 금속 사이에 밀착되어야 하며, 기계적 강도가 강하고 가공성이 좋아야 한다.

(3) 틈 부식

구조상 틈 부분이 다른 곳에 비해 현저히 부식되는 현상. 구멍, 볼트 밑 개스킷 부분 표면 부착물 등의 틈에서 주로 발생하며, 개스킷 부식이라고도 한다.

## 2) 밸브(Valve)

유체의 흐름을 조절하는 장치. 크게 Stop 밸브와 Gate 밸브로 나눌 수 있다.

(1) Stop 밸브 : 배관에서 흐름 차단장치로 사용된다.
(2) Gate 밸브 : 유량의 가감 및 차단장치로 사용된다.
(3) 기능별로는 감압밸브, 조정밸브, 체크밸브, 안전밸브 등이 있다.

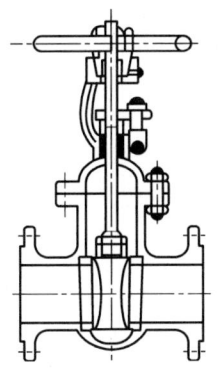
[Gate 밸브의 개략적 구조]

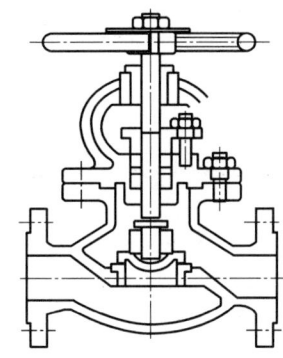
[Stop 밸브의 개략적 구조]

# 7. 계측장치

## 1) 압력계

(1) 1차 압력계 : 압력과 힘의 물리적 관계로부터 압력을 직접 측정하는 압력계

| 자유피스톤형 압력계<br>(분동식 또는 피스톤식) | 주로 압력계 눈금교정, 실험목적 등으로 사용 |
|---|---|
| 액주식 압력계(Manometer) | U자관 압력계, 단관식 압력계, 경사관식 압력계 |

(2) 2차 압력계 : 탄성, 전기적 변화, 물질변화 등을 이용하여 압력을 측정하는 압력계

| 부르동관식(Bourdon) 압력계 | 탄성체의 탄성변형을 이용한 압력계 |
|---|---|
| 벨로우즈식(Bellows) 압력계 | 압력에 의한 벨로우즈의 탄성변형을 이용한 압력계 |
| 다이어프램식(Diaphragm) 압력계 | 얇은 금속의 격막을 이용하여 미세한 압력 측정에 사용 |
| 전기저항 압력계 | 금속 전기저항 변화를 이용한 압력계 |
| 피에조(Piezo) 전기 압력계 | 급격히 변화하는 압력 측정에 사용 |

## 2) 유량계

(1) 직접식 유량계 : 유체의 부피나 질량을 직접 측정하는 유량계
(2) 간접식(가변류) 유량계 : 유량과 관계있는 다른 양을 측정하여 유량을 구하는 유량계

| | | |
|---|---|---|
| 차압식 | 유체가 흘러가는 배관에 장해물을 설치하고 그 전후 압력차를 측정하여 유량을 구하는 유량계 | 피토관, 오리피스미터, 벤두리미터 등 |
| 면적식 | 유체의 면적과 시간의 함수를 이용하여 유량을 구하는 유량계. 피스톤형과 플로트형으로 구분한다. | 로타미터(Rota Meter) 등 |

## 8. 아세틸렌 용접장치 및 가스집합 용접장치

### 1) 역화·역류의 원인

(1) 토치가 과열되었을 때
(2) 토치의 성능이 불량할 때
(3) 토치 끝에 석회분이 끼었을 때
(4) 산소 공급이 과다한 경우
(5) 압력조정기 고장

### 2) 안전장치 설치 기준

(1) 안전기를 취관마다 설치
(2) 주관에 안전기 하나, 취관 근접위치에 안전기 하나씩 설치
(3) 발생기와 분리된 용접장치에는 가스 저장소와의 사이에 안전기 설치
(4) 제조설비의 고압 건조기와 충전용 교체밸브 사이에는 역화방지장치를 설치

### 3) 밸브 작동순서

(1) 점화 시 : 조정기의 압력을 조정하고, 먼저 아세틸렌 밸브를 연 다음 산소밸브를 연다.
(2) 소화 시 : 산소밸브를 먼저 닫고 아세틸렌 밸브를 닫는다.

### 4) 압력의 제한

아세틸렌 용접장치를 사용하여 금속의 용접·용단 또는 가열작업을 하는 경우에 게이지압력이 127kPa(1.3kg/cm$^2$)을 초과하는 압력의 아세틸렌을 발생시켜 사용하여서는 아니 되고, 아세틸렌 배관으로서 구리관을 사용해서는 안 된다.

## 5) 가스 등의 용기

금속의 용접·용단 또는 가열에 사용되는 가스 등의 용기를 취급하는 경우에 다음 각 호의 사항을 준수하여야 한다.

(1) 다음에 해당하는 장소에서 사용하거나 당해장소에 설치·저장 또는 방치하지 아니하도록 할 것
   ① 통풍 또는 환기가 불충분한 장소
   ② 화기를 사용하는 장소 및 그 부근
   ③ 위험물 또는 인화성 액체를 취급하는 장소 및 그 부근
(2) 용기의 온도를 40℃ 이하로 유지할 것
(3) 전도의 위험이 없도록 할 것
(4) 충격을 가하지 아니하도록 할 것
(5) 운반하는 경우에는 캡을 씌울 것
(6) 사용하는 경우에는 용기의 마개에 부착되어 있는 유류 및 먼지를 제거할 것
(7) 밸브의 개폐는 서서히 할 것
(8) 사용 전 또는 사용 중인 용기와 그 밖의 용기를 명확히 구별하여 보관할 것
(9) 용해아세틸렌의 용기는 세워 둘 것
(10) 용기의 부식·마모 또는 변형상태를 점검한 후 사용할 것

## 6) 통풍이 불충분한 장소에서의 용접 등

(1) 통풍이나 환기가 충분하지 않은 장소에서 용접·용단 및 금속의 가열 등 화기를 사용하는 작업 또는 연삭숫돌에 의한 건식연마작업 등 그 밖에 불꽃이 튈 우려가 있는 작업 등을 하는 경우에 통풍 또는 환기를 위하여 산소를 사용하여서는 아니 된다.
(2) 통풍이나 환기가 충분하지 않고 가연물이 있는 건축물 내부 또는 설비 내부에서 용접·용단 등과 같은 화기작업을 하는 경우에 화재예방에 필요한 다음 각 호를 준수하여야 한다.
   ① 작업준비·절차 수립
   ② 작업장 내 위험물의 사용·보관현황 파악
   ③ 화기작업에 따른 인근 인화성 액체에 대한 방호조치 및 소화기구 비치
   ④ 용접불티 비산방지덮개, 용접방화포 등 불꽃, 불티 등 비산방지조치
   ⑤ 인화성 액체의 증기가 잔류하지 않도록 환기 등의 조치
   ⑥ 작업근로자에 대한 화재예방 및 피난교육 등 비상조치

## 9. 가스누출감지경보기

### 1) 정의

가연성 또는 독성 물질의 가스를 감지하여 그 농도를 지시하고, 미리 설정해 놓은 가스 농도에서 자동적으로 경보가 울리도록 하는 장치를 말하며, 감지부와 수신경보부로 구성된 것을 말한다.

### 2) 선정기준

(1) 감지대상 가스의 특성을 충분히 고려하여 가장 적절한 것을 선정
(2) 감지대상 가스가 가연성이면서 독성인 경우에는 독성을 기준하여 가스누출감지경보기를 선정

### 3) 설치대상 물질

(1) 가연성 물질 : 인화성 물질 중 인화점이 35℃ 이하인 인화성 액체와 인화성 가스
(2) 독성 물질 : 독성 물질로서 35℃, 0.1MPa(1bar) 기체상태인 것

### 4) 설치장소

(1) 건축물 내·외에 설치되어 있는 가연성 물질 또는 독성 물질을 취급하는 압축기, 밸브, 반응기 및 배관 연결부위 등 가스 누출이 우려되는 화학설비 및 그 부속설비 주변
(2) 가열로 등 점화원이 있는 제조설비 주위에 가스가 체류하기 쉬운 장소
(3) 가연성 물질 또는 독성 물질의 충전용 설비의 접속부위 주위
(4) 폭발위험장소 내에 위치한 변전실, 배전반실 및 제어실 내부 등
(5) 기타 특별히 가스가 체류하기 쉬운 장소

### 5) 설치위치

(1) 감지부는 가능한 한 가스의 누출이 우려되는 누출부위 가까이에 설치
(2) 직접적인 가스누출은 예상되지 않으나 주변에서 누출된 가스가 체류하기 쉬운 곳에 설치하되, 공기보다 가벼운 가스는 급속히 상부방향으로 확산되고, 공기보다 무거운 가스는 지표면을 따라 서서히 확산되는 경향을 고려하여야 한다.
  ① 건축물 밖에 설치되는 가스누출감지 경보기의 감지부는 풍향, 풍속 및 가스의 비중 등을 고려하여 가스가 체류하기 쉬운 지점 또는 누출 위험지역과 가장 가까운 곳으로서 누출된 가스를 쉽게 감지할 수 있는 곳에 설치

② 건축물 내에 설치되는 가스누출감지경보기의 감지부는 감지대상 가스의 비중이 공기보다 무거운 경우에는 건축물 내의 하부에, 공기보다 가벼운 경우에는 배기구 부근 또는 건축물 내의 상부에 설치

6) 경보 설정 및 성능

(1) 가연성 가스누출감지경보기 감지대상 가스의 폭발하한계 25% 이하(다경보 설정형인 경우 1차 경보는 폭발하한계의 20% 이하에서 2차 경보는 폭발하한계의 25% 이하에서 경보를 설정), 독성 가스누출감지경보기는 당해 독성 물질의 허용농도 이하에서 경보가 발하여지도록 설정. 다만, 독성 가스누출감지경보기로서 당해 독성 물질의 허용농도 이하에서 감지부가 감지할 수 없는 경우에는 그러하지 아니하다.
(2) 가스누출감지경보기의 감지부 정밀도는 경보 설정점에 대하여 가연성 가스누출감지경보기는 ±25% 이하, 독성 가스누출감지경보기는 ±30% 이하이어야 한다.
(3) 가연성 가스누출감지경보기는 경보 설정점에서 램프의 점등 또는 점멸과 동시에 경보를 발하여야 하고 정상 및 오동작 상태가 식별될 수 있는 구조여야 한다.
(4) 가연성 가스누출감지경보기는 담배연기 등, 독성 가스누출감지경보기는 담배연기, 세척유 증기, 석유류 증기 및 배기가스 등에는 경보를 발하여서는 아니 된다.
(5) 수신 경보부의 지시계 눈금범위는 가연성 가스누출감지경보기의 경우에는 0에서 폭발하한계 값, 독성 가스누출감지경보기의 경우에는 0에서 허용농도의 3배 값(암모니아를 실내에서 사용하는 경우에는 150ppm)이어야 한다.

# 05 공정안전보고서(PSM)

## 1 공정안전보고서 일반

### 1. 공정안전보고서

#### 1) 정의
공정안전보고서는 사업장의 공정안전관리 추진에 필요한 사항들을 규정한 것이다.

#### 2) 공정안전보고서 제출대상
사업장에 대통령령으로 정하는 유해하거나 위험한 설비가 있는 경우 대통령령으로 정하는 바에 따라 공정안전보고서를 작성하고 고용노동부장관에게 제출하여 심사를 받아야 한다. "대통령령으로 정하는 유해하거나 위험한 설비"란 다음 각 호의 어느 하나에 해당하는 사업을 하는 사업장의 경우에는 그 보유설비를 말하고, 그 외의 사업을 하는 사업장의 경우에는 별표 13에 따른 유해·위험물질 중 하나 이상의 물질을 같은 표에 따른 규정량 이상 제조·취급·저장하는 설비 및 그 설비의 운영과 관련된 모든 공정설비를 말한다.

(1) 원유 정제처리업
(2) 기타 석유정제물 재처리업
(3) 석유화학계 기초화학물 또는 합성수지 및 기타 플라스틱물질 제조업. 다만, 합성수지 및 기타 플라스틱물질 제조업은 별표 10의 제1호 또는 제2호에 해당하는 경우로 한정한다.
(4) 질소 화합물, 질소·인산 및 칼리질 화학비료 제조업 중 질소질 화학비료 제조업
(5) 복합비료 및 기타 화학비료 제조업 중 복합비료 제조업(단순혼합 또는 배합에 의한 경우는 제외한다)
(6) 화학 살균·살충제 및 농업용 약제 제조업(농약 원제 제조만 해당한다)
(7) 화약 및 불꽃제품 제조업

공정안전보고서 제출대상 업종을 5가지 이상 기술하시오.

### 3) 공정안전보고서의 내용
(1) 공정안전자료
(2) 공정위험성 평가서
(3) 안전운전계획
(4) 비상조치계획
(5) 그 밖에 공정상의 안전과 관련하여 고용노동부장관이 필요하다고 인정하여 고시하는 사항

### 4) 공정안전보고서의 제출시기
유해·위험설비의 설치·이전 또는 주요 구조부분의 변경공사의 착공일 30일 전까지 공정안전보고서를 2부 작성하여 공단에 제출하여야 한다.

## 2. 중대산업사고
공정안전보고서 제출 대상 사업장 보유 설비로부터의 위험물질 누출, 화재, 폭발 등으로 인하여 사업장 내의 근로자에게 즉시 피해를 주거나 사업장 인근지역에 피해를 줄 수 있는 누출·화재·폭발 사고로 정의된다.

## 3. 공정안전 리더십
1) 관리자들은 공정안전문화, 비전, 기대치, 역할, 책임사항 등을 알아야 하며, 다음 사항들을 수행하여야 한다.
   (1) 신임 관리자들과 문화, 비전, 역할, 책임 등을 토론
   (2) 공정안전문화에 대한 공식적인 훈련 프로그램을 신임 및 기존의 관리자에게 제공
   (3) 공정안전문화에 대한 공식적인 훈련프로그램을 주기적으로 개정
2) 관리자는 공정안전에 대한 가치, 우선순위 그리고 관심분야를 자발적으로 표현하는 기회를 찾기 위한 노력을 하여야 한다.
3) 회사의 모든 계층은 공정안전리더십에 대한 책임과 의무를 나누어야 한다.

## ② 공정안전보고서 세부사항

### 1. 공정안전 자료

1) 공정안전자료 작성
   (1) 취급·저장하고 있거나 취급·저장하려는 유해·위험물질의 종류 및 수량
   (2) 유해·위험물질에 대한 물질안전보건자료

   (3) 유해·위험설비의 목록 및 사양
   (4) 유해·위험설비의 운전방법을 알 수 있는 공정도면
   (5) 각종 건물·설비의 배치도

(6) 폭발위험장소 구분도 및 전기단선도
(7) 위험설비의 안전설계·제작 및 설치 관련 지침서

2) 유해·위험물질 목록 작성방법
   (1) 유해·위험물질은 제출대상 설비에서 제조 또는 취급하는 화학물질을 기입
   (2) 허용농도에는 시간가중평균농도(TWA)를 기입
   (3) 독성치에는 LD50(경구, 쥐), LD50(경피, 쥐 또는 토끼) 또는 LC50(흡입, 4시간, 쥐) 기입
   (4) 증기압은 20℃에서 증기압을 기입
   (5) 부식성 유무는 O, X로 표시
   (6) 이상반응 여부는 물질과 이상반응을 일으키는 물질과 조건을 표시하고, 필요시 별도작성

〈 유해·위험물질 목록 작성표 〉

| 화학물질 | CAS No | 분자식 | 폭발한계(%) | | 허용농도 | 독성치 | 인화점(℃) | 발화점(℃) | 증기압(20℃) | 부식성 유무 | 이상반응 유무 | 일일사용량 | 저장량 | 비고 |
|---|---|---|---|---|---|---|---|---|---|---|---|---|---|---|
| | | | 하한 | 상한 | | | | | | | | | | |
| | | | | | | | | | | | | | | |

## 2. 공정위험성 평가서

공정의 특성 등을 고려하여 다음 위험성 평가기법 중 한 가지 이상을 선정하여 위험성 평가를 실시한 후 그 결과에 따라 작성하여야 하며, 사고예방·피해최소화대책의 작성은 위험성 평가결과 잠재위험이 있다고 인정되는 경우만 작성한다.

1) 체크리스트(Check List) : 공정 및 설비의 오류, 결함상태, 위험상황 등을 목록화한 형태로 작성하여 경험적으로 비교함으로써 위험성을 파악하는 방법이다. 기존 공장의 분리/이송 시스템, 전기/계측 시스템에 대한 위험성을 평가하는 데는 적절하지 않다.
2) 상대위험순위 결정(Dow and Mond Indices)
3) 작업자 실수 분석(HEA)
4) 사고예상 질문 분석(What-if) : 공정에 잠재하고 있는 위험요소에 의해 야기될 수 있는 사고를 사전에 예상해 질문을 통하여 확인·예측하여 공정의 위험성 및 사고의 영향을 최소화하기 위한 대책을 제시하는 방법이다.

5) 위험과 운전 분석(HAZOP, Hazard and Operability Study) : 공정에 존재하는 위험 요소들과 공정의 효율을 떨어뜨릴 수 있는 운전상의 문제점을 찾아내어 그 원인을 제거하는 방법. 공정변수(Process Parameter)와 가이드 워드(Guide Word)를 사용하여 비정상상태(Deviation)가 일어날 수 있는 원인을 찾고 결과를 예측함과 동시에 대책을 세워나가는 방법이다.
6) 이상위험도 분석(FMECA)
7) 결함수 분석(FTA)
8) 사건수 분석(ETA)
9) 원인결과 분석(CCA)
10) 1)~9)까지의 규정과 같은 수준 이상의 기술적 평가기법
   (1) 안전성 검토법 : 공장의 운전 및 유지 절차가 설계목적과 기준에 부합되는지를 확인하는 것을 그 목적으로 하며, 결과의 형태로 검사보고서를 제공한다.
   (2) 예비위험분석 기법

## 3. 안전운전계획

1) 안전운전지침서
2) 설비점검·검사 및 보수계획, 유지계획 및 지침서
3) 안전작업허가
4) 도급업체 안전관리계획
5) 근로자 등 교육계획
6) 가동 전 점검지침
7) 변경요소 관리계획
8) 자체감사 및 사고조사계획
9) 그 밖에 안전운전에 필요한 사항

## 4. 비상조치계획

1) 비상조치를 위한 장비·인력보유현황
2) 사고발생시 각 부서·관련 기관과의 비상연락체계
3) 사고발생시 비상조치를 위한 조직의 임무 및 수행절차
4) 비상조치계획에 따른 교육계획
5) 주민홍보계획
6) 그 밖에 비상조치 관련사항

## ③ 도면(Drawing)

### 1. 도면이란?
기계, 설비 등을 일정한 규정에 따라 문자, 숫자, 기호, 색상, 선 등으로 평면에 표시한 Diagram

#### 1) 도면의 종류
엔지니어링 회사에서 생산되는 도면의 종류로는 공정팀에서 작성하는 PFD, P&ID, UBD, 배관팀의 Piping Plan, Plot Plan, Isometric Drawing, 기계팀의 Equipment Eng'g Drawing, 계장팀의 Logic Diagram, 전기팀의 Single Line Diagram, Hazardous Area Classification Drawing 등이 있다.

#### 2) 공정도면

(1) PFD(Process Flow Diagram)

① PFD 정의

Basic Processing Scheme과 Equipment 설계기준을 보여주는 도면으로 기본적인 Control 개념, 운전 및 설계 조건, Heat & Material Balance 등이 표시되어 P&D, 운전절차서 작성 등의 후속 작업에 기본이 되는 도면이다.

② PFD에 표시되어야 할 사항
  ㉠ Flow Scheme & Direction
  ㉡ Symbol & Outline Drawing
  ㉢ Basic Control Logic
  ㉣ 온도, 압력 등 공정변수의 정상상태 수치
  ㉤ Main Stationary Equipment의 간단한 사양
  ㉥ Heat Exchanger, Heater의 간단한 사양
  ㉦ Main Rotating Equipment의 간단한 사양
  ㉧ Heat & Material Balance
  ㉨ Physical Property

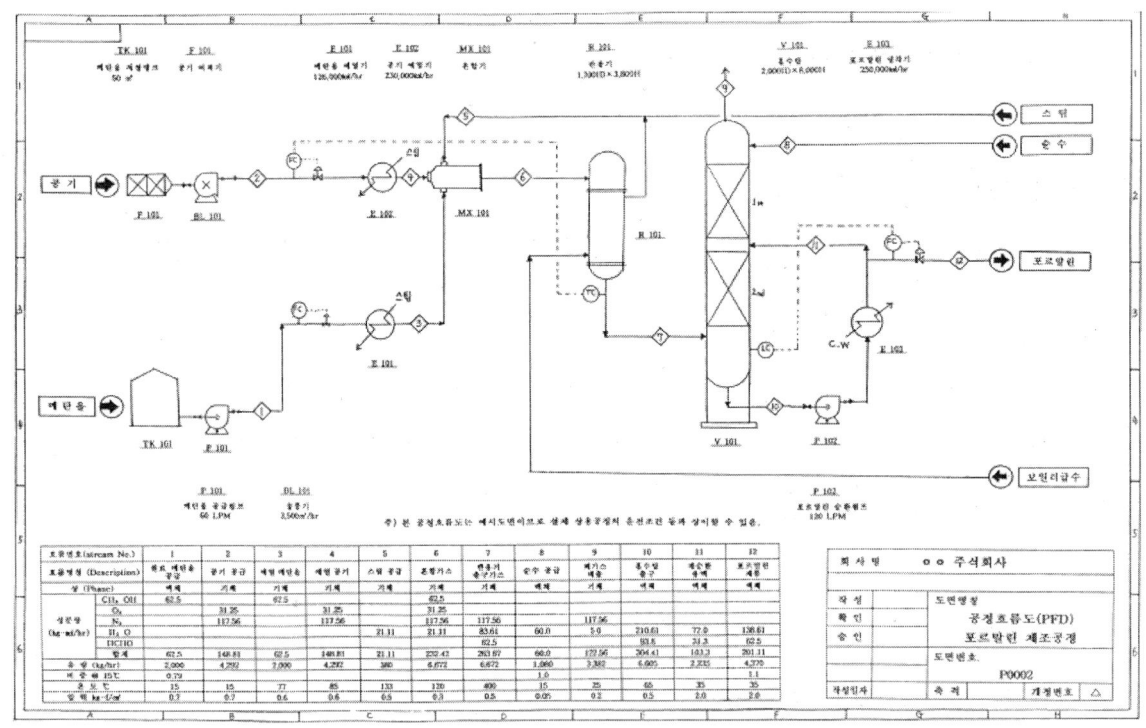

[Process Flow Diagram]

(2) 공정배관계장도(P&ID, Piping & Instrument Diagram)
① P&ID 정의
Mechanical Flow Diagram 또는 Engineering Flow Diagram이라고도 하며 공정의 Normal Operation, Emergency Operation, Start Up, Shut Down 등에 필요한 모든 설비, 배관, 제어 및 계기 등을 표시하여 상세설계, 건설, 유지보수 및 운전을 하는 데 기본이 되는 도면
② P&ID에 표시되어야 할 사항
㉠ 장치 및 동력기계(Stationary & Rotating Equipment)
설치되는 예비기기를 포함한 모든 공정장치 및 동력기계를 표시
㉡ 배관(Piping)
모든 배관, 차단밸브 및 Type, 유체의 흐름 방향, 배관의 재질 및 크기, 보온 및 보온의 종류 등이 표시되어야 함

• 배관번호 부여방법

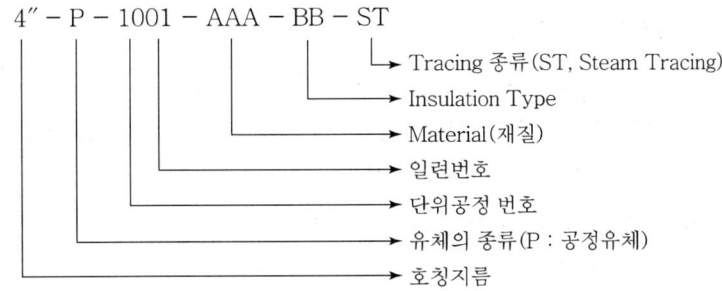

ⓒ 계측기기(Instrument)

모든 계기, 안전밸브의 크기 및 설정압력, 분산제어시스템(DCS) 또는 아날로그 제어장치 구분, 안전운전을 위한 연동시스템(Interlock) 등이 표시되어야 함

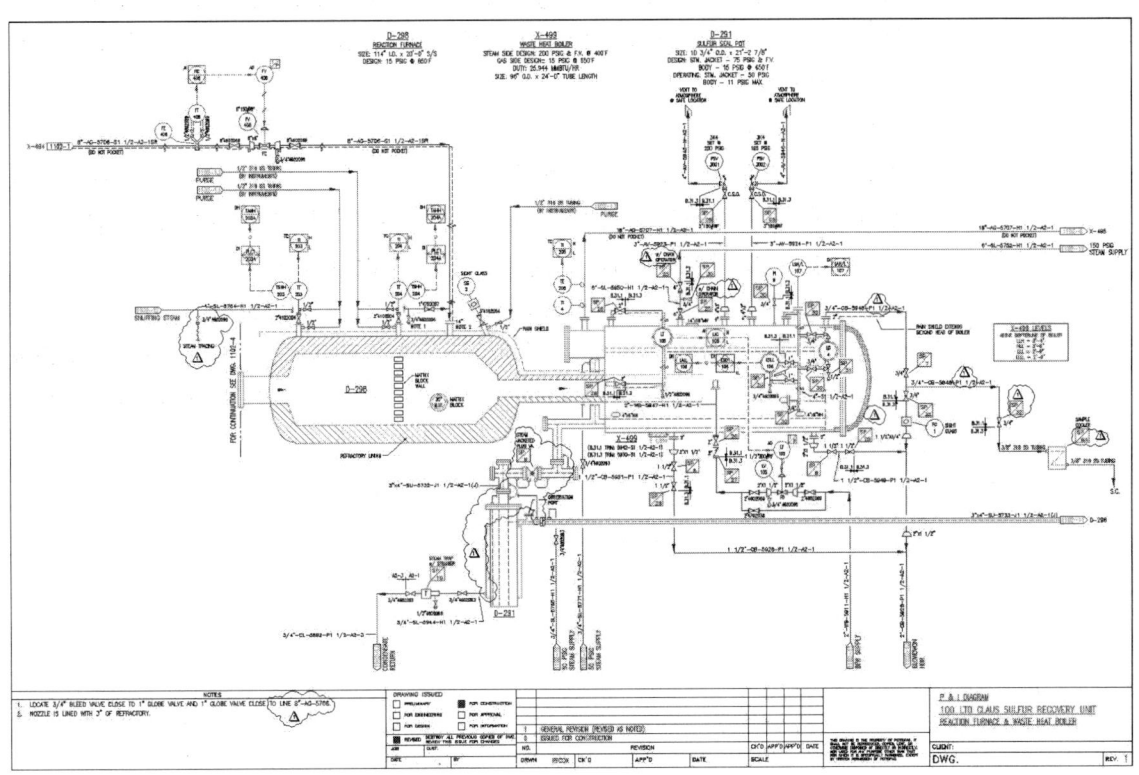

[Piping & Instrument Diagram]

### 3) 폭발위험장소 구분도(Hazardous Area Classification Drawing)

(1) 가스폭발위험장소

폭발위험장소라 함은 전기·기계 기구를 사용함에 있어 특별한 주의를 요하는 가스폭발 분위기가 조성되거나 조성될 우려가 있는 장소를 말하는데 가스폭발분위기의 생성 빈도와 지속시간에 따라 구분

① 폭발위험장소(Hazardous Area)

㉠ 0종 장소(Zone 0)

가스, 증기 또는 미스트의 가연성 물질과 공기 혼합물로 구성되는 폭발분위기가 장기간 또는 빈번하게 생성되는 장소(예: Fixed Roof Tank 내부, 유수분리기 액면 상부 등)

㉡ 1종 장소(Zone 1)

가스, 증기 또는 미스트의 가연성 물질과 공기 혼합물로 구성되는 폭발분위기가 정상작동 중에 생성될 수 있는 장소(예: Cone Roof Tank Vent 주위, Sump, Drain 채널 등)

㉢ 2종 장소(Zone 2)

가스, 증기 또는 미스트의 가연성 물질과 공기 혼합물로 구성되는 폭발분위기가 정상작동 중에 생성될 가능성이 극히 희박하고 아주 짧은 시간 지속되는 장소 (예: 1종 장소 주위, 장치의 연결부, 펌프의 실링주의 등)

② 폭발위험장소 구분도(Hazardous Area Classification Drawing)

폭발위험 장소 구분도를 작성하기 위해서는 누출원(Source of Release) 및 누출물질, 누출등급(Grade of Release), 누출량(Release Rate), 환기(Ventilation) 등을 고려하여야 한다.

■ 위험장소의 종별 및 범위에 영향을 미치는 주요 요소

| 구분 | | 조건 |
|---|---|---|
| 설비 및 공정 | | 옥외 저장 탱크(고정 지붕형, 내부 부동 지붕 없음) |
| 취급물질 | 종류 | 인화성 액체 |
| | 인화점 | 운전온도 및 대기온도 이하 |
| | 증기비중 | 공기보다 무거움 |
| 누출원 | 누출부위/누출등급 | 1. 액체 표면 : 연속<br>2. 배기구 개방, 천장의 기타 개구부 : 1차<br>3. 플랜지, 다이크 내부, 탱크 넘침 : 2차 |
| 환기 | 형태 | 자연 환기 |
| | 등급 | 중 |
| | 유효성 | 우수 |

■ 위험장소 구분도

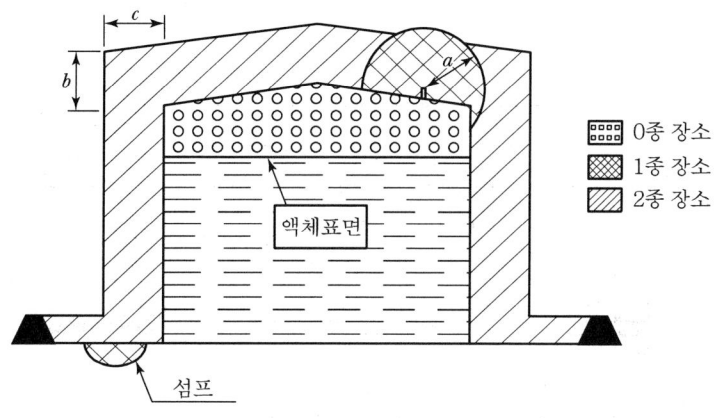

※ 적합한 변수를 고려하였을 때, 이 예에서의 대표적인 값은 다음과 같다.
　a=3m, 배출구로부터, b=3m, 지붕에서 위, c=3m, 탱크에서 수평

[옥외 설치된 인화성 액체 저장탱크]

■ 위험장소의 종별 및 범위에 영향을 미치는 주요 요소

| 구분 | | 조건 | |
|---|---|---|---|
| 설비 및 공정 | | 유수분리기(옥외 지상 설치, 석유정제소 내의 대기 개방) | |
| 취급물질 | 종류 | 인화성 물질(액체) | |
| | 인화점 | 운전온도 및 대기온도 이하 | |
| | 증기비중 | 공기보다 무거움 | |
| 누출원 | 누출부위/<br>누출등급 | 1. 정상운전 시의 액체표면 : 연속<br>2. 공정 교란 시의 액체표면 : 1차<br>3. 비정상운전 시의 액체표면 : 2차 | |
| 환기 | 구분 | 분리기 내부 | 분리기 외부 |
| | 형태 | 자연 환기 | 자연 환기 |
| | 등급 | 저 | 중 |
| | 유효성 | 우수 | 우수 |

■ 위험장소 구분도

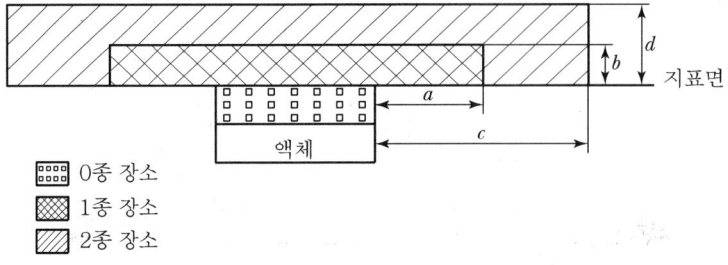

※ 적합한 변수를 고려하였을 때, 이 예에서의 대표적인 값은 다음과 같다.
 a=3m, 분리기로부터 수평으로,   b=1m, 지면으로부터 위로,
 c=7.5m, 수평으로,   d=3m, 지면으로부터 위로

[유수분리기 위험장소 구분도]

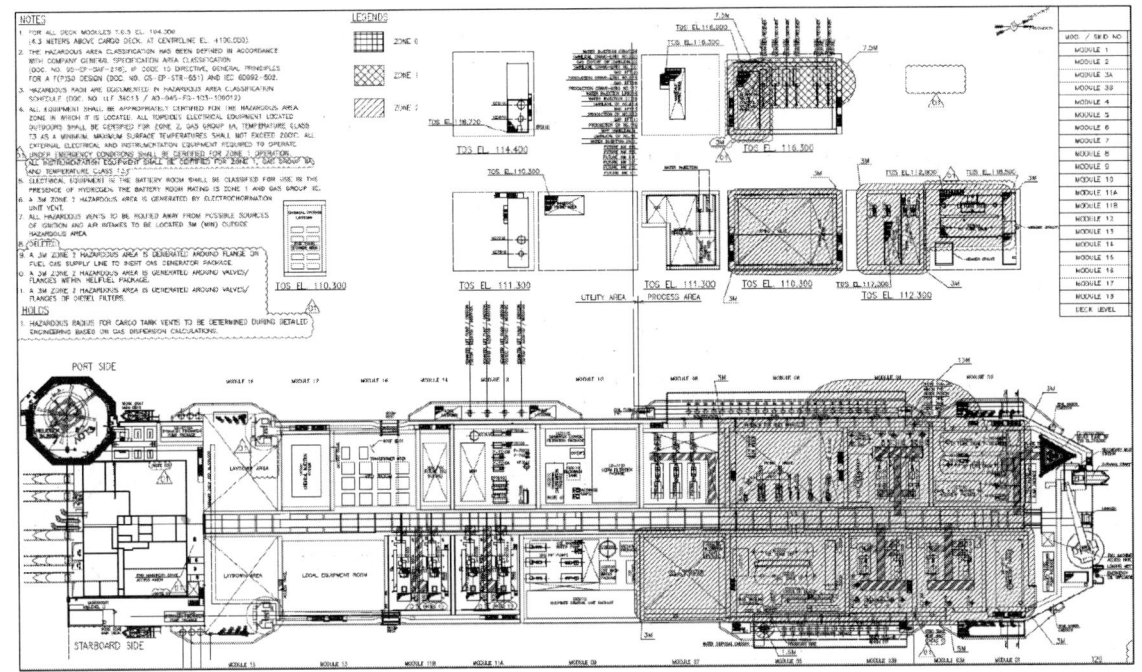

[Plot Plan상의 위험장소 구분도]

(2) 분진폭발위험장소

장비의 구조상 또는 사용상에서 분진, 섬유, 먼지 형태의 가연성 분진과 공기가 혼합된 분진폭발 분위기(Explosive Dust Atmosphere)가 존재하거나 존재할 수 있는 장소를 말하는데 발생빈도와 지속시간에 따라 구분

① 분진폭발위험장소

㉠ 20종 장소

공기 중에 가연성 분진운의 형태와 연속적, 장기간 또는 단기간 자주 폭발분위기로 존재하는 장소(예 : 호퍼, 사일로, 집진장치, 분진이송설비, Bagging Equipment 등의 내부)

㉡ 21종 장소

공기 중에 가연성 분진운의 형태가 정상 작동 중 빈번하게 폭발분위기를 형성할 수 있는 장소(예 : 충전 및 배출 지점, 샘플링 지점, 트럭덤프지역 등)

㉢ 22종 장소

공기 중에 가연성 분진운의 형태가 정상 작동 중 폭발분위기를 거의 형성하지 않고, 발생하더라도 단기간 지속되는 장소(예 : 맨홀, 오작동 또는 손상 시 폭발

분위기가 형성될 수 있는 백필터 배출구, Flexible Joint 등)
② 분진폭발위험장소 구분도
　분진폭발위험장소 구분도를 작성하기 위해서는 입자크기, 수분함유량, 발화온도, 가연성 여부 등의 분진물질 특성, 누출원 확인 및 누출등급, 폭발분위기 발생가능성, 청소 및 환기 등을 모두 고려하여야 한다.

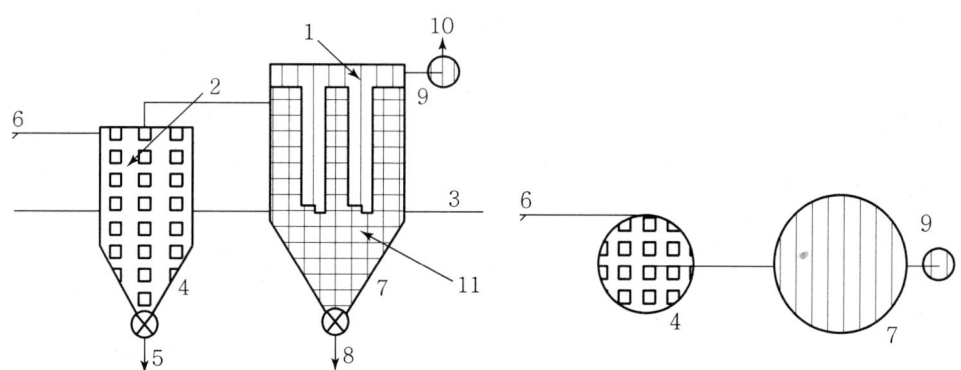

1 : 22종 장소,　　2 : 20종 장소,　　3 : 바닥,　　4 : 집진장치,
5 : 제품 사일로로,　6 : 입구,　　　7 : 필터,　　8 : 미세 분진 통로,
9 : 추출 팬,　　　10 : 출구로,　　11 : 21종 장소

[옥외 집진장치 및 필터 위험장소 구분]

## 4 국소배기장치

### 1. 국소배기장치의 정의

국소배기장치는 인체에 해로운 분진, 흄(Fume), 미스트(Mist), 증기 또는 가스 상태의 물질(이하 "분진 등"이라 한다)을 동력으로 흡인하여 작업장 밖으로 배출하기 위한 설비로서 후드(Hood), 흡입덕트(Inlet Duct), 공기정화장치(Air Cleaning Equipment), 배풍기(Fan), 배기덕트(Exhaust Dust) 및 배기구(Outlet)로 구성되어 있다.

### 2. 국소배기장치의 구성

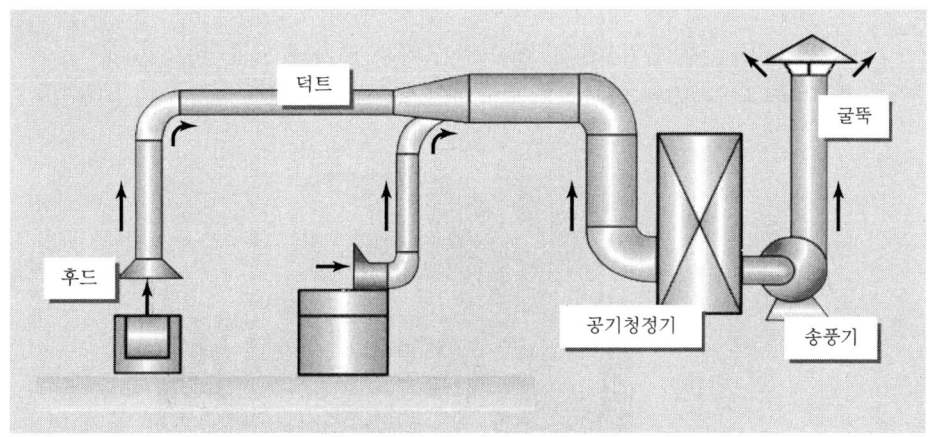

1) 후드

(1) 기능

  분진 등의 오염물(contaminant)의 발생원에 설치하여 모든 오염물이 포집되도록 설치된 국소배기장치의 입구부이다.

(2) 설치기준

  ① 유해물질이 발생하는 곳마다 설치
  ② 유해인자 발생형태, 비중, 작업방법 등을 고려하여 당해 분진 등의 발산원을 제어할 수 있는 구조로 설치할 것

③ 후드 형식은 가능한 포위식 또는 부스식 후드를 설치할 것
④ 외부식 또는 리시버식 후드를 설치할 때에는 분진 등의 발산원에 가장 가까운 위치에 설치할 것

### 2) 덕트

(1) 기능

분진 등을 후드에서 공기정화장치를 통해 배풍기까지 반송하는 도관(흡입덕트) 및 배풍기로부터 배기구까지 반송하는 도관(배기덕트)

(2) 설치기준
① 가능하면 길이는 짧게 하고 굴곡부의 수는 적게 할 것
② 접속부의 안쪽은 돌출된 부분이 없도록 할 것
③ 청소구를 설치하는 등 청소하기 쉬운 구조로 할 것
④ 덕트 내부에 오염물질이 쌓이지 않도록 이송속도를 유지할 것
⑤ 연결 부위 등은 외부공기가 들어오지 않도록 할 것

[덕트 설치의 예]

### 3) 공기정화장치

후드에서 포집되어 흡입덕트를 통하여 인입된 오염공기를 외기로 방출하기 전에 청정하게 하는 장치이다. 이 장치는 분진을 제거하기 위한 제진장치와 가스·증기 등을 제거하기 위한 배출가스 처리장치로 대별된다.

## 4) 배풍기

국소배기장치에 공기정화장치를 설치하는 경우에는 정화 후의 공기가 통하는 위치에 배풍기를 설치하여야 한다. 다만, 흡입된 물질로 인하여 폭발할 우려가 없고 배풍기의 날개가 부식될 우려가 없는 경우에는 정화 전의 공기가 통하는 위치에 배풍기를 설치할 수 있다.

**국소배기장치의 송풍기 또는 배풍기의 설치시 준수사항을 4가지 쓰시오.**

■ 송풍기 또는 배풍기 설치 시 고려사항
  ㉠ 설계 시에 계산된 압력과 배기량을 만족시킬 수 있는 크기로 규격을 선정하여야 한다.
  ㉡ 배풍기의 날개나 구성물은 내마모성, 내산성, 내부식성 재질을 사용하여 성능저하 또는 소음·진동이 발생하지 않도록 하여야 한다.
  ㉢ 화재 및 폭발의 우려가 있는 유해물질을 이송하는 배풍기는 방폭구조로 하여야 한다.
  ㉣ 전동기는 부하에 다소간 변동이 있어도 안정된 성능을 유지하고 가능한 소음·진동이 발생하지 않는 것을 사용하여야 하며, 과부하 시의 과전류보호장치, 벨트구동부분의 방호장치 등 위험예방에 필요한 안전상의 조치를 하여야 한다.

## 5) 배기구

분진 등을 배출하기 위하여 설치하는 국소배기장치(공기정화장치가 설치된 이동식 국소배기장치 제외)의 배기구는 실외에 설치하는 등 배출되는 분진 등이 작업장으로 재유입되지 아니하는 구조로 하여야 한다.

# 화공안전 관련 법령

Part 02

**Contents**

제1장 화공안전 관련 법·시행령·시행규칙     125
제2장 산업안전보건기준에 관한 규칙     143
제3장 화공안전 관련 고시     170

# 01 화공안전 관련 법·시행령·시행규칙

## 1 유해·위험방지계획서 심사 및 확인제도

### 1. 산업안전보건법

**제42조(유해위험방지계획서의 작성·제출 등)** ① 사업주는 다음 각 호의 어느 하나에 해당하는 경우에는 이 법 또는 이 법에 따른 명령에서 정하는 유해·위험 방지에 관한 사항을 적은 계획서(이하 "유해위험방지계획서"라 한다)를 작성하여 고용노동부령으로 정하는 바에 따라 고용노동부장관에게 제출하고 심사를 받아야 한다. 다만, 제3호에 해당하는 사업주 중 산업재해발생률 등을 고려하여 고용노동부령으로 정하는 기준에 해당하는 사업주는 유해위험방지계획서를 스스로 심사하고, 그 심사결과서를 작성하여 고용노동부장관에게 제출하여야 한다.
1. 대통령령으로 정하는 사업의 종류 및 규모에 해당하는 사업으로서 해당 제품의 생산 공정과 직접적으로 관련된 건설물·기계·기구 및 설비 등 일체를 설치·이전하거나 그 주요 구조부분을 변경하려는 경우
2. 유해하거나 위험한 작업 또는 장소에서 사용하거나 건강장해를 방지하기 위하여 사용하는 기계·기구 및 설비로서 대통령령으로 정하는 기계·기구 및 설비를 설치·이전하거나 그 주요 구조부분을 변경하려는 경우
3. 대통령령으로 정하는 크기, 높이 등에 해당하는 건설공사를 착공하려는 경우

② 제1항제3호에 따른 건설공사를 착공하려는 사업주(제1항 각 호 외의 부분 단서에 따른 사업주는 제외한다)는 유해위험방지계획서를 작성할 때 건설안전 분야의 자격 등 고용노동부령으로 정하는 자격을 갖춘 자의 의견을 들어야 한다.

③ 제1항에도 불구하고 사업주가 제44조제1항에 따라 공정안전보고서를 고용노동부장관에게 제출한 경우에는 해당 유해·위험설비에 대해서는 유해위험방지계획서를 제출한 것으로 본다.

④ 고용노동부장관은 제1항 각 호 외의 부분 본문에 따라 제출된 유해위험방지계획서를 고용노동부령으로 정하는 바에 따라 심사하여 그 결과를 사업주에게 서면으로 알려 주어야 한다. 이 경우 근로자의 안전 및 보건의 유지·증진을 위하여 필요하다고 인정하는 경우에는 해당 작업 또는 건설공사를 중지하거나 유해위험방지계획서를 변경할 것을 명할 수 있다.

⑤ 제1항에 따른 사업주는 같은 항 각 호 외의 부분 단서에 따라 스스로 심사하거나 제4항에 따라 고용노동부장관이 심사한 유해위험방지계획서와 그 심사결과서를 사업장에 갖추어 두어야 한다.

⑥ 제1항제3호에 따른 건설공사를 착공하려는 사업주로서 제5항에 따라 유해위험방지계획서 및 그

심사결과서를 사업장에 갖추어 둔 사업주는 해당 건설공사의 공법의 변경 등으로 인하여 그 유해위험방지계획서를 변경할 필요가 있는 경우에는 이를 변경하여 갖추어 두어야 한다.

**제43조(유해위험방지계획서 이행의 확인 등)** ① 제42조제4항에 따라 유해위험방지계획서에 대한 심사를 받은 사업주는 고용노동부령으로 정하는 바에 따라 유해위험방지계획서의 이행에 관하여 고용노동부장관의 확인을 받아야 한다.
② 제42조제1항 각 호 외의 부분 단서에 따른 사업주는 고용노동부령으로 정하는 바에 따라 유해위험방지계획서의 이행에 관하여 스스로 확인하여야 한다. 다만, 해당 건설공사 중에 근로자가 사망(교통사고 등 고용노동부령으로 정하는 경우는 제외한다)한 경우에는 고용노동부령으로 정하는 바에 따라 유해위험방지계획서의 이행에 관하여 고용노동부장관의 확인을 받아야 한다.
③ 고용노동부장관은 제1항 및 제2항 단서에 따른 확인 결과 유해위험방지계획서대로 유해·위험방지를 위한 조치가 되지 아니하는 경우에는 고용노동부령으로 정하는 바에 따라 시설 등의 개선, 사용중지 또는 작업중지 등 필요한 조치를 명할 수 있다.
④ 제3항에 따른 시설 등의 개선, 사용중지 또는 작업중지 등의 절차 및 방법, 그 밖에 필요한 사항은 고용노동부령으로 정한다.


## 2. 산업안전보건법 시행령

**제42조(유해·위험방지계획서 제출 대상)** ① 법 제42조제1항제1호에서 "대통령령으로 정하는 사업의 종류 및 규모에 해당하는 사업"이란 다음 각 호의 어느 하나에 해당하는 사업으로서 전기 계약용량이 300킬로와트 이상인 경우를 말한다.
1. 금속가공제품(기계 및 가구는 제외한다) 제조업
2. 비금속 광물제품 제조업
3. 기타 기계 및 장비 제조업
4. 자동차 및 트레일러 제조업
5. 식료품 제조업
6. 고무제품 및 플라스틱제품 제조업
7. 목재 및 나무제품 제조업
8. 기타 제품 제조업
9. 1차 금속 제조업
10. 가구 제조업
11. 화학물질 및 화학제품 제조업
12. 반도체 제조업
13. 전자부품 제조업

② 법 제42조제1항제2호에서 "대통령령으로 정하는 기계·기구 및 설비"란 다음 각 호의 어느 하나에 해당하는 기계·기구 및 설비를 말한다. 이 경우 다음 각 호에 해당하는 기계·기구 및 설비의 구체적인 범위는 고용노동부장관이 정하여 고시한다.
1. 금속이나 그 밖의 광물의 용해로
2. 화학설비
3. 건조설비
4. 가스집합 용접장치
5. 법 제117조제1항에 따른 제조등금지물질 또는 법 제118조제1항에 따른 허가대상물질 관련 설비
6. 분진작업 관련 설비

③ 법 제42조제1항제3호에서 "대통령령으로 정하는 크기 높이 등에 해당하는 건설공사"란 다음 각 호의 어느 하나에 해당하는 공사를 말한다.
1. 다음 각 목의 어느 하나에 해당하는 건축물 또는 시설 등의 건설·개조 또는 해체(이하 "건설 등"이라 한다) 공사
   가. 지상높이가 31미터 이상인 건축물 또는 인공구조물
   나. 연면적 3만제곱미터 이상인 건축물
   다. 연면적 5천제곱미터 이상인 시설로서 다음의 어느 하나에 해당하는 시설
      1) 문화 및 집회시설(전시장 및 동물원·식물원은 제외한다)
      2) 판매시설, 운수시설(고속철도의 역사 및 집배송시설은 제외한다)
      3) 종교시설
      4) 의료시설 중 종합병원
      5) 숙박시설 중 관광숙박시설
      6) 지하도상가
      7) 냉동·냉장 창고시설
2. 연면적 5천제곱미터 이상인 냉동·냉장 창고시설의 설비공사 및 단열공사
3. 최대 지간(支間)길이(다리의 기둥과 기둥의 중심 사이의 거리)가 50미터 이상인 다리의 건설등 공사
4. 터널의 건설 등 공사
5. 다목적댐, 발전용댐, 저수용량 2천만톤 이상의 용수 전용 댐 및 지방상수도 전용 댐의 건설 등 공사
6. 깊이 10미터 이상인 굴착공사

## 3. 산업안전보건법 시행규칙

**제42조(제출서류 등)** ① 법 제42조제1항제1호에 해당하는 사업주가 유해위험방지계획서를 제출할 때에는 사업장별로 별지 제16호서식의 제조업 등 유해위험방지계획서에 다음 각 호의 서류를 첨부하여 해당

작업 시작 15일 전까지 공단에 2부를 제출해야 한다. 이 경우 유해위험방지계획서의 작성기준, 작성자, 심사기준, 그 밖에 심사에 필요한 사항은 고용노동부장관이 정하여 고시한다.
1. 건축물 각 층의 평면도
2. 기계·설비의 개요를 나타내는 서류
3. 기계·설비의 배치도면
4. 원재료 및 제품의 취급, 제조 등의 작업방법의 개요
5. 그 밖에 고용노동부장관이 정하는 도면 및 서류

② 법 제42조제1항제2호에 해당하는 사업주가 유해위험방지계획서를 제출할 때에는 사업장별로 별지 제16호서식의 제조업 등 유해위험방지계획서에 다음 각 호의 서류를 첨부하여 해당 작업 시작 15일 전까지 공단에 2부를 제출해야 한다.
1. 설치장소의 개요를 나타내는 서류
2. 설비의 도면
3. 그 밖에 고용노동부장관이 정하는 도면 및 서류

③ 법 제42조제1항제3호에 해당하는 사업주가 유해위험방지계획서를 제출할 때에는 별지 제17호서식의 건설공사 유해위험방지계획서에 별표 10의 서류를 첨부하여 해당 공사의 착공(유해위험방지계획서 작성 대상 시설물 또는 구조물의 공사를 시작하는 것을 말하며, 대지 정리 및 가설사무소 설치 등의 공사 준비기간은 착공으로 보지 않는다) 전날까지 공단에 2부를 제출해야 한다. 이 경우 해당 공사가 「건설기술 진흥법」 제62조에 따른 안전관리계획을 수립해야 하는 건설공사에 해당하는 경우에는 유해위험방지계획서와 안전관리계획서를 통합하여 작성한 서류를 제출할 수 있다.

④ 같은 사업장 내에서 영 제42조제3항 각 호에 따른 공사의 착공시기를 달리하는 사업의 사업주는 해당 공사별 또는 해당 공사의 단위작업공사 종류별로 유해위험방지계획서를 분리하여 각각 제출할 수 있다. 이 경우 이미 제출한 유해위험방지계획서의 첨부서류와 중복되는 서류는 제출하지 않을 수 있다.

⑤ 법 제42조제1항 단서에서 "산업재해발생률 등을 고려하여 고용노동부령으로 정하는 기준에 해당하는 사업주"란 별표 11의 기준에 적합한 건설업체(이하 "자체심사 및 확인업체"라 한다)의 사업주를 말한다.

⑥ 자체심사 및 확인업체는 별표 11의 자체심사 및 확인방법에 따라 유해위험방지계획서를 스스로 심사하여 해당 공사의 착공 전날까지 별지 제18호서식의 유해위험방지계획서 자체심사서를 공단에 제출해야 한다. 이 경우 공단은 필요한 경우 자체심사 및 확인업체의 자체심사에 관하여 지도·조언할 수 있다.

**제43조(유해위험방지계획서의 건설안전분야 자격 등)** 법 제42조제2항에서 "건설안전 분야의 자격 등 고용노동부령으로 정하는 자격을 갖춘 자"란 다음 각 호의 어느 하나에 해당하는 사람을 말한다.
1. 건설안전 분야 산업안전지도사
2. 건설안전기술사 또는 토목·건축 분야 기술사
3. 건설안전산업기사 이상의 자격을 취득한 후 건설안전 관련 실무경력이 건설안전기사 이상의 자격은 5년, 건설안전산업기사 자격은 7년 이상인 사람

**제44조(계획서의 검토 등)** ① 공단은 제42조에 따른 유해위험방지계획서 및 그 첨부서류를 접수한 경우에는 접수일부터 15일 이내에 심사하여 사업주에게 그 결과를 알려야 한다. 다만, 제42조제6항에 따라 자체심사 및 확인업체가 유해위험방지계획서 자체심사서를 제출한 경우에는 심사를 하지 않을 수 있다.
② 공단은 제1항에 따른 유해위험방지계획서 심사 시 관련 분야의 학식과 경험이 풍부한 사람을 심사위원으로 위촉하여 해당 분야의 심사에 참여하게 할 수 있다.
③ 공단은 유해위험방지계획서 심사에 참여한 위원에게 수당과 여비를 지급할 수 있다. 다만, 소관 업무와 직접 관련되어 참여한 위원의 경우에는 그렇지 않다.
④ 고용노동부장관이 정하는 건설물·기계·기구 및 설비 또는 건설공사의 경우에는 법 제145조에 따라 등록된 지도사에게 유해위험방지계획서에 대한 평가를 받은 후 별지 제19호서식에 따라 그 결과를 제출할 수 있다. 이 경우 공단은 제출된 평가 결과가 고용노동부장관이 정하는 대상에 대하여 고용노동부장관이 정하는 요건을 갖춘 지도사가 평가한 것으로 인정되면 해당 평가결과서로 유해위험방지계획서의 심사를 갈음할 수 있다.
⑤ 건설공사의 경우 제4항에 따른 유해위험방지계획서에 대한 평가는 같은 건설공사에 대하여 법 제42조제2항에 따라 의견을 제시한 자가 해서는 안 된다.

**제45조(심사 결과의 구분)** ① 공단은 유해위험방지계획서의 심사 결과를 다음 각 호와 같이 구분·판정한다.
1. 적정 : 근로자의 안전과 보건을 위하여 필요한 조치가 구체적으로 확보되었다고 인정되는 경우
2. 조건부 적정 : 근로자의 안전과 보건을 확보하기 위하여 일부 개선이 필요하다고 인정되는 경우
3. 부적정 : 건설물·기계·기구 및 설비 또는 건설공사가 심사기준에 위반되어 공사착공 시 중대한 위험이 발생할 우려가 있거나 해당 계획에 근본적 결함이 있다고 인정되는 경우
② 공단은 심사 결과 적정판정 또는 조건부 적정판정을 한 경우에는 별지 제20호서식의 유해위험방지계획서 심사 결과 통지서에 보완사항을 포함(조건부 적정판정을 한 경우만 해당한다)하여 해당 사업주에게 발급하고 지방고용노동관서의 장에게 보고해야 한다.
③ 공단은 심사 결과 부적정판정을 한 경우에는 지체 없이 별지 제21호서식의 유해위험방지계획서 심사 결과(부적정) 통지서에 그 이유를 기재하여 지방고용노동관서의 장에게 통보하고 사업장 소재지 특별자치시장·특별자치도지사·시장·군수·구청장(구청장은 자치구의 구청장을 말한다. 이하 같다)에게 그 사실을 통보해야 한다.
④ 제3항에 따른 통보를 받은 지방고용노동관서의 장은 사실 여부를 확인한 후 공사착공중지명령, 계획변경명령 등 필요한 조치를 해야 한다.
⑤ 사업주는 지방고용노동관서의 장으로부터 공사착공중지명령 또는 계획변경명령을 받은 경우에는 유해위험방지계획서를 보완하거나 변경하여 공단에 제출해야 한다.

**제46조(확인)** ① 법 제42조제1항제1호 및 제2호에 따라 유해위험방지계획서를 제출한 사업주는 해당 건설물·기계·기구 및 설비의 시운전단계에서, 법 제42조제1항제3호에 따른 사업주는 건설공사 중

6개월 이내마다 법 제43조제1항에 따라 다음 각 호의 사항에 관하여 공단의 확인을 받아야 한다.
1. 유해위험방지계획서의 내용과 실제공사 내용이 부합하는지 여부
2. 법 제42조제6항에 따른 유해위험방지계획서 변경내용의 적정성
3. 추가적인 유해·위험요인의 존재 여부
② 공단은 제1항에 따른 확인을 할 경우에는 그 일정을 사업주에게 미리 통보해야 한다.
③ 제44조제4항에 따른 건설물·기계·기구 및 설비 또는 건설공사의 경우 사업주가 고용노동부장관이 정하는 요건을 갖춘 지도사에게 확인을 받고 별지 제22호서식에 따라 그 결과를 공단에 제출하면 공단은 제1항에 따른 확인에 필요한 현장방문을 지도사의 확인결과로 대체할 수 있다. 다만, 건설업의 경우 최근 2년간 사망재해(별표 1 제3호라목에 따른 재해는 제외한다)가 발생한 경우에는 그렇지 않다.
④ 제3항에 따른 유해위험방지계획서에 대한 확인은 제44조제4항에 따라 평가를 한 자가 해서는 안 된다.

**제47조(자체심사 및 확인업체의 확인 등)** ① 자체심사 및 확인업체의 사업주는 별표 11에 따라 해당 공사 준공 시까지 6개월 이내마다 제46조제1항 각 호의 사항에 관하여 자체확인을 해야 하며, 공단은 필요한 경우 해당 자체확인에 관하여 지도·조언할 수 있다. 다만, 그 공사 중 사망재해(별표 1 제3호라목에 따른 재해는 제외한다)가 발생한 경우에는 제46조제1항에 따른 공단의 확인을 받아야 한다.
② 공단은 제1항에 따른 확인을 할 경우에는 그 일정을 사업주에게 미리 통보해야 한다.

**제48조(확인 결과의 조치 등)** ① 공단은 제46조 및 제47조에 따른 확인 결과 해당 사업장의 유해·위험의 방지상태가 적정하다고 판단되는 경우에는 5일 이내에 별지 제23호서식의 확인 결과 통지서를 사업주에게 발급해야 하며, 확인결과 경미한 유해·위험요인이 발견된 경우에는 일정한 기간을 정하여 개선하도록 권고하되, 해당 기간 내에 개선되지 않은 경우에는 기간 만료일부터 10일 이내에 별지 제24호서식의 확인결과 조치 요청서에 그 이유를 적은 서면을 첨부하여 지방고용노동관서의 장에게 보고해야 한다.
② 공단은 확인 결과 중대한 유해·위험요인이 있어 법 제43조제3항에 따라 시설 등의 개선, 사용중지 또는 작업중지 등의 조치가 필요하다고 인정되는 경우에는 지체 없이 별지 제24호서식의 확인결과 조치 요청서에 그 이유를 적은 서면을 첨부하여 지방고용노동관서의 장에게 보고해야 한다.
③ 제1항 또는 제2항에 따른 보고를 받은 지방고용노동관서의 장은 사실 여부를 확인한 후 필요한 조치를 해야 한다.

**제49조(보고 등)** 공단은 유해위험방지계획서의 작성·제출·확인업무와 관련하여 다음 각 호의 어느 하나에 해당하는 사업장을 발견한 경우에는 지체 없이 해당 사업장의 명칭·소재지 및 사업주명 등을 구체적으로 적어 지방고용노동관서의 장에게 보고해야 한다.
1. 유해위험방지계획서를 제출하지 않은 사업장
2. 유해위험방지계획서 제출기간이 지난 사업장
3. 제43조 각 호의 자격을 갖춘 자의 의견을 듣지 않고 유해위험방지계획서를 작성한 사업장

## ② 안전보건 진단

### 1. 산업안전보건법

**제47조(안전보건진단)** ① 고용노동부장관은 추락·붕괴, 화재·폭발, 유해하거나 위험한 물질의 누출 등 산업재해 발생의 위험이 현저히 높은 사업장의 사업주에게 제48조에 따라 지정받은 기관(이하 "안전보건진단기관"이라 한다)이 실시하는 안전보건진단을 받을 것을 명할 수 있다.
② 사업주는 제1항에 따라 안전보건진단 명령을 받은 경우 고용노동부령으로 정하는 바에 따라 안전보건진단기관에 안전보건진단을 의뢰하여야 한다.
③ 사업주는 안전보건진단기관이 제2항에 따라 실시하는 안전보건진단에 적극 협조하여야 하며, 정당한 사유 없이 이를 거부하거나 방해 또는 기피해서는 아니 된다. 이 경우 근로자대표가 요구할 때에는 해당 안전보건진단에 근로자대표를 참여시켜야 한다.
④ 안전보건진단기관은 제2항에 따라 안전보건진단을 실시한 경우에는 안전보건진단 결과보고서를 고용노동부령으로 정하는 바에 따라 해당 사업장의 사업주 및 고용노동부장관에게 제출하여야 한다.
⑤ 안전보건진단의 종류 및 내용, 안전보건진단 결과보고서에 포함될 사항, 그 밖에 필요한 사항은 대통령령으로 정한다.

**제48조(안전보건진단기관)** ① 안전보건진단기관이 되려는 자는 대통령령으로 정하는 인력·시설 및 장비 등의 요건을 갖추어 고용노동부장관의 지정을 받아야 한다.
② 고용노동부장관은 안전보건진단기관에 대하여 평가하고 그 결과를 공개할 수 있다. 이 경우 평가의 기준·방법 및 결과의 공개에 필요한 사항은 고용노동부령으로 정한다.
③ 안전보건진단기관의 지정 절차, 그 밖에 필요한 사항은 고용노동부령으로 정한다.
④ 안전보건진단기관에 관하여는 제21조제4항 및 제5항을 준용한다. 이 경우 "안전관리전문기관 또는 보건관리전문기관"은 "안전보건진단기관"으로 본다.

**제49조(안전보건개선계획의 수립·시행 명령)** ① 고용노동부장관은 다음 각 호의 어느 하나에 해당하는 사업장으로서 산업재해 예방을 위하여 종합적인 개선조치를 할 필요가 있다고 인정되는 사업장의 사업주에게 고용노동부령으로 정하는 바에 따라 그 사업장, 시설, 그 밖의 사항에 관한 안전 및 보건에 관한 개선계획(이하 "안전보건개선계획"이라 한다)을 수립하여 시행할 것을 명할 수 있다. 이 경우 대통령령으로 정하는 사업장의 사업주에게는 제47조에 따라 안전보건진단을 받아 안전보건개선계획을 수립하여 시행할 것을 명할 수 있다.
1. 산업재해율이 같은 업종의 규모별 평균 산업재해율보다 높은 사업장
2. 사업주가 필요한 안전조치 또는 보건조치를 이행하지 아니하여 중대재해가 발생한 사업장
3. 대통령령으로 정하는 수 이상의 직업성 질병자가 발생한 사업장

4. 제106조에 따른 유해인자의 노출기준을 초과한 사업장

② 사업주는 안전보건개선계획을 수립할 때에는 산업안전보건위원회의 심의를 거쳐야 한다. 다만, 산업안전보건위원회가 설치되어 있지 아니한 사업장의 경우에는 근로자대표의 의견을 들어야 한다.

**제50조(안전보건개선계획서의 제출 등)** ① 제49조제1항에 따라 안전보건개선계획의 수립·시행 명령을 받은 사업주는 고용노동부령으로 정하는 바에 따라 안전보건개선계획서를 작성하여 고용노동부장관에게 제출하여야 한다.

② 고용노동부장관은 제1항에 따라 제출받은 안전보건개선계획서를 고용노동부령으로 정하는 바에 따라 심사하여 그 결과를 사업주에게 서면으로 알려 주어야 한다. 이 경우 고용노동부장관은 근로자의 안전 및 보건의 유지·증진을 위하여 필요하다고 인정하는 경우 해당 안전보건개선계획서의 보완을 명할 수 있다.

③ 사업주와 근로자는 제2항 전단에 따라 심사를 받은 안전보건개선계획서(같은 항 후단에 따라 보완한 안전보건개선계획서를 포함한다)를 준수하여야 한다.

## 2. 산업안전보건법 시행령

**제46조(안전보건진단의 종류 및 내용)** ① 법 제47조제1항에 따른 안전보건진단(이하 "안전보건진단"이라 한다)의 종류 및 내용은 별표 14와 같다.

② 고용노동부장관은 법 제47조제1항에 따라 안전보건진단 명령을 할 경우 기계·화공·전기·건설 등 분야별로 한정하여 진단을 받을 것을 명할 수 있다.

③ 안전보건진단 결과보고서에는 산업재해 또는 사고의 발생원인, 작업조건·작업방법에 대한 평가 등의 사항이 포함되어야 한다.

**제47조(안전보건진단기관의 지정 요건)** 법 제48조제1항에 따라 안전보건진단기관으로 지정받으려는 자는 법인으로서 제46조제1항 및 별표 14에 따른 안전보건진단 종류별로 종합진단기관은 별표 15, 안전진단기관은 별표 16, 보건진단기관은 별표 17에 따른 인력·시설 및 장비 등의 요건을 각각 갖추어야 한다.

**제48조(안전보건진단기관의 지정 취소 등의 사유)** 법 제48조제4항에 따라 준용되는 법 제21조제4항제5호에서 "대통령령으로 정하는 사유에 해당하는 경우"란 다음 각 호의 경우를 말한다.
1. 안전보건진단 업무 관련 서류를 거짓으로 작성한 경우
2. 정당한 사유 없이 안전보건진단 업무의 수탁을 거부한 경우
3. 제47조에 따른 인력기준에 해당하지 않은 사람에게 안전보건진단 업무를 수행하게 한 경우
4. 안전보건진단 업무를 수행하지 않고 위탁 수수료를 받은 경우
5. 안전보건진단 업무와 관련된 비치서류를 보존하지 않은 경우

6. 안전보건진단 업무 수행과 관련한 대가 외의 금품을 받은 경우
7. 법에 따른 관계 공무원의 지도·감독을 거부·방해 또는 기피한 경우

**제49조(안전보건진단을 받아 안전보건개선계획을 수립할 대상)** 법 제49조제1항 각 호 외의 부분 후단에서 "대통령령으로 정하는 사업장"이란 다음 각 호의 사업장을 말한다.
1. 산업재해율이 같은 업종 평균 산업재해율의 2배 이상인 사업장
2. 법 제49조제1항제2호에 해당하는 사업장
3. 직업성 질병자가 연간 2명 이상(상시근로자 1천명 이상 사업장의 경우 3명 이상) 발생한 사업장
4. 그 밖에 작업환경 불량, 화재·폭발 또는 누출 사고 등으로 사업장 주변까지 피해가 확산된 사업장으로서 고용노동부령으로 정하는 사업장

**제50조(안전보건개선계획 수립 대상)** 법 제49조제1항제3호에서 "대통령령으로 정하는 수 이상의 직업성 질병자가 발생한 사업장"이란 직업성 질병자가 연간 2명 이상 발생한 사업장을 말한다.

[별표 14]

〈안전·보건진단의 종류 및 내용〉

| 종류 | 진단내용 |
|---|---|
| 종합진단 | 1. 경영·관리적 사항에 대한 평가<br>　가. 산업재해 예방계획의 적정성<br>　나. 안전·보건 관리조직과 그 직무의 적정성<br>　다. 산업안전보건위원회 설치·운영, 명예산업안전감독관의 역할 등 근로자의 참여 정도<br>　라. 안전보건관리규정 내용의 적정성<br>2. 산업재해 또는 사고의 발생 원인(산업재해 또는 사고가 발생한 경우만 해당한다)<br>3. 작업조건 및 작업방법에 대한 평가<br>4. 유해·위험요인에 대한 측정 및 분석<br>　가. 기계·기구 또는 그 밖의 설비에 의한 위험성<br>　나. 폭발성·물반응성·자기반응성·자기발열성 물질, 자연발화성 액체·고체 및 인화성 액체 등에 의한 위험성<br>　다. 전기·열 또는 그 밖의 에너지에 의한 위험성<br>　라. 추락, 붕괴, 낙하, 비래(飛來) 등으로 인한 위험성<br>　마. 그 밖에 기계·기구·설비·장치·구축물·시설물·원재료 및 공정 등에 의한 위험성<br>　바. 법 제118조제1항에 따른 허가대상물질, 고용노동부령으로 정하는 관리대상 유해물질 및 온도·습도·환기·소음·진동·분진, 유해광선 등의 유해성 또는 위험성 |

| | |
|---|---|
| | 5. 보호구, 안전·보건장비 및 작업환경 개선시설의 적정성<br>6. 유해물질의 사용·보관·저장, 물질안전보건자료의 작성, 근로자 교육 및 경고표시 부착의 적정성<br>7. 그 밖에 작업환경 및 근로자 건강 유지·증진 등 보건관리의 개선을 위하여 필요한 사항 |
| 안전기술진단 | 종합진단 내용 중 제2호·제3호의 사항, 제4호 중 가목부터 마목까지의 사항 및 제5호 중 안전 관련 사항 |
| 보건기술진단 | 종합진단 내용 중 제2호·제3호의 사항, 제4호 중 바목의 사항, 제5호 중 보건 관련 사항, 제6호 및 제7호의 사항 |

## 3. 산업안전보건법 시행규칙

**제55조(안전보건진단 명령)** 법 제47조제1항에 따른 안전보건진단 명령은 별지 제25호서식에 따른다.

**제56조(안전보건진단 의뢰)** 법 제47조제2항에 따라 안전보건진단 명령을 받은 사업주는 15일 이내에 안전보건진단기관에 안전보건진단을 의뢰해야 한다.

**제57조(안전보건진단 결과의 보고)** 법 제47조제2항에 따른 안전보건진단을 실시한 안전보건진단기관은 영 별표 14의 진단내용에 해당하는 사항에 대한 조사·평가 및 측정 결과와 그 개선방법이 포함된 보고서를 진단을 의뢰받은 날로부터 30일 이내에 해당 사업장의 사업주 및 관할 지방고용노동관서의 장에게 제출(전자문서로 제출하는 것을 포함한다)해야 한다.

**제58조(안전보건진단기관의 평가 등)** ① 법 제48조제2항에 따른 안전보건진단기관 평가의 기준은 다음 각 호와 같다.
1. 인력·시설 및 장비의 보유 수준과 그에 대한 관리능력
2. 유해위험요인의 평가·분석 충실성 등 안전보건진단 업무 수행능력
3. 안전보건진단 대상 사업장의 만족도

② 법 제48조제2항에 따른 안전보건진단기관 평가의 방법 및 평가 결과의 공개에 관하여는 제17조제2항부터 제8항까지의 규정을 준용한다. 이 경우 "안전관리전문기관 또는 보건관리전문기관"은 "안전보건진단기관"으로 본다.

**제59조(안전보건진단기관의 지정신청 등)** ① 안전보건진단기관으로 지정받으려는 자는 법 제48조제3항에 따라 별지 제6호서식의 안전보건진단기관 지정신청서에 다음 각 호의 서류를 첨부하여 지방고용노동청장에게 제출(전자문서로 제출하는 것을 포함한다)해야 한다.
1. 정관

   2. 영 별표 15, 별표 16 및 별표 17에 따른 인력기준에 해당하는 사람의 자격과 채용을 증명할 수 있는 자격증(국가기술자격증은 제외한다), 경력증명서 및 재직증명서 등의 서류
   3. 건물임대차계약서 사본이나 그 밖에 사무실의 보유를 증명할 수 있는 서류와 시설·장비 명세서
   4. 최초 1년간의 안전보건진단사업계획서
   ② 제1항에 따라 신청서를 제출받은 지방고용노동청장은 「전자정부법」 제36조제1항에 따른 행정정보의 공동이용을 통하여 법인등기사항증명서 및 국가기술자격증을 확인해야 하며, 신청인이 국가기술자격증의 확인에 동의하지 않는 경우에는 그 사본을 첨부하도록 해야 한다.
   ③ 안전보건진단기관에 대한 지정서의 발급, 지정받은 사항의 변경, 지정서의 반납 등에 관하여는 제16조제3항부터 제6항까지의 규정을 준용한다. 이 경우 "안전관리전문기관 또는 보건관리전문기관"은 "안전보건진단기관"으로, "고용노동부장관 또는 지방고용노동청장"은 "지방고용노동청장"으로 본다.

**제60조(안전보건개선계획의 수립·시행 명령)** 법 제49조제1항에 따른 안전보건개선계획의 수립·시행 명령은 별지 제26호서식에 따른다.

**제61조(안전보건개선계획의 제출 등)** ① 법 제50조제1항에 따라 안전보건개선계획서를 제출해야 하는 사업주는 법 제49조제1항에 따른 안전보건개선계획서 수립·시행 명령을 받은 날부터 60일 이내에 관할 지방고용노동관서의 장에게 해당 계획서를 제출(전자문서로 제출하는 것을 포함한다)해야 한다.
② 제1항에 따른 안전보건개선계획서에는 시설, 안전보건관리체제, 안전보건교육, 산업재해 예방 및 작업환경의 개선을 위하여 필요한 사항이 포함되어야 한다.

**제62조(안전보건개선계획서의 검토 등)** ① 지방고용노동관서의 장이 제61조에 따른 안전보건개선계획서를 접수한 경우에는 접수일부터 15일 이내에 심사하여 사업주에게 그 결과를 알려야 한다.
② 법 제50조제2항에 따라 지방고용노동관서의 장은 안전보건개선계획서에 제61조제2항에서 정한 사항이 적정하게 포함되어 있는지 검토해야 한다. 이 경우 지방고용노동관서의 장은 안전보건개선계획서의 적정 여부 확인을 공단 또는 지도사에게 요청할 수 있다.

## ③ 공정안전보고서 심사 및 확인 제도

### 1. 산업안전보건법

**제44조(공정안전보고서의 작성·제출)** ① 사업주는 사업장에 대통령령으로 정하는 유해하거나 위험한 설비가 있는 경우 그 설비로부터의 위험물질 누출, 화재 및 폭발 등으로 인하여 사업장 내의 근로자에게

즉시 피해를 주거나 사업장 인근 지역에 피해를 줄 수 있는 사고로서 대통령령으로 정하는 사고(이하 "중대산업사고"라 한다)를 예방하기 위하여 대통령령으로 정하는 바에 따라 공정안전보고서를 작성하고 고용노동부장관에게 제출하여 심사를 받아야 한다. 이 경우 공정안전보고서의 내용이 중대산업사고를 예방하기 위하여 적합하다고 통보받기 전에는 관련된 유해하거나 위험한 설비를 가동해서는 아니된다.
② 사업주는 제1항에 따라 공정안전보고서를 작성할 때 산업안전보건위원회의 심의를 거쳐야 한다. 다만, 산업안전보건위원회가 설치되어 있지 아니한 사업장의 경우에는 근로자대표의 의견을 들어야 한다.

**제45조(공정안전보고서의 심사 등)** ① 고용노동부장관은 공정안전보고서를 고용노동부령으로 정하는 바에 따라 심사하여 그 결과를 사업주에게 서면으로 알려 주어야 한다. 이 경우 근로자의 안전 및 보건의 유지·증진을 위하여 필요하다고 인정하는 경우에는 그 공정안전보고서의 변경을 명할 수 있다.
② 사업주는 제1항에 따라 심사를 받은 공정안전보고서를 사업장에 갖추어 두어야 한다.

**제46조(공정안전보고서의 이행 등)** ① 사업주와 근로자는 제45조제1항에 따라 심사를 받은 공정안전보고서(이 조 제3항에 따라 보완한 공정안전보고서를 포함한다)의 내용을 지켜야 한다.
② 사업주는 제45조제1항에 따라 심사를 받은 공정안전보고서의 내용을 실제로 이행하고 있는지 여부에 대하여 고용노동부령으로 정하는 바에 따라 고용노동부장관의 확인을 받아야 한다.
③ 사업주는 제45조제1항에 따라 심사를 받은 공정안전보고서의 내용을 변경하여야 할 사유가 발생한 경우에는 지체 없이 그 내용을 보완하여야 한다.
④ 고용노동부장관은 고용노동부령으로 정하는 바에 따라 공정안전보고서의 이행 상태를 정기적으로 평가할 수 있다.
⑤ 고용노동부장관은 제4항에 따른 평가 결과 제3항에 따른 보완 상태가 불량한 사업장의 사업주에게는 공정안전보고서의 변경을 명할 수 있으며, 이에 따르지 아니하는 경우 공정안전보고서를 다시 제출하도록 명할 수 있다.

## 2. 산업안전보건법 시행령

**제43조(공정안전보고서의 제출 대상)** ① 법 제44조제1항 전단에서 "대통령령으로 정하는 유해하거나 위험한 설비"란 다음 각 호의 어느 하나에 해당하는 사업을 하는 사업장의 경우에는 그 보유설비를 말하고, 그 외의 사업을 하는 사업장의 경우에는 별표 13에 따른 유해·위험물질 중 하나 이상의 물질을 같은 표에 따른 규정량 이상 제조·취급·저장하는 설비 및 그 설비의 운영과 관련된 모든 공정설비를 말한다.

1. 원유 정제처리업
2. 기타 석유정제물 재처리업
3. 석유화학계 기초화학물질 제조업 또는 합성수지 및 기타 플라스틱물질 제조업. 다만, 합성수지 및 기타 플라스틱물질 제조업은 별표 13 제1호 또는 제2호에 해당하는 경우로 한정한다.
4. 질소 화합물, 질소·인산 및 칼리질 화학비료 제조업 중 질소질 비료 제조
5. 복합비료 및 기타 화학비료 제조업 중 복합비료 제조(단순혼합 또는 배합에 의한 경우는 제외한다)
6. 화학 살균·살충제 및 농업용 약제 제조업[농약 원제(原劑) 제조만 해당한다]
7. 화약 및 불꽃제품 제조업

② 제1항에도 불구하고 다음 각 호의 설비는 유해하거나 위험한 설비로 보지 않는다.
1. 원자력 설비
2. 군사시설
3. 사업주가 해당 사업장 내에서 직접 사용하기 위한 난방용 연료의 저장설비 및 사용설비
4. 도매·소매시설
5. 차량 등의 운송설비
6. 「액화석유가스의 안전관리 및 사업법」에 따른 액화석유가스의 충전·저장시설
7. 「도시가스사업법」에 따른 가스공급시설
8. 그 밖에 고용노동부장관이 누출·화재·폭발 등의 사고가 있더라도 그에 따른 피해의 정도가 크지 않다고 인정하여 고시하는 설비

③ 법 제44조제1항 전단에서 "대통령령으로 정하는 사고"란 다음 각 호의 어느 하나에 해당하는 사고를 말한다.
1. 근로자가 사망하거나 부상을 입을 수 있는 제1항에 따른 설비(제2항에 따른 설비는 제외한다. 이하 제2호에서 같다)에서의 누출·화재·폭발 사고
2. 인근 지역의 주민이 인적 피해를 입을 수 있는 제1항에 따른 설비에서의 누출·화재·폭발 사고

[별표 13]

〈유해·위험물질 규정량〉

| 번호 | 유해·위험물질 | 규정량(kg) |
|---|---|---|
| 1 | 인화성 가스 | 제조·취급 : 5,000(저장 : 200,000) |
| 2 | 인화성 액체 | 제조·취급 : 5,000(저장 : 200,000) |
| 3 | 메틸 이소시아네이트 | 제조·취급·저장 : 150 |
| 4 | 포스겐 | 제조·취급·저장 : 750 |
| 5 | 아크릴로니트릴 | 제조·취급·저장 : 20,000 |
| 6 | 암모니아 | 제조·취급·저장 : 200,000 |
| 7 | 염소 | 제조·취급·저장 : 20,000 |

| 8 | 이산화황 | 제조·취급·저장 : 250,000 |
|---|---|---|
| 9 | 삼산화황 | 제조·취급·저장 : 75,000 |
| 10 | 이황화탄소 | 제조·취급·저장 : 5,000 |
| 11 | 시안화수소 | 제조·취급·저장 : 1,000 |
| 12 | 불화수소(무수불산) | 제조·취급·저장 : 1,000 |
| 13 | 염화수소(무수염산) | 제조·취급·저장 : 20,000 |
| 14 | 황화수소 | 제조·취급·저장 : 1,000 |
| 15 | 질산암모늄 | 제조·취급·저장 : 500,000 |
| 16 | 니트로글리세린 | 제조·취급·저장 : 10,000 |
| 17 | 트리니트로톨루엔 | 제조·취급·저장 : 50,000 |
| 18 | 수소 | 제조·취급·저장 : 50,000 |
| 19 | 산화에틸렌 | 제조·취급·저장 : 10,000 |
| 20 | 포스핀 | 제조·취급·저장 : 50 |
| 21 | 실란(Silane) | 제조·취급·저장 : 50 |
| 22 | 질산(중량 94.5% 이상) | 제조·취급·저장 : 250 |
| 23 | 발연황산(삼산화황 중량 65% 이상 80% 미만) | 제조·취급·저장 : 500,000 |
| 24 | 과산화수소(중량 52% 이상) | 제조·취급·저장 : 3,500 |
| 25 | 톨루엔디이소시아네이트 | 제조·취급·저장 : 100,000 |
| 26 | 클로로술폰산 | 제조·취급·저장 : 500,000 |
| 27 | 브롬화수소 | 제조·취급·저장 : 2,500 |
| 28 | 삼염화인 | 제조·취급·저장 : 750,000 |
| 29 | 염화 벤질 | 제조·취급·저장 : 750,000 |
| 30 | 이산화염소 | 제조·취급·저장 : 500 |
| 31 | 염화 티오닐 | 제조·취급·저장 : 150 |
| 32 | 브롬 | 제조·취급·저장 : 100,000 |
| 33 | 일산화질소 | 제조·취급·저장 : 1,000 |
| 34 | 붕소 트리염화물 | 제조·취급·저장 : 1,500 |
| 35 | 메틸에틸케톤과산화물 | 제조·취급·저장 : 2,500 |
| 36 | 삼불화 붕소 | 제조·취급·저장 : 150 |
| 37 | 니트로아닐린 | 제조·취급·저장 : 2,500 |
| 38 | 염소 트리플루오르화 | 제조·취급·저장 : 500 |
| 39 | 불소 | 제조·취급·저장 : 20,000 |
| 40 | 시아누르 플루오르화물 | 제조·취급·저장 : 50 |
| 41 | 질소 트리플루오르화물 | 제조·취급·저장 : 2,500 |
| 42 | 니트로 셀롤로오스(질소 함유량 12.6% 이상) | 제조·취급·저장 : 100,000 |
| 43 | 과산화벤조일 | 제조·취급·저장 : 3,500 |
| 44 | 과염소산 암모늄 | 제조·취급·저장 : 3,500 |
| 45 | 디클로로실란 | 제조·취급·저장 : 1,500 |

| 46 | 디에틸 알루미늄 염화물 | 제조·취급·저장 : 2,500 |
| 47 | 디이소프로필 퍼옥시디카보네이트 | 제조·취급·저장 : 3,500 |
| 48 | 불산(중량 1% 이상) | 제조·취급·저장 : 1,000 |
| 49 | 염산(중량 10% 이상) | 제조·취급·저장 : 20,000 |
| 50 | 황산(중량 10% 이상) | 제조·취급·저장 : 20,000 |
| 51 | 암모니아수(중량 10% 이상) | 제조·취급·저장 : 20,000 |

비고
1. 인화성 가스란 인화한계 농도의 최저한도가 13퍼센트 이하 또는 최고한도와 최저한도의 차가 12퍼센트 이상인 것으로서 표준압력(101.3kPa)하의 20℃에서 가스 상태인 물질을 말한다.
2. 인화성 액체란 표준압력(101.3kPa)하에서 인화점이 60℃ 이하이거나 고온·고압의 공정운전조건으로 인하여 화재·폭발위험이 있는 상태에서 취급되는 가연성 물질을 말한다.
3. 인화점의 수치는 타구밀폐식 또는 펜스키말테식 등의 인화점 측정기로 표준압력(101.3kPa)에서 측정한 수치 중 작은 수치를 말한다.
4. 유해·위험물질의 규정량이란 제조·취급·저장 설비에서 공정과정 중에 저장되는 양을 포함하여 하루 동안 최대로 제조·취급 또는 저장할 수 있는 양을 말한다.
5. 규정량은 화학물질의 순도 100퍼센트를 기준으로 산출한다.
6. 두 종류 이상의 유해·위험물질을 제조·취급·저장하는 경우에는 해당 유해·위험물질 각각의 제조·취급·저장량을 구한 후 다음 공식에 따라 산출한 값 R이 1 이상인 경우 유해·위험설비로 본다. 이때 동일한 유해·위험물질을 제조·취급·저장하는 경우 각각의 양을 모두 고려한다.

$$R = \frac{C_1}{T_1} + \frac{C_2}{T_2} + \cdots\cdots\cdots + \frac{C_n}{T_n}$$

주) $C_n$ : 위험물질 각각의 제조·취급·저장량
   $T_n$ : 위험물질 각각의 규정량

7. 가스를 전문으로 저장·판매하는 시설 내의 가스는 제외한다.

**제44조(공정안전보고서의 내용)** ① 법 제44조제1항 전단에 따른 공정안전보고서에는 다음 각 호의 사항이 포함되어야 한다.
1. 공정안전자료
2. 공정위험성 평가서
3. 안전운전계획
4. 비상조치계획
5. 그 밖에 공정상의 안전과 관련하여 고용노동부장관이 필요하다고 인정하여 고시하는 사항
② 제1항제1호부터 제4호까지의 규정에 따른 사항에 관한 세부 내용은 고용노동부령으로 정한다.

**제45조(공정안전보고서의 제출)** ① 사업주는 제43조에 따른 유해하거나 위험한 설비를 설치(기존 설비의 제조·취급·저장 물질이 변경되거나 제조량·취급량·저장량이 증가하여 별표 13에 따른 유해·위험물질 규정량에 해당하게 된 경우를 포함한다)·이전하거나 고용노동부장관이 정하는 주요 구조부분을 변경할 때에는 고용노동부령으로 정하는 바에 따라 법 제44조제1항 전단에 따른 공정안전보고서를

작성하여 고용노동부장관에게 제출해야 한다. 이 경우 「화학물질관리법」에 따라 사업주가 환경부장관에게 제출해야 하는 같은 법 제23조에 따른 유해화학물질 화학사고 장외영향평가서(이하 이 항에서 "장외영향평가서"라 한다) 또는 같은 법 제41조에 따른 위해관리계획서(이하 이 항에서 "위해관리계획서"라 한다)의 내용이 제44조에 따라 공정안전보고서에 포함시켜야 할 사항에 해당하는 경우에는 그 해당 부분에 대해서 장외영향평가서 또는 위해관리계획서 사본의 제출로 갈음할 수 있다.

② 제1항 전단에도 불구하고 사업주가 제출해야 할 공정안전보고서가 「고압가스 안전관리법」 제2조에 따른 고압가스를 사용하는 단위공정 설비에 관한 것인 경우로서 해당 사업주가 같은 법 제11조에 따른 안전관리규정과 같은 법 제13조의2에 따른 안전성향상계획을 작성하여 공단 및 같은 법 제28조에 따른 한국가스안전공사가 공동으로 검토·작성한 의견서를 첨부하여 허가 관청에 제출한 경우에는 해당 단위공정 설비에 관한 공정안전보고서를 제출한 것으로 본다.

## 3. 산업안전보건법 시행규칙

**제50조(공정안전보고서의 세부 내용 등)** ① 영 제44조에 따라 공정안전보고서에 포함해야 할 세부내용은 다음 각 호와 같다.
1. 공정안전자료
    가. 취급·저장하고 있거나 취급·저장하려는 유해·위험물질의 종류 및 수량
    나. 유해·위험물질에 대한 물질안전보건자료
    다. 유해하거나 위험한 설비의 목록 및 사양
    라. 유해하거나 위험한 설비의 운전방법을 알 수 있는 공정도면
    마. 각종 건물·설비의 배치도
    바. 폭발위험장소 구분도 및 전기단선도
    사. 위험설비의 안전설계·제작 및 설치 관련 지침서
2. 공정위험성평가서 및 잠재위험에 대한 사고예방·피해 최소화 대책(공정위험성평가서는 공정의 특성 등을 고려하여 다음 각 목의 위험성평가 기법 중 한 가지 이상을 선정하여 위험성평가를 한 후 그 결과에 따라 작성해야 하며, 사고예방·피해최소화 대책은 위험성평가 결과 잠재위험이 있다고 인정되는 경우에만 작성한다)
    가. 체크리스트(Check List)
    나. 상대위험순위 결정(Dow and Mond Indices)
    다. 작업자 실수 분석(HEA)
    라. 사고 예상 질문 분석(What-if)
    마. 위험과 운전 분석(HAZOP)
    바. 이상위험도 분석(FMECA)

사. 결함 수 분석(FTA)
아. 사건 수 분석(ETA)
자. 원인결과 분석(CCA)
차. 가목부터 자목까지의 규정과 같은 수준 이상의 기술적 평가기법
3. 안전운전계획
　가. 안전운전지침서
　나. 설비점검·검사 및 보수계획, 유지계획 및 지침서
　다. 안전작업허가
　라. 도급업체 안전관리계획
　마. 근로자 등 교육계획
　바. 가동 전 점검지침
　사. 변경요소 관리계획
　아. 자체감사 및 사고조사계획
　자. 그 밖에 안전운전에 필요한 사항
4. 비상조치계획
　가. 비상조치를 위한 장비·인력 보유현황
　나. 사고발생 시 각 부서·관련 기관과의 비상연락체계
　다. 사고발생 시 비상조치를 위한 조직의 임무 및 수행 절차
　라. 비상조치계획에 따른 교육계획
　마. 주민홍보계획
　바. 그 밖에 비상조치 관련 사항
② 공정안전보고서의 세부내용별 작성기준, 작성자 및 심사기준, 그 밖에 심사에 필요한 사항은 고용노동부장관이 정하여 고시한다.

**제51조(공정안전보고서의 제출 시기)** 사업주는 영 제45조제1항에 따라 유해하거나 위험한 설비의 설치·이전 또는 주요 구조부분의 변경공사의 착공일(기존 설비의 제조·취급·저장 물질이 변경되거나 제조량·취급량·저장량이 증가하여 영 별표 13에 따른 유해·위험물질 규정량에 해당하게 된 경우에는 그 해당일을 말한다) 30일 전까지 공정안전보고서를 2부 작성하여 공단에 제출해야 한다.

**제52조(공정안전보고서의 심사 등)** ① 공단은 제51조에 따라 공정안전보고서를 제출받은 경우에는 제출받은 날부터 30일 이내에 심사하여 1부를 사업주에게 송부하고, 그 내용을 지방고용노동관서의 장에게 보고해야 한다.
② 공단은 제1항에 따라 공정안전보고서를 심사한 결과 「위험물안전관리법」에 따른 화재의 예방·소방 등과 관련된 부분이 있다고 인정되는 경우에는 그 관련 내용을 관할 소방관서의 장에게 통보해야 한다.

**제53조(공정안전보고서의 확인 등)** ① 공정안전보고서를 제출하여 심사를 받은 사업주는 법 제46조제2항에 따라 다음 각 호의 시기별로 공단의 확인을 받아야 한다. 다만, 화공안전 분야 산업안전지도사, 대학에서 조교수 이상으로 재직하고 있는 사람으로서 화공 관련 교과를 담당하고 있는 사람, 그 밖에 자격 및 관련 업무 경력 등을 고려하여 고용노동부장관이 정하여 고시하는 요건을 갖춘 사람에게 제50조제3호아목에 따른 자체감사를 하게 하고 그 결과를 공단에 제출한 경우에는 공단의 확인을 생략할 수 있다.
1. 신규로 설치될 유해하거나 위험한 설비에 대해서는 설치 과정 및 실치 완료 후 시운전단계에서 각 1회
2. 기존에 설치되어 사용 중인 유해하거나 위험한 설비에 대해서는 심사 완료 후 3개월 이내
3. 유해하거나 위험한 설비와 관련한 공정의 중대한 변경이 있는 경우에는 변경 완료 후 1개월 이내
4. 유해하거나 위험한 설비 또는 이와 관련된 공정에 중대한 사고 또는 결함이 발생한 경우에는 1개월 이내. 다만, 법 제47조에 따른 안전보건진단을 받은 사업장 등 고용노동부장관이 정하여 고시하는 사업장의 경우에는 공단의 확인을 생략할 수 있다.

② 공단은 사업주로부터 확인요청을 받은 날부터 1개월 이내에 제50조제1호부터 제4호까지의 내용이 현장과 일치하는지 여부를 확인하고, 확인한 날부터 15일 이내에 그 결과를 사업주에게 통보하고 지방고용노동관서의 장에게 보고해야 한다.

③ 제1항 및 제2항에 따른 확인의 절차 등에 관하여 필요한 사항은 고용노동부장관이 정하여 고시한다.

**제54조(공정안전보고서 이행 상태의 평가)** ① 법 제46조제4항에 따라 고용노동부장관은 같은 조 제2항에 따른 공정안전보고서의 확인(신규로 설치되는 유해하거나 위험한 설비의 경우에는 설치 완료 후 시운전 단계에서의 확인을 말한다) 후 1년이 지난날부터 2년 이내에 공정안전보고서 이행 상태의 평가(이하 "이행상태평가"라 한다)를 해야 한다.

② 고용노동부장관은 제1항에 따른 이행상태평가 후 4년마다 이행상태평가를 해야 한다. 다만, 다음 각 호의 어느 하나에 해당하는 경우에는 1년 또는 2년마다 이행상태평가를 할 수 있다.
1. 이행상태평가 후 사업주가 이행상태평가를 요청하는 경우
2. 법 제155조에 따라 사업장에 출입하여 검사 및 안전·보건점검 등을 실시한 결과 제50조제1항제3호사목에 따른 변경요소 관리계획 미준수로 공정안전보고서 이행상태가 불량한 것으로 인정되는 경우 등 고용노동부장관이 정하여 고시하는 경우

③ 이행상태평가는 제50조제1항 각 호에 따른 공정안전보고서의 세부내용에 관하여 실시한다.

④ 이행상태평가의 방법 등 이행상태평가에 필요한 세부적인 사항은 고용노동부장관이 정한다.

# 02 산업안전보건기준에 관한 규칙

## 1 폭발·화재 및 위험누출에 의한 위험 방지

### 1. 위험물 등의 취급 등

**제225조(위험물질 등의 제조 등 작업 시의 조치)** 사업주는 별표 1의 위험물질(이하 "위험물"이라 한다)을 제조하거나 취급하는 경우에 폭발·화재 및 누출을 방지하기 위한 적절한 방호조치를 하지 아니하고 다음 각 호의 행위를 해서는 아니 된다.
1. 폭발성 물질, 유기과산화물을 화기나 그 밖에 점화원이 될 우려가 있는 것에 접근시키거나 가열하거나 마찰시키거나 충격을 가하는 행위
2. 물반응성 물질, 인화성 고체를 각각 그 특성에 따라 화기나 그 밖에 점화원이 될 우려가 있는 것에 접근시키거나 발화를 촉진하는 물질 또는 물에 접촉시키거나 가열하거나 마찰시키거나 충격을 가하는 행위
3. 산화성 액체·산화성 고체를 분해가 촉진될 우려가 있는 물질에 접촉시키거나 가열하거나 마찰시키거나 충격을 가하는 행위
4. 인화성 액체를 화기나 그 밖에 점화원이 될 우려가 있는 것에 접근시키거나 주입 또는 가열하거나 증발시키는 행위
5. 인화성 가스를 화기나 그 밖에 점화원이 될 우려가 있는 것에 접근시키거나 압축·가열 또는 주입하는 행위
6. 부식성 물질 또는 급성 독성물질을 누출시키는 등으로 인체에 접촉시키는 행위
7. 위험물을 제조하거나 취급하는 설비가 있는 장소에 인화성 가스 또는 산화성 액체 및 산화성 고체를 방치하는 행위

[별표 1]

## 위험물질의 종류

1. 폭발성 물질 및 유기과산화물
    가. 질산에스테르류
    나. 니트로화합물
    다. 니트로소화합물
    라. 아조화합물
    마. 디아조화합물
    바. 하이드라진 유도체
    사. 유기과산화물
    아. 그 밖에 가목부터 사목까지의 물질과 같은 정도의 폭발 위험이 있는 물질
    자. 가목부터 아목까지의 물질을 함유한 물질

2. 물반응성 물질 및 인화성 고체
    가. 리튬
    나. 칼륨·나트륨
    다. 황
    라. 황린
    마. 황화인·적린
    바. 셀룰로이드류
    사. 알킬알루미늄·알킬리튬
    아. 마그네슘 분말
    자. 금속 분말(마그네슘 분말은 제외한다)
    차. 알칼리금속(리튬·칼륨 및 나트륨은 제외한다)
    카. 유기 금속화합물(알킬알루미늄 및 알킬리튬은 제외한다)
    타. 금속의 수소화물
    파. 금속의 인화물
    하. 칼슘 탄화물, 알루미늄 탄화물
    거. 그 밖에 가목부터 하목까지의 물질과 같은 정도의 발화성 또는 인화성이 있는 물질
    너. 가목부터 거목까지의 물질을 함유한 물질

3. 산화성 액체 및 산화성 고체
    가. 차아염소산 및 그 염류
    나. 아염소산 및 그 염류
    다. 염소산 및 그 염류
    라. 과염소산 및 그 염류

마. 브롬산 및 그 염류
바. 요오드산 및 그 염류
사. 과산화수소 및 무기 과산화물
아. 질산 및 그 염류
자. 과망간산 및 그 염류
차. 중크롬산 및 그 염류
카. 그 밖에 가목부터 차목까지의 물질과 같은 정도의 산화성이 있는 물질
타. 가목부터 카목까지의 물질을 함유한 물질

4. 인화성 액체
    가. 에틸에테르, 가솔린, 아세트알데히드, 산화프로필렌, 그 밖에 인화점이 섭씨 23도 미만이고 초기끓는점이 섭씨 35도 이하인 물질
    나. 노르말헥산, 아세톤, 메틸에틸케톤, 메틸알코올, 에틸알코올, 이황화탄소, 그 밖에 인화점이 섭씨 23도 미만이고 초기 끓는점이 섭씨 35도를 초과하는 물질
    다. 크실렌, 아세트산아밀, 등유, 경유, 테레핀유, 이소아밀알코올, 아세트산, 하이드라진, 그 밖에 인화점이 섭씨 23도 이상 섭씨 60도 이하인 물질

5. 인화성 가스
    가. 수소
    나. 아세틸렌
    다. 에틸렌
    라. 메탄
    마. 에탄
    바. 프로판
    사. 부탄
    아. 영 별표 13에 따른 인화성 가스

6. 부식성 물질
    가. 부식성 산류
        (1) 농도가 20퍼센트 이상인 염산, 황산, 질산, 그 밖에 이와 같은 정도 이상의 부식성을 가지는 물질
        (2) 농도가 60퍼센트 이상인 인산, 아세트산, 불산, 그 밖에 이와 같은 정도 이상의 부식성을 가지는 물질
    나. 부식성 염기류
        농도가 40퍼센트 이상인 수산화나트륨, 수산화칼륨, 그 밖에 이와 같은 정도 이상의 부식성을 가지는 염기류

7. 급성 독성 물질
    가. 쥐에 대한 경구투입실험에 의하여 실험동물의 50퍼센트를 사망시킬 수 있는 물질의 양, 즉 LD50(경구, 쥐)이 킬로그램당 300밀리그램 - (체중) 이하인 화학물질
    나. 쥐 또는 토끼에 대한 경피흡수실험에 의하여 실험동물의 50퍼센트를 사망시킬 수 있는 물질의 양, 즉 LD50(경피, 토끼 또는 쥐)이 킬로그램당 1,000밀리그램 - (체중) 이하인 화학물질
    다. 쥐에 대한 4시간 동안의 흡입실험에 의하여 실험동물의 50퍼센트를 사망시킬 수 있는 물질의 농도, 즉 가스 LC50(쥐, 4시간 흡입)이 2,500ppm 이하인 화학물질, 증기 LC50(쥐, 4시간 흡입)이 10mg/ℓ 이하인 화학물질, 분진 또는 미스트 1mg/ℓ 이하인 화학물질

**제226조(물과의 접촉 금지)** 사업주는 별표 1 제2호의 물반응성 물질·인화성 고체를 취급하는 경우에는 물과의 접촉을 방지하기 위하여 완전 밀폐된 용기에 저장 또는 취급하거나 빗물 등이 스며들지 아니하는 건축물 내에 보관 또는 취급하여야 한다.

**제227조(호스 등을 사용한 인화성 액체 등의 주입)** 사업주는 위험물을 액체 상태에서 호스 또는 배관 등을 사용하여 별표 7의 화학설비, 탱크로리, 드럼 등에 주입하는 작업을 하는 경우에는 그 호스 또는 배관 등의 결합부를 확실히 연결하고 누출이 없는지를 확인한 후에 작업을 하여야 한다.

[별표 7]

## 화학설비 및 그 부속설비의 종류

1. 화학설비
    가. 반응기·혼합조 등 화학물질 반응 또는 혼합장치
    나. 증류탑·흡수탑·추출탑·감압탑 등 화학물질 분리장치
    다. 저장탱크·계량탱크·호퍼·사일로 등 화학물질 저장설비 또는 계량설비
    라. 응축기·냉각기·가열기·증발기 등 열교환기류
    마. 고로 등 점화기를 직접 사용하는 열교환기류
    바. 캘린더(calender)·혼합기·발포기·인쇄기·압출기 등 화학제품 가공설비
    사. 분쇄기·분체분리기·용융기 등 분체화학물질 취급장치
    아. 결정조·유동탑·탈습기·건조기 등 분체화학물질 분리장치
    자. 펌프류·압축기·이젝터(ejector) 등의 화학물질 이송 또는 압축설비

2. 화학설비의 부속설비
    가. 배관·밸브·관·부속류 등 화학물질 이송 관련 설비
    나. 온도·압력·유량 등을 지시·기록 등을 하는 자동제어 관련 설비

다. 안전밸브·안전판·긴급차단 또는 방출밸브 등 비상조치 관련 설비
라. 가스누출감지 및 경보 관련 설비
마. 세정기, 응축기, 벤트스택(Vent Stack), 플레어스택(Flare Stack) 등 폐가스처리설비
바. 사이클론, 백필터(Bag Filter), 전기집진기 등 분진처리설비
사. 가목부터 바목까지의 설비를 운전하기 위하여 부속된 전기 관련 설비
아. 정전기 제거장치, 긴급 샤워설비 등 안전 관련 설비

**제228조(가솔린이 남아 있는 설비에 등유 등의 주입)** 사업주는 별표 7의 화학설비로서 가솔린이 남아 있는 화학설비(위험물을 저장하는 것으로 한정한다. 이하 이 조와 제229조에서 같다), 탱크로리, 드럼 등에 등유나 경유를 주입하는 작업을 하는 경우에는 미리 그 내부를 깨끗하게 씻어내고 가솔린의 증기를 불활성 가스로 바꾸는 등 안전한 상태로 되어 있는지를 확인한 후에 그 작업을 하여야 한다. 다만, 다음 각 호의 조치를 하는 경우에는 그러하지 아니하다.
1. 등유나 경유를 주입하기 전에 탱크·드럼 등과 주입설비 사이에 접속선이나 접지선을 연결하여 전위차를 줄이도록 할 것
2. 등유나 경유를 주입하는 경우에는 그 액표면의 높이가 주입관의 선단의 높이를 넘을 때까지 주입속도를 초당 1미터 이하로 할 것

**제229조(산화에틸렌 등의 취급)** ① 사업주는 산화에틸렌, 아세트알데히드 또는 산화프로필렌을 별표 7의 화학설비, 탱크로리, 드럼 등에 주입하는 작업을 하는 경우에는 미리 그 내부의 불활성 가스가 아닌 가스나 증기를 불활성 가스로 바꾸는 등 안전한 상태로 되어 있는 지를 확인한 후에 해당 작업을 하여야 한다.
② 사업주는 산화에틸렌, 아세트알데히드 또는 산화프로필렌을 별표 7의 화학설비, 탱크로리, 드럼 등에 저장하는 경우에는 항상 그 내부의 불활성 가스가 아닌 가스나 증기를 불활성 가스로 바꾸어 놓는 상태에서 저장하여야 한다.

**제230조(폭발위험이 있는 장소의 설정 및 관리)** ① 사업주는 다음 각 호의 장소에 대하여 폭발위험장소의 구분도(區分圖)를 작성하는 경우에는 「산업표준화법」에 따른 한국산업표준으로 정하는 기준에 따라 가스폭발 위험장소 또는 분진폭발 위험장소로 설정하여 관리하여야 한다.
1. 인화성 액체의 증기나 인화성 가스 등을 제조·취급 또는 사용하는 장소
2. 인화성 고체를 제조·사용하는 장소
② 사업주는 제1항에 따른 폭발위험장소의 구분도를 작성·관리하여야 한다.

**제231조(인화성 액체 등을 수시로 취급하는 장소)** ① 사업주는 인화성 액체, 인화성 가스 등을 수시로 취급하는 장소에서는 환기가 충분하지 않은 상태에서 전기기계·기구를 작동시켜서는 아니 된다.

② 사업주는 수시로 밀폐된 공간에서 스프레이 건을 사용하여 인화성 액체로 세척·도장 등의 작업을 하는 경우에는 다음 각 호의 조치를 하고 전기기계·기구를 작동시켜야 한다.
1. 인화성 액체, 인화성 가스 등으로 폭발위험 분위기가 조성되지 않도록 해당 물질의 공기 중 농도가 인화하한계값의 25퍼센트를 넘지 않도록 충분히 환기를 유지할 것
2. 조명 등은 고무, 실리콘 등의 패킹이나 실링재료를 사용하여 완전히 밀봉할 것
3. 가열성 전기기계·기구를 사용하는 경우에는 세척 또는 도장용 스프레이 건과 동시에 작동되지 않도록 연동장치 등의 조치를 할 것
4. 방폭구조 외의 스위치와 콘센트 등의 전기기기는 밀폐 공간 외부에 설치되어 있을 것
③ 사업주는 제1항과 제2항에도 불구하고 방폭성능을 갖는 전기기계·기구에 대해서는 제1항의 상태 및 제2항 각 호의 조치를 하지 아니한 상태에서도 작동시킬 수 있다.

**제232조(폭발 또는 화재 등의 예방)** ① 사업주는 인화성 액체의 증기, 인화성 가스 또는 인화성 고체가 존재하여 폭발이나 화재가 발생할 우려가 있는 장소에서 해당 증기·가스 또는 분진에 의한 폭발 또는 화재를 예방하기 위하여 통풍·환기 및 분진 제거 등의 조치를 하여야 한다.
② 사업주는 제1항에 따른 증기나 가스에 의한 폭발이나 화재를 미리 감지하기 위하여 가스 검지 및 경보 성능을 갖춘 가스 검지 및 경보 장치를 설치하여야 한다. 다만, 「산업표준화법」의 한국산업표준에 따른 0종 또는 1종 폭발위험장소에 해당하는 경우로서 제311조에 따라 방폭구조 전기기계·기구를 설치한 경우에는 그러하지 아니하다.

**제233조(가스용접 등의 작업)** 사업주는 인화성 가스, 불활성 가스 및 산소(이하 "가스등"이라 한다)를 사용하여 금속의 용접·용단 또는 가열작업을 하는 경우에는 가스등의 누출 또는 방출로 인한 폭발·화재 또는 화상을 예방하기 위하여 다음 각 호의 사항을 준수하여야 한다.
1. 가스등의 호스와 취관(吹管)은 손상·마모 등에 의하여 가스등이 누출할 우려가 없는 것을 사용할 것
2. 가스등의 취관 및 호스의 상호 접촉부분은 호스밴드, 호스클립 등 조임기구를 사용하여 가스등이 누출되지 않도록 할 것
3. 가스등의 호스에 가스등을 공급하는 경우에는 미리 그 호스에서 가스등이 방출되지 않도록 필요한 조치를 할 것
4. 사용 중인 가스등을 공급하는 공급구의 밸브나 콕에는 그 밸브나 콕에 접속된 가스등의 호스를 사용하는 사람의 명찰을 붙이는 등 가스등의 공급에 대한 오조작을 방지하기 위한 표시를 할 것
5. 용단작업을 하는 경우에는 취관으로부터 산소의 과잉방출로 인한 화상을 예방하기 위하여 근로자가 조절밸브를 서서히 조작하도록 주지시킬 것
6. 작업을 중단하거나 마치고 작업장소를 떠날 경우에는 가스등의 공급구의 밸브나 콕을 잠글 것
7. 가스등의 분기관은 전용 접속기구를 사용하여 불량체결을 방지하여야 하며, 서로 이어지지 않는 구조의 접속기구 사용, 서로 다른 색상의 배관·호스의 사용 및 꼬리표 부착 등을 통하여 서로 다른 가스배관과의 불량체결을 방지할 것

**제234조(가스등의 용기)** 사업주는 금속의 용접·용단 또는 가열에 사용되는 가스등의 용기를 취급하는 경우에 다음 각 호의 사항을 준수하여야 한다.
1. 다음 각 목의 어느 하나에 해당하는 장소에서 사용하거나 해당 장소에 설치·저장 또는 방치하지 않도록 할 것
    가. 통풍이나 환기가 불충분한 장소
    나. 화기를 사용하는 장소 및 그 부근
    다. 위험물 또는 제236조에 따른 인화성 액체를 취급하는 장소 및 그 부근
2. 용기의 온도를 섭씨 40도 이하로 유지할 것
3. 전도의 위험이 없도록 할 것
4. 충격을 가하지 않도록 할 것
5. 운반하는 경우에는 캡을 씌울 것
6. 사용하는 경우에는 용기의 마개에 부착되어 있는 유류 및 먼지를 제거할 것
7. 밸브의 개폐는 서서히 할 것
8. 사용 전 또는 사용 중인 용기와 그 밖의 용기를 명확히 구별하여 보관할 것
9. 용해아세틸렌의 용기는 세워 둘 것
10. 용기의 부식·마모 또는 변형상태를 점검한 후 사용할 것

**제235조(서로 다른 물질의 접촉에 의한 발화 등의 방지)** 사업주는 서로 다른 물질끼리 접촉함으로 인하여 해당 물질이 발화하거나 폭발할 위험이 있는 경우에는 해당 물질을 가까이 저장하거나 동일한 운반기에 적재해서는 아니 된다. 다만, 접촉방지를 위한 조치를 한 경우에는 그러하지 아니하다.

**제236조(화재 위험이 있는 작업의 장소 등)** ① 사업주는 합성섬유·합성수지·면·양모·천조각·톱밥·짚·종이류 또는 인화성이 있는 액체(1기압에서 인화점이 섭씨 250도 미만의 액체를 말한다)를 다량으로 취급하는 작업을 하는 장소·설비 등은 화재예방을 위하여 적절한 배치 구조로 하여야 한다.
② 사업주는 근로자에게 용접·용단 및 금속의 가열 등 화기를 사용하는 작업이나 연삭숫돌에 의한 건식연마작업 등 그 밖에 불꽃이 발생될 우려가 있는 작업(이하 "화재위험작업"이라 한다)을 하도록 하는 경우 제1항에 따른 물질을 화재위험이 없는 장소에 별도로 보관·저장해야 하며, 작업장 내부에는 해당 작업에 필요한 양만 두어야 한다.

**제237조(자연발화의 방지)** 사업주는 질화면, 알킬알루미늄 등 자연발화의 위험이 있는 물질을 쌓아 두는 경우 위험한 온도로 상승하지 못하도록 화재예방을 위한 조치를 하여야 한다.

**제238조(유류 등이 묻어 있는 걸레 등의 처리)** 사업주는 기름 또는 인쇄용 잉크류 등이 묻은 천조각이나 휴지 등은 뚜껑이 있는 불연성 용기에 담아 두는 등 화재예방을 위한 조치를 하여야 한다.

## 2. 화기 등의 관리

**제239조(위험물 등이 있는 장소에서 화기 등의 사용 금지)** 사업주는 위험물이 있어 폭발이나 화재가 발생할 우려가 있는 장소 또는 그 상부에서 불꽃이나 아크를 발생하거나 고온으로 될 우려가 있는 화기·기계·기구 및 공구 등을 사용해서는 아니 된다.

**제240조(유류 등이 있는 배관이나 용기의 용접 등)** 사업주는 위험물, 위험물 외의 인화성 유류 또는 인화성 고체가 있을 우려가 있는 배관·탱크 또는 드럼 등의 용기에 대하여 미리 위험물 외의 인화성 유류, 인화성 고체 또는 위험물을 제거하는 등 폭발이나 화재의 예방을 위한 조치를 한 후가 아니면 화재위험작업을 시켜서는 아니 된다.

**제241조(통풍 등이 충분하지 않은 장소에서의 용접 등)** ① 사업주는 통풍이나 환기가 충분하지 않은 장소에서 화재위험작업을 하는 경우에는 통풍 또는 환기를 위하여 산소를 사용해서는 아니 된다.
② 사업주는 가연성물질이 있는 장소에서 화재위험작업을 하는 경우에는 화재예방에 필요한 다음 각 호의 사항을 준수하여야 한다.
1. 작업 준비 및 작업 절차 수립
2. 작업장 내 위험물의 사용·보관 현황 파악
3. 화기작업에 따른 인근 가연성물질에 대한 방호조치 및 소화기구 비치
4. 용접불티 비산방지덮개, 용접방화포 등 불꽃, 불티 등 비산방지조치
5. 인화성 액체의 증기 및 인화성 가스가 남아 있지 않도록 환기 등의 조치
6. 작업근로자에 대한 화재예방 및 피난교육 등 비상조치
③ 사업주는 작업시작 전에 제2항 각 호의 사항을 확인하고 불꽃·불티 등의 비산을 방지하기 위한 조치 등 안전조치를 이행한 후 근로자에게 화재위험작업을 하도록 해야 한다.
④ 사업주는 화재위험작업이 시작되는 시점부터 종료될 때까지 작업내용, 작업일시, 안전점검 및 조치에 관한 사항 등을 해당 작업장소에 서면으로 게시해야 한다. 다만, 같은 장소에서 상시·반복적으로 화재위험작업을 하는 경우에는 생략할 수 있다.

**241조의2(화재감시자)** ① 사업주는 근로자에게 다음 각 호의 어느 하나에 해당하는 장소에서 용접·용단 작업을 하도록 하는 경우에는 화재의 위험을 감시하고 화재 발생 시 사업장 내 근로자의 대피를 유도하는 업무만을 담당하는 화재감시자를 지정하여 용접·용단 작업 장소에 배치하여야 한다. 다만, 같은 장소에서 상시·반복적으로 용접·용단작업을 할 때 경보용 설비·기구, 소화설비 또는 소화기가 갖추어진 경우에는 화재감시자를 지정·배치하지 않을 수 있다.
1. 작업반경 11미터 이내에 건물구조 자체나 내부(개구부 등으로 개방된 부분을 포함한다)에 가연성물질이 있는 장소
2. 작업반경 11미터 이내의 바닥 하부에 가연성물질이 11미터 이상 떨어져 있지만 불꽃에 의해 쉽게

발화될 우려가 있는 장소
3. 가연성물질이 금속으로 된 칸막이·벽·천장 또는 지붕의 반대쪽 면에 인접해 있어 열전도나 열복사에 의해 발화될 우려가 있는 장소
② 사업주는 제1항에 따라 배치된 화재감시자에게 업무 수행에 필요한 확성기, 휴대용 조명기구 및 방연마스크 등 대피용 방연장비를 지급하여야 한다.

**제242조(화기사용 금지)** 사업주는 화재 또는 폭발의 위험이 있는 장소에 화기의 사용을 금지하여야 한다.

**제243조(소화설비)** ① 사업주는 건축물, 별표 7의 화학설비 또는 제5절의 위험물 건조설비가 있는 장소, 그 밖에 위험물이 아닌 인화성 유류 등 폭발이나 화재의 원인이 될 우려가 있는 물질을 취급하는 장소(이하 이 조에서 "건축물 등"이라 한다)에는 소화설비를 설치하여야 한다.
② 제1항의 소화설비는 건축물 등의 규모·넓이 및 취급하는 물질의 종류 등에 따라 예상되는 폭발이나 화재를 예방하기에 적합하여야 한다.

**제244조(방화조치)** 사업주는 화로, 가열로, 가열장치, 소각로, 철제굴뚝, 그 밖에 화재를 일으킬 위험이 있는 설비 및 건축물과 그 밖에 인화성 액체와의 사이에는 방화에 필요한 안전거리를 유지하거나 불연성 물체를 차열(遮熱)재료로 하여 방호하여야 한다.

**제245조(화기사용 장소의 화재 방지)** ① 사업주는 흡연장소 및 난로 등 화기를 사용하는 장소에 화재예방에 필요한 설비를 하여야 한다.
② 화기를 사용한 사람은 불티가 남지 않도록 뒤처리를 확실하게 하여야 한다.

**제246조(소각장)** 사업주는 소각장을 설치하는 경우 화재가 번질 위험이 없는 위치에 설치하거나 불연성 재료로 설치하여야 한다.

## 3. 용융고열물 등에 의한 위험예방

**제247조(고열물 취급설비의 구조)** 사업주는 화로 등 다량의 고열물을 취급하는 설비에 대하여 화재를 예방하기 위한 구조로 하여야 한다.

**제248조(용융고열물 취급 피트의 수증기 폭발방지)** 사업주는 용융(鎔融)한 고열의 광물(이하 "용융고열물"이라 한다)을 취급하는 피트(고열의 금속찌꺼기를 물로 처리하는 것은 제외한다)에 대하여 수증기 폭발을 방지하기 위하여 다음 각 호의 조치를 하여야 한다.
1. 지하수가 내부로 새어드는 것을 방지할 수 있는 구조로 할 것. 다만, 내부에 고인 지하수를 배출할

수 있는 설비를 설치한 경우에는 그러하지 아니하다.
2. 작업용수 또는 빗물 등이 내부로 새어드는 것을 방지할 수 있는 격벽 등의 설비를 주위에 설치할 것

**제249조(건축물의 구조)** 사업주는 용융고열물을 취급하는 설비를 내부에 설치한 건축물에 대하여 수증기 폭발을 방지하기 위하여 다음 각 호의 조치를 하여야 한다.
1. 바닥은 물이 고이지 아니하는 구조로 할 것
2. 지붕·벽·창 등은 빗물이 새어들지 아니하는 구조로 할 것

**제250조(용융고열물의 취급작업)** 사업주는 용융고열물을 취급하는 작업(고열의 금속찌꺼기를 물로 처리하는 작업과 폐기하는 작업은 제외한다)을 하는 경우에는 수증기 폭발을 방지하기 위하여 제248조에 따른 피트, 제249조에 따른 건축물의 바닥, 그 밖에 해당 용융고열물을 취급하는 설비에 물이 고이거나 습윤 상태에 있지 않음을 확인한 후 작업하여야 한다.

**제251조(고열의 금속찌꺼기 물처리 등)** 사업주는 고열의 금속찌꺼기를 물로 처리하거나 폐기하는 작업을 하는 경우에는 수증기 폭발을 방지하기 위하여 배수가 잘되는 장소에서 작업을 하여야 한다. 다만, 수쇄(水碎)처리를 하는 경우에는 그러하지 아니하다.

**제252조(고열 금속찌꺼기 처리작업)** 사업주는 고열의 금속찌꺼기를 물로 처리하거나 폐기하는 작업을 하는 경우에는 수증기 폭발을 방지하기 위하여 제251조 본문의 장소에 물이 고이지 않음을 확인한 후에 작업을 하여야 한다. 다만, 수쇄처리를 하는 경우에는 그러하지 아니하다.

**제253조(금속의 용해로에 금속부스러기를 넣는 작업)** 사업주는 금속의 용해로에 금속부스러기를 넣는 작업을 하는 경우에는 수증기 등의 폭발을 방지하기 위하여 금속부스러기에 물·위험물 및 밀폐된 용기 등이 들어 있지 않음을 확인한 후에 작업을 하여야 한다.

**제254조(화상 등의 방지)** ① 사업주는 용광로, 용선로 또는 유리 용해로, 그 밖에 다량의 고열물을 취급하는 작업을 하는 장소에 대하여 해당 고열물의 비산 및 유출 등으로 인한 화상이나 그 밖의 위험을 방지하기 위하여 적절한 조치를 하여야 한다.
② 사업주는 제1항의 장소에서 화상, 그 밖의 위험을 방지하기 위하여 근로자에게 방열복 또는 적합한 보호구를 착용하도록 하여야 한다.

## 4. 화학설비·압력용기 등

**제255조(화학설비를 설치하는 건축물의 구조)** 사업주는 별표 7의 화학설비(이하 "화학설비"라 한다) 및 그 부속설비를 건축물 내부에 설치하는 경우에는 건축물의 바닥·벽·기둥·계단 및 지붕 등에

불연성 재료를 사용하여야 한다.

**제256조(부식 방지)** 사업주는 화학설비 또는 그 배관(화학설비 또는 그 배관의 밸브나 콕은 제외한다) 중 위험물 또는 인화점이 섭씨 60도 이상인 물질(이하 "위험물질 등"이라 한다)이 접촉하는 부분에 대해서는 위험물질 등에 의하여 그 부분이 부식되어 폭발·화재 또는 누출되는 것을 방지하기 위하여 위험물질 등의 종류·온도·농도 등에 따라 부식이 잘 되지 않는 재료를 사용하거나 도장(塗裝) 등의 조치를 하여야 한다.

**제257조(덮개 등의 접합부)** 사업주는 화학설비 또는 그 배관의 덮개·플랜지·밸브 및 콕의 접합부에 대해서는 접합부에서 위험물질등이 누출되어 폭발·화재 또는 위험물이 누출되는 것을 방지하기 위하여 적절한 개스킷(Gasket)을 사용하고 접합면을 서로 밀착시키는 등 적절한 조치를 하여야 한다.

**제258조(밸브 등의 개폐방향의 표시 등)** 사업주는 화학설비 또는 그 배관의 밸브·콕 또는 이것들을 조작하기 위한 스위치 및 누름버튼 등에 대하여 오조작으로 인한 폭발·화재 또는 위험물의 누출을 방지하기 위하여 열고 닫는 방향을 색채 등으로 표시하여 구분되도록 하여야 한다.

**제259조(밸브 등의 재질)** 사업주는 화학설비 또는 그 배관의 밸브나 콕에는 개폐의 빈도, 위험물질등의 종류·온도·농도 등에 따라 내구성이 있는 재료를 사용하여야 한다.

**제260조(공급 원재료의 종류 등의 표시)** 사업주는 화학설비에 원재료를 공급하는 근로자의 오조작으로 인하여 발생하는 폭발·화재 또는 위험물의 누출을 방지하기 위하여 그 근로자가 보기 쉬운 위치에 원재료의 종류, 원재료가 공급되는 설비명 등을 표시하여야 한다.

**제261조(안전밸브 등의 설치)** ① 사업주는 다음 각 호의 어느 하나에 해당하는 설비에 대해서는 과압에 따른 폭발을 방지하기 위하여 폭발 방지 성능과 규격을 갖춘 안전밸브 또는 파열판(이하 "안전밸브등"이라 한다)을 설치하여야 한다. 다만, 안전밸브등에 상응하는 방호장치를 설치한 경우에는 그러하지 아니하다.

1. 압력용기(안지름이 150밀리미터 이하인 압력용기는 제외하며, 압력 용기 중 관형 열교환기의 경우에는 관의 파열로 인하여 상승한 압력이 압력용기의 최고사용압력을 초과할 우려가 있는 경우만 해당한다)
2. 정변위 압축기
3. 정변위 펌프(토출축에 차단밸브가 설치된 것만 해당한다)
4. 배관(2개 이상의 밸브에 의하여 차단되어 대기온도에서 액체의 열팽창에 의하여 파열될 우려가 있는 것으로 한정한다)
5. 그 밖의 화학설비 및 그 부속설비로서 해당 설비의 최고사용압력을 초과할 우려가 있는 것

② 제1항에 따라 안전밸브등을 설치하는 경우에는 다단형 압축기 또는 직렬로 접속된 공기압축기에

대해서는 각 단 또는 각 공기압축기별로 안전밸브등을 설치하여야 한다.
③ 제1항에 따라 설치된 안전밸브에 대해서는 다음 각 호의 구분에 따른 검사주기마다 국가교정기관에서 교정을 받은 압력계를 이용하여 설정압력에서 안전밸브가 적정하게 작동하는지를 검사한 후 납으로 봉인하여 사용하여야 한다. 다만, 공기나 질소취급용기 등에 설치된 안전밸브 중 안전밸브 자체에 부착된 레버 또는 고리를 통하여 수시로 안전밸브가 적정하게 작동하는지를 확인할 수 있는 경우에는 검사하지 아니할 수 있고 납으로 봉인하지 아니할 수 있다.
1. 화학공정 유체와 안전밸브의 디스크 또는 시트가 직접 접촉될 수 있도록 설치된 경우 : 매년 1회 이상
2. 안전밸브 전단에 파열판이 설치된 경우 : 2년마다 1회 이상
3. 영 제43조에 따른 공정안전보고서 제출 대상으로서 고용노동부장관이 실시하는 공정안전보고서 이행상태 평가결과가 우수한 사업장의 안전밸브의 경우 : 4년마다 1회 이상

④ 제3항 각 호에 따른 검사주기에도 불구하고 안전밸브가 설치된 압력용기에 대하여 「고압가스 안전관리법」 제17조제2항에 따라 시장·군수 또는 구청장의 재검사를 받는 경우로서 압력용기의 재검사주기에 대하여 같은 법 시행규칙 별표22 제2호에 따라 산업통상자원부장관이 정하여 고시하는 기법에 따라 산정하여 그 적합성을 인정받은 경우에는 해당 안전밸브의 검사주기는 그 압력용기의 재검사주기에 따른다.
⑤ 사업주는 제3항에 따라 납으로 봉인된 안전밸브를 해체하거나 조정할 수 없도록 조치하여야 한다.

**제262조(파열판의 설치)** 사업주는 제261조제1항 각 호의 설비가 다음 각 호의 어느 하나에 해당하는 경우에는 파열판을 설치하여야 한다.
1. 반응 폭주 등 급격한 압력 상승 우려가 있는 경우
2. 급성 독성물질의 누출로 인하여 주위의 작업환경을 오염시킬 우려가 있는 경우
3. 운전 중 안전밸브에 이상 물질이 누적되어 안전밸브가 작동되지 아니할 우려가 있는 경우

**제263조(파열판 및 안전밸브의 직렬설치)** 사업주는 급성 독성물질이 지속적으로 외부에 유출될 수 있는 화학설비 및 그 부속설비에 파열판과 안전밸브를 직렬로 설치하고 그 사이에는 압력지시계 또는 자동경보장치를 설치하여야 한다.

**제264조(안전밸브등의 작동요건)** 사업주는 제261조제1항에 따라 설치한 안전밸브등이 안전밸브등을 통하여 보호하려는 설비의 최고사용압력 이하에서 작동되도록 하여야 한다. 다만, 안전밸브등이 2개 이상 설치된 경우에 1개는 최고사용압력의 1.05배(외부화재를 대비한 경우에는 1.1배) 이하에서 작동되도록 설치할 수 있다.

**제265조(안전밸브등의 배출용량)** 사업주는 안전밸브등에 대하여 배출용량은 그 작동원인에 따라 각각의 소요분출량을 계산하여 가장 큰 수치를 해당 안전밸브등의 배출용량으로 하여야 한다.

**제266조(차단밸브의 설치 금지)** 사업주는 안전밸브등의 전단·후단에 차단밸브를 설치해서는 아니 된다. 다만, 다음 각 호의 어느 하나에 해당하는 경우에는 자물쇠형 또는 이에 준하는 형식의 차단밸브를 설치할 수 있다.
1. 인접한 화학설비 및 그 부속설비에 안전밸브등이 각각 설치되어 있고, 해당 화학설비 및 그 부속설비의 연결배관에 차단밸브가 없는 경우
2. 안전밸브등의 배출용량의 2분의 1 이상에 해당하는 용량의 자동압력조절밸브(구동용 동력원의 공급을 차단하는 경우 열리는 구조인 것으로 한정한다)와 안전밸브등이 병렬로 연결된 경우
3. 화학설비 및 그 부속설비에 안전밸브 등이 복수방식으로 설치되어 있는 경우
4. 예비용 설비를 설치하고 각각의 설비에 안전밸브 등이 설치되어 있는 경우
5. 열팽창에 의하여 상승된 압력을 낮추기 위한 목적으로 안전밸브가 설치된 경우
6. 하나의 플레어 스택(flare stack)에 둘 이상의 단위공정의 플레어 헤더(flare header)를 연결하여 사용하는 경우로서 각각의 단위공정의 플레어헤더에 설치된 차단밸브의 열림·닫힘 상태를 중앙제어실에서 알 수 있도록 조치한 경우

**제267조(배출물질의 처리)** 사업주는 안전밸브 등으로부터 배출되는 위험물은 연소·흡수·세정(洗淨)·포집(捕集) 또는 회수 등의 방법으로 처리하여야 한다. 다만, 다음 각 호의 어느 하나에 해당하는 경우에는 배출되는 위험물을 안전한 장소로 유도하여 외부로 직접 배출할 수 있다.
1. 배출물질을 연소·흡수·세정·포집 또는 회수 등의 방법으로 처리할 때에 파열판의 기능을 저해할 우려가 있는 경우
2. 배출물질을 연소처리할 때에 유해성가스를 발생시킬 우려가 있는 경우
3. 고압상태의 위험물이 대량으로 배출되어 연소·흡수·세정·포집 또는 회수 등의 방법으로 완전히 처리할 수 없는 경우
4. 공정설비가 있는 지역과 떨어진 인화성 가스 또는 인화성 액체 저장탱크에 안전밸브 등이 설치될 때에 저장탱크에 냉각설비 또는 자동소화설비 등 안전상의 조치를 하였을 경우
5. 그 밖에 배출량이 적거나 배출 시 급격히 분산되어 재해의 우려가 없으며, 냉각설비 또는 자동소화설비를 설치하는 등 안전상의 조치를 하였을 경우

**제268조(통기설비)** ① 사업주는 인화성 액체를 저장·취급하는 대기압탱크에는 통기관 또는 통기밸브(breather valve) 등(이하 "통기설비"라 한다)을 설치하여야 한다.
② 제1항에 따른 통기설비는 정상운전 시에 대기압탱크 내부가 진공 또는 가압되지 않도록 충분한 용량의 것을 사용하여야 하며, 철저하게 유지·보수를 하여야 한다.

**제269조(화염방지기의 설치 등)** ① 사업주는 인화성 액체 및 인화성 가스를 저장 취급하는 화학설비에서 증기나 가스를 대기로 방출하는 경우에는 외부로부터의 화염을 방지하기 위하여 화염방지기를 그 설비 상단에 설치하여야 한다. 다만, 대기로 연결된 통기관에 통기밸브가 설치되어 있거나, 인화점이 섭씨 38도 이상 60도 이하인 인화성 액체를 저장·취급할 때에 화염방지 기능을 가지는 인화방지망을 설치한 경우에는 그러하지 아니하다.

② 사업주는 제1항의 화염방지기를 설치하는 경우에는 「산업표준화법」에 따른 한국산업표준에서 정하는 화염방지장치 기준에 적합한 것을 설치하여야 하며, 항상 철저하게 보수·유지하여야 한다.

**제270조(내화기준)** ① 사업주는 제230조제1항에 따른 가스폭발 위험장소 또는 분진폭발 위험장소에 설치되는 건축물 등에 대해서는 다음 각 호에 해당하는 부분을 내화구조로 하여야 하며, 그 성능이 항상 유지될 수 있도록 점검·보수 등 적절한 조치를 하여야 한다. 다만, 건축물 등의 주변에 화재에 대비하여 물 분무시설 또는 폼 헤드(foam head)설비 등의 자동소화설비를 설치하여 건축물 등이 화재 시에 2시간 이상 그 안전성을 유지할 수 있도록 한 경우에는 내화구조로 하지 아니할 수 있다.
1. 건축물의 기둥 및 보 : 지상 1층(지상 1층의 높이가 6미터를 초과하는 경우에는 6미터)까지
2. 위험물 저장·취급용기의 지지대(높이가 30센티미터 이하인 것은 제외한다) : 지상으로부터 지지대의 끝부분까지
3. 배관·전선관 등의 지지대 : 지상으로부터 1단(1단의 높이가 6미터를 초과하는 경우에는 6미터)까지
② 내화재료는 「산업표준화법」에 따른 한국산업표준으로 정하는 기준에 적합하거나 그 이상의 성능을 가지는 것이어야 한다.

**제271조(안전거리)** 사업주는 별표 1 제1호부터 제5호까지의 위험물을 저장·취급하는 화학설비 및 그 부속설비를 설치하는 경우에는 폭발이나 화재에 따른 피해를 줄일 수 있도록 별표 8에 따라 설비 및 시설 간에 충분한 안전거리를 유지하여야 한다. 다만, 다른 법령에 따라 안전거리 또는 보유공지를 유지하거나, 법 제44조에 따른 공정안전보고서를 제출하여 피해최소화를 위한 위험성 평가를 통하여 그 안전성을 확인받은 경우에는 그러하지 아니하다.

[별표 8]

〈안전거리〉

| 구분 | 안전거리 |
|---|---|
| 1. 단위공정시설 및 설비로부터 다른 단위공정시설 및 설비의 사이 | 설비의 바깥 면으로부터 10미터 이상 |
| 2. 플레어스택으로부터 단위공정시설 및 설비, 위험물질 저장탱크 또는 위험물질 하역설비의 사이 | 플레어스택으로부터 반경 20미터 이상. 다만, 단위공정시설 등이 불연재로 시공된 지붕 아래에 설치된 경우에는 그러하지 아니하다. |
| 3. 위험물질 저장탱크로부터 단위공정시설 및 설비, 보일러 또는 가열로의 사이 | 저장탱크의 바깥 면으로부터 20미터 이상. 다만, 저장탱크의 방호벽, 원격조종화설비 또는 살수설비를 설치한 경우에는 그러하지 아니하다. |
| 4. 사무실·연구실·실험실·정비실 또는 식당으로부터 단위공정시설 및 설비, 위험물질 저장탱크, 위험물질 하역설비, 보일러 또는 가열로의 사이 | 사무실 등의 바깥 면으로부터 20미터 이상. 다만, 난방용 보일러인 경우 또는 사무실 등의 벽을 방호구조로 설치한 경우에는 그러하지 아니하다. |

**제272조(방유제 설치)** 사업주는 별표 1 제4호부터 제7호까지의 위험물을 액체상태로 저장하는 저장탱크를 설치하는 경우에는 위험물질이 누출되어 확산되는 것을 방지하기 위하여 방유제(防油堤)를 설치하여야 한다.

**제273조(계측장치 등의 설치)** 사업주는 별표 9에 따른 위험물을 같은 표에서 정한 기준량 이상으로 제조하거나 취급하는 다음 각 호의 어느 하나에 해당하는 화학설비(이하 "특수화학설비"라 한다)를 설치하는 경우에는 내부의 이상 상태를 조기에 파악하기 위하여 필요한 온도계·유량계·압력계 등의 계측장치를 설치하여야 한다.
1. 발열반응이 일어나는 반응장치
2. 증류·정류·증발·추출 등 분리를 하는 장치
3. 가열시켜 주는 물질의 온도가 가열되는 위험물질의 분해온도 또는 발화점보다 높은 상태에서 운전되는 설비
4. 반응폭주 등 이상 화학반응에 의하여 위험물질이 발생할 우려가 있는 설비
5. 온도가 섭씨 350도 이상이거나 게이지 압력이 980킬로파스칼 이상인 상태에서 운전되는 설비
6. 가열로 또는 가열기

[별표 9]

〈위험물질의 기준량〉

| 위험물질 | 기준량 |
|---|---|
| 1. 폭발성 물질 및 유기과산화물 | |
|    가. 질산에스테르류 | 10킬로그램 |
|        니트로글리콜 · 니트로글리세린 · 니트로셀룰로오스 등 | |
|    나. 니트로 화합물 | 200킬로그램 |
|        트리니트로벤젠 · 트리니트로톨루엔 · 피크린산 등 | |
|    다. 니트로소 화합물 | 200킬로그램 |
|    라. 아조 화합물 | 200킬로그램 |
|    마. 디아조 화합물 | 200킬로그램 |
|    바. 하이드라진 유도체 | 200킬로그램 |
|    사. 유기과산화물 | 50킬로그램 |
|        과초산, 메틸에틸케톤 과산화물, 과산화벤조일 등 | |
| 2. 물반응성 물질 및 인화성 고체 | |
|    가. 리튬 | 5킬로그램 |
|    나. 칼륨 · 나트륨 | 10킬로그램 |
|    다. 황 | 100킬로그램 |
|    라. 황린 | 20킬로그램 |
|    마. 황화인 · 적린 | 50킬로그램 |
|    바. 셀룰로이드류 | 150킬로그램 |
|    사. 알킬알루미늄 · 알킬리튬 | 10킬로그램 |
|    아. 마그네슘 분말 | 500킬로그램 |
|    자. 금속 분말(마그네슘 분말은 제외한다) | 1,000킬로그램 |
|    차. 알칼리금속(리튬 · 칼륨 및 나트륨은 제외한다) | 50킬로그램 |
|    카. 유기금속화합물(알킬알루미늄 및 알킬리튬은 제외한다) | 50킬로그램 |
|    타. 금속의 수소화물 | 300킬로그램 |
|    파. 금속의 인화물 | 300킬로그램 |
|    하. 칼슘 탄화물, 알루미늄 탄화물 | 300킬로그램 |
| 3. 산화성 액체 및 산화성 고체 | |
|    가. 차아염소산 및 그 염류 | |
|      (1) 차아염소산 | 300킬로그램 |
|      (2) 차아염소산칼륨, 그 밖의 차아염소산염류 | 50킬로그램 |
|    나. 아염소산 및 그 염류 | |
|      (1) 아염소산 | 300킬로그램 |
|      (2) 아염소산칼륨, 그 밖의 아염소산염류 | 50킬로그램 |

| | |
|---|---|
| 다. 염소산 및 그 염류 | |
|     (1) 염소산 | 300킬로그램 |
|     (2) 염소산칼륨, 염소산나트륨, 염소산암모늄, 그 밖의 염소산염류 | 50킬로그램 |
| 라. 과염소산 및 그 염류 | |
|     (1) 과염소산 | 300킬로그램 |
|     (2) 과염소산칼륨, 과염소산나트륨, 과염소산암모늄, 그 밖의 과염소산염류 | 50킬로그램 |
| 마. 브롬산 및 그 염류 | |
|     브롬산염류 | 100킬로그램 |
| 바. 요오드산 및 그 염류 | |
|     요오드산염류 | 300킬로그램 |
| 사. 과산화수소 및 무기 과산화물 | |
|     (1) 과산화수소 | 300킬로그램 |
|     (2) 과산화칼륨, 과산화나트륨, 과산화바륨, 그 밖의 무기 과산화물 | 50킬로그램 |
| 아. 질산 및 그 염류 | |
|     질산칼륨, 질산나트륨, 질산암모늄, 그 밖의 질산염류 | 1,000킬로그램 |
| 자. 과망간산 및 그 염류 | 1,000킬로그램 |
| 차. 중크롬산 및 그 염류 | 3,000킬로그램 |
| 4. 인화성 액체 | |
| 가. 에틸에테르·가솔린·아세트알데히드·산화프로필렌, 그 밖에 인화점이 23℃ 미만이고 초기 끓는점이 35℃ 이하인 물질 | 200리터 |
| 나. 노말헥산·아세톤·메틸에틸케톤·메틸알코올·에틸알코올·이황화탄소, 그 밖에 인화점이 23℃ 미만이고 초기 끓는점이 35℃를 초과하는 물질 | 400리터 |
| 다. 크실렌·아세트산아밀·등유·경유·테레핀유·이소아밀알코올·아세트산·하이드라진, 그 밖에 인화점이 23℃ 이상 60℃ 이하인 물질 | 1,000리터 |
| 5. 인화성 가스 | |
| 가. 수소 | 50세제곱미터 |
| 나. 아세틸렌 | |
| 다. 에틸렌 | |
| 라. 메탄 | |
| 마. 에탄 | |
| 바. 프로판 | |
| 사. 부탄 | |
| 아. 영 별표 13에 따른 인화성 가스 | |
| 6. 부식성 물질로서 다음 각 목의 어느 하나에 해당하는 물질 | |
| 가. 부식성 산류 | |
|     (1) 농도가 20퍼센트 이상인 염산·황산·질산, 그 밖에 이와 동등 이상의 부식성을 가지는 물질 | 300킬로그램 |

| | |
|---|---|
| (2) 농도가 60퍼센트 이상인 인산·아세트산·불산, 그 밖에 이와 동등 이상의 부식성을 가지는 물질 | |
| 나. 부식성 염기류<br>농도가 40퍼센트 이상인 수산화나트륨·수산화칼륨, 그 밖에 이와 동등 이상의 부식성을 가지는 염기류 | 300킬로그램 |
| 7. 급성 독성 물질 | |
| 가. 시안화수소·플루오르아세트산 및 소디움염·디옥신 등 LD50(경구, 쥐)이 킬로그램당 5밀리그램 이하인 독성물질 | 5킬로그램 |
| 나. LD50(경피, 토끼 또는 쥐)이 킬로그램당 50밀리그램(체중) 이하인 독성물질 | 5킬로그램 |
| 다. 데카보란·디보란·포스핀·이산화질소·메틸이소시아네이트·디클로로아세틸렌·플루오로아세트아마이드·케텐·1,4-디클로로-2-부텐·메틸비닐케톤·벤조트라이클로라이드·산화카드뮴·규산메틸·디페닐메탄디이소시아네이트·디페닐설페이트 등 가스 LC50(쥐, 4시간 흡입)이 100ppm 이하인 화학물질, 증기 LC50(쥐, 4시간 흡입)이 0.5mg/ℓ 이하인 화학물질, 분진 또는 미스트 0.05mg/ℓ 이하인 독성물질 | 5킬로그램 |
| 라. 산화제2수은·시안화나트륨·시안화칼륨·폴리비닐알코올·2-클로로아세트알데히드·염화제2수은 등 LD50(경구, 쥐)이 킬로그램당 5밀리그램(체중) 이상 50밀리그램(체중) 이하인 독성물질 | 20킬로그램 |
| 마. LD50(경피, 토끼 또는 쥐)이 킬로그램당 50밀리그램(체중)이상 200밀리그램(체중) 이하인 독성물질 | 20킬로그램 |
| 바. 황화수소·황산·질산·테트라메틸납·디에틸렌트리아민·플루오린화 카보닐·헥사플루오로아세톤·트리플루오르화염소·푸르푸릴알코올·아닐린·불소·카보닐플루오라이드·발연황산·메틸에틸케톤 과산화물·디메틸에테르·페놀·벤질클로라이드·포스포러스펜톡사이드·벤질디메틸아민·피롤리딘 등 가스 LC50(쥐, 4시간 흡입)이 100ppm 이상 500ppm 이하인 화학물질, 증기 LC50(쥐, 4시간 흡입)이 0.5mg/ℓ 이상 2.0mg/ℓ 이하인 화학물질, 분진 또는 미스트 0.05mg/ℓ 이상 0.5mg/ℓ 이하인 독성물질 | 20킬로그램 |
| 사. 이소프로필아민·염화카드뮴·산화제2코발트·사이클로헥실아민·2-아미노피리딘·아조디이소부티로니트릴 등 LD50(경구, 쥐)이 킬로그램당 50밀리그램(체중) 이상 300밀리그램(체중) 이하인 독성물질 | 100킬로그램 |
| 아. 에틸렌디아민 등 LD50(경피, 토끼 또는 쥐)이 킬로그램당 200밀리그램(체중) 이상 1,000밀리그램(체중) 이하인 독성물질 | 100킬로그램 |
| 자. 불화수소·산화에틸렌·트리에틸아민·에틸아크릴산·브롬화수소·무수아세트산·황화불소·메틸프로필케톤·사이클로헥실아민 등 가스 LC50(쥐, 4시간 흡입)이 500ppm 이상 2,500ppm 이하인 독성물질, 증기 LC50(쥐, 4시간 흡입)이 2.0mg/ℓ 이상 10mg/ℓ 이하인 독성물질, 분진 또는 미스트 0.5mg/ℓ 이상 1.0mg/ℓ 이하인 독성물질 | 100킬로그램 |

비고
1. 기준량은 제조 또는 취급하는 설비에서 하루 동안 최대로 제조하거나 취급할 수 있는 수량을 말한다.
2. 기준량 항목의 수치는 순도 100퍼센트를 기준으로 산출한다.
3. 2종 이상의 위험물질을 제조하거나 취급하는 경우에는 각 위험물질의 제조 또는 취급량을 구한 후 다음 공식에 따라 산출한 값 R이 1 이상인 경우 기준량을 초과한 것으로 본다.

$$R = \frac{C_1}{T_1} + \frac{C_2}{T_2} + \cdots\cdots\cdots + \frac{C_n}{T_n}$$

주) $C_n$ : 위험물질 각각의 제조 또는 취급량
    $T_n$ : 위험물질 각각의 기준량

4. 위험물질이 둘 이상의 위험물질로 분류되어 서로 다른 기준량을 가지게 될 경우에는 가장 작은 값의 기준량을 해당 위험물질의 기준량으로 한다.
5. 인화성 가스의 기준량은 운전온도 및 운전압력 상태에서의 값으로 한다.

**제274조(자동경보장치의 설치 등)** 사업주는 특수화학설비를 설치하는 경우에는 그 내부의 이상 상태를 조기에 파악하기 위하여 필요한 자동경보장치를 설치하여야 한다. 다만, 자동경보장치를 설치하는 것이 곤란한 경우에는 감시인을 두고 그 특수화학설비의 운전 중 설비를 감시하도록 하는 등의 조치를 하여야 한다.

**제275조(긴급차단장치의 설치 등)** ① 사업주는 특수화학설비를 설치하는 경우에는 이상 상태의 발생에 따른 폭발·화재 또는 위험물의 누출을 방지하기 위하여 원재료 공급의 긴급차단, 제품 등의 방출, 불활성 가스의 주입이나 냉각용수 등의 공급을 위하여 필요한 장치 등을 설치하여야 한다.
② 제1항의 장치 등은 안전하고 정확하게 조작할 수 있도록 보수·유지되어야 한다.

**제276조(예비동력원 등)** 사업주는 특수화학설비와 그 부속설비에 사용하는 동력원에 대하여 다음 각 호의 사항을 준수하여야 한다.
1. 동력원의 이상에 의한 폭발이나 화재를 방지하기 위하여 즉시 사용할 수 있는 예비동력원을 갖추어 둘 것
2. 밸브·콕·스위치 등에 대해서는 오조작을 방지하기 위하여 잠금장치를 하고 색채표시 등으로 구분할 것

**제277조(사용 전의 점검 등)** ① 사업주는 다음 각 호의 어느 하나에 해당하는 경우에는 화학설비 및 그 부속설비의 안전검사내용을 점검한 후 해당 설비를 사용하여야 한다.
1. 처음으로 사용하는 경우
2. 분해하거나 개조 또는 수리를 한 경우
3. 계속하여 1개월 이상 사용하지 아니한 후 다시 사용하는 경우

② 사업주는 제1항의 경우 외에 해당 화학설비 또는 그 부속설비의 용도를 변경하는 경우(사용하는 원재료의 종류를 변경하는 경우를 포함한다)에도 해당 설비의 다음 각 호의 사항을 점검한 후 사용하여야 한다.
1. 그 설비 내부에 폭발이나 화재의 우려가 있는 물질이 있는지 여부
2. 안전밸브·긴급차단장치 및 그 밖의 방호장치 기능의 이상 유무
3. 냉각장치·가열장치·교반장치·압축장치·계측장치 및 제어장치 기능의 이상 유무

**제278조(개조·수리 등)** 사업주는 화학설비와 그 부속설비의 개조·수리 및 청소 등을 위하여 해당 설비를 분해하거나 해당 설비의 내부에서 작업을 하는 경우에는 다음 각 호의 사항을 준수하여야 한다.
1. 작업책임자를 정하여 해당 작업을 지휘하도록 할 것
2. 작업장소에 위험물 등이 누출되거나 고온의 수증기가 새어나오지 않도록 할 것
3. 작업장 및 그 주변의 인화성 액체의 증기나 인화성 가스의 농도를 수시로 측정할 것

**제279조(대피 등)** ① 사업주는 폭발이나 화재에 의한 산업재해발생의 급박한 위험이 있는 경우에는 즉시 작업을 중지하고 근로자를 안전한 장소로 대피시켜야 한다.
② 사업주는 제1항의 경우에 근로자가 산업재해를 입을 우려가 없음이 확인될 때까지 해당 작업장에 관계자가 아닌 사람의 출입을 금지하고, 그 취지를 보기 쉬운 장소에 표시하여야 한다.


## 5. 건조설비

**제280조(위험물 건조설비를 설치하는 건축물의 구조)** 사업주는 다음 각 호의 어느 하나에 해당하는 위험물 건조설비(이하 "위험물 건조설비"라 한다) 중 건조실을 설치하는 건축물의 구조는 독립된 단층건물로 하여야 한다. 다만, 해당 건조실을 건축물의 최상층에 설치하거나 건축물이 내화구조인 경우에는 그러하지 아니하다.
1. 위험물 또는 위험물이 발생하는 물질을 가열·건조하는 경우 내용적이 1세제곱미터 이상인 건조설비
2. 위험물이 아닌 물질을 가열·건조하는 경우로서 다음 각 목의 어느 하나의 용량에 해당하는 건조설비
   가. 고체 또는 액체연료의 최대사용량이 시간당 10킬로그램 이상
   나. 기체연료의 최대사용량이 시간당 1세제곱미터 이상
   다. 전기사용 정격용량이 10킬로와트 이상

**제281조(건조설비의 구조 등)** 사업주는 건조설비를 설치하는 경우에 다음 각 호와 같은 구조로 설치하여야 한다. 다만, 건조물의 종류, 가열건조의 정도, 열원(熱源)의 종류 등에 따라 폭발이나 화재가 발생할 우려가 없는 경우에는 그러하지 아니하다.

1. 건조설비의 바깥 면은 불연성 재료로 만들 것
2. 건조설비(유기과산화물을 가열 건조하는 것은 제외한다)의 내면과 내부의 선반이나 틀은 불연성 재료로 만들 것
3. 위험물 건조설비의 측벽이나 바닥은 견고한 구조로 할 것
4. 위험물 건조설비는 그 상부를 가벼운 재료로 만들고 주위상황을 고려하여 폭발구를 설치할 것
5. 위험물 건조설비는 건조하는 경우에 발생하는 가스·증기 또는 분진을 안전한 장소로 배출시킬 수 있는 구조로 할 것
6. 액체연료 또는 인화성 가스를 열원의 연료로 사용하는 건조설비는 점화하는 경우에는 폭발이나 화재를 예방하기 위하여 연소실이나 그 밖에 점화하는 부분을 환기시킬 수 있는 구조로 할 것
7. 건조설비의 내부는 청소하기 쉬운 구조로 할 것
8. 건조설비의 감시창·출입구 및 배기구 등과 같은 개구부는 발화 시에 불이 다른 곳으로 번지지 아니하는 위치에 설치하고 필요한 경우에는 즉시 밀폐할 수 있는 구조로 할 것
9. 건조설비는 내부의 온도가 부분적으로 상승하지 아니하는 구조로 설치할 것
10. 위험물 건조설비의 열원으로서 직화를 사용하지 아니할 것
11. 위험물 건조설비가 아닌 건조설비의 열원으로서 직화를 사용하는 경우에는 불꽃 등에 의한 화재를 예방하기 위하여 덮개를 설치하거나 격벽을 설치할 것

**제282조(건조설비의 부속전기설비)** ① 사업주는 건조설비에 부속된 전열기·전동기 및 전등 등에 접속된 배선 및 개폐기를 사용하는 경우에는 그 건조설비 전용의 것을 사용하여야 한다.
② 사업주는 위험물 건조설비의 내부에서 전기불꽃의 발생으로 위험물의 점화원이 될 우려가 있는 전기기계·기구 또는 배선을 설치해서는 아니 된다.

**제283조(건조설비의 사용)** 사업주는 건조설비를 사용하여 작업을 하는 경우에 폭발이나 화재를 예방하기 위하여 다음 각 호의 사항을 준수하여야 한다.
1. 위험물 건조설비를 사용하는 경우에는 미리 내부를 청소하거나 환기할 것
2. 위험물 건조설비를 사용하는 경우에는 건조로 인하여 발생하는 가스·증기 또는 분진에 의하여 폭발·화재의 위험이 있는 물질을 안전한 장소로 배출시킬 것
3. 위험물 건조설비를 사용하여 가열건조하는 건조물은 쉽게 이탈되지 않도록 할 것
4. 고온으로 가열건조한 인화성 액체는 발화의 위험이 없는 온도로 냉각한 후에 격납시킬 것
5. 건조설비(바깥 면이 현저히 고온이 되는 설비만 해당한다)에 가까운 장소에는 인화성 액체를 두지 않도록 할 것

**제284조(건조설비의 온도 측정)** 사업주는 건조설비에 대하여 내부의 온도를 수시로 측정할 수 있는 장치를 설치하거나 내부의 온도가 자동으로 조정되는 장치를 설치하여야 한다.

## 6. 아세틸렌 용접장치 및 가스집합 용접장치

### 1) 아세틸렌 용접장치

**제285조(압력의 제한)** 사업주는 아세틸렌 용접장치를 사용하여 금속의 용접·용단 또는 가열작업을 하는 경우에는 게이지 압력이 127킬로파스칼을 초과하는 압력의 아세틸렌을 발생시켜 사용해서는 아니 된다.

**제286조(발생기실의 설치장소 등)** ① 사업주는 아세틸렌 용접장치의 아세틸렌 발생기(이하 "발생기"라 한다)를 설치하는 경우에는 전용의 발생기실에 설치하여야 한다.
② 제1항의 발생기실은 건물의 최상층에 위치하여야 하며, 화기를 사용하는 설비로부터 3미터를 초과하는 장소에 설치하여야 한다.
③ 제1항의 발생기실을 옥외에 설치한 경우에는 그 개구부를 다른 건축물로부터 1.5미터 이상 떨어지도록 하여야 한다.

**제287조(발생기실의 구조 등)** 사업주는 발생기실을 설치하는 경우에 다음 각 호의 사항을 준수하여야 한다.
1. 벽은 불연성 재료로 하고 철근 콘크리트 또는 그 밖에 이와 동등 하거나 그 이상의 강도를 가진 구조로 할 것
2. 지붕과 천장에는 얇은 철판이나 가벼운 불연성 재료를 사용할 것
3. 바닥면의 16분의 1 이상의 단면적을 가진 배기통을 옥상으로 돌출시키고 그 개구부를 창이나 출입구로부터 1.5미터 이상 떨어지도록 할 것
4. 출입구의 문은 불연성 재료로 하고 두께 1.5밀리미터 이상의 철판이나 그 밖에 그 이상의 강도를 가진 구조로 할 것
5. 벽과 발생기 사이에는 발생기의 조정 또는 카바이드 공급 등의 작업을 방해하지 않도록 간격을 확보할 것

**제288조(격납실)** 사업주는 사용하지 않고 있는 이동식 아세틸렌 용접장치를 보관하는 경우에는 전용의 격납실에 보관하여야 한다. 다만, 기종을 분리하고 발생기를 세척한 후 보관하는 경우에는 임의의 장소에 보관할 수 있다.

**제289조(안전기의 설치)** ① 사업주는 아세틸렌 용접장치의 취관마다 안전기를 설치하여야 한다. 다만, 주관 및 취관에 가장 가까운 분기관(分岐管)마다 안전기를 부착한 경우에는 그러하지 아니하다.
② 사업주는 가스용기가 발생기와 분리되어 있는 아세틸렌 용접장치에 대하여 발생기와 가스용기 사이에 안전기를 설치하여야 한다.

**제290조(아세틸렌 용접장치의 관리 등)** 사업주는 아세틸렌 용접장치를 사용하여 금속의 용접·용단(溶斷) 또는 가열작업을 하는 경우에 다음 각 호의 사항을 준수하여야 한다.
1. 발생기(이동식 아세틸렌 용접장치의 발생기는 제외한다)의 종류, 형식, 제작업체명, 매 시 평균 가스발생량 및 1회 카바이드 공급량을 발생기실 내의 보기 쉬운 장소에 게시할 것
2. 발생기실에는 관계 근로자가 아닌 사람이 출입하는 것을 금지할 것
3. 발생기에서 5미터 이내 또는 발생기실에서 3미터 이내의 장소에서는 흡연, 화기의 사용 또는 불꽃이 발생할 위험한 행위를 금지시킬 것
4. 도관에는 산소용과 아세틸렌용의 혼동을 방지하기 위한 조치를 할 것
5. 아세틸렌 용접장치의 설치장소에는 적당한 소화설비를 갖출 것
6. 이동식 아세틸렌용접장치의 발생기는 고온의 장소, 통풍이나 환기가 불충분한 장소 또는 진동이 많은 장소 등에 설치하지 않도록 할 것

## 2) 가스집합 용접장치

**제291조(가스집합장치의 위험 방지)** ① 사업주는 가스집합장치에 대해서는 화기를 사용하는 설비로부터 5미터 이상 떨어진 장소에 설치하여야 한다.
② 사업주는 제1항의 가스집합장치를 설치하는 경우에는 전용의 방(이하 "가스장치실"이라 한다)에 설치하여야 한다. 다만, 이동하면서 사용하는 가스집합장치의 경우에는 그러하지 아니하다.
③ 사업주는 가스장치실에서 가스집합장치의 가스용기를 교환하는 작업을 할 때 가스장치실의 부속설비 또는 다른 가스용기에 충격을 줄 우려가 있는 경우에는 고무판 등을 설치하는 등 충격방지 조치를 하여야 한다.

**제292조(가스장치실의 구조 등)** 사업주는 가스장치실을 설치하는 경우에 다음 각 호의 구조로 설치하여야 한다.
1. 가스가 누출된 경우에는 그 가스가 정체되지 않도록 할 것
2. 지붕과 천장에는 가벼운 불연성 재료를 사용할 것
3. 벽에는 불연성 재료를 사용할 것

**제293조(가스집합용접장치의 배관)** 사업주는 가스집합용접장치(이동식을 포함한다)의 배관을 하는 경우에는 다음 각 호의 사항을 준수하여야 한다.
1. 플랜지·밸브·콕 등의 접합부에는 개스킷을 사용하고 접합면을 상호 밀착시키는 등의 조치를 할 것
2. 주관 및 분기관에는 안전기를 설치할 것. 이 경우 하나의 취관에 2개 이상의 안전기를 설치하여야 한다.

**제294조(구리의 사용 제한)** 사업주는 용해아세틸렌의 가스집합용접장치의 배관 및 부속기구는 구리나 구리 함유량이 70퍼센트 이상인 합금을 사용해서는 아니 된다.

**제295조(가스집합용접장치의 관리 등)** 사업주는 가스집합용접장치를 사용하여 금속의 용접·용단 및 가열작업을 하는 경우에는 다음 각 호의 사항을 준수하여야 한다.
1. 사용하는 가스의 명칭 및 최대가스저장량을 가스장치실의 보기 쉬운 장소에 게시할 것
2. 가스용기를 교환하는 경우에는 관리감독자가 참여한 가운데 할 것
3. 밸브·콕 등의 조작 및 점검요령을 가스장치실의 보기 쉬운 장소에 게시할 것
4. 가스장치실에는 관계근로자가 아닌 사람의 출입을 금지할 것
5. 가스집합장치로부터 5미터 이내의 장소에서는 흡연, 화기의 사용 또는 불꽃을 발생할 우려가 있는 행위를 금지할 것
6. 도관에는 산소용과의 혼동을 방지하기 위한 조치를 할 것
7. 가스집합장치의 설치장소에는 적당한 소화설비를 설치할 것
8. 이동식 가스집합용접장치의 가스집합장치는 고온의 장소, 통풍이나 환기가 불충분한 장소 또는 진동이 많은 장소에 설치하지 않도록 할 것
9. 해당 작업을 행하는 근로자에게 보안경과 안전장갑을 착용시킬 것

## 7. 폭발·화재 및 위험물 누출에 의한 위험방지

**제296조(지하작업장 등)** 사업주는 인화성 가스가 발생할 우려가 있는 지하작업장에서 작업하는 경우(제350조에 따른 터널 등의 건설작업의 경우는 제외한다) 또는 가스도관에서 가스가 발산될 위험이 있는 장소에서 굴착작업(해당 작업이 이루어지는 장소 및 그와 근접한 장소에서 이루어지는 지반의 굴삭 또는 이에 수반한 토석의 운반 등의 작업을 말한다)을 하는 경우에는 폭발이나 화재를 방지하기 위하여 다음 각 호의 조치를 하여야 한다.
1. 가스의 농도를 측정하는 사람을 지명하고 다음 각 목의 경우에 그로 하여금 해당 가스의 농도를 측정하도록 할 것
   가. 매일 작업을 시작하기 전
   나. 가스의 누출이 의심되는 경우
   다. 가스가 발생하거나 정체할 위험이 있는 장소가 있는 경우
   라. 장시간 작업을 계속하는 경우(이 경우 4시간마다 가스 농도를 측정하도록 하여야 한다)
2. 가스의 농도가 인화하한계 값의 25퍼센트 이상으로 밝혀진 경우에는 즉시 근로자를 안전한 장소에 대피시키고 화기나 그 밖에 점화원이 될 우려가 있는 기계·기구 등의 사용을 중지하며 통풍·환기 등을 할 것

**제297조(부식성 액체의 압송설비)** 사업주는 별표 1의 부식성 물질을 동력을 사용하여 호스로 압송(壓送)하는 작업을 하는 경우에는 해당 압송에 사용하는 설비에 대하여 다음 각 호의 조치를 하여야 한다.
1. 압송에 사용하는 설비를 운전하는 사람(이하 이 조에서 "운전자"라 한다)이 보기 쉬운 위치에 압력계를 설치하고 운전자가 쉽게 조작할 수 있는 위치에 동력을 차단할 수 있는 조치를 할 것

2. 호스와 그 접속용구는 압송하는 부식성 액체에 대하여 내식성(耐蝕性), 내열성 및 내한성을 가진 것을 사용할 것
3. 호스에 사용정격압력을 표시하고 그 사용정격압력을 초과하여 압송하지 아니할 것
4. 호스 내부에 이상압력이 가하여져 위험할 경우에는 압송에 사용하는 설비에 과압방지장치를 설치할 것
5. 호스와 호스 외의 관 및 호스 간의 접속부분에는 접속용구를 사용하여 누출이 없도록 확실히 접속할 것
6. 운전자를 지정하고 압송에 사용하는 설비의 운전 및 압력계의 감시를 하도록 할 것
7. 호스 및 그 접속용구는 매일 사용하기 전에 점검하고 손상·부식 등의 결함에 의하여 압송하는 부식성 액체가 날아 흩어지거나 새어나갈 위험이 있으면 교환할 것

**제298조(공기 외의 가스 사용 제한)** 사업주는 압축한 가스의 압력을 사용하여 별표 1의 부식성 액체를 압송하는 작업을 하는 경우에는 공기가 아닌 가스를 해당 압축가스로 사용해서는 아니 된다. 다만, 해당 작업을 마친 후 즉시 해당 가스를 배출한 경우 또는 해당 가스가 남아 있음을 표시하는 등 근로자가 압송에 사용한 설비의 내부에 출입하여도 질식 위험이 발생할 우려가 없도록 조치한 경우에는 질소나 탄산가스를 사용할 수 있다.

**제299조(독성이 있는 물질의 누출 방지)** 사업주는 급성 독성물질의 누출로 인한 위험을 방지하기 위하여 다음 각 호의 조치를 하여야 한다.
1. 사업장 내 급성 독성물질의 저장 및 취급량을 최소화할 것
2. 급성 독성물질을 취급 저장하는 설비의 연결 부분은 누출되지 않도록 밀착시키고 매월 1회 이상 연결부분에 이상이 있는지를 점검할 것
3. 급성 독성물질을 폐기·처리하여야 하는 경우에는 냉각·분리·흡수·흡착·소각 등의 처리공정을 통하여 급성 독성물질이 외부로 방출되지 않도록 할 것
4. 급성 독성물질 취급설비의 이상 운전으로 급성 독성물질이 외부로 방출될 경우에는 저장·포집 또는 처리설비를 설치하여 안전하게 회수할 수 있도록 할 것
5. 급성 독성물질을 폐기·처리 또는 방출하는 설비를 설치하는 경우에는 자동으로 작동될 수 있는 구조로 하거나 원격조정할 수 있는 수동조작구조로 설치할 것
6. 급성 독성물질을 취급하는 설비의 작동이 중지된 경우에는 근로자가 쉽게 알 수 있도록 필요한 경보설비를 근로자와 가까운 장소에 설치할 것
7. 급성 독성물질이 외부로 누출된 경우에는 감지·경보할 수 있는 설비를 갖출 것

**제300조(기밀시험시의 위험 방지)** ① 사업주는 배관, 용기, 그 밖의 설비에 대하여 질소·탄산가스 등 불활성 가스의 압력을 이용하여 기밀(氣密)시험을 하는 경우에는 지나친 압력의 주입 또는 불량한 작업방법 등으로 발생할 수 있는 파열에 의한 위험을 방지하기 위하여 국가교정기관에서 교정을 받은 압력계를 설치하고 내부압력을 수시로 확인하여야 한다.

② 제1항의 압력계는 기밀시험을 하는 배관 등의 내부압력을 항상 확인할 수 있도록 작업자가 보기 쉬운 장소에 설치하여야 한다.
③ 기밀시험을 종료한 후 설비 내부를 점검할 때에는 반드시 환기를 하고 불활성 가스가 남아 있는지를 측정하여 안전한 상태를 확인한 후 점검하여야 한다.
④ 사업주는 기밀시험장비가 주입압력에 충분히 견딜 수 있도록 견고하게 설치하여야 하며, 이상압력에 의한 연결파이프 등의 파열방지를 위한 안전조치를 하고 그 상태를 미리 확인하여야 한다.

## ② 전기로 인한 폭발화재 위험 방지

**제311조(폭발위험장소에서 사용하는 전기 기계·기구의 선정 등)** ① 사업주는 제230조제1항에 따른 가스폭발 위험장소 또는 분진폭발 위험장소에서 전기 기계·기구를 사용하는 경우에는 「산업표준화법」에 따른 한국산업표준에서 정하는 기준으로 그 증기, 가스 또는 분진에 대하여 적합한 방폭성능을 가진 방폭구조 전기 기계·기구를 선정하여 사용하여야 한다.
② 사업주는 제1항의 방폭구조 전기 기계·기구에 대하여 그 성능이 항상 정상적으로 작동될 수 있는 상태로 유지·관리되도록 하여야 한다.

**제325조(정전기로 인한 화재 폭발 등 방지)** ① 사업주는 다음 각 호의 설비를 사용할 때에 정전기에 의한 화재 또는 폭발 등의 위험이 발생할 우려가 있는 경우에는 해당 설비에 대하여 확실한 방법으로 접지를 하거나, 도전성 재료를 사용하거나 가습 및 점화원이 될 우려가 없는 제전(除電)장치를 사용하는 등 정전기의 발생을 억제하거나 제거하기 위하여 필요한 조치를 하여야 한다.
1. 위험물을 탱크로리·탱크차 및 드럼 등에 주입하는 설비
2. 탱크로리·탱크차 및 드럼 등 위험물저장설비
3. 인화성 액체를 함유하는 도료 및 접착제 등을 제조·저장·취급 또는 도포(塗布)하는 설비
4. 위험물 건조설비 또는 그 부속설비
5. 인화성 고체를 저장하거나 취급하는 설비
6. 드라이클리닝설비, 염색가공설비 또는 모피류 등을 씻는 설비 등 인화성유기용제를 사용하는 설비
7. 유압, 압축공기 또는 고전위정전기 등을 이용하여 인화성 액체나 인화성 고체를 분무하거나 이송하는 설비
8. 고압가스를 이송하거나 저장·취급하는 설비
9. 화약류 제조설비
10. 발파공에 장전된 화약류를 점화시키는 경우에 사용하는 발파기(발파공을 막는 재료로 물을 사용하거나 갱도발파를 하는 경우는 제외한다)

② 사업주는 인체에 대전된 정전기에 의한 화재 또는 폭발 위험이 있는 경우에는 정전기 대전방지용 안전화 착용, 제전복(除電服) 착용, 정전기 제전용구 사용 등의 조치를 하거나 작업장 바닥 등에 도전성을 갖추도록 하는 등 필요한 조치를 하여야 한다.

③ 생산공정상 정전기에 의한 감전 위험이 발생할 우려가 있는 경우의 조치에 관하여는 제1항과 제2항을 준용한다.

# 03 화공안전 관련 고시

## 1 제조업 등 유해·위험방지계획서 제출·심사·확인에 관한 고시(제2020-29호)

**제1조(목적)** 이 고시는 「산업안전보건법」(이하 "법"이라 한다) 제42조제1항제1호 및 제2호, 같은 법 시행령(이하 "영"이라 한다) 제42조제1항 및 제2항, 같은 법 시행규칙(이하 "규칙"이라 한다) 제42조부터 제49조까지의 규정에 따라 유해·위험방지계획서(이하 "계획서"라 한다)의 제출대상 업종 및 설비, 계획서의 작성·제출·심사 및 확인 등에 필요한 사항을 규정함을 목적으로 한다.

**제2조(정의)** ① 이 고시에서 사용하는 용어의 뜻은 다음과 같다.
1. 법 제42조제1항제1호에서 "해당 제품생산 공정과 직접적으로 관련된 건설물·기계·기구 및 설비 등"이란 영 제42조제1항에 따른 사업을 하기 위하여 원재료, 중간제품, 완성제품 및 부산물(오·폐수를 포함한다)의 생산·가공·저장·보관·유지·보수 등에 필요한 건설물·기계·기구 및 설비를 말한다.
2. "단위공장"이란 동일지역의 사업장 내에서 원재료, 중간제품, 완성제품 및 부산물(오·폐수를 포함한다)의 생산·가공·저장·보관·유지·보수 등 일관공정을 이루는 건설물·기계·기구 및 설비를 말한다.
3. "단위공정"이란 단위공장 내에서 원료처리공정, 반응공정, 증류추출, 분리공정, 회수공정, 제품저장·출하공정 등과 같이 단위공장을 구성하는 각각의 공정을 말한다.
4. 법 제42조제1항제1호 및 제2호에서 "이전"이란 건설물·기계·기구 및 설비 등 일체를 다른 단위공장 또는 다른 지역으로 옮겨서 설치하는 것을 말한다.
5. 법 제42조제1항제1호에서 "주요 구조부분을 변경"이란 영 제42조제1항에 해당하는 업종의 사업장에서 다음 각 목의 어느 하나에 해당하는 경우를 말한다.
   가. "제품생산 공정과 관련되는 건설물·기계·기구 및 설비 등"의 증설, 교체 또는 개조 등에 의해 전기정격용량의 합이 100킬로와트 이상 증가되는 경우
   나. 전기정격용량의 합이 100킬로와트 이상되는 규모의 "제품생산 공정과 관련되는 건설물·기계·기구 및 설비 등"의 일부를 옮겨서 설치하는 경우
6. 법 제42조제1항제2호에 따른 "주요 구조부분을 변경"이란 영 제42조제2항의 유해 또는 위험한 작업 및 장소에서 사용하는 기계·기구 및 설비 중 다음 각 목과 같은 사항을 변경하는 경우를 말한다.
   가. 금속이나 그 밖의 광물의 용해로 : 열원의 종류를 변경하는 경우

나. 화학설비 : 생산량의 증가, 원료 또는 제품의 변경을 위하여 대상 화학설비를 교체·변경 또는 추가하는 경우 또는 관리대상 유해물질 관련 설비의 추가, 변경으로 인하여 후드 제어 풍속이 감소하거나 배풍기의 배풍량이 증가하는 경우
다. 건조설비 : 열원의 종류를 변경하거나, 건조대상물이 변경되어 제3조 제3호 각목의 어느 하나에 해당하는 변경이 발생하는 경우
라. 가스집합용접장치 : 주관의 구조를 변경하는 경우
마. 허가대상 유해물질 및 분진작업 관련설비 : 설비의 추가, 변경으로 인하여 후드 제어풍속이 감소하거나 배풍기의 배풍량이 증가하는 경우
7. 영 제42조제1항에 따른 "전기 계약용량"이란 다음 각 목 중의 어느 하나에 따른다.
  가. 자기 소유의 공장을 이용하여 사업을 하려는 경우로서, 해당 공장에 대하여 한국전력공사와 직접 전력 수급계약을 체결한 경우에는 그 전기 계약용량
  나. 타인 소유의 공장을 임차하여 사업을 하려는 경우에는 다음 각 세목 중의 어느 하나에 따른다.
    1) 한국전력공사와 해당 사업을 하려는 임차인이 체결한 전력 수급계약용량
    2) 임대인과 해당 사업을 하려는 임차인이 체결한 전력 수급계약용량
    3) 한국전력공사 또는 임대인과 해당 사업을 하려는 임차인이 전력 수급계약을 체결하지 않은 경우에는 해당 사업의 제품생산 공정과 관련된 건설물·기계·기구 및 설비의 전기정격용량의 합
8. 규칙 제42조제1항에 따른 "해당 작업시작"이란 계획서 제출대상 건설물·기계·기구 및 설비 등을 설치·이전하거나 주요구조 부분을 변경하는 공사의 시작을 말하며, 대지정리 및 가설사무소 설치 등의 공사준비기간은 제외한다. 다만, 기존공장, 임대공장, 아파트형공장 등 건설물이 이미 설치되어 있는 경우에는 생산설비 설치의 시작을 말한다.
9. 규칙 제46조제1항에서 "시운전단계"란 모든 건설물·기계·기구 및 설비 등이 설치를 완료되고 제품을 생산을 시작하기 전에 그 성능을 확인하기 위한 운전단계를 말한다.
10. "위험성평가"란 법 제36조에 따라 건설물·기계·기구 및 설비 등에 존재하는 유해·위험요인을 파악하여 당해 유해·위험요인이 사고 또는 질병으로 이어질 수 있는 가능성(빈도)과 중대성(강도)을 계산하고 그 감소대책을 수립하여 실행하는 일련의 과정을 말한다.
② 그 밖에 이 고시에서 사용하는 용어의 뜻은 이 고시에서 규정한 것을 제외하고는 법·영·규칙 및 「산업안전보건기준에 관한 규칙」(이하 "안전보건규칙"이라 한다)에서 정하는 바에 따른다.

**제3조(계획서 제출대상)** 영 제42조제2항에 따른 계획서 제출대상 기계·기구 및 설비의 구체적인 대상은 다음 각 호의 어느 하나에 해당하는 설비를 포함하는 단위공정을 말한다.
1. 영 제42조제2항제1호에 따른 "금속이나 그 밖의 광물의 용해로"는 금속 또는 비금속광물을 해당물질의 녹는점 이상으로 가열하여 용해하는 노(爐)로서 용량이 3톤 이상인 것
2. 영 제42조제2항제2호에 따른 "화학설비"는 안전보건규칙 제273조에 따른 "특수화학설비"로 단위공정 중에 저장되는 양을 포함하여 하루동안 제조 또는 취급할 수 있는 양이 안전보건규칙 별표 9에 따른 위험물질의 기준량 이상인 것(단, 영 제43조제2항에서 정한 설비는 제외)과 관리대상 유해물질

관련 설비로 안전보건규칙 제422조부터 제425조, 제428조, 제430조에 따른 국소배기장치(이동식은 제외), 밀폐설비 및 전체 환기설비(강제 배기방식의 것과 급기·배기 환기장치에 한정)로서 제5호 가목 및 나목에서 정한 것

3. 영 제42조제2항제3호에 따른 "건조설비"는 건조기본체, 가열장치, 환기장치를 포함하며, 열원기준으로 연료의 최대소비량이 시간당 50킬로그램 이상이거나 정격소비전력이 50킬로와트 이상인 설비로서 다음 각 목의 어느 하나에 해당할 것
   가. 건조물에 포함된 유기화합물을 건조하는 경우
   나. 도료, 피막제의 도포코팅 등 표면을 건조하여 인화성 물질의 증기가 발생하는 경우
   다. 건조를 통한 가연성 분말로 인해 분진이 발생하는 설비

4. 영 제42조제2항제4호에 따른 "가스집합 용접장치"는 용접·용단용으로 사용하기 위하여 1개 이상의 인화성가스의 저장 용기 또는 저장탱크를 상호간에 도관으로 연결한 고정식의 가스집합장치로부터 용접 토치까지의 일관 설비로서 인화성가스 집합량이 1,000킬로그램 이상인 것

5. 영 제42조제2항제5호 및 제6호의 "허가대상 유해물질 및 분진작업 관련 설비"란 안전보건규칙 제453조, 제471조, 제474조, 제480조, 제481조 및 제607조에 따른 국소배기장치(이동식은 제외한다), 같은 규칙 제481조 및 제607조에 따른 밀폐설비, 같은 규칙 제608조에 따른 전체환기설비(강제 배기방식의 것과 급기·배기 환기장치에 한정한다)로서 다음 각 목과 같다.
   가. 「안전검사 절차에 관한 고시」 별표 1의 제7호에 명시된 유해물질로부터 나오는 가스·증기 또는 분진의 발산원을 밀폐·제거하기 위해 설치하는 국소배기장치(이동식은 제외한다), 밀폐설비 및 전체환기장치. 다만, 국소배기장치 및 전체환기장치는 배풍량이 분당 60세제곱미터 이상인 것에 한정한다.
   나. 가목에서 정한 유해물질 이외의 허가대상 또는 관리대상 물질로부터 나오는 가스·증기 또는 분진의 발산원을 밀폐·제거하기 위하여 설치하거나 안전보건규칙 별표 16의 분진작업을 하는 장소에 설치하는 국소배기장치(이동식은 제외한다), 밀폐설비 및 전체환기장치. 다만, 국소배기장치 및 전체환기장치는 배풍량이 분당 150세제곱미터 이상인 것에 한정한다.

**제4조(제출서류)** 사업주가 규칙 제42조제1항제5호 및 제2항제3호에 따라 한국산업안전보건공단(이하 "공단"이라 한다)에 제출하는 계획서에 첨부하여야 할 도면과 서류는 별표 1과 같다. 다만, 주요 구조부분 변경으로 인하여 계획서를 작성·제출하는 경우에는 그 변경부분 및 그와 관련된 부분에 한정한다.

**제5조(제출서류의 일부 면제)** 공단은 사업주가 계획서를 제출하여 공단의 심사를 받은 후 다른 설비에 대한 계획서를 새로 제출하는 경우에 이미 심사받은 계획서의 내용과 동일한 내용이 포함되어 있을 때에는 그 내용에 한정하여 제출을 면제할 수 있다.

**제6조(계획서의 제출 면제)** 공단은 영 제42조제1항 각 호의 어느 하나에 해당하는 사업의 사업주가 영 제42조제2항의 기계 등을 해당사업에 사용하는 경우로서 법 제42조제1항1호에 따른 계획서를 제출한 때에는 법 제42조제1항제2호에 따른 계획서의 제출을 면제할 수 있다.

**제7조(작성자)** ① 사업주는 계획서를 작성할 때에 다음 각 호의 어느 하나에 해당하는 자격을 갖춘 사람 또는 공단이 실시하는 관련교육을 20시간 이상 이수한 사람 중 1명 이상을 포함시켜야 한다.
1. 기계, 재료, 화학, 전기·전자, 안전관리 또는 환경분야 기술사 자격을 취득한 사람
2. 기계안전·전기안전·화공안전분야의 산업안전지도사 또는 산업보건지도사 자격을 취득한 사람
3. 제1호 관련분야 기사 자격을 취득한 사람으로서 해당 분야에서 3년 이상 근무한 경력이 있는 사람
4. 제1호 관련분야 산업기사 자격을 취득한 사람으로서 해당 분야에서 5년 이상 근무한 경력이 있는 사람
5. 「고등교육법」에 따른 대학 및 산업대학(이공계 학과에 한정한다)을 졸업한 후 해당 분야에서 5년 이상 근무한 경력이 있는 사람 또는 「고등교육법」에 따른 전문대학(이공계 학과에 한정한다)을 졸업한 후 해당 분야에서 7년 이상 근무한 경력이 있는 사람
6. 「초·중등교육법」에 따른 전문계 고등학교 또는 이와 같은 수준 이상의 학교를 졸업하고 해당 분야에서 9년 이상 근무한 경력이 있는 사람

② 제1항에 따라 공단에서 실시하는 관련교육은 다음 각 호와 같다.
1. 법 제42조에 따른 유해·위험방지계획서 작성과 관련된 교육과정
2. 법 제44조에 따른 공정안전보고서 작성과 관련된 교육과정

**제8조(제출처 등)** 사업주는 해당 작업시작 15일 전까지 규칙 제42조제1항 및 제2항에 따라 계획서 2부를 사업장이 소재하는 지역을 관할하는 공단 지역본부(지사)의 장에게 제출하여야 한다. 이 경우, 제출서류는 전자문서로 제출할 수 있다.

**제9조(심사 등)** ① 공단은 규칙 제44조에 따라 계획서를 심사할 경우에는 소속직원 중 다음 각 호의 어느 하나에 해당하는 분야의 사람 중 2명 이상의 전문가로 심사반을 구성하고, 그 중 1명을 책임심사위원으로 정하여 심사하여야 한다.
1. 공정 및 장치설계
2. 기계 및 구조설계, 용접, 재료 및 부식
3. 계측제어·컴퓨터제어 및 자동화
4. 전기설비 및 방폭전기
5. 비상조치 및 소방
6. 유해·위험요인 조사·평가
7. 산업보건위생

② 공단은 별표 2의 심사·확인기준에 따라 계획서를 심사하여야 한다. 다만, 안전보건조치의 적정성 여부를 판단할 때, 보다 구체적이거나 기술적인 적정성 판단기준이 필요한 경우에는 KOSHA GUIDE, 한국산업표준(KS), 국제기준(ISO/IEC) 등에서 정하는 안전보건기준을 참조하여 적용할 수 있다.

③ 공단은 심사사항 중 특정 사항에 대하여 외부 전문가의 조언이 필요하다고 판단되는 경우에는 다음 각 호의 어느 하나에 해당하는 자격을 갖춘 사람 중 제1항에 따른 각 분야의 외부전문가를 부분적으로 심사에 참여시킬 수 있다.
1. 해당분야 기술사, 산업안전지도사 또는 산업보건지도사 자격을 취득한 사람

2. 해당 분야의 박사학위를 취득한 후 그 분야의 실무경력 3년 이상인 사람
3. 해당 분야의 실무경력이 10년 이상인 사람
4. 「고등교육법」에 따른 대학(산업대학 및 전문대학을 포함한다)의 조교수 이상의 직위에 있는 사람
④ 제3항에 따라 심사에 참여하는 외부전문가는 계획서를 공정하게 심사하여야 하고, 심사 중 알게 된 사실을 다른 사람에게 누설하여서는 아니 된다.
⑤ 공단은 제3항에 따라 외부전문가를 심사에 참여시킨 때에는 여비와 수당을 지급할 수 있다.
⑥ 규칙 제44조제4항에서 "고용노동부장관이 정하는 건설물·기계기구 및 설비의 경우"란 다음 각 호의 어느 하나에 해당하는 경우를 말한다.
1. 법 제42조제1항제1호에 따른 주요구조부분을 변경하는 경우
2. 법 제42조제1항제2호에 따른 기계·기구 및 설비 등을 설치·이전하거나 그 주요구조부분을 변경하려는 경우
⑦ 규칙 제44조제4항과 규칙 제46조제3항에서 "고용노동부장관이 정하는 요건"이란 다음 각 호의 어느 하나에 해당하는 요건을 말한다.
1. 공단이 실시하는 유해·위험방지계획서 관련 교육과정을 20시간 이상 이수한 사람
2. 공단의 유해·위험방지계획서 심사에 참여한 경험이 있는 사람

**제10조(사업장 관계자의 출석)** 공단은 계획서 심사에 있어 내용설명 등 필요한 경우에는 사업장 관계자에게 출석을 요청할 수 있다.

**제11조(서류의 보완 등)** ① 공단은 심사과정 중 서류의 보완 그 밖에 추가 도면 및 서류가 필요한 경우에는 별지 제1호서식의 계획서 보완 요청서에 따라 보완할 사항을 작성하여 사업주에게 요청할 수 있다.
② 제1항에 따른 서류보완 등에 소요된 기간은 심사기간에 포함하지 않으며, 그 기간은 10일을 초과할 수 없다. 다만, 사업주의 요청이 있는 경우에는 10일의 범위에서 연장할 수 있다.

**제12조(심사결과 후 조치)** 공단은 계획서 심사결과를 별표 3 심사필인 또는 서명이 날인된 계획서 1부를 첨부하여 해당 사업주에게 통보하여야 한다.

**제13조(확인의 변경신청)** ① 사업주는 법 제43조제1항과 규칙 제46조에 따른 확인의 일정(최초 계획서를 제출할 때에 선정한 확인 일자를 말한다)이 변경된 경우에는 확인을 받고자 하는 날의 15일 이전에 별지 제2호서식의 확인 변경 신청서에 따라 공단에 변경신청을 하여야 한다.
② 공단은 제1항에 따라 사업주로부터 확인 변경신청을 받은 때에는 신청서 접수일부터 7일 이내에 확인실시 일정을 다시 결정하여 사업주에게 통보해야 한다.

**제14조(수수료)** 계획서를 제출한 사업주는 법 제166조제1항제2호에 따라 공단이 지정하는 금융기관 등을 통하여 수수료를 납부하여야 한다.

**제15조(재검토기한)** 고용노동부장관은 「훈령·예규 등의 발령 및 관리에 관한 규정」에 따라 이 고시에 대하여 2020년 1월 1일 기준으로 매 3년이 되는 시점(매 3년째의 12월 31일까지를 말한다)마다 그 타당성을 검토하여 개선 등의 조치를 하여야 한다.

**부 칙** 〈제2020-29호, 2020. 1. 16.〉

이 고시는 2020년 1월 16일부터 시행한다.

[별표 1]

### 유해·위험방지계획서 제출 도면 및 서류(제4조 관련)

1. 규칙 제42조제1항제1호 제5호에 따른 도면 및 서류

| 도면 및 서류 | 도면 및 서류에 포함되어야 할 주요내용 |
|---|---|
| 1. 사업의 개요 | 별지 제3호서식에 따른 사항 |
| 2. 제조공정 및 기계·설비에 관한 자료 | 가. 공정배관·계장도(Piping & Instrument Diagram, P&ID)<br>　※ 안전보건규칙 별표 1의 위험물질을 취급하는 배관에 한정한다.<br>나. 별지 제4호부터 제8호까지의 서식<br>다. 전기단선도 및 접지계획 등 전기관련 도면(전기보호장치를 포함한다)<br>　※ 전기사업법 제63조에 따른 사용전검사 범위에 해당하는 수전설비의 전기단선도 제출을 생략할 수 있다.<br>라. 폭발위험장소의 구분도<br>마. 별지 제9호서식 또는 위험성평가 결과서<br>바. 화재·폭발 및 위험물 누출 등 비상시 조치계획에 관한 사항<br>　※ 안전보건규칙 별표9의 위험물질을 기준량 이상 제조·취급 또는 저장하는 사업장으로 한정한다. |

2. 규칙 제42조제2항제3호에 따른 도면 및 서류
　가. 용해로

| 도면 및 서류 | 도면 및 서류에 포함되어야 할 주요내용 |
|---|---|
| 1. 사업의 개요 | 별지 제3호서식에 따른 사항 |
| 2. 부속설비의 도면 등 | 가. 주요 부속설비의 구조 및 배치도면<br>나. 해당 용해로 및 주요 부속설비에 설치하는 방호장치 또는 보호구에 대한 제품 카탈로그 사본 또는 도면 |
| 3. 공정 및 설비 자료 | 가. 공정 설명서 및 흐름도(Process Flow Diagram, PFD)<br>나. 폭발위험장소의 구분도 및 별지 제6호서식<br>다. 용해로의 사양서<br>　※ 종류, 형식, 능력, 제조자 및 제조연월, 가열방법(열원의 종류), 표준(최대)투입량, 온도·압력 등 운전 조건 포함<br>라. 취급 금속이나 그 밖의 광물의 종류와 성질<br>마. 용융물 누출, 수증기 폭발 등 비상시 제어절차 및 대책 |

나. 화학설비

| 도면 및 서류 | 도면 및 서류에 포함되어야 할 주요내용 |
|---|---|
| 1. 사업의 개요 | 별지 제3호서식에 따른 사항 |
| 2. 부속설비의 도면 등 | 가. 주요 부속설비(소화설비를 포함한다)의 구조 및 배치도면<br>나. 해당 화학설비 및 주요 부속설비에 설치하는 경보설비, 방호장치 또는 보호구에 대한 제품 카탈로그 사본 또는 도면 |
| 3. 공정 및 설비 자료 | 가. 공정 설명서 및 흐름도(Process Flow Diagram, PFD)<br>나. 공정배관·계장도(Piping & Instrument Diagram, P&ID)<br>다. 별지 제5호서식<br>라. 폭발위험장소의 구분도 및 별지 제6호서식<br>마. 별지 제8호서식<br>바. 별지 제10호서식<br>사. 화재·폭발 및 위험물 누출 등 비상시 조치계획에 관한 사항 |

다. 건조설비

| 도면 및 서류 | 도면 및 서류에 포함되어야 할 주요내용 |
|---|---|
| 1. 사업의 개요 | 별지 제3호서식에 따른 사항 |
| 2. 부속설비의 도면 등 | 가. 주요 부속설비(소화설비를 포함한다)의 구조 및 배치도면<br>나. 해당 건조설비 및 주요 부속설비에 설치하는 방호장치 또는 보호구에 대한 제품 카탈로그 사본 또는 도면 |
| 3. 공정 및 설비 자료 | 가. 공정 설명서 및 흐름도(Process Flow Diagram, PFD)<br>나. 폭발위험장소의 구분도 및 별지 제6호서식<br>다. 건조설비의 사양서<br>　※ 종류, 형식, 능력, 제조자 및 제조연월, 가열방법(열원의 종류), 표준(최대)투입량, 온도·압력 등 운전 조건 포함<br>라. 건조물의 종류와 특성<br>마. 환기장치, 온도측정장치 및 조절장치, 그 밖의 주요 부속설비의 구조, 재질 및 성능<br>바. 전기설비 및 정전기 제거용 접지 관련 도면 |

라. 가스집합 용접장치

| 도면 및 서류 | 도면 및 서류에 포함되어야 할 주요내용 |
|---|---|
| 1. 사업의 개요 | 별지 제3호서식에 따른 사항 |
| 2. 부속설비의 도면 등 | 가. 주요 부속설비(소화설비, 경보설비 및 안전기 등 방호장치를 포함한다)의 구조 및 배치도면<br>나. 해당 가스장치실(저장설비) 및 주요 부속설비(소화설비를 포함한다)에 설치하는 안전기 등 방호장치 또는 보호구에 대한 제품 카탈로그 사본 또는 도면 |
| 3. 공정 및 설비 자료 | 가. 공정 설명서 및 흐름도(Process Flow Diagram, PFD)<br>나. 폭발위험장소의 구분도 및 별지 제6호서식<br>다. 가스집합 용접장치의 능력, 제조자 및 제조연월<br>라. 안전기의 종류, 형식, 제조자, 제조연월, 수량, 구조 및 재질<br>마. 그 밖의 주요 부속설비의 구조, 재질 및 성능 |

마. 허가대상·관리대상 유해물질 및 분진작업 관련 설비

| 도면 및 서류 | 도면 및 서류에 포함되어야 할 주요내용 |
|---|---|
| 1. 사업의 개요 | 별지 제3호서식에 따른 사항 |
| 2. 부속설비의 도면 등 | 해당 설비 및 주요 부속설비에 설치하는 방호장치 또는 보호구에 대한 제품 카탈로그 사본 또는 도면 |
| 3. 공정 및 설비 자료 | 가. 공정 설명서 및 흐름도(Process Flow Diagram, PFD)<br>나. 폭발위험장소의 구분도 및 별지 제6호서식<br>다. 해당 설비의 종류, 형식, 능력, 제조자 및 제조연월<br>라. 그 밖의 주요 부속설비의 구조, 재질 및 성능<br>마. 별지 제5호서식<br>바. 별지 제7호서식 |

[별표 2]

## 유해·위험방지계획서 세부 심사·확인기준(제9조제2항 관련)

1. 법 제42조제1항제1호 및 영 제42조제1항에 따른 사업장의 유해·위험방지계획서

| 심사분야 | 심사·확인기준 |
|---|---|
| 1. 건축물 및 기계·설비의 배치 등에 대한 사항 | 가. 건물 및 작업장의 안전 확보 여부(각 평면도 및 입면도는 축척을 표시하여야 한다)<br>　1) 작업 동선 및 안전통로 확보<br>　2) 건물의 출입문, 비상구, 계단 등의 안전 확보 및 추락방지조치<br>　3) 작업장 바닥 및 통로의 미끄럼 방지조치 등의 안전조치<br>나. 기계·설비의 배치의 적정 여부(기계·설비 배치도를 각 기계·설비 간의 거리, 기계·설비의 설치 높이 등을 축척에 의해 표시하여야 한다)<br>　1) 건물 간 및 단위 공정 간, 시설 간 안전거리<br>　2) 작업장 내 설비 및 기계 간 거리 |
| 2. 제조공정 및 기계·설비에 대한 사항 | 가. 제출대상 사업장에서 제조되고 있는 제품의 원료(또는 원재료)로부터 최종 완제품까지의 제조공정 설명서 및 흐름도(PFD)의 적정 여부<br>　1) 전체공정에 대한 공정개요 등을 포함한 안전보건상의 위험정보(원료 또는 원재료의 일일 최고 투입량을 포함한다)<br>　2) 각 공정별 작업 또는 운전조건(최고운전압력, 온도, 유량을 포함한다)<br>　3) 안전장치, 인터록 및 자동 운전 및 정지 절차<br>　4) 각 제조공정별 유해·위험기계 또는 설비의 요약 명세<br>나. 공정배관 및 계장도(P&ID)의 적정 여부(안전보건규칙 별표 1의 위험물질 취급 배관의 경우에 해당한다)<br>　1) 모든 설비 및 기계 표시<br>　2) 모든 배관의 직경, 라인번호, 재질, 플랜지의 공칭압력<br>　3) 기기장치 및 배관의 보온 표시<br>　4) 모든 배관의 부속품류 표시<br>　5) 자동제어밸브의 크기, Failure Position 표시<br>　6) 긴급차단밸브, 압력방출장치, 안전밸브 등의 안전장치 표시<br>다. 설비 및 기계 목록 작성의 적정 여부<br>　1) 설비 및 기계의 명칭 등의 누락 여부<br>　2) 설비 및 기계의 방호장치(안전보건규칙에서 정한 기준을 말한다) 설치 여부<br>　3) 용량, 운전·설계압력 및 온도, 재질선정 용접효율, 부식여유, 열처리, 사용두께 등의 설비 주요 명세 적정 여부<br>라. 유해·위험물질 사용 시 목록의 적정 여부<br>　1) 유해·위험물질 누락 여부<br>　2) 해당물질의 물질안전보건자료(MSDS) 확보 여부 |

마. 다음 각 호의 전기단선도 및 접지계획 등의 적정 여부
  1) 차단기의 종류, 정격 및 차단용량 보호방식
  2) 전기사용용량, 비상시 전원차단 등 안전대책 및 예비동력 또는 비상전원의 용량
  3) 변압기의 종류, 1차/2차 정격전압, 결선방법, 접지방식 및 보호장치 등
  4) 작업장 내 접지계획(전기기계·기구의 접지, 정전기로 인한 예방, 누전차단기 및 피뢰침 설치 등을 포함한다)
바. 폭발위험장소가 있는 경우, 폭발위험장소 관리대책의 적정 여부
  1) 폭발위험장소 구분의 적정성(0종, 1종, 2종 등)
  2) 각 장소별 방폭 전기기계·기구의 선정계획
사. 유해물질 및 분진작업이 있는 경우, 환기장치 등의 설계적정 여부
  1) 발생원의 누락 여부
  2) 제어풍속, 이송속도, 후드형식, 정화장치 등 설계검토
아. 안전밸브 또는 파열판이 설치된 경우 해당 설비의 적정 여부(보일러, 압력용기 및 공기압축기, 화학설비 등)
  1) 안전밸브 또는 파열판의 누락 여부
  2) 배출용량, 노즐크기 및 재질선정
  3) 안전밸브의 설계압력과 설비의 명세와 일치 여부
자. 유해·위험요인 평가서 또는 위험성평가 결과서는 설비 및 기계의 잠재적 위험요소를 제거하기 위한 대책 제시사항이 명확히 기술되었는지 여부
  1) 잠재위험이 있는 공정, 설비 및 기계 누락 여부
  2) 잠재위험이 있다면 재해 발생 가능성에 대한 검토
  3) 잠재위험 제거조치(방호조치 또는 안전조치를 말한다)
  4) 재해 발생 시 피해 최소화 대책
차. 화재·폭발 및 위험물 누출 등 비상시 조치계획의 적정 여부(안전보건규칙 별표 9의 위험물질을 규정량 이상 취급 또는 사용하는 사업장으로 한정한다)

2. 법 제42조제1항제2호 및 영 제42조제2항에 따른 위험설비의 유해·위험방지계획

| 심사대상 | 심사·확인기준 |
|---|---|
| 1. 공통사항 | 작업장의 안전 확보 여부(각 평면도 및 입면도는 축척을 표시하여야 한다)<br>가. 작업 동선 및 안전통로 확보<br>나. 건물의 출입문, 비상구, 계단 등의 안전 확보 및 추락방지조치<br>다. 작업장 바닥 및 통로의 미끄럼 방지조치 등의 안전조치<br>라. 폭발위험장소가 있는 경우, 폭발위험장소 관리대책의 적정 여부<br>　　1) 폭발위험장소 구분의 적정성(0종, 1종, 2종 등)<br>　　2) 각 장소별 방폭 전기기계·기구의 선정계획<br>마. 유해·위험물질의 물질안전보건자료(MSDS) 확보 여부<br>바. 전기설비로 인한 재해 예방 및 접지 적정 여부 |
| 2. 용해로 | 가. 제조공정 및 기계·설비 규모에 관한 사항의 적정 여부<br>　　1) 용해로의 종류, 특성 및 고열작업의 안전성 확보대책<br>　　2) 취급 금속 그 밖의 광물별 독성 및 처리량의 적정<br>나. 주연료(열원)와 보조연료(열원)의 종류, 물성 및 사용량의 적정 여부<br>다. 연료공급 계통도, 운전절차의 적정 여부<br>라. 냉각시스템 등 제어관련 설비(방호장치, 인터록 및 안전장치를 말한다)와 그 밖의 안전대책의 적정 여부<br>마. 용융물 누출 시 용해로 제어절차의 적정 여부 |
| 3. 화학설비 | 가. 화학설비 및 동 설비와 연관된 제조공정에서 사용하는 유해화학물질 목록 작성의 적정 여부<br>　　1) 화학설비에서 사용·취급·제조되는 순수 화학물질뿐만 아니라 복합 화학물질을 포함한 원료, 중간제품 및 완제품 확보<br>　　2) 화학물질의 화재·폭발 특성에 관한 정확한 자료와 반응위험성, 독성을 포함한 유해성, 허용농도, 물리·화학적 안정성, 다른 물질과 혼합 시 위험성, 장치설비에 대한 부식성 및 마모성, 소화방법, 누출 시 처리방법<br>나. 화학설비 및 동 설비와 연관된 제조공정의 주요 화학반응식, 발열속도 및 배출부분의 물질 조성 등에 따른 안전성 확보 적정 여부<br>다. 내화구조가 설치된 경우 내화부위 및 범위, 내화재료 및 내화시간을 포함하여 작성하였는지 여부<br>라. 화재·폭발 및 위험물 누출 등 비상시 조치계획의 적정 여부 |
| 4. 건조설비 | 가. 건조공정의 화재·폭발예방 등 안전대책 작성의 적정 여부<br>　　1) 주요 화학반응식, 발열속도 및 배출부분의 물질 조성 등<br>　　2) 공정의 운전압력 및 온도(최고운전압력 및 온도를 포함한다)<br>나. 주연료(열원)와 보조연료(열원)의 종류, 물성 및 사용량 및 연료공급 등 운전절차의 적정 여부<br>다. 연료공급 차단 시 안전대책의 적정 여부 |

| | | |
|---|---|---|
| | | 라. 위험물질 건조설비의 경우 설비 내 이상반응에 대한 안전대책의 적정 여부 |
| 5. 가스집합 용접장치 | | 가. 용접가스의 종류, 물성, 저장량 및 일일 최대사용량의 적정 여부<br>나. 공급배관의 재질(개스킷을 포함한다), 인터록 및 안전장치의 적정 여부<br>다. 가스집합실 및 용접장소에서 가스누출의 조기 감지 및 차단시스템의 적정 여부 |
| 6. 유해물질 · 분진작업 관련설비 | | 가. 유해물질 · 분진작업 관련 설비의 공정도의 적정 여부<br>나. 유해물질 · 분진작업 관련 설비의 제기능 발휘를 위한 설계의 적정 여부<br>  1) 후드형식, 제어풍속, 덕트 내 이송속도, 배풍량<br>  2) 제어 및 인터록 장치<br>  3) 제진, 세정 및 흡착설비 등의 배관 및 계장<br>  4) 그 밖의 유해물질 · 분진작업 관련 설비별 특성에 따른 사항<br>  5) 비상정지 시 발생원 처리대책 |

[별표 3]

## 유해·위험방지계획서 심사필인(제12조 관련)

[별지 제1호서식]

# 유해·위험방지계획서 보완 요청서

| 사업장 | 명칭 | | 업종 | |
|---|---|---|---|---|
| | 소재지 | | 전화번호 | |
| 사업주 성명 | | | 사업자등록번호 | |

| 심사대상 업종 또는 설비명 | |
|---|---|
| 보완서류 제출 마감일 | 20 년 월 일 |

「산업안전보건법」제42조제1항제1호 또는 제2호에 따른 제조업 등 유해·위험방지계획서 심사 결과 붙임 서류의 내용과 같이 미비하여 이의 보완을 요청합니다.

20 년 월 일

한국산업안전보건공단 ○○ 지역본부(지사)장  [직인]

붙임 : 서류보완사항 기재서 1부

[별지 제2호서식]

# 확인 변경 신청서

| 사업장 | 명칭 | | 업종 | |
|---|---|---|---|---|
| | 소재지 | | 전화번호 | |
| 사업주 성명 | | | 사업자등록번호 | |
| 확인대상 업종 또는 설비명 | | | | |
| 계획서 심사 완료일 | | | 공사기간 | |
| 확인요청기간 | (최초 제출 시)  20 년 월 일 ~ 20 년 월 일<br>(변경 요청)     20 년 월 일 ~ 20 년 월 일 | | | |
| 변경 사유 | | | | |

「산업안전보건법」 제43조제1항과 같은 법 시행규칙 제46조에 따라 위와 같이 확인을 신청합니다.

20 년 월 일

사업주 :　　　　　　　　(서명 또는 인)

한국산업안전보건공단 ○○지역본부(지사)장 귀하

[별지 제3호서식]

# 사 업 개 요

| 사업장명 | | | 사업주 성명 | |
|---|---|---|---|---|
| 사업자 등록번호 | | | (예상) 근로자 수 | |
| 대상업종 | 업종명 | 업종코드 | 전기계약용량 | 제출사유 |
| | | | KW | ☐설치 ☐이전 ☐변경 |
| 대상설비 (대상업종내 대상설비도 함께 기재) | 명칭 | 정격용량 | 수량 | 제출사유 |
| | | | | ☐설치 ☐이전 ☐변경 |
| | | | | ☐설치 ☐이전 ☐변경 |
| | | | | ☐설치 ☐이전 ☐변경 |
| 사업 주요 내용 | | 품명 | 사용량 또는 생산량 | 주요 용도 |
| | 주원료 또는 재료 | | | |
| | 주생산품 | | | |
| | 주요 사업내용 또는 변경내용 | | | |
| 사업장의 위치 및 부지 | 위 치 | | | 전화 :<br>전송 : |
| | 부 지 | m² | | |
| | 주요건물 | 동   층   연면적 :   m² | | |
| 추진일정 | 총사업기간 | 년 월 일 ~ 년 월 일 | | |
| | 공사기간 | 년 월 일 ~ 년 월 일 | | |
| | 시운전기간 | 년 월 일 ~ 년 월 일 | | |

[별지 제4호서식]

〈설비 및 기계 목록〉

| 설비·기계 번호 | 설비·기계명 | 명세 | 주요 재질 | 전동기용량 (kW) | 소음치 (dB(A)) | 방호장치의 종류 | 비고 |
|---|---|---|---|---|---|---|---|
| | | | | | | | |
| | | | | | | | |
| | | | | | | | |
| | | | | | | | |
| | | | | | | | |
| | | | | | | | |
| | | | | | | | |

주) ① 기재대상 : 프레스/전단기, 가공용기계, 원심기, 로봇, 공기압축기, 사출성형기, 펌프류, 압축기류, Fan류, 교반기류, 전동셔터, 양중기, 콘베이어, 원심기 등 동력기계류, 저장탱크 등 고정설비 및 지게차 등 차량계 하역운반기계
② 기계류 명세 기재
- 펌프류 : 용량($m^3$/hr)×토출압력(MPa)×분당회전수(RPM)
- 압축기류 : 용량($m^3$/hr)×토출압력(MPa)×분당회전수(RPM)
- Fan류 : 용량($m^3$/hr)×토출압력(MPa)×분당회전수(RPM)
- 교반기 : 임펠러반경(cm)×분당회전수(RPM)
- 양중기 : 정격하중(ton)×양정(m)×SPAN(m)×주행거리(m)
- 저장용기류 : 용량($m^3$), 직경(mm)×높이(mm)
③ 주요 재질 : KS/ASTM 재질 기호로 기재
④ 소음치 : 실제작업 시 근로자에게 노출되는 예상소음치를 기재
⑤ 방호장치의 종류를 기재
- 정변위 펌프 및 압축기류 : 안전밸브 설치 여부를 기재
- 양중기 : 과부하방지장치, 권과방지장치, 비상정지스위치, 스토퍼
⑥ 비고란 : 안전인증대상품목 여부를 기재

[별지 제5호서식]

〈유해 · 위험물질 목록〉

| 화학물질 | CAS No. | 분자식 | 폭발한계 (%) | | 노출기준 | 독성치 | 인화점 (℃) | 발화점 (℃) | 증기압 (20℃) | 부식성 유무 | 이상반응 유무 | 일일사용량 | 저장량 | 비고 |
|---|---|---|---|---|---|---|---|---|---|---|---|---|---|---|
| | | | 하한 | 상한 | | | | | | | | | | |
| | | | | | | | | | | | | | | |
| | | | | | | | | | | | | | | |
| | | | | | | | | | | | | | | |
| | | | | | | | | | | | | | | |
| | | | | | | | | | | | | | | |
| | | | | | | | | | | | | | | |
| | | | | | | | | | | | | | | |
| | | | | | | | | | | | | | | |

주) ① 기입대상물질 : 제출대상 업종 또는 설비에서 저장 · 제조 또는 취급하는 모든 유해 · 위험 화학물질(유해 · 위험성 심사를 위해 필요하여 요청하는 경우 해당 물질의 물질안전보건자료(MSDS) 전체를 별도로 제출하여야 함)
② 노출기준 : 시간가중 평균농도(TWA)를 기재
③ 독성치 : LD50(경구, 쥐), LD50(경피, 쥐 또는 토끼) 또는 LC50(흡입, 4시간 쥐)을 기재
④ 증기압 : 상온에서 증기압을 말함
⑤ 부식성 유무 : 있으면 ○, 없으면 ×로 표시
⑥ 이상반응 유무 : 다른 물질과 이상반응을 일으키는 물질명과 그 조건(금수성 등)을 기재하고 필요시 별도로 작성
⑦ 일일사용량 : 해당설비에서 하루 동안 취급할 수 있는 최대량
⑧ 저장량 : 설비의 최대 저장량을 기재

[별지 제6호서식]

〈방폭전기/계장 기계·기구 선정기준〉

| 설치장소 또는공정 | 전기/계장기계·기구명 | 폭발위험장소별 선정기준(방폭형식) | | |
|---|---|---|---|---|
| | | 0종 장소 | 1종 장소 | 2종 장소 |
| | | | | |
| | | | | |
| | | | | |
| | | | | |
| | | | | |
| | | | | |

주) ① 전기/계장기계·기구명 : 전동기, 계측장치 및 스위치 등 폭발위험장소 내에 설치될 모든 전기/계장기계·기구를 품목별 또는 공정별, 품목별로 기재
② 방폭형식 표시기호 : 한국산업표준에서 정하는 방법에 따름(예 : 내압방폭형 누름스위치 - Exd ⅡB T4 등)

[별지 제7호서식]

〈환기장치 개요〉

| 공정 또는 작업장명 | 실내외 구분 | 발생원 | 유해물질 종류 | 후드 형식 | 후드의 제어풍속 (m/s) | 덕트 내 이송속도 (m/s) | 배풍량 (m³/min) | 송풍기 | | 공기정화 장치형식 | 배기 및 처리순서 |
|---|---|---|---|---|---|---|---|---|---|---|---|
| | | | | | | | | 용량 (kW) | 방폭 형식 | | |
| | | | | | | | | | | | |
| | | | | | | | | | | | |
| | | | | | | | | | | | |
| | | | | | | | | | | | |
| | | | | | | | | | | | |

주) ① 발생원 : 유해물질 발생설비를 기재
② 유해물질 종류 : 유해가스명 또는 분진명 등을 기재
③ 후드제어풍속 : 발생원에서 후드입구로 흡입되는 풍속을 기재
④ 배기 및 처리순서 : 유해물질 발생에서부터 처리, 배출까지의 모든 설비를 순서대로 기재(예 : 집진기, 세정기 등을 기재하고 필요시 후드, 덕트, 배기구, 배풍기 및 공기정화장치의 상세도면과 명세 등 별도 작성 제출)

[별지 제8호서식]

〈안전밸브 및 파열판 명세〉

| 계기 번호 | 내용물 | 상태 | 배출 용량 (kg/hr) | 정격 용량 (kg/hr) | 노즐 크기 (입구, 출구) | 보호할 기기압력 ||| 안전밸브 등 |||  정밀도 (오차 범위) | 배출 연결 부위 | 비고 |
|---|---|---|---|---|---|---|---|---|---|---|---|---|---|---|
| | | | | | | 기기 번호 | 운전 (MPa) | 설계 (MPa) | 설정 압력 (MPa) | 몸체 재질 | TRIM 재질 | | | |
| | | | | | | | | | | | | | | |
| | | | | | | | | | | | | | | |
| | | | | | | | | | | | | | | |
| | | | | | | | | | | | | | | |
| | | | | | | | | | | | | | | |

주) ① 배출용량·설정압력 : 안전보건규칙 제265조에 따라 산출한 작동원인별 소요분출량 중 가장 큰 값 및 설정압력을 기재
② 정격용량 : 안전밸브의 실제 배출용량을 기재
③ 보호할 기기 번호 : 안전밸브가 설치되는 장치 또는 설비의 번호를 기재
④ 보호할 기기의 운전압력 및 설계압력 : 보호할 기기의 운전압력 및 설계압력과 일치하게 기재
⑤ 배출구 연결 부위 : 배출물 처리 설비에 연결된 경우에는 그 설비명을 기재(Flare stack, 흡수탑, 대기방출 등)
⑥ 비고 : 안전밸브 등의 배출원인(냉각수 차단, 전기공급중단, 화재, 열팽창 등) 및 안전밸브의 형식(일반형, 벨로우즈형, 파일럿 조작형)을 기재

[별지 제9호서식]

〈유해·위험요인 평가서〉

| 공정명 | 근로자 수 | 공정 설명 | 원재료 (부원료) 의 종류 및 양 | 유해·위험 물질의 종류 및 양 | 생산기계·설비명 및 대수 | 하역운반 기계명 및 대수 | 유해·위험 요인 | 안전보건 대책 |
|---|---|---|---|---|---|---|---|---|
|  |  |  |  |  |  |  |  |  |
|  |  |  |  |  |  |  |  |  |
|  |  |  |  |  |  |  |  |  |
|  |  |  |  |  |  |  |  |  |

주) ① 공정명, 근로자 수 : 해당 사업장의 작업공정 전체에 대해 각 공정별로 구분하여 작성하되, 작업순서에 의한 공정흐름별로 기재
② 공정설명 : 원재료 및 제품의 취급, 작업방법 등에 대해 공정별로 구체적으로 설명
③ 원재료(부원료)의 종류 및 양 : 원재료 및 부원료의 일일 최고 투입량 및 완제품, 중간제품 등의 생산량 기재
④ 유해·위험물질의 종류 및 양 : 유해·위험 화학물질의 일일 최고 사용(취급)량 및 저장량 기재
⑤ 생산기계·설비명 및 대수 : 생산기계 또는 설비(부속설비 포함)의 명칭, 용량 및 수량을 기재
⑥ 하역운반기계명 및 대수 : 차량계 하역운반기계 및 양중기의 명칭, 정격용량 및 수량을 기재
   - 하역운반기계 : 지게차, 구내운반차, 화물자동차, 고소작업대, 컨베이어
   - 양중기 : 크레인, 리프트, 승강기 등
⑦ 유해·위험요인 : 기계설비, 하역운반기계, 전기기구 및 설비, 유해·위험물질, 작업환경 등에 의한 사고 또는 질병을 유발할 수 있는 요인 기재
⑧ 안전보건대책 : 유해·위험요인에 의한 사고 또는 질병 예방을 위한 기계설비 개선, 방호장치, 인터록 등 기술적 대책 및 개인보호구, 작업표준, 안전보건표지 등 관리적 대책과 기타 교육적 대책 등 기재

[별지 제10호서식]

〈장치 및 설비 명세〉

| 장치번호 | 장치명 | 내용물 | 용량 | 압력(MPa) | | 온도(℃) | | 사용재질 | | | 용접효율 | 계산두께(㎜) | 부식여유(㎜) | 사용두께(㎜) | 후열처리여부 | 비파괴율검사(%) | 비고 |
|---|---|---|---|---|---|---|---|---|---|---|---|---|---|---|---|---|---|
| | | | | 운전 | 설계 | 운전 | 설계 | 본체 | 부속품 | 개스킷 | | | | | | | |
| | | | | | | | | | | | | | | | | | |
| | | | | | | | | | | | | | | | | | |
| | | | | | | | | | | | | | | | | | |
| | | | | | | | | | | | | | | | | | |
| | | | | | | | | | | | | | | | | | |

주) ① 장치번호 : 공정배관·계장도(P&ID), 기계배치도 또는 사업장 내 고유번호 등을 기재하되, 번호가 없을 시에는 일련번호 기재
② 장치명 : 압력용기, 증류탑, 반응기, 열교환기, 탱크류 등 고정기계·설비가 기재대상이며, 해당 기계·설비의 명칭을 기재
③ 용량 : 장치 및 설비의 직경 및 높이, 내용적 등을 기재
④ 부속품 : 증류탑의 충진물, 데미스터(Demister), 내부의 지지물 등
⑤ 열교환기류는 동체 측과 튜브 측을 구별하여 기재
⑥ 자켓이 있는 압력용기류는 동체 측과 자켓 측을 구별하여 기재

## ② 공정안전보고서 제출·심사·확인 및 이행상태평가 등에 관한 규정(제2020-55호)

# 제1장 총칙

**제1조(목적)** 이 고시는 「산업안전보건법」 제44조부터 제46조까지, 같은 법 시행령 제43조부터 제45조까지 및 같은 법 시행규칙 제50조부터 제54조까지의 규정에 따른 공정안전보고서의 제출·심사·확인 및 이행상태평가 등에 필요한 사항을 규정함을 목적으로 한다.

**제2조(정의)** ① 이 고시에서 사용하는 용어의 뜻은 다음과 같다.
1. 「산업안전보건법 시행령」(이하 "영"이라 한다) 제45조제1항에서 "고용노동부장관이 정하는 주요 구조부분의 변경"이란 다음 각 목의 어느 하나에 해당하는 경우를 말한다.
   가. 반응기를 교체(같은 용량과 형태로 교체되는 경우는 제외한다)하거나 추가로 설치하는 경우 또는 이미 설치된 반응기를 변형하여 용량을 늘리는 경우
   나. 생산설비 및 부대설비(유해·위험물질의 누출·화재·폭발과 무관한 자동화창고·조명설비 등은 제외한다)가 교체 또는 추가되어 늘어나게 되는 전기정격용량의 총합이 300킬로와트 이상인 경우
   다. 플레어스택을 설치 또는 변경하는 경우
2. 영 별표 13의 비고 제3호에 따른 "고온·고압의 공정운전조건으로 인하여 화재·폭발위험이 있는 상태"란 취급물질의 인화점 이상에서 운전되는 상태를 말한다.
3. 「산업안전보건법 시행규칙」(이하 "규칙"이라 한다) 제51조에 따른 "착공일"이란 유해·위험설비를 설치·이전할 경우에는 해당 설비를 설치·이전하는 공사를 시작하는 날을, 주요구조부분을 변경하는 경우에는 해당 변경공사를 시작하는 날을 말한다.
4. 규칙 제53조제1항제1호에 따른 "설치과정"이란 주요 기계장치의 설치, 배관, 전기 및 계장작업이 진행되고 있는 과정을 말한다.
5. 규칙 제53조제1항제1호에 따른 "설치 완료 후 시운전단계"란 모든 기계적인 작업이 완료되고 원료를 공급하여 성능을 확인하기 위하여 운전하는 단계로, 상용생산 직전까지의 과정을 말한다.
6. "공정위험성평가 기법"이란 사업장내에 존재하는 위험에 대하여 정성(定性)적 또는 정량(定量)적으로 위험성 등을 평가하는 방법으로서 체크리스트기법, 상대위험순위 결정 기법, 작업자 실수 분석 기법, 사고예상 질문 분석 기법, 위험과 운전분석 기법, 이상위험도 분석 기법, 결함수 분석 기법, 사건수 분석 기법, 원인결과 분석 기법, 예비위험 분석 기법, 공정위험 분석 기법, 공정안정성 분석 기법, 방호계층 분석 기법 등을 말한다.
7. "체크리스트(Checklist)기법"이란 공정 및 설비의 오류, 결함상태, 위험상황 등을 목록화한 형태로 작성하여 경험적으로 비교함으로써 위험성을 파악하는 방법을 말한다.
8. "상대위험순위결정(Dow and Mond Indices, DMI)기법"이란 공정 및 설비에 존재하는 위험에 대하여

상대위험 순위를 수치로 지표화하여 그 피해 정도를 나타내는 방법을 말한다.
9. "작업자실수분석(Human Error Analysis, HEA)기법"이란 설비의 운원원, 보수반원, 기술자 등의 실수에 의해 작업에 영향을 미칠 수 있는 요소를 평가하고 그 실수의 원인을 파악·추적하여 정량(定量)적으로 실수의 상대적 순위를 결정하는 방법을 말한다.
10. "사고예상질문분석(What-if)기법"이란 공정에 잠재하고 있는 위험요소에 의해 야기될 수 있는 사고를 사전에 예상·질문을 통하여 확인·예측하여 공정의 위험성 및 사고의 영향을 최소화하기 위한 대책을 제시하는 방법을 말한다.
11. "위험과 운전분석(Hazard and Operability Studies, HAZOP)기법"이란 공정에 존재하는 위험 요소들과 공정의 효율을 떨어뜨릴 수 있는 운전상의 문제점을 찾아내어 그 원인을 제거하는 방법을 말한다.
12. "이상위험도분석(Failure Modes Effects and Criticality Analysis, FMECA)기법"이란 공정 및 설비의 고장의 형태 및 영향, 고장형태별 위험도 순위 등을 결정하는 방법을 말한다.
13. "결함수분석(Fault Tree Analysis, FTA)기법"이란 사고의 원인이 되는 장치의 이상이나 고장의 다양한 조합 및 작업자 실수 원인을 연역적으로 분석하는 방법을 말한다.
14. "사건수분석(Event Tree Analysis, ETA)기법"이란 초기사건으로 알려진 특정한 장치의 이상 또는 운전자의 실수에 의해 발생되는 잠재적인 사고결과를 정량(定量)적으로 평가·분석하는 방법을 말한다.
15. "원인결과분석(Cause-Consequence Analysis, CCA)기법"이란 잠재된 사고의 결과 및 사고의 근본적인 원인을 찾아내고 사고결과와 원인 사이의 상호 관계를 예측하여 위험성을 정량(定量)적으로 평가하는 방법을 말한다.
16. "예비위험분석(Preliminary Hazard Analysis, PHA)기법"이란 공정 또는 설비 등에 관한 상세한 정보를 얻을 수 없는 상황에서 위험물질과 공정 요소에 초점을 맞추어 초기위험을 확인하는 방법을 말한다.
17. "공정위험분석(Process Hazard Review, PHR)기법"이란 기존설비 또는 공정안전보고서(이하 "보고서"라 한다)를 제출·심사 받은 설비에 대하여 설비의 설계·건설·운전 및 정비의 경험을 바탕으로 위험성을 평가·분석하는 방법을 말한다.
18. "공정안전성 분석 기법(K-PSR, KOSHA Process safety review)"이란 설치·가동 중인 화학공장의 공정안전성(Process safety)을 재검토하여 사고위험성을 분석(Review)하는 방법을 말한다.
19. "방호계층 분석 기법(Layer of protection analysis, LOPA)"이란 사고의 빈도나 강도를 감소시키는 독립방호계층의 효과성을 평가하는 방법을 말한다.
20. "작업안전 분석 기법(Job Safety Analysis, JSA)"이란 특정한 작업을 주요 단계(Key step)로 구분하여 각 단계별 유해위험요인(Hazards)과 잠재적인 사고(Accidents)를 파악하고 이를 제거, 최소화 또는 예방하기 위한 대책을 개발하기 위해 작업을 연구하는 방법을 말한다.
21. "기존설비"란 보고서를 최초 제출하기 이전부터 가동 중인 설비로 영 제45조에 따른 보고서 제출대상인 설비(사용량 증가, 사용물질 변경 또는 산업안전보건법령 개정에 따라 제출대상이 된 설비를 포함한다)를 말한다.

22. "단위공장"이란 동일 사업장 내에서 제품 또는 중간제품(다른 제품의 원료)을 생산하는데 필요한 원료처리 공정에서부터 제품의 생산·저장(부산물 포함) 까지의 일관공정을 이루는 설비를 말한다.
23. "단위공정"이란 단위공장 내에서 원료처리공정, 반응공정, 증류추출 등 분리공정, 회수공정, 제품저장·출하 공정 등과 같이 단위공장을 구성하고 있는 각각의 공정을 말한다.
24. "자체점검"이란 위험설비의 안전성을 확보하기 위하여 적용기준 및 표준에 따라 사업주가 일정주기마다 자율적으로 실시하는 검사 및 시험 등의 점검을 말한다.
25. "심사"란 사업주가 규칙 제51조에 따라 제출한 보고서에 대해 제4장의 심사기준을 충족시키고 있는지를 확인하고 필요한 경우 의견을 제시하는 일체의 행위를 말한다.
26. "공동심사"란 영 제45조제2항, 「고압가스 안전관리법 시행령」 제10조제2항에 따라 사업주가 한국가스안전공사(이하 "가스안전공사"라 한다)에 제출한 보고서에 대하여 가스안전공사와 한국산업안전보건공단(이하 "공단"이라 한다)이 각각의 심사기준에 따라 동시 또는 순차적으로 심사하는 방법을 말한다.
27. "순차심사"란 제26호에 따른 공동심사의 방법으로서, 사업주가 제출한 보고서에 대하여 가스안전공사에서 우선 심사를 한 후, 공단에서는 가스안전공사의 심사결과를 참조하여 심사를 하는 방법을 말한다.
28. "동시심사"란 제26호에 따른 공동심사의 방법으로서, 사업주가 제출한 보고서에 대하여 가스안전공사와 공단이 동시에 심사를 하는 방법을 말한다.
29. "최악의 사고 시나리오"란 누출·화재 또는 폭발이 일어난 지점으로부터 독성농도, 과압 또는 복사열 등의 위험수치에 도달하는 거리가 가장 먼 가상 사고를 말한다.
30. "대안의 사고 시나리오"란 최악의 사고 시나리오보다 현실적으로 발생 가능성이 높은 사고 시나리오 중 누출·화재 또는 폭발이 일어난 지점으로부터 독성농도, 과압 또는 복사열 등의 위험수치에 도달하는 거리가 가장 먼 것을 말한다.

② 그 밖에 이 고시에서 정하지 아니한 용어의 뜻은 산업안전보건법(이하 "법"이라 한다)·영·규칙 및 「산업안전보건기준에 관한 규칙」(이하 "안전보건규칙" 이라 한다)과 공단의 안전보건기술지침에서 정하는 바에 따른다.

**제2조의2(적용제외)** 영 제43조제2항제8호에서 "그 밖에 고용노동부장관이 누출·화재·폭발 등으로 인한 피해의 정도가 크지 않다고 인정하여 고시하는 설비"란 비상발전기용 경유의 저장탱크 및 사용설비를 말한다.

**제3조(비밀보장)** ① 사업주는 제출된 보고서의 내용 중 기업의 정보 유출로 인한 피해가 우려되는 부분에 대하여는 기업의 비밀보장을 공단에 요구할 수 있다.

② 공단은 사업주로부터 비밀보장을 요구받은 부분에 대하여는 특별한 관리절차를 규정하고 이에 따라 관리하여야 한다.

## 제2장 보고서의 제출·심사 및 확인 등

### 제1절 보고서의 작성·제출

**제4조 (보고서 작성 및 심사신청 등)** ① 사업주는 규칙 제51조에 따른 기간 내에 별지 제1호서식의 보고서 심사신청서를 공단에 제출하여야 한다.
② 사업주는 제3장에 따라 보고서를 작성하여야 한다. 다만, 주요 구조부분 변경을 이유로 보고서를 작성하는 경우에는 그 변경부분 및 그와 관련된 부분에 한정한다.
③ 사업주는 보고서를 협력업체 근로자를 포함한 모든 근로자가 읽어 볼 수 있도록 한글로 작성하고, 전자파일 형식으로 작성하는 경우에는 해당 전자파일을 읽을 수 있는 전자시스템을 갖추어야 한다.

**제5조(제출 면제)** ① 공단은 사업주가 보고서를 제출하여 공단의 심사를 받은 후 다른 설비에 대한 보고서를 새로 제출하는 경우 이미 심사받은 보고서의 내용과 동일한 내용이 있을 때에는 그 내용의 제출을 면제할 수 있다.
② 분사, 합병, 계열분리 또는 매각 등의 사유로 사업주가 변경되었으나 보고서 제출 대상인 유해·위험설비는 변경되지 않았음을 변경된 사업주가 관할 중대산업사고 예방센터가 설치된 지방고용노동관서의 장(이하 "지방관서의 장"이라 한다)으로부터 인정받은 경우에는 보고서를 제출하지 아니할 수 있다.

**제6조(작성자)** ① 사업주는 보고서를 작성할 때 다음 각 호의 어느 하나에 해당하는 사람으로서 공단이 실시하는 관련교육을 28시간 이상 이수한 사람 1명 이상을 포함시켜야 한다.
1. 기계, 금속, 화공, 요업, 전기, 전자, 안전관리 또는 환경분야 기술사 자격을 취득한 사람
2. 기계, 전기 또는 화공안전 분야의 산업안전지도사 자격을 취득한 사람
3. 제1호에 따른 관련분야의 기사 자격을 취득한 사람으로서 해당 분야에서 5년 이상 근무한 경력이 있는 사람
4. 제1호에 따른 관련분야의 산업기사 자격을 취득한 사람으로서 해당 분야에서 7년 이상 근무한 경력이 있는 사람
5. 4년제 이공계 대학을 졸업한 후 해당 분야에서 7년 이상 근무한 경력이 있는 사람 또는 2년제 이공계 대학을 졸업한 후 해당 분야에서 9년 이상 근무한 경력이 있는 사람
6. 영 제43조제1항에 따른 공정안전보고서 제출 대상 유해·위험설비 운영분야(해당 공정안전보고서를 작성하고자 하는 유해·위험설비 관련분야에 한한다.)에서 11년 이상 근무한 경력이 있는 사람
② 제1항에 따른 공단에서 실시하는 관련교육은 다음 각 호의 어느 하나의 교육을 말한다.
1. 위험과 운전분석(HAZOP)과정
2. 사고빈도분석(FTA, ETA)과정
3. 보고서 작성·평가 과정
4. 〈삭제〉

5. 사고결과분석(CA)과정
6. 설비유지 및 변경관리(MI, MOC)과정
7. 그 밖에 고용노동부장관으로부터 승인받은 공정안전관리 교육과정

## 제2절 보고서의 심사

**제7조(심사 등)** ① 공단은 규칙 제52조에 따라 보고서를 접수하고 심사할 경우에는 소속 직원 중 다음 각 호의 분야에 해당하는 전문가로 심사반을 구성하고 심사책임자를 임명하여 규칙 제52조제1항에 따른 기간에 심사를 완료하고 사업주에게 그 결과를 통지하여야 한다.
1. 위험성평가
2. 공정 및 장치 설계
3. 기계 및 구조설계, 응력해석, 용접, 재료 및 부식
4. 계측제어·컴퓨터제어 및 자동화
5. 전기설비·방폭전기
6. 비상조치 및 소방
7. 가스, 확산 모델링 및 환경
8. 안전일반
9. 그 밖에 보고서 심사에 필요한 분야

② 공단은 보고서를 심사할 때 특정 사항에 대하여 외부 전문가의 조언이 필요하다고 판단되는 경우에는 다음 각 호의 자격을 갖춘 사람중 제1항에 따른 각 분야의 외부전문가를 부분적으로 심사에 참여시킬 수 있다. 이 경우 심사에 참여하는 외부전문가는 보고서를 공정하게 심사하여야 하고, 심사 중 알게 된 사실에 대하여는 다른 사람에게 누설하여서는 아니 된다.
1. 해당 분야 기술사, 산업안전지도사 또는 산업위생지도사 자격을 취득한 사람
2. 대학에서 해당 분야의 조교수 이상의 직위에 있는 사람
3. 해당 분야의 박사학위를 취득한 후 그 분야의 실무경력 3년 이상인 사람
4. 해당 분야에 실무경력이 10년 이상인 사람
5. 그 밖에 공단 이사장이 인정하는 사람

③ 공단은 제2항에 따른 외부전문가를 심사에 참여시킨 때에는 여비와 수당을 지급할 수 있다.

**제8조(공동심사 등)** ① 공단은 영 제45조제2항에 따라 가스안전공사와 공동으로 심사하여야 한다. 이 경우 사업주는 동시심사 또는 순차심사 중 하나의 방법을 선택할 수 있으며, 보고서 4부를 가스안전공사에 제출하여야 한다.

② 공단은 순차심사를 하는 경우 가스안전공사의 심사결과를 참조하여야 한다. 이 경우 공단의 심사기간은 가스안전공사로부터 보고서 3부 및 심사결과를 이송 받은 날부터 15일을 초과할 수 없다.

③ 공단은 동시심사를 하는 경우 심사일자, 장소 등을 가스안전공사와 협의하여야 한다. 이 경우 공단의

심사기간은 규칙 제52조에 따라 30일을 초과할 수 없다.

**제9조(사업장 관계자의 참여)** 공단은 제7조에 따라 심사를 실시함에 있어 보고서의 내용설명 등을 위하여 사업주에게 보고서 작성에 참여한 관계자의 참석을 요청할 수 있다.

**제10조(서류의 보완 등)** ① 공단은 심사과정 중 서류의 보완, 그 밖에 추가서류 및 도면이 필요하다고 판단되는 경우 사업주에게 이를 요청할 수 있다. 이 경우 별지 제3호서식에 의하여 일괄 요청해야 한다.
② 제1항에 따른 서류보완 등의 기간은 심사기간에 포함하지 않으며, 그 기간은 30일을 초과할 수 없다. 다만 사업주의 요청이 있는 경우에는 30일 이내에서 연장할 수 있다.

## 제3절 심사결과 조치

**제11조(심사결과 구분)** 공단은 보고서의 심사결과를 다음 각 호의 어느 하나로 결정한다.
1. 적정 : 보고서의 심사기준을 충족한 경우
2. 조건부 적정 : 보고서의 심사기준을 대부분 충족하고 있으나 부분적인 보완이 필요한 경우
3. 부적정 : 다음 각 목의 어느 하나에 해당하는 경우
   가. 심사 결과 조건부 적정 항목이 10개 이상인 경우
   나. 제10조에 따른 서류보완을 기간 내에 하지 아니하여 심사가 곤란한 경우
   다. 안전보건규칙 제225조부터 제300조까지, 제311조 또는 제422조 중 어느 하나를 준수하지 않은 경우

**제12조(심사결과의 조치 등)** ① 공단은 보고서를 심사한 결과 제11조제1호 또는 제2호에 따라 적정 또는 조건부 적정 판정을 하는 경우에는 별지 제4호서식의 보고서 심사결과 통지서 및 별표 1의 심사필인 또는 서명이 날인된 보고서 1부를 첨부하여 해당 사업주에게 알리고, 지방관서의 장에게 보고하여야 한다.
② 공단은 보고서를 심사한 결과 제11조제3호에 따라 부적정 판정을 하는 경우에는 별지 제4호서식의 보고서 심사결과 통지서에 그 사유를 구체적이고 명확하게 작성하여 사업주에게 알려야 하며, 보고서 일체를 사업주에게 반려하여야 한다.
③ 공단은 제2항에 따라 보고서를 반려하는 경우에는 별지 제5호서식의 보고서 심사결과 조치 요청서에 그 사유를 구체적이고 명확하게 작성하여 지방관서의 장에게 보고하여야 한다.
④ 지방관서의 장은 제3항에 따른 보고를 받은 때로부터 7일 이내에 사업주에게 보고서 보완에 필요한 기간을 정하여 보고서를 보완한 후 다시 제출하도록 조치하여야 한다.

**제13조(다른 기관과의 협조)** ① 공단은 보고서를 심사한 결과 「위험물안전관리법」에 따른 화재의 예방·

소방 등과 관련되는 내용으로서 제11조제1호 및 제2호에 따라 적정 또는 조건부 적정 판정을 하는 경우에는 별지 제6호서식의 보고서 심사결과 통지서로 그 심사결과를 관할 소방관서의 장에게 알려야 한다.
② 공단은 제8조에 따라 보고서를 가스안전공사와 공동심사한 경우에는 별지 제7호서식의 보고서 심사결과 통지서로 그 심사결과를 고압가스시설의 허가관청에 알려야 한다. 다만, 제11조제3호에 따라 부적정 판정을 한 경우에는 알리지 아니할 수 있다.

**제14조(재심사 신청)** ① 사업주는 제12조제2항에 따라 보고서를 반려 받은 경우에는 같은 조 제4항에 따라 지방관서의 장으로부터 재제출 명령을 받은 날부터 정해진 기간 이내에 보고서를 새로 작성하여 공단에 재심사를 신청하여야 한다.
② 보고서의 재심사와 관련한 절차 등에 관하여는 제4조부터 제13조까지를 준용한다.

## 제4절 확인

**제15조(확인 요청 등)** ① 사업주가 법 제46조제2항 및 규칙 제53조에 따라 확인을 받으려는 경우에는 확인을 받고자 하는 날의 20일 전까지 별지 제9호서식의 확인요청서를 공단에 제출하여야 한다.
② 규칙 제53조제1항에서 "그 밖에 자격 및 관련 업무 경력 등을 고려하여 고용노동부장관이 정하여 고시하는 요건을 갖춘 사람"은 다음 각 호의 어느 하나에 해당하는 사람으로 한다.
1. 화공 또는 안전관리(가스, 소방, 기계안전, 전기안전, 화공안전)분야 기술사
2. 기계안전 또는 전기안전분야 산업안전지도사
3. 화공 또는 안전관리 분야 박사학위를 취득한 후 해당 분야에서 3년 이상 실무를 수행한 사람
③ 공단은 제1항에 따라 사업주로부터 확인요청을 받은 때에는 요청서 접수일부터 7일 이내에 확인실시 일정을 결정하여 사업주에게 알려야 한다.
④ 사업주가 규칙 제53조제1항 단서에 따라 공단의 확인을 생략하려는 경우에는 다음 각 호의 사항이 포함된 자체감사 결과를 공단에 제출하여야 한다.
1. 자체감사에 참여한 외부 전문가의 자격 입증 서류 1부
2. 공단이 정한 자체감사 확인점검표 1부
3. 자체감사결과에 따른 보완 및 시정계획서 1부
⑤ 공단은 사업주가 제4항에 따라 제출한 자체감사결과를 제16조를 준용하여 처리한다. 이 경우 사업주가 제4항 각 호에 따른 서류를 제출하지 아니하였거나, 자체감사결과가 부실하여 제16조제1항 각 호의 어느 하나로 구분하여 확인하기 어렵다고 판단되면 제1항 및 제3항에 따라 확인을 실시할 수 있도록 조치하여야 한다.
⑥ 규칙 제53조제1항제4호에서 "고용노동부장관이 정하여 고시하는 사업장"은 다음 각 호의 어느 하나에 해당하는 사업장으로 한다.
1. 법 제47조에 따라 공단이 수행하는 안전·보건진단을 받은 사업장. 다만, 안전·보건진단에 보고서

내용 및 이행 여부에 대한 진단이 포함된 경우로 한정한다.
2. 〈삭제〉

**제16조(확인 등)** ① 공단은 규칙 제50조에 따른 공정안전보고서의 세부내용 등이 현장과 일치하는지 여부를 확인하고 다음 각 호의 어느 하나로 그 결과를 결정한다.
1. 적합 : 현장과 일치하는 경우
2. 부적합 : 다음 각 목의 어느 하나에 해당하는 경우
   가. 확인 결과 현장과 일치하지 않은 사항이 10개 이상인 경우
   나. 안전보건규칙 제225조부터 제300조까지, 제311조 또는 제422조 중 어느 하나를 준수하지 않은 경우
3. 조건부 적합 : 현장과 일치하지 않은 사항이 일부 있으나 제2호에 따른 부적합에까지는 이르지 않은 경우

② 공단은 제1항에 따른 확인결과를 별지 제10호서식의 확인결과통지서로 사업주에게 통지하고, 지방관서의 장에게 보고하여야 한다.
③ 공단은 확인실시결과 제1항제2호 또는 제3호에 따라 부적합 또는 조건부 적합 판정을 하는 경우에는 별지 제11호서식의 확인결과조치요청서에 그 사유와 변경요구내용 등을 구체적이고 명확하게 작성하여 지방관서의 장에게 보고하여야 한다.
④ 지방관서의 장은 공단으로부터 제3항에 따라 보고를 받은 때에는 부적합 사항에 대해 7일 이내에 사업주에게 변경계획의 작성을 명하는 등 필요한 행정조치를 하여야 하며, 사업주는 행정조치를 받은 날로부터 15일 이내에 변경계획을 작성하여 지방관서의 장에게 제출하여야 한다.
⑤ 지방관서의 장은 변경계획의 적절성을 검토하여 그 결과를 사업주에게 알려야 한다. 이 경우 지방관서의 장은 변경계획의 적정성에 대한 검토를 공단에 요청할 수 있다.
⑥ 사업주는 제4항에 따른 변경계획에 따라 이행을 완료하면 별지 제9호서식의 확인요청서로 공단에 다시 확인을 요청하여야 한다.
⑦ 제6항에 따라 다시 확인을 요청한 경우의 절차에 관하여는 제15조제1항부터 제3항까지 및 제16조를 준용한다.

## 제5절 보고

**제17조(보고 등)** ① 공단은 규칙 제50조부터 제53조까지의 규정에 따른 보고서의 접수·심사 및 확인 등에 관한 사항을 분기별로 지방관서의 장에게 보고하여야 한다.
② 공단은 다음 각 호의 어느 하나에 해당하는 사업장이 있을 때에는 지방관서의 장에게 보고하여야 한다.
1. 보고서 제출기간 경과 사업장
2. 제14조에 따른 재심사 신청을 하지 않은 사업장

3. 제15조에 따른 확인요청을 하지 않은 사업장
 ③ 지방관서의 장은 제2항에 따라 보고받은 사항에 대하여는 법령에 따라 필요한 조치를 하여야 한다.

# 제3장 보고서 작성 기준

## 제1절 일반사항

**제18조(사업개요 등)** ① 사업주는 보고서 제출대상 설비에 대한 사업개요를 별지 제12호서식의 사업개요에 작성하여야 한다.
 ② 보고서 제출 대상설비가 전체설비 중 일부분 또는 변경설비인 경우에는 그 해당 부분에 한정하여 보고서를 작성·제출할 수 있다. 이 경우 다음 각 호의 사항을 첨부하여야 한다.
  1. 전체 설비 개요
  2. 전체 설비에서 사용되는 원료의 종류 및 사용량
  3. 전체 설비에서 제조되는 생산품의 종류 및 생산량
  4. 전체 설비의 배치도

**제18조의2(통합서식의 사용)** 법 제44조에 따른 보고서와 함께 「화학물질관리법」 제23조에 따른 장외영향평가서, 같은 법 제41조에 따른 위해관리계획서 및 「고압가스 안전관리법」 제13조의2에 따른 안전성향상계획을 작성하고자 하는 사업주는 공단의 「공정안전보고서 등의 통합서식 작성방법에 관한 기술지침」에 따라 보고서를 작성·제출할 수 있다.

## 제2절 공정안전자료

**제19조(유해·위험물질의 종류 및 수량)** ① 보고서의 대상 설비에서 취급·저장하는 원료, 부원료, 첨가제, 촉매, 촉매보조제, 부산물, 중간 생성물, 중간제품, 완제품 등 모든 유해·위험 물질은 별지 제13호서식에 기재하여야 한다.
 ② 저장량은 설비의 최대 저장량을, 취급량은 그 설비에서 하루 동안 취급할 수 있는 최대량을 기재하여야 한다.

**제20조(유해·위험물질 목록)** ① 유해·위험 물질목록은 별지 제13호서식의 유해·위험물질 목록에 다음 각 호의 사항에 따라 작성하여야 한다.
  1. "노출기준"란에는 고용노동부장관이 고시한 「화학물질 및 물리적인자의 노출기준」에 따른 시간가중 평균노출기준을 기재하고, 위 고용노동부 고시에 규정되어 있지 않은 물질에 대하여는 통상적으로

사용하고 있는 시간가중평균노출기준을 조사하여 기재한다.
2. "독성치"란에는 취급하는 물질의 독성값(경구, 경피, 흡입)을 기재한다.
3. "이상반응 유무"란에는 이상반응을 일으키는 물질 및 조건을 기재한다.
② 유해·위험물질목록에는 법 제110조에 따라 작성된 물질안전보건자료를 첨부하여야 한다.

**제21조(유해·위험설비의 목록 및 명세)** ① 유해·위험설비 중 동력기계 목록은 별지 제14호서식의 동력기계 목록에 다음 각 호의 사항에 따라 작성하여야 한다.
1. 대상 설비에 포함되는 동력기계는 모두 기재한다.
2. "명세"란에는 펌프 및 압축기의 시간당 처리량, 토출측의 압력, 분당회전속도 등, 교반기의 임펠러의 반경, 분당회전속도 등, 양중기의 들어 올릴 수 있는 무게, 높이 등 그 밖에 동력기계의 시간당 처리량 등을 기재한다.
3. "주요 재질"란에는 해당 기계의 주요 부분의 재질을 재질분류기호로 기재한다.
4. "방호장치의 종류"란에는 해당 설비에 필요한 모든 방호장치의 종류를 기재한다.
② 장치 및 설비 명세는 별지 제15호서식의 장치 및 설비 명세에 다음 각 호의 사항에 따라 작성하여야 한다.
1. "용량"란에는 탑류의 직경·전체길이 및 처리단수 또는 높이, 반응기 및 드럼류의 직경·길이 및 처리량, 열교환기류의 시간당 열량·직경 및 높이, 탱크류의 저장량·직경 및 높이 등을 기재한다.
2. 이중 구조형 또는 내외부의 코일이 설치되어 있는 반응기 및 드럼류는 동체 및 자켓 또는 코일에 대하여 구분하여 각각 기재한다.
3. "사용 재질"란에는 재질분류 기호로 기재한다.
4. "개스킷의 재질"란에는 상품명이 아닌 일반명을 기재한다.
5. "계산 두께"란에 부식여유를 제외한 수치를 기재한다.
6. "비고"란에는 안전인증, 안전검사 등 적용받는 법령명을 기재한다.
③ 배관 및 개스킷 명세는 별지 제16호서식의 배관 및 개스킷 명세에 다음 각 호의 사항에 따라 작성하여야 한다.
1. 해당 설비에서 사용되는 배관에 관련된 사항은 공정 배관·계장도(Piping & Instrument Diagram, P&ID)상의 배관 재질 코드별로 기재한다.
2. "분류코드"란에는 공정 배관·계장도 상의 배관분류 코드를 기재한다.
3. "유체의 명칭 또는 구분"란에는 관련 배관에 흐르는 유체의 종류 또는 이름을 기재한다.
4. "배관 재질"란에는 사용 재질을 재질분류 기호로 기재한다.
5. "개스킷 재질 및 형태"란에는 상품명이 아닌 일반적인 명칭 및 형태를 기재한다.
④ 안전밸브 및 파열판 명세는 별지 제17호서식의 안전밸브 및 파열판 명세에 다음 각 호의 사항에 따라 작성하여야 한다.
1. 설정압력 및 배출용량은 안전보건규칙 제264조 및 제265조에 따라 산출하여 설정한다.
2. "보호기기 번호"란에는 안전밸브 또는 파열판이 설치되는 장치 및 설비의 번호를 기재한다.
3. 보호기기의 운전압력 및 설계압력은 별지 제15호서식의 장치 및 설비 명세에 기록된 운전압력

및 설계압력과 일치하여야 한다.
4. 안전밸브 및 파열판의 트림(Trim)은 취급하는 물질에 대하여 내식성 및 내마모성을 가진 재질을 사용하여야 한다.
5. 안전밸브와 파열판의 정밀도 오차범위는 아래 기준에 적합하여야 한다.

| 구분 | 설정압력 | 설정압력 대비 오차범위 |
|---|---|---|
| 안전밸브 | 0.5MPa 미만 | ±0.015MPa 이내 |
|  | 0.5MPa 이상 2.0MPa 미만 | ±3% 이내 |
|  | 2.0MPa 이상 10.0MPa 미만 | ±2% 이내 |
|  | 10.0MPa 이상 | ±1.5% 이내 |
| 파열판 | 0.3MPa 미만 | ±0.015MPa 이내 |
|  | 0.3MPa 이상 | ±5% 이내 |

6. "배출구 연결 부위"란에는 배출물 처리 설비에 연결된 경우에는 그 설비 이름을 기재하고, 그렇지 않은 경우에는 대기방출이라고 기재한다.
7. 〈삭제〉
8. "정격용량"란에는 안전밸브의 정격용량을 기재한다.

**제22조(공정도면)** ① 공정개요에는 해당 설비에서 일어나는 화학반응 및 처리방법 등이 포함된 공정에 대한 운전조건, 반응조건, 반응열, 이상반응 및 그 대책, 이상 발생시의 인터록 및 조업중지조건 등의 사항들이 구체적으로 기술되어야 하며, 이 중 이상 발생시의 인터록 작동조건 및 가동중지 범위 등에 관한 사항은 별지 제17호의2서식의 이상발생시 인터록 작동조건 및 가동중지 범위에 작성하여야 한다.
② 공정흐름도(Process Fow Diagram, PFD)에는 주요 동력기계, 장치 및 설비의 표시 및 명칭, 주요 계장설비 및 제어설비, 물질 및 열 수지, 운전온도 및 운전압력 등의 사항들이 포함되어야 한다. 다만, 영 제43조제1항제1호부터 제7호까지에 해당하지 아니하는 사업장으로서 공정특성상 공정흐름도와 공정배관·계장도를 분리하여 작성하기 곤란한 경우에는 공정흐름도와 공정배관·계장도를 하나의 도면으로 작성할 수 있다.
③ 공정배관·계장도에는 다음 각 호의 사항을 상세히 표시하여야 한다.
1. 모든 동력기계와 장치 및 설비의 명칭, 기기번호 및 주요 명세(예비기기를 포함한다) 등
2. 모든 배관의 공칭직경, 라인번호, 재질, 플랜지의 공칭압력 등
3. 설치되는 모든 밸브류 및 모든 배관의 부속품 등
4. 배관 및 기기의 열 유지 및 보온·보냉
5. 모든 계기류의 번호, 종류 및 기능 등
6. 제어밸브(Control Valve)의 작동 중지시의 상태
7. 안전밸브 등의 크기 및 설정압력
8. 인터록 및 조업 중지 여부
④ 유틸리티 계통도에는 유틸리티의 종류별로 사용처, 사용처별 소요량 및 총 소요량, 공급설비 및 제어개념 등의 사항을 포함하여야 한다.

⑤ 유틸리티 배관 계장도(Utility Flow Diagram, UFD)에는 공정 배관·계장도에 표시되는 모든 것을 포함하여야 한다.

**제23조(건물·설비의 배치도 등)** 각종 건물, 설비 등의 전체 배치도에 관련된 사항들은 다음 각 호의 사항에 따라 작성하여야 한다.
1. 각종 건물, 설비의 전체 배치도에는 건물 및 설비위치, 건물과 건물 사이의 거리, 건물과 단위설비 간의 거리 및 단위설비와 단위설비 간의 거리 등의 사항들이 표시되어야 하고 도면은 축척에 의하여 표시한다.
2. 설비 배치도에는 각 기기 간의 거리, 기기의 설치 높이 등을 축척에 의하여 표시한다.
3. 기기 설치용 철구조물, 배관 설치용 철구조물, 제어실(Control Room) 및 전기실 등의 평면도 및 입면도 등을 각각 작성한다.
4. 철구조물의 내화처리에 관한 사항은 다음 각 목의 사항에 따라 작성한다.
 가. 설비내의 철구조물에 대한 내화(Fire Proofing) 처리 여부를 별지 제18호서식의 내화구조 명세에 기재하고 이와 관련된 상세도면을 작성한다.
 나. 상세도면에는 기둥 및 보 등에 대한 내화 처리방법 및 부위를 명확히 표시한다.
 다. 내화처리 기준은 안전보건규칙 제270조를 참조하여 작성하되 이 기준은 내화에 대한 최소의 기준이므로 사업장의 상황에 따라 이 기준 이상으로 실시하여야 한다.
5. 소화설비 설치계획을 별지 제17호의3서식 또는 소방 관련법(위험물안전관리법 등) 서식의 소화설비 설치계획에 작성하고 소화설비 용량산출 근거 및 설계기준, 소화설비 계통도 및 계통 설명서, 소화설비 배치도 등의 서류 및 도면 등을 작성한다.
6. 화재탐지·경보설비 설치계획을 별지 제17호의4서식 또는 소방 관련법(위험물안전관리법 등) 서식 화재탐지·경보설비 설치계획에 작성하고 화재탐지 및 경보설비 명세 배치도 등의 서류 및 도면 등을 작성한다.
7. 심사대상 설비에서 취급·저장하는 화학물질의 누출로 인한 화재·폭발 및 독성물질의 중독 등에 의한 피해를 방지하기 위하여 누출이 예상되는 장소에는 해당 화학물질에 적합한 가스누출감지 경보기 설치계획을 별지 제17호의5서식의 가스누출감지경보기 설치계획에 작성하고 감지대상 화학물질별 수량 및 감지기의 종류·형식, 감지기 종류·형식별 배치도 등의 서류 및 도면 등을 작성한다.
8. 심사대상 설비에서 취급·저장하는 화학물질에 근로자가 다량 노출되었을 경우에 대한 세척·세안시설 및 안전보호 장구 등의 설치계획·배치에 관하여 안전 보호장구의 수량 및 확보계획, 세척·세안시설 설치계획 및 배치도 등의 서류 및 도면 등을 작성한다.
9. 해당 설비에 설치하는 국소배기장치 설치계획은 별지 제19호서식의 국소배기장치 개요에 작성하되, 다음 각 목의 사항을 포함하여야 한다.
 가. 덕트, 배풍기, 공기정화장치 등의 설계근거
 나. 제어 및 인터록 장치
 다. 후드, 덕트, 배풍기, 공기정화장치(제진설비, 세정설비 및 흡착설비 등), 배기구 등의 배관 및 계장도(Piping & Instrument Diagram, P&ID)

라. 그 밖의 유해물질·분진작업 관련 설비별 특성에 따른 사항
마. 비상정지 시 발생원 처리대책

**제24조(폭발위험장소 구분도 및 전기단선도 등)** ① 가스 폭발위험장소 또는 분진 폭발위험장소에 해당되는 경우에는 「한국산업표준(KS)」에 따라 폭발위험장소 구분도 및 방폭기기 선정기준을 다음 각 호의 사항에 따라 작성하여야 한다.
1. 폭발위험장소 구분도에는 가스 또는 분진 폭발위험장소 구분도와 각 위험원별 폭발위험장소 구분도표를 포함한다.
2. 방폭기기 선정기준은 별지 제20호서식의 방폭전기/계장 기계·기구 선정기준에 작성하되, 각 공장 또는 공정별로 구분하여 해당되는 모든 전기·계장기계·기구를 품목별로 기재한다.
3. 방폭기기 형식 표시기호는 「한국산업표준(KS)」에 따라 기재한다.

② 전기단선도는 수전설비의 책임분계점부터 저압 변압기의 2차측(부하설비 1차측)까지를 말하며, 이 단선도에는 다음 각 호의 사항을 포함하여야 한다.
1. 부스바 또는 케이블의 종류, 굵기 및 가닥수 등
2. 변압기의 종류, 정격(상수, 1·2차 전압), 1·2차 결선 및 접지방식, 보호방식, 전동기 등 연동장치와 관련된 기기의 제어회로
3. 각종 보호장치(차단기, 단로기)의 종류와 차단 및 정격용량, 보호방식 등
4. 예비 동력원 또는 비상전원 설비의 용량 및 단선도
5. 각종 보호장치의 단락용량 계산서 및 비상전원 설비용량 산출계산서(해당될 경우에 한정한다)

③ 심사대상기기·철구조물 등에 대한 접지계획 및 배치에 관한 서류·도면 등은 다음 각 호의 사항에 따라 작성하여야 한다.
1. 접지계획에는 접지의 목적, 적용법규·규격, 적용범위, 접지방법, 접지종류(계통접지, 기기접지, 피뢰설비접지, 정밀장비접지 및 정전기 등을 포함) 및 접지설비의 유지관리 등을 포함한다.
2. 접지 배치도에는 접지극의 위치, 접지선의 종류와 굵기 등을 표기한다.

**제25조(안전설계 제작 및 설치 관련 지침서)** 모든 유해·위험설비에 대해서는 안전설계·제작 및 설치 등에 관한 설계·제작·설치관련 코드 및 기준을 작성하여야 한다.

**제26조(그 밖에 관련된 자료)** ① 플레어스택을 포함한 압력방출설비에 대하여는 플레어스택의 용량 산출근거, 플레어스택의 높이 계산근거 및 압력방출설비의 공정상세도면(P&ID) 등의 사항을 작성하여야 한다.
② 환경오염물질의 처리에 관련된 설비에 대하여는 설비내에서 발생되는 환경 오염물질의 수지, 처리방법 및 최종 배출농도 등의 사항을 작성하여야 한다.

## 제3절 공정위험성 평가서

**제27조(공정위험성 평가서의 작성 등)** ① 규칙 제50조제1항에 따라 작성하는 공정위험성 평가서에는 다음 각 호의 사항을 포함하여야 한다.
 1. 위험성 평가의 목적
 2. 공정 위험특성
 3. 위험성 평가결과에 따른 잠재위험의 종류 등
 4. 위험성 평가결과에 따른 사고빈도 최소화 및 사고시의 피해 최소화 대책 등
 5. 기법을 이용한 위험성 평가 보고서
 6. 위험성 평가 수행자 등
② 제1항에 따른 공정위험성평가서를 작성할 때에는 공정상에 잠재하고 있는 위험을 그 특성별로 구분하여 작성하여야 하고, 잠재된 공정 위험특성에 대하여 필요한 방호방법과 안전 시스템을 작성하여야 한다.
③ 선정된 위험성평가기법에 의한 평가결과는 잠재위험의 높은 순위별로 작성하여야 한다.
④ 잠재위험 순위는 사고빈도 및 그 결과에 따라 우선순위를 결정하여야 한다.
⑤ 기존설비에 대해서 이미 위험성평가를 실시하여 그 결과에 따른 필요한 조치를 취하고 보고서 제출시점까지 변경된 사항이 없는 경우에는 이미 실시한 공정위험성평가서로 대치할 수 있다.
⑥ 사업주는 공정위험성 평가 외에 화학설비 등의 설치, 개·보수, 촉매 등의 교체 등 각종 작업에 관한 위험성평가를 수행하기 위하여 고용노동부 고시 「사업장 위험성평가에 관한 지침」에 따라 작업안전 분석 기법(Job Safety Analysis, JSA) 등을 활용하여 위험성평가 실시 규정을 별도로 마련하여야 한다.

**제28조(사고빈도 및 피해 최소화 대책 등)** ① 사업주는 단위공장별로 인화성가스·액체에 따른 화재·폭발 및 독성물질 누출사고에 대하여 각각 1건의 최악의 사고 시나리오와 각각 1건 이상의 대안의 사고 시나리오를 선정하여 정량적 위험성평가(피해예측)를 실시한 후 그 결과를 별지 제19호의2서식의 시나리오 및 피해예측 결과에 작성하고 사업장 배치도 등에 표시하여야 한다.
② 제1항의 시나리오는 공단 기술지침 중 「누출원 모델링에 관한 기술지침」, 「사고 피해예측 기법에 관한 기술지침」, 「최악의 누출 시나리오 선정지침」, 「화학공장의 피해 최소화대책 수립에 관한 기술지침」 등에 따라 작성하여야 한다.
③ 사업주는 제1항의 시나리오별로 사고발생빈도를 최소화하기 위한 대책과 사고 시 피해정도 및 범위 등을 고려한 피해 최소화 대책을 수립하여야 한다.

**제29조(공정위험성 평가기법)** ① 위험성평가기법은 규칙 규칙 제50조제1항제2호 각 목에 규정된 기법 중에서 해당 공정의 특성에 맞게 사업장 스스로 선정하되, 다음 각 호의 기준에 따라 선정하여야 한다.
 1. 제조공정 중 반응, 분리(증류, 추출 등), 이송시스템 및 전기·계장시스템 등의 단위공정

가. 위험과 운전분석기법
　　　나. 공정위험분석기법
　　　다. 이상위험도분석기법
　　　라. 원인결과분석기법
　　　마. 결함수분석기법
　　　바. 사건수분석기법
　　　사. 공정안전성분석기법
　　　아. 방호계층분석기법
　　2. 저장탱크설비, 유틸리티설비 및 제조공정 중 고체 건조·분쇄설비 등 간단한 단위공정
　　　가. 체크리스트기법
　　　나. 작업자실수분석기법
　　　다. 사고예상질문분석기법
　　　라. 위험과 운전분석기법
　　　마. 상대 위험순위결정기법
　　　바. 공정위험분석기법
　　　사. 공정안정성분석기법
　② 하나의 공장이 반응공정, 증류·분리공정 등과 같이 여러 개의 단위공정으로 구성되어 있을 경우 각 단위 공정특성별로 별도의 위험성 평가기법을 선정할 수 있다.
　③ 〈삭제〉

**제30조(위험성 평가 수행자)** 위험성 평가를 수행할 때에는 다음 각 호의 전문가가 참여하여야 하며, 위험성 평가에 참여한 전문가 명단을 별지 제21호서식의 위험성 평가 참여 전문가 명단에 기록하여야 한다.
　1. 위험성 평가 전문가
　2. 설계 전문가
　3. 공정운전 전문가

## 제4절 안전운전 계획

**제31조(안전운전 지침서)** 규칙 제50조제1항제3호 가목의 안전운전 지침서에는 다음 각 호의 사항을 포함하여야 한다.
　1. 최초의 시운전
　2. 정상운전
　3. 비상시 운전
　4. 정상적인 운전 정지

5. 비상정지
6. 정비 후 운전 개시
7. 운전범위를 벗어났을 경우 조치 절차
8. 화학물질의 물성과 유해·위험성
9. 위험물질 누출 예방 조치
10. 개인보호구 착용방법
11. 위험물질에 폭로시의 조치요령과 절차
12. 안전설비 계통의 기능·운전방법 및 절차 등

**제32조(설비점검·검사 및 보수계획, 유지계획 및 지침서)** 규칙 제50조제1항제3호 나목의 설비점검 검사 및 보수계획, 유지계획 및 지침서는 공단기술지침 중 「유해·위험설비의 점검·정비·유지관리지침」을 참조하여 작성하되, 다음 각 호의 사항을 포함하여야 한다.
1. 목적
2. 적용범위
3. 구성 기기의 우선순위 등급
4. 기기의 점검
5. 기기의 결함관리
6. 기기의 정비
7. 기기 및 기자재의 품질관리
8. 외주업체 관리
9. 설비의 유지관리 등

**제33조(안전작업허가)** 규칙 제50조제1항제3호 다목의 안전작업허가는 공단기술지침 중 「안전작업허가지침」을 참조하여 작성하되, 다음 각 호의 사항을 포함하여야 한다.
1. 목적
2. 적용범위
3. 안전작업허가의 일반사항
4. 안전작업 준비
5. 화기작업 허가
6. 일반위험작업 허가
7. 밀폐공간 출입작업 허가
8. 정전작업 허가
9. 굴착작업 허가
10. 방사선 사용작업 허가 등

**제34조(도급업체 안전관리계획)** 규칙 제50조제1항제3호 라목의 도급업체 안전관리 계획은 다음 각

호의 사항을 포함하여야 한다.
1. 목적
2. 적용범위
3. 적용대상
4. 사업주의 의무 : 다음 각 목의 사항
    가. 법 제63조부터 제66조까지에 따른 조치 사항
    나. 도급업체 선정에 관한 사항
    다. 도급업체의 안전관리수준 평가
    라. 비상조치계획(최악 및 대안의 사고 시나리오 포함)의 제공 및 훈련
5. 도급업체 사업주의 의무 : 다음 각 목의 사항
    가. 법 제63조부터 제66조까지에 따른 조치 사항의 이행
    나. 작업자에 대한 교육 및 훈련
    다. 작업 표준 작성 및 작업 위험성평가 실시 등
6. 계획서 작성 및 승인 등

**제35조(근로자 등 교육계획)** 규칙 제50조제1항제3호 마목의 근로자 등 교육계획은 다음 각 호의 사항을 포함하여야 한다.
1. 목적
2. 적용범위
3. 교육대상
4. 교육의 종류
5. 교육계획의 수립
6. 교육의 실시
7. 교육의 평가 및 사후관리

**제36조(가동전 점검지침)** 규칙 제50조제1항제3호 바목의 가동전 점검 지침에는 다음 각 호의 사항을 포함하여야 한다.
1. 목적
2. 적용범위
3. 점검팀의 구성
4. 점검시기
5. 점검표의 작성
6. 점검보고서
7. 점검결과의 처리

**제37조(변경요소 관리계획)** 규칙 제50조제1항제3호 사목의 변경요소관리계획은 다음 각 호의 사항을

포함하여야 한다.
1. 목적
2. 적용범위
3. 변경요소 관리의 원칙
4. 정상변경 관리절차
5. 비상변경 관리절차
6. 변경관리위원회의 구성
7. 변경시의 검토항목
8. 변경업무분담
9. 변경에 대한 기술적 근거
10. 변경요구서 서식 등

**제38조(자체감사 계획)** 규칙 제50조제1항제3호 아목의 자체감사 계획은 다음 각 호의 사항을 포함하여야 한다.
1. 목적
2. 적용범위
3. 감사계획
4. 감사팀의 구성
5. 감사 시행
6. 평가 및 시정
7. 문서화 등

**제39조(공정사고 조사 계획)** 규칙 제50조제1항제3호 아목의 사고조사 계획은 다음 각 호의 사항을 포함하여야 한다.
1. 목적
2. 적용범위
3. 공정사고 조사팀의 구성
4. 공정사고 조사 보고서의 작성
5. 공정사고 조사 결과의 처리

## 제5절 비상조치계획

**제40조(비상조치 계획의 작성)** 규칙 제50조제1항제4호의 비상조치 계획은 다음 각 호의 사항을 포함하여야 한다.
1. 목적

2. 비상사태의 구분
3. 위험성 및 재해의 파악 분석
4. 유해·위험물질의 성상 조사
5. 비상조치계획의 수립(최악 및 대안의 사고 시나리오의 피해예측 결과를 구체적으로 반영한 대응계획을 포함한다)
6. 비상조치 계획의 검토
7. 비상대피 계획
8. 비상사태의 발령(중대산업사고의 보고를 포함한다)
9. 비상경보의 사업장 내·외부 사고 대응기관 및 피해범위 내 주민 등에 대한 비상경보의 전파
10. 비상사태의 종결
11. 사고조사
12. 비상조치 위원회의 구성
13. 비상통제 조직의 기능 및 책무
14. 장비보유현황 및 비상통제소의 설치
15. 운전정지 절차
16. 비상훈련의 실시 및 조정
17. 주민 홍보계획 등

## 제4장 보고서 심사기준

### 제1절 공정안전자료

**제41조(공정안전자료 심사기준)** 규칙 제50조제1항제1호의 공정안전자료는 다음 각 호의 기준에 의하여 심사하여야 한다. 다만, 안전보건조치의 적정성 여부를 판단할 때에는 필요 시 공단기술지침, 한국산업표준, 국제기준(ISO/IEC) 등에서 정하는 안전보건기준을 참고할 수 있다.
1. 보고서에 포함되어야 할 다음 각 목의 필수적 기술자료의 분류 여부
    가. 화학물질에 대한 안전보건자료
    나. 제조공정에 관한 기술자료·도면
    다. 공정설비에 관한 기술자료·도면
2. 다음 각 목의 기술적 사항을 포함한 화학물질 안전보건자료의 체계적 정리 여부
    가. 사업장내에서 제조·취급·저장되는 순수화학물질 뿐만 아니라 복합 화학물질을 포함한 원료, 중간제품 및 완제품 등에 대한 안전·보건자료
    나. 화학물질의 화재·폭발 특성에 관한 정확한 자료와 반응위험성, 독성을 포함한 유해성, 노출기준, 물리·화학적 안정성, 다른 물질과 혼합시 위험성, 장치설비에 대한 부식성 및 마모성, 소화방법, 누출시 처리방법

다. 제조공정 특성에 맞도록 자체적으로 알기 쉽게 정리하고 보완된 화학물질의 안전·보건 자료
3. 다음 각 목의 기술적 사항을 포함한 제조공정 기술자료·도면의 정리 여부
　　가. 다음 사항이 포함된 제조공정의 흐름도의 확보
　　　　(1) 모든 주요 공정의 유체흐름
　　　　(2) 물질 및 열수지
　　　　(3) 공정을 이해할 수 있는 제어계통과 주요 밸브
　　　　(4) 주요장치 및 회전기기의 명칭과 주요 명세
　　　　(5) 모든 원료 및 공급유체와 중간제품의 압력과 온도
　　　　(6) 주요장치 및 회전기기의 유체 입·출구 표시
　　나. 유해·위험물을 포함한 모든 화학물질의 종류와 최대 보유량
　　다. 제조공정에 대한 화학반응식 및 조건
　　라. 정상운전 범위의 선정, 이상 운전조건과 경보치 설정 및 비상시 운전정지조건
　　마. 장치 및 설비의 재질과 내용물과의 물리화학적 영향 검토
　　바. 펌프, 압축기의 기능 및 용량 검토
　　사. 운전조건을 감안한 설계압력과 온도의 검토
　　아. 운전 중에 발생할 수 있는 이상상태(운전조건 범위에서 벗어남)에 대한 조치사항
4. 다음 각 목의 기술적 사항을 포함한 공정설비 기술자료·도면의 체계적 정리 여부
　　가. 각종 장치 및 배관계통의 명세서
　　나. 다음 내용이 포함된 공정배관계장도의 확보
　　　　(1) 모든 동력기계와 장치 및 설비의 기능과 주요명세
　　　　(2) 장치의 계측제어 시스템과의 상호관계
　　　　(3) 안전밸브의 크기 및 설정압력, 안전보건규칙 제266조에 따른 안전밸브 전·후단 차단밸브 설치금지 사항
　　　　(4) 연동시스템 및 자동 조업정지 등 운전방법에 대한 기술
　　　　(5) 그 밖에 필요한 기술정보
　　다. 각종 운전정지 절차와 연동 시스템에 대한 자료와 도면
　　라. 건물 및 설비의 전체 배치도
　　마. 설비 배치도
　　바. 건물 및 철구조물의 평면도 및 입면도
　　사. 철구조물 등의 내화처리 기준
　　아. 소화설비, 화재 탐지 및 경보설비의 설치 계획 및 배치도
　　자. 가스누출감지경보기 설치 계획
　　차. 세척·세안시설 및 안전 보호장구 설치 계획
　　카. 국소배기장치 설치계획
　　타. 폭발위험장소 구분도 및 방폭설계 기준에 대한 자료
　　파. 전기단선도

하. 접지계획
5. 장치 및 설비의 설계·제작·설치에 관련된 기준의 적정 여부(한국산업표준 또는 동등 이상일 것)
6. 안전밸브 및 플레어스택을 포함하는 압력방출설비 및 환경오염을 야기하는 배출물의 설계기준 및 명세의 적정 여부
7. 최신 설계기준 이전의 설계기준에 따라 설치되어 사용되고 있는 장치 및 설비에 대한 설계기준을 그 장치 및 설비를 사용하는 동안 서류로 비치하여 관리하고 있는지 여부
8. 제3호의 제조공정 기술자료·도면 및 제4호의 공정설비 기술자료·도면은 공정, 장치 및 설비, 배관, 계측제어 계통 등의 변경시 즉시 보완되고 있는지 여부

## 제2절 공정위험성 평가서

**제42조(공정위험성평가서)** ① 공정위험성평가서 심사시에는 유해·위험 화학물질을 취급하는 제조공정 및 설비를 대상으로 화재·폭발·위험물 누출 등과 같은 잠재적 위험을 도출하고 잠재적 위험이 실제 사고로 연결될 가능성에 따라 공정 및 설비의 개선 방안을 강구하고 있는지를 심사하여야 한다.
② 위험성평가기법이 제29조에 따라 적절히 선정되었는지를 심사하여야 한다.
③ 공정위험성 평가의 결과에는 각각의 잠재적 위험에 대한 다음 각 목의 사항이 명확히 기술되었는지를 심사하여야 한다.
　가. 잠재위험이 있는 공정 또는 설비
　나. 위험이 있다면 사고 발생 가능성에 대한 검토
　다. 사고 발생시 피해 예측에 대한 검토
　라. 위험 제거 또는 발생확률 감소 방안
　마. 사고 발생시 피해 최소화 대책
　바. 잠재적 위험제거 방안에 대한 실행일정 계획

**제43조(위험성평가 심사기준)** 위험성평가 실시 여부는 다음 각 호의 기준에 따라 심사하여야 한다.
1. 여러 분야의 전문가로 구성된 팀에 의해 시행되었는지 여부
2. 평가팀에 최소한 설계전문가·공정운전 전문가가 각 1명 이상 참여하였는지 여부
3. 팀 구성원 중 일인은 팀 책임자로 지정되고 팀 책임자는 평가대상 공정에 대한 전문지식과 경험이 있고, 또한 적용하고자 하는 평가기법을 완벽히 숙지하고 있는지 여부
4. 모든 팀 구성원에게 해당 공정기술, 공정설계, 정상 및 이상 운전절차, 경보시스템, 이상 조작절차, 계측제어, 정비절차, 비상시 운전절차 등 관련자료를 평가 이전에 상호 교환하고, 필요시 설명하여 팀 모두가 이해할 수 있도록 함으로써 평가업무가 원활히 시행되었는지 여부
5. 동종의 사업장에서 발생한 공정사고에 대한 유사설비와 위험성평가 여부
6. 팀의 평가과정에서 잠재 위험성을 도출하고 개선 대책을 토론한 내용을 체계적으로 정리하여 문서화하

여 관리하고 있는지 여부
7. 팀의 제시한 개선대책을 우선순위를 정하여 적절한 기한까지 사업주의 이행여부와 그 계획의 서류화 여부
8. 이행 계획서에 다음 각 목의 내용이 포함되었는지 여부
    가. 행위가 취해질 구체적 내용
    나. 각 행위별 완료 일정
    다. 각 행위 내용을 사전에 해당 공정관계자, 운전원, 정비원, 행위 결과로 영향을 받는 자에게 알릴 방법과 일정
9. 위험성 평가는 대상 공정의 변경이 있을 때 변경 부분에 대해서 제1호부터 제8호까지의 내용을 동일하게 적용하여 설계단계에서부터 위험성 평가를 실시하고 있는지의 여부
10. 공정위험성 평가가 최대 4년 이내에서 주기적으로 수행되는지 여부
11. 제27조제6항에 따른 작업 위험성평가를 위한 위험성평가 실시 규정(절차서) 등을 마련하고 있는지 여부
12. 제28조에 따른 최악 및 대안의 사고 시나리오에 대한 피해예측 결과가 다음 각 목의 기준에 따라 심사하였을 때 적합한지 여부
    가. 공정위험성 평가 결과를 반영하는 등 시나리오 선정의 적절성
    나. 복사열, 과압, 확산농도 등 피해예측 결과의 타당성

## 제3절 안전운전 계획

**제44조(안전운전 지침과 절차)** 안전운전지침과 절차는 다음 각 호의 기준에 따라 준수되고 있는지를 심사하여야 한다.
1. 안전운전 지침과 절차(이하 "운전 절차"라 한다) 가 공정안전 기술자료, 도면 및 공정 설비 기술자료의 내용과 일치하고 있는지 여부
2. 운전절차는 안전운전을 위하여 명확하고 구체적으로 쉽게 알 수 있도록 서류화하여 관리하고 있는지 여부
3. 모든 운전절차에 운전자의 운전담당 설비 및 운전분야가 명확하게 기술되고 또한 운전자의 운전 위치가 분명하게 기술되어 있는지의 여부
4. 운전절차에는 각 운전공정 및 설비별 운전조건 범위가 명확히 기술되어 있는지 여부
5. 다음 각 목의 사항이 포함된 운전단계별 운전 절차의 기술 여부
    가. 최초의 시운전
    나. 정상 운전
    다. 비상시 운전(비상시 운전정지 절차, 운전정지를 하지 아니하고 운전되어야 할 분야에 대한 운전방법, 제한적인 운전분야 및 절차, 운전장소, 담당자 등이 포함되어야 한다)
    라. 정상적인 운전 정지

마. 비상 정지 및 정비 후의 운전 개시
6. 운전범위에서 벗어났을 경우의 조치 절차의 기술 여부
    가. 운전범위에서 벗어났을 경우 예상되는 결과
    나. 운전범위에서 벗어났을 경우 정상 운전이 되도록 하기 위한 방법 및 절차 또는 운전범위에서 벗어나지 않도록 하기 위한 사전 조치 방법 및 절차
7. 다음과 같은 안전운전을 위해 유의해야 할 사항의 기술
    가. 운전공정에 취급되는 화학물질의 물성과 유해·위험성
    나. 위험물질 누출 예방을 위하여 취해야 할 사항
    다. 위험물 누출시 각종 개인 보호구 착용 방법
    라. 작업자가 위험물에 접촉되거나 흡입하였을 때 취해야 할 행동 요령과 절차
    마. 원료 물질의 순도 등 품질유지와 위험물 저장량 조절 등 관리에 관한 사항
8. 안전설비 계통의 기능과 운전방법 및 절차의 기술 여부
9. 운전절차에 관한 서류는 운전원, 검사원 및 정비원이 항상 쉽게 볼 수 있는 장소에 갖추어 두었는지 여부
10. 운전실에 운전자가 공정을 쉽게 이해할 수 있도록 주요 공정장치, 주요 배관별 유량·온도·압력 등이 포함된 공정 개략도를 보기 쉬운 곳에 갖추어 두었는지 여부
11. 운전절차는 장치, 설비 등의 변경시에 즉시 보완하여 현재의 장치, 설비 등과 일치되게 관리되고 있는지 여부
12. 사업장 안전보건총괄책임자는 매년 현재의 운전절차가 현재의 설비와 일치되게 작성되었고 안전하게 운전할 수 있는 절차임을 검토하여 확인하고 그 결과를 서면으로 기록하여 보관하고 있는지 여부

**제45조(위험설비 품질과 안전성 확보)** 공단은 위험설비의 물질과 안전성이 확실히 확보되었는지를 다음 각 호의 기준에 따라 심사하여야 한다.
1. 위험설비에 다음 사항을 포함하고 있는지 여부
    가. 압력용기와 저장탱크계통 설비
    나. 배관 계통 설비(밸브와 같은 부속설비 포함)
    다. 압력방출계통 설비
    라. 비상정지계통 설비
    마. 계측제어계통 설비(감지기, 경보기 및 연동장치 포함)
    바. 펌프·압축기 등 회전기기류
    사. 위험물질 처리설비
2. 사업장에서는 위험설비의 안전성을 유지하기 위하여 위험설비 안전관리 규정을 제정하여 시행하고 있는지 여부
3. 사업장에서는 위험설비에서 운전, 작업하는 작업자들에게 제조공정과 잠재 위험성 및 위험설비 안전관리규정에 대해 구체적으로 교육을 실시하고 있으며, 작업자들이 이를 숙지하여 안전한 방법으로 운전·작업할 수 있는지를 확인하고 있는지 여부

4. 제1호의 위험설비는 위험성평가 결과로 얻어지는 기기의 위험정도에 따라 기기별로 우선순위를 정하고 검사, 시험 등 점검의 주기를 달리하고 있는지 여부
5. 사업장에서 위험설비에 대하여 자체점검 절차를 규정화하고 이를 실시하고 있는지 여부
6. 자체점검 절차는 구체적이어야 하며 일반적으로 통용되는 기준에 따르고 있는지 여부
7. 자체점검 실시 주기는 최소한 위험설비 제작회사가 권장하는 주기로 하고 있으며, 사업장이 설비의 안전성을 유지하는데 필요한 경우 주기를 증가할 수 있는지 여부
8. 자체점검 실시 결과는 위험설비별로 서류로 작성하여 관리되고 있으며 다음 각 목의 내용이 포함되었는지 여부
   가. 검사 또는 시험 실시일자
   나. 검사자의 소속과 성명
   다. 위험설비의 일련번호 및 설비명
   라. 검사항목별 검사내용
   마. 검사결과 및 판정
   바. 검사결과에 따른 조치사항
9. 사업주는 위험설비의 결함이 발견된 때에 사용을 중지하고 결함사항을 제거하고 있는지 여부
10. 위험설비마다 사용가능함을 확인하고 있으며 사용가능 기준을 정하여 관리하고 있는지 여부
11. 신설되는 위험설비에 대하여 위험설비가 설계 및 제작기준에 맞게 제작되고 있는지 여부
12. 위험설비가 설치·조립되고 있는 과정에서 설치기준 및 명세와 일치하고 제작자의 설치기준에 따라 안전하게 설치되고 있음을 점검 또는 검사를 통하여 확인하고 있는지 여부
13. 위험설비를 정비하는데 필요한 정비·자재·예비부품을 확보하여 위험설비의 결함이 발견될 때에는 즉시 정비할 수 있도록 하고 있는지 여부

**제46조(안전작업허가 및 절차)** 안전작업허가서는 다음 각 호의 기준에 따라서 수행되고 있는지를 심사하여야 한다.
1. 공정지역내에서 또는 공정지역과 가까운 지역에서 용접, 용단 등의 화기작업과 같은 유해·위험 요소가 잠재되어 있는 경우에는 안전작업허가서를 발급받은 후에 작업하고 있는지 여부
2. 안전작업 허가기준, 각 부서의 업무와 책임한계, 허가절차 등을 문서화하여 사업장의 자체 규정으로 제정하고 있는지 여부
3. 안전작업을 하기 전에 안전작업 관리책임자는 안전작업에 필요한 안전상의 조치를 취하고 있으며, 안전작업 허가책임자는 이를 확인한 후에 안전작업허가서를 발급하고 있는지 여부
4. 안전작업 전에 취하여야 할 안전상의 조치는 사업장 특성에 맞게 작성하여 규정화하고 있는지 여부
5. 안전작업허가서에 허가일시와 안전작업일시가 명확히 기재되고 있는지 여부
6. 안전작업허가서는 해당 작업 완료 후 1년간 보관하도록 하고 있는지 여부
7. 안전작업 시작전에 작업 내용을 해당 지역 및 인접지역의 운전원, 정비원 및 도급업체 등 안전작업으로 인해 영향을 받을 수 있는 작업자에게 알려주고 있는지 여부

**제47조(도급업체 안전관리 심사)** 사업주가 공정설비의 보수, 설비의 개선 및 가동 정지 후 일체 정비와 같이 공정과 설비의 안전에 관련된 업무를 도급업체로 하여금 수행하도록 할 경우 다음 각 호의 기준에 따라 안전관리가 수행되고 있는지를 심사하여야 한다.
1. 사업장의 안전보건총괄책임자가 다음 각 목의 안전관리 내용을 도급업체에 대해 시행하고 있는지 여부
   가. 도급업체 선정시 도급업체의 안전업무 수행실적 및 능력에 관한 자료와 안전작업계획의 평가
   나. 도급업체의 작업시행 이전에 작업자들에게 화재, 폭발, 독성물질 누출 위험과 예방에 관한 교육 실시
   다. 도급업체의 작업자들에게 사고 발생시의 비상조치계획 및 도급자가 취해야 할 조치 요령에 관한 교육 실시
   라. 도급업체가 수행할 작업에 대하여도 안전운전지침 및 절차를 규정화하고 도급업체 작업자가 이를 준수토록 감독
   마. 도급업체 작업자의 사고나 재해발생에 대한 기록 유지와 이행여부에 대한 정기적인 확인
   바. 법 제63조부터 제66조까지에 따른 조치사항의 이행 여부
   사. 도급업체의 안전관리수준에 대한 정기적인 평가
2. 도급업체의 사업주가 다음 각 목의 안전관리 내용을 준수하고 있는지 여부
   가. 작업자들이 안전하게 작업을 수행할 수 있도록 교육 및 훈련이 충분히 실시되었는지를 확인할 것
   나. 작업자들이 화재, 폭발, 독성물질 누출 위험과 예방에 관한 사항, 그리고 비상조치 내용을 충분히 숙지하고 있는지를 확인하고 기록하여 보존할 것
   다. 작업자가 이수한 교육 및 훈련일시와 내용 그리고 숙지상태를 기록하여 관리할 것
   라. 작업자가 안전운전지침 및 절차를 준수하고 있는지를 확인할 것
   마. 작업자가 작업 중에 인지된 위험요인이 있을 경우 이를 지체없이 사업장의 안전보건총괄책임자에게 통보할 것

**제48조(공정·운전에 대한 교육·훈련)** 공정운전자 및 정비작업자가 해당 공정에 대하여 다음 각 호의 기준에 따라 교육을 이수하였는지를 심사하여야 한다.
1. 공정상세도면의 이해를 위한 제조공정, 안전운전 지침 및 절차 등에 관한 교육내용의 포함 여부
2. 사업장 안전보건총괄책임자는 공정운전원이 충분한 교육과 훈련을 통하여 공정운전에 관한 지식과 기술 그리고 충분히 안전하게 운전할 능력을 갖추었음을 확인하고 해당 공정운전 자격을 부여하고 있는지 여부
3. 사업장에서 최소한 3년마다 1회 이상 교육을 실시하고 있으며, 교육 시 마다 해당 공정운전 능력이 충분함을 확인하고 있는지 여부
4. 사업장 안전보건총괄책임자는 공정운전원, 정비원 및 하도급업자에 대한 교육·훈련 실시 내용과 공정운전 자격부여 현황을 기록 보존하고 있는지 여부

**제49조(가동전 안전점검)** 사업장에서 새로운 설비를 설치하거나 공정 또는 설비의 변경 시 시운전

전에 안전점검을 실시하고 있는지를 심사하여야 한다. 시운전 전의 안전점검은 최소한 다음 각 호의 사항이 확인되어야 하며, 점검결과를 기록·보존하여야 한다.
1. 추가 또는 변경된 설비가 설계기준에 맞게 설계되었는지의 확인 여부
2. 추가 또는 변경된 설비가 제작기준대로 제작되었는지와 규정된 검사에 의한 합격판정의 확인 여부
3. 설비의 설치공사가 설치 기준 또는 사양에 따라 설치되었는지의 확인 여부
4. 안전운전절차 및 지침, 정비기준 및 비상시 운전절차가 준비되어 있는지와 그 내용이 적절한지의 확인 여부
5. 신설되는 설비에 대하여 위험성 평가의 시행과 평가 시 제시된 개선사항이 이행되었는지의 확인 여부
6. 변경된 설비의 경우 규정된 변경관리 절차에 따라 변경되었는지의 확인 여부
7. 신설 또는 변경된 공정이나 설비의 운전절차에 대한 운전원의 교육·훈련과 이를 숙지하고 있는지의 확인 여부

**제50조(변경요소관리)** 사업장이 제조공정에서 취급되는 화학물질의 변경이나 제조공정의 변경, 장치 및 설비의 주요구조 변경 또는 각종 운전·작업 절차의 변경이 있을 경우에 다음 각 호의 기준에 따라 변경관리가 수행되고 있는지를 심사하여야 한다.
1. 변경관리의 대상에 최소한 다음 각 목의 사항이 포함되어 있는지 여부
   가. 신설되는 설비와 기존 설비를 연결할 경우의 기존설비
   나. 기존 설비의 변경은 없어도 운전조건(온도, 압력, 유량 등)을 변경할 경우
   다. 제품생산량 변경은 없으나 새로운 장치를 추가, 교체 또는 변경할 경우
   라. 경보 계통 또는 계측제어 계통을 변경할 경우
   마. 압력방출 계통의 변경을 초래할 수 있는 공정 또는 장치를 변경할 경우
   바. 장치와 연결된 비상용 배관을 추가 또는 변경할 경우
   사. 시운전 절차, 정상조업 정지절차, 비상조업 정지 절차 등을 변경할 경우
   아. 위험성평가·분석결과 공정이나 장치·설비 또는 작업절차를 변경할 경우
   자. 첨가제(촉매, 부식방지제, 안정제, 포말생성방지제 등)를 추가 또는 변경할 경우
   차. 장치의 변경 시 필연적으로 수반되는 부속설비의 변경이나 가설설비의 설치가 필요할 경우
2. 변경관리 방법에 있어서 먼저 변경 시의 절차를 규정화하여 실행하는 체계를 구축하고 있는지 여부
3. 변경 절차에 변경 전 다음 사항을 검토하도록 하는 내용이 포함되었는지 여부
   가. 변경계획에 대한 공정 및 설계의 기술적 근거의 타당성 여부
   나. 변경 부분의 전·후 공정 및 설비에 대한 영향
   다. 변경 시 안전·보건·환경에 대한 영향
   라. 변경 시 뒤따르는 운전절차상의 수정 내용의 타당성 여부
   마. 변경 일정의 적합성 여부
   바. 변경 시 관련기관에 필요한 보고 업무 등

4. 사업장에서 변경 이전에 변경할 내용을 운전원, 정비원 및 도급업체 등에게 정확히 알려 주고, 변경 설비의 시운전 이전에 이들에게 충분한 훈련을 실시하고 있는지 여부
5. 변경 시 공정안전 기술자료의 변경이 수반될 경우에는 이들 자료의 보완이 즉시 이행되고 있는지 여부
6. 운전절차, 안전작업허가절차 및 도급작업절차 등 안전운전 관련자료의 변경이 수반될 때도 즉시 변경되는지 여부

**제51조(자체감사)** 사업장에서는 공정안전관리가 규정대로 이행되고 있는지를 평가·확인하기 위하여 1년마다 자체감사가 실시되고 있는지를 다음 각 호의 기준에 따라 심사하여야 한다.
1. 자체감사 시에는 사용 중인 안전작업지침 및 절차 등 각종 기준과 절차가 현재의 공정 및 설비에 적합한지 여부
2. 자체감사팀에는 감사 대상 공정에 전문적인 지식을 갖춘 사람 1명 이상이 참여하고 있는지 여부
3. 자체감사에서 제시된 평가·분석 결과에 따라 지속적인 조사·연구가 필요하거나 정밀검토가 필요한 사항에 대해서는 지속적인 조사·연구가 이루어지고 있는지 여부
4. 자체감사에서 도출된 문제점에 대해서는 필요한 조치가 이행되어야 하며 그 내용을 문서로 기록 관리하고 있는지 여부
5. 자체감사 보고서를 3년 이상 보관하고 있는지 여부

**제52조(공정사고조사)** 중대산업사고가 발생하거나 중대산업사고를 일으킬 요인을 제공할 수 있는 공정사고가 발생한 경우 사업주가 사고조사를 실시하고 있는지를 다음 각 호의 기준에 따라 심사하여야 한다.
1. 공정사고조사는 사고발생 즉시 실시하여야 하며 늦어도 사고 발생 후 24시간 이내 조사가 시작되었는지 여부
2. 공정사고조사팀에는 사고공정 및 시설에 대한 지식과 경험이 풍부한 사람 1명 이상과 사고조사 및 분석방법에 경험이 있는 전문가로 구성되었는지 여부
3. 공정사고조사 보고서에는 최소한 다음 각 목의 사항이 포함되었는지 여부
   가. 사고발생 일시와 조사일시
   나. 사고발생 개요와 사고발생 원인
   다. 개선해야 할 내용과 재발방지 대책
4. 사고조사 보고서에 사고와 관련이 있는 공정운전 전문가와 개선 및 방지대책 수행 책임부서 전문가가 최종적으로 검토·확정하고 있는지 여부
5. 사고조사 보고서에서 제시된 개선해야 할 사항과 재발방지 대책을 수행하기 위하여 책임부서를 지정하고 있으며, 수행결과를 서류화하여 정확한 수행 여부를 관리하고 있는지 여부
6. 사고조사 보고서를 5년 이상 보관하고 있는지 여부

## 제4절 비상조치계획

**제53조(비상조치계획 심사)** 비상조치계획에 대하여는 다음 각 호의 기준에 따라 심사하여야 한다.
1. 비상조치계획에 다음 각 목의 사항이 포함되었는지 여부
    가. 전 근무자의 사전 교육 계획
    나. 비상시 대피절차와 비상대피로의 지정
    다. 대피 전에 주요 공정설비에 대한 안전조치를 취해야 할 대상과 절차
    라. 비상대피 후의 전 직원이 취해야 할 임무와 절차
    마. 피해자에 대한 구조·응급조치 절차
    바. 내·외부와의 통신 체계 및 방법
    사. 비상조치 시의 총괄부서 및 조직
    아. 사고발생 시 및 비상대피 시 보호구 착용 지침
    자. 주민 홍보 계획
    차. 외부기관과의 협력체제
    카. 최악 및 대안의 사고 시나리오의 피해예측 결과를 반영한 구체적인 대응계획
    타. 내부비상조치계획과 외부비상조치계획의 적정한 연계
2. 사업장에서 비상조치가 취해져야 할 경우 전 직원에 긴급경보 조치를 취하고 있으며, 필요 시 인근지역 주민에게 비상사태를 알리고 안전한 필요한 조치를 할 수 있는지 여부
3. 사업장에서는 전 직원이 안전하고 질서 있게 비상조치를 실행할 수 있도록 안내하고 지도하는 사람을 지정하고, 안내·지도에 필요한 교육을 시행하고 있는지 여부
4. 사업장의 안전보건 총괄책임자는 다음 각 목의 경우에 있어서 비상조치계획을 검토하고 있는지 여부
    가. 최초 비상조치계획을 수립할 경우
    나. 각 비상조치 요원의 비상조치 임무가 변경될 경우
    다. 비상조치계획 자체가 변경되었을 경우
5. 비상조치계획은 서류로 알기 쉽게 작성되어 접근이 용이한 곳에 갖추어 두었는지 여부
6. 최악 및 대안의 사고 시나리오의 피해예측 결과를 반영한 대응계획에 가동정지절차 등이 구체적으로 작성되었는지 여부

# 제5장 이행상태평가

**제54조(평가의 종류 및 대상 등)** ① 규칙 제54조에 따른 이행상태평가의 종류 및 실시시기는 다음 각 호와 같다.
1. 신규평가 : 보고서의 심사 및 확인 후 1년이 경과한 날부터 2년 이내. 다만, 제5조제2항의 경우에는

사업주가 변경된 날부터 1년 이내에 실시한다.
2. 정기평가 : 신규평가 후 4년마다. 다만, 제3호에 따라 재평가를 실시한 경우에는 재평가일을 기준으로 4년마다 실시한다.
3. 재평가 : 제1호 또는 제2호의 평가일부터 1년이 경과한 사업장에서 다음 각 목의 구분에 따른 시기
   가. 사업주가 재평가를 요청한 경우 : 요청한 날부터 6개월 이내
   나. 제58조에 따른 평가결과가 P등급 또는 S등급인 사업장을 지도·점검한 결과 다음의 어느 하나에 해당하는 경우 : 해당 사유 확인일부터 6개월 이내
      1) 유해·위험시설에서 위험물질의 제거·격리 없이 용접·용단 등 화기작업을 수행하는 경우
      2) 화학설비·물질변경에 따른 변경관리절차를 준수하지 않은 경우
      3) 〈삭제〉

② 이행상태평가는 사업장 단위로 평가함을 원칙으로 한다. 다만, 사업장의 규모가 크고 단위공장별로 공정안전관리체제를 구축·운영하고 있는 사업장에서 요청하는 경우 단위공장별로 이행상태를 평가할 수 있다.

③ 보고서를 이미 제출하여 평가를 받은 사업장이 영 제43조에 따른 유해·위험설비를 추가로 설치·이전하거나, 제2조제1항제1호에 따른 주요 구조부분의 변경에 따라 보고서를 추가로 제출하는 경우에는 평가를 면제할 수 있다.

**제55조(평가반 구성 등)** ① 지방관서의 장은 이행상태평가를 실시할 때에는 중대산업사고예방센터 감독관으로 평가반을 구성하고, 평가책임자를 임명하여야 한다.

② 지방관서의 장은 이행상태평가를 실시함에 있어 전문가의 조언이 필요하다고 인정되는 경우에는 제7조제1항에 따른 공단 소속 전문가 또는 제7조제2항제1호내지 제3호에 따른 외부전문가를 평가에 참여시켜야 한다. 이 경우 평가에 참여하는 전문가는 평가 중 알게 된 비밀을 다른 사람에게 누설하여서는 아니 된다.

③ 고용노동부장관은 제2항제2호에 따라 외부전문가를 평가에 참여시킨 때에는 여비와 수당을 지급할 수 있다.

**제56조(평가계획의 수립 등)** ① 지방관서의 장은 제54조제1항의 평가시기에 따라 평가계획을 수립하고 평가대상 사업장에는 사전에 평가일정을 알려야 한다.

② 이행상태평가는 평가반이 사업장을 방문하여 다음 각 호의 방법으로 실시한다.
1. 사업주 등 관계자 면담
2. 보고서 및 이행관련 문서 확인
3. 현장 확인

**제57조(이행상태평가 기준)** 보고서 이행상태평가의 세부평가항목 및 배점기준 등은 다음과 같다.
1. 이행상태평가표의 총배점 및 최고환산점수는 각각 1,620점 및 100점이며, 평가항목, 항목별 배점, 환산계수 및 최고 환산점수 등은 별표 3과 같다.

2. 세부평가항목별 평가점수는 별표 4와 같이 우수(A, 10점), 양호(B, 8점), 보통(C, 6점), 미흡(D, 4점), 불량(E, 2점) 등 5단계로 구분하며, 항목별 평가결과에 따라 해당되는 점수와 평가근거를 면담 또는 확인 결과란에 기재한다.
3. 〈삭제〉
4. 해당사항이 없는 평가항목의 경우에는 "해당 없음"으로 표기하고 그 항목은 점수가 없는 것으로 본다.
5. 환산점수는 항목별로 평가점수에 환산계수를 곱한 점수를 말하며, 환산점수의 총합은 항목별 환산점수를 모두 합한 점수를 말한다.

**제58조(평가결과)** ① 지방관서의 장은 제57조에 따른 평가기준에 의해 부여한 점수에 따라 사업장 또는 단위공장(단위공장별로 이행상태를 실시한 경우에 한정한다)별로 다음 각 호의 어느 하나에 해당하는 등급을 부여하여야 한다.
1. P등급(우수) : 환산점수의 총합이 90점 이상
2. S등급(양호) : 환산점수의 총합이 80점 이상 90점 미만
3. M+등급(보통) : 환산점수의 총합이 70점 이상 80점 미만
4. M-등급(불량) : 환산점수의 총합이 70점 미만
② 지방관서의 장은 제1항의 평가등급, 평가점수 등 평가결과에 대한 소견서를 첨부하여 평가를 마친 날부터 1개월 이내에 사업주에게 알려야 하며 이를 다음 반기부터 적용한다.

## 제6장 수 수 료

**제59조(수수료 등)** ① 보고서의 심사를 받고자 하는 자는 법 제166조제1항에 따라 공단이 지정하는 금융기관 등을 통하여 수수료를 납부하여야 한다.
② 제1항에 따른 수수료는 고용노동부장관이 따로 정하는 수수료 규정에 따른다.

**제60조(재검토기한)** 고용노동부장관은 「행정규제기본법」 및 「훈령·예규 등의 발령 및 관리에 관한 규정」에 따라 이 고시에 대하여 2018년 1월 1일 기준으로 매 3년이 되는 시점(매 3년째의 12월 31일까지를 말한다)마다 그 타당성을 검토하여 개선 등의 조치를 하여야 한다.

**부칙**〈제2020-55호, 2020. 1. 15.〉
**제1조(시행일)** 이 고시는 2020년 1월 16일부터 시행한다.

[별표 1]

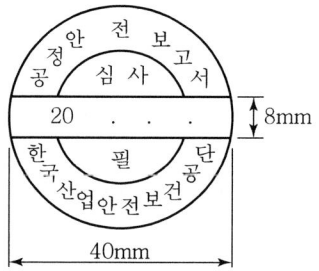

[별표 3] 평가항목별 배점기준

| 항목 | 최고 실배점 | 환산계수 | 최고 환산점수 |
|---|---|---|---|
| 안전경영과 근로자참여 | 370 | 0.057 | 21.0 |
| 공정안전자료 | 70 | 0.071 | 5.0 |
| 공정위험성평가 | 130 | 0.041 | 5.5 |
| 안전운전 지침과 절차 | 80 | 0.050 | 4.0 |
| 설비의 점검·검사·보수계획, 유지계획 및 지침 | 120 | 0.046 | 5.5 |
| 안전작업허가 및 절차 | 80 | 0.106 | 8.5 |
| 도급업체 안전관리 | 100 | 0.080 | 8.0 |
| 공정운전에 대한 교육·훈련 | 70 | 0.071 | 5.0 |
| 가동 전 점검지침 | 60 | 0.050 | 3.0 |
| 변경요소 관리계획 | 70 | 0.100 | 7.0 |
| 자체감사 | 90 | 0.044 | 4.0 |
| 공정사고조사지침 | 90 | 0.033 | 3.0 |
| 비상조치계획 | 80 | 0.044 | 3.5 |
| 현장확인 | 210 | 0.081 | 17.0 |
| 계 | 1,620 | - | 100 |

[별표 4] 세부평가항목

## 안전경영과 근로자 참여

| 구분 | | 항목 | 면담/확인결과 | | | | | 평가근거 |
|---|---|---|---|---|---|---|---|---|
| | | | A | B | C | D | E | |
| 공장장 (1~9) | 1 | 회사의 경영목표로 안전·보건을 우선적으로 강조하고 실천하는가? | | | | | | |
| | 2 | 공정안전관리(PSM) 12개 요소의 내용과 목적을 정확하게 이해하고 있는가? | | | | | | |
| | 3 | 공정위험성평가, 변경요소관리, 공정사고 및 자체감사결과의 개선권고사항 및 처리현황을 정기적으로 확인하고 있는가? | | | | | | |
| | 4 | 사업장 내·외부 PSM 관련 안전·보건 교육훈련계획을 승인하고 그 결과를 보고 받는가? | | | | | | |
| | 5 | 도급업체 안전관리의 구체적 내용을 잘 알고 있는가? | | | | | | |
| | 6 | PSM 이행분위기 확산을 위해 노력하고 있는가? | | | | | | |
| | 7 | 안전보건활동(위험성평가, 자체감사, 외부 컨설팅 등)과 안전분야 투자를 연계하여 투자계획을 수립하는가? | | | | | | |
| | 8 | 안전에 대한 목표를 설정하고 목표대비 실적을 평가하며 관련 내용을 근로자들에게 공유하는가? | | | | | | |
| | 9 | PSM 관련 활동에 근로자(도급업체 포함) 참여를 보장하는가? | | | | | | |
| 부장/ 과장 (관리감독자) (10~14) | 10 | 공정안전관리(PSM) 12개 요소의 내용과 목적을 정확하게 이해하고 있는가? | | | | | | |
| | 11 | 안전·보건문제에 관하여 근로자 의견을 수시로 청취하여 조치하고 상급자에게 보고하는가? | | | | | | |
| | 12 | 공정위험성평가, 변경요소관리, 공정사고 및 자체감사결과의 개선권고사항 및 처리현황을 정기적으로 확인하고 있는가? | | | | | | |

| 구분 | | 항목 | 면담/확인결과 ||||| 평가근거 |
|---|---|---|---|---|---|---|---|---|
| | | | A | B | C | D | E | |
| | 13 | 안전작업허가절차에 대해 구체적으로 잘 알고 있는가? | | | | | | |
| | 14 | 설비의 점검·검사·보수 계획, 유지계획 및 지침의 내용에 대해 구체적으로 잘 알고 있는가? | | | | | | |
| 조장/반장 (15~19) | 15 | 공정안전관리(PSM) 12개 요소의 내용과 목적을 정확하게 이해하고 있는가? | | | | | | |
| | 16 | 안전·보건문제에 관하여 근로자 의견을 수시로 청취하여 조치하고 상급자에게 보고하는가? | | | | | | |
| | 17 | 공정위험성평가, 변경요소관리, 공정사고 및 자체감사결과의 개선권고사항 및 처리현황을 정기적으로 확인하고 있는가? | | | | | | |
| | 18 | 안전작업허가 절차에 대해 잘 알고 있는가? | | | | | | |
| | 19 | 설비의 점검·검사·보수계획, 유지계획 및 지침의 내용에 대해 잘 알고 있는가? | | | | | | |
| 현장 작업자 (20~27) | 20 | 업무를 수행할 때 공정안전자료를 수시로 활용하고 있는가? | | | | | | |
| | 21 | 자신이 작업 또는 운전하고 있는 시설에 대해 가동 전 점검 절차를 알고 있는가? | | | | | | |
| | 22 | 보고서에 규정된 안전운전절차를 정확하게 숙지하고 있는가? | | | | | | |
| | 23 | 공정 또는 설비가 변경된 경우 시운전 전에 변경사항에 대한 교육을 받는가? | | | | | | |
| | 24 | 상급자가 자체감사 결과를 설명해 주는가? | | | | | | |
| | 25 | 사업장 내 공정사고에 대한 원인을 알고 있는가? | | | | | | |
| | 26 | 자신이 작업 또는 운전하고 있는 시설에 대한 위험성평가 결과를 알고 있는가? | | | | | | |
| | 27 | 비상시 비상사태를 전파할 수 있는 시스템 및 자신의 역할(임무)을 숙지하고 있는가? | | | | | | |

| 구분 | | 항목 | 면담/확인결과 | | | | | |
|---|---|---|---|---|---|---|---|---|
| | | | A | B | C | D | E | 평가근거 |
| 정비보수 작업자 (도급업체직원 포함) (28~30) | 28 | 안전한 방법으로 유지·보수 작업을 수행할 수 있도록 작업공정의 개요·위험성·안전작업허가절차 등에 대하여 작업 전에 충분한 교육을 받았는가? | | | | | | |
| | 29 | 화기작업관련 화재·폭발을 막기 위한 안전상의 조치를 잘 알고 있는가? | | | | | | |
| | 30 | 밀폐공간 작업 시 유해위험물질의 누출, 근로자중독 및 질식을 막기 위한 안전상의 조치를 잘 알고 있는가? | | | | | | |
| 도급 업체 작업자 (31~33) | 31 | 작업지역 내에서 지켜야 할 안전수칙 및 출입 시 준수해야 하는 통제규정에 대해 교육을 받았는가? | | | | | | |
| | 32 | 작업하는 공정에 존재하는 중대위험요소에 대해 잘 알고 있는가? | | | | | | |
| | 33 | 작업 중에 비상사태 발생 시 취해야 할 조치사항을 알고 있는가? | | | | | | |
| 안전 관리자 (34~37) | 34 | PSM에 대한 충분한 지식을 보유하고, 사업장 내의 PSM 추진체계에 대하여 정확하게 이해하고 있는가? | | | | | | |
| | 35 | 사업장의 PSM 추진상황에 대하여 수시로 조·반장 및 근로자 등의 의견을 수렴하고 문제점을 발굴하여 경영진에게 보고하는가? | | | | | | |
| | 36 | 정비부서 근로자, 도급업체 근로자 등이 공정시설에 대한 설치·유지·보수 등의 작업을 할 때 관련 규정의 준수여부를 확인하는가? | | | | | | |
| | 37 | 연간 PSM 세부추진계획을 수립·시행하는 등 PSM 전반을 감독할 수 있는 권한을 부여받고 있나? | | | | | | |

## 공정안전자료

| 구분 | | 항목 | 면담/확인결과 | | | | | 평가근거 |
|---|---|---|---|---|---|---|---|---|
| | | | A | B | C | D | E | |
| 공정안전자료 (1~7) | 1 | 사업장에서 사용하고 있는 유해위험물질의 목록이 누락된 물질 없이 정확히 작성되어 있는가? | | | | | | |
| | 2 | 사업장에서 사용하고 있는 유해·위험물질에 대한 물질안전보건자료(MSDS)의 작성, 비치, 교육, 경고표지 등이 적절하게 되었는가? | | | | | | |
| | 3 | 유해·위험설비 및 목록(동력기계, 장치 및 설비, 배관, 안전밸브 등)이 정확히 작성되어 있으며 현장과 일치하는가? | | | | | | |
| | 4 | 공정흐름도(PFD), 공정배관계장도(P&ID), 유틸리티 흐름도(UFD)가 정확히 작성되어 있으며 현장과 일치하는가? | | | | | | |
| | 5 | 건물·설비의 배치도(가스누출감지경보기 설치계획, 국소배기장치 설치계획 등)가 산업안전보건법령 및 동 고시기준에 따라 작성되어 있으며 현장과 일치하는가? | | | | | | |
| | 6 | 폭발위험장소구분도, 전기단선도, 접지계획은 정확히 작성되어 있으며 현장과 일치하는가? | | | | | | |
| | 7 | 플레어스택, 환경오염물질 처리설비 등이 산업안전보건법령 및 동 고시기준에 따라 작성되어 있으며 현장과 일치하는가? | | | | | | |

## 공정위험성 평가

| 구분 | | 항목 | 면담/확인결과 | | | | | 평가근거 |
|---|---|---|---|---|---|---|---|---|
| | | | A | B | C | D | E | |
| 공정<br>위험성<br>평가<br>(1~13) | 1 | 위험성평가 절차가 산업안전보건법령 및 동 고시기준에 따라 적절하게 작성되어 있는가? | | | | | | |
| | 2 | 공정 또는 시설 변경 시 변경부분에 대한 위험성평가를 실시하고 있는가? | | | | | | |
| | 3 | 정기적(4년 주기)으로 공정위험성평가를 재실시하고 있는가? | | | | | | |
| | 4 | 밀폐공간작업, 화기작업, 입·출하작업 등 유해위험작업에 대한 작업위험성평가를 산업안전보건법령 및 동 고시기준에 따라 실시하였는가? | | | | | | |
| | 5 | 유해위험작업에 대한 작업위험성평가를 정기적으로 실시하고 있는가? | | | | | | |
| | 6 | 위험성평가 결과 위험성은 적절하게 발굴하였는가? | | | | | | |
| | 7 | 위험성평가기법 선정은 적절한가? | | | | | | |
| | 8 | 위험성평가에 적절한 전문인력, 현장 근로자 등이 참여하는가? | | | | | | |
| | 9 | 위험성평가결과 개선조치사항은 개선완료 시까지 체계적으로 관리되는가? | | | | | | |
| | 10 | 정성(定性)적 위험성평가를 실시한 결과 위험성이 높은 구간에 대해서는 정량(定量)적 위험성 평가를 실시하는가? | | | | | | |
| | 11 | 단위공장별로 최악의 사고 시나리오와 대안의 사고 시나리오를 작성하였는가? | | | | | | |
| | 12 | 위험성평가 시 과거의 중대산업사고, 공정사고, 아차사고 등의 내용을 반영하였는가? | | | | | | |
| | 13 | 위험성평가결과를 해당 공정의 근로자에게 교육시키는가? | | | | | | |

## 안전운전 지침과 절차

| 구분 | | 항목 | 면담/확인결과 | | | | | 평가근거 |
|---|---|---|---|---|---|---|---|---|
| | | | A | B | C | D | E | |
| 안전운전 지침과 절차 (1~8) | 1 | 안전운전절차서 작성지침이 산업안전보건법령, 동 고시 및 공단 기술지침을 참조하여 적절하게 작성되어 있는가? | | | | | | |
| | 2 | 운전절차서는 취급 물질의 물성과 유해·위험성, 누출 예방조치, 보호구착용법, 노출 시 조치요령 및 절차, 안전설비계통의 기능·운전방법·절차 등의 내용이 포함되어 있는가? | | | | | | |
| | 3 | 운전절차서는 최초의 시운전, 정상운전, 비상 시 운전, 정상적인 운전정지, 비상정지, 정비 후 운전개시, 운전범위를 벗어난 경우 등을 구체적으로 포함하고 있는가? | | | | | | |
| | 4 | 운전절차서는 운전원이 쉽게 이해할 수 있도록 작성되어 있는가? | | | | | | |
| | 5 | 안전운전 절차서는 공정안전자료와 일치하는가? | | | | | | |
| | 6 | 연동설비의 바이패스 절차를 작성·시행하고 있는가? | | | | | | |
| | 7 | 변경요소관리 등 사유 발생 시 지침과 절차의 수정은 이루어지고 있는가? | | | | | | |
| | 8 | 안전운전지침과 절차 변경 시 근로자 교육은 적절히 이루어지고 있는가? | | | | | | |

# 설비의 점검·검사·보수 계획, 유지계획 및 지침

1. 도시가스 사용설비로서 도시가스사업법에 따른 정기검사를 받고 있는 경우, 정기검사의 내용과 중복되는 세부평가항목은 평가 제외
2. 연료전지설비로서 전기사업법에 따른 사용 전 검사 및 정기검사를 받고 있는 경우, 해당 검사의 내용과 중복되는 세부평가항목은 평가 제외

| 구분 | | 항목 | 면담/확인결과 | | | | | 평가근거 |
|---|---|---|---|---|---|---|---|---|
| | | | A | B | C | D | E | |
| 설비의 점검·검사·보수 계획, 유지계획 및 지침 (1~12) | 1 | 설비의 점검·검사·보수 및 유지지침이 산업안전보건법령, 동 고시 및 공단 기술지침을 참조하여 적절하게 작성되어 있는가? | | | | | | |
| | 2 | 설비의 점검·검사·보수계획, 유지계획에 따라 예방점검 및 정비·보수를 시행하고 있는가? | | | | | | |
| | 3 | 부속설비(배관, 밸브 등)와 전기계장설비(MCC, 계기, 경보기 등)에 대한 점검·검사·보수계획, 유지계획이 작성되어 시행되고 있는가? | | | | | | |
| | 4 | 비상가동정지 및 플레어스택 부하(Flare Load) 관련 SIS(안전계장시스템) 설비는 별도로 적절하게 관리되고 있는가? | | | | | | |
| | 5 | 위험설비의 유지·보수에 참여하는 근로자들에게 공정개요 및 위험성, 안전한 유지·보수 작업을 위한 작업절차 등에 대하여 교육을 실시하는가? | | | | | | |
| | 6 | 공정조건, 위험성평가 등을 고려한 중요도에 따라 위험설비의 등급을 구분하고, 이에 따라 점검 및 검사주기를 결정하여 관리하고 있는가? | | | | | | |
| | 7 | 각 설비에 대한 검사기록을 관리하고 있는가? | | | | | | |
| | 8 | 설비의 잔여수명을 관리하여 수명이 다한 설비를 적절한 시기에 교체하거나 적절한 조치를 취하는가? | | | | | | |

| 구분 | | 항목 | 면담/확인결과 | | | | | 평가근거 |
|---|---|---|---|---|---|---|---|---|
| | | | A | B | C | D | E | |
| | 9 | 구매 사양서에 기기의 품질을 확보하기 위한 재료의 최소두께, 비파괴검사, 열처리 및 수압시험을 하도록 규정하고 있는가? | | | | | | |
| | 10 | 설계사양과 제작자 지침에 따라 장치 및 설비가 올바르게 설치되었는지를 확인하기 위한 절차를 마련하여 시행하고 있는가? | | | | | | |
| | 11 | 각 기기별로 유지·보수에 필요한 예비품 목록을 관리하고 있는가? | | | | | | |
| | 12 | 설비의 정비이력을 기록·관리하고 이를 분석하여 예방정비에 활용하고 있는가? | | | | | | |

## 안전작업허가 및 절차

| 구분 | | 항목 | 면담/확인결과 | | | | | 평가근거 |
|---|---|---|---|---|---|---|---|---|
| | | | A | B | C | D | E | |
| 안전작업 허가 및 절차 (1~8) | 1 | 안전작업허가지침이 산업안전보건법령, 동 고시 및 공단기술지침을 참조하여 적절하게 작성되어 있는가? | | | | | | |
| | 2 | 위험작업을 수행할 경우 안전작업허가서를 적절하게 발행하고 있는가? | | | | | | |
| | 3 | 안전작업허가서를 작성 및 승인할 때 필요한 모든 제반사항을 반드시 확인하는가? | | | | | | |
| | 4 | 안전작업허가서는 보관기간을 정하여 유지·관리하고 있는가? | | | | | | |
| | 5 | 안전작업허가서에는 해당 작업과 관련이 있는 모든 관련 책임자의 허가를 받도록 하고 있는가? | | | | | | |
| | 6 | 화기작업 시 작업대상 내 인화성가스농도 측정, 가연성분진의 존재 여부, 배관계장도 검토를 통한 맹판설치, 밸브차단 등의 필수조치는 빠짐없이 이루어졌는가? | | | | | | |
| | 7 | 입조작업 시 작업대상 내 산소농도 측정, 유해가스농도 측정, 가연성분진의 존재 여부, 배관계장도 검토를 통한 맹판설치·밸브차단 등의 필수조치는 빠짐없이 이루어졌는가? | | | | | | |
| | 8 | 굴착작업 허가 시 지하매설물을 확인하기 위한 절차가 마련되어 실행하고 있는가? | | | | | | |

## 도급업체 안전관리

| 구분 | | 항목 | 면담/확인결과 | | | | | 평가근거 |
|---|---|---|---|---|---|---|---|---|
| | | | A | B | C | D | E | |
| 도급업체 안전관리 (1~10) | 1 | 사업주는 도급업체 사업주에게 도급업체 근로자들이 작업하는 공정에서의 누출·화재 또는 폭발의 위험성 및 비상조치계획 등을 제공하는가? | | | | | | |
| | 2 | 사업주는 도급업체 선정 시 안전보건 분야에 대한 평가를 실시하고 그에 적정한 도급업체를 선정하는가? | | | | | | |
| | 3 | 도급업체 사업주는 도급업체 근로자들의 질병·부상 등 재해발생 기록을 관리하는가? | | | | | | |
| | 4 | 도급업체 사업주는 도급업체 근로자들에게 필요한 직무교육을 실시하고 기록을 유지하고 있는가? | | | | | | |
| | 5 | 사업주는 도급업체(정비·보수) 작업에 대해 위험성평가를 실시하고 그 결과를 근로자에게 알려주는가? | | | | | | |
| | 6 | 사업주는 위험설비의 유지·보수작업에 참여하는 도급업체 근로자들에게 공정개요, 취급화학물질 정보, 안전한 유지·보수작업을 위한 작업절차 등에 대하여 교육을 실시하는가? | | | | | | |
| | 7 | 사업주는 도급업체 근로자 등이 공정 시설에 대한 설치·유지·보수 등의 작업을 할 때 필요한 위험물질 등의 제거, 격리 등의 조치를 완료한 후에 작업허가서를 발급하고 있는가? | | | | | | |
| | 8 | 사업주는 도급업체 근로자 등이 공정시설에 대한 설치·유지·보수 등의 작업을 할 때 관련 규정의 준수 여부를 확인하는가? | | | | | | |
| | 9 | 사업주는 도급업체 근로자들이 작업하는 공정 등에 대해서 주기적인 점검(순찰)을 실시하고 문제점을 지적, 개선하는가? | | | | | | |
| | 10 | 사업주는 도급업체 사업주, 근로자의 안전보건에 대한 의견을 주기적으로 확인하고 문제점이 있는 것에 대해서 조치를 하는가? | | | | | | |

## 공정운전에 대한 교육·훈련

| 구분 | | 항목 | 면담/확인결과 | | | | | 평가근거 |
|---|---|---|---|---|---|---|---|---|
| | | | A | B | C | D | E | |
| 공정운전에 대한 교육·훈련 (1~7) | 1 | 공정안전과 관련된 근로자의 초기 및 반복 교육을 실시하고 그 결과를 문서화하여 관리하는가? | | | | | | |
| | 2 | 연간 교육계획을 수립하여 시행하는가? | | | | | | |
| | 3 | 신규 및 보직 변경 근로자에 대하여 안전운전지침서 등에 대한 현장직무(OJT) 교육을 실시하는가? | | | | | | |
| | 4 | 공정안전교육에 설비 전 공정에 관한 공정안전자료, 공정위험성평가서 및 잠재위험에 대한 사고예방 피해최소화 대책, 안전운전절차 및 비상조치계획 등이 포함되어 있는가? | | | | | | |
| | 5 | 관련 지침에 명시된 대로 교육 누락자 또는 교육성과 미달자 등에 대한 재교육을 실시하고 있는가? | | | | | | |
| | 6 | 교육강사는 교육생, 교육내용 등에 맞게 적절하게 선정되었는가? | | | | | | |
| | 7 | 안전관리자 등은 공정안전보고서 작성자 자격을 위한 교육을 이수하였는가? | | | | | | |

## 가동 전 점검지침

| 구분 | | 항목 | 면담/확인결과 | | | | | 평가근거 |
|---|---|---|---|---|---|---|---|---|
| | | | A | B | C | D | E | |
| 가동 전 점검 지침 (1~6) | 1 | 가동 전 점검지침이 산업안전보건법령, 동 고시 및 공단 기술지침을 참조하여 작성되어 있는가? | | | | | | |
| | 2 | 변경요소관리 등 사유 발생 시 가동 전 점검을 하고 있는가? | | | | | | |
| | 3 | 가동 전 점검표가 해당공정에 맞게 산업안전보건법령, 동 고시 및 공단기술지침을 참조하여 선정되었는가? | | | | | | |
| | 4 | 가동 전 점검 결과 개선항목이 적절하게 발굴되었는가? | | | | | | |
| | 5 | 가동 전 점검 시 지적된 사항들을 개선항목(Punch List)으로 작성하여 시운전까지 개선하는가? | | | | | | |
| | 6 | 실행계획서에 의해 개선항목이 이행되었는가? | | | | | | |

## 공정사고조사

| 구분 | | 항목 | 면담/확인결과 | | | | | 평가근거 |
|---|---|---|---|---|---|---|---|---|
| | | | A | B | C | D | E | |
| 공정사고 조사지침 (1~9) | 1 | 공정사고조사지침은 산업안전보건법령, 동 고시 및 공단기술지침을 참조하여 작성되어 있는가? | | | | | | |
| | 2 | 사고조사 시 아차사고를 포함하여 사고조사를 실시하고 있는가? | | | | | | |
| | 3 | 사고조사는 가능한 신속하게 적어도 24시간 이내에 시작하도록 규정하고 있는가? | | | | | | |
| | 4 | 공정사고조사팀에는 사고조사 전문가 및 사고와 관련된 작업을 하는 근로자(도급업체 근로자 포함)가 포함되는가? | | | | | | |
| | 5 | 사고조사보고서에는 필요한 세부사항이 포함되어 있는가? | | | | | | |
| | 6 | 재발방지대책이 기술적·관리적·교육적 대책 등으로 적절하게 작성되어 있는가? | | | | | | |
| | 7 | 재발방지대책의 개선계획이 적절하게 작성되어 개선완료되었는가? | | | | | | |
| | 8 | 사고조사보고서, 재발방지대책 등의 내용을 근로자에게 알려주고 교육을 실시하는가? | | | | | | |
| | 9 | 사고조사 보고서를 5년 이상 보관하는가? | | | | | | |

## 변경요소 관리

| 구분 | | 항목 | 면담/확인결과 | | | | | 평가근거 |
|---|---|---|---|---|---|---|---|---|
| | | | A | B | C | D | E | |
| 변경요소 관리계획 (1~7) | 1 | 변경요소관리지침이 산업안전보건법령, 동 고시 및 공단기술지침을 참조하여 작성되어 있는가? | | | | | | |
| | 2 | 변경요소관리 대상은 빠짐없이 변경요소관리 절차에 따라 처리되었는가? | | | | | | |
| | 3 | 변경 요구서에 필요한 사항이 기재되어 있고, 기술적으로 충분한 근거를 제시하고 있는가? | | | | | | |
| | 4 | 모든 변경사항을 목록화하여 관리하고 있는가? | | | | | | |
| | 5 | 변경 내용을 운전원, 정비원, 도급업체 근로자 등에게 정확하게 알려주고 시운전 전에 충분한 교육을 실시하는가? | | | | | | |
| | 6 | 변경관리위원회는 산업안전보건법령, 동 고시 및 공단 기술지침을 참조하여 구성되고 운영되고 있는가? | | | | | | |
| | 7 | 변경 시 공정안전자료의 변경이 수반될 경우에 이들 자료의 보완이 즉시 이행되고 있는가? | | | | | | |

## 자체감사

| 구분 | | 항목 | 면담/확인결과 | | | | | 평가근거 |
|---|---|---|---|---|---|---|---|---|
| | | | A | B | C | D | E | |
| 자체 감사 (1~9) | 1 | 자체감사지침이 산업안전보건법령, 동 고시 및 공단 기술지침을 참조하여 작성되어 있는가? | | | | | | |
| | 2 | 1년마다 자체감사를 실시하고 그 결과를 문서화하고 있는가? | | | | | | |
| | 3 | 자체감사팀에는 공정설계 또는 공정기술자, 계측제어, 전기 및 방폭기술자, 검사 및 정비기술자, 안전관리자 등 전문가가 참여하는가? | | | | | | |
| | 4 | 자체감사 내용에 PSM 12개 요소 등이 포함되는 등 적절한가? | | | | | | |
| | 5 | 자체감사의 방법은 서류, 현장 확인, 면담 등의 방법을 모두 활용하는가? | | | | | | |
| | 6 | 자체감사 결과 도출된 문제점은 적절한가? | | | | | | |
| | 7 | 자체감사 결과 도출된 문제점을 문서화하고 개선계획을 수립하여 시행하였는가? | | | | | | |
| | 8 | 자체감사 결과보고서를 경영층에 보고하고, 세부내용을 전 근로자에 알려주는가? | | | | | | |
| | 9 | 감사결과 및 개선내용을 문서화한 보고서를 3년 이상 보존하면서 관리를 하고 있는가? | | | | | | |

## 비상조치계획

| 구분 | | 항목 | 면담/확인결과 | | | | | 평가근거 |
|---|---|---|---|---|---|---|---|---|
| | | | A | B | C | D | E | |
| 비상조치계획 (1~8) | 1 | 비상조치계획에 최악의 누출시나리오와 대안의 누출시나리오를 기반으로 작성되어 있는가? | | | | | | |
| | 2 | 화재·폭발 및 독성물질 누출사고가 발생할 수 있는 다양한 사고 시나리오를 발굴하고 비상조치계획을 수립하는가? | | | | | | |
| | 3 | 근로자들이 안전하고 질서정연하게 대피할 수 있도록 충분한 훈련을 실시하였는가? | | | | | | |
| | 4 | 비상조치계획에는 누출 및 화재·폭발사고 발생 시 행동요령이 적절히 포함되어 있는가? | | | | | | |
| | 5 | 사업장 내(도급업체 포함) 비상시 비상사태를 사업장 내 및 인근 사업장에 전파할 수 있는 시스템이 갖추어져 있는가? | | | | | | |
| | 6 | 비상발전기, 소방펌프, 통신장비, 감지기, 개인보호구 등 비상조치에 필요한 각종 장비가 구비되어 정상적인 기능을 유지하고 있으며 정기적으로 작동검사를 실시하는가? | | | | | | |
| | 7 | 비상연락체계(주민홍보계획)는 주기적으로 확인하고 최신화된 상태로 관리되는가? | | | | | | |
| | 8 | 주변 사업장에 유해위험물질 및 설비 정보, 사고시나리오, 비상신호체계 등을 알려주고 있는가? | | | | | | |

## 현장확인

| 구분 | | 항목 | 면담/확인결과 | | | | | 평가근거 |
|---|---|---|---|---|---|---|---|---|
| | | | A | B | C | D | E | |
| 현장 확인 (1~21) | 1 | 보고서는 현장에 근로자들이 볼 수 있도록 비치되고 있는가? | | | | | | |
| | 2 | 원료, 제품 및 설비 등이 공정안전자료와 일치하는가? | | | | | | |
| | 3 | 현장의 정리정돈 상태는 양호한가? | | | | | | |
| | 4 | 위험물의 보관, 저장, 관리상태는 산업안전보건법령에 따라 적정한가? | | | | | | |
| | 5 | 안전밸브, 파열판, 긴급차단밸브, 방폭형 전기기계기구, 가스누출감지기(경보기), 방유제, 내화설비 등의 관리상태는 양호한가? | | | | | | |
| | 6 | 안전밸브, 파열판, 긴급차단밸브, 방폭형 전기기계기구, 가스누출감지기(경보기), 방유제, 내화설비 등은 주기적으로 점검, 교정 등을 하는가? | | | | | | |
| | 7 | 비상대피로가 정상적인 기능을 할 수 있는가? | | | | | | |
| | 8 | 개인보호구는 충분한 수량을 확보하고 있는가? | | | | | | |
| | 9 | 개인보호구는 위험상황 시 근로자들이 즉시 사용할 수 있는 상태로 있는가? | | | | | | |
| | 10 | 운전원, 작업자는 개인보호구 착용방법을 이해하고 정확히 착용하는가? | | | | | | |
| | 11 | 위험물의 입·출하 절차를 규정하고 관리하에 수행되는가? | | | | | | |
| | 12 | 회분식 반응기의 화재, 폭발 대책은 충분히 고려되고 관리되고 있는가? | | | | | | |
| | 13 | 국소배기장치, 폐수처리장, 백필터 등 환경 처리시설의 관리 및 가동은 정상적으로 수행되고 있는가? | | | | | | |
| | 14 | 안전밸브 등 안전장치 후단의 배출물 처리는 안전한 장소로 연결되어 있는가? | | | | | | |

| 구분 | | 항목 | 면담/확인결과 | | | | | 평가근거 |
|---|---|---|---|---|---|---|---|---|
| | | | A | B | C | D | E | |
| | 15 | 배관 및 밸브의 표시 등은 적정하게 되어 있는가? | | | | | | |
| | 16 | 알람리스트 등은 제대로 관리되고 있는가? | | | | | | |
| | 17 | 인터록의 관리상태는 양호한가? | | | | | | |
| | 18 | 배관, 장치, 설비 중에 위험물의 누출 등이 발생하는 곳은 없는가? | | | | | | |
| | 19 | 제어실 등 양압시설은 25Pa 이상으로 적정하게 유지하고 있는가? | | | | | | |
| | 20 | 스프링클러, 소화설비의 관리상태는 양호하며 주기적인 작동시험 등은 수행되고 있는가? | | | | | | |
| | 21 | 전기 접지 및 절연상태는 양호하고 주기적인 점검이 이루어지는가? | | | | | | |

**[별지 제1호서식]** 〈개정 2020. 1. 16〉

〈공정안전보고서 심사신청서〉

| 접수번호 | 접수일자 | 처리일자 | 처리기간 | 30일 |
|---|---|---|---|---|

| 신청인 | 사업장명 | | 사업장관리번호 | |
|---|---|---|---|---|
| | 사업자등록번호 | | 전화번호 | |
| | 소재지 | | | |
| | 대표자 성명 | | | |

「산업안전보건법」 제44조제1항에 따라 공정안전보고서 심사를 신청합니다.

20    년    월    일

신청인                          (서명 또는 인)

한국산업안전보건공단 이사장 귀하

| 신청인 제출서류 | 1. 공정안전보고서 2부 | 수수료<br>고용노동부장관이<br>정하는<br>수수료 참조 |
|---|---|---|

**처리절차(안전보건공단, 예방센터)**

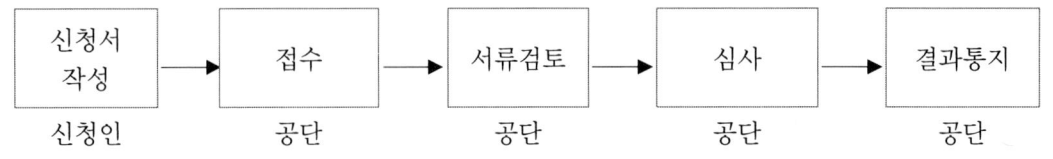

신청서 작성 → 접수 → 서류검토 → 심사 → 결과통지
신청인        공단     공단       공단    공단

[별지 제3호서식] 〈개정 2020. 1. 16〉

〈공정안전보고서 보완 요청서〉

| 사업장명 | | | |
|---|---|---|---|
| 사업의 종류 | | 전화번호 | |
| 소재지 | | | |
| 사업주 성명 | | | |
| 심사대상 사업 또는 설비명 | | | |
| 보완서류 제출 마감일 | 20  년   월 일 | | |

「산업안전보건법」 제44조에 따라 제출한 공정안전보고서의 서류에 대하여 붙임과 같이 보완을 요청합니다.

20   년    월    일

한국산업안전보건공단 이사장          직인

| 첨부서류 | 서류보완사항 기재서 1부 |
|---|---|

[별지 제4호서식] 〈개정 2020. 1. 16〉

〈공정안전보고서 심사결과 통지서〉

| 사업장명 | |
|---|---|
| 사업의 종류 | 전화번호 |
| 소재지 | |
| 사업주 성명 | |
| 심사대상 사업 또는 설비명 | |
| 심사결과 | ☐ 적정<br>☐ 조건부 적정<br>☐ 부적정 |

「산업안전보건법」 제44조에 따라 제출한 공정안전보고서에 대한 심사결과를 통지합니다.

20    년    월    일

한국산업안전보건공단 이사장            직인

| 첨부서류 | 1. 공정안전보고서 1부<br>2. 조건부 적정 내용 1부<br>3. 부적정 사유서 1부<br>4. 심사결과서 1부 |
|---|---|

[별지 제5호서식] 〈개정 2020. 1. 16〉

〈공정안전보고서 심사결과 조치 요청서〉

| 사업장명 | |
|---|---|
| 사업의 종류 | 전화번호 |
| 소재지 | |
| 사업주 성명 | |
| 심사대상 사업 또는 설비명 | |
| 보고서 접수일 | 심사 완료일 / 심사결과 |

「산업안전보건법」제45조제1항에 따른 공정안전보고서에 대한 심사결과 붙임과 같이 부적정하여 조치를 요청합니다.

요청사항 :

년    월    일

한국산업안전보건공단 이사장            직인

지방고용노동청장 귀하

| 첨부서류 | 부적정 사유서 1부 |
|---|---|

[별지 제7호서식] 〈개정 2020. 1. 16〉

〈공정안전보고서 심사결과 통지서〉

| 사업장명 | |
|---|---|
| 사업의 종류 | 전화번호 |
| 소재지 | |
| 사업주 성명 | |
| 심사대상 사업 또는 설비명 | |

「산업안전보건법」 제44조에 따라 제출한 공정안전보고서 심사결과를 아래와 같이 적정함(붙임과 같이 조건부 적정함)을 통지합니다.

20   년   월   일

한국산업안전보건공단 이사장           직인

시·도지사 귀하

| 첨부서류 | 조건부 적정내용 1부(조건부 적정 판정 시) |
|---|---|

[별지 제9호서식] 〈개정 2020. 1. 16〉

〈공정안전보고서 확인요청서〉

| 사업장명 | | 사업장관리번호 | |
|---|---|---|---|
| 사업자등록번호 | | 전화번호 | |
| 소재지 | | | |
| 대표자 성명 | | | |
| 담당자 | 성명 | 휴대전화번호 | |
| | 전자우편 주소 | | |
| 확인대상 사업 또는 설비명 | | | |
| 공정안전보고서 심사완료일 | | 공사기간 | |
| 확인요청일 | | | |
| 확인요청 기간 | 20 년 월 일 ~ 20 년 월 일 | | |

「산업안전보건법」 제46조제2항 및 같은 법 시행규칙 제53조에 따라 확인을 요청합니다.

20 년 월 일

신청인 (서명 또는 인)

한국산업안전보건공단 이사장 귀하

[별지 제10호서식] 〈개정 2020. 1. 16〉

〈확인결과통지서〉

| 사업장명 | | | |
|---|---|---|---|
| 사업의 종류 | | 전화번호 | |
| 소재지 | | | |
| 사업주 성명 | | | |
| 확인대상 사업 또는 설비명 | | 구 분 | ☐ 설치과정 중<br>☐ 시운전 중<br>☐ 기존 설비<br>☐ 중대한 변경 |
| 확인 기간 | 20 년 월 일 ~ 20 년 월 일 | | |
| 확 인 자 | 소속(공단)　　　　직 위　　　　성 명 | | |
| 확 인 자 | 소속(사업장)　　　직 위　　　　성 명 | | |
| 확인결과 | ☐ 적합<br>☐ 조건부 적합<br>☐ 부적합 | | |

「산업안전보건법」제46조제2항 및 같은 법 시행규칙 제53조에 따라 위와 같이 확인하였음을 통지합니다.

20    년    월    일

한국산업안전보건공단 이사장        직인

| 첨부서류 | 1. 조건부 적합 내용 1부<br>2. 부적합 사유서 1부<br>3. 확인결과표 1부 |
|---|---|

[별지 제11호서식] 〈개정 2020. 1. 16〉

〈확인결과 조치 요청서〉

| 사업장명 | | | |
|---|---|---|---|
| 사업의 종류 | | 전화번호 | |
| 소재지 | | | |
| 사업주 성명 | | | |
| 확인대상 사업 또는 설비명 | | 구 분 | ☐ 설치과정 중<br>☐ 시운전 중<br>☐ 기존설비<br>☐ 중대한 변경 |
| 보고서 접수일 | | 심사 완료일 | 심사결과 |

| 확인기간 | ( 일간) | | |
|---|---|---|---|
| 확 인 자 | 소속(공단) | 직위 | 성명 |
| 입 회 자 | 소속(사업장) | 직위 | 성명 |

「산업안전보건법」 제46조제2항 및 같은 법 시행규칙 제53조에 따른 확인 결과 아래와 같이 요청합니다.

요청사항 : 변경명령

    기타 행정조치

20 년    월    일

한국산업안전보건공단 이사장          직인

지방노동청(지청)장 귀하

| 첨부서류 | 1. 확인결과표 사본 1부<br>2. 부적합 사유서 1부<br>3. 조건부적합 사유서 1부 |
|---|---|

**[별지 제12호서식]** 〈개정 2020. 1. 16〉

〈사업개요〉

| 사업장명 : | | 사업의 구분 | ☐ 설치·이전<br>☐ 변경<br>☐ 기존설비 |
|---|---|---|---|
| 사업자 등록번호 : | | | |
| 대표자 성명 : | | 심사대상 설비명 | |
| 표준산업분류(업종분류) : | | | |
| 예상근무 근로자 수 : | | 전기계약용량 | kW |
| 보고서 작성자<br>(작성 참여자 모두 기재) | | 작성자 자격 | |
| 컨설팅업체<br>(컨설팅업체에서 작성한 경우) | 업체명 :<br>주  소 :<br>작성지원 내용 : | | 사업자등록번호 :<br>전화 : |

| 사업<br>주요내용 | | 품명 | 사용량 또는 생산량 | 주요용도 |
|---|---|---|---|---|
| | 주원료 또는 재료 | | | |
| | 주생산품 | | | |
| | 주요사업 내용 또는 변경내용 | | | |

| 사업장의<br>위치 및 부지 | 위치 | 전화번호 :<br>전송번호 : |
|---|---|---|
| | 부지 | m²(    평) |
| | 주요건물 | 동  층 연면적 :    m²(    평) |

| 추진일정 | 총사업기간 | 년  월  일 ~  년  월  일 |
|---|---|---|
| | 착공예정일 | 년  월  일 |
| | 시운전기간 | 년  월  일 ~  년  월  일 |

[별지 제13호서식] 〈개정 2020. 1. 16〉

〈유해 · 위험물질 목록〉

| 화학물질 | CAS No | 분자식 | 폭발한계(%) | | 노출기준 | 독성치 | 인화점 (℃) | 발화점 (℃) | 증기압 (20℃, mmHg) | 부식성 유무 | 이상반응 유무 | 일일 사용량 | 저장량 | 비고 |
|---|---|---|---|---|---|---|---|---|---|---|---|---|---|---|
| | | | 하한 | 상한 | | | | | | | | | | |
| | | | | | | | | | | | | | | |
| | | | | | | | | | | | | | | |
| | | | | | | | | | | | | | | |

주) ① 유해 · 위험물질은 제출대상 설비에서 제조 또는 취급하는 모든 화학물질을 기재합니다.
② 증기압은 상온에서 증기압을 말합니다.
③ 부식성 유무는 있으면 ○, 없으면 ×로 표시합니다.
④ 이상반응 여부는 그 물질과 이상반응을 일으키는 물질과 그 조건(금수성 등)을 표시하고 필요시 별도로 작성합니다.
⑤ 노출기준에는 시간가중평균노출기준(TWA)을 기재합니다.
⑥ 독성치에는 LD50(경구, 쥐), LD50(경피, 쥐 또는 토끼) 또는 LC50(흡입, 4시간 쥐)을 기재합니다.


[별지 제14호서식] 〈개정 2020. 1. 16〉

〈동력기계 목록〉

| 동력기계 번호 | 동력기계명 | 명세 | 주요재질 | 전동기용량 (kW) | 방호 · 보호 장치의 종류 | 비고 |
|---|---|---|---|---|---|---|
| | | | | | | |
| | | | | | | |
| | | | | | | |
| | | | | | | |

주) ① 방호·보호장치의 종류에는 법적인 안전/방호장치와 모터보호장치(THT\R, EOCR, EMPR 등) 등을 기재합니다.
② 비고에는 인버터 또는 기동방식 등을 기재합니다.

**[별지 제15호서식]** 〈개정 2020. 1. 16〉

〈장치 및 설비 명세〉

| 장치번호 | 장치명 | 내용물 | 용량 | 압력(MPa) | | 온도(℃) | | 사용재질 | | | 용접효율 | 계산두께(mm) | 부식여유(mm) | 사용두께(mm) | 후열처리여부 | 비파괴율검사(%) | 비고 |
|---|---|---|---|---|---|---|---|---|---|---|---|---|---|---|---|---|---|
| | | | | 운전 | 설계 | 운전 | 설계 | 본체 | 부속품 | 개스킷 | | | | | | | |
| | | | | | | | | | | | | | | | | | |
| | | | | | | | | | | | | | | | | | |
| | | | | | | | | | | | | | | | | | |
| | | | | | | | | | | | | | | | | | |

주) ① 압력용기, 증류탑, 반응기, 열교환기, 탱크류 등 고정기계에 해당합니다.
② 부속물은 증류탑의 충진물, 데미스터(Demister), 내부의 지지물 등을 말합니다.
③ 용량에는 장치 및 설비의 직경 및 높이 등을 기재합니다.
④ 열교환기류는 동체 측과 튜브 측을 구별하여 기재합니다.
⑤ 자켓이 있는 압력용기류는 동체 측과 자켓 측을 구별하여 기재합니다.


**[별지 제16호서식]** 〈개정 2020. 1. 16〉

〈배관 및 개스킷 명세〉

| 분류코드 | 유체의 명칭 또는 구분 | 설계온도 | 설계압력 | 배관재질 | 개스킷 재질 및 형태 | 비파괴검사율 | 후열처리 여부 | 비고 |
|---|---|---|---|---|---|---|---|---|
| | | | | | | | | |
| | | | | | | | | |
| | | | | | | | | |
| | | | | | | | | |
| | | | | | | | | |

주) ① 분류코드란에는 공정배관계장 도면상의 배관분류 코드를 기재합니다.
② 배관재질란은 KS/ASTM 등의 기호로 기재합니다.
③ 개스킷 재질 및 형태란에는 일반명 및 형태를 기재하고 상품번호는 기재하지 아니합니다.

[별지 제17호서식] 〈개정 2020. 1. 16〉

〈안전밸브 및 파열판 명세〉

| 계기번호 | 내용물 | 상태 | 배출용량 (kg/hr) | 정격용량 (kg/hr) | 노즐크기 | | 보호기기압력 | | | 안전밸브 등 | | | 정밀도 (오차범위) | 배출연결부위 | 배출원인 | 형식 |
|---|---|---|---|---|---|---|---|---|---|---|---|---|---|---|---|---|
| | | | | | 입구 | 출구 | 기기번호 | 운전 (MPa) | 설계 (MPa) | 설정 (MPa) | 몸체재질 | TRIM 재질 | | | | |
| | | | | | | | | | | | | | | | | |
| | | | | | | | | | | | | | | | | |
| | | | | | | | | | | | | | | | | |

주) ① 배출원인에는 안전밸브의 작동원인(냉각수 차단, 전기공급중단, 화재, 열팽창 등) 중 최대로 배출되는 원인을 기재합니다.
  ② 형식에는 안전밸브의 형식(일반형, 벨로즈형, 파일럿 조작형)을 기재합니다.


[별지 제17호의2서식] 〈개정 2020. 1. 16〉

〈이상 발생 시 인터록 작동조건 및 가동중지 범위〉

| 인터록번호 | 대상설비번호 | 설정값 | | | | 감지기번호 | 최종작동설비 | 가동중지범위 | 점검주기 | 비고 |
|---|---|---|---|---|---|---|---|---|---|---|
| | | 온도 (℃) | 압력 (MPa) | 액위 (m) | 기타 | | | | | |
| | | | | | | | | | | |
| | | | | | | | | | | |
| | | | | | | | | | | |

주) ① 인터록번호는 다른 인터록과 구분되는 번호를 기재합니다.
  ② 대상설비는 인터록 및 조업중지가 되는 설비명을 기재합니다.
  ③ 설정값에는 미리 설정한 온도, 압력, 액위 등을 순차적으로 기재합니다.
  ④ 감지기번호(계기번호)는 설정된 온도, 압력, 액위 등의 감지기의 번호를 기재합니다.
  ⑤ 최종작동설비는 인터록에 의해 최종 작동되는 설비를 기재합니다.
  ⑥ 가동중지범위는 인터록에 의해 가동중지되는 범위를 기재합니다.
  ⑦ 점검주기는 감지기, 최종작동설비 등의 점검주기를 기재합니다.

[별지 제17호의3서식] 〈개정 2020. 1. 16〉

〈소화설비 설치계획〉

| 설치지역 | 소화기 | 자동확산 소화기 | 자동소화장치 | 옥내소화전 | 스프링클러 | 물분무소화설비 | 포소화설비 | $CO_2$ 소화설비 | 할로겐화합물 소화설비 | 청정소화약제 소화설비 | 옥외소화전 |
|---|---|---|---|---|---|---|---|---|---|---|---|
|  |  |  |  |  |  |  |  |  |  |  |  |
|  |  |  |  |  |  |  |  |  |  |  |  |
|  |  |  |  |  |  |  |  |  |  |  |  |
|  |  |  |  |  |  |  |  |  |  |  |  |

주) ① 설치지역별로 소화기 등 소화설비의 설치개수를 기재합니다.
② 스프링클러 등 수계소화설비는 Deluge(딜루지) 밸브 등의 설치개수를 기재합니다.
③ $CO_2$ 소화설비 등 가스계소화설비는 기동용기 등의 설치개수를 기재합니다.
④ 「소방시설 설치·유지 및 안전관리에 관한 법률 시행령」 별표 1 및 「위험물안전관리법 시행규칙」 별표 17에 따라 분만소화설비 등 다른 형태의 소화설비를 추가하여 기재합니다.


[별지 제17호의4서식] 〈개정 2020. 1. 16〉

〈화재탐지경보설비 설치계획〉

| 설치지역 | 단독경보형 감지기 | 비상경보설비 | 시각경보기 | 자동화재탐지설비 | 비상방송설비 | 자동화재속보설비 | 통합감시시설 | 누전경보기 |
|---|---|---|---|---|---|---|---|---|
|  |  |  |  |  |  |  |  |  |
|  |  |  |  |  |  |  |  |  |
|  |  |  |  |  |  |  |  |  |
|  |  |  |  |  |  |  |  |  |

주) 「소방시설 설치·유지 및 안전관리에 관한 법률 시행령」 별표 1 및 「위험물안전관리법 시행규칙」 별표 17에 따라 다른 형태의 경보설비가 설치된 경우에는 추가하여 기재합니다.

[별지 제17호의5서식] 〈개정 2020. 1. 16〉

〈가스누출감지경보기 설치계획〉

| 감지기 번호 | 감지 대상 | 설치 장소 | 작동 시간 | 측정 방식 | 경보 설정값 | 경보기 위치 | 정밀도 | 경보 시 조치내용 | 유지 관리 | 비고 |
|---|---|---|---|---|---|---|---|---|---|---|
| | | | | | | | | | | |
| | | | | | | | | | | |
| | | | | | | | | | | |
| | | | | | | | | | | |
| | | | | | | | | | | |

주) ① 감지대상은 감지하고자 하는 물질을 기재합니다.
② 설치장소는 구체적인 화학설비 및 부속설비의 주변 등으로 구체적으로 기재합니다.
③ 경보설정치는 폭발하한계(LEL)의 25% 이하, 허용농도 이하 등으로 기재합니다.
④ 경보 시 조치내용은 경보가 발생할 경우 근로자의 조치내용을 기재합니다.
⑤ 유지관리에는 교정 주기 등을 기재합니다.


[별지 제18호서식] 〈개정 2020. 1. 16〉

〈내화구조 명세〉

| 내화설비 또는 지역 | 내화부위 | 내화시험기준 및 시간 | 비고 |
|---|---|---|---|
| | | | |
| | | | |
| | | | |
| | | | |
| | | | |

주) ① 내화설비 또는 지역은 건축물명, 배관지지대명, 설비명 등을 기재합니다.
② 내화부위는 내화의 범위(예 : 배관지지대 등)를 기재합니다.
③ 내화시험기준 및 시간은 한국산업규격에 따른 내화시험방법에 의하여 기재합니다.

[별지 제19호서식] 〈개정 2020. 1. 16〉

〈국소배기장치 개요〉

| 공정 또는 작업장명 | 실내외 구분 | 발생원 | 유해물질 종류 | 후드 형식 | 후드의 제어풍속 (m/s) | 덕트 내 반송속도 (m/s) | 배풍량 (m²/min) | 전동기 | | 배기 및 처리순서 |
|---|---|---|---|---|---|---|---|---|---|---|
| | | | | | | | | 용량 (kW) | 방폭 형식 | |
| | | | | | | | | | | |
| | | | | | | | | | | |
| | | | | | | | | | | |
| | | | | | | | | | | |
| | | | | | | | | | | |

주) ① 발산원은 유해물질 발생설비를 기재합니다.
　② 유해물질 종류는 유해가스명 또는 분진명 등을 기재합니다.
　③ 후드의 제어풍속은 발생원에서 후드입구로 흡입되는 풍속을 말합니다.
　④ 배기 및 처리순서는 유해물질 발생에서부터 처리, 배출까지의 모든 설비를 순서대로 기재합니다.(예 : 집진기, 세정기 등을 기재하고 필요시 후드, 덕트, 배기구, 배풍기 및 공기정화장치의 상세도면과 명세 등 별도 작성 제출)

[별지 제19호의2 서식] 〈개정 2020.1.16〉

〈시나리오 및 피해예측 결과〉

| 구분 | 최악의 사고 시나리오 | 대안의 사고 시나리오 |
|---|---|---|
| 기상 및 지형자료 | | |
| 풍속(m/s) | | |
| 대기안정도(A~F) | | |
| 대기온도(℃) | | |
| 습도(%) | | |
| 표면거칠기(m) | ☐ 시골 ☐ 도시 ☐ 물위 또는 (　)m | ☐ 시골 ☐ 도시 ☐ 물위 또는 (　)m |
| 물질 및 설비 | | |
| 물질명 | | |
| 물질의 상태 | ☐ 기체 ☐ 액체 ☐ 2상(액체+기체) | ☐ 기체 ☐ 액체 ☐ 2상(액체+기체) |

| 구분 | 최악의 사고 시나리오 | | | 대안의 사고 시나리오 | | |
|---|---|---|---|---|---|---|
| 설비명(또는 배관부위) | | | | | | |
| 운전압력(MPa) | | | | | | |
| 운전온도(℃) | | | | | | |
| 누출구의 크기(mm²) | | | | | | |
| 웅덩이 크기(m²) | | | | | | |
| 피해예측결과 | | | | | | |
| 누출결과 | | | | | | |
|   직접계산(kg/s or kg) | | | | | | |
|   웅덩이(kg/s) | | | | | | |
|   설비/배관(kg/s) | | | | | | |
| 피해결과 | | | | | | |
| 화재-복사열이 미치는 거리(m) | 4kW/m² | 12.5kW/m² | 37.5kW/m² | 4kW/m² | 12.5kW/m² | 37.5kW/m² |
| 폭발-과압이 미치는 거리(m) | 7kPa | 21kPa | 70kPa | 7kPa | 21kPa | 70kPa |
| 확산결과-인화성(m) | 25% LEL | LEL | UEL | 25% LEL | LEL | UEL |
| 확산결과-독성(m) | ERPG 1 | ERPG 2 | ERPG 3 | ERPG 1 | ERPG 2 | ERPG 3 |

주) ① 풍속은 1.5m/s 또는 통상의 풍속
　② 대기안정도는 F 또는 통상의 대기안정도
　③ 대기온도는 지난 3년간 낮 동안의 최대 온도 또는 통상 온도
　④ 습도는 지난 3년간 낮동안의 평균 습도 또는 통상 습도
　⑤ 표면거칠기는 시골, 도시, 물위 중 하나를 체크하거나 실제 표면거칠기 기재
　⑥ 물질의 상태는 기체, 액체, 2상 중 하나를 체크
　⑦ 누출구의 크기는 탱크 또는 배관 누출의 경우에 한해 기재
　⑧ 웅덩이 크기는 액면을 형성한 경우에 한해 기재
　⑨ 직접계산에는 직접 계산한 누출속도(kg/s) 또는 누출량(kg)을 기재
　⑩ 웅덩이, 설비, 배관에는 누출속도(증발속도) 또는 연소속도를 기재
　⑪ 화재-복사열에는 4, 12.5, 37.5 kW/m²의 복사열이 미치는 거리 기재(관심 복사열은 임의로 선정 가능)
　⑫ 폭발-과압에는 7, 21, 70 kPa의 과압이 미치는 거리 기재(관심 과압은 임의로 선정 가능)
　⑬ 확산-인화성에는 인화성액체나 가스의 농도가 25% LEL, LEL(폭발하한계), UEL(폭발상한계)이 되는 거리 기재(관심 농도는 임의로 선정 가능)
　⑭ 확산-독성에는 독성물질의 농도가 ERPG 1, ERPG 2, ERPG 3가 되는 거리 기재(관심 농도는 임의로 선정 가능)
　⑮ 영향을 미치는 복사열, 과압, 확산 농도는 변경 가능
　⑯ 해당사항이 없는 항목은 생략 가능

[별지 제20호서식] 〈개정 2020.1.16〉

〈방폭전기/계장 기계·기구 선정기준〉

| 설치장소 또는 공정 | 전기/계장기계·기구명 | 폭발위험장소별 선정기준(방폭형식) | | |
|---|---|---|---|---|
| | | 0종 장소 | 1종 장소 | 2종 장소 |
| | | | | |
| | | | | |
| | | | | |
| | | | | |
| | | | | |
| | | | | |

주) ① 전기/계장기계·기구명에는 전동기, 계측장치 및 스위치 등 폭발위험장소 내에 설치될 모든 전기/계장기계·기구를 품목별 또는 공정별, 품목별로 기재합니다.
② 방폭형식 표시기호는 한국산업규격에 따릅니다.(예 : 내압방폭형 누름스위치-Exd ⅡB T4 등)


[별지 제21호서식] 〈개정 2020.1.16〉

〈위험성평가 참여 전문가 명단〉

| 책임분야 | 성명 | 소속회사 | 직책 | 주요경력 |
|---|---|---|---|---|
| | | | | |
| | | | | |
| | | | | |
| | | | | |

주) ① 책임분야란에는 전문가가 맡은 분야를 기재합니다.
② 주요경력란에는 전문가의 주요경력 및 경력 연수를 기재합니다.

## ③ 가스누출감지경보기 설치에 관한 기술상의 지침(제2020-49호)

**제1조(목적)** 이 고시는 「산업안전보건법」 제13조에 따라 가연성 또는 독성물질의 가스나 증기의 누출을 감지하기 위한 가스누출감지 경보설비 설치에 관하여 사업주에게 지도·권고할 기술상의 지침을 규정함을 목적으로 한다.

**제2조(용어의 정의)** ① 이 고시에서 사용하는 용어의 뜻은 다음 각 호와 같다.
 1. "가스"란 해당 물질의 가스나 증기를 말한다.
 2. "가스누출감지경보기"란 가연성 또는 독성물질의 가스를 감지하여 그 농도를 지시하며, 미리 설정해 놓은 가스농도에서 자동적으로 경보가 울리도록 하는 장치를 말한다.
 ② 그 밖에 이 고시에서 사용하는 용어의 뜻은 이 고시에 특별한 규정이 없으면 「산업안전보건법」, 같은 법 시행령 및 시행규칙, 「산업안전보건기준에 관한 규칙」에서 정하는 바에 따른다.

**제3조(선정기준)** ① 가스누출감지경보기를 설치할 때에는 감지대상 가스의 특성을 충분히 고려하여 가장 적절한 것을 선정하여야 한다.
 ② 하나의 감지대상 가스가 가연성이면서 독성인 경우에는 독성가스를 기준하여 가스누출감지경보기를 선정하여야 한다.

**제4조(설치장소)** 가스누출감지경보기를 설치하여야 할 장소는 다음 각 호와 같다.
 1. 건축물 내·외에 설치되어 있는 가연성 및 독성물질을 취급하는 압축기, 밸브, 반응기, 배관 연결부위 등 가스의 누출이 우려되는 화학설비 및 부속설비 주변
 2. 가열로 등 발화원이 있는 제조설비 주위에 가스가 체류하기 쉬운 장소
 3. 가연성 및 독성물질의 충진용 설비의 접속부의 주위
 4. 방폭지역 안에 위치한 변전실, 배전반실, 제어실 등
 5. 그 밖에 가스가 특별히 체류하기 쉬운 장소

**제5조(설치위치)** ① 가스누출감지경보기는 가능한 한 가스의 누출이 우려되는 누출부위 가까이 설치하여야 한다. 다만, 직접적인 가스누출은 예상되지 않으나 주변에서 누출된 가스가 체류하기 쉬운 곳은 다음 각 호와 같은 지점에 설치하여야 한다.
 1. 건축물 밖에 설치되는 가스누출감지경보기는 풍향, 풍속 및 가스의 비중 등을 고려하여 가스가 체류하기 쉬운 지점에 설치한다.
 2. 건축물 안에 설치되는 가스누출감지경보기는 감지대상가스의 비중이 공기보다 무거운 경우에는 건축물내의 하부에, 공기보다 가벼운 경우에는 건축물의 환기구 부근 또는 해당 건축물내의 상부에 설치하여야 한다.

② 가스누출감지경보기의 경보기는 근로자가 상주하는 곳에 설치하여야 한다.

**제6조(경보설정치)** ① 가연성 가스누출감지경보기는 감지대상 가스의 폭발하한계 25퍼센트 이하, 독성가스 누출감지경보기는 해당 독성가스의 허용농도 이하에서 경보가 울리도록 설정하여야 한다.
② 가스누출감지경보의 정밀도는 경보설정치에 대하여 가연성 가스누출감지경보기는 ±25퍼센트 이하, 독성가스누출감지경보기는 ±30퍼센트 이하이어야 한다.

**제7조(성능)** 가스누출감지경보기는 다음 각 호와 같은 성능을 가져야 한다.
1. 가연성 가스누출감지경보기는 담배연기 등에, 독성가스 누출감지경보기는 담배연기, 기계세척유가스, 등유의 증발가스, 배기가스, 탄화수소계 가스와 그 밖의 가스에는 경보가 울리지 않아야 한다.
2. 가스누출감지경보기의 가스 감지에서 경보발신까지 걸리는 시간은 경보농도의 1.6배인 경우 보통 30초 이내일 것. 다만, 암모니아, 일산화탄소 또는 이와 유사한 가스 등을 감지하는 가스누출감지경보기는 1분 이내로 한다.
3. 경보정밀도는 전원의 전압 등의 변동률이 ±10퍼센트까지 저하되지 않아야 한다.
4. 지시계 눈금의 범위는 가연성가스용은 0에서 폭발하한계값, 독성가스는 0에서 허용농도의 3배 값(암모니아를 실내에서 사용하는 경우에는 150)이어야 한다.
5. 경보를 발신한 후에는 가스농도가 변화하여도 계속 경보를 울려야 하며, 그 확인 또는 대책을 조치할 때에는 경보가 정지되어야 한다.

**제8조(구조)** 가스누출감지경보기는 다음 각 호와 같은 구조를 가져야 한다.
1. 충분한 강도를 지니며 취급 및 정비가 쉬워야 한다.
2. 가스에 접촉하는 부분은 내식성의 재료 또는 충분한 부식방지 처리를 한 재료를 사용하고 그 외의 부분은 도장이나 도금처리가 양호한 재료이어야 한다.
3. 가연성가스(암모니아를 제외한다) 누출감지경보기는 방폭성능을 갖는 것이어야 한다.
4. 수신회로가 작동상태에 있는 것을 쉽게 식별할 수 있어야 한다.
5. 경보는 램프의 점등 또는 점멸과 동시에 경보를 울리는 것이어야 한다.

**제9조(보수)** 가스누출감지경보기는 항상 작동상태이어야 하며, 정기적인 점검과 보수를 통하여 정밀도를 유지하여야 한다.

**제10조(재검토기한)** 고용노동부 장관은 이 고시에 대하여 2020년 1월 1일 기준으로 매 3년이 되는 시점(매 3년째의 12월 31일까지를 말한다)마다 그 타당성을 검토하여 개선 등의 조치를 하여야 한다.

**부 칙** 〈제2020-49호, 2020. 1. 14.〉
이 고시는 2020년 1월 16일부터 시행한다.

# 예상문제 풀이

Part 03

## Contents

1. 위험물질 정의 및 분류 — 265
2. 화재의 기본개념 — 271
3. 폭발의 기본개념 — 281
4. 화재 및 폭발 예방대책 — 291
5. 폭발위험장소 구분 및 방폭설비 — 297
6. 부식 및 방식 — 304
7. 화학공장 안전설계 및 안전장치 — 314
8. 릴리프(Relief) 및 플레어(Flare) 시스템 — 325
9. 정전기 예방대책 — 338
10. 공정안전관리제도(PSM) — 344

# 01 예상문제 풀이

## 1 위험물질 정의 및 분류

### 1. 산업안전보건법에 따른 위험물질을 구분하시오.

- 산업안전보건법에 따른 위험물질은 다음과 같이 7가지로 구분하고 각각의 정의는 다음과 같다.

① 폭발성 물질 및 유기과산화물

폭발성 물질은 자체의 화학반응에 따라 주위 환경에 손상을 줄 수 있는 온도, 압력 및 속도를 가진 가스를 발생시키는 고체, 액체 또는 혼합물을 말한다(다만, 화공품은 가스를 발생시키지 않더라도 폭발성 물질에 포함된다). 또한, 유기과산화물은 -2가의 -O-O- 구조를 가지고 1개 또는 2개의 수소 원자가 유기 라디칼에 의하여 치환된 과산화수소의 유도체를 말한다.

② 물반응성 물질 및 인화성 고체

물반응성 물질은 물과 반응하여 인화성 가스를 방출하는 물질 또는 혼합물을 말하며, 인화성 고체는 쉽게 연소되거나 마찰에 의하여 화재를 일으키거나 촉진할 수 있는 물질을 말한다.

③ 산화성 액체 및 산화성 고체

산화성 액체는 물질 자체로는 반드시 가연성을 가지지 않더라도 일반적으로 산소를 발생시켜 다른 물질을 연소시키거나 연소에 기여하는 액체를 말하고, 산화성 고체는 물질 자체는 연소하지 않더라도 산소를 발생시켜 다른 물질을 연소시키거나 연소에 기여하는 고체를 말한다.

④ 인화성 액체

인화성 액체는 표준압력(101.3kPa)에서 인화점이 60℃ 이하인 액체를 말한다.

⑤ 인화성 가스

인화성 가스는 20℃, 표준압력 101.3kPa에서 공기와 혼합하여 인화범위를 가지는 가스를 말한다. 이때 인화범위는 폭발하한이 13% 이하이거나, 폭발 상·하한의 차이가 12% 이상을 말한다.

⑥ 부식성 물질

부식성 물질은 화학적인 작용으로 금속을 손상 또는 부식시키는 물질을 말하며 부식성 산류와 부식성 염기류로 구분할 수 있다.

⑦ 급성 독성 물질

급성 독성 물질은 입 또는 피부를 통하여 1회 또는 24시간 이내에 수회로 나누어 투여하거나 호흡기를 통하여 4시간 동안 흡입시켰을 때 유해한 영향을 일으키는 물질을 말한다.

쥐에 대한 경구투입실험 : LD50(경구, 쥐) 300mg/kg - 체중 이하인 화학물질

쥐 또는 토끼에 대한 경피흡수실험 : LD50(경피, 토끼 또는 쥐)이 1,000mg/kg - 체중 이하인 화학물질

- 쥐에 대한 4시간 흡입실험

    가스 LC50(쥐, 4시간 흡입)이 2,500ppm 이하인 화학물질

    증기 LC50(쥐, 4시간 흡입)이 10mg/$\ell$ 이하인 화학물질

    분진 또는 미스트 1mg/$\ell$ 이하인 화학물질

## 2. 위험물안전관리법에 의한 위험물질을 구분하시오.

- 위험물안전관리법상의 위험물은 화재 위험이 큰 것으로서 인화성 또는 발화성 등의 성질을 가진 물질을 말하며, 이들 물질은 그 자체가 인화 또는 발화하는 것과, 인화 또는 발화를 촉진하는 것들이 있으며, 이러한 물질들의 일반성질, 화재예방방법 및 소화방법 등의 공통점을 묶어 제1류에서 제6류까지 분류한다.

① 제1류 위험물(산화성 고체)

액체 또는 기체 이외의 고체로서 산화성 또는 충격에 민감한 물질을 말한다.

② 제2류 위험물(가연성 고체)

고체로서 화염에 의한 발화의 위험성 또는 인화의 위험성이 있는 물질을 말한다.

③ 제3류 위험물(자연발화성 및 금수성 물질)

자연발화성 물질은 고체 또는 액체로서 공기 중에서 발화의 위험이 있는 물질이며, 금수성 물질은 고체 또는 액체로서 물과 접촉하여 발화하거나 가연성 가스를 발생할 위험성이 있는 물질을 말한다.

④ 제4류 위험물(인화성 액체)

액체(제3석유류, 제4석유류 및 동식물유류에 있어서는 1기압과 20℃에서 액상인 것)로서 인화의 위험성이 있는 물질을 말한다.

⑤ 제5류 위험물(자기반응성 물질)

고체 또는 액체로서 폭발의 위험성 또는 가열분해의 격렬함을 판단하기 위하여 고시로 정하는 시험에서 고시로 정하는 성질과 상태를 나타내는 물질을 말한다.

⑥ 제6류 위험물(산화성 액체)

액체로서 산화력의 잠재적인 위험성을 판단하기 위하여 고시로 정하는 시험에서 고시로 정하는 성질과 상태를 나타내는 것

## 3. 위험물의 NFPA에 의한 위험도 평가방법의 개요, 표시예, NFPA 위험물 분류에 대해 상세히 설명하시오.

- 화학물질은 반드시 단독의 성질을 가지는 것만이 아니라, 가연성이면서 유독성인 것도 있다. 따라서 물질의 위험성을 종합적으로 평가하여 근로자에게 이를 정확히 알려주는 것이 매우 중요하다. NFPA(National Fire Protection Association)에서는 위험물의 위험성을 연소위험성(Flammability Hazards), 건강위험성(Health Hazards), 반응위험성(Reactivity Hazards) 의 3가지로 구분하고 각각에 대하여 위험이 없는 것은 0, 위험이 가장 큰 것은 4로 하여 5단계로 위험등급을 정하여 표시한다.

- 위험물의 분류는 다음과 같다.
    ① 연소위험성(적색)
        4(위험) - 가연성 가스 또는 대단히 연소하기 쉬운 액체
        3(주의) - 인화점 100°F 미만인 인화성 액체
        2(조심) - 인화점 100°F 이상 200°F 미만인 가연성 액체
        1 - 가열 시 가연성
        0 - 불연성
    ② 건강위험성(청색)
        4(위험) - 짧은 노출(피폭)에도 치명적임. 특수 보호장비 필요
        3(주의) - 부식성 혹은 유독성·피부접촉 또는 흡입을 피할 것
        2(주의) - 흡입 또는 흡수 시 유해
        1(조심) - 자극성이 있음
        0 - 위험하지 않음
    ③ 반응위험성(황색)
        4(위험) - 실온에서도 폭발성 물질
        3(위험) - 충격, 밀폐상태에서 가열 또는 물과 혼합 시 폭발 물질
        2(주의) - 물과 혼합 시 불안정하거나 격렬한 반응
        1(조심) - 물과 혼합 시 또는 가열 시 반응성이 있으나 격렬하지 않음
        0(안정) - 물과 혼합 시 반응성이 없음
    ④ 기타 위험성(흰색)
        W - 금수성 물질
        OXY - 산화성 물질

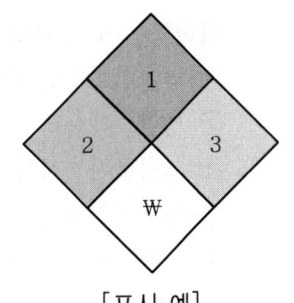

[표시 예]

## 4. MSDS 항목 및 화학물질 경고표지에 대해 설명하시오.

- MSDS 적용 대상화학물질을 취급하려는 사업주는 제공받은 물질안전보건자료를 대상화학물질을 취급하는 작업장 내에 취급근로자가 쉽게 볼 수 있는 장소에 게시하거나 갖춰두어야 한다.
  ① 제품명
  ② 물질안전보건자료대상물질을 구성하는 화학물질 중 산업안전보건법상 분류기준에 해 당하는 화학물질의 명칭 및 함유량
  ③ 안전 및 보건상의 취급 주의 사항
  ④ 건강 및 환경에 대한 유해성, 물리적 위험성
  ⑤ 물리·화학적 특성 등 고용노동부령으로 정하는 사항
    ㉠ 물리·화학적 특성
    ㉡ 독성에 관한 정보
    ㉢ 폭발·화재 시의 대처 방법
    ㉣ 응급조치 요령
    ㉤ 그 밖에 고용노동부장관이 정하는 사항

- MSDS 작성 시 포함되어야 할 항목 및 그 순서는 다음과 같다.
  1. 화학제품과 회사에 관한 정보
  2. 유해성·위험성
  3. 구성성분의 명칭 및 함유량
  4. 응급조치요령
  5. 폭발·화재 시 대처방법
  6. 누출사고 시 대처방법
  7. 취급 및 저장방법
  8. 노출방지 및 개인보호구
  9. 물리화학적 특성
  10. 안정성 및 반응성
  11. 독성에 관한 정보
  12. 환경에 미치는 영향
  13. 폐기 시 주의사항
  14. 운송에 필요한 정보
  15. 법적규제 현황
  16. 그 밖의 참고사항

- 화학물질 또는 화학물질 제제를 담은 용기 및 포장에의 경고표지 포함사항은 다음과 같다. (산업안전보건법 시행규칙 제92조의5)
  ① 명칭 : 제품명
  ② 그림문자 : 화학물질의 분류에 따라 유해·위험의 내용을 나타내는 그림
  ③ 신호어 : 유해·위험의 심각성 정도에 따라 표시하는 "위험" 또는 "경고" 문구
  ④ 유해·위험 문구 : 화학물질의 분류에 따라 유해·위험을 알리는 문구
  ⑤ 예방조치 문구 : 화학물질에 노출되거나 부적절한 저장·취급 등으로 발생하는 유해·위

험을 방지하기 위하여 알리는 주요 유의사항
⑥ 공급자 정보 : 물질안전보건자료대상물질의 제조자 또는 공급자의 이름 및 전화번호 등

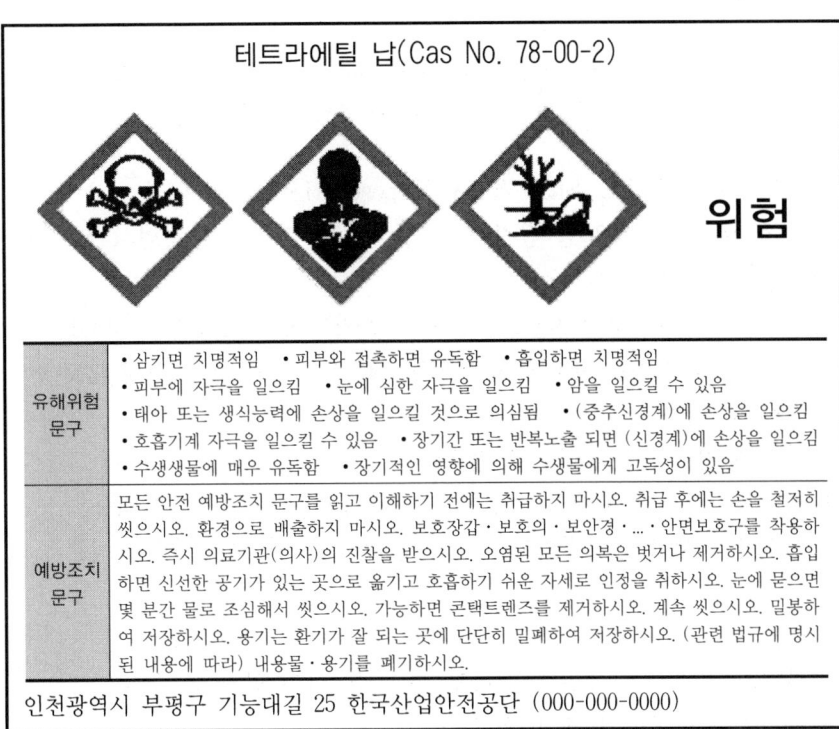

## 5. TLV(Threshold Limit Values)에 대해 설명하시오.

- TLV(Threshold Limit Value)는 미국 산업위생전문가회의(ACGIH)에서 채택한 허용농도 기준으로서 매일 8시간씩 일하는 근로자에게 노출되어도 영향을 주지 않는 최고 평균농도를 말한다.

$$\text{혼합물의 노출기준} = \frac{1}{\dfrac{f_1}{TLV_1} + \dfrac{f_2}{TLV_2} + \cdots\cdots + \dfrac{f_n}{TLV_n}}$$

여기서, $f_x$ : 화학물질 각각의 측정치(위험물질에서는 제조·취급 또는 저장량)
$TLV_x$ : 화학물질 각각의 노출기준(위험물질에서는 규정량)

- 시간가중 평균 노출기준(TWA, Time Weighted Average)은 매일 8시간씩 일하는 근로자

에게 노출되어도 영향을 주지 않는 최고 평균농도를 말한다.

$$\text{TWA 환산값} = \frac{C_1 T_1 + C_2 T_2 + \cdots + C_n T_n}{8}$$

여기서, $C$ : 유해요인의 측정치(단위 : ppm 또는 mg/m³)
$T$ : 유해요인의 발생시간(단위 : 시간)

- 단시간 노출농도(STEL, Short Term Exposure Limits)
  ① 이 기준 이하에서는 노출 간격이 1시간 이상인 경우 1일 작업시간 동안 4회까지 노출이 허용될 수 있다.
  ② 근로자가 견딜 수 없는 자극, 만성 또는 불가역적 조직장애, 사고유발, 응급 시 대처능력의 저하 및 작업능률 저하 등을 초래할 정도의 마취를 일으키지 않고 단시간(15분) 동안 노출될 수 있는 농도
  ③ 시간가중 평균농도에 대한 보완적인 기준
  ④ 만성중독이나 고농도에서 급성중독을 초래하는 유해물질에 적용
  ⑤ 독성작용이 빨라 근로자에게 치명적인 영향을 예방하기 위한 기준

- 최고노출기준(C, Ceiling)
  ① 근로자가 작업시간 동안 잠시라도 초과되어서는 안 되는 농도
  ② 노출기준 앞에 "C"를 붙여 표시
  ③ 항상 표시된 농도 이하를 유지하여야 함
  ④ 노출기준에 초과되어 노출 시 즉각적으로 비가역적인 반응을 나타냄
  ⑤ 자극성 가스나 독성 작용이 빠른 물질 및 TLV-STEL이 설정되지 않는 물질에 적용
  ⑥ 측정은 실제로 순간농도측정이 불가능하므로 15분간 측정하여 그 농도를 나타냄

## ② 화재의 기본개념

### 1. 화재 3요소를 설명하시오.

- 화재(연소)가 발생하기 위해서는 가연성 물질(가연물), 산소공급원(공기 또는 산소), 점화원(불씨)이 필요하며, 이들을 연소의 3요소라 한다. 이 중 가연성 물질을 연료라고 하는데 연료의 구성요소는 대부분이 탄소, 질소, 수소, 황, 회분 등으로 구성되어 있으나, 산소와 결합하여 열을 발생하는 원소는 탄소, 수소가 연료의 주성분을 차지하고 있다. 산소공급원은 연료가 산화반응을 하는 데 필요한 산소를 공급하는 것으로 대부분의 경우, 공기를 사용하며, 특수한 경우에는 고농도의 산소를 이용하기도 한다.

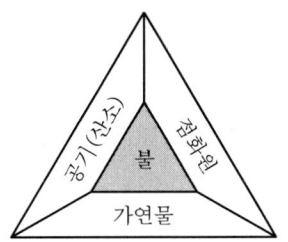
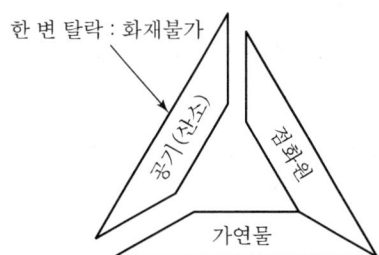

한 변 탈락 : 화재불가

- 연소의 3요소 이외에 연쇄반응(Chain Reaction)이 4번째 요소로 작용하며 이를 연소의 4요소라고 한다.

### 2. 화재의 종류에 대해 설명하시오.

- 화재의 종류는 다음과 같이 A급, B급, C급, D급으로 분류되고 각각의 특성은 아래와 같다 (한국산업규격 KS B 6259).
  ① 일반 화재(A급 화재)
    ㉠ 목재, 종이 섬유 등의 일반 가열물에 의한 화재
    ㉡ 물 또는 물을 많이 함유한 용액에 의한 냉각소화, 산·알칼리, 강화액, 포말 소화기 등이 유효하다.
  ② 유류 및 가스화재(B급 화재)
    ㉠ 제4류 위험물(특수인화물, 석유류, 에스테르류, 케톤류, 알코올류, 동식물류 등)과 제4류 준위험물(고무풀, 나프탈렌, 송진, 파라핀, 제1종 및 제2종 인화물 등)에 의한 화재, 인화성 액체, 기체 등에 의한 화재이다.

ⓒ 연소 후에 재가 거의 없는 화재로 가연성 액체 등에 발생한다.
ⓓ 공기 차단에 의한 질식소화 효과를 위해 포말소화기, $CO_2$ 소화기, 분말소화기, 할로겐 화물(할론) 소화기 등이 유효하다.
③ 전기화재(C급 화재)
ⓐ 전기를 이용하는 기계·기구 또는 전선 등 전기적 에너지에 의해서 발생하는 화재
ⓑ 질식, 냉각효과에 의한 소화가 유효하며, 전기적 절연성을 가진 소화기로 소화해야 한다. 유기성 소화기, $CO_2$ 소화기, 분말소화기, 할로겐화물(할론) 소화기 등이 유효하다.
④ 금속화재(D급 화재)
ⓐ Mg분, Al분 등 공기 중에 비산한 금속분진에 의한 화재
ⓑ 소화에 물을 사용하면 안 되며, 건조사, 팽창 진주암 등 질식소화가 유효하다.

## 3. 연소의 종류를 5가지 이상 제시하시오.

- 연소란 가연물, 산소, 점화원의 3요소가 화학 반응하여 열과 빛을 내는 산화반응이다. 일반적으로 인화성인 액체, 기체, 고체가 공기 중에서 연소할 때 여러 가지 형태로 연소를 하고 있고 연소의 종류는 다음과 같다.

① 기체연소

기체의 연소는 공기 중의 혼합방식에 따라 인화성 가스가 공기 중에서 확산되어 연소하는 형태의 확산연소와 미리 공기와 혼합시켜 놓고 점화 연소하는 형태의 예혼합연소(혼합기 연소)로 분류할 수 있다. 예혼합기 연소란 가연성 기체를 미리 공기와 혼합시켜 놓고 점화하여 연소하는 방식으로서 혼합기 연소라고도 한다.

② 액체연소

액체의 연소는 가솔린, 알코올 등과 같이 액체 자체가 연소하는 것이 아니라, 액면에서 증발한 가연성 증기가 공기 중의 산소와 혼합하여 연소하는 증발연소와 점도가 높고 비휘발성인 액체 입자를 분무하여 액적의 표면적을 넓게 하여 공기와의 접촉면을 크게 해서 연소하는 분무연소로 분류할 수 있다.

③ 고체연소

일반적으로 고체연소는 연소하는 형태에 따라 표면연소, 분해연소, 증발연소, 자기연소로 분류한다.

ⓐ 표면연소

목재, 코크스, 금속분 등과 같은 고체표면에서 연소하는 방식을 말한다. 즉, 고체는 흡착력이 강하므로 공기 중에 방치하면 표면에 산소를 포함한 각종의 기체분자가 흡착되어 고체표면에 가연성 고체분자와 공기 중의 산소분자가 혼합되며, 이때 반응계

에 활성화에너지(점화원)가 주어지면 분자 간에 반응이 일어나고, 발생하는 열이 미연소된 부분을 연소시키게 된다. 연소를 원활하게 하기 위하여 고체연료를 미분화하여 표면적을 증가시키거나 또는 활성화에너지(점화원)를 크게 하여야 한다. 또한, 연소가 일어나면 이미 표면에 흡착된 산소는 소모되므로 그 후에는 공기 중의 산소가 충분하여야 한다.

ⓒ 분해연소
목재, 종이류 등과 같이 복잡한 조성을 가진 연료는 연소 시 가열되어 열분해가 일어나고, 이때 발생한 가연성 가스가 공기 중의 산소와 화합하여 점화원에 의해 착화되어 연소하는 형태이다. 즉, 분해연소를 일으키기 위해서는 먼저 고체연료의 열분해 과정이 진행되어야 한다.

ⓔ 증발연소
유황, 나프탈렌, 장뇌 등과 같이 승화성 고체물질이 가열되었을 때에는 융해되며 표면에서 증발된 가연성 증기가 발생하여 공기 중의 산소와 혼합하여 연소하는 형태를 말한다.

ⓡ 내부연소(자기연소)
질화면(니트로 셀룰로오스), 니트로화합물, 셀룰로이드류 등과 같이 자기분자 내에 산소를 함유하고 있는 고체연료는 외부로부터 산소공급이 없더라도 자체산소를 이용하여 연소하는 것이 특징이며, 연소속도가 빠르고 폭발적이다.

## 4. 점화원의 종류를 6가지 이상 상세하게 설명하시오.

- 화학공장 등에서 화재나 폭발의 원인이 되는 위험물질이 공기 중에 누출되어 인화성 혼합가스를 형성할 때, 어떤 에너지 즉 활성화 에너지가 주어지게 되면, 화재와 폭발이 발생한다. 이러한 활성화 에너지를 점화원, 착화원 또는 발화원이라 한다. 일반적으로 점화원의 종류는 나화 또는 고온표면, 복사열, 충격 및 마찰, 전기불꽃, 정전기, 단열압축, 자연발화 등이 있고 각각에 대한 설명은 다음과 같다.

① 나화(裸火) 및 고온표면
화기사용이나 가스용접 또는 용단 시 화염, 화로, 성냥 등의 화염, 보일러나 가열로의 불, 그 외에 화염을 일으키는 가열원 등의 나화와 가열원으로부터 가열된 고온표면은 점화원이 될 수 있다. 차단대책으로는 화재와 폭발을 일으키는 위험물질을 이러한 점화원과 격리시키는 것이 좋은 방법이다.

② 복사열

인근에서 발생한 화재 또는 태양광에 의한 복사열, 광선 등이 유리 등에 렌즈효과를 일으켜 그 초점 부위의 고열에 의한 발화 등이 점화원이 된다. 복사강도가 큰 것은 단시간 내에 가연물을 발화시키거나 물질에 따라서는 비교적 약한 복사열로도 장기간 노출시 스스로 발화될 수도 있다. 차단대책으로는 복사열에 노출되지 않도록 불연성 재질 등으로 복사열을 차단하는 것이 좋은 방법이다.

③ 충격 및 마찰

경도가 높은 고체 등은 충격 마찰에 의하여 국부적으로 고온이 발생한다. 특히, 융점이 높은 고체에서는 고체형태 그대로 발열하기도 한다. 또한, 충격에 의하여 분쇄되거나 분쇄된 고체의 입자는 불티나 불꽃 형태로 비산되어 가연성 기체나 분체를 착화시키기도 한다. 차단대책으로는 베릴륨 합금제, 고무, 나무 또는 가죽제의 제품을 사용토록 하며 운전 중에 기계류 등의 고장이나 파손이 일어나지 않도록 하는 것이 필요하다.

④ 전기 불꽃

고전압에 의한 방전, 스위치의 개폐, 누전, 단선 등에 의한 스파크 또한 자동제어 장치의 릴레이의 접점, 스파크 등이 직접적인 점화원이 된다. 차단대책으로는 폭발위험장소에서 사용하는 전기기계기구는 방폭성능이 있는 설비를 사용하는 것이 좋은 방법이다.

⑤ 정전기 불꽃

두 개의 부도체를 마찰시키면 정전기가 발생하게 되어 대전하게 된다. 이 정전기 대전에 의한 불꽃방전(스파크)이 점화원으로 작용한다. 차단대책으로는 접지와 본딩을 실시, 대전 방지제를 사용하여 도전성을 향상, 습도를 증가시켜 상대습도를 70% 이상으로 유지시키는 방법 등이 있다.

⑥ 단열압축

디젤엔진 원리처럼 디젤과 예혼합된 공기 혼합물이 실린더 내에서 고압으로 압축되어 스스로 점화하여 연소(폭발)가 발생하는 것과 같이 혼합가스를 급히 압축하면 단열압축에 의한 발열로 인하여 고온이 되어 스스로 발화된다. 차단대책으로는 고온으로 인한 이상 압력 상승을 방지하기 위한 안전장치 등을 설치하거나 산소나 가연성 가스의 설비 밸브의 급격한 조작 등을 하지 않도록 하는 방법 등이 있다.

⑦ 자연발화

자연발화는 점화원이 없이도 장시간 발생된 열이 축적되어 발화점까지 온도가 상승하는 경우로 분해열, 중합열, 산화열, 흡착열, 발효열 등에 의하여 스스로 발화한다. 차단대책으로는 자연발화성 물질에 열이 축적되는 것을 피하기 위해 저장실의 온도를 낮추거나 통풍이 잘되게 하는 것이 좋은 방법이다.

⑧ 용접불티

용접작업 시 발생하는 불티가 가연물에 점화되어 발화되는 경우가 있다. 이때, 불티는 바람의 세기 및 용접장소의 높이에 따라 비산거리가 달라진다. 차단대책으로는 용접시 용접불티 비산방지조치를 취하거나 주변에 가연물을 놓거나 사용하지 않는 것이 좋은 방법이다.

## 5. 인화점 및 발화점에 대해 정의하고 차이를 기술하시오.

- 인화점이란 가연성 증기를 발생하는 액체 또는 고체가 공기 중에서 점화원에 의해 표면 부근에서 연소하기에 충분한 농도(폭발하한계)를 발생시키는 최저의 온도를 말한다. 즉, 가연성 액체 또는 고체로부터 생성된 가연성 증기가 폭발(연소)범위의 하한계에 도달할 때의 온도이다. 인화점은 가연성 물질의 위험성을 나타내는 대표적인 척도이며, 낮을수록 위험한 물질이라 할 수 있다.
- 발화점이란 가연성 물질을 외부에서 화염, 전기불꽃 등의 착화원을 주지 않고 물질을 공기 중 또는 산소 중에서 가열할 경우에 착화 또는 폭발을 일으키는 최저온도를 말하며, 발화온도, 착화점, 착화온도라고도 한다. 이는 외부의 직접적인 점화원 없이 열의 축적에 의해 연소 반응이 일어나는 것이다.
- 인화점과 발화점의 차이는 크게 두 가지로 생각할 수 있다. 첫째는 점화원이 존재하느냐이며, 둘째는 물질의 고유 특성치인가라는 것이다. 즉, 인화점은 액체표면에 형성된 증기에 점화원이 가해져서 인화될 때의 온도로서 물질의 고유 성질인데 반해, 발화점은 착화원을 주지 않고 산소나 공기 중에서 가열시킬 경우 자체의 축적된 열로 인해 불이 붙는 최저온도로서, 물질을 가열하는 용기의 표면상태, 가열속도 등에 영향을 받고, 고체물질은 그 자신의 물리적인 상태에 따라 영향을 받기 때문에 물질의 고유 특성치라고 말할 수 없다.

## 6. 발화점에 영향을 주는 인자들을 설명하시오.

- 자연발화란 가연성 물질을 외부에서 화염, 전기불꽃 등의 점화원을 주지 않고 물질을 공기 중 또는 산소 중에서 가열할 경우에 착화 또는 폭발을 일으키는 최저온도를 말하며, 발화점에 영향을 주는 인자들은 다음과 같다.
① 압력이 높아지면 발화온도는 낮아진다.
② 산소와 친화력이 높고 산소농도가 높아지면 발화온도는 낮아진다.
③ 물질의 반응성이 높고, 발열량이 높은 경우 발화온도는 낮아진다.

④ 용기벽 즉, 용기 내면에서 접촉이 많은 시험법에서는 용기의 재질에 영향을 받으며 금속처럼 열전달이 잘되는 용기벽은 발화온도가 낮아진다.
⑤ 발화온도 측정 시 플라스크와 같은 용기 내에 시료를 떨어뜨려 플라스크 안에서 갑자기 불꽃을 일으킬 경우를 발화온도라고 하는데 이때 관의 지름이나 플라스크의 크기가 클 경우는 작은 용기를 사용할 때보다 발화온도가 낮아진다.
⑥ 기체의 경우, 발화온도 측정 시 가열관에 혼합기체를 흘려 넣어 발화온도를 측정하는데 이때 혼합기체의 유속이 느리면 발화온도는 낮아진다.
⑦ 가열속도를 천천히 할수록 발화온도는 낮아진다.

## 7. 최소산소농도(MOC, Minimum Oxygen Concentration)에 대해 설명하시오.

- 인화성 혼합가스 내에 화염이 전파될 수 있는 최소한의 산소농도를 말한다. 즉, 산소농도를 최소산소농도 이하로 관리하면 연소하지 않는다. 대부분 가연성 가스의 최소산소농도는 10% 정도이고, 가연성 분진인 경우에는 8% 정도이다. 인화성 액체의 증기에 대한 최소산소농도는 12~16% 정도이고 고체화재 중에 표면화재는 약 5% 이하, 심부화재에 대해서는 약 2% 이하이다.

최소산소농도(MOC, Cm) 계산식

$$C_m = 폭발하한(\%) \times \frac{산소 mol수}{연소가스 mol수} \times 100(\%)$$

## 8. 최소점화에너지(MIE, Minimum Ignition Energy)에 대해 설명하시오.

- 최소점화에너지는 인화성 가스, 증기 및 분진 등을 점화시키는 데 필요한 최소에너지를 말한다. 최소점화에너지 값은 소염거리 이상으로 떨어진 전극 사이에 전기불꽃이 터지는 한계에너지를 측정하여 구할 수 있는데, 가스의 혼합 정도에 따라 다르고 혼합물에 대하여 일정한 값을 가질 때 이것을 최소 점화에너지로 결정한다. 온도 및 압력이 높을 경우 점화에너지는 작게 된다.
- 최소점화에너지는 가연성 가스의 종류, 혼합가스의 조성, 온도 및 압력 등의 조건에 따라 달라지지만, 많은 탄화수소에 대해서는 대기압, 상온상태에서 $10^{-1}$ mJ 정도이다. 이 값은 보통 점화원의 세기에 비교할 때 상당히 낮은 값이다. 예를 들면, 사람이 융단 위를 걸음으로써 생기는 정전기가 방전될 때의 에너지가 22mJ이고, 일반적인 플러그의 스파크도 25mJ의 방전에너지를 갖는다.

- 최소점화에너지는 착화원으로 불꽃방전을 써서 그 방전에너지를 계산하는 방식으로 구한다. 즉, 방전전극과 병렬로 연결된 축전기의 용량을 C(Farad), 전극에 걸리는 전압을 V(volt)라고 할 때 방전에너지 E(Joule)를 다음 식으로 계산한다.

$$E = \frac{1}{2}CV^2 (mJ)$$

여기서, $E$ : 방전에너지
$C$ : 전기용량
$V$ : 불꽃전압

※ 소염거리 : 최소점화에너지를 측정할 때에 전극 간의 간격을 좁게 하면 아무리 많은 양의 전기불꽃에너지를 주어도 혼합가스가 발화하지 않는데 이때의 최대간격을 소염거리라 말한다. 이는, 전극간격이 좁아지면 전극을 통하여 방열이 증대하기 때문에 점화가 발생하지 않는 원리이다.
※ 소염직경 : 관의 직경이 아주 작으면 화염전파가 불가능한데 이때의 직경을 소염직경이라 한다. 보통 소염직경은 소염거리보다 큰 값을 갖는다.

- 최소점화에너지에 영향을 주는 인자는 다음과 같다.
  ① 가연성 물질의 조성
  ② 압력 : 압력에 반비례(압력이 클수록 최소점화에너지는 감소한다)
  ③ 불활성 물질 : 불활성 물질이 증가하면 최소점화에너지는 증가

- 최소점화에너지의 특징은 다음과 같다.
  ① 일반적으로 분진의 최소발화에너지는 가연성 가스보다 큰 에너지 준위를 가진다.
  ② 온도가 높을수록 최소점화에너지는 감소한다.
  ③ 유속이 커지면 점화에너지는 커진다.
  ④ 화학양론농도보다 조금 높은 농도일 때에 최소값이 된다.

## 9. 액면화재에 대해 설명하시오.

- 액면화재(Pool Fire)는 액체(액화가스 포함)의 위험물질이 누출되어 주변바닥에 고여 있는 액체가 기화하여 발화원에 의해 점화된 것을 말한다.

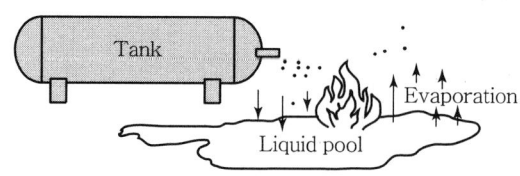

[액면화재]

- 액면화재에 의한 복사열을 측정하기 위해서는 TNO 모델식을 주로 사용하는데, 액면화재가 발생하여 일정한 거리에 있는 인체 및 설비에 미치는 복사열에 의한 피해를 예측하는 순서는 다음과 같다.
  ① 액면에서 발생한 화염이 수직 실린더라 가정한다.
  ② 연소속도(단위면적당 증발량)를 계산한다.
  ③ 화염(불꽃)의 길이 및 기울기를 산출한다.
  ④ 표면방출 플럭스양(Surface Emitted Flux)을 산출한다.
  ⑤ 지형시계인자(Geometric View Factor)를 산출한다.
  ⑥ 투과도를 산출한다.
  ⑦ 복사열량을 산출한다.

$$Q = \gamma \times F \times E$$

여기서, $Q$ : 불꽃에서부터 일정거리에 미치는 복사열(W/m²)
 $\gamma$ : 투과도
 $F$ : 최대지형시각인자
 $E$ : 표면방출플럭스양

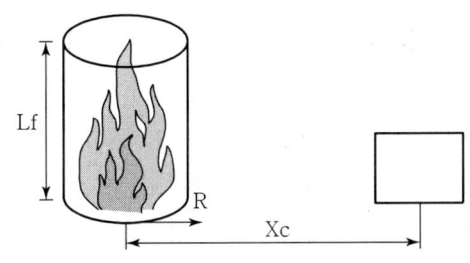

[복사열이 일정거리에 미치는 영향 예측방법]

- 다만, TNO모델식의 전제조건은 다음과 같다.
    ① 연소시 생성되는 이산화탄소 및 먼지에 의한 투과도 감소는 무시한다.
    ② 지상에서의 액면화재에 적용한다.
    ③ 산소가 충분히 공급되는 것으로 가정한다.
    ④ 액표면적이 일정한 것으로 가정한다.
    ⑤ 완전연소로 가정한다.

## 10. 제트파이어(Jet Fire)에 대해 설명하시오.

- 고압 분출화재(Jet Fire)라 함은 고압의 배관, 저장 탱크 등에서 인화서 가스 또는 액화가스가 연속적으로 누출되어 누출원 근처의 점화원에 의하여 점화되는 현상을 말하며, 이 경우 상당한 길이의 Jet Fire가 현성되고, 연속적으로 복사열이 발생된다.

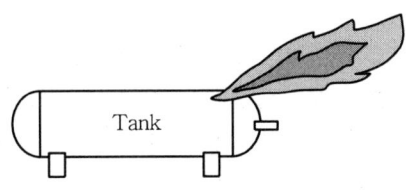

[고압분출화재]

## 11. 유류 저장탱크에서 발생할 수 있는 Boil Over/Slop Over/Froth Over에 대해 설명하시오.

- 유류 중, 중질유는 비점이 높고 증기압이 100°F에서 2psia 미만이 되는 케로신, 디젤, 중유 등을 말하며, 비점성분이 혼합된 원유(Crude Oil)도 중질유로 생각할 수 있다. 이러한 중질유 탱크에서 발생할 수 있는 화재는 대표적으로 Boil Over, Slop Over, Froth Over가 있고 각각의 특성은 다음과 같다.

① Boil Over

원유나 중질유와 같이 다비점 성분을 가진 유류 저장탱크에 화재가 발생하여 탱크 지붕이 떨어져 나간 상태에서 장시간 화재가 방치되면, 유류성분 중 가벼운 성분은 표면에서 증발하여 연소되고 무거운 성분은 계속 축적되어 화재에 따른 표면온도는 높아지는데 이를 Heat layer 또는 고온층이라 한다. 이러한 고온층은 화재의 진행과 더불어 점차 탱크 바닥으로 도달하게 되는데 이때, 탱크저부에 비점이 낮은 물(Water)이 존재할 때에 뜨거운 고온 열류층의 온도에 의해 물이 수증기로 급비등하면서 부피팽창이 발생한다. 이로 인해, 유류가 갑작스럽게 탱크 외부로 Overflow되거나 분출되면서 화재가 확대되는데 이러한 현상을 유류의 Boil Over현상이라 한다.

② Slop Over

중질유와 같이 점성이 큰 유류에 화재가 발생하면 유류의 액표면 온도는 물의 비점 이상으로 상승하게 되는데, 이때 물 또는 포를 화염이 왕성한 뜨거운 액표면에 방사하면 소화용수는 급비등으로 부피팽창을 일으켜 유류가 갑작스럽게 탱크 외부로 Overflow 되거나 분출되는 현상을 말한다. 보일오버 현상과 마찬가지로 화재의 확대 및 진화작업에 장애요인이 되나 슬롭오버 현상은 유류의 표면에 한정되기 때문에 비교적 덜 격렬하다.

③ Froth Over

화재가 발생하지 않은 상태에서 중질유 등 비점이 큰 뜨거운 유류가 물 위에 유입될 때 물이 수증기로 변하면서 부피팽창에 의하여 갑작스럽게 용기 외부로 Overflow 되거나 분출이 발생하는 현상이 발생하는데 이러한 현상을 Frothover 현상이라 한다. 전형적인 예는 뜨거운 아스팔트를 물이 들어 있는 탱크 트럭에 주입할 때 일어난다.

## ③ 폭발의 기본개념

### 1. 폭연과 폭굉의 차이를 설명하시오.

- 인화성 가스와 적당한 공기가 미리 혼합되어 폭발범위 내에 있을 경우, 확산의 과정이 생략되기 때문에 화염의 전파 속도가 매우 빠른데, 이러한 혼합 가스에 착화하게 되면 착화원에 국한된 반응영역이 형성되어 혼합가스 중으로 퍼져나간다. 그 진행속도가 0.1~1.0m/s 정도 될 때, 이를 연소파(Combustion Wave)라 한다.

- 이러한 연소파의 전파속도에 따라 연소(Combustion)와 폭발로 구분되며, 폭발은 다시 폭연(Deflagration)과 폭굉(Detonation)으로 구분되고, 각각의 특징은 다음과 같다.
  ① 연소(Combustion)
  열과 빛을 내면서 화염이 미연소 혼합가스 속으로 전파하는 것으로 압력파(Pressure Wave)를 생성시키기에 충분한 가스를 생성시키지 않으며, 전파속도는 0.1~10m/s 정도이다.
  ② 폭연(Deflagration)
  열과 빛을 내면서 화염이 미연소 혼합가스 속으로 전파하면서 주위에 파괴효과를 줄 수 있는 압력파가 생성된다. 이러한 현상은 연료의 표면 주위에서 일어나는데, 그 전파속도는 100m/s 이하이다.
  ③ 폭굉(Detonation)
  연소파가 일정 거리를 진행한 후 연소 전파 속도가 1,000~3,500m/s 정도에 달할 경우 이를 폭굉현상(Detonation Phenomenon)이라 하며, 이때의 반응영역을 폭굉파(Detonation Wave)라 한다. 폭굉파의 속도는 음속을 앞지르고 진행 후면에는 그에 따른 충격파가 있다.

### 2. 폭발의 종류와 형식 그리고 폭발의 거동에 영향을 주는 변수를 기술하시오.

- 폭발을 구분하면 핵폭발, 화학적 폭발, 물리적 폭발, 기타(화학적 폭발 및 물리적 폭발이 복합적으로 작용하는 폭발) 등으로 구분할 수 있다. 대부분의 경우, 폭발이 발생할 때의 원인물질의 물리적 상태에 따라서 기상폭발과 응상폭발로 대별되고 각각의 종류는 다음과 같다.
  1) 기상폭발
     ① 가스폭발 : 수소, 일산화탄소, 메탄, 프로판 등의 가연성 가스와 조연성 가스의 혼합가스가 폭발분위기를 형성하여 발생하는 폭발

② 분해폭발 : 에틸렌, 산화에틸렌, 아세틸렌 등이 어떤 조건하에서 분해될 때 발열과 동시에 생성된 가스의 열팽창으로 압력이 급상승하는 것을 말하며, 조연성 가스가 필요하지 않다. 분해폭발을 일으키는 가스를 분해폭발성 가스라 하고, 거의 대부분 가연성 가스이며 공기와 혼합할 때 가스폭발의 위험이 있다.
③ 분무(미스트)폭발 : 공기 중에 분출된 가연성 액체의 미세한 액적(Mist)에 의한 폭발
  ㉠ 가연성 액체가 무상(안개)상태로 공기 중에 누출되어 부유상태로 공기와의 혼합물이 되어 폭발성 혼합물을 형성하여 폭발이 일어나는 것
  ㉡ 미스트와 공기와의 혼합물에 발화원이 가해지면 액적이 증기화하고 이것이 공기와 균일하게 혼합되어 폭발분위기를 형성하여 폭발이 일어나는 것
④ 분진폭발 : 미분탄, 소맥분 등 가연성 고체의 미분말이 공기 중에 현탁되어 있을 때 발생되는 폭발

2) 응상(액체 또는 고체 상태) 폭발
① 폭발성 화합물의 폭발 : 반응성 물질의 분자 내의 연소에 의한 폭발과 흡열화합물의 분해 반응에 의한 폭발
② 증기폭발 : 액상에서 기상으로의 급격한 상변화에 의한 폭발
  ㉠ 용융금속이나 슬러그(Slug) 같은 고온의 물질이 물속에 투입되었을 때, 물은 액상에서 기상으로 급격한 상변화에 의해 수증기 폭발이 일어나게 되며, 수증기 폭발이라고도 한다.
  ㉡ 저온액화가스(LPG, LNG)가 사고로 인해 탱크 밖으로 누출되었을 때에도 조건에 따라서는 급격한 기화에 따른 증기폭발을 일으킨다.
  ㉢ 폭발의 과정에 착화를 필요로 하지 않으므로 화염의 발생은 없으나 증기폭발에 의해 공기 중에 기화한 가스가 가연성인 경우에는 증기폭발에 이어서 가스폭발이 발생할 위험이 있다.
③ 고체상태에서의 전이에 의한 폭발
  증기폭발은 액상과 기상 간의 상변화가 급격히 일어난 때의 현상이나 고체인 무정형 안티몬이 동일한 고체인 안티몬으로 전이할 때도 발열함으로써 주위의 공기를 팽창시켜 발생하는 폭발
④ 전선폭발
  알루미늄제 전선에 한도 이상의 대전류가 흘러 순식간에 전선이 가열되고 용융과 기화가 급속하게 진행되어 폭풍을 일으키는 것처럼 전선이 고상에서 급격히 액상을 거쳐 기상으로 전이할 때 발생하는 폭발

- 폭발의 거동에 영향을 주는 변수는 다음과 같다.
  ① 주위의 온도
  ② 주위의 압력
  ③ 폭발성 물질의 조성
  ④ 폭발성 물질의 물리적 성질
  ⑤ 점화원의 성질(형태, 에너지, 지속시간)
  ⑥ 주위의 기하학적인 조건(개방 또는 밀폐)
  ⑦ 가연성 물질의 양
  ⑧ 가연성 물질의 유동상태(층류/난류)
  ⑨ 착화지연시간
  ⑩ 가연성 물질이 방출되는 속도

## 3. 산화폭발/분해폭발/중합폭발에 대해 설명하시오.

- 화학적 폭발은 화학반응에 의해 짧은 시간에 급격하게 압력이 상승하는 폭발로서, 산화폭발, 분해폭발 및 중합폭발로 구분된다. 각 폭발의 특성은 다음과 같다.

  ① 산화폭발
  가연성 가스, 증기, 분진, 미스트류 등이 공기와의 폭발범위를 형성한 상태에서 급격한 연소반응에 의해 발생한 폭발을 말한다. 즉, 인화성 가스가 공기 중에 누출되거나 인화성 액체가 들어 있는 탱크에 공기가 유입되어 폭발성 혼합가스가 형성된 후, 점화원이 작용하여 점화/폭발하는 현상이다.

  ② 분해폭발
  산화에틸렌, 아세틸렌 같은 분해성 가스와 디아조화합물 같은 자기분해성 고체류는 분해하면서 폭발한다. 아세틸렌의 경우 분해하면서 열을 발생시키므로 분해열을 제거하지 않으면 폭발사고로 연결된다. 이렇게 스스로 분해하는 물질의 분해열로 물질 또는 주위의 온도가 상승하여 폭발로 연결되는 현상을 분해폭발이라 한다.

  ③ 중합폭발
  염화비닐, 초산비닐 등의 단량체(Monomer)는 비정상상태에서 폭발적으로 중합되면서 격렬하게 발열하여 압력이 급상승하게 된다. 이렇게 연쇄적인 반응으로 인한 중합열로 인해 압력이 급상승하여 폭발로 연결되는 현상을 중합폭발이라 한다.

## 4. 폭발한계(상한계, 하한계) 및 폭발한계에 영향을 주는 요소를 기술하시오.

- 폭발(연소)이 일어나는 데 필요한 인화성 가스와 공기와의 혼합물은 인화성 가스가 어떤 특정한 조성(농도)에서만 점화원에 의해 착화되어 폭발(연소)한다. 즉, 폭발(연소)이 일어나는 데 필요한 공기 중 인화성 가스의 농도범위(vol %)를 폭발범위(연소범위)라고 말하며, 보통 1기압, 상온 측정치로 최저농도를 폭발하한계(Lower Explosive Limit, LEL), 최고농도를 폭발상한계(Upper Explosive Limit, UEL)라고 한다. 폭발범위는 아래의 그림과 같이 폭발하한계와 폭발상한계 사이의 범위를 말한다.

[폭발(연소) 범위의 정의]

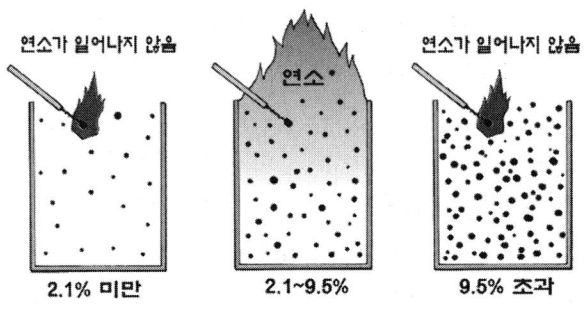

[프로판 가스의 연소범위를 통한 폭발(연소)범위의 이해]

- 폭발(연소)범위에 영향을 미치는 인자는 다음과 같다.
  ① 점화원
     폭발한계를 결정하기 위한 점화원은 충분한 에너지가 필요하고 폭발하한계를 결정하기 위하여 필요한 점화에너지보다 폭발 상한계의 결정을 위하여 보다 큰 에너지가 필요하다.
  ② 측정용기의 직경
     폭발한계를 가는 관에서 측정하면, 화염이 관벽에 의해 냉각되어 소멸되기 때문에 폭발범위가 좁게 측정되기도 한다. 따라서, 관벽의 영향을 최소화할 수 있는 큰 장치를 사용하여 폭발한계를 측정하는 것이 필요하다.
  ③ 화염의 전파방향
     폭발범위는 위쪽으로 전파하는 화염에서 측정하면 가장 큰 값이 측정되고, 아래쪽으로

전파하는 화염에서는 가장 작은 값, 수평으로 전파하는 화염은 그 중간 값으로 측정된다. 그러므로 안전상 목적으로는 가장 큰 값을 선택하는 것이 바람직하고, 그러기 위해서는 수직관 하단에서 점화하는 방법을 선택하는 것이 필요하다.

④ 온도의 영향

일반적으로 폭발범위는 온도상승에 의하여 그 범위가 넓게 된다. 폭발한계의 온도의존은 비교적 규칙적으로 나타나는데, 폭발하한계(LEL)는 온도가 100℃ 증가할 때마다 8%씩 감소하고, 폭발상한계(UEL)는 8%씩 증가한다. 온도의 영향에 대한 식은 다음 식으로 표현된다.

폭발(연소)하한계 : $L_t = L_{25℃} - (0.8 L_{25℃} \times 10^{-3})(T-25)$

폭발(연소)상한계 : $U_t = U_{25℃} + (0.8 U_{25℃} \times 10^{-3})(T-25)$

⑤ 압력의 영향

폭발한계는 압력변화에 영향을 받는다. 압력이 증가할 때의 압력의존은 복잡해서 실측이 필요하다. 탄화수소의 경우, 폭발하한계는 압력의 증가에 따라 증가하여 압력이 10~20기압에서 가장 크고, 압력이 그 이상이 되면 또 다시 작아지는 경우가 많고, 폭발상한계는 일반적으로 압력상승에 따라 증가하는 경향이 있다.

⑥ 산소의 영향

MOC(Minimum Oxygen Concentration) 이하로 산소의 농도를 감소시키면 화재 및 폭발을 방지할 수 있다. 폭발하한값은 공기 또는 산소 중에서 변함이 없으나 폭발상한값은 산소의 농도가 증가하면 현저히 증가한다.

## 5. 혼합가스의 연소한계를 결정하는 르샤틀리에(Le chatelier) 법칙을 설명하시오.

- 르샤틀리에 법칙은 두 가지 이상의 인화성 가스 또는 증기혼합물의 폭발한계를 실측하지 않고 각각의 가스의 폭발한계와 조성비를 이용하여 아래의 식과 같이 계산하여 혼합물질의 폭발한계를 추정하는 것을 말한다.

$$L = \frac{100}{\dfrac{V_1}{L_1} + \dfrac{V_2}{L_2} + \cdots\cdots + \dfrac{V_n}{L_n}} \text{(순수한 혼합가스일 경우)}$$

또는

$$L = \frac{V_1 + V_2 + \cdots + V_n}{\dfrac{V_1}{L_1} + \dfrac{V_2}{L_2} + \cdots + \dfrac{V_n}{L_n}} \text{(혼합가스가 공기와 섞여 있을 경우)}$$

여기서, $L$ : 혼합가스의 폭발한계(%) – 폭발상한, 폭발하한 모두 적용 가능
$L_1, L_2, L_3, \cdots, L_n$ : 각 성분가스의 폭발한계(%) – 폭발상한계, 폭발하한계
$V_1, V_2, V_3, \cdots, V_n$ : 전체 혼합가스 중 각 성분가스의 부피 %

- 단, 르샤틀리에 법칙의 적용조건은 다음과 같다.
  ① 성질이 비슷한 가스의 혼합계에 잘 적용된다.
  ② 혼합가스 각 성분 간에 반응이 일어나지 않아야 한다.
  ③ $CH_4$, $H_2S$, $H_2$ 등은 실제 측정과 차이가 크므로 적용이 어렵다.
  ④ 냉염(Cool Flame)현상을 수반할 경우에는 적용이 어렵다.

## 6. 분진폭발의 특성, 과정 및 분진폭발의 거동에 영향을 주는 요인(Factor)에 대하여 쓰시오.

- 분진폭발은 가연성 고체의 미분에 의한 폭발을 말하며, 특성은 다음과 같다.
  ① 가스폭발보다 최소점화 및 발생에너지가 크다.
  ② 폭발압력과 연소속도는 가스폭발보다 작다.
  ③ 불완전연소로 인한 가스중독의 위험성은 크다.
  ④ 화염의 파급속도보다 압력의 파급속도가 크다.
  ⑤ 가스폭발에 비하여 불완전 연소가 많이 발생한다.
  ⑥ 주위 분진에 의해 2차, 3차 폭발로 파급될 수 있다.

- 분진폭발의 과정은 ① 열에너지가 분진입자에 주어지면 ② 입자표면의 온도가 상승하고 ③ 입자의 열분해에 의해 가연성 가스가 방출되고 ④ 주위의 공기와 혼합하여 폭발성 혼합가스를 생성시키고 ⑤ 점화원에 의하여 점화 및 화염이 생성되며 ⑥ 화염에 의해 생긴 열에 의하여 분진의 열분해가 촉진되어 ⑦ 최초 폭발이 발생하며 ⑧ 폭발에 의한 폭풍파가 분진을 휘날리게 하여 2, 3차의 폭발이 연쇄적으로 일어난다.

- 분진폭발의 거동에 영향을 주는 요인(Factor)은 다음과 같다.
  ① 입경 및 입자의 분포
     일반적으로 입경이 작을수록 분진폭발이 쉽게 일어날 수 있고 입경이 420μm 이상의 입자라도 공정 중에서 입자가 부서져서 작은 입경을 가질 수 있고, 입자의 분포에 있어서도 작은 크기의 분진이 많이 분포할수록 분진폭발의 격렬성이 커지게 된다. 420μm 이하의 분진이 30% 이상 존재하는 경우에도 폭발이 발생할 수 있다.
  ② 폭발한계
     분진의 폭발하한계는 분진의 크기 및 분포에 따라 다르나 대략 20~60g/m³ 정도이다.
  ③ 최소점화에너지(MIE)
     최소점화에너지는 시스템의 온도와 압력에 따라 영향을 받고 분진의 크기에 따라 다르지만, 보통 100mJ 미만이다.
  ④ 초기 온도 및 압력
     분진폭발이 발생되는 순간의 온도 및 압력에 따라 폭발압력이 달라지는데 주어진 초기 압력에서 초기온도가 상승하면 최대압력상승률이 감소하고, 주어진 초기온도에서 초기 압력이 상승하면 최대압력상승률이 증가한다.
  ⑤ 습도 및 수분
     분진 주위의 습도는 분진폭발에 거의 영향을 주지 않고, 분진의 수분함량이 많을수록 발화(점화)온도를 상승시킨다.
  ⑥ 불활성 물질
     불활성 분체는 'Sink effect'로 불리는 열흡수에 의하여 분진의 연소능력을 저하시키고, 불활성 가스는 산화제의 농도를 희석시키므로 유용한 분진폭발 방지조치가 될 수 있다.
  ⑦ 발화온도
     분진의 발화온도는 분진의 입경, 모양과 부유상태 또는 퇴적상태에 따라 다르고, 부유상태의 분진의 경우에는 열의 손실이 많아 퇴적상태보다 발화온도가 높고, 퇴적상태의 분진은 발화온도보다 낮은 온도에서 열분해하여 자연발화될 수 있다.

## 7. BLEVE(Boiling Liquid Expansion Vapor Explosion)와 파이어 볼(Fire ball)에 대해 간단하게 설명하시오.

- 비등점이 낮은 액체를 그 액체의 대기압에서의 비등점보다 상당히 높은 온도로 저장하고 있는 용기 또는 저장탱크가 어떤 원인에 의하여 파열될 때 과열된 탱크 내의 액체가 급격한 압력 강하로 인하여 증발, 팽창하면서 발생되는 폭발현상을 말한다. BLEVE 현상이 저장액체가 인화성 액체일 경우에 발생하면 누출되어 증발된 가스는 주위의 공기와 혼합하여 폭발

범위를 형성하고, 점화원에 의해 착화됨에 따라 대형 화염이 지면에서 형성되었다가 공의 모양으로 상부로 상승하게 되는데 이를 Fire ball이라 한다. 주위에 큰 열복사의 위험을 주게 되는 Fire ball 현상은 주로 LPG 또는 인화성 액체의 용기 저장탱크가 화재에 노출되었을 때 발생한다. 용기가 화재에 노출되었을 경우 화염이 용기 벽면에 닿게 되면 용기 내부의 액체 온도가 증가하게 되어 용기 내부의 압력은 점차 증가하게 된다. 용기 벽면의 온도는 액체가 차 있는 부분은 내부 액체로의 열전달에 의하여 급격히 증가되지는 않으나 액체가 차 있지 않은 상부의 벽면 온도는 급격히 증가함에 따라 상부 벽면의 강도가 저하되어 용기 내부의 압력을 견디지 못하고 결국 파열하게 되어 BLEVE 및 Fire ball 현상이 발생하게 된다.

## 8. BLEVE(Boiling Liquid Expansion Vapor Explosion) 방지대책에 대해 설명하시오.

- 비등액체 증기폭발(BLEVE)은 비점이 낮은 액체 저장탱크 주위에 화재가 발생했을 때 저장탱크 내부의 비등현상으로 인한 압력 상승으로 탱크가 파열되어 그 내용물이 증발, 팽창하면서 발생되는 폭발현상을 말하며, 발생단계는 다음과 같다.
  ① 화재가 액체를 저장한 탱크 부근에서 발생한다.
  ② 이 화재로 인해 탱크벽이 가열된다.
  ③ 탱크 내 액의 온도는 증가하고, 탱크의 압력 또한 증가한다.
  ④ 화염이 액체가 없는 탱크벽면 또는 강판에 도달하면 탱크 금속온도는 급격히 상승하여 그 부분의 강도가 약화된다.
  ⑤ 급격히 온도가 상승한 탱크표면은 파열하게 되어 폭발현상이 발생한다.

- 비등액체 증기폭발(BLEVE)를 예방하기 위해서는 다음과 같은 조치가 필요하다.
  ① 탱크의 압력을 감압시킨다.
  ② 단열조치 및 냉각장치(물 분무 설비 등) 설치 등을 통해 화염으로부터 탱크로의 열이 전달되는 것을 방지한다.
  ③ 탱크에 폭발방지를 위한 안전장치(안전밸브 등)를 설치한다.
  ④ 탱크 내부 물질의 누출로 인한 화재가 발생할 경우, 방유제 내부에 경사를 두어 가능한 탱크 주변에서 떨어진 곳에서 화염이 발생하도록 한다.
  ⑤ 화재 발생 시 탱크로 유입되는 물질을 차단하기 위해 유입배관에 긴급차단장치를 설치하여 대형화재가 발생하지 않도록 한다.

## 9. VCE(Vapor Cloud Explosion)에 대해 설명하시오.

- 증기운 폭발(VCE)은 저장탱크 및 압력용기에서 인화성 가스나 액체가 누출된 후, 대량의 인화성 가스가 대기 중의 공기와 혼합하여 증기운(Vapor Cloud)을 형성하고 점화원에 의하여 화구(Fire ball) 형태로 점화 폭발하는 현상을 말한다. 증기운의 발생단계, 증기운 폭발의 특징, 폭발에 영향을 주는 인자 및 예방대책은 다음과 같다.

- 증기운의 발생단계
  ① 과열로 압축된 액체의 용기가 파열될 시 다량의 가연성 증기의 급격한 방출이 일어난다.
  ② 공정 내로 방출된 증기가 분산되어 대기 중의 공기와 혼합하여 폭발성 혼합물인 증기운(Vapor Cloud)을 형성한다.
  ③ 이 증기운에 점화가 일어나 화구(Fire ball)를 형성하면서 폭발한다.

- 증기운 폭발의 특징
  ① 증기운의 크기가 증가하면 점화 확률이 높아진다.
  ② 증기운의 재해는 폭발보다 화재가 보통이다.
  ③ 폭발효율은 비등액체 증기폭발(BLEVE)보다 낮다. 즉, 연소에너지 중 약 20%만 폭풍파로 전환된다.
  ④ 증기와 공기와의 난류혼합 또는 방출점으로부터 먼 지점까지 증기운이 형성되어 점화될 경우에는 폭발의 위력이 더욱 증가된다.

- 증기운 폭발에 영향을 주는 인자
  ① 방출된 물질의 양
  ② 증발된 물질의 분율
  ③ 증기운의 점화확률 및 폭발확률
  ④ 점화되기 전에 증기운이 움직인 거리
  ⑤ 증기운이 점화되기까지의 지연시간
  ⑥ 물질이 폭발할 수 있는 한계량 이상의 존재 여부
  ⑦ 폭발 효율
  ⑧ 증기운과 점화원의 상대적 위치

- 증기운 폭발의 예방대책
  거대한 증기운은 대단히 위험하고 점화방지를 위하여 안전장치를 설치한다고 해도 제어가 불가능하므로 가연성 물질의 누출을 막는 것이 가장 좋은 방법이며, 일반적인 방지대책은 다음과 같다.
① 휘발성 물질이나 가연성 물질을 취급할 때 가능한 재고량을 낮게 유지한다.
② 아주 낮은 농도에서도 누설을 감지할 수 있는 가스감지기(폭발하한의 25% 이하에서 감지)를 사용하여 가스누출 여부를 상시 확인한다.
③ 누출이 발생하면 시스템이 초기단계에서 가동 중지되도록 인터록을 설치하거나, 누출된 설비에 인화성 액체 또는 가스의 유입을 긴급하게 차단하는 긴급차단밸브를 유입 배관에 설치한다.

## 10. TNT 당량(Equivalent Amount of TNT)에 대해 설명하시오.

- 어떤 물질이 폭발할 때 내는 에너지와 동일한 에너지를 방출하는 TNT의 중량(kg)을 말하며, 이론적인 TNT 당량은 보통 다음 식으로 구한다.

$$TNT\ 당량(kg) = \frac{\triangle H_C \times W_C}{1,120\ Kcal/kg\ TNT}$$

여기서, $\triangle H_C$ = 폭발성 물질의 발열량(kcal/kg)
$W_C$ = 폭발에 참여한 물질의 양(kg)
1,120 = TNT 1kg이 폭발시 내는 에너지(kcal/kg)

※ 폭약 TNT가 폭발할 때의 폭풍압, 폭발에너지 등 폭발특성은 실험에 의하여 상세히 측정되었기 때문에 다른 물질의 폭발특성을 TNT와 비교·예측하기 위하여 TNT 당량을 계산한다.

## 4  화재 및 폭발 예방대책

### 1. 소화의 원리 4가지를 기술하시오.

- 원리는 연소의 반대 개념으로서 연소의 4요소인 가연물, 산소, 열(점화에너지), 연쇄반응이 성립되지 못하게 제어하는 것으로서 다음의 4가지 방법이 있다. 이들 중 냉각, 질식, 제거소화는 물리적 소화(Physical Extinguishment)이나, 억제(연쇄반응차단)소화는 화학적 소화(Chemical Extinguishment)가 된다. 각각의 특징은 다음과 같다.

① 냉각소화

열의 균형을 깨뜨려서 온도를 낮춤으로써 점화에너지를 제거하여 소화하는 방법으로 비열이나 증발잠열이 큰 물질을 이용하여 열을 흡수하거나 기화열에 의해 열을 제거하는 소화방법을 말한다.

② 질식소화

산소농도가 일정농도(보통 15%) 이하가 되면 연소가 지속될 수 없으므로 산소를 차단하거나 희석시켜 소화하는 방법을 말하는데 전자를 산소차단 방법, 후자를 산소희석 방법이라고 한다. 산소차단 방법에 의한 소화의 주요 사례로는 불타고 있는 유류화재 표면을 포말로 덮어 씌우는 것, 모래, 흙 등으로 금속화재의 표면을 덮는 것이 있다. 산소희석 방법에 의한 소화의 전형적인 사례는 이산화탄소 소화설비에 의한 소화이고, 화학공장에서는 수증기를 이용한 소화 설비를 설치하기도 하는데 이 또한 산소희석 방법에 의한 소화설비의 한 예이다.

③ 제거소화

말 그대로 가연물을 제거함으로써 연소를 차단하는 소화방법을 말한다. 고체가연물의 경우 가연물을 현장에서 즉시 제거하는 방법이 있고, 액체 및 기체의 경우에는 용기의 밸브 차단, 공급중단 및 안전한 장소로 이송 등의 방법이 있다.

④ 억제소화

물질의 연소과정은 자유라디칼(Free Radical)이 계속 생성되면서 이에 의해 연쇄반응이 성립되는 것으로 볼 수도 있다. 억제소화는 이러한 연쇄반응의 원인물질인 활성 자유라디칼을 소화약제(할론 등)의 불활성 라디칼(Br·성분 등)과 결합하게 하여 연쇄반응을 강제로 종료시키는 방법이다.

## 2. 화재 및 폭발의 손실을 극소화하기 위한 불활성화(Inerting)의 정의 및 종류를 4가지로 구분하여 설명하시오.

- 불활성화(Inerting)란 인화성 혼합가스나 혼합분진에 불활성 가스를 주입하여 희석(불활성 가스의 치환), 산소의 농도를 최소산소농도 이하로 낮게 유지하는 방법을 말한다. 이때, 불활성 가스로는 질소, 이산화탄소, 수증기 또는 연소 배기가스 등이 사용된다. 일반적으로 탄화수소 최소산소농도가(MOC) 10%라고 가정할 경우, 산소농도를 MOC보다 4% 정도 낮은 농도인 6% 정도로 관리하는 것이 일반적이다.

- 불활성화의 종류는 다음과 같이 4가지로 구분된다.
  ① 진공퍼지
     진공퍼지는 용기에 대한 가장 일반적인 불활성화 방법이지만 상압탱크 등처럼 진공에 견디도록 설계되지 않은 저장용기에는 사용될 수 없다. 진공퍼지의 일반적인 절차는 다음과 같다.
     ㉠ 원하는 진공도에 도달할 때까지 용기에 진공을 건다.
     ㉡ 질소나 이산화탄소와 같은 불활성 가스를 주입해 대기압과 같게 한다.
     ㉢ 위와 같은 단계를 원하는 산소농도가 될 때까지 반복한다.
  ② 압력퍼지
     용기에 가압된 불활성 가스를 주입함으로써 용기를 퍼지할 수 있다. 이는 불활성 가스를 용기 내에서 충분히 확산시킨 후, 대기 중으로 방출시키는 방법이다. 산소의 농도를 원하는 농도로 감소시키기 위해 수회에 거쳐 가압 및 방출의 반복이 필요하기도 한다. 압력퍼지와 진공퍼지를 비교해 보면 압력퍼지가 진공퍼지에 비해 퍼지시간이 짧은 장점이 있는데, 이는 가압공정은 진공을 유도하기 위한 공정에 비해 대단히 빠르기 때문이다. 그렇지만 압력퍼지는 많은 불활성 가스를 소모해야 한다는 단점이 있다.
  ③ 스위프 퍼지(Sweep-Through Purging)
     용기의 한 개구부로부터 불활성 가스를 주입하고 동시에 다른 개구부로 용기 안의 가스를 대기 또는 스크러버에 보내는 불활성화 방법을 말한다. 일반적으로 이 방법은 용기나 장치에 압력을 가하거나, 진공을 걸 수 없을 경우에 주로 사용된다.
  ④ 사이폰 퍼지(Siphon Purging)
     사이폰 퍼지는 용기에 물이나 적합한 액체를 채운 뒤 액체를 배출시키면서 동시에 불활성 가스를 주입하여 용기를 불활성화시키는 방법으로, 불활성화 경비를 최소화할 수 있다는 장점이 있다.

## 3. 폭발보호방법을 6가지 이상 기술하시오.

- 폭발을 보호하는 방법은 크게 봉쇄, 차단, 화염방지기 설치, 폭발 억제, 폭발 배출 및 안전거리를 유지하는 방법이 있고 각각에 대한 설명은 다음과 같다.

① 봉쇄(Containment)
　　봉쇄에 의한 폭발보호방법은 폭발이 일어날 수 있는 장치나 건물이 폭발 시 발생하는 압력에 견디도록 충분히 강하게 만드는 것을 말한다. 즉, 고압에 견딜 수 있는 압력용기 및 방폭벽(Blast Wall)을 설치하여 폭발로부터 보호한다.

② 폭발억제(Explosion Suppression)
　　폭발억제 설비의 원리는 파괴적인 압력으로 발전하기 전에 인화성 증기가 형성된 증기공간으로 소화약제를 고속으로 분사시키는 것이다. 이때, 자동 폭발억제설비는 폭발 개시 후 수 초 이내에 작동하여야 한다.

③ 폭발배출(Explosion Venting)
　　건물이나 배관 또는 덕트에 폭압 방산구 등의 취약부분을 설치하여 일정압력 이상에서 폭발압력을 건물 또는 설비 외부의 안전한 곳으로 분출시켜 건물이나 배관을 보호하는 방법을 말한다.

④ 차단(Isolation)
　　차단에 의한 폭발보호방법은 폭발이 발생한 설비로의 위험물 등의 공급을 자동으로 차단시키는 방법을 말한다. 이러한 목적을 달성하기 위해서는 폭발을 조기에 감지하여 폭발을 지속되거나 가중시킬 수 있는 물질들의 설비 내 공급을 신속하게 차단하는 설비(긴급차단밸브 등) 등의 설치가 필요하다.

⑤ 화염(역화)방지기 설치
　　화염이 인화성 액체 저장탱크의 통기관을 통해 전파될 경우 탱크 내 증기공간의 인화성 가스가 점화되어 대형 화재 폭발이 발생할 수 있다. 이 경우 통기관에 화염방지기를 설치하여 화염이 탱크 내로 전파되지 않도록 조치하는 것이 필요하다. 다만, 통기관이 RTO 등과 같은 연소/소각설비에 배관으로 연결될 경우에는 화염의 전파속도가 매우 빠르므로 이때 설치하는 화염방지기는 폭굉용 화염방지기를 설치하여야 한다.

⑥ 안전거리(Safety Distance) 유지
　　폭발이 발생하더라도 다른 공정에 영향을 미치지 않도록 공정 또는 설비 간에 안전거리를 유지하는 것이 필요하다. 안전거리는 우선 관련 법에서 요구하는 최소거리를 충족시켜야 하고, 그렇지 않을 경우에는 화재·폭발로부터 발생하는 복사열 및 과압, 비산물의 도달거리 등을 정량적으로 평가하여 폭발방지대책을 강구하여야 한다.

## 4. 폭발억제장치의 기본개념과 구조 및 원리를 설명하시오.

- 폭발억제장치는 밀폐 또는 제한된 공간을 가지는 설비 내에서 발생된 화재를 조기에 감지하여 이를 초기단계에서 억제함으로써 폭연(Deflagration)으로 인한 압력이 설비의 설계압력 이상으로 상승하는 것을 사전에 방지하여 설비 등의 파손을 예방하기 위하여 설치하는 장치를 말한다.

- 폭발억제장치의 구조 및 원리는 다음과 같다.
  ① 폭발억제장치의 구조
    폭발억제장치는 크게 감지부, 제어부, 소화약제부로 구분되며 개략적인 구조는 다음과 같다.

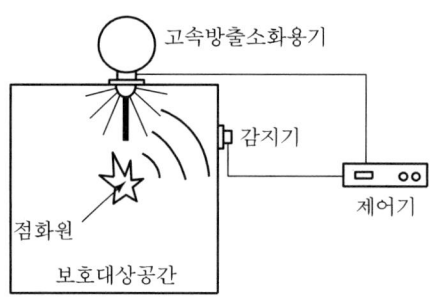

[폭발억제장치의 개략도]

  ② 폭연의 최고압력
    폭연에 의해 발생되는 압력은 가연성 가스류와 증기류, 분진류의 종류에 따라 차이가 있지만, 약 1,000kPa 정도의 압력이 발생한다.
  ③ 폭연억제의 원리
    폭연은 폭발물질에 따라 속도의 차이가 있지만 점화시간으로부터 약 200ms(0.2초) 정도 경과되면 최고압력에 도달하게 되는데, 점화 초기에 억제제를 분산하여 산화반응을 제한함으로써 압력상승을 억제하는 것이 폭연억제의 원리이다.

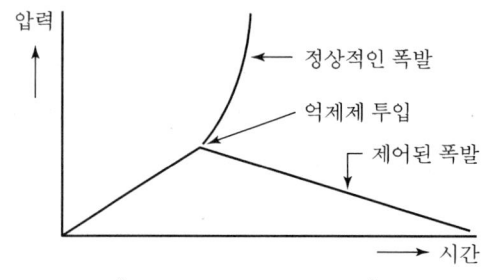

[폭연억제의 기본원리도]

## 5. 반응폭주의 원인을 5가지 이상 기술하시오.

– 온도 또는 압력 등 제어상태가 규정의 조건을 벗어나는 것에 의해 반응속도가 지수함수적으로 증대하고, 반응용기 내의 온도 및 압력은 이상 상승함에 따라 반응이 더욱 격렬해지는 현상을 반응폭주라 하고 그 원인은 다음과 같다.

① 플랜트 동력원 등의 이상 또는 정지
　플랜트는 보통 동력원으로서 전력 또는 스팀을 사용하고, 냉각원으로서 냉각용수 또는 냉매를 사용하며, 계장용으로서 공기를 사용한다. 플랜트 운전에 있어서는 이러한 동력원, 냉각원 및 계장이 정상적으로 작동하는 것이 중요한데, 만약 이러한 동력원 등에 이상이 발생하거나 비정상적으로 가동이 중지될 경우에는 반응기의 온도 또는 압력이 급상승하여 반응폭주로 연결될 수 있다.

② 계장시스템의 오작동
　플랜트에 도입되어 있는 계장시스템은 생산성 및 안전성을 유지하는 기능을 하고 있다. 만약 이러한 계장시스템에 오류가 발생할 경우에는 반응기에서 반응폭주가 발생할 수 있다.

③ 원재료 배합비율의 부적정
　반응기에 공급되는 원재료의 배합비율이 잘못된 경우 비정상적으로 온도와 압력이 상승할 수 있다. 예를 들어, 에틸렌 가스와 산소(공기)를 반응시키는 공정에서 두 성분이 적정비율로 공급되지 않고 산소가 필요 이상으로 공급될 경우에는 발열량이 순간적으로 증대되어, 반응기내의 온도 및 압력이 급상승하게 된다.

④ 미량 불순물의 농축
　증류·분리·정제 등 각종 단위조작의 과정에서 부반응에 의해 미량의 불순물이 생성되면, 그것이 점점 농축되어 반응폭주로 연결될 수 있다.

⑤ 감압설비에 공기의 유입
　감압의 조건에서 운전하고 있는 반응기에 공기가 유입되어 산화반응이 진행될 경우에는 급속한 발열과 함께 반응폭주가 발생할 수 있다.

⑥ 혼합에 따른 발열
　2종류 이상의 물질이 어떠한 사고에 의해 혼합되었을 때, 혼합열이나 반응열이 발생해서 용기 내의 기체 또는 액체가 폭발적으로 팽창되어 탱크가 파열되는 반응폭주 현상이 발생할 수 있다.

⑦ 조작실수에 의한 반응폭주
　밸브 개폐 등의 조작 잘못에 의해 반응폭주가 일어나는 경우도 있고, 반응기 속에 넣는 원재료의 종류와 계량을 잘못하여 반응폭주로 연결될 수도 있다.

⑧ 기기의 고장 및 파손
　발열반응기에 냉각수를 공급하는 펌프나, 교반을 시키는 교반기가 고장 난 경우, 급속한 발열로 인해 반응폭주가 발생할 수 있다.

## 6. 분체 취급공정의 분진폭발을 방지하기 위한 대책에 주안점을 두어 구체적인 예방대책을 기술하시오.

- 분진폭발을 예방하기 위해서는 가스폭발 예방의 경우와 같이 연소의 3요소 중 한 가지를 확실히 제거하는 것이 필요하다. 즉, 가연성 분진운의 형성을 억제하거나, 공기 중 산소를 불활성 가스로 치환하든지, 착화원을 제거하는 것이다. 위 내용을 구체적으로 설명하면 다음과 같다.

  ① 분진운의 형성 억제

  분체를 취급하는 공정에서는 부유분진이 형성되지 않도록 공정을 설계하거나, 공정 내에서 분진이 침강하여 퇴적될 경우에는 정기적으로 분진을 제거하는 것이 필요하다. 이렇게 분진을 제거하여 부유분진의 평균농도가 어떠한 경우에도 폭발하한계의 25% 이상을 초과하지 않도록 조치하는 것이 필요하다. 만약 분진의 폭발하한계를 모를 경우에는 분진의 농도를 $5\sim15g/m^3$ 이하로 떨어뜨리는 것이 바람직하다.

  ② 분체 취급공정의 불활성화

  분진폭발은 불활성 가스 또는 불활성 분진에 의해 방지될 수 있다. 즉, 질소 또는 이산화탄소 등과 같은 불활성 가스를 사용하여 공정 내의 산소농도를 최소산소농도(MOC) 이하로 떨어뜨리거나, 시멘트분, 석회 등 불활성 물질을 첨가하여 점화원이 존재하더라도 분진운에 화염이 전파되지 않도록 조치하는 것이 필요하다.

  ③ 착화원의 제거

  정전기로 인한 분진폭발을 예방하기 위해 분진이 접촉되는 부분은 금속제로 접지 및 본딩을 실시하거나, 분진을 취급하는 공정 바닥을 도전성이 있도록 하고, 작업자는 대전방지용 보호장구를 착용하는 것이 필요하다. 또한, 전기기계기구에 의한 착화를 방지하기 위해 집진장치 본체 내부의 전기기계기구 및 송풍기의 전동기는 방폭 성능을 갖춘 제품을 사용한다. 마지막으로, 기계적 마찰, 충격에 의한 착화를 방지하기 위해서는 송풍기 회전 날개와 케이싱 간에 마찰, 충격이 발생하지 않도록 충분히 이격하거나 스파크가 발생하지 않는 재질을 사용하는 방법이 있다.

- 위의 기본적인 예방대책과 더불어 인화성 가스의 폭발예방대책과 같이 폭발의 봉쇄, 폭발압력 방출 또는 폭발 억제장치 설치 등을 통해 분진폭발을 예방할 수 있다.

## 5 폭발위험장소 구분 및 방폭설비

### 1. 안전간격(Safety gap)에 대해 설명하시오.

- 안전간격은 아래 그림의 내측 가스에 점화시 외측의 폭발성 혼합가스까지 화염이 전달되지 않는 한계의 틈이다. 8ℓ의 둥근 용기 안에 폭발성 혼합가스를 채우고 점화시켜 발생된 화염이 용기 외부의 폭발성 혼합가스에 전달되는가의 여부를 측정하였을 때 화염을 전달시킬 수 없는 한계의 틈 사이를 말한다. 안전간격이 작은 가스일수록 폭발 위험이 크다. 가스폭발 한계 측정 시 화염 방향이 상향일 때 가장 넓은 값을 나타낸다.

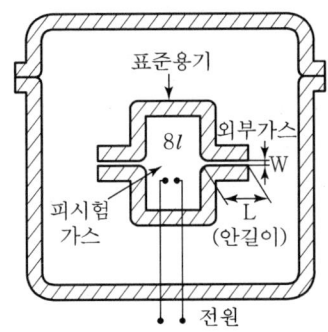

- 화염일주한계는 안길이(L)에 대한 틈(W)의 최대허용한계를 말한다.

### 2. 폭발위험장소 구분에 대한 KS/IEC와 NEC 기준을 설명하시오.

- 폭발위험장소의 구분은 가스나 증기에 의해 폭발이나 화재를 유발시킬 수 있는 장소를 구분하는 것으로, 위험분위기의 발생 가능성에 따라 폭발위험장소를 구분하고 있으며, 세계적으로 각 기준에 따라 조금씩 차이가 있다. 이 분류기준은 폭발성 농도에 따라 달라지는 것이 아니라 농도가 폭발한계에 도달할 확률에 따라 정해지는 것이기 때문에 정확한 수치적 표시가 아닌 개념적인 것으로 공정을 잘 이해하여 선정하여야 한다. 이러한 폭발위험장소 구분에 대한 KS/IEC와 NEC 기준은 다음과 같다.

- KS/IEC 기준
  1) 0종 장소(Zone 0)
     ① 가스, 증기 또는 미스트의 가연성 물질의 공기 혼합물로 구성되는 폭발분위기가 장기간 또는 빈번하게 생성되는 장소

② 폭발성 농도가 연속적 또는 장시간 계속해서 폭발 하한계 이상이 되는 인화성 액체의 용기 또는 탱크 내, 액면 상부 공간, 인화성 가스용기 내부, 가연성 액체가 모여 있는 Pit, Trench 등이 이에 속한다.

2) 1종 장소(Zone 1)
① 가스, 증기 또는 미스트의 가연성 물질의 공기 혼합물로 구성되는 폭발분위기가 정상 작동 중에 생성될 수 있는 장소 및 수선, 보수 또는 폭발성 가스가 모여서 위험한 농도로 될 우려가 있는 장소
② 0종 장소의 근접 주변, 통기구의 근접 주위, 운전상 열게 되는 연결부의 근접 주위, 배기관의 유출구 근접주위 등이 이에 속한다.

3) 2종 장소(Zone 2)
① 가스, 증기 또는 미스트의 가연성 물질의 공기혼합물로 구성되는 폭발분위기가 정상 작동 중에는 생성될 가능성이 없으나, 만약 위험분위기가 생성될 경우에는 그 빈도가 극히 희박하고 아주 짧은 시간 지속되는 장소
② 이상상태란 지진 등 예상을 초월하는 극히 빈도가 낮은 재난상태가 아닌 통상적인 운전상태, 통상적인 유지보수 및 관리상태를 벗어난 상태를 말함(일부 기기의 고장, 기능 상실 및 오동작 등)
③ 0종, 1종 장소의 주변 용기나 장치의 연결부 주위, 펌프의 실링 주위 등이 이에 속한다.

- NEC 기준
1) Class에 의한 분류
① Class I Location
인화성 증기 또는 가스가 폭발이나 연소할 수 있는 충분한 양이 공기 중에 존재하거나 존재할 가능성이 있는 장소
② Class II Location
연소성 먼지가 존재하는 장소
③ Class III Location
쉽게 발화할 수 있는 섬유질 또는 솜털 부스러기가 존재하나, 이러한 섬유질이나 부유물질이 발화될 수 있는 만큼의 충분한 양이 공기 중에 존재하지 않는 장소

2) Division에 의한 분류
① Division I
㉠ 정상상태에서도 인화성 증기나 가스가 존재하는 장소
㉡ 이 장소에 설치하는 설비는 정상 운전 시는 물론 전기 시스템 고장 시에도 주위 대기를 연소시킬 수 있는 불꽃이나 고온 가스를 방출시키지 않도록 설계된 방폭

구조기기를 사용하고 본질적으로 안전하다고 승인된 기기나 배선은 방폭구조 없이도 사용할 수 있다.

② Division Ⅱ
㉠ 비정상상태인 경우, 기기 파열, 고장의 경우에 인화성 증기나 가스가 나타날 수 있는 장소
㉡ 정상상태에서 아크나 이와 유사한 점화원을 발생하지 않도록 만들어진 기기를 사용한다.

## 3. 방폭구조의 종류에 대해 설명하시오.

- 폭발성 가스가 존재하는 장소에서 사용하는 전기·기계기구는 사용 중에 발생할 수 있는 전기불꽃, 아크 또는 과열에 의해 폭발성 가스가 폭발하는 것을 방지할 수 있는 구조로 특별히 설계되었고 이러한 기기를 방폭 전기·기계기구라 한다. 이러한 전기·기계기구에 사용되는 방폭구조의 종류는 다음과 같다.

① 내압방폭구조(Explosion Proof Type-d)
전폐구조로 용기 내부에서 폭발성가스 또는 증기가 폭발하였을 때 용기가 그 폭발압력에 견디며, 또한 접합면, 개구부 등을 통하여 외부의 폭발성 가스에 인화될 우려가 없도록 한 구조

② 압력방폭구조(Pressurized Type-p)
점화원이 될 우려가 있는 부분을 용기 내에 넣고 신선한 공기 또는 불연성 가스 등의 보호기체를 용기의 내부에 넣고, 용기 내부에 일정 압력을 형성시켜 외부로부터 폭발성 가스 또는 증기가 용기 내부로 침입하지 못하도록 한 구조

③ 유입방폭구조(Oil Immersed Type-o)
전기기기의 불꽃, 아크 또는 고온이 발생하는 부분을 기름 속에 넣고 기름면 위에 존재하는 폭발성 가스 또는 증기에 인화될 우려가 없도록 한 구조

④ 안전증방폭구조(Increased Safety Type-e)
정상 운전 중에 폭발성 가스 또는 증기에 점화원이 될 전기불꽃, 아크 또는 고온이 되어서는 안 될 부분에 이러한 고온 등의 발생을 방지하기 위하여 기계적, 전기적 구조상 또는 온도상승에 대하여 특별히 안전도를 증가시킨 구조

⑤ 본질안전방폭 구조(Intrinsic Safety Type-I)
정상 시 및 사고 시(단선, 단락 등)에 발생하는 전기불꽃, 아크 또는 고온에 의하여 폭발성 가스 또는 증기에 점화되지 않는 것이 점화시험 등에 의해 확인된 구조(사용전압과 전류가 미약)

⑥ 몰드형 방폭구조(Encapsulation Type-m)
폭발성 분위기를 점화시킬 수 있는 아크, 또는 스파크 발생부분을 컴파운드로 둘러싸워 점화되지 않도록 한 구조

⑦ 비점화형 방폭구조(Nonsparking Type-n)
정상상태에서는 전기기기의 부품이 주위의 폭발성 가스 또는 증기를 점화시킬 우려가 없도록 한 구조
⑧ 특수 방폭구조(Special Type-s)
특수 방폭구조는 폭발성 가스의 인화를 방지할 수 있는 것이 실험 등에 의해 확인된 구조

## 4. 방폭기기의 표기 방법에 대해 간단히 설명하시오.

- 현재 국내에서는 IEC와 KS기준에 따라 방폭기기의 표기는 아래와 같이 방폭기기, 방폭구조, 기기분류(탄광용 또는 산업용), 가스등급, 온도등급 및 보호등급으로 구분하여 표기한다.

예 : Ex d IIB T4 IP44

〈방폭표기의 의미〉

| Ex | d | II | B | T4 | IP44 |
|---|---|---|---|---|---|
| 방폭기기 | 방폭구조 | 기기분류 | 가스등급 | 온도등급 | 보호등급 |
| 방폭기기 | 내압<br>방폭구조 | 산업용 | 가스등급<br>B | 최고표면온도<br>100℃ 초과<br>135℃ 이하 | φ1mm의 고체와<br>튀기는 물에<br>대해 보호 |

- 가스등급은 폭발성 가스의 폭발시험시 표준용기의 틈 사이 깊이를 일정치로 유지하고, 이 용기 틈 사이를 0에서부터 서서히 크게 하여 틈사이가 몇 mm가 되었을 때 표준용기 내부의 화염이 외부로 전파되는 화염일주가 일어나는가를 조사하고, 그때 틈 사이의 크기에 따라 폭발등급을 A, B, C, D(광산의 폭발성 가스)의 4등급으로 분류한다.

| 폭발성 가스의 분류 | A | B | C |
|---|---|---|---|
| 최대안전틈새범위<br>(내압) | 0.9mm 이상 | 0.5mm 초과<br>0.9mm 미만 | 0.5mm 이하 |
| 최소점화전류비<br>(본질안전) | 0.8 초과 | 0.45 이상<br>0.8 이하 | 0.45 미만 |
| 적용기기<br>(내압, 본질안전, 비점화 일부) | IIA | IIB | IIC |
| 대표적 가스 | 암모니아, 일산화탄소,<br>벤젠, 아세톤, 에탄올,<br>메탄올, 프로판 | 에틸렌, Diethyl Ether,<br>에틸렌옥사이드 | 아세틸렌, 수소, 이황화탄소 |

- 온도등급은 최고표면온도에 따라 다음과 같이 분류한다.

| 최고표면온도의 범위(℃) | 온도등급 |
|---|---|
| 300 초과 450 이하 | T1 |
| 200 초과 300 이하 | T2 |
| 135 초과 200 이하 | T3 |
| 100 초과 135 이하 | T4 |
| 85 초과 100 이하 | T5 |
| 85 이하 | T6 |

- IP 등급은 아래와 같이 분진과 물에 대한 보호여부에 따라 다음과 같이 분류한다.

|   | 첫째숫자(분진) | 둘째숫자(물) |
|---|---|---|
| 0 | 무방호 | 무방호 |
| 1 | φ50mm의 고체 (손) 침입 방호 | 수직으로 떨어지는 물방울 |
| 2 | φ12.5mm의 고체 (혹은 손가락) 침입 방호 | 수직에서 최대 15°로 떨어지는 물방울 |
| 3 | φ2.5mm의 고체 (기구) 침입 방호 | 수직에서 최대 60°로 떨어지는 물방울(비) |
| 4 | φ1mm의 고체 (전선) 침입 방호 | (전방향으로) 튀는 물 |
| 5 | 동작에 이상 없는 분진침입 방호 | (전방향으로) 물 분출 |
| 6 | 분진침투 없음 | (전방향으로) 강력한 물 분출 |
| 7 | - | 잠시 동안 침수 (사용자 요구) |
| 8 | - | 연속적인 잠수 (사용자 요구) |

| 기타기호(숫자보다엄격) ||
|---|---|
| A | 손 침입 방호 |
| B | 손가락 침입 방호 |
| C | 장비 침입 방호 |
| D | 전선 침입 방호 |
| H | 고전압기구 |
| M | 동작 중 물 침입에 이상 없음 |
| S | 비동작 중 물 침입에 이상 없음 |
| W | 추가된 날씨조건하에서 사용가능 |

## 5. 분진폭발위험장소 종류에 대하여 설명하시오.

- 분진폭발위험장소는 20종, 21종, 22종 장소로 구분하고 각각의 위험장소의 종류는 다음과 같다.

  1) 20종 : 공기 중에 가연성 분진운의 형태가 연속적, 장기간 또는 단기간 자주 폭발분위기로 존재하는 장소
     ① 분진 컨테인먼트 내부 지역
     ② 호퍼, 사일로, 집진장치 및 필터 등
     ③ 분진 이송 설비(벨트 및 체인 컨베이어의 일부 제외) 등
     ④ 배합기, 제분기, 건조기, 배깅 장비(Bagging equipment) 등

  2) 21종 : 공기 중에 가연성 분진운의 형태가 정상 작동 중 빈번하게 폭발분위기를 형성할 수 있는 장소
     ① 분진 컨테인먼트 외부, 내부에 분진폭발 혼합물이 존재할 때 조작을 위하여 빈번하게 제거 또는 개방하는 문 근접 장소
     ② 분진폭발 혼합물의 형성을 방지하기 위한 조치를 취하지 않은 충전 및 배출지점, 이송 벨트, 샘플링 지점, 트럭덤프지역, 벨트 덤프 인근의 분진 컨테인먼트 외부 장소
     ③ 분진층과 분진폭발 혼합물이 형성될 수 있는 공정 운전으로 인하여 분진이 축적될 수 있는 분진 컨테인먼트의 외부 장소
     ④ 폭발성 분진운이 발생할 수 있는(연속적, 장기간 또는 빈번하지 않은) 분진 컨테인먼트, 즉 (빈번하게 채우고 비우는) 사일로 및 필터의 분진 쪽(만약 자체청소 주기가 정해진 경우)

  3) 22종 : 공기 중에 가연성 분진운의 형태가 정상작동 중 폭발분위기를 거의 형성하지 않고, 만약 발생한다 하더라도 단기간 지속될 수 있는 장소
     ① 고장 시 분진 혼합물의 누출이 있을 수 있는 백필터의 배출구
     ② 간헐적인 주기로 열리는 장비 인근 장소 또는 대기압 보다 높은 압력 때문에 분진이 쉽게 누설될 수 있는 장비 인근, 분진 분출부(쉽게 손상될 수 있는 공기압 장비, 유연 접속부 등)
     ③ 분진 제품을 담는 저장 백 취급 중에 손상될 경우 분진 분출
     ④ 통상 21종 장소로 분류되나 분진폭발 혼합물의 형성을 방지하기 위하여 적절한 조치를 취하는 경우에는 22종으로 구분. 이러한 조치에는 배기 설비를 포함하며, 배기설비를 (백)충전 및 배출 지점, 피드 벨트, 샘플링 지점, 트럭 덤프지역, 벨트 덤프 지역 등의 인근 장소에 설치한다.

⑤ 분진층 또는 분진폭발 혼합물이 형성되는 것을 제어하는 장소. 만약 위험한 분진과 공기의 혼합물이 형성되기 전에 청소하여 분진층을 완전히 제거하면, 비위험장소로 할 수 있다.

- 단, 분진 퇴적물에 대한 적합한 조치가 설비 외부에서 취해진다면, 제어되지 않은 분진층은 분진보유설비 내부에서만 생성된다. 그러나, 분진보유설비 외부에서의 제어되지 않는 모든 형태의 누출(불량한 청소)은 언제든지 20종 장소가 될 수 있다.

# 6 부식 및 방식

## 1. 화학공장에서 발생하는 부식의 종류와 특징에 대하여 서술하시오.

- 일반적으로 부식(Corrosion)은 금속의 산화작용으로 정의된다. 부식이란 어떤 금속이나 기타 재료가 주위 환경 변화에 따라 기체, 액체 등과 접촉, 전기화학적 또는 순화학적 반응을 일으켜 장치설비 등의 본래 기능을 상실하고 그 성질이 악화되어 재료의 파손 등 해로운 결과를 초래하는 것이다.

  ※ 기체, 액체에는 공기, 에틸렌, 물, 산, 알칼리 등 무수히 많다.
  ※ 산화반응 : 좁은 의미로는 어떤 물질이 산소와 반응하여 산소 함유량이 반응 전보다 많아지는 것이고, 넓은 의미의 산화반응은 화합물이 전자를 잃는 반응을 말한다.

- 금속 부식은 거의 대부분 수용액 등에서 전기화학적 또는 순화학적 반응을 통해서 이루어진다. 또한 전기화학적 반응이 이루지기 위해서는 전해액인 액체가 있어야 하고, 여기에 양극과 음극이 존재하여 전지를 형성해야 한다. 전기화학적 반응과 순화학적 반응에 대해서 살펴보면 다음과 같다.

  ① 전기화학적 부식은 전위차에 의하여 양극(전위가 낮은 쪽)에 해당하는 금속표면에서 금속이온이 용출하는 부식이다. 즉 금속이온이 용해하여 전해액인 용액(바닷물 등) 속으로 흘러들어가는 것이다. 양극에서 철이 용해되는 반응식을 쓰면 다음과 같다.

  $$Fe \rightarrow Fe^{2+} + 2e^-$$

  ※ 전기화학적 부식의 정도는 개개 금속의 면적비에 따라 다르며, 양극이 되는 금속의 표면적이 적고, 음극이 되는 금속의 표면적이 클 경우에는 전류밀도가 높아져, 양극의 부식이 더욱 심해진다. 예컨대 구리판에 철 못을 박았을 때 철 못의 부식이 더욱 촉진되는 현상이다.(소양극-대음극일 때 부식이 심하다.)

  ② 순화학적 부식은 금속 재료가 용존 산소(물속에 녹아 있는 산소), 대기 중의 산소 또는 물과 직접 접촉·반응하여 발생하는 부식이다. 반응식을 살펴보면 다음과 같다.

  $$Fe, H_2O, O_2 \rightarrow Fe(OH)_2, Fe(OH)_3$$

- 부식(Corrosion)을 대별하면 금속의 전표면에 균일하게 발생하는 균일부식(Uniform Corrosion)과 금속의 일부분에 발생하는 국부부식(Localized Corrosion)으로 나눌 수 있고, 국부부식은 갈바닉부식(Galvanic Corrosion), 응력균열부식(Stress Crack Corrosion), 피로부식(Corrosion Fatique), 틈부식(Crevice Corrosion), 공식(Pitting Corrosion) 등이 있고 각각의 특징은 다음과 같다.

① 균일부식(Uniform Corrosion)

금속 표면 전체에 걸쳐서 균일하게 발생하는 부식을 말하며 가장 일반적인 형태의 부식이다. 유체수송을 위한 배관 등에 균일 부식이 발생하면 두께가 감소하여 결국에는 사용이 불가능하게 된다.

② 갈바닉 부식(Galvanic Corrosion)

대개의 이종금속이 서로 접촉(또는 전도체로 연결)되어 전해질 용액(즉, 부식성 용액) 내에 존재할 때 이종금속의 금속 간 전위차가 존재함으로써 용액을 통하여 전류가 흐르게 된다. 또한, 전자는 금속 간에서 이동하여 결국 국부적 전기회로 즉, 국부전지(Local Cell)를 형성하고, 이때 두 금속 중 하나가 부식되는 현상을 갈바닉 부식 또는 전지부식이라 한다. 이러한 갈바닉 부식이 발생할 때에는 두 금속 중 내식성이 상대적으로 약한 즉, 활성이 큰(Active) 금속은 같은 부식환경에 단독으로 존재할 때보다 더욱 더 부식이 활발하게 발생하며(양극으로 작용), 내식성이 상대적으로 강한 활성이 적은(Noble) 금속은 단독으로 존재할 때보다 부식이 오히려 덜 발생한다(음극으로 작용). 반응탑, 열교환기, 배관, 밸브, 펌프 등 각종 이종금속이 연결되어 있는 화학공장에서 전지부식이 발생할 가능성이 매우 높다. 갈바닉 부식을 억제하는 방법은 다음과 같다.

㉠ 갈바닉 부식을 억제하는 가장 좋은 방법은 가능하면 이종금속을 용접하여 사용하지 않는 것이다(갈바닉 쌍을 없앤다).

㉡ 이종 금속의 경우 갈바닉 계열에서 서로 가까이 위치하는 금속 또는 합금을 사용한다.

㉢ 갈바닉 계열에서 멀리 떨어진 나사를 이용한 접합 등은 피한다.

㉣ 이종금속의 접합부위는 접합부 도장을 잘하여 바닷물 등 전해액에 노출되는 부분이 없도록 한다(특히 배를 제작할 때).

㉤ 부식 환경의 영향을 줄이기 위해 부식억제제를 사용한다.

㉥ 용접 등을 이용하여 접합시 갈바닉 부식을 고려, 부식이 잘되는 쪽(활성이 큰 쪽)은 재료를 두껍게 제작한다.

㉦ 갈바닉 계열에서 두 금속보다 활성이 큰 제3의 금속을 설치한다(희생양극을 만들어 준다).

③ 응력균열부식(Stress Crack Corrosion)

응력부식균열은 어떤 특정한 금속이 어떤 특정한 환경에서 정적인 인장응력(압축응력은 응력부식균열을 초래하지 않는다)을 받게 될 때 발생한다. 예를 들면 탄소강은 질산염에서, 스테인리스강은 염화물 용액에서 응력부식 균열에 민감하다. 즉, 염화물 용액은 스테인리스강의 응력부식균열을 유발하지만, 탄소강이나 알루미늄 등 여타의 합금에는 응력부식균열을 유발하지 않는다. 응력균열부식은 인장응력뿐만 아니라 굽힘이나 비틀림 하중 하에서도 발생하는데 단순 인장을 받을 때보다는 부식의 정도가 약하다. 그리고 응력균열부식이 발생하면 취성파괴를 일으키기 때문에 주의해야 한다. 응력균열부식을 억제하는 방법은 다음과 같다.

㉠ 응력을 발단응력 이하로 낮춘다.
㉡ 부식환경 중 응력부식에 영향을 미치는 유해성분을 제거한다.
㉢ 합금 자체를 교체한다.
㉣ 음극방식을 적용하여 부식을 억제하면 응력부식을 방지한다(이때는 수소취성을 고려해야 함).
㉤ 부식억제제를 첨가한다.

④ 피로부식(Fatique Corrosion)

부식피로균열은 부식 분위기에서 금속이 반복(교번)응력을 받게 될 때 발생한다. 피로균열의 속도가 부식 환경의 존재로 인해서 증가되며 이러한 상태를 부식피로균열이라 한다. 부식피로균열은 합금뿐만 아니라 순금속의 경우에도 발생하며 어떤 특정한 환경도 요구되지 않는다(거의 모든 수용액에서 발생한다). 피로부식을 억제하는 방법은 다음과 같다.

㉠ 부식억제제의 사용, pH의 증가 등 균일부식을 방지하는 모든 방법들에 의해 방지되거나 감소될 수 있다.
㉡ 스테인리스강, 청동과 같이 내식성이 우수한 합금을 사용하는 것도 부식피로를 감소하는 좋은 방법이지만 이것은 부식속도가 충분히 낮은 경우에만 유효하다.
㉢ 금속표면을 부식용액에 접하지 못하도록 아연 등을 피복하여 사용할 수도 있다.
㉣ 재료 표면에 숏피닝(Shot Peening) 등을 실시하거나, 부품설계 시 응력집중이 발생치 않도록 하여 피로한도를 증대시킨다.

⑤ 틈부식(Crevice Corrosion)

가장 강력한 국부부식은 틈새 또는 부식 분위기에 노출된 금속표면이 부식생성물, 침전물 등으로 차폐된 곳에서 일어난다. 이러한 국부부식은 개스킷, 볼트, 리벳머리 밑, 표면 축적물 사이에서와 같이 작은 양의 정체 용액과 관련이 있다. 이와 같이 작은 틈새에서 일어나는 부식을 틈부식이라 한다. 틈부식의 진행과정에서 나타나는 화학반응은 다음과 같다.

- 금속의 산화(틈 안에서) : $M = M^+ + e^-$
- 환원반응(틈 밖에서) : $O_2 + 2H_2O + 4e^- = 4OH^-$
- 틈 안의 전기적 중성을 유지하기 위한 염소이온($Cl^-$)이 틈 안으로 이동
- 가수분해(틈 안에서) : $M + Cl^- + H_2O = MOH + H^+Cl^-$

틈부식을 억제하는 방법은 다음과 같다.
  ㉠ 리벳이나 볼트 대신 용접을 실시한다.
  ㉡ 틈(Crevice)을 밀봉한다(표면을 균일하게 한다).
  ㉢ 테프론과 같이 물을 흡수하지 않는 개스킷을 사용한다.
  ㉣ 침전물(Deposit)을 제거한다.
  ㉤ 기타 일반적으로 부식에 영향을 미치는 환경 인자들을 제거한다.
⑥ 공식(Pitting Corrosion)
  공식은 점형태의 부식이기 때문에 점식이라고도 한다. 금속에 작은 구멍을 내는 국부부식이자 전기화학적 부식의 일종이다. 통상 개구부의 직경에 비해 깊이가 깊은 부식의 형태를 공식(점식)이라고 한다. 공식은 그 크기에 비해서 재료에 가장 파괴적인 부식으로 금속의 질량감소는 작지만 두께 방향으로 뚫기 때문에 매우 치명적이다. 공식을 억제하는 방법은 다음과 같다.
  ㉠ 염소분위기와의 접촉을 방지한다.
  ㉡ 염소분위기에 강한 재료를 사용한다.
  ㉢ 연마가공 등 표면처리를 한다(표면을 균일하게 한다.).
  ㉣ 기타 일반적으로 부식에 영향을 미치는 환경 인자들을 제거한다.

## 2. 화학설비의 장치파손의 원인 중, 수소에 의한 재료손상을 들 수 있는데 이러한 현상이 발생되는 원리에 대하여 설명하시오.

－수소에 의한 재료손상은 수소가 존재함으로 인하여 또는 수소와의 상호작용으로 금속이 기계적 손상을 입게 되는 현상을 총칭하는 말로서 다음 4가지 형태로 분류될 수 있다.

① 수소부풀림(Hydrogen Blistering(HB))
  수소가 금속 내부로 침투되어 국부적 변형(물집모양으로 부풀음)을 일으키는 현상으로 보통 부식성 환경에서 탄소강 표면의 수소원자가 금속 내부로 침투하여 금속의 공극이나 얇은 조각모양 등에 모여 수소분자로 되고, 이때 발생되는 가스압력에 의해 금속에 기포가 발생하여 파괴가 일어나는 현상을 말한다.

  ※ 수소가 금속 안으로 확산되어 침투할 수 있는 것은 수소분자($H_2$)가 아니고 원자상태($H^+$)의 수소이온이다, 수소이온이 환원에 의해 수소원자를 발생할 때는 ① 전자전이($H^+ + e^- = H$) ② 재결합($H + H = H_2$)의 단계를 밟는다. 따라서 수소가스가 발생하기 쉬운 부식반응, 음극반응, 전기 도금 때에는 금속 내로 수소가 침투할 가능성이 많아진다.

② 수소취성(Hydrogen Embrittlement(HE))
  수소가 금속 내부로 침투되어 금속의 연성과 인장강도가 감소되었을 때 나타나는 현상이다. 즉, 수소원자가 균열선단 등 수소가 흡착하기 쉬운 금속 내부로 확산하여 취성이 강한 수소화합물을 만들거나 원자의 결합력을 약화시켜 인장강도 및 연성을 감소시켜 쉽게 파괴되는 현상이다.

③ 탈탄소(Decarburization)
  고온의 습기 찬 수소가스 분위기 내에서 철강 내의 탄소가 탈탄소되는 현상이다. 즉, 철강을 고온에서 가열 시, 강 속의 탄소가 산소와 반응하여 철강 표면의 탄소 함유량이 감소되는 현상을 말한다.

④ 수소침식(Hydrogen Attack)
  고온, 고압(230℃, 7kg$_f$/cm² 이상의 환경)에서 탄소강 내의 탄화철($Fe_2C$)이 용존 수소와 반응하여 메탄을 생성하고, 생성된 메탄이 틈, 금을 발생시켜 균열이 발생하는 현상을 말한다. 일반적으로 수소침식은 암모니아 합성공업이나 석유화학공업의 수소첨가공정에서 장시간, 고온, 고압의 수소에 노출된 탄소강이나 저합금강에서 생기기 쉽다.

- 수소부풀림(HB) 현상 방지방법은 다음과 같다.
  ① 내부결함이 없는 재료를 사용한다(예 : Remamed강 대신 Killed강 사용).
  ② 수소침투가 어려운 금속이나 무기질, 유기질로 코팅하여 사용한다.
  ③ 부식억제제를 사용한다.
  ④ Hydrogen Evolution Poison 등을 제거한다(정유공장에서 수소부풀림 현상이 중요한 부식문제가 되는 것은 바로 원유 내에 불순물로 포함된 이들 성분 때문).
  ⑤ Ni을 함유한 강이나 Ni-base 합금을 사용한다(이 금속들 내에서는 수소원자 확산속도가 아주 느리기 때문).

- 수소취성(HE) 현상 방지방법은 다음과 같다.
  ① 수소취성 과정은 금속 자체의 결함과 무관하므로 Killed강을 사용하여도 발생한다. 따라서 산세척과정에서는 주의 깊게 부식억제제를 사용하여 부식속도를 줄여야 한다.
  ② 금속 내의 수소를 "열처리"하여 줄인다(예 : 강 내의 수소는 200~300 °F로 열처리하면 제거된다).
  ③ 수소원자의 확산속도가 느린 금속 Ni 혹은 Nb을 첨가한 강을 사용한다.
  ④ 용접 시에 주의한다(수소 함량이 적은 용접봉을 사용하며 용접 시 습기가 없는 상태를 유지한다).

- 수소침식(HA) 현상 방지방법은 다음과 같다.
  ① Cr-Mo 합금을 사용한다(Cr과 Mo의 탄화물이 수소와의 반응을 억제하기 때문).
  ② Nelson Char를 이용하여 온도 및 수소농도에 적합한 재질을 선택하여 사용한다.
  ③ 정유공장의 환경에서는 300계열과 400계열의 스테인리스강을 사용한다.

## 3. 부식에 대한 방식대책을 설명하시오.

- 부식의 방식대책은 크게 부식억제제 또는 방식도장을 실시하여 금속재질의 부식 진행속도를 늦추거나 방지하는 방법과 방식전류를 통해 부식을 방지하는 전기화학식 방법이 있다. 부식억제제 첨가 및 방식도장방법은 다음과 같다.

  ① 부식억제제 첨가

  부식억제제(Inhibitor)는 금속재질의 진행속도를 늦추거나 또는 저하시키기 위해 용액에 소량 첨가하는 물질로 재료표면에 흡착되어 유체가 재료에 접촉하는 것을 방지한다. 재료표면에 흡착된 부식억제제는 시간이 경과함에 따라 소모되므로 일정량씩 첨가 혹은 간헐적으로 필요량을 첨가하여야 한다. 이렇게 부식억제제를 첨가함으로써 재료의 부식을 방지한다.

  ② 방식도장(Coating)

  방식도장은 금속면과 유체의 접촉을 막아서 금속부식을 방지하는 방법이다. 방식도장으로 인한 피막은 전열효과를 저해하기 때문에 보통 전열과 관계없는 동체 또는 칸막이실 등에 많이 이용된다. 방식피막은 운전 중 열화되기 쉽고 유체의 흐름에 따라 박리되어 전열관을 폐쇄시키거나 또는 퇴적물이 되어 오히려 부식의 원인이 될 수도 있으므로 주의해야 한다. 방식도장은 주로 냉각수를 위한 방식에 이용된다.

- 화학공장의 부식은 전기화학적인 부식에 의한 것이 많으며 그 부식대책으로 전기 방식법이 사용되고 있는데, 전기방식법에는 음극 방식법(Cathodic Protection)과 양극 방식법(Anodic Protection)이 있다.

  ① 음극 방식법(Cathodic Protection)

  전기화학적 부식이 생기는 음극부에 외부에서 방식전류를 통하게 하여 국부전파를 형성함으로써 양극과 음극의 전위를 평형시켜 부식전류를 소멸하여 부식을 방지하는 방법, 현재 실시되고 있는 전기방식법은 대부분 음극방식법이 사용되며 종류에는 유전양극식(자기전원식)과 외부전원식이 있다.

  ㉠ 유전양극방식(희생양극법)

  설비에 아연 또는 알루미늄을 정착하면 탄소강의 부식을 방지할 수 있다. 이것은 아연 또는 알루미늄이 양극이 되어 부식 소모되기 때문이다. 이같이 희생양극을 설비에 부착하여 전기화학적 부식을 방지하는 방법을 유전양극 방식법이라 한다.

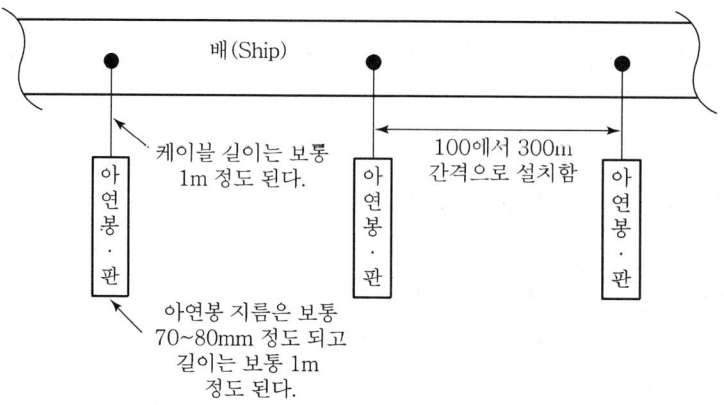

[아연봉을 사용한 유전양극 방식]

    ⓒ 외부전원방식

    화학설비 내에 양극이 되는 전극을 부착하고 외부에서 직류전류를 공급하여 강제 부분을 음극으로 작용시킴으로써 부식을 방지하는 방법으로, 이 방식은 직류전류가 필요하고 설비도 복잡하지만 전기조절이 가능하므로 화학설비에서 편리한 방식법이다. 특히 상자형 냉각기의 동체 측 유체로 해수를 사용하는 케틀식 열교환기 등의 방식에 자주 응용된다.

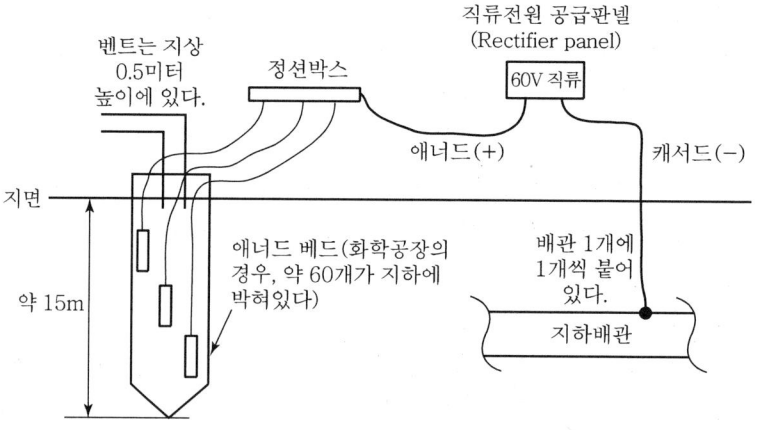

[지하배관을 방식하기 위한 외부전원방식]

② 양극 방식법(Anodic Protection)

    방식전류를 양극부 표면에 산화피막을 형성시켜 그 피막을 유지함으로써 부식을 방지한다.

## 4. 부식에 영향을 미치는 인자를 기술하시오.

- 재료의 부식에 영향을 미치는 인자는 수용액이나 물의 상태는 물론이고 생물학적인자, 토양, 콘크리트 등 다양하다. 이중에서 pH 농도, 수용액이나 물의 용존산소, 온도, 상대습도, 이온농도가 금속의 부식에 어떠한 영향을 미치는지 개략적으로 살펴보면 다음과 같다.

  ① pH

  pH의 영역에 따라 부식의 진행속도는 크게 달라진다. 즉 pH 4 이하의 산성용액에서는 부식속도가 증가하고 pH 10 이상의 알칼리 용액에서는 부식속도가 감소한다.

  ② 용존산소

  산소의 용해도가 낮은 범위에서는 산소농도의 증가와 더불어 부식이 증가되지만, 일정 농도를 넘어서면 강의 표면에 부동태화를 촉진시켜 부식속도는 크게 줄어든다.

  ※ 부동태(不動態, Passivity)는 부식 용액 내에서 금속이나 합금이 그 표면에 얇은 산화피막을 형성하는 것을 말한다. 이 부동태 피막이 형성되면 해당 재료의 내식성은 커진다.

  ③ 온도

  온도가 높을수록 부식속도는 증가하며 80℃ 부근에서 최대로 된다. 그 이상에서는 용존산소의 감소로 느려진다.

  ④ 상대습도

  상대습도 60% 이하에서는 금속표면에 수막 형성이 어려워 부식되지 않지만, 그 이상에서는 금속과 수분의 화학반응으로 부식이 진행된다.

  ⑤ 이온농도

  염소이온이나 황산이온 등은 부식을 촉진한다.


## 5. 화학설비의 비파괴검사기법을 설명하시오.

- 비파괴검사란 재료나 제품의 원형과 기능을 전혀 변화시키지 않고 재료에 물리적 에너지(열, 방사선, 음파, 전기에너지 등)를 적용하여 조직의 이상이나 결함을 알아내는 방법을 말한다. 즉, 재료에 적용한 물리적 에너지는 조직의 결함이 있을 경우, 그 부분에서 성질 및 특성이 변화되고, 이러한 에너지의 변화를 적당한 변환자를 이용하여 변화량을 측정하는 방법이다. 주로 방사선 투과(RT), 초음파 탐상(UT), 자분 탐상(MT), 침투 탐상(PT), 음향 방출(AE) 방법 등이 사용되며, 각각의 특징은 다음과 같다.

  ① 방사선 투과(RT)

  재료의 내부에 있는 결함을 찾기 위해서 시험체에 X선 등 방사선을 조사하면 이 방사선은 시험체를 투과한 다음 필름을 감광시킨다. 이 필름을 육안으로 확인하여 재료의 결함이나 내부구조 등을 검사하는 시험법이 방사선 투과법이다. 방사선을 이용한 비파괴검사의 기술 중 가장 빨리 실용화된 것은 X선 투과법이었으나 현재는 γ선, β선, 중성자선 등도 사용된다. 재료에 존재하는 결함의 형상, 크기 등을 직접 눈으로 관찰할 수 있을 뿐만 아니라 필름으로 기록하여 보존할 수 있기 때문에 산업현장에서 가장 널리 이용되고 있다. 즉 방사선투과시험은 재료의 내부결함을 2차원의 영상으로 검출하여 X선 필름 등에 그대로 기록하기 때문에 객관성과 기록성이 우수한 편이다.

② 초음파 탐상(UT)

초음파를 시험체의 한쪽에 넣으면 내부에 결함이 있는 곳에서 반사나 감쇠가 일어나게 되는데, 이러한 반사파를 수집하여 분석하면 결함의 형태나 상태를 추정할 수 있다. 사용되는 초음파 주파수는 시험체의 재질, 검출하려는 결함의 종류, 표면 상황에 따라 정해진다. 즉, 초음파 탐상 검사는 초음파를 시험체 내로 보내어 시험체 내에 존재하는 불연속을 검출하는 방법으로서 ㉠ 송신된 초음파가 시험체 내의 불연속부로부터 반사되는 에너지량, ㉡ 반사되어 되돌아올 때까지의 진행시간, ㉢ 초음파가 시험체를 투과할 때 감쇠되는 양의 차이 등을 적절한 표준자료(Standard Data)와 비교하여 결함의 위치와 크기 등을 측정하는 방법이다. 참고로 초음파는 진공에서는 매질이 없기 때문에 전달되지 않고 고체, 액체, 기체와 같은 매질을 통해서만 전달된다. 또한 감쇠의 정도는 기체가 가장 크고, 그 다음이 액체이고 고체가 가장 적다.

③ 자분 탐상(UT)

철강재료 등 강자성체를 자화하게 되면 많은 자속이 발생하게 되는데 자속은 자기의 흐름으로 나타나며 강자성체 중에서 자속은 쉽게 흐르지만 결함(비금속 개재물, 기공, 균열 등)이 있으면 자속은 흐르기 어렵게 되어 자속의 연속성이 깨지면서 누설자장(Leakage Field)이 생기게 되고 이 누설자장으로 인해 자분이 집적되는데 이것을 관찰하여 결함을 검출한다. 즉, 시험체에 자기장을 걸어 시험체를 자화시킨 후 자화된 시험체 표면에 자분(강자성체로 색깔이 있는 미립자)을 뿌리면 결함부에서 발생된 누설자장으로 인해 자분이 집적되는데 이것을 관찰함으로써 재료표면에 있는 결함의 크기, 위치 및 형상을 검출한다.

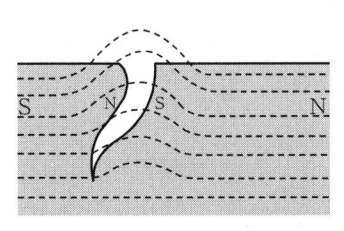

[누설자장의 형성]

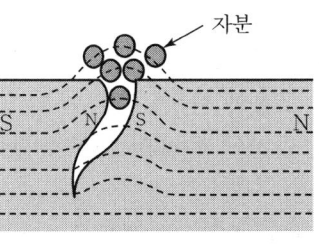

[자분의 집적]

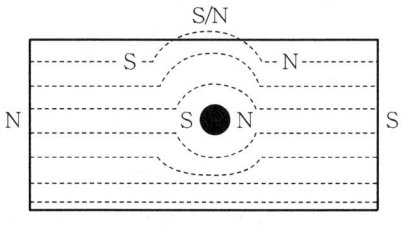

[표면 바로 밑에 존재하는 결함에 의한 누설자속의 형성]

④ 침투 탐상(PT)

액체침투탐상법은 모세관 현상을 이용한 표면 탐상법으로 다른 비파괴검사법에 비해 검사원리가 비교적 단순하고 사용하기가 편리하기 때문에 시험체의 표면검사법 중에서 가장 오래 전에 개발된 검사방법이다. 즉, 시험체 표면에 침투액을 뿌려, 균열 등 불연속부에 침투액이 침투되도록 충분한 시간이 경과한 후, 불연속부에 침투하지 못하고 표면에 있는 과잉의 침투제를 제거한 다음, 현상제를 도포하여 침투된 침투액을 빨아올림으로써, 불연속부의 위치, 크기, 개수 등을 검출하는 비파괴검사법이다.

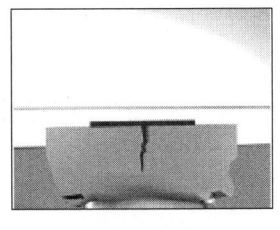
[침투과정]

[세척과정]

[현상과정]

※ 통상 침투액은 적색, 현상액은 백색을 사용함

⑤ 음향 방출(AE)

음향 방출(Acoustic Emission)이란 재료가 변형되거나 파괴될 때에 발생하는 음을 탄성파(초음파, 소리는 탄성파임) 형태로 방출하는 현상이며, 이 탄성파를 AE 센서로 검출하고 비파괴적으로 평가하는 방법을 AE법이라 한다. 음향방출(AE)은 재료가 파괴되기 이전부터 작은 변형이나 미세한 크랙(Crack)의 진행과정에서 발생하기 때문에 AE의 발생 경향을 진단하여 재료와 구조물의 결함 및 파괴를 사전에 발견(예상)할 수 있다.

⑥ 와전류 탐상법

전자기 유도 원리를 이용한 와전류 탐상법은 시험체가 도체인 철이나 비철금속 재료의 내부에 존재하는 결함보다는 표면이나 표면 근처에 있는 결함의 위치, 크기 등을 찾는데 주로 이용되는 탐상법이다. 또한, 재료의 물리적 특성(전기전도도, 투자율 등)이나 재료표면의 피막 두께측정, 치수·형상 등의 변화를 검사하는 데에도 이용된다.

## 7 화학공장 안전설계 및 안전장치

### 1. 산업안전보건법상 내화기준을 설명하시오.

- 가스폭발 위험장소 또는 분진폭발 위험장소에 설치되는 건축물 등에 대해서는 다음 각 호에 해당하는 부분을 내화구조로 하여야 하며, 그 성능이 항상 유지될 수 있도록 점검·보수 등 적절한 조치를 하여야 한다. 다만, 건축물 등의 주변에 화재에 대비하여 물 분무시설 또는 폼 헤드(Foam Head) 설비 등이 화재가 발생하였을 때에 2시간 이상 그 안전성을 유지할 수 있도록 한 경우에는 내화구조로 하지 아니할 수 있다.
  ① 건축물의 기둥 및 보는 지상 1층(지상 1층의 높이가 6미터를 초과하는 경우에는 6미터)까지
  ② 위험물 저장·취급용기의 지지대(높이가 30센티미터 이하인 것은 제외한다)는 지상으로부터 지지대의 끝부분까지
  ③ 배관·전선관 등의 지지대는 지상으로부터 1단(1단의 높이가 6미터를 초과하는 경우에는 6미터)까지

- 내화재료는「산업표준화법」에 따라 한국산업표준으로 정하는 기준에 적합하거나 그 이상의 성능을 가지는 것이어야 한다.

  ※ 내화구조 : 건축물의 기둥 및 보, 위험물 저장·취급용기의 지지대 및 배관·전선관 등의 지지대가 화재 시 일정시간 동안 강도와 그 성능을 유지할 수 있는 구조
  ※ 내화성능 : 정해진 가열시험방법에 따라 시험한 결과, 각 단면에서 측정한 강재의 평균온도가 538℃를 넘지 않고, 온도가 측정된 어느 곳에서도 649℃를 넘지 않는 조건
  ※ 내화재료 : 건축물의 기둥 및 보, 위험물 저장·취급용기의 지지대 및 배관·전선관 등의 지지대를 내화구조로 하기 위하여 사용되는 재료로서 내화 콘크리트, 내화 뿜칠재, 내화 도료 등

## 2. 위험물을 저장·취급하는 화학설비 및 그 부속설비에 적용되는 안전거리에 대해 설명하시오.

- 위험물을 저장·취급하는 화학설비 및 그 부속설비를 설치하는 경우에는 폭발이나 화재에 따른 피해를 줄일 수 있도록 설비 및 시설 간에 충분한 안전거리를 유지해야 한다. 다만, 다른 법령에 따라 안전거리 또는 보유공지를 유지하거나, 공정안전보고서를 제출하여 피해 최소화를 위한 위험성 평가를 통하여 그 안전성을 확인받은 경우에는 예외가 될 수 있다.

| 구분 | 안전거리 |
|---|---|
| 1. 단위공정시설 및 설비로부터 다른 단위공정시설 및 설비의 사이 | 설비의 바깥 면으로부터 10미터 이상 |
| 2. 플레어스택으로부터 단위공정시설 및 설비, 위험물질 저장탱크 또는 위험물질 하역설비의 사이 | 플레어스택으로부터 반경 20미터 이상. 다만, 단위공정시설 등이 불연재로 시공된 지붕 아래에 설치된 경우에는 그러하지 아니하다. |
| 3. 위험물질 저장탱크로부터 단위공정시설 및 설비, 보일러 또는 가열로의 사이 | 저장탱크의 바깥 면으로부터 20미터 이상. 다만, 저장탱크의 방호벽, 원격조종 소화설비 또는 살수설비를 설치한 경우에는 그러하지 아니하다. |
| 4. 사무실·연구실·실험실·정비실 또는 식당으로부터 단위공정시설 및 설비, 위험물질 저장탱크, 위험물질 하역설비, 보일러 또는 가열로의 사이 | 사무실 등의 바깥 면으로부터 20미터 이상. 다만, 난방용 보일러인 경우 또는 사무실 등의 벽을 방호구조로 설치한 경우에는 그러하지 아니하다. |

## 3. 위험물 저장탱크 누출사고에 대비한 방유제 설치대상 유효용량기준 및 설치 시 고려사항을 설명하시오.

- 설치대상

방유제는 위험물질의 누출로부터 주변의 건축물, 기계, 기구 및 설비 등을 보호하기 위하여 위험물질 저장탱크 주위에 설치하는 지상 방벽구조물을 말하며, 산업안전보건법상의 위험물(인화성 액체, 인화성 가스, 부식성 물질, 급성 독성물질)을 액체상태로 저장하는 저장탱크(공정구역 내의 중간 탱크류 제외)를 설치하는 경우에는 위험물질이 누출되어 확산되는 것을 방지하기 위하여 방유제를 설치하여야 한다. 다만, 위험물안전관리법, 고압가스안전관리법, 액화석유가스의 안전 및 사업관리법 및 도시가스사업법에 의하여 적용받는 위험물질은 이들 법을 준용한다.

- 방유제의 유효용량
  ① 하나의 저장탱크 주위에 설치하는 방유제 내부의 유효용량은 당해 저장탱크의 용량 이상이어야 하며, 둘 이상의 저장탱크 주위에 설치하는 방유제 내부의 유효용량은 방유제 내에 설치된 저장탱크 중 용량이 가장 큰 저장탱크 하나 이상의 용량이어야 한다. 다만, 위험물질 저정탱크 주위에 다음의 기준에 적합한 배출로 및 저조(Sump) 등을 설치하여 누출된 위험물질을 안전한 장소로 유도할 수 있는 조치를 하였을 경우에는 그러하지 아니하다.
    ㉠ 누출된 위험물질이 저장탱크에서 저조(Sump) 등까지 Gravity Flow를 형성하도록 적절한 경사를 유지한 경우
    ㉡ 저조(Sump) 등의 용량은 가장 큰 저장탱크에서 누출된 위험물질을 충분히 보유할 수 있도록 하는 경우
  ② 섭씨 40도, 1기압하에서 기체상태로 존재하는 위험물질을 액체상태로 저장하는 저장탱크 주위에 설치하는 방유제는 누출된 위험물질의 기화를 억제할 수 있도록 방유제 내부의 단면적을 최소화한다.

- 설치 시 고려사항
  ① 방유제 내면과 저장탱크 외면 사이의 거리는 1.5m 이상을 유지한다.
  ② 방유제의 구조는 다음을 고려해야 한다.
    ㉠ 방유제 외부로 누출되지 않아야 하며 위험물질에 대한 액압(위험물질의 비중이 1 이하인 경우에는 수두압)을 충분히 견딜 수 있는 구조이어야 한다.
    ㉡ 방유제 주위에는 근로자가 안전하게 방유제 내·외부에 접근할 수 있는 계단을 설치하여야 한다.
    ㉢ 방유제 내부 바닥은 누출된 위험물질을 안전하게 처리할 수 있도록 저장 탱크를 중심으로 방유제를 향하여 적절한 경사가 유지되도록 한다.
    ㉣ 방유제 및 방유제 내부 바닥의 재질은 위험물질에 대하여 내식성이 있어야 한다.
    ㉤ 방유제는 외부에서 방유제 내부를 감시할 수 있는 구조로 한다.
  ③ 방유제 관통배관은 다음을 고려해야 한다.
    ㉠ 방유제를 관통하는 배관은 부등침하 또는 진동으로 인한 과도한 응력을 받지 않도록 조치하여야 한다.
    ㉡ 방유제를 관통하는 배관 보호를 위하여 Sleeve배관을 묻어야 하여 Sleeve배관과 방유제는 완전 밀착되어야 하고, 또한 배관과 Sleeve배관 사이에는 충전물을 삽입하여 완전 밀폐하여야 한다.

④ 방유제 내부의 배수처리에 있어 방유제 내부에는 방유제 내부의 우수 등을 배출시키기 위한 배수처리 설비를 설치하여야 하며, 그 외부에는 개폐용 밸브를 설치하고 특별한 경우를 제외하고는 밸브를 항상 잠가야 한다.
⑤ 동일한 방유제 내부에는 다음과 같이 위험물질 상호 간 급격한 반응 또는 위험성을 유발할 수 있는 위험물질 저장탱크를 혼합 배치해서는 안 된다.
  ㉠ 가연성·인화성 물질과 독성 물질
  ㉡ 가연성·인화성 물질과 산화성 물질
  ㉢ 강산류와 강염기류
  ㉣ 기타 서로 접촉하여서는 안 되는 물질

## 4. 산업안전보건법상 특수화학설비를 정의하시오.

- 위험물질을 각 기준량 이상[산업안전보건기준에 관한 규칙(위험물질의 기준량)참고]으로 제조하거나 취급하는 다음 각 호의 어느 하나에 해당하는 화학설비를 '특수화학설비'라고 하고, 이 경우에는 내부의 이상 상태를 조기에 파악하기 위하여 필요한 온도계·유량계·압력계 등의 계측장치를 설치하여야 한다.
  ① 발열반응이 일어나는 반응장치
  ② 증류·정류·증발·추출 등 분리를 하는 장치
  ③ 가열시켜 주는 물질의 온도가 가열되는 위험물질의 분해온도 또는 발화점보다 높은 상태에서 운전되는 설비
  ④ 반응폭주 등 이상 화학반응에 의하여 위험물질이 발생할 우려가 있는 설비
  ⑤ 온도가 섭씨 350℃ 이상이거나 게이지 압력이 980kPa 이상인 상태에서 운전되는 설비
  ⑥ 가열로 또는 가열기

- 이러한 특수화학설비에는 계측장치, 자동경보장치, 긴급차단장치 및 예비동력원을 설치하여야 하며, 각 내용은 다음과 같다.

| 구분 | 내용 |
| --- | --- |
| 계측장치 설치 | 특수화학설비에는 내부의 상태를 파악하기 위하여 필요한 온도계·유량계·압력계 등의 계측장치를 설치하여야 한다. |
| 자동경보장치 설치 | 특수 화학설비를 설치하는 때에는 그 내부의 이상상태를 조기에 파악하기 위해 필요한 자동경보장치를 설치하여야 한다. 자동경보장치를 설치하는 것이 곤란한 때에는 감시인을 두고 당해 특수화학설비의 운전 중 당해설비를 감시하도록 하는 등의 조치를 하여야 한다. |

| | |
|---|---|
| 긴급차단장치 설치 | 특수화학설비에는 이상상태 발생에 따른 폭발·화재 또는 위험물 누출을 방지하기 위해 원재료 공급의 긴급차단, 제품의 방출, 불활성 가스 주입 또는 냉각용수 공급 등을 위한 필요한 장치를 설치하여야 한다. |
| 예비동력원 설치 | 특수화학설비 및 그 부속설비에 대해 동력원의 이상에 의한 폭발·화재 또는 위험물 누출을 방지하기 위해 다음과 같은 예비동력원을 설치하여야 한다.<br>① 비상발전기 : 경유엔진, 스팀터빈, 가스터빈 발전기 등. 4시간 이상 사용할 연료 보관할 것<br>② 축전지설비 : 비상발전기가 가동되어 정격전압을 확보할 때까지의 예비전원<br>③ 비상용 수전설비 : 상시전원과는 별도의 비상전원을 수전받기 위한 설비<br>④ 계장용 압축공기 : 계측제어용 압축공기를 5분 이상 공급할 수 있을 것<br>⑤ 기타 : 소방펌프, 자체 배터리 저장 경보설비, 고가수조, 무전원 조명장치 등 |

## 5. 위험물 건조설비의 범위, 구조(건조설비에 설치할 안전설비) 및 건조방법 중 안전성 검토항목을 나열하시오.

- 산업안전보건법상의 위험물 건조설비는 다음과 같고 건조실을 설치하는 건축물의 구조는 독립된 단층건물로 하여야 한다. 다만, 해당 건조실을 건축물 최상층에 설치하거나 건축물이 내화구조인 경우에는 그러하지 아니하다.
  ① 위험물 또는 위험물이 발생되는 물질을 가열·건조하는 경우 내용적이 $1cm^3$ 이상인 건조설비
  ② 위험물이 아닌 물질을 가열·건조하는 경우로서 다음 하나의 용량에 해당되는 건조설비
    ㉠ 고체 또는 액체연료의 최대사용량이 시간당 10kg 이상
    ㉡ 기체연료의 최대사용량이 시간당 $1cm^3$ 이상
    ㉢ 전기사용 정격용량이 10kW 이상

- 건조설비의 구조는 다음과 같은 구조로 설치하여야 한다.(①~⑪항 규칙 제281조, ⑫항 규칙 제284조, ⑬~⑭항 규칙 제282조 참고)
  ① 건조설비의 바깥 면은 불연성 재료로 만들 것
  ② 건조설비의 내면과 내부의 선반이나 틀은 불연성 재료로 만들 것(유기과산화물을 가열 건조하는 것을 제외한다)
  ③ 위험물건조설비의 측벽이나 바닥은 견고한 구조로 할 것

④ 위험물건조설비는 그 상부를 가벼운 재료로 만들고 주위 상황을 고려하여 폭발방산구를 설치할 것
⑤ 건조할 때에 발생하는 가스·증기 또는 분진을 안전한 장소로 배출시킬 수 있는 구조로 할 것
⑥ 액체연료 또는 가연성 가스를 열원으로 사용하는 건조설비는 점화할 때에 폭발 또는 화재를 예방하기 위하여 연소실이나 기타 점화하는 부분을 환기시킬 수 있는 구조로 할 것
⑦ 건조설비의 내부는 청소가 쉬운 구조로 할 것
⑧ 건조설비의 감시창·출입구 및 배기구 등과 같은 개구부는 발화 시에 불이 다른 곳으로 번지지 아니하는 위치에 설치하고 필요한 때에는 즉시 밀폐할 수 있는 구조로 할 것
⑨ 건조설비는 내부의 온도가 국부적으로 상승되지 아니하는 구조로 설치할 것
⑩ 위험물건조설비의 열원으로서 직화를 사용하지 말 것
⑪ 위험물건조설비 외의 건조설비의 열원으로서 직화를 사용하는 때에는 불꽃 등에 의한 화재를 예방하기 위하여 덮개를 설치하거나 격벽을 설치할 것
⑫ 건조설비 내부의 온도를 수시로 측정할 수 있는 장치를 설치하거나 내부의 온도가 자동으로 조정되는 장치를 설치할 것
⑬ 건조설비에 부속된 전열기·전동기 및 전등 등에 접속된 배선 및 개폐기를 사용하는 경우에는 그 건조설비 전용의 것을 사용할 것
⑭ 건조설비 내부에서 전기불꽃의 발생으로 위험물의 점화원이 될 우려가 있는 전기기계기구 또는 배선을 설치하지 말 것

- 건조설비를 사용하여 작업을 하는 경우에 폭발이나 화재를 예방하기 위해 다음 사항을 준수하여야 한다.
  ① 위험물 건조설비를 사용하는 경우에는 미리 내부를 청소하거나 환기할 것
  ② 위험물 건조설비를 사용하는 경우에는 건조로 인하여 발생하는 가스·증기 또는 분진에 의하여 화재·폭발의 위험이 있는 물질을 안전한 장소로 배출시킬 것
  ③ 위험물 건조설비를 사용하여 가열 건조하는 건조물은 쉽게 이탈되지 않도록 할 것
  ④ 고온으로 가열건조한 인화성 액체는 발화의 위험이 없는 온도로 냉각한 후에 격납시킬 것
  ⑤ 건조설비(바깥 면이 현저히 고온이 되는 설비만 해당)에 가까운 장소에는 인화성 액체를 두지 않도록 할 것

6. 화학설비에 설치한 긴급차단 밸브의 설치목적, 설치범위, 설치위치에 대해 설명하시오.

- 긴급차단 밸브는 배관상에 설치되어 주위의 화재 또는 배관에서 위험물질 누출 시 원격조작 스위치에 의해 유체의 흐름을 차단할 수 있는 밸브 또는 긴급차단 기능을 갖는 조절밸브(Control Valve)를 말하며, 자동긴급차단 밸브는 배관상에 설치되어 운전조건 이상 시 자동으로 유체의 흐름을 차단하는 밸브를 말한다. 이러한 긴급차단밸브는 공정에서 위험물질 누출시나 운전조건 이상 시 유체의 흐름을 차단하는 데 그 목적이 있다.

- 긴급차단밸브의 설치범위는 다음과 같다.
  ① 다음 각 목의 탱크인입 및 출구배관. 다만, 인입배관에는 역지밸브 등과 같이 역류방지를 위한 조치를 하였을 경우에는 예외로 한다.
    ㉠ 가연성 가스를 액체상태로 저장하는 설계용량 5m³ 이상의 탱크
    ㉡ 독성물질 중 1기압 35℃에서 기체로 존재하는 물질을 액체상태로 저장하는 설계용량 5m³ 이상의 탱크
    ㉢ 인화성물질 중 인화점이 30℃ 미만인 물질을 저장하는 것으로 4면이 벽으로 둘러싸여 있는 건축물 내에 설치되는 설계용량 10m³ 이상의 탱크
  ② 다음 각목의 탑류하부의 출구배관. 다만, 최대 운전액면보다 높은 곳에 설치된 배관 또는 비상시에 그 배관이 차단되어서는 안 되는 특수한 경우는 예외로 한다.
    ㉠ 가연성 가스의 액체 정체량이 10m³ 이상인 탑류
    ㉡ 비점(1기압하) 이상에서 운전되는 독성물질의 정체량이 10m³ 이상인 탑류
    ㉢ 비점(1기압하) 이상에서 운전되는 인화성물질의 정체량이 30m³ 이상인 탑류
  ③ 연속으로 운전되는 발열반응기 및 가열로의 원료 또는 연료공급 배관. 다만, 공칭직경 38mm(1½") 미만의 배관에는 예외로 한다.

- 긴급차단밸브의 설치위치는 다음과 같다.
  ① 탱크, 탑류의 배관에 설치되는 긴급차단밸브는 가능한 한 탱크 또는 탑류에 가깝게 설치하여야 한다.
  ② 반응기에 설치되는 자동긴급차단밸브는 원료공급배관에, 가열로에는 연료공급배관에 설치하여야 한다.
  ③ 긴급차단밸브 조작용 원격조작스위치는 운전자가 안전하고 쉽게 조작할 수 있는 장소에 설치하여야 한다.

- 긴급차단밸브의 구조는 다음과 같다.
  ① 긴급차단밸브 본체는 배관의 설계압력 및 설계온도에 견딜 수 있어야 한다.
  ② 긴급차단밸브는 전기 또는 공기 등의 구동용 동력원 공급 차단 시 닫히는 구조(Fail Close)이어야 한다.
  ③ 긴급차단밸브 등의 재질은 취급유체에 대하여 내식성 및 내마모성 재질이어야 한다.

## 7. 가스누출감지경보기에 대하여 설치대상, 설치장소, 설치위치 및 가연성 및 독성가스를 중심으로 성능기준에 대하여 설명하시오.

- 가스누출감지경보기는 가연성 또는 독성 물질의 가스를 감지하여 그 농도를 지시하고, 미리 설정해 놓은 가스농도에서 자동적으로 경보가 울리도록 하는 장치를 말하며, 감지기와 경보기로 구성되어 있다. 설치대상 물질은 가연성 물질(인화성 가스와 인화성 액체 중 인화점이 35℃ 이하인 물질)과 독성 물질(35℃, 1 기압에서 기체상태인 물질)이다.

- 설치장소는 다음과 같다.
  ① 건축물 내·외에 설치되어 있는 가연성 물질 및 독성 물질을 취급하는 압축기, 밸브, 반응기, 배관 연결부위 등 가스의 누출이 우려되는 화학설비 및 그 부속설비 주변
  ② 가열로 등 발화원이 있는 제조설비 주위에 가스가 체류하기 쉬운 장소
  ③ 가연성 물질 및 독성 물질의 충전용 설비의 접속부위 주위
  ④ 방폭지역 내에 위치한 변전실, 배전반실, 제어실 등
  ⑤ 기타 특별히 가스가 체류하기 쉬운 장소

- 설치위치는 다음과 같다.
  ① 가스누출감지경보기의 감지기는 가능한 한 가스의 누출이 우려되는 누출부위 가까이 설치하여야 한다.
  ② 직접적인 가스누출은 예상되지 않으나 주변에서 누출된 가스가 체류하기 쉬운 곳은 다음과 같은 지점에 설치하여야 한다.
    ㉠ 건축물 밖에 설치되는 가스누출감지경보기는 풍향, 풍속, 가스의 비중 등을 고려하여 가스가 체류하기 쉬운 지점에 설치
    ㉡ 건축물 내에 설치되는 가스누출감지경보기는 감지대상가스의 비중이 공기보다 무거운 경우에는 건축물 내의 하부에, 공기보다 가벼운 경우에는 건축물의 환기구 부근 또는 당해 건축물 내의 상부에 설치
  ③ 가스누출감지경보기의 경보기는 감지기가 설치된 곳 및 근로자가 상주하는 곳에 설치하여야 한다.

- 가스누출 감지기의 경보 설정치는 다음과 같다.
  ① 가연성물질용 가스누출감지경보기는 감지대상 가스의 폭발하한계 25% 이하, 독성가스용 가스누출감지경보기는 해당 독성가스의 허용농도 이하에서 경보가 울리도록 설정하여야 한다. 다만, 독성가스용 가스누출감지경보기로서 해당 독성가스의 허용농도 이하에서 감지기가 감지할 수 없는 경우에는 그러하지 아니하다.
  ② 가스누출감지경보기의 정밀도는 경보설정치에 대하여 가연성 가스누출감지경보기는 ±25% 이하, 독성가스누출감지경보기는 ±30% 이하이어야 한다.

- 가스누출 감지기는 다음과 같은 성능을 유지해야 한다.
  ① 가연성물질용 가스누출감지경보기는 담배연기 등에, 독성가스용 가스누출감지경보기는 담배연기, 기계세척유 가스, 등유의 증발가스, 배기가스, 탄화수소계 가스 및 기타 잡가스에는 경보가 울리지 않아야 한다.
  ② 가스누출감지경보기의 가스감지에서 경보발신까지 걸리는 시간은 경보농도의 1.6배시 보통 30초 이내일 것. 다만, 암모니아, 일산화탄소 또는 이와 유사한 가스 등을 감지하는 가스누출감지경보기의 경우에는 1분 이내로 한다.
  ③ 경보정밀도는 전원의 전압 등 변동이 ±10% 정도일 때에도 저하되지 않아야 한다.
  ④ 지시계 눈금의 범위는 가연성 가스용은 0에서 폭발하한계 값, 독성가스는 0에서 허용농도의 3배값(암모니아를 실내에서 사용하는 경우에는 150ppm) 이어야 한다.
  ⑤ 경보를 발신한 후에는 가스농도가 변화하여도 계속 경보를 울려야 하며, 확인 또는 대책을 조치한 후에 경보가 정지되어야 한다.

## 8. 화염방지기의 성능기준, 구조, 설치기준 및 사용 장소에 대하여 설명하시오.

- 화염방지기는 화염이 통기관을 통하여 전파되는 것을 방지하기 위해 설치하는 것으로서 금속판을 사용하는 소염소자식 화염방지기와 밀봉 액체를 사용하는 액봉식 화염방지기가 있다. 소염소자식 화염방지기는 인화성 가스가 통과하는 통기관에 금속망 혹은 좁은 간격을 가진 금속판을 사용하여 고온의 화염이 좁은 간격의 벽면에 접촉, 열전도에 의해서 급속히 열을 빼앗겨 그 온도가 착화온도 이하로 낮아지게 하여 소염하는 원리이며, 액봉식 화염방지기는 통기관을 물속을 통과하게 함으로써 냉각효과를 증대시켜 소염시키는 원리이다. 화염방지기의 성능기준은 다음과 같다.
  ① 화염방지기는 인화성 액체를 저장·취급하는 화학설비의 통기관을 통하여 외부의 화염이 설비 내부로 전파되는 것을 방지하기에 충분한 성능이어야 한다.

② 화염방지기는 보호대상 화학설비에서 인화성 액체를 최대속도로 인입·배출할 때 당해 설비에 진공 또는 가압상태가 되지 않는 용량이어야 한다.
③ 화염방지기기를 설치할 경우에는 「산업표준화법」에 따른 한국산업표준에서 정하는 화염방지장치 기준에 적합한 것을 설치하여야 하며, 항상 철저하게 보수·유지하여야 한다.

- 화염방지기 형식 및 구조는 아래와 같다.
  ① 소염소자식 화염방지기
    ㉠ 본체는 금속제로서 내식성이 있어야 하며, 폭발 및 화재로 인한 압력과 온도에 견딜 수 있어야 한다.
    ㉡ 소염소자는 내식·내열성이 있는 재질이어야 하고, 이물질 등의 제거를 위한 정비작업이 용이하여야 한다.
    ㉢ 개스킷은 내식·내열성 재질이어야 한다.
  ② 액봉식 화염방지기
    ㉠ 본체는 불연성이어야 하고, 밀봉 액체에 대하여 내식성이 있어야 한다.
    ㉡ 밀봉 액체는 비독성이며 불연성 액체로서 보호대상 화학설비에서 취급하는 물질에 대하여 화학적으로 안정하여야 한다.

- 화염방지기의 설치기준 및 사용장소는 아래와 같다.
  ① 화염방지기는 보호대상 화학설비의 통기관 끝단에 설치하여야 한다. 다만, 대기로 연결된 통기관에 브리더밸브가 설치되어 있거나, 인화점이 섭씨 38도 이상 60도 이하인 인화성 액체를 저장·취급할 때에 화염방지 기능을 가지는 인화방지망을 설치한 경우에는 화염방지기를 설치하지 않을 수 있다.
  ② 통기관에 브리더밸브가 있는 경우는 당해 화학설비와 브리더밸브 사이에 화염방지기를 설치하여야 한다. 다만, 화염방지기의 성능을 갖는 밸브인 경우에는 이를 적용하지 아니한다.
  ③ 화염방지기가 결빙되어 막힐 우려가 있는 경우에는 화염방지기에 보온 등 적절한 결빙방지조치를 하여야 한다.
  ④ 저장탱크의 통기관 끝단이 RTO 등과 같은 소각시설에 배관으로 연결될 경우에는 소각시설에서 발생하는 화염은 배관을 따라, 화염이 빠른속도 및 압력으로 저장탱크로 역화할 수 있으므로, 이 경우에는 폭연용 화염방지기가 아닌 폭굉용 화염방지기를 설치해야 한다.

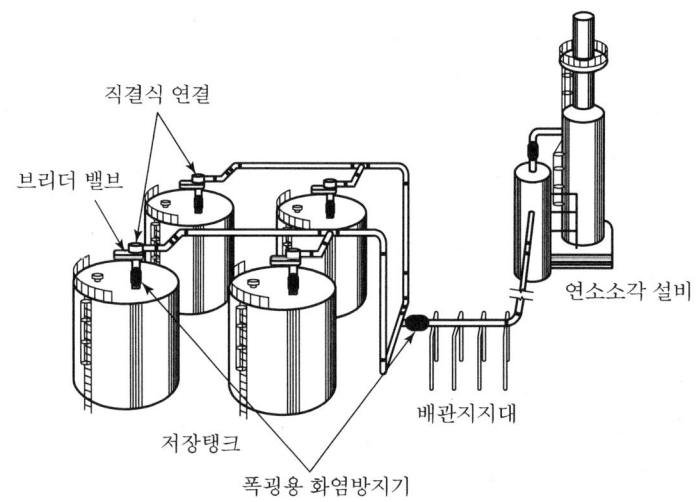

### 9. 브리더밸브(Breather valve)에 대해 간단하게 설명하시오.

- 평상시에 닫힌 상태로 있다가 탱크의 압력이 미리 설정된 압력 또는 진공압력에 도달하면 밸브가 열려 탱크 내부의 가스·증기 등을 외부로 방출하거나 또는 탱크 내부로 외부 공기를 흡입하는 밸브를 말하며, 다음 각호의 기준에 의한 위험물질을 저장·취급하고 있는 탱크의 통기관에는 통기밸브를 설치하여야 한다. 다만, 저장·취급하는 물질이 응축, 부식, 결정, 중합 또는 결빙되는 성질이 있는 경우에는 통기밸브의 설치를 생략할 수 있다.
  ① 인화점 38℃ 미만인 물질
  ② 인화점 이상으로 운전되는 물질
  ③ 정상 운전 시에 통기관 및 통기밸브 등을 통하여 배기·흡입되어야 하는 통기량은 각 조건에서 계산된 통기량 이상이어야 한다.

### 10. 화학공장 설계 시 본질적 안전설계방법(5가지 이상)을 기술하시오.

- 근원적으로 공장을 안전하게 설계하는 방법은 다음의 5가지가 있다.
  ① 효율화(Intensification) : 유해·위험성이 있는 물질의 양을 줄임
  ② 대체(Substitution) : 유해·위험성이 적은 물질로 바꿈
  ③ 완화(Attenuation) : 취급조건 또는 형태를 유해·위험성이 적은 조건 또는 형태로 변경함
  ④ 영향의 제한(Limitation of effects) : 유해·위험한 물질 또는 에너지의 누출에 의한 결과가 최소화되도록 설비를 설계함
  ⑤ 단순화(Simplification) : 운전상의 실수 또는 오류가 최소화될 수 있도록 설비를 설계함

## 8  릴리프(Relief) 및 플레어(Flare) 시스템

### 1. 릴리프 시스템에 대하여 간단히 설명하시오.

- 화학공장에서는 비정상적인 상황이나 계장의 고장 또는 운전원의 실수 등으로 공정의 안전수준을 초과하는 압력이 발생할 수 있다. 이러한 과압이 발생할 경우에는 장치 및 설비로부터 다량의 인화성 액체나 가스 또는 독성물질이 누출되어 중대산업사고로 연결될 수 있다. 이러한 대형 사고를 예방하기 위해서는 장치 및 설비에서 발생한 설계압력 이상의 과압을 안전하게 배출 또는 완화시키는 것이 필요하고, 이러한 역할을 수행하는 일련의 설비 및 장치들이 상호 연결된 체계를 릴리프 시스템이라고 한다. 릴리프 시스템은 보통 보호용기 상부에 설치된 안전밸브, 플레어 헤더(Header), 녹아웃 드럼, 실드럼, 플레어스택 등으로 상호 연결되어 있다.

### 2. 압력방출장치를 6가지로 구분하여 설명하시오.

- 설계압력 이하에서 압력을 방출하여 과압에 의한 설비 및 장치의 파손을 보호하는 안전장치를 압력방출장치라고 부르며, 크게 스프링식 안전밸브, 파열판, 가용합금 안전밸브, 폭압 방산공이 있다. 또한, 저압 및 상압저장탱크에 설치하는 통기관 및 통기밸브와 Emergency Vent(긴급방출 맨홀 뚜껑)가 있으며, 각각의 특징은 다음과 같다.

  ① 스프링식 안전밸브

  설비 내의 압력이 스프링의 설정압력을 초과하는 경우에 밸브가 열리고, 내부의 액체 또는 가스를 방출하는 구조로 되어 있다. 즉, 밸브 본체에 걸리는 내압에 의하여 순간적으로 작동하는 기능을 가진 자동압력방출장치로 밸브가 직접 스프링에 의하여 부하가 걸리는 장치이다. 종류로는 일반형(Conventional type)과 균형 벨로우즈형(Balanced bellows type)이 있으며, 벨로우즈형은 안전밸브 후단에 배압(Back Pressure)이 존재할 경우에 주로 사용된다.

  ② 파열판

  파열판은 독성물질을 취급하는 설비 또는 급격하게 압력이 상승할 가능성이 있는 반응기에 주로 설치하는 안전장치로서, 입구 측의 압력이 설정압력에 도달하면 판이 파열하면서 유체가 대기 등으로 방출될 수 있도록 용기 또는 반응기에 설치된 얇은 판을 말한다. 파열판은 안전밸브와 함께 직렬로 설치하거나 단독으로 설치할 수 있으며, 파열판 및 홀더로 구성되었고 작동방법에 따라 인장형과 반전형으로 구분된다.

③ 가용합금 안전밸브(용전)

용전이란 일반적으로 200℃ 이하의 낮은 융점을 갖는 합금(카드뮴, 납, 주석 등)을 말하는데, 이러한 금속이 비교적 낮은 온도에서 용해하는 성질을 이용하여 용기가 화재 등으로 인하여 비정상적으로 온도가 상승할 경우에 가용합금이 용해되어 그 틈(구멍)으로 용기 내의 증기를 방출시켜 용기를 과압으로부터 보호한다.

④ 폭압방산공

폭압방산공은 건물, 건조로 또는 분체의 저장설비 등에 설치하는 압력방출장치로서, 급격히 상승하는 압력, 주로 폭발로부터 건물 및 설비를 보호하는 기능을 갖는다. 다른 압력방출장치에 비해 구조가 간단하고 면적이 넓어 방출량이 많으므로, 특히 폭발에 대한 방호에 적당하다. 분출압력 또는 화염에 의한 2차적인 피해를 예방하기 위해 방출방향을 안전한 장소로 향하게 하는 것이 중요하다.

⑤ 통기관(Vent) 및 통기밸브(Breather valve)

통기관 탱크가 진공 또는 가압 상태가 되지 않도록 대기로 개방된 배관을 말하며, 통기밸브는 평상시에 닫힌 상태로 있다가 탱크의 압력이 미리 설정된 압력 또는 진공압력에 도달하면 밸브가 열려 탱크 내부의 가스·증기 등을 외부로 방출하거나 또는 탱크 내부로 외부 공기를 흡입하는 밸브를 말한다. 인화성 액체를 저장하는 용기의 통기관 및 통기밸브에는 외부의 화염이 탱크로 유입하지 못하도록 관 끝단에 화염방지기를 설치하여야 한다.

⑥ Emergency Vent(긴급방출 맨홀 뚜껑)

평상시에는 닫힌 상태로 있다가 탱크의 압력이 설정압력에 도달되었을 때 자동으로 열리면서 많은 양의 가스·증기 등을 방출하도록 탱크에 설치한 맨홀 또는 계기뚜껑을 말한다. 보통 저장탱크 주위에서 외부화재가 발생할 경우, 복사열로 인해 탱크 내부의 증기 발생량이 급격하게 증가하게 되는데, 이 경우에는 통기관 및 통기밸브보다 많은 통기량이 필요하게 된다. 이때 Emergency Vent를 설치해서 발생한 다량의 증기를 탱크 외부로 방출시켜 탱크를 보호할 수 있다. 보통 저장탱크에 Emergency Vent가 함께 설치된 경우에는 Emergency Vent의 작동압력을 통기밸브의 작동압력보다 약간 높게 설정하여 평상시에는 통기밸브를 통해 증기를 방출시키고, 외부 화재 등 이상 시에 Emergency Vent가 작동되도록 해야 한다. 참고로, 인화성 액체를 저장하는 상압저장탱크에는 탱크 내부에서 발생하는 폭발로부터 탱크를 보호하기 위해 동체(Shell)와 지붕(Cone) 사이에 용접을 약하게 실시(Weak Seam)하여 폭발이 발생할 경우 상부 지붕이 저장탱크 동체로부터 쉽게 이탈되도록 조치하고 있다.

## 3. 안전밸브의 설치대상, 설치위치 및 설치방법(유의사항)에 대해 설명하시오.

- 안전밸브(Safety valve)는 인입 측 압력이 설정압력에 도달하면 자동적으로 스프링이 작동하면서 유체가 분출되고 일정 압력 이하가 되면 정상 상태로 복원되는 밸브를 말하며 산업안전보건법상에서의 설치대상은 다음과 같다.
  ① 압력용기 다만, 안지름이 150mm 이하인 압력용기는 제외한다. 관형 열교환기는 관(Tube)의 파열로 인한 압력상승이 동체의 설계압력 또는 최고허용압력을 초과할 우려가 있는 경우에 한한다.
  ② 정변위(Positive displacement) 압축기류. 단, 다단 압축기인 경우에는 압축기의 각단
  ③ 정변위 펌프 등과 같이 토출 측의 막힘으로 인한 압력상승이 관련 기기의 설계 압력을 구조적으로 초과할 수 있도록 제작된 펌프류
  ④ 배관 내의 액체가 2개 이상의 밸브에 의해 차단되어 대기온도에서 액체의 열팽창에 의하여 구조적으로 배관파열이 우려되는 배관
  ⑤ 기타 이상화학반응, 밸브의 막힘 등의 이상 상태로 인한 압력상승으로 당해 설비의 설계압력을 구조적으로 초과할 우려가 있는 용기 등

- 안전밸브의 설치 위치는 다음과 같다.
  ① 안전밸브 등은 보호대상 용기 등의 상부 기상/증기 공간 또는 기상/증기 공간에 연결된 배관에 설치
  ② 열팽창용 안전밸브는 정상 액면보다 낮은 액면 공간에 설치

- 안전밸브의 설치방법(유의사항)은 다음과 같다.
  ① 설치대상 용기 등에서 안전밸브 인입 플랜지까지의 인입배관 내에서의 압력손실은 설정압력의 3% 이하이어야 한다.
  ② 안전밸브 등의 인입 측 배관의 호칭지름은 안전밸브 등의 인입 플랜지의 호칭 치수와 같거나 그 이상이어야 한다.
  ③ 2개 이상의 안전밸브 등이 하나의 연결부위에 설치되어 필요한 분출량을 배출하도록 된 경우에는, 연결배관의 내부 단면적은 각 안전밸브의 인입 단면적 합계와 같거나 그 이상이어야 한다. 다만, 예비로 설치된 안전밸브 등에는 이를 적용하지 아니한다.
  ④ 안전밸브의 토출 측 배관의 호칭지름은 안전밸브의 토출 측 플랜지의 호칭치수와 같거나 그 이상이어야 한다.
  ⑤ 안전밸브의 토출 측 배관은 안전밸브로부터 토출된 유체가 배관 내에 정체되지 않도록 설치되어야 한다.

⑥ 점도가 높거나 응고되기 쉬운 물질 또는 결빙에 의하여 안전밸브 등에 막힘이 있을 수 있는 경우에는, 안전밸브, 인입배관 및 토출 측 배관에 이를 방지하기 위해 가열·단열 등 적절한 조치를 하여야 한다.

⑦ 파열판과 안전밸브가 직렬로 설치되는 경우에는 파열판과 안전밸브 사이에 파열판의 파열 또는 누출을 탐지할 수 있는 압력 지시계 또는 경보장치를 설치하여야 한다.

## 4. 안전밸브의 전후에는 원칙적으로 차단밸브를 설치할 수 없다. 예외적으로 차단밸브를 설치할 수 있는 경우를 설명하시오.

- 안전밸브의 전단·후단에는 차단밸브를 설치해서는 안 된다. 다만, 다음 각 호의 어느 하나에 해당하는 경우에는 자물쇠형 또는 이에 준하는 형식의 차단밸브를 설치할 수 있다.

① 인접한 화학설비 및 그 부속설비에 안전밸브 등이 각각 설치되어 있고, 해당 화학설비 및 그 부속설비의 연결배관에 차단밸브가 없는 경우

② 안전밸브 등의 배출용량의 50% 이상에 해당하는 용량의 자동압력조절밸브(단, 구동용 동력원의 공급이 차단되는 경우 열리는 구조인 것에 한함)와 안전밸브 등이 병렬로 연결된 경우

③ 복수방식으로 안전밸브 등이 설치된 경우

④ 예비용 용기 등이 설치되고 각각의 용기에 안전밸브 등이 설치된 경우

⑤ 열팽창에 의한 압력상승을 방출하기 위한 안전밸브의 경우

⑥ 하나의 플레어 스택(Flare stack)에 둘 이상의 단위공정의 플레어 헤더(Flare header)를 연결하여 사용하는 경우로서 각각의 단위공정의 플레어 헤더에 설치된 차단밸브의 열림·닫힘 상태를 중앙제어실에서 알 수 있도록 조치한 경우

## 5. 화학설비의 방호장치 중 파열판(Rupture Disk)을 설치해야 하는 경우를 제시하시오.

- 다음의 경우에 대해서는 파열판을 설치하여야 한다.
① 반응 폭주 등 급격한 압력 상승 우려가 있는 경우
② 급성 독성물질의 누출로 인하여 주위의 작업환경을 오염시킬 우려가 있는 경우

③ 운전 중 안전밸브에 이상 물질이 누적되어 안전밸브가 작동되지 아니할 우려가 있는 경우(예 : 중합반응 또는 슬러리가 생성되는 반응 등)

- 급성 독성물질이 지속적으로 외부로 유출될 수 있는 화학설비 및 그 부속설비에 파열판과 안전밸브를 직렬로 설치하고 그 사이에는 압력지시계 또는 자동경보장치를 설치하여야 한다.

## 6. 안전밸브 중 벨로우즈형 안전밸브를 사용하는 이유를 간단히 설명하시오.

- 균형 벨로우즈는 실제로 안전밸브 후단에 배압(Back Pressure)이 존재하는 공정에서 사용되는데, 이는 안전밸브의 토출부분 압력의 영향을 감소시키기 때문에 배압의 존재와 관계없이 설정압력에서 정상적으로 밸브가 작동하게 한다. 보통 안전밸브의 토출 측 배관에 걸리는 배압은 안전밸브 설정압력의 10% 이하가 되도록 해야 하는데, 배압의 영향을 받지 않도록 제작된 벨로우즈형(밸런스형) 안전밸브를 사용하는 경우에는 설정압력의 50% 이내로 해야한다.

- 이때, 안전밸브 토출부분에 형성되는 배압은 축적압력과 부가배압의 합으로 각각의 정의는 다음과 같다.
  ① 축적배압(Built-up Back Pressure)
  안전밸브 작동으로 인한 유체의 흐름에 의하여 안전밸브 토출 측에 형성되는 압력
  ② 부가배압(Superimposed Back Pressure)
  다른 안전밸브 등에서 배출되는 유체의 흐름에 의하여 안전밸브 후단에 형성되는 압력

## 7. 플레어헤더(Flare Header)를 정의하고, 플레어헤더를 온도 및 취급물질에 따라 구분하여 설명하시오.

- 플래어헤더는 안전밸브 등에서 방출된 가스 및 액체를 그룹별로 모아서 플레어스택으로 보내는 주 배관을 말하고, 플레어헤더를 통과하는 물질의 온도에 따라 다음과 같이 분류한다.
  ① 저온 플레어헤더
  에탄 또는 그보다 가벼운 증기 등과 같이 영하 45℃ 이하에서 강압 등에 의해서 기체와 액체로 분리되는 물질은 오스테나이트 스테인리스강 또는 동등 이상의 재질을 사용한다.

② 중간 플레어헤더

영하 45℃~0℃ 이하의 건조 상태의 배출물에는 킬드탄소강 또는 동등 이상의 재질을 사용한다.

③ 고온 플레어헤더

0℃ 이상의 배출물이 대부분 이 경우에 속하며 탄소강 또는 동등 이상의 재질을 사용한다.

④ 부식성이 강한 황화수소 등 산성가스가 주 배출물인 경우에는 스테인리스 316 이상의 재질로 된 별도의 헤더에 모은 후 별도로 처리하여야 한다.

- 또한, 취급물질에 따라, 수분이 없고 온도가 낮은 가연성 가스를 처리하는 Dry Flare계, 수분이 있고 온도가 높은 가연성 가스를 처리하는 Wet Flare계, 과열된 가스로서 Flare 헤더를 통과해도 거의 응축되지 않는 가스를 처리하는 Hot Flare계, $H_2S$ 등의 산성가스를 처리하는 산성가스 Flare계 및 가성소다를 처리하는 가성소다 Flare계 등으로 구분된다.

## 8. 플레어헤더(Flare Header) 설치 시 고려해야 할 사항에 대해 설명하시오.

- 플레어헤더 설치시에는 다음 사항을 고려해야 한다.

① 안전밸브 등의 토출 측에서부터 녹아웃드럼 사이의 배관에 액체가 정체되지 않도록 하여야 한다.

② 안전밸브 등의 토출 측으로부터 녹아웃드럼 쪽으로 플레어헤더를 경사지게 설치하여야 한다. 이때의 경사도는 1/200 이상이어야 한다.

③ 공정지역에서 플레어스택까지 거리가 멀리 떨어져 있어 플레어헤더에 액체가 정체될 우려가 있는 경우 그 사이에 중간 녹아웃드럼을 설치할 수 있다.

④ 포집배관 시스템에는 차단밸브를 설치하여서는 아니 된다. 다만, 여러 생산설비에 공용의 플레어스택을 설치하는 경우에는 각 생산설비의 플레어헤더에 차단 밸브를 설치할 수 있다. 이 경우에는 설치된 차단밸브의 열림 상태를 주조정실에서 알 수 있도록 열림·닫힘 상태 경보장치를 설치하여야 한다.

⑤ 플레어헤더의 지지대는 플레어헤더가 운전되는 상태에서 충분한 하중에 견딜 수 있도록 설계하여야 한다.

⑥ 플레어헤더는 공정지역이나 작업빈도가 높은 지역을 피해서 설치하여야 한다.

⑦ 수분이 함유된 액체의 경우에는 동파에 대비하고, 고유동점 및 고점도의 기름이나 폴리머의 경우에는 액체의 응고가 일어날 수 있으므로 보온, 가열설비와 배수 설비를 설치하여야 한다.

## 9. 녹아웃 드럼(Knockout Drum) 설치 목적 및 설치시 고려해야 할 사항에 대해 설명하시오.

- 녹아웃 드럼은 안전밸브 등의 방출물에 포함되어 있는 액체가 플레어스택으로 가스와 함께 흘러들어 가지 않도록 액체를 분리·포집하는 설비를 말하며, 설치 시 고려해야 할 사항은 다음과 같다.

① 안전밸브와 녹아웃 드럼(Knockout Drum) 사이와 녹아웃 드럼과 플레어 스택 사이의 배관에는 차단밸브를 설치하지 않도록 한다.

② 녹아웃 드럼 내에 증기공간을 충분히 확보하여 분리된 가스(증기)에 액체가 비말동반되지 않도록 한다.

③ 드럼의 레벨은 일정수위 이상으로 증가하지 않도록 액면계를 설치하고, 일정 수위 이상일 경우에는 알람이 울리거나, 하부에 설치된 펌프에 의해 별도의 저장시설 또는 처리시설로 이송되는 시스템을 구축하여야 한다. 이를 위해, 액면계는 알람, 하부의 펌프와 연동하여 작동되도록 해야 한다.

④ 드럼 하부에 설치된 펌프는 비상전원에 연결되어, 주 전원이 차단되더라도 비상전원에 의해 정상적으로 작동되어야 한다.

⑤ 녹아웃드럼에는 고점도의 액체가 그 상태로 배수 또는 이송되는 것을 방지하기 위하여 스팀코일, 재킷 또는 기타 가열장치를 설치하여야 한다.

⑥ 수분이 함유된 유체의 경우 추운 날씨에 동결될 수 있으므로 이의 방지를 위한 수단을 고려하여야 한다.

⑦ 모든 화학물질은 외부 열원에 의해 반응성을 가질 수 있으므로 특히 유의하여야 한다.

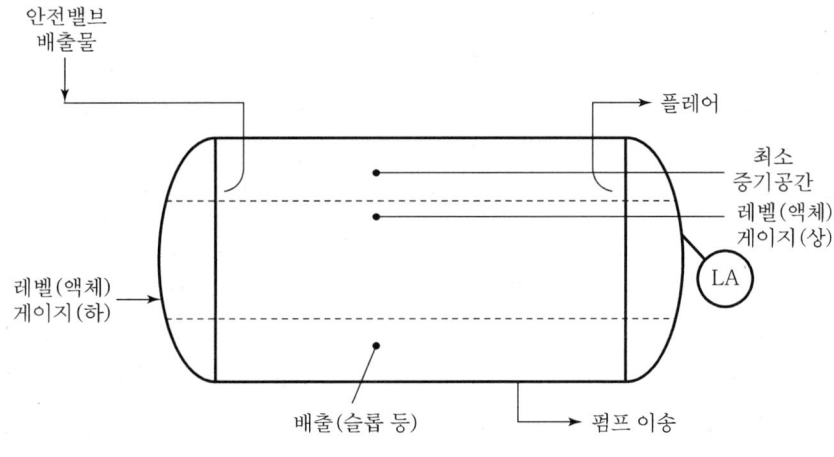

[Knockout Drum]

## 10. 밀봉드럼(Seal Drum) 설치 목적 및 설치기준에 대해 설명하시오.

- 밀봉드럼은 플레어스택의 화염이 플레어시스템으로 전파되는 것을 방지하거나 또는 플레어헤더에 약간의 진공이 형성되는 경우 플레어 스택으로부터 공기가 빨려 들어가는 것을 방지하는 설비를 말하며 보통 녹아웃 드럼 후단(가능한 플레어스택 하부 가까이 또는 플래어스택 하부)에 설치한다. 밀봉드럼 설치기준은 다음과 같다.

① 밀봉드럼의 지름은 최소한 밀봉드럼으로 인입되는 플레어헤더 지름의 2배 이상이어야 하며 길이는 밀봉드럼 지름의 3배로 한다.

② 특히, 수직밀봉 드럼인 경우는 기액의 원활한 분리를 위하여 밀봉액면으로부터 증기 공간까지의 수직높이는 밀봉드럼 지름의 0.5~1배가 되도록 하여야 하며 수직높이는 최소한 1m가 유지되도록 한다.

③ 밀봉액에 잠기는 플레어헤더의 밀봉높이(h)는 플레어헤더의 출구 측 배압(P)을 이용하여 다음과 같이 계산한다.

$$h = \frac{10,000P}{\rho L}$$

여기서, $h$ : 밀봉높이, m
$P$ : 플레어헤더의 출구 측에서의 압력, $kg_f/cm^2 \cdot G$
$\rho L$ : 밀봉액체밀도, $kg/m^3$

④ 일반적으로 플레어헤더의 밀봉높이는 밀봉액의 정상 액면으로부터 10cm 내지 30cm의 높이를 유지한다.

⑤ 플레어헤더에 진공이 형성되는 경우 밀봉액이 플레어헤더로 역류되는 것을 방지할 수 있도록 밀봉드럼의 액면으로부터 플레어헤더의 중앙까지의 높이는 최소한 3m 이상을 유지하여야 하며 수직이어야 한다.

⑥ 밀봉드럼에서 폐수처리장으로 배출되는 밀봉액 배수 배관의 높이는 최소한 밀봉드럼의 운전압력을 수두로 환산한 값의 1.75배가 되도록 한다.

⑦ 밀봉액이 규정수위를 유지할 수 있는 위치에 액면계를 설치하여, 수위를 관찰하는 것이 필요하고, 수위가 낮아질 경우에는 밀봉액이 즉시 유입되는 시스템을 구출하도록 한다.

⑧ 밀봉드럼의 증기공간의 압력을 항상 모니터링하고, 플레어시스템(역화방지기, 버너 및 플레어스택)의 Fouling, 동결 또는 막힘(Plugging)으로 배압이 증가할 경우, 드레인 라인 및 U-Trap으로 가스와 함께 밀봉액이 누출되는 것을 방지해야 한다.

⑨ 겨울철 밀봉액의 동결방지를 위해 스팀 등을 이용하여 보온을 실시해야 한다.

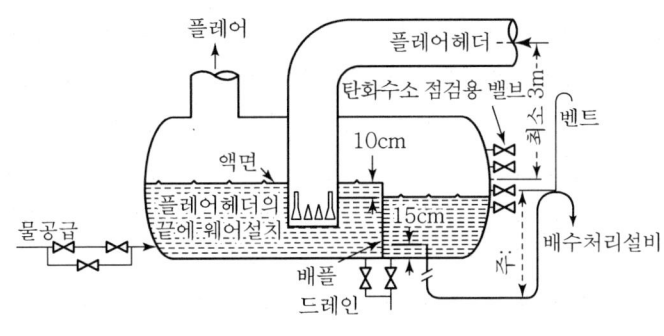

[밀봉드럼]

## 11. 몰레큘러 실(Molecular Seal)의 원리를 설명하시오.

- 몰레큘러 실(Molecular Seal)은 플레어스택 내부로 공기가 유입(플레어 가스의 속도가 낮을 경우 등)되어 역화(Flashback)가 발생하지 않도록 플레어 팁 하부 또는 팁에 설치한 설비이다. 보통 플레어스택 내부에 질소 등의 퍼지가스를 공급하여 불활성 분위기를 조성하는데, 이러한 몰레큘러 실을 설치하면 불활성 가스의 필요 소요량(속도)을 줄일 수 있고 또한, 순간 퍼지가스가 공급되지 않더라도 퍼지상태를 짧은 시간 동안 유지할 수 있다. 그 종류로는 Buoyancy Seal과 Velocity Seal이 있다. 만약, 이러한 몰레큘러 실이 없을 경우에는 많은 양의 불활성 가스를 보다 높은 속도로 스택 내부로 공급해야 한다.

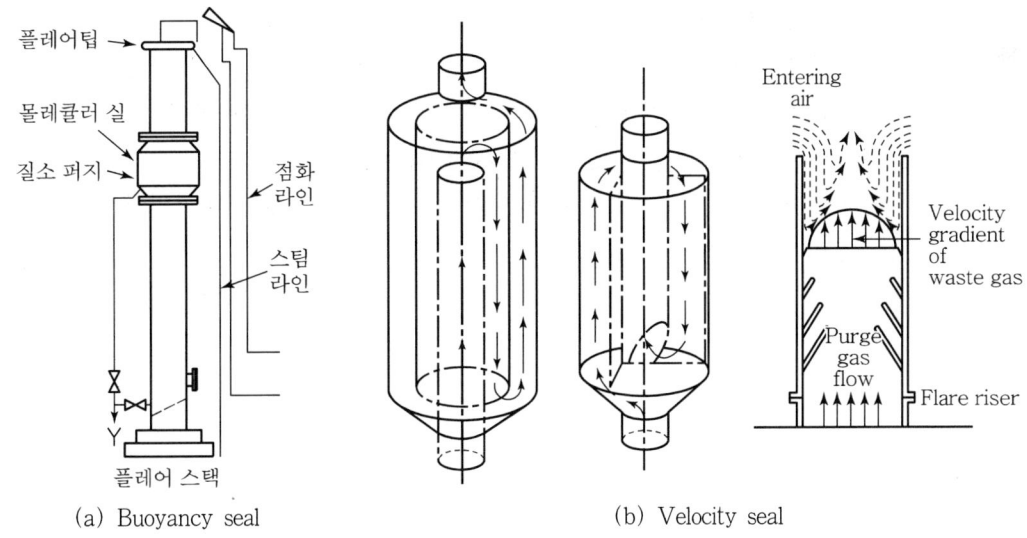

(a) Buoyancy seal     (b) Velocity seal

[Molecular seal 그림]

Buoyancy Seal은 한 개 또는 여러 개의 Baffle로 구성된 원기둥 모양의 실린더가 플레어 스택 중간에 설치되어 있어, 플레어 팁으로부터 공기가 스택 내부로 유입되는 것을 방지한다. Buoyancy Seal은 퍼지가스가 공기보다 무거울 경우, 퍼지가스는 Seal의 바닥에 축적되고, 퍼지가스가 공기보다 무거울 경우에는 Seal의 상부에 축적되어 외부 공기가 Seal을 통해 스택 내부로 유입되는 것을 차단하는 원리이다. 또한, Velocity Seal은 플레어 팁 내부에 여러 개의 Baffle이 설치되어 있어, 퍼지 가스가 속도 구배(Velocity Gradient)를 형성하여 공기가 스택 안쪽 벽을 통해 들어오지 못하도록 하는 원리이다.

## 12. 플레어시스템의 설치 시 고려사항에 대해 설명하시오.

- 플레어시스템 설치 시에는 다음 사항을 고려하여야 한다.
  ① 연소가스의 방출에 따른 국내 법규 기준을 만족하여야 한다.
  ② 공정지역, 저장지역, 지상으로부터의 높이 및 사람과 관련하여 플레어의 위치 및 이격거리는 복사열, 연소생성물의 착지농도를 기준으로 충분히 떨어져야 한다.
  ③ 플레어스택에 액체가 유입되지 않도록 방출가스와 비말동반된 액체의 제거능력이 충분하여야 한다.
  ④ 플레어시스템으로 산소가 유입되지 않도록 하여야 하며, 특히 안전밸브 등 보수 시에 주의하여야 한다.
  ⑤ 내부 폭발예방을 위한 화염역류방지장치를 설치하여야 한다.
  ⑥ 파일럿 점화장치 및 조절장치가 안전한 곳에 위치하여야 한다.
  ⑦ 플레어 헤더를 연료가스 또는 불활성 가스로 치환할 수 있는 장치를 설치하여야 한다.
  ⑧ 산소가 함유된 물질은 별도의 플레어시스템에서 처리하여야 한다.
  ⑨ 불꽃이 꺼지지 않도록 유속산정에 주의하여야 한다.
  ⑩ 고온 및 저온, 부식성 등 유체의 물성을 고려하여 재질을 선정하여야 한다.

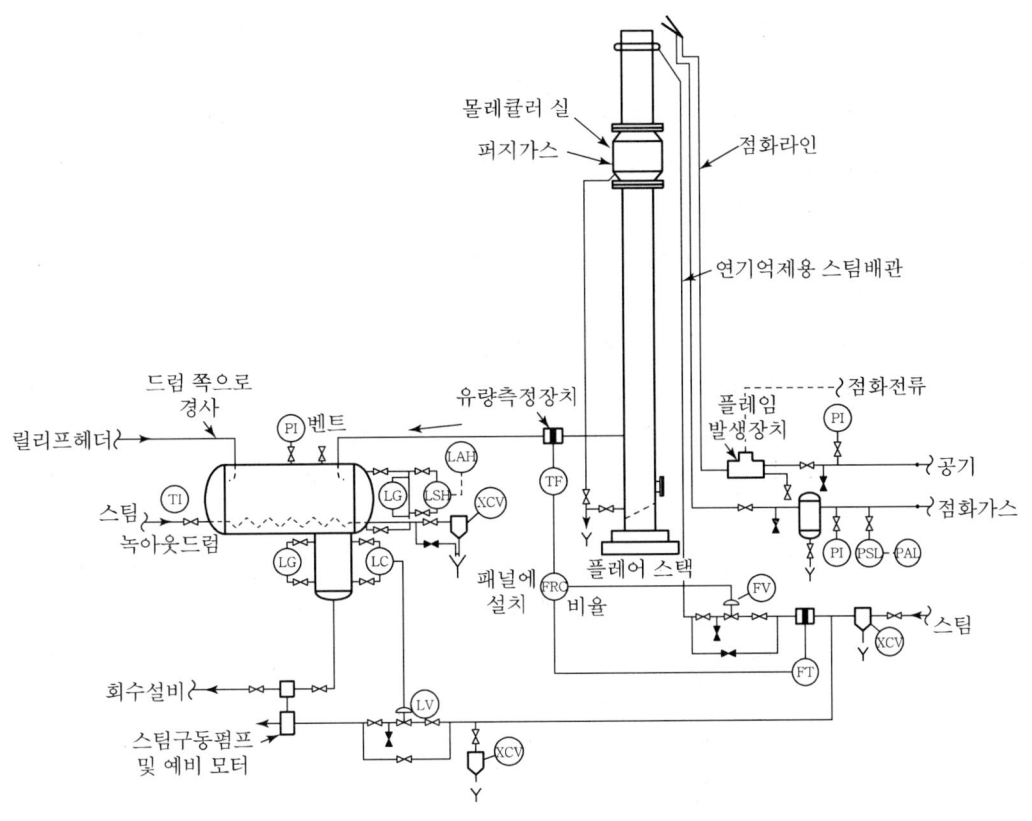

[플레어 시스템]

## 13. 벤트스택에 대해 설명하시오.

- 벤트스택은 안전밸브 등에서 누출된 가연성 가스 등을 연소/소각하지 않고 대기로 보내기 위해 설치한 굴뚝(스택)을 의미한다. 일반적으로 수소와 메탄과 같이 가연성 가스를 스택을 통해 대기 중으로 배출시킬 경우에는 지표면에 도달할 때의 착지농도가 폭발하한의 25% 이하가 되도록 해야 하고, 독성물질을 중화 후 스택을 통해 배출할 경우에는 착지농도가 허용농도 이하가 되도록 스택 높이 및 직경(분출속도) 등을 고려해야 한다. 벤트스택을 설계할 경우에는 다음 사항을 고려하여야 한다.
  ① 벤트 스택은 진동, 바람, 지진 등에 견딜 수 있도록 설치되어야 한다.
  ② 벤트스택의 높이는 배출되는 물질이 가연성인 경우에는 착지농도가 폭발하한계(LEL)의 25% 이하, 독성물질인 경우에는 허용농도 이하가 되도록 고려하여야 한다.
  ③ 벤트스택의 직경을 고려할 때는 허용 가능한 압력손실과 배출가스가 공기 중으로 확산되

는 데 필요한 분출속도를 기준으로 결정해야 하며, 최대 배출속도는 152m/s를 초과하지 않도록 해야 한다.

④ 수소 또는 메탄이 주기적으로 또는 연속적으로 벤트되는 경우에는 정전기 및 낙뢰(Lightning)로 인해 스택 끝단에서 화재가 발생할 수 있으므로, 정전기 방지링 및 피뢰침 등을 설치하여야 한다.

⑤ 벤트 스택 끝단에서 화재가 발생할 경우, 이를 신속히 진화하기 위하여 스팀 공급설비를 설치하여야 한다.

⑥ 밸브에서 누출된 소량의 수소 등이 배관 내에 존재할 경우, 공기의 유입으로 인해 폭발범위를 형성할 수 있으므로, 질소 등과 같은 불활성 가스 배관을 설치하여 벤트 시스템 내에서 수소와 공기의 가연성 혼합물이 생기지 않도록 퍼지하여야 한다.

⑦ 저온 가스(Cold Gas)를 배출시키는 벤트시스템인 경우에는 배관에서의 열수축을 고려하여야 한다.

⑧ 고온 가스(Hot Gas)를 배출시키는 벤트시스템인 경우, 설비 및 근로자에게 고온으로 인한 영향을 미치지 않게 하기 위해 충분히 냉각 후에, 대기로 배출시켜야 한다.

⑨ 고온의 자연발화성 물질을 배출시킬 경우에는 스택 상부에서 공기와 접촉하여 발화할 수 있으므로 충분히 냉각 후에, 대기로 배출시켜야 한다.

⑩ 벤트스택 또는 그 벤트스택에 연결된 배관에는 응축액의 고임을 제거 또는 방지하기 위한 조치가 있어야 한다.

⑪ 액화가스가 함께 방출되거나 급랭될 우려가 있는 벤트스택에는 그 벤트스택 하부나 전단에 기액분리 설비(Knockout Drum)를 설치하여 폐가스 중에 포함된 수분이 충분히 제어되어 벤트스택 내부에서 급격하게 동결되지 않도록 조치하여야 한다.

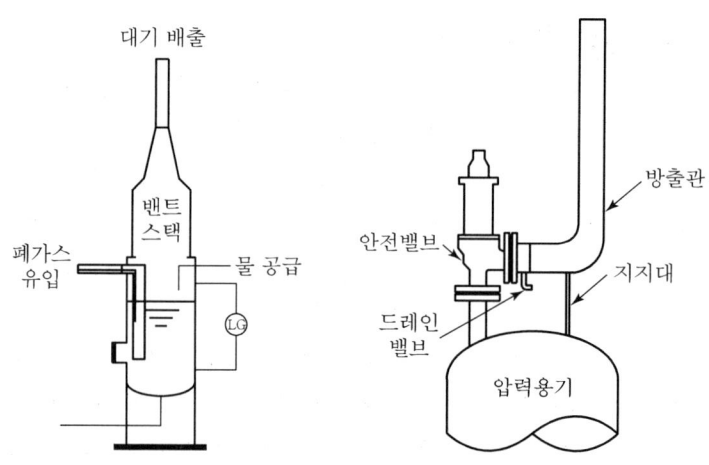

[벤트 스택 및 방출관]

## 14. 폐가스 소각시설(RTO 또는 RCO 등)에 대해 간단히 설명하시오.

- 소각시설은 저장탱크에서 발생한 폐가스(VOC)를 고온으로 승온하여 연소실에서 연소시켜 무해한 가스로 전환 후, 대기로 배출시키는 설비이다. 소각공정을 구성하는 설비는 폐가스(VOC 등)를 이송시켜 주는 폐가스 송풍기, 폐가스(VOC 등)를 혼합시켜 주는 혼합기, 필요에 따라 연소용 연료를 공급해 주는 연료 송풍기, 연소실, 열 회수장치, 그리고 연소가스를 대기 중으로 배출시키기 위한 굴뚝(Stack)으로 구성되어 있다. 열회수방식에 따라 열교환(Recuperative) 방식(폐열을 향류나 병류의 다관식 열교환기를 사용하여 회수하는 방법)과 열재생(Regenerative) 방식(세라믹 등 축열재를 사용해서 연소 시 열을 축열시키고, 이렇게 축열된 열을 이용하여 유입되는 가스의 온도를 높이는 방법)으로 구분되며, 열을 회수하는 측면에서 볼 때는 열교환방식보다 열 재생식이 보다 효과적이고, 최근의 소각설비는 대부분 이러한 열재생방식을 적용하고 있다.
- 축열식 소각로 RTO(Regenerative Thermal Oxidizer)는 VOC 등의 폐가스를 연소실에서 750℃~850℃의 고온으로 산화(연소)시키는 장치로서, 연소로 인해 발생한 열량을 연소실 하부의 축열층(보통 세라믹층)에 축열시키고, 이렇게 축열된 열은 소각로로 유입되는 폐가스의 온도를 높이는 데 사용된다. 축열식 소각로는 크게 2-BED RTO, 3-BED RTO 및 Rotary Wing RTO로 구분된다.
- 축열식 촉매소각로 RCO(Regenerative Catalytic Oxidizer)는 축열층과 촉매층으로 구성된 연소실이 존재하여, 소각로로 유입되는 폐가스는 축열층을 통과하면서 산화 개시온도까지 예열되고 연소실의 촉매층에서 최종 산화된다. 촉매의 사용으로 RCO의 운전온도는 300℃~500℃ 내외로 낮출 수 있다. 축열식 촉매소각로(RCO)는 위에서 설명한 축열식 소각로(RTO)와 그 원리는 거의 같고 단지, 소각로 내에 촉매층을 두어 운전온도를 낮추어 운전할 수 있다는 점이 다르다.

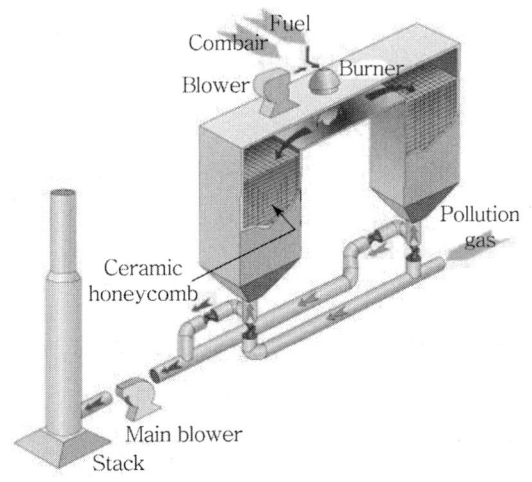

## 9  정전기 예방대책

### 1. 정전기의 발생원인 및 발생에 영향을 주는 인자를 설명하시오.

1) 정전기 발생원인
   - 두 종의 다른 물질이 접촉할 때 한 물질에서 다른 물질로 전자의 이동이 일어나고, 그 결과 한 물질은 (+)전하, 다른 물질은 (-)전하가 발생하게 된다. 만약 두 물질이 서로 분리되어 있으면 각각 전기 이중층이 형성되는데 이러한 현상을 대전(Electrification)이라 한다. 정전기적 대전(Electrostatic Charging) 현상에서 발생된 전하 중 일부는 소멸되지 않고 물체에 축적되어 있는데 이 축적된 전하를 정전기라 한다.
   - 대전과정이 정지되면 과잉 전하는 스스로 균형을 이루기 시작한다. 한 예로 전하가 표면에 축적되어 있는 물체에 접지된 도전성의 다른 물체를 근접시키면 물체의 주위에는 정전유도현상에 의하여 전계가 증가하고, 임계 전계의 세기에 도달하면 방전이 일어나기 시작한다. 방전은 공기 속에 존재하는 자유전자가 공기 분자들을 이온화할 수 있게 충분히 가속화되었을 때 가능하다.
   - 방전된 에너지가 주위에 존재하는 가연성 물질의 최소점화에너지 이상이 되면 점화가 가능하다.

2) 발생에 영향을 주는 인자
   ① 물질의 특성
      대전서열에서 두 물질이 가까운 위치에 있으면 발생량이 적고 먼 위치에 있으면 발생량이 커진다.
   ② 물질의 표면상태
      표면이 원활하면 정전기 발생량이 적고, 수분/기름 등에 오염되었으면 정전기 발생량이 많다.
   ③ 물질의 이력(접촉/분리)
      정전기 발생량은 처음 접촉/분리가 일어날 때 최대가 되며, 이후 접촉/분리가 반복됨에 따라 발생량도 점차 감소한다. 그러므로 접촉/분리가 처음으로 일어났을 때 재해발생 확률도 최대로 나타난다.
   ④ 접촉면적 및 압력
      접촉면적 및 압력이 클수록 정전기 발생량이 많아진다.
   ⑤ 분리속도
      분리속도가 빠를수록 정전기의 발생량은 커진다.

## 2. 정전기의 발생형태를 5가지 이상 기술하시오.

- 정전기의 발생형태는 크게 마찰대전, 박리대전, 유동대전, 분출대전, 충돌대전, 파괴대전 및 교반 또는 침강대전, 유도대전으로 구분되며, 각각의 특징은 다음과 같다.

① 마찰대전
고체, 액체류 또는 분체류의 경우, 두 물질 사이의 마찰에 의한 접촉과 분리과정이 계속되면 이에 따른 기계적 에너지에 의하여 자유전자가 방출, 흡입되어 정전기가 발생한다. 따라서 마찰에 의하여 발생하는 정전기는 대전서열의 차만큼 대전의 정도를 나타낸다.

② 박리대전
서로 밀착되어 있는 물체가 떨어질 때, 전하의 분리가 일어나 정전기가 발생하는 현상으로 접촉면적, 접촉면의 밀착력, 박리 속도 등에 의해 정전기의 발생량이 변화하며 마찰에 의한 것보다 더 큰 정전기가 발생한다.

③ 유동대전
액체류가 파이프 등 고체에 접촉하면 액체류와 고체와의 경계면에 전기 이중층이 형성되며, 이때 발생된 전하의 일부가 액체류와 함께 유동함으로써 정전기가 발생한다. 이때 정전기 발생에 영향을 미치는 가장 큰 요인은 액체의 유동속도이다.

④ 분출대전
고압의 분체류, 기체류, 액체류 등이 단면적이 적은 분출구를 통해 공기 중으로 분출될 때, 분출물질의 입자들 간의 상호충돌 및 분출물질과 분출구와의 마찰에 의해 정전기가 발생한다.

⑤ 충돌대전
석탄 미분화나 밀가루 미분화 등의 이송 공정에서 흔히 발생될 수 있는 대전현상으로 분체류에 의한 입자 상호 간이나 입자와 고체와의 충돌에 의한 빠른 접촉/분리과정에서 정전기가 발생한다.

⑥ 파괴대전
고체나 분체류와 같은 물체가 파괴되는 과정에서 전하분리 또는 전하의 균형이 깨지면서 정전기가 발생한다. 예를 들면 공기 중에 분출된 고체나 분체류가 미세하게 비산 또는 분리되어 크고 작은 새로운 방울이 생성될 때, 새로운 표면이 형성되면서 발생되는 정전기를 말한다.

⑦ 교반 또는 침강대전
액체류 교반 또는 수송 중에 액체류 상호 간의 마찰/접촉 또는 액체와 고체와의 상호작용에 의해서 발생되는 정전기를 말한다.

⑧ 유도대전

접지되지 않은 도체가 대전물체 가까이 있을 경우에 주로 발생되는 것으로 도체가 전기장에 노출되면 도체에는 전하의 분극으로 가까운 쪽에는 반대극성의 전하가 먼 쪽에는 같은 극성의 전하로 대전되는 현상을 말한다.

## 3. 정전기의 방전(Spark)의 종류를 4가지 이상 기술하시오.

- 전위차가 있는 2개의 대전체가 특정거리로 접근하게 되면 등전위가 되기 위하여 전하가 절연공간을 깨고 순간적으로 흘러가면서 빛과 열이 발생하는데, 이것을 방전(Spark)이라 한다. 방전이 발생하기 위해서는 두 대전체 간의 거리가 가까울수록 발생하기 쉽다. 정전기의 방전은 발광 형태와 강도에 따라 다음과 같이 분류한다.

① 코로나 방전

대전된 부도체와 가는 선상의 도체 또는 뾰족한 선단을 가진 도체와의 사이에서 발생하며, 미약한 발광과 소리를 수반하는 방전형태이다. 일반적으로 코로나 방전은 방전에너지가 적기 때문에 점화의 원인이 되는 경우는 적다.

② 스트리머 방전

대전량이 큰 부도체와 비교적 곡률반경이 큰 선단을 가진 도체와의 사이에서 발생하는 수지상의 발광과 펄스상의 파괴음을 수반하는 방전형태이다. 일반적으로 스트리머 방전은 코로나 방전보다 방전에너지가 크고 점화원이 될 가능성이 크다.

③ 불꽃 방전

도체가 대전되었을 때에 접지된 도체 사이에서 발생하는 강한 발광과 파괴음을 수반하는 방전형태이다. 불꽃방전은 방전에너지의 밀도가 높아 점화원이 될 가능성이 크다.

④ 연면 방전

얇은 층상의 대전량이 큰 부도체의 표면 가까이에 접지체가 있을 때 표면을 따라서 진행하는 수지상의 발광을 수반하는 형태의 방전이다.

⑤ 뇌상 방전

공기 중에 뇌상(뇌 모양)으로 부유하는 대전입자의 규모가 커졌을 때 번개형의 발광을 수반하는 형태의 방전이다.

## 4. 화학공장에서의 정전기 제거대책에 대해 기술하시오.

- 화학공장에서의 정전기 관리는 여러 가지 특수 여건에 따라 상당히 달라질 수 있으나 가장 일반적인 내용을 설명하면 다음과 같다.
  ① 모든 도전체(배관류, 반응기, 탑, 조 등)는 접지를 한다. 특히, 플랜지 커플링 등처럼 절연상태가 되기 쉬운 개소는 본딩(Bonding)을 실시하여야 한다.
  ② 폭발위험 장소에서 샘플링 등의 작업을 실시할 경우에는 작업자도 도전화(전도성 안전화), 도전복을 착용하고 바닥 또한 도전성 재질로 시공한다.
  ③ 가능한 수용액, 알코올 및 극성용매 등 도전성 물질을 사용하고, 전도성이 있는 용기, 제전사로 제작된 포대 및 대전방지용 또는 도전성 물질이 부착된 벨트 등을 사용한다.
  ④ 혼합가스 폭발 또는 분진폭발의 우려가 있는 장치 및 사일로(Silo) 등은 질소봉입으로 불활성화한다.
  ⑤ 불활성화할 수 없는 탱크 및 탱크로리 등에 인화성 액체를 주입할 때는 유속(1m/s 이하)을 낮게 유지하고, 침액관(Dipping Pipe)을 이용하여 저장탱크 하부에서부터 채워질 수 있도록 조치한다.
  ⑥ 정기적으로 설비의 본딩 및 접지저항을 측정하여 측정값이 기준값 $10^6 \Omega$ 이하인지를 확인해야 한다.

## 5. 화학공장에서 정전유도의 대표적인 예를 5가지 이상 기술하시오.

- 화학공장에서 이루어지는 작업 중에서 정전유도현상에 의해 비도전성 물체나 도전성 물체 주위에 전하가 발생하게 되는데 그 대표적인 예는 다음과 같다.
  ① 비도전성 용매가 금속관을 통해 흐를 때
  ② 플라스틱 포대의 분체를 비울 때
  ③ 플라스틱 관 등을 통해 비도전성 액체나 분체를 수송할 때
  ④ 롤러에 플라스틱이나 종이를 통과시킬 때
  ⑤ 액체가 금속노즐을 통해 분사될 때
  ⑥ 용기 내에서 비도전성 액체를 교반할 때
  ⑦ 절연신발을 신고 나일론 카펫을 걸어다닐 때

## 6. 인화성 액체 취급 시 정전기 발생대책에 대해 설명하시오.

- 인화성 액체는 불티, 충격, 마찰 시 스파크 등의 점화원에 의해 점화될 수 있는 인화성 증기를 생성시킬 수 있다. 이러한 인화성 액체를 취급하는 주요공정은 인화성 액체를 배관을 통해 수송할 때, 드럼이나 작은 용기에 주입할 때, 그리고 교반조에 주입할 때이며, 이러한 과정에서 정전기가 발생하는 경우에 대한 대책은 다음과 같다.

- 배관을 통해 액체를 수송할 경우
  ① 배관 내에서 인화성 증기가 폭발범위를 형성하지 않도록 가능한 가득 채운다.
  ② 순수액체를 유지한다.
  ③ 미세 여과기를 사용 시 충분한 접지 및 본딩을 실시한다.
  ④ 유속이 커지면 유동대전에 의하여 전하의 생성이 커지기 때문에 유속을 저속도(1m/s 이하)로 유지한다. 만약, 배관 전체에 대하여 유속을 제한하는 것이 불가능할 경우에는 배관 내 완화구간을 설치하여 대전량을 완화시킨다.
  ⑤ 도전성이 있는 플랜지나 배관을 선정하고, 금속관 및 부속품에는 접지를 실시한다.

- 드럼이나 작은 용기에 주입과 배출을 실시할 경우
  ① 와류, 분출 등을 막기 위하여 주입배관이나 Funnel(깔대기)을 용기의 바닥까지 연장하고, 굴곡부를 적게 만드는 등의 조치를 실시한다.
  ② 도전성 용기, Funnel, 노즐, 배관류 등은 상호 연결하여 접지시킨다(이때, 연결 플랜지가 금속이고, 금속 볼트로 연결할 경우에는 접지를 생략할 수도 있다).
  ③ 운전원은 도전성 안전화나 제전복(일정한 간격으로 도전성 섬유를 짜 넣은 것)을 착용하도록 한다.

- 인화성 액체 등을 교반조에 주입할 경우
  ① 교반조 맨홀 상부 등에 주입구를 설치하여 인화성 액체를 낙하할 경우 대전 전하가 축적되므로 주입배관을 바닥까지 연장하여 설치하여야 한다.
  ② 교반기 등 모든 도전성 부분은 접지를 실시해야 한다.

## 7. 분체 취급 시 정전기에 의한 화재·폭발의 예방대책을 설명하시오.

- 취급하는 분체가 가연성이고 최소점화에너지가 50mJ 이하이거나 인화점 이상의 온도에 노출될 경우에는 분진폭발의 위험성이 있다. 이에 대한 대책으로는 드럼이나 용기, Funnel, 주입구 등은 도전성 물질로 만들어야 하며 반드시 접지를 시켜야 한다. 또한 다음사항을 주의하여야 한다.
  ① 모든 외부 점화원(불티, 충격 스파크 등)을 제거한다.
  ② 주입용 도구는 나무와 나무 손잡이로 만들어진 것이나 접지한 금속으로 이루어진 것을 사용한다.
  ③ 주입시 한번에 많은 양을 넣지 않도록 한다(보통 50kg 이하).
  ④ 점화에너지가 상당히 낮은 인화성 가스(수소 및 에틸렌 등)가 존재할 경우에는 분체 주입을 삼가도록 한다.
  ⑤ 빈 용기 속으로 분체를 주입할 경우에는 전하의 축적은 더욱 증가되어 주변에 금속체가 접근하면 Brush 방전이 발생하므로 위의 조치를 취하거나 용기 내부를 질소 등으로 불활성화시키면서, 주입하는 것이 필요하다.

# 10 공정안전관리제도(PSM)

## 1. 중대재해와 중대산업사고를 정의하시오.

- 중대재해의 정의
  ① 사망자가 1명 이상 발생한 재해
  ② 3개월 이상의 요양을 필요로 하는 부상자가 동시에 2명 이상 발생한 재해
  ③ 부상자 또는 직업성질병자가 동시에 10명 이상 발생한 재해

- 중대산업사고의 정의
  위험물질 누출, 화재, 폭발 등으로 인하여 사업장 내의 근로자에게 즉시 피해를 주거나 사업장 인근지역에 피해를 줄 수 있는 사고

## 2. 공정안전보고서(PSM)에 포함되어야 할 주요내용에 대하여 설명하시오.

- 공정안전보고서(PSM)는 유해·위험설비에 대하여 정기적으로 공정위험성 평가 등 공정안전관리를 실시하여 당해 설비로부터의 위험물질의 누출·화재·폭발 등으로 인하여 사업장 내의 근로자에게 즉시 피해를 주거나 인근지역에 피해를 줄 수 있는 중대산업사고를 예방하기 위한 법정 제도이다.

- 공정안전보고서 제출 대상 사업장은 다음과 같이 업종에 해당하는 사업장과 유해·위험 물질 규정수량 이상을 취급하는 사업장이 대상이 된다.

| 공정안전보고서 제출 대상 업종 | |
|---|---|
| • 원유정제 처리업 | • 질소, 인산 및 칼리질 비료제조업 |
| • 기타 석유정제물 재처리업 | • 복합비료제조업(단순혼합 및 배합에 의한 경우 제외) |
| • 석유화학계 기초화합물 또는 화합성 수지 및 기타 플라스틱물질제조 | • 농약원제 제조업 |
| | • 화약 및 불꽃제품 제조업 |

상기 업종 이외의 사업장으로서 유해·위험 물질을 규정수량 이상 취급하는 설비 및 당해 설비의 운영에 관한 일체의 공정설비

| 유해·위험물질 명 | 규정수량 | 유해·위험물질 명 | 규정수량 | 유해·위험물질 명 | 규정수량 |
|---|---|---|---|---|---|
| 인화성 가스 | 5,000(200,000) | 산화에틸렌 | 10,000 | 삼불화 붕소 | 150 |
| 인화성 물질 | 5,000(200,000) | 포스핀 | 50 | 니트로아닐린 | 2,500 |
| 메틸이소시아네이트 | 150 | 실란 | 50 | 염소 트리플루오르화 | 500 |
| 포스겐 | 750 | 질산(중량 94.5% 이상) | 250 | 불소 | 20,000 |

| 물질명 | 수량 | 물질명 | 수량 | 물질명 | 수량 |
|---|---|---|---|---|---|
| 아크릴로니트릴 | 20,000 | 발연황산(삼산화황 중량 65% 이상 80% 미만) | 500,000 | 시아누르 플루오르화물 | 50 |
| 암모니아 | 200,000 | | | 질소 트리플루오르화물 | 2,500 |
| 염소 | 20,000 | 과산화수소(중량 52% 이상) | 3,500 | 니트로 셀룰로오스 (질소 함유량 12.6% 이상) | 100,000 |
| 이산화황 | 250,000 | 톨루엔디이소시아네이트 | 100,000 | | |
| 삼산화황 | 75,000 | 클로로술폰산 | 500,000 | 과산화벤조일 | 3,500 |
| 이황화탄소 | 5,000 | 브롬화수소 | 2,500 | 과염소산 암모늄 | 3,500 |
| 시안화수소 | 1,000 | 삼염화인 | 750,000 | 디클로로실란 | 1,500 |
| 불화수소(무수불산) | 1,000 | 염화 벤질 | 750,000 | 디에틸 알루미늄 염화물 | 2,500 |
| 염화수소(무수염산) | 20,000 | 이산화염소 | 500 | 디이소프로필 퍼옥시디카보네이트 | 3,500 |
| 황화수소 | 1,000 | 염화 티오닐 | 150 | | |
| 질산암모늄 | 500,000 | 브롬 | 100,000 | 불산(중량 1% 이상) | 1,000 |
| 니트로글리세린 | 10,000 | 일산화질소 | 1,000 | 염산(중량 10% 이상) | 20,000 |
| 트리니트로톨루엔 | 50,000 | 붕소 트리염화물 | 1,500 | 황산(중량 10% 이상) | 20,000 |
| 수소 | 50,000 | 메틸에틸케톤과산화물 | 2,500 | 암모니아수(중량 10% 이상) | 20,000 |

※ 산업안전보건법 시행령 별표 10참조, ( )저장량

- 공정안전보고서에 포함되어야 할 내용은 다음과 같이 공정안전자료, 공정위험성 평가, 안전운전계획 및 비상조치계획이며 각각의 내용은 다음과 같다.

▶ 공정안전자료
- 유해·위험물질의 종류 및 취급량
- 유해·휘험물질에 대한 물질안전보건자료(MSDS)
- 유해·위험설비의 목록 및 사양
- 운전방법을 알 수 있는 공정도면
- 각종 건물·설비의 배치도
- 폭발위험장소 구분도 및 전기단선도
- 위험설비 안전설계·제작 및 설치관련 지침서

▶ 공정위험성 평가
- 공정의 특성을 고려한 위험성 평가기법의 선정
- 위험성 평가
- 피해범위 산정 및 영향평가
- 피해최소화 대책 수립 및 시행

▶ 공정안전자료
- 안전운전지침서
- 설비점검·검사 및 보수·유지계획 및 지침서
- 협력업체 안전관리계획
- 자체감사 계획
- 근로자 등 교육계획
- 사고조사 계획
- 안전작업허가
- 가동 전 점검지침
- 안전작업허가
- 변경요소관리 계획

▶ 비상조치계획
- 비상조치를 위한 장비·인력보유 현황
- 사고발생 시 각 부서, 관련기관과의 비상연락체계
- 사고발생 시 비상조치를 위한 조직의 임무 및 수행절차
- 비상조치계획에 따른 교육계획
- 주민홍보계획

## 3. 욕조곡선(Bath-Tub Curve)과 Burn-In 기간에 대한 의미를 설명하시오.

- 어떤 시스템의 고장률은 항상 일정한 것이 아니라 시간이 지남에 따라 증가하거나 감소하며 변화를 한다. 일반적인 기계설비의 고장유형은 아래와 같이 욕조곡선(Bath-Tub Curve)을 따른다. 욕조곡선은 ① 초기고장기, ② 우발고장기, ③ 마모고장기 3가지의 고장형태를 보여준다. 즉, 기계설비는 여러 가지 부품으로 구성되어 있으며, 이들 하나하나의 고장발생확률은 욕조곡선에서 보는 것처럼 사용기간에 따라 달라진다.

- Burn-In기간은 초기고장원인을 제거하는 기간으로 장비를 일정시간 가동하여 초기고장을 점검하는 것으로서, 이 기간을 설정하여 초기고장을 출하 전에 발견, 교정하여야 한다.

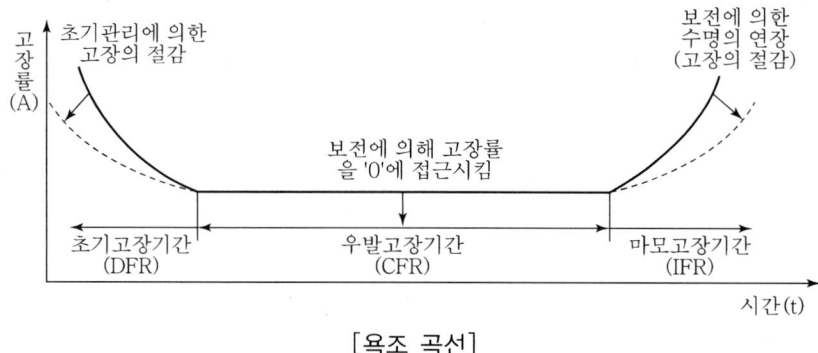

[욕조 곡선]

- 기계설비의 열화 정도를 표현할 때는 일반적으로 고장률, 신뢰도, 평균고장 간격 등을 많이 활용하고, 각각의 정의는 다음과 같다.
  ① 고장률($\lambda$)
  고장률(평균 고장률)은 어느 한 구성요소가 어느 기간 후, 고장날 수 있는 평균값을 말한다.

  $$\text{고장률}(\mu) = \frac{\text{결함횟수}(Fault)}{\text{기간}(Time)}$$

  ② 신뢰도(Reliability) R(t)
  어느 한 구성요소가 어느 기간(0, t) 동안 고장이 발생할 확률은 다음과 같이 Poisson 분포로 나타낼 수 있다. 임의의 시간 t에서 고장밀도함수(확률밀도함수)가 $\mu(t)$라 할 때 신뢰도 함수 R(t)는 다음과 같다.

  $$R(t) = \int_{t}^{\infty} \mu(t)dt = 1 - \mu(t) = 1 - (1 - e^{-\mu t}) = e^{-\mu t}$$

③ 평균고장 간격(MTBF)
어느 한 구성요소에 대한 두 개의 고장 사이의 시간간격을 고장들 사이의 평균시간(Mean Time Between Failures, MTBF)으로 불리우며 고장밀도 함수에 의해 나타낸다.

$$MTBF = \frac{1}{\mu}$$

평균고장간격(MTBF) = 평균고장수명(MTTF) + 평균고장수리시간(MTTR)으로도 표현되는데 이때, 평균고장수명(MTTF, Mean Time To Failure)은 고장발생 후 다음 고장까지의 동작시간을 말한다(즉, 고장까지의 평균 사용시간을 말한다).

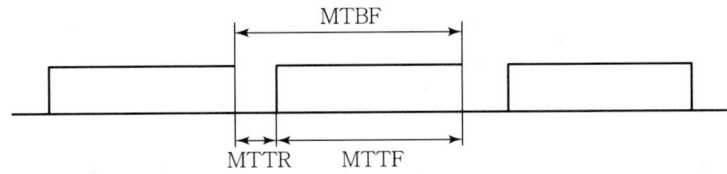

※ 일반적으로 전구와 같이 고장이 나면 다시 사용하지 못하는 제품의 수명은 MTTF로 표현하고, 수리해서 다시 사용할 수 있는 제품의 수명은 MTBF를 사용한다.

## 4. 화학공장의 위험성 평가 절차를 쓰고 간단히 설명하시오.

- 위험성 평가의 절차는 공정설명, 위험요소 확인 및 시나리오 확인, 재해빈도 및 결과의 예측, 위험도 및 의사결정으로 순으로 진행되고, 각 단계별로 개략적인 설명을 하면 다음과 같다.

① 공정설명
먼저 평가 대상 공정이 정해지면 적용법규, 기술 기준 및 경제적 기준 등을 고려하여 목표와 목적을 정한다. 해당 공정에서 취급하는 물질의 유해·위험성 여부, 공정조건(온도 및 압력 등) 및 주변상황 등에 대한 상세한 설명이 필요하다. 따라서 이와 같은 사항에 대하여 충분한 공정인지에 필요한 PFD, P&ID, 공장위치 및 배치, 주위환경, 기후자료 그리고 운전과 보수유지에 관한 사항, 물질의 물성값 등의 자료수집과 가공이 필요하다.

② 위험요소 및 시나리오 확인
대상공정에서 건강이나 안전·환경 또는 재산에 피해를 미칠 수 있는 사고의 가능성과 잠재적 위험성을 가진 물질, 공정조건, 주변상황 등에 대하여 이들의 잠재 재해상황에 대한 목록과 문제영역, 사고 예상 시나리오 등에 대한 목록을 작성한다.

③ 재해빈도 및 결과의 예측
빈도와 결과의 예측에는 경험, 기술기준, 상세한 공정지식, 장치실패의 경험 등의 자료가

필요하다. 중대산업사고는 발생 빈도는 그다지 크지 않으나 재해결과의 피해가 크므로 이 부분에 해당하는 사항에 대하여 집중적인 검토가 이루어져야 한다. 사고결과의 해석에는 위험물의 누출과 분산모델, 폭발 및 화재 모델 등을 이용하여 분석하며 이때의 영향에 대하여는 사람과 건축물(설비포함)에 대하여 그 결과를 계산할 수 있다.

④ 위험도 및 의사결정

위험도 결정 단계에서는 일정한 위험성을 나타내는 사고 형태 및 사고결과와 사고 빈도를 결합한다. 개별적으로 위험성이 높은 사고를 평가하고 전체적인 위험성도 고려하며, 제안된 사항에 대하여 추후 상세 분석을 실시한다. 또한 평가된 위험성에 대하여 불확정성, 민감도, 평가에 영향을 준 사고의 중요도 등을 산출한다. 이와 같이 산출된 위험도를 기초로 하여 의사결정에 이르게 되는데 평가 결과로 나온 위험도와 달성목표를 비교하여 감소 수단이 추가로 필요한지, 공정 운전을 그대로 실시할지 여부를 결정한다.

5. **위험성 평가기법은 위험요소에 따라 정성적인 방법과 정량적인 방법으로 분류할 수 있다. 정성적 평가기법과 정량적 평가기법에 속하는 기법을 각각 3가지 이상 쓰고, 그 특징을 설명하시오.**

   - 정성평가는 체크리스트, 사고예상질문 분석, 위험과 운전분석, 예비위험 분석, 이상 위험도 분석, 작업자 실수분석, 이상위험도 분석 등의 방법이 있으며, 정량평가는 결함수 분석, 사건수 분석, 원인-결과분석 방법 등이 있다.

   - 정성평가의 종류 및 특징은 다음과 같다.
     ① 체크리스트(Check List)

        체크리스트(Check List) 기법은 위험성 평가 관련 지식이 다소 부족한 초보자도 쉽게 사용할 수 있기 때문에 사업장 내 존재하는 일반적인 위험요소들을 발굴하거나 어떤 일이 안전작업절차서 등 기준절차에 따라 진행되는가를 확인하는 데 많이 이용된다. 체크리스트법을 이용한 위험성 평가는 기계설비 등 평가대상 체크항목에 위험요인이 있는가 없는가를 예/아니오로 확인하면서 진행하기 때문에 평가결과를 빨리 도출할 수 있고, 평가시간이 절약되지만 정성적인 평가이다 보니 평가자의 경험 등에 지나치게 의존하여 객관성이 결여되는 단점이 있다.

     ② 사고예상질문 분석(What-if)

        사고예상질문 분석(What-if) 기법은 HAZOP이나 FMECA의 평가 양식처럼 특정한 양식이 있지 않기 때문에 관련 지식이 다소 부족한 초보자도 쉽게 사용할 수 있다. 이 기법을 통한 위험성 평가는 기계설비 등 평가항목에 사고를 초래할 위험요인이 있는가 없는

가를 질문 형식("What if"로 시작되는 질문)으로 확인하면서 진행하기 때문에 평가결과를 빨리 도출할 수 있고, 평가시간이 절약되지만 정성적인 평가이다 보니 평가자의 경험 등에 지나치게 의존하여 객관성이 결여되는 단점이 있다.

③ 위험과 운전분석(HAZOP)

신규공정이나 기존공정에 존재하는 위험요소들과 비록 위험하지는 않을지라도 공정의 효율을 떨어뜨릴 수 있는 운전상의 문제점을 도출하여 개선하고자 할 때 사용된다. HAZOP Study를 위해서는 설비 및 장치 설계도, 안전운전절차, 공정흐름도 등 상세한 공정안전자료가 필요하다. 또한 체크리스트, 사고예상질문분석 기법 등을 이용하여 위험성 평가를 할 때보다는 위험성 평가 지식이 좀 더 필요하며, 설비 및 장치, 공정운전 등에 대해서도 상당한 지식이 필요하다.

이 기법은 설계의도에서 벗어난 공정 이탈 현상을 찾아내어 공정 위험요소와 운전상의 문제점을 발굴하기 위해서 브레인스토밍 등을 사용한다. 즉 평가대상 노드(Node, 위험분석구간)의 사고발생빈도와 사고의 심각도를 단계별로 구분하고 이것을 기준으로 위험도 매트릭스(Risk Matrix)를 작성하여 위험도를 계산한 후 위험등급(순위)을 부여한다.

④ 예비위험 분석(PHA)

예비위험 분석(PHA, Preliminary Hazard Analysis)을 사용하는 주목적은 위험을 일찍 발견하여 위험이 나중에 발견되었을 때 이것을 개선하기 위해 소요되는 비용을 줄이고자 하는 데 있다. PHA는 공장건설 등 프로젝트 초기단계에서 위험물질이나 기계설비 등이 얼마나 위험한지 정성적으로 평가한다. 다른 위험성 평가보다 선행되어 실시되기 때문에 공정이나 절차에 관한 상세한 정보를 얻을 수 없어 주로 위험물질, 기계설비 등 주요 공정요소의 위험 발굴에 초점을 맞추어 실시한다.

예비위험분석 기법의 장점은 소수 인원(1~2명의 엔지니어)으로 빠르고 효과적으로 수행할 수 있으며, 프로젝트 수행 전에 수정이나 변경이 가능하다. 그러나 광범위하고 세밀한 위험분석은 결여된다.

⑤ 이상위험도 분석(FMECA)

이상위험도 분석(FMECA, Failure Modes Effects & Criticality Analysis)은 공정이나 공정장치가 어떻게 고장났는가에 대한 설명인 Failure Mode, 고장에 대해 어떠한 결과가 발생될 것인가인 Failure Mode의 결과(Effect) 및 Failure Mode에 대한 위험도 순위(Criticality)를 표로 만들어 공정이나 공장장치의 Failure Mode와 Failure Mode의 영향을 파악하는 기법이다. 이 기법은 공정이나 공장장치에 관하여 주안점을 두고 분석하므로 운전자의 실수는 일반적으로 확인되지 않는다.

⑥ 작업자 실수분석(HEA)

작업자 실수분석(HEA, Human Error Analysis)은 현장의 운전원, 정비보수작업자 등이 작업을 하는 도중 실수를 하여 사고를 유발할 수 있는 상황을 발굴하고 개선하기 위해서 사용하는 위험성 평가기법이다. 이 기법은 Human Factor Engineering Analysis, Human Reliability Analysis 등과 함께 사용될 수 있다.

- 정량 평가의 종류 및 특징은 다음과 같다.
  ① 결함수 분석(FTA)
     결함수 분석법은 하나의 특정한 사고에 대하여 원인을 파악하는 연역적 기법으로 사고사건을 초래할 수 있는 장치의 이상과 고장의 다양한 조합을 표시하는 도식적 모델인 결함수(Fault Tree) Diagram을 작성하여 사고사건으로부터 사고를 일으키는 장치 이상이나 운전자 실수의 상관관계를 도출하는 기법이다.
  ② 사건수 분석(ETA)
     사건수 분석법은 초기사건으로 알려진 특정한 장치의 이상이나 운전자의 실수로부터 발생되는 잠재적인 사고결과를 평가하는 귀납적 기법이다. 초기 사건에 대한 안전시스템의 대응성공 또는 실패에 따른 후속사건을 도식적으로 표시하는 사건수(Event Tree) Diagram을 작성하여 초기사건으로부터 후속사건까지의 순서 및 상관관계를 파악하며 정량적 가능성을 가진 정성적인 결과를 얻어내는 기법이다.
  ③ 원인-결과분석법(CCA)
     원인-결과분석법은 FTA와 ETA를 혼합한 위험성 평가 기법으로 설계, 운전단계 등에서 정량적으로 위험성을 평가할 수 있다. CCA를 통해 사고 결과와 원인 사이의 상호관계를 알 수 있어 사고결과가 예측되는 사고발생빈도 등을 정량적으로 예측할 수 있다. 그러나 이 기법을 적용하기 위해서는 위험성 평가에 대한 지식이나 공정지식 등이 풍부한 전문가가 필요하다.

## 6. HAZOP 위험성 평가에서 이탈(Deviation)과 가이드워드(Guide Word)에 대해 간단히 설명하시오.

- 이탈은 가이드워드나 변수가 조합되어, 유체흐름의 정지 또는 과잉상태와 같이 설계 의도에서 벗어난 상태를 말하며, 가이드워드는 변수의 질이나 양을 표현하는 간단한 용어를 말한다. 이때 변수란 유량, 압력, 온도, 물리량이나 공정의 흐름조건을 나타내는 파라미터를 말한다.

- 연속식 공정의 가이드워드는 다음 표와 같이 정의할 수 있다.

| 가이드워드 | 정의 | 예 또는 코멘트 |
|---|---|---|
| 없음<br>(NO, NOT, OR NONE) | 설계 의도에 완전히 반하여 변수의 양이 없는 상태 | NO FLOW라고 표현할 경우 : 검토구간 내에서 유량이 없거나 흐르지 않는 상태를 뜻함 |
| 증가(MORE) | 변수가 양적으로 증가되는 상태 | MORE FLOW라고 표현할 경우 : 검토구간 내에서 유량이 설계 의도보다 많이 흐르는 상태를 뜻함 |
| 감소(LESS) | 변수가 양적으로 감소되는 상태 | MORE의 반대이며 적은 경우에 있어서는 NO로 표현될 수도 있음 |
| 반대<br>(REVERSE) | 설계 의도와 정반대로 나타나는 상태 | 유량이나 반응 등에 흔히 적용되며 REVERSE FLOW, REVERSE REACTION<br>REVERSE FLOW라고 표현할 경우 : 검토구간 내에서 유체가 정반대 방향으로 흐르는 상태 |
| 부가<br>(AS WELL AS) | 설계 의도 외에 다른 변수가 부가되는 상태 | 오염(CONTAMINATION) 등과 같이 설계 의도 외에 부가로 이루어지는 상태를 뜻함 |
| 부분<br>(PARTS OF) | 설계 의도대로 완전히 이루어지지 않는 상태 | 조성 비율이 잘못된 것과 같이 설계 의도대로 되지 않는 상태 |
| 기타<br>(OTHER THAN) | 설계 의도대로 설치되지 않거나 운전이 유지되지 않는 상태 | 원료공급 잘못, VALVE 설치 잘못 등 |

- 회분공정의 가이드워드는 시간에 관련한 가이드워드와 시퀀스에 관련한 가이드워드로 구분할 수 있고, 각각의 정의는 다음과 같다.
  ① 시간에 관련한 가이드워드

| 가이드워드 | 정의 |
|---|---|
| 생략(NO TIME) | 사건 또는 조치가 이루어지지 않음 |
| 지연(MORE TIME) | 조작 또는 행위가 시간적으로 늦게 일어나거나 예상보다 오래 지속됨 |
| 단축(LESS TIME) | 조작 또는 행위가 시간적으로 일찍 일어나거나 예상보다 짧게 지속됨 |
| 오차(WRONG TIME) | 조작, 행위 또는 조치가 일어나지 말아야 할 때에 일어남 |

② 시퀀스에 관련한 가이드워드

| 가이드워드 | 정의 |
|---|---|
| 조작지연(STEP TOO LATE) | 허용범위(시간, 조건) 내에서 시작하지 못함 |
| 조기조작(STEP TOO EARLY) | 운전조건이 형성되어 조기에 조작함 |
| 조작생략(STEP LEFT OUT) | 조작을 생략함 |
| 역행조작(STEP BACKWARDS) | 단위 공정이 부정확하게 전 단계 단위 공정으로 역행함(WRONG TIME 참조) |
| 부분조작(PART OF STEP MISSED) | 한 단계 조작 내에서 하나의 부수조치가 생략됨 |
| 다른 조작(EXTRA ACTION INCLUDED) | 한 단계 조작 중 불필요한 다른 단계의 조작을 행함 |
| 기타 오조작(WRONG ACTION TAKEN) | 예측 불가능한 기타 오조작 |

## 7. HAZOP 위험성 평가에 대해서 논하시오.

- 신규공정이나 기존공정에 존재하는 위험요소들과 비록 위험하지는 않을지라도 공정의 효율을 떨어뜨릴 수 있는 운전상의 문제점을 도출하여 개선하고자 할 때 사용된다. HAZOP Study를 위해서는 설비 및 장치 설계도, 안전운전절차, 공정흐름도 등 상세한 공정안전자료가 필요하다. 또한 체크리스트, 사고예상질문분석 기법 등을 이용하여 위험성 평가를 할 때보다는 위험성 평가 지식이 좀 더 필요하며, 설비 및 장치, 공정운전 등에 대해서도 상당한 지식이 필요하다.

이 기법은 설계의도에서 벗어난 공정 이탈 현상을 찾아내어 공정 위험요소와 운전상의 문제점을 발굴하기 위해서 브레인스토밍 등을 사용한다. 즉 평가대상 노드(Node, 위험분석구간)의 사고발생빈도와 사고의 심각도를 단계별로 구분하고 이것을 기준으로 위험도 매트릭스(Risk Matrix)를 작성하여 위험도를 계산한 후 위험등급(순위)을 부여한다.

- HAZOP 수행 시 전제조건 4가지는 다음과 같다.
  ① 동시사고 및 고장 가능성 배제
  화학공장은 대개 비상시를 대비하여 중복설계의 개념을 도입하고 있다. 즉, 펌프 A의 고장에 대비하여 Stand-By펌프를 설치하였는데, A, B 펌프의 동시고장이라는 경우의 문제가 제기된다면, C, D··· 펌프의 추가 필요성이 논의될 수 있기 때문에 동일 기능의 기기 및 부품의 고장이나 사고는 동시에 발생하지 않는다는 전제조건이 요구된다.

② 안전장치

안전밸브, 체크밸브, 경보시스템, 비상정지 시스템 등의 안전장치는 필요할 때 정상적으로 작동하는 것으로 간주한다.

③ 장치설계 및 제작사양의 적합성

기기 장치 및 부품과 배관들은 설계 및 제작사양에 적합하게 제작되어 설치한 것으로 간주한다. 이 사항에 대해 문제 제기가 된다면 HAZOP 팀에서 공정설계까지 검토해야 한다는 결과가 되며, 이것은 HAZOP은 공정에 대한 위험성 평가라는 기본 목적으로부터 벗어나게 된다.

④ 작업자의 조치

작업자는 위험상황의 발생 시에 이를 인식할 수 있고 충분한 시간이 있는 경우, 필요한 조치를 취할 수 있는 것으로 간주한다.

- HAZOP 수행 시 주의사항은 다음과 같다.

① 발생빈도와 고가의 설비

사고나 고장의 발생 가능성이 희박한 위험요소에 대하여 이를 방어하기 위한 고가의 설비가 요구되는 경우 팀리더는 과거의 실적을 환기하거나 차선책에 대한 가능성을 검토하도록 유도한다.

② 하드웨어 & 소프트웨어

팀구성은 주로 엔지니어로 이루어지기 때문에 이들은 기기나 장치의 추가 설치로 해결하려는 경향이 있다. 그러나 설치시기 또는 설비의 가격문제 등으로 인하여 부적합한 경우 운전방법, 작업절차의 변화나 운전원의 훈련 또는 관리적인 대책 등 소프트웨어를 변화시켜야 한다.

③ 사소한 사항의 변경

사소한 사항이나 작은 규모의 변형에 대하여 HAZOP이 부적합하다고 생각할 수 있으나, 사고의 상당수는 작은 규모의 설비 변경시에 발생할 수 있다는 것을 주지시킬 필요가 있다.

④ HAZOP 수행의 지연

HAZOP 검토가 너무 늦게 되면 설계 변경의 위험부담이 있게 된다. 이런 경우 무리한 설계변경보다는 설계보완으로 반영하는 것이 바람직하고 이와 같은 단점을 보완하기 위하여 신규공정의 경우에는 상세설계 시작 전에 공정흐름 개략도를 가지고 예비 HAZOP을 실시하는 것이 바람직하다.

⑤ 복잡한 문제

팀구성원의 분야와는 다른 특정 전문기술에 관한 사항이나 팀의 검토능력을 초과하는 복잡한 문제는 별도로 표시하여 충분한 조사, 자료수집, 검토를 거친 후에 해결하여야 한다.
⑥ 기록
대개의 회의 진행 시 서기는 막내 직원이 담당하는 경우가 대부분이나 HAZOP 수행시 공정내용을 숙지한 사람이 기록하는 것이 내용의 정확성을 유지하고 오류를 방지할 수 있다.

- 연속식 공정에서 HAZOP 수행 절차는 다음과 같다.
  ① 공정설명
  평가팀 리더는 검토의 개요와 목적을 구성원에게 전달한다. 이때는 모든 배관 및 기기에 대한 목적과 특성을 상세히 설명한다.
  ② 검토구간 설정
  운전의 흐름이나 설계의도 등을 고려하여 공정도면을 분할한다.
  ③ 변수 설정
  해당 검토구간에 적용되는 공정변수를 추출하고 이 변수들의 설계의도를 정리한다.
  ④ 가이드 워드 조합 및 이탈의 전개
  공정 이탈은 공정변수와 가이드 워드에 대한 행렬조합을 이용하여 전개한다.
  ⑤ 이탈에 대한 원인파악
  이탈의 원인이 되는 여러 상황을 상정하고 의견을 수렴한다.
  ⑥ 결과 예측
  설계의도에서 벗어난 공정이탈로 인하여 발생될 수 있는 결과를 예측한다.
  ⑦ 안전조치의 강구
  안전조치는 이탈을 감지하여 경보하거나 해소시키기 위한 시설을 선정하거나 관리적 대책을 수립하는 방법으로 수행한다.
  ⑧ 위험등급
  위험등급이란 이탈이 발생하여 사고가 발생할 빈도와 그때의 피해로 인한 치명도를 고려하여 회사 실정에 적합한 기준을 설정한다.

- 회분식 공정에서의 HAZOP 수행절차는 설비 운전상태 조합표와 단계/검토구간 조합표를 작성한 후, 위의 연속식 공정의 수행절차대로 수행하면 된다.

## 8. 위험성 평가기법 중 FTA(Fault Tree Analysis)에 대해 논하시오.

- 결함수 분석법은 하나의 특정한 사고에 대하여 원인을 파악하는 연역적 기법으로 사고사건을 초래할 수 있는 장치의 이상과 고장의 다양한 조합을 표시하는 도식적 모델인 결함수(Fault Tree) Diagram을 작성하여 사고사건으로부터 사고를 일으키는 장치 이상이나 운전자 실수의 상관관계를 도출하는 기법이다.

- FTA의 특징은 다음과 같다.
  ① FTA는 체계적인 분석과 결과의 정량화가 가능하며, 사고요소의 상호관계를 규명할 수 있다. 그러나 개별 요인에 대한 발생 확률을 구해야 하기 때문에 평가에 시간이 많이 소요되며, 고장발생확률의 데이터 확보가 어렵다.
  ② 사고나 기계의 고장 등이 발생하기 이전에 이들이 발생할 확률을 정량적으로 계산할 수 있기 때문에 재해예방활동이나 설비유지관리활동에 이용하면 많은 도움이 된다.
  ③ 정상사상인 사고결과로부터 연역적인 방법으로 분석을 진행하여 기본사상인 사고 발생 요인을 찾아내기 때문에 사고결과와 사고원인의 상호 관련성을 정량적으로 정확하게 해석하여 안전대책을 수립할 수 있다.

- FTA 작성시기는 다음과 같다.
  ① 기계설비를 신규로 설치하거나 가동을 시작할 때
  ② 산업재해가 발생하여 그 원인을 정확하게 규명하고자 할 때
  ③ 기계의 고장이나 사고발생의 우려가 있는 경우 그 발생확률을 알고자 할 때

- FTA 수행절차는 다음과 같다.
  ① 평가할 재해를 결정한다.(재해의 강도, 빈도, 시스템에 미치는 영향 등을 종합적으로 검토하여 해석하고자 하는 재해를 결정한다.)
  ② 재해발생확률의 목표치를 결정한다.(동종 시스템, 위험도 등을 고려하여 재해발생확률의 목표치를 결정한다.)
  ③ 결함원인 및 영향을 조사한다.(해석하고자 하는 재해와 관련 있는 기계설비의 불안전한 상태, 작업자의 에러, 환경의 결함, 관리감독, 교육 등 결함원인과 그 영향을 가능한 상세하게 적는다.
  ④ Fault Tree(결함수목)을 작성한다.
  ⑤ Cut Set, 최소 Cut Set, Path Set, 최소 Path Set을 구한다.
  ⑥ 작성한 Fault Tree를 수식화하여 수학적 처리(불대수 사용)에 의해 간소화한다.
  ⑦ 재해발생확률을 계산한다.(해석하는 재해의 발생확률을 계산한다.)

⑧ 유효한 재해 방지대책을 수립한다.(재해발생확률이 목표치보다 높으면, 비용이나 기술 등의 제조건을 고려해서 가장 유효한 방지대책을 수립한다.

  ※ 최소 Path Set : Cut set에 포함되어 있는 기본사상이 일어나지 않으면 정상사상이 일어나지 않는 기본사상의 집합
  ※ 최소 Cut Set : 정상사상을 발생시키는 기본사상의 최소 집합

- FTA를 이용하여 정량적으로 사고원인을 분석, 재해발생확률이 높은 인적, 물적, 환경상의 위험요인에 대해서 안전대책을 수립할 수 있기 때문에 과학적이고 체계적으로 안전관리활동을 전개할 수 있으며 다음과 같은 기대효과가 있다.
  ① 사고원인 규명이 간편해진다.
  ② 사고원인 분석이 일반화된다.
  ③ 사고원인 분석이 정량화된다.
  ④ 노력과 시간이 절약된다.
  ⑤ 시스템의 결함을 진단할 수 있다.
  ⑥ 안전점검의 체크리스트를 작성하는 데 활용할 수 있다.

- FTA의 논리기호 중 가장 많이 사용하는 것은 다음과 같다.

| 명칭 | 기호 | 의미 |
|---|---|---|
| ① 결함사상 | ▭ | 기계설비의 결함이나 작업자의 실수, 관리감독 부족 등으로 인한 결과(재해), 논리게이트의 입력과 출력이 될 수 있다. |
| ② 기본사상 | ○ | 더 이상의 해석이 필요없는 기계설비의 결함이나 작업자의 실수(말단사상), 논리게이트의 입력만 될 수 있지 출력은 될 수 없다. |
| ③ 통상사상 | ⌂ | 통상의 기계설비의 상태나 작업 등에 재해의 발생원인이 되는 요소가 있는 것(말단사상), 즉 결함사상으로 언제든지 발전할 수 있는 사상을 말한다. |
| ④ 생략사상 | ◇ | 정보부족 등으로 인해 더 이상 전개할 수 없는 사상을 말한다. 해석이 가능할 때는 다시 속행한다. |
| ⑤ AND gate | ⌒ | 모든 입력사상이 공존할 때만 출력사상이 나타난다. |
| ⑥ OR gate | ⋀ | 입력사상 중 하나만 존재하여도 출력사상이 나타난다. |

## 9. 안전운전지침서에 포함되어야 할 주요내용을 간단히 나열하시오.

- 안전운전절차서는 공정운전 중에 발생할 수 있는 모든 경우를 대비하여 운전자가 안전하게 공장을 운전하는 데 필요한 모든 운전절차를 정해 놓은 운전 지침서를 말하며, 안전운전절차서에는 다음의 내용을 포함되어야 한다(고용부 고시 내용).
  ① 다음 각 목의 사항이 포함된 운전단계별 운전 절차의 기술 여부
     ㉠ 최초의 시운전
     ㉡ 정상 운전
     ㉢ 비상시 운전(비상시 운전정지 절차, 운전정지를 하지 아니하고 운전되어야 할 분야에 대한 운전방법, 제한적인 운전분야 및 절차 등을 포함하여야 하며 운전장소, 담당자 등이 포함되어야 함)
     ㉣ 정상적인 운전 정지
     ㉤ 비상 정지 및 정비 후의 운전 개시
  ② 운전범위에서 벗어났을 경우의 조치 절차의 기술 여부
     ㉠ 운전범위에서 벗어났을 경우 예상되는 결과
     ㉡ 운전범위에서 벗어났을 경우 정상 운전이 되도록 하기 위한 방법 및 절차 또는 운전범위에서 벗어나지 않도록 하기 위한 사전 조치 방법 및 절차
  ③ 안전운전을 위해 유의해야 할 사항의 기술
     ㉠ 운전공정에 취급되는 화학물질의 물성과 유해·위험성
     ㉡ 위험물질 누출 예방을 위하여 취해야 할 사항
     ㉢ 위험물 누출 시 각종 개인 보호구 착용 방법
     ㉣ 작업자가 위험물에 접촉되거나 흡입하였을 때 취해야 할 행동 요령과 절차
     ㉤ 원료 물질의 순도 등 품질유지와 위험물 저장량 조절 등 관리에 관한 사항

## 10. 화기작업 시 안전조치 사항에 대해 설명하시오.

- 화기작업 시 취하여야 할 최소한의 안전조치 사항은 아래와 같다.
  ① 작업구역의 설정
     화기작업을 수행할 때 발생하는 화염 또는 스파크 등이 인근 공정설비에 영향이 있다고 판단되는 범위의 지역은 작업구역으로 표시하고 통행 및 출입을 제한한다.
  ② 가연성 물질 및 독성물질의 가스농도 측정
     화기작업을 하기 전에 작업대상 기기 및 작업구역 내에서 가연성물질 및 독성 물질의 가스농도를 측정하여 허가서에 기록한다.

③ 차량 등의 출입제한
    불꽃을 발생하는 내연설비의 장비나 차량 등은 작업구역 내의 출입을 통제한다.
④ 밸브차단 표지 부착
    화기작업을 수행하기 위하여 밸브를 차단하거나 맹판을 설치할 때에는 차단하는 밸브에 밸브 잠금표지 및 맹판 설치표지를 부착하여 실수로 작동시키거나 제거하는 일이 없도록 한다.
⑤ 위험물질의 방출 및 처리
    배관 또는 용기 등에 인접하여 화기작업을 수행할 때에는 배관 및 용기 내의 위험물질을 완전히 비우고 세정한 후 가스농도를 측정한다.
⑥ 환기
    밀폐공간에서 작업을 수행할 때에는 작업 전에 밀폐공간 내의 공기를 외부의 신선한 공기로 충분히 치환하는 등의 조치(강제환기 등)를 하여야 한다.
⑦ 비산불티 차단막 등의 설치
    화기작업 중 용접불티 등이 인접 인화성 물질에 비산되어 화재가 발생하지 않도록 비산불티 차단막 또는 불받이포를 설치하고 개방된 맨홀과 하수구(Sewer) 등을 밀폐한다.
⑧ 화기작업의 입회
    화기작업 시 입회자로 선임된 자는 화기작업을 시작하기 전 및 작업 도중 현장에 입회하여 안전상태를 확인하여야 하며, 작업 중 주기적인 가스농도의 측정 등 안전에 필요한 조치를 취하여야 한다.
⑨ 소화장비의 비치
    화기작업 전에 불받이포, 이동식 소화기 등을 비치하고 필요한 경우 화기작업 현장에 화재진압을 위한 소방차를 대기시켜야 한다.

- 화기작업 허가서 양식은 다음과 같다.

## 화기작업 허가서

허가번호 :                      허가일자 :
신 청 인 : 부서_____ 직책_____ 성명_____(서명)
작업허가기간 :      년      월      일      시 부터      시까지

| 작업장소 및 설비(기기) | 작 업 개 요 | 보충적인 허가 필요여부 | |
|---|---|---|---|
| 정비작업 신청번호 :<br>작업지역 :<br>장치번호 :<br>장 치 명 : | | • 밀폐공간출입 : ☐<br>• 정전작업 : ☐<br>• 굴착작업 : ☐<br>• 방사선사용작업 : ☐ | • 고소작업 : ☐<br>• 중장비작업 : ☐<br>• 기타허가 : ☐ |

안전조치 요구사항

\* 필요한 부분에 표시, 확인은 ⊘ 표시

| | |
|---|---|
| ○ 작업구역 설정(출입경고 표지)  ☐ ○<br>○ 가스농도 측정  ☐ ○<br>○ 밸브차단 및 차단표지부착  ☐ ○<br>○ 맹판설치 및 표지부착  ☐ ○<br>○ 용기개방 및 압력방출  ☐ ○<br>○ 위험물질방출 및 처리  ☐ ○<br>○ 용기내부 세정 및 처리  ☐ ○<br>○ 불활성 가스 치환 및 환기  ☐ ○ | ○ 비산불티차단막 설치  ☐ ○<br>○ 정전/잠금/표지부착  ☐ ○<br>○ 환기장비  ☐ ○<br>○ 조명장비  ☐ ○<br>○ 소 화 기  ☐ ○<br>○ 안전장구  ☐ ○<br>○ 안전교육  ☐ ○<br>○ 운전요원의 입회  ☐ ○ |

| 기타특별<br>요구사항 | | 첨부서류 | ○ 차단밸브 및 맹판설치 위치표시 도면  ☐<br>○ 소화기 목록  ☐<br>○ 소요안전장구 목록  ☐<br>○ 특수작업절차서  ☐<br>○ 보충작업허가서  ☐ |
|---|---|---|---|

| 가<br>스<br>점<br>검 | 가스명 | 결과 | 점검시간 | 가스명 | 결과 | 점검시간 | 점검기기명 : _____<br>점검자 : _____(서명)<br>확인자(입회자) : _____(서명) |
|---|---|---|---|---|---|---|---|
| | | | | | | | |

| 안전조치 확인<br><br>정비부서 책 임 자 : _____(서명)<br>        입 회 자 : _____(서명) | 작업완료확인<br>   완료시간 :<br>   입 회 자 :<br>   작 업 자 :<br>조치사항 : |
|---|---|
| 발급자   부서____ 직책____ 성명____(서명)<br>승인자   부서____ 직책____ 성명____(서명) | 관련부서 협조자<br>부서_____ 직책_____ 성명_____(서명)<br>부서_____ 직책_____ 성명_____(서명) |

## 11. 밀폐공간 작업안전조치 사항에 대해 설명하시오.

- 밀폐공간이란 산소결핍, 유해가스로 인한 화재·폭발 등의 위험이 있는 장소를 말하며 밀폐공간에서의 작업을 위하여 출입을 할 때에는 안전성 확보를 위하여 밀폐공간출입 허가서를 발급받아야 한다. 밀폐용기의 개방 시 안전조치사항은 다음과 같다.
  ① 고온 또는 고압하에서 운전되었던 밀폐용기에서 작업하고자 할 때에는 압력을 방출시키거나 온도를 낮추어야 한다.
  ② 공정물질을 제거하고 질소와 공기로 치환하여야 한다. 특히, 용기 내부의 포켓부분 및 드레인 라인 등에 잔류될 수 있는 공정물질을 완전히 방출시켜야 한다.
  ③ 배관을 격리하거나 밸브의 이중 잠금 또는 맹판을 설치하는 경우에는 밸브 잠금 또는 맹판 설치표지를 부착하여야 하며, 기기 내의 모든 작동부분은 전기 또는 기계적으로 차단되어야 한다.
  ④ 운전책임자는 개방대상용기와 공정물질의 물질안전보건자료 및 내재된 위험사항에 대하여 작업자에게 특별안전보건교육을 실시하여야 한다.
  ⑤ 용기 내에 잔류될 수 있는 공정물질에 작업자가 폭로되지 않도록 안전장구 및 개인보호구를 지급하고 착용 여부를 확인하여야 한다.
  ⑥ 배기장치가 설치되어 있지 않은 가연성 가스 및 인화성 액체(이하 "가연성물질"이라 한다), 독성물질 취급용기를 개방할 때는 별도의 작업절차서를 작성하여 입회자의 감독하에 작업을 하여야 한다.

- 밀폐공간 출입 시 안전보건조치사항은 다음과 같다.
  ① 용기 세척과 치환
  작업자의 출입에 앞서 용기 내부 및 공정물질이 잔류할 수 있는 부분(압력계, 시료채취점 등)을 분리하여 철저하게 세척한다. 세척작업 시 수증기 또는 질소를 사용한 경우에는 반드시 공기 또는 물로 완전히 치환한다.
  ② 가연성물질 및 독성물질 등의 가스농도 측정
  용기 내부를 세척한 후에는 용기 내에 가연성물질 및 독성물질 등의 가스 체류 여부를 확인하기 위하여 가스농도를 측정하여 작업허가서에 기록한다.
  ③ 산소농도의 측정
  용기 내부를 세척한 후 산소농도 측정기를 사용하여 산소농도를 측정하고 그 결과를 허가서에 기록하고 산소농도가 18% 이상 23.5% 미만일 때 용기 내의 출입을 허가한다.
  ④ 측정의 빈도
  체류가스와 산소농도의 측정은 일정시간을 두고 주기적으로 실시하여야 한다.

⑤ 밀폐공간출입의 허가제한

용기 내의 공기질 측정결과가 안전한 상태(산소농도 18% 이상 23.5% 미만, 탄산가스농도 1.5% 미만, 일산화탄소 25ppm 미만, 황화수소농도 10ppm 미만)로 확인될 때까지 용기 내에 출입을 허가하여서는 아니 된다.

⑥ 연락을 취할 수 있는 설비의 설치

밀폐공간 내에서의 작업자와 외부 감시인 사이에 상시 연락을 취할 수 있는 설비를 설치하여야 한다.

- 밀폐공간 작업 시의 수칙은 다음과 같다.
  ① 송기마스크 등 호흡용 보호구, 사다리 및 섬유로프 등 비상시에 근로자를 대피시키거나 구출하기 위하여 필요한 기구를 비치하여야 한다.
  ② 작업자는 구명밧줄(Life Line)을 착용토록 한다.
  ③ 작업입회자는 밀폐공간 출입 시 반드시 입회하고 필요한 경우 출입시의 안전을 확인한 후 용기의 외부에 안전대기조(2인 1조)를 대기하도록 조치한다.
  ④ 작업입회자는 안전대기 또는 구명선의 이상 유무 확인, 작업자와의 통신 및 비상시 도움을 요청할 수 있도록 통신장비를 휴대한다.
  ⑤ 용기 내의 환기를 위해서 송풍기를 설치하거나 에어라인 호스 마스크를 착용시킨 후 작업토록 한다.
  ⑥ 용기 내의 작업 중 조명이 필요할 때에는 저전압방폭등을 사용한다.
  ⑦ 가연성 물질의 증기로 인한 폭발의 위험이 있을 경우 공기작동식 공구 또는 방폭공구를 사용한다.
  ⑧ 밀폐공간에서 위급한 근로자를 구출하는 작업자는 송기마스크 등을 착용하여야 한다.

# 밀폐공간출입 허가서

허가번호 :　　　　　　　　　　　　　　허가일자 :
신 청 인 : _____ 직책_____ 성명_____(서명)
작업허가기간 :　　년　　월　　일　　시 부터　　시까지

| 작업장소 및 설비(기기) | 출입사유 : | 관련작업허가 |
|---|---|---|
| 정비작업 신청번호 : | 출입자 명단 : | • 화기작업허가 : ☐ |
| 장치명 : | 밀폐장소의 예상위험 : | • 일반위험작업허가 : ☐ |

**안전조치 요구사항**

　　　　　　　　　　* 필요한 부분에　표시, 확인은 ☑ 표시

| | | | |
|---|---|---|---|
| ○밸브차단 및 차단표식부착 | ☐ ○ | ○정전/잠금/표지부착 | ☐ ○ |
| ○가스농도 측정 | ☐ ○ | ○환기장비 | ☐ ○ |
| ○맹판설치 및 표지부착 | ☐ ○ | ○조명장비 | ☐ ○ |
| ○압력방출 | ☐ ○ | ○소 화 기 | ☐ ○ |
| ○용기세착 후 공기/물 치환 및 환기 | ☐ ○ | ○안전장구(구명선 등) | ☐ ○ |
| ○산소농도 측정 | ☐ ○ | ○안전교육 | ☐ ○ |
| | | ○운전요원의 입회 | ☐ ○ |

| 기타특별 요구사항 | 1. 통신수단 | 첨부서류 | ○차단밸브 및 맹판 설치위치 표시도면 ☐<br>○소화기 목록 ☐<br>○소요안전장구 목록 ☐<br>○특수작업절차서 ☐ |
|---|---|---|---|

| 가스점검 | 가스명 | 결과 | 점검시간 | 가스명 | 결과 | 점검시간 | 점검기기명 :<br>점검자 : _____(서명)<br>확인자(입회자) : _____(서명) |
|---|---|---|---|---|---|---|---|
| | | | | | | | |

* 가스측정결과 1. H·C : 0%, 2. $O_2$ : 18% 이상, 3. CO : 25ppm 이하, 4. $CO_2$ : 1.5% 미만 5. $H_2S$ : 10ppm 이하

| 안전조치 확인 | 작업완료확인 |
|---|---|
| 정비부서 책 임 자 : _____(서명)<br>　　　　입 회 자 : _____(서명) | 완료시간 :<br>입 회 자 :<br>조치사항 : |
| 발급자 부서____직책____성명____(서명)<br>승인자 부서____직책____성명____(서명) | 관련부서 협조자<br>부서_____직책_____성명_____(서명)<br>부서_____직책　　성명_____(서명) |

## 12. 공정안전보고서 변경관리대상 5개 이상을 설명하시오.

- 공정안전보고서 관련 고시에서 규정하고 있는 변경관리 대상은 아래와 같다.
  ① 신설되는 설비와 기존 설비를 연결할 경우의 기존설비
  ② 기존 설비의 변경은 없어도 운전조건(온도, 압력, 유량 등)을 변경할 경우
  ③ 제품생산량 변경은 없으나 새로운 장치를 추가, 교체 또는 변경할 경우
  ④ 경보 계통 또는 계측제어 계통을 변경할 경우
  ⑤ 압력방출 계통의 변경을 초래할 수 있는 공정 또는 장치를 변경할 경우
  ⑥ 장치와 연결된 비상용 배관을 추가 또는 변경할 경우
  ⑦ 시운전 절차, 정상조업 정지절차, 비상조업 정지 절차 등을 변경할 경우
  ⑧ 위험성 평가·분석결과 공정이나 장치·설비 또는 작업절차를 변경할 경우
  ⑨ 첨가제(촉매, 부식방지제, 안정제, 포말생성방지제 등)를 추가 또는 변경할 경우
  ⑩ 장치의 변경 시 필연적으로 수반되는 부속설비의 변경이나 가설설비의 설치가 필요할 경우

## 13. 심사 또는 자체감사 시 변경관리계획에 대하여 확인해야 할 사항을 기술하시오.

- 공정안전보고서 중 변경관리계획에 대하여 심사 또는 자체감사를 실시할 경우에는 다음의 사항이 제대로 이행되는지를 확인하여야 한다.
  ① 변경관리 대상을 명확히 선정하고 있는지 여부(2번 변경관리대상 참고)
  ② 변경관리 방법에 있어서 먼저 변경 시의 절차를 규정화하여 실행하는 체계를 구축하고 있는지 여부
  ③ 변경 절차에 변경 전 다음 사항을 검토하도록 하는 내용이 포함되었는지 여부
     ㉠ 변경계획에 대한 공정 및 설계의 기술적 근거의 타당성 여부
     ㉡ 변경 부분의 전·후 공정 및 설비에 대한 영향
     ㉢ 변경 시 안전·보건·환경에 대한 영향
     ㉣ 변경 시 뒤따르는 운전절차상의 수정 내용의 타당성 여부
     ㉤ 변경 일정의 적합성 여부
     ㉥ 변경 시 관련 기관에 필요한 보고 업무 등
  ④ 사업장에서 변경 이전에 변경할 내용을 운전원, 정비원 및 도급업체 등에게 정확히 알려주고, 변경 설비의 시운전 이전에 이들에게 충분한 훈련을 실시하고 있는지 여부
  ⑤ 변경 시 공정안전 기술자료의 변경이 수반될 경우에는 이들 자료의 보완이 즉시 이행되고 있는지 여부
  ⑥ 운전절차, 안전작업허가절차 및 도급작업절차 등 안전운전 관련 자료의 변경이 수반될 때도 즉시 변경되는지 여부

## 14. 심사 또는 자체감사시 안전작업허가절차에 대하여 확인해야 할 사항을 기술하시오.

- 공정안전보고서 중 안전작업허가절차에 대하여 심사 또는 자체감사를 실시할 경우에는 다음의 사항이 제대로 이행되는지를 확인하여야 한다.
  ① 공정지역 내에서 또는 공정지역과 가까운 지역에서 용접, 용단 등의 화기작업과 같은 유해·위험 요소가 잠재되어 있는 경우에는 안전작업허가서를 발급받은 후에 작업하고 있는지 여부
  ② 안전작업 허가기준, 각 부서의 업무와 책임한계, 허가절차 등을 문서화하여 사업장의 자체 규정으로 제정하고 있는지 여부
  ③ 안전작업을 하기 전에 안전작업 관리책임자는 안전작업에 필요한 안전상의 조치를 취하고 있으며, 안전작업 허가책임자는 이를 확인한 후에 안전작업허가서를 발급하고 있는지 여부
  ④ 안전작업 전에 취하여야 할 안전상의 조치는 사업장 특성에 맞게 작성하여 규정화하고 있는지 여부
  ⑤ 안전작업허가서에 허가일시와 안전작업 일시가 명확히 기재되고 있는지 여부
  ⑥ 안전작업허가서는 해당 작업 완료 후 1년간 보관하도록 하고 있는지 여부
  ⑦ 안전작업 시작 전에 작업 내용을 해당 지역 및 인접지역의 운전원, 정비원 및 도급업체 등 안전작업으로 인해 영향을 받을 수 있는 작업자에게 알려주고 있는지 여부

## 15. 비상조치계획에 포함되어야 할 내용에 대해 설명하시오.

- 비상사태는 조업상의 비상사태와 자연 재해로 구분한다.
  ① 조업상의 비상사태는 다음의 경우를 말한다.
    ㉠ 중대한 화재사고가 발생한 경우
    ㉡ 중대한 폭발사고가 발생한 경우
    ㉢ 독성화학물질의 누출사고 또는 환경오염 사고가 발생한 경우
    ㉣ 인근지역의 비상사태 영향이 사업장으로 파급될 우려가 있는 경우
  ② 자연재해는 태풍, 폭우 및 지진 등 천재지변이 발생한 경우를 말한다.

- 비상조치계획의 수립에는 다음과 같은 원칙이 지켜지도록 한다.
  ① 근로자의 인명보호에 최우선 목표를 둔다.
  ② 가능한 비상사태를 모두 포함시킨다.
  ③ 비상통제 조직의 업무분장과 임무를 분명하게 한다.

④ 주요 위험설비에 대하여는 내부 비상조치계획 뿐만 아니라 외부 비상조치 계획도 포함시킨다.
⑤ 비상조치계획은 분명하고 명료하게 작성되어 모든 근로자가 이용할 수 있도록 한다.
⑥ 비상조치계획은 문서로 작성하여 모든 근로자가 쉽게 활용할 수 있는 장소에 비치한다.

- 비상조치계획에는 최소한 다음과 같은 사항을 포함한다.
  ① 근로자의 사전 교육
  ② 비상시 대피절차와 비상대피로의 지정
  ③ 대피 전 안전조치를 취해야 할 주요 공정설비 및 절차
  ④ 비상 대피 후 직원이 취해야 할 임무와 절차
  ⑤ 피해자에 대한 구조·응급조치 절차
  ⑥ 내·외부와의 연락 및 통신체계
  ⑦ 비상사태 발생 시 통제조직 및 업무분장
  ⑧ 사고 발생 시와 비상대피시의 보호구 착용 지침
  ⑨ 비상사태 종료 후 오염물질 제거 등 수습 절차
  ⑩ 주민 홍보 계획
  ⑪ 외부기관과의 협력체제

## 16. 최악의 누출시나리오에서 끝점의 정의를 기술하시오.

- 끝점은 규정된 농도, 과압 또는 복사열 등의 수치에 도달하는 지점을 말한다. 독성물질의 경우에는 해당물질의 허용농도를 말하며, 인화성 물질이 폭발인 경우는 $0.07 kg_f/cm^2$의 과압이 걸리는 지점, 화재인 경우는 40초 동안 $5kW/m^2$의 복사열에 노출되는 지점, 누출인 경우는 누출된 물질의 폭발하한 농도에 이르는 지점을 말한다.

## 17. 독성물질의 분산모델에 영향을 주는 매개변수를 들고, 각 매개변수가 미치는 영향을 설명하시오.

- 분산모델은 독성물질이 사고지점에서 공장이나 다른 인근지역으로의 독성물질의 전달을 설명해 준다. 누출된 후, 유독물질은 독특한 플럼(Plume) 또는 퍼프(Puff) 속에서 바람에 의해 멀리 이동한다. 누출된 유독물질의 최대농도는 누출지점에서 발생하는데 이는 꼭 지표면이 아닐 수도 있다. 독성물질은 공기로 분산되어 급격히 혼합되기 때문에 농도는 바람이 불어 나가는 쪽으로 멀리 떨어질수록 저하된다. 영향을 주는 매개변수는 다음과 같다.

① 바람의 속도
바람의 속도가 증가함에 따라 플럼은 더욱 길고 가늘어진다. 누출된 물질은 바람부는 방향으로 더욱 빨리 이동되며 더 많은 공기양에 의해 보다 빨리 희석되어진다.
② 대기안정도
대기안정도는 공기의 수직혼합과 관계가 있다. 낮 동안의 공기온도는 고도가 증가함에 따라 급속히 감소하며 수직이동의 증가를 가져온다. 반대로 밤에는 때때로 역전현상(Inversion)이 일어나는데, 역전현상이 일어나는 동안 온도는 높이에 따라 증가하며, 그 결과 작은 수직이동이 일어난다. 이러한 현상의 대부분은 대지가 복사열로 인해 빨리 냉각되기 때문이다.
③ 대지조건
표면에서의 역학적 혼합과 높이에 따라 바람윤곽에 영향을 준다. 호수나 개방된 영역이 혼합 효과를 줄이는 반면, 나무와 빌딩은 혼합을 증가시킨다.
④ 누출고도
누출고도는 대지의 농도에 중대한 영향을 준다. 누출고도가 높을수록 대지의 농도는 감소할 것이다. 왜냐하면, 플럼이 수직적으로 더 많은 거리까지 분산되기 때문이다.
⑤ 누출된 물질의 부력과 운동량
누출된 물질의 부력과 운동량은 누출의 효과적인 고도의 변화를 가져온다. 이러한 초기 운동량과 부력이 사라진 후에는 주위의 난류혼합이 주된 영향이 된다.

- 이러한 분산을 설명하기 위해 두 가지 유형의 증기구름 분산모델이 보통 사용되어지는데 플럼과 퍼프가 그 모델이다. 플럼모델은 연속적인 누출 근원지로부터 방출되는 물질의 정상상태 농도를 나타내며, 퍼프모델은 고정된 양의 단일방출로 인한 물질의 일시적인 농도를 나타낸다. 플럼모델의 전형적인 예는 굴뚝으로부터 기체의 연속적인 누출이다. 즉, 정상상태에서의 플럼은 굴뚝으로부터 바람방향으로 퍼져나간다. 퍼프모델의 전형적인 예는 저장탱크가 파열되어 저장된 유해물질이 갑자기 누출되는 것이다. 따라서 큰 증기구름이 형성되며 시간이 지남에 따라 파열된 지점으로부터 멀리 이동한다.

# 기출문제 풀이

Part 04

# 01 기출문제 풀이

**【1】** 금수성 물질인 금속 칼륨과 금속 마그네슘의 화재·폭발 특성에 대하여 설명하시오.

1. 개요

    물반응성 물질은 산업안전보건기준에 관한 규칙 별표 1의 제2호 물반응성 물질 및 인화성 고체 중 리튬, 나트륨, 칼륨, 마그네슘, 칼슘, 알루미늄 등 금속류와 유기금속 화합물, 금속 수소화물, 금속 인화물 및 금속 탄화물을 말하며, 물반응성 물질로 인한 화재·폭발의 재해를 방지하기 위한 금속 칼륨과 금속 마그네슘의 취급·저장에 필요한 사항은 다음과 같다.

2. 물반응성 물질의 화재·폭발 특성

    (1) 금속 칼륨(K)

    1) 칼륨은 은색의 광택이 있는 금속으로 나트륨보다 반응성이 크다.
    2) 상온에서 공기와 접촉하면 즉시 자색의 불꽃을 내면서 타며, 주로 산화칼륨($K_2O$)을 생성하고 동시에 과산화칼륨($K_2O_2$)이 생성된다.
    3) 칼륨은 나트륨과 달리 초과산화물($KO_2$)의 생성도 가능하며, 초과산화칼륨은 물과 반응 시 산소와 과산화수소로 가수분해된다. 또한 초과산화물은 등유나 그 밖에 유기물과 접촉 시 폭발이 일어나므로 아주 위험하다.

    $$2KO_2 + 2H_2O \rightarrow H_2O_2 + 2KOH + O_2$$

    4) 금속 칼륨은 물과 격렬하게 반응하며, 금속의 비산에 의해 폭발이 동반된다. 따라서 밀폐된 용기 등에 빗물 등이 혼입되어 수소가 발생하는 경우 밀폐공간이 순간적으로 폭발한다.

    $$2K + 2H_2O \rightarrow 2KOH + H_2$$

    5) 사염화탄소, 할로겐 화합물과 접촉하면 폭발적으로 반응하고 이산화탄소와도 반응한다.

6) 습기하에서 일산화탄소와 접촉하면 폭발한다.
7) 연소 중인 칼륨에 모래를 뿌리면 모래 중의 규소와 결합하여 격렬히 반응하므로 위험하다.

### (2) 금속 마그네슘(Mg)

1) 마그네슘은 금속상태에서 아주 반응하기 쉬운 물질이나 마그네슘 산화물의 피막이 금속표면에 생성되어 있는 경우에는 반응성이 감소된다.
2) 마그네슘이 공기 중에서 타는 경우 산화마그네슘이 생성되는데, 이 중 약 75wt%는 산소와 결합되어 있고 약 25wt%는 질소와 결합해서 질화마그네슘을 생성한다.

$$2Mg + O_2 \rightarrow 2MgO$$

$$3Mg + N_2 \rightarrow Mg_3N_2$$

3) 마그네슘의 연소는 강한 열과 백색의 빛나는 불꽃을 수반하는데 그 불꽃은 자외선을 포함하고 있기 때문에 눈의 망막에 장해를 줄 수 있다.
4) 마그네슘은 실온에서는 물과 서서히 반응하나, 물의 온도가 높아지면 격렬하게 진행되어 수소를 발생시킨다.

$$Mg + 2H_2O \rightarrow Mg(OH)_2 + H_2$$

5) 연소 중에 있는 마그네슘에 물을 소화제로 사용할 때 물을 가하는 속도가 느리면 대량의 수소가 발생되어 폭발의 위험이 커지며, 급속히 물을 가하면 그 물이 금속을 냉각시켜 연소가 정지되는 온도 이하로 되어 끝난다.
6) 마그네슘은 이산화탄소와 반응하여 산화마그네슘을 생성한다.

$$2Mg + CO_2 \rightarrow 2MgO + C$$

7) 하론류의 소화제를 사용할 경우 산화마그네슘이 소화제와 화학적 결합을 일으키므로 마그네슘의 소화에는 효과가 없다.

$$2MgO + CCl_4 \rightarrow 2MgCl_2 + C$$

## 3. 물반응성 물질의 저장·취급 시 안전대책

### (1) 일반사항

1) 물반응성 물질은 보통 실온에서 저장하되 물반응성 물질이 들어 있는 드럼이나 용기는 건조하고 내화시설이 되어 있는 저장실이나 건물에 저장하여야 한다.

2) 건물은 빗물이 스며들지 않고 지하수가 침투하지 않는 저장지역이 되도록 건축하여야 한다.
3) 저장지역에는 물이나 수증기 배관이 지나가서는 안 되며, 스프링클러 소화설비를 사용해서도 아니 된다.
4) 저장실에는 내용물이 들어 있는 용기뿐만 아니라 빈 용기도 저장하고, 모든 용기는 미끄럼 방지장치가 설치되어 있어야 한다.
5) 종류가 다른 위험물, 수용액, 함습물, 흡습성 물질, 수용성 위험물 또는 결정수를 가진 염류 등과의 저장을 피하여야 한다.
6) 사고로 물반응성 물질이 습기와 접촉되어 발생된 수소를 환기할 수 있도록 하기 위하여 저장실의 상부에 환기시설을 설치하여야 한다.
7) 많은 양의 물반응성 물질을 옥외 지상탱크에 저장할 경우, 탱크의 맨홀부분은 기상변화에 대비한 설비가 설치되어 있어야 하며, 탱크 내부의 빈 공간(금속이 채워지고 남은 공간)은 질소기체로 채워져야 하고, 탱크 외벽은 방수성의 불연성 재료로 피복하여야 한다.
8) 물반응성 물질은 저장실로부터 사용하고자 하는 장소로 소량을 옮길 때에는 완전히 밀봉된 용기를 사용한다. 이때 사용에 필요한 최소한의 양만큼만 저장실로부터 꺼내야 한다.
9) 물반응성 물질은 습기에 대한 친화력이 매우 크므로 밀봉할 때 대기 중의 습기와 반응할 수 있다. 이로 인해 용기 내에 수소기체가 있을 수 있기 때문에 용기를 해머 등을 이용하여 밀봉된 뚜껑을 여는 것을 금지하여야 한다.
10) 물, 질소, 이산화탄소, 사염화탄소, 탄산칼슘, 포말 또는 분말 소화제를 사용하여서는 안 된다.
11) 피부에 닿으면 화상 및 염증을 일으키며 눈에 들어가면 점막을 심하게 해치고 화상 또는 실명의 위험성이 있으므로 취급 시에는 반드시 장갑, 보안경 등 개인보호장구를 착용하여야 한다.
12) 금속 분말을 취급·가공하는 경우에는 분진폭발 재해방지를 위하여 폭발압력 방산구를 설치한다.
13) 모든 공정장치와 건물 내의 금속 등은 정전기 재해를 방지하기 위하여 본딩되고 접지되어야 한다.
14) 저장지역과 저장용기에는 부주의로 인하여 물과 접촉되거나 잘못 취급되는 경우 혹은 화재 시 적절한 소화제의 사용을 위하여 표지를 부착하여야 한다.

## 【2】 연소효율과 열효율의 차이점에 대하여 설명하시오.

### 1. 연소효율
1) 기체연료나 연료증기가 적당량의 공기와 미리 혼합되어 있는 경우 완전연소에 가까운 연소를 한다. 그러나 실제의 연소는 환기조건 축열 및 기타 상황에 대한 조건이 상이하므로 항상 완전연소만 하지는 않는다.
2) 미연분의 일부는 배기 중 미연 성분으로 배출되므로, 어느 정도가 완전연소되었는가를 아는 평가의 하나로 연소효율(Combustion Efficiency)을 다음과 같이 정의한다.

$$\text{연소효율} = (\text{실제 연소에 의한 발열량})/(\text{완전연소 했을 때의 발열량})$$

3) 연소효율에 영향을 주는 인자는 연소기간, 열전달, 생성물의 해리, 틈새 미연소분 등이다.

### 2. 열효율
연소효율은 보일러 등 연소 시 적용을 할 수 있지만 열효율은 열기관이 한 유효한 일을 공급한 열량으로 나누어 확인할 수 있다. 유효하게 일을 한 양을 의미한다.

$$\eta = \frac{W}{Q_1} = \frac{Q_1 - Q_2}{Q_1} = 1 - \frac{Q_2}{Q_1} = 1 - \frac{T_2}{T_1}$$

$$\eta = \frac{W_b(\text{제동동력})}{\eta_c \times \text{유입연료의 발열량}}$$

여기서, $W$ : 유효일
$Q_1$ : 공급열량
$Q_2$ : 공급열량
$T_1$ : 고온
$T_2$ : 저온
제동동력 : 엔진이 부하에 대하여 작동하지 않게 되는 능력

## 【3】 폭발위험장소 구분의 환기등급 평가에 있어 가상체적($V_z$)에 대하여 설명하시오.

### 1. 환기등급

위험분위기의 분산(Dispersion) 및 지속을 제어하는 환기의 유효성은 환기의 등급, 유효성 및 환시설비의 설계에 달려 있다. 예를 들어 환기는 위험분위기의 축적을 방지하는 데 충분하지 않지만, 가스분위기의 지속을 억제하는 데 효과적일 수도 있다.

- 환기의 등급
  - 고환기 : 노출원에서 농도를 순간적으로 감소시키는 환기
  - 중환기 : 누출이 진행되는 동안 위험장소 내의 농도를 안정된 상태로 제어
  - 저환기 : 누출이 진행되는 동안 누출 농도를 제어할 수 없고, 누출이 중단된 이후에도 위험분위기의 지속을 억제할 수 없는 정도의 환기

가스 폭발위험장소 설정 시 환기등급을 결정하는 데 가상체적이 필요하다.

### 2. 가상체적

1) 가상체적의 내부는 인화성 가스 등의 농도가 안전율에 의존되는 폭발하한값의 25% 또는 50%를 넘는다는 것을 의미한다. 이것은 산정된 가상체적 끝단에서의 가스 또는 증기의 농도가 확실히 폭발하한값 이하에 있다는 것, 즉 가상체적은 폭발하한값보다 높은 농도를 갖는 체적임을 뜻한다.
2) 가상체적은 각각의 누출등급에 대한 고·중·저환기와 같은 환기수단을 제공하기 위해 사용할 수 있다.
3) 가상체적은 누출원으로부터 인화성 가스 등의 체적과 동일하지는 않다. 이유는 가상체적의 모양이 일정하지 않고, 풍향에 따라 방향이 달라지는 등 외부조건에 따라 변화가 일어나기 때문이다.

## 【4】 변경요소의 분류에는 정상, 비상, 임시로 구분한다. 이 중 비상변경 요소 관리절차에 대하여 설명하시오.

### 1. 비상변경

비상변경이라 함은 긴급을 요할 경우에 실시하는 변경으로, 정상변경절차를 따르지 않고, 실시하는 것을 말한다.

### 2. 비상변경요소 관리절차

1) 긴급을 요할 경우에는 정상변경절차에 따르지 않고 변경을 우선 지시하고, 사후에 완료를 요구할 수 있다. 또한 일과 후, 주말 또는 휴일 등에 발생하는 긴급한 변경은 별도의 절차를 마련하여 시행한다.
2) 인명피해, 설비손상, 환경파괴 또는 심각한 경제적 손실을 피하기 위하여 즉시 변경이 요구되는 경우에는 담당자가 비상변경 발의를 할 수 있다.
3) 비상변경 발의자는 운전부서의 장 및 사업주의 승인을 받는다. 다만, 필요시 유선으로 보고하고 추후 승인을 받는다.
4) 비상변경 발의자는 변경시행 후 즉시 정상변경 관리절차에 따라 변경관리요구서를 작성하여 변경관리위원회에 제출한다. 다만, 신속한 처리를 요청하기 위하여 변경관리요구서에 "비상" 표시를 한다.
5) 변경관리위원회는 변경관리요구서를 검토하여 변경 시행된 사항을 계속 유지하여 운전할 것인가를 결정한다. 만약 위원회가 변경내용을 승인하면 그 변경 내용은 정상변경 관리 절차에 따라 결정된 것으로 보며, 이후 절차는 정상변경 관리절차에 따른다.

## 【5】 최근 화학물질 사용량이 증가하고 있는 불화수소(HF)의 누출사고 예방을 위한 불화수소의 물리·화학적 특성, 인체에 미치는 영향, 응급대응, 취급자에 대한 응급조치 교육에 대하여 설명하시오.

### 1. 개요

최근 화학물질 사용량이 증가하고 있는 불화수소에 대하여 작업장에서 불산/불화수소를 취급하는 근로자의 중독을 예방하고 응급대응 조치를 마련하여 누출 사고 발생 시 피해를 최소화 하고자 한다.

### 2. 불화수소의 물리·화학적 특성

불화수소는 독성, 부식성, 불연성의 성질을 가진 액화가스이며, 가스는 무색이지만, 공기 중의 수분과 접촉하면 흰색의 흄을 발생한다. 불화수소가 물과 반응하게 되면, 열을 발생하여 매우 부식성이 강한 불산(Hydrofluoric Acid)을 형성하게 된다.

| 항목 | 내용 |
|---|---|
| 물질명 | 불화수소 |
| 분자량 | 20.01 |
| CAS No. | 7664-39-3 |
| 화학식 | HF |
| 물리적 성상 | 무색의 기체, 강한 자극성 냄새(냄새의 역치 : 0.042ppm) |
| 비중 | 0.988(20℃) |
| 녹는점 | -83.53℃ |
| 끓는점 | 19.51℃ |
| 증기압 | 760mmHg(20℃) |
| 용해도 | 물에 잘 녹음 |

### 3. 불화수소가 인체에 미치는 영향

(1) 불화수소 독성

1) 불산은 강한 자극성을 가진 무색 액체로 강한 부식성을 나타낸다.
2) 높은 농도에서 생체 조직과 접촉 시 즉각 괴사반응 및 통증이 발생하며 즉각적인 의학적 조치가 필요하다.

3) 염산과 질산 등과는 달리 불산은 화상을 일으킬 뿐만 아니라 쉽게 피부 내로 침투하여 기저 조직을 손상시키고 혈류로 흡수된다.
4) 대부분의 불산/불화수소 노출은 피부, 눈과의 접촉 및 가스 흡입을 통해 이루어지며 피부 및 심부조직에 심각한 화상을 입힐 수 있다.
5) 흡수된 불산/불화수소는 체내 칼슘 및 마그네슘과 결합하여 불용성 염을 생성한다. 이 과정에서 저칼슘혈증 및 저마그네슘혈증이 유발될 수 있다.
6) 불산/불화수소를 취급하는 공정에서 발생하는 오염물 및 부산물과, 불산에 노출된 근로자에 의한 오염물, 부산물에 의한 2차 오염의 위험이 초래될 수 있다.

(2) 농도에 따른 인체 영향
  1) 급성 영향
    가) 불화수소는 심한 호흡기 자극제이다. 불화수소를 흡입하면 일시적으로 숨이 막히고 기침이 난다. 노출 후 1~2일 동안 아무런 증상이 없다가도 그 이후에 발열, 기침, 호흡곤란, 청색증 및 폐수종이 발생할 수 있다.
    나) 용액(불산)이 피부에 닿으면 심한 동통성 화상을 일으킨다.
    다) 경피 또는 흡입되면 상당량의 불산이 흡수되며 저칼슘혈증과 저마그네슘 혈증이 초래되어 부정맥이 생긴다.
    라) 불화수소의 노출농도에 따라 증상이 달라진다.
      ① 120ppm 농도에 1분 동안 노출된 사람에서 결막염과 호흡기 자극증상이 나타나고 피부 부위에 바늘로 찌르는 듯한 통증이 생겼다는 보고가 있다.
      ② 30ppm 농도에 5~6분간 노출된 사람에서는 눈, 코 및 피부 자극증상은 나타났지만 호흡기 자극증상은 나타나지 않았다.
    마) 불산 용액이 피부에 닿으면 조직파괴가 심하게 일어난다. 불산노출이 인체에 미치는 영향은 노출된 불산의 농도에 따라 달라진다.
      ① 50% 이상의 농도에서는 즉각적으로 인지 가능한 심한 통증을 동반한 화상이 발생하는 것으로 알려져 있다.
      ② 20~50%의 농도에서는 노출 후 1시간에서 8시간 경과 후 지연된 증상이 발생할 수 있다.
      ③ 20% 미만의 농도에서는 24시간 이후에도 증상이 발생할 수 있다.
      ④ 희석된 용액에 닿은지 모르고 있다가 늦게 씻으면 심한 화상을 입는다.
  2) 만성 영향
    가) 1년 이상 불소화합물에 지나치게 반복 노출되면, X-선으로 확인하였을 때 뼈의 음영농도가 증가되며, 뼈에 불소 침착증이 일어난다. 처음에는 요추 및 골반에 불화물 침착소견이 먼저 나타난다.

나) 요 중 불화물 배설량으로 총 섭취량을 알 수 있다. 작업 후의 요 중 불화물 농도가 8mg/L 이하인 때는 골경화증이 나타나지 않는다.

### 4. 응급대응

(1) 응급 처치

1) 피부의 노출 범위가 4평방인치(=25.864cm$^2$) 이내로 작고, 불산 농도가 20% 미만이며 칼슘 글루코네이트 젤로 통증이 완화될 경우에는 응급처치로 충분하다.
2) 통증의 완화는 치료 효과를 나타내는 유일한 지표이다. 그러므로 국소 진통제 또는 마취제는 사용을 금한다.
3) 전문적·의학적 처치 및 병원으로 즉각 이송해야 할 경우는 다음과 같다.
   가) 눈과의 접촉, 위장관 섭취, 기도 흡입한 모든 경우
   나) 생식기, 항문, 외이도, 손발에 노출된 모든 경우 및 불산농도 또는 노출 범위를 확실하게 모르는 경우.
   다) 가스형태의 불화수소에 노출되어 호흡기 자극을 느낀 경우
   라) 불산 농도가 20% 이상인 경우는 치명적 피해가 잠재하고 있다고 간주해야 한다. 따라서 화상을 입거나 통증이 있는 피해자가 발생한 경우 즉각 피해 상황을 파악해야 한다.

(2) 피부 화상

1) 불산이 피부와 접촉한 경우, 즉각 홍반이 생기며 종종 조직의 응집으로 인해 백색 또는 회색으로 변색될 수 있다.
2) 낮은 농도의 불산에 노출된 경우 피부에 수포가 발생하며, 수포가 발견될 경우, 즉시 환부를 열어두고 괴사된 조직을 제거해야 한다.
3) 모든 피복은 반드시 탈의해야 하며, 즉시 많은 양의 흐르는 물로 최소 30분 이상 씻어 낸다. 조직에 흡수되는 시간 이전인 5분 이내로 최대한 빨리 씻어 내도록 한다.
4) 즉각적인 전문 의학적 처치 및 응급처치를 취한다.
5) 2.5% 칼슘 글루코네이트 젤을 15분마다 발라주고, 통증이 사라질 때까지 지속해서 환부를 마사지한다. 환자를 만질 때에는 반드시 고무 또는 라텍스 장갑을 착용하여야 한다.
6) 노출범위가 4평방인치(=25.864cm$^2$) 이상인 경우 즉시 입원하여 집중치료실로 보낸다. 최소 24~48시간 동안 집중적으로 관리한다.

### (3) 눈 접촉

1) 많은 양의 흐르는 물로 최소 30분 이상 씻어 낸다.
2) 오염원을 제거하는 동안에도 쉬지 말고 계속 씻어 내야 하며 콘택트렌즈를 착용한 경우 제거 가능하다면 제거하고 씻어 낸다.
3) 기름, 연고, 기타 불산 피부화상 치료제를 사용하지 않는다.
4) 즉각 안과 전문의의 치료를 받도록 한다.

### (4) 불화수소 흡입

1) 주의 깊게 관찰하며, 즉각 전문병원으로 후송한다. 집중 관리를 위해 전문 의료진의 치료를 받도록 한다.
2) 불산 누출 구역에서 즉각 피해자를 멀리 이송하여 추가적인 흡인을 방지한다.
3) 만약 호흡하지 않는다면, 즉각 인공호흡을 실시한다. 이때 구강 대 구강법은 지양한다.
4) 마스크로 100%의 산소를 공급한다.

### (5) 불산 섭취

1) 즉각 전문병원으로 후송하여 집중치료를 받도록 조치한다.
2) 강제로 구토를 유발시키거나 베이킹소다 또는 구토제를 먹이지 않는다.
3) 1~3컵 정도의 우유 또는 물을 마시게 하거나 마그네슘이나 칼슘을 함유한 10% 농도의 제산제를 먹인다.

### (6) 손톱 화상

1) 15분 간격으로 2.5% 칼슘 글루코네이트 젤을 바르고 통증이 완화될 때까지 지속적으로 환부를 마사지한다. 통증이 재발할 경우 같은 처치를 반복한다.
2) 대체 치료법으로서, 손톱을 차가운 0.13% 제피란(Zephiran) 용액(살균·방부제인 벤잘코늄의 상품명)에 담가 놓는다. 이때 동상 발생에 유의한다.

### (7) 비상대응조치

1) 누출 시 근로자 및 인근주민에 대한 비상경보를 내린다.
2) 대피경보 시스템, 원격조정 긴급차단밸브, 살수설비, 신속한 제품 이송, 인근 주민 고지 등 비상대응 시스템을 갖춘다.
3) 사고 시 임시로 대피할 수 있는 피난처를 갖추고 피난처에 개인보호구를 구비해 둔다.
4) 노출 피해자 발생 시 즉각 응급조치를 할 수 있는 자를 현장에 상주시킨다.
5) 응급조치 키트를 갖추고 이를 보관할 냉장설비를 구비한다.
6) 후송 시스템을 갖추어, 사고 발생 시 전문병원에 즉각 후송 후 바로 전문 의료진의 처치를 받을 수 있도록 한다.

## 5. 불화수소 취급자에 대한 응급대응 교육

(1) 교육

1) 단독으로 불산/불화수소를 다루는 모든 작업은 반드시 사전 훈련 및 고지를 거쳐야 한다.
2) 단독으로 불산/불화수소를 다루는 모든 작업자는 반드시 근무 장소에 비치된 표준 작업지침서에 대한 내용을 숙지하고 있어야 한다.
3) 취급공정에 배치할 근로자에게는 불산/불화수소의 물리·화학적 특성, 개인 보호구, 안전한 취급방법, 응급조치 요령 등에 대한 정기적인 교육 및 훈련을 실시하여야 한다.
4) 불산/불화수소 취급설비를 점검·정비하는 작업자의 경우에도 불산/불화수소의 물리·화학적 특성, 개인보호구, 안전한 취급방법, 응급조치 요령 및 기계장치의 특성, 사용금지 재질, 안전정비절차 등을 반드시 사전에 확인토록 하여야 한다.
5) 이상의 내용에 추가하여 불산/불화수소를 취급하는 근로자 및 해당 업무에 종사하게 될 근로자에 대해서는 다음 내용이 포함된 특별안전보건 교육을 16시간 이상 실시한다.
    가) 당해 작업장에서 사용하는 불산/불화수소에 대한 물질안전보건자료에 관한 사항
    나) 불산/불화수소에 의한 중독과 건강장해 예방대책
    다) 직업병 예방을 위해 취해진 현재 조치 사항 및 유지, 관리 요령
    라) 국소배기장치 및 안전설비에 관한 사항
    마) 기타 안전·보건상의 조치 등

(2) 작업 시 주의사항

1) 절대 혼자 떨어져서 근무하지 않는다.
2) 누출감지 경보설비를 설치하고 기능을 유지하도록 관리한다.
3) 응급상황에서 바로 쓸 수 있는 도구를 구비해 놓는다.
4) 누출 시 중화시킬 수 있는 수산화칼슘($Ca(OH)_2$), 산화칼슘($CaO$) 혹은 염화칼슘($CaCl_2$)을 준비해둔다.
5) 개인보호구(내산성 보호복, 호흡용보호구, 내산성 안전장갑, 내산성 보호 장화 등)를 철저하게 착용한다. 불산을 다룰 때는 피부 전체는 물론 보호안경까지 착용을 해야 사고로 인한 피해를 막을 수 있다.
6) 불산/불화수소 관련 모든 컨테이너 및 파이프, 오염물 및 부산물에 라벨링을 한다. 이때 물과 쉽게 구별할 수 있도록 한다.
7) 작업구역 표시를 철저히 한다.

8) 사전에 누출을 대시한 누출 시의 위험성 평가를 실시하여 위험성을 인식하고, 누출 상황별 비상조치계획을 수립하도록 한다.
9) 불산이 엎어지거나 쏟는 것을 막는다.
   가) 불산 추급설비의 뚜껑, 플랜지, 밸브 및 콕 등의 접합부에서 누출을 방지하기 위한 밸브교체주기 준수 및 적정 개스켓을 사용하고, 예방정비를 실시한다.
   나) 탱크 컨테이너와 화학설비를 안전하게 연결하는 순서를 준수한다.
   다) 불산 공급탱크 등 화학설비를 개조하거나 수리할 때에는 작업책임자를 지정하여 해당 작업을 지휘하도록 한다.
   라) 불산 탱크 수리 시 탱크 내부 잔류 불산을 제거한 후에 실시한다.
   마) 밸브교체작업 후 재사용하기 전에 배관과 밸브의 이상 유무를 확인하기 위한 누설시험을 실시한다.
10) 사고 발생 시 확산을 최소화 한다. 불산의 누출 및 실내농도 증가 시에는 신속하게 작업중단조치를 한다.
11) 작업절차를 준수하고 작업절차를 주기적으로 검토하여 보완하고 근로자들을 교육한다.

## 【6】 벤트 배관 내 인화성 증기 및 가스로 인한 폭연으로 배관이 손상되는 것을 최소화하기 위하여 관련 장치와 시스템의 폭연벤트 기준에 대하여 설명하시오.

### 1. 개요
벤트 배관 내 인화성 증기 및 가스로 인한 폭연으로 배관이 손상되는 것을 최소화하기 위한 관련 장치와 시스템의 폭연벤트 기준은 다음과 같다.

### 2. 설계 시 고려사항

(1) 배관, 덕트, 가늘고 긴 용기들의 폭연벤트를 설계할 때
   폭굉으로의 전이를 방지하기 위한 다음 사항을 고려하여야 한다.
   1) 용기의 직경에 대한 길이의 비(L/D)가 가급적이면 5 이상 되지 않도록
   2) 밸브, 엘보, 기타 배관부속품 또는 장애물 등 난류를 발생시켜 화염의 가속과 압력의 급격한 상승을 일으킬 수 있는 상황을 줄인다.
   3) 배관 또는 덕트가 부착된 용기 내 가연성 혼합물의 농도가 폭연범위로 되지 않도록 한다.

(2) 원형 이외의 횡단면을 가진 배관, 덕트 및 가늘고 긴 용기의 경우

$$D = 4\frac{A}{P}$$

   여기서, $D$ = 직경
   $A$ = 횡단면적
   $P$ = 횡단면의 둘레

(3) 각 벤트 면적의 합은 덕트 또는 배관의 횡단면적 이상이어야 한다.

(4) 폭연이 일어날 수 있는 용기에 접속된 배관 또는 덕트에도 폭연벤트를 설치할 필요가 있으며, 이때 폭연벤트는 배관 또는 덕트의 횡단면적과 동일한 벤트면적이 되도록 하고 이의 설치지점은 용기의 접속점으로부터 직경 2배 이하의 거리로 하여야 한다.

(5) 폭연벤트는 발화원이 예상되는 지점의 가장 가까운 곳에 설치해야 한다.

(6) 가스를 취급하는 계통의 경우 적절한 시험으로 다르게 나타나지 않는 한, 난류 발

생장치가 있는 배관 및 덕트는 직경의 3배 거리에서 장치의 각 면에 폭연벤트를 설치하여야 한다.

(7) 폭연벤트 폐쇄부의 중량은 벤트 면적당 0.12kPa(2.5lb/ft²)의 압력을 초과하지 않아야 한다.

(8) 벤트의 개방압력은 작동조건에 부합하도록 가능한 한 최대벤트압력(Pred)의 설계값 미만이어야 하지만, 최대벤트압력(Pred)은 설계값의 1/2를 초과하지 않아야 한다. 덮개는 자석 또는 스프링으로 고정할 수 있다.

(9) 폭연벤트는 근로자에게 위험이 미치지 않는 장소로 배출하여야 한다.

(10) 지지대는 벤팅 시 발생한 압력에 견딜 수 있는 강도를 가져야 한다.

## 3. 폭연벤트 설치기준

(1) 한 개의 폭연벤트를 가진 배관

1) 한쪽 끝이 막혀 있고 다른 쪽 끝에서 배출하는 직선인 배관 및 덕트의 최대허용길이는 다음 〈그림 1〉에 있는 곡선을 사용하여 결정한다.

2) 〈그림 1〉에 있는 것 보다 길이/직경(L/D)비율이 크다면 폭굉이 일어날 위험성이 있다.

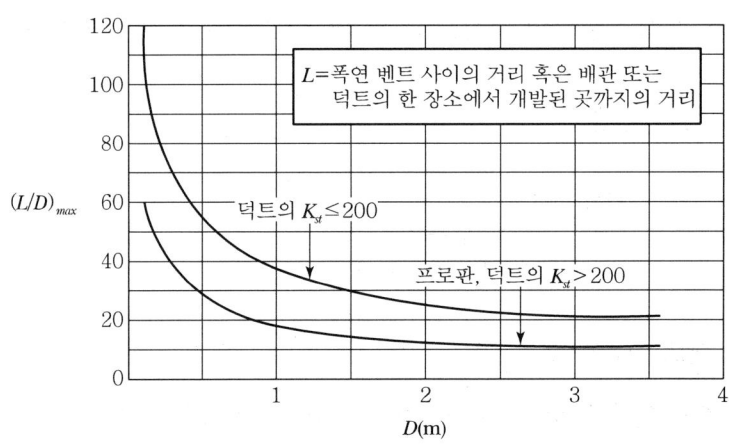

〈그림 1〉 직선 배관에 대해 길이 대 직경 비율로 표현된 최대허용길이

3) 초기속도 2m/sec 이하인 가스 배관의 폭연 벤트

가) 가스-공기 혼합물의 폭연발생으로 배관 압력이 상승할 경우, 한 개의 폭연벤트를 갖는 배관 내에서 상승하는 압력은 〈그림 2〉의 곡선을 이용하여 예측한다.

나) 〈그림 2〉의 곡선은 프로판과 비슷한 성질을 가진 가스 혼합물에 적용할 수 있다.

4) 초기속도 2m/sec 이하인 분진 배관의 폭연벤트
   가) 초기에 2m/sec 이하로 유동하는 분진-공기 혼합물이 발화될 경우, 한쪽 끝을 폐쇄하고, 추가 벤트 없이 다른 쪽으로 벤트되는 배관 및 덕트에서 상승한 압력을 예측할 때에는 〈그림 3〉의 곡선을 이용한다.
   나) 상승한 압력이 용기의 파열 강도를 초과하면 7절에서 기술한 추가 벤트 설치를 고려하여야 한다.
5) 초기속도 2m/sec 초과할 때의 폭연벤트
   시스템 유체의 속도가 2m/sec 초과하여 흐르는 인화성 혼합물이 배관 내에서 발화하거나 화염의 속도가 60cm/sec를 초과하는 경우, 하나의 단일 폭연벤트로 적정한 벤팅을 확보하는 것은 불가능하다.
6) 다음에 해당되는 경우 벤트 사이의 거리는 1~2m 이하 간격으로 배치해야 한다.
   가) 초기 속도가 20m/sec를 초과하는 가스
   나) 프로판 연소속도의 1.3배를 초과하는 가스
   다) 폭연지수 Kst > 300인 분진

(2) 두 개 이상의 폭연벤트를 가진 배관
1) 벤트 사이의 최대거리는 〈그림 1〉의 곡선으로 최대허용벤트 간격을 정하여 사용한다.
2) 초기속도 2~20m/sec 범위
   17kPa(2.5psig) 이하로 최대벤트압력(Pred)을 제한하기 위해 벤트 사이의 거리는 〈그림 4〉로 결정할 수 있다. 〈그림 4〉는 기본 연소속도 20m/sec 이하의 가스와 폭연지수(Kst) 300인 분진에 적용한다.
3) 기본 연소속도가 60cm/sec를 초과하지 않는 기타 가스의 경우, 프로판 이외에 가스는 다음 공식 중 하나를 사용하여 최대압력을 계산한다.

$$P_{red,x} = P_{red,p} \left\{ \frac{S_{u,x}}{S_{u,p}} \right\}^2 \quad \cdots\cdots\cdots\cdots\cdots\cdots\cdots\cdots\cdots\cdots\cdots\cdots (2)$$

$$L_x = L_p \left\{ \frac{S_{u,p}}{S_{u,x}} \right\}^2 \quad \cdots\cdots\cdots\cdots\cdots\cdots\cdots\cdots\cdots\cdots\cdots\cdots (3)$$

여기서, $P_{red,x}$ = 가스의 예상 최고압력(psi)
$P_{red,p}$ = 2.5psi - 프로판의 예상 최고압력
$L_x$ = 가스의 벤트 사이 거리(m or ft)
$L_p$ = 프로판의 벤트 사이 거리(m or ft)
$S_{u,x}$ = 가스의 기본 연소속도
$S_{u,p}$ = 프로판의 기본 연소속도

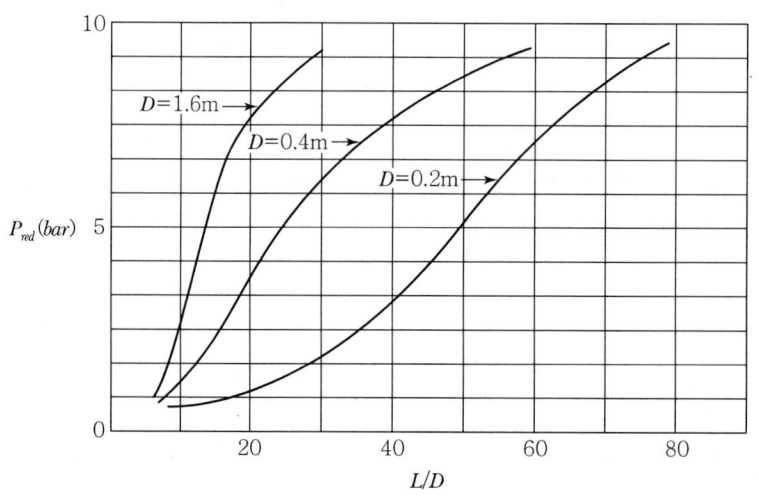

〈그림 2〉 한쪽 끝이 폐쇄된 직선 배관에서 2m/sec 이하의 속도로 흐르는
프로판/공기 혼합물의 폭연 시 상승한 최대 압력

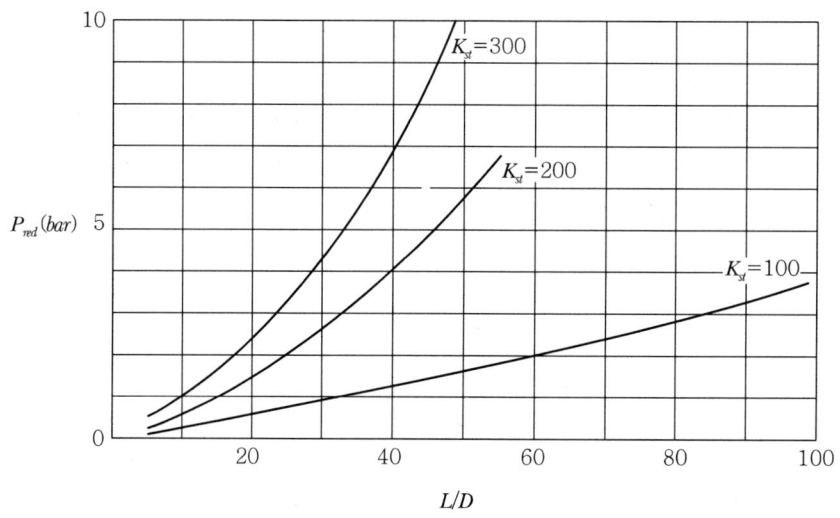

〈그림 3〉 한쪽 끝이 폐쇄된 직선 배관에서 2m/sec 이하의 속도로 흐르는
분진-공기 혼합물의 폭연 시 상승한 최대 압력

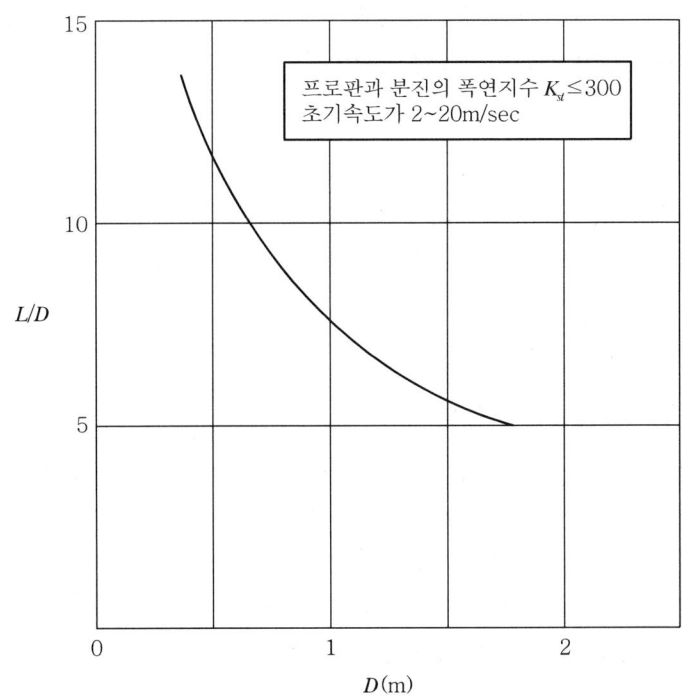

〈그림 4〉 $P_{red}$를 0.2 barG 초과하지 않는 데 필요한 벤트 간격

## 5. 설비 점검 및 관리

1) 벤트 폐쇄부는 정기적으로 점검하여야 하며, 부식상태나 침전물의 축적량 증가와 같은 상황 발생이 예상될 경우 점검주기 및 횟수를 조정한다.
2) 벤트 폐쇄부는 작동에 악영향을 미칠 수 있는 천재지변이나 정비분해(검토) 수리 후 점검을 실시한다.
3) 점검 빈도 및 절차를 포함하는 정기점검에 대한 사내규정을 마련하여야 한다.
4) 점검 시 발견한 부식, 설비손상 및 기타 결함 등은 즉시 수리하여야 한다.
5) 벤트 폐쇄부는 제조자의 권고에 따라 적절한 예방적 유지·보수를 하여야 한다.
6) 점검일자, 점검결과, 내용의 기록은 최소한 최근 3회의 점검기록을 유지하여야 한다.

【7】 화학공장에서 혼합공정의 원료를 투입할 때 화재 및 폭발위험 요인을 나열하고 그에 따른 안전대책을 설명하시오.

1. 개요

   화학공장의 혼합공정은 작업과정에서 화재 및 폭발 위험성이 있어 이에 대한 사전 예방 및 방호대책을 공정에 적합하게 적용하여야 한다.

2. 혼합공정의 위험 방지

   (1) 화학공정의 혼합위험 기본대책

   1) 화학물질의 혼합 가능성은 없지만 혼합 시 위험성은 없는지 확인한다.
   2) 혼합 위험성을 인지하고 있어서 관리를 통해 안전하게 조업을 하고 있지만 안전범위를 벗어날 위험은 없는지 확인한다.
   3) 기타 미량 성분의 화학물질의 축적이나 농축 등에 의한 위험이 없는지 확인한다.

   (2) 취급 물질에 대한 혼합 위험성 사전 평가

   1) 사업장 내 모든 화학물질에 대한 그 혼합 위험성을 사전에 확인하고, 물질별로 매트릭스를 작성하여 위험성 여부를 확인한다.
   2) 혼합 위험 매트릭스에서 위험 가능성이 있는 유형을 "○ 위험성 없음", "△ 제3성분이 더해지면 위험", "× 위험성 있음", "? 자료가 없어 불명" 등과 같이 분류·기입하고, 기존의 물성 데이터에서 누락된 부분은 MSDS 및 기타 문헌을 조사하여 보완하여야 한다.

   (3) 회분식 반응기의 혼합 위험성

   1) 회분식 반응기에 원료 등의 투입량, 적하량, 투입순서 등이 정상적으로 이루어지지 않을 경우 폭주반응 위험성이 있다.
      - 예를 들어 정률로 투입되는 개시제가 공정 트러블로 인해 투입되지 않았을 때, 정량으로 Batch 투입할 경우 폭주반응 위험성이 있다.
   2) 반응기에 원료 투입 순서의 변경에 따라 반응 메커니즘 변화로 인해 폭주반응 위험성이 있으므로 투입 실수에 의해 온도상승 등 이상상태가 발생할 경우 인터록 장치를 통해 자동화할 필요가 있다.

3. 원료 투입에 따른 위험성 및 대책

   (1) 이상반응 및 화재·폭발 위험성

1) 화학물질 원료를 반응탱크에 잘못 투입했을 때에는 그 직후의 대응 및 혼합물의 2차 대응조치가 부족한 경우에는 예상치 못한 화재 및 폭발 위험이 있으므로 주의하여야 한다.
2) 탱크에 화학물질 투입 시에는 탱크 내용물과 가능한 한 온도 차이가 나지 않은 상태에서 작업을 실시하고, 위험물을 취급하는 경우에는 접지 및 질소 퍼지 등 불활성화로 화재·폭발 위험성을 방지하여야 한다.
3) 혼합액이 발생한 경우에는 혼합액의 물성을 파악·평가하고, 그 물성에 따른 재질의 탱크를 준비하여야 하며, 가연성 액체는 정전기 대책과 롤리 및 펌프를 사용하여 혼합액을 탱크로 이송한다. 만일 혼합에 의해 발열반응이 일어날 시에는 탱크에 물을 뿌리는 등의 냉각 처리를 신속하게 실시하여야 한다.
4) 사전에 각종 혼합액의 발생에 따른 이상반응의 상태를 가정하여 대응방법을 표준화함으로써 신속한 안전대책의 실시가 가능하도록 하여야 한다.
5) 수분 제거가 어려운 탱크에 100℃ 이상의 열매유를 넣으면 보일 오버 현상으로 인하여 탱크로부터 물질이 분출되거나 착화원이 존재하는 경우에는 화재 및 폭발로 이어질 수 있으므로 주의하여야 한다.
6) 운전 정지 시 고온 상태의 잔류 오일 탱크에 경질성분의 폐유가 접촉할 경우 탱크에서 증발하여 정전기 등의 착화원이 존재하는 경우 발화하기 때문에 폭발 위험에 주의하여야 한다.

### (2) 혼합액 누출 위험성

혼합액 등의 2차 처리가 필요한 폐액을 받아서 탱크에 저장하는 경우에는 저장물질에 따라 탱크의 재질을 고려하여야 한다.

### (3) 혼합조 내 혼입 위험성

1) 탱크의 내용물을 변경하거나 이를 위해 배관 개조를 할 시에는 혼합 위험물질이 유입되지 않도록 배관 분리를 실시하여야 한다.
2) 작업 내용, 입출하 전표, 분석표 등을 참조하여 작업 예정인 화학물질인 가를 확인하여야 한다.
3) 작업 항목별로 작업 책임 분담을 명확히 하고, 작업을 구체적으로 구분하여야 한다.
4) 저장탱크까지의 라인업을 명확히 하고, 밸브 조작 등에 의해 다른 라인에서의 혼입을 피하여야 한다.
5) 저장탱크 간의 혼합 방지를 위해 다른 물질이 들어 있는 탱크 사이의 배관은 원칙적으로 분리하여 두어야 하며, 분리가 불가능한 경우에는 조작금지의 경고 패찰을 붙인 2중 밸브를 탱크 사이에 설치하고, 격리판(Stoppage Plate)을 삽입·설치하여야 한다.

## 【8】 배관계통의 과압, 고온, 저온, 유량과다, 역류 발생 시 대처방법에 대하여 본질적 방법, 적극적 방법 그리고 절차적 방법으로 구분하여 설명하시오.

### 1. 개요

사업장에서 취급하는 탄화수소, 가스, 증기, 물, 공기 및 인화성 액체를 이송하는 공정배관 및 유틸리티 배관의 과압, 고온, 저온, 유량과다, 역류 발생 시 중대한 사고, 즉 급성독성물질의 누출, 인화성 액체 및 인화성 가스의 누출로 인한 화재·폭발 위험성이 있다.

따라서, 화학공장 배관 시스템의 적절한 설계를 통하여 유체의 흐름에 과압, 고온, 저온, 유량과다, 역류 발생 등을 억제할 필요가 있다.

### 2. 화학공장 배관 시스템 설계 시 주요 관점

화학공장의 배관 시스템은 유체가 흐르는 배관과 유체의 흐름을 제어하는 밸브의 설계로 나눌 수 있다.

#### (1) 배관 설계 주안점

1) 배관 내 유체가 독성 또는 치사 물질인가?
2) 폭연 및 폭굉을 위한 설계가 필요한 배관인가?
3) 열에 민감한 물질이나 반응성 물질을 취급하는 펌프를 위해 온도 상승 시 펌프가 정지하도록 설계하였는가?
4) 설비 가동 정지 시 배관 내 유체를 배출시킬 수 있는 구멍(Weep Hole) 또는 드레인 밸브(Drain Valve)를 설치하였는가?
5) 위험물질 취급 배관에 적절한 개스킷의 형식과 재질을 사용하였는가?

#### (2) 밸브 설계

1) 전기나 계장용 공기와 같은 유틸리티의 공급이 중단되었을 때 자동조절밸브가 페일세이프(Fail Safe)한지에 대한 공정위험성 평가를 실시한다.
2) 암모니아, 염소 및 고압가스 시스템에 과유량 체크밸브(Excess Flow Check Valve)를 설치하였는지 확인한다.
3) 냉수, 계기용 및 예비펌프 주변의 배관에 동파 방지를 위한 조치를 하였는지 확인한다.

## 3. 고장 시나리오별 대처방법

### (1) 과압 발생

| 고장 원인 | 본질적인 방법 | 적극적 방법 | 절차적 방법 |
|---|---|---|---|
| 고형물의 축적에 의한 배관, 밸브 또는 화염방지기의 막힘 | ▪ 고형물의 축적을 방지하기 위한 유속 이상으로 관경을 설계<br>▪ 배관이 예상되는 과압에서 견딜 수 있도록 설계<br>▪ 화염방지기의 제거 | ▪ 압력방출장치의 설치<br>▪ 여과기 또는 녹아웃 포트 등을 설치하여 자동적으로 고형물을 제거<br>▪ 고형물 축적을 최소화하기 위한 배관을 트레이싱<br>▪ 화염감지기를 병렬로 설치 | ▪ 여과기 또는 녹아웃 포트 등을 설치하여 자동적으로 고형물을 수동으로 제거<br>▪ 정기적인 수동 청소<br>▪ 고압 경보 시 조작자의 대응<br>▪ 주기적인 피그(Pig) 등과 같은 기구를 이용한 청소 |
| 밸브의 급격한 닫힘으로 인한 액체 해머나 배관 파열 | ▪ 기어비를 통한 밸브를 잠그는 속도 제한<br>▪ 공기배관에 오리피스(Restriction Orifice)를 설치하여 공기 작동기의 잠그는 속도를 제한<br>▪ 수동 볼밸브와 같이 4분의 1씩(Quarter Turn) 잠글 수 있는 밸브 대신에 게이트밸브를 사용 | 서지 어레스터(Surge Arrestor) 설치 | 밸브를 서서히 잠그도록 운전 절차에 명기 |
| 막힌 배관에서 액체의 열팽창으로 인한 배관 파열 | ▪ 밸브나 블라인드 플랜지를 제거<br>▪ 압력을 균등화할 수 있도록 게이트 등에 작은 구멍을 냄 | ▪ 압력방출장치의 설치<br>▪ 팽창탱크(Expansion Tank) 설치 | 운전을 정지하는 동안에는 배관을 비우도록 절차서에 명기 |
| 자동조절밸브가 고장으로 열려 밸브 후단의 압력 상승 | ▪ 밸브 후단의 모든 배관과 설비의 설계압력을 밸브 전단의 설계압력으로 설계<br>▪ 밸브가 완전히 개방되지 않도록 정지장치를 두거나 공기배관 오리피스 설치 | 밸브 후단에 압력방출장치의 설치 | – |

| | | | |
|---|---|---|---|
| 압력방출장치의 흡입 또는 토출 측에 설치된 밸브가 사고로 잠겨 압력 방출기능 상실 | • 압력방출장치 전·후단에 설치된 밸브 제거<br>• 압력방출장치를 2중으로 설치 | – | 자물쇠형 밸브(C.S.O 또는 L.O) 사용 |
| 압력방출장치가 중합 또는 고형화에 의한 고형물로 막힘 | 압력방출장치 입구 측에 고형물 청소를 위한 부속품(Fitting)을 설치 | • 파열판을 설치하거나 안전밸브와 파열판을 직렬로 설치. 다만, 후자의 경우 파열판이 새는지를 알 수 있도록 조치<br>• 퍼지를 이용한 자동세정 장치 설치 | 퍼지를 통한 주기적이거나 연속적인 수동세정 |
| 제한이 안 됨에 따른 폭굉 및 폭연 | • 온도, 압력 또는 배관의 직경에 제한을 둠<br>• 난류와 불꽃의 가속에 원인이 되는 엘보와 부속품의 사용을 피하거나 최소화 | • 잠재적인 점화원과 보호하여야 할 설비 사이에 폭굉 또는 폭연 어레스터 설치<br>• 플레어헤더와 같은 곳에는 점화원과 차단이 되도록 액체 실 드럼 설치<br>• 산소 또는 탄화수소 농도를 분석하여 불활성 가스의 퍼지나 성분이 많은 가스의 주입을 조절하여 연소범위 밖에서 운전<br>• 불꽃을 감지하여 신속하게 밸브를 잠그게 하거나 진압시스템 설치 | 시운전 전에 불활성 가스의 퍼지 |

(2) 고온 발생

| 고장 원인 | 본질적인 방법 | 적극적 방법 | 절차적 방법 |
| --- | --- | --- | --- |
| 발열반응에서 핫스폿(Hot Spot)을 야기하는 트레이싱이나 재킷팅의 결함, 고형물의 축적에 의한 배관, 밸브 또는 화염방지기의 막힘 | • 샌드위치 트레이서와 같이 트레이서와 배관 사이에 단열물질 사용<br>• 재킷트 배관의 경우 안전 수준에 따라 온도를 제한할 수 있는 열전달 유체를 사용 | 온도를 조절할 수 있는 전기적 트레이싱 적용 | 고온의 온도 지시와 경보에 따른 조작자의 적절한 대응 |
| 아세틸렌의 분해와 같은 원하지 않는 반응을 일으키는 외부화재 | • 스테인리스강으로 덮개와 밴딩을 한 내화 목적의 보온<br>• 플랜지 등이 없는 용접 이음 배관 | 자동식 물분무 설비가 있는 화재 탐지 시스템 설치 | 수동식 물분무 설비가 있는 화재 탐지 시스템 설치 |

(3) 저온 발생

| 고장 원인 | 본질적인 방법 | 적극적 방법 | 절차적 방법 |
| --- | --- | --- | --- |
| 배관 내나 데드엔드(Dead-end)에 있는 제품을 고형화시키거나 축적된 수분을 얼게 하는 추운 기후 | • 배관의 보온<br>• 물이나 제품이 모이는 곳이나 데드엔드를 없게 함<br>• 데드엔드와 블로다운 배관에 축적을 막기 위한 경사를 줌 | • 열 트레이싱(Heat Tracing) 실시<br>• 잠재적으로 물이나 제품이 모일 수 있는 곳에 자동 드레인 설치 | • 배관에는 최소흐름을 유지하도록 절차에 반영<br>• 잠재적으로 물이나 제품이 모일 수 있는 곳에 수동 드레인 설치 |
| 증기 해머를 일으킬 수 있는 추운 외기에 의한 증기배관의 응축 | 배관의 견고한 고정 | 열 트레이싱(Heat Tracing) 실시 | 후속 배관을 서서히 시작하도록 절차에 반영 |

(4) 유량 과다

| 고장 원인 | 본질적인 방법 | 적극적 방법 | 절차적 방법 |
|---|---|---|---|
| 유체의 빠른 속도로 2상 흐름이나 연마성 고체가 있는 경우 저장의 손실을 야기할 수 있는 마모의 원인이 됨 | • 제한 속도 이하에서 배관경의 크기를 결정<br>• 마모가 잘 안 되는 재질을 선정<br>• 티, 엘보 및 마모가 우려되는 배관은 보다 두꺼운 재료 사용<br>• 마모가 일어날 수 있는 곳에서는 부속품의 사용을 최소화<br>• 연마성 고체가 있는 곳에는 엘보 대신 티를 사용 | - | 배관 내의 제한 속도를 절차서에 명기하고 중요한 곳은 주기적으로 점검 |
| 자동조절밸브에서 높은 차압이 발생하여 내용물의 손실을 가져올 수 있는 프레싱이나 진동 발생 | • 밸브를 가능한 한 용기 입구에서 가깝게 설치<br>• 밸브나 오리피스와 같은 여러 개의 중간 감압장치를 사용<br>• 견고하게 배관을 고정 | - | - |

(5) 역류

| 고장 원인 | 본질적인 방법 | 적극적 방법 | 절차적 방법 |
|---|---|---|---|
| 연결 배관, 드레인 또는 임시배관에서 역류가 일어나 원하지 않는 반응이나 월류(Over Flow) 발생 | • 원하지 않는 연결을 하지 않도록 호환성이 없는 부속품 사용<br>• 최종 목적물까지 분리 배관 | • 압력이 낮은 배관에 체크밸브 설치<br>• 낮은 차압이 감지되면 자동으로 격리 | • 상호 연결배관을 적절히 격리할 수 있도록 절차서에 명기<br>• 낮은 차압이 감지되면 수동으로 격리 |

## 【9】 반응의 온도 의존성 및 충돌이론(Collision Theory)에 대하여 설명하시오.

1. 화학반응

   화학반응이란 반응물의 구성원자들의 재배열 또는 재분포를 일으켜 새로운 분자를 형성하는 것이다. 반응속도는 반응물의 성질에 따라 다르게 나타나며 온도, 압력, 조성 등의 영향을 받는다.

2. 반응속도의 온도 의존성

   (1) Arrhenius 법칙에 따른 온도 의존성

   1) 반응속도는 온도와 조성으로 표현할 수 있다.

   $$r_i = f_1(온도) \cdot f_2(조성)$$
   $$= k \cdot f_2(조성)$$

   2) 반응에서의 온도 의존성에 대하여 반응속도상수($k$)는 Arrhenius 법칙에 의해 실제적으로 모든 경우에 잘 표현된다.
   - Arrhenius 법칙

   $$k = k_o e^{-E/RT}$$

   여기서, $k_o$ : 빈도상수
   $E$ : 활성화에너지

   3) 온도가 상승할수록 반응속도는 커지며, 온도 10℃ 상승할 때 반응속도는 약 2배 커진다.

   (2) 충돌이론(Collision Theory)에 의한 온도 의존성

   1) 충돌이론은 기체 간의 반응에서 사용하며, 반응이 일어나기 위해서 반응물질(원자나 분자)들이 서로 접근하거나 충돌해야 한다는 가정을 전제로 한다.

   2) 충돌이 일어난다고 해서 모두 화학반응이 일어나는 것은 아니며, 반응 화학종이 반응의 활성화에너지에 해당하는 최소한의 내부 에너지를 가지고 있을 때 충돌에 의해 화학변화가 일어난다. 또한 충돌하는 반응 화학종은 이들의 원자와 전자가 재배열이 일어날 수 있도록 배향되어야 한다.

3) 충돌이론에 의하면 화학반응이 일어나는 속도는 효과적인 충돌빈도수와 같다. 원자나 분자의 충돌빈도수는 기체에 한해 기체분자운동론을 이용해 어느 정도 정확하게 계산할 수 있기 때문에 충돌이론은 기체상태 반응에만 적용된다.
4) 이러한 충돌이론에서 반응속도는 충돌속도와 활성화에너지를 초과하는 충돌분율의 곱으로 표현할 수 있으며 충돌속도는 온도에 비례한다.

### 3. 활성화에너지($E$)와 온도 의존성

1) 반응의 온도 의존성은 활성화에너지($E$)와 온도에 의해 결정된다.

$$k = k_0\, e^{-E/RT}$$

$$\ln k = \ln k_0 \left(-\frac{E}{RT}\right)$$

$\ln k\ vs\ 1/T$를 Plot하면 직선이 되고 $E$가 클수록 기울기는 커진다.
2) $E$가 큰 반응은 온도에 민감하다.
3) 주어진 반응은 높은 온도보다는 낮은 온도 범위에서 더욱 민감하다.
4) Arrhenius 법칙에서 $k_0$는 온도민감성에 영향을 주지 못한다.

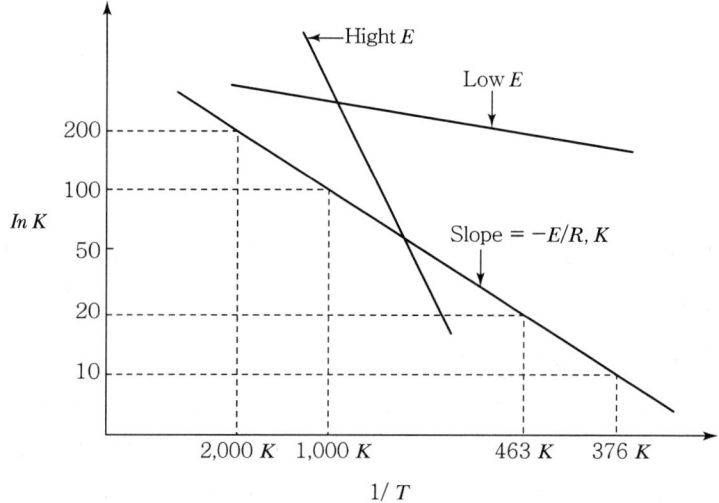

**【10】** 산업안전보건기준에 관한 규칙에 의하면 스프링식 안전밸브의 분출압력 시험에 관한 사항을 정하고 있는데 안전밸브 분출압력시험의 필요성, 주기 및 안전밸브의 분출압력 시험기준과 분출압력 시험장치에 대하여 설명하시오.

### 1. 개요

안전밸브라 함은 밸브 입구 쪽의 압력이 설정압력에 도달하면 자동적으로 스프링이 작동하면서 유체가 분출되고 일정압력 이하가 되면 정상 상태로 복원되는 밸브를 말하며, 정기적인 분출압력시험을 통하여 안전밸브가 비상시 정상적으로 작동하도록 한다.

분출압력시험은 안전밸브가 설정압력의 규정된 오차범위 내에서 작동하는지 여부를 확인하기 위하여 국가표준기본법 제14조에 따라 지정받은 국가교정기관으로부터 교정받은 압력계를 이용하여 시험한 후 납으로 봉인하는 것을 말한다.

### 2. 안전밸브의 분출압력시험의 필요성

**(1) 안전밸브의 디스크와 시트 접촉면 고착**

안전밸브는 취급 유체에 의한 부식 또는 이물질 침착 등으로 안전밸브의 디스크와 시트 접촉면이 정상적으로 접촉되어 있지 않거나 또는 디스크 가이드가 고착되어 미리 설정된 압력에서 정상적으로 작동하지 않을 수 있다.

**(2) 스프링 장력의 약화**

스프링 장력의 약화로 인해 설정압력 이전에서 안전밸브가 작동하거나 누출이 발생할 수 있으며 분출 후 분출강하에 의한 분출정지가 지연되거나 또는 개로가 폐쇄되지 않을 수 있다.

**(3) 레버작동식 파손**

레버작동식의 경우 과도한 힘을 가할 경우 캡 잠금 볼트의 파손으로 분출 확인을 실시할 수 없게 된다.

### 3. 안전밸브의 분출압력시험 주기

1) 압력용기 등에 설치된 안전밸브는 1년에 1회 이상 분출압력을 시험하여야 한다.

다만, 「산업안전보건법 시행령」 제33조의6에 따른 공정안전보고서 제출대상으로서 고용노동부장관이 실시하는 공정안전관리 이행수준 평가결과가 우수한 사업장은 4년에

1회 이상 분출압력시험을 할 수 있다.
2) 스프링의 약화 또는 그 밖의 고장으로 안전밸브로부터 누출이 발생하였을 경우에는 위의 주기에 관계없이 분출압력시험 및 보수를 실시하여야 한다.
3) 레버작동으로 분출 확인을 실시하였을 경우 정상적인 분출강하에 의해 분출정지가 되지 않을 경우에도 분출압력시험 및 보수를 하여야 한다.

### 4. 안전밸브의 분출압력시험 기준

(1) 분출압력 허용차

1) 증기용 안전밸브의 분출압력 허용차는 〈표 1〉과 같다.

〈표 1〉 증기용 안전밸브의 분출압력 허용차

| 설정압력[MPa(gauge)] | 허용차 |
| --- | --- |
| 0.5 미만 | ± 0.014MPa |
| 0.5 이상 2.3 미만 | ± (설정압력의 3%) |
| 2.3 이상 7.0 미만 | ± 0.07MPa |
| 7.0 이상 | ± (설정압력의 1%) |

2) 가스용 안전밸브의 분출압력 허용범위는 분출개시압력의 1.1배 미만으로 한다.

(2) 분출강하

1) 증기용 안전밸브의 분출강하는 일반적으로 설정압력과 분출정지압력의 차로 한다.
2) 증기용 안전밸브의 분출강하는 〈표 2〉와 같다. 다만 관류 보일러, 재열기, 배관 등에 사용하는 증기용 안전밸브의 분출압력이 0.3MPa(gauge)를 넘는 경우의 분출강하는 설정압력의 10% 이하로 할 수 있다.

〈표 2〉 증기용 안전밸브의 분출강하

| 분출압력[MPa(gauge)] | 분출강하 |
| --- | --- |
| 0.3 이하 | 0.03MPa |
| 0.3을 초과하는 것 | 설정압력의 10% 이하 |

3) 가스용 안전밸브의 분출강하는 일반적으로 분출개시압력과 분출정지압력의 차로 한다. 다만 분출압력으로 설정하는 경우는 분출압력과 분출정지압력의 차로 한다.
4) 가스용 안전밸브의 분출강하는 〈표 3〉과 같다.

〈표 3〉 가스용 안전밸브의 분출강하

| 설정압력[MPa(gauge)] | 분출강하 | |
|---|---|---|
| | 메탈시트형 | 소프트시트형 |
| 0.2 이하 | 0.03MPa 이하 | 0.05MPa 이하 |
| 0.2를 초과하는 것 | 설정압력의 15% 이하 | 설정압력의 25% 이하 |

## 5. 분출압력시험 장치

### (1) 표준압력계에 의한 육안시험장치

1) 국가교정기관으로부터 교정을 받은 압력계를 이용하여 분출압력시험을 실시하는 방법으로서 고압의 무계목 불활성 가스 용기(질소 또는 알곤 등)에 압력조정기를 연결한다.
2) 압력조정기와 고압호스를 연결한 후 고압호스를 안전밸브 시험장치에 연결하여 서서히 가압한다.
3) 분출압력시험은 안전밸브 설정압력의 약 90%에 해당하는 시험압력에서 사전 누설이 일어나는지를 확인하고 누설이 발생하지 않는 경우 설정압력까지 서서히 승압시키며 누설 여부를 확인하고 그 결과를 기록한다.
4) 누설검사는 시험장치 조절밸브를 천천히 열어 서서히 압력을 높임과 동시에 안전밸브 2차 측 출구에 발포성 용액을 도포하고, 발포성 용액의 막이 부풀어 오를 때의 압력을 분출개시압력으로 한다.
5) 설정압력에서도 안전밸브가 작동하지 않는 경우 압력조절밸브를 서서히 조작하여 승압하며 안전밸브가 분출되는 압력을 확인하고 기록한다.
6) 분출압력 시험이 끝나면 내부의 압력을 완전히 제거한다.
7) 시험결과 안전밸브의 성능에 이상이 없으면 납 봉인 후 안전밸브를 설비에 부착한다.

### (2) 기록계방식 시험장치

1) 이 장치는 국가교정기관으로부터 교정을 받은 압력계를 이용하여 분출압력시험을 실시하되 시험결과가 자동으로 장비에 기록·저장되며 그 결과를 기록지로 출력이 가능한 장치이다.
2) 분출압력시험을 위한 공급압력은 고압의 질소용기로부터 불활성 가스인 질소를 이용하여 안전밸브에 공급한다.

### (3) 표준압력계

1) 분출압력시험에 사용되는 압력계는 국가교정기관으로부터 교정을 받은 압력계로서

설정압력의 정밀도에 해당하는 값을 읽을 수 있는 것이어야 한다.

2) 아날로그형 압력계를 이용함으로써 설정압력의 정밀도에 해당하는 값을 읽을 수 없는 경우 국가교정기관으로부터 교정을 받은 디지털형 압력계를 부가하여 사용할 수 있다.

(4) 시험장치에 사용되는 유체

1) 시험에 사용되는 유체는 대체적으로 압축질소 또는 공기를 사용한다.
2) 압축질소 또는 공기를 사용할 수 없는 경우 이산화탄소 등의 불활성 기체를 이용하여야 하며, 가연성 또는 독성의 기체를 사용하여서는 안 된다.
3) 고압의 질소용기로부터 공급 가능한 최대압력을 초과한 안전밸브의 시험은 고압 압축기 또는 유압설비 등을 이용하여 분출압력시험에 충분한 압력을 공급한다.

【11】 인화성 잔류물이 있는 탱크의 가스 제거 시 잠재된 화재폭발의 위험요인을 나열하고 탱크 가스제거 절차, 세척작업을 위한 사전 준비사항, 가스 제거방법, 세척방법을 각각 구분하여 상세하게 설명하시오.

1. 개요

인화성 잔류물이 있는 탱크의 청소와 가스 제거 시 잠재된 화재 및 폭발의 위험을 설명하고 이를 예방하기 위해 탱크 가스제거 절차, 세척작업을 위한 사전 준비사항, 가스제거방법, 세척방법 등 고려하거나 실행하여야 할 조치 등에 관한 사항을 제시하여 작업 시 발생가능한 화재나 폭발의 위험을 예방할 수 있다.

2. 잠재 위험요인(Hazard)

(1) 폭발

탱크 내에서 인화성 증기의 점화는 탱크의 설계압력보다 높은 압력을 유발하여 충격파에 의해 용기의 파손을 야기한다.

(2) 가연성 분위기 형성

대부분의 인화성 탄화수소는 약 1~2%의 폭발하한을 가지므로, 작은 증발로 가연성 분위기를 형성할 수 있으며, 인화점이 높은 액체의 경우 탱크 외부에서 용접이나 절단 토치로 인하여 열이 공급되어 쉽게 가연성 분위기를 형성한다.

(3) 점화

탱크 내부의 점화원은 스파크나 불꽃이 대부분이고, 외부에서 발생한 불꽃은 빠르게 탱크 안으로 확산되어 폭발의 원인이 될 수 있으며, 탱크 외부의 용접 및 절단토치 작업으로 뜨거워진 표면에 의해 점화될 수 있다.

(4) 탱크 내부의 산소결핍

인화성 액체의 증기는 독성이 있거나 산소의 부족으로 탱크 내부의 산소결핍으로 인한 질식 위험이 있다.

3. 탱크 청소 및 가스제거 절차

(1) 가스 제거와 세척작업을 통한 준비절차

1) 스팀, 물, 공기 등을 이용한 가스의 제거 및 퍼지

2) 증기 검사

3) 스팀, 뜨거운 물, 용제 등을 이용한 세척작업

4) 탱크의 사용 준비 완료

(2) 가스 제거를 수행할 수 없는 경우

물, 이산화탄소, 질소, 질소폼 등을 이용하여 불활성화 작업을 한다.

4. 가스제거 및 세척작업을 위한 사전 준비

(1) 일반사항

1) 가스제거 및 세척작업을 위한 사전 준비사항은 ① 잔류액체 제거 → ② 잔류물 폐기 → ③ 탱크 격리 → ④ 가스 확산의 순으로 진행한다.

2) 가스가 제거된 빈 탱크라 할지라도 슬러지, 중합체 또는 다른 고형물 형태의 잔류물이 잔류할 수 있으므로 인화성이나 독성물질이 완전히 제거되었다고 할 수는 없다.

3) 조인트나 구멍에도 인화성 물질이 존재할 수 있으므로 가연성 가스가 감지되지 않았다고 해서 화기작업에 안전하다고는 할 수 없다.

4) 탱크를 물로 세척한다고 해서 가스가 제거된 것은 아니며 안전한 작업을 위해서는 추가의 준비가 필요하다.

5) 인화점이 대기온도보다 높은 액체를 저장했던 탱크의 내부는 보통 가연성 분위기가 아니며 잔류물이 존재하더라도 가스가 없는 것처럼 보일 수 있다. 그러므로 연소가스감지기가 "0"으로 측정되어도 잔류물이 존재하는 탱크는 화기작업에 안전하지 않다는 것이 강조되어야 한다.

6) 가스 제거 후 비휘발성 잔류물이 존재하는 경우에는 세척작업이 필요하다. 또한 세척작업 후에는 잔류물이 완전히 제거되었는지 확인하는 검사를 실시하여야 하고 사람의 내부 입장이 필요한 경우 산소가 부족하지 않고 독성가스가 제거되었는지 확인하는 검사도 실시하여야 한다.

7) 환기에 의해서 안전한 상태를 유지하는 것이 불가능한 경우 호흡기구를 사용해야 한다.

8) 탱크의 환기는 유지·관리되어야 하며 내부 농도를 지속적으로 모니터링하여야 한다.

9) 탱크 내부에서 폭발하한의 25% 이상의 증기가 측정되는 경우 사람이 탱크 내부에 있으면 안 된다.

10) 가스가 완전히 제거되는 동안 점화원이 생성될 수 있는 어떠한 장치나 전기기구도 들어가서는 안 된다.

(2) 잔류액체 제거

1) 잔류액체는 크기가 적당하고 밀폐가 가능한 용기로 이송한다.
2) 탱크 바닥의 잔류액체(물보다 가벼운 탄화수소의 경우)를 물 층 위로 띄우기 위해 물로 씻어 내릴 수 있다. 이때 정전기가 발생될 수 있으므로 철벅거리거나 빠른 펌핑(Pumping) 속도는 피하는 것이 좋다.
3) 용기의 재킷(Jacket)에 사용되는 열매나 냉매는 가연성 액체일 수 있으므로 추후에 잔류액체나 증기가 화기작업에 의해 점화되지 않도록 물로 재킷을 가득 채운 후 배수하여 처리한다. 또 재킷은 내부에서 압력 상승이 일어나지 않도록 대기 중으로 벤트 처리한다.
4) 스팀코일이나 전기 침수전열기가 설치된 경우, 잔류액체를 제거하는 초기단계에서는 펌핑을 위해 열이 공급될 수 있도록 남겨 두어야 할 경우 인화성 증기가 생성되는 것을 피하기 위해서는 잔류액체의 액위가 온도센서나 가열표면으로부터 0.5m 내외로 떨어지기 전에 에너지원을 차단해야 한다.

(3) 잔류물 폐기

일반적으로 폐기물과 기타 잔류물들은 위험한 폐기물로 처리되어야 한다.

(4) 탱크 격리

1) 액체나 가스로 채워져 있던 탱크를 비울 때는 위험하며, 특히 탱크 내부로 사람이 들어가는 경우는 매우 위험하다. 그러므로 탱크는 작업이 진행되기 전에 모든 연결로부터 물리적으로 격리되어야 한다.
2) 소형 탱크의 경우 완전히 연결을 끊고 안전한 장소로 이동시키는 반면 대형 탱크는 밸브를 닫고 연결된 배관을 제거한다. 만약 연결된 배관의 물리적인 제거가 어렵다면 맹판을 사용하여야 한다.
3) 음극방식법(Cathodic Protection System)이 장착된 탱크의 전원은 작업이 시작되기 전에 12시간 이상 격리되어야 한다.
4) 액위 알람, 교반기와 히터(Heater)같은 보조 장비는 격리되어야 한다.

(5) 가스 확산

1) 인화성 증기의 부피가 증가할 확률이 높은 작업의 경우 증기의 분산을 제어할 수 있도록 준비하여야 하며, 환기 시 근접한 큰 구조물로부터 떨어진 환기지역이나 야외로 배출되어야 한다.
2) 퍼지 작업은 벤트스택(Vent Stack)을 사용하기도 하고 점화불꽃(Pilot Flame)으로 대체한 증기를 태우기도 한다.

3) 화염방지기(Flame Arrester)는 탱크로의 역화를 방지하기 위해 환기배관에 맞게 설치되어야 한다.
4) 대형 탱크로부터 나오는 증기가 확산되지 않는 경우 환기를 실시해서는 안 된다.
5) 탱크유조차(Road Tanker)는 차량이 작업장으로 들어가기 전에 가스가 제거되어야 한다.
6) 작업이 시작되기 전에 그 지역에 있는 하수구와 드레인은 증기의 진입을 막기 위해 밀봉시켜야 하며, 이 지역으로 사람과 차량의 접근은 차단되어야 한다.
7) 주변 지역의 증기를 모니터링해야 하며, 휴대용 가스경보기를 설치할 수도 있다.

## 5. 가스 제거방법

### (1) 소형 탱크, 드럼 및 컨테이너(Container)

용량 $60m^3$ 이하의 소형 탱크와 드럼을 위한 가스 제거방법은 보통 세척작업과 동시에 이루어지며 6.(1)의 세척방법과 같다.

### (2) 이동식 탱크

이동식 탱크는 송풍기(Air mover)나 이덕터(Eductor)를 사용하여 공기를 불어넣고 물로 씻어내어 가스를 제거할 수 있다.

### (3) 대형 탱크

1) 용량이 $60m^3$ 이상인 대형 탱크는 강제식 환기장치(Forced Air Ventilation)로 가스를 제거한다.
2) 송풍기와 이덕터 사용 시 점화원이 발생하지 않도록 하고, 방호설비가 아닌 전기설비는 사용하지 않도록 한다.
3) 탄화수소 증기는 대부분 공기보다 무거우므로, 탱크 하단부의 맨홀을 개방할 때에는 주의하여야 한다.
4) 증기의 농도가 폭발하한의 5% 이하로 떨어질 때까지 모니터링하며 환기작업을 하여야 한다.
5) 환기는 탱크의 모든 부분에서 가연성 증기가 "0"으로 될 때까지 계속되어야 하며 그 상황이 적어도 30분은 유지되어야 한다.
6) 환기와 검사는 세척작업을 하는 동안에도 계속되어야 한다.
7) 부유식 지붕탱크나 내부 부유덮개가 있는 고정식 지붕탱크는 증기와 액체가 부유 지붕 위의 공간과 지붕을 지지하는 부유 지붕이나 덮개의 구멍 사이로 침투할 수 있다.
8) 폴리우레탄 폼(Foam)이 있는 부유덮개의 경우 이 폼은 그 자체로 인화성이며 가연

성 증기나 액체를 흡수할 수 있다. 그러므로 이런 형태의 탱크 주변에서 화기작업을 수행해야 할 경우 우선 이 덮개를 탱크에서 제거하여야 한다.
9) 휘발성 물질이 저장되는 부유식 지붕탱크의 지붕에서는 독성 또는 인화성 증기가 존재하기 쉬우므로 가스 검사를 포함하는 허가시스템으로 접근을 제어하는 것이 좋다.

### 6. 세척방법

(1) 소형 탱크, 드럼 및 컨테이너
1) 스팀 세척 : 빈 탱크의 설계압력을 초과하지 않도록 주의하면서 스팀을 사용하여 세척작업을 한다. 이때 증기는 가능한 건조되어 있어야 하며, 스팀으로 인한 정전기가 발생하지 않도록 하여야 한다.
2) 물 세척 : 소형 탱크는 가소성 또는 세제 수용액과 함께 끓이거나, 소형 제트 청소기로 탱크 내부 표면에 뜨거운 세척액을 높은 압력으로 분사하여 세척작업을 한다.
3) 용제 분사 : 드럼 청소에 사용되는 방법으로 단단한 잔류물과 점성액체를 제거하는 데 효과가 있으며, 스팀 세척이나 뜨거운 물 세척을 조합하여 사용하는 것이 효과적이다.

(2) 이동식 탱크(Mobile Tank)
도로나 철도로 운송되는 이동식 탱크의 세척은 스팀 세척을 적용한다.

(3) 대형 고정식 지붕탱크
1) 스팀 세척 : 많은 양의 공정 스팀이 공급이 가능하다면 대형 탱크의 가스 제거와 세척작업에 스팀을 사용하기도 하나, 휘발성 물질을 함유했던 대형 저장탱크에는 정전기에 의한 위험이 존재하므로 스팀을 사용하지 않는다.
2) 물 분사 : 비휘발성 잔류물에 의해 가스가 점화될 수 있는 위험을 낮추기 위하여 가스를 제거한 후에 물 분사에 의한 세척작업을 수행하여야 하며, 잔류물로 인한 독성 가스의 위험에도 주의하여야 한다.
3) 수동 세척 : 독성 잔류물이 존재하는 곳에서는 수동 세척작업 시 작업자를 보호하여야 하며, 잔류물에 자연발화 물질이 포함되어 있는 경우에는 세척작업이 진행되는 동안 엄격하게 감독하여야 한다.

(4) 부유식 지붕탱크 및 부유덮개가 있는 고정식 지붕탱크
1) 액체나 증기가 지붕이나 덮개의 구멍과 플랫폼 부분으로 침투한 경우, 지붕 지지대(Roof Support Legs)와 중공(中空)부(Hollow Section)에 액체가 존재하는 경우 및 지붕 아랫면에서 기름이 탱크 바닥으로 방울져서 떨어지는 경우에 화기작업이 근처

에서 수행된다면 점화의 가능성이 있다.

2) 작업 절차는 탱크의 구조와 부속품에 관한 모든 정보를 고려하여야 하고 특히 탱크의 중공부와 밀폐된 공간(Enclosed Section)의 액체나 증기의 존재에 대한 모니터링을 하도록 해야 한다.

3) 액체나 증기가 흡수되거나 숨어 있을 수 있는 지붕 이음매(Seal)에는 특별한 주의가 필요하며, 부유식 지붕 위와 아래의 공간에 대한 환기 시에도 주의가 필요하다.

(5) 탱크 바닥

탱크 바닥면 틈새 등에 물질이 축적될 수 있어, 탱크 바닥면 보수작업 시 위험성이 크기 때문에 깨끗이 세척한 후 바닥 화기작업을 수행하여야 한다.

## 【12】유해·위험물질 누출사고가 발생했을 때 대응절차 및 평가절차에 대하여 설명하시오.

### 1. 개요

생산설비의 유해·위험물질 누출 발생과 관련하여 산업재해의 피해를 최소화하기 위하여 누출 발생 시 검토되어야 할 사항에 대하여 확인할 필요가 있다.

### 2. 유해·위험물질 누출 리스크의 사전평가

(1) 평가 대상 및 시기

1) 평가 대상 : 사업장의 모든 유해·위험물질을 취급하는 작업 및 설비
2) 평가 시기 : ① 최초 설비 설치 시, ② 새로운 설비를 도입 시, ③ 신입 작업자 및 작업자의 변경 시, ④ 공장의 배치를 변경 시, ⑤ 작업 절차 및 작업 조건 변경 시, ⑥ 사고나 재해 발생 시, ⑦ 새로운 물질의 사업장 반입 시

(2) 평가방법

1) 누출 리스크를 확인하고 리스크 목록을 작성한다. 리스크 확인에는 다음과 같은 기법을 활용할 수 있다.

  가) 위험과 운전 분석기법(Hazard and Operability Study)
  설계의도에서 벗어나는 일탈현상(이상상태)을 찾아내어 공정의 위험요소와 운전상의 문제점을 도출하는 기법으로 경험을 가진 전문가로 팀을 이루어 토론에 의해 잠재적인 위험 요소를 확인·도출한다.

  나) 이상위험도 분석법(Failure Mode Effect Analysis)
  시스템을 구성하는 부품들의 고장모드가 타 부품과 시스템 및 사용자에게 미치는 영향 및 고장의 원인을 상향식(bottom-up)으로 조사하는 정성적 고장해석기법이다.

  다) 사고예상 질문법(What-if Analysis)
  설비의 설계, 건설, 운전단계, 공정의 수정 등에서 생길 수 있는 원치 않는 사건을 What-if로 시작하여, 예상되는 사고 및 결과를 조사하는 기법이다.

  라) 예비위험 분석법(Preliminary Hazard Analysis)
  의도된 사용환경에서 위험요소가 어떻게 영향을 미치는가를 분석하는 방법으로, 공정의 위험부분을 열거하고 그 사고 빈도와 심각성에 대해 토의하여 결정하는 기법이다.

2) 리스크를 확인한 후에는 리스크의 발생 가능성과 결과, 영향 요인, 통제수단 등을 고려하여 리스크를 분석한다.
3) 특정 사상의 발생을 가정하여 발생 가능한 사고 시나리오를 작성하고 이로 인한 영향을 예측한다.

### (3) 평가 내용

해당 공정 담당자 또는 담당자의 부재시, 보조 담당자는 유해·위험물질의 누출 통제를 위한 사전 리스크 평가를 수행한다. 사전 리스크 평가는 다음의 사항을 수행한다.

1) 사업장의 구조 및 유해·위험물질을 취급하는 공정을 파악한다.
   - 공정별로 예상되는 리스크
   - 최대피해 규모
   - 과거 유사한 누출사고의 기록
   - 누출사고의 전개과정
   - 피해 최소화대책
   - 누출사고의 결과예측

2) 취급하는 유해·위험물질의 리스트를 작성한다.
   - 유해·위험물질 또는 유해·위험물질을 함유한 제재의 종류 및 그 유해·위험성
   - 안전·보건상의 취급주의 사항
   - 폭발·화재·누출 시의 대처방법
   - 응급조치 및 긴급대피 요령
   - 물질안전보건자료(MSDS) 및 경고표지

3) 보유 설비와 취급하는 물질에 의해 발생 가능한 리스크를 도출한다.
   - 누출
   - 중독
   - 화재, 폭발
   - 부식, 산화
   - 파열
   - 기타 위험

### (4) 리스크 저감대책 수립

도출된 리스크의 위험등급에 따라 우선순위를 정하여 리스크 저감대책을 수립한다.

### (5) 평상시의 대응

대책의 적용 후에도 남아 있는 리스크에 대해서 평상 시 리스크 관리 및 모니터링을 실시한다. 평상시 관리는 다음의 사항을 고려한다.

1) 설비의 부식, 파손 여부
2) 설비의 균열 및 변형
3) 설비의 온도 변화
4) 설비의 침수
5) 압력용기의 압력 변화
6) 지진, 태풍 등의 자연재해
7) 기타

## 3. 누출사고 발생 시 대응단계별 리스크 평가

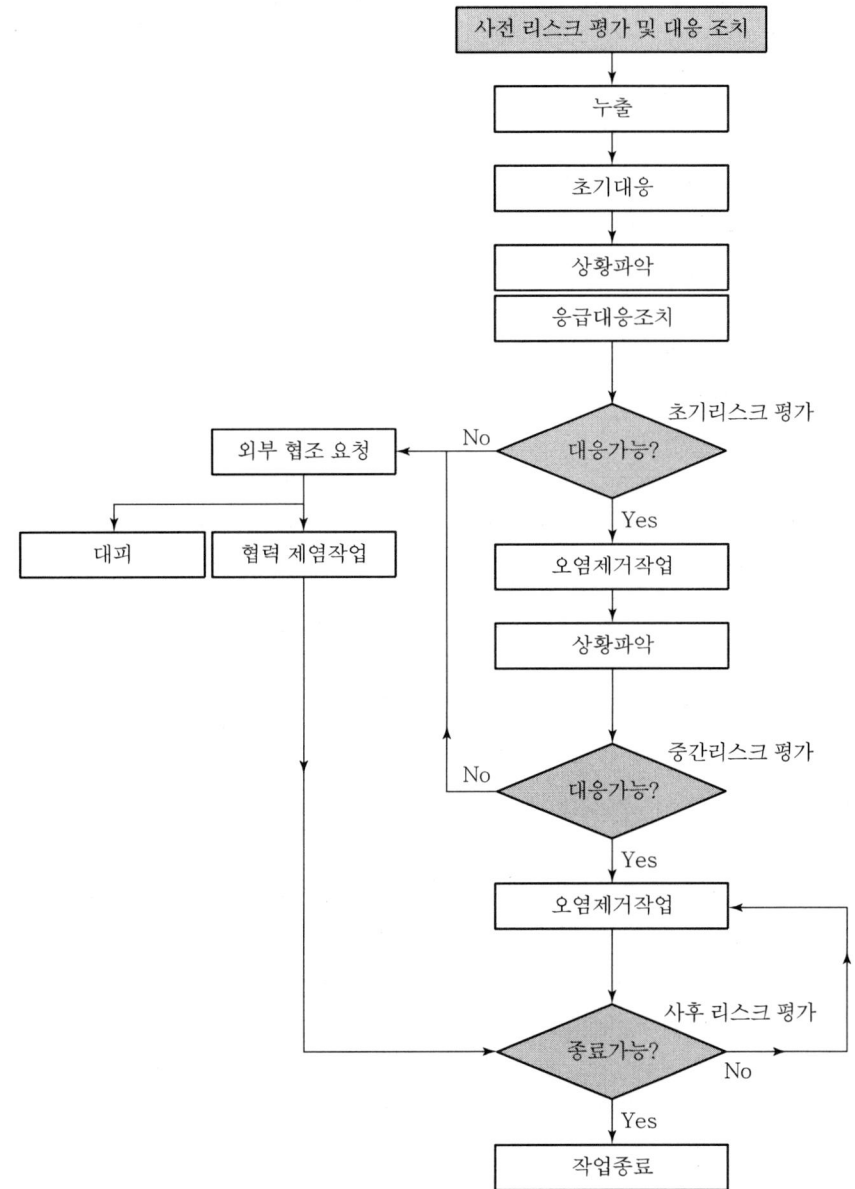

(1) 사고 초기의 리스크 평가

1) 사고의 정보를 사고 발견자로부터 전달받는 경우, 다음의 사항을 조사하여 사고의 내용을 파악한다.
   - 누출 발생 시간
   - 누출 발생 위치
   - 누출 발생 원인
   - 원인 물질
   - 배출·누출량
   - 응급조치 내용
   - 오염 확대 예측
   - 피해 상황
   - 기타 필요한 정보
   - 조사 기록자 성명

2) 화학물질 누출 리스크 평가 시에는 다음 사항을 고려해야 한다.
   가) 유해·위험물질 관련 특성
      ① 유해·위험물질의 종류 및 유해·위험성
      ② 유해·위험물질의 자체 반응성 및 반응 물질
      ③ 물질을 처리하기 위해 필요한 교육
      ④ 물질을 처리하기 위해 필요한 장비
      ⑤ 누출을 처리하기 위해 필요한 절차
   나) 공정의 특성
      ① 유해·위험물질이 해당공정에서 사용되는 상(고체, 액체, 기체)
      ② 다른 유해·위험물질의 혼합사용 여부
      ③ 유사한 공정 설비의 유무
      ④ 누출사고가 전후 설비에 미치는 영향
      ⑤ 누출 부위
         ㉠ 저장 탱크
         ㉡ 압력 용기
         ㉢ 배관, 연결부
         ㉣ 기타
   다) 누출 현장 특성
      ① 사고발생 장소 특성
         ㉠ 누출 지점 접근성

　　　　ⓒ 누출 지점의 높이
　　　　ⓒ 강, 하천, 주거지역과의 거리
　　② 누출 형태
　　　　㉠ 지속적인 누출(Plume)
　　　　ⓒ 일시적인 누출(Puff)
　　③ 당일 기상 상황
3) 리스크 등급의 결정은 누출물질 및 현장의 상황을 고려하여 결정하며 다음의 과정을 거쳐 결정한다.

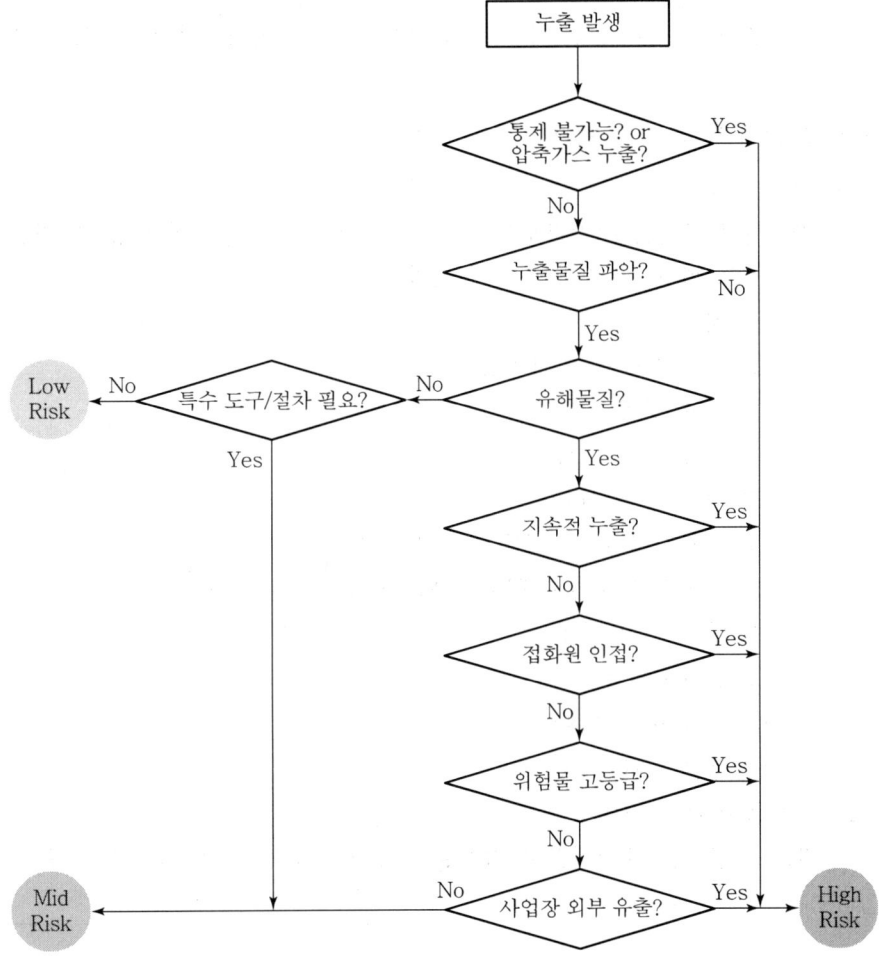

4) 위험도 판정에 따른 조치
  가) 고 위험도 누출시 조치
    소방서, 외부전문가의 도움을 받아 사고에 대응한다. 안전이 확보된 상태에서 누출 격리 조치 및 확산 방지 조치 등을 실시한다.
  나) 중 위험도 누출시 조치
    대응 절차는 시설 관리자 혹은 비상 조치 절차에 의해 제공된 절차를 따른다.
  다) 저 위험도 누출 시 대응
    ① 사전에 훈련받은 물질의 처리방법, 절차에 따라 물질의 처리 및 오염제거작업을 실시한다.
    ② 공정/설비를 잘 아는 관리자의 지시하에 작업자가 저 위험도의 누출을 처리할 수 있다.

(2) 사고 전개 후 리스크 평가
  1) 상황 파악
    가) 사고 조사는 관계자로부터 사고의 원인, 누출 물질의 종류 및 양을 청취하여, 사고 현장 및 주변 지역의 상황을 조사한다.
      ① 지속적인 누출의 징후
      ② 누출된 물질의 잔여량
      ③ 피해 인원
      ④ 누출의 대응 상태
      ⑤ 외부 누출 여부
      ⑥ 추가적인 누출, 화재의 발생 여부
    나) 사후 리스크 평가시에는 다음의 사항을 고려한다.
      ① 당일 기상 상황
      ② 풍량·풍향
      ③ 기온 이상 개황
      ④ 생물 상태 기록
  2) 리스크 평가
    리스크 평가를 재실시하여 결정된 리스크에 따라 대응 조치를 변경, 지속한다.

(3) 사고 대응 종료 시 리스크 평가

  1) 대응 조치의 종료 기준

    대응의 종료는 다음의 기준을 모두 만족하는 시점에서 종료할 수 있다. 대응 종료는 외부전문가 또는 사고 대응 책임자의 판단하에 결정한다.
- 누출의 봉쇄 완료
- 누출 물질이 검지되지 않음
- 전후 설비의 이상 상태가 발견되지 않음
- 기타 추가적인 위험이 발생하지 않음

  2) 리스크 평가

    리스크 평가를 재실시하여 저 위험도 이하, 대응 조치 종료 기준을 모두 만족하는 시점에서 대응 조치를 종료한다.

## 4. 누출 리스크 평가 시 주의사항

(1) 조사자의 안전 확보

  조사자가 조사 중인 누출 물질 등에 의해 피해를 받지 않도록 안전을 확보한다. 다음과 같은 징후가 보일 때에는 즉각 현장에서 대피한다.
- 통제 불가능한 화염 발생 시
- 통제 불가능한 압축가스의 누출 시
- 작업자의 안전이나 건강에 위협을 미치는 상황 발생 시

(2) 유해·위험물질 누출 시의 비상조치에 관한 사항

  위험물질의 누출로 인한 사고에 대응하기 위한 최소한의 요구사항으로 추가적인 인명, 자산 및 환경피해를 예방하기 위한 사항

## 【13】 폭발현상에서 균일반응과 전파반응의 차이를 설명하고, 폭연에서 폭굉으로 전이되는 과정, 메커니즘을 설명하시오.

### 1. 개요
폭발원에 의한 폭발은 현상적 분류(물리적 폭발, 화학적 폭발)와 반응형태에 따른 분류(균일반응 폭발, 전파반응 폭발)로 나눌 수 있다.

### 2. 폭발원에 의한 폭발의 분류

(1) 현상적 분류

  1) 물리적 폭발

    고압 생성의 전체 과정이 화학물질의 고유성질에 변화가 없이 일어나며, 단지 물리적 변화에 의해서만 일어나는 것
    예) 가스가 기계적으로 고압 상승, 또는 외부 가열이나 과열액체의 갑작스런 방출에 의한 플래시 증발로 고압 생성

  2) 화학적 폭발

    화학반응의 결과로 가스생성물이 반응에 의해 생성되거나 반응열에 의해 반응에 관여되지 않은 물질이 증발되거나 이미 존재하는 가스가 반응열에 의해 고온이 될 때 일어나는 폭발, 즉 화학적 폭발은 발열반응에서 기인됨(산화폭발, 분해폭발, 중합폭발)

(2) 반응형태에 따른 분류

  1) 균일반응 폭발
- 화학적 변환이 근본적으로 전체 반응물을 통해 일어나며, 균일반응의 속도는 온도와 반응물 농도에만 의존된다.
- 전체 반응물 온도가 상승하여 에너지 방출 반응이 급속히 진행되면 자기가열 상태가 되어 발생열이 주위로의 손실열을 초과하여 발생한다.
- 열의 발생은 반응물 전체에서 일어나지만, 열의 손실은 중심부에서는 외부 경계면에서 보다 더욱 천천히 일어나므로 중심부 온도가 높아지고 반응속도가 급격히 증가된다.
- 반응물의 완전소모를 위해 중심부가 터질 때까지 반응이 지속된다. 이것이 용기 내 폭발로서 균일반응 폭발이다.

  2) 전파반응 폭발
- 미반응물질과 분명하게 분리되는 반응영역이 존재하며 이 영역이 반응물 전체를

통해 이동하며 일어나는 폭발이며, 언제나 발열반응이다.
- 반응의 개시는 스파크나 충격 같은 외부 점화원이나 균일반응 시스템 핵심부에서의 열축적에 의해 개시된다.
- 전파의 원리는 점화원에 의해 활성화되는 반응 핵심이 주변물질의 온도를 충분히 상승시켜 같은 방법으로 반응이 지속되게 한다.
- 시스템의 초기온도가 높을수록 발화가 용이하고 미반응물의 반응개시에 필요한 에너지가 비교적 적어 전파반응이 쉽게 일어난다.
- 전파반응은 특정지점에서 개시되어 반응물 전체를 통해 이동하므로 에너지 방출속도가 전파속도(반응영역 이동속도)와 같게 된다.
- 전파속도는 조성, 온도, 압력, 밀폐 정도에 따라 광범위하게 변하며, 일반적으로 음속이하의 전파반응을 폭연, 음속 이상의 전파반응을 폭굉이라 한다.
- 전파반응은 대부분 외부가 제한되는 조건에서 발생하며, 전파를 위한 제한화의 정도는 반응속도와 물질의 물리적 상태에 따라 광범위하게 변한다. 일반적으로 배관 내에서의 폭발은 전파반응폭발이 된다.

### 3. 폭연과 폭굉

(1) 폭연(Deflagration)
1) 폭발 시 발생하는 충격파의 속도에 의해 폭연과 폭굉이 구분된다.
2) 폭연에서의 압력 증가는 일반적으로 수기압 정도이나, 폭굉의 경우 압력 증가가 일반적으로 그 10배 정도 또는 그 이상으로 된다.
3) 반응면의 전파속도가 분자이동과 난류이동 과정 모두에 의해 지배된다.
4) 반응면의 전파가 분자량과 난류확산에 의존되면 에너지 방출속도가 물질전달속도에 제한받게 되며 그 결과 화염면과 압력파면의 운동이 느려지고 이것이 음속보다 느리게 이동하는 폭연의 전형이 된다.
5) 가연성혼합기의 연소반응이 폭굉보다는 상대적으로 느리게 일어난다.

(2) 폭굉(Detonation)
1) 가연성혼합기의 폭발범위 내 농도에서 반응속도가 급격히 증대되어 음속을 초과하는 경우이다.
2) 생성되는 충격파동이 큰 파괴력을 갖는 압축파를 형성한다.
3) 음속의 수배 정도인 1,000~2,700m/s 정도의 고속 충격파 형성이 일반적이나 음속 이하의 반응속도에서도 큰 파괴력을 갖는 경우는 폭굉이라 한다.
4) 넓은 공간보다는 길이가 긴 배관 등에서 주로 발생한다.

5) 반응성 충격파를 형성하는 전파반응이다.

(3) 폭연에서 폭굉으로의 전이과정

1) 밀폐된 배관이나 덕트 등의 미연소 혼합가스의 한 부분에서 착화하여 화염은 전방의 미연소 혼합가스 쪽으로 진행한다.(열의 분자확산 이동과 반응물과 연소 생성물의 난류 혼합)
2) 화염의 전면에서 발생한 압력파는 화염에 선행하여 진행되며, 선행한 압력파의 후면에서 새로운 압력파가 발생하여 압력파의 중첩이 발생한다.

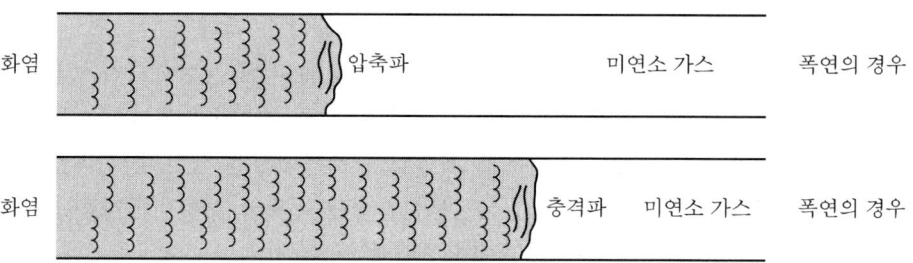

3) 압력파의 중첩이 현저하면 충격파가 되어 강력한 압축작용(단열압축)으로 자연발화되어 화염을 형성하며 진행(충격파 에너지)된다.
4) 충격파는 연소반응에 의해 방출되는 열에 의해 유지된다.

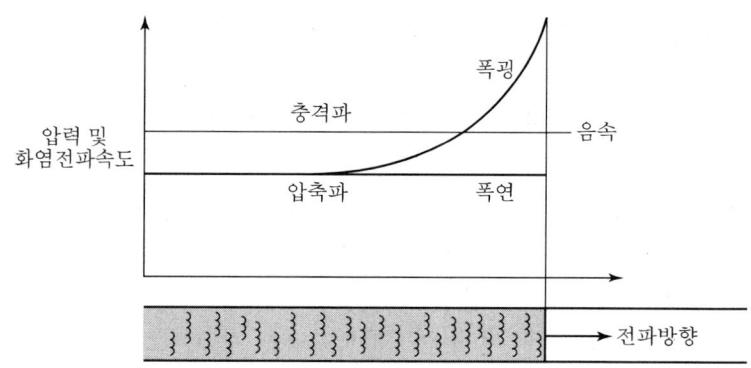

5) 폭연에서 폭굉으로의 전이되는 메커니즘
   가) 열적 메커니즘 : 가스온도가 반응에 의해 상승하여 반응속도가 스스로 가속되는 경우
   나) 결사슬(Chain Branching) : 반응성 라디컬이 수적으로 급격히 증가하여 폭굉을 일으키는 경우

## 【14】 위험물의 제조, 저장 및 취급소에 설치된 옥내·외 저장탱크에 배관을 통하여 인화성 액체 주입 시 과충전 방지를 위한 고려사항, 과충전 방지 장치의 구성요소별 고려사항, 비상조치절차에 대하여 설명하시오.

1. 개요

   위험물의 제조, 저장 및 취급시설에 설치된 옥내 및 옥외 저장탱크에서 배관으로부터 인화성 액체 주입 시 위험물 과충전으로 인한 위험을 방지하기 위한 방법으로 다음의 사항을 준수하여야 한다.

2. 과충전 방지를 위한 고려사항

   (1) 사전 검토 시

   1) 위험물저장탱크의 과충전 방지를 위하여 탱크의 최대 적재량과 재고량을 파악하고, 위험물의 반입·반출 상황을 주의 깊게 감시 및 제어해야 한다.
   2) 비상사태 긴급차단절차와 위험물의 우회 이송절차를 이용하여 탱크의 과충전을 방지하는 것이 바람직하다.

   (2) 작업절차 작성 시

   1) 과충전을 방지하기 위한 서면작업절차는 운송업자와 협의하여 운전자가 수립하여야 한다.
   2) 운전자는 탱크의 과충전 방지절차의 준수 여부를 확인하기 위해 위험물의 주입작업을 검토하거나 점검을 실시하여야 한다.
   3) 서면작업절차는 정기적으로 검토를 해야 하고 적용 가능한 규제 사항이 변경되거나 운전자 또는 운송업자 실행기준, 위험물, 장치, 탱크 및 탱크의 규제사항, 계측설비, 시스템 및 조건 등이 변할 때마다 보완작업을 실시하여야 한다.
   4) 장치, 계측설비, 탱크 및 시설의 종류와 운송업자의 작업 지침이 다양하기 때문에, 모든 시설에 일반 작업 절차를 일률적으로 적용할 수는 없으며, 경우에 따라서 동일 시설 안의 모든 탱크나 작업도 일률적으로 적용할 수 없다. 그러므로 필요한 경우, 서면 작업 절차는 특정 장소, 탱크 및 이 기술지침에서 기술된 요구사항을 특정 조건과 상황에 적합하게 별도로 작성하여야 한다.

   (3) 작업계획 수립 시

   1) 탱크의 용량을 최대한 이용하기 위해서는, 이송작업 전에 주입할 위험물의 양을 결정하고 서면작업절차를 수립하여야 한다.

2) 운전자는 주입작업 개시 이전에 선임된 책임자에게 필요한 임무를 부여받아야 한다.
3) 주입작업 관련 서면 지침은 관련된 모든 운전자 및 운송업자와 함께 검토하여 작성하여야 한다.
   - 탱크 주입작업과 관련하여 정상충전높이까지 탱크를 충전시키기 위한 정상적인 작업 통제방법 및 절차를 포함하여야 한다.
   - 탱크의 정상충전높이를 초과하여 충전될 때와 같은 주입시기에 한 탱크에서 다른 탱크로 바꿀 때 철저한 준비와 통제가 필요하다.
4) 위험물이 이송되거나 주입되기 전에, 위험물이 지정된 탱크나 탱크저장소에 도달되도록 하기 위해 밸브의 정렬 상태가 적절한지 확인하여야 한다.
5) 배관이 동일한 주입 분기관에서 다른 탱크로 연결된 경우, 위험물을 주입하기로 지정된 탱크의 주입밸브만 개방상태로 있어야 하고, 그 밖의 모든 탱크와 관련된 주입밸브는 닫혀 있어야 한다.
6) 주입 받는 탱크가 위치한 방유제의 배수밸브는 위험물의 주입작업 중에는 닫힌 상태로 유지해야 한다. 방유제의 배수밸브는 방유제 밖으로 물을 배수시킬 때를 제외하고는 항상 닫힌 상태로 유지하여야 한다.
7) 작업자가 상주하는 시설로서 위험물의 이송작업을 시작하기 전에, 운송업자와 운전자 사이에 통신설비를 갖추어야 하고, 위험물의 이송작업 중에는 통신이 가능한 상태로 유지해야 한다.

(4) 주입작업 모니터링
1) 서면작업절차에는 위험물의 주입작업에 대한 정기적인 모니터링이 포함되어야 한다.
2) 모니터링은 현장이나 원격지에서, 수동식 또는 전자식으로 실시할 수 있으며, 주입작업 시 유량의 변화와 위험물의 이송에 관한 서면기록 또는 전산기록을 포함하여야 한다.
3) 서면작업절차에는 최초의 탱크용량, 초기 유량 및 추정 충전시간을 기초로 해서, 저장탱크 잔량과 주입할 양 비교, 이송 완료 시 예상되는 액위 비교 등에 대하여 정기적인 비교·기록 작업을 포함해야 한다.
4) 동일 분기관에 연결되어 있지만 위험물을 주입할 계획이 없는 탱크는 주입밸브가 닫혀 있는지 확인하고, 일부 개방된 밸브나 고장 난 밸브를 통해서 위험물이 주입되지 않도록 확인하여야 한다.
5) 위험물을 주입 받아야 할 탱크의 설비가 작동하지 않고, 적기에 수리할 수 없는 경우에 경보·신호장치가 제 기능을 발휘하는 대체탱크로 주입, 과충전방지장치가 설치되지 않은 유인시설에 있는 탱크로 주입 또는 주입작업을 취소하여야 한다.

(5) 주입작업 완료 시

1) 주입작업이 완료된 때는 주입설비의 작동을 중지시켜야 한다.
2) 위험물의 주입작업을 위해 열어 놓았던 탱크의 주입밸브, 당해 설비의 위험물 주입 밸브나 분기관 밸브 등을 닫아야 한다.

(6) 자동계량장치 사용 시

1) 대부분의 탱크에는 설치된 기계식 또는 전자식 탱크 자동계량장치에서 고장이 발생할 경우 탱크의 과충전이 발생할 수 있으므로 이들 계량장치를 확인하여야 한다.
2) 고액위감지장치는 다른 어떠한 계량장치와도 독립적으로 설치하고, 위험물 이송작업 중 운전자가 위험물의 흐름을 차단하거나 우회 이송조치를 즉시 취할 수 있는 위치에 경보장치가 설치하여야 한다.
3) 자동으로 위험물의 흐름을 차단하거나 우회·이송시키기 위해서는 전용 고액위감지설비를 탱크에 설치하여야 한다.

(7) 액위감지기 사용 시

1) 고액위 및 최고액위 감지기용 접점 스위치/탐침을 선정할 때는 습한 환경이나 해양 환경으로 인한 부식 및 진동과 관련된 문제를 고려하여야 한다.
2) 많은 전자식 액위 감지설비는 감지장치로 탐침을 사용하고 있는데, 탐침에 증기가 응축되면 오동작 경보를 발생할 수 있으므로 주의하여야 한다. 측면에 설치된 탐침에 증기가 응축되는 것을 최소화하기 위해서는 탐침을 수평면에 대해서 최소 20도 이상의 각도로 기울여 설치하여야 한다.
3) 지하저장탱크의 과충전방지를 위해 탱크가 95% 이하 충전되었을 때, 탱크에 위험물의 공급을 자동적으로 차단하거나, 탱크가 90% 이하 충전되었을 때, 탱크에 위험물의 공급을 제한하거나 고액위경보장치가 작동되어 이송작업 담당자에 필요한 조치를 취할 수 있도록 설치하여야 한다.

3. 과충전 방지장치 구성요소별 고려사항

(1) 설계 시 고려사항

1) 탱크의 과충전을 방지하기 위하여 탱크의 최대 적재량과 탱크에 저장된 위험물의 양을 정확히 파악하고 위험물의 이동을 주의 깊게 감시·제어하여야 한다.
2) 탱크의 최대 적재량은 수동식 또는 자동식 과충전 방지장치를 이용하여 감시할 수 있다. 무인시설에는 자동식 과충전 방지설비를 설치하여야 하나, 유인시설에는 필요하지 않다.

3) 주배관으로부터 인화성 액체를 주입받는 탱크에 설치된 과충전 방지장치는 다음 기준을 충족시켜야 하고, 과충전 방지설비는 어떠한 탱크의 계량장치나 설비로부터 영향을 받지 않도록 독립되어 있어야 한다.
   - 어떠한 계측장치와도 독립적인 고액위 감지장치가 설치되어야 한다.
   - 위험물의 이송작업 중 운전자가 위험물의 흐름을 차단하거나 우회 이송조치를 즉시 취할 수 있는 위치에 경보장치가 설치되어 있어야 한다.
   - 자동으로 위험물의 흐름을 차단하거나 우회 이송시킬 수 있는 전용 고액위 감지설비가 설치되어야 한다.
4) 특정 설계와 작동형식에 따라서 과충전방지 설비는 다음과 같은 기본 부품을 포함한다.
   - 액위감지기와 경보/신호장치의 스위치/탐침
   - 경보/신호장치의 제어반
   - 음향 및 시각 경보/신호장치
   - 위험물 흐름의 우회 이송이나 자동 차단용 전동식 위험물 흐름 제어밸브
5) 과충전방지 설비의 고장, 오동작 등으로 인하여 비상사태의 발생 가능성이 매우 높기 때문에 설비의 구성부품은 매우 정밀하고 신뢰할 수 있는 제품이어야 한다.
6) 전기적으로 감시되거나 이에 상응하는 고장방지장치를 과충전방지 설비에 설치하여 경보/신호 상황이 발생하여 회로가 열려서 감지기 스위치가 작동하거나 전원이 차단되는 경우에 과충전방지 설비가 경보/신호 장치를 작동시키도록 하여야 한다.
7) 운전자는 과충전방지 설비를 항상 작동 가능한 상태로 유지·관리하여야 하며, 계량장치, 감지기 계측장치 및 관련 설비를 연 1회 이상 검사 및 정비하여야 한다.
8) 휘발성·인화성 액체 위험물을 저장 및 취급하는 탱크에 대한 과충전방지설비의 설계 시 설치될 지역의 전기계장설비는 폭발위험장소 분류기준에 적합한 장치를 설치하여야 한다.

(2) 액위감지기 설치 시 고려사항

1) 감지기는 탱크에 저장된 위험물의 액위를 측정하기 위해 사용되며, 위험물의 높이가 설정된 위치에 도달하면 작동하는 장치로서, 위험물 탱크에는 다음과 같은 형식의 감지기 중 하나를 사용하는 것이 바람직하다.
   - 플로트 감지기(Float Detectors)
   - 디스플레이서 감지기(Displacer Detectors)
   - 광전식 감지기(Opto-Electronic Detectors)
   - 추 감지기(Weight Detectors)
   - 농도계 감지기(Densitometer Detectors)

2) 플로트 감지기 또는 디스플레이서 감지기를 사용할 때에는 다음 사항을 고려하여야 한다.
- 감지기를 선정할 때에 운전자는 플로트 또는 디스플레이서가 위험물에 잠기지 않고 위험물의 액면에 떠 있도록 하기 위해 탱크에 저장된 위험물의 비중을 알아야 한다.
- 플로트 및 디스플레이서 감지기의 작동의 신뢰성을 확보하기 위해 정기적으로 검사, 시험 및 정비를 하여야 한다.

3) 추 감지기를 사용하는 경우, 플로팅 루프가 가라앉은 사고 발생 시 디스플레이서가 위험물의 액면 위에 떠 있도록 하기 위해 위험물의 비중을 측정하여야 한다. 추 감지기는 정기적으로 검사 및 정비하여 신뢰도를 유지하여야 한다.

4) 정전용량, 무선 주파수 방출 및 초음파 액위 감지기는 플로트 또는 디스플레이서 감지기에 비해 감지기 부속품에 축적된 위험물의 영향을 적게 받기 때문에 아스팔트, 잔사유 등과 같은 중질, 점성이 큰 위험물을 저장하는 탱크용으로 사용하는 것이 바람직하다.

5) 위험물의 액면에서 탱크의 동체로 정전기를 방출하는 점화원을 생성하지 않도록 탱크에 설치된 액위 감지기와 기타 과충전방지설비 구성부품의 선정 및 설치에 각별한 주의를 기울여야 한다.

6) 운전실행기준, 저장된 위험물, 탱크개조 등의 변경사항이 생길 경우에는 변경절차를 잘 관리하여 적합한 감지기를 사용하도록 한다.

(3) 경보/신호 제어반 설치 시 고려사항

1) 탱크의 액위가 설정된 높이에 도달했다는 신호를 감지하였을 때 선임된 운전자 또는 운송자가 경보를 받고 쉽게 대응 조치를 취할 수 있도록 과충전방지설비의 경보/신호 제어반(신호 표시기)의 위치를 정해야 한다.

2) 감지기를 감시하고 기타 작동장치에 출력을 보내기 위해 여러 가지 형식의 경보/신호 제어반을 사용할 수 있다. 제어반의 최종 선택은 운전자 및 운송자의 실행기준, 필요한 다양한 기능과 현장 요구사항에 따라 달라질 수 있다.

3) 경보/신호 제어반이나 경보/신호 제어반 대신 사용하는 기타 장치들(즉, 신호 표시기, 컴퓨터 디스플레이 시스템 등)은 시험기능, 예비전원, 원격통신시설을 갖춘 적절한 시각 및 음향경보 기능이 있어야 한다.

(4) 음향 및 시각 경보/신호장치 설치 시 고려사항

1) 경보/신호 제어반 외에도, 탱크 내 위험물의 고액위 및 최고액위 상태를 경보/신호해 주는 장치가 탱크저장소, 해양도크, 배관라인 분기관 및 운송업자 제어 위치 등과

같은 기타 시설 지역에 설치되어야 하며, 상기 장소에서 과충전을 방지하기 위한 정확한 행동을 하는 데 책임이 있는 담당자가 쉽게 장치를 보거나 들을 수 있어야 한다.
2) 주입작업 동안 담당자가 상시 근무하지 않는 시설에서는 경보/신호장치가 과충전방지를 위한 조치를 취할 수 있는 장소에서 작동하도록 하여야 한다.
3) 경고음, 경고등 및 경고신호 등의 선택은 설치될 지역의 폭발위험장소 분류에 따라야 한다.
4) 비상상황이 발생할 때 혼란을 방지하기 위해, 과충전방지설비와 관련된 경고음, 경고등 및 경고신호는 시설이나 운송업자 위치에 설치된 기타 경보/신호장치와 구별되어야 한다. 또한, 2단식 감지설비에서는 고액위 경보/신호가 최고액위 경보/신호와 구분되어야 한다.
5) 다음과 같은 상황이 발생되면 경고음, 경고등 및 경고신호가 작동되어야 한다.
   - 탱크 내 위험물 액위가 설정된 경보/신호 높이에 도달
   - 당해 시설용 상용전원의 손실
   - 최고액위 감지설비 회로 또는 경보/신호장치 회로의 정전이나 지락
   - 최고액위 감지설비 제어장치(내부 감시) 또는 신호발생장치의 고장이나 오작동
   - 시스템으로부터 제동장치(Trigger, 플로트, 디스플레이서 등)의 제거

(5) 전동밸브 설치 시 고려사항

1) 자동차단설비나 위험물의 우회 이송을 위해 전기식, 유압식, 공압식 전동밸브를 사용할 수 있다.
2) 자동차단설비 또는 우회 이송설비가 설치되어 있을 경우, 각 탱크의 주입밸브 또는 밸브류에는 현장 또는 원격제어용 전동장치가 있어야 한다.
3) 밸브작동 사이클은 밸브가 닫힐 때 과도한 압력이나 유압 충격이 발생하지 않아야 한다.
4) 탱크의 위험물 액위가 자동 차단이나 우회 이송 설정높이까지 충전되었다는 경보/신호를 수신 받았을 때 전동밸브 시스템은 다음과 같은 조치를 취해야 한다.
   - 운전자나 운송업자에 의해 설정한 속도로 즉시 밸브를 닫기 시작한다.
   - 이송작업 완료 후에 경보/신호가 재설정될 때까지 밸브의 원격 작동을 차단한다.
   - 탱크의 위험물 액위가 최고액위 감지 설정 위치보다 위에 있는 경우, 밸브 설치지점에서 수동으로만 밸브를 작동할 수 있어야 한다.
   - 최고액위 감지 경보/신호를 수신 받았을 때, 원격지에서 열리고 있는 밸브는 개방을 멈추고 즉시 설정된 속도로 닫히기 시작해야 한다.

- 최고액위 감지 경보/신호를 수신 받았을 때, 원격지에서 닫히고 있는 밸브는 설정된 속도로 계속 닫혀야 한다.

## 4. 비상조치 절차 및 계획절차

1) 운전자와 운송업자 모두는 다음 사항을 포함하여 여러 종류의 잠재적인 비상사태를 처리하기 위한 간단, 명료한 서면 비상(긴급)조치절차 및 작업지침을 작성하여 항상 이용 가능하도록 해야 한다.
   - 경보/신호장치 작동 시 취할 조치(긴급운전중지나 위험물의 우회 이송)
   - 과충전 사고 발생과 그에 따른 위험물 및 증기운 발생 시 취할 조치
2) 필요한 경우 비상조치 절차 및 지침은 작업 조건이나 규제 요구사항이 변경되었을 때 갱신하여야 한다.
3) 기계장치, 계측기기, 전기설비 등의 고장 사고 시 준수하여야 할 적절한 비상조치 절차는 서면으로 작성하여 당해 시설에서 이용할 수 있어야 한다.
4) 비상사태 사고 시 운송업자와 운전자 간에 관로전화설비, 공중전화나 개인 휴대폰, 전산망 및 구내 무선전화 등 적절한 통신설비를 갖출 수 있도록 규정을 마련하여야 한다.
5) 운전자와 운송업자 담당직원은 비상조치 절차, 긴급출동, 통신설비에 대한 교육을 받아야 한다.

## 【15】 공정위험 평가 시 화재, 폭발, 누출과 같은 사고 시의 피해 정도 및 피해범위 등을 정량적으로 산정하고 피해 최소화 대책을 수립하는 등의 공정위험성 평가서를 작성하는 데 있어서 가우시안 플름(Gaussian Plume) 모델과 가우시안 퍼프(Gaussian Puff) 모델에 대해서 적용대상, 전제조건, 농도예측순서를 설명하시오.

### 1. 개요

공정위험성 평가 시 화재·폭발·누출과 같은 사고 시의 피해 정도 및 피해범위 등을 정량적으로 산정하고 피해 최소화 대책을 수립하는 등의 공정위험성 평가에 대한 누출 모델인 가우시안 플름 모델과 가우시안 퍼프 모델은 다음과 같다.

### 2. 사고피해예측 절차

사고피해예측은 다음의 4단계에 의해 진행되는데, 가우시안 플름 모델과 가우시안 퍼프 모델은 가벼운 가스의 확산 모델에 해당한다.

- 1단계(근본적인 위험 요소 확인)

  정성적인 위험성 평가 단계로서 주로 위험과 운전 분석 기법 또는 체크리스트 기법 등에 의하여 공정 내에 잠재하고 있는 위험요소를 확인한다.

- 2단계(누출 모델 작성)

  누출 모델은 물질이 어떻게 누출되는지를 분석하는 것이다.

- 3단계(확산 모델)

  2단계의 누출 모델을 근거로 대기 중으로 확산되는 위험물질의 거리에 따른 농도, 확산되는 증기운 구름의 크기, 농도, 형태를 예측한다.

- 4단계(피해예측)

  누출되는 위험물질이 작업자, 인근 주민 또는 주변환경·시설에 미치는 영향을 계산한다.

## 3. 확산피해예측 절차(가벼운 가스)

[가우시안 플름(Gaussian Plume) 모델]

(1) 적용대상

가우시안 플름 모델은 가벼운 가스의 연속누출에 적용한다.

(2) 전제조건

가우시안 플름 모델의 적용 시에는 다음의 전제조건이 있다.
1) 누출속도가 일정하다.
2) 장애물이 없는 평평한 곳에서 누출이 일어난다.
3) 화학반응이나 열역학적 영향이 없다.
4) 누출기간이 일정지점에 도달하는 데 걸리는 시간보다 길다.
5) 누출된 물질은 오랜시간 동안 공기 중에 머무를 수 있는 안정된 가스이다.
6) 플름이 지표면 및 혼합되는 높이에서 완전하게 반사된다.
7) 누출이 한 지점에서 일어난다.

(3) 농도예측순서
1) 확산계수 산출
2) 유효누출높이 산출
   - 부력플럭스 산출
   - 부력영향높이 조정계수 산출
   - 대기안정도 변수산출
   - 타성(Momentum)영향높이 조정계수 산출
   - 세류(Downwash)높이 조정계수 산출
   - 유효누출높이 산출
   - 임계온도차산출

3) 일정지점에서의 농도 산출

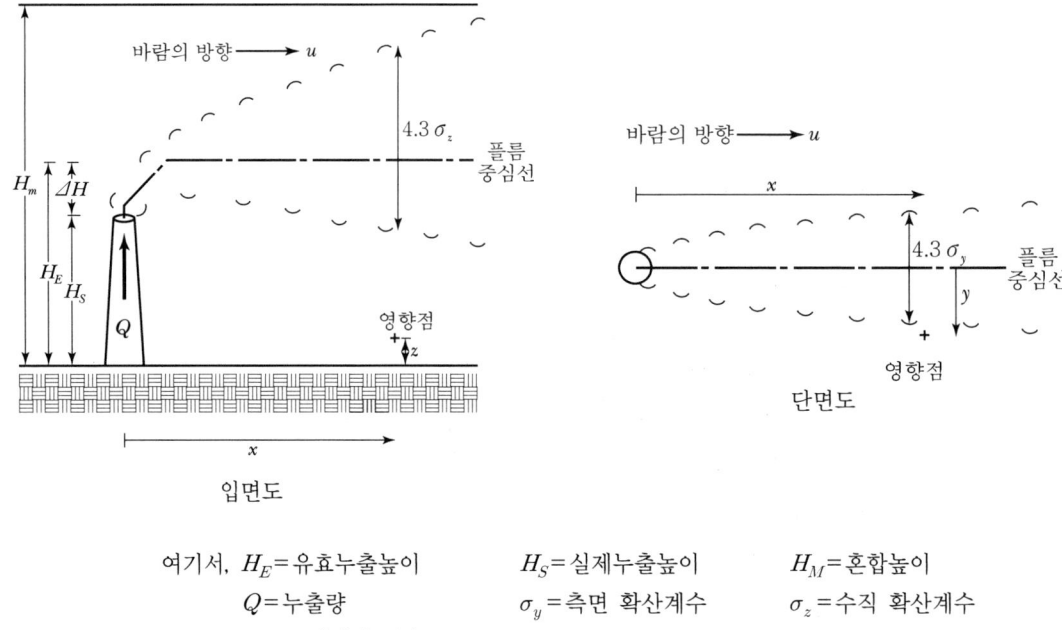

여기서, $H_E$ = 유효누출높이  $H_S$ = 실제누출높이  $H_M$ = 혼합높이
$Q$ = 누출량  $\sigma_y$ = 측면 확산계수  $\sigma_z$ = 수직 확산계수
$u = H_S$에서의 풍속

[가우시안 플름 모델]


[가우시안 퍼프(Puff) 모델]

(1) 적용대상

　　가우시안 퍼프 모델은 가벼운 가스의 순간누출에 적용한다.

(2) 전제조건

　　가우시안 퍼프 모델의 적용 시에는 다음의 전제조건이 있다.
　　1) 장해물이 없는 평평한 곳에서 누출이 일어난다.
　　2) 화학반응이나 열역학적 영향이 없다.
　　3) 누출기간이 일정지역에 도달하는 데 걸리는 시간보다 짧다.
　　4) 누출된 물질은 오랜시간 동안 대기 중에 머무를 수 있는 안정된 가스이다.
　　5) 예측농도가 순간누출의 최대농도이다.
　　6) 누출이 한 지역에서 일어난다.

(3) 농도예측순서

1) 확산계수산출
2) 유효누출높이 산출
3) 일정지점에서의 농도 산출

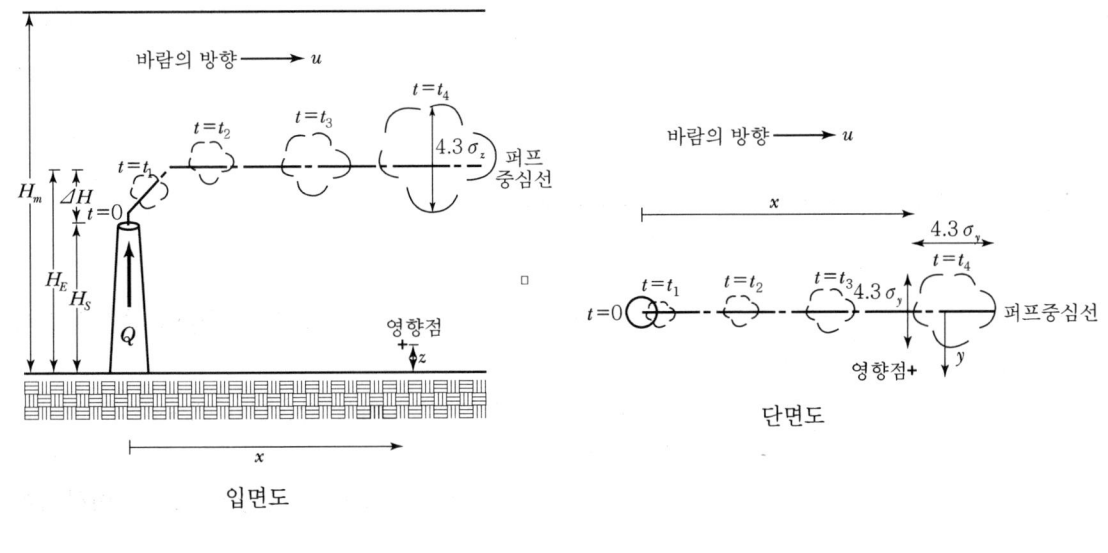

여기서, $H_E$ = 유효누출높이   $H_S$ = 실제누출높이   $H_M$ = 혼합높이
$Q$ = 누출량   $\sigma_y$ = 측면 확산계수   $\sigma_z$ = 수직 확산계수
$u = H_S$에서의 풍속

[가우시안 퍼프 모델]

## 【16】 배관의 부식, 마모 및 진동방지를 위한 액체, 증기 및 가스, 증기와 액체 혼합물의 유속제한에 대하여 설명하시오.

### 1. 개요

사업장에서 취급하는 탄화수소, 가스, 증기, 물, 공기 및 인화성 액체를 이송하는 공정배관 및 유틸리티 배관에 대한 유체의 흐름에 의한 부식, 마모 및 진동 방지를 위하여 유체의 상(Phase)에 따라 유속을 제한하고, 유속에 의한 정전기와 소음 발색을 억제하는 것이 중요하다.

### 2. 부식, 마모 및 진동방지를 위한 유속 제한

(1) 액체의 유속 제한

1) 탄소 및 스테인리스강 관의 경우 산이나 알칼리 모두 어느 속도 이상이 되면 부식이나 마모의 원인이 된다.
2) NaOH 및 KOH 수용액과 NaOH 및 KOH가 5% 이상 함유된 탄화수소 혼합물 등 알칼리는 1.2m/s 이하이어야 한다.
3) 80wt% 이상인 황산이나 5vol% 이상인 황산 혼합물 등 농황산은 1.2m/s 이하이어야 한다.
4) 1vol% 이상 페놀이 포함된 물은 0.9m/s 이하이어야 한다.
5) MEA 및 DEA와 같은 아민 수용액은 3m/s 이하이어야 한다.
6) 플라스틱이나 고무라이닝 관은 심한 마모를 피하기 위하여 3m/s 이하이어야 한다.
7) 고형물이 포함된 슬러리와 같은 경우는 1.5m/s 이하이어야 한다.
8) 부식이나 마모가 없는 대부분의 액체는 6m/s 이하이어야 한다.

(2) 증기 및 가스의 유속 제한

1) 순수한 증기나 가스는 마모에 문제가 없으며, 보통 다음의 식으로 구한다.

$$V = \frac{25}{\sqrt{\rho_G}} \quad \cdots\cdots\cdots (1)$$

여기서, $V$ : 유속(m/s)
$\rho_G$ : 가스 또는 증기의 밀도(kg/m³)

2) 습한 증기는 마모를 일으킬 수 있으므로, 페놀의 습한 증기(Wet Vapor)는 18m/s 이하이고, 습한 배기(Wet Exhaust)는 135m/s 이하로 한다.

### (3) 증기와 액체혼합물의 유속 제한

환형(Annular)에서 고속의 유체이거나 또는 미스트 영역(Regimes)에서 운전되는 공정라인과 같은 2상계에서는 마모가 일어날 수 있다. 이 경우에는 4종류의 관계식들이 있다.

1) 관경 150A 이상 : $\dfrac{\rho_{av} V_m}{1,900} \leq 4$ ········································ (2)

　관경 100A 　　: $\dfrac{\rho_{av} V_m}{1,900} \leq 3.5$ ······································ (3)

　관경 80A 　　: $\dfrac{\rho_{av} V_m}{1,900} \leq 3$ ········································ (4)

2) 모든 관경　　: $\rho_{av} V_m^3 \leq 20,390$ ················································ (5)

3) 모든 관경　　: $V_m \sqrt{\rho_{av}} \leq 8.0$ ·················································· (6)

　　여기서, $V_m$ : 혼합물의 유속(m/s)
　　　　　　$\rho_{av}$ : 혼합물의 평균 밀도(kg/m³)

4) 모든 관경　　: $V_m \leq \dfrac{40}{\rho_h}$ 8.0 ················································ (7)

　　여기서, $\rho_h = \rho_L \lambda + \rho_G (1-\lambda)$ : 균일 혼합물의 밀도(kg/m³)

　　　　　　$\lambda = \dfrac{Q_L}{Q_L + Q_G}$, $\rho_L$ 및 $\rho_G$ : 액체 및 기체의 밀도(kg/m³)

　　　　　　$Q$ : 유량(m³/s)

## 3. 정전기 발생 방지를 위한 유속 제한

1) 전도도가 50pS/m 보다 작고, 물과 비혼합성 액체인 경우에는 유속을 2m/s 이하로 설계한다.
2) 인화성 액체를 탱크 등에 초기에 주입하는 경우에는 유속을 1m/s 이하로 한다.

## 4. 소음의 발생 방지

액체의 유속을 10m/s 이하로 한다.

$$\text{가스 및 증기} : V \leq \dfrac{25}{\sqrt{\rho}}$$

여기서, $V$ : 유속(m/s)
　　　　$\rho$ : 밀도(kg/m³)

## 【17】 발열반응에서 반응기 내의 발열속도(Q)와 방열속도(q) 및 온도(T)와 관계를 Semenov 이론을 이용하여 반응의 위험한계 그래프를 그리고 설명하시오.

### 1. 화학공정의 반응기 특징
1) 화학반응공정은 크게 회분식(Batch), 반회분식(Semi-Batch), 연속식(Continuous)으로 구분되어진다. 여기서, 회분식 공정은 반응 혼합물을 반응온도까지 가열 또는 냉각한 후 일정기간 동안 유지시킴으로써 반응이 진행된다.
2) 이러한 회분식 공정에서 가장 위험한 사고는 반응에 의해 생성되는 반응열(Heat of Reaction)을 제어하지 못해 발생하는 폭주반응(Runaway Reaction)이다.

### 2. 반응기에서의 Semenov 열발화이론
1) 발열속도는 반응기 안전의 관점에서 매우 중요하다. 즉, 반응에 의한 발열속도를 제어하는 것은 반응기 안전의 핵심으로 볼 수 있다. 회분식 반응기에서 열발화(반응기 폭주반응)가 일어나기 위해서는 발열속도(Q)는 반응기 안전 관점에서 가장 중요하며, 방열속도(q)보다 커야 한다.
2) 발열속도(Q)는 반응속도, 반응기 크기, 반응엔탈피에 비례하며, 반응속도는 Arrhenius의 법칙에 따른다.

$$\text{Arrhenius 식} : k = A\exp\frac{-E_a}{RT}$$

여기서, $k$ : 충돌속도상수
$A$ : 충돌빈도
$E_a$ : 활성화에너지
$R$ : 기체상수
$T$ : 절대온도

발열속도는 Arrhenius 식에 의해 온도에 지수적으로 상승하고, 반응기 부피에 비례한다. (반응기 길이의 3승)

3) 방열속도(q)는 Newton의 냉각법칙에 따른다.

$$\text{Newton의 냉각법칙} : q = hA(T_2 - T_1)$$

여기서, $h$ : 열전달계수
$A$ : 열전달면적
$T_2$, $T_1$ : 열전달면의 온도

방열속도는 열전달면적(반응기 길이의 2승)과 온도구배에 비례한다.
4) 열축적에 의한 폭주반응(Runaway Reaction)은 방열속도가 발열속도보다 낮다면 반응기 내 온도는 상승할 것이다. 온도가 높을수록 반응속도는 더 빨라지므로 발열속도가 증가한다. 온도 증가에 따라 방열속도는 직선적으로 증가하므로 폭주반응 또는 열적 폭발이 일어나게 된다.
5) Semenov Diagram
   - 발열속도(Q)는 온도의 지수함수로 변하고, 방열속도(q)는 온도에 따라 직선적으로 변한다. 낮은 온도의 교점 A 온도 주변에서는 편차에 의해 안정한 평형점인 A로 수렴하며, 높은 온도 B에서는 낮은 온도 쪽의 편차 발생은 q가 높기 때문에 온도는 A점으로 감소하나 높은 온도 쪽에서는 Q항이 우세하여 폭주반응으로 갈 것이다.
   - 방열속도(q)와 관련된 냉각시스템의 온도가 높을수록 직선 q는 C점으로 접근하며 Q선과의 교점을 임계온도하며, 냉각시스템이 임계온도에서 운전될 때에는 냉각시스템의 변화는 폭주반응으로 이어질 수 있다.
   - 냉각시스템의 방열속도(q) 직선의 기울기는 hA(열전달계수×면적)로 열교환시스템의 파울링(Fouling), 반응기 Scale-up 등 공정조건 변화가 중요한 변수로 작용할 수 있음에 유의하여야 한다.

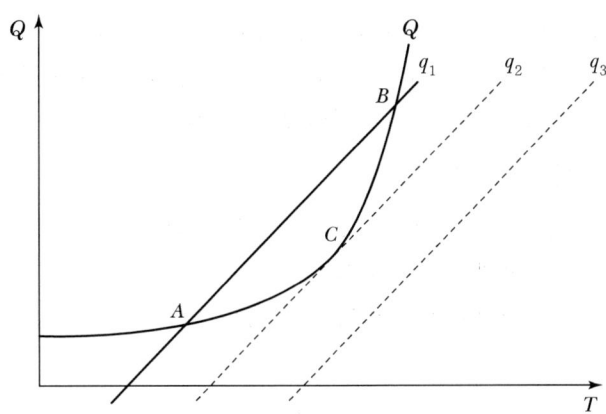

## 【18】 인화성 액체 취급공정에서의 위험성 평가를 기반으로 하는 위험장소의 설정절차에 대하여 4단계로 구분하여 절차도를 그리고 단계별로 설명하시오.

### 1. 개요

인화성 액체를 사용·취급 또는 저장하는 장소 등에서의 가스폭발위험장소의 설정 시 위험성 평가를 기반으로 가스폭발위험장소를 설정한다.

### 2. 위험성 평가를 기반으로 하는 위험장소 설정

(1) 폭발 위험장소의 설정

1) 도표이용(DEA ; Direct Example Approach)
   인화성 물질 취급설비의 위험장소를 직접 구분하는 전형적인 방법으로, 설비 배치도 및 크기·취급물질의 종류·환기 등을 고려한 경험적 방법이다

2) 점누출원(PSA ; Point Source Approach)
   설비의 운전 온도 및 압력·환기의 정도 및 유형 등의 변화가 커서 도표 이용방법이 곤란한 경우에 적용하는 것으로 누출원의 누출 확률을 알아야 한다.

3) 위험기반(RBA ; Risk-Based Approach)
   누출확률을 모르거나 자주 변화되는 시스템에서 2차 누출의 크기를 결정할 때 사용하는 방법으로, 주로 기존 설비에 유용하다.

(2) 폭발 위험장소의 설정 절차

위험장소를 설정하고자 하는 경우에는 일반적으로 위의 세 가지 방법 중 하나 이상의 방법을 서로 혼용하여 활용한다.
다음은 위험성 평가기법을 바탕으로 하는 위험장소를 설정하는 절차이다.

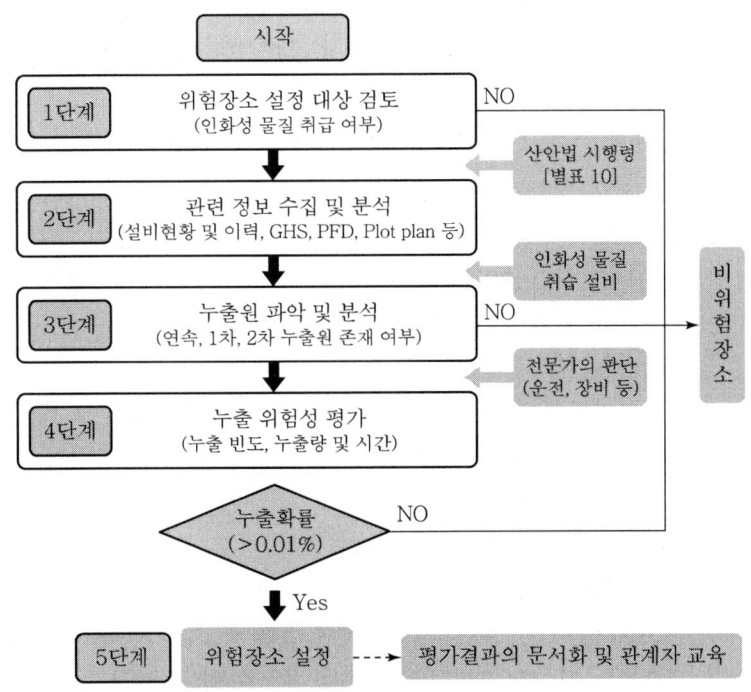

[위험성 평가를 기반으로 하는 위험장소 설정 절차]

【1단계】: 위험장소 설정 대상 검토

관련 설비에서 사용, 처리, 취급 또는 저장하는 물질이 인화성 액체에 해당된다면 위험장소의 설정 대상이 된다.

【2단계】: 관련 정보 수집

설계도면상에서만 존재하는 설비를 바탕으로 필요로 하는 방폭 전기설비 및 계장설비 등을 선정·구매하기 위하여 위험장소 구분도(초안)를 작성한다. 이러한 도면은 명확하게 그려지는 경우가 거의 없기 때문에 차후에 실제 설비를 바탕으로 수정·보완된다.

1) 설비 목록 및 기존 설비의 이력
2) 취급 물질의 물리·화학적 특성
3) 공정흐름도(Process Flow Diagram)
4) 평면도(Plot plan)

【3단계】: 누출원 파악 및 분석

1) 누출원 파악

　　가) 일반적으로 인화성 액체를 취급·사용하는 경우, 액체가 분당 40~400L(10~

100갤런)의 누출·폭발 시의 사망확률을 수용 가능한 위험으로 보고 있다. 따라서 여기에 안전율을 고려하여 분당 12~20L 이상 누출 가능한 것을 누출원으로 판단한다.

　　나) 배관도 등에서 용접으로 연결된 부분을 제외한 모든 연결부(밸브, 펌프, 압축기, 계기 등)를 누출원으로 한다.

2) 누출원 분석

설비·장치·배관 등의 누출원이 표시된 평면도의 누출원에서 설비의 운전 중 또는 정상작업 중의 누출 가능성을 평가한다.

　　가) 해당 설비의 신뢰성
　　나) 해당 설비의 운전 안정성(정상조건을 벗어난 상황의 발생 가능성)
　　다) 해당 설비의 운전 및 점검 주기
　　라) 해당 설비에서의 사고이력
　　마) 해당 작업에 대한 작업표준의 존재 여부
　　바) 작업표준의 적절성 여부
　　사) 해당 작업자의 자격, 훈련, 경험 등을 고려한 인적 오류 발생 가능성
　　아) 기타 사고발생 가능성에 영향을 줄 수 있는 요인 등

【4단계】: 누출 위험성 평가

일반적으로 '발생확률(Probability)×중대성(Consequence)'으로 정의되는 위험성(Risk)에서 '발생확률'은 '누출확률'로 보고, '중대성(Consequence)'은 위험분위기 생성원(Source)인 누출원(Source of Release)으로 본다.

1) 일정 양 이상의 인화성 액체 누출로 인한 사망 확률로 정의되는 '중대성'은 '누출원'으로 본다.
2) 누출확률에 따른 위험장소 설정에 관하여 정해진 규칙(Rule)은 없지만, 위험분위기의 생성빈도와 지속시간에 따라 0종 장소·1종 장소·2종 장소 또는 비위험장소로 구분한다.

〈가스폭발분위기의 생성확률에 따른 위험장소의 설정〉

| 위험장소 구분 | 가스폭발분위기의 생성 시간(확률) | 비고 |
|---|---|---|
| 0종 장소 | 1,000시간 초과/연(10%) | 1년은 8,760시간이지만 10,000시간으로 하여 가스폭발분위기의 생성확률을 %로 계산함 |
| 1종 장소 | 10~1,000시간/연(0.1~10%) | |
| 2종 장소 | 1~10시간 미만/연(0.01~0.1%) | |
| 비위험장소 | 1시간 미만/연(0.01%) | |

【5단계】 : 위험장소(종별 및 범위)의 설정
1) 위험장소의 종별
 가) 0종 장소 : 위험분위기가 연속적 또는 장기간 존재할 수 있는 장소
 나) 1종 장소 : 위험분위기가 정상 작동상태에서 존재할 수 있는 장소
 다) 2종 장소 : 위험분위기가 비정상 운전 또는 사고의 경우에만 존재할 수 있는 장소
2) 비위험장소
 누출원에서 인화성 액체가 누출될 확률이 아주 낮거나 적합한 환기가 이루어지는 다음과 같은 장소는 비위험장소로 할 수 있다.

## 【19】 Fire ball 정의, 특성, 크기, 지속시간, 높이계산, 발생단계, 형성에 미치는 인자에 대하여 설명하시오.

### 1. Fire ball의 정의 및 특성

(1) Fire ball의 정의

Fire ball은 BLEVE, UVCE 등에 의해 인화성 증기가 확산하여 공기와의 혼합이 폭발범위 내에 도달하였을 때 공(ball) 형태로 폭발하는 것을 말하며, 화염이 급속히 확대되어 공기를 끌어올려 마치 공이 지면에서 솟아올라 버섯형 화염으로 되어가는 것처럼 보인다.

1) 비등액체팽창증기폭발(BLEVE ; Boling Liquid Expanding Vapor Explosion)은 Flashing 현상의 하나로 가연성 액화가스 주위에 화재가 발생할 경우 기상부 탱크 강판이 국부 가열되어 강도가 약해지면 탱크가 파열되고 내부의 가열된 액화가스가 급속한 상변화(기화)를 수반하여 팽창·폭발하는 현상이다.

2) 증기운 폭발(UVCE ; Unconfined Vapor Cloud Explosion)은 대기 중에 다량의 가연성 가스나 액체가 유출되어 그것으로부터 발생하는 증기와 공기가 혼합하여 가연성 혼합기를 형성하고 점화원에 의해서 착화하여 폭발하는 현상이다.

(2) Fire ball의 특성

1) 가스저장 탱크의 대표적인 재해는 BLEVE와 UVCE이다.
2) 화재로 인하여 발전된 경우 인화성 액체 저장탱크의 BLEVE와 동시에 Fire ball이 형성되기 쉬우므로 그 위험성이 커지게 된다.
3) BLEVE의 폭발압이 UVCE보다 크기는 하지만, UVCE의 큰 위험성은 폭발압이고, BLEVE와 Fire ball은 복사열이 주요 위험요인이다.
4) 반면 UVCE는 폭발보다는 화재에 가깝고, 연소에너지의 약 20%가 폭풍파로 전환되어 폭발효율이 적으며, 복사열에 의한 피해는 거의 없다.

### 2. Fire ball의 발생과정

(1) BLEVE에 의한 Fire ball의 생성

1) 액화가스 저장탱크가 인접 화재의 화염에 의해 가열된다.
2) 탱크 내부의 액체 온도가 상승되어 높은 증기압을 형성한다.
3) 압력이 상승되어 탱크의 기상부 중 고열부에 돌출이 발생되어 탱크 외벽이 연성파괴 되면서 급격히 압력이 낮아져 액화가스가 급격히 증발된다.

4) 기화에 의한 체적팽창으로 탱크가 파괴되어 파편이 비산하고, 증발된 가스는 화염에 의해 착화되어 Fire ball을 형성한다.

(2) UVCE에 의한 Fire ball의 발생
1) 액화가스 저장탱크의 파손 등으로 유출되어 액화가스는 지속적으로 유출·기화되어 증기운을 형성한다.
2) 증기운에 착화원이 가해져 발화하며 폭발적으로 연소되어 Fire ball을 형성한다.

## 3. Fire ball의 기하학적 해석(크기, 지속시간, 높이)

연료의 초기 증기부피에 의한 식으로 Fire ball의 최대직경, 최고상승높이, 지속시간을 계산한다.

$$D = 7.71 \times V^{1/3}, \quad Z_p = 12.7 \times V^{1/3}, \quad t_p = 2.8 \times V^{1/6}$$

여기서, $D$ : 최대직경
$Z_p$ : 가시화염 최고높이
$t_p$ : 지속시간
$V$ : 연료의 초기 증기체적

## 4. Fire ball의 형성에 영향을 주는 인자

1) 폭발범위 : 폭발범위가 넓을수록 광범위하게 연소한다.
2) 증기밀도 : 증기밀도가 낮을수록 증기의 용적이 증대된다.
3) 연료의 연소열 : 온도가 상승되어 광범위한 화염을 형성한다.
4) 유출 형태에 따른 혼합기의 조성 : 폭발범위 이내로, 양론농도에 가까울수록 연소가 촉진된다.

# KOSHA GUIDE

Part 05

## Contents

1. 방유제 설치에 관한 기술지침 — 439
2. 긴급차단밸브 설치에 관한 기술지침 — 445
3. 분진폭발방지에 관한 기술지침 — 451
4. 가스누출감지경보기 설치 및 유지보수에 관한 기술지침 — 458
5. 안전밸브 등의 배출용량 산정 및 설치 등에 관한 기술지침 — 481
6. 플레어시스템의 역화방지설비 설계 및 설치에 관한 기술지침 — 513
7. 플레어시스템의 녹아웃드럼 설계 및 설치에 관한 기술지침 — 527
8. 플레어시스템의 설계·설치 및 운전에 관한 기술지침 — 541
9. 가연성 가스 및 증기혼합물의 폭발한계 산정에 관한 기술지침 — 579
10. 가스 및 증기상의 화재·폭발 위험성이 있는 설비의 설계에 관한 기술지침 — 589
11. 화학공장의 화재예방에 관한 기술지침 — 607
12. 가스폭발위험장소의 설정에 관한 기술지침 — 623
13. 가스폭발위험장소 설정에서의 인화성물질 누출원평가에 관한 기술지침 — 761
14. 가스폭발위험장소 설정에 있어서의 환기평가에 관한 기술지침 — 784
15. 가스폭발위험장소 범위설정에 관한 기술지침 — 812
16. 분진폭발 위험장소 설정에 관한 기술지침 — 849
17. 배관내 이송물질 표시에 관한 안전가이드 — 870
18. 위험기반검사(RBI) 기법에 의한 설비의 신뢰성 향상 기술지침 — 876
19. 화염방지기 설치 등에 관한 기술지침 — 902
20. 불활성 가스 치환에 관한 기술지침 — 924
21. 결함수 분석 기법 — 936
22. 누출원 모델링에 관한 기술지침 — 960
23. 방호계층분석(LOPA)기법에 관한 기술지침 — 993
24. 정유 및 석유화학 공장의 소방설비에 관한 기술지침 — 1013
25. 배관계통의 공정설계에 관한 기술지침 — 1030
26. 저장탱크 과충전방지에 관한 기술지침 — 1047
27. 화학공장의 혼합공정에서 화재 및 폭발 예방에 관한 기술지침 — 1061
28. 인화성 잔류물이 있는 탱크의 청소 및 가스제거에 관한 기술지침 — 1075
29. 위험성평가를 기반으로 하는 인화성 액체 취급장소에서의 폭발위험장소 설정에 관한 기술지침 — 1090
30. 불산/불화수소 취급근로자의 중독 예방 및 응급대응 지침 — 1107
31. 화학설비 고장률 산출기준에 관한 기술지침 — 1118

KOSHA GUIDE
D - 8 - 2017

# 방유제 설치에 관한 기술지침

2017. 11.

한 국 산 업 안 전 보 건 공 단

## 안전보건기술지침의 개요

○ 제정자 : 김재현

○ 개정자 :
 - 변윤섭
 - 한인수
 - 고종기
 - 김우태

○ 제·개정 경과
 - 1993년 4월 화학안전분야 제정위원회 심의
 - 1993년 5월 총괄제정위원회 심의
 - 1995년 9월 화학안전분야 제정위원회 심의
 - 1996년 4월 총괄제정위원회 심의 및 공표
 - 2001년 7월 화학안전분야제정위원회 심의
 - 2001년 8월 총괄제정위원회 심의
 - 2007년 10월 화학안전분야 제정위원회 심의
 - 2007년 11월 총괄제정위원회 심의
 - 2012년 7월 총괄제정위원회 심의(개정, 법규개정조항 반영)
 - 2013년 9월 화학안전분야 제정위원회 심의(개정)
 - 2017년 11월 화학안전분야 제정위원회 심의(개정)

○ 관련 규격
 - 미국 NFPA 30 : 'Flammable and combustible liquids code(2015)'

○ 기술지침의 적용 및 문의
 이 기술지침에 대한 의견 또는 문의는 한국산업안전보건공단 홈페이지 안전보건기술지침 소관 분야별 문의처 안내를 참고하시기 바랍니다.

공표일자 : 2017년 11월 27일
제 정 자 : 한국산업안전보건공단 이사장

KOSHA GUIDE
D - 8 - 2017

# 방유제 설치에 관한 기술지침

## 1. 목적

이 지침은 위험물질을 액체상태로 저장하는 저장탱크에서 위험물질 누출 시 외부로 확산되는 것을 방지하기 위해 설치하는 방유제에 관한 기술을 제시하는 데 그 목적이 있다.

## 2. 적용범위

이 지침은 위험물질의 외부 누출을 방지하기 위해 설치하는 방유제에 대하여 적용한다. 다만, 위험물안전관리법 등 다른 법에서 적용받는 위험물질은 해당 법을 따른다.

## 3. 정의

(1) 이 지침에서 사용하는 용어의 정의는 다음과 같다.

(가) "방유제(Diking)"라 함은 저장탱크에서 위험물질이 누출될 경우에 외부로 확산되지 못하게 함으로서, 주변의 건축물, 기계·기구 및 설비 등을 보호하기 위하여 위험물질 저장탱크 주위에 설치하는 지상방벽 구조물(Dike)을 말한다.

(나) "유효용량(Effective capacity)"이라 함은 저장탱크에서 위험물질이 누출될 경우 방유제가 실제로 저장할 수 있는 용량을 말한다.

(다) "배출로(Drainage)"라 함은 위험물질 저장탱크에서 누출된 위험물질을 안전한 장소로 유도하기 위한 도랑, 배관 등의 배출 통로를 말한다.

(라) "저조 등(Sump)"이라 함은 위험물질 저장탱크로부터 일정한 거리에 설치한 웅덩이(Impounding area) 등과 같이 위험물질이 누출될 경우 이를 유도하여 임시로 저장할 수 있는 시설을 말한다.

(마) "응축수 배출설비(Condensate Drainage system)"라 함은 방유제 내부에 스팀의 응축수를 받는 원통형, 사각형 등의 상부 개방형 배출 포트(Pot)를 설치하고, 방유제 외부로 연결된 배관을 설치하여 응축수를 방유제 외부로 배출하는 설비를 말한다.

(2) 기타 이 지침에서 사용하는 용어의 정의는 특별한 규정이 있는 경우를 제외하고는 법, 동법 시행령, 동법 시행규칙 및 안전보건규칙이 정하는 바에 의한다.

KOSHA GUIDE
D - 8 - 2013

4. 위험물질 저장탱크 배치

하나의 방유제 내부에는 상호 간 반응성 있거나 서로 접촉하여서는 안되는 물질 또는 위험성을 유발할 수 있는 물질의 저장탱크를 혼합하여 배치해서는 아니 된다. 다만, 위험물질이 인화성이면서 급성 독성인 경우에는 하나의 방유제 내부에 동일한 물질의 저장탱크를 배치할 수 있다.

5. 방유제의 유효용량

(1) 하나의 저장탱크 주위에 설치하는 방유제 내부의 유효용량은 저장탱크의 용량 이상이어야 하며, 둘 이상의 저장탱크 주위에 설치하는 방유제 내부의 유효용량은 방유제 내부에 설치된 저장탱크 중 용량이 가장 큰 저장탱크의 용량 이상(각각의 저장탱크가 서로 격리된 구조로 설치된 경우에 한한다.)이어야 한다. 다만, 위험물질 저장탱크 주위에 다음의 기준에 적합한 배출로 및 저조시설 등을 설치하여 누출된 위험물질을 안전한 장소로 유도할 수 있는 조치를 하였을 경우에는 그러하지 아니 한다.

(가) 저장탱크에서 저조 등까지의 배출로는 누출된 위험물질이 자유로이 배출될 수 있도록 1 % 이상 경사를 유지하도록 하는 경우

(나) 저조 등의 용량은 가장 큰 저장탱크에서 누출된 위험물질을 충분히 저장할 수 있도록 하는 경우

(2) 표준압력(101.3 kPa), 20 ℃에서 가스상태인 위험물질을 액체상태로 저장하는 저장탱크 주위에 설치하는 방유제는 누출된 위험물질의 기화를 억제할 수 있도록 방유제 내부의 단면적을 최소화하여야 한다.

(3) 〈그림〉과 같이 방유제 내부에 "가", "나" 및 "다"탱크가 설치되어 있을 경우 방유제 유효용량은 다음과 같이 계산한다.

유효용량=[방유제의 내부 체적]-[가장 큰 저장탱크 하나("가"탱크)를 제외한 저장탱크("나"와 "다"탱크)의 방유제 높이 이하 부분의 체적]-[모든 저장탱크("가", "나" 및 "다"탱크)의 기초부분의 체적]-[방유제 높이 이하 부분의 배관, 지지대 등 부속설비의 체적]

KOSHA GUIDE
D - 8 - 2017

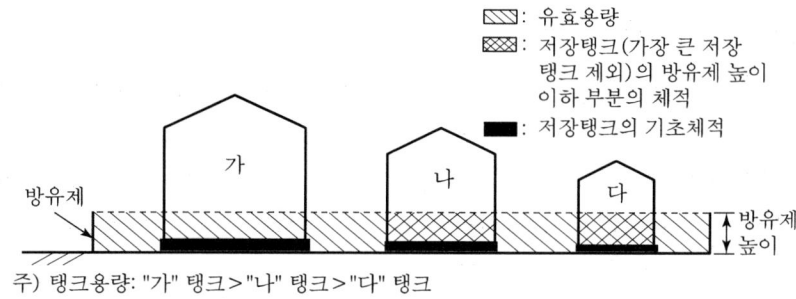

〈그림 1〉 방유제의 유효용량

## 6. 방유제와 저장탱크 사이의 거리

방유제 내면과 저장탱크 외면사이의 거리는 저장탱크의 직경과 높이를 고려하여 이격거리를 정하여야 하고, 최소 1.5 m 이상을 유지하여야 한다.

## 7. 방유제의 구조

(1) 방유제는 철근콘크리트 또는 흙담 등으로서 누출된 위험물질이 방유제 외부로 누출되지 않아야 하며 위험물질에 의한 액압(위험물질의 비중이 1 이하인 경우에는 수두압)을 충분히 견딜 수 있는 구조이어야 한다.

(2) 방유제 주위에는 근로자가 안전하게 방유제 내·외부에서 접근할 수 있는 계단이나 경사로 등을 설치하여야 하며, 높이 1 m 이상인 계단의 개방된 측면에는 안전난간을 설치하여야 한다.

(3) 방유제 내부 바닥은 누출된 위험물질을 안전하게 처리할 수 있도록 저장탱크의 외면에서 방유제까지 거리 또는 15 m 중 더 짧은 거리에 대해 1 % 이상 경사가 유지되어야 한다.

(4) 방유제의 높이는 0.5 m 이상, 3 m 이하로 하고, 내면 및 방유제 내부 바닥의 재질은 위험물질에 대하여 내식성이 있어야 한다.

(5) 방유제는 외부에서 방유제 내부를 볼 수 있는 구조로 설치하거나 내부를 볼 수 없는 구조인 경우에는 내부를 감시할 수 있는 감시창 또는 CCTV 카메라 등을 설치하여야 한다.

## KOSHA GUIDE
D - 8 - 2013

### 8. 방유제 관통 배관

(1) 방유제를 관통하는 배관은 부등침하 또는 진동으로 인한 과도한 응력을 받지 않도록 조치하여야 한다.

(2) 방유제를 관통하는 배관 보호를 위하여 슬리브(Sleeve) 배관을 묻어야 하며 슬리브 배관과 방유제는 완전 밀착되어야 하고, 배관과 슬리브 배관 사이에는 충전물을 삽입하여 완전 밀폐하여야 한다.

### 9. 방유제 내부의 배수처리

(1) 방유제 내부의 빗물 등을 외부로 배출하기 위한 배수구를 설치하여야 하며, 이를 개폐하는 밸브 등을 방유제의 외부에 설치하여야 한다.

(2) 개폐용 밸브 등은 빗물 등을 배출하는 경우를 제외하고는 항상 잠겨져 있어야 하며, 이를 쉽게 확인할 수 있는 잠금장치, 꼬리표 등을 설치하여야 한다.

(3) 방유제 내부에 있는 탱크, 배관 등을 보온하기 위해 사용한 스팀의 응축수를 배출하기 위한 배출구는 방유제 외부에 설치하여야 한다. 다만, 방유제 내부에 응축수 배출설비(배출 포트의 높이가 방유제 높이 이상이고 배출 포트를 통하여 위험물질이 방유제 외부로 배출되지 않은 구조로 설치된 경우에 한한다)를 설치한 경우에는 그러하지 아니 한다.

### 10. 방유제 내부의 설비

방유제 내부에는 방유제 내부에 설치하는 저장탱크를 위한 배관(저장탱크의 소화설비를 위한 배관을 포함한다), 조명설비, 가스누출감지경보기(감지부에 한한다), 계기시스템 등 안전성 확보에 필요한 설비 외에는 다른 설비를 설치하여서는 아니 된다.

KOSHA GUIDE
D - 11 - 2012

# 긴급차단밸브 설치에 관한 기술지침

2012. 7

한 국 산 업 안 전 보 건 공 단

안전보건기술지침의 개요

○ 작성자 : 김재현
○ 개정자 :
  - 김재현
  - 한인수

○ 제·개정 경과
  - 1994년 6월 화학안전기준제정위원회 심의
  - 1994년 7월 총괄제정위원회 심의
  - 2009년 6월 화학안전기준제정위원회 심의
  - 2009년 8월 총괄제정위원회 심의
  - 2012년 7월 총괄제정위원회 심의(개정, 법규개정조항 반영)

○ 관련 규격 및 자료
  - NFPA 30 : Flammable and combustible liquids
  - BS 5908 : Fire precautions in the chemical and allied industries
  - FM : Flammable liquids

○ 관련 법규, 규칙, 고시 등
  - 「산업안전보건기준에 관한 규칙」 제225조, 제275조, 제435조

○ 기술지침의 적용 및 문의
 이 기술지침에 대한 의견 또는 문의는 한국산업안전보건공단 홈페이지 안전보건기술지침 소관 분야별 문의처 안내를 참고하시기 바랍니다.

공표일자 : 2012년 7월 18일

제 정 자 : 한국산업안전보건공단 이사장

KOSHA GUIDE
D - 11 - 2012

# 긴급차단밸브 설치에 관한 기술지침

## 1. 목적

이 지침은 「산업안전보건기준에 관한 규칙」(이하 "안전보건규칙"이라 한다) 제225조, 제275조, 제435조에 따른 위험물질 및 관리대상 유해물질의 흐름을 차단할 수 있는 긴급차단밸브 설치에 관한 지침을 정하여 운전조건의 이상, 주위의 화재 또는 위험물질 등의 누출로 인한 2차적인 재해를 예방하는데 필요한 사항을 정하는 데 그 목적이 있다.

## 2. 적용범위

이 지침은 다음 물질을 저장·취급하는 탱크, 탑류, 반응기, 가열로, 하역배관 등에 적용한다.
(1) 안전보건규칙 별표 1의 제4호 인화성 액체, 제5호 인화성 가스, 제7호 급성독성물질에 해당하는 물질
(2) 안전보건규칙 별표 12의 제1호 유기화합물 및 제4호 가스 상태 물질류로서 제(1)항의 물질에 해당하는 물질

## 3. 정 의

(1) 이 지침에서 사용하는 용어의 뜻은 다음과 같다.
  (가) "긴급차단밸브"란 배관상에 설치되어 주위의 화재 또는 배관에서 위험물질 누출시 원격조작스위치를 누르면 공기 또는 전기 등의 구동원에 의하여 유체의 흐름을 원격으로 차단할 수 있는 밸브로서 긴급차단 기능을 갖는 조절밸브(Control valve)를 말한다.
  (다) "자동긴급차단밸브"란 배관상에 설치되어 운전조건 이상 시 자동으로 유체의 흐름을 차단하는 밸브를 말한다.
  (라) "정체량"이란 〈그림 1〉의 탑 하부로부터 최대운전액면 까지의 액량을 말한다.

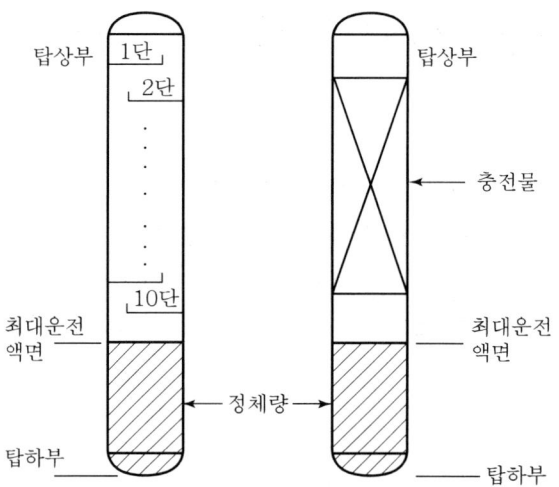

〈그림 1〉 탑류의 정체량

　　(마) "탑류"란 안전보건규칙 별표 7의 1호 나목에서 규정하는 분리장치를 말한다.
　　(바) "탱크"란 안전보건규칙 별표 7의 1호 다목에서 규정하는 저장설비를 말한다.
(2) 그 밖에 이 지침에서 정하는 용어의 뜻은 이 지침에서 특별한 규정이 있는 경우를 제외하고는 「산업안전보건법」, 같은 법 시행령, 같은 법 시행규칙, 안전보건규칙에서 정하는 바에 따른다.

## 4. 구조

긴급차단밸브는 다음과 같은 기준에 적합하여야 한다.
(1) 긴급차단밸브 본체는 배관의 설계압력 및 설계온도에 견딜 수 있어야 한다. 특히, 화재발생가능지역에 설치되는 긴급차단밸브 본체는 화재 시 화염에 견딜 수 있는 재질로 제작하여야 한다. 다만, 공정 특성상 화염에 견딜 수 있는 재질로 긴급차단밸브의 제작이 곤란한 경우에는 화염에 견딜 수 있도록 긴급차단밸브에 내화조치 하여야 한다.
(2) 긴급차단밸브는 전기 또는 공기 등의 구동용 동력원 공급 차단 시 닫히는 구조이어야 한다.
(3) 화재발생가능지역에 설치되는 긴급차단밸브로서 공정 특성상 구동용 전기 또는 공기 등의 구동용 동력이 공급되어야만 긴급차단밸브가 차단되도록 특수 제작된 경우에는 긴급차단밸브 구동용 전기 또는 공기 공급도관은 화재 시 20분 이내, 구동기(Actuator)는 화재발생 시 15~20분간 화염에 견딜 수 있도록 내화조치를 하여야 한다.

(4) 긴급차단밸브는 화재발생 시 빨리 닫힐 수 있어야 하며 누출이 없어야 한다.
(5) 긴급차단밸브 등의 재질은 취급유체에 대하여 내식성 및 내마모성을 갖는 재질이어야 한다.

## 5. 설치범위

긴급차단밸브를 설치하여야 할 설비의 범위는 다음과 같다.
(1) 다음 각 목의 탱크인입 및 출구배관. 다만, 인입배관에는 역지밸브 등과 같이 역류방지를 위한 조치를 하였을 경우에는 그러하지 아니하다.
  (가) 가연성 가스를 액체상태로 저장하는 설계용량 5m³ 이상의 탱크
  (나) 독성물질 중 1기압, 35℃에서 기체로 존재하는 물질을 액체상태로 저장하는 설계용량 5m³ 이상의 탱크
  (다) 인화성물질 중 인화점이 30℃ 미만인 물질을 저장하는 것으로 사방이 벽으로 둘러싸여 있는 건축물내에 설치되는 설계용량 10m³ 이상의 탱크
(2) 다음 각 목의 탑류 하부의 출구배관. 다만, 최대운전액면보다 높은 곳에 설치된 배관 또는 비상시에 그 배관이 차단되어서는 안 되는 특수한 경우는 예외로 한다.
  (가) 가연성 가스의 액체 정체량이 10m³ 이상인 탑류
  (나) 비점(1 기압하) 이상에서 운전되는 독성물질의 정체량이 10m³ 이상인 탑류
  (다) 비점(1 기압하) 이상에서 운전되는 인화성물질의 정체량이 30m³ 이상인 탑류
(3) 연속으로 운전되는 발열반응기 및 가열로의 원료 또는 연료공급 배관. 다만, 공칭직경 38mm(1½ 인치) 미만의 배관에는 적용하지 아니 한다.
(4) 호스 또는 하역설비 등을 이용하여 기차, 선박, 탱크로리 등에 가연성 가스, 인화성물질 또는 독성물질을 하역하는 배관

## 6. 설치위치

(1) 탱크, 탑류의 배관에 설치되는 긴급차단밸브는 가능한 한 탱크 또는 탑류에 가깝게 설치하여야 한다.
(2) 반응기에 설치되는 자동긴급차단밸브는 원료공급배관에, 가열로에는 연료공급배관에 설치하여야 한다.
(3) 기차, 선박, 탱크로리 등의 하역용 배관에 설치되는 긴급차단밸브는 가능한 한 하역용 호스 또는 하역설비에 가깝게 설치하여야 한다.

KOSHA GUIDE
D - 11 - 2012

(4) 긴급차단밸브 조작용 원격조작스위치는 운전자가 안전하고 쉽게 조작할 수 있는 장소에 설치하여야 한다.

## 7. 시험 및 점검

(1) 긴급차단밸브는 원격 조작 스위치를 이용하여 1~2개월 간격으로 주기적인 시험 및 점검을 하여야 한다.
(2) 공장의 완전 가동 정지 시에는 긴급차단밸브에 대하여 완전하게 시험 및 점검을 실시하여야 한다.

KOSHA GUIDE
D - 12 - 2012

# 분진폭발방지에 관한 기술지침

2012. 7

한 국 산 업 안 전 보 건 공 단

안전보건기술지침의 개요

○ 작성자 : 김기영

○ 개정자 : 한인수

○ 제·개정 경과
  - 1994년 6월 화학안전분야 기준제정위원회 심의
  - 1994년 7월 총괄기준제정위원회 심의
  - 1995년 9월 화학안전분야 기준제정위원회 심의
  - 1996년 4월 총괄기준제정위원회 심의
  - 2002년 2월 화학안전분야 기준제정위원회 심의
  - 2002년 3월 총괄기준제정위원회 심의
  - 2012년 7월 총괄제정위원회 심의(개정, 법규개정조항 반영)

○ 관련 규격 및 자료
  - 미국 NFPA 68, FM 및 Uniform fire code 등

○ 관련 법규·규칙·고시 등
  - 산업안전보건기준에 관한 규칙 제232조(폭발 또는 화재 등의 예방)
  - 산업안전보건기준에 관한 규칙 제236조(화재 위험이 있는 작업의 장소 등)
  - 산업안전보건기준에 관한 규칙 제239조(위험물 등이 있는 장소에서 화기 등의 사용 금지)
  - 산업안전보건기준에 관한 규칙 제240조(유류 등이 있는 배관이나 용기의 용접 등)

○ 기술지침의 적용 및 문의
  이 기술지침에 대한 의견 또는 문의는 한국산업안전보건공단 홈페이지 안전보건기술지침 소관 분야별 문의처 안내를 참고하시기 바랍니다.

공표일자 : 2012년 7월 18일

제 정 자 : 한국산업안전보건공단 이사장

KOSHA GUIDE
D - 12 - 2012

# 분진폭발방지에 관한 기술지침

## 1. 목적

이 지침은 산업안전보건기준에 관한 규칙(이하 "안전보건규칙"이라 한다) 제232조(폭발 또는 화재 등의 예방), 제236조(화재 위험이 있는 작업의 장소 등), 제239조(위험물 등이 있는 장소에서 화기 등의 사용 금지) 및 제240조(유류 등이 있는 배관이나 용기의 용접 등)의 규정에 의거 가연성분진에 의한 화재 및 폭발을 방지하는 데 필요한 기술적 사항을 정함을 목적으로 한다.

## 2. 적용대상 분진 및 설비

이 지침은 별표의 가연성 분진(이하 "분진"이라 한다)을 발생시키는 물질 등의 저장, 가공, 운반설비 및 이로부터 발생되는 분진을 제거하기 위한 제진설비(이하 "설비"라 한다) 등에 대하여 적용한다.

## 3. 용어의 정의

(1) 이 지침에서 사용하는 용어의 정의는 다음과 같다.
 (가) "분진"이라 함은 직경 420미크론(Micron)이하인 미세한 분말상의 물질로서 적절한 비율로 공기와 혼합되면 점화원에 의하여 폭발할 위험성이 있는 물질을 말한다.
 (나) "불활성 가스 봉입장치"라 함은 질소, 이산화탄소 등과 같은 불활성 가스를 주입하여 분진 등이 폭발되지 않도록 설비 등의 내부를 폭발최소 산소농도 미만으로 유지하기 위하여 설치하는 장치를 말한다.
 (다) "폭발최소 산소농도"라 함은 밀폐된 설비 등에서 분진폭발이 일어나지 않는 최대 산소농도를 말한다.
(2) 기타 이 지침에서 사용하는 용어의 정의는 특별한 규정이 있는 경우를 제외하고는 산업안전보건법, 같은 법 시행령, 같은 법 시행규칙 및 안전보건규칙이 정하는 바에 의한다.

## 4. 분진제거

설비가 설치되는 건축물의 바닥 및 기타 표면에 분진이 누적, 비산되지 않도록 제거되어야 한다.

## KOSHA GUIDE
D - 12 - 2012

### 5. 분진발생 설비의 구조

분진발생 설비는 뚜껑 설치 또는 밀폐구조로 하여 가능한 한 분진이 외부로 비산되지 않도록 하여야 한다.

### 6. 금속분리 장치

분쇄기의 입구에는 인입되는 금속과 설비와의 접촉으로 인한 스파크의 발생을 방지하기 위하여 금속분리 장치를 설치하여야 한다.

### 7. 제진설비

(1) 제진설비는 벽이 있는 건축물 내부에 설치하여서는 아니된다.
다만, 다음의 경우에는 적용하지 아니한다.
(가) 제진설비는 가능한 한 외부로 향한 벽근처에 설치하고 그 배기덕트는 짧게 외부로 설치하며 제진설비 및 덕트가 그 내부폭발압력에 견딜 수 있도록 설계하는 경우
(나) 제진설비 내부에 10항의 불활성 가스 봉입 또는 11항의 폭발방호장치를 설치한 경우
(2) 모든 분진발생 설비는 제진설비에 연결되어야 하며, 제진설비가 가동하지 않을 때에는 분진발생 설비도 가동이 되지 않도록 조치하여야 한다.
(3) 여과포를 사용하는 제진설비에는 차압계 또는 차압을 측정할 수 있는 압력측정 장치를 설치하여야 하며, 여과포는 도전성 재질을 사용하여야 한다.
(4) 제진설비 가동 정지 시에는 경보 또는 경광등이 작동되어야 한다.
(5) 내부 고착물에 의한 열축적 등의 우려가 있는 경우에는 온도계를 설치하여야 한다.

### 8. 점화원 관리

분진발생 또는 분진 취급지역에서는 흡연, 직화 이용기기 및 불꽃이 발생할 수 있는 기기의 사용을 금지하여야 한다.

### 9. 접지 등

공기로 분진발생물질을 수송하는 설비와 관련된 수송덕트의 접속부위는 접지 및 본딩하여야 한다.

KOSHA GUIDE
D - 12 - 2012

## 10. 불활성 가스 봉입

(1) 분진발생 설비가 폐쇄계(Closed system)로 설치되어 있는 경우에는 질소 등과 같은 불활성 가스를 봉입하여 산소농도를 폭발최소농도 이하로 낮추어야 한다. 다만, 불활성 가스에 의한 질식이 우려되거나 또는 불활성 가스를 쉽게 이용할 수 없는 경우에는 그러하지 아니하다.

(2) 불활성 가스 공급배관에는 불활성 가스의 공급을 확인할 수 있는 유량계, 압력계 등의 계측장치를 설치하고, 불활성 가스가 봉입되는 설비에는 산소농도 측정계를 설치하여 설비 내의 산소농도를 폭발최소농도 이하로 유지하여야 한다.

## 11. 폭발 방호장치

(1) 설비에는 분진폭발을 방지하기 위하여 다음에 해당하는 방호장치를 설치하여야 한다. 다만, 설비 및 관련 덕트 등이 최고 폭발압력에 견딜 수 있도록 설계·제작된 경우에는 그러하지 아니하다.

　(가) 설비에서 폭발이 발생되었을 때 폭발이 인근 설비로 전달되지 않도록 고속 작동 밸브 등을 사용하여 설비를 차단할 수 있는 것으로 이때의 최고 폭발압력에 견딜 수 있는 차단장치

　(나) 분진폭발로 인한 압력 상승 시 분진 및 연소물을 설비 외로 분출시킬 수 있는 폭발 압력 방산구

　(다) 설비 내의 분진 점화를 감지하는 즉시 적절한 소화용제를 분사할 수 있는 폭발 억제장치

(2) (1)호의 규정 중 설비 내의 분진이 독성이 있어 외부로 분출시킬 수 없는 경우에는 폭발압력 방산구를 설치하여서는 아니된다.

KOSHA GUIDE
D - 12 - 2012

〈별표〉

# 분진을 발생시키는 물질의 종류의 예

1. 곡물분진을 발생시키는 물질
    - 셀룰로오스
    - 코르크
    - 옥수수, 보리, 콩, 목화씨, 아마씨, 귀리, 밀, 쌀, 해바라기씨
    - 달걀흰자위
    - 분유
    - 콩가루
    - 녹말
    - 설탕 등

2. 탄소질 분진을 발생시키는 물질
    - 목탄
    - 역청탄
    - 코크스
    - 갈탄
    - 이탄
    - 목재
    - 지류 등

3. 화학 분진을 발생시키는 물질
    - 아디프산(Adipic acid)
    - 안트라퀴논(Anthraquinone)
    - 아스코르브산(Ascorbic acid)
    - 칼슘 아세테이트(Calcium acetate)
    - 칼슘 스테아레이트(Calcium stearate)
    - 카복시메틸 셀룰로오스(Carboxymethyl cellulose)
    - 덱스트린(Dextrin)
    - 락토오스(Lactose)

## KOSHA GUIDE
D - 12 - 2012

- 스테아린산 납(Lead stearate)
- 메틸셀룰로오스(Methyl cellulose)
- 파라 포름알데하이드(Paraformaldehyde)
- 소디움 아스코베이트(Sodium ascorbate)
- 소디움 스테아레이트(Sodium stearate)
- 황 등

4. 금속분진을 발생시키는 물질
   - 알루미늄
   - 청동
   - 철카보닐(Iron carbonyl)
   - 마그네슘
   - 아연 등

5. 플라스틱 분진을 발생시키는 물질
   - 폴리아크릴아미드(Polyacrylamide)
   - 폴리아크릴로니트릴(Polyacrylonitrile)
   - 폴리에틸렌(Polyethylene)
   - 에폭시 수지(Epoxy resin)
   - 멜라민 수지(Melamine resin)
   - 페놀 셀룰로오스(Phenol cellulose)
   - 메틸아크릴레이트(Methyl acrylate)
   - 페놀수지(Phenolic resin)
   - 폴리프로필렌(Polypropylene)
   - 테르펜 페놀수지(Terpene-phenol resin)
   - 요소-포름알데히드 셀룰로오스(Urea-formaldehyde/cellulose)
   - 비닐아세테이트 공중합체(Vinylacetate copolymer)
   - 폴리비닐알코올(Polyvinyl alcohol)
   - 폴리비닐부티랄(Polyvinyl butyral)
   - 폴리비닐 클로라이드(Polyvinyl chloride)
   - 폴리비닐 클로라이드/비닐아세틸렌 공중합체(Polyvinyl chloride/vinyl acetylene copolymer) 등

KOSHA GUIDE
P - 166 - 2020

가스누출감지경보기 설치 및 유지보수에 관한 기술지침

2020. 12

한 국 산 업 안 전 보 건 공 단

## 안전보건기술지침의 개요

○ 작성자 : 한국산업안전보건공단 장 희, 여운성

○ 개정자 :
- 한국산업안전보건공단 권현길, 최우진, 조영남, 이 협, 한국가스안전공사 유명종
- 화학물질안전원 류지성, 전남대학교 장 희, 한국산업안전보건공단 권현길
- 한국가스안전공사 유명종, 화학물질안전원 윤준헌

○ 제 · 개정 경과
- 2013년 9월 화학안전분야 제정위원회 심의(제정)
- 2018년 5월 화학안전분야 제정위원회 심의(개정)
- 2020년 9월 화학안전분야 제정위원회 심의(개정)

○ 관련 규격 및 자료
- KS C 6590, 가연성 가스감지기의 성능시험방법
- KS C 6591, 가연성 가스감지기의 설치, 운전 및 유지보수
- KS C 6592 독성 가스감지기의 성능시험방법
- KS C 6593, 독성 가스감지기의 설치, 운전 및 유지보수
- KS C IEC 60079-0, 방폭전기기계·기구-일반 요구사항
- KS C IEC 61000-6-2,4 전기자기적합성(EMC)-제6부 : 일반기준-제2절, 제4절 : 산업용 환경에서 사용하는 기기의 전기자기 내성기준
- NFPA, 329 "Recommended Practice for Handling Releases of flammable and Combustible Liquids and Gases", 2005
- ANSI/ISA-92.00.01-2010(R2015), "Performance Requirements for Toxic Gas Detectors"
- 화학물질안전원지침, 사고시나리오 선정에 관한 기술지침
- KOSHA GUIDE P-107, 최악 및 대안의 누출시나리오 선정에 관한 기술지침
- KGS FP111, 고압가스 특정제조의 시설·기술·검사·감리·정밀안전검진 기준, 2020
- LPG시설 검사업무 처리지침(지침번호 2201-1), 제3-21조, 한국가스안전공사, 2020
- KASTO기준, 일반가스측정기의 표준교정절차

○ 기술지침의 적용 및 문의
- 이 기술지침에 대한 의견 또는 문의는 한국산업안전보건공단 홈페이지(www.kosha.or.kr)의 안전보건기술지침 소관분야별 문의처 안내를 참고하시기 바랍니다.
- 동 지침 내에서 인용된 관련규격 및 자료, 법규 등에 관하여 최근 개정본이 있을 경우에는 해당 개정본의 내용을 참고하시기 바랍니다.

공표일자 : 2020년 10월 일
제 정 자 : 한국산업안전보건공단 이사장

KOSHA GUIDE
P - 166 - 2020

# 가스누출감지경보기 설치 및 유지보수에 관한 기술지침

## 1. 목적
작업장의 인화성 또는 독성 물질 누출을 조기에 감지 및 경보를 위하여 사용하는 가스누출감지경보기 등의 설치, 운영 및 유지보수에 필요한 사항을 제시하는 데 그 목적이 있다.

## 2. 적용범위
이 지침은 휴대용(이동용 포함) 및 고정용으로 사용하는 인화성 또는 독성 가스누출 감지경보기 등의 설치, 운영 및 유지보수 시에 적용한다. 다만, 공정제어 또는 공정 감시용 감지기, 분석이나 측정에 사용하는 실험용이나 연구 목적의 가스감지기, 주거용 감지기 등은 적용하지 않는다.

## 3. 정의
(1) 이 지침에서 사용되는 용어의 정의는 다음과 같다.
   (가) "인화성 가스누출감지경보기 등"이라 함은 인화성 물질의 누출을 감지하여 그 농도를 지시하고, 미리 설정해 놓은 농도에서 자동적으로 경보가 울리도록 하는 장치를 말하며, 감지기와 수신경보기 등으로 구성된 것을 말한다.
   (나) "인화성 가스"라 함은 산업안전보건기준에 관한 규칙 별표 1의 제4호의 인화성 액체 중 인화점이 35℃ 이하인 물질의 증기와 제5호에서 정한 인화성 가스 등을 말한다. 다만, 인화점이 35℃를 초과하고 93℃ 이하인 인화성 액체를 인화점 이상에서 운전하는 경우는 인화성 가스로 본다.
   (다) "독성 가스누출감지경보기 등"이라 함은 독성 물질의 누출을 감지하여 그 농도를 지시하고, 미리 설정해 놓은 농도에서 자동적으로 경보가 울리도록 하는 장치를 말하며, 감지기와 수신경보기 등으로 구성된 것을 말한다.
   (라) "독성물질"이라 함은 산업안전보건기준에 관한 규칙 별표 1의 제7호에서 정한 급성 독성 물질로서 대기 중에서 기체, 증기, 흄, 미스트 등의 상태인 것을 말한다.
   (마) "경보 설정값(Alarm set point)"이라 함은 가스감지 및 경보장치 등이 자동적으로 가스를 감지하여 경보나 기타 출력기능이 작동되도록 미리 정해 놓은 농도를 말한다.

KOSHA GUIDE
P - 166 - 2020

(바) "청정공기"라 함은 감지기의 작동에 부정적인 영향을 줄 수 있는 물질을 포함하지 않은 공기를 말한다.

(사) "교정(Calibration)"이라 함은 인증된 표준가스의 기준값과 가스감지기의 지시값 사이의 관계를 확인하는 일련의 작업을 말한다.

(아) "자체점검"이라 함은 사용 전·후에 정상작동 여부 점검과 정확히 측정되고 있는지를 확인하기 위해 감지기의 영점을 조정하거나 스판(Span)을 설정하는 등 기능의 정상여부를 확인하는 일련의 과정을 말한다.

(자) "표준가스"라 함은 가스감지기를 교정하는데 사용하는 인증표준물질(CRM)로서, 측정대상 성분을 바탕가스로 희석하여 제조된 공인인정 기관에서 인증한 가스를 말한다.

(차) "자체점검가스"라 함은 감지기의 자체점검에 사용되는 농도를 알고 있는 가스를 말한다.

(카) "확산식"이라 함은 감시되고 있는 대기로 부터 가스 감지센서 까지 가스전달과정이 자연적인 분자운동을 통해 이루어지는 방식을 말한다.

(타) "흡입식(Sample draw)식"이라 함은 감시되는 대기유동을 가스 감지센서로 수동조작이나 전기펌프에 의해 강제로 빨아들이는 방식을 말한다.

(2) 기타 이 지침에서 사용하는 용어의 정의는 특별한 규정이 있는 주요 물질의 경우를 제외하고는 「산업안전보건법」, 같은 법 시행령, 같은 법 시행규칙 및 「산업안전보건기준에 관한 규칙」에서 정의하는 바에 의한다.

## 4. 가스누출감지경보기 설치장소 및 배치기준

### 4.1 가스누출감지경보기 설치장소

가스누출감지경보기는 다음 지역에 설치하여야 한다.

(1) 누출우려가 높은 설비의 인접장소

   (가) 펌프, 압축기 등 이송에 따른 가압발생 장소

   (나) 기화기, 충전(충진)설비 등 누출될 우려가 있는 장소

   (다) 현저한 발열반응 또는 부차적인 2차반응 가능성이 높은 다음 반응설비

   ① 암모니아 2차 개질로

   ② 아세틸렌 제조시설의 아세틸렌 수첨탑

   ③ 산화에틸렌 제조시설의 에틸렌, 산소 또는 공기와 반응기

   ④ 사이클로헥산 제조시설의 벤젠 수첨반응기

⑤ 석유정제의 중유 직접 수첨탈황반응기 및 수소화분해 반응기
⑥ 저밀도 폴리에틸렌 중합기
⑦ 메탄올 합성반응탑
(라) (다)목 이외 설비로 고온, 고압에 의한 이상 운전으로 과압 우려가 있는 장소
(마) 저장시설 등 대량 누출 위험이 있는 장소
(2) 공기 비중에 따라 누출물질의 체류 우려가 높은 장소
(1)항과 같이 과압에 의해 직접적으로 파열 또는 분출되는 대량 누출이 아닌 각 주요 장치, 밸브나 배관, 부속설비의 연결부 결함 등으로 소량 누설되어 공기 비중에 따라 체류 가능한 다음과 같은 장소
(가) 건축물 밖에 설치되는 감지기는 풍향, 풍속 및 가스 비중 등을 고려하여 가스가 체류하기 쉬운 장소
(나) 건축물 내에 설치되는 감지기는 감지대상 가스의 비중이 공기보다 무거운 경우에는 당해 건축물 내 하부에, 공기보다 가벼운 경우에는 건축물의 환기구(배기구) 부근 또는 건축물 내 상부
(3) 폭발위험장소 내에 설치된 점화원이 존재하는 변전실, 배전반실, 제어실 등 건축물 내부
(4) 폭발위험장소 내에 설치된 점화원이 존재하는 가열로, 보일러 등 설비

### 4.2 가스누출감지경보기 배치기준

가스누출감지기의 배치 및 설치는 다음과 같이 설치하여야 한다.
(1) 4.1(1)항 장소의 누출우려가 높은 인접된 곳에 1개 이상. 다만, 4.1(1)항(다)목 각 호의 설비지역은 바닥면 둘레 10m마다 1개 이상의 비율로 계산한 수
(2) 4.1(2)항(가)목의 장소에는 누출된 가스가 체류하기 쉬운 장소의 그 설비군의 바닥면 둘레 20m마다 1개 이상의 비율로 계산한 수. 다만, 방유제 내부(2개 이상의 저장탱크 설치로 집합방류둑은 칸막이 둑 설치에 한정)는 해당 저장탱크마다 1개 이상
(3) 4.1(2)항(나)목의 장소에는 누출된 가스가 체류하기 쉬운 장소의 설비군의 둘레 10m마다 1개 이상의 비율로 계산한 수
(4) 4.1(3)항의 장소에는 1개 이상
(5) 4.1(4)항의 장소에는 바닥면 둘레 20m마다 1개 이상의 비율로 계산한 수
(6) 4.1(1)항 각 호의 설비가 2층 이상의 구조물 위에 설치되어 있는 경우로서 그 바닥이 누출된 가스가 체류하기 쉬운 구조인 경우에는 그 설비군에 대하여 각 층별로 (2) 및 (3)에서 정하는 비율로 계산한 수

(7) 4.2(1) 내지(6)항의 설치 개수 산정 시 설비군 형성은 개별설비 또는 여러 설비를 한 개 군으로 묶는 방법이 있고, 설비군 바닥면 둘레 계산은 그림 예를 참조하여 산정한다.

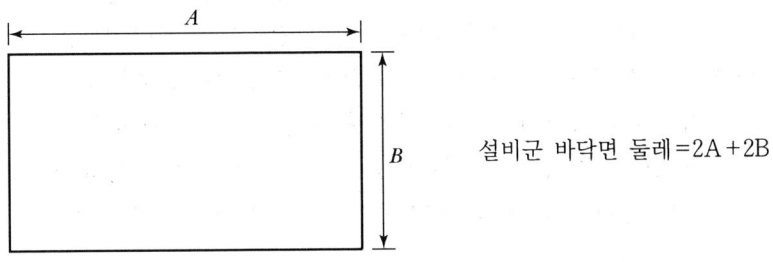

(a) 개별설비마다 형성

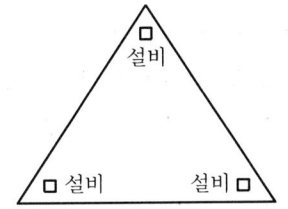

(b) 여러 설비를 한 개 군으로 형성

[그림] 가스누출경보기 설치 시 설비군 둘레 계산방법 예

(8) 4.1(1)항과 4.1(2)항목의 설치장소가 공존하는 장소는(1)항 내지(3)항 기준에 따라 각각의 가스누출감지경보기를 설치하여야 한다. 다만, 각 항별로 설치가 요구된 감지기의 설치위치, 높이가 근접된 경우에는 해당 감지기에 한하여 중복하여 설치하지 않을 수 있다.

## 5. 가스누출감지경보기의 설치기준

### 5.1 설치 시 고려사항

(1) 고정용 가스누출감지경보기의 경보기는 근로자가 상주하는 곳에 설치하여야 한다.
(2) 감지기의 오작동 우려가 있는 다음 장소에는 감지기의 설치를 가능한 피하여야 한다.
   (가) 진동이나 충격이 있는 장소
   (나) 온도 및 습도가 높은 장소

(다) 고전압 및 고주파수 등 전자적 외란(Electronic noise)이 발생하는 장소
(라) 출입구 등 외부 기류가 통하는 곳으로부터 1.5m 이내의 장소
(3) 가스누출감지경보기의 설치는 제조사가 제공한 감지기 설치 매뉴얼을 충분히 이해하고, 그 방법을 준수하여야 하며, 충분한 강도를 가져야 한다.
(4) 실내·외, 환경 등 주변 여건을 충분히 고려하여 설치한다.
  (가) 감지대상 가스의 밀도는 공기에 비해 무겁거나 가벼울 수 있으나 누출되는 가스의 양, 압력, 온도 및 주변 외부기류 등을 고려한 유효비중을 검토하여야 한다.
  (나) 주변 공기의 유속 및 방향은 감지하고자 하는 누출 증기 및 가스의 확산에 영향을 준다.
  (다) 벽, 물받이, 분리대와 같은 구조물은 가스 및 증기를 축적시킬 수 있다.
  (라) 저 휘발성 액체인 경우에는 감지기를 공급원에 더 가까이 설치하여야 한다.
  (마) 모든 감지기는 진동을 최소화 할 수 있는 방법으로 설치하여야 한다.
  (바) 주위 온도는 제조사가 제시한 사용온도 범위에 부합하는 장소에 설치하여야 한다.
  (사) 습기와 응축을 최소화할 수 있도록 감지기와 접속 전선 및 전선관에는 적절한 배수장치가 포함되어야 한다.
  (아) 감지기의 위치는 향후 유지 및 교정을 고려하여 결정하여야 한다.
(5) 전자파 간섭방지 및 감전예방조치를 고려하여 설치한다.
  (가) 일부 가스감지기는 전자파 간섭에 민감하여 기능 이상, 오경보, 영점 복귀현상 등을 야기함으로 전자파 등의 간섭을 일으키지 않도록 설치하여야 한다.
  (나) 전자파 간섭이 유발되는 장소에서는 적절하게 접지하고, 차폐된 전선을 사용하여야 하며, 차폐된 전선은 통상 제어장치 말단의 한 지점에서만 접지하되, 제조사가 지정하는 다른 방법이 있는 경우에는 그 지침을 준용하여야 한다.
  (다) 감전의 위험을 제거하기 위하여 감지기의 외함이 도전체인 경우 적절한 접지를 하여야 한다.
(6) 가스감지기를 폭발위험지역이 구분된 장소에 설치하는 경우에는 다음과 같이 적절하게 설치하여야 한다.(암모니아 제외)
  (가) KS 규격에서 규정한 폭발위험장소에 적합한 방폭 성능을 갖는 감지기를 선정하여 설치하여야 한다.
  (나) 감지기에 연결용 보조장치를 사용하는 경우에는 감지기의 최대 정격 전류 및 전압, 릴레이 접속단자 등을 확인하고 기타 본질안전 부속품 등도 병행하여 확인하여야 한다.

## KOSHA GUIDE
P - 166 - 2020

　　　(다) 감지센서는 제조사가 제품시방서에 제시한 최대 선로저항, 최소 전선 굵기, 절연 등급 등의 기준에 부합하는 제어장치와 연결하여야 하고, 이때 사용목적과 폭발위험장소 분류에 적합한 전선 및 전선관 또는 적절한 방법을 사용하여야 한다.

(7) 제조사가 요구하는 사양의 신뢰성 있는 전원공급 장치를 다음과 같이 설치하여야 하고 정전을 대비한 비상전원을 확보하여야 한다.

　　　(가) 교류전원은 제조사가 요구하는 전압과 주파수 범위 내로 전원을 공급하여야 한다. 다만, 특별한 요구사항이 없으면 전압이 변화하는 동안에도 전원공급이 지속적으로 유지되고, 정격전압의 85~110% 이내의 안정된 전원을 공급하여야 한다.

　　　(나) 직류전원은 4시간 이상 지속적인 측정과 경보가 가능토록 하여야 한다.

　　　(다) 주전원이 차단되어도 30분 이상 연속적으로 경보와 작동이 가능하도록 안정된 비상전원 공급장치를 설치하여야 한다.

(8) 하나의 감지대상 가스가 인화성이면서 독성인 경우에는 독성가스를 기준하여 가스누출감지경보기를 설치하여야 한다.

(9) 기타 설치 시 고려사항

　　　(가) 나사 연결부위에는 모두 윤활제를 사용해야 하고, 윤활제에는 실리콘과 같은 감지센서의 성능에 영향을 미치는 물질이 없음을 확인하여야 한다.

　　　(나) 흡입장치로 유입된 가스는 안전한 방법으로 적절하게 배출하여야 한다.

### 5.2 적절한 부속품 사용

(1) 감지기는 적절한 부속품과 조합을 통해서 특정 환경조건에서도 동일하게 사용될 수 있으며, 이러한 부속품을 사용할 때는 제조사의 사용설명서에 따라 설치하고 사용하여야 한다.

(2) 부속품의 사용은 감지기의 응답시간 지연 및 정확도에 영향을 줄 수 있어 사전에 충분한 검토를 하여야 한다.

(3) 도전성의 샘플가스 프로브를 가진 휴대용 감지기의 사용 시 감전의 위험이 있을 경우에는 도전성 재질의 부속품을 비도전성 재질의 부속품으로 교체하여야 한다.

(4) 비흡착성의 필터는 먼지가 함유된 환경에서 샘플가스를 흡입하는 경우 유용하게 사용한다.

(5) 특수 필터나 배수장치를 가지고 있는 흡입용 배관장치는 감지기의 오염을 줄여준다.

(6) 희석용 부속품은 대기 중 가스의 농도가 사용 가능 측정범위를 초과하는 경우 가스감지기의 사용을 가능하게 해줄 수 있다.

KOSHA GUIDE
P - 166 - 2020

(7) 긴 흡입용 튜브를 사용해야 하는 경우에는 센서에서 가까운 곳에 샘플가스 밸브나 마개를 설치하여 영점 조절을 위해 청정공기를 흡입할 수 있도록 하는 것이 바람직하다. 이러한 밸브와 마개를 설치한 경우 평상시 자동적으로 잠겨 청정공기의 흡입이 되지 않도록 하여야 한다.

(8) 주변 공기의 흐름이 빠르거나 액체가 비산될 수 있는 환경에서는 관련 부속품들을 사용하여 해당 장소에서 가스감지를 할 수도 있다.

(9) 원격 교정용 부속품은 접근이 용이하지 않은 위치에 설치된 감지기의 교정 시 사용한다.

## 6. 가스누출감지경보기의 경보설정 및 성능

### 6.1 인화성 가스누출감지경보기의 경보설정

(1) 감지대상 가스의 폭발하한값 25% 이하에서 경보가 발하여지도록 설정하여야 한다.

(2) 2개 이상의 경보 설정형인 경우에는 1차(High) 경보는 폭발하한계의 25% 이하에서, 2차(High high) 경보는 폭발하한계의 50% 이하에서 경보를 설정하여야 하며, 필요시 차단밸브 등 다른 안전장치가 작동될 수 있도록 하여야 한다.

(3) 인화성 가스누출감지경보의 정밀도는 경보 설정값에 대하여 ±25% 이하이어야 한다.

### 6.2 독성 가스누출감지경보기의 경보설정

(1) 설비의 결함, 오작동 등으로 인한 설비외부로 누출된 가스를 조기 감지할 목적으로 설치 된 가스누출감지경보기 경보 설정값은 다음의 순위에 따른 허용농도로 설정한다. 다만, TLV-C 값이 존재하는 독성물질의 경우에는 우선 선정된 허용농도와 비교하여 독성치가 더 낮은 값으로 설정한다.

(가) 미국산업위생학회(AIHA)의 ERPG-2

(나) 미국환경보호청(EPA)의 AEGL-2(1시간)

(다) 미국에너지부(DOE)의 PAC-2

(라) 미국직업안전보건청(NIOSH)의 IDLH수치의 10%

(마) IDLH수치가 없는 경우

① $0.1 \times LC_{50}$ 또는 $0.2 \times LC_{50}$(급성흡입독성값)

- 30분 노출에 대한 값의 경우 0.1, 4시간 노출에 대한 값의 경우 0.2 적용

② $1 \times LCLo$(급성흡입독성값)

- $LC_{50}$ 또는 $LCLo$의 단위가 mg/L인 경우는 "1mg/L = 1,000mg/m³"와 같이 단위를 mg/m³로 전환하여 적용
③ 0.01×$LD_{50}$(급성경구독성값)
④ 0.1×$LDLo$(급성경구독성값)
- $LD_{50}$ 또는 $LDLo$의 단위(mg/kg 실험동물 체중)는 "Xmg/m³ = [(Ymg/kg)(70kg)]/0.4m³"와 같이 단위를 mg/m³로 전환하여 적용

(2) 지하작업, 밀폐공간작업 등의 작업장소 내에서 작업 전 또는 작업 중 가스농도를 측정하는 목적으로 사용되는 가스누출감지경보기 경보 설정값은 시간가중평균노출기준(TWA)으로 설정한다.

(3) 독성 가스누출감지경보의 정밀도는 경보 설정값에 대하여 ±30% 이하이어야 한다.

## 6.3 가스감지기의 성능요건

(1) 인화성 가스감지는 간헐 사용 또는 연속 사용 휴대용(이동용) 감지기의 신호 또는 경보장치가 경보 설정값을 조정할 수 없는 형태일 경우에는 60% LEL 이하의 가스 농도에서 작동하도록 설정하여야 한다. 이때, 경보 설정값을 조정할 수 있는 형태의 경우에는 60% LEL 이상으로 조정할 수 있어서는 안 된다.

(2) 인화성 가스감지기는 대기압에서 감지기를 청정공기에 안정화시킨 다음 측정범위의 95~100% LEL 시험가스에 갑자기 노출시켜 12초 이내에 60% LEL을 지시하여야 한다.

(3) 촉매연소방식의 인화성 가스감지기는 제조자가 요구하는 산소농도(일반적으로 10~15%) 이상이 되어야 정확한 가스농도를 측정할 수 있다.

(4) 인화성 가스누출감지경보기는 담배연기 등에, 독성 가스누출감지경보기는 담배연기, 기계세척 증기, 등유의 증발가스, 배기가스, 탄화수소계 가스와 그 밖의 가스에는 경보가 울리지 않아야 한다.

(5) 가스누출감지경보기의 지시계 눈금의 범위는 다음과 같이 설치하여야 한다.
   (가) 인화성 가스의 경우 0에서 폭발하한계(LEL)값
   (나) 독성 가스의 경우 0에서 허용농도의 3배 값(암모니아를 실내에서 사용하는 경우에는 150ppm)

(6) 가스누출감지경보기의 가스 감지에서 경보발신까지 걸리는 시간은 경보농도의 1.6배인 경우 보통 30초 이내일 것. 다만, 암모니아, 일산화탄소 또는 이와 유사한 가스 등을 감지하는 가스누출감지경보기는 1분 이내로 한다.

(7) 경보 정밀도는 전원의 전압 등 변동이 ±10% 정도일 때에도 저하되지 않아야 한다.
(8) 경보를 발신한 후에는 가스 농도가 변화하여도 계속 경보가 발하여져야 하며, 경보 설정을 재설정하여야만 경보가 정지될 수 있는 구조이어야 한다. 다만, 감지기가 다점식인 경우에는 경보가 발하여졌을 때 수신경보기에서 가스의 감지장소를 알 수 있어야 한다.
(9) 경보 설정값은 전문가, 안전보건관리자만이 변경이 가능토록 특수공구에 의해 열 수 있는 잠금장치 또는 암호 등으로 평상시 관리하여야 한다.
(10) 감지기는 최대, 최소 가스농도를 지시하기 위한 출력신호나 경보장치를 내장하여야 한다.
(11) 흡입식 감지기는 적절한 유량 지시장치를 갖추어야 한다. 다만 요구사항이 사용설명서에 상세히 설명되어 있는 경우에는 지시장치를 생략할 수 있다.
(12) 비선형 계기 또는 지시기를 사용하는 경우에는 작동특성을 사용설명서에 자세히 기술하여야 한다.
(13) 감지기는 다음 중 하나라도 발생하게 되면 신호출력 또는 접점출력에 의한 고장신호를 경보해야 하고, 이러한 신호 또는 접점출력은 다른 경보 또는 종료신호와는 독립적이어야 한다.
　(가) 감지기의 입력전원 고장
　(나) 회로보호 장치의 개방
　(다) 원격감지기 헤드에 접속되는 한 개 이상의 회로 개방
　(라) 사용범위의 10%에 달하는 0(제로) 이하의 하강 표시
(14) 경보나 고장신호를 중지시키는 스위치와 같은 장치는 다음의 기준을 만족시켜야 한다.
　(가) 감지기가 정상적인 작동상태로 전환되었을 때 경보, 고장신호가 자동적으로 작동
　(나) 고장상태일 때 특유의 시각 또는 청각신호나 출력신호를 발생
　(다) 현장 감지기의 시각경보 지시가 작동
(15) 고정용 및 휴대용(이동용) 흡입식 가스감지기는 가스 흐름에 문제가 있을 경우에는 신호출력 또는 접점출력의 형태로 고장신호를 발할 수 있는 일체화 또는 일체화되지 않은 유량검증장치를 구비하여야 한다.
(16) 흡입식 휴대용(이동용) 감지기는 필요한 샘플 주입기구를 가지고 있어야 한다.
(17) 휴대용(이동용) 감지기는 소모품을 교환 또는 재충전하지 않고 4시간 이상 작동이 가능하도록 배터리 등을 평상시 관리하여야 한다.
(18) 휴대용(이동용)은 전원 저전압 상태를 경보할 수 있는 기능이 있어야 하고, 경보는

```
KOSHA GUIDE
P - 166 - 2020
```

최소 5분 이상 정상적으로 작동하여야 한다.

## 7. 가스누출감지경보기의 교정 및 유지보수

### 7.1 교정

(1) 교정방법은 국가표준기본법에 의거 전문교육과정을 수료한 전문가가 인증된 표준실(교정실) 환경기준과 표준교정절차 및 현장교정을 위한 추가 기술요건에 따라 표준가스를 사용하여 사내에서 교정을 실시하거나, 공인 인정된 교정기관에 교정을 의뢰하여 신뢰성을 확보하여야 한다.

(2) 교정주기는 최초 사용 전, 수리·보수 후 그리고 국가표준기본법의 교정주기에 따라 교정을 실시하여야 한다. 단, 교정주기는 사용자가 요구된 불확도, 측정기의 사용빈도, 사용방법, 장비의 안정도 등을 감안하여 주기를 설정하여야 한다.

### 7.2 자체점검

(1) 자체점검은 사내·외 전문가가 제조사가 권장하는 자체점검가스 및 장비를 사용하여 제조사가 권장하는 자체점검 절차를 적용하여 실시하여야 한다.

(2) 자체점검주기는 제조사에서 권장하는 주기에 따라 주기적으로 실시하고, 가스감지기 점검방법〈부록 4〉를 참조하여 점검을 실시한 후 감지기 이상 발생 시에도 자체점검을 실시하여야 한다.

### 7.3 유지보수

(1) 제조사의 사용설명서와 규제 요건에 부합하게〈부록 2〉가스누출감지경보기 등의 유지보수 기록표를 참조하여 정기적인 유지보수 계획을 수립하여야 한다.

(2) 이 계획에 따라 주기적으로 사내·외 전문가가 실시하여야 한다. 여기서 사내·외 전문가는 유지보수 절차를 수행할 능력 이외에 인화성 또는 독성 가스의 특성, 가스감지기의 성능시험방법 등을 이해할 수 있고, 해당 법령에서 정한 요건을 만족하고 있는 것을 의미한다.

(3) 유지보수 절차의 진행은 가스누출감지경보기의 운영 및 유지보수에 관한 전문적인 지식이 있는 사내·외 전문가에 의해 실시하여야 한다.

(4) 유지보수 설비가 충분히 갖춰지지 않았거나, 유지보수 관련 사내·외 전문가가 제조사

KOSHA GUIDE
P - 166 - 2020

에서 제시한 점검 및 유지보수 절차를 수행하지 못할 경우에는 감지기 제조사나 관련 교정기관에 유지보수를 의뢰하여야 한다.

(5) 사업장 내에서 일정한 절차에 따라 유지보수에 관한 전문적인 지식이 있는 자에게 사내 유지보수 등의 전문가 자격을 부여하여 관리하는 것이 바람직하다.

(6) 교체용 부속품은 제조사로부터 구입하거나, 동등이상의 성능이 있는 것을 사용하여야 한다.

(7) 사용설명서에 따라 작동상의 결함을 해결하고, 본 지침 7.1 교정(1)에 제시된 절차에 따라 교정을 진행하여야 한다.

(8) 사용자는 각 감지기별로 장비 식별 번호를 부여하고, 주기적으로 실시하는 성능점검 사항과 교정, 유지보수 사항에 대한 내용을 〈부록 1, 2, 3〉 가스누출감지경보기에 대한 유지보수 기록표를 참고하여 실시 할 수 있다.

## 8. 가스누출감지경보기의 사용 시 주의사항

### 8.1 일반사항

(1) 제조사가 제공한 사용설명서를 읽고 충분히 이해하여야 한다.

(2) 감지기의 모든 제어장치와 수신경보기는 그 위치와 기능에 대해 각별히 주의를 기울여야 한다.

(3) 모든 감지기는 최초 사용 전에 교정을 하거나, 교정성적서를 확인하여야 한다.

(4) 감지기는 차기 교정일 이내에서만 사용하여야 한다.

(5) 흡입식 가스감지기의 경우 흡입시간이 센서에서 샘플가스를 감지하기에 충분하여야 하며, 샘플가스의 이동 시간도 함께 고려하여야 한다.

(6) 흡입튜브가 지나치게 긴 경우에는 가스감지 시 일정시간 지연을 유발할 수 있기 때문에 감지기 등에 최소 지연시간을 표시해 두는 것을 권장한다.

(7) 시간 지연은 특정 값으로 정해져야 하며, 공학적인 설계를 통해 허용한계를 명확히 하는 것이 중요하다.

(8) 가스 및 증기가 균일하게 섞이지 않고 층을 이루는 장소에서는 높이 별로 여러 지점에서 가스 농도를 측정하여야 한다.

(9) 액체가 담겨진 곳 위에서 샘플가스를 흡입하게 되는 경우에는 흡입배관의 끝단이나 감지기 헤드가 액체 부분에 닿지 않게 하여야 한다.

(10) 감지하고자 하는 곳의 주변 대기온도가 가스 센서 주위의 온도보다 낮을 경우 가스감

지기에서 증기가 응축되어 감지기의 오류를 유발할 수 있으므로 감지기 주위의 온도가 주변 대기온도보다 같거나 높게 유지하거나, 단열 또는 감지기 주변의 증기를 완전히 증발시키는 조치 등을 하여야 한다.

(11) 흡입 손실을 최소화하기 위하여 흡입배관은 제조사가 추천하거나 사용하기에 적합한 재질로 된 것을 사용하여야 한다.

(12) 고무나 폴리에틸렌 등과 같은 일부 물질은 가스에 대한 흡착성이 강하므로 사용해서는 안 된다.

(13) 이 지침은 보통 한 종류의 가스나 증기에만 적용하기 위한 내용이 아니므로 제조사의 사용설명서를 참고하여 주변에 있는 다른 가스들의 간섭 등이 가스감지에 영향을 미칠 수 있는지를 확인하여야 한다.

(14) 증기나 수증기, 에어로졸, 먼지 등의 물질들은 필터, 화염방지기, 보호구 등에 흡착 또는 부착되어 샘플가스의 흡입에 영향을 줄 수 있으므로 정기적으로 점검하고, 청소를 하여야 한다.

(15) 안전성의 향상을 위해 다른 독성가스나 인화성 가스 및 증기 등을 감지할 수 있는 감지기들을 통합하여 사용이 가능하다.

(16) 제조사가 별도로 언급하지 않는 경우에는 감지기의 사용 농도범위를 초과한 농도의 가스에 노출된 감지기는 다시 교정을 실시하여야 한다.

## 8.2 감도 저하물질

(1) 실리콘, 황, 인, 염소화합물 등의 물질은 특정 형식의 인화성 가스감지기에 대해 감도를 저해하는 피독현상을 유발할 수 있다.

(2) 할로겐화된 탄화수소에의 노출은 인화성 가스감지기의 일시적 기능 마비를 일으킬 수도 있다.

(3) 어떤 물질들은 독성이나 감도 저하, 억제성분 등을 가지고 있어 특정 감지기의 감도를 저하시킬 수 있다.

(4) 감지하고자 하는 대기 중에 감도를 떨어뜨리는 물질이 존재하면 알려진 농도의 가스 혼합물을 사용하여 감지기의 감도를 자주 점검해 주어야 한다.

(5) 일반적으로 알려진 감도 저하 물질의 종류는 사용설명서를 참고하면 알 수 있다.

(6) 감도 저하물질이 존재하고 있어도 인화성 또는 독성 가스를 감지하는 것이 가능하지만, 이러한 특수 상황에서는 제조사에게 문의하여 확인하는 것이 바람직하다.

### 8.3 휴대용 가스누출감지경보기의 보관

(1) 감지기의 보관은 원래의 용기나 적당한 안전한 용기를 사용하여야 하며, 가스나 증기가 없는 건조한 장소이어야 한다.

(2) 감지기는 제조사가 제시하는 온도 및 습도 등의 환경 조건에 부합하는 곳에 보관하여야 한다.

(3) 보관 전에 감지기를 살펴보고, 부식을 유발할 수 있는 건전지 등의 내부 전원을 제거하여야 한다.

(4) 충전기 또는 영구적인 전원을 갖는 경우에는 보관기간 동안의 전원 관리방법은 제조사의 사용설명서를 참고한다.

KOSHA GUIDE
P - 166 - 2020

〈부록 1〉

# 가스누출감지경보기 등 환경 및 사용 점검표

| No | 점검사항 | 점검결과 | | | 비고 |
|---|---|---|---|---|---|
| 1 | 인화성/독성가스감지기 특성은?<br>- 감지방법<br>- 샘플가스 채취방법<br>- 특수 환경<br>- 위치 | | | | |
| 2 | 가스 측정범위는? | | | | |
| 3 | 감지 가능한 가스, 증기의 성분은?<br>- 가스나 증기 화학물질<br>- 농도<br>- 주의 사항 | | | | |
| 4 | 감지센서 주위의 예상 산소농도는? | 최대 : | 최소 : | 평균 : | |
| 5 | 사용 감지기의 측정범위는? | 최대 : | 최소 : | 평균 : | |
| 6 | 수신기 설치위치의 주위 온도는? | 최대 : | 최소 : | 평균 : | |
| 7 | 감지기 설치위치의 주위 온도는? | 최대 : | 최소 : | 평균 : | |
| 8 | 감지기 설치위치의 주위 습도는? | 최대 : | 최소 : | 평균 : | |
| 9 | 감지기 설치위치의 대기압은? | 최대 : | 최소 : | 평균 : | |
| 10 | 감지기 설치위치의 유속은? | 최대 : | 최소 : | 평균 : | |
| 11 | 먼지, 부식성물질, 흄, 미스트가 있는가? | | | | |
| 12 | 실리콘, 납, 할로겐 화합물 등의 감도저하물질이 주위에 있는가? | | | | |
| 13 | 수신경보기는 폭발위험장소에 적합한가? | | | | |
| 14 | 감지기는 폭발위험장소에 적합한가? | | | | |
| 15 | 프로브에서 정전기 위험성은 없는가? | | | | |
| 16 | 예비품은 확보되었는가? | | | | |

KOSHA GUIDE
P - 166 - 2020

〈부록 2〉

# 가스누출감지경보기의 유지보수 기록표

| 제조회사 | | 구입일자 | |
|---|---|---|---|
| 일련번호 | | 모델번호 | |
| 설치일자 | | 감지기번호 | |
| 교정가스 | | 설치위치 | |

## 일 상 점 검

| 연번 | 연월일 | 구분 | | 점검자(기관명) | 수리자(기관명) | 수리항목/ 교체부품목록 |
|---|---|---|---|---|---|---|
| | | 정기점검 | 고장점검 | | | |
| 1 | | | | | | |
| | 특이사항 | | | | | |
| 2 | | | | | | |
| | 특이사항 | | | | | |
| 3 | | | | | | |
| | 특이사항 | | | | | |
| 4 | | | | | | |
| | 특이사항 | | | | | |
| 5 | | | | | | |
| | 특이사항 | | | | | |

비고

## 자 체 점 검 기 록

| 연번 | 일자 | 비 고 |
|---|---|---|
| 1 | | |
| 2 | | |
| 3 | | |
| 4 | | |
| 5 | | |

특이사항

4. 가스누출감지경보기 설치 및 유지보수에 관한 기술지침

KOSHA GUIDE
P - 166 - 2020

〈부록 3〉

# 가스누출감지경보기의 유지보수 기록표(교정기록지)(예시)

1. 의 뢰 자
   기 관 명 : ○○○○○○
   주     소 : ○○ ○○○ ○○○○○ ○○
2. 측 정 기
   기 기 명 : ○○○○○○
   제작회사 및 형식 : ○○○○○○, ○○○○○○
   기기번호 : ○○○○○○
3. 교정일자 : 2000. 00. 00.
4. 교정환경
   온 도 : ( 00.0 ± 0.0 ) ℃        습 도 : ( 00 ± 00 ) % R.H.
   교정장소 : ■ 고정표준실    □ 이동교정    □ 현장교정
5. 측정표준의 소급성
   국가측정표준기관으로부터 측정의 소급성이 확보된 아래의 표준장비를 이용하여 교정되었다.
   - 교정에 사용한 표준장비 명세

| 기기명 | 제작회사 및 형식 | 기기번호 | 차기교정예정일자 | 교정기관 |
|---|---|---|---|---|
| ○○○○○○ | ○○○○○○ | ○○○○○○ | 0000. 00. 00 | ○○○○○○ |

6. 교정결과 :
   - 교정 결과값의 비교

| calibration point (교정점) | CRM (인증표준물질) | | Indicated value (지시값) | | deviation from certified value (인증값과의 편차) | Expanded uncertainty of deviation |
|---|---|---|---|---|---|---|
| | certified value (인증값) | standard uncertainty | value (지시값) | standard uncertainty | | |
| 1 | 1.02 | 0.007 5 | 1.114 | 0.010 6 | 0.094 | 0.024 |

※ 검출기의 현장 적용 시 현장 환경(습도 등) 조건에 따라 지시값이 영향을 받을 수 있음

7. 측정불확도 :

| 확 인 | 작성자 | | 승인자 | |
|---|---|---|---|---|
| | | | 직 위 : | |
| | 성 명 | (서명) | 성 명 : | (서명) |

2020.  .  .

KOSHA GUIDE
P - 166 - 2020

〈부록 4〉

# 가스누출감지경보기의 점검방법

## 1. 육안 점검

(1) 기능이상, 경보, 계기 등의 비정상 상태에 대한 감지기 점검
(2) 감지기 헤드에 가스와 감지센서의 접촉에 영향을 줄 수 있는 일체의 차단물질이나 흡착물질이 있는지 확인
(3) 흡입배관이 흡입계통에 적합한지를 확인
(4) 흡입계통의 배관 및 부속품을 점검하여야 한다. 균열이 가거나 패인 곳은 없는지, 휘거나 부러진 곳은 없는지 확인하고, 배관이나 부속품 중에 손상된 곳이 있다면 제조사가 추천하는 부속품으로 교체하여야 한다.

## 2. 응답성능(감도) 점검

(1) 제조사의 사용설명서에 따라 감지센서를 특정농도의 점검용 가스에 노출시킨다.
(2) 계기 지시값이 특정 농도값을 표시하는지 확인한다. 만약, 특정 농도값을 표시하지 않을 경우 수리를 하여야 한다.
(3) 청정공기 중에서 감지기의 출력값이 0(제로)을 지시하는지 확인하여야 하며, 만약 산소의 농도가 부족하거나 초과되는 조건에서 점검을 실시해야 하는 경우에는 시스템의 안정성과 감지기의 응답성에 대한 신뢰도를 확보하기 위해 사용설명서를 참고하거나 제조사에게 문의하여야 한다.
(4) 출력값이 제품시방서를 초과하는 경우에는 사용설명서를 참고하여 사내·외 전문가가 감지기를 수리 하여야 한다.
(5) 흡입식 감지기의 응답 성능 및 감도 점검은 흡입배관을 통해 점검용 가스를 주입한 경우와 센서부에 직접 점검용 가스를 접촉시킨 경우의 두 가지 결과를 비교하여야 한다. 이때, 점검은 흡입배관 및 필터 등에서 연결상태 및 누설에 관한 정보를 제공해 준다.
(6) 감지기의 육안 검사 및 응답성능 점검결과가 불합격인 경우 사용설명서에 따라 조정하고 그 이후에도 문제가 해결되지 않을 경우에는 감지기의 유지보수에 관한 책임이 있는 사내·외 전문가 또는 교정기관에 정비를 의뢰하여야 한다.

KOSHA GUIDE
P - 166 - 2020

## 3. 휴대용 가스감지기 점검

(1) 감지기의 사용설명서를 참고하여 다음의 절차를 진행하여야 한다.
   (가) 전원이 켜진 상태에서 영점을 조정하여야 한다.
   (나) 배터리의 전압 및 상태를 점검하고, 연속해서 4시간 이상 사용이 가능토록 건전지 등의 성능을 유지할 수 있도록 필요한 경우 사용설명서에 따라 충전 및 교체 등을 실시하여야 한다.
   (다) 전원을 켜고, 적당한 예열시간을 둔다.
   (라) 흡입식 감지기의 경우 흡입튜브의 누설여부와 흡입유량을 점검하여야 한다.
   (마) 고장회로(오작동) 시험을 실시하여야 한다.
(2) 감지센서의 흡입장치는 감지기와 반응하는 가스가 없는 청정공기에 위치시키고, 튜브 내의 정화를 위하여 충분한 양의 공기를 흡입시킨 후(흡입방식 감지기에만 적용) 출력값이 0(제로)을 가리키도록 조정하여야 한다.
(3) 실제 감지기가 사용될 곳의 가스 농도와 비슷한 농도의 제조사가 추천하는 점검용 가스를 사용하여 감지기의 응답성능을 점검하여야 한다. 이때, 점검결과 허용오차 범위 내에 있지 않은 경우 교정을 실시하여야 한다.

## 4. 고정용 감지기 점검

(1) 감지기의 사용설명서를 참고하여 다음의 절차를 진행하여야 한다.
   (가) 전원이 켜진 상태에서 영점을 조정하여야 한다.
   (나) 원격 감지센서 및 전원 공급장치의 전기 접속부가 적절하게 연결되어 있는지 확인하여야 한다.
   (다) 폭발위험장소에 설치되는 방폭기기의 외함에 사용된 볼트 및 나사의 개수와 전선관용 밀봉제가 적합한지 확인하며 볼트 및 나사의 조임 여부와 전선관용 밀봉제의 접합상태 등을 확인하여야 한다.
   (라) 감지기에 전원을 공급하여 모든 계기가 사용설명서에 명시한 대로 정상적으로 작동하는지 확인하여야 한다.
   (마) 사용설명서에 따라 감지기의 안정화를 위하여 적절한 시간을 둔다.
(2) 경보 설정값에서 감지기 작동여부를 확인한다.
(3) 감지기의 계기를 수동으로 경보 설정값까지 조정하거나 제조사가 권장하는 기타의 방법으로 경보가 이상 없이 작동하는지 확인하여야 한다. 이때, 작업을 수행하기 전에 영점 조정을 실시하여야 한다.

KOSHA GUIDE
P - 166 - 2020

## 5. 예비 점검

(1) 정기점검 시 감지기는 유지보수 절차의 모든 과정을 적용하여야 한다.
(2) 특정 기능이 불량인 감지기의 경우에는 고장내역을 기록하고 확인 점검을 실시하여야 한다.
(3) 모든 감지기는 출고하기 전에 반드시 정상작동을 확인하고, 교정을 하거나 교정 주기 이내이어야 한다.
(4) 부품의 교체나 수리여부는 사용설명서에 따라 결정하여야 한다.
(5) 다음 내용은 정기 유지보수 절차에도 동일하게 준용된다.
　(가) 농도를 알고 있는 가스를 사용하여 감지기의 응답성능을 점검하여야 한다.
　(나) 계기부 및 제어장치와 스위치, 유량 계통 등의 작동상태 등을 점검하여야 한다.
　(다) 외부에 있는 제어장치를 작동시키고, 결함을 유발할 수 있는 요소들에 대한 점검을 실시하여야 한다.
　(라) 작동 오류나 전기적으로 회로개방을 유발할 수 있는 외함의 손상 및 비틀림 등이 없는지 점검하여야 한다.
　(마) 회로기판과 배선에 대한 육안검사를 통해 소손 및 균열부분, 납땜 상태 등을 확인하고, 모든 배선의 단락여부와 접속부의 연결 상태 등을 점검하여야 한다.
　(바) 퓨즈와 퓨즈 덮개를 점검하고, 필요한 경우 교체하여야 한다.

## 6. 센서 점검

(1) 제조사가 권장하는 가스감지기의 유지보수 시기는 가장 최근 실시한 센서의 교체시기와 예상 수명, 교정 시 가스에 대한 응답성능 등을 통해 센서를 평가하여 결정하는 것이 바람직하다.
(2) 제조사가 별도로 언급하지 않은 경우에는 감지기 센터 특성에 따라서 고농도의 가스에 노출된 후에는 센서에 대한 재점검 또는 재교정이 필요한지는 사용설명서 등을 참조하여 결정하여야 한다.
(3) 감지기 영점 조정이 불가능하고, 농도를 알고 있는 가스로 조정이 불가능하거나 출력이 일정치 않은 경우 센서를 교체하여야 한다.
(4) 부착 및 고정 상태, 부식여부, 먼지와 습기의 존재를 점검하고 손질이나 부품의 교체가 필요한 경우에는 사용설명서에 따라 실시하여야 한다.

```
KOSHA GUIDE
P - 166 - 2020
```

## 7. 흡입계통 점검

(1) 이 항의 내용은 흡입식 가스감지기에만 적용한다.
(2) 흡입계통의 누설 여부와 막힘 여부, 흡입구 및 전기 펌프의 작동상태 등을 점검하여야 한다.
(3) 청소 및 수리 또는 교체가 필요한 경우에는 사용설명서에 따라 실시하여야 한다.
(4) 모든 필터 및 배출 장치와 화염방지기는 깨끗해야 하며, 필요한 경우 청소 또는 교체하여야 한다.
(5) 흡입계통 및 샘플가스 흡입용 용기에 대해 외부 물질의 침전상태를 점검해야 하며, 적절한 예방책을 강구하여야 한다.
(6) 사용설명서에 따라 흡입계통의 모든 연결부위는 적절히 체결하여야 한다.
(7) 모든 밸브와 펌프의 유동 부위는 사용설명서에 명시된 방법으로 윤활하여야 하며 윤활을 목적으로 합성 실리콘을 사용해서는 안 된다.
(8) 샘플가스 흡입장치는 제조사가 권장하는 시험기기를 사용하여 정량의 샘플가스를 흡입하도록 조정해 주어야 한다.
(9) 감지기의 정상작동을 위해 흡입 불량으로 인한 고장신호 발생 시에는 반드시 점검을 하여야 한다.

## 8. 수신경보기 점검

(1) 계기가 감지기에 포함되어 있는 경우에는 다음의 절차를 수행하여야 한다.
　(가) 계기의 파손, 유리 및 렌즈의 균열 여부를 점검하여야 한다.
　(나) 아날로그 계기는 바늘의 구부러짐, 불안정한 계기의 움직임, 계기의 눈금범위를 벗어난 바늘의 움직임 등을 점검하여야 한다.
　(다) 디지털 계기는 표시 및 백라이트 불량 여부 등을 점검하여야 한다.
　(라) 성능 보장을 위해 제조사가 필요하다고 판단하는 경우에는 전기적, 기계적 계기 점검을 별도로 실시하여야 한다.
(2) 다른 수신기나 경보 출력 등의 기능이 결합되어 있는 경우에는 이들에 대해서도 사용설명서에 따라 별도의 시험을 실시하여야 한다.
(3) 전기적으로 영점을 조정하거나 제조사가 권장하는 다른 방법을 통해 경보장치의 작동을 점검하여야 한다.
(4) 부품의 회로를 개방시키거나 사용설명서에서 제시하는 방법 등으로 회로 기능 이상 시 경보발생 여부를 점검하여야 한다.

KOSHA GUIDE
P - 166 - 2020

　(5) 경보발생 점검을 끝낸 후 감지기의 설정을 초기값으로 조정하여야 한다.
　(6) 전원을 차단하는 등의 초기화 작업 없이도 감지기의 교정 및 시험을 할 수 있는 방법이 제공되는 것이 바람직하다. 이때, 사용자가 감지기의 시험상태를 알 수 있어야 한다.

## 9. 기타 검토사항

　(1) 경보기만을 갖춘 감지기의 경우에는 허용농도를 벗어난 자체점검가스에 감지기를 노출시켰을 때 경보기가 작동하여야 한다.
　(2) 다중 경보 설정값을 갖는 감지기는 먼저 낮은 설정값에 대하여 우선 작동하여야 한다. 이때 노출시간은 5분 이상 10분 이내 이하이어야 한다.
　(3) 흡입식 감지기의 경우에는 제조사가 추천하는 최소 및 최대 흡입유량에서 재현성을 시험하여 최소, 최대 유량 중 한 유량에서라도 성능기준을 만족하지 못했을 때에는 시험에 부적합한 것으로 간주한다.
　(4) 흡입식 감지기는 가능한 짧은 샘플 튜브를 사용하여 시험을 수행하여야 한다.
　(5) 흡입식 감지기를 사용하는 경우에는 최대 샘플 튜브 길이와 크기에 대한 응답시간과 지연시간에 대한 관계 자료를 확보하고, 정확하게 이해하여야 한다.
　(6) 감지기의 감지 가능 농도 범위의 제조사가 추천한 해당 자체점검가스 혼합물을 사용하여 감지기의 응답성능을 점검하여야 한다. 이때, 점검결과 허용 가능 정확도 내에 있지 않은 경우 제조사가 권장하는 방법으로 감지기의 자체점검을 다시 실시하여야 한다.
　(7) 감지기가 상기의 절차에 부적합하여 사용설명서의 자체점검방법으로 문제가 해결되지 않으면 수리 하여야 한다.
　(8) 일부 가스감지기는 원격 감지기 헤드를 여러 개 통합하여 사용할 수도 있는데 이때 여러 개의 감지기 헤드에서 나오는 출력신호는 제조사의 설계에 따라 개별적으로 또는 통합하여 사용할 수 있으나, 응답성능 및 경보 점검 시 이러한 사항을 고려해야 하고, 최초 사용점검을 위한 자체점검 시에는 가능한 오염물질 및 둔감제, 방해물질 등을 점검하여야 한다.

KOSHA GUIDE
D - 18 - 2020

# 안전밸브 등의 배출용량 산정 및 설치 등에 관한 기술지침

2020. 12

한 국 산 업 안 전 보 건 공 단

## 안전보건기술지침의 개요

○ 작성자 : 김기영
○ 개정자 : 김재현
　－안전보건공단 : 한인수
　－안전보건공단 : 이하연
　－안전보건공단 : 임지표
　－안전보건공단 : 정기혁, 우명선
　－전남대 : 정창복, 장희, 안전보건공단 권현길

○ 제·개정 경과
　－1993년 10월 총괄기준제정위원회 심의
　－1996년 4월 총괄제정위원회 심의
　－2001년 11월 총괄제정위원회 심의
　－2007년 5월 총괄제정위원회 심의
　－2012년 7월 총괄제정위원회 심의(개정, 법규개정조항 반영)
　－2013년 9월 총괄제정위원회 심의(개정)
　－2016년 6월 화학안전분야 제정위원회 심의(개정)
　－2017년 9월 화학안전분야 제정위원회 심의(개정)
　－2020년 10월 화학안전분야 제정위원회 심의(개정)

○ 관련 규격 및 자료
　－API STD 520, "Sizing, Selection and Installation of Pressure－relieving Devices", Part Ⅰ－Sizing and Selection, 9th Ed, 2014
　－API STD 520, "Sizing, Selection and Installation of Pressure－relieving Devices", Part Ⅱ－Installation, 6th Ed, 2015
　－API STD 521, "Pressure.relieving and Depressuring Systems", 6th Ed, 2014 NFPA30, "Flammable and Combustible Liquids Code", 2018
　－OSHA CFR 1910.106－Applicability of 1910.106 to Chemical Plants
　－ASME Section VIII, Division 1. 2019 Edition

- ISO 4126-3, "Safety devices for protection against excessive pressure Part 3 : Safety valves and bursting disc safety", 2006
- BS 6759 Part Ⅲ, "Safety valves. Specification for safety valves for process fluids", 1984
- API STD 2510, "Design and Construction of LPG Installations", 8th Ed, 2001

○ 기술지침의 적용 및 문의
- 이 기술지침에 대한 의견 또는 문의는 한국산업안전보건공단 홈페이지(www.kosha.or.kr)의 안전보건기술지침 소관분야별 문의처 안내를 참고하시기 바랍니다.
- 동 지침 내에서 인용된 관련규격 및 자료, 법규 등에 관하여 최근 개정본이 있을 경우에는 해당 개정본의 내용을 참고하시기 바랍니다.

공표일자 : 2020년 12월
제 정 자 : 한국산업안전보건공단 이사장

KOSHA GUIDE
D - 18 - 2020

# 안전밸브 등의 배출용량 산정 및 설치 등에 관한 기술지침

## 1. 목적

이 지침은 화학 설비 및 그 부속설비(이하 "용기 등"이라 한다)에 설치하는 안전밸브 또는 이에 대체할 수 있는 방호장치(이하 "안전밸브 등"이라 한다)의 설정압력, 배출용량 산출 및 설치 등에 필요한 사항을 제시하는 데 그 목적이 있다.

## 2. 적용범위

이 지침은 용기 등에 설치되는 안전밸브 및 파열판에 대하여 적용한다.

## 3. 정의

(1) 이 지침에서 사용하는 용어의 정의는 다음과 같다.

(가) "안전밸브(Safety valve)"라 함은 밸브 입구 쪽의 압력이 설정압력에 도달하면 자동적으로 스프링이 작동하면서 유체가 분출되고 일정압력 이하가 되면 정상 상태로 복원되는 밸브를 말한다.

(나) "파열판(Rupture disc)"이라 함은 "안전밸브에 대체할 수 있는 방호장치"로서, 판 입구쪽의 압력이 설정압력에 도달하면 판이 파열하면서 유체가 분출하도록 용기 등에 설치된 얇은 판을 말한다.

(다) "설정압력(Set pressure)"이라 함은 용기 등에 이상 과압이 형성되는 경우, 안전밸브가 작동되도록 설정한 안전밸브 입구 쪽에서의 게이지 압력을 말한다.

(라) "소요 분출량(Required capacity)"이라 함은 발생 가능한 모든 압력상승 요인에 의하여 각각 분출될 수 있는 유체의 양을 말한다.

(마) "배출용량(Relieving capacity)"이라 함은 각각의 소요 분출량 중 가장 큰 소요 분출량을 말한다.

(바) "설계압력(Design pressure)"이라 함은 용기 등의 최소 허용두께 또는 용기의 여러 부분의 물리적인 특성을 결정하기 위하여 설계 시에 사용되는 압력을 말한다.

(사) "최고허용압력(Maximum allowable working pressure)"이라 함은 용기의 제작에 사용된 재질의 두께(부식여유 제외)를 기준으로 하여 산출된 용기 상부에서

의 허용 가능한 최고의 압력을 말한다.
- (아) "축적압력(Accumulated pressure)"이라 함은 안전밸브 등이 작동될 때 안전밸브에 의하여 축적되는 압력으로서 그 설비 내에서 순간적으로 허용될 수 있는 최대 압력을 말한다.
- (자) "배압(Back pressure)"이라 함은 안전밸브 등의 토출 측에 걸리는 압력을 말하는 것으로, 중첩배압과 누적배압의 합을 말한다.
- (차) "시건조치"라 함은 차단밸브를 함부로 열고 닫을 수 없도록 경고조치하는 것을 말하며, 방법으로는 CSO(Car Sealed Open, 밸브가 열려 시건조치된 상태), CSC(Car Sealed Close, 밸브가 닫혀 시건조치된 상태)가 있다.
- (카) "중첩배압(Superimposed back pressure)"이라 함은 안전밸브가 작동하기 직전에 토출 측에 걸리는 정압(Static pressure)을 말한다.
- (타) "누적배압(Built-up back pressure)"이라 함은 안전밸브가 작동한 후에 유체방출로 인하여 발생하는 토출 측에서의 압력증가량을 말한다.
- (파) "분출시험압력(Cold differential test pressure)"이라 함은 안전밸브 분출시험설비에서 적용되어야 하는 시험용 압력으로 안전밸브 실제 설치위치에서의 배압 또는 운전온도와 시험설비에서의 조건 차이로 인한 영향이 반영된 것을 말한다.

(2) 기타 이 지침에서 사용하는 용어의 정의는 특별한 규정이 있는 주요 물질의 경우를 제외하고는 「산업안전보건법」, 같은 법 시행령, 같은 법 시행규칙 및 「산업안전보건기준에 관한 규칙」에서 정의하는 바에 의한다.

## 4. 안전밸브 등의 설치대상 및 설치기준

### 4.1 설치대상

(1) 안전밸브 등(안전밸브, 파열판 등 압력방출장치를 말한다)을 설치하여야 할 대상은 다음과 같다.
- (가) 압력용기(다만, 안지름이 150mm 이하인 압력용기는 제외한다. 관형 열교환기는 관(Tube)의 파열로 인한 압력상승이 동체의 설계압력 또는 최고허용압력을 초과할 우려가 있는 경우에 한한다.)
- (나) 정변위(Positive displacement) 압축기(다만, 다단 압축기인 경우에는 압축기의 각단에 설치한다)
- (다) 정변위 펌프(토출 측의 막힘으로 인한 압력상승이 관련기기의 설계 압력을 구조

적으로 초과할 수 있도록 제작된 펌프류에 한한다.)
- (라) 배관(배관 내의 액체가 2개 밸브 등에 의해 차단되어 대기온도에서 액체의 열팽창에 의하여 구조적으로 배관 파열이 우려되는 배관에 한한다)
- (마) 기타 이상화학 반응, 밸브의 막힘 등의 이상상태로 인한 압력상승으로 당해 설비의 설계압력을 구조적으로 초과할 우려가 있는 용기 등에 설치한다.

(2) (1)의 규정에 의한 적용대상 용기 등을 연결하는 배관 사이에 체크밸브, 자동제어밸브, 수동제어밸브 등과 같은 차단밸브가 없는 경우에는 하나의 용기 등으로 간주하여 안전밸브 등을 설치할 수 있다.

(3) 안전밸브 등은 〈부록 1〉 "안전밸브 등의 선정 흐름도"를 참조하여 선정한다.

### 4.2 파열판 설치기준

(1) 파열판을 설치하여야 하는 기준은 다음과 같다.
- (가) 반응폭주 등 급격한 압력상승의 우려가 있는 경우.
- (나) 독성물질의 누출로 인하여 주위 작업환경을 오염시킬 우려가 있는 경우. 다만, 안전밸브를 설치하고 후단에 배출물질을 처리할 수 있는 설비가 설치된 경우는 파열판을 설치하지 아니할 수 있다.
- (다) 운전 중 안전밸브에 이상물질이 누적되어 안전밸브의 기능을 저하시킬 우려가 있는 경우(이 경우는 보호기기의 노즐에 파열판을 설치하여야 함)
- (라) 유체의 부식성이 강하여 안전밸브 재질의 선정에 문제가 있는 경우.

(2) 반응기, 저장탱크 등과 같이 대량의 독성물질이 지속적으로 외부로 유출될 수 있는 구조로 된 경우에는 파열판과 안전밸브를 직렬로 설치하고, 파열판과 안전밸브 사이에는 누출을 탐지할 수 있는 압력지시계 또는 경보장치를 설치하여야 하며, 세부적인 사항은 별도의 관련 기술지침을 따른다.

### 4.3 설정압력

(1) 안전밸브 등의 설정압력은 보호하려는 용기 등의 설계압력 또는 최고허용압력 이하이어야 한다.(〈표 1〉 및 〈부록 2〉 참조) 다만, 다음의 경우와 같이 배출용량이 커서 2개 이상의 안전밸브 등을 설치하는 경우에는 그러하지 아니하다.

KOSHA GUIDE
D - 18 - 2020

<표 1> 안전밸브의 설정압력 및 축적압력

| 원 인 | 하나의 안전밸브 설치 시 | | 여러 개의 안전밸브 설치 시 | |
|---|---|---|---|---|
| | 설정압력 | 축적압력 | 설정압력 | 축적압력 |
| 화재 시가 아닌 경우 | | | | |
|     첫 번째 밸브 | 100% 이하 | 110% 이하 | 100% 이하 | 116% 이하 |
|     나머지 밸브 | - | - | 105% 이하 | 116% 이하 |
| 화재 시인 경우 | | | | |
|     첫 번째 밸브 | 100% 이하 | 121% 이하 | 100% 이하 | 121% 이하 |
|     나머지 밸브 | - | - | 110% 이하 | 121% 이하 |

주) 모든 수치는 설계압력 또는 최고허용압력에 대한 %이다.

(가) 외부 화재가 아닌 다른 압력상승 요인에 대비하여 둘 이상의 안전밸브 등을 설치할 경우에는 하나의 안전밸브 등은 용기 등의 설계압력 또는 최고허용압력 이하로 설정하여야 하고 다른 것은 용기 등의 설계압력 또는 최고허용압력의 105% 이하에 설정할 수 있다.

(나) 외부 화재에 대비하여 둘 이상의 안전밸브 등을 설치할 경우에는 하나의 안전밸브 등은 용기 등의 설계압력 또는 최고허용압력 이하로 설정하여야 하고 다른 것은 용기 등의 설계압력 또는 최고허용압력의 110% 이하로 설정할 수 있다.

(2) 5. (2)의 규정에 의하여 파열판과 안전밸브를 직렬로 설치하는 경우 안전밸브의 설정압력 및 파열판의 파열압력은 다음과 같이 한다.

(가) 안전밸브 전단에 파열판을 설치하는 경우 파열판의 파열압력은 안전밸브의 설정압력 이하에서 파열되도록 한다.

(3) 안전밸브 등의 설정압력은 실제 설치위치에서의 운전온도 또는 배압에 대한 영향이 반영된 것으로 분출시험설비에서는 다음 사항들을 고려하여 보정된 압력을 적용하여야 한다.

(가) 안전밸브의 실제 설치 위치에서의 운전온도가 110℃ 이상인 경우 또는 운전온도가 영하 60℃ 이하인 경우에는 온도 차이에 따른 분출시험압력을 보정하여야 한다.

(나) KOSHA GUIDE D-48에서 정의된 일반형 안전밸브는 설정압력과 중첩배압의 차이를 산출하여 분출시험압력을 보정하여야 한다.

### 4.4 축적압력

안전밸브의 축적압력은 다음과 같아야 한다(<표 1> 및 <부록 2> 참조)

KOSHA GUIDE
D - 18 - 2020

(1) 설치 목적이 화재로부터의 보호가 아닌 경우
　(가) 안전밸브를 1개 설치하는 경우에는 안전밸브의 축적압력은 설계압력 또는 최고허용압력의 110% 이하이어야 한다.
　(나) 안전밸브를 2개 이상 설치하는 경우에는 안전밸브의 축적압력은 설계압력 또는 최고허용압력의 116% 이하로 하여야 한다.
(2) 설치 목적이 화재로부터의 보호인 경우에는 안전밸브의 수량에 관계없이 설계압력 또는 최고허용압력의 121% 이하이어야 한다.

## 5. 소요 분출량

과압발생 원인은 출구 차단, 냉각 또는 환류 중단, 흡수제 공급 중단, 비응축성 가스의 축적, 휘발성 물질 유입, 과충전, 자동제어밸브의 고장, 비정상적인 열 또는 증기유입, 내부폭발 또는 과도적 압력상승, 화학반응, 유압팽창, 외부화재, 열교환기 고장, 유틸리티 고장 등이며 원인별 압력방출 지침은 〈표 2〉과 같다.

〈표 2〉 과압 원인별 압력방출 지침

| 번호 | 과압 원인 | 절 | 액체 압력방출 지침* | 증기 압력방출 지침* |
|---|---|---|---|---|
| 1 | 출구 차단 | §5.1 | 최대 유입량 | 최대 유입량+생성량 |
| 2 | 냉각 또는 환류 중단 | §5.2 | - | 물질/에너지 수지 계산 |
|  | 1) 응축기 냉각수 중단 |  | - | 증기 유입량-증기 유출량 |
|  | 2) 탑정 환류 중단 |  | - | 증기 유입량-증기 유출량 |
|  | 3) 측류 환류 중단 |  | - | 제거되는 열량 만큼에 의한 증발량 |
| 3 | 흡수제 공급 중단 | §5.3 | - | 정상적으로는 불필요 |
| 4 | 비응축성 가스의 축적 | §5.4 | - | 탑조류에서는 냉각 중단, 다른 용기에서는 출구 차단에 해당하는 증기량 배출 |
| 5 | 휘발성 물질 유입 | §5.5 | - | 압력방출장치 이외의 과압보호책이 필요함 |
|  | 1) 고온 오일에 물 유입 |  | - |  |
|  | 2) 고온 오일에 경질 탄화수소 유입 |  | - |  |
| 6 | 과충전 | §5.6 | 최대 유입량 | 7 |

| 번호 | 과압 원인 | 절 | 액체 압력방출 지침* | 증기 압력방출 지침* |
|---|---|---|---|---|
| 7 | 자동제어 실패 | §5.7 | 제어밸브의 위치, 개수, 고장모드에 따라 사례별로 계산 | |
| | 1) 인입 제어밸브 | | 최대 유입량 - 정상 유출량 | |
| | 2) 출구 제어밸브 | | 최대 유입량 - 정상 유출량 | |
| | Fail-stationary 밸브 | | 고장 시 보수적으로 완전 개방 또는 완전 폐쇄 가정 | |
| 8 | 비정상적인 열 또는 증기의 유입 | §5.8 | - | - |
| | 1) 비정상적인 열 입력 | | - | 증기 발생량 - 정상 유출량 |
| | 2) 부주의한 밸브 개방 | | - | 증기 유입량 - 정상 유출량 |
| | 3) 체크 밸브 고장 | | - | 역류 상황 및 역류량 선정 |
| 9 | 내부 폭발 또는 과도한 압력 상승 | §5.9 | 압력방출장치는 응답속도가 느려 과압 보호 불가능하므로 과압 상황을 막는 다른 대책이 필요 | |
| | 1) 내부 폭발 | | | |
| | 2) 과도한 압력 | | | |
| 10 | 화학반응 | §5.10 | - | 폭주반응에서 발생되는 증기/가스의 추정량이며, 2상 효과에 대한 고려가 필요 |
| 11 | 유압 팽창 | §5.11 | 온도 상승에 따른 부피 팽창량 | - |
| 12 | 외부 화재 | §5.12 | - | 내부 유체의 종류에 따라 (2)식 또는 (7)식으로 산출 |
| 13 | 열교환기 고장 | §5.13 | | |
| | 1) 다관형 열교환기 | | 튜브 단면적의 두 배의 크기를 갖는 구멍을 통한 유체 유량 | |
| | 2) 이중관 열교환기 | | 보통 불필요 | |
| | 3) 판형 열교환기 | | 다관형 열교환기의 튜브 단면적에 해당하는 구멍을 통한 유체 유량 | |
| 14 | 유틸리티 고장 | §5.14 | 피해 범위 및 고장 수준에 따른 분석이 필요 | |

\* 모든 압력방출량은 분출 조건에서 계산하며, 분출 압력이 운전 압력보다 높을 때는 압력방출 부하가 줄어들 수 있음

### 5.1 출구 차단(Closed outlets)

(1) 압력용기 등의 출구가 모두 차단되었을 때의 압력이 최고허용압력(MAWP)을 넘을 수 있으며 압력방출장치를 통한 배출이 필요하다. 소요분출량은 액체의 경우 최대 유입량, 스팀 또는 증기의 경우 최대 유입량과 분출 조건에서의 생성량을 합한 양이다.

(2) 분출량은 분출 조건에서 결정되므로 용기 압력 상승에 따라 유입량이 감소할 경우 소요분출량도 상당히 줄어들 수 있다.

(3) 여러 개의 출구 쪽 밸브 중 하나가 차단되었을 경우 정상적으로 개방되어 있던 수동 또는 원격조작 밸브는 계속 작동하는 것으로 가정하는 것이 허용되나, 여러 밸브에 동시에 영향을 끼칠 수 있는 공통원인고장(예 : 제어계, 전기설비 등)에 대한 검토가 필요하다.

(4) 정변위 펌프는 그 최대 용량을 소요분출량으로 정하지만, 원심 펌프의 경우 펌프 자체나 후단의 배관, 장치 등이 최대 폐쇄(Shut-in) 압력을 견디도록 설계된 경우에는 압력방출 등의 보호가 필요하지 않다.

(5) 정변위 압축기는 그 최대 용량을 소요분출량으로 정한다. 다단 압축기의 경우 각단 사이에 차단밸브가 없더라도 냉각 실패나 후단에 위치한 단의 고장에 대비하여 각 단 기준의 출구차단을 고려한 압력방출장치가 필요하다.

### 5.2 응축기로 유입되는 냉각수 또는 환류액의 공급 중단

(1) 공정 유체를 냉각 또는 응축하는 설비가 고장 나거나 증류공정에서 펌프 등의 고장으로 환류가 중단될 경우 소요분출량은 분출조건에서 시스템에 대한 물질 및 에너지 수지로 결정한다.

(2) 냉각 중단 시에 대한 상세한 수지 계산이 어려우면 다음과 같은 단순화된 기준으로 소요분출량을 산출한다.
  (가) 완전 응축인 경우 응축기로 유입되는 총 증기 유량
  (나) 부분 응축인 경우 유입 증기 유량에서 유출 증기 유량을 뺀 양
  (다) 공냉식 냉각기의 팬(Fan)이 고장 난 경우 정상 냉각 용량의 70~80%에 해당하는 양

(3) 환류액 공급 중단 시 환류 순환의 종류에 따라 다음을 고려하여 소요분출량을 산정한다.
  (가) 탑정 순환(Overhead circuit)의 경우 응축기 범람(Flooding)을 야기하므로 완전 냉각 중단과 동등하게 취급하나 증기 조성의 변화를 감안함
  (나) 펌프어라운드 순환(Pump around circuit)의 경우 제거되는 열량 만큼에 의한 증발량

(다) 측류 순환(Sidestream circuit)의 경우 제거되는 열량만큼에 의한 증발량

### 5.3 흡수제 공급 중단

(1) 일반적으로 흡수탑에서 탄화수소 화합물을 흡수제로 처리할 때 흡수제 공급 중단에 따른 압력 방출은 필요하지 않다.

(2) 그러나 산성 가스 흡수탑에서 25% 이상의 증기 유량을 제거할 때 흡수제 공급이 중단되면 후단 장치에서 압력 상승을 야기할 수 있으므로 과압 해소가 필요할 수 있다. 이때, 소요분출량은 후단 장치, 배관, 계기 등의 특성을 고려하여 결정한다.

### 5.4 비응축성 가스의 축적

정상운전 상태에서 비응축성 가스는 공정흐름과 함께 유출되므로 축적되지 않으나, 증류탑에서 응축기를 블랭킷(Blanketing)할 정도로 축적되면 냉각 중단(§5.2)에 준하는 소요분출량이 필요하고 다른 용기에서는 출구 차단(§5.1)에 준하는 가스 배출이 필요하다.

### 5.5 휘발성 물질 유입

(1) 고온의 오일에 물이 유입되면 급격한 상변화로 인해 과압이 발생할 수 있으나 대부분의 경우 함수량을 알 수 없으므로 소요 분출량을 산출하는 인정된 방법은 없다.

(2) 물은 거의 순간적으로 증발할 뿐만 아니라 부피 팽창비가 너무 커서, 압력방출장치의 효용성이 의문시되므로, 적절한 설계, 시공 및 운전을 통해 다음과 같이 물유입 가능성을 제거하는 방법이 최선이다.
  (가) 물 체류를 최소화하기 위하여 대기(Stand-by) 중인 설비를 통해 고온오일 최소 순환 유지
  (나) 물이 고일 수 있는 포켓 방지
  (다) 스팀 응축 트랩 설치
  (라) 응축 방지용 열보온(Heat tracing) 설치
  (마) 고온 공정배관의 물 연결부에 2중 차단밸브 및 블리드(Bleed)밸브 설치
  (바) 물이 오염된 공급 원료의 경우 열원을 차단하는 인터록 설치
  (사) 점진적 온도상승을 허용하는 시운전 및 가동 절차

(3) 경질 탄화수소는 물보다는 부피 팽창비가 상대적으로 작지만 오일 등에 유입될 경우는 물과 같은 보호대책이 필요하다.

### 5.6 과충전

(1) 유입 유체 측 압력이 용기의 설계 압력을 초과할 수 있을 경우 최대 유입량을 소요분출량으로 삼는 압력방출장치가 필요하다.

(2) 과충전에 대한 과압 보호책으로 관리 대책을 사용할 수 있다.

### 5.7 자동제어밸브의 고장

(1) 일반사항
    (가) 용기 또는 시스템의 인입 배관 또는 출구 배관에서 사용되는 자동제어밸브는 전송신호나 구동 매체, 센서, 제어기 등의 다양한 요인에 의해 고장 날 수 있다.
    (나) 제어밸브의 설치 위치, 개수 및 고장모드(Fail-Open, Fail-Close, Fail-Stationary)에 따라 각 과압 시나리오별로 소요분출량을 산정해야 한다.
    (다) 정상운전 시의 최소 유량을 처리하는 제어밸브는 과압의 원인으로 간주되지 않을 수 있다.

(2) 인입 배관에 설치된 제어밸브 고장
    (가) 하나의 인입 제어밸브가 완전 개방, 나머지 다른 밸브는 정상유량의 작동위치에 있다고 가정한 경우에는 최대 예상 유입량과 정상 유출량의 차이를 소요분출량으로 정한다.
    (나) 최초 인입밸브를 열리게 한 동일한 고장으로 하나 또는 그 이상의 출구밸브가 닫히거나 여러 인입밸브가 개방된다면 최대 예상 유입량과 잔여 개방된 출구밸브의 정상유량과 차이를 소요분출량으로 정한다.
    (다) 유량을 추가하기 위하여 바이패스 밸브를 개방 또는 부주의로 바이패스 밸브를 개방할 경우는 총 유량(제어밸브 완전개방 및 바이패스밸브 정상위치)을 압력방출 시나리오에 고려해야 한다.
    (라) 고압 용기에서 액위손실이 발생한 경우에는 증기가 저압시스템으로 유입되는 것을 고려해야 한다. 유입증기부피가 저압시스템 부피보다 크거나 증기공급원이 무제한이면 심각한 과압이 빠르게 발생할 수 있다. 이 경우 액체제어밸브를 통한 전체증기흐름을 처리하기 위해 저압시스템의 릴리프장치 크기를 조정해야 할 수 있다. 그러나, 공정시스템이 압력차가 상당하고 고압설비의 증기부피가 저압시스템 부피보다 적은 환경에서는 추가 압력은 경우에 따라 과압 없이 흡수될 수 있다.

(3) 출구 배관에 설치된 제어밸브의 고장
    (가) 단독으로 설치된 제어밸브가 고장 나거나 공통원인 등에 의해 여러 제어밸브가 동시에 닫힌 경우는 출구 차단(§5.1)에 해당되며, 이때의 소요분출량은 최대 유입량으로 정한다.
    (나) 여러 제어밸브 중 하나의 밸브만 고장이 발생한 경우는 최대 유입량과 나머지 밸브의 정상작동으로 인한 유출량의 차이가 소요분출량이 된다.

(4) Fail-stationary 밸브의 고장

고장 시 최종 제어 위치에서 정지되는 밸브로서, 고장 시점에서의 위치를 정확히 예측할 수 없으므로 완전 개방 또는 완전 폐쇄를 가정하여 보수적으로 소요분출량을 정해야 한다.

### 5.8 비정상적인 열 또는 증기 유입

(1) 비정상적인 공정 열 입력

(가) 재비기 또는 다른 가열 장치에서 정상 설계값을 초과하는 열 입력에 따른 과압을 해소하기 위한 소요분출량은 최대 증기(비응축성 가스 포함) 발생량에서 정상적인 증기의 유출량을 뺀 값으로 산출한다.

(나) 열 입력량은 시스템 구성 성분의 거동을 고려하여 보수적으로 산정한다.
① 연료 제어밸브가 완전히 개방될 경우의 유량 적용
② 다관형 열교환기의 튜브는 오염이 없는 깨끗한 상태로 가정
③ 버너 등은 설계용량보다 초과된 용량(보통 125%)으로 적용

(2) 부주의로 인한 밸브 개방

(가) 고압설비 등과 보호 용기를 연결하는 배관 상에 밸브가 설치되고 부주의로 열릴 경우에는 완전하게 개방된 상태에서 유입될 수 있는 양을 배출할 수 있는 압력방출설비가 필요하다.

(나) 용기 출구 측 밸브가 열린 상태인 경우는 열린 밸브를 통해 유출될 수 있는 양을 유입되는 양으로부터 차감할 수 있다.

(다) 부주의로 인한 밸브 개방을 방지할 수 있는 관리적 대책이 실시되고 있으면 압력방출설비를 설치하지 않을 수 있다.

(3) 체크밸브 고장

역류에 대한 상황은 3가지로 아래의 각 호와 같으며, 각 상황별로 역류량 추정기법이 제안되어 있지만, 소요분출량 산정을 위한 역류 상황 및 기법 선정은 사용자가 결정해야 한다.

(가) 완전 고장 : 완전 개방 상태에서의 고착 또는 내부품 소실로 인한 역류
(나) 심한 누설 : 밸브 시트 훼손 등으로 인한 상당한 역류
(다) 정상 누설 : 밸브 마모 등으로 인한 경미한 역류

### 5.9 내부 폭발 또는 과도한 압력 상승

(1) 내부 폭발

(가) 증기와 공기 혼합물의 점화로 일어나는 내부 폭발은 밀리초(Milliseconds) 단위 내의 응답이 요구되므로 응답속도가 느린 압력방출설비 대신 폭발방산 패널 등으로 과압을 해소해야 한다.

(나) 폭굉에 대해서는 폭발 릴리프/봉쇄/억제 시스템 사용이 불가능하므로 불활성가스 퍼지와 관리 대책으로 폭발 혼합물 형성을 방지해야 한다.

(2) 과도한 압력 상승

(가) 액체로 채워진 시스템에서 밸브의 급격한 폐쇄 등으로 인한 수격 작용에 따라 유압 충격파가 발생하고 시스템의 압력은 정상 운전압력보다 크게 상승할 수 있다. 이런 경우에는 밸브가 급격하게 폐쇄되지 않도록 그 속도를 제한하여 충격파를 방지해야 한다.

(나) 압축성 유체를 담고 있는 배관에서 발생하는 스팀해머 역시 밸브가 급격하게 폐쇄되지 않도록 하는 방법을 사용한다.

(다) 증기 기포가 차가운 응축수에 의해서 빠르게 파괴되면서 발생하는 응축수 유도 해머(Condensate-induced hammer)는 스팀 트랩, 드레인 등의 설계 및 운전을 통해 해머 현상이 일어나지 않도록 하여야 한다.

5.10 화학반응

(1) 반응기의 교반 또는 냉각 중단, 잘못된 반응물 주입, 외부 화재 등의 공정 교란으로 인한 폭주반응(Runaway reaction)의 반응속도는 알려진 경우가 거의 없으므로 벤치 규모의 시험을 통해 다음과 같은 반응시스템의 특성을 파악한다.

(가) 완화계(Tempered system) : 대개 비응축성 가스가 발생하지 않는 액상 반응계로서 액체 비등에 의해 온도가 천천히 증가

(나) 가스계(Gassy system) : 액상 분해반응 또는 기상 반응에 의해 비응축성 가스가 발생하며 온도가 급격하게 증가

(다) 혼합계(Hybrid system) : 부반응에 따른 온도 상승 속도가 액체 비등에 의해 완화되지만 비응축성 가스도 생성됨

(2) 압력방출장치를 사용하여 과압을 보호를 해야 하지만, 불가능한 경우에는 장치의 과도한 응력을 제어하기 위해 자동 차단 시스템, 압력 감축(Depressuring) 등의 다른 방법을 적용한다.

### 5.11 액체부피 팽창(Hydraulic expansion)

(1) 액체로 채워진 배관 또는 용기가 주위로부터의 열전달, 화재, 태양열 복사, 가열 코일 등에 의해 가열될 때 온도 상승에 따른 액체 부피 증가로 인해 팽창이 일어나 파열 위험이 있다. 유입열량 산정 등 세부내용은 열팽창 안전밸브의 기술지침(D-13)을 참조한다.

(2) 과압 보호를 위한 액체의 소요분출량이 적으므로 열 릴리프(Thermal relief) 장치로는 주로 DN 20 × DN 25(NPS 3/4 × NPS 1)를 사용하지만, 이보다 큰 릴리프장치를 필요로 하는 큰 배관이나 용기의 경우 다음 식으로 소요분출량을 산정한다.

$$q = \frac{3.6\alpha_v \phi}{dc} \quad \cdots \quad (1)$$

여기서, $q$ : 부피 유량(m³/hr)
$\alpha_v$ : 부피팽창계수(1/℃)
$\phi$ : 총 열전달 속도(kcal/hr)
$d$ : 비중(물 15.6℃ 기준)
$c$ : 유체의 비열(kcal/kg·℃)

### 5.12 외부 화재(External fire)

(1) 일반사항

(가) 저장탱크나 공정 장치 등의 용기가 외부 화재에 노출되면 액체 내용물의 비등이나 분해 반응에 의한 증기 생성, 유체의 팽창 등에 의해 과압이 발생한다.

(나) 용기 벽면의 과열에 따른 재료 강도의 저하로 인해 압력방출장치의 설정압력 미만에서도 파열이 일어날 수 있다.

(다) 개방 액면화재(Open pool fire), 제한된 공간의 화재(Confined pool fire), 제트화재(Jet fire)의 3가지 화재의 유형에 대한 소요분출량 산정 및 보호방법이 다르다.

(2) 개방 액면화재

(가) 액체를 취급하는 용기 등에 대한 소요분출량

$$W = \frac{Q}{\lambda} \quad \cdots \quad (2)$$

여기서, $W$ : 소요분출량(kg/hr)
$Q$ : 총 입열량(kcal/hr)
$\lambda$ : 증발 잠열(kcal/kg)

KOSHA GUIDE
D - 18 - 2020

① 총 입열량(Q) 계산식
　㉮ 적절한 소화설비 및 배유설비가 있는 경우

$$Q = 37{,}100 F A_{ws}^{0.82} \quad\cdots\cdots\cdots (3)$$

　㉯ 적절한 소화설비 및 배유설비가 없는 경우

$$Q = 61{,}000 F A_{ws}^{0.82} \quad\cdots\cdots\cdots (4)$$

　　여기서, $F$ : 환경인자(Environmental factor)
　　　　　 $A_{ws}$ : 내부 액체에 접촉하고 있는 용기 등의 벽 면적(㎡)

적절한 배유설비는 다음 조건을 충족하는 배유·배수 계획이 수립된 경우를 의미한다.
　㉠ 방유제, 트렌치(Trenches) 등을 기준으로 화재관리구역(Fire zone)을 구분하고 화재발생지역에서의 인화성·가연성 물질의 최대 누출량과 소방용수 전량을 비위험구역으로 안전하게 이송할 수 있어야 한다.
　㉡ 지면은 트렌치 등의 위치를 고려하여 최소 1 : 100 이상의 경사가 유지될 수 있어야 하며 배유·배수되는 물질이 정체될 수 있는 웅덩이가 없어야 한다.
　㉢ 중간저유지(Remote impoundment)를 설치한 경우에는 가장 가까운 공정설비와 최소 15m 이상 이격되도록 설치해야 하며 화재발생지역 밖에서 모든 제반설비가 조작이 가능해야 한다.
　㉣ 저장탱크로 부터의 누출 확산을 차단하는 목적으로 방유제를 설치하는 경우에는 KOSHA GUIDE D-8에 적합해야 한다.
　㉤ 최종 배유·배수 처리설비에서 인화성·가연성 물질의 증기가 체류할 수 있는 경우에는 KOSHA GUIDE D-35에 적합한 안전설비가 설치되어야 한다.

② 환경인자(F) 값
　㉮ 단열재의 전열계수를 기준으로 한 F값은 〈표 3〉에 수록되어 있다.
　㉯ 단열재의 열전도도와 두께가 주어진 경우 식 (5)를 이용하여 F를 계산한다.

$$F = \frac{k(904 - T_f)}{57{,}000 \delta_{ins}} \quad\cdots\cdots\cdots (5)$$

여기서, $k$ : 평균 온도( $=(T_f+904)/2$ )에서 단열재 열전도도(kcal·mm/hr·m²·℃)
〈부록 3〉 참조

$\delta_{ins}$ : 단열재의 두께(mm)

$T_f$ : 용기 등에서 취급 및 저장하는 유체의 분출 시의 온도(℃)

〈표 3〉 환경인자

| 장치 유형 | | 환경인자(F) |
|---|---|---|
| 단열되지 않은 용기 | | 1.0 |
| 용기에 설치된 단열재의 열전달 계수 [kcal/hr·m²·℃] | 19.5 | 0.3 |
| | 9.8 | 0.15 |
| | 4.9 | 0.075 |
| | 3.3 | 0.05 |
| | 2.4 | 0.0376 |
| | 2.0 | 0.03 |
| | 1.6 | 0.026 |
| 살수 설비를 갖춘 단열되지 않은 용기 | | 1.0 |
| 감압 설비를 갖춘 용기 | | 1.0 |
| 용기 등을 흙 등으로 덮은 용기 | | 0.03 |
| 지표면 아래의 저장 용기 | | 0.0 |

㈐ 복층 단열재의 경우 식 (6)을 이용하여 F를 계산한다.

$$F = \frac{(904-T_f)}{57,000\sum_{i=1}^{n}\left(\frac{\delta_{\in s,i}}{k_i}\right)} \quad \cdots\cdots\cdots\cdots\cdots\cdots\cdots\cdots\cdots\cdots\cdots\cdots\cdots\cdots (6)$$

여기서, $k_i = i$번째 단열재 층의 열전도도, kcal·mm/hr·m²·℃ 〈부록 3〉 참조

$\delta_{ins,i}$ : $i$번째 단열재 층의 두께, mm

단, 용기 등에 설치된 보온재는 화재가 진행되는 동안(최소 2시간 이상) 900℃에서도 효과적으로 열을 차단할 수 있어야 한다. 특히, 정상운전조건에서는 뛰어난 보온 특성을 갖지만 특별처리 및 사전시험을 거치지 않은 경우 260℃ 이하에서 녹거나, 증발하거나 손상될 수 있는 단열재를 사용하는 경우에는 주의하여야 한다. 아울러, 보온재는 최소 2시간 이상 동안 소화수의 높은 압력에 의해 용기 등에서 분리되어서는 안 되며 화염의 직접 접촉에 견딜 수 있어야 한다. 또한 보온재의 보호덮개도 소화수의 압력과 화염의 온도에 견딜

수 있어야 한다. 일반적으로 스테인레스강은 보온재의 덮개로 적합하지만 알루미늄은 그렇지 않다.

③ 내부 액체와 접촉하고 있는 용기 등의 벽 면적($A_{ws}$) 계산

㉮ 화재 시에는 지표면으로부터 최소 7.5m 수직높이까지 화재의 영향을 받는 것으로 가정하여 용기 등의 내부액체 접촉면적($A_{ws}$)을 계산하여야 한다. 다만, 구형 용기의 경우 7.5m와 최대 수평지름까지의 높이 중 더 큰 수치를 적용하여 계산한다.

㉯ 환기가 제한적인 스커트 지지대로 보호되는 용기 헤드부위는 젖은 면적계산에서 제외한다.

(나) 가스, 증기 및 초임계유체를 담은 용기에 대한 소요분출량

$$W = 8.769\sqrt{MP_1} \times \left[\frac{A(T_w - T_1)^{1.25}}{T_1^{1.1506}}\right] \quad \cdots\cdots (7)$$

여기서, $W$ : 소요분출량(kg/hr)
$M$ : 분자량
$P_1$ : 인입 측 분출압력(Upstream relieving pressure), MPa(abs)
$A$ : 화재 시 노출되는 용기 등의 면적(m²)
$T_w$ : 용기 등의 최대 벽면 온도, K(탄소강의 경우 866K)
$T_1$ : 인입 측 분출압력에서 가스 온도($(P_1/P_n) \times T_n$), K
  여기서, $P_n$ : 정상운전압력(MPa(abs))
  $T_n$ : 정상운전온도(K)

① 식 (7)에서 용기는 단열되어 있지 않고, 그 벽 온도는 파열 응력 온도에 도달하지 않으며, 유체 온도는 일정하다고 가정한다. 위에서 언급한 기준을 충족하는 단열재 설치 시 압력방출량을 감소시킬 수 있다.

② 이 가정을 적용하기 곤란한 경우 동적 모델링을 통해 소요분출량을 산출하는 방법을 적용할 수 있다.

(3) 제한된 공간의 액면화재

(가) 구조물 내부 또는 둑으로 둘러싸인 지역에서 화재 발생 시 밀폐로 인한 예열 및 재복사 때문에 일반적으로 개방 공간에서의 화재보다 더 높은 화염 온도와 더 큰 열플럭스를 보이지만, 화재의 유형(환기지배 또는 연료지배) 및 규모에 따라 그 효과가 달라진다.

KOSHA GUIDE
D - 18 - 2020

① 환기(Ventilation-controlled)에 의한 화재의 경우 가용 공기량이 열방출 속도를 지배하여 화재 규모가 제한적이다.
② 연료(Fuel-controlled)에 의한 화재의 경우 연료량이 열방출 속도를 지배하며 화재 규모에 따라
  ㉮ 중소 규모 화재 시 밀폐효과가 중간 수준이라 개방 액면화재와 비슷한 거동을 보이므로 식 (2)~(4)으로 열입력량 및 소요분출량을 계산한다.
  ㉯ 대규모 화재의 경우 식 (3), (4)는 열입력량을 과소평가하게 되므로 더 엄밀한 방법을 사용할 필요가 있다.
(나) 용기가 그 높이에 상당하는 둑이나 벽으로 둘러싸인 부분적인 밀폐 상태에서의 화재 시 식 (2)~(4)에서 $A_{ws}^{0.82}$ 대신 $A_{ws}$를 사용하여 열입력량 및 소요분출량을 계산한다.
(다) 액면화재의 유형과 규모는 사용자가 결정해야 한다.

(4) 제트화재

(가) 제트화재는 용기 표면을 국소적으로 과열시켜 용기 내부 압력이 압력방출장치의 설정압력에 도달하기 전에 금속 벽을 파열시킬 수 있으므로 통상적인 압력방출장치는 효과적인 보호 수단이 될 수 없다.
(나) 그렇기 때문에 압력방출장치를 대신하여 화재 누출원의 격리, 감압시스템, 외부 단열 등의 관리 및 완화책 등을 고려하여야 한다.

5.13 열교환기 고장

(1) 다관형(Shell-and-tube) 열교환기

(가) 내부 고장은 핀홀(Pinhole)에서 완전 튜브파열에 이르는 다양한 양상을 띨 수 있는데, 보호책 선정(시나리오 압력이상으로 저압 측 설계압력를 선정하거나 압력방출장치 설치)을 위한 설계기준을 결정하기 위해서는 튜브 진동, 재질, 피로(Fatigue) 등을 포함한 상세한 역학적 분석이 필요하다.
(나) 정상상태 접근법에 의한 소요분출량 결정
  ① 튜브 파손은 하나의 튜브에서 급격한 파손
  ② 튜브 파손은 튜브시트 뒷면에서 발생한 것으로 가정
  ③ 고압유체는 튜브시트에 남아 있는 튜브 스터브와 튜브의 다른 긴 단면을 통해 흐르는 것으로 가정
  ④ 튜브 스터브 유량과 긴 배관 유량 합산
(다) (나) 방법 대신에 두 개의 오리피스로 단순화된 가정을 사용하여 소요분출량산

정할 수 있다. 이는 (나)의 긴 개방튜브 및 튜브 스터브보다 더 큰 릴리프 유량을 생성하기 때문임.

(라) 동적 접근법은 전체 구멍 튜브파열보다 더 작은 설계기준이 적절하다는 것을 결정하기 위해서 상세한 분석이 요구된다.

(마) 파열된 튜브 개구부를 통과하는 유량을 계산할 때 플래싱(Flashing)되지 않는 액체는 비압축성 흐름식, 증기 또는 가스는 압축성 흐름식을 각각 사용하며, 압력 강하에 따라 플래싱이 일어나는 경우에는 균일평형모델(Homogeneous equilibrium model, HEM)을 사용한 2상 흐름식을 사용한다.

(바) 열교환기 양측 사이의 설계압력 차가 7,000kPa 이상, 특히 저압 측에 액체가 가득 차 있고 고압 측에 파열을 통한 플래싱 가스 또는 유체가 포함된 경우에는 동적 접근법을 사용하는 것이 필요하다.

(2) 이중관(Double-pipe) 열교환기

(가) 내관으로 Schedule pipe를 쓸 경우 다른 배관 이상의 파열 가능성이 없으므로 압력방출장치를 설치할 필요가 없다.

(나) 내관으로 Gauge tube를 쓸 경우 용접 고장 등이 발생할 수 있으므로 특정 사례별로 공학적 판단이 필요하다.

(3) 판형(Plate-and-frame) 열교환기

(가) 내부의 판보다는 외부가스켓의 누출 가능성이 더 높으나, 부식 등에 의해 내부판에서 누출이 발생하고 그러한 압력이 저압측의 최대허용압력(MAWP)을 초과할 수 있는 경우에는 저압 측에 압력방출장치를 설치한다.

(나) 다관형 열교환기에서 단일 튜브 파열에 해당하는 구멍 크기(예 : 직경 6.4~25.4 mm)를 갖는 누출공을 가정하여 계산한 유량을 소요분출량으로 정한다.

### 5.14 유틸리티 고장

(1) 유틸리티 고장 시 피해 범위(공장 전체 또는 국소 장치) 및 고장 수준(완전 상실 또는 부분 상실)을 면밀히 분석하여 소요분출량을 결정해야 한다.

(2) 〈표 4〉는 각 유틸리티별로 고장 시 영향을 받을 수 있는 장치들의 부분적인 목록을 나타낸 것이다.

<표 4> 유틸리티 영향을 받는 장치

| 유틸리티 | 영향을 받는 장치 |
|---|---|
| 전력 | 냉각수/냉매, 보일러 공급수, 급냉수, 환류액 등을 순환시키는 펌프 |
| | 공냉식 열교환기, 냉각탑, 연소용 공기를 공급하는 팬(Fans) |
| | 공정 증기, 계기용 공기, 진공, 냉동을 위한 압축기 |
| | 계장 |
| | 모터 구동 밸브 |
| 냉각수/냉매 | 공정 또는 유틸리티 설비의 응축기 |
| | 공정 유체, 윤활유, 밀봉 오일용 냉각기 |
| | 회전 또는 왕복 장치의 재킷 |
| 계기용 공기 | 전송기, 제어기 |
| | 공정 조절 밸브 |
| | 경보 및 차단 시스템 |
| 스팀 | 펌프, 압축기, 송풍기, 연소공기 팬, 발전기 용 터빈 구동기 |
| | 왕복 펌프 |
| | 직접 주입 스팀을 사용하는 장치 |
| | 이젝터 |
| 스팀/열매 | 열교환기(예 : 리보일러) |
| 연료 | 보일러 |
| | 재가열기(리보일러) |
| | 펌프 또는 발전기용 엔진 구동기 |
| | 압축기 |
| | 가스 터빈 |
| 불활성가스 | 밀봉(seals) |
| | 촉매 반응기 |
| | 계기, 장치의 퍼지 |

### 5.15 화재 시의 영향범위

(1) 화재 시에는 최소한 지표면으로부터 수직 높이 7.5m까지 화재의 영향을 받는 것으로 가정하여 용기 등의 내부액체 접촉면적(5.12절의 $A_w$)을 계산하여야 한다. 다만, 타원형 또는 구형 용기인 경우에는 지표면으로부터 최대 수평 직경까지의 높이 또

는 7.5 m 이내의 높이 중 큰 수치를 적용하여 용기 등의 내부액체 접촉면적(5.12절의 $A_w$)을 계산하여야 한다.

(2) 화재 시에는 점화원 중심으로부터 230~460m² 이내의 면적이 화재의 영향을 받는 것으로 간주하여 소요 분출량을 계산하여야 한다.

## 6. 안전밸브 등의 배출용량

안전밸브 등의 배출용량은 5장에서 산출한 각각의 소요 분출량 중에서 가장 큰 수치를 당해 안전밸브 등의 배출용량으로 하여야 한다.

## 7. 설치 및 배출물 처리

### 7.1 설치위치

(1) 안전밸브 등은 보호대상 용기 등의 상부 기상/증기 공간 또는 기상/증기 공간에 연결된 배관에 설치하여야 한다(〈그림 1〉 참조)

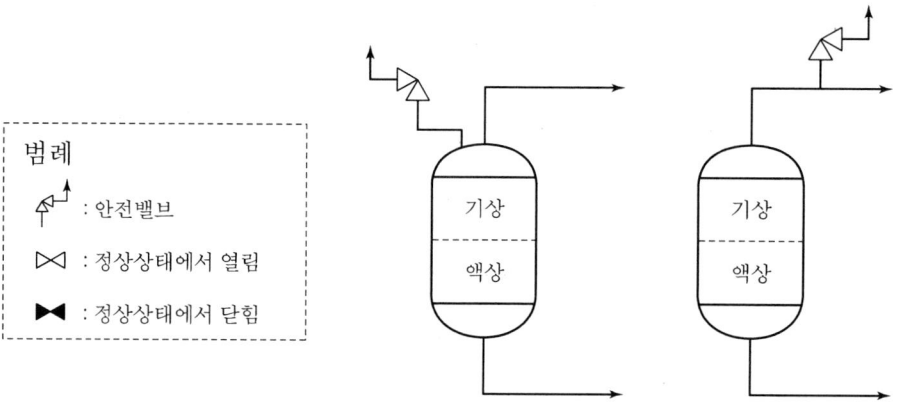

〈그림 1〉 안전밸브 등의 설치위치

(2) 열팽창용 안전밸브는 동일공간에 기상부위가 없고 액상만 존재하며, 정상운전 중 유체가 차단되는 경우에 한해 적용한다. 다만, 차단된 상태에서 일광 등에 의해 내부 액체의 체팽창으로 설비의 파손이 우려되는 경우에 설치하여야 한다.(〈그림 2〉 참조)

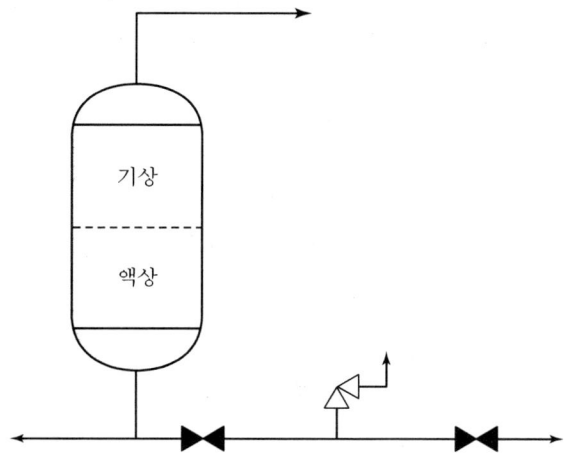

〈그림 2〉 열팽창 안전밸브의 설치 위치

### 7.2 설치방법

안전밸브 등의 설치방법은 다음과 같다.

(1) 설치대상 용기 등에서 안전밸브 등의 인입 플랜지까지의 인입배관 내에서의 압력손실은 설정 압력의 3% 이하이어야 한다. 다만, 후단 배관의 자유로운 배출 등을 위하여 안전밸브의 위치를 보호기기 보다 높이 이격시켜 설치할 경우는 안전밸브 전단의 배관직경을 크게 하여 압력손실을 줄일 수 있다.(〈그림 3〉 참조)

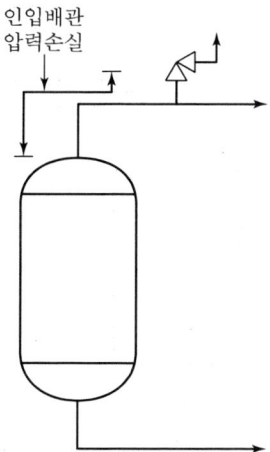

〈그림 3〉 안전밸브 등의 인입배관 압력손실

(2) 안전밸브 등의 인입배관과 토출배관의 호칭지름은 안전밸브 등의 인입플랜지와 토출플랜지의 호칭치수와 같거나 그 이상이어야 한다.(〈그림 4〉 참조)

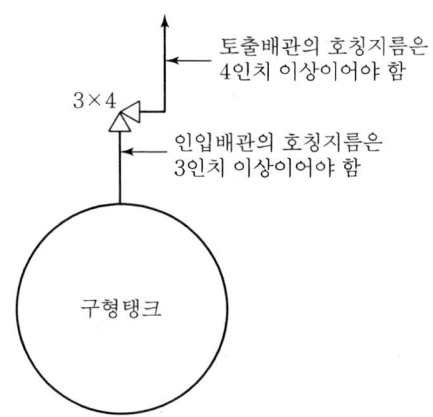

〈그림 4〉 안전밸브 등의 인입 및 토출배관 호칭지름

(3) 2개 이상의 안전밸브 등이 하나의 연결부위에 설치되어 필요한 분출량을 배출하도록 된 경우에 연결배관의 내부 단면적은 각 안전밸브 등의 인입단면적 합계와 같거나 그 이상이어야 한다. 다만, 예비로 설치된 안전밸브 등에는 이를 적용하지 아니한다.(〈그림 5〉 참조)

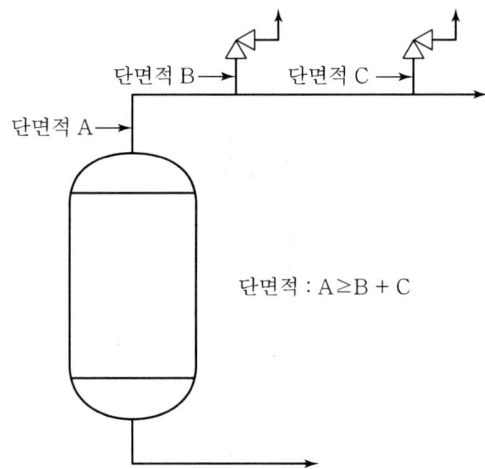

〈그림 5〉 2개 이상의 안전밸브 등이 설치된 경우 연결배관의 내부단면적

(4) 안전밸브의 토출배관에 걸리는 배압은 안전밸브 설정압력의 10% 이하가 되도록 하며, 배압의 영향을 받지 않도록 제작된 벨로우즈형(밸런스형) 안전밸브를 사용하는 경우에는 설정압력의 50% 이내로 한다. 다만, 벨로우즈형 안전밸브 제작자가 배압 허용한도를 명시한 경우에는 이에 따른다.

(5) 안전밸브의 토출배관은 안전밸브로부터 토출된 유체(액상이나 증기상태로 배출되는 유체)가 배관 내에 정체되지 않도록 설치하여야 한다.

(6) 안전밸브의 토출배관을 옥외에 설치하는 경우에는 빗물 등이 들어가지 않도록 토출배관에 배압의 영향을 받지 않도록 설계된 캡 등을 설치하거나, 토출배관 하부에 빗물 등이 고이지 않도록 구멍(직경 5mm 정도)을 내는 등의 조치를 하여야 한다.

(7) 안전밸브는 자체 하중, 안전밸브 전·후단 배관의 하중, 안전밸브 토출시의 충격 및 외부 충격 등에 견딜 수 있도록 설치하되 필요시 지지대를 설치하여야 한다.

(8) 점도가 높거나 응고되기 쉬운 물질 또는 결빙에 의하여 안전밸브 등의 막힘이 있을 수 있는 경우에는, 안전밸브 등과 그 인입배관 및 토출배관에 이를 방지하기 위해 가열·단열 등 적절한 조치를 하여야 한다.

(9) 파열판과 안전밸브가 직렬로 설치되는 경우에는 파열판과 안전밸브 사이에 파열판의 파열 또는 누출을 탐지할 수 있는 압력지시계 또는 경보장치를 설치하여야 한다.

### 7.3 차단밸브 설치

다음 각 호에서 규정한 경우에 한하여 안전밸브 등의 전·후단에 차단밸브 설치가 가능하며, 열림과 닫힘 상태 표시와 (7)항부터 (10)항까지의 밸브 관리기준을 준수하여야 한다.

(1) 인접한 용기 등에 안전밸브 등이 이중으로 설치되어 있는 경우(〈그림 6〉 참조)
    단, 두 안전밸브 사이 연결배관에 차단밸브가 없어야 하며, 안전밸브 배출용량이 두 인접설비의 배출용량을 충족하는 경우

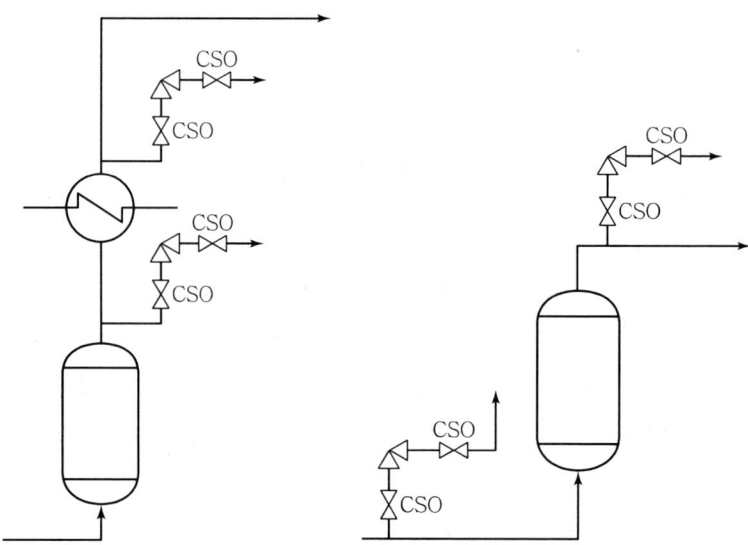

〈그림 6〉 인접한 용기 등에 안전밸브 등이 이중으로 설치되어 있는 경우

(2) 안전밸브 등의 배출용량의 50% 이상에 해당하는 용량의 자동압력제어밸브(단, 구동용 동력의 공급 차단 시 열리는 구조인 것에 한함)와 안전밸브 등이 병렬로 연결된 경우(〈그림 7〉 참조)

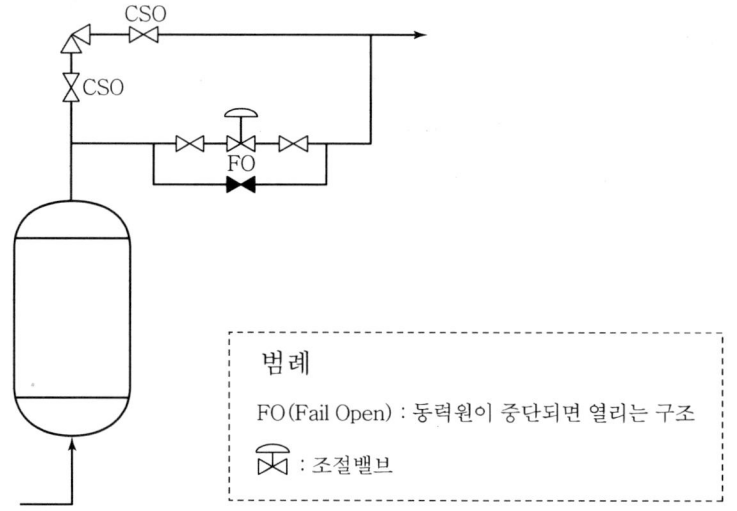

〈그림 7〉 안전밸브 등의 배출용량의 50% 이상에 해당하는 용량의 자동압력제어밸브와 안전밸브 등이 병렬로 연결된 경우

(3) 복수방식으로 안전밸브 등이 설치된 경우(〈그림 8〉 참조)

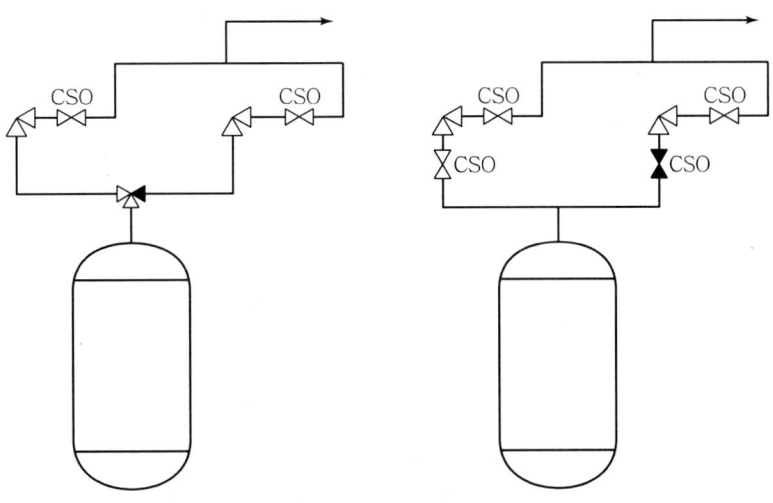

〈그림 8〉 복수방식으로 안전밸브 등이 설치된 경우

(4) 예비용 용기 등이 설치되고 각각의 용기에 안전밸브 등이 설치된 경우(〈그림 9〉 참조)

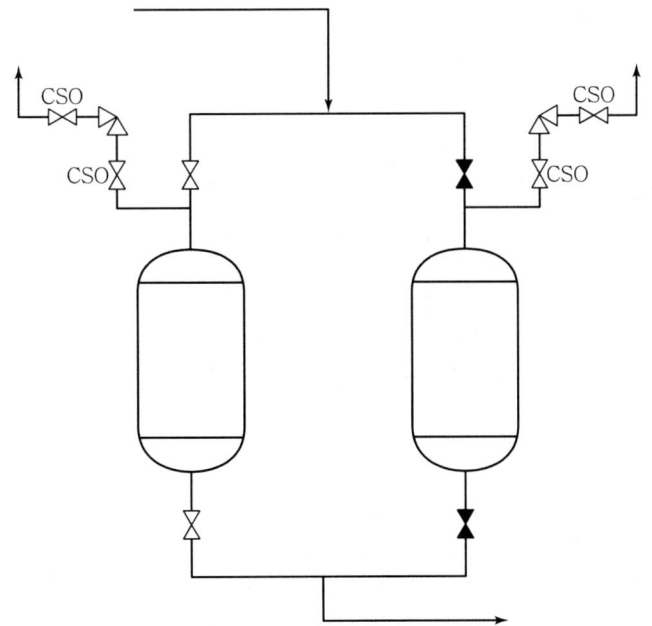

〈그림 9〉 예비용 용기 등이 설치되고 각각의 용기에 안전밸브 등이 설치된 경우

(5) 열팽창에 의한 압력상승을 방출하기 위한 안전밸브의 경우(〈그림 10〉 참조)

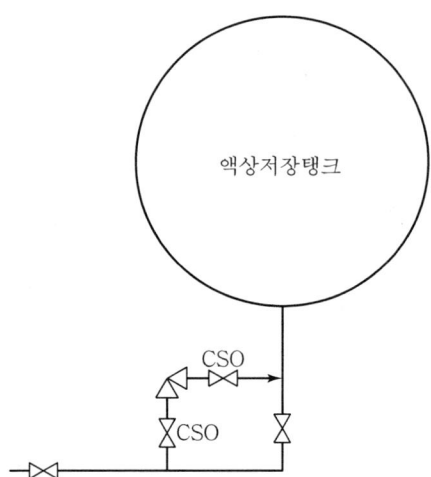

〈그림 10〉 열팽창에 의한 압력상승을 방출하기 위한 안전밸브의 경우

(6) 하나의 플레어스택(Flare stack)에 둘 이상 단위공정의 플레어헤더(Flare header)를 연결하여 사용하는 경우로서 각각의 단위공정 플레어헤더에 설치된 차단밸브의 열림·닫힘 상태를 중앙제어실에서 알 수 있도록 조치한 경우(〈그림 11〉 참조)

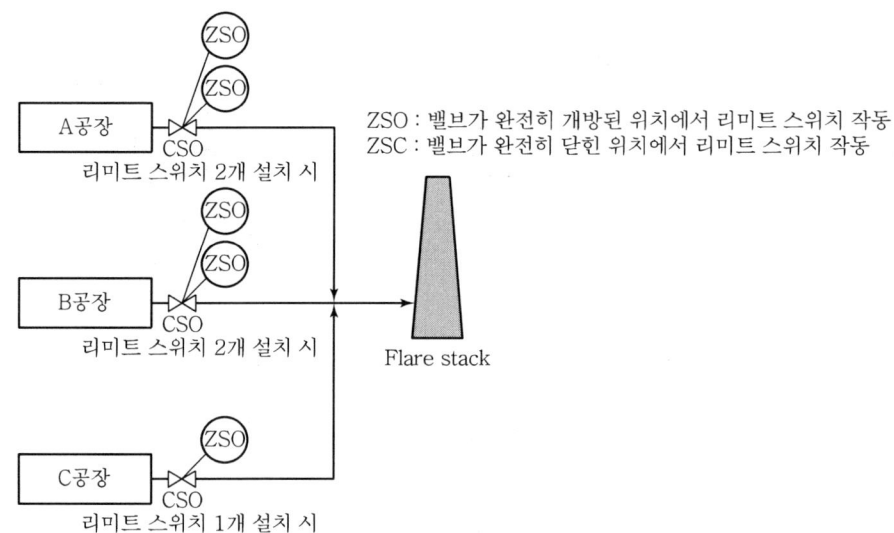

〈그림 11〉 하나의 플레어스택에 둘 이상 단위공정의 플레어헤더를 연결하여 사용하는 경우

(7) 안전밸브 등 전·후단에 차단밸브를 설치하는 경우에는 유지보수 수행 전 안전한 감압(진공) 및 안전밸브 등과 토출 측 차단밸브 사이 압력형성을 방지할 수 있도록 안전밸브 등과 차단밸브 사이에 압력을 방출할 수 있는 밸브(Bleed valve)를 설치하여야 하며, 전·후단 차단밸브의 개방 및 폐쇄 순서 등 적절한 절차를 마련하여야 한다.

(8) (3)항 안전밸브 등의 전·후단에 차단밸브를 복수 설치하는 경우에는 일반적으로 예비상태 안전밸브의 전단은 차단, 후단은 개방한다. 단, 토출 측이 유체노출로 손상우려가 있으면 예비상태 안전밸브의 후단 차단밸브는 닫아야 하며, 차단이 곤란한 경우 퍼지 또는 파열판을 설치할 수 있다.

(9) (3)항의 3방향 밸브를 설치한 경우에는 방향전환에 따른 토출 측 차단밸브로 인해 격리가 발생되지 않도록 하고 활성화된 안전밸브 등이 확인 가능하여야 한다.

(10) 안전밸브 전·후단에 설치된 차단밸브는 적절한 위치에서 잠금 상태로 유지되도록 권한을 갖은 사람만 해지할 수 있도록 자물쇠형 또는 이에 준하는 밸브, 비점화 재질 등으로 잠금 조치하여 적절하게 관리되어야 한다.

## 7.4. 배출물질의 처리

안전밸브 등으로부터 배출되는 위험물질은 연소, 흡수, 세정, 포집 또는 회수 등의 방법으로 처리하여야 한다.

(1) 연소 후 배출
인화성가스나 인화성액체의 증기는 플레어시스템에서 소각 후 대기에 배출되도록 한다.

(2) 흡수에 의한 처리
기체상태의 배출물을 액체에 용해시켜 처리하는 방법이다.

(3) 흡착에 의한 처리
기체나 액체상태의 배출물을 고체상태의 물질에 부착시켜 처리하는 방법이다.

(4) 포집에 의한 처리
배출물을 적정한 형태의 용기 등에 모아서 처리하는 방법이다. 배출물질의 양이 소량인 경우에 적용이 가능하다.

(5) 회수에 의한 처리
배출물질과 동일한 물질을 취급하는 설비로 수거하는 방법이며, 배출물질의 양과 안전밸브의 배압이 고려되어야 한다.

(6) 중화처리
산과 알칼리는 알칼리와 산으로 중성화하고, 독성물질은 무독화하는 처리방법이다.

**KOSHA GUIDE**
**D - 18 - 2020**

(7) 기타

안전밸브에서 순간적으로 배출되는 물질을 환경처리설비(RTO, RCO 등)에 연결하여 처리할 경우 화재나 폭발의 위험이 있으므로 연결에 앞서 위험성평가가 이루어져야 한다.

〈부록 1〉

## 안전밸브 등의 선정 흐름도

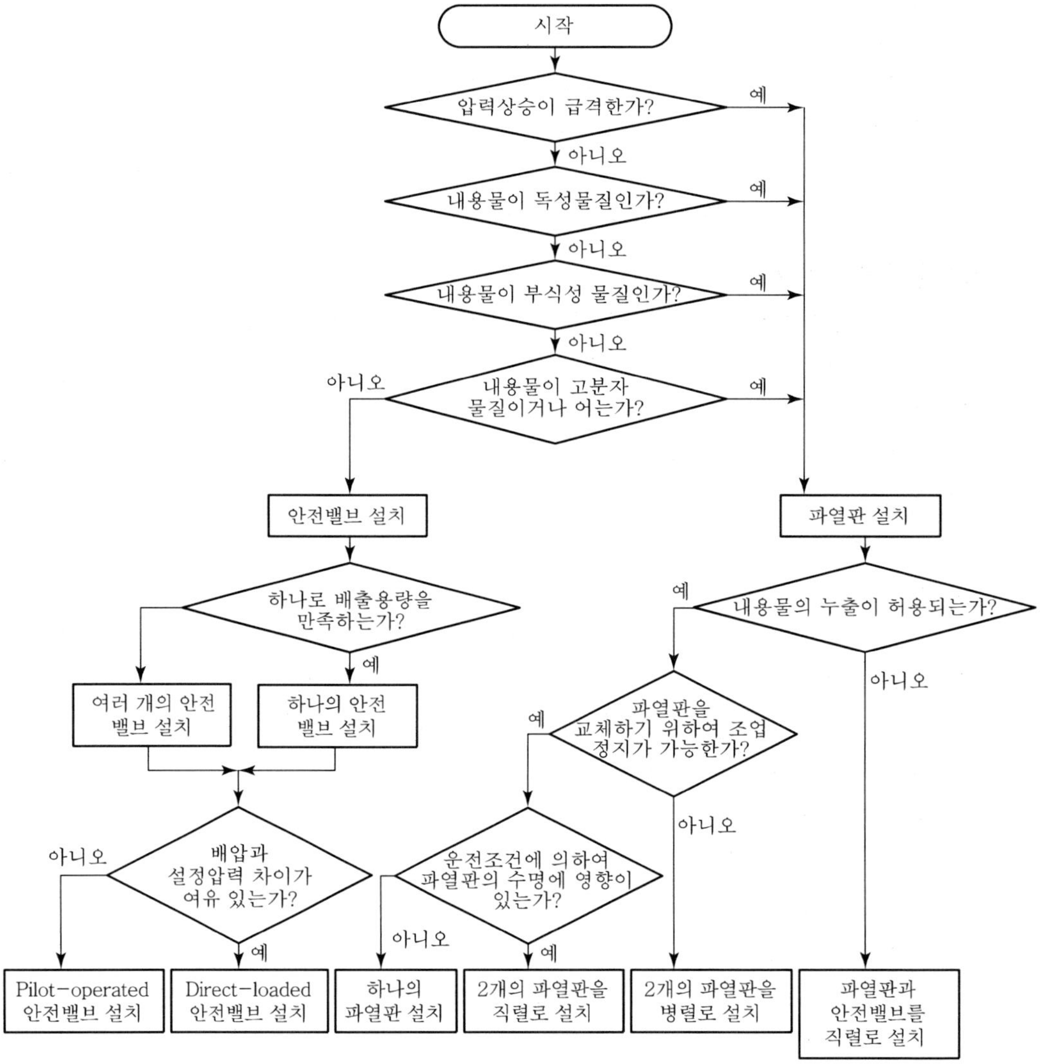

# KOSHA GUIDE
D - 18 - 2020

〈부록 2〉

## 안전밸브의 압력수준 관계

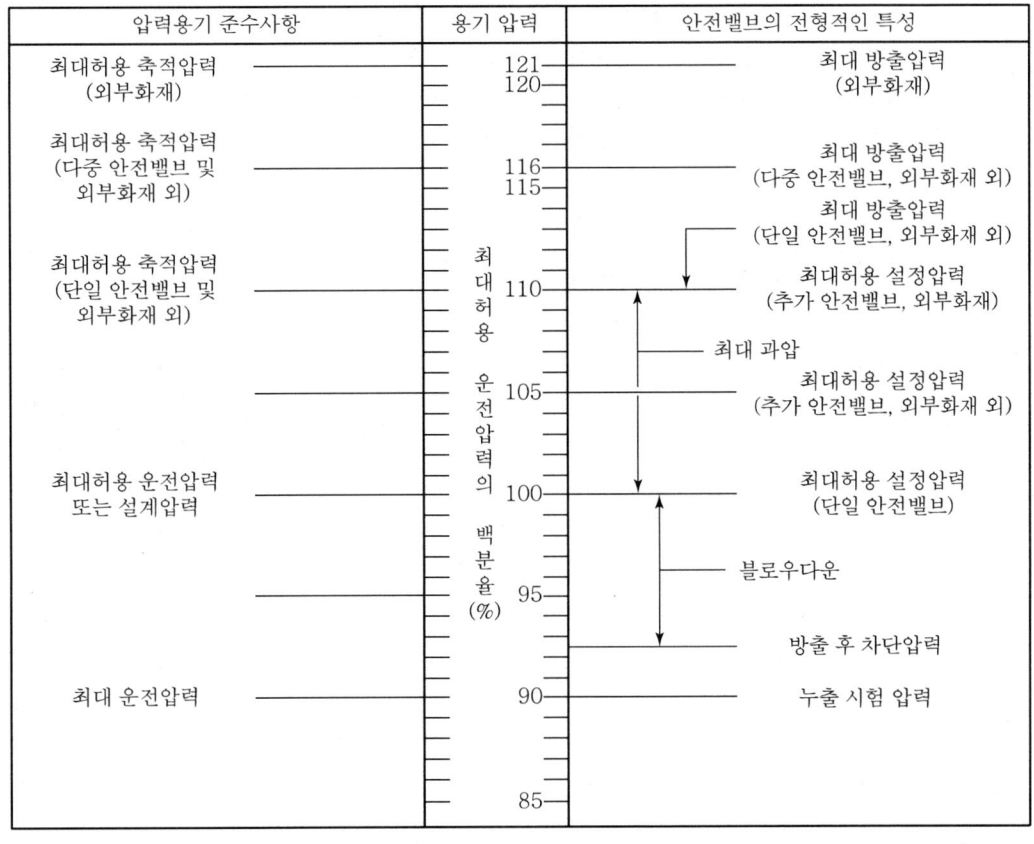

KOSHA GUIDE
D - 18 - 2020

〈부록 3〉

## 주요 단열재의 열전도도

| 단열재의 평균온도 (℃) | 주요 단열재에 대한 열전도도(kcal · mm/hr · m² · ℃) | | | | | | |
|---|---|---|---|---|---|---|---|
| | 칼슘 실리카 Ⅰ형 | 칼슘 실리카 Ⅱ형 | 광물섬유 메쉬담요/블록[a] | 유리섬유 Ⅰ형 Gr2 | 성형확장 펄라이트 블록 | 경량 시멘트[b] | 중량 시멘트[b] |
| -18 | - | | | 38.45 | | 446.47 | 1,513 |
| 38 | - | | 33.49 | 45.89 | | 446.47 | 1,488 |
| 93 | 55.81 | 66.97 | 42.17 | 54.57 | 68.21 | 446.47 | 1,463 |
| 149 | 62.01 | 76.93 | 54.57 | 64.49 | 74.41 | 446.47 | 1,439 |
| 204 | 68.21 | 75.65 | 68.21 | 78.13 | 81.85 | 446.47 | 1,426 |
| 260 | 74.41 | 79.37 | 86.81 | | 91.78 | 446.47 | 1,401 |
| 315 | 81.85 | 83.09 | 110.38 | | 99.22 | 446.47 | 1,389 |
| 371 | 88.05 | 86.81 | 140.14 | | 109.14 | 446.47 | 1,364 |
| 427 | | 90.53 | | | | 446.47 | 1,352 |
| 482 | | 93.02 | | | | 446.47 | 1,327 |
| 538 | | 95.50 | | | | 446.47 | 1,302 |
| 593 | | | | | | 446.47 | 1,277 |
| 649 | | | | | | 446.47 | 1,265 |
| 최고사용 온도[d] | 649 | 927 | 649 | c | c | 870 | 1,090 |

a 용융 상태에서 섬유 형태로 가공된 암석, 슬래그 또는 유리를 포함. 표에 표시된 열전도율은 지시된 최고 사용 온도에 적합한 다양한 형태의 단열재에 대한 가장 높은 값
b 경량 및 중량시멘트 재료의 열전도율은 개략적인 값
c 최고 사용 온도가 ASTM C552 [24] 및 ASTM C610 [27]에 제시되지 않음
d 더 높은 최고 온도를 가진 다른 등급의 단열재가 있을 수 있다.

KOSHA GUIDE
D - 61 - 2017

플레어시스템의 역화방지설비 설계 및 설치에 관한 기술지침

2017. 11.

한 국 산 업 안 전 보 건 공 단

## 안전보건기술지침의 개요

○ 작성자 : 전남대학교 화학공정안전센터 정창복 교수
　　　　　전남대학교 화학공정안전센터 마병철 교수

○ 제・개정 경과
　- 2017년 11월 화학안전분야 제정위원회 심의(제정)

○ 관련 규격 및 자료
　- API RP 520, "Sizing, Selection, and Installation of Pressure-relieving Devices in Refineries", 2014
　- API STD 521, "Pressure-relieving and Depressuring Systems", 2014

○ 기술지침의 적용 및 문의
　- 이 기술지침에 대한 의견 또는 문의는 한국산업안전보건공단 홈페이지(www.kosha.or.kr)의 안전보건기술지침 소관 분야별 문의처 안내를 참고하시기 바랍니다.
　- 동 지침 내에서 인용된 관련규격 및 자료, 법규 등에 관하여 최근 교정본이 있을 경우에는 해당 개정본의 내용을 참고하시기 바랍니다.

공표일자 : 2017년 11월 27일

제 정 자 : 한국산업안전보건공단 이사장

# 플레어시스템의 역화방지설비 설계 및 설치에 관한 기술지침

## 1. 목적

이 지침은 플레어팁 등으로부터 공기가 유입되어 역화가 일어나는 것을 방지하기 위하여 설치하는 플레어시스템의 역화방지설비 설계 및 설치에 관하여 필요한 사항을 제시하는 데 그 목적이 있다.

## 2. 적용범위

이 지침은 플레어스택 상부 및 플레어 헤더로부터 공기가 유입되어 화염 등이 역화되는 것을 방지하기 위하여 설치하는 역화방지설비에 적용한다.

## 3. 정의

(1) 이 지침에서 사용하는 용어의 정의는 다음과 같다.
   (가) "플레어시스템(Flare System)"이라 함은 안전밸브 등에서 방출되는 물질을 모아 플레어스택에서 소각시켜 대기 중으로 방출하는 데 필요한 일체의 설비를 말하며 플레어헤더, 녹아웃드럼, 액체 밀봉드럼 및 플레어스택 등과 같은 설비를 포함한다.
   (나) "플레어스택(Flare stack)"이라 함은 플레어시스템 중 스택형식의 소각탑으로서 스택지지대, 플레어팁, 파일럿버너 및 점화장치 등으로 구성된 설비 일체를 말한다.
   (다) "플레어헤더(Flare header)"라 함은 안전밸브 등에서 배출된 가스 및 액체를 그룹별로 모아서 플레어스택으로 보내기 위하여 설치되는 주배관을 말한다.
   (라) "액체 밀봉드럼(Liquid seal drum)"이라 함은 플레어스택의 화염이 플레어시스템으로 거꾸로 전파되는 것을 방지하거나 또는 플레어헤더에 약간의 진공이 형성되는 경우 플레어스택으로부터 공기가 빨려 들어가는 것을 방지하기 위하여 설치한 설비를 말한다.
   (마) "플레어팁(Flare tip)"이라 함은 플레어스택의 최상부에 설치되어 플레어 가스를 화염과 함께 직접 연소시키는 설비를 말한다.
   (바) "건식실(Dry seal)"이라 함은 플레어스택 내로 공기가 유입되는 것을 방지하기 위해 연속적으로 주입되는 퍼지 가스의 양을 줄이기 위해 플레어팁 또는 그 하부에 설치하는 설비를 말하며 그 구조에 따라 몰레큘러실, 벨로시티실로 구분된다.

(사) "몰레큘러실(Molecular seal)"이라 함은 퍼지 가스와 공기의 분자량 차이를 이용하여 플레어스택 내로 공기가 유입되는 것을 방지하는 설비를 말한다.
(아) "벨로시티실(Velocity seal)"이라 함은 방해판을 이용하여 공기가 벽면을 통해 시스템 내로 들어오지 못하게 하고 퍼지가스 흐름과 함께 스택 외부로 배출되도록 하는 설비를 말한다.
(자) "플레어가스 회수시스템(Flare gas recovery system)"이라 함은 배출되는 플레어가스의 일부를 회수하여 플레어링(flaring)되는 가스의 양을 줄이고, 연료가스 등으로 재사용하기 위해 설치하는 일체의 설비를 말한다.
(차) "단계식 플레어(Staged flare)"라 함은 플레어가스 유량에 따라 단계적으로 운영되는 둘 이상의 플레어시스템을 말한다.

(2) 기타 이 지침에서 사용하는 용어의 정의는 특별한 규정이 있는 경우를 제외하고는 산업안전보건법, 같은 법 시행령, 같은 법 시행규칙 및 산업안전보건기준에 관한 규칙에서 정의하는 바에 따른다.

## 4. 역화방지설비의 구성 및 종류

### 4.1 플레어시스템의 역화방지설비의 구성
(1) 액체 밀봉드럼(Liquid seal drum)
(2) 건식실(Dry seal)
(3) 퍼지시스템(Purge system)

### 4.2 역화방지설비의 종류 및 특징

#### 4.2.1 액체 밀봉드럼(Liquid seal drum)
(1) 액체 밀봉드럼은 플레어헤더의 토출배관, 드럼, 폐수 처리설비, 액체 공급 배관 등으로 구성되어 있다.
(2) 액체 밀봉드럼은 형태에 따라 수직 밀봉드럼과 수평 밀봉드럼으로 구분할 수 있다.
(3) 밀봉액은 주로 물을 사용하지만 다른 유체도 사용 가능하며 이때에는 액체의 동결, 액체의 인화성과 반응성을 고려하여 설계하여야 한다.
(4) 밀봉액의 비말동반을 방지하기 위하여 드럼 내에 충분한 공간을 유지하여야 한다.
(5) 플레어헤더 내에서 형성되는 진공으로 밀봉상태가 파괴되지 않도록 액체 밀

봉드럼의 부피와 밀봉배관의 밀봉 높이는 충분히 커야 한다.
(6) 매우 낮은 온도의 유체가 안전밸브 등으로부터 방출되어 액체 밀봉드럼으로 유입되는 경우에는 밀봉액체 동결 등을 고려하여야 한다.
(7) 동결로 관이 막힐 위험이 있는 경우에는 글리콜-물 혼합물과 같은 빙점이 낮은 물질을 밀봉액으로 사용하거나 온도를 감지하여 밀봉액체를 가열 또는 배출시키는 방법 등의 동결방지조치를 하여야한다.

4.2.2 건식실(Dry seal)
(1) 건식실은 몰레큘러실(Molecular seal)과 벨로시티실(Velocity seal)로 구분된다.
(2) 부식성 물질, 연소 생성물, 물의 동결, 내화물 잔해 등으로 몰레큘러실이 막히는 것을 방지하기 위하여 배수구를 항시 개방 상태로 유지하고, 추운 날씨에서는 동결 방지를 위한 수단을 고려하여야 한다.
(3) 벨로시티실을 통과하는 플레어가스에 수소나 에틸렌과 같이 폭발 위험성이 높은 가스가 포함되어 있을 경우에는 폭발을 방지하기 위해 퍼지 가스의 속도를 높여주어야 한다.
(4) 건식실은 플레어시스템으로 주입하는 퍼지가스 주입량을 줄이는 것이 목적으로 그 자체가 역화를 방지할 수는 없으므로 액체 밀봉드럼 등 이에 대한 대안을 고려하여야 한다.

## 5. 액체 밀봉드럼의 설계

### 5.1 액체 밀봉드럼의 높이

(1) 플레어헤더에 진공이 형성되는 경우 밀봉액이 플레어헤더로 역류되어 밀봉상태가 파괴되는 것을 방지할 수 있도록 밀봉되는 배관의 끝단 또는 관 끝의 V자 홈의 최상부로부터 플레어헤더의 수평바닥까지의 높이는 수직으로 최소한 3m 이상을 유지하여야 한다.
(2) 밀봉액에 잠기는 플레어헤더의 밀봉높이(h)는 플레어헤더의 출구 측 배압(P)을 이용하여 다음과 같이 산출한다.

$$h = \frac{102P}{\rho_L} \quad \cdots\cdots\cdots\cdots\cdots\cdots\cdots\cdots\cdots\cdots\cdots\cdots\cdots\cdots\cdots\cdots\cdots\cdots\cdots\cdots\cdots\cdots\cdots\cdots\cdots \quad (1)$$

여기서, $h$ : 밀봉높이(m)
  $P$ : 플레어헤더의 출구 측에서의 압력(kPa·G)
  $\rho_L$ : 밀봉액체밀도(kg/m²)
  $\rho_V$ : 밀봉액체밀도(kg/m²)

(3) 액체 밀봉드럼에서 폐수처리장으로 배출되는 밀봉액 배수 배관의 높이는 최소한 밀봉드럼의 운전압력을 수두로 환산한 값의 1.75배가 되도록 하며 〈그림 1〉과 같이 설계 및 설치할 수 있다.

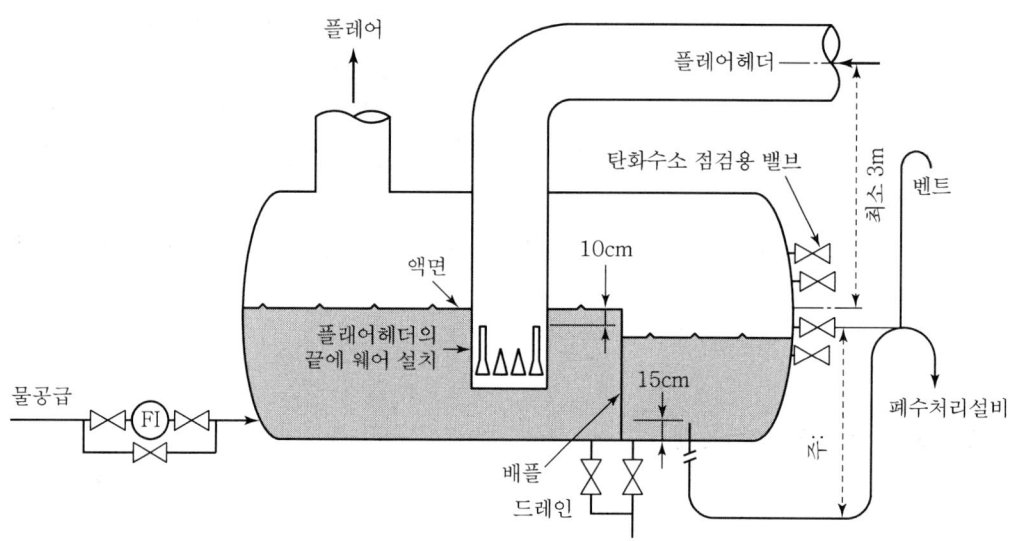

주 : 처리설비로 가는 밀봉배관의 높이는 최소한 밀봉드럼 최대운전압력의 1.75배가 되도록 설계한다.

〈그림 1〉 액체 밀봉드럼의 설계·설치 예

### 5.2 액체 밀봉드럼의 설계압력

(1) 내부 폭발을 고려하여 설계압력은 최소한 3.5 kgf/cm²·G 이상을 유지하여야 한다.
(2) 가스가 실(seal)을 통과하기 시작하는 플레어헤더의 압력은 액체 밀봉의 목적에 따라 50~3,050 mmH₂O(0.005~0.305 kgf/cm²·G) 범위, 또는 그 이상으로 적용이 가능

하다. 일반적인 밀봉 깊이는 다음 〈표 1〉과 같다.

〈표 1〉 액체 밀봉 목적에 따른 전형적인 밀봉깊이

| 액체 밀봉 목적 | 밀봉깊이(mm) |
|---|---|
| 일반 플레어시스템 | 150 |
| 플레어가스 회수 시스템 | 700 ~ 1,400 |
| 단계식 플레어 | 1,400 ~ 3,500 |

5.3 액체 밀봉드럼의 용량 산정

액체 밀봉드럼의 용량은 증기가 최대로 방출될 때를 기준으로 산출하여야 한다.

(1) 플레어가스 유량의 급격한 증가로 인한 맥동을 방지하기 위해 액체 밀봉드럼의 지름은 밀봉드럼으로 인입되는 플레어헤더 지름의 2배 이상이어야 하며 길이는 밀봉드럼 지름의 3배로 한다.

(2) 수직밀봉드럼의 구조에 대한 예시는 〈그림 2〉와 같으며, 기/액의 원활한 분리를 위하여 밀봉 액면으로부터 증기 공간까지의 수직높이는 밀봉드럼 지름의 0.5~1배가 되도록 하여야 하며 수직높이는 최소한 1m가 유지되도록 설계한다.

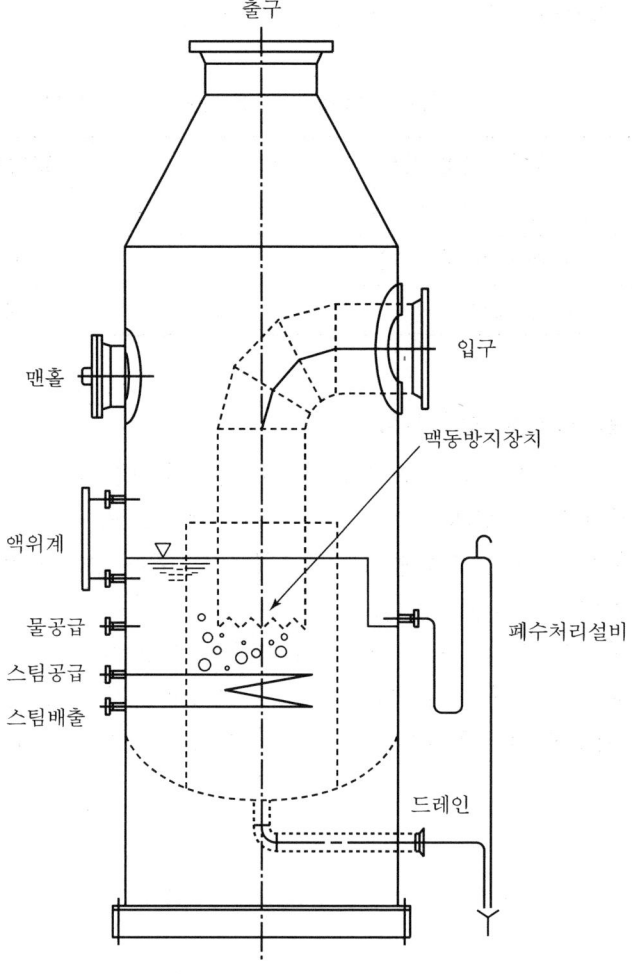

〈그림 2〉 수직밀봉드럼의 구조

　(3) 수직 밀봉드럼에 요구되는 최소 지름(D)은 다음과 같이 산출한다.

$$D = d\sqrt{\left(\frac{H}{h}+1\right)} \quad\cdots\cdots\cdots\cdots\cdots\cdots\cdots\cdots\cdots\cdots\cdots\cdots\cdots\cdots (2)$$

여기서　D : 드럼의 지름(m)
　　　　　d : 밀봉배관 직경(m)
　　　　　H : 지정된 진공의 밀봉에 필요한 밀봉액의 깊이(m)
　　　　　h : 밀봉높이(m)

(4) 수평 밀봉드럼의 경우, 최소 액체 표면적은 밀봉드럼으로 인입되는 플레어헤더 단면적의 3배 이상이어야 한다.

(5) 수평 밀봉드럼은 드럼의 길이(L)를 조절하여 밀봉액 부피를 조절할 수 있다. 수평 밀봉드럼에 요구되는 최소 길이(L)는 다음과 같이 산출한다.

$$Lw = \frac{\pi}{4}d^2\frac{H}{h} \quad\cdots\cdots\cdots\cdots\cdots\cdots\cdots\cdots\cdots\cdots\cdots\cdots\cdots\cdots\cdots\cdots\cdots\cdots\cdots\cdots\cdots (3)$$

여기서, $L$ : 액면의 길이(m)
$w$ : 액면의 폭(m)
$d$ : 밀봉배관 직경(m)
$H$ : 지정된 진공의 밀봉에 필요한 밀봉액의 깊이(m)
$h$ : 밀봉높이(m)

## 6. 플레어시스템의 역화방지설비 설치

### 6.1 액체 밀봉드럼의 설치

(1) 액체 밀봉드럼은 플레어시스템 내에 양압을 유지시켜 외부로부터 공기가 유입되어 역화가 일어나는 것을 방지하기 위하여 설치한다. 특히, 엘리베이트 스택의 경우 높이에 따른 영향으로 시스템 내부에 부압이 발생되므로, 이를 방지하기 위하여 반드시 설치하여야 한다.

(2) 플레어가스 회수 시스템을 사용하는 경우, 플레어량이 적은 경우에 회수 등으로 인하여 플레어헤더 내 음압이 형성될 수 있고, 플레어회수 시스템의 운전압력이 플레어헤더의 배압으로 작용할 수 있으므로 액체 밀봉드럼을 통해 회수 시스템에 연결하여야 한다.

(3) 액체 밀봉드럼은 주 녹아웃드럼과 플레어스택 사이에 위치하되, 가능한 한 플레어스택 하부 가까이에 함께 설치한다. 다만, 액체 밀봉드럼이 플레어스택 자체의 일부분으로 설계되는 경우에는 플레어스택의 하부에 설치한다.

### 6.2 건식실의 설치

(1) 건식실은 시스템 내로 공기유입을 방지하기 위한 퍼지가스의 양을 최소화하기 위해 설치하는 것으로 플레어팁 바로 밑 또는 멀리 떨어지지 않은 위치에 설치한다.

(2) 몰레큘러실은 퍼지 가스와 공기의 분자량 차이를 이용하는 원리이며, 플레어팁으로 향하는 가스의 흐름을 <그림 3>과 같이 두 번 변하게 만들어 분자량이 높은 가

스 등은 하단부에 체류하고 분자량이 낮은 가스 등은 상단부에 체류하면서 공기 등이 플레어스택 내부로 침투하지 못하도록 방지하는 구조로 되어 있다.

(3) 몰레큘러실의 내부에 액체가 축적될 수 있으므로 배출할 수 있는 시설(Drain)을 갖추어야 하며, 보통 액체 밀봉드럼으로 연결되도록 한다.

(4) 몰레큘러실을 설치한 경우, 플레어팁을 통과하는 퍼지가스의 속도를 10.8 m/hr (0.003 m/s)까지 낮출 수 있고, 장치하부에서의 산소 농도를 0.1 % 미만으로 유지할 수 있다.

(5) 벨로시티 실은 원추형 방해판을 이용하여 공기를 벽으로부터 분리시켜 퍼지 가스 흐름과 함께 탑 외부로 배출시키는 설비로 〈그림 4〉와 같은 구조로 되어 있다.

(6) 벨로시티 실의 방해판에 액체가 축적되면 부식이나 동결의 위험이 있으므로 판에 구멍을 내어 액체가 배출되도록 해야 한다.

(7) 벨로시티 실을 설치한 경우, 플레어팁을 통과하는 퍼지가스의 속도를 21.6 m/hr (0.006 m/s)내지 43.2 m/hr(0.012 m/s)까지 낮출 수 있고, 장치하부에서의 산소 농도를 4~8 %로 유지할 수 있다.

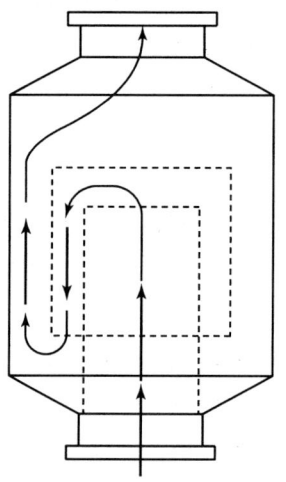

〈그림 3〉 몰레큘러실의 구조

KOSHA GUIDE
D - 61 - 2017

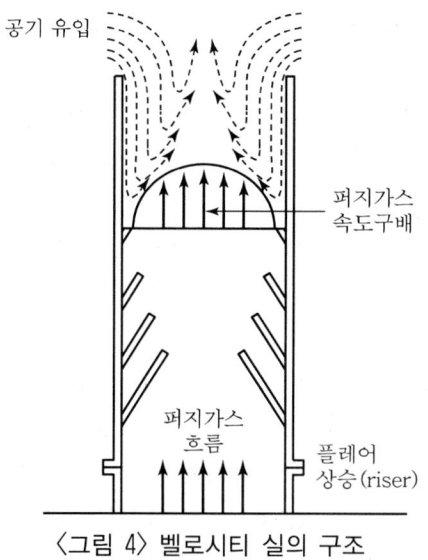

〈그림 4〉 벨로시티 실의 구조

## 7. 플레어헤더의 봉입 및 퍼지가스

### 7.1 플레어헤더의 봉입

(1) 플레어시스템 내에서의 역화 및 공기가 혼입되는 것을 방지하기 위해 불활성가스 등으로 플레어헤더를 봉입해야 한다.

(2) 플레어헤더의 봉입은 질소 등 불활성가스를 사용하는 것을 원칙으로 하며 연료가스를 사용할 경우에는 공기보다 가벼운 가스로서 폭발범위에 들지 않도록 하여야 한다.

### 7.2 공기의 혼합 가능 조건

(1) 가스가 공기보다 가벼운 경우 스택 하단부가 대기압 이하일 때
(2) 더운 가스의 방출 후 헤더 내의 증기가 냉각 응축할 때
(3) 자연통풍식의 스택인 경우 플랜지 및 접속 부위

### 7.3 퍼지가스의 연속 주입

(1) 역화 및 공기의 혼입을 방지하기 위한 퍼지가스 주입배관 위치와 특징은 다음과 같다.
　(가) 플레어스택 상부와 가까운 위치에서 퍼지가스를 주입해야 하는 경우에는 건식실 등의 설치유무에 따라 연속으로 주입해야 하는 퍼지의 양이 다르다.

(나) 주 배관 말단에 설치하는 경우에는 유량조절 등을 위해서 오리피스 또는 로터미터 등과 같은 유량장치 등을 사용한다.

(다) 공정과 연결된 서브헤더 말단 혹은 시운전(Start-Up)시 서브헤더 등에 퍼지가스를 흘려보내 폭발 등을 예방해야 한다.

(2) 스팀 또는 응축성 가스는 퍼지가스로 부적합하다.

(3) 고정 오리피스, 로터미터 등을 사용하여 퍼지가스 주입속도를 제어할 수 있다.

(4) 다음과 같은 상황에서는 식 (4), (5)의 계산 값보다 더 큰 퍼지속도가 요구될 수 있다.

(가) 운전을 개시할 때, 산소가 전혀 없어야 하거나 혹은 산소 농도가 매우 낮은 조건에서 플레어링을 해야 하는 경우

(나) 태양열에 의해 가열된 헤더가 비바람에 의해 냉각되어 음압 등이 형성되는 경우

(다) 고온의 응축성 가스를 플레어헤더로 방출하는 경우

(라) 쉽게 폭발하거나 넓은 폭발한계를 갖는 화합물을 상당량 포함한 흐름이 방출되는 경우

### 7.4 플레어스택 퍼지가스 주입

(1) 건식실이 설치되어 있지 않은 경우, 플레어스택 상부와 액체 밀봉드럼 사이에 퍼지가스를 주입하여야 하며, 공기보다 가벼운 퍼지가스의 주입유량을 다음과 같이 산출할 수 있다.

$$Q = 190.8 D^{3.46} \frac{1}{y} ln(\frac{20.9}{O_2})(\sum_{i}^{n} C_i^{0.65} K_i) \quad \cdots\cdots (4)$$

여기서, $Q$ : 퍼지가스 주입유량(m³/hr)
$D$ : 플레어스택의 지름(m)
$y$ : 산소의 농도가 예측되는 스택의 깊이
$O_2$ : 산소 농도(Volume%)
$C_i$ : 구성성분 i의 농도(Volume%)
$K_i$ : 구성성분 i의 상수

대표적인 성분별 $K_i$ 값은 〈표 3〉과 같다.

<표 3> 구성성분 i의 상수($K_i$) 값

| 구성성분 | $K_i$ |
|---|---|
| 수소 | 5.783 |
| 헬륨 | 5.078 |
| 메탄 | 2.328 |
| 질소(바람이 없는 경우) | 1.067 |
| 질소(약 7 m/s 바람이 있는 경우) | 1.707 |
| 에탄 | -1.067 |
| 프로판 | -2.651 |
| 이산화탄소 | -2.651 |
| $C_{4+}$ | -6.586 |

(2) 일반적 기준인 플레어스택의 7.62 m 깊이에서 산소 농도를 6%로 제한할 때의 퍼지가스의 주입유량은 다음과 같이 산출할 수 있다.

$$Q = 31.25 D^{3.46} (\sum_{i}^{n} C_i^{0.65} K_i) \quad \cdots\cdots\cdots (5)$$

(3) 공기보다 무거운 퍼지가스의 경우, 질소의 $K_i$ 값을 사용한다.

## 7.5 플레어헤더 퍼지가스 주입

(1) 운전 시 플레어헤더에서 뜨거운 가스가 통과한 후 대기냉각 또는 빠른 가스의 냉각 등으로 가스수축이 발생할 수 있고 이로 인하여 음압이 형성되어 가스켓 등으로 외부산소가 유입될 수 있다.
(2) 수축된 부피만큼 퍼지가스를 주입하여 음압 발생에 따른 산소유입을 방지하여야 한다.
(3) 퍼지가스는 헤더 말단 등에서 공급하며 고정 오리피스 방식, 압력 또는 온도변화와 연동되는 컨트롤밸브 방식 및 두 가지 방법의 혼합방식 등을 사용하여 공급한다.
(4) 퍼지가스 양은 다음과 같이 감소된 플레어가스 체적의 부피에 해당한다. 이 경우, 시간당 온도변화는 플레어가스가 배관에 정체한 상태에서 대기와의 열전달로 인해 하강하는 온도속도이며 열전달(전도, 대류, 복사 등)을 고려하여 결정하여야 한다.

KOSHA GUIDE
D - 61 - 2017

$$\triangle V_{shrinkage} = V_{flare\,header} \times \frac{\triangle T_{gas}}{T_{gas-abs}} \quad \cdots\cdots\cdots\cdots (6)$$

여기서, $\triangle V_{shrikage}$ : 감소된 플레어헤더의 부피(m³/s)
$V_{flare\,header}$ : 플레어헤더의 부피(m³)
$\triangle T_{gas}$ : 플레어가스의 온도변화 속도(℃/s)
$T_{gas-abs}$ : 플레어가스의 온도(℃)

KOSHA GUIDE
D - 60 - 2017

# 플레어시스템의 녹아웃드럼 설계 및 설치에 관한 기술지침

2017. 11.

한 국 산 업 안 전 보 건 공 단

## 안전보건기술지침의 개요

○ 작성자 : 전남대학교 화학공정안전센터 정창복 교수
　　　　　전남대학교 화학공정안전센터 마병철 교수

○ 제·개정 경과
　- 2017년 11월 화학안전분야 제정위원회 심의(제정)

○ 관련 규격 및 자료
　- API RP 520, "Sizing, Selection, and Installation of Pressure-relieving Devices in Refineries", 2014
　- API STD 521, "Pressure-relieving and Depressuring Systems", 2014

○ 기술지침의 적용 및 문의
　- 이 기술지침에 대한 의견 또는 문의는 한국산업안전보건공단 홈페이지(www.kosha.or.kr)의 안전보건기술지침 소관 분야별 문의처 안내를 참고하시기 바랍니다.
　- 동 지침 내에서 인용된 관련규격 및 자료, 법규 등에 관하여 최근 교정본이 있을 경우에는 해당 개정본의 내용을 참고하시기 바랍니다.

공표일자 : 2017년 11월 27일

제 정 자 : 한국산업안전보건공단 이사장

KOSHA GUIDE
D - 60 - 2017

# 플레어시스템의 녹아웃드럼 설계 및 설치에 관한 기술지침

## 1. 목적

이 지침은 안전밸브 방출물 등에 포함되어 있는 액체가 플레어스택으로 가스와 함께 흘러 들어 가지 않도록 액체를 분리·포집하기 위하여 설치하는 녹아웃드럼의 설계 및 설치에 필요한 사항을 제시하는데 그 목적이 있다.

## 2. 적용범위

이 지침은 안전밸브 등에서 방출된 플레어에 포함된 액체를 분리·포집하기 위하여 설치하는 녹아웃드럼에 적용한다.

## 3. 정의

(1) 이 지침에서 사용되는 용어의 정의는 다음과 같다.

　(가) "플레어시스템(Flare System)"이라 함은 안전밸브 등에서 방출되는 물질을 모아 플레어스택에서 소각시켜 대기 중으로 방출하는 데 필요한 일체의 설비를 말하며 플레어헤더, 녹아웃드럼, 액체 밀봉드럼 및 플레어스택 등과 같은 설비를 포함한다.

　(나) "안전밸브(Safety valve)"라 함은 밸브 입구 쪽의 압력이 설정압력에 도달하면 자동적으로 스프링이 작동하면서 유체가 분출되고 일정압력 이하가 되면 정상상태로 복원되는 밸브를 말한다.

　(다) "플레어헤더(Flare header)"라 함은 안전밸브 등에서 방출된 가스 및 액체를 그룹별로 모아서 플레어스택으로 보내기 위하여 설치되는 주 배관을 말한다.

　(라) "녹아웃드럼(Knock-out drum)"이라 함은 안전밸브 등의 방출물에 포함되어 있는 액체가 플레어스택으로 가스와 함께 흘러들어 가지 않도록 액체를 분리 포집하는 설비를 말한다.

　(마) "버닝레인(Burning rain)"이라 함은 액체상태의 탄화수소 화합물이 불완전연소 되어 플레어스택 상부에서 지표면 등으로 떨어지는 현상을 말한다.

(2) 기타 이 지침에서 사용하는 용어의 정의는 특별한 규정이 있는 경우를 제외하고는 산업안전보건법, 같은 법 시행령, 같은 법 시행규칙 및 산업안전보건기준에 관한 규칙에서 정의하는 바에 따른다.

KOSHA GUIDE
D - 60 - 2017

## 4. 녹아웃드럼의 분류

### 4.1 녹아웃드럼의 형태에 따른 분류

녹아웃드럼은 형태에 따라 수평 녹아웃드럼과 수직 녹아웃드럼으로 분류되며, 그 특징은 다음과 같다.

    (1) 수평 녹아웃드럼은 액체 저장용량이 크게 요구되고 증기의 유량이 클 때 설치될 수 있으며 낮은 압력강하를 갖는 특징이 있다.

    (2) 수직 녹아웃드럼은 액체부하가 낮거나 별도 설치공간이 부족할 경우에 선택되며, 플레어스택 하부에도 직접 설치가 가능하다.

### 4.2 녹아웃드럼의 증기흐름의 경로에 따른 분류

증기흐름의 경로에 따라 여러 가지 형태로 구분된다.

    (1) 용기 한쪽 끝에서 유입된 증기흐름이 반대쪽 상부로 유출되고 내부에는 방해판이 없는 형태의 수평드럼

    (2) 용기의 중심 방향으로 유입된 증기흐름이 방해판에 의해 아랫방향으로 전환되어 수직축 상부로 유출되는 수직드럼

    (3) 접선 방향으로 유입된 증기흐름이 회전하며 하강 후 중심 관 밑에서 상승하는 방향으로 전환하여 유출되는 수직드럼

    (4) 수평축 양 끝에서 유입된 증기 흐름이 가운데 출구로 나가는 수직드럼

    (5) 중심에서 유입된 증기흐름이 수평축 양 끝으로 나가는 수평드럼

## 5. 녹아웃드럼에서 액적의 크기 기준

안전밸브 등에서 방출되는 기체흐름 중 크기가 큰 액적 등이 기체흐름 등에 동반되어 흐를 경우에는 배관 등의 기계적 손상을 일으킬 수 있고 미연소된 액적 등은 불이 붙은 상태로 플레어시스템 상부에서 지표면 등으로 떨어질 수 있다. 따라서, 녹아웃드럼을 통해 기체흐름에 동반되는 일정크기 이상의 액적을 분리하여 기계적 손상 및 버닝레인 현상을 방지하여야 한다.

### 5.1 버닝레인 현상

    (1) 액체방울이 불완전 연소상태로 버너 팁에서 배출되면 불이 붙은 상태로 지표면 등으로 떨어지는 버닝레인 현상이 발생할 수 있다.

(2) 직경이 1,000㎛를 초과하는 액적은 플레어시스템의 형태에 관계없이 버닝레인 현상을 일으킬 수 있다.
(3) 특정 플레어시스템에서는 액적의 직경이 작더라도 버닝레인 현상이 발생될 수 있다.

### 5.2 액적 크기 기준

(1) 보통 직경 300~600㎛ 크기의 액체방울이 녹아웃드럼에서 분리된다.
(2) 직경이 600㎛보다 더 큰 액정은 심한 연기를 내뿜는 불완전한 연소 및 버닝레인 현상을 발생시킬 수 있다.

## 6. 녹아웃드럼의 크기 결정

효과적인 기/액 분리를 위한 녹아웃드럼의 크기는 다음의 절차에 따라 결정한다.

### 6.1 기/액 분리에 필요한 드럼크기 설계

액체 방울은 아래의 2가지 조건에서 기체흐름으로부터 분리된다.
(1) 증기 혹은 가스의 체류시간이 액체방울이 수직으로 강하하는 데 걸리는 시간보다 같거나 큰 경우
(2) 가스의 속도가 액체방울이 떨어질 시간을 확보할 수 있을 만큼 충분히 낮은 경우
직경 300~600㎛의 액체방울이 녹아웃드럼에서 수직으로 떨어져 기/액이 분리되는 액체방울의 강하속도($u_c$)는 다음과 같이 산출한다.

$$U_c = 1.15 \sqrt{\frac{g \times D(\rho_L - \rho_V)}{\rho_V \times C}} \quad \cdots\cdots\cdots\cdots\cdots\cdots\cdots\cdots\cdots\cdots\cdots\cdots\cdots\cdots\cdots (1)$$

여기서, $U_c$ : 강하속도(m/s)
$g$ : 중력가속도(9.8 m/s²)
$D$ : 액체방울의 지름(m)
$\rho_L$ : 액체밀도(kg/m³)
$\rho_V$ : 기체밀도(kg/m³)
$C$ : 강하상수

강하상수(C) 값은 다음 〈그림 1〉에서 $C(Re)^2$을 산출하여 구할 수 있다.

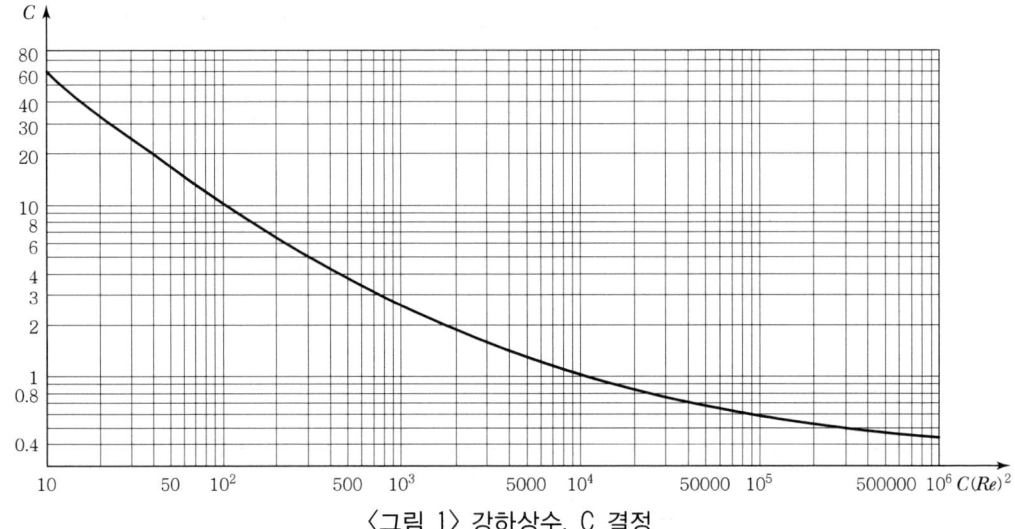

〈그림 1〉 강하상수, C 결정

$$C(Re)^2 = \frac{0.13 \times 10^8 \rho_V D^3 (\rho_L - \rho_V)}{\mu^2} \quad \cdots\cdots\cdots\cdots\cdots\cdots\cdots (2)$$

여기서, $\mu$ : 강하속도(m/s)
$D$ : 액체방울의 지름(m)
$\rho_L$ : 액체밀도(kg/m³)
$\rho_V$ : 기체밀도(kg/m³)

(3) 용량 산정의 자세한 산출방법은 부록(예)의 절차를 따른다.

## 6.2 녹아웃드럼 체류액체의 고려사항

(1) 녹아웃드럼 내 체류한 액체의 발생원은 증기 배출 시 분리되는 응축수 또는 증기 배출에 동반되는 액체의 흐름 등이다.

(2) 녹아웃드럼 내 액체의 체류 용량은 비상상황 시 방출될 수 있는 액체의 양을 고려하여 결정하되, 설정 액위를 초과하지 않도록 한다.

(3) 녹아웃드럼 내 액체의 체류시간은 기본 20~30분이며 방출 흐름이 더 지속될 수 있는 경우는 체류시간을 더욱 늘려야 한다.

(4) 탱크 하부에 체류하여 펌프로 이송할 수 없는 경우를 고려해야 하며 액체 층의 높이가 최대 높이를 초과하면, 이송 펌프 등이 자동으로 작동되어 별도의 처리공간으로 이송되어야 한다.

KOSHA GUIDE
D - 60 - 2017

## 7. 녹아웃드럼의 설치 시 고려사항

### 7.1 일반사항

(1) 녹아웃드럼에서 회수된 액체는 공정으로 되돌려 보내지거나 증발 또는 기화시킨 후 플레어스택으로 보내진다.
(2) 녹아웃드럼은 플레어스택 또는 액체 밀봉드럼 전단에 설치한다.
(3) 녹아웃드럼은 버너팁 부분에서 폭발이 발생하거나, 불꽃의 꺼짐 또는 불꽃 튀김 현상이 유발되지 않도록 설계하여야 한다.
(4) 녹아웃드럼에는 고점도의 액체가 그 상태로 배수 또는 이송되는 것을 방지하기 위하여 스팀코일, 자켓 또는 기타 가열장치를 설치하여야 한다.
(5) 수분이 함유된 유체의 경우 추운 날씨에 동결될 수 있으므로 이의 방지를 위한 수단을 고려하여야 한다.
(6) 모든 화학물질은 외부 열원에 의해 반응성을 가질 수 있으므로 특히 유의하여야 한다.
(7) 녹아웃드럼과 연결된 플레어헤더는 경사지게 하여 중력에 의해 자연스럽게 흘러 들어갈 수 있도록 설치한다.
(8) 녹아웃드럼을 지나 플레어스택으로 연결된 플레어헤더 내에서 정체된 가스흐름의 추가적 응축에 대비하여 녹아웃드럼과 플레어스택과의 거리는 짧게 설치한다.

### 7.2 중간 녹아웃드럼 설치기준

#### 7.2.1 중간 녹아웃드럼 설치의 필요성

아래의 각 호와 같은 현상이 발생하는 경우에는 안전밸브 후단과 주(Main) 녹아웃드럼 사이에 중간 녹아웃드럼을 설치할 수 있다.

(1) 플레어헤더로 대량의 액체를 방출하는 장치 또는 단위 공정이 존재할 경우
(2) 주 녹아웃드럼과 플레어스택 간 거리가 멀어서 안전밸브 등으로부터 방출된 증기가 응축 혹은 액체 방울의 뭉침 현상에 의해 액체방울 크기가 커지는 경우
(3) 매우 낮은 온도의 방출물이 플레어헤더를 통과하면서 헤더 내부에서 체류하고 있는 증기를 순간적으로 응축시키는 경우

#### 7.2.2 중간 녹아웃드럼 설치기준

(1) 대량의 액체 방출물이 발생하는 공정에서는 안전밸브 후단과 근접한 위치에 중간 녹아웃드럼을 설치하는 것을 고려하여야 한다.
(2) 공정과 플레어스택 간의 거리가 멀어서 배출되는 증기가 대량으로 응축되는

경우에는 그 사이에 중간 녹아웃드럼을 설치하는 것을 고려하여야 한다.
(3) 주 녹아웃 드럼과 플레어스택 간의 거리가 멀고 배관 내에 고온의 증기가 일정시간 체류하면서 대기와의 온도차 등으로 인해 대량으로 응축되는 경우에는 그 사이에 중간 녹아웃드럼을 설치하는 것을 고려하여야 한다.
(4) 액체의 전체 체류용량은 중간 녹아웃드럼과 주 녹아웃드럼의 용량을 합하여 계산할 수 있다. 즉, 요구되는 액체 체류 시간(20~30분)이 부족한 경우는 전단의 중간 녹아웃드럼에서 그 용량을 충족시킬 수 있다.

〈부록 1〉

# 수평 녹아웃드럼의 용량 산정 예시

안전밸브에서 25.2kg/s 의 속도로 30분 동안 분출되는 플레어가스가 녹아웃드럼으로 들어오고 있다. 이 때 액체의 밀도는 496.6kg/m³이고 기체의 밀도는 2.9kg/m³이다. 플레어가스의 게이지 압($P_{gauge}$) =0.014MPa · G, 온도($T$) =149℃, 점도($\mu$) =0.01cP이다. 액체 유량이 3.9kg/s이고 증기 유량이 21.3kg/s 일 때 유체는 평형을 이룬다. 공정시스템으로부터 1.89m³의 액체가 방출되어 녹아웃 드럼으로 들어오고 있다. 그림C.7 의 그림이 기본으로 적용된다. 액적의 직경은 300$\mu$m이다. 증기흐름의 속도를 $R_V$ m³/s 라고 하고 아래의 과정을 거친다.

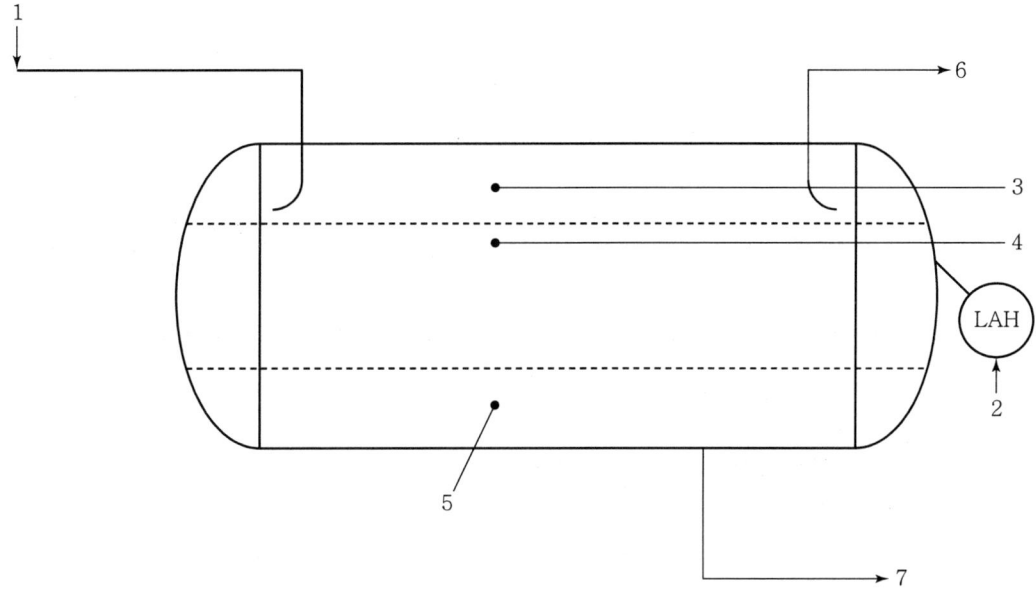

〈그림 2〉 플레어 녹아웃드럼

여기서, 1 : 안전밸브 등에서 방출되는 방출물의 압력
2 : 방출되는 액체가 규정된 부피를 가득 채울 때의 높이
3 : 액체가 떨어질 때의 최대의 증기 공간
4 : 안전밸브나 다른 긴급 상황에서 방출되는 액체의 체류 공간
5 : 방출 및 배수되는 액체
6 : 플레어스택으로 향하는 흐름
7 : 펌프를 통해 이송되는 방출 흐름

KOSHA GUIDE
D - 60 - 2017

(1) 증기 부피 유속, $R_V$ 계산

$$R_V = \frac{21.3}{2.9} = 7.34 \, \text{m}^3/\text{s}$$

(2) 강하속도, $U_c$ 계산
식 (1)로부터

$$U_c = 1.15 \sqrt{\frac{g \cdot D(\rho_L - \rho_V)}{\rho_V \cdot C}}$$

$$U_c = 1.15 \left[\frac{(9.8)(300 \times 10^{-6})(496.6 - 2.9)}{(1.3)(2.9)}\right]^{0.5} = 0.71 \, \text{m/s}$$

(3) 강하상수, $C$ 결정
식 (2)로부터

$$C(Re)^2 = \frac{0.13 \times 10^8 \rho_V D^3 (\rho_L - \rho_V)}{\mu^2}$$

$$C(Re)^2 = \frac{0.13 \times 10^8 \times 2.9 \times (0.0003)^3 \times (496.6 - 2.9)}{(0.01)^2} = 5,025 \text{일 때,}$$

식 (2)에서 계산한 $C(Re)^2$를 이용하여 〈그림 1〉에서 $C$를 결정한다.

$C = 1.3$

(4) 녹아웃드럼의 액체 체류량, $V_L$ 계산
계산의 간편함을 위해 헤더에서의 부피는 무시한다.

$$V_L = V_{L1} + V_{L2} \times \frac{30 \min}{60 \min/\text{hr}}$$

$$V_L = (1.89) + \left(\frac{3.9}{496.6}\right) \times \left(\frac{60 \sec}{\min}\right) \times (30 \min) = 16.026 \, \text{m}^3$$

여기서, $V_L$ : 녹아웃드럼의 액체 체류량(m³)
$V_{L1}$ : 설비에서 방출되는 액체량(m³)
$V_{L2}$ : 안전밸브 등의 방출물에 포함되어 있는 액체량(m³/hr)

(5) 녹아웃드럼의 직경($D$)와 길이($L$) 가정
(6) 녹아웃드럼의 횡단면적, $A_T$ 계산

$$A_T = \frac{\pi D^2}{4}$$

(7) 액체가 차지하고 있는 횡단면적, $A_L$ 계산

$$A_L = \frac{V_L}{L} = \frac{16.026}{L}$$

(8) 기체가 흐를 수 있는 횡단면적, $A_V$ 계산

$$A_V = A_T - \frac{16.026}{L}$$

(9) 기체 공간의 수직 높이, $h_V$ 계산
녹아웃드럼의 지름 $h_t = h_L + h_V$으로 계산할 수 있다.
* 페리 핸드북 등을 이용하여 산정($A_T$, $A_L$, $A_V$의 면적과 수직높이 $h_T$, $h_L$ 및 $h_V$ 관계)

액체와 증기가 차지하는 공간의 수직높이는 일반적인 기하학적 구조를 사용하여 결정하고, 드럼의 총 직경($h_t$)은 아래 식에 의해 계산한다.

$$h_t = h_{L1} + h_{L2} + h_V$$

여기서, $h_{L1}$ : 방출 및 배수되는 액체의 깊이
($h_{L1} + h_{L2}$) : 축적되는 모든 액체의 깊이
$h_V$ : 증기흐름이 차지하는 수직공간의 높이

(10) 액체의 강하시간, $\theta$ 계산

$$\theta = \left(\frac{h_V}{u_c}\right) = \frac{h_V}{0.71}$$

여기서, $\theta$ : 액적 강하시간(sec)
$h_V$ : 액적의 수직 하강 높이(m)
$u_c$ : 액체 강하 속도(m/sec)

(11) 기체의 속도, $u_V$ 계산

$N$개의 증기 상들에 대한 속도는 단일 통과 증기 흐름에 기초하여 계산된다. 아래 식에서 최대 배출용량 중 기체의 부피유속은 7.34 m³/s이다.

$$u_V = \left(\frac{7.34}{N}\right)\left(\frac{1}{A_V}\right)$$

여기서, $A_V$ : 기체의 횡단면적(m²)
$N$ : 통과하는 기체흐름의 수
$u_V$ : 기체 흐름 속도(m/sec)

(12) 녹아웃드럼의 최소길이($L_{\min}$)

녹아웃드럼의 최소길이, $L_{\min}$은 다음과 같이 계산한다.

$$L_{\min} = u_V \cdot \theta \cdot N$$

필요한 녹아웃드럼의 최소길이와 가정한 녹아웃드럼의 길이를 비교한다. 이때 녹아웃드럼의 최소길이 $L_{\min}$이 가정한 녹아웃드럼의 길이 $L$보다 작을 때는 $L$을 녹아웃드럼의 길이로 한다. 그러나 녹아웃드럼의 최소길이 $L_{\min}$이 가정한 녹아웃드럼의 길이 $L$보다 클 경우는 다시 안지름과 길이를 가정하여 위와 같은 계산절차를 반복한다.

| KOSHA GUIDE |
|---|
| D - 60 - 2017 |

〈표 1〉 녹아웃드럼의 최적크기

| 가정 횟수 | 가정한 녹아웃드럼 | | 횡단면적 (m³) | | | 수직높이 (m) | | | 액체 강하 시간 (초) | 기체 속도 (m/sec) | 드럼의 최소 길이 (m) |
|---|---|---|---|---|---|---|---|---|---|---|---|
| | 지름 (m) | 길이 (m) | $A_T$ | $A_L$ | $A_V$ | $h_t$ | $h_L$ | $h_V$ | | | |
| 1 | 2.44 | 5.79 | 4.67 | 2.78 | 1.89 | 2.44 | 1.4 | 1.04 | 1.46 | 3.9 | 5.7 |
| 2 | 2.29 | 6.25 | 4.10 | 2.57 | 1.53 | 2.29 | 1.37 | 0.92 | 1.30 | 4.8 | 6.2 |
| 3 | 2.13 | 6.86 | 3.57 | 2.35 | 1.22 | 2.13 | 1.33 | 0.8 | 1.13 | 6.0 | 6.8 |
| 4 | 1.98 | 7.62 | 3.08 | 2.11 | 0.97 | 1.98 | 1.27 | 0.7 | 0.99 | 7.6 | 7.5 |

**〈부록 2〉**

# 수직 녹아웃드럼의 용량 산정 예시

> 수직의 용기가 고려된다면, 증기속도는 0.71m/s로 액체 강하속도와 동일하다. 부피유속은 $7.34 \text{m}^3/\text{s}$ 이다. 요구되는 드럼의 횡단면적($A_{cs}$, $\text{m}^2$)은 아래 식에 의해 결정된다.

(1) 증기속도($u_v$)

 증기속도＝액적 강하 속도 $u_c = 0.71 \text{m/s}$

(2) 드럼의 단면적

$$A_{cs} = \frac{R_v}{u_v}$$
$$= \frac{7.34}{0.71} = 10.3 \, \text{m}^2$$

(3) 드럼 직경($D$)

$$D = \sqrt{\frac{A_{cs}}{\pi/4}}$$
$$= \sqrt{10.3 \times \frac{4}{\pi}} = 3.6 \, \text{m}$$

KOSHA GUIDE
D - 59 - 2020

# 플레어시스템의 설계·설치 및 운전에 관한 기술지침

2020. 12.

한 국 산 업 안 전 보 건 공 단

## 안전보건기술지침의 개요

○ 작성자 : 전남대학교 화학공정안전센터 정창복 교수, 마병철 교수
○ 개정자 : 전남대 정창복, 장희, 안전보건공단 권현길

○ 제・개정 경과
  - 2017년 11월 화학안전분야 제정위원회 심의(제정)
  - 2020년 10월 화학안전분야 제정위원회 심의(개정)

○ 관련 규격 및 자료
  - API RP 520, "Sizing, Selection, and Installation of Pressure-relieving Devices in Refineries", 2014
  - API STD 521, "Pressure-relieving and Depressuring Systems", 2014
  - IChemE, "Relief System Handbook", 1992
  - Flour Engineering Manual, "Pressure Relieving System"
  - ICI Process SHE Guide No. 8, "Discharge and Disposal System Design"
  - ASME B31.3, "Process Piping", 2002
  - 국내 화학기업 사내 기준
  - ISA S84.01 "Application of Safety Instrumented Systems for the Process Industries", 1996
  - CCPS "Guidelines for Pressure Relief and Effluent Handling Systems", 2ed. 2017
  - KOSHA Guide P-88 "사고피해영향 평가에 관한 기술지침"
  - KOSHA Guide P-102 "사고피해예측기법에 관한 기술지침"
  - KOSHA Guide P-134 "설비 배치에 관한 기술지침"

○ 기술지침의 적용 및 문의
  - 이 기술지침에 대한 의견 또는 문의는 한국산업안전보건공단 홈페이지(www.kosha.or.kr)의 안전보건기술지침 소관 분야별 문의처 안내를 참고하시기 바랍니다.
  - 동 지침 내에서 인용된 관련규격 및 자료, 법규 등에 관하여 최근 교정본이 있을 경우에는 해당 개정본의 내용을 참고하시기 바랍니다.

공표일자 : 2020년 12월
제 정 자 : 한국산업안전보건공단 이사장

## KOSHA GUIDE
D - 59 - 2020

# 플레어시스템의 설계·설치 및 운전에 관한 기술지침

## 1. 목적

이 지침은 안전밸브 등에서 배출되는 위험물질을 안전하게 연소 처리하기 위하여 설치하는 플레어시스템의 설계·설치 및 운전에 필요한 사항을 제시하는 데 그 목적이 있다.

## 2. 적용범위

이 지침은 화학설비 및 그 부속설비 중 안전밸브 등으로부터 방출된 기체 및 액체 물질을 안전하게 처리하는 목적으로 설치하는 플레어시스템에 적용한다.

## 3. 정의

(1) 이 지침에서 사용하는 용어의 정의는 다음과 같다.

(가) "플레어시스템(Flare system)"이라 함은 안전밸브 등에서 배출되는 물질을 모아 플레어스택에서 소각시켜 대기 중으로 방출하는 데 필요한 일체의 설비를 말하며 플레어헤더, 녹아웃드럼, 액체 밀봉드럼 및 플레어스택 등과 같은 설비를 포함한다.

(나) "플레어량(Flare load)"이라 함은 냉각수공급 중단, 전원공급 중단, 또는 외부 화재 등과 같은 요인에 의하여 안전밸브 등이 동시에 작동되어 배출될 수 있는 분출용량의 합계 중 가장 큰 수치를 말한다.

(다) "플레어헤더(Flare header)"라 함은 안전밸브 등에서 배출된 가스 및 액체를 그룹별로 모아서 플레어스택으로 보내기 위하여 설치되는 주 배관을 말한다.

(라) "마하수(Mach number)"라 함은 유체의 실제속도를 유체 속으로 전파하는 음파의 속도로 나눈 값을 말한다.

(마) "녹아웃드럼(Knock-out drum)"이라 함은 안전밸브 등의 배출물에 포함되어 있는 액체가 플레어스택으로 가스와 함께 흘러 들어가지 않도록 액체를 분리 포집하는 설비를 말한다.

(바) "액체 밀봉드럼(Liquid Seal drum)"이라 함은 플레어스택의 화염이 플레어시스템으로 거꾸로 전파되는 것을 방지하거나 또는 플레어헤더에 약간의 진공이 형성되는 경우 플레어스택으로부터 공기가 빨려 들어가는 것을 방지하기 위하여 설치한 설비를 말한다.

(사) "플레어스택(Flare stack)"이라 함은 플레어시스템 중 스택형식의 소각탑으로서 스택지지대, 플레어팁, 파일럿버너 및 점화장치 등으로 구성된 설비 일체를 말한다.

(아) "엘리베이트 플레어(Elevated flare)"라 함은 연소가 발생되는 지점을 지면으로부터 높게 하여 복사열을 감소시킴과 동시에 배출되는 연소생성물 및 수증기 등이 대기 중에서 잘 확산되도록 하는 플레어를 말한다.

(자) "그라운드 플레어(Ground flare)"라 함은 지면과 가까운 지점에서 연소될 수 있도록 설치한 플레어를 말하며, 주로 화염으로부터 발생한 복사열과 가스 등을 차단하는 밀폐식 구조의 형식(Enclosed type)이 사용된다.

(차) "플레어팁(Flare tip)"이라 함은 플레어 가스가 연소되어 화염이 존재하는 곳으로 플레어스택의 최상부에 설치되는 설비를 말한다.

(카) "퍼지가스(Purge gas)"라 함은 역화나 공기유입 등을 완화시키기 위하여 플레어 헤더에 주입하는 인화성 가스 또는 비응축 불활성 가스 등을 말한다.

(2) 기타 이 지침에서 사용하는 용어의 정의는 특별한 규정이 있는 주요 물질의 경우를 제외하고는 「산업안전보건법」, 같은 법 시행령, 같은 법 시행규칙 및 「산업안전보건기준에 관한 규칙」에서 정의하는 바에 의한다.

## 4. 플레어시스템의 구성 및 종류

플레어시스템은 다음 각 호의 설비로 구성된다.

### 4.1 플레어시스템의 구성

플레어시스템은 다음 각 호의 설비로 구성된다.

(1) 상호 연결포집 배관 시스템(Interconnecting collection network)
  (가) 각각의 안전밸브 및 기타 배출원으로부터의 토출 배관
  (나) 각각의 토출배관을 연결한 서브배관
  (다) 각각의 서브배관을 연결한 플레어헤더
(2) 액체 제거 관련 설비
  (가) 녹아웃드럼
  (나) 이송펌프 및 부대설비
(3) 플레어스택
  (가) 본체
  (나) 플레어팁 또는 버너

(다) 플레어스택 지지대

(라) 파일럿 버너

(마) 자동 점화장치

(바) 유틸리티 배관(수증기, 연료가스, 계장용 공기 등)

(4) 플레어시스템의 부대장치

(가) 화염감지기 및 모니터

(나) 역화방지기

(다) 연기 억제조절장치

(라) 격리장치

(마) 경보기를 포함한 계장

### 4.2 플레어스택의 종류

플레어의 처리 형태 및 특징은 다음 각 호와 같다.

(1) 엘리베이트 플레어(Elevated flare)

스택형 플레어의 특징은 다음과 같으며, 일반적인 시스템 구성은 〈그림 1〉과 같다.

(가) 스택형은 스택 지지대, 플레어팁, 파일럿 버너, 파일럿 점화장치, 점화 가스 배관 및 연기 억제용 스팀 배관 등으로 구성되어 있다.

(나) 자체적으로 지지되거나 또는 가이드와이어에 의해 지지될 수 있어야 한다.

(다) 공장 내 근로자 및 설비와 인근주민에게 복사열과 소음에 의한 영향을 최소화 시킬 수 있어야 한다.

(라) 입자상 또는 부식성 물질이 포함된 폐가스의 소각이 가능하여야 한다.

(2) 그라운드 플레어(Ground flare)

그라운드 플레어의 특징은 다음과 같으며, 일반적인 시스템 구성은 〈그림 2〉와 같다.

(가) 발광 및 소음발생 수준을 최소화할 수 있어야 한다.

(나) 독성 및 오염물질 등을 부생시켜서는 안 된다.

(다) 일반적으로 높이는 40m 이하로 하는 것이 일반적이다.

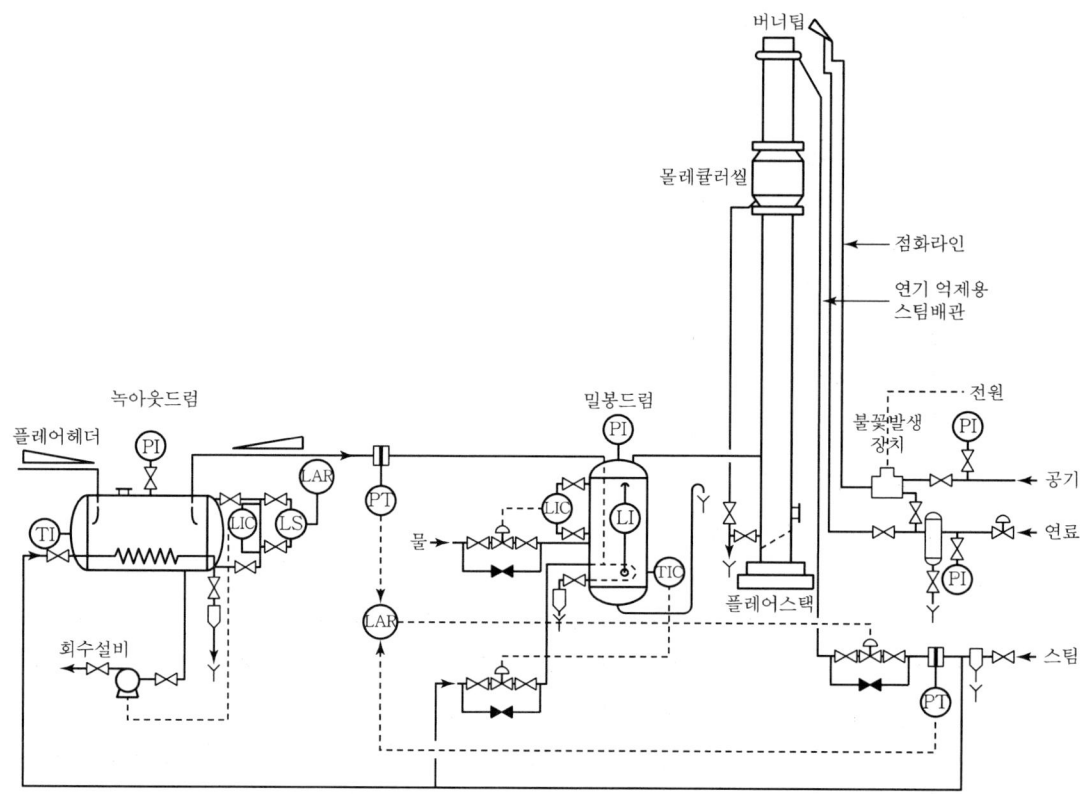

〈그림 1〉 엘리베이트 플레어시스템

## 5. 플레어량 결정기준

### 5.1 플레어량 산출 절차

전체 공장에 대한 플레어량은 다음의 절차를 수행하여 결정한다.
(1) 각 단위공장별로 다음의 안전밸브 등에 의한 소요분출량을 계산한다.
   (가) 과압발생원인 및 소요분출량 산출 : KOSHA Guide D-18 참조
   (나) 증기감압시스템의 소요분출량 : 5.2 참조
(2) (1)항의 계산된 안전밸브 등의 소요분출량 중 플레어스택으로 방출되는 안전밸브 등을 선택하여 [별지서식 1]에 안전밸브 등의 번호, 보호 기기번호, 설정압력 및 외 부화재, 전원공급 중단, 냉각수공급 중단 또는 차단 등과 같은 압력상승 요인별로 배출되는 분출량 등을 기입한다.

(3) 각 단위공장에 대하여 외부화재, 전원공급 중단, 냉각수 공급 중단, 차단 등과 같은 압력상승 요인별 분출량의 소계 및 평균 분자량을 계산한다.

(4) 공장전체에 대하여 [별지서식 2]를 사용하여 외부화재, 전원공급 중단, 냉각수 공급 중단, 차단 등과 같은 압력상승 요인별 총 분출량의 합을 계산하여 이 중 가장 큰 수치를 플레어량으로 한다.

## 5.2 증기감압시스템의 배출량 산정

압력방출장치의 설정압력에 도달하기 전에 증기를 배출하는 감압시스템의 소요배출량을 산정하기 위한 방법이다.

### 5.2.1 일반사항

(1) 증기 감압(Vapor depressuring)의 목적
   (가) 과열로 인한 과압 시나리오(예 : 화재)의 발생 가능성을 낮춤
      (예) 용기 벽의 온도 상승으로 인해 최대허용압력 미만의 압력에서 파열할 수 있을 때 설정압력 이하로의 감압을 통해 내부 응력을 낮춰 용기 등의 파열을 예방할 수 있음
   (나) 용기 내의 재고량이나 누출 속도를 줄여 파열이나 누출 사고의 피해 규모를 줄임

(2) 사용 가능한 감압 장치
   (가) 안전계장시스템과 연동된 감압 밸브
   (나) 화재로 가열 시 지정된 파열 온도에 따라 설정압력 미만에서 분출할 수 있는 파열판
   ※ 안전밸브는 용기의 압력 상승을 설정값으로 설정하므로 특별한 단서 조치가 없는 한 감압 기능을 발휘할 수 없음.

(3) 감압시스템 적용 대상
   (가) 압축기의 화재 노출 또는 누설 시
   (나) 1,700kPa·G 이상에서 운전되는 대형 공정장치의 화재 노출 시
   ※ 이 기준 압력은 설비 유형(배관 또는 용기) 및 위치(무인 원격설비 또는 인구밀집지역 내 설비), 유체 종류(LPG/가스/오일, 독성 또는 비독성) 등의 요인에 따라 변할 수 있음

### 5.2.2 감압 속도(Depressuring rate)

(1) 액면화재 노출 시

초기 압력을 15분 이내에 설계압력의 50%로 감압하는 것을 기준으로 한다. 다만 이 기준은 두께 25.4mm의 탄소강의 온도에 따른 응력 거동을 기준하고 있으므로 두께가 다를 경우에는 다른 기준을 적용할 수 있다.

(2) 압축기의 실(Seal) 고장 시

수 분 동안의 감압이 필요하지만, 감압속도가 너무 빠르면 실이 훼손될 수 있으므로 제조사의 기준 등을 참고할 필요가 있다.

(3) 용기의 누출 또는 고장 시 15분 이내에 690kPa·G로 감압한다.

(4) 반응성 위험이 있거나 넓은 압력 범위를 갖는 장치 등 특정 상황 또는 사용자 필요 등에 따라 다른 기준이 적용될 수 있다.

### 5.2.3 소요 배출량

(1) 총 증기발생량 산정

화재에 노출 시 장치 내부 압력 감소를 위한 필요 증기배출량은 다음 3가지 증기 발생량을 합하여 산출한다.

(가) 화재 열 입력에 따른 액체 증발로 인한 증기 발생량

(나) 감압 중 밀도 변화에 따른 증기량

(다) 감압 시 액체 플래싱으로 인한 증기 발생량

$$q_m t = \sum_{i=1}^{x}(q_{m,f}t)_i + \sum_{i=1}^{x}(q_{m,d}t)_i + \sum_{i=1}^{x}(q_{m,v}t)_i \quad \cdots\cdots (1)$$

여기서, $q_m$ : 증기의 질량 유량, kg/hr
$t$ : 감압 시간구간, hr(보통 0.25hr로 가정)
〈하첨자〉
$d$ : 감압으로 인한 증기 밀도 변화
$f$ : 화재로 인한 증발
$i$ : 용기 번호
$v$ : 감압으로 인한 액체 플래싱 또는 증기 생성
$x$ : 감압시스템 내 용기의 총 수

KOSHA GUIDE
D - 59 - 2020

(2) 화재 열 입력으로 인한 증기 유량
   (가) 화재 열 입력 계산
      일반적으로 식(3) 또는(4)로 계산하지만, 다음과 같은 보정 및 제한을 고려할 수 있다.
      ① 화재 구역은 230m²~460m²의 지표면적으로 한정한다.
      ② 증기 발생을 감소하기 위한 방법으로 단열재 추가 또는 단열재 두께 증가를 고려할 수 있다.
      ③ 화재가 발생한 경우에는 설비 또는 시스템으로 유입 또는 유출이 전혀 발생하지 않고 내부 열원 또한 중단되는 것으로 가정한다.
      ④ 식(3),(4) 대신 다른 해석적인 방법으로 열 입력량을 구할 수 있다.
   (나) 소요 배출량 계산
      감압 기간 내내 화재가 지속된다고 가정하여 각 용기별 소요배출량을 구한 후, 증기와 액체의 물성이 다른 용기마다 동일한 계속을 반복한다.

$$(q_{m,f} t)_i = t(Q/L)_i \quad \cdots\cdots\cdots\cdots\cdots\cdots\cdots\cdots\cdots (2)$$

      여기서, $L$ : 액체의 평균 증발 잠열, kJ/kg
              $q_m$ : 증기의 질량 유량, kg/hr
              $t$ : 감압 시간구간, hr(보통 0.25hr로 가정)
              $f$ : 화재로 인한 증발
              $i$ : 용기 번호
              $L$ : 액체

(3) 밀도 변화 및 액체 플래싱으로 인한 증기 유량
   (가) 위 두 경우의 효과를 완전히 분리하여 생각할 수는 없다.
   (나) 증기 유량 계산을 위해서는 화재 구역 내 장치와 화재구역 밖이라도 이에 직접 연결된 설비에서 체류하고 있는 액체 체류량(Inventory)과 증기의 부피가 필요하다. 이 양들을 추정하기 위해 다음과 같은 가정을 도입한다.
      ① 분리탑의 액체 체류량은 탑 하부의 체류량, 트레이의 체류량(Holdup) 및 트레이 인출량(Draw-off)을 모두 합한 양을 사용한다. 다만, 그 설계값을 알면 그 값을 그대로 사용할 수 있다.
      ② 축적기(Accumulator)의 경우 정상 운전 액위까지의 체류량을 사용한다.
      ③ 다관형 열교환기의 경우, 튜브 번들의 부피는 동체 전체 부피의 1/3이다.
      ④ 응축기와 증발기는 전체 부피의 20%는 액체, 80%는 기체로 채워져 있다.

**KOSHA GUIDE**
**D - 59 - 2020**

(다) 밀도 변화에 따른 소요 배출량은 다음 식으로 구한다.

$$(q_{m,d}t)_i = 0.1205\, V_i \left[ \left(\frac{PM}{ZT}\right)_a - \left(\frac{PM}{ZT}\right)_b \right]_i \quad \cdots\cdots (3)$$

여기서, $M$ : 증기의 분자량, kg/kg-mol
  $P$ : 절대압력, kPa
  $q_m$ : 증기의 질량 유량, kg/hr
  $T$ : 절대온도, K
  $t$ : 감압 시간구간, hr(보통 0.25hr로 가정)
  $V$ : 증기 공간의 부피, m³
  $Z$ : 압축인자
  〈하첨자〉
  $a$ : 감압 개시 때의 조건
  $b$ : 감압 시간구간 끝에서의 조건
  $d$ : 감압으로 인한 증기 밀도 변화
  $i$ : 용기 번호

(라) 액체 플래싱으로 인한 소요 배출량

포화상태에 있는 시스템의 감압을 위해서는 온도 강하가 수반되어야 하므로 동적 에너지 수지를 통해 온도 변화에 대응하는 플래시량을 구할 수 있다. 이 과정은 혼합물의 비점 영역에 따라 두 가지로 구분된다.

① 순수 화합물 또는 좁은 비점 영역을 갖는 탄화수소 혼합물의 플래시 증기 유량은 식(11)을 이용하여 계산한다.

$$(q_{m,v}t)_i = \left[ (q_{m,a}t)_i - \frac{Q_i t}{2\lambda_i} \right] \left[ \frac{2(C_p)_i (T_a - T_b)_i}{2\lambda_i + (C_p)_i (T_a - T_b)_i} \right] \quad \cdots\cdots (4)$$

여기서, $C_p$ : 액체의 평균 비열, kJ/kg K
  $q_m$ : 증기의 질량 유량, kg/hr
  $Q$ : 액체 접촉 면적으로의 열입력 속도, kJ/hr
  $T$ : 절대온도, K
  $t$ : 감압 시간구간, hr(보통 0.25hr로 가정)
  $\lambda$ : 액체의 증발 잠열, kJ/kg
  〈하첨자〉
  $a$ : 감압 개시 때의 조건
  $b$ : 감압 시간구간 끝에서의 조건
  $f$ : 화재로 인한 증발
  $i$ : 용기 번호
  $v$ : 감압으로 인한 액체 플래싱 또는 증기 생성

② 넓은 비점 영역을 갖는 탄화수소 혼합물의 경우 액체 증발에 따른 조성 및 물성 변화가 크므로 ①과는 다른 계산 절차가 필요하다. 먼저 두 압력 $P_a$와 $P_b$ 사이에서 화재 효과를 무시한 채 단순화된 단열(Adiabatic) 플래시 계산을 수행한 후, 화재 효과에 대해 보정하는 방식을 택한다.

㉮ 단열 플래시 계산

$$(\Delta T)_{n,i} = \left[ \frac{L_n (\Delta q_{m,v} t)_n}{((q_{m,L} t)_{n-1} - (\Delta q_{m,v} t)_n)(C_p)_n} \right]_i \quad \cdots\cdots (5)$$

여기서, $C_p$ : 액체의 평균 비열, kJ/kg K
$L$ : 액체의 평균 증발 잠열, kg/hr
$q_m$ : 증기의 질량 유량, kg/hr
$T$ : 절대온도, K
$t$ : 감압 시간구간, hr(보통 0.25hr로 가정)
$\lambda$ : 액체의 증발 잠열, kJ/kg
$\Delta$ : 두 시점 간의 차
〈하첨자〉
$i$ : 용기 번호
$L$ : 액체
$n$ : 시간 단계 지표
$v$ : 감압으로 인한 액체 플래싱 또는 증기 생성

편의상 증발 질량 분율을 증발부피 분율로 가정한 후, $P_a$에서 시작하여 상평형선도에서 초기 액체량의(예를 들어) 5% 증발곡선상에서 $(\Delta T)_{n,i}$에 해당하는 $P_{n,i}$를 구한다. 이 과정을 $P_b$에 도달할 때까지 반복한다.

㉯ 화재 효과에 대한 보정

$P_b$지점의 증발 분율을 읽어낸 후 이 값을 화재 시 평균 액체량에 대한 증발 분율 $w_i$로 사용하여 플래시 증기량을 다음과 같이 계산한다.

$$(q_{m,v} t)_i = \left[ (q_{m,a} t)_i - \frac{Q_i t}{2 L_i} \right] w_i \quad \cdots\cdots (6)$$

여기서, $L$ : 액체의 평균 증발 잠열, kg/hr
$q_m$ : 증기의 질량 유량, kg/hr
$Q$ : 액체 접촉 면적으로의 열입력 속도, kJ/hr
$t$ : 감압 시간구간, hr(보통 0.25hr로 가정)
$w$ : 감압으로 증발한 초기 액체의 질량분율

⟨하첨자⟩
$i$ : 용기 번호
$L$ : 액체
$v$ : 감압으로 인한 액체 플래싱 또는 증기 생성

### 5.3 플레어량 산출 시 고려 가능한 사항

API 521에서는 다음 요건을 적용하는 경우 플레어량의 감소가 가능하다고 제시하고 있으며, (1)~(3)은 각 공정 장치로부터의 플레어가스 배출량을 원천적으로 줄이기 위한 대책인 반면, (4)~(5)는 배출 흐름의 행선지를 바꾸어 플레어스택의 부하(load)를 줄이기 위한 방법이다.

(1) 관리적 대책(Administrative controls)
(2) 안전계장시스템(Safety instrumented system, SIS)
(3) 동적 모델링(Dynamic modeling)
(4) 플레어가스 회수시스템(Flare gas recovery system)
(5) 대기 배출(Atmospheric discharge)

### 5.4 안전계장시스템(SIS)을 적용한 플레어량 결정 시 고려사항

API 521은 HIPS(High-Integrity protection system)를 적용할 때 안전한 설계를 확보하도록 많은 특수절차를 요구하며, 유지보수, 시험 및 검사 등 많은 주의와 신중한 고려를 거치도록 하고 있다. 따라서, 다음의 요건을 고려하여 플레어량을 산출하여야 한다.

(1) 신규공장 설치에 대하여는 적용하지 않는다.
(2) 플레어량 감소를 목적으로 목표 SIL을 SIL4로 설정하지 않는다. 다만, 안전성을 향상할 목적으로 적용하는 것은 무방하다.
(3) SIS 적용 모든 SIF는(정전, 냉각수공급중단 포함) ISA S84.01에서 정하는 SIL3 이상의 성능을 가져야 한다.
(4) SIS 적용시스템 중 최대 배출량에 해당하는 것은 실패한 것으로 간주하여 플레어량에 포함하여야 하며, 해당 설비는 정전 및 냉각수 공급중단 등의 SIF에 대한 SIL 산정 시에도 포함하여 계산되어야 한다.
(5) SIL 산정을 위한 공통원인고장, Partial stroke test, Proof test 등 필요한 변수와 설계, 계산, 설치 상세사항, 유지보수, 시험 및 검사 등에 대하여 공단 등 전문가의 의견을 반영하여 문서화 및 철저한 시행, 관리를 하여야 한다.

KOSHA GUIDE
D - 59 - 2020

## 5.5 플레어가스 회수시스템 운영 시 기준

### 5.5.1 일반사항

(1) 개요

　(가) 환경 및 경제성을 고려하여 플레어량을 줄이기 위해 플레어헤더 중간에서 일부 플레어가스를 회수하는 시스템을 설치할 수 있다.

　(나) 포집된 플레어가스는 대부분 처리 과정을 거쳐 연료가스로 사용되나 플레어가스의 조성에 따라 다른 용도로 사용될 수 있다.

　(다) 이때 최소한의 연속 플레어량과 최대 비상 플레어량을 모두 처리할 수 있어야 하므로 두 부하 간의 범위를 다룰 수 있도록 플레어시스템을 설계하여야 한다.

(2) 안전 고려사항

　(가) 플레어 경로(Path to flare)
　　PRV나 감압시스템에서 나오는 비상 배출 흐름은 항상 플레어로 향하는 흐름 경로를 가져야 한다.

　(나) 역류
　　플레어량이 낮을 때 플레어에서 유입된 공기가 회수시스템 내의 압축기로 역류할 수 있으므로 플레어 가스 흐름의 산소 함유량을 측정하거나 저압 경보를 통해 압축기를 차단하는 조치를 마련하여야 한다.

　(다) 플레어가스 특성
　　플레어가스 내 함유 물질이 처리시스템이나 궁극적인 행선지와 화합하지 못할(Incompatible) 경우(예 : 산성 가스) 회수시스템을 우회하여 곧바로 플레어로 이송하는 등의 조치를 취하여야 한다.

5.5.2 설계

(1) 개념 설계

일반적인 플레어가스 회수시스템은 흡입부가 플레어헤더와 직접 연결된 하나 이상의 왕복압축기를 포함하며 〈그림 2〉와 같이 나타낼 수 있다.

(2) 용량 산정

(가) 경제성을 위해서는 플레어량의 평균값 혹은 자주 나타나는 최대값 이상의 용량을 가져야 한다.

(나) 동적으로 변하는 넓은 범위의 플레어량을 처리할 수 있어야 하며 감독기관의 규제에 따른 운전상의 한계가 있을 경우 그에 맞춰 용량을 산정하여야 한다.

(3) 설치 위치

(가) 플레어가스 회수시스템은 모든 단위공정 헤더의 연결부 후단에서 부하에 따라 헤더 압력이 심하게 변하지 않는 지점에서 분기되는 흐름으로 설계하되 액체 동반 가능성을 최소화하기 위해 상부로부터 분기시켜야 한다.

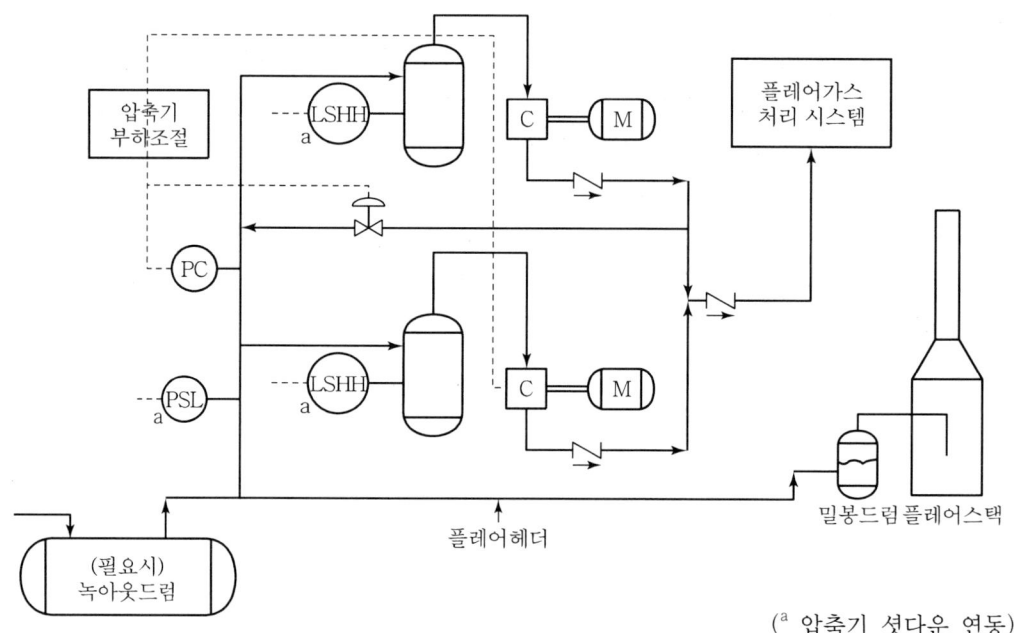

($^a$ 압축기 셧다운 연동)

〈그림 2〉 일반적인 플레어가스 회수시스템

(나) 회수 장치를 실제 배치할 때 설비의 운전과 유지보수, 플레어 복사열에 의한 위험 구역을 고려해야 한다.

(4) 역화 방지

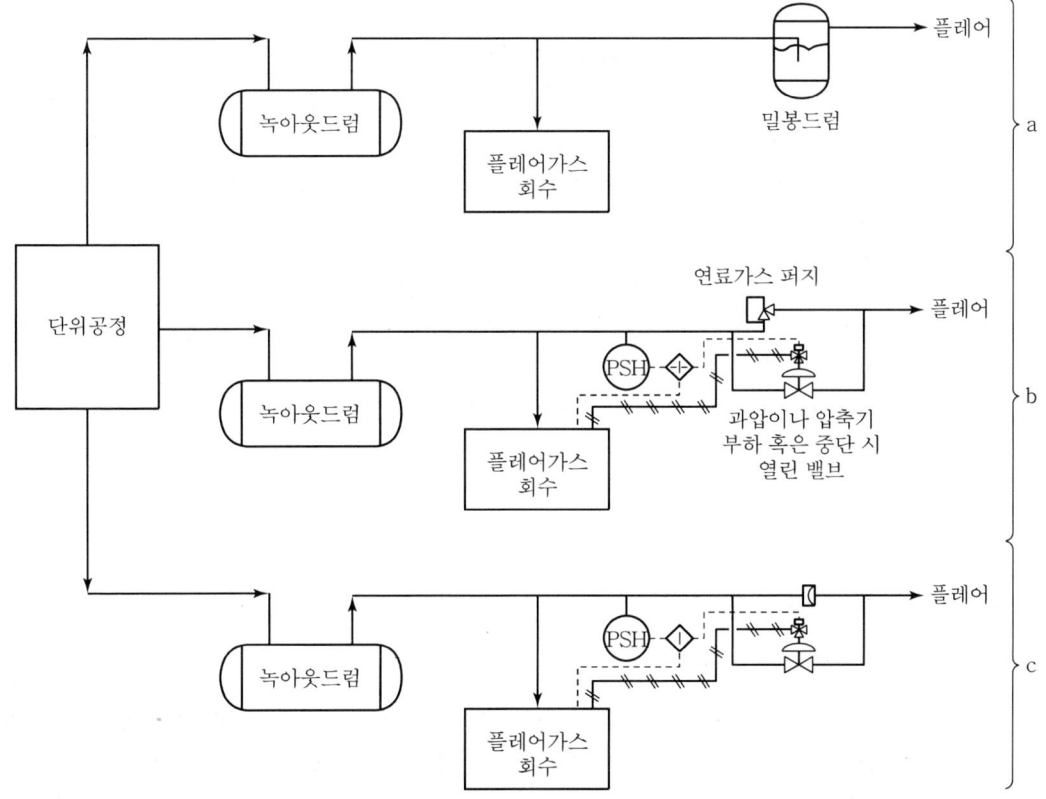

〈그림 3〉 플레어가스 회수시스템의 역화 방지

(가) 밀봉드럼에 의한 역화 방지
① 가장 확실하고 선호되는 방법으로서 플레어헤더에 비교적 일정하고 낮은 배압을 유지시켜 공기의 혼입을 방지할 수 있다(〈그림 3〉 a 참조).
② 밀봉드럼은 회수시스템의 설계 운전압력 범위에서 작동하도록 설계하여야 한다.
③ 밀봉액의 액위를 유지하고 액체 동반 및 밀봉액의 동결을 방지하기 위한 조치를 마련해야 한다.
(나) 제어밸브와 릴리프 장치의 병렬 설치에 의한 역화방지
① 밀봉드럼의 좁은 운전 범위를 수용할 수 없을 때의 대안으로서 제어밸브를 사용하여 회수시스템 흡입부의 압력을 제어하되, 저압력 고용량의 파일럿 구동 PRV를 제어밸브 둘레에 설치함으로써 비상배출 시 플레어 경로를 확보할 수 있다(〈그림 3〉 b 참조).

KOSHA GUIDE
D - 59 - 2020

② 파열판 등과 같은 다시 닫히지 않는 압력방출장치를 사용하는 경우, 과도한 배압을 야기하지 않고 가능한 낮은 압력에서 작동될 수 있도록 설치 시 유의하여야 한다(〈그림 3〉 c 참조).

③ 제어밸브는 플레어헤더의 압력이 정상값보다 높거나 압축기가 무부하(Unloaded) 상태 또는 차단될 때 완전히 개방되도록 연동하여야 하나, 제어밸브를 우회하는 플레어경로의 대체 수단으로 사용할 수 없다.

(5) 기타 사항
 (가) 플레어가스 회수 압축기는 대개 0.5~3kPa, gauge의 흡입압력은 범위를 가진다.
 (나) 회수시스템의 압축기에는 다단의 압축기 부하경감장치(Unloader)와 재순환 밸브를 장착해야 한다.
 (다) 플레어가스에 상당한 액체가 있을 가능성이 높으므로 이를 제거하기 위해 압축기 상류에 녹아웃드럼을 설치하되 고액위일 때 압축기를 자동으로 차단시켜야 한다.

## 6. 플레어헤더 설계 및 설치

### 6.1 플레어헤더의 설계 시 고려사항

(1) 플레어헤더 설계 시에는 플레어헤더에 형성되거나 또는 이미 존재하고 있는 압력을 고려하여 안전밸브 등의 배출용량이 감소되지 않도록 하여야 한다.
(2) 배출물질에 의한 소음과 진동을 최소화할 수 있도록 플레어헤더 내부에서의 배출물질 유속이 마하 0.5를 초과하지 않도록 한다.
(3) 안전밸브 등의 토출 측에서부터 녹아웃드럼 사이의 배관에 액체가 정체되지 않도록 하여야 한다.
(4) 안전밸브 등의 토출 측으로부터 녹아웃드럼 쪽으로 플레어헤더는 경사지게 설치하여야 한다. 이때의 기울기는 1/500 이상(저온 플레어헤더 제외)의 경사도를 갖도록 설치하여야 한다.
(5) 공정지역에서 플레어스택까지 거리가 멀리 떨어져 있어서 플레어헤더에 액체가 정체될 우려가 있는 경우에는 그 사이에 중간 녹아웃드럼을 설치할 수 있다. 다만, 저온 플레어헤더는 추가 응축이 발생하지 않으므로 이를 고려하지 않을 수 있다.
(6) 포집배관 시스템에는 차단밸브를 설치하여서는 아니 된다. 다만, 여러 생산설비에 공용의 플레어스택을 설치하는 경우에는 각 생산설비의 플레어헤더에 차단밸브를 설치

할 수 있다. 이 경우에는 설치된 차단밸브의 열림 상태를 주 조정실에서 알 수 있도록 열림·닫힘 상태 경보장치를 설치하여야 한다.

(7) 플레어헤더의 지지대는 플레어헤더가 운전되는 상태에서 충분한 하중에 견딜 수 있도록 설계하여야 한다.

(8) 플레어헤더는 공정지역이나 작업빈도가 높은 지역을 피해서 설치하여야 한다.

(9) 수분이 함유된 액체의 경우에는 동파에 대비하고, 고유동점 및 고점도의 기름이나 폴리머의 경우에는 액체의 응고가 일어날 수 있으므로 보온, 가열설비와 배수 설비를 설치하여야 한다.

## 6.2 배관 종류 및 재질 선정

(1) 배출물의 압력, 온도, 조성, 양 등을 고려하여 방출물 처리시스템의 상호 연결 포집배관 시스템을 설치하여야 한다.

(2) 플레어헤더의 재질을 선정할 경우에는 다음 각 호를 우선 고려하여야 한다.
  (가) 소각되는 유체의 조성(특히, 부식성 및 반응성 물질의 경우) 및 플레어시스템의 운전 온도 및 압력
  (나) 플레어헤더는 다른 공정배관보다 더 넓은 범위의 온도변화에 노출될 수 있으므로 예상되는 전 온도범위에 견딜 수 있는 재질로 선정
  (다) 경질 탄화수소 등 높은 휘발성을 갖는 액체는 갑작스런 압력저하 등으로 증기상태로 변하면서 온도가 순간적으로 낮아지는 냉각효과
  (라) 화재 등 높은 온도에 의한 열화, 강도저하 및 배관 자체의 연소성(다만 플레어헤더의 최대설계온도를 결정할 경우는 화재시나리오는 제외)
  (마) 화재 등에 직접적으로 노출될 수 있는 배관 등에 대한 단열조치
  (바) 배관지지대 등의 온도변화에서 발생할 수 있는 열팽창에 대한 방지대책

(3) 플레어헤더는 건식(Dry) 플레어헤더, 습식(Wet) 플레어헤더, 저온(Cold) 플레어헤더, 고온(Hot) 플레어헤더, 산성가스 플레어헤더 및 가성소다 플레어헤더로 구분되며 그 특성은 다음 각 호와 같다.
  (가) 건식(Dry) 플레어헤더
    건식 플레어헤더를 배출되는 가스가 수분을 포함하지 않는 경우 사용되며 운전 온도가 낮으므로 스테인리스강 또는 동등 이상의 재질을 사용한다.
  (나) 습식(Wet) 플레어헤더
    수분이 있고 온도가 높은 가연성가스를 처리하는 경우에 사용되며 재질은 탄소강 또는 동등 이상의 재질을 사용한다.

KOSHA GUIDE
D - 59 - 2020

(다) 저온(Cold) 플레어헤더

에탄 또는 그보다 가벼운 증기 등과 같이 0℃ 이하에서 강압 등에 의해서 기체와 액체로 분리되는 물질을 처리하는 경우에 사용되며 오스테나이트 스테인리스강 또는 동등 이상의 재질을 사용한다.

(라) 고온(Hot) 플레어헤더

과열된 가스로써 플레어헤더를 통과해도 거의 응축되지 않는 가스를 처리하는 경우에 사용되며 저합금(Cr-Mo)강 또는 동등 이상의 재질을 사용한다.

(마) 산성가스 플레어헤더

부식성이 강한 황화수소 등 산성가스가 주 배출물인 경우 스테인리스 316 또는 동등 이상의 재질을 사용하며 교체가 가능하도록 20m~30m 간격으로 플렌지 등에 의해 연결하도록 한다.

(바) 가성소다 플레어헤더

폐가성소다 중화계에서 발생되는 가스를 처리하기 위한 경우에 사용되며 내식성이 우수한 니켈합금 또는 동등 이상의 재질을 사용한다.

(4) 플레어헤더의 온도별 재질을 선정기준은 다음 각 호와 같다.

(가) 저온 플레어헤더

에탄 또는 그보다 가벼운 증기 등과 같이 영하 45℃ 이하에서 강압 등에 의해서 기체와 액체로 분리되는 물질은 오스테나이트 스테인리스강 또는 동등 이상의 재질을 사용한다.

(나) 중간 플레어헤더

영하 45℃ 이상 0℃ 이하의 건조 상태의 배출물에는 킬드탄소강 또는 동등 이상의 재질을 사용한다.

(다) 고온 플레어헤더

0℃ 이상의 배출물이 대부분 이 경우에 속하며 탄소강 또는 동등 이상의 재질을 사용한다.

(5) 기타 배관재질의 경우 공단 기술지침 "배관재질 선정에 관한 기술 지침"을 참고하여 적당한 재질의 배관을 선정한다.

6.3 크기 결정절차

플레어헤더의 크기는 다음의 절차에 따라 결정한다.

(1) 5항에 의하여 플레어량을 분석한다.

(2) 공장의 배치도면과 단위공장별 플레어량 산출내역을 참고하여 플레어헤더가 지나갈

수 있는 방향에 따라 주요 지점별로 모든 압력 상승요인에 의하여 안전밸브 등에서 동시에 배출될 수 있는 분출량을 결정한다.
(3) (2)항과 같은 개념으로 플레어시스템 끝단으로부터 안전밸브 후단까지의 최대 허용가능 압력손실을 산출한다.
(4) 시스템 끝단으로부터 플레어헤더의 직경을 가정하고 제 2단계의 모든 압력상승 요인별 분출량을 기준하여 플레어헤더에서의 압력손실을 산출한다. 플레어헤더 내 흐름 조건에 따라 압력손실 산출방법을 결정할 수 있다.
(5) 모든 압력 상승요인별 분출량에 대하여 플레어시스템 끝단으로부터 안전밸브까지의 총 압력손실이 허용 가능한 범위 내에 있는지 확인한다. 이때 총 압력 손실이 허용 가능한 압력손실을 초과하는 경우에는 플레어헤더의 직경을 다시 가정하여 손실을 계산하는 등 시행착오 방식에 의하여 플레어헤더의 크기를 결정한다.

### 6.4 플레어헤더 내 압력손실 산출 절차

플레어헤더 내 흐름 조건에 따라 압력손실 계산방법을 결정하고 아래 절차에 따라 압력손실을 산출한다.

(1) 등온흐름에서 압력손실 산출

(가) 입구 마하수($Ma_1$)를 기준으로 한 식은 아래와 같다.

$$\frac{f \cdot l}{d} = \frac{1}{Ma_1^2}\left[1-\left(\frac{p_2}{p_1}\right)^2\right] - \ln\left(\frac{p_1}{p_2}\right)^2 \quad \cdots \cdots (1)$$

또한 위 식은 출구 마하수($Ma_2$)를 기준으로 나타내면 아래와 같다.

$$\frac{f \cdot l}{d} = \frac{1}{Ma_2^2}\left(\frac{p_1}{p_2}\right)^2\left[1-\left(\frac{p_2}{p_1}\right)^2\right] - \ln\left(\frac{p_1}{p_2}\right)^2 \quad \cdots \cdots (2)$$

여기서, $f$ : Moody 마찰계수
$l$ : 플레어헤더의 길이(m)
$d$ : 플레어헤더의 직경(m)
$p_1$ : 플레어헤더 입구에서의 압력(kPa)
$p_2$ : 플레어헤더 출구에서의 압력(kPa)
$Ma_1$ : 헤더 입구에서 음속에 대한 플레어가스 속도와의 비율
$Ma_2$ : 헤더 출구에서 음속에 대한 플레어가스 속도와의 비율

(나) 식(2)에서 출구 마하수($Ma_2$)는 아래 식을 이용하여 산출한다.

$$Ma_2 = 3.23 \times 10^{-5} \left( \frac{q_m}{p_2 \cdot d^2} \right) \left( \frac{Z \cdot T}{M} \right)^{0.5} \quad \cdots\cdots\cdots (3)$$

여기서, $q_m$ : 총 플레어량(kg/hr)
$Z$ : 기체 압축인자
$T$ : 플레어가스의 온도(K)
$M$ : 기체의 분자량

(다) 등온흐름에서 플레어헤더 내 압력손실은 아래〈그림 4〉를 이용하여 산출한다.

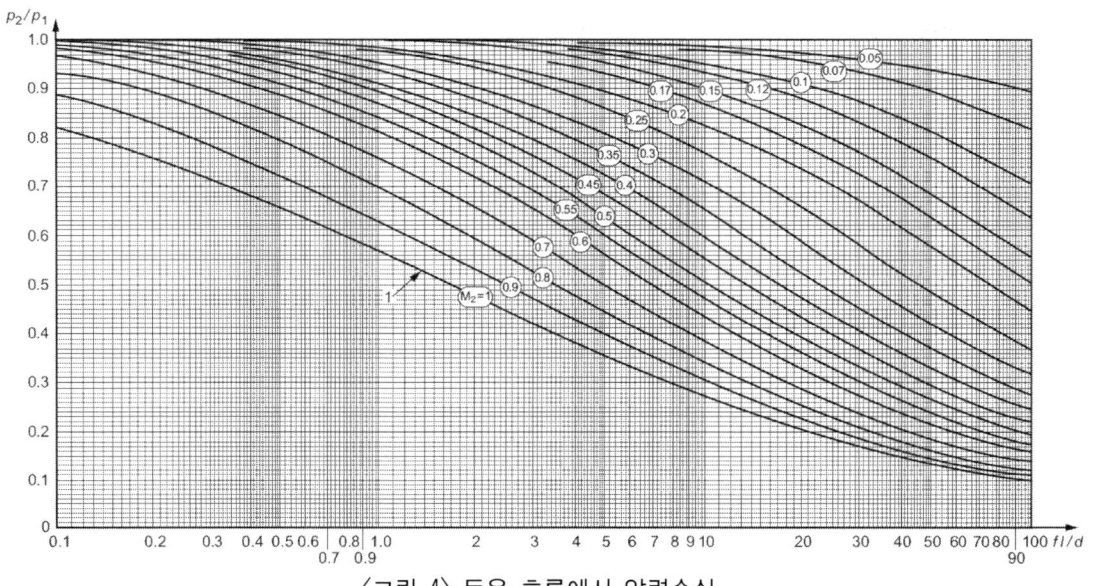

〈그림 4〉 등온 흐름에서 압력손실

(2) 단열흐름에서 압력강하 계산방법

(가) 배관 마찰 저항계수는 아래 식을 이용하여 산출한다.

$$N = \frac{f_M \cdot l}{d} + \sum K_i \quad \cdots\cdots\cdots (4)$$

$$N = \frac{4 f_F \cdot l}{d} + \sum K_i \quad \cdots\cdots\cdots (5)$$

여기서, $N$ : 배관 마찰 저항계수

$f_M$ : Moody 마찰 계수
$f_F$ : Fanning 마찰 계수
$K_i$ : 관 이음쇠 마찰손실 계수

〈표 4〉 관 이음쇠 마찰손실 계수($K_i$)

| Fitting | $K_i$ | Fitting | $K_i$ |
|---|---|---|---|
| Globe valve, open | 9.7 | 90° double-miter elbow | 0.59 |
| Typical depressuring valve, open | 8.5 | Threaded tee through run | 0.50 |
| Angle valve, open | 4.6 | Fabricated tee through run | 0.50 |
| Swing check valve, open | 2.3 | Lateral through run | 0.50 |
| 180° close-threaded return | 1.95 | 90° triple-miter elbow | 0.46 |
| Threaded or fabricated tee through branch | 1.72 | 45° single-miter elbow | 0.46 |
| 90° single-miter elbow | 1.72 | 180° welded return | 0.43 |
| Welded tee through branch | 1.37 | 45° threaded elbow | 0.43 |
| 90° standard-threaded elbow | 0.93 | Welded tee through run | 0.38 |
| 60° single miter elbow | 0.93 | 90° welded elbow | 0.32 |
| 45° lateral through branch | 0.76 | 45° welded elbow | 0.21 |
| 90° long-sweep elbow | 0.59 | Gate valve, open | 0.21 |
| Rupture disk, subcritical flow | 1.5a | - | - |

(나) 임계질량플럭스는 아래의 식으로 산출할 수 있다.

$$G_{ci} = 6.7 p_1 \left( \frac{M}{Z \cdot T_1} \right)^{0.5} \quad \cdots\cdots (6)$$

여기서, $T_1$ : 헤더 입구 흐름의 온도(K)
$M$ : 플레어가스의 분자량

(다) (가)에서 계산한 $N$값과 (나)에서 계산한 $G_{ci}$값을 이용하여 〈그림 5〉에서 압력손실 값을 얻는다.

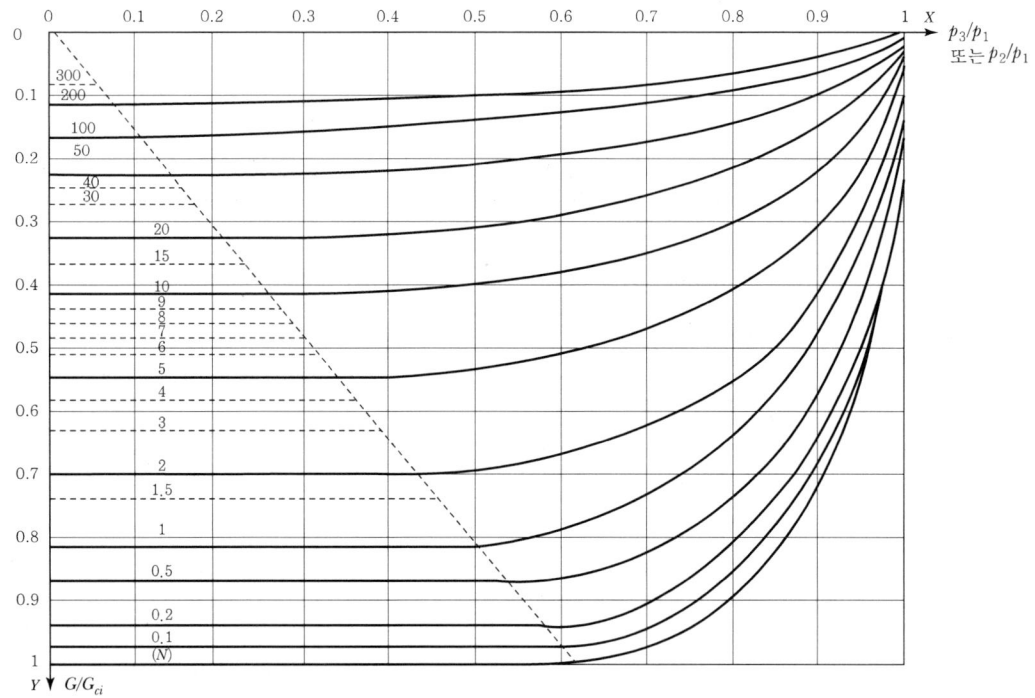

〈그림 5〉 단열 흐름에서 압력손실

여기서, $P_1$ : 플레어헤더 입구에서의 압력(kPa)
$P_2$ : 플레어헤더 출구에서의 압력(kPa)
$P_3$ : 플레어헤더 출구 측 저장소에서의 압력(kPa)
$G$ : 실제 질량 플럭스(kg/sec·m$^2$)
$G_{ci}$ : 임계 질량 플럭스(kg/sec·m$^2$)

## 7. 플레어스택 크기 결정

### 7.1 플레어스택 지름

플레어스택의 지름은 플레어가스의 속도에 의하여 결정되지만 반드시 압력손실을 확인하여야 한다. 플레어팁에서의 압력손실은 일반적으로 0.014MPa을 적용하고, 플레어가스의 속도가 마하수 0.2~0.5 사이가 되도록 하고 식 (3)을 다시 쓰면 식 (7)과 같고 이때 $d_j$값은 플레어스택의 직경이 된다.

$$Mach = 3.23 \times 10^{-5} \frac{W}{Pd_j^2} \sqrt{\frac{ZT_j}{M_j}} \quad \cdots\cdots\cdots\cdots\cdots\cdots\cdots\cdots\cdots\cdots\cdots\cdots\cdots\cdots\cdots\cdots \quad (7)$$

여기서, $Mach$ : 음속에 대한 플레어가스 속도와의 비율(0.2~0.5)
$W$ : 총 플레어량(kg/hr)
$P$ : 플레어가스의 압력(kPa A)
$dj$ : 스택지름(m)
$T_j$ : 플레어가스의 온도(K)
$Z$ : 기체 압축 인자
$M_j$ : 플레어가스의 분자량

## 7.2 플레어가스의 연소열량

플레어스택에서 연소 처리되는 플레어가스의 조성을 기준으로 하여 연소열량(Q, kcal/hr)을 산출한다.

## 7.3 플레어팁 방출속도

플레어팁에서의 방출속도($U_j$)는 다음과 같이 산출한다.

$$U_j = Mach \times 91.2 \times \left(\frac{T_j}{M_j}\right)^{0.5} \quad \cdots\cdots\cdots\cdots\cdots\cdots\cdots\cdots\cdots\cdots\cdots\cdots\cdots \quad (8)$$

여기서, $U_j$ : 플레어팁 방출속도(m/sec)

## 7.4 플레어 화염길이 산정

(1) 공기 중에서 플레어가스의 폭발하한 농도계수

혼합물질로 이루어진 플레어가스의 공기 중에서의 폭발하한 농도계수($C_L'$)는 다음과 같이 계산한다.

$$C_L' = \frac{1}{\sum \frac{y_n}{C_{Ln}}} \quad \cdots\cdots\cdots\cdots\cdots\cdots\cdots\cdots\cdots\cdots\cdots\cdots\cdots\cdots\cdots\cdots\cdots \quad (9)$$

여기서, $C_L'$ : 플레어가스의 공기 중에서의 폭발하한 농도계수
$y_n$ : 혼합물질로 이루어진 플레어가스 각 성분의 몰 비율
$C_{Ln}$ : 공기 중에서 각 성분의 폭발하한

## KOSHA GUIDE
## D - 59 - 2020

(2) 플레어가스의 폭발하한 농도계수 보정

플레어팁에서의 플레어가스 폭발하한 농도계수($C_L$)는 다음과 같이 보정한다.

$$C_L = C_L' \left(\frac{U_j}{U_W}\right)\left(\frac{M_j}{M_a}\right) \quad \cdots\cdots (10)$$

여기서, $U_W$ : 바람의 평균속도(m/sec)
$M_a$ : 공기의 분자량

(3) 제트추력 및 바람추력 계수

제트추력 및 바람추력 계수($d_j R$)는 다음과 같이 계산한다.

$$d_j R = d_j \left(\frac{U_j}{U_w}\right)\left(\frac{T_a M_j}{T_j}\right)^{0.5} \quad \cdots\cdots (11)$$

여기서, $d_j R$ : 제트추력 및 바람추력 계수
$T_a$ : 대기온도(K)

(4) 화염 중앙의 수직 거리

플레어스택으로부터 화염 중앙까지의 수직 거리($y_c$)는 식 (10)에서 계산한 $C_L$값과 식 (11)에서 계산한 $d_j R$ 값을 이용하여 〈그림 6〉에서 결정한다.

(5) 화염 중앙의 수평 거리

플레어스택으로부터 화염 중앙까지의 수평 거리($x_c$)는 식 (10)에서 계산한 $C_L$값과 식 (11)에서 계산한 $d_j R$ 값을 이용하여 〈그림 7〉에서 결정한다.

(6) 화염길이($L$)

(4)항 및 (5)항에서 얻어진 수평 거리($x_c$), 수직 거리($y_c$)로부터 아래 식(12)에 대입하여 계산한다.

$$L = \sqrt{(2x_c)^2 + (2y_c)^2} \quad \cdots\cdots (12)$$

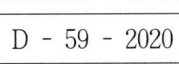

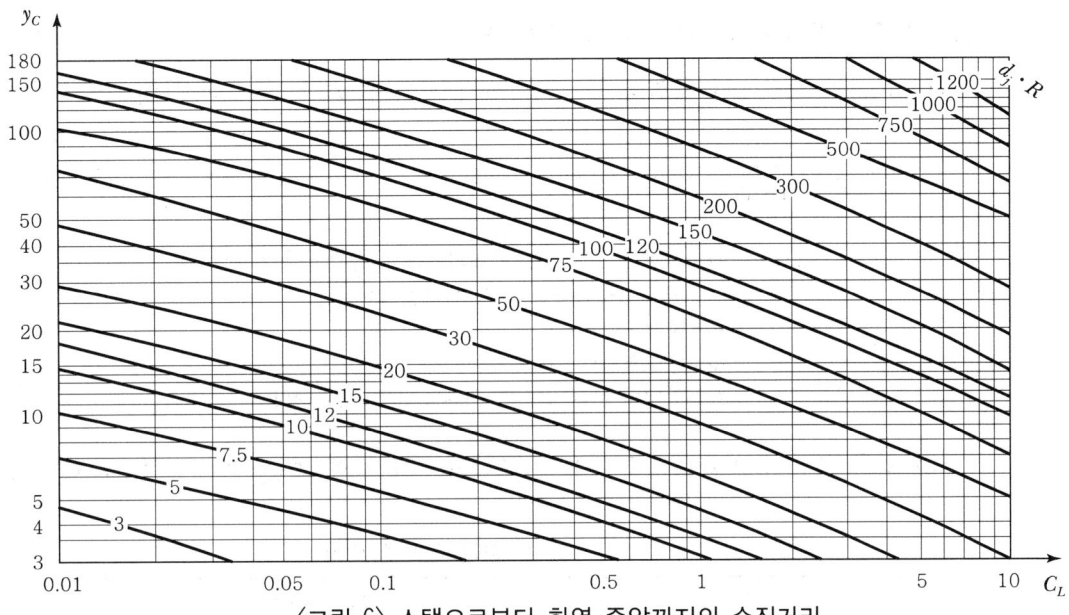

〈그림 6〉 스택으로부터 화염 중앙까지의 수직거리

〈그림 7〉 스택으로부터 화염 중앙까지의 수평거리

KOSHA GUIDE
D - 59 - 2020

### 7.5 화염의 중앙에서 지면의 관심대상까지의 거리

(1) 화염의 중앙에서 지면의 관심대상까지의 거리($D$)는 다음과 같이 산출한다.

$$D = \sqrt{\frac{\tau F Q}{4\pi K}} \quad \cdots\cdots\cdots\cdots\cdots\cdots\cdots\cdots\cdots\cdots\cdots\cdots\cdots\cdots\cdots\cdots\cdots\cdots (13)$$

여기서, $D$ : 화염의 중앙에서 지면의 관심대상까지의 거리(m)
$\tau$ : 전달되는 복사열 강도의 비율(1.0 적용)
$F$ : 방출 복사열 비율
$Q$ : 연소열량(kcal/hr)
$K$ : 최대허용 복사열량, 4,000kcal/hr·m² 적용

(2) 방출 복사열 비율은 〈표 2〉를 참조하고, 〈표 2〉에 없는 경우 0.3을 적용한다.

〈표 2〉 방출 복사열 비율

| 버너 지름(cm) | 가스 종류 | | | |
|---|---|---|---|---|
| | Hydrogen | Butane | Methane | Natural gas (95% $CH_4$) |
| 0.51 | 0.095 | 0.215 | 0.103 | |
| 0.91 | 0.091 | 0.253 | 0.116 | |
| 1.9 | 0.097 | 0.286 | 0.160 | |
| 4.1 | 0.111 | 0.285 | 0.161 | |
| 8.4 | 0.156 | 0.291 | 0.147 | |
| 20.30 | 0.154 | 0.280 | | 0.192 |
| 40.60 | 0.169 | 0.299 | | 0.232 |

### 7.6 플레어스택의 높이

플레어스택의 높이는 냄새, 독성의 연소생성물을 확산시키기 위하여 200m 높이까지 설치할 수 있으나 복사열과 소음을 고려하여야 한다. 플레어스택의 최소 높이(H)는 〈그림 8〉에서 지면에서의 최대허용 복사열량이 4,000kcal/h·m²(이는 설치지역의 최대 태양복사열을 포함한 수치임)이하가 되도록 다음 식에 따라 산출한다.

$$H = D - y_c \quad \cdots\cdots\cdots\cdots\cdots\cdots\cdots\cdots\cdots\cdots\cdots\cdots\cdots\cdots\cdots\cdots\cdots\cdots (14)$$

여기서, $H$ : 플레어스택의 높이(m)
$D$ : 화염의 중앙에서 지면의 관심대상까지의 거리(m)
$y_c$ : 스택으로부터 화염 중앙까지의 수직 거리(m)

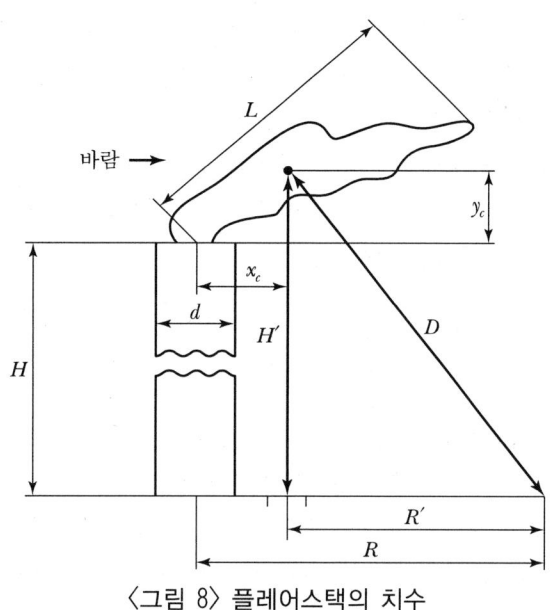

〈그림 8〉 플레어스택의 치수

### 7.7 플레어스택으로부터의 안전거리

(1) 국내법규 및 KOSHA Guide P-134 기준에 따라 안전거리를 확보하여 스택을 설치하여야 한다.

(2) (1)항에도 불구하고 KOSHA Guide P-102 및 P-88에 따른 복사열, 폭발압에 대한 사고피해예측결과 플레어스택이 영향을 받거나 버닝레인 등 플레어스택 화염이 공정설비 등에 영향을 주는 경우에는 안전거리를 추가로 확보하는 등 필요한 조치를 하여야 한다.

## 8. 기타 설계 및 설치 시 고려사항

### 8.1. 그을음 발생 최소화

(1) 일반사항

(가) 플레어시스템의 설계 시 일반적으로 눈에 보이는 그을음이 없도록 설계하여야

한다.
(나) 대부분의 그을음은 연료 과잉 조건에서 발생하며, 그을음 형성을 최소화하기 위해 보조 유틸리티를 사용하여야 한다.
(다) 그을음 형성을 막기 위한 보조 유틸리티는 다음과 같은 방법 등이 사용된다.
① 고압 스팀은 보편적으로 많이 사용하는 방법으로 플레어팁의 화염에 주입되어 난류를 생성함과 동시에, 스팀 제트를 통하여 공기를 흡입함으로써 공기와 플레어가스의 반응을 더 용이하게 만들며, 아래와 같은 수성가스(Water gas) 전이 반응을 통해 일산화탄소를 이산화탄소 등으로 전환시키는 역할을 한다.

$$C + H_2O \rightarrow CO + H_2$$
$$CO + H_2O \rightarrow CO_2 + H_2$$

② 고압 공기는 고압 스팀과 동일한 주입 방식을 사용하지만 효율적이지 못하여 일부 상황(스팀 동결에 따른 막힘 우려가 있는 저온 지역, 스팀용 물이 부족한 지역, 플레어 가스가 물과 반응하는 공정)에서 대체 방법으로 사용되며 이때의 공기압력은 보통 689kPa·G, 공기요구량은 스팀 질량의 약 1.2배가 소요된다.
③ 고압수(Water) 주입 방식은 대량의 폐수 또는 염수를 제거할 필요가 있는 경우 사용되는 방법으로, 1kg의 플레어가스당 1kg의 고압수(350~750 kPa·G)가 필요하며 플레어 유량이 낮을 때는 물 유량을 제어하기 어려우므로 단계적으로 물주입이 가능한 단계적 물 분무(Staged water spray) 주입시스템이 필요하다.
④ 저압 송풍은 스팀 등의 보조 유틸리티가 현장에 충분하지 않을 경우에 대안으로 사용되며, 보통 0.5~5.0kPa·G의 공기가 플레어가스와 같은 방향으로 유입되어 플레어팁에서 혼합되는 방식이다. 송풍기의 저압 공기를 플레어팁에 주입하기 위해 별도의 스택과 공기 송풍기가 필요하므로 초기 투자비가 크게 소요된다.
⑤ 고압 플레어링은 스팀 또는 공기와 같은 유틸리티를 사용하는 대신 플레어가스 자체의 압력에너지를 활용하는 방법으로 대량의 가스를 처리할 경우 유리하다.
⑥ 고압 연료가스는 스팀과 비슷한 주입 방식으로 천연가스(NG)를 주입할 때

에는 1 kg의 플레어가스당 약 0.5~0.75 kg(500~1,000 kPa·G)이 필요하며 이 경우에는 공기의 보조 가스의 양을 줄이기 위한 특수 고성능 팁(Tip)이 필요하다.

(라) 그을음 억제를 위한 유체 주입 시 제어 장치는 다음 각 호가 사용된다.
① 지정된 운전원이 플레어를 쉽게 볼 수 있는 장소에서의 수동 밸브
② 스팀 유량을 효과적으로 감시 및 제어하는 비디오 감시 시스템
③ 유입되는 가스의 압력, 질량유량, 속도를 확인하여 스팀 등의 유량을 변화시킬 수 있는 선행제어(Feedforward) 시스템
④ 연기 생성을 검출한 후 스팀 밸브를 자동으로 조절하는 적외선 센서
⑤ 스팀 공급 및 스팀 낭비 방지를 위하여 미세한 변동을 감지하는 계장 시스템

(마) 플레어스택에서 그을음 발생을 최소화하기 위한 스팀 공급량은 플레어량, 분자량, 및 플레어가스에 포함되어 있는 불포화탄화수소의 비율에 의하여 결정된다.

(바) 스팀의 주입방법은 다음 각 호의 방법을 조합하여 사용한다.
① 플레어스택 중앙에 위치한 단일 파이프 노즐을 통해 주입
② 플레어내 일련의 스팀/공기 주입기
③ 플레어팁 둘레에 있는 매니폴드

(사) 포화탄화수소가 연소되는 경우 필요한 스팀 공급량은 다음과 같이 산출한다.

$$W_s = W_{HC}[0.68 - (10.8/M)] \quad \cdots \cdots \cdots (15)$$

여기서, $W_s$ : 스팀의 공급량(kg/s)
$W_{HC}$ : 플레어량(kg/s)

(아) 일부 물질에 대한 스팀 공급량 기준은 다음 〈표 3〉과 같으며 일반적으로 공급되는 스팀의 압력은 0.7~1.0MPa이다.

(자) 과도한 보조 유틸리티가 주입될 경우 플레어 연소 효율이 감소할 수 있으며, 다수의 스팀 주입 팁과 버너가 배열된 시스템에서는 스팀 주입 순서가 잘못되면 플레어팁 내의 역화를 야기할 수 있다.

(차) 추운 날씨의 경우 플레어 스팀 노즐에서 응축이 발생하여 플레어스택 혹은 헤더로 유입되어 축척되고 동결로 이어질 수 있어 주의가 필요하다.

<표 3> 일부 물질에 대한 스팀공급량

| 연소 물질 | | 스팀공급량(kg/HC가스 kg) |
|---|---|---|
| 파라핀(Paraffins) | 에탄(Ethane) | 0.10 ~ 0.15 |
| | 프로판(Propane) | 0.25 ~ 0.30 |
| | 부탄(Butane) | 0.30 ~ 0.35 |
| | 펜탄(Pentane) | 0.40 ~ 0.45 |
| 올레핀(Olefins) | 에틸렌(Ethylene) | 0.40 ~ 0.50 |
| | 프로필렌(Propylene) | 0.50 ~ 0.60 |
| | 부텐(Butene) | 0.60 ~ 0.70 |
| 다이올리핀(Diolefins) | 프로파디엔(Propadiene) | 0.70 ~ 0.80 |
| | 부타디엔(Butadiene) | 0.90 ~ 1.00 |
| | 펜타디엔(Pentadiene) | 1.10 ~ 1.20 |
| 아세틸렌(Acetylene) | | 0.50 ~ 0.60 |
| 방향족(Aromatics) | 벤젠(Benzene) | 0.80 ~ 0.90 |
| | 톨루엔(Toluene) | 0.85 ~ 0.95 |
| | 자일렌(Xylene) | 0.90 ~ 1.00 |

8.2 소음

플레어스택에서의 소음은 화염과 함께 커다란 환경 문제가 될 수 있으므로 플레어스택을 설치하는 경우에는 소음 레벨을 고려해야 하며 주변의 주거지역, 학교, 병원 등과 같은 곳에서는 특히 소음 감소방안을 마련해야 한다.

(1) 소음 발생원

플레어스택에서의 소음원은 플레어팁으로서 다음과 같은 경우 소음이 발생한다.

(가) 플레어가스가 연소할 때

(나) 플레어가스와 주변 공기가 혼합될 때

(다) 그을음 없는 연소를 위하여 스팀을 주입할 때

(2) 소음 레벨의 계산

(가) 소음 레벨의 계산은 소리의 구형 확산에 기초하며, 방출 지점으로부터 대기 중으로 30 m 지점에서의 소음 레벨의 근사치는 다음과 같이 산출한다.

$$L_{30} = L + 10 \lg(0.5\,W \cdot c^2) \quad \cdots\cdots\cdots\cdots\cdots\cdots\cdots\cdots\cdots\cdots (16)$$

여기서, $L_{30}$ : 방출 지점으로부터 30m에서의 소음 레벨(dB)
lg : 상용로그
$L$ : $L_{30}$ 대 PRV의 압력비로 구한 소음 레벨(dB)
$W$ : 플레어양(kg/s)
$c$ : 플레어가스의 음속(m/s)

(나) 소음레벨($L$) 값은 〈그림 9〉을 이용하여 다음과 같이 구한다.

$$PR = \frac{상류 절대압력}{하류 절대압력} = \frac{압력방출장치의 입구 압력}{대기압} \quad \cdots\cdots\cdots (17)$$

여기서, $PR$ : 압력비(Pressure ratio)

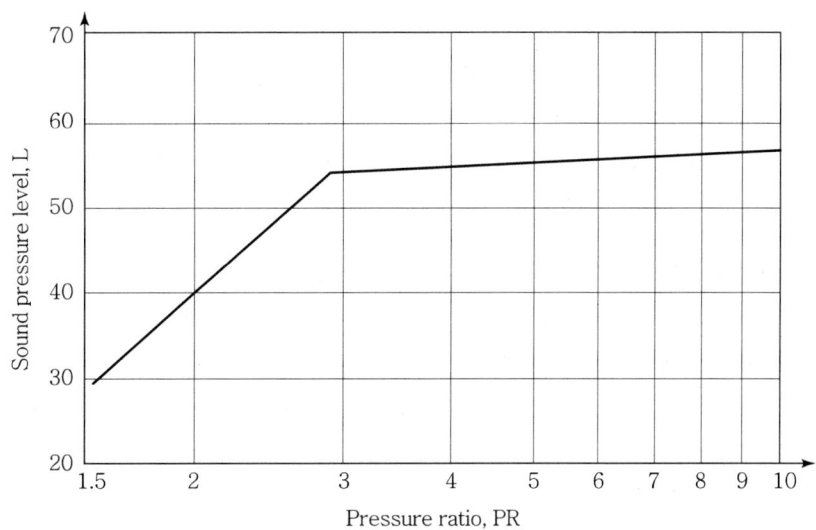

〈그림 9〉 플레어팁으로부터 30m 지점에서의 소음 레벨

(다) 음속($c$)는 다음과 같이 산출한다.

$$c = 91.2 \left(\frac{kT}{M_j}\right)^{0.5} \quad \cdots\cdots\cdots\cdots\cdots\cdots\cdots\cdots\cdots (18)$$

여기서, $k$ : 플레어가스의 비열비

(라) 거리 조정

30 m 이외의 거리에서 소음을 측정할 경우 소음 레벨($L_p$)은 다음과 같이 산

출한다. 단, 지면으로부터 플레어팁의 높이가 30 m 미만인 경우, 소음 레벨의 계산은 반구형의 확산으로 보정하기 위하여 계산된 결과에 3 dB를 더한다.

$$L_p = L_{30} - [20\lg(r/30)] \quad \cdots\cdots\cdots\cdots\cdots\cdots\cdots\cdots\cdots\cdots\cdots (19)$$

여기서, $L_p$ : 거리 $r$에서의 소음 레벨(dB)
$L_{30}$ : 30m에서의 소음 레벨(dB)
$r$ : 플레어팁으로부터의 거리(m)

(3) 소음 감소대책

(가) 플레어스택에서 발생하는 소음을 최소화시키기 위해서는 우선적으로 플레어량을 감소시켜 연소 및 와류혼합에서 발생하는 소음을 최소화시킨다.

(나) 그을음 발생을 최소화하기 위한 스팀 주입 시스템으로부터 발생하는 소음을 최소화시킨다. 일반적으로 스팀 주입 시의 소음을 줄이기 위해 음향 머플러를 사용하여 플레어팁에 있는 스팀과 공기 주입 노즐을 감싸거나 또는 특수 제작된 팁을 사용하여 소음을 감소시킬 수 있다.

(다) 플레어팁 제작·공급자와 함께 소음을 줄이는 방안을 강구한다.

## 8.3 플레어시스템의 설치 시 고려사항

(1) 연소가스의 방출에 따른 국내 법규상의 기준을 만족하여야 한다.
(2) 공정지역, 저장지역, 지상으로부터의 높이 및 사람과 관련하여 플레어의 위치 및 이격거리는 복사열, 연소생성물의 착지농도를 기준으로 충분히 떨어져야 한다.
(3) 플레어스택에 액체가 유입되지 않도록 방출가스와 비말 동반된 액체의 제거능력이 충분하여야 한다.
(4) 내부 폭발예방을 위한 화염역류방지 장치를 설치하여야 한다.
(5) 파일럿 점화장치 및 조절장치가 안전한 곳에 위치하여야 한다.
(6) 플레어헤더를 연료가스 또는 불활성가스로 치환할 수 있는 장치를 설치하여야 한다.
(7) 불꽃이 꺼지지 않도록 유속산정에 주의하여야 한다.
(8) 고온 및 저온, 부식성 등 유체의 물성을 고려하여 재질을 선정하여야 한다.

## 8.4 운전 시 고려사항 및 문제해결 방안

(1) 플레어시스템의 운전 시 고려사항

(가) 상시 파일럿 버너의 점화상황, 플레어의 연소상황 등을 점검 감시하고, 아울러 액체 밀봉드럼은 그 액면이 설정된 액위 이하인지를 수시로 확인하여야 한다.

(나) 파일럿 버너에 공급하는 연료가스는 가스압력, 유량, 품질 등이 변하지 않는 신뢰성이 높은 것이어야 한다.

(다) 배관 및 스택 내에서 폭발성 혼합가스를 형성시키지 않도록 상시 스팀, 질소가스 등으로 퍼지해 두어야 한다. 이때, 산소의 농도는 1,000ppm 이하가 되도록 해야 한다.

(라) 파일럿 버너는 상시 점화상태를 유지해야 하므로 강풍이나 폭우로 소화 시에는 즉시 점화할 수 있는 설비를 갖추어야 한다.

(마) 소규모의 플레어스택은 파일럿 버너 옆에 직접 스파크를 발생시키는 전기점화장치가 설치되지만 대규모의 플레어스택은 하부에서 연료에 점화하여 배관을 통하여 파일럿 버너로 이송시키는 구조로 되어 있다.

(바) 대규모 플레어스택의 파일럿 버너는 소화 시 점화가 쉽게 이루어지지 않는데 〈그림 10〉과 같은 구조로 점화계통을 구성할 경우 쉽게 점화시킬 수 있다.

(사) 플레어시스템으로 산소가 유입되지 않도록 하여야 하며, 특히 안전밸브 등 보수 시에 주의하여야 한다.

(아) 산소가 함유된 물질은 별도의 플레어시스템에서 처리하여야 한다.

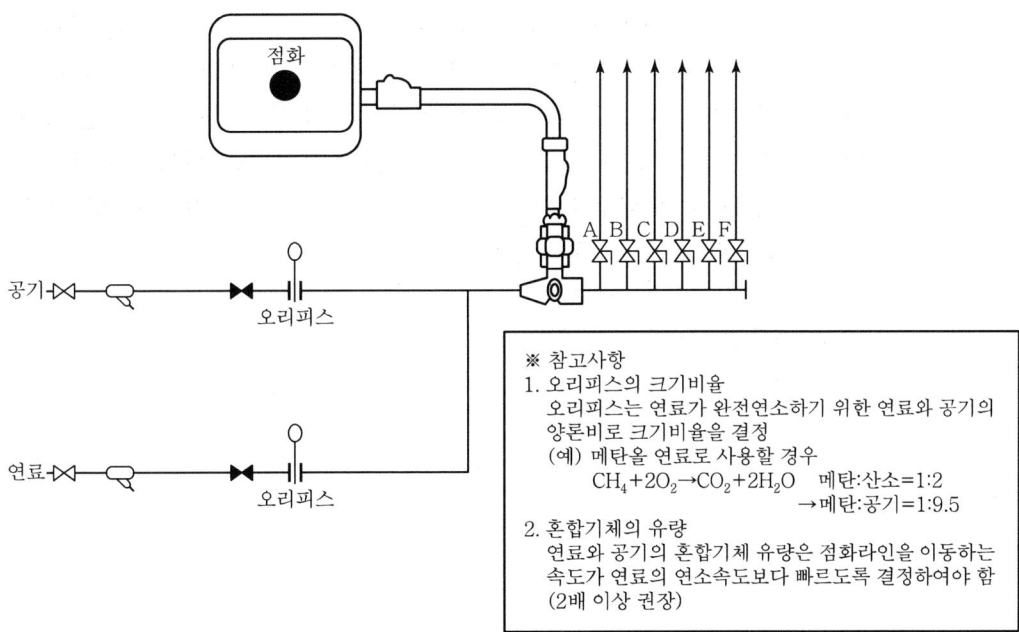

〈그림 10〉 파일럿 버너의 점화시스템

(2) 플레어시스템의 문제해결 방법
　(가) 플레어시스템의 배압이 증가할 경우 낮은 압력으로 설정된 안전밸브가 작동하지 않을 수 있으므로 다음 각 호를 확인하여야 한다.
　　① 액체 밀봉드럼과 녹아웃드럼의 액위가 충분히 낮은지 확인한다.
　　② 몰레큘러실의 드레인이 잘 되는지를 확인한다.
　　③ 플레어헤더가 브라인드 등으로 막힌 곳이 없는지를 확인한다.
　(나) 플레어팁 내부에 코킹(Coking) 등이 침적될 경우는 비상배출 등에 뜨거운 코크가 방출되면서 주변 수풀 등에 불이 붙을 수 있고 시스템 내의 압력이 증가할 수 있으므로 다음 각 호를 조치하여야 한다.
　　① 플레어팁 중앙 및 스팀 메니폴더의 스팀량의 증가
　　② 플레어팁 부분에 누설 등의 여부 확인
　　③ 몰레큘러실의 드레인이 잘 되는지 여부 확인
　(다) 플레어팁의 화염이 불규칙하게 흔들리고 그을림이 불규칙하게 발생하여 대기오염 등이 발생하는 경우에는 다음 각 호를 조치하여야 한다.
　　① 액체 밀봉드럼의 액위를 점검하고 필요시 구조물 점검
　　② 몰레큘러실의 드레인이 잘 되는지 여부 확인
　(라) 플레어팁의 화염이 꺼지는 경우는 높은 농도의 인화성가스가 방출되면서 폭발이 발생할 수 있으므로 팁(Tip)의 규격 등을 점검하여야 한다.
　(마) 플레어 화염이 너무 밝은 경우는 불활성 기체 또는 스팀 주입량을 늘려야 한다.
　(바) 플레어팁의 소음이 심할 경우는 다음 각 호를 조치하여야 한다.
　　① 스팀이 각 주입구별로 적절히 주입되고 있는지 점검하고 스팀량을 점차적으로 감소시키는 것을 검토
　　② 액체 밀봉드럼 액위가 적당한지 확인
　　③ 머플러(Muffler) 설치 고려

8. 플레어시스템의 설계·설치 및 운전에 관한 기술지침

KOSHA GUIDE
D - 59 - 2020

〈별지서식 1〉

## 단위 공장별 플레어량 산출내역

작성일자 _____
단위공장명 _____
수정번호 _____ 수정일자 _____
작성자 _____

| 안전밸브번호 | 보호기기번호 | 설정압력(MPa) | 플레어량(kg/sec) | | | | | | | | | | | | 비고 |
|---|---|---|---|---|---|---|---|---|---|---|---|---|---|---|---|
| | | | 외부화재 | | | 전원공급중단 | | | 냉각수공급중단 | | | 차단(Blocked discharge) | | | 기타 | |
| | | | 배출온도(℃) | 분자량 | 분출량 | 배출온도(℃) | 분자량 | 분출량 | 배출온도(℃) | 분자량 | 분출량 | 배출온도(℃) | 분자량 | 분출량 | | |
| | | | | | | | | | | | | | | | | |
| 소계 | | | | | | | | | | | | | | | | |

〈별지서식 2〉

## 총 플레어량 산출내역

작성일자 _____
수정번호 _____ 수정일자 _____
작성자 _____

| 단위공장명 | 총 플레어량(kg/sec) 주(1) | | | | | 비고 |
|---|---|---|---|---|---|---|
| | 외부화재 | 전원공급중단 | 냉각수공급중단 | 차단(Blocked discharge) | 기타 | |
| | | | | | | |
| 총계 | | | | | | |

주(1) : 총 플레어량은 외부화재, 전원공급 중단, 냉각수 공급중단, 차단 등과 같은 압력상승요인에 의하여 분출되는 양 중 가장 큰 수치로 한다.

```
KOSHA GUIDE
D - 59 - 2020
```

〈부록 1-예〉

# 플레어스택의 크기 결정 예시

> 안전밸브에서 배출되는 플레어가스가 126 kg/sec의 속도로 플레어스택으로 인입된다.
> 플레어가스의 분자량은 46.1, 바람의 평균 속도는 8.9 m/sec이다.
> 플레어팁에서의 플레어가스 압력은 108 kPa A, 평균 상대 습도는 50 % 그리고 연소열량은 $50 \times 10^3$ kJ/kg이다.
> 플레어가스의 압축인자는 1, 공기 중에서 플레어가스의 폭발하한계는 0.021, 플레어가스의 온도는 422 K, 대기온도는 289 K 이다.

(1) 플레어스택의 지름, $d_j$ 결정

　7.1의 식 (7)으로부터

　Mach 0.5를 적용하면

$$0.5 = 3.23 \times 10^{-5} \frac{453,600}{108 d_j^2} \sqrt{\frac{1 \times 422}{46.1}}$$

$$d_j^2 = 0.82 \text{m}^2 \rightarrow d_j = 0.91 \text{m}$$

(2) 플레어팁 방출속도, $U_j$ 계산

　7.3의 식 (8)로부터

$$U_j = (0.5) \times 91.2 \left(\frac{422}{46.1}\right)^{0.5} = 138 \text{m/s}$$

(3) 플레어가스의 폭발하한 농도 계수, $C_L$ 보정

　7.4.(2)의 식 (10)으로부터

$$C_L = 0.021 \left(\frac{138}{8.9}\right)\left(\frac{46.1}{29}\right) = 0.517$$

(4) 제트추력 및 바람추력 계수, $d_j R$ 계산

　7.4.(3)의 식 (11)로부터

$$d_j R = (0.91)\left(\frac{138}{8.9}\right)\left[\frac{(289)(46.1)}{422}\right]^{0.5} = 79.3$$

KOSHA GUIDE
D - 59 - 2020

(5) 화염 중앙까지의 수직거리, $y_c$ 계산

식 (11)에서 계산한 $d_j R$값과 식 (10)에서 계산한 $C_L$값을 이용하여 〈그림 6〉에서 $y_c$를 결정한다.

$y_c = 30\text{m}$

(6) 화염 중앙까지의 수평거리, $x_c$ 계산

식 (11)에서 계산한 $d_j R$값과 식 (10)에서 계산한 $C_L$값을 이용하여 〈그림 7〉에서 $x_c$를 결정한다.

$x_c = 18\text{m}$

(7) 화염의 중앙에서 지면까지의 거리, $D$ 계산

7.4.(6)의 식 (12)으로부터

$$D = \sqrt{\frac{(1.0)(0.3)(5.42 \times 10^9)}{(4)(3.14)(4,000)}} = 180\text{m}$$

(8) 플레어스택의 최소 높이, $H$ 계산

〈그림 8〉에서 화염의 중앙 바로 밑 지면에서의 최대 허용 복사열량은 4,000 kcal/h·m² 이므로 7.6의 식 (14)로부터

$H = 180 - 30$

$H = 150\text{m}$

KOSHA GUIDE
D - 59 - 2020

〈부록 2 - 예〉

# 소음 레벨의 계산 예시

안전밸브에서 배출되는 플레어가스가 14.6 kg/s의 속도로 플레어스택으로 인입된다.
플레어가스의 비열비는 1.4, 분자량은 29, 온도는 311 K이다.
압력방출장치의 입구압력은 330 kPa, 대기압은 101 kPa이다.

(1) 압력 비, PR 산출
   8.2.(2).(나)의 식 (17)으로부터
   $$PR = \frac{330}{101} = 3.3$$

(2) 소음 레벨, L 결정
   식 (17)에서 계산한 PR 값을 이용하여 〈그림 9〉에서 $L$을 결정한다.
   $L = 54 dB$

(3) 플레어가스의 음속, $c$ 계산
   8.2.(2).(다)의 식 (18)로부터
   $$c = 91.2 \left( \frac{1.4 \cdot 313}{29} \right)^{0.5} = 353 \text{m/s}$$

(4) 방출 지점으로부터 대기 중으로 30 m 지점에서의 소음 레벨, $L_{30}$ 산출
   8.2.(2).(가)의 식 (16)으로부터
   $$L_{30} = 54 + 10 \lg \left[ (0.5)(14.6) \cdot 353^2 \right] = 114 dB$$

KOSHA GUIDE
D - 22 - 2012

# 가연성 가스 및 증기혼합물의 폭발한계 산정에 관한 기술지침

2012. 7

한 국 산 업 안 전 보 건 공 단

## 안전보건기술지침의 개요

○ 작성자 : 이근원

○ 개정자 : 이근원

○ 제정경과
 - 1996년 12월 화학안전분야 기준제정위원회 심의
 - 1996년 12월 총괄기준제정위원회 심의
 - 2004년 10월 KOSHA Code 화학안전분야 제정위원회 심의
 - 2004년 12월 KOSHA Code 총괄제정위원회 심의
 - 2012년 7월 총괄제정위원회 심의(개정, 법규개정조항 반영)

○ 관련 규격
 - D. A. Crowl and J. Louvar, Chemical Process Safety : Fundamentals with Applications, 2nd Editon, 2002
 - Bulletin of the Korean Institute for Industrial Safety, Vol. 1, No. 1, 2001

○ 관련 법규·규칙·고시 등
 - 산업안전보건법 제27조의 규정에 의거 작성됨

○ 기술지침의 적용 및 문의
 이 기술지침에 대한 의견 또는 문의는 한국산업안전보건공단 홈페이지 안전보건기술지침 소관 분야별 문의처 안내를 참고하시기 바랍니다.

공표일자 : 2012년 7월 18일

제 정 자 : 한국산업안전보건공단 이사장

KOSHA GUIDE
D - 22 - 2012

# 가연성 가스 및 증기혼합물의 폭발한계 산정에 관한 기술지침

## 1. 목 적

이 지침은 산업안전보건법(이하 "법"이라 한다) 제49조의 2(공정안전보고서의 제출 등), 같은 법 시행령 제33조의 7(공정안전보고서의 내용) 및 동법 시행규칙 제130조의 2(공정안전보고서의 세부 내용 등) 규정에 의하여 사업주가 제출하여야 하는 공정안전보고서의 원활한 작성을 위해 가연성 가스 또는 증기(Vapor)의 폭발하한계 및 폭발상한계 산정에 관한 기준을 정함을 목적으로 한다.

## 2. 적용범위

공기와 함께 가연성 혼합물을 형성하는 가연성 가스 또는 증기(이하 "가스 등"이라 한다)의 폭발하한계 및 폭발상한계 산정에 적용한다.

## 3. 용어의 정의

(1) 이 지침에서 사용하는 용어의 정의는 다음과 같다.
   (가) "폭발한계(Explosion limit)"라 함은 가스 등의 농도가 일정한 범위 내에 있을 때 폭발현상이 일어나는 것으로, 그 농도가 지나치게 낮거나 지나치게 높아도 폭발은 일어나지 않는 범위를 폭발한계라 말한다.
   (나) "폭발하한계(Lower Explosive Limit, LEL)"라 함은 가스 등이 공기 중에서 점화원에 의하여 착화되어 화염이 전파되는 가스 등의 최소농도를 말한다.
   (다) "폭발상한계(Upper Explosive Limit, UEL)"라 함은 가스 등이 공기 중에서 점화원에 의하여 착화되어 화염이 전파되는 가스 등의 최대농도를 말한다.

(2) 기타 이 지침에서 사용하는 용어의 정의는 이 지침에서 특별히 규정하는 경우를 제외하고는 법, 같은 법 시행령, 같은 법 시행규칙 및 고시에서 정하는 바에 따른다.

## 4. 가스 등 혼합물의 폭발하한계 산정

### 4.1 가스 등의 폭발하한계 산정 기본 방법

가스 등 혼합물의 폭발하한계는 아래 식을 이용하여 산정한다.

$$LEL_{mix} = \frac{1}{\sum_{i=1}^{n} \frac{y_i}{LEL_i}} \quad \cdots\cdots\cdots (1)$$

여기서, $LEL_{mix}$ : 가스 등 혼합물의 폭발하한계(Vol%)
$LEL_i$ : 가스 등의 성분 중 $i$ 성분의 폭발하한계(Vol%)
$y_i$ : 가스 등의 성분 중 $i$ 성분의 mol분율
$n$ : 가스 등의 성분의 수

### 4.2 가스 등의 폭발하한계에 대한 온도의 영향

가스 등의 폭발하한계는 온도에 따라 증가하므로 식(2) 또는 식(3)을 이용하여 산정한다.

$$LEL_T = LEL_{25} - (0.8 LEL_{25} \times 10^{-3})(T-25) \quad \cdots\cdots (2)$$

$$LEL_T = LEL_{25}\left\{1 - 0.75 \times \frac{(T-25)}{\Delta H_c}\right\} \quad \cdots\cdots (3)$$

여기서, $LEL_T$ : 특정 온도($T$)에서의 폭발하한계
$LEL_{25}$ : 25℃에서 폭발하한계
$\Delta H_c$ : 가스 등의 연소열[kcal/mol]
$T$ : 온도[℃]

### 4.3 가스 등의 폭발하한계에 대한 압력의 영향

가스 등의 폭발하한계는 압력에 따라 거의 영향을 받지 않는다. 다만, LNG의 경우는 다음 식을 이용하여 산정한다.

$$LEL_p = 4.5 - 0.71 \log P \quad \cdots\cdots\cdots (4)$$

여기서, $LEL_p$ : 25℃ 및 $P$ 압력에서의 폭발하한계
$P \neq$ : 공정의 절대압력[atm]

KOSHA GUIDE
D - 22 - 2012

## 5. 가스 등 혼합물의 폭발상한계 산정

### 5.1. 가스 등의 폭발상한계 산정 기본 방법

가스 등의 폭발상한계는 아래의 식을 이용하여 산정한다.

$$UEL_{mix} = \frac{1}{\sum_{i=1}^{n} \frac{y_i}{UEL_i}} \quad \cdots\cdots\cdots\cdots\cdots\cdots\cdots\cdots\cdots\cdots (5)$$

여기서, $UEL_{mix}$ : 가스 등 혼합물의 폭발상한계(Vol%)
  $UEL_i$ : 가스 등의 성분 중 $i$성분의 폭발상한계(Vol%)
  $y_i$ : 가스 등의 성분 중 $i$성분의 mol분율
  $n$ : 가스 등의 성분의 수

### 5.2 가스 등의 폭발상한계에 대한 온도의 영향

가스 등의 폭발상한계는 온도에 따라 증가하므로 식(6) 또는 식(7)을 이용하여 산정한다.

$$UEL_T = UEL_{25} + (0.8\,UEL_{25} \times 10^{-3})(T-25) \quad \cdots\cdots\cdots\cdots (6)$$

$$UEL_T = UEL_{25}\left(1 + 0.75 \times \frac{(T-25)}{\Delta H_c}\right) \quad \cdots\cdots\cdots\cdots\cdots (7)$$

여기서, $UEL_T$ : 특정 온도(T)에서의 폭발상한계
  $UEL_{25}$ : 25℃에서 폭발상한계
  $\Delta H_c$ : 가스 등의 연소열[kcal/mol]
  $T$ : 온도[℃]

### 5.3 가스 등의 폭발상한계에 대한 압력의 영향

가스 등의 폭발상한계는 압력의 증가에 따라 증가하므로 다음 식을 이용하여 산정한다.

$$UEL_p = UEL_{25} + 20.6(\log P + 1) \quad \cdots\cdots\cdots\cdots\cdots\cdots (8)$$

여기서, $UEL_P$ : 25℃ 및 어느 압력($P$)에서의 폭발상한계
  $UEL_{25}$ : 25℃에서 폭발상한계
  $P$ : 공정의 절대압력[MPa]

KOSHA GUIDE
D - 22 - 2012

다만, LNG의 경우는 다음 식을 이용하여 산정한다.

$$UEL_p = 14.2 + 20.4 \log P \quad \cdots\cdots\cdots (9)$$

여기서, $P$ : 공정의 절대압력[atm]

## 6. 가스 등 혼합물의 온도와 압력이 결합된 경우 폭발한계 산정

(1) 폭발하한계는 압력의 의존성이 적기 때문에 온도의 영향만 고려하여 산정한다.
(2) 폭발상한계는 온도와 압력의 의존성이 크므로 각각의 온도, 압력하에서 폭발상한계를 산정하여 큰 값을 폭발상한계로 한다.

KOSHA GUIDE
D - 22 - 2012

〈부록〉

# 가스 등의 폭발한계 산정 예시

헥산 0.8Vol%, 메탄 2.0Vol%, 에틸렌 0.5Vol%로 구성된 혼합가스의 폭발하한계 및 폭발상한계의 산정

| 물질명 | 부피% | 가연성 물질 기준 mol분율 | 폭발하한계 LEL(Vol%) | 폭발상한계 UEL(Vol%) |
|---|---|---|---|---|
| 헥산 | 0.8 | 0.24 | 1.1 | 7.5 |
| 메탄 | 2.0 | 0.61 | 5.0 | 15.0 |
| 에틸렌 | 0.5 | 0.15 | 2.7 | 36.0 |
| 소계(가연성물질) | 3.3 | 1.00 | | |
| 공기 | 96.7 | | | |
| 합계 | 100 | | | |

(1) 폭발하한계 산정

식(1)에 의하면

$$LEL_{mix} = \frac{1}{\dfrac{y_{헥산}}{LEL_{헥산}} + \dfrac{y_{메탄}}{LEL_{메탄}} + \dfrac{y_{에틸렌}}{LEL_{에틸렌}}}$$

$$LEL_{mix} = \frac{1}{\dfrac{0.24}{1.1} + \dfrac{0.61}{5.0} + \dfrac{0.15}{2.7}} = 2.53(Vol\%)$$

(2) 폭발상한계 산정

식(5)에 의하면

$$UEL_{mix} = \frac{1}{\dfrac{y_{헥산}}{UEL_{헥산}} + \dfrac{y_{메탄}}{UEL_{메탄}} + \dfrac{y_{에틸렌}}{UEL_{에틸렌}}}$$

$$UEL_{mix} = \frac{1}{\frac{0.24}{7.5} + \frac{0.61}{15} + \frac{0.15}{36.0}} = 13.0(\text{Vol}\%)$$

## 온도의 영향을 받는 가스 등의 폭발하한계의 산정 예시

프로필렌의 폭발하한 및 상한계가 각각 2.4Vol%, 11Vol%이고 연소열 492kcal/mol이라면, 온도 100℃에서 폭발하한계 및 폭발상한계의 산정

(1) 폭발하한계 계산

식(2)에 의하면

$$LEL_T = LEL_{25} - (0.8 LEL_{25} \times 10^{-3})(T - 25)$$
$$= 2.4 - (0.8 \times 2.4 \times 10^{-3}) \times (100 - 25)$$
$$= 2.3 \text{Vol}\%$$

식(3)에 의하면

$$LEL_T = LEL_{25}\left(1 - 0.75 \times \frac{(T-25)}{\Delta H_c}\right)$$
$$= 2.4\left(1 - 0.75 \times \frac{(100-25)}{492}\right)$$
$$= 2.1 \text{Vol}\%$$

(2) 폭발상한계 계산

식(6)에 의하면

$$UEL_T = UEL_{25} - (0.8 UEL_{25} \times 10^{-3})(T - 25)$$
$$= 11 + (0.8 \times 11 \times 10^{-3}) \times (100 - 25)$$
$$= 11.7 \text{Vol}\%$$

식(7)에 의하면

KOSHA GUIDE
D - 22 - 2012

$$UEL_T = UEL_{25}\left(1 + 0.75 \times \frac{(T-25)}{\Delta H_c}\right)$$
$$= 11 \times \left(1 - 0.75 \times \frac{(100-25)}{492}\right)$$
$$= 12.3\,\text{Vol}\%$$

KOSHA GUIDE
D - 22 - 2012

## 압력의 영향을 받는 가스 등의 폭발상한계의 산정 예시

프로필렌의 폭발상한계가 11Vol%라면, 게이지압력 6.2MPa에서 폭발상한계의 산정

식(8)에 의하면

시스템압력, $P = 6.2 + 0.101 = 6.301 \text{MPa}$

$$UEL_p = UEL_{25} + 20.6(\log P + 1)$$
$$= 11 + 20.6(\log 6.301 + 1)$$
$$= 48.0 \text{Vol\%}$$

KOSHA GUIDE
D - 33- 2012

# 가스 및 증기상의 화재·폭발 위험성이 있는 설비의 설계에 관한 기술지침

2012. 7

한 국 산 업 안 전 보 건 공 단

## 안전보건기술지침의 개요

○ 개정자 : 이수희

○ 제정경과 및 관련 규격
 - 1998년 3월 화학안전분야 기준제정위원회 심의
 - 1998년 6월 총괄기준제정위원회 심의
 - 2012년 7월 총괄 제정위원회 심의(개정, 법규개정조항 반영)

이 코드는 다음을 참조하여 작성하였음
 - 영국 ICI사의 "Design Guides for System with Potential Gas and Vapor Phase Fire and Explosion Hazards"

○ 관련 법규·규칙·고시 등
 산업안전보건기준에 관한 규칙 제225조의 규정에 의거 작성됨

○ 기술지침의 적용 및 문의
 이 기술지침에 대한 의견 또는 문의는 한국산업안전보건공단 홈페이지 안전보건기술지침 소관 분야별 문의처 안내를 참고하시기 바랍니다.

공표일자 : 2012년 7월 18일

제 정 자 : 한국산업안전보건공단 이사장

KOSHA GUIDE
D - 33 - 2012

# 가스 및 증기상의 화재·폭발 위험성이 있는 설비의 설계에 관한 기술지침

## 1. 목적

이 지침은 산업안전보건기준에 관한 규칙(이하 "안전보건규칙"이라 한다) 제225조의 규정에 의하여 가스 및 증기상 물질에 의한 화재·폭발 사고를 미연에 예방하기 위하여 설비의 설계 시에 검토하여야 할 사항을 정하여 화재·폭발을 예방하는 데 목적이 있다.

## 2. 적용범위

2.1 이 지침은 안전규칙 별표1의 제4호 인화성 액체 및 제5호 인화성 가스를 제조·취급하는 설비에 적용한다.

2.2 이 지침은 폭주반응 또는 분해 반응을 일으키거나 열안전성이 나쁜 물질을 취급하는 설비에는 적용하지 아니한다.

## 3. 용어의 정의

3.1 이 지침에서 사용하는 용어의 정의는 다음과 같다.
  (1) "응상(Condensed Phase)물질"이라 함은 폭연 또는 폭굉을 일으키는 액체 또는 고체 상태의 물질을 말한다.
  (2) "연소점(Fire Point)"이라 함은 액체를 개방된 용기에서 가열할 때 발화원을 제거하여도 계속해서 연소하기 위하여 필요한 충분한 양의 증기를 발생시킬 수 있는 최저 온도를 말한다. 일반적으로 연소점은 개방컵 방식에 의하여 측정한 인화점보다 2~3℃ 높다.
  (3) "연소물질"이라 함은 화재·폭발의 원인이 되는 가연성 가스, 인화성물질의 증기 및 그 혼합물을 말한다.
  (4) "폭연(Deflagration)"이라 함은 화염전파속도가 미반응 매질 속에서 음속이하의 속도로 이동하는 폭발 현상을 말한다.
  (5) "폭굉(Detonation)"이라 함은 화염전파속도가 미반응 매질 속으로 음속보다 큰 속도로 이동하는 폭발현상을 말한다.
  (6) "밀폐용기폭발압력(Closed Vessel Explosion Pressure)"이라 함은 연소물질이 그 용기 내에서 폭발하는 경우에 발생되는 최대 압력을 말한다.

KOSHA GUIDE
D - 33 - 2012

(7) "파열판 파손 후 용기내부압력(Vented Explosion Pressure)"이라 함은 용기 내부에서 폭발이 발생되어 용기에 설치된 파열판이 파괴된 상태에서 용기의 내부에 형성된 최대 압력을 말한다.

(8) "파열판 파손 압력(Disc Bursting Pressure)"이라 함은 파열판이 실제 파괴된 압력을 말하며 파열판의 설정 압력과 거의 같다.

3.2 기타 이 지침에서 사용되는 용어의 정의는 이 지침에 특별한 규정이 있는 경우를 제외하고는 산업안전보건법 동법 시행규칙 및 산업안전보건기준에 관한 규칙에서 정하는 바에 따른다.

## 4. 흐름도 사용방법

4.1 〔별지그림1-1〕 및 〔별지그림1-2〕 "위험 확인 흐름도"를 이용하여 설비가 가지고 있는 위험 및 대책을 결정하여 간다.

4.2 공정의 안전성을 기술적인 방법으로 확보할 수 없는 경우에는 공정을 변경하여 처음부터 재실시한다.

4.3 공정의 안전성을 확보하기 위한 방법의 선정은 여러 방법을 검토한 후 최적의 방법을 선정한다.

## 5. 연소원의 종류

5.1 연소원의 종류는 크게 가스 및 증기상 물질, 분진 및 응상 물질로 나눈다.

5.2 가스 및 증기상 화재 위험은 다음과 같은 물질에서 발생한다.
    (1) 가연성 가스
    (2) 자기분해성가스(Autodecomposable Gas)
    (3) 인화성물질의 증기

5.3 분진 화재 위험은 분진층(Dust Layer), 미세분말 또는 분진운(Dust Cloud) 등이 발화원에 의하여 점화되어 발생한다.

5.4 응상 물질에는 다음과 같은 것들이 있다.
    (1) 산화에틸렌
    (2) 질산암모늄(Ammonium Nitrate)
    (3) 염소와 삼염화 질소(Nitrogen Trichloride In Chlorine)
    (4) 액체산소와 액체염소

KOSHA GUIDE
D - 33 - 2012

(5) 염화아세틸렌(Chloroacetylene)
(6) 염소솔벤트 내의 안정제
(7) 염화비닐리덴(Vinylidene Chloride) 및 이 물질의 과산화물
(8) 유기과산화물 등

## 6. 연소매계 변수

6.1 연소에 영향을 주는 변수에는 다음과 같은 것들이 있다.
   (1) 폭발(연소)범위                  (2) 인화점 및 연소점
   (3) 최소산소농도                    (4) 연소물질/불활성 가스 한계비율
   (5) 최대 불활성 가스 값             (6) 온도
   (7) 압력                           (8) 불활성 가스
   (9) 미스트 및 비말(Spray)          (10) 연소조연제(Oxidant)
   (11) 난류상태(Turbulence)
   (12) 분해화염(Decomposition Flame)

6.2 최소산소 농도는 어떤 연소 물질에 대하여 일반적으로 질소 불활성 분위기에서 연소조연제로서 필요한 산소의 최소 농도를 말하며, 〔별지그림7〕에서 A선과 산소축의 교점이 최소 산소 농도점이다. 대부분의 연소 물질의 최소 산소 농도는 6~12%(부피 백분율) 내외이며 온도 또는 압력이 증가하면 감소한다. 일반적으로 공정 운전상의 안전을 확보하기 위하여는 최소 산소 농도의 1/4를 초과하지 않도록 설계하는 것이 좋다.

6.3 연소물질과 불활성물질의 한계 비율은 연소물질이 연소되지 않도록 하기 위하여 연소물질에 추가로 투입하여 폭발범위 밖으로 유지하는 데 필요한 불활성 가스의 최소량을 말하며, 〔별지그림7〕에서 B선이 연소물질/불활성 가스의 고정비율 선이다. 연소물질/불활성물질 한계 비율도 온도 또는 압력이 증가하면 감소한다.

6.4 최대 불활성 가스 값은 연소물질과 산소 혼합물을 비가연성 물질로 만드는 데 필요한 불활성 가스의 최대 양을 말하며, 〔별지그림7〕에서 C선을 말한다. 최대 불활성 가스 값은 온도 또는 압력이 증가하면 증가한다.

6.5 폭발범위는 온도가 증가되면 더 넓어진다. 〔별지그림8〕은 메탄올/수증기/공기 시스템에서의 온도 변화에 따른 폭발한계 선도이다.

6.6 폭발범위는 또한 압력이 증가되면 더 넓어진다. 그러나 일산화탄소/질소/공기 시스템에서는 압력이 증가하면 폭발범위가 좁아진다. 〔별지그림9〕는 에탄/질소/공기 시스템에서의 압력 변화에 따른 폭발범위 선도이다.

6.7 불활성 가스의 종류에 따라 폭발범위가 다르다. 화염 온도에서의 불활성 가스의 비율과 열전도도에 의하여 폭발범위가 결정된다.

6.8 연소물질에 미스트 또는 비말이 포함되어 있으면 폭발범위는 현저히 증가한다. 이러한 연소 물질은 액체의 인화점 이하에서도 점화된다.

6.9 공기 중에서 연소되는 대부분의 물질은 산소, 염소, 이산화질소, 일산화질소 중에서도 연소된다. 산소 중에서의 폭발범위가 가장 넓으며 그다음으로 염소 중에서의 폭발범위가 넓다.

6.10 난류상태에 있는 연소물질/공기 혼합물은 정온한 상태에 있는 같은 혼합물보다 심한 폭발을 일으킨다.

## 7. 설비 내에서의 연소 위험 대처 방안

7.1 공정 설비 내에서 연소 위험에 대처하는 방법에는 다음과 같은 방법이 있다.
- 폭발 범위 밖에서 운전하는 방법 〔별지그림2 참조〕
- 용기 내부에 폭발압을 봉쇄(Containment)시키는 방법 〔별지그림3 참조〕
- 폭발압력을 방출 설비를 통하여 배출시키는 방법 〔별지그림4 참조〕
- 점화원을 제거시키는 방법 〔별지그림5 참조〕
- 폭발억제장치(Explosion Suppression System)를 사용하는 방법 〔별지그림6 참조〕

7.2 폭발범위 밖에서 운전하는 방법은 연소물질의 농도를 변화시켜 운전 조건을 폭발범위 밖으로 끌어내리는 방법으로 연소물질, 연소 조연제 또는 불활성 가스를 추가로 투입하여 운전 조건이 폭발범위 밖에 있도록 한다. 〔별지그림10 참조〕 산화 반응에서 이 방법을 주로 사용하며 이 경우에 정상운전 중뿐만 아니라 시운전(Start-Up), 비정상운전, 운전정지(Shut-Down) 및 비상조치 운전 중에도 폭발범위 내에 들어가지 않도록 조치하여야 한다.

7.3 용기에 폭발을 봉쇄시킬 수 있는지 여부를 검토하기 위하여는 설비에서 이상 상태가 발생되었을 경우 최악의 경우에 있어서의 최대 폭발 압력을 산정하여야 한다. 봉쇄(Containment)는 연소 물질의 혼합물이 폭연을 일으키는 경우에 한하여 사용할 수 있으며 폭굉을 일으키는 경우에는 사용할 수 없다.

7.4 폭발압력을 방출설비를 통하여 방출시키는 방법을 선정 시에는 그 경제성과 공정상의 적정성을 검토하여야 한다. 독성물질을 취급하는 경우에는 대기 중으로 그 물질을 배출시키는 것은 좋지 않으므로 봉쇄 또는 폭발억제장치를 사용하는 것이 좋다. 대기 벤트를 시키는 경우에는 벤트관을 화염 또는 그 압력으로부터 근로자, 지역주민 및 설비

KOSHA GUIDE
D - 33 - 2012

에 영향을 주지 않도록 안전한 곳에 설치하여야 한다.

7.5 점화원을 제거시키는 방법은 화재의 삼요소 중 하나인 다음과 같은 점화원을 설비로부터 차단시키는 방법이다.
(1) 나화, 뜨거운 표면, 담배불, 성냥불 및 용접불꽃 등의 직접열원
(2) 자연발화 및 열분해 등의 화학적 열원
(3) 충격, 마찰 및 단열 압축 등의 기계적 열원
(4) 전기 스파크 및 정전기 등의 전기적 열원

7.6 폭발억제장치는 화학적인 폭발억제제를 폭발화염의 진행속도보다 빠른 속도로 설비 내부에 분사시켜 폭발을 방지하는 방법으로 여러 방법 중 마지막으로 검토하는 것이 좋다. 이 방법도 폭발압력 상승 속도가 아주 빠른 경우 및 억제제의 적절한 확산 속도를 얻기 어려운 경우에는 사용하지 않는다.

## 8. 폭발압력 방출 면적 산출

방출 면적을 계산하는 방법에는 여러 가지 식이 있으나 용기의 내용적이 0.025~25m³, 초기압력이 5~30kg/cm²G 및 초기 온도 0~250℃ 범위에서는 다음 식을 이용하여 산정할 수 있다.

$$A = K \times \left[\frac{PE-PM}{PM-PD}\right] \times \left[\frac{V/\theta}{F}\right] \times \sqrt{\left[\frac{M}{r \times T}\right] \times \left[\frac{2}{r+1}\right]^{\frac{r+1}{r-1}}}$$

여기서, $A$ : 방출면적(m²)
$K$ : 상수 = $7.32 \times 10^{-3}$
$PE$ : 밀폐용기 폭발압력(kg/cm² abs)
$PM$ : 파열판 파열 후 용기 내부 압력(kg/cm² abs)
$PD$ : 파열판 파손압력(kg/cm² abs)
$V$ : 용기의 내용적(m³)
$\theta$ : 압력상승기간(초) = $\dfrac{\text{발화점과 용기벽 간의 최대거리}}{\text{화염진행속도}}$
$M$ : 연소물질의 평균 분자량
$\gamma$ : 비열비($C_p/C_v$)
$T$ : 화염온도(K)
$F$ : 난류계수

KOSHA GUIDE
D - 33 - 2012

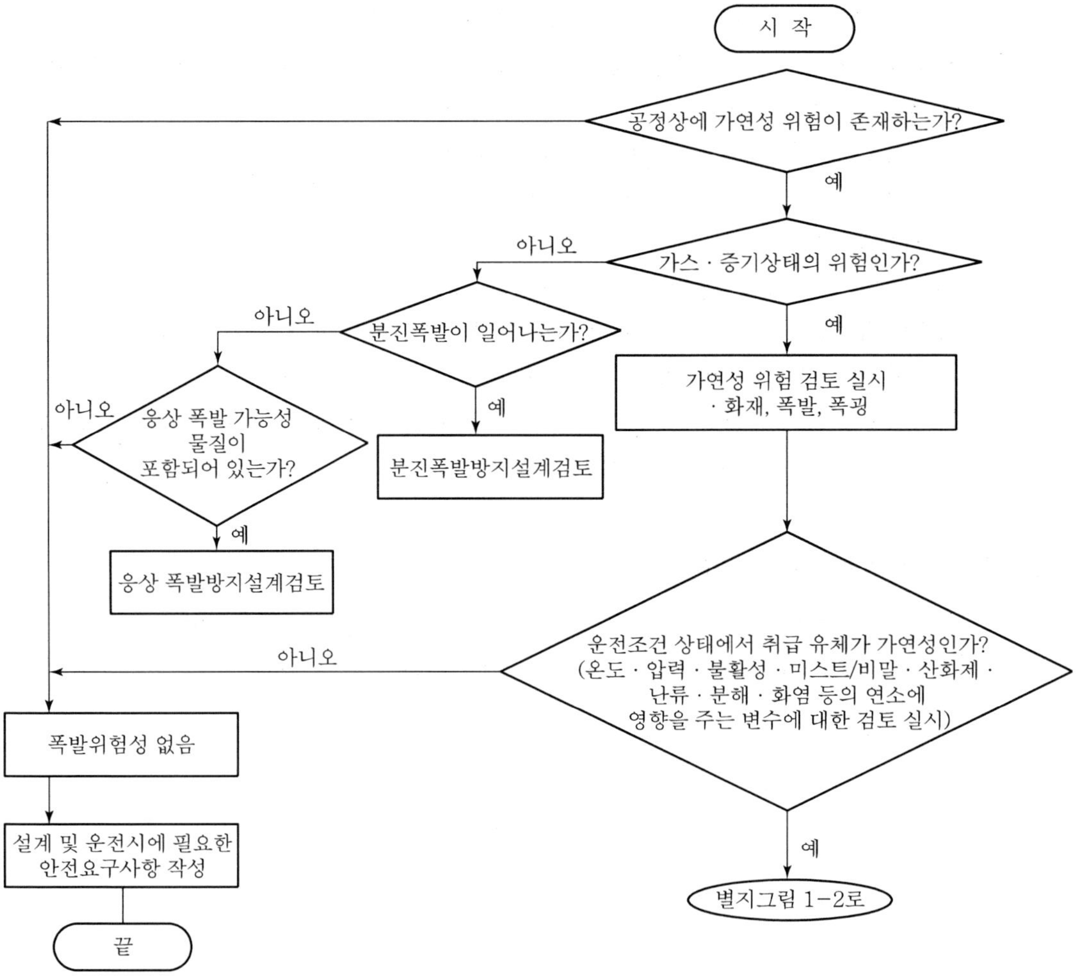

[별지그림1-1] 위험확인 흐름도

KOSHA GUIDE
D - 33 - 2012

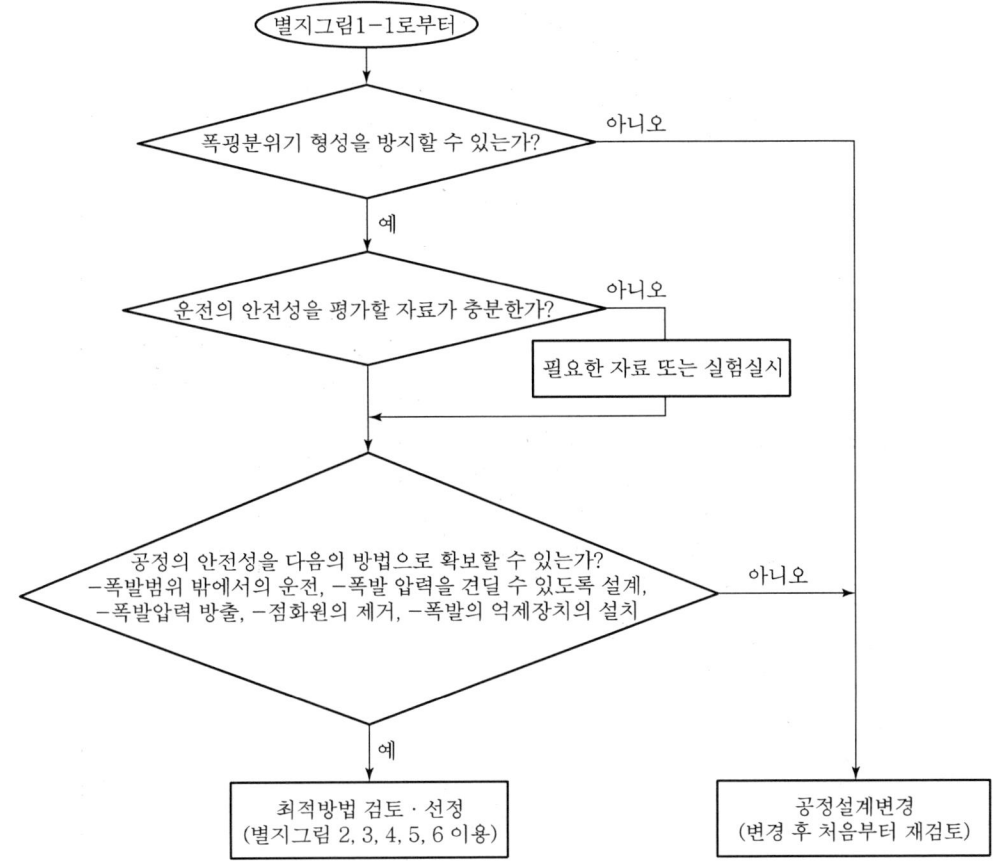

[별지그림1-2] 위험확인 흐름도

# KOSHA GUIDE
## D - 33 - 2012

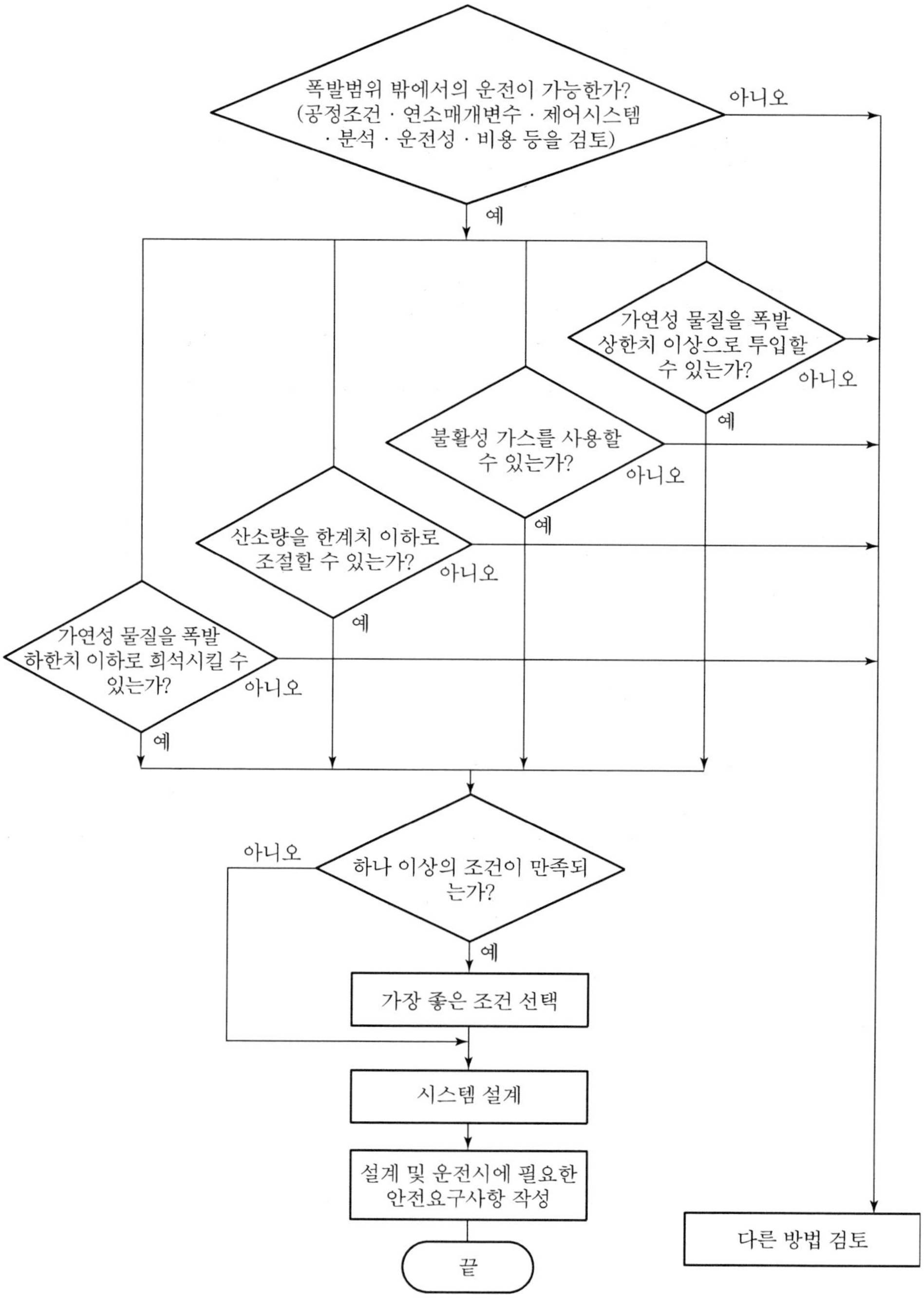

[별지그림2] 폭발한계 회피 검토 흐름도

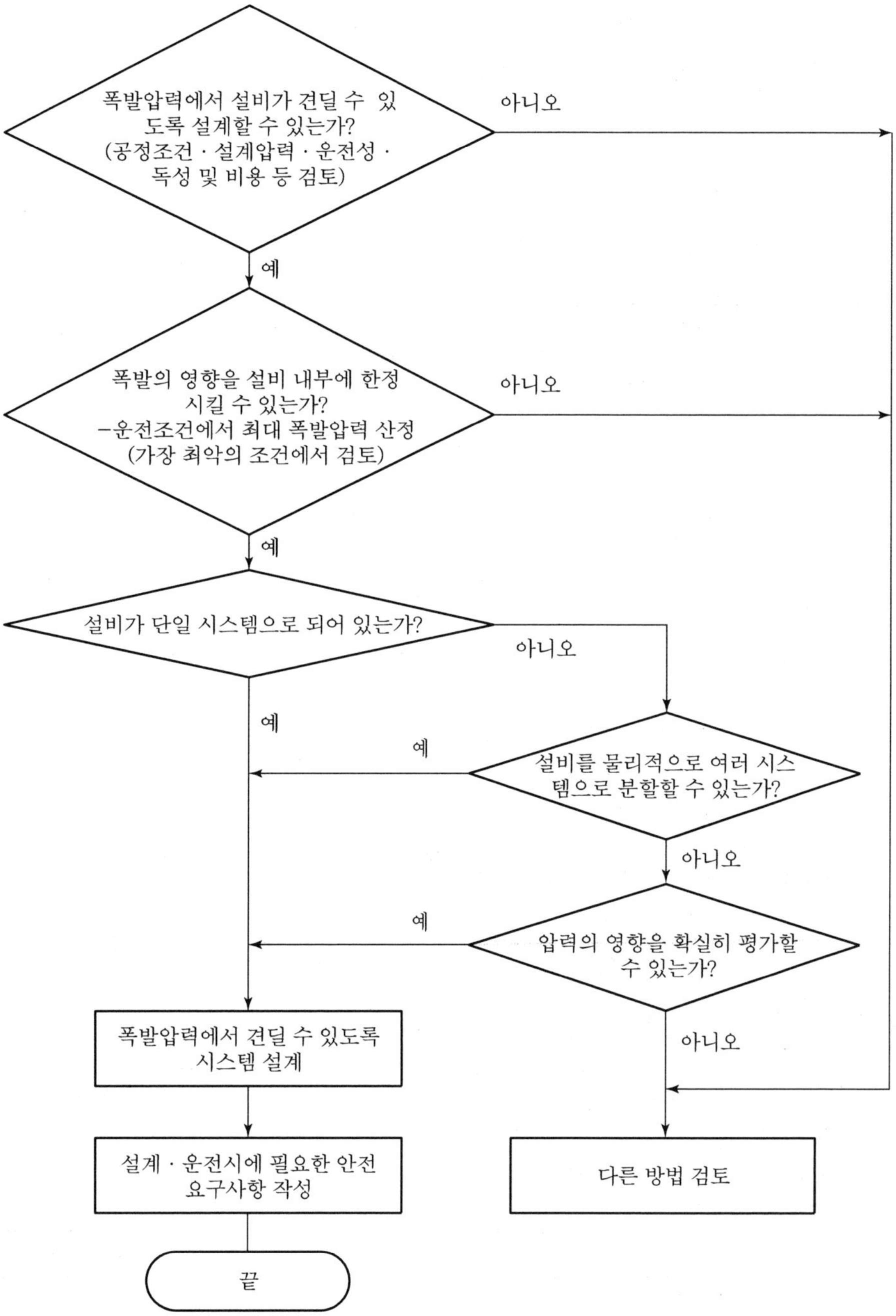

# 10. 가스 및 증기상의 화재·폭발 위험성이 있는 설비의 설계에 관한 기술지침

KOSHA GUIDE
D - 33 - 2012

[별지그림3] 폭발 봉쇄 검토 흐름도

## KOSHA GUIDE
## D - 33 - 2012

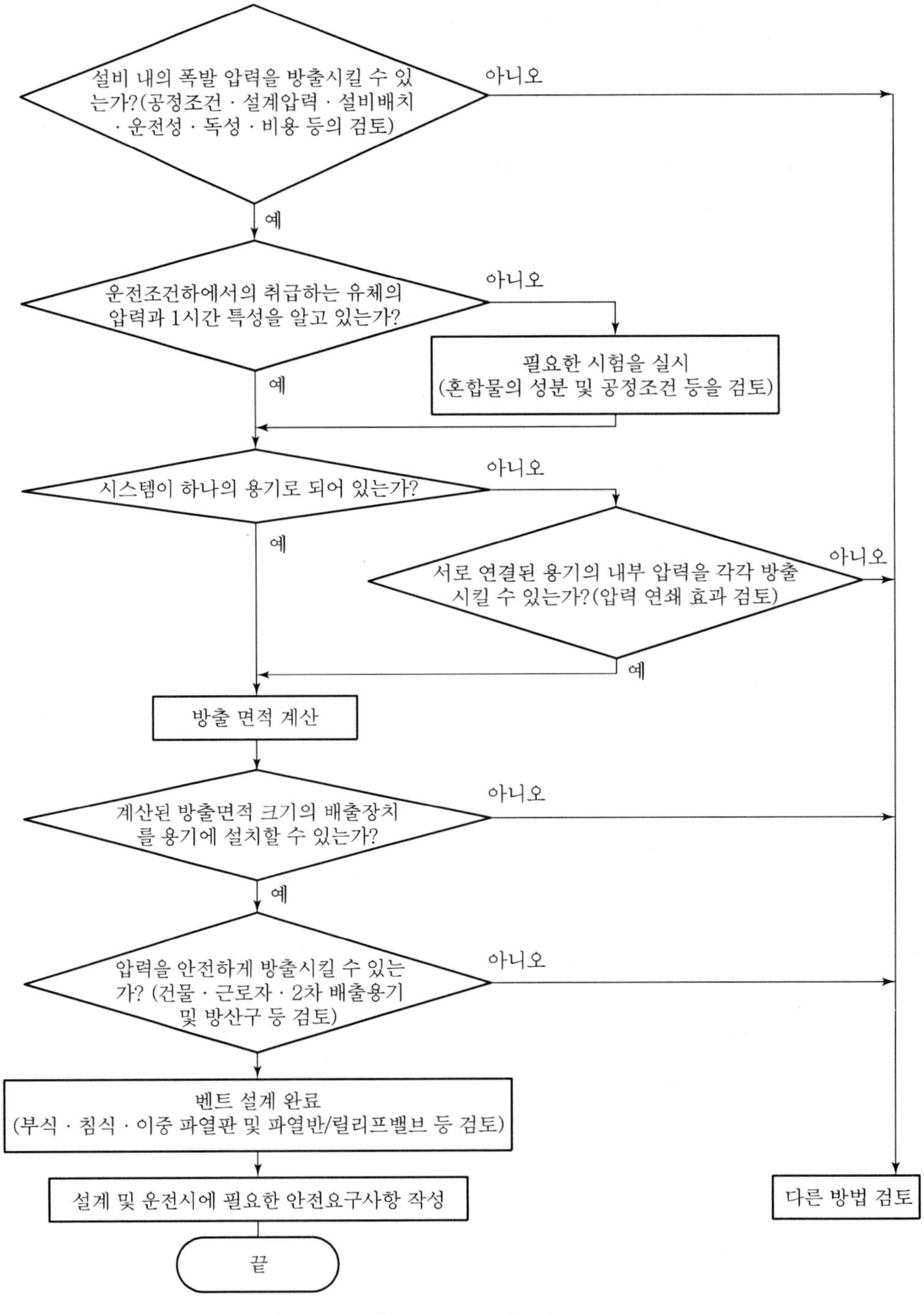

[별지그림4] 폭발압 방출 검토 흐름도

KOSHA GUIDE
D - 33 - 2012

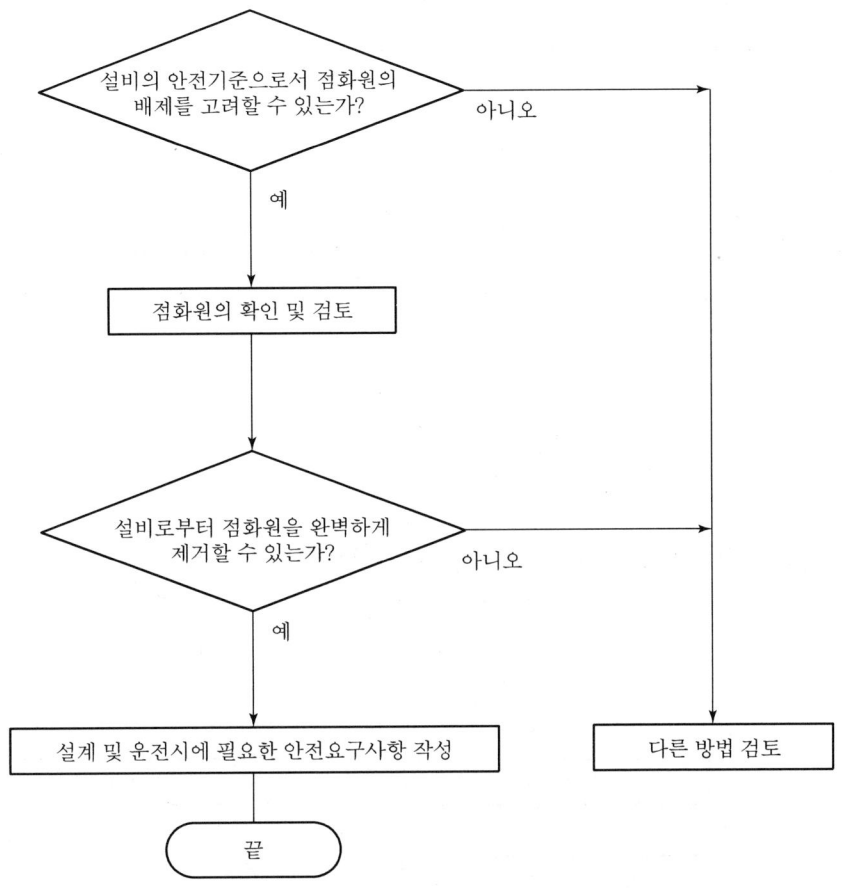

[별지그림5] 발화원 제거 검토 흐름도

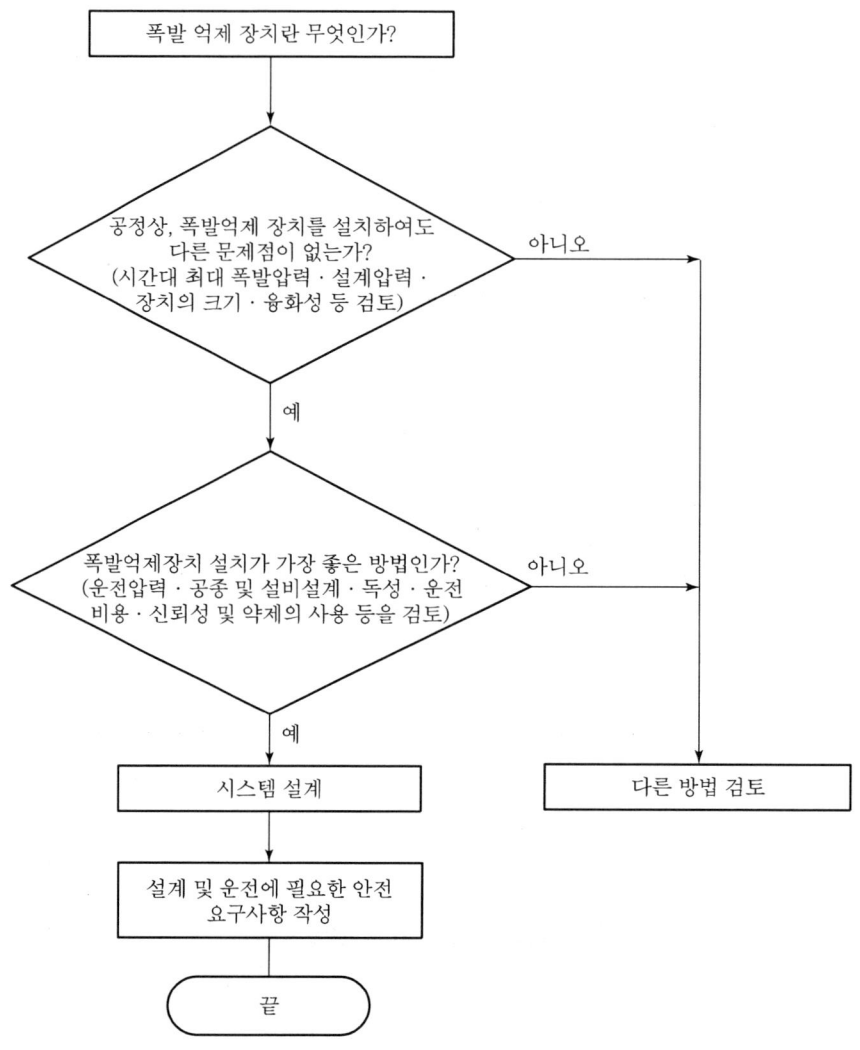

[별지그림6] 폭발억제장치 설치 검토 흐름도

KOSHA GUIDE
D - 33 - 2012

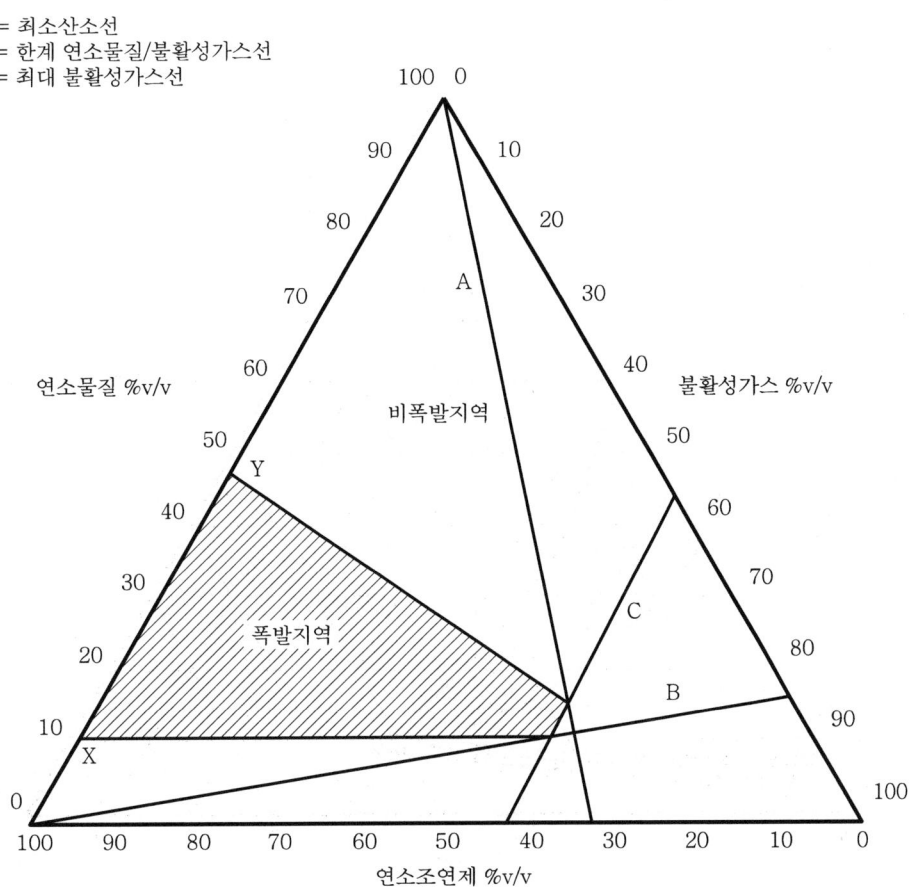

[별지그림7] 폭발범위 삼각도

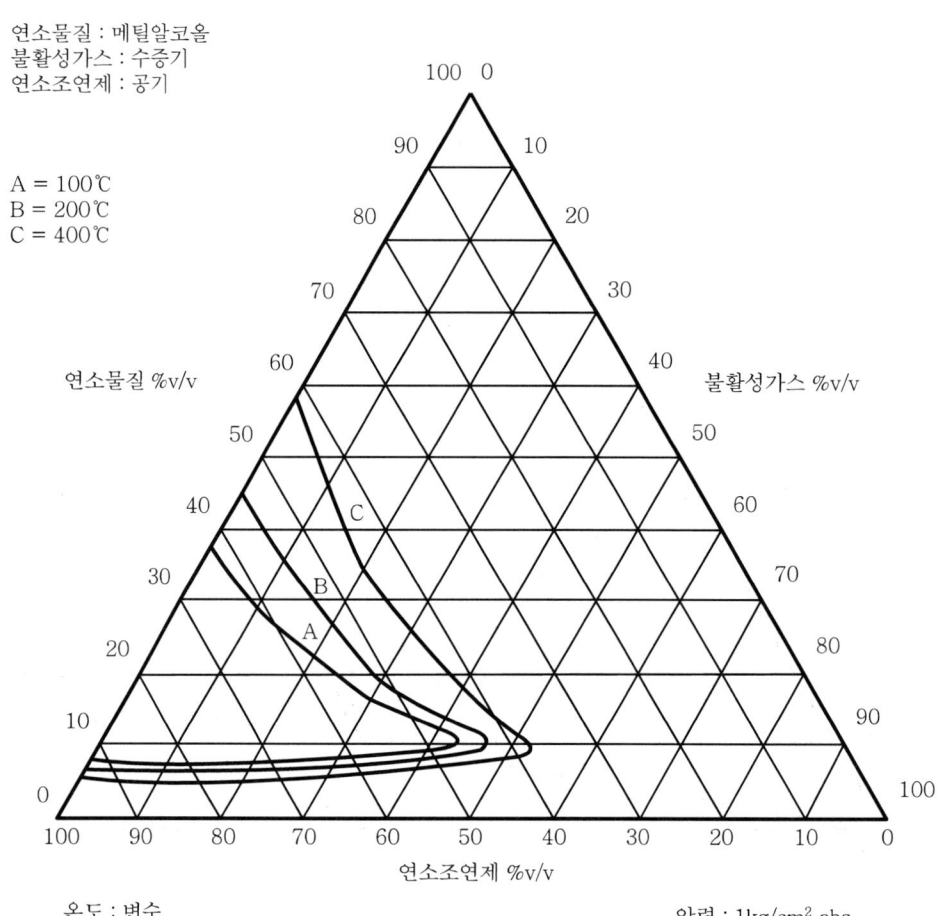

[별지그림8] 폭발범위의 온도 영향도

10. 가스 및 증기상의 화재·폭발 위험성이 있는 설비의 설계에 관한 기술지침

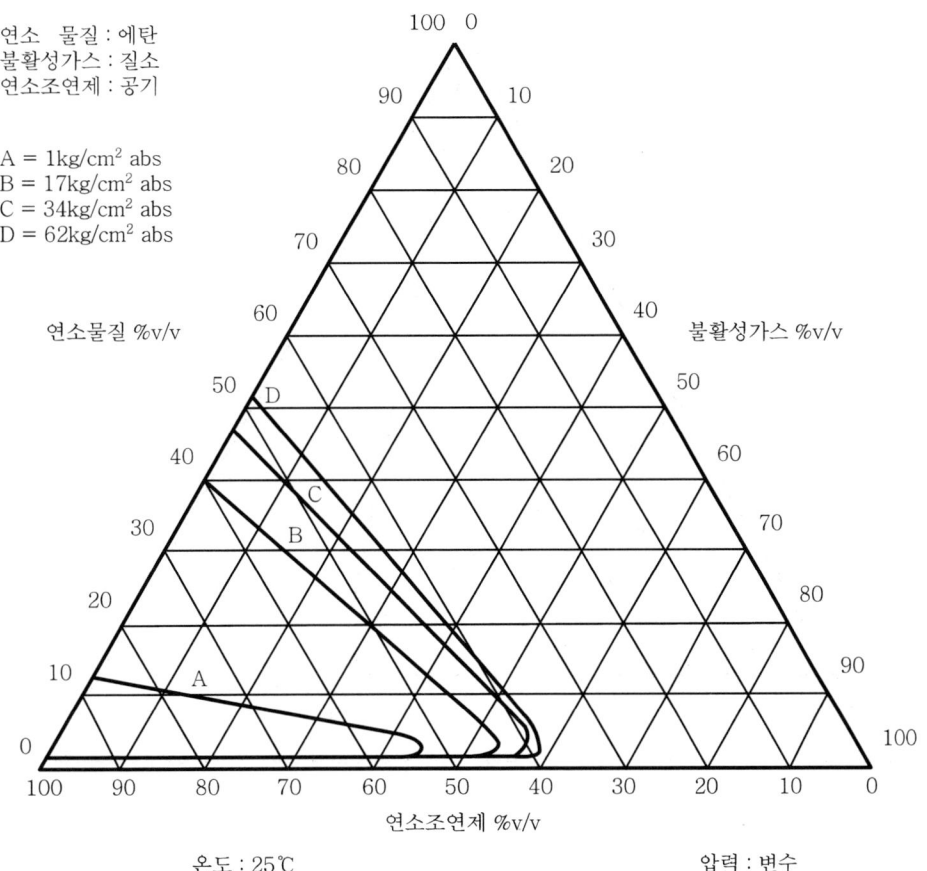

[별지그림9] 폭발범위의 압력 영향도

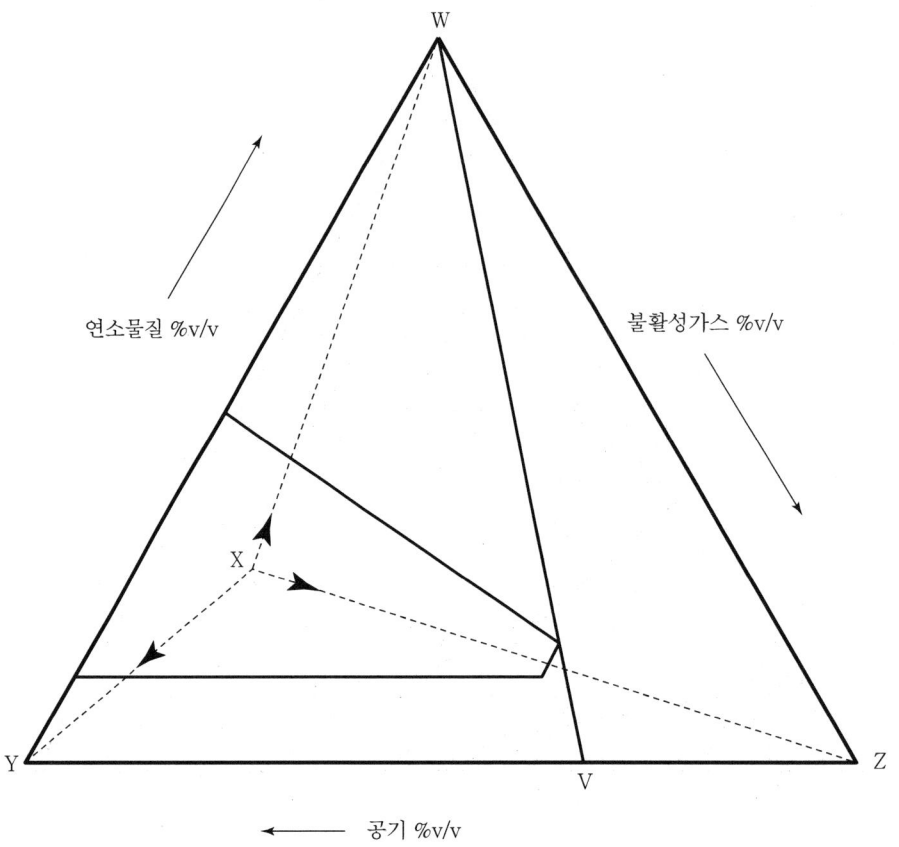

[별지그림10] 폭발범위 회피 방법도

KOSHA GUIDE
D - 46 - 2013

# 화학공장의 화재예방에 관한 기술지침

2013. 9

한 국 산 업 안 전 보 건 공 단

### 안전보건기술지침의 개요

○ 제정자 : 이하연

○ 개정자 :
  - 이수희
  - 이재열

○ 제·개정 경과
  - 2007년 6월 화공안전분야 제정위원회 심의
  - 2007년 10월 화공안전분야 제정위원회 재심의
  - 2007년 11월 총괄제정위원회 심의
  - 2012년 7월 총괄 제정위원회 심의(개정, 법규개정조항 반영)
  - 2013년 9월 총괄제정위원회 심의(개정)

○ 관련 규격 및 자료
  - NFPA 30(Flammable and combustible liquids code), 1993
  - Chemical process safety fundamentals with applications(2nd), Crowl/Louvar, 2001. Prentice Hall
  - Loss prevention in the process industries, Frank P. Lees. 1980. Butterworth & Co. Ltd.

○ 관련 법령·고시 등
  - 산업안전보건기준에 관한 규칙 제232조(폭발 또는 화재 등의 예방)

○ 기술지침의 적용 및 문의
 이 기술지침에 대한 의견 또는 문의는 한국산업안전보건공단 홈페이지 안전보건기술지침 소관 분야별 문의처 안내를 참고하시기 바랍니다.

공표일자 : 2013년 10월 2일

제 정 자 : 한국산업안전보건공단 이사장

KOSHA GUIDE
D - 46 - 2013

# 화학공장의 화재예방에 관한 기술지침

## 1. 목적

이 지침은 화학공장의 화학설비 및 그 부속설비에서의 화재예방을 위한 기술 지침을 정하는 데 목적이 있다.

## 2. 적용범위

이 지침은 인화성 가스와 인화성 액체를 취급하는 화학공장에서 화재예방 및 유지관리에 적용한다.

## 3. 정의

(1) 이 지침에서 사용하는 용어의 정의는 다음과 같다.

(가) "연소"라 함은 물질이 산소와 결합하여 에너지를 방출하는 화학반응을 말한다.

(나) "화재"라 함은 인적·물적인 피해를 수반하는 연소현상을 말한다.

(다) "점화"라 함은 인화성 가스 또는 인화성 액체의 증기 등이 산소(공기)와 혼합하여 연소범위를 형성한 상태에서 연소를 개시할 수 있는 충분한 에너지를 공급하는 것을 말한다.

(라) "인화점(Flash point)"이라 함은 사용 중인 용기 내에서 인화성 액체가 증발하여 인화될 수 있는 가장 낮은 온도를 말한다.

(마) "연소점(Fire point)"이라 함은 인화성 액체가 공기 중에서 열을 받아 점화원의 존재하에 지속적인 연소를 일으킬 수 있는 온도이다. 동일한 물질일 경우 연소점은 인화점보다 약 3~10℃ 정도 높으며 연소를 5초 이상 지속할 수 있는 온도이다.

(바) "발화온도(AIT ; Auto Ignition Temperature)"라 함은 점화원 없이 가연성 물질을 대기 중에서 가열함으로써 스스로 연소 혹은 폭발을 일으키는 최저 온도를 말한다.

(사) "연소범위(폭발범위)"라 함은 연소(폭발)가 일어나는 데 필요한 인화성 가스나 인화성 액체의 특정한 농도범위를 말하며, 공기 중의 인화성 가스나 인화성 액체가 연소하는 데 필요한 농도의 하한과 상한을 각각 연소하한계(LFL ; Lower Flammable Limit), 연소상한계(UFL ; Upper Flammable Limit)라 하고, 보통 1기압, 상온에서의 부피 백분율(vol.%)로 표시한다.

KOSHA GUIDE
D - 46 - 2013

(아) "인화성 액체"란 대기압하에서 인화점이 60℃ 이하인 액체로서, 안전보건규칙 별표 1(위험물질의 종류) 제4호에서 정한 물질을 말한다.

(자) "인화성 가스"라 함은 연소 범위의 하한이 13% 이하 또는 상하한의 차이가 12% 이상인 가스를 말하며, 안전보건규칙 별표 1(위험물질의 종류) 제5호에서 정한 가스를 말한다.

(차) "화재의 3요소"라 함은 화재(연소)가 지속되는 조건을 말하며, 가연물(위험물), 산소(공기) 및 점화원(불씨)의 3가지 구성요소를 말한다.

(카) "최소산소농도(MOC ; Minimum Oxygen Concentration)"라 함은 연소가 이루어지기 위해 필요한 최소의 산소 요구량을 말한다.

(타) "최소점화에너지(MIE ; Minimum Ignition Energy)"라 함은 연소에 필요한 최소 에너지를 말하며, 분진을 포함한 모든 가연성 물질은 고유한 최소점화에너지를 필요로 하는데 탄화수소의 평균적인 최소점화에너지는 0.25mJ이다.

(파) "비등액체팽창증기폭발(BLEVE ; Boiling Liquid Expanding Vapor Explosion)"이란 액화상태의 인화성 가스나 비점이 낮은 인화성 액체가 충전된 저장탱크 주위에 화재가 발생하여 저장탱크 벽면이 장시간 화염에 노출되면 윗부분의 온도가 상승하여 재질의 인장력이 저하되고, 내부의 비등현상으로 인한 압력상승으로 저장탱크 벽면이 파열되는 현상을 말한다.

(하) "분출화재(Jet fire)"란 어느 정도 가압하에 있는 가연성 기체나 인화성 액체가 용기, 파이프 등 설비의 구멍이나 틈새로부터 유출된 후 점화되었을 때 발생하는 화재를 말한다.

(갸) "액면화재(Pool fire)"란 가연성 액체가 지면에 흘러나와 액면을 형성한 후 그 액면의 가연성 액체가 연소범위가 되었을 때 점화되면 화재로 액면 전체가 화염에 휩싸이게 되는 것을 말한다.

(2) 그 밖에 용어의 정의는 이 지침에서 특별한 규정이 있는 경우를 제외하고는 산업안전보건법, 동법 시행령, 동법 시행규칙 및 산업안전보건에 관한 규칙에서 정하는 바에 따른다.

KOSHA GUIDE
D - 46 - 2013

## 4. 화재

### 4.1 화재의 개요

가연성 물질이 산소와 결합하여 에너지를 방출하는 화학반응을 연소라 하며, 이러한 연소현상에 의해 인적·물적인 피해가 발생되는 것이 화재이다.

#### 4.1.1 화재의 발생조건

화재는 인화성 가스나 인화성 액체의 증기, 인화성 고체의 분해증기가 공기 중의 산소와 충분히 혼합가스를 생성한 후 발화온도 이상으로 가열되거나 외부의 점화원에 의해 발생되는데, 화재(연소)가 지속되기 위해서는 가연물(위험물), 산소(공기) 및 점화원(불씨)의 3가지 구성요소가 확보되어야 한다.

#### 4.1.2 화재의 지속요건

인화성 가스는 산소와 쉽게 혼합하여 연소가 가능하지만 액체나 고체는 기화가 먼저 이루어져야만 연소가 가능하다. 그러므로 액체나 고체의 화재는 열교환 과정을 수반하게 되는데 화재로부터 발생된 열이 충분하여야 액체나 고체를 기화시켜 화재를 지속시킬 수 있다.

#### 4.1.3 화재의 제어

화재를 제어하기 위해서는 다음과 같은 조건 중 하나를 선택하여 제어하면 된다.
(1) 가연물 전체가 소모되거나 제거되어야 한다.
(2) 산소농도가 최소산소농도 이하로 낮아져야 한다.
(3) 발화온도 이하로 냉각되어야 한다.
(4) 소화약제 등 화학적인 방법으로 화재가 억제되어야 한다.

#### 4.1.4 화학공장에서의 관리대상

(1) 화재를 예방하기 위해서는 화재의 3요소 중 최소한 1요소 이상을 관리하여야 한다.
(2) 일반적으로 화학공장은 인화성 가스 및 인화성 물질을 대량으로 취급하고 있고, 산소는 공기 중에 약 21% 포함되어 있어서 가연물 및 산소의 관리가 어려우므로, 다음과 같이 점화원을 집중관리하여야 한다.
    (가) 정상운전 중에는 고열, 고온, 정전기 및 충격 등 화학공정에서 발생할 수 있는 점화원을 관리대상으로 한다.
    (나) 다만, 정기보수작업 등 정비작업이 이루어질 때에는 용접불꽃 등의 점화원을 불가피하게 사용하여야 하므로, 가연물을 관리대상으로 한다.

KOSHA GUIDE
D - 46 - 2013

4.1.5 화재의 분류

화재는 한국산업규격의 화재분류(KS B6259)에 따라 A급 화재(일반 가연물화재, 고체가연물화재), B급 화재(유류 및 가스화재), C급 화재(전기화재), D급 화재(금속화재)로 분류한다.

4.2 화재의 성장

화재의 성장은 화재에 의한 열전달이나 가연물의 이동에 의한 화염의 전파로 확대 성장한다.

4.2.1 열전달의 형태

열전달은 전도, 대류 및 복사에 의해 이루어진다.

4.2.2 형태별 비율

(1) 화재 시 발생되는 연소열의 75% 정도는 연소생성물의 온도를 800~1,200℃로 상승시키는 데 사용되지만 이 온도에서 공기의 밀도는 대기온도의 공기에 비해 25% 정도이므로, 대류현상에 의해 상부(대기 중)로 상승하게 된다. 그러므로 옥내형 공장에서는 화재의 확대에 커다란 영향을 미치지만, 개방형 공장에서는 화재의 확대에 커다란 영향을 미치지는 않는다.

(2) 복사에 의한 열전달은 비교적 작은 25% 정도이지만 주위의 물질에 직접 전달되고 개방공간을 횡단할 수 있으므로 개방형 공장에서는 중요한 열전달의 형태이다.

4.3 연소의 특성

4.3.1 인화성 액체의 인화점

(1) 인화성 액체의 취급온도가 그 물질의 인화점보다 높을 때에는 점화원과의 접촉에 의해 인화될 위험이 있으므로 인화점이 낮을수록 위험하다.

(2) 인화점의 수치는 타구밀폐식(Tagliabue ; ASTM D56-61) 및 펜스키마텐스식(Pensky Martens ; ASTM D93-61) 등의 밀폐식 측정방법에 의한다.

4.3.2 연소범위의 결정

인화성 가스나 인화성 액체의 증기에 대한 연소범위는 밀폐식 측정장치에서 가스나 증기와 공기의 혼합기체를 실험장치에 주입하여 점화시키면서 폭발압력을 측정하는데, 가스나 증기의 농도를 변화시키면서 연소범위를 결정한다.

4.3.3 가스나 증기혼합물의 연소범위

(1) 실험에 의해 혼합된 물질의 개별적인 연소범위를 알고 있을 때 혼합물의 연소 범위는 르샤틀리에(Le Chatelier)식을 사용하여 계산한다.

$$LFL_{mix} = \frac{1}{\sum_{i=1}^{n} \frac{y_i}{LFL_i}}$$

$$UFL_{mix} = \frac{1}{\sum_{i=1}^{n} \frac{y_i}{UFL_i}}$$

여기서, $LFL_i$ : 공기 중 $i$ 성분의 연소하한계
$UFL_i$ : 공기 중 $i$ 성분의 연소상한계
$y_i$ : $i$ 성분의 몰분율
$n$ : 물질의 종류의 수

(2) 실험데이터가 없어서 연소한계를 추정하는 경우에는 다음 식을 이용한다.

$LFL = 0.55 C_{st}$
$UFL = 3.50 C_{st}$

여기서, $C_{st}$ : 완전연소가 일어나기 위한 연료, 공기의 혼합기체 중 연료의 부피(%)

$$C_{st} = \frac{연료의\ 몰수}{연료의\ 몰수 + 공기의\ 몰수} \times 100$$

4.3.4 연소범위에 대한 온도의 영향

(1) 연소범위는 온도에 따라 증감하는데 다음 식은 인화성 물질의 증기에 유용한 경험식이다.

$LFL_T = LFL_{25}\,[1 - 0.75(T-25)/\Delta Hc]$
$UFL_T = UFL_{25}\,[1 + 0.75(T-25)/\Delta Hc]$

여기서, $\Delta Hc$ : 유효 연소열(kcal/mol)
$T$ : 온도(℃)

(2) 또한 온도가 100℃ 증가할 때마다 연소하한계는 8% 감소하고, 연소상한계는 8% 증가한다. 이에 따라 다음 식을 사용할 수 있다.

$$LFL_T = LFL_{25} - (0.8 LFL_{25} \times 10^{-3})(T-25)$$

$$UFL_T = UFL_{25} + (0.8 UFL_{25} \times 10^{-3})(T-25)$$

4.3.5 연소범위에 대한 압력의 영향

압력은 연소하한계에 거의 영향을 주지 않으며, 절대압력 50mmHg 이하에서는 화염이 전파되지 않는다. 연소상한계는 압력이 증가할 때 연소범위가 넓어지는데 경험식은 다음과 같다.

$$UFL_P = UFL + 20.6(1 + \log P)$$

여기서, $P$ : 절대압력(MPa)

4.3.6 가스나 증기혼합물의 연소범위 계산, 연소범위에 대한 온도 및 압력의 영향 등에 대한 세부 계산방법은 KOSHA GUIDE "인화성 가스 또는 증기혼합물의 폭발한계 산정에 관한 기술지침"에 따른다.

4.3.7 연소 3요소의 예외사항

다음과 같은 물질은 산소가 없어도 연소(폭발)가 가능함으로 특별하게 관리하여야 한다.

(1) 디보란($B_2H_6$), 니트로메탄($CH_3NO_2$) 등 안전보건규칙 별표 1(위험물질의 종류) 제1호 폭발성 물질과 같이 점화에너지만 있으면 직접 분해하는 물질
(2) 마그네슘, 알루미늄, 칼륨 등 안전보건규칙 별표 1(위험물질의 종류) 제2호 발화성 물질과 같이 순수한 질소 내에서도 연소가 일어날 수 있는 물질

## 5. 화학공장에서의 주요 화재의 형태

화학공장에서의 화재의 형태는 크게 분출화재와 액면화재로 구분할 수 있다. 다음의 화학공장 주요화재 형태 중 펌프에서의 화재나 플랜지에서의 화재는 분출화재의 형태로 나타나고, 상압탱크에서의 화재는 액면화재의 형태로 나타난다.

### 5.1 펌프(Pump)에서의 화재

펌프는 구동부위인 그랜드(Gland)나 실(Seal)에서 내부 유체가 누출되기 쉽고 누출과 동시에 화재를 일으킬 수 있다. 따라서 이중구조의 기계적 실(Mechanical seal)을 사용하는 등의 방법으로 누출을 최소화할 수 있다.

### 5.2 플랜지(Flange)에서의 화재

플랜지에서는 상온 부근에서 운전되는 설비보다 고온이거나 저온인 경우에 배관 내부 유체 누출의 확률이 높다. 주된 원인은 온도의 상승이나 하강 시에 발생하는 재질의 팽창, 수축의 차이로 인해 밀착부위에 틈새가 발생되기 때문이다. 누출을 예방하기 위해서는 운전개시(Start-up) 시에 온도의 상승이나 하강을 단위시간당 허용하는 범위 내에서 실시하고, 기술기준에서 제시하는 온도에서 토크렌치를 사용하는 등의 적정한 회전력으로 볼트의 재조임 작업(고온볼트 작업, 냉각볼트 작업)을 해주어야 한다.

### 5.3 보온재에서의 화재

고온의 온도를 유지하기 위해 설치한 보온재에 고비점성분의 유류나 가연성 액체가 침투되면 자연발화에 의해 화재가 일어나기도 한다.

### 5.4 저장탱크에서의 화재

상압탱크는 내부폭발 후 화재로 이어지거나 방유제 내부 누출에 의한 액면화재가 주로 발생된다. 압력탱크는 일부분 누출에 의한 분출화재가 발생되거나 외부화재에 의해 비등액체팽창증기폭발이 일어나기도 한다.

## 6. 화상

### 6.1 화상의 종류

(1) 1도 화상(홍반성 화상) : 변화가 피부의 표층에 국한되고, 환부가 빨갛게 되며, 가벼운 부기와 통증을 수반하는 화상
(2) 2도 화상(수포성 화상) : 화상직후 혹은 1일 이내에 물집이 생기는 화상
(3) 3도 화상(괴사성 화상) : 피부의 전체 층이 괴사하여 궤양화하는 화상
(4) 4도 화상(흑색 화상) : 피하지방, 근육, 뼈까지 도달하는 화상

### 6.2 복사열에 의한 화상

사람이 4~6초 동안 복사열을 받아 화상을 입는 정도는 다음과 같으며, 복사열에 의한 사망확률 등에 관한 계산은 KOSHA GUIDE(사고피해영향평가에 관한 지침)에 따른다.

(1) 1도 화상을 받는 한계 : $12.6 J/cm^2 \cdot s$
(2) 2도 화상을 받는 한계 : $25.1 J/cm^2 \cdot s$
(3) 3도 화상을 받는 한계 : $37.7 J/cm^2 \cdot s$

### 6.3 근로자의 작업복

근로자들에게 지급되는 작업복은 10,042 $kJ/m^2h$ 정도의 복사열에 견딜 수 있는 작업복을 지급하도록 권장하며, 여름철용으로 지급되는 작업복도 소매가 긴 작업복을 지급하여야 한다.

## 7. 화재 예방방법

화학공장에서 화재를 예방하는 방법에는 위험물 관리, 점화원 관리 또는 산소 관리 등의 방법이 있다.

### 7.1 위험물 관리

위험물질 종류별 제조 또는 취급 등에 필요한 특별한 사항은 안전보건규칙 제254조(위험물질 등의 제조 등 작업시의 조치)에 따르며, 기타 사항은 다음과 같다.

#### 7.1.1 위험물 관리의 일반사항

(1) 사업장 내에서 취급하는 위험물은 잘 설계된 취급설비(용기류나 배관류 등)에서 벗어나지 않도록 관리되어야 한다. 취급설비에서 벗어날 경우에는 소각처리를 하는 등의 조치를 취하여 안전하게 배출되도록 하여야 한다.

(2) 위험물 취급설비는 공정의 운전조건(운전압력, 운전온도 등)과 취급물질의 물성, 사용재질의 특성, 설비의 설치목적 등에 따라 내압, 내열성 또는 내부식성을 고려하여 설계하여야 한다.

(3) 윤활유 등과 같이 인화점이 높아서 위험물질에 포함되지 않는 물질도 고압에 의해 미스트(Mist) 상태로 분무되는 경우에는 가스와 같은 위험성을 갖게 되므로 핀홀(Pinhole)과 같은 미세한 구멍에서 안개처럼 누출되지 않도록 관리되어야 한다.

#### 7.1.2 압력용기의 설계 및 재질선정

압력용기의 설계압력과 설계온도는 KOSHA GUIDE "화학설비 등의 공정설계지침"에 따라 결정하여야 하며, 재질은 KOSHA GUIDE "화학설비의 재질선정에 관한 기술지침"에 따라 부식방지 측면에서 취급 유체에 적합한 재질을 선정하여야 한다.

#### 7.1.3 배관의 설계 및 재질선정

배관의 설계조건은 KOSHA GUIDE "화학설비의 공정설계지침"에 따라 결정하여야 하며, 재질은 KOSHA GUIDE "화학설비의 재질선정에 관한 기술지침"에

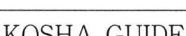

따라 부식방지 측면에서 취급유체에 적합한 재질을 선정하여야 한다.

### 7.1.4 접속부의 관리

취급 유체의 조건에 적합한 재질의 개스킷을 사용하고, 접합면을 상호 밀착시키는 등 적절한 조치를 취하여야 한다.

### 7.1.5 위험물 저장탱크

(1) 인화성 물질을 저장하는 상압탱크는 탱크의 입·출하와 일광에 의한 증발량을 고려하여 충분한 크기의 통기구를 상부에 설치하여야 한다. 외부화재 등 복사열에 의한 증발량 증가에 대해서는 통기구 외에 긴급통기설비를 설치하고, 지붕형 상압탱크 내부폭발에 대해서는 탱크의 원통과 지붕을 연결하는 부위에 취약부위를 만들어야 한다.

(2) 액화석유가스와 같이 상온·상압하에서 가스인 인화성 가스를 액화시켜 보관하거나 액상의 가연성 물질을 압력용기에 보관하는 경우에 설비의 주위에서 화재가 발생되면 전달된 열에 의해 비등액체팽창증기운폭발이 발생될 수 있으므로, 설비의 냉각이나 복사열을 차단하기 위한 물분무설비 등이 설치되어야 한다.

(3) 인화성 물질, 가연성 액화가스 등을 저장하는 탱크의 주위에는 누출 시 확산에 의한 화재의 확대를 예방하기 위하여 방유제를 설치하여야 한다. 방유제는 KOSHA GUIDE "방유제 설치에 관한 기술지침"에 따른다.

### 7.1.6 안전거리

안전보건규칙 제271조(안전거리) 및 동 규칙 별표 8에 따른다.

### 7.1.7 내화조치

가스 또는 분진폭발위험장소에 설치되는 건축물 등에는 화재 시 붕괴에 의한 화재의 확대를 방지하기 위하여 철구조물에 내화조치를 하여야 한다. 내화의 방법은 KOSHA GUIDE "내화구조에 관한 기술지침"에 따른다.

### 7.1.8 공정배출물의 처리

공정으로부터 배출되는 인화성 물질의 증기, 인화성 가스 등은 연소·흡수·세정·포집 또는 회수 등의 방법으로 처리하여야 한다. 이 중 연소처리 및 회수에 의한 방법은 KOSHA GUIDE "플레어시스템의 설치에 관한 일반 기술기준"과 KOSHA GUIDE "플레어시스템의 공정설계 기술지침"에 따른다.

### 7.1.9 위험물 취급설비의 유지·보수

위험물을 취급하는 설비의 성능을 유지하기 위해서는 주기적으로 유지·보수를

**KOSHA GUIDE**
**D - 46 - 2013**

실시하여야 하는데 설비의 유지·보수는 KOSHA GUIDE "화학공장의 정비·보수에 관한 기술기준"에 따른다.

7.1.10 긴급 시 위험물 이동

대형의 위험물저장탱크에 화재가 발생되었을 때는 내부의 위험물을 펌프를 이용하여 안전한 장소로 이송하는 등의 방법으로 화재의 규모를 최소화하여야 한다.

### 7.2 점화원 관리

7.2.1 점화원의 종류

점화원의 종류에는 기계적 점화원(예 : 충격, 마찰, 단열압축 등), 전기적 점화원(예 : 전기적 스파크, 정전기 등), 열적 점화원(예 : 불꽃, 고열표면, 용융물 등) 및 자연발화 등으로 구분된다.

7.2.2 최소점화에너지

일반적으로 최소점화에너지는 압력이나 산소농도가 증가하면 낮아지고, 분진이 가스보다 높게 나타난다.

7.2.3 기계적 점화원의 관리

(1) 기계적 점화원은 운동에너지, 위치에너지 및 탄성에너지가 열에너지로 전환되면서 점화원으로 작용하게 된다. 기계적 점화원을 관리하기 위해서는 열에너지로 전환이 가능한 기계적인 요소를 관리하여야 한다. 기계적 점화원의 관리방법은 다음과 같다.

(가) 설비의 점검·정비 시에는 비점화성 재질의 공구류를 사용한다.

(나) 높은 장소에서는 철재 자재 또는 공구 등 낙하 위험이 있는 물체가 방치되지 않도록 정리정돈 등의 조치가 필요하다.

(2) 인화성 가스의 압축과 같은 단열압축은 압력의 증가에 따라 온도가 상승하므로, 압축된 가스의 온도가 취급 중인 물질의 발화온도와 비교하여 발화온도의 80%를 초과하지 않도록 다단압축을 시키면서 중간냉각을 시키는 등의 조치가 필요하다.

$$T_f = T_i \left(\frac{P_f}{P_i}\right)^{(\gamma-1)/\gamma}$$

여기서, $T_f$ : 최종 절대 온도
$T_i$ : 초기 절대 온도
$P_f$ : 최종 절대 압력

$P_i$ : 초기 절대 압력
$\gamma = C_p/C_v$

7.2.4 전기적 점화원의 관리

(1) 가스폭발위험장소나 분진폭발위험장소에 사용되는 전기설비는 점화원으로 작용되지 않도록 적절한 형태의 방폭형 전기기계기구를 설치하여야 한다.

(2) 폭발위험장소의 구분 및 방폭구조 전기기계기구의 선정은 KOSHA GUIDE "폭발위험장소 구분에 관한 기술지침", KOSHA GUIDE "분진폭발위험장소 설정에 관한 기술지침" 및 KOSHA GUIDE "폭발위험장소에서의 전기설비 설치에 관한 기술지침"에 따라 이루어져야 한다.

(3) 방폭구조 전기기계기구의 성능은 KOSHA GUIDE "방폭전기설비의 선정 및 유지보수에 관한 기술지침"에 따라 유지·보수하여야 한다.

7.2.5 열적 점화원의 관리

(1) 열적 점화원은 불꽃, 고온의 표면과 같이 에너지의 크기가 크고, 온도가 취급 중인 위험물질의 발화온도를 초과하므로 쉽게 점화원으로 작용된다.

(2) 운전온도는 당해 위험물 발화온도의 80%를 초과하지 않도록 공정물질과 스팀 사용 기기류에 대해서는 보온조치를 하여 고온의 표면이 노출되지 않도록 하여야 한다.

7.2.6 정전기 관리

(1) 정전기는 이론상 $10^6 \Omega$ 이하만 유지하면 체류하지 않는 것으로 되어 있지만 전기적으로 격리된 부위에 대해서는 본딩(Bonding) 등의 방법으로 $10^3 \Omega$ 이하로 유지하여야 한다. 그리고 설비의 한곳 이상은 접지저항 $10\Omega$ 이하의 접지를 실시하여야 한다.

(2) 근로자가 겨울철에 심하게 움직이면 인체에 대전되는 정전기의 전위는 $10^4 V$ 이상이 되며 인체의 평균적인 정전용량은 200pF 정도이므로 인체의 대전에너지는 10mJ 정도 된다.

$$E = \frac{1}{2}CV^2 = \frac{1}{2} \times (200 \times 10^{-12}) \times (10^4)^2 = 0.01 J = 10 mJ$$

여기서, $E$ : 대전에너지(J)
$C$ : 정전용량(F)
$V$ : 전압(V)

(3) 정전기로 인해 인체에 대전될 수 있는 에너지는 탄화수소류의 평균적인 최소점화에너지의 40배에 해당하여 화학공장 내에서 점화원으로 작용될 위험이 있다. 따라서 근로자들에게 지급되는 작업복은 제전사의 코로나방전의 원리에 의해 인체의 정전기를 위험수준 이하로 낮추어주는 제전복을 지급하여야 한다.

### 7.2.7 자연발화의 관리

(1) 운전온도가 대기온도보다 높아서 고온용 보온을 해놓은 부위에 고비점의 탄화수소류(윤활유 등)가 침투되어 있거나, 기름걸레를 한곳에 장기간 방치하는 경우에 발화할 수 있으므로 청결하게 유지되어야 한다.

(2) 발화점이 비교적 낮은 고분자물질(예 : $C_4$고분자 등)이 모아져 햇빛에 노출된 경우는 자연발화가 쉽게 이루어지므로, 이러한 조건을 피하여야 한다.

## 7.3 산소 관리

### 7.3.1 최소산소농도

산소농도를 최소산소농도 이하로 관리하면 연소하지 않는다. 대부분 인화성 가스의 최소산소농도는 10% 정도이고, 가연성 분진인 경우에는 8% 정도이다. 인화성 액체의 증기에 대한 최소산소농도는 12~16% 정도이고 고체화재 중에 표면화재는 약 5% 이하, 심부화재에 대해서는 약 2% 이하이다.

### 7.3.2 불활성화(Inerting)

(1) 불활성화란 가연성 혼합가스나 혼합분진에 불활성 가스를 주입하여 산소의 농도를 최소산소농도 이하로 낮게 유지하는 것이다.

(2) 불활성 가스는 질소, 이산화탄소, 수증기 또는 연소배기가스 등이 사용된다. 연소억제를 위하여 관리되어야 할 산소의 농도는 안전율을 고려하여 해당물질의 최소산소농도보다 4% 정도 낮게 관리되어야 한다.

(3) 안정적이고 지속적인 불활성화를 유지하기 위해서 대상설비에 산소농도측정기를 설치하고 산소농도를 관리하여야 한다.

(4) 산소농도측정기는 정확한 농도측정을 위하여 제조회사에서 제시하는 기간이 초과되기 전에 교정이 필요하며, 감지부(Sensor)를 주기적으로 교체해주어야 한다.

### 7.3.3 불활성화 방법

불활성화를 위한 치환(Purging) 방법에는 다음과 같이 진공치환(Vacuum purging), 압력치환(Pressure purging), 스위프치환(Sweep-through purging), 사이폰치환

(Siphon purging)이 있다.
(1) 진공치환
   진공치환은 압력용기류에 주로 적용하며 완전진공설계가 이루어진 용기류에 적용이 가능하다. 목표로 하는 농도에 대한 치환 횟수는

$$j = \frac{\log\left(\dfrac{y_o}{y_i}\right)}{\log\left(\dfrac{p_H}{p_L}\right)} s$$

   여기서, $j$ : 치환 횟수
   $y_i$ : 목표농도
   $y_o$ : 초기농도
   $p_H$ : 치환과정 중 높은 압력(절대압력)
   $p_L$ : 치환과정 중 낮은 압력(절대압력)

(2) 압력치환
   압력치환은 용기류에 적용이 가능하며 가압시키는 압력은 설계압력 이내에서 결정되어야 한다. 목표로 하는 농도에 대한 치환횟수는 진공치환의 방법과 같다.
(3) 스위프치환
   스위프치환은 한쪽의 개구부로 치환가스를 공급하고 다른 한쪽으로 배출시키는 방법으로 이루어지며 주로 배관류에 적용하는 것이 바람직하다.

$$Q_v t = V \ln\left(\frac{C_1 - C_0}{C_2 - C_0}\right)$$

   대부분 시스템의 경우에 $C_0 = 0$.
(4) 사이폰치환
   사이폰치환은 대상기기에 물이나 적합한 액체를 채운 뒤 액체를 배출시키면서 치환가스를 주입하는 방법으로 이루어진다. 액체를 채웠을 때 하중에 문제가 되는 경우에는 적용이 불가능하다.
(5) 기타 불활성화 세부 방법은 KOSHA GUIDE "불활성 가스 치환에 관한 기술지침"에 따른다.

## 7.4 소화설비

7.4.1 화재발생 시 조기에 감지하여 효과적으로 소화활동을 실시하기 위해서는「소방시설유지 및 안전관리에 관한 법률」동법 시행령 제3조에 따른 소방시설(소화설비, 경보설비, 피난설비, 소화용수설비 및 소화활동설비)의 철저한 유지·보수 및 관리가 필요하다.

7.4.2 화학공장의 소화설비에 필요한 소화용수량은 KOSHA GUIDE "화학설비의 소화용수산출 및 소화펌프 유지관리지침"에 따른다.

## 7.5 비상조치계획 및 훈련

7.5.1 화학공장에서 운용이 가능한 설비 및 근로자들의 능력수준에 일치하는 비상조치계획이 수립되고 화재 등 비상상황에 적용되어야 한다. 비상조치계획에는 다음과 같은 내용이 포함되어야 한다.
   (1) 화재발생 시 경보 및 소화 절차(경보, 소방서 통지 및 직원대피 등 소화작업 등과 같은 순차적 절차)
   (2) 화재 시 임무를 수행하기 위한 근로자들의 임무부여와 훈련
   (3) 소화설비의 유지관리
   (4) 지속적인 방화훈련

7.5.2 소화설비의 운용과 소화활동에 참여하도록 임무가 부여된 근로자는 설비의 운용 및 소화훈련교육을 받아야 하고, 재교육은 최소한 1년에 1회 이상 실시되어야 한다.

7.5.3 석유화학공단 내 석유화학공장에서는 대규모 화재가 발생할 경우를 대비하여 방재센터 운영과 주민 대피 등을 위한 해당지역의 비상대책기관과 유기적인 협조가 이루어져야 한다.

7.5.4 화재발생 시 안전하게 조업중단을 할 수 있도록 절차가 마련되어야 하며, 이를 위해 정기적인 훈련 및 연동·제어장치 등의 신뢰도검사 같은 대책이 필요하다.

7.5.5 기타 세부적인 비상조치계획은 KOSHA GUIDE "비상조치계획 수립 지침"에 따라 적정하게 수립한다.

KOSHA GUIDE
E - 180 - 2020

# 가스폭발위험장소의 설정에 관한 기술지침

2020. 12.

한 국 산 업 안 전 보 건 공 단

## 안전보건기술지침의 개요

○ 작성자 : 정재희, 류보혁

○ 개정자 : 정재희, 류보혁

○ 제·개정 경과
- 2020년 10월 전기안전분야 표준제정위원회 심의(제정)

○ 관련규격 및 자료
- KS C IEC 60079-10-1(폭발분위기-제10-1부 : 폭발위험장소의 구분)
- NFPA 497(Recommended practice for the classification of flammable liquids, gases, or vapors and of hazardous locations in electrical installations at chemical process areas)
- EI 15(Area classification code for installations handling flammable fluids)
- EN 1127-1(Explosive Atmospheres Explosion Prevention and Protection

○ 관련법규·규칙·고시 등
- 산업안전보건법 제41조의 2(위험성평가)
- 산업안전보건기준에 관한 규칙 제230조(폭발위험이 있는 장소의 설정 및 관리)

○ 기술지침의 적용 및 문의
- 이 기술지침에 대한 의견 또는 문의는 한국산업안전보건공단 홈페이지(www.kosha.or.kr)의 안전보건기술지침 소관분야별 문의처 안내를 참고하시기 바랍니다.
- 동 설명서 내에서 인용된 관련규격 및 자료, 법규 등에 관하여 최근 개정본이 있을 경우에는 해당 개정본의 내용을 참고하시기 바랍니다.

공표일자 : 2020년 12월
제 정 자 : 한국산업안전보건공단 이사장

KOSHA GUIDE
E - 180 - 2020

# 가스폭발위험장소의 설정에 관한 일반지침

## 1. 목적

이 지침은 「산업안전보건기준에 관한 규칙 제230조(폭발위험이 있는 장소의 설정 및 관리)」에 따라 인화성의 액체, 가스 또는 미스트를 취급하는 장소에서의 전기설비의 적절한 선정 및 설치를 위한 가스폭발위험장소(이하 '폭발위험장소' 라 한다)의 설정에 관한 일반사항을 정함을 목적으로 한다.

## 2. 적용범위

(1) 이 지침은 정상대기상태에서 공기와 혼합되어 있는 인화성의 액체, 가스 또는 미스트의 존재로 인하여 발화위험이 조성될 우려가 있는 장소에 적용한다.

(2) 이 지침은 다음의 경우에는 적용하지 아니한다.
   (가) 폭발성 갱내가스가 존재할 우려가 있는 광산
   (나) 폭발성 물질의 제조 및 취급공정
   (다) 이 지침에서 다루는 비정상(Abnormal) 상태를 벗어나는 매우 드물거나 치명적 고장(이 지침의 3.(1)(저) 및 (처) 참조)
   (라) 의료용으로 사용되는 공간
   (마) 저압의 연료가스가 취사, 온수 기타 유사한 용도로 사용되는 상업용 및 산업용 기기(Appliances), 다만 해당설비(Installation)가 관련 도시가스사업법에 부합되는 경우에 한함
      주) 도시가스의 경우 관련법에 따라 "저압"은 0.1MPaG(게이지 압력) 미만을 말한다.
   (바) 주거 공간 및 시설(Domestic premise)
   (사) 가연성 분진 또는 섬유로 인한 폭발위험의 우려가 있는 장소(KS C IEC 60079-10-2 참조)

KOSHA GUIDE
E - 180 - 2020

3. 용어의 정의

(1) 이 지침에서 사용되는 용어의 정의는 다음과 같다.

(가) "폭발성 가스분위기(Explosive gas atmosphere)"라 함은 점화 후 연소가 계속될 수 있는 가스, 증기 형태의 인화성 물질이 대기상태에서 공기와 혼합되어 있는 상태를 말한다.

[비고] 인화상한(UFL) 이상 농도의 혼합기체는 폭발성가스분위기는 아니지만 쉽게 폭발성분위기로 될 수 있으므로 폭발위험장소 구분 목적상 폭발성 가스분위기로 간주한다.

(나) "폭발위험장소(Hazardous area)"라 함은 전기설비를 제조·설치·사용함에 있어 특별한 주의를 요구하는 정도의 폭발성 가스분위기가 조성되거나 조성될 우려가 있는 장소를 말한다.

[비고] 공정설비의 대부분의 구성품 내부에는 공기가 인입될 가능성이 없어 인화성 분위기로 간주되지 않음에도 불구하고 그 설비 내부는 폭발위험장소로 간주한다. 내부에 불활성화와 같은 특정 조치를 하는 경우에는 폭발위험장소로 구분하지 않을 수 있다.

(다) "비폭발위험장소(Non-hazardous area)"라 함은 전기설비를 제조·설치·사용함에 있어 특별한 주의를 요하는 정도의 폭발성 가스분위기가 조성될 우려가 없는 장소를 말한다.

(라) "폭발위험장소 종별(Zones)"이라 함은 폭발성 가스분위기의 생성 빈도와 지속시간을 바탕으로 하는 구분되는 폭발위험장소를 말하며, 다음과 같이 3가지로 구분한다.

① "0종장소(Zone 0)"라 함은 폭발성 가스분위기가 연속적으로 장기간 또는 빈번하게 존재할 수 있는 장소를 말한다.

② "1종장소(Zone 1)"라 함은 폭발성 가스분위기가 정상작동 중 주기적 또는 빈번하게 생성되는 장소를 말한다.

③ "2종장소(Zone 2)"라 함은 폭발성 가스분위기가 정상작동(운전) 중 조성되지 않거나 조성된다 하더라도 짧은 기간에만 지속될 수 있는 장소를 말한다.

[비고] 폭발성 가스분위기의 발생 빈도와 지속시간은 해당 산업 또는 적용에 관련된 별도의 코드를 적용할 수 있다.

(마) "폭발위험장소의 범위(Extent of zone)"라 함은 누출원에서 가스/공기 혼합물의 농도가 공기에 의하여 인화하한 값 이하로 희석되는 지점까지의 거리를 말한다.

(바) "누출원(Source of release)"이라 함은 폭발성가스분위기를 조성할 수 있는 인화성 가스, 증기, 미스트 또는 액체가 대기 중으로 누출될 우려가 있는 지점 또는 위치를 말한다. 누출원의 등급은 다음과 같이 3가지로 분류한다.

KOSHA GUIDE
E - 180 - 2020

① "연속 누출등급(Continuous grade of release)"이라 함은 연속, 빈번 또는 장기간 발생할 것으로 예상되는 누출을 말한다.

② "1차 누출등급(Primary grade of release)"이라 함은 정상작동 중에 주기적 또는 빈번하게 발생할 수 있을 것으로 예상되는 누출을 말한다.

③ "2차 누출등급(Secondary grade of release)"이라 함은 정상작동 중에는 누출되지 않고 만약 누출된다 하더라도 아주 드물거나 단시간 동안의 누출을 말한다.

(사) "누출률(Release rate)"이라 함은 누출원에서 단위 시간당 누출되는 인화성 가스, 액체, 증기 또는 미스트의 양(kg/s)을 말한다.

(아) "환기(Ventilation)"라 함은 바람 또는 공기의 온도차에 의한 영향이나 인위적인 수단(예를 들면 환풍기, 배출기 등)을 이용하여 공기를 이동시켜 신선한 공기로 치환시키는 것을 말한다.

(자) "희석(Dilution)"이라 함은 공기와 혼합된 인화성 증기 또는 가스가 시간이 지나면서 인화성 농도가 감소되는 것을 말한다.

(차) "배경농도(Background concentration)"라 함은 누출 플름(Plume) 또는 제트(Jet)의 외곽 내부 부피에서의 인화성 물질의 평균농도를 말한다.

(카) "인화성 물질(Flammable substance)"이라 함은 물질 자체가 인화성으로 인화성 가스, 증기 또는 미스트를 생성할 수 있는 물질을 총칭하여 말한다.

(타) "인화성 액체(Flammable liquid)"라 함은 예측 가능한 작동조건에서 인화성 증기가 생성될 수 있는 액체로, 「산업안전보건법 시행령」 별표 10에서 정하는 바에 따라 표준압력(101.3 kPa)하에서 인화점이 60℃ 이하인 물질이거나 고온의 공정운전조건으로 인하여 화재폭발위험이 있는 상태에서 취급하는 가연물질을 말한다.

[비고] 예측 가능한 작동조건의 한 예는 인화성액체가 인화점 이상에서 취급되는 것을 말하며, 상온에서 다루어지는 물질은 이 지침의 목적상 NFPA 497의 3.3.6(Flammable liquid)에 따라 인화점이 40℃ 이하인 물질을 말한다.

(파) "인화성 가스(Flammable gas)"라 함은 산업안전보건법 시행령 별표 10에서 정하는 바에 따라 인화한계 농도의 최저한도가 13% 이하 또는 최고한도와 최저한도의 차가 12% 이상인 것으로서 표준압력(101.3 kPa)하의 20℃에서 가스 상태인 물질을 말한다.

(하) "가스 또는 증기의 비중(상대밀도)(Relative density of a gas or a vapor)"이라 함은 같은 압력과 온도에서 공기 밀도(공기 1.0)에 대한 가스 또는 증기의 상대밀도를 말한다.

(거) "인화점(Flash point)"이라 함은 어떠한 표준조건에서 인화성 가스/공기 혼합물이 형성될 수 있는 양의 증기를 발생시키는 액체의 최저온도를 말한다.

(너) "비점(Boiling point)"이라 함은 대기압 101.3 kPa(1,013 mbar)에서 액체가 끓는 온도를 말한다.

(더) "증기압(Vapour pressure)"이라 함은 고체 또는 액체가 그 자신의 증기와 평형 상태에 있을 때 발생하는 압력을 말한다.

(러) "폭발성가스분위기 발화온도(ignition temperature of an explosive gas atmosphere)"라 함은 특정조건(IEC 60079-20-1)에서, 공기와 혼합된 가스 또는 증기의 형태인 인화성 물질을 발화시키는 가열된 표면의 최저온도를 말한다.

(머) "인화하한값(LFL ; Lower flammable Limit)"이라 함은 공기 중에서 인화성 가스, 증기 또는 미스트의 농도가 이 값 미만에서는 폭발성 가스분위기가 조성되지 않는 한계 값을 말한다.

(버) "인화상한값(UFL ; Upper flammable Limit)"이라 함은 공기 중에서 인화성 가스, 액체, 증기 또는 미스트의 농도가 이 값 넘어서는 폭발성 가스분위기가 조성되지 않는 한계 값을 말한다.

(서) "정상작동(Normal operation)"이라 함은 설비가 설계변수 범위 내에서 작동되는 상태를 말한다.
> [비고] 1. 수리 또는 가동정지 등의 사고로 인한 고장(펌프 씰, 플랜지 개스킷의 손상 또는 넘침 등)은 정상작동의 일부로 보지 않는다.
> 2. 기동 및 정지 조건, 일상 정비는 정상작동에 포함되지만 시운전의 일환인 처음 기동은 제외한다.

(어) "일상 정비(Routine maintenance)"라 함은 설비의 적절한 성능 유지를 위하여 정상 작동 중에 가끔 또는 주기적으로 실시하는 활동을 말한다.

(저) "드문 오작동(Rare malfunction)"이라 함은 아주 드물게 발생될 수 있는 오작동의 유형을 말한다.
> [비고] 1. 이 지침에서의 드문 오작동은 자동 또는 수동일 수도 있고 별도의 독립적인 공정제어 실패를 포함하며, 인화성 물질의 대량유출의 주요 요인이 될 수도 있다.
> 2. 드문 오작동은 누출로 인한 예측되지 않는 부식 등 공정 설계에서 적용되지 않은 조건을 포함할 수 있다. 공정운영의 일환으로 논리적으로 예측되는 부식이나 이와 비슷한 상황은 드문 오작동으로 보지 않는다.

(처) "치명적 고장(Catastrophic failure)"이라 함은 인화성 물질의 누출 결과로 공정 플랜트 및 제어 시스템의 설계 매개 변수를 넘는 사고를 말한다.
> [비고] 이 지침에 포함되는 치명적 고장은 공정 베셀의 파열, 플랜지 또는 씰의 전체 고장 등과 같은 설비나 배관의 대형 고장과 같은 대형 사고를 말한다.

KOSHA GUIDE
E - 180 - 2020

(터) "기기보호수준(EPL ; Equipment protection level)"이라 함은 폭발위험장소 설정 이외에도 잠재적 폭발결과를 고려하는 위험성평가 결과를 말한다.

(2) 기타 이 지침에서 사용하는 용어의 정의는 특별한 규정이 있는 경우를 제외하고는 산업안전보건법, 같은 법 시행령, 같은 법 시행규칙 및 산업안전보건기준에 관한 규칙에서 정하는 바에 의한다.

## 4. 일반사항

### 4.1 안전원칙

(1) 인화성 물질의 취급 또는 저장하는 장소의 설비는 물질의 누출 빈도, 지속시간 및 누출률에 대하여 정상 또는 비정상 운전과 관계없이 당해 물질의 누출과 그로 인해 결정되는 폭발위험장소(이하 '위험장소'라 한다)의 범위가 최소가 되도록 설계, 제조, 운전 및 정비하도록 한다.

(2) 공정설비 및 기기는 인화성 물질이 누출될 수 있는 부분을 조사하여 그 가능성, 빈도, 누출률 및 누출속도가 최소가 되도록 설계변경을 고려하는 것이 중요하다.

(3) 이러한 기본적인 검토는 공정설비 설계 초기단계부터 조사해야 하며, 위험장소 구분을 검토함에 있어서도 각별한 주의를 기울이는 것이 좋다.

(4) 시운전이나 일상 정비와 같이 정상작동상태가 아닌 경우에는 위험장소 구분이 부적합할 수도 있으므로, 이때의 위험장소 구분은 모든 일상 정비를 고려하되, 정상 운전상태 이외의 활동의 경우, 안전 작업 시스템으로 다루어야 한다.

(5) 폭발성 가스분위기가 조성될 우려가 있는 경우, 다음의 단계적 조치를 취한다.
 (가) 점화원 주위에 폭발성 가스 분위기의 생성될 가능성 제거 또는
 (나) 점화원 제거

(6) (5)의 조치가 불가능할 경우에는 (가)와 (나)가 동시에 발생하는 가능성이 충분히 낮아지도록 보호조치, 공정기기, 시스템 및 절차를 선정하고 준비하는 것이 좋다. 이러한 조치의 신뢰성이 충분하다고 인정되면 단독으로 사용될 수 있고 그렇지 않다면 필요한 안전수준을 얻기 위하여 조합하여 사용한다.

## 4.2 폭발위험장소 구분의 목적

(1) 위험장소 구분은 폭발성 가스분위기가 생성될 우려가 있는 장소에서 전기설비를 안전하게 사용할 수 있도록 설비의 적절한 선정, 설치 및 가동하기 위한 환경을 분석하고 구분하는 방법이다.

　(가) 위험장소 구분에서는 발화 에너지(가스 그룹) 및 발화온도(온도등급)와 같은 가스 또는 증기의 발화특성을 고려한다.

　(나) 위험장소 구분은 두 가지 목적, 즉 위험장소 종별과 그 범위를 결정하는 것이다(7, 8항 참조).

(2) 인화성 물질을 사용하는 현장 중에서 폭발성 가스분위기가 생성될 우려가 높은 지역에서는 점화원이 될 가능성이 낮은 설비를 사용하여 안전을 도모해야 하고, 반면에 폭발성 가스 분위기가 생성될 우려가 낮은 장소에는 덜 엄격한 요구사항에 따라 제작된 설비를 사용한다.

(3) 설계 및 적절한 운전절차에 의하여 0종장소나 1종장소의 수와 범위를 최소화하는 것이 바람직하며, 플랜트를 설계할 때 다음 원칙을 우선적으로 고려한다.

　(가) 플랜트 및 설비를 주로 2종장소나 비위험 장소로 한다.

　(나) 인화성 물질의 누출을 피할 수 없는 경우, 이 불가피한 2차 누출등급의 기기를 제한하거나 이것이 불가능한 경우(1차 누출 등급이나 연속 누출등급을 피할 수 없는 경우)에는 누출률과 누출속도를 더욱 제한한다.

(4) 필요한 경우, 위험장소의 범위를 줄이기 위해 비정상 작동 시에도 대기로 누출되는 인화성 물질의 양이 최소화되도록 공정설비를 설계, 운전 및 배치한다.

(5) 일단 플랜트에 위험장소가 구분되고 필요한 문서가 모두 기록되면 위험장소 구분 책임자와의 사전 협의 없이 설비나 운전절차를 변경해서는 안 된다.

　- 위험장소 구분은 모든 설비나 운전상의 변경에 따라 최신화(up-date)하되, 이의 검토는 플랜트 수명동안 지속적으로 실시하도록 한다.

## 4.3 폭발 위험성 평가

[비고] 필요한 경우, 위험성평가는 산업안전보건법 제41조의2(위험성평가) 및 관련 고시에 따라 적합한 자격을 가진 관계자가 규정된 절차에 따라 시행한다.

(1) 위험장소의 구분이 완료되면, 폭발사고의 결과를 고려하여 더 높은 보호수준(EPL)의 설비가 필요한지 아니면 일반적인 요구사항보다 낮은 보호수준의 설비를 사용하는 것이 적정한지에 대한 위험성평가를 수행할 수 있다.

(2) 무시할 수 있는 정도의 범위(NE)는 비위험장소로 간주할 수 있다.

KOSHA GUIDE
E - 180 - 2020

(가) NE에서는 폭발이 발생해도 그 결과를 무시할 수 있다는 것을 의미한다.
(나) 영역 NE 개념은 EPL을 결정하기 위한 위험성평가에 대한 조정에서 다른 어떠한 것에 관계없이 적용될 수 있다.
[비고] NE의 예는 천연가스 구름(Cloud)의 평균농도가 LFL의 50%인 부피가 0.1m³ 또는 밀폐공간의 1.0% 이하의 부피 중 작은 부피의 것을 말한다.

(3) 기기보호수준(EPL) 요구사항은 설비를 적절하게 선정하기 위하여 위험장소 구분 문서와 도면에 기록할 수 있다.
[비고] KS C IEC 60079-0에서 EPL에 대하여 규정하고 있고, KS C IEC 60079-14는 설비에 대한 EPL의 적용에 대하여 정의하고 있다.

### 4.4 관련자의 자격(적격자, Competence of Personnel)

(1) 위험장소의 구분은 인화성 물질에 관련된 주요 특성, 가스/증기 확산의 원칙을 이해하고 공정과 설비에 충분히 익숙한 전문가가 참여하여 실시한다.
[비고] 전문가는 해당 플랜트의 특성과 위험장소 구분 수행에 적합한 전기, 기계 등의 관련 전공자와 안전에 대한 구체적인 책임을 가진 자로서 위험장소 설정에 관한 교육·훈련을 받은 자를 말한다.

(2) (1)항에서 교육·훈련이라 함은 위험장소 설정 등 전기방폭에 대하여 정규학교에서 1학기 이상 또는 전문교육기관에서 20시간 이상 교육을 수강한 자를 말한다.
[비고] 해당분야에 대한 학위논문, 학회지 발표의 경우 등을 포함할 수 있다.

(3) 전문가는 정기적으로 적절한 교육 및 훈련은 지속적으로 받아야 한다. 정기교육은 관련 표준의 제·개정이나 기술 발전·변화 등을 고려하여 5년 주기로 한다.
[비고] 관련분야에 대한 3개월 이상의 정규과정 강의, 전문단체 논문 발표 등의 경우에는 정기교육 수강으로 본다.

## 5. 폭발위험장소 구분 방법

### 5.1 일반사항

(1) 플랜트나 플랜트 설계의 간략한 조사만으로 플랜트 각 부분의 위험장소를 3종(0종, 1종 또는 2종장소)으로 단순히 구분하는 것은 쉽지 않으므로, 폭발성 가스분위기가 생성될 가능성에 대한 정밀한 분석이 필요하다.

(2) 인화성 가스나 증기가 생성될 수 있는 장소의 결정은 누출의 가능성과 누출 빈도를 연속 누출, 1차 누출 및 2차 누출 등급의 정의에 따라 평가한다.
(가) 위험장소의 종류 및/또는 범위에 영향을 주는 누출빈도와 주기(누출 등급),

누출률, 농도, 속도, 환기 또는 기타 요인이 결정되면 이것은 주변지역에서 폭발성 분위기가 생성될 가능성을 정해주는 확실한 근거가 된다.

(나) 일단 누출등급・누출률・농도・속도・환기 및 기타 요소들을 평가하고 그 주위의 폭발성가스 분위기의 존재확률을 평가하면 위험장소의 종별 및 그 범위를 결정하는 확실한 근거가 된다. 따라서 이 접근방법에서는 그 자체적으로 또는 공정 조건상 인화성 물질을 갖고 있으므로 누출원이 될 수 있는 공정 설비의 각 부품에 대한 상세한 검토가 필요하다.

[비고] 위험장소를 구분하는 체계도는 〈그림 2〉~〈그림 5〉 참조

(3) 위험장소 구분은 입수 가능한 초기 P&ID(Process and instrumentation line diagrams)와 설비배치도(Layout plans)를 바탕으로 실시하고 설비 가동 전에 확인한다.

(4) 전체 평가에서 다양한 잠재 누출원의 종류, 수, 위치를 지속적으로 고려하여 적절한 장소와 경계조건을 할당한다.

(가) 기능안전 표준(Functional Safety standard)에 따라 설계 및 설치되는 제어 시스템은 잠재된 누출원 및/또는 누출의 양을 감소시킬 수 있다(회분식 순차제어(Batch sequence controls), 비활성시스템(Inerting systems 등). 따라서 이러한 제어장치들은 위험장소 구분할 때 적절히 고려한다.

(나) 위험장소를 구분할 때에는 동일하거나 유사한 시설물에 대한 이전의 경험 또한 신중하게 평가한다.

① 인화성 물질의 잠재적인 누출원이 있다는 것만으로 1종장소 또는 2종장소의 범위를 정하는 것은 적절하지 않다.

② 특정 설비의 설계 및 운전에 대한 경험 또는 입증된 문서가 명확한 경우, 장소 구분에 활용할 수 있다. 또한 현장 경험이나 새로운 증거를 바탕으로 새로 구분하는 것이 중요하다.

### 5.2 누출원 계산에 의한 구분

(1) 위험장소는 각각의 누출원 및 관련 요소들에 대한 적합한 통계 및 수치평가를 고려한 계산을 바탕으로 설정하되, 그 방법은 다음과 같이 요약할 수도 있다(〈그림 3〉~〈그림 6〉 참조).

(가) 누출원의 빈도와 지속기간을 기반으로 한 각 누출원의 누출률과 누출등급의 결정

(나) 환기 또는 희속 조건 및 유효성의 평가

KOSHA GUIDE
E - 180 - 2020

(다) 누출등급 및 환기 또는 희석유효성을 바탕으로 한 위험장소 종별 결정
(라) 위험장소의 범위 결정

[비고] 1. 지정된 조건하에서 누출률을 결정하기 위한 공식은 「KOSHA GUIDE E-151(가스폭발위험장소 설정에서의 인화성물질 누출원평가에 관한 기술지침)」의 식을 참조한다.
2. 환기 및 확산 평가에 관한 지침은 「KOSHA GUIDE E-152(가스폭발위험장소 설정에 있어서의 환기평가에 관한 기술지침)」을 참조한다.

(2) 평가자는 모든 평가방법, 도구 등의 적합함이 입증되거나 적절한 주의사항에 따라 이용하되, 해당 도구 등의 한계와 요구사항을 이해하고 적합한 결론의 보장을 위해 입력 조건이나 결과를 조정하도록 한다.

### 5.3 산업코드와 국가표준의 이용

평가자는 이 지침의 일반적인 원칙에 부합되고 적용에 적합한 지침이나 예를 제공하는 산업코드 및 국가표준을 적용할 수 있다(〈표 1〉 참조).

### 5.4 위험장소의 설정

#### 5.4.1 간이법(Simplified methods)

(1) 누출원에 대하여 각각 평가하는 것이 비현실적인 경우에는 간이법을 이용한다.
(2) 간이법은 개별 세부사항 없이 보수적으로 잠재 누출원에 따라 0종, 1종 또는 2종 장소를 구분하는 것으로, 판단은 경험을 바탕으로 하며 특정 설비에 적절한 기준을 참조할 때 가장 정확할 수 있다.
(3) 플랜트 내의 하나의 장치 또는 조건에 대한 평가가 플랜트 내의 기타 유사한 항목이나 조건에 대한 보수적인 위험장소 구분에 적합한 경우에는 플랜트 내의 모든 장치들에 대한 상세한 평가를 필요로 하지 않는다.
(4) 간이법의 특징은 위험장소의 범위가 더 넓어진다는 것이며, 위험성의 존재에 의심이 있는 경우에는 보다 더 보수적으로 위험장소 구분을 적용할 필요가 있다.
(5) 위험장소 구분의 경계에 대하여 덜 보수적이거나 더 정확한 도표를 구하기 위해서는 적용가능한 점누출원의 보다 자세한 평가 내용이나 예시를 참조한다.

#### 5.4.2 조합법(Combination Methods)

(1) 플랜트에서의 위험장소 구분은 플랜트의 진척 단계 또는 각 장치별로 다양한 방법을 사용하는 것이 적합하다.
(가) 예를 들어 플랜트 초기 개념 설계단계에서는 간이법이 장치의 분류, 플

**KOSHA GUIDE**
**E - 180 - 2020**

랜트의 배치 및 경계 등을 정하기 위하여 적절할 수도 있다.

(나) 간이법은 누출원에 관한 상세한 데이터가 없기 때문에 적용할 수 있는 유일한 방법일 수도 있다.

(다) 플랜트 설계가 진행되고 잠재 누출원에 관한 상세한 데이터를 입수하게 되면, 보다 상세한 평가방법을 이용해 위험장소 구분을 최신화한다.

(2) 경우에 따라, 플랜트 내의 유사한 장비(예, 파이프 랙과 같은 플랜지를 이용한 배관 등)는 간이법을 적용하는 반면, 보다 중요한 잠재 누출원(예, 릴리프 밸브, 벤트, 가스 컴프레서, 펌프 등과 유사한 것)에 대해서는 더욱 상세한 평가법을 적용할 수 있다.

(3) 대부분의 경우, 관련된 국가 또는 산업 코드에서 제공되는 위험장소 구분 예시들이 대규모 플랜트의 구성 장치의 위험장소 구분에 이용되고 있다.

5.4.3 위험장소 설정 접근법

위험장소 설정 접근법에는 다음과 같은 방법이 있다(〈그림 1〉 참조).

(1) 도표이용접근법(DEA ; Direct example approach) : 인화성 물질 취급설비의 위험장소를 직접 구분하는 전형적인 방법으로, 설비 배치도 및 크기·취급물질의 종류·환기 등을 고려한 경험적 방법이다.

(2) 점누출원접근법(PSA ; Point source approach) : 설비의 운전 온도 및 압력·환기의 정도 및 유형 등의 변화가 커서 도표 이용방법이 곤란한 경우에 적용하는 것으로 누출원의 누출 확률을 알아야 한다(EI 15의 Chapter 5, 및 Chapter 6 참조).

(3) 위험기반접근법(RBA ; Risk-based approach) : 누출확률을 모르거나 자주 변화되는 시스템에서 2차 누출의 크기를 결정할 때 사용하는 방법으로, 주로 기존 설비에 유용하다.

KOSHA GUIDE
E - 180 - 2020

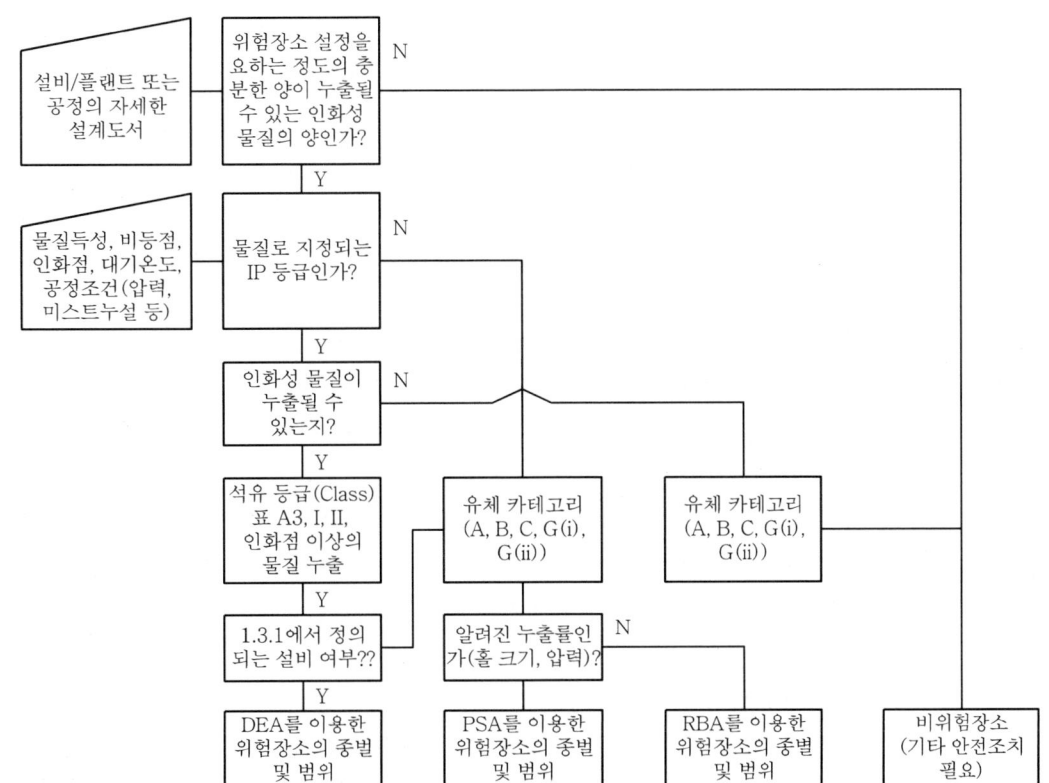

[비고] 자세한 사항은 EI 15(Area classification code for installations handling flammable fluids) 참조

〈그림 1〉 폭발위험장소 구분 방법

## 6. 인화성 물질의 누출

### 6.1 일반사항

(1) 인화성 물질의 누출률은 위험장소의 범위에 영향을 미치는 가장 중요한 요소로, 일반적으로 누출률이 많으면 많을수록 더 넓은 범위를 갖고, 주어진 누출률에 대해 인화하한값(LFL)이 낮을수록 위험장소의 범위는 넓어진다.

[비고] 경험적으로 인화하한값이 15 %인 암모니아 가스는 누출되면, 개방된 공간에서 빠르게 희석되므로, 폭발성가스분위기의 생성은 일반적으로 무시한다.

(2) 위험장소의 구분방법 접근 시에 고려해야 하는 누출원 특성은 6.2~6.5항에 따른다.

### 6.2 누출원

(1) 누출원을 식별하고 누출등급을 정하는 것은 위험장소 구분의 기본 요소이다. 폭발

성 가스분위기는 공기 중에 인화성 가스 또는 증기가 존재하는 경우에만 생성되므로 이러한 물질이 해당 장소에 존재할 수 있는지의 결정이 필요하다.

　(가) 일반적으로 인화성의 가스와 액체는 공정설비 내에 들어 있으며 이러한 설비는 완전 밀폐식이거나 아닐 수도 있다.

　(나) 공정설비 내의 인화성 분위기가 조성될 우려가 있는 곳이나 인화성 물질의 누출로 공정설비 외부에 인화성 분위기가 조성될 우려가 있는 곳을 구분할 필요가 있다.

(2) 공정설비의 각 단위장치(예 : 탱크・펌프・배관・용기 등)들은 인화성 물질의 잠재 누출원으로 간주한다.

　(가) 이 단위장치에 인화성 물질이 들어 있을 가능성이 없으면 그 주변은 위험장소가 되지 않는다.

　(나) 단위장치에 인화성 물질이 들어있으나, 대기로 누출될 우려가 없는 경우에도 위험장소가 되지 않는다(예 : 전체가 용접된 배관 등은 누출원에서 제외).

(3) 단위 장치로부터 인화성물질이 대기로 누출될 우려가 있다고 판단되면, 우선 누출 빈도와 지속시간에 따라 정해지는 누출등급을 정한다.

　(가) 위험장소 구분 시, 밀폐 공정 시스템의 개방될 수 있는 부품(예 : 필터 교체 또는 배치 충전 중)도 누출원으로 간주한다.

　(나) 평가 절차에 따라 누출을 "연속", "1차" 및 "2차 누출등급"으로 구분한다.

　　　[비고] 1. 누출은 샘플 채취 등의 작업이나 일상적인 정비절차에서 발생할 수 있으며, 이러한 형태의 누출은 일반적으로 연속 또는 1차 누출등급으로 구분하고, 기타 사고성 누출은 2차 누출등급으로 구분한다.
　　　　　2. 하나의 장치에서 두 개 이상의 누출등급을 가질 수 있다. 예를 들어 작은 1차 누출등급의 누출원이 있는 곳에 비정상 운전 시 더 큰 누출이 발생될 수 있다면 2차 누출등급의 누출을 야기할 수 있다. 이러한 상황에서는 두 개의 누출조건 (두개의 누출 등급 모두)을 충분히 고려한다.

(4) 누출등급을 정한 후, 위험장소의 종류와 범위에 영향을 미칠 수 있는 누출률과 기타요소를 정할 필요가 있다.

(5) 실험실과 같이 잠재 폭발위험조건이 존재하더라도 누출될 수 있는 인화성 물질의 양이 "적은" 경우에는 이와 같은 위험장소 구분 절차를 적용하는 것이 부적절할 수 있다. 이러한 경우에도 수반되는 특정위험을 고려한다.

　[비고] 실험실 등의 폭발위험장소 설정은 〈부록 4〉 참조

(6) 가열로, 화로, 보일러, 가스터빈 등과 같이 내부에서 인화성 물질이 연소되는 공정

KOSHA GUIDE
E - 180 - 2020

설비의 위험장소 구분은 퍼지(Purge)주기, 기동 및 정지조건을 고려한다.
(7) 특정 구조 관련 코드에 적합한 폐쇄설비의 구조인 경우, 인화성 물질의 누출을 무시할 수 있을 정도로 효과적으로 방지하거나 제한할 수 있어 위험장소에서 제한할 수 있다.

[비고] 1. 특정구조관련 코드는 EN 1127-1(Explosive Atmospheres Explosion Prevention and Protection-Part 1 : Basic Concept and Methodology ; 2010-05)을 말한다.
2. 〈부록 1〉 참조

(가) 이러한 장치 또는 설비의 위험장소 구분은 관련 구조 및 운전표준을 준수하고 완벽하게 설치되었는지를 검증하기 위하여 완전한 평가를 필요로 한다. 표준 준수 검증은 설계, 설치, 운영, 정비 및 모니터링 활동을 고려한다.
(나) 압력을 가진 액체의 누출로 형성되는 미스트는 해당 액체의 인화점보다 낮은 온도에서도 연소될 수 있다.

### 6.3 누출의 형태

#### 6.3.1 일반사항

(1) 누출특성은 인화성 물질의 물리적 상태, 온도 및 압력에 따라 달라지며 물리적 상태는 다음과 같다.
- 상승된(높은) 온도 또는 압력에서 존재할 수 있는 가스
- 압력에 의해 액화되는 가스, 예) LPG
- 냉각에 의해서만 액화될 수 있는 가스, 예) 메탄
- 인화성 증기가 누출되는 액체

(2) 파이프 접속부, 펌프, 압축기씰(Seal) 및 밸브 패킹 등의 단위장치로부터의 누출은 주로 적은 양으로 시작하나 누출이 중단되지 않으면, 누출률과 위험장소의 범위가 크게 증가될 수 있다.

(3) 인화점 이상에서의 인화성 물질 누출은 인화성 증기 또는 가스운을 발생시킬 수도 있다. 이는 초기 주변 공기보다 상대밀도가 낮거나 높을 수도 있고, 중립부력일 수도 있다.(〈부록 1〉 참조).

(4) 누출의 모든 형태는 결국 가스 또는 증기 누출로 이어지고, 가스 또는 증기는 부력, 중립부력 또는 가라앉는 형태로 나타난다(〈부록 1〉의 그림 1 참조). 이러한 특성은 누출의 특정형태에 의해 생성된 위험장소의 범위에 영향을 미치게 된다.

(5) 지면에서 위험장소의 수평범위는 상대밀도의 증가함에 따라 증가하고, 위험

원 상부의 수직범위는 상대밀도가 저하됨에 따라 증가한다.

6.3.2 가스상 누출

(1) 가스상 누출은 누출지점(예, 펌프 씰(Seal), 파이프 접속부 또는 증발 풀 지역)의 압력에 의존되는 누출원에서 가스제트나 가스풀름을 만든다. 가스의 상대밀도, 난류혼합도 및 공기의 주요 이동은 모든 가스 운의 연이은 이동에 영향을 미친다.

(2) 잔잔한 상태에서 공기보다 현저히 가벼운 가스(수소, 메탄 등)의 저속 누출은 위로 이동하는 경향이, 반대로 공기보다 현저하게 무거운 가스(부탄, 프로판 등)일 경우에는 지표면이나 움푹 파인 곳에 체류되는 경향이 있다.

　(가) 시간의 흐름에 따라 대기난기류는 누출가스와 공기의 혼합을 유도하여 중립 부력이 된다.

　(나) 공기의 비중과 별 차이가 없는 가스나 증기는 중립부력(Neutrally buoyant)으로 간주한다.

(3) 고압으로 누출된 가스는 초기에는 주위 공기와 혼합된 난류 제트분출을 형성한다. 이어서 높은 압력에서 가스 팽창으로 인한 열역학적 영향이 나타날 수 있다.

　(가) 가스가 누출되면, 그 가스는 팽창되면서 줄-톰슨 효과(Joule-Thomson effect)로 인하여 냉각되어, 공기보다 무거워져 아래로 깔리면서 공기에 의하여 공급된 열을 상쇄시킨다.

　(나) 그 결과 가스 운은 결국 중립부력이 되어, 공기보다 무거운 가스에서 중립부력으로의 전환은 누출원의 본질에 따라 언제든지 발생하며 가스 운은 LFL(인화하한) 이하로 희석되게 된다.

　　[비고] 수소는 역 줄-톰슨 효과를 나타내므로, 팽창으로 가열되어 절대로 공기보다 무거워지지 않는다.

6.3.3 액화가스

(1) 프로판, 부탄 등과 같은 가스는 압력을 가하면 액화되어 액화 상태에서 저장되고 이송된다.

(2) 가압된 액화가스가 용기에서 누설되었을 때, 가장 가능성이 높은 시나리오는 용기 내 증기 공간 또는 배관내의 물질이 가스 상태로 새어나가는 것이다. 누출 점에서의 빠른 증발은 큰 냉각현상을 일으켜 대기 중의 수증기의 응축 및 결빙현상이 있을 수 있다.

(3) 액체 누출은 누출 점에서 부분적으로 플래시 증발(Flash evaporation)하며, 증발되는 액체는 자신과 주위의 대기로부터 에너지를 흡수하여 누출된 유체를 냉각시킨다.
   (가) 유체가 냉각되면 전체가 증발되지 않고 일부는 에어로졸형태가 된다.
   (나) 누출이 충분히 많다면 냉각된 유체 풀(Pool)이 지면에 축적될 수 있고 시간이 지남에 따라 누출된 가스는 증발하게 된다.
(4) 냉각된 에어로졸 운은 짙은 가스처럼 이동하며, 가압된 액체 누출은 눈에 보이는 구름을 형성하여 주위의 습기를 응축시키는 증발 냉각효과를 자주 보인다.

### 6.3.4 냉동 가스(초저온 가스)

(1) 초저온가스(Permanent gas)라고 부르는 메탄이나 수소 등의 기타 가스는 냉각에 의해서만 액화시킬 수 있다. 냉각된 가스에서의 작은 누설은 주위로부터 열을 흡수함으로써 풀을 형성하지 않고 신속하게 증발된다. 만약 누설이 많다면 찬 액체풀(Cold pool of liquid)이 형성될 수 있다.
(2) 찬 액체는 지면 및 주변 환경에서 에너지를 흡수하므로 차고 짙은 가스 운을 발생시키는 비등현상을 일으키게 된다. 누설된 액체 흐름을 유도 또는 제한하기 위해서 방유제(Dike)나 방호벽을 이용할 수 있다.

   [비고] 1. 액화천연가스(LNG)와 같은 초저온 인화성가스가 포함된 곳의 위험장소 구분에는 유의할 필요가 있다. 분출된 증기는 저온에서는 일반적으로 공기보다 무겁지만, 주변 온도 가까이 올라감에 따라 중립 부력으로 된다.
   2. 초저온가스의 임계온도는 -50℃ 이하이다.

### 6.3.5 에어로졸

(1) 에어로졸은 가스가 아니라 공기 중에 부유 상태인 작은 방울로 구성되어 있는데, 이 방울은 가압된 액체의 플래쉬 증발 또는 열역학적 조건하의 증기 또는 가스로부터 형성된다.
(2) 에어로졸 구름 내 빛의 산란이 종종 육안으로 보이는 구름형태를 형성한다. 에어로졸의 분산은 고밀도 가스의 동태 또는 중성 부력 가스 사이에서 다양하게 나타나며, 에어로졸 방울은 풀룸 또는 구름에서 서로 달라붙거나 떨어질 수 있다.
(3) 인화성 액체의 에어로졸은 주위 환경으로부터 열을 흡수하여 증발하고 가스/증기운에 더해질 수 있다.

### 6.3.6 증기

(1) 주위 환경과 평형상태에 있는 액체는 그 표면에 증기층이 생성되는데, 이 증기가 밀폐계(Closed system)에 미치는 압력을 증기압(Vapour pressure)이라 하며, 이는 온도와 비선형 함수로 증가한다.

(2) 증발공정에서는 해당 액체 또는 주위 환경에서의 에너지 등 다양한 에너지원을 이용한다.

　(가) 증발과정은 액체의 온도를 저하시키고 온도 상승을 제한할 수도 있다.

　(나) 통상 환경 조건에서 증가된 증발로 인한 액체온도의 변화는 위험장소 구분에 영향을 미치는 데는 한계가 있고, 발생된 증기의 농도는 액체의 증발율, 온도, 주위 공기흐름의 함수로 나타나기 때문에 이를 예측하기도 쉽지 않다.

6.3.7 액체 누출

(1) 인화성 액체가 누출되는 경우, 그 표면이 흡수성이 아니라면 액체 표면에 증기운이 형성되는 풀 형태로 나타나게 되며, 그 크기는 물질의 특성과 주위 온도에서의 증기압에 따라 정해진다.

　[비고] 증기압은 액체 증기화량을 나타내며, 정상 온도에서 높은 증기압을 가진 물질은 흔히 휘발성물질이라고 부른다. 일반적으로 주위온도에서의 액체 증기압은 끓는점(Boiling point)이 낮으면 올라가므로, 온도가 상승하면 증기압도 올라간다.

(2) 인화성 물질의 누설은 물에서도 발생할 수 있고, 대부분의 인화성 액체는 물보다 밀도가 낮아 물과 혼합도 잘 되지 않아, 물 아니면 지표면, 플랜트 배수구, 배관트랜치 또는 수면(바다, 호수, 강 등) 위에 넓게 퍼지면서 표면적을 증가시켜 얇은 막을 형성하여 증발율을 증가시키게 된다.

6.4 환기(또는 공기 이동) 및 희석

(1) 대기 중으로 누출된 가스 또는 증기는 공기와의 난류 혼합을 통하여 희석되는데, 가스가 완전히 분산되어 그 농도가 0이 될 때까지 농도변화에 따라 확산되면서 폭발성가스분위기의 범위는 좁아진다.

　(가) 자연 또는 강제 환기에 의한 공기 이동은 분산을 촉진시킨다.

　(나) 또한 공기 이동량의 증가는 개방된 액체 표면 위의 증발량을 증가시켜 증기의 누출률도 증가시킬 수 있다.

(2) 적절한 환기량은 폭발성가스 분위기의 지속시간을 줄일 수 있으므로 위험장소의 종별에 영향을 미친다.

(3) 건물 내 공기 흐름이 원활하기에 충분한 크기의 개구부가 있는 구조는 환기가 양호한

개방공간(즉, 한쪽이 개방되고 위쪽에 환기구가 있는 칸막이 등)으로 취급한다.
(4) 대기 중으로 가스 또는 증기의 분산이나 확산은 가스 또는 증기의 농도를 인화하한값 이하로 감소시키는 중요한 요소로, 환기 및 공기의 이동은 두 가지 기본기능을 갖는다.
　(가) 위험장소 범위를 제한하기 위하여 희석 비율의 증가 및 분산 촉진
　(나) 위험장소의 종별에 영향을 미칠 수 있는 폭발성 분위기의 지속 회피
(5) 환기의 증가 또는 공기의 이동은 일반적으로 위험장소 범위를 감소시키며, 이를 방해하는 장애물은 위험장소의 범위를 증가시킨다. 증기 또는 가스의 이동 범위를 제한하는 방유제, 방호벽 및 천장 등과 같은 장애물은 위험장소의 범위도 제한할 수 있다.

[비고] 공기이동의 증가는 개방 액체표면의 증발율을 증가시킬 수도 있으나 일반적으로 공기 이동증가로 인한 이점이 누출률 증가에 따른 불리함보다 앞선다.

(6) 낮은 누출속도에서 대기 중의 가스 또는 증기 확산률은 풍속과 함께 증가되나, 안정된 대기 조건에서 가스 또는 증기층이 발생되어 안전한 분산거리는 크게 증가될 수 있다.

[비고] 대형 베셀(용기) 및 구조물 등과 같이 환기를 저해할 수 있는 설비에서는 저속의 소용돌이가 형성될 수도 있어, 분산을 증진시키는 충분한 난류 없이 가스 또는 증기 주머니(Pocket)을 형성하게 된다.

　(가) 실제적으로는 이러한 층이 형성되는 것은 극히 드물고, 짧은 시간동안에만 발생하게 되므로 위험장소 구분에서는 고려하지 않는다.
　(나) 그러나 특정상황에서 저 풍속이 상당기간 지속된다면 위험장소의 범위는 분산시키는 데 요구되는 추가적인 거리를 고려하도록 한다.

### 6.5 환기의 주요 형태

환기는 자연환기와 강제환기(누출원의 전체 또는 국부적) 등 두 형태가 있다.

#### 6.5.1 자연환기

(1) 건물 내에서의 자연 환기는 바람 및/또는 온도변화(환기에 의한 부력)에 의한 압력차에 의하여 일어나며, 누출물을 안전하게 희석시키기 위하여 특정 옥내 상황(건물 내의 벽 및/또는 천장에 개구부가 있는 경우 등)에서 유효하며, 건물 내의 자연환기의 예는 다음과 같다.
　(가) 건물 내의 환기용 벽 및/또는 천장의 개구부를 갖고 있는 개방 건물은 위험장소의 목적상 그 크기와 위치에 따라 관련 가스 및/또는 증기의 상대밀도에 대하여 개방상태와 동등한 환기 성능이 가능하다.

(나) 개방 건물은 아니지만 환기 목적의 영구적인 개구부에 의해 자연환기 (일반적으로 개방 건물보다 적음)가 되는 건물이다.

(2) 건물 내에서 자연환기를 고려하는 경우, 가스 또는 증기의 부력이 중요한 요소가 되므로 환기는 분산과 희석을 촉진하도록 배치해야 함을 인식한다.

(3) 자연환기로 인한 환기량은 아주 다양하므로, 최악의 시나리오를 적절히 고려하여 환기등급을 정해야 한다.

(가) 이러한 시나리오에서는 환기등급이 낮을지라도 환기이용도는 크게 된다.

(나) 낮은 환기등급에서도 환기 이용도는 높게 되고 그 반대에도 마찬가지이며, 환기등급의 지나친 낙관적인 추정의 경우에는 이를 보상하게 될 것이다.

(4) 환기구가 밀폐공간의 한 면에 한정되는 경우, 바람 부는 날 밀폐계의 환기구 쪽으로 바람이 불어오는 것과 같은 특정 불리한 환경 조건하에서, 외부 공기의 흐름이 열부력 메커니즘 작용을 방해할 수 있다. 이러한 환경에서는 환기등급과 이용도를 보다 엄격하게 분류하여 둘 모두 낮은 등급을 적용할 수도 있다.

6.5.2 강제 환기

6.5.2.1 일반 사항

(1) 강제환기는 환기 또는 공기의 흐름이 환풍기나 배출기 등과 같은 인위적인 수단에 의하여 이루어지는 방식으로 주로 방이나 밀폐된 공간 내에 적용되지만, 장애물로 인하여 제한된 자연환기를 보완하기 위하여 사용되기도 한다.

(2) 강제환기에는 전체 환기(예, 옥내 전체)와 국소배기(누출점 인근 배기)가 있으며, 방식에 따라 공기 이동 및 치환 정도가 다양하다. 강제환기는 다음 목적을 위하여 이용한다.

(가) 위험장소의 형태 및/또는 범위의 축소
(나) 폭발성 가스분위기 지속시간의 단축
(다) 폭발성 가스분위기의 생성 방지

6.5.2.2 강제환기 고려사항

(1) 강제환기는 옥내에서 유효하고 신뢰성 있는 환기시스템에 의하여 제공되며, 여기에서 강제 환기시스템은 다음 사항을 고려한다.

(가) 배기시스템의 내부, 배기구 외부 인접부 및 기타 개구부의 위험장

소 설정
- (나) 위험장소의 환기용 공기는 비위험장소에서 흡기
- (다) 환기시스템의 용량 및 설계를 정하기 전에 설치 위치, 누출등급, 누출속도 및 누출률 등의 명확화

(2) 추가로 다음 요소들은 강제 환기시스템의 성능에 영향을 준다.
- (가) 일반적으로 인화성 가스와 증기는 공기와 다른 밀도를 가지므로 공기가 거의 이동되지 않는 밀폐된 장소의 바닥이나 천정 부근에 체류하는 경향을 보인다.
- (나) 누출원 인근의 강제환기; 누출원 인근의 강제환기는 가스 또는 증기의 이동을 보다 효과적이고 적절히 제어하는 데 필요할 수 있다.
- (다) 온도에 따른 가스 밀도의 변화
- (라) 장애물(Impediment)과 방해물(Obstacle)은 공기의 이동을 저하 또는 정체시킬 수 있다. 즉 일부 장소에서는 환기가 안 될 수 있다.
- (마) 난류 및 순환 공기 패턴

[비고] 보다 자세한 사항은 〈부록 2〉를 참조한다.

(3) 환기시스템 내에서 공기 재순환의 가능성 또는 필요성에 대하여 고려하는데, 이는 위험장소를 줄이기 위한 환기시스템의 배경농도 값에 영향을 미칠 수 있다.
- (가) 이러한 경우, 위험장소 구분은 그에 적합하게 변경할 필요가 있다.
- (나) 특히 공기의 재순환의 경우 필요할 수도 있다. 즉, 외기 온도가 너무 높거나 낮아서 사람 또는 공정을 위하여 추가적인 공기의 냉각이나 가열이 필요할 수도 있다.
- (다) 공기의 재순환이 필요한 경우, 신선한 공기의 인입량을 조절하는 댐퍼와 가스분석 장치와 같은 안전을 위한 추가적인 장치가 필요하다.

6.5.2.3 강제환기의 예
    (1) 전체 강제 환기는 건축물의 전체 환기를 증진시키기 위한 벽 및/또는 천장에 설치된 환풍기를 포함할 수 있다.
    (2) 환풍기는 두 가지 역할, 건물의 공기 이동을 증가시키고 건물 내 가스를 제거하는데 도움을 줄 수 있다.
        (가) 건물 내의 환풍기는 난류를 증가시켜 실내에 연기가 없다 하더라도 연기가 포함된 실내보다 훨씬 작은 양의 연기를 희석하는 데에도 도움을 줄 수 있다.
        (나) 환풍기는 옥외에서도 일부 난류를 증가시켜 연기의 희석을 증진시킬 수 있다.
    (3) 강제국소배기는 다음과 같다
        (가) 인화성 증기가 연속적 또는 주기적으로 누출되는 공정설비에 적용하는 공기/증기 배기시스템
        (나) 폭발성 가스분위기가 조성될 것으로 예상되는 국소지역에 적용하는 강제 또는 배출 환기설비
        [비고] 보다 자세한 사항은 〈부록 2〉를 참조한다.

6.5.3 희석등급(Degree of dilution)
    (1) 폭발성 가스분위기의 분산과 지속시간을 제어하는 환기의 효과는 희석등급, 환기 이용도 및 시스템의 설계에 달려있다. 예로 환기는 폭발성 가스분위기의 생성을 막는 데 충분하지 않지만 이의 지속을 억제하는 데는 효과적일 수 있다.
    (2) 희석등급은 누출률을 안전한 수준으로 희석시키기 위한 환기능력 또는 대기조건의 척도를 말한다.
        (가) 주어진 환기 및 대기조건에서 누출률이 크면 클수록 더 낮은 희석등급이 되며, 주어진 크기의 누출률에서 환기량이 낮으면 낮을수록 더 낮은 희석등급이 된다.
        (나) 냉각팬과 같이 다른 형태의 환기를 고려한다면, 환기의 이용도를 고려한다. 다른 목적을 위한 환기는 긍정적 또는 부정적 측면에서 희석에 영향을 미칠 수도 있다.
    (3) 희석등급은 희석체적에 영향을 미칠 수도 있는데, 수학적으로는 위험체적과 같지만, 위험장소의 경계는 누출의 방향과 속도 및 주위 공기의 체적으로 인

한 누출 이동과 같은 기타 요소를 추가적으로 고려한다.
(4) 희석등급은 환기뿐 아니라 예상되는 누출 가스의 형태와 특성에도 영향을 받는다. 예를 들면 저속의 누출은 향상된 환기 등에 의해 고속 누출보다 더 많이 완화시킬 수 있을 것이다.
(5) 희석등급은 다음과 같이 3가지로 구분한다.
   (가) 고희석(High dilution)
      누출원 근처에서의 농도를 순간적으로 감소시키고 누출이 중단된 후 사실상 지속되지 않는다.
   (나) 중희석(Medium dilution)
      누출이 진행되는 동안에는 누출농도를 안정된 상태로 제어할 수 있고, 누출이 중단된 후에는 더 이상 폭발성 가스분위기가 지속되지 않는다.
   (다) 저희석(Low dilution)
      누출이 진행되는 동안에 상당한 농도로 지속되고 누출이 정지된 후에도 인화성 분위기가 상당기간 동안 지속된다.

## 7. 폭발위험장소의 종류

### 7.1 일반 사항

(1) 폭발성 가스분위기가 형성될 가능성은 주로 누출등급과 환기에 영향을 받게 되며, 그 가능성에 따라 위험장소를 0종, 1종, 2종 또는 비위험장소로 구분한다.
(2) 하나의 누출원에 의해 위험장소로 구분된 곳이 또 다른 누출원에 의한 위험장소와 중첩되면, 중첩된 장소에는 더 높은 위험장소 등급을 적용한다. 중첩된 장소가 같은 등급의 위험장소인 경우, 같은 등급의 위험장소가 된다.

### 7.2 누출원 등급의 영향

(1) 누출등급은 기본적으로 3가지로 구분하며, 인화성 물질 누출의 지속성과 발생빈도의 내림차순에 따라 정리하면 다음과 같다. 이 누출원은 3가지 등급 중 하나 또는 그 이상의 조합된 형태로 존재할 수 있다.
   (가) 연속누출등급
   (나) 1차누출등급
   (다) 2차누출등급
(2) 일반적으로 누출등급은 위험장소 설정의 주요 요소로, 충분한 환기지역(일반적으

**KOSHA GUIDE**
E - 180 - 2020

로 옥외 플랜트)에서의 연속누출등급은 0종장소, 1차등급은 1종장소, 2차등급은 2종장소로 이어진다. 이 일반규칙은 희석등급 및 환기이용도에 의하여 위험장소가 완화되거나 강화될 수도 있다(7.3 및 7.4 참조).

### 7.3 희석의 영향

(1) 위험장소를 평가하는 데 환기 또는 희석등급의 영향을 고려한다.
　(가) 중희석은 누출원 형태를 바탕으로 하는 위험장소의 사전 결정에 고려한다.
　(나) 고희석은 0종장소를 1종장소, 1종장소를 2종장소 또는 위험장소를 무시할 수 있는 정도로 완화시킬 수 있다.
　(다) 저희석은 더 높은 위험장소 등급을 유도한다.
　　[비고] 보다 자세한 사항은 〈부록 2〉를 참조한다.

### 7.4 환기이용도의 영향

(1) 환기이용도는 폭발성 가스분위기의 지속 및 형성에 영향을 미치며 결국 위험장소 구분에도 영향을 준다.
(2) 일반적으로 환기의 이용도 또는 신뢰성이 저하되면 인화성분위기가 분산되지 않고 증가되어 위험장소가 더 높아지는 경향, 예를 들어 2종장소는 1종장소 또는 0종장소로 더 높은 위험장소 등급으로 변경될 수 있다.
　[비고] 1. 환기이용도에 관한 보다 자세한 사항은 〈부록 3〉을 참조한다.
　　　　2. 환기의 유효성(efficiency)과 이용도(availability)의 개념 조합은 위험장소 평가를 위한 하나의 정성적인 방법(Qualitative method)이다.

## 8. 폭발위험장소의 범위

(1) 위험장소의 범위는 공기 중 인화성 물질의 농도가 인화하한 이하로 희석되기 전 폭발성분위기가 존재하는 추정 또는 계산된 거리를 말한다.
　(가) 위험장소 범위의 결정은 불확실성의 평가수준을 고려한 안전율을 적용한다.
　(나) 인화하한값 이하로 희석되기 전의 가스 또는 증기의 확산범위를 평가할 때에는 전문가의 의견을 구하는 것이 바람직하다.
(2) 공기보다 무거운 가스는 지면보다 낮은 장소(예 : 피트, 우묵한 곳 등)로 흐를 수 있고, 공기보다 가벼운 가스는 높은 장소(지붕 쪽 등)에 체류할 가능성이 있다.
(3) 누출원이 외부에 있거나 인접한 곳에 위치하는 경우에는 다음과 같은 적합한 조치에 의해 해당 장소로 인화성 가스나 증기가 침입하는 것을 방지할 수 있다.

(가) 물리적인 장벽의 설치

> [비고] 물리적 장벽의 예는 대기압에서 기체 또는 증기의 이동 통로를 제한하는 벽 또는 기타 장애물을 말하며, 이는 인화성 분위기의 축적을 예방하기 위한 것이다.

(나) 해당 장소에 충분한 양압을 유지하여 인접된 위험장소의 폭발성 가스분위기가 침입하는 것을 막는다.

(다) 충분한 유량의 신선한 공기로 해당 지역을 치환시킴으로써 인화성 가스나 증기가 들어올 우려가 있는 모든 개구부를 통해 공기가 배출되도록 한다.

(4) 위험장소의 범위는 인화성 물질의 화학적 및 물리적인 매개변수에 주로 영향을 받는데, 이 중 일부는 인화성 물질의 속성이며 나머지는 환경특성이다(6 및 7 참조).

(가) 질량이 작은 물질의 누출에서는 누출이 진행되는 동안에도 더 짧은 거리가 작용된다.

(나) 공기보다 무거운 상태의 가스 및 증기는 쏟아지는 액체처럼 지면 위의 플랜트 내 배수구 또는 배관 트렌치 내로 흘러 들어갈 수 있으며, 원래의 누출 지점으로부터 멀리 떨어진 곳에서 발화되어 넓은 플랜트 전역이 위험해질 수도 있다.

(다) 가능하다면 플랜트의 배치는 폭발성 가스분위기의 신속한 분산이 이루어지도록 설계한다.

(5) 환기가 제한되는 장소(예 : 피트 또는 트렌치 내부)는 2종장소가 아닌 1종장소로 구분한다. 반면에 펌프 또는 배관이 위치해 있는 넓고 얕은 침하지에는 이러한 엄격한 적용을 하지 않을 수도 있다.

## 9. 문서화

### 9.1 일반사항

(1) 위험장소 구분은 여러 단계를 거쳐 수행되며, 사용되는 정보와 가정 등은 모두 문서화하도록 한다.

(2) 위험장소 문서는 실제적인 문서로써 위험장소 구분에 사용된 방법을 포함하고 설비가 변경되면 개정하되, 사용되는 다음의 모든 정보, 자료 등을 표시한다.

(가) 관련 코드 및 표준 등의 내용

(나) 가스와 증기의 분산 특성 및 계산

(다) 환기의 유효성 평가를 위한 인화성 물질의 누출 매개변수와 관련된 환기특성 검토

(라) 플랜트에 사용되는 모든 공정물질(KS C IEC 60079-20-1 참조)의 다음 특성

- 분자량, 인화점, 비점, 발화점, 증기압, 증기밀도, 인화하한값, 가스그룹 및 온도등급 등

(3) 인화성물질의 목록 및 특성 작성용 양식은 <표 2>, 위험장소 구분 결과와 추후 변경사항에 대한 작성 양식(누출원 목록)은 <표 3>에 따른다.

(4) 정보(코드, 국가 표준, 계산)의 원천은 위험장소 구분 팀의 철학을 분명히 하고 이어지는 검토를 확실히 하기 위하여 기록한다.

### 9.2 도면, 자료시트 및 표

(1) 위험장소 구분에 대한 문서는 종이 또는 전자문서로 작성하되, 위험장소의 종류와 범위, 가스 그룹, 발화온도 및/또는 온도등급이 모두 포함되는 평면도, 입면도 또는 3차원 모델로 표시한다. 또한 지역의 형상이 위험장소 범위에 영향을 미치는 경우, 이를 문서화한다.

(2) 위험장소 구분 문서에는 다음과 같은 기타 관련 정보를 포함한다.

  (가) 누출원의 위치와 표시. 대규모 복합 플랜트 또는 공정 지역의 경우, 위험장소의 구분 자료 시트와 도면의 상호 참조를 위하여 누출원의 항목화 또는 번호 부여 고려

  (나) 건물 내 개구부의 위치(예 : 문, 창, 환기 급기구 및 배기구)

(3) 위험장소 구분 표시는 <그림 2>와 같다. 주요 표시는 각 도면에 제시하여야 하며, 복수의 기기 그룹 및/또는 온도등급이 같은 위험장소 내에서 요구되는 경우, 다양한 기호가 필요할 수 있다(예를 들어, 2종장소 IIC T1 및 2종장소 IIA T3).

KOSHA GUIDE
E - 180 - 2020

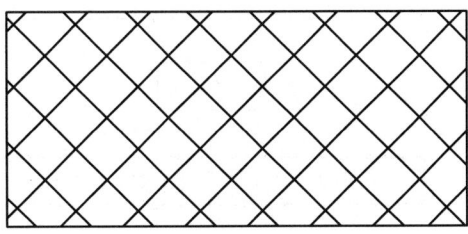

a) 0종장소(Zone 0)

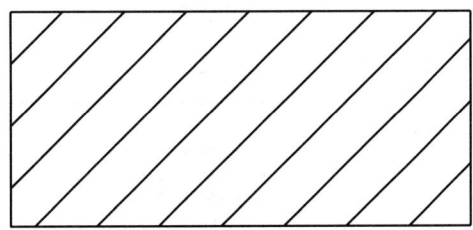

b) 1종장소(Zone 1)

c) 2종장소(Zone 2)

〈그림 2〉 폭발위험장소 구분 표시

KOSHA GUIDE
E - 180 - 2020

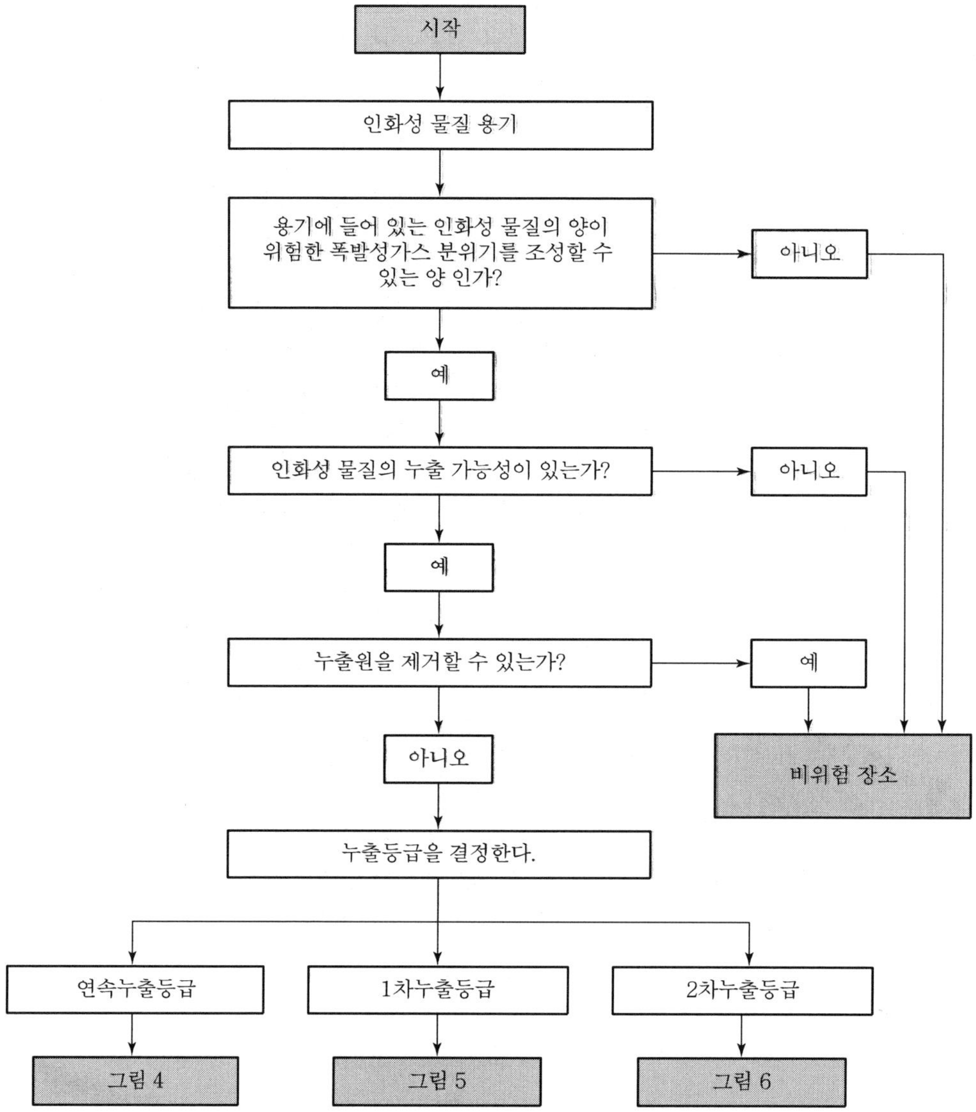

〈그림 3〉 폭발위험장소 구분절차도(1)

KOSHA GUIDE
E - 180 - 2020

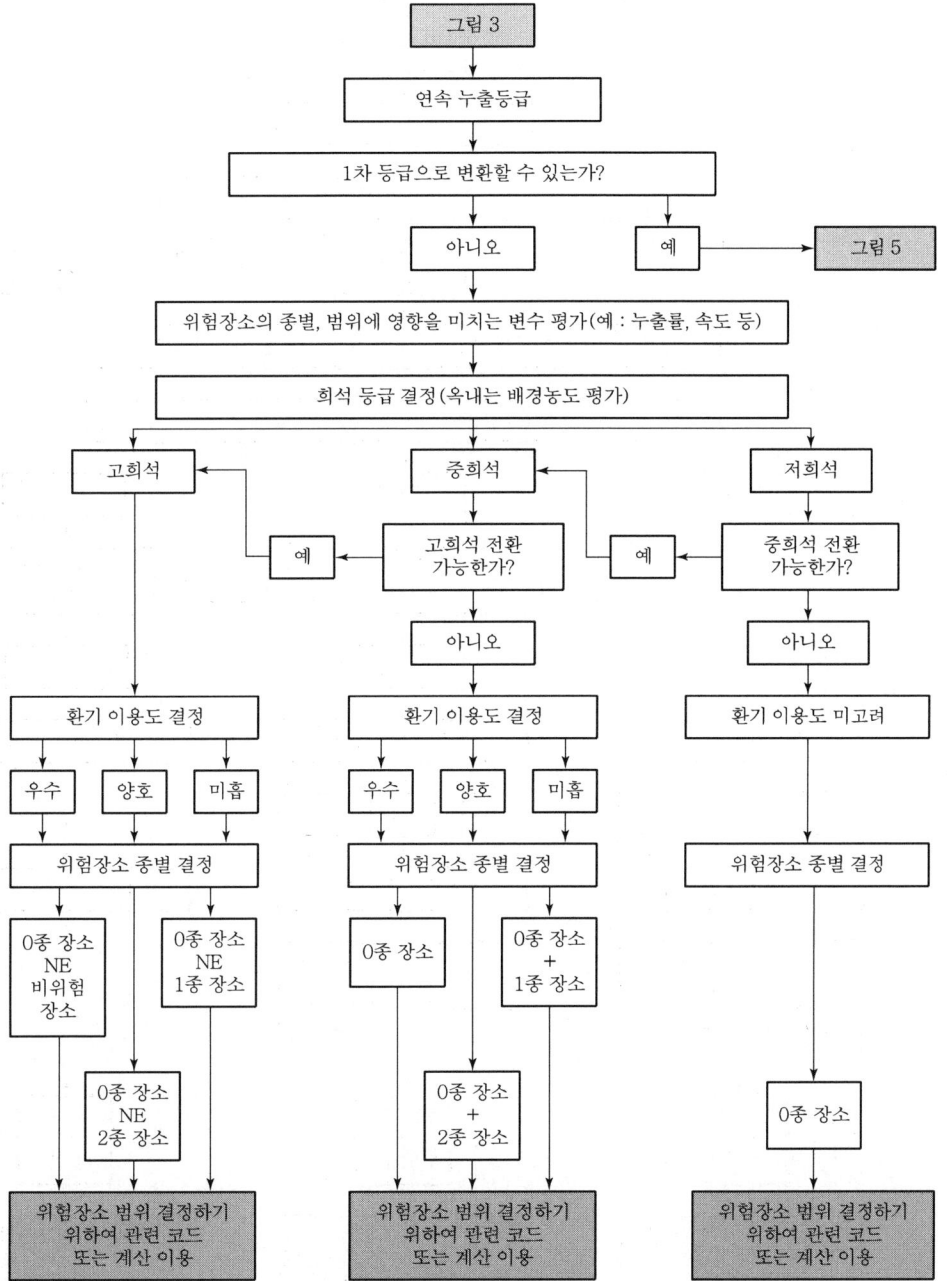

〈그림 4〉 폭발위험장소 구분절차도(2)

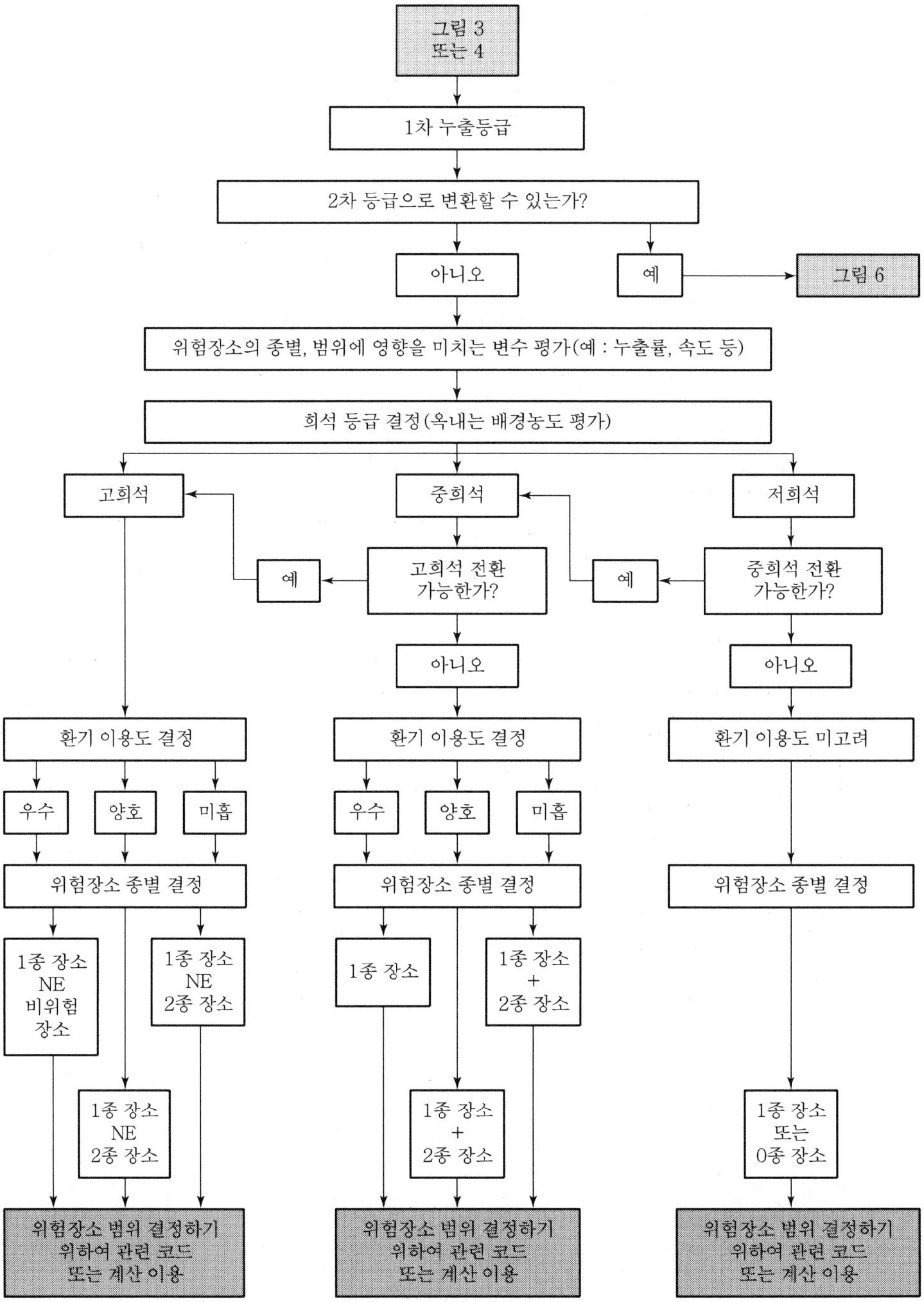

KOSHA GUIDE
E - 180 - 2020

〈그림 5〉 폭발위험장소 구분절차도(3)

KOSHA GUIDE
E - 180 - 2020

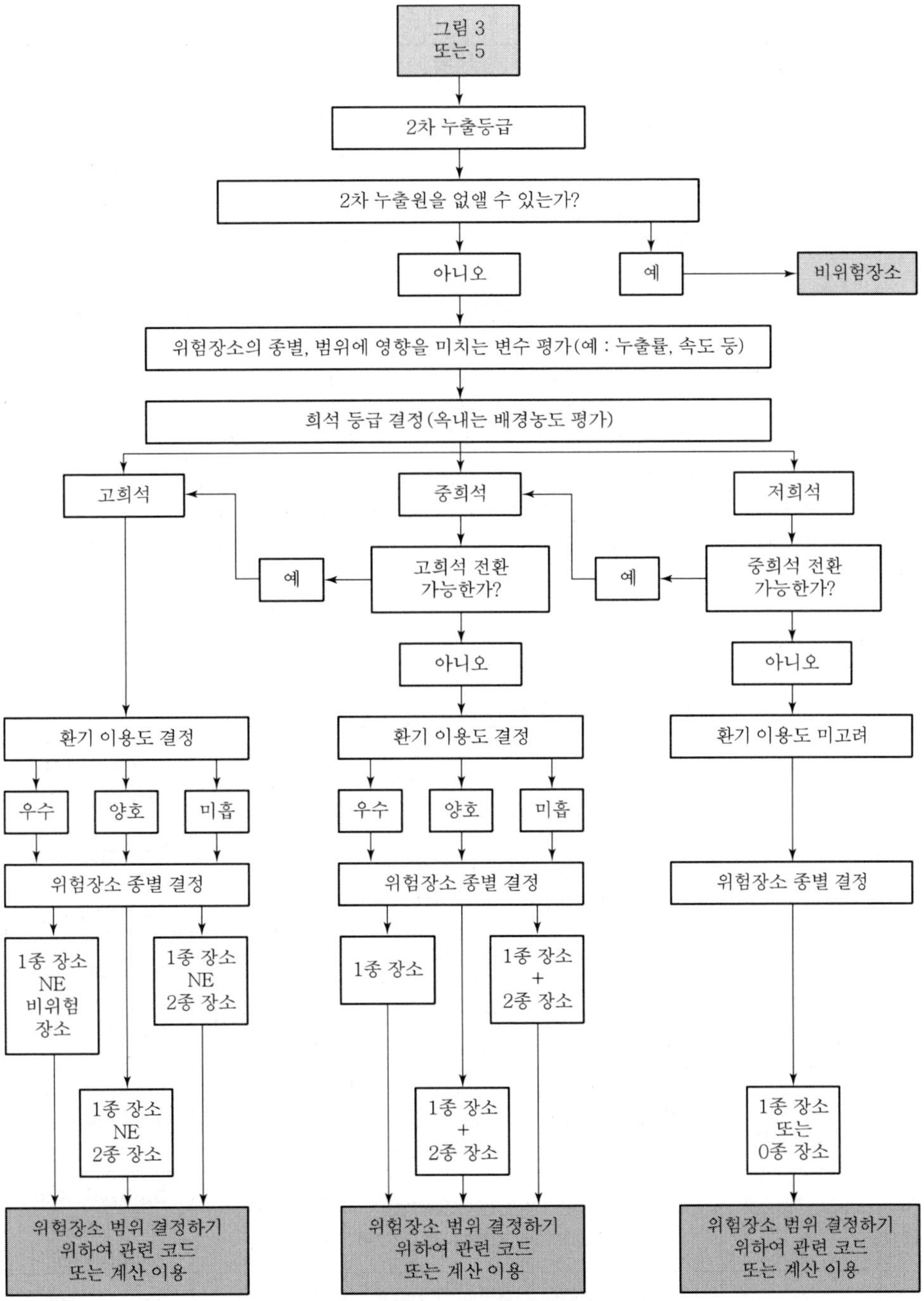

〈그림 6〉 폭발위험장소 구분절차도(4)

KOSHA GUIDE
E - 180 - 2020

〈표 1〉 국가 표준 및 산업 표준의 예

| 구분 | 코드, 표준 | 제목 | 제정기관 | 비고 |
|---|---|---|---|---|
| 호주, 뉴질랜드 | AS/NZS (IEC) 60079-10-1 | Explosive Atmospheres Part 10-1 : Classification of areas – Explosive Gas Atmospheres | Standards Australia/ Standards New Zealand | |
| 독일 | BRG 104 | ExRL ≫Explosionsschutz – Regeln – Regeln füur das Vermeiden der Gefahren durch explosionsfähige Atmosphäre mit Beispielsammlung≪ | | |
| | TRBS 2152. | Technischen Regeln für Betriebssicherheitsverordnung Technical Rules for Plant Safety Provisions | | EN-1127-1의 독일판 |
| 영국 | EI 15 (구 IP 15) | Model code of safe practice for the petroleum industry, Part 15 : Area Classification Code for Petroleum Installations Handling Flammable Liquids | Energy Institute | |
| | IGEM/SR/25 | Hazardous area classification of natural gas installations | institution of Gas Engineers and Managers | |
| 미국 | API RP 505 | Recommended Practice for Classification of Locations for Electrical Installations at Petroleum Facilities classified as Class I, Zone 0, Zone 1 and Zone 2. | American Petroleum Institute(API) | |
| | NFPA 59A | Standard for the Production, Storage, and Handling of Liquefied Natural Gas | National Fire Protection Association | |
| | NFPA 497 | Recommended Practice for the Classification of Flammable Liquids, Gases, or Vapors and of Hazardous(Classified) Locations for Electrical Installations in Chemical Process Areas | National Fire Protection Association | |
| 단체 표준 | IEC 60079-10-2 | Explosive atmospheres – Part 10 – 2 : Classification of areas – Combustible dust atmosphere | International Electrotechnical Commission | |
| | IEC 61285 | Industrial Process Control – Safety of Analysers House : 2004 – 10 | International Electrotechnical Commission | |
| | EN 1127-1 | Explosive Atmospheres – Explosion Prevention and Protection – Part 1 : Basic Concept and Methodology; 2010 – 05 | European Commission | 참고문헌 |

KOSHA GUIDE
E - 180 - 2020

## 12. 가스폭발위험장소의 설정에 관한 기술지침

〈표 2〉 인화성 물질 목록 및 특성 특성_폭발위험장소 구분 데이터 시트(파트 I)

설비 :
지역 :
관련도면 :

| 물질명 | 분자식 (구성성분) | 분자량 (kg/kmol) | 인화성 물질 비중 (가스, 공기) | 단열팽창폴리 트로프 지수 | 인화점 (℃) | 발화점 (℃) | 비점 (℃) | 휘발성[a] 증기압 20℃(kPa) | 인화하한값(LFL) vol (%) | 인화하한값(LFL) (kg/m³) | 방폭 특성 기기그룹 및 온도등급 | 비 고 (기타 관련 정보) |
|---|---|---|---|---|---|---|---|---|---|---|---|---|
| 1 | | | | | | | | | | | | |
| 2 | | | | | | | | | | | | |
| 3 | | | | | | | | | | | | |
| 4 | | | | | | | | | | | | |
| 5 | | | | | | | | | | | | |
| 6 | | | | | | | | | | | | |
| 7 | | | | | | | | | | | | |
| 8 | | | | | | | | | | | | |
| 9 | | | | | | | | | | | | |
| 10 | | | | | | | | | | | | |

a : 일반적으로 증기압 값이 주어지며, 증기압 값이 주어지지 않은 경우, 비점 사용 가능

# KOSHA GUIDE
## E - 180 - 2020

설비 :
지역 :

〈표 3〉 누출원 목록_특별위험장소 구분 데이터 시트(파트 II)

관련도면 :

| 누출원 | | | | | 인화성 물질 | | | | 환기 | | | 특별위험장소 | | | | 비고 (기타 관련정보) |
|---|---|---|---|---|---|---|---|---|---|---|---|---|---|---|---|---|
| 설비명 | 위치 | 누출 등급$^a$ | 누출률 (kg/s) | 누출특성 (m³/s) | 참조$^b$ | 운전온도 및 압력 | | 상태$^c$ | 형태$^d$ | 희석 등급$^e$ | 이용도 | 위험장 소종별 (0,1,2) | 위험장소범위 (m) | | 참조$^f$ | |
| | | | | | | (℃) | (kPa) | | | | | | 수직 | 수평 | | |
| 1 | | | | | | | | | | | | | | | | |
| 2 | | | | | | | | | | | | | | | | |
| 3 | | | | | | | | | | | | | | | | |
| 4 | | | | | | | | | | | | | | | | |
| 5 | | | | | | | | | | | | | | | | |
| 6 | | | | | | | | | | | | | | | | |
| 7 | | | | | | | | | | | | | | | | |
| 8 | | | | | | | | | | | | | | | | |
| 9 | | | | | | | | | | | | | | | | |
| 10 | | | | | | | | | | | | | | | | |

a : C(연속). S(2차). P(1차). b : 파트 I 목록 인용 번호. c : G(가스), L(액체), LG(액화가스). S(고체). d : N(자연환기). AG(강제 전체환기). AL(국소배기). e : 부속서 C 참조. f : 사용된 코드/표준 번호, 계산 기준 표시

KOSHA GUIDE
E - 180 - 2020

〈부록 1〉

# 가스폭발위험장소 설정을 위한 누출원 평가

## 1. 누출등급의 예

### 1.1 일반사항

1.2~1.4에 주어진 예들은 특정 공정, 설비와 상황에 따라 다양하게 변경될 수 있으므로 엄격하게 적용하지 않는다. 일부 설비는 하나 이상의 누출등급을 가질 수 있다.

### 1.2 연속누출등급의 누출원

(1) 대기와 연결되는 고정 통기구(Vent)가 설치된 고정 지붕탱크(Fixed roof tank) 내부의 인화성액체 표면
(2) 지속적으로 또는 장시간 동안 대기에 개방되어 있는 인화성 액체 표면

### 1.3 1차누출등급 누출원

(1) 정상작동 중에 인화성 물질의 누출이 예상되는 펌프, 압축기 또는 밸브의 씰(Seals) 등
(2) 정상작동 중의 배수과정에서 대기로 인화성 물질이 누출될 수 있는 용기의 배수점(Water drainage point) 등
(3) 정상작동 중 인화성 물질의 대기 누출이 예상되는 시료 채취점(Sample point)
(4) 정상작동 중 인화성 물질의 대기 누출이 예상되는 릴리프밸브, 통기구 및 기타 개구부(Openings) 등
  (가) 릴리프밸브(Relief Valve) : 설정된 압력 직하에서 작동되도록 사용자가 압력을 조정하여 사용할 수 있는 밸브
  (나) 안전밸브(Safety Valve) : 설정된 압력 이상에서만 작동되도록 조립 시 제조공장에서 고정시킨 것으로 압력조정이 불가능한 밸브

### 1.4 2차누출등급의 누출원

(1) 설비의 정상작동 중에는 인화성 물질의 누출이 예상되지 않는 펌프, 압축기 및 밸브의 씰(Seals) 등
(2) 정상작동 중에는 인화성 물질의 누출이 예상되지 않는 플랜지, 연결부(Connections),

KOSHA GUIDE
E - 180 - 2020

　　　　배관 피팅부(Pipe fittings) 등
　　(3) 정상작동 중에는 인화성 물질의 대기 누출이 예상되지 않는 시료 채취점
　　(4) 정상작동 중 인화성 물질의 대기 누출이 예상되지 않는 릴리프밸브, 통기구 및 기타 개구부 등

## 2. 누출등급의 평가

　(1) 누출등급의 잘못된 평가는 전체 평가과정에서 잘못된 결과를 초래할 수 있고, 누출등급(연속누출(1.2 참조), 1차누출(1.3 참조), 2차누출(1.4 참조)에 대하여 정의하였음에도 실제적으로는 다른 누출등급과 구별하는 것이 항상 쉽지는 않다.
　　(가) 일반적으로 정상 작동상태에서 발생되지 않는 모든 누출은 2차누출로 간주되고 누출의 예측주기는 통상 무시한다.
　　　① 2차누출은 누출이 아주 짧은 시간만 발생한다는 가정을 바탕으로 한다.
　　　② 이는 누출현상이 발생하자마자 즉시 이를 감지해서 진행되는 누출원에 대해 가능한 한 신속히 필요한 조치를 취한다는 것을 전제로 하는 것으로, 이러한 가정은 장비와 설비의 정기적인 감시 및 정비의 문제로 이어진다.
　　(나) 정기적인 감시와 정비가 미흡할 경우, 누출이 감지되기 전까지 수 시간 동안 지속될 수도 있다. 이와 같은 감지 지연이 누출원의 등급을 1차 또는 연속누출 등급으로 해야 한다는 의미는 아니다.
　　　① 무인 원격설비에서 합리적 및 규칙적으로 누설 감시와 검사가 이루어진다 하더라도 이러한 설비에서는 누출이 발생할 경우, 상당 기간 동안 이를 알아차릴 수 없는 경우가 있다. 이들의 누출등급의 평가는 제조자의 지침서, 관련 규정 및 프로토콜과 엔지니어링 지침 등에 따라 합리적인 방법으로 장비와 설비의 감시와 검사가 실시된다는 신중한 고려와 가정을 바탕으로 이루어져야 한다.
　　　② 위험장소 구분이 미흡한 정비지침을 외면해서도 안 되겠지만, 사용자는 미흡한 지침이 위험장소 구분을 위태롭게 할 수 있음을 알아야 한다.
　(2) 대부분의 누출원에서, 정의로만 보면 1차 누출등급으로 보는 것이 편할 수 있다. 그러나 누출 특성을 조사할 때, 폭발위험분위기가 누출원 인근에 존재하지 않음을 논리적으로 보증할 수 없는 누출이 자주 발생할 수 있다는 것을 알아야 한다. 이러한 경우에는 연속 누출등급의 정의가 더 적합할 수 있다. 따라서 연속 누출 등급의 정의는 연속누출 뿐만 아니라 고빈도의 누출도 포함하고 있다(1.2 참조).

```
KOSHA GUIDE
E - 180 - 2020
```

## 3. 누출의 합

(1) 하나 이상의 누출원이 있는 실내에서 위험장소의 종별 및 범위를 정하기 위해서는 희석등급 및 배경농도(Background concentration)를 결정하기 전에 누출원을 모두 합할 필요가 있다. 누출원을 합산하는 정기(예측 가능한)활동에는 운전조건의 자세한 분석을 바탕으로 하되, 누출원의 합산(질량과 부피 모두)은 다음에 따른다.

　(가) 연속누출은 모든 개별 연속 누출원의 합으로 한다.
　(나) 1차누출은 모든 연속 누출원과 조합되는 일부 개별 1차누출원의 합으로 한다.
　(다) 2차누출은 모든 1차 누출과 조합되는 가장 큰 개별 2차누출원의 합으로 한다.

(2) 다양한 인화성 물질이 누출된다면 그 상황은 보다 복잡해지며, 모두 합하기 전에 각 물질 누출특성을 정하여 가장 큰 2차 누출원을 사용한다.

(3) 배경농도를 결정하는 경우, 체적 누출률을 직접 합할 수 있다.

　(가) 배경농도와 비교되는 임계농도는 일반적으로 LFL의 25%로 한다.
　(나) 다양한 인화성 물질이 있다면 혼합 LFL을 비교기(Comparator)로서 활용할 수 있다.

(4) 일반적으로 연속 및 1차 누출원이 저희석 지역에 놓여 있는 것은 바람직하지 않으므로, 이러한 누출원이 하나라도 있다면 누출원의 재배치, 또는 환기를 개선하거나 누출등급을 낮추도록 한다.

## 4. 누출구멍 크기 및 누출원 반경

(1) 시스템에서 판단해야 하는 가장 중요한 인자는 누출구멍의 반경(Hole radius)이며, 이를 이용하여 인화성물질의 누출률과 위험장소의 형태 및 범위를 결정한다.

(2) 누출률은 누출구멍 반경의 제곱에 비례하므로 누출구멍의 크기를 추정할 때에는 신중하고 균형 잡힌 접근이 필요하다.

　(가) 누출구멍 크기의 과소평가는 누출률에 대한 계산 값의 과소평가로 이어진다.
　(나) 안전상의 이유로 누출구멍 크기의 보수적인 계산은 과대평가로 이어져서 결국은 과도한 위험장소 범위로 나타날 수 있어 이 또한 주의한다.

　　[비고] 누출구멍의 반경을 정할 때, 대부분의 누출구멍은 원형이 아님에도 이를 사용하는 것은 누출계수가 등가영역의 누출구멍에 주어지는 누출률을 줄이기 위한 보상용어로 사용되기 때문이다.

KOSHA GUIDE
E - 180 - 2020

〈표 1〉 2차누출등급의 누출구멍 단면적(권고)

| 구 분 | 항목 | 누출 고려사항 | | |
|---|---|---|---|---|
| | | 누출개구부가 확대되지 않는 조건에서의 일반값, $S(mm^2)$ | 누출개구부가 부식 등에 의해 확대될 수 있는 조건에서의 일반값, $S(mm^2)$ | 누출 개구부가 심한 고장 등에 의해 확대될 수 있는 조건에 대한 일반 값, $S(mm^2)$ |
| 고정부의 실링 요소 | 압축섬유 개스킷 류의 플랜지 | ≥ 0.025~0.25 | 〉 0.25~2.5 | (두 볼트 사이의 거리)×(개스킷 두께) 보통 ≥ 1mm |
| | 나선형 운드 (spiral wound) 개스킷 류의 플랜지 | 0.025 | 0.25 | (두 볼트 사이의 거리)×(개스킷 두께) 보통 ≥ 0.5mm |
| | 링형태조인트 연결부품 | 0.1 | 0.25 | 0.5 |
| | 50mm 이하 구멍연결부[a] | ≥ 0.025~0.1 | 〉 0.1~0.25 | 1.0 |
| 저속 가동 부품류의 실링요소 | 밸브 스템 패킹 | 0.25 | 2.5 | 제조사 자료 또는 공정 설비 배치에 따라 결정, $2.5mm^2$ 미만 [d] |
| | 압력누출밸브[b] | 0.1 (오리피스부위) | NA | NA |
| 고속 가동 부품류의 실링요소 | 펌프, 압축기[c] | NA | ≥ 1~5 | 제조사 자료 또는 공정 설비 배치에 따라 결정, 최송 $5mm^2$ [d] 및 [e] |

a 소규경 배관의 링 조인트, 나사 연결, 압축 조인트(예, 금속 압축 피팅) 및 래피드 조인트에 제안되는 누출구멍 단면
b 여기에서는 밸브의 완전 개방을 전제하지는 않지만, 밸브 부품의 고장으로 다양한 누설이 있을 수 있다. 특이한 경우, 제안된 것보다 큰 누출구멍 단면을 가질 수 있다.
c 왕복 압축기-압축기의 프레임과 실린더에서는 통상 누설이 일어나지 않지만, 공정설비의 피스톤로드 패킹과 다양한 배관 연결부에서 누설이 일어난다.
d 장비 제조자 데이터-예상되는 고장의 경우 그 영향을 평가하기 위하여 장비 제조자의 협력 필요(예, 밀봉장치 관련 세부 도면의 이용성)
e 공정설비 배치-특정 상황(예, 사전 연구). 인화성 물질의 최대 허용 누출률로 정의하는 운전 분석은 장비 제조자 데이터의 부족을 보완할 수 있다.
주. 기타 일반적인 값은 특정 응용에 대한 관련 국가 또는 산업 코드에서 구할 수 있다.

**KOSHA GUIDE**
E - 180 - 2020

(3) 연속 및 1차 누출등급에서 누출구멍 크기는 누출 오리피스(예 : 상대적으로 예측 가능한 조건하에서 가스가 누출되는 다양한 통기구와 브리더 밸브 등)의 형태와 크기에 따라 정해진다. 2차 누출등급의 누출구멍 크기에 대한 가이드는 〈표 1〉에 나타내었다.

(4) 〈표 1〉에서 하한 값은 고장확률이 낮은(예 : 설계정격 이하에서의 운전 등) 이상적인 조건일 경우 선택하고, 상한 값은 운전조건이 설계정격에 가까운 상태에서 고장확률이 상승할 수 있는 불리한 조건(진동, 온도변화, 취약한 환경 조건 또는 가스의 오염 등)에서 선택한다.

  (가) 일반적으로 무인설비는 심각한 고장시나리오를 피하기 위해 특별히 고려한다.

  (나) 누출구멍 선정의 기본은 적합한 문서화, 기록이다.

KOSHA GUIDE
E - 180 - 2020

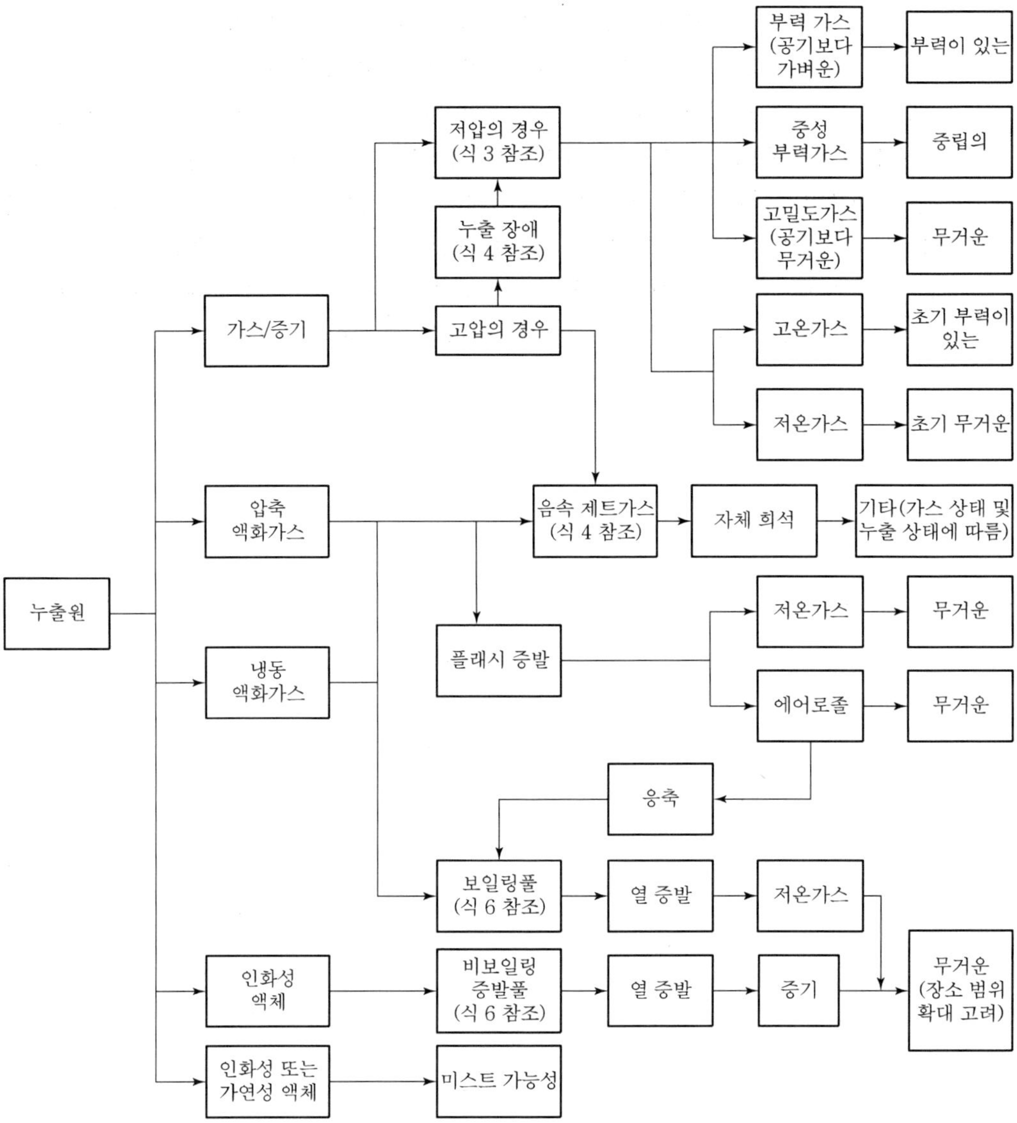

〈그림 1〉 누출의 형태

## 5. 누출의 형태

〈그림 1〉은 다양한 누출의 일반적인 특성을 나타낸다.

```
KOSHA GUIDE
E - 180 - 2020
```

## 6. 누출률

### 6.1 일반 사항

(1) 누출률은 다음과 같은 매개변수에 따라 달라진다.

(가) 누출 특성 및 형태(Nature and type of release)

이는 개방 표면, 플랜지 누설 등과 같은 누출원의 물리적 특성에 관한 것이다.

(나) 누출 속도

① 누출원에서의 누출률은 누출압력에 따라 증가한다. 아음속(음속 이하)누출에서 누출속도는 공정 압력과 관련된다.

② 인화성 가스 또는 증기운의 크기는 인화성 증기 누출률과 희석률에 의하여 결정된다.

③ 고속으로 누출되는 가스와 증기 흐름은 공기에 혼합되어 자체적으로 희석될 수 있으나, 폭발성 가스 분위기의 범위는 공기 흐름과는 거의 관련이 없다.

④ 인화성 물질이 저속으로 누출되거나 고형체에 부딪쳐 속도가 감소될 경우, 그 물질은 공기흐름에 따라 이동 희석되어 공기 흐름에 영향을 받게 된다.

(다) 농도

누출된 인화성 물질의 질량은 누출된 혼합물 내의 인화성 증기 또는 가스의 농도에 따라 증가한다.

(라) 인화성 액체의 휘발성

① 휘발성은 증기 압력과 증발 엔탈피(열)에 주로 관련된다. 증기압이 알려지지 않은 경우, 끓는점과 인화점을 가이드로 사용할 수 있다.

② 폭발분위기는 해당 인화성 액체의 인화점 보다 낮은 온도에서 사용한다면 존재하지 않는다.

[비고] 인화성액체가 사용 중에 인화점 이상으로 특별히 가열 등이 이루어지지 않는다면 인화점이 40℃ 이하의 경우에만 적용한다(NFPA 479의 4.2.6(Flammable Liquids), API RP 505의 5.2.2(Class I)에서 37.8℃ 이하인 경우에만 폭발위험장소 설정, 참조).

③ 인화점이 낮으면 낮을수록 폭발분위기의 범위는 더 커질 수 있다. 그러나 인화성 물질이 안개(분무) 형태로 누출된다면, 폭발위험분위기는 그 물질의 인화점 이하에서도 형성될 수 있다.

[비고] 1. 인화점에 대해 주어진 실험값이나 발행 본이 정확히 기록되지 않을 수 있고 시험 데이터도 달라질 수 있다. 인화점이 정확하게 알려져 있지 않는 한 인용값에 대한

약간의 오차는 허용된다. 혼합물의 경우, 순수 액체의 인화점 보다 ±5 ℃ 넘는 허용오차는 일반적이지 않다.
2. 인화점은 두 가지 측정, 즉 밀폐 컵(Closed cup)과 개방 컵(Open cup)에 의한다. 밀폐된 설비는 밀폐 컵에 의한 인화점을 사용한다. 개방 장소에서의 인화성 액체의 경우, 개방 컵 인화점을 사용할 수 있다.
3. 일부 액체들(예, 할로겐화 탄화수소 등)은 폭발성 가스분위기를 생성 할 수 있음에도 불구하고 인화점을 갖고 있지 않다. 이 경우, 최저 인화한계(LFL)에서 포화 농도에 상응하는 등가 액체 온도를 최대 액체 온도와 상대적으로 비교하도록 한다.

(마) 액체 온도

액체는 온도증가에 따라 증기압이 상승하는데 이는 증발에 따라 누출률이 증가하기 때문이다.

[비고] 액체의 온도는 누출이 발생한 후 상승할 수도 있다(예, 고온의 표면이나 외기온도). 그러나 증기화는 에너지의 인가와 액체의 엔탈피에 기초한 등가조건에 도달될 때까지 액체를 냉각시키는 경향이 있다.

## 6.2 누출률의 추정

### 6.2.1 일반 사항

(1) 여기에서 제시된 방정식과 평가방법은 모든 설비에 적용하기 위한 것이 아니고 각 항에서 제시된 제한 조건에서만 적용가능하다. 이 방정식은 간략화된 수학적 모델로 복잡한 문제를 나타내고자 함에 따른 제한적인 결과만을 제공하므로 다른 계산 방법도 선택할 수 있다.

(2) 다음 방정식은 인화성 액체 및 가스의 대략적인 누출률을 계산할 수 있으므로, 보다 정리된 누출률은 개구부의 특성과 액체 또는 기체의 점도를 고려하여 추정할 수 있다.

(가) 인화성 물질이 누출되는 개구부의 길이가 그 폭에 비해 긴 경우에는 물질의 점도가 누출률을 상당히 많이 감소시킬 수 있다. 이러한 요소는 일반적으로 누출계수 ($C_d \leq 1$)로 간주한다.

(나) 누출계수 $C_d$는 특정 오리피스에서 특정 누출 사례에 대한 일련의 실험을 통하여 구한 경험 값이므로, $C_d$는 각각의 특정 누출에 따라 다양한 값을 갖게 된다.

① 누출구멍 평가에 관련된 적절한 정보가 없다면, $C_d$의 값은 통기구(Vent)와 같이 원형 형태를 가진 누출구멍은 최소한 0.99, 기타 원형이 아닌 누출구멍은 0.75로 하면 타당한 안전 근사값을 갖게 된다.

② 만약 $C_d$에 계산값을 적용한다면, 그 값은 현장 적용에 적합한 가이드인

## 6.2.2 액체의 누출률

(1) 액체의 누출률은 다음의 근사식을 이용하여 추정할 수 있다.

$$W = C_d S \sqrt{2\rho \Delta p} \text{ (kg/s)} \cdots\cdots\cdots\cdots\cdots\cdots\cdots\cdots\cdots\cdots\cdots\cdots\cdots\cdots (\text{식 1})$$

(2) 이어서 액체누설의 증발량 결정이 필요하다. 액체의 누설은 다양한 형태로 누설상태와 증기 또는 가스가 어떻게 생성되느냐는 다양한 변수에 의하여 결정되며, 누설의 예는 다음과 같다.

(가) 2상의 누출(예, 액체와 가스의 복합 누출)

액화석유가스(LPG)와 같은 액체는 열역학적 또는 기계적 상호 작용의 변화에 따라 오리피스에서 누출되기 전 또는 누출 후 즉시 가스와 액체의 두 개의 상이 존재할 수도 있다. 이는 증기운 발생에 기여하는 액체를 끓게 하는 기름방울 및/또는 풀(Pool)형성에 영향을 줄 수도 있다.

(나) 1상의 누출(Single phase release of a non-flashing liquid)

① 비점이 높은(대기 범위 이상) 액체의 누설은 누출원 인근에서 증발될 수도 있는 중요한 액체 성분이 일반적으로 포함된다. 누출은 제트 분출 결과로써 작은 방울로 쪼개질 수도 있다. 이어서 누출된 증기는 누출점으로부터 작은 방울 또는 이어지는 풀 형성으로부터 제트 형성과 증기화가 이루어진다.

② 많은 조건 및 변수로 인하여 액체 누출의 증기 조건 평가 방법들은 이 지침에서는 제공하지 않는다. 사용자는 모델의 한계를 판단하고 그 결과의 적절한 보수적인 접근을 통하여 적합한 모델을 선택한다.

## 6.2.3 가스 또는 증기의 누출률

### 6.2.3.1 일반 사항

(1) 다음 방정식은 가스 누출률을 합리적으로 추정하기 위한 것으로, 만약 가스밀도가 액화가스의 밀도에 근접하는 경우, 9.2.2에 따라 2상을 고려한다.

(2) 가압된 기체 밀도가 액화 가스 농도보다 훨씬 낮다면, 용기의 가스 누출률은 이상 기체의 단열 팽창을 기초하여 추정할 수 있다.

(가) 가스 용기의 내부 압력이 임계 압력($P_c$)보다 높다면, 누출 가스의 속도는 음속(Sonic, Choked)이다. 임계압력은 다음 방정식에 의하여 정해진다.

$$P_c = p_a\left(\frac{\gamma+1}{2}\right)^{\gamma/(\gamma-1)} \text{ (Pa)} \quad\cdots\cdots\cdots\text{(식 2)}$$

이상 기체에서 방정식 $\gamma = \dfrac{M_{c_p}}{M_{c_p} - R}$을 사용할 수 있다.

(나) 대부분의 가스에서 빠른 계산을 위해 근사값을 $P_c \approx 1.89 P_a$로 한다.
① 임계압력은 산업공정에서 사용되는 통상 압력에 비해 일반적으로 낮다.
② 임계압력 미만의 압력은 가스 공급배관에서 히터·오븐·반응기·소각로·기화기·증기 발생기·보일러 및 기타 공정설비와 같은 열 설비, 그리고 과압(통상 50,000 Pa(0.5 바))을 억제하는 대기압 저장탱크에서도 나타난다.

(3) (식 3)에서 이상기체의 압축계수는 1.0이다. 실제 가스에서 압축계수는 관련 가스의 압력, 온도 및 유형에 따라 1.0 이하 또는 그 이상의 값을 갖는다.

(4) 중간 압력까지의 낮은 압력에서 $Z=1.0$은 보수적일 수도 있으나 합리적인 근사 값으로써 사용될 수 있다. 보다 높은 압력, 예를 들어, 500kPa(50 바) 이상의 압력의 경우에는 개선된 정확성이 필요하고 실제의 압축계수를 적용하도록 한다. 압축계수의 값은 가스 특성 데이터 북에서 찾을 수 있다.

6.2.3.2 아음속 누설(Non choked gas velocity(Subsonic releases))의 가스 누출률

아음속 가스속도는 가스가 음속 미만의 속도로 누출되는 속도를 말하며, 이때의 용기의 가스 누출률은(식 3)으로 구한다.

$$W_g = C_d S p \sqrt{\frac{M}{ZRT}\frac{2\gamma}{\gamma-1}\left[1-\left(\frac{p_a}{p}\right)^{(\gamma-1)/\gamma}\right]}\left(\frac{p_a}{p}\right)^{1/\gamma} \text{ (kg/s)} \cdots\cdots\text{(식 3)}$$

6.2.3.3 음속 누설(Choked gas velocity(Sonic releases))의 가스 누출률

음속 누설가스는 가스 속도가 음속인 것을 말하며, 이론적으로 최대 누출속도이다. 가스속도가 음속과 같다면, 용기에서의 가스 누출률은 다음 식으로 구한다.

$$W_g = C_d S p \sqrt{\gamma \frac{M}{ZRT}\left(\frac{2}{\gamma+1}\right)^{(\gamma+1)(\gamma-1)}} \text{ (kg/s)} \quad\cdots\cdots\cdots\text{(식 4)}$$

가스의 시간당 부피 유량(m³/s)은 다음과 같다.

KOSHA GUIDE
E - 180 - 2020

$$Q_g = \frac{W_g}{\rho_g} \ (\text{m}^3/\text{s}) \quad \cdots\cdots (\text{식 5})$$

여기서 $\rho_g = \dfrac{p_a M}{R T_a}$ 은 가스의 비중(kg/m³)이다.

[비고] 누출부에서의 가스온도가 주위 온도 이하일 경우, $T_a$는 보다 쉬운 계산을 위하여 근사 값으로 제공되는 가스온도를 사용하기도 한다.

### 6.3 증발 풀의 누출률

(1) 증발풀(Evaporative pool)은 액체 유출(Spillage) 또는 누설(Leakage) 결과뿐만 아니라 개방된 용기에서 인화성 액체를 저장 또는 취급하는 공정설비의 일부에서도 나타날 수 있다. 여기에서의 평가는 흘러내린 액체 표면에서의 열역학과 같은 특정요소를 고려하지 않는 얇은 표면유출에는 적용하지 않는다. 다음의 가정은 아래와 같은 평가 하에 이루어졌다.

(가) 대기온도에서 상변화(Phase change)와 플름(Plume)이 없다(상 및 온도변화는 분산 및 증발률의 변화를 가져온다)

(나) 누출된 인화성 물질은 중간 정도의 부력을 갖는다. 비교평가 분석에서 공기보다 무거운 중간 정도의 증기는 부력가스와 같은 방법으로 취급한다.

(다) 다량의 연속 누출의 경우에는 이 분석에서 고려하지 않는다.

(라) 용기에서 흘러나오는 액체는 즉시 1cm 깊이의 풀(Pool)로써 평평한 표면을 형성하고 대기 조건에서 증발된다.

① 이때의 증발률은 다음 식을 사용하여 추정할 수 있다.

$$W_e = \frac{6.55 u_w^{0.78} A_p P_v M^{0.667}}{R \times T} \ (\text{kg/s}) \quad \cdots\cdots (\text{식 6})$$

증기의 밀도(kg/m³) $\rho_g = \dfrac{p_a M}{R T_a}$ (kg/m³)로 나타내므로,

부피증발률(m³/s)은 다음 식으로 구한다.

$$Q_g \approx \frac{6.5 u_w^{0.78} A_p P_v}{10^5 M^{0.333}} \times \frac{T_a}{T} \ (\text{m}^3/\text{s}) \quad \cdots\cdots (\text{식 7})$$

② 풀의 표면적 1.0m², 지표면의 풍속 0.5m/s, 액체 온도를 대기온도와 같다고 했을 때의 부피증발률(m³/s)은 다음 식으로 구한다.

$$Q_g \approx \frac{3.78 \times 10^{-5} P_v}{M^{0.333}} (\text{m}^3/\text{s}) \quad \cdots\cdots\cdots\cdots (식\ 8)$$

③ 실제 풀 면적은 유출된 액체의 양을 기준으로 하되, 유출된 지역의 경사나 둑 등과 같은 현장 조건을 고려한다.

(2) 증발률 평가에서의 풍속은 희석등급 추정하기 위한 차후의 풍속과 일치시켜야 한다. 이는 풍속은 증발을 가속시키지만 동시에 인화성 가스 또는 증기의 희석에도 기여하고 있음을 강조하는 것이다.

(3) 〈그림 2〉는 〈식 8〉을 바탕으로 작성한 것으로, 수직 축의 값은 풀 표면적 1.0m²를 기준으로 했으므로, 실제의 증발률은 풀 표면적에 수직 축의 값을 곱하여 구한다.

　(가) 0.5m/s의 풍속은 기상학적으로는 지면 위가 잔잔함을 나타낸다. 일반적으로 이는 증기의 분산뿐만 아니라 증발률에 있어서도 가장 나쁜 경우임을 나타내는 것이다.

　(나) 수평축에 있어서의 증기압의 값은 해당 액체의 온도를 취하면 된다.

KOSHA GUIDE
E - 180 - 2020

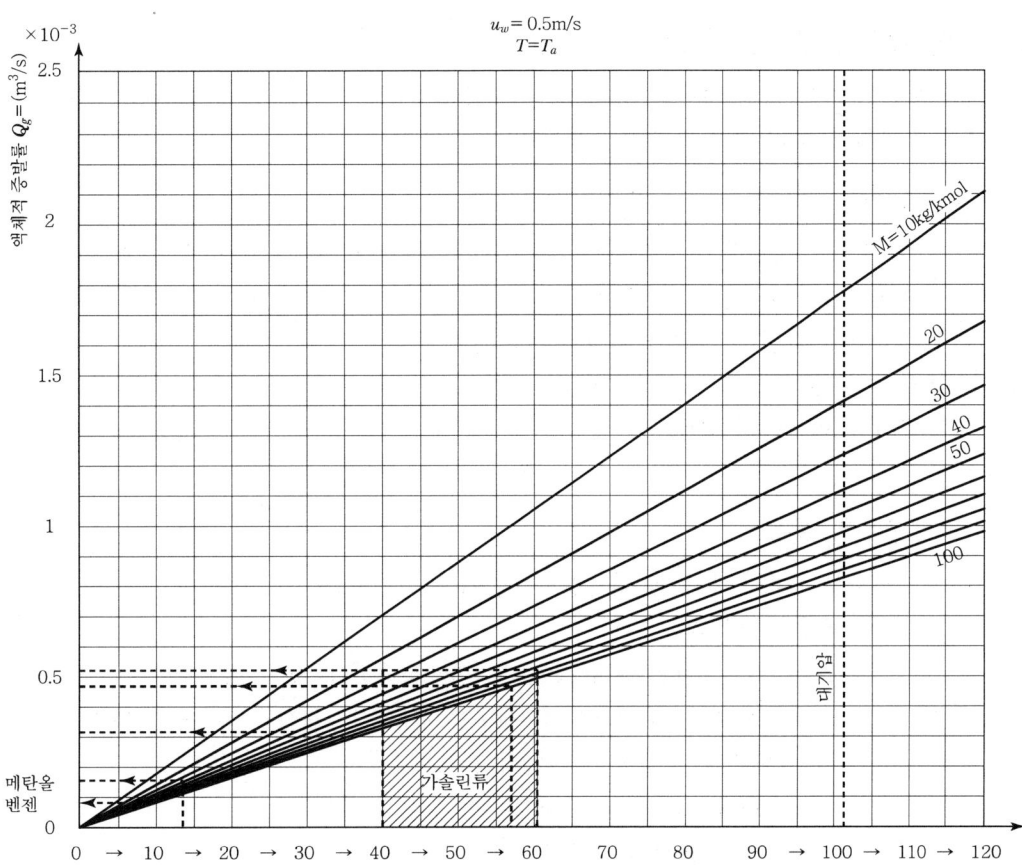

〈그림 2〉 액체의 체적 증발률

KOSHA GUIDE
E - 180 - 2020

## 7. 건물 개구부에서의 누출

다음은 건물 또는 벽의 개구부(Opening)의 예로, 이 내용은 엄격히 적용하려는 의도는 아니므로 특정상황에 따라 적합하게 변경할 필요가 있다.

### 7.1 누출원의 개구부

구역 사이의 개구부는 누출원으로 간주하며, 누출등급은 다음에 따라 좌우된다.
- 인접구역의 위험장소의 종별
- 개구부의 열림 주기의 빈도와 지속시간
- 밀봉 부분/연결부분의 유효성
- 관련 구역사이의 압력차

### 7.2 개구부의 분류

(1) 개구부는 다음과 같은 특징을 가진 A형, B형, C형 및 D형으로 구분한다.
  (가) A형(Type A)
    B, C 또는 D형으로 규정된 특징을 충족하지 않는 개구부.
- 접근용 또는 유틸리티용 개구부 통로(벽, 천장 및 바닥을 통과하는 닥트 또는 배관을 포함하는 유틸리티의 예)
- 빈번하게 개방되는 개구부
- 룸, 건물 및 기타 개구부 내의 고정된 환기배기구

  (나) B형(Type B)
    상시 닫혀 있어(자동 닫힘) 드물게 열리고 완전 밀착 폐쇄되는 개구부
  (다) C형(Type C)
    상시 닫혀 있어(자동 닫힘) 드물게 열리고, 개구부 전체 둘레가 밀봉(개스킷 등) 되어 있는 개구부, 또는 독립적인 자동 닫힘 장치가 되어 있는 B형 개구부 2개가 직렬로 연결된 개구부
  (라) D형(Type D)
    유틸리티 통로와 같이 효과적으로 밀봉되는 개구부, 또는 특별한 수단에 의하거나 비상시에만 열릴 수 있는 C형을 충족하는 상시 닫혀 있는 개구부, 또는 위험장소에 인접한 하나의 C형 개구부와 직렬로 연결된 하나의 B형 개구부

(2) 〈표 2〉는 이들 개구부 상류에 폭발위험장소가 있을 때, 누출등급의 개구부의 영향에 대하여 나타낸다.

KOSHA GUIDE
E - 180 - 2020

〈표 2〉 누출원에서의 개구부의 위험장소 종별 영향

| 개구부 상류의 위험장소 종별 | 개구부의 형태 | 누출원으로 간주되는 개구부의 누출등급 |
|---|---|---|
| 0종장소 | A | 연속 |
|  | B | (연속)/1차 |
|  | C | 2차 |
|  | D | 2차/누출 없음 |
| 1종장소 | A | 1차 |
|  | B | (1차)/2차 |
|  | C | (2차)/누출 없음 |
|  | D | 누출 없음 |
| 2종장소 | A | 2차 |
|  | B | (2차)/누출 없음 |
|  | C | 누출 없음 |
|  | D | 누출 없음 |

괄호 속의 누출등급은 설계 시에 개구부의 조작 빈도를 고려한다.

(3) 개구부의 누출등급은 기본 원칙에 따라 정의할 수도 있다.
(4) 옥내의 자연 환기되는 폭발위험장소와 옥외의 비위험장소 사이의 개구부 누출원은 옥내 위험장소에서 생성되는 누출원 등급을 고려하여 정의할 수도 있다.

〈참고〉 단위 기호

$A_p$ : 풀 표면적($m^2$)

$C_d$ : 난류 및 점도 등의 영향에 관련되는 누출 개구부 특성과 판단에 의한 누출계수로 모난 오리피스는 0.5~0.75, 원형오리피스는 0.95~0.99(단위없음)

$C_p$ : 일정 압력에서의 비열(J/kg K)

$\gamma$ : 단열 팽창 또는 비열비의 폴리트로프 지수(단위 없음)

$M$ : 가스 또는 증기의 몰 질량(kg/kmol)

$P$ : 용기의 내부압력(Pa)

$\Delta P$ : 개구부에서의 누설 압력 차(Pa)

$P_a$ : 대기압(101,325 Pa)

$P_c$ : 임계압력(Pa)

- $P_v$ : 온도 T에서의 액체 증기압(kPa)
- $Q_g$ : 누출원에서의 인화성 가스의 부피유량(m³/s)
- $R$ : 이상 기체상수(8,314J/kmol K)
- $p$ : 액체밀도(kg/m³)
- $p_g$ : 가스 또는 증기밀도(kg/m³)
- $S$ : 유체가 누출되는 개구부(구멍)의 단면적(m²)
- $T$ : 유체, 기체 또는 액체의 절대온도(K)
- $T_a$ : 주위 온도(K)
- $u_w$ : 액체 풀 표면의 풍속(m/s)
- $W$ : 액체의 누출률(시간당 질량, kg/s)
- $W_e$ : 액체의 증발률(kg/s)
- $W_g$ : 가스의 질량 누출률(kg/s)
- $Z$ : 압축 인자(단위 없음)

## 12. 가스폭발위험장소의 설정에 관한 기술지침

**KOSHA GUIDE**
**E - 180 - 2020**

설비 :
지역 :

<표 3> 인화성 물질 목록 및 특성_폭발위험장소 구분 데이터 시트(파트 I)

관련도면 :

| 물질명 | 인화성 물질 | | | | | | 휘발성[a] | | | 인화하한값(LFL) | | 성상 특성 | 비 고 (기타 관련정보) |
|---|---|---|---|---|---|---|---|---|---|---|---|---|---|
| | 분자식 (구성성분) | 분자량 (kg/kmol) | 비중 (가스/공기) | 단열팽창압력 특정표 지수 | 인화점 (℃) | 발화점 (℃) | 비점 (℃) | 증기압 20℃ (kPa) | vol (%) | $(kg/m^3)$ | 가스그룹 및 온도등급 | |
| 1 | | | | | | | | | | | | |
| 2 | | | | | | | | | | | | |
| 3 | | | | | | | | | | | | |
| 4 | | | | | | | | | | | | |
| 5 | | | | | | | | | | | | |
| 6 | | | | | | | | | | | | |
| 7 | | | | | | | | | | | | |
| 8 | | | | | | | | | | | | |
| 9 | | | | | | | | | | | | |
| 10 | | | | | | | | | | | | |

[a] 일반적으로 증기압 값이 주어지며, 증기압 값이 주어지지 않은 경우, 비점 사용 가능

**KOSHA GUIDE**
**E - 180 - 2020**

### <표 4> 누출원 목록_폭발위험장소 구분 데이터 시트(파트 II)

설비 :
지역 :
관련도면 :

| 누출원 | | | | | 인화성 물질 | | | | 환기 | | | 폭발위험장소 | | | 비 고 (기타 관련정보) |
|---|---|---|---|---|---|---|---|---|---|---|---|---|---|---|---|
| 설비명 | 위치 | 누출 등급$^a$ | 누출률 (kg/s) | 누출 특성 ($m^3/s$) | 참조$^b$ | 운전온도 및 압력 (℃) (kPa) | | 상태$^c$ | 형태$^d$ | 희석 등급$^e$ | 이용도 | 위험장소 종별 (0,1,2) | 위험장소범위(m) | | 참조$^f$ |
| | | | | | | | | | | | | | 수직 | 수평 | |
| 1 | | | | | | | | | | | | | | | |
| 2 | | | | | | | | | | | | | | | |
| 3 | | | | | | | | | | | | | | | |
| 4 | | | | | | | | | | | | | | | |
| 5 | | | | | | | | | | | | | | | |
| 6 | | | | | | | | | | | | | | | |
| 7 | | | | | | | | | | | | | | | |
| 8 | | | | | | | | | | | | | | | |
| 9 | | | | | | | | | | | | | | | |
| 10 | | | | | | | | | | | | | | | |

a : C(연속), S(2차), P(1차),   b : 파트 I 목록 인용 번호,   c : G(가스), L(액체),   d : N(자연환기), AG(강제 전체환기), AL(국소배기),
e : 부속서 C 참조,   f : 사용된 코드/표준 번호, 계산 기준 표시

KOSHA GUIDE
E - 180 - 2020

〈부록 2〉

# 가스폭발위험장소 설정을 위한 환기평가

## 1. 일반사항

### 1.1 일반사항

(1) 이 지침은 가스 또는 증기의 누출 정도와 형태의 평가, 그리고 환기 또는 공기 이동에 의한 가스나 증기의 분산 및 희석시키는 계수 비교에 의한 위험장소의 종별을 결정하는 지침을 제공한다.

(2) 누출에는 여러 형태가 있고 다음과 같은 조건에 의해 영향을 받을 수 있다.
- 가스, 증기 또는 액체
- 옥내 또는 옥외 상황
- 음속 또는 아음속 제트누출, 비산(Fugitive) 또는 증발 누출
- 방해물의 유무 조건
- 가스 또는 증기의 밀도

(3) 여기에서 제시된 정보는 위험장소 종별을 결정하기 위한 환기 및 분산 조건의 평가에 대한 정성적인 지침을 제공하기 위한 것으로, 이 지침에서 제시된 조건에 대하여서만 적용 가능하므로 모든 설비에 적용할 수는 없다.

　(가) 이 지침은 밀폐공간에서의 인화성가스 및 증기의 누출 제어와 분산에 가장 중요한 강제 환기설비와 자연 환기시설의 선정과 평가에 사용할 수 있다.
　　[비고] 세부적용에 관한 환기기준은 국가표준이나 산업코드를 활용할 수 있다.
　(나) 여기에서 '환기'(룸이나 밀폐된 공간에 공기가 들어가고 나오는 메커니즘)와 '희석'(증기운의 희석 메커니즘) 사이의 개념을 확실히 구분하는 것이 중요하고, 이는 서로 아주 다른 개념이지만 둘 모두 중요하다.

(4) 옥내 환경에서 위험은 환기량, 가스의 상태 및 누출 가스의 특성, 특히 가스의 밀도와 부력에 관련됨에 유의한다. 일부 상황에서 위험은 환기에 민감하게 작용할 수도 있고 무관할 수도 있다.

(5) 옥외에서의 환기 개념은 엄격하게 적용할 수 없으며 그 위험은 누출원의 상태, 가스의 특성 및 대기의 공기 흐름에 관련된다. 개방공간에서 공기 이동은 대부분이 그 지역에서 발생할 수 있는 폭발성가스분위기를 분산시키기에 충분하다.

〈표 1〉은 옥외 상황에 대한 풍속 지침을 제공한다.

KOSHA GUIDE
E - 180 - 2020

## 2. 폭발위험장소에 대한 환기, 희석 및 그 영향에 대한 평가

### 2.1 일반 사항

(1) 이 지침은 누출이 정지된 이후에 인화성 가스 또는 증기운의 크기와 지속되는 시간은 환기 수단에 의해 제어할 수 있고, 폭발성 분위기의 위험범위 및 지속시간을 제어하는 데 필요한 희석등급을 평가하는 접근방법에 대하여 규정한다. 누출원에 대하여 다른 계산방법 또는 전산유체역학(CFD ; Computational Fluid Dynamics)에 의한 방법으로도 계산할 수 있다.

(2) 희석등급을 평가하려면 먼저 누출원에서 가스 또는 증기의 누출원 크기와 최대 누출률 등을 포함하는 예상 누출조건의 평가가 필요하다.
[비고] 누출조건 평가는 〈부록 1〉을 참조한다.

(3) 일반적으로 연속 누출등급은 0종장소, 1차 누출등급은 1종장소, 2차 누출등급은 2종장소를 나타낸다. 그러나 항상 그렇지는 않으며 안전수준 이하로 희석시킬 수 있는 충분한 공기와의 혼합능력에 따라 많이 다를 수 있다.

  (가) 희석등급과 환기유효성이 너무 높아서 실제로 위험장소가 존재하지 않거나 무시할 수 있을 정도로 되거나 반대로 희석등급이 너무 낮아서 위험장소의 종별이 누출등급에 해당하는 것보다 더 높아 질수도 있다(예, 2차누출 등급의 누출원이 1종장소로 구분).

  (나) 환기수준에 따라 가스 또는 증기가 누출되는 중에는 폭발성가스 분위기가 지속되고 누출이 중단된 이후에만 서서히 분산되는 경우가 있으므로 폭발성가스 분위기는 누출등급에 따라 예상되는 것보다 더 오래 지속될 수 있다.

(4) 누출의 희석은 누출의 관성력과 부력의 상호작용, 그리고 누출의 분산에 관련되는 주위의 대기조건에 따라 달라진다.

  (가) 방해받지 않는(Unimpeded) 제트누출의 경우(예, 통기구 방출 등) 제트관성과 초기 분산은 누출과 주위 대기 사이의 전단응력(Shear)에 의해 영향을 받는다.

  (나) 제트누출이 저속 또는 제트누출 관성의 방향이 바뀌거나 흩어짐으로 인하여 위험장소 범위가 방해받는다면, 누출부력과 주위 분위기의 영향을 더욱 많이 받게 된다.

  (다) 공기보다 가벼운 가스의 소량 누출의 경우에는 담배 연기 분산과 유사하게 주위 분위기가 분산을 지배하고, 공기보다 가벼운 가스의 대량누출, 특히 풍량이 작은 상태에서는 누출부력이 중요하며, 누출은 지면에서 풀름(Plume) 형태(예, 큰 모

닥불 형태와 유사한)로 솟아오르는 게 된다.
  (라) 액체 표면에서의 증기 누출은 증기부력과 현장 공기 이동이 분산거동에 영향을 미치게 된다.
(5) 누출을 아주 낮은 농도(LFL 훨씬 아래)로 희석시키기에 충분한 공기가 있는 경우에는 희석된 가스 또는 증기는 공기의 질량에 따라 이동하면서 중립거동(Neutral behavior)을 나타내는 경향이 있다.
  (가) 이러한 중립거동에 도달하는 정확한 농도는 공기에 대한 가스 또는 증기의 상대밀도에 좌우된다.
  (나) 상대밀도의 차이가 더 클 경우, 중립거동에는 보다 낮은 가스 또는 증기의 농도를 필요로 한다.

## 2.2 환기의 유효성

(1) 가장 중요한 요소는 환기 유효성(인화성 물질의 누출형태, 누출위치, 누출률 대비 상대적인 공기의 양)이다.
(2) 누출률에 관련된 환기 양이 많으면 많을수록, 폭발위험 범위(폭발위험장소)는 더 작아지고 폭발성 분위기의 지속시간도 더 짧아진다.
(3) 정해진 누출률 대비 환기효과가 충분히 큰 경우, 위험범위가 줄어들어서 무시할 수 있는 범위(NE : Negligible Extent)가 되거나 비위험장소로 간주될 수 있다.

## 2.3 희석기준

희석기준은 모든 누출에 대하여 다음의 두 값을 바탕으로 하며, 이들 값 사이의 관계를 이용하여 희석등급을 결정한다〈그림 1 참조〉.
- 상대 누출률(누출률과 LFL의 비율(질량단위))
- 환기속도(대기의 불안정성을 나타내는 값, 즉 환기 또는 옥외 풍속에 의한 공기 흐름)

## 2.4 환기속도 평가

(1) 가스가 누출되면 이동하면서 확산 또는 축적되며, 가스는 누출의 관성력, 부력, 자연 또는 강제 환기로 인한 흐름, 바람 등을 통해 이동된다.
  (가) 누출 자체의 관성에 의한 흐름이 충돌이나 기하학적 구조에 의하여 그 관성이 차단된다는 것이 명확하다면 이를 고려하지 않는다.

KOSHA GUIDE
E - 180 - 2020

　　　　(나) 가스를 이동시키는 흐름은 옥내 환기에 의한 평가를 근거로 하거나 옥외 바람에 의해 발생하는 흐름을 통해 평가한다.
　(2) 옥내에서 공기흐름 또는 환기속도는 환기에 의한 평균 풍속을 바탕으로 하며, 이는 공기/가스 혼합물의 부피유량(Volumetric flow)을 흐름방향에 수직인 단면적으로 나누어 계산할 수 있다.
　　　　(가) 이 공기속도는 환기의 비효율성 또는 다른 물체에 흐름이 막히는 요소에 의하여 감소될 수 있다.
　　　　(나) 대상 룸의 여러 위치에서 특별히 자세하거나 정확한 값의 환기속도를 추정하기 위해서는 전산유체역학(CFD) 시뮬레이션을 하는 것이 바람직하다.
　(3) 자연환기되고 있는 구내(Enclosure) 환기시간의 95%가 개방공간의 환기속도를 넘는 것으로 평가된다면, 이때 환기의 이용도는 '양호(Fair)'로 한다.
　(4) 개방공간의 환기속도는 기후통계에서 기준높이를 고려한 저감계수(Reduction factor)를 사용하는 풍속 통계를 활용할 수도 있다.
　　　　(가) 일반적으로 공개된 값은 공정설비 이상의 높이에서도 사용할 수 있으며, 지형·건물·초목 및 기타 장애물과 같은 현장 여건에 따라 축소할 수도 있다.
　　　　(나) 많은 구조물, 배관, 공정설비가 있는 공정지역의 경우, 유효 환기속도는 일반적으로 공장 위의 방해없는 풍속의 1/10 정도로 낮게 할 필요가 있다.
　　　　(다) 평가는 공장 주변의 일부 장소에서 풍속을 측정하고 이를 공표된 값과 비교할 수도 있다. 또한 현장 공기 유동에 영향을 미칠 수 있는 많은 장치들이 있는 복잡한 공장에서는 CFD를 적용할 것을 권고한다.
　(5) 통상 환기가 양호할 경우, 공기보다 가벼운 가스는 위로 이동되는 경향이 있고 부력으로 가스가 이동될 수도 있다.
　　　　(가) 이러한 누출에서는 유효 환기속도를 증가시키는 것을 고려한다.
　　　　(나) 옥외에서 상대밀도가 0.8 이하 누출의 경우, 일반적으로 유효 환기속도가 최소한 0.5m/s라고 하면 안전하다고 간주할 수 있다. 이러한 최소 환기의 이용도는 '우수(Good)' 한 것으로 본다.
　(6) 통상 환기가 불량한 경우, 공기보다 무거운 가스는 아래로 이동되는 경향으로 인하여 지표면에 축적된다.
　　　　(가) 이러한 경우에는 유효 환기속도를 낮추는 것을 고려한다.
　　　　(나) 가스는 분자량 또는 저온 때문에 무거울 수 있고, 저온은 고압력의 누출로 인해 발생할 수 있다.

KOSHA GUIDE
E - 180 - 2020

① 비중(상대 밀도)이 1.0 이상인 가스의 경우, 유효 환기속도는 약 2의 인자에 의하여 축소시킨다.
② 통계 데이터를 사용할 수 없을 경우, 〈표 1〉의 옥외 환기속도 값을 정의할 수 있는 실제 접근방법의 예를 활용한다.

〈표 1〉 옥외 환기속도($u_w$)

| 옥외 위치의 형태 | 장애물 없는 지역(m/s) | | | 장애물 있는 지역(m/s) | | |
|---|---|---|---|---|---|---|
| 지표면에서부터의 높이 | ≤2m | >2~5m | >5m | ≤2m | >2~5m | >5m |
| 공기보다 가벼운 가스/증기의 누출을 추정하기 위한 환기속도 | 0.5 | 1.0 | 2.0 | 0.5 | 0.5 | 1.0 |
| 공기보다 무거운 가스/증기의 누출을 추정하기 위한 환기속도 | 0.3 | 0.6 | 1.0 | 0.15 | 0.3 | 1.0 |
| 모든 고도에서 액체 풀(pool) 증발률을 추정하기 위한 환기속도 | 0.25 | | | 0.1 | | |

• 일반적으로, 표의 값은 양호한 환기로 간주한다.
• 옥내의 경우, 일반적으로 평가는 최소 공기 속도 0.05m/s를 가정을 근거로 하며, 이는 실제로 어디서나 해당된다.
• 특정 상황에서는 다양한 값을 가정할 수 있다(예, 공기 인입구/배출구 입구에 가까운 곳).
• 환기배치를 제어할 수 있는 경우, 최소 환기속도를 환산할 수 있다.

### 2.5 희석등급 평가

(1) 희석등급은 초기 제로배경농도(Initial zero background concentration)를 바탕으로 작성된 〈그림 1〉의 그래프에 의하여 평가한다.

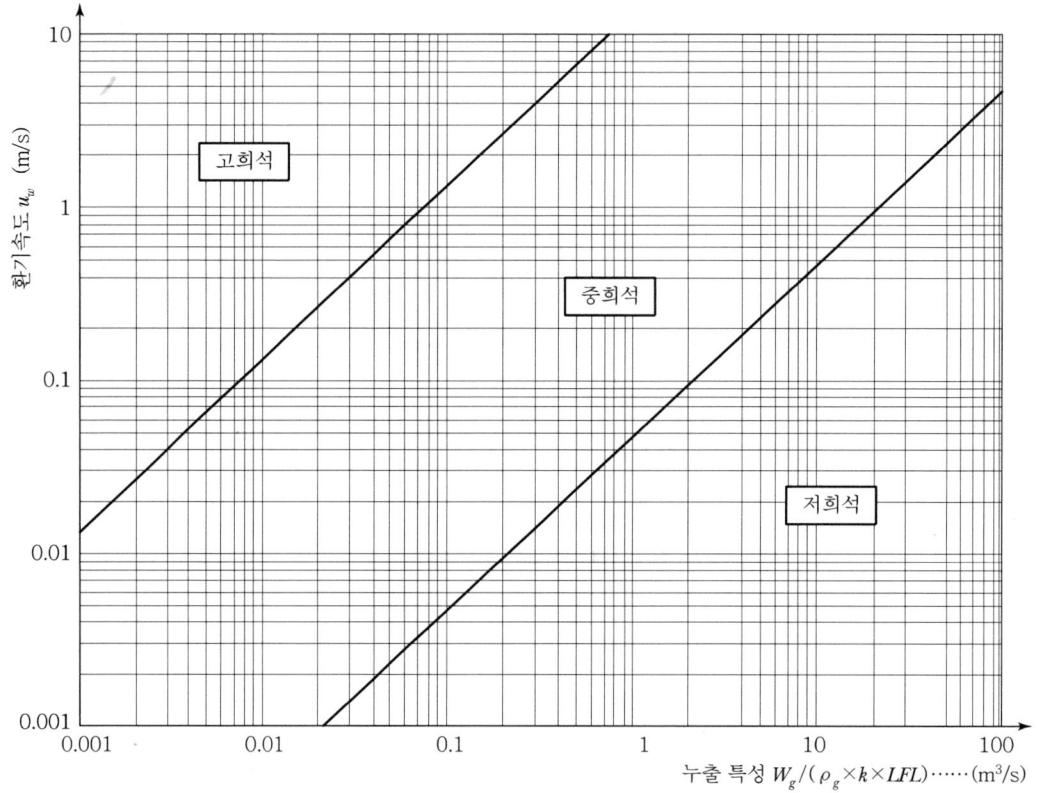

〈그림 1〉 희석등급 평가용 그래프

여기서, $\dfrac{W_g}{\rho_g(k \times LFL)}$ : 누출 특성(m³/s)

$\rho_g = \dfrac{P_a M}{RT_a}$ : 가스/증기의 밀도(kg/m³)

$k$ : LFL 안전계수(일반적으로 0.5~1.0 값)

(2) 희석등급은 수평 및 수직 축에 표시되는 각각의 값 교차점을 찾아서 구한다. '고희석' 및 '중희석'의 차트 영역을 나누는 직선은 0.1m³의 인화성물질 부피를 나타내므로 곡선 좌측의 교차 지점은 인화성물질 부피가 더 작다는 것을 의미한다.

(3) 기류에 중요한 제약이 없는 옥외장소의 경우, '고희석'의 조건을 충족하지 못한다면 희석등급은 '중희석'으로 한다. 일반적으로 야외상태에서 '저희석'은 발생하지 않으나 구덩이와 같이 기류에 제약이 있는 상태는 밀폐된 지역으로 본다.

(4) 옥내용의 경우, 사용자는 5.6.2에 따라 배경농도로 평가할 수도 있으며, 만약 배경농도

가 LFL의 25%를 넘는다면 희석등급은 일반적으로 '저희석'으로 간주한다.

## 2.6 룸의 희석

### 2.6.1 일반사항

(1) 희석은 가스 또는 증기의 누출농도를 지배하는 신선한 공기의 교환에 의하거나 최소한의 공기에 의해서라도 가스 또는 증기를 낮은 농도로 분산시킬 수 있는 충분한 양을 통하여 이룰 수도 있다. 후자의 경우, 희석에 필요한 환기량은 예상되는 누출률 보다 많아야 한다.

(2) 가스 제트누출의 경우, 확장제트의 흡기현상으로 인해 국소 공기이동 없이도 희석이 일어날 수 있다. 그러나 제트누출이 주위 물체와의 충돌로 인해 방해가 된다면, 자기 희석 역량이 크게 감소된다.

(3) 희석등급은 인화성 물질의 평균배경농도 평가에 의하여 평가한다(5.6.2 참조).
   (가) 환기율 대비 누출률의 비율이 높으면 높을수록, 배경농도 $X_b$는 더 높아지고 희석등급은 더 낮아지게 된다.
   (나) 배경농도의 평가에서 누출률, 환기율 및 효율계수는 적합한 안전율을 고려하여 모든 관련 요인을 주의 깊게 살펴 선택한다. 우수한 공기흐름 형태와 비교하여 효율이 떨어질 수 있는 공간에서 환기가 재순환되거나 방해받는 공기흐름의 가능성이 있다면 환기효율계수를 고려한다.
   (다) 제로 배경농도는 옥외 또는 누출원 주변에 인화성 물질의 이동을 제어하는 국소 배기장치가 있는 곳에서만 고려한다.
      ① 무시할 수 있는 정도의 배경농도는 $X_b \ll X_{crit}$로 나타낼 수 있는데, 환기가 잘 되는 룸 또는 밀폐구획에서 고려할 수 있다.
      ② $X_{crit}$는 $LFL$ 이하의 임의 값으로 가스검출기가 경보를 발하도록 설정된 값이다.

(4) 배경농도가 낮다고 룸 전체가 비위험장소임을 의미하지 않는다. 룸의 대부분은 비위험장소로 간주될 수 있지만, 누출원 주위 지역은 누출이 충분히 분산될 때까지는 여전히 위험장소이다(옥외와 유사).
   (가) 누출원 주위의 배경농도와 위험장소의 범위는 밀폐공간의 분산 패턴의 변화를 고려하는 실제 요인에 따라 조정할 필요가 있다.
   (나) 다수의 누출원을 포함하고 있는 많은 밀폐지역에서 비위험장소로 분류되는 밀폐

### 2.6.2 환기되는 룸의 배경농도와 누출

(1) 옥내누출에서는 환기효과를 나타내는 룸 배경농도 $X_b$를 명시할 필요가 있다. 여기에서 배경농도는 누출과 환기에 의한 기류 사이의 정상 상태(Steady state)가 확정되는 기간 이후에 대상 부피(룸 또는 건물)내에 인화성물질의 평균농도이다.

(2) 배경농도를 검토하는 경우, 가스 또는 증기의 분산과 비교하여 가스 또는 증기를 제거하는 룸 내 환기를 평가할 수 있는 척도로 제공한다. 이어서 이 비율은 희석등급의 검토에 영향을 미친다.

(가) 배경농도($X_b$)는 다음 식에 의하여 평가할 수 있다.

$$X_b = \frac{f \times Q_g}{Q_g + Q_1} = \frac{f \times Q_g}{Q_2} \text{(vol/vol)} \quad \cdots\cdots\cdots (식\ 1)$$

① 공기교체 빈도와 환기플럭스(Ventilation fluxes)는 다음 식으로 나타낸다.

$$Q_2 = CV_0 (\text{m}^3/\text{kg})$$

② 평균배경농도 $X_b$는 궁극적으로는 누출원과 환기플럭스의 상대적인 크기에 의하여 정해지지만, 그 시간척도(Time scale)는 공기교체주기에 반비례한다.

③ 인자 $f$는 누출지역 외부의 공기가 잘 혼합되고 있는 밀폐 지역에서의 등급을 나타내는 척도로 다음과 같이 고려한다.

- $f = 1$ : 배경농도는 기본적으로 균일하며, 배출구는 누출 자체로부터 떨어져 있기 때문에 배출구의 농도를 평균 배경농도에 반영한다.
- $f > 1$ : 배출구가 누출원과 떨어져 있고 균질하지 못한 혼합으로 인해 룸 내의 배경농도는 기울기가 있으며, 배출구의 농도는 평균 배경농도보다 낮다.

$f$는 일부 비균질한 혼합의 경우에는 1.5, 많이 비균질한 혼합의 경우 5 사이의 값을 가질 수 있다.

④ $f = 1$ 또는 $f > 1$이 주어질 때, 이 값은 혼합의 비균질함에 관련되는 안전계수로 표시할 수 있다(값이 더 커질수록 룸 내부의 공기가 더 비균질하게 혼합됨을 나타낸다). 이 계수는 장애물이 있고 최대 환기를 위한 이상적인 배치가 되어 있지 않은 환기구가 있는 실제 공간의 기류패턴의 불충분 상태를 고려한다(5항 참조).

[비고] 환기는 룸 내로 공기가 어떻게 들어오는지만 기술되며, 예상 위험체적에 대해서는 언급하지 않는다. 이는 가스 또는 증기와 공기가 룸 내에서 어떻게 분포 또는 분산되는지에 달려 있다.

## 2.7 환기 이용도 기준

### 2.7.1 일반사항

(1) 환기 이용도는 폭발성 가스의 존재 또는 형성에 영향을 미치므로, 환기 이용도(등급 같은)는 위험장소의 종별을 결정할 때 고려한다. 환기 이용도의 3가지 등급은 다음과 같다.
[비고] 〈부록 4〉의 〈표 1〉 참조
  (가) 우수(Good) : 환기가 실제적으로 지속되는 상태
  (나) 양호(Fair) : 환기의 정상작동이 지속됨이 예측되는 상태. 빈번하지 않은 단기간 중단은 허용된다.
  (다) 미흡(Poor) : 환기가 양호 또는 우수 기준을 충족하지 않지만, 장기간 중단이 예상되지 않는 상태

(2) 요구사항을 만족시키지 못하는 미흡한 환기이용도는 그 지역의 환기, 즉 저희석으로 해당 영역의 환기에 도움이 되지 못하는 것으로 간주한다.
  (가) 환기의 다양한 형태는 환기이용도 평가를 위하여 다양한 접근을 필요로 한다.
  (나) 옥내 자연환기의 이용도는 외기조건(즉, 외기 온도와 바람 등)에 의하여 크게 영향을 받기 때문에 절대로 우수하다고 할 수 없다(7. 참조).
  (다) 자연환기의 이용도는 옥외 또는 옥내의 조건을 '최악의 조건(WCS)'으로 평가할지 안할지에 대하여 얼마나 현실적으로 접근할 것이냐에 달려있다. 만약에 '예(Yes)'라고 한다면, 이용도는 '양호'라고 할 수 있어도 절대로 '우수'라고 할 수 없다. 계산에 적용되는 옥내 및 옥외온도의 차가 클수록, 폭발분위기의 희석측면에서 환기이용도의 등급은 더 낮아지게 된다.

(3) 폭발성 조건이 노출된 지역에서의 강제 환기는 이용도가 높은 기술적 수단을 제공할 수 있기 때문에 통상 '우수' 이용도로 한다.
  (가) 이용도 수준은 모든 관련 요소를 고려하여 가능한 한 현실적으로 평가한다.
  (나) 옥외 가스제트 누출 희석은 외기 바람과 무관하게 이루어지기 때문에 옥내환기 이용도의 '우수'와 동등하게 간주한다.

### 2.7.2 자연환기 기준

(1) 자연환기에서의 환기등급 결정은 최악의 시나리오를 가정한다. 이러한 시나리오는 높은 등급의 이용도를 유도할 수 있다. 일반적으로 자연환기는 낮은 환기등급이므로 고환기이용도를 요구하게 되나 과도한 최적의 가정은 환기등급평가 과정에서 보완하게 된다.

(2) 특별히 유의해야 하는 일부 상황, 즉 밀폐공간에서의 자연환기는 적합하지 않은 조건의 상황 발생 빈도와 확률을 고려한다. 예로써 뜨겁고 바람 부는 여름날에는 다음과 같은 두 개의 시나리오가 존재한다.

   (가) 하나는 옥내온도가 옥외온도보다 약간 높을 경우인데 환기에 의한 부력은 거의 일어나지 않을 수 있고 임의 방향의 바람은 이러한 공기흐름을 방해할 수도 있다. 따라서 이러한 시나리오에서는 더 불리한 위험장소가 될 수 있는 미흡한 환기와 부족한 이용도의 조합으로 볼 수 있다.

   (나) 부력만을 고려하는 또 다른 시나리오에서 환기로 인한 적당한 부력은 언제든지 나타날 수 있으므로 환기이용도는 '우수'는 아니지만 '양호'로 평가한다.

(3) 개방된 환경에서 희석등급은 일반적으로 '중'으로 간주하는 반면, 바람에 의한 환기 이용도는 피트, 제방이나 높은 구조물로 둘러싸인 지역 같은 곳과 같이 제한된 환기가 없는 한 '양호'로 간주할 수 있다.

### 2.7.3 강제 환기 기준

(1) 강제환기 이용도를 평가할 때에는 장비의 신뢰성과 이용도, 예를 들어 예비 송풍기 등을 고려한다.

(2) 우수한 이용도는 환기설비가 고장이 났을 경우, 예비 송풍기의 자동 기동을 필요로 한다. 그러나 환기설비가 고장 났을 때, 인화성 물질의 누출을 방지하기 위한 조치(예, 공정의 자동 폐쇄 등)가 구비된다면, 환기작동에 따라 위험장소가 결정되는 경우에는 수정할 필요 없이 그 이용도를 우수한 것으로 가정한다.

## 3. 환기 배치 및 평가의 예

### 3.1 일반사항

(1) 희석은 제트 누출의 경계점에서 흡기현상이나 환기유동 또는 대기의 불안정성으로 인한 공기와의 혼합을 통해 발생하는 복잡한 과정으로, 제트 누출은 결국 풀룸에 영향을

받는 비활성(Passive) 증기운 풀룸이 되기 때문에 통상 2가지 메커니즘 모두를 고려한다. 일반적으로 공기와의 혼합은 환기되는 공간에서 균일하게 나타나지 않으며, 공기와의 혼합 결과인 배경농도는 대상 체적의 평균혼성(Contamination)을 측정하는 것도 개략적일 수밖에 없다.

(2) 환기되는 공간에서 인화성 물질을 균일하게 희석하기 위하여 설치한 환기시설이 적합하지 않을 수 있고, 실질적으로 분산 및 희석의 룸 특성은 계산으로 구한 평균값과도 많이 다를 수 있다. 환기배치 즉, 누출원에 대한 입·출구 개구부의 상대적 위치와 각각의 상대적 위치가 간혹 환기 용량 그 자체보다 주위 분위기에 더 많은 영향을 줄 수도 있다.

[비고] 다음의 예는 특수한 상황에 적합한 환기배치를 보다 더 잘 이해하는 데 도움이 될 수 있는 몇 가지 시나리오의 예이다.

## 3.2 대형 건물에서의 제트 누출

〈그림 2〉는 넓은 공간에서 제한된 수의 가스 누출원(배관 피팅부에서의 누출 등)이 있는 조건을 나타낸다.

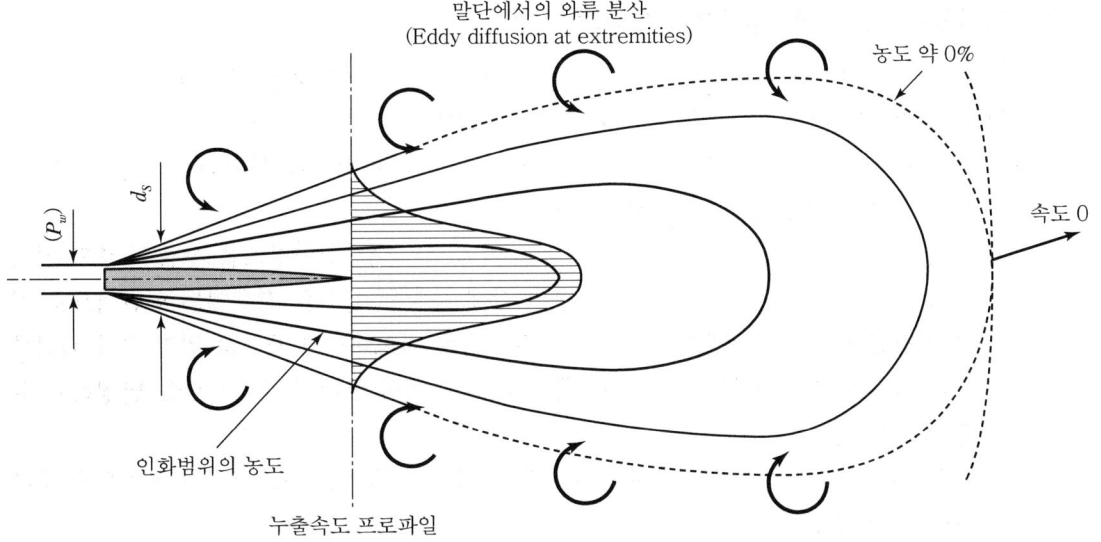

$d_s$는 가상누출원의 반경, 즉 하류 측 단면에서의 제트누출의 반경은 등압이 된다(대기압으로 감소).

〈그림 2〉 장애물 없는 고속의 제트 누출에서의 자가 희석

## KOSHA GUIDE
E - 180 - 2020

(1) 배관 피팅부에서의 소량 누출이라도 압력이 높으면 고속의 제트 누출이 생성될 수 있다. 이러한 제트누출은 건물 내에서 별 다른 공기 유동없이 자가 희석되어 분산되기도 한다.
(2) 정상 환기(충분한 크기의 문과 벽 개구부 및/또는 지붕 환기 또는 기타 환기 설비구비)가 되는 공간의 경우, 공간 부피 및 자연 공기이동에서는 희석등급은 '중', 환기이용도는 '양호'라고 판단한다.
(3) 환기가 불량한 공간(환기되지 않는 지하 등)에서 제트 누출은 처음에는 자가 희석되면서 공간으로 분산되지만, 공기 유동의 부족으로 장기적으로는 공간에 가스가 축적될 수 있다.
 (가) 이러한 상황에서 누출로 희석된 가스는 지속되는 제트누출에 다시 흡기되며, 그로 인해 배경가스 농도가 증가된다.
 (나) 환기설비가 공간의 배경농도를 제어하는 데 적절하지 않는 한, 희석등급은 낮은 것으로 간주하며, 따라서 공간 전체를 서로 다른 위험장소로 설정하는 것이 실용적이다.

### 3.3 자연환기되는 소형 건물에서의 제트 누출

이 예는 소형 룸 또는 건물에서 가스 누출원이 있는 조건에 대한 설명이다.
(1) 분산 및 희석계수는 본문 6.5.3에 기술된 내용에 따른다.
(2) 건물 내에 누출된 가스를 적절히 제거할 수 있는 환기설비가 설치되어 있는 경우, 건물 내부의 희석등급은 '중'으로 한다.
(3) 제한된 수의 누출원(또는 누출원의 장소)이 있을 경우, 위험장소를 누출원 주위 지역으로 제한하는 것이 실용적이고, 다수의 잠재 누출원이 있을 경우에는 일반적으로 전체 공간을 하나의 구역으로 분류한다. 이는 많은 위치에서의 제트로 인한 자가 희석부피와 다양한 위치에서의 가스 또는 증기 분산의 변화에 대한 고려사항을 반영하기 위한 것이다.
(4) 희석등급이 낮을 경우에는 누출원의 수와 관계없이 밀폐공간을 하나의 영역으로 구분하는 것이 일반적이다.

### 3.4 강제환기되는 소형건물에서의 제트 누출

이 예(〈그림 3〉 참조)는 가스 컴프레셔 룸과 같은 상황에 적용한다.

KOSHA GUIDE
E - 180 - 2020

(1) 환기시스템의 환기량 또는 배치와 관계없이 압력이 아주 낮은 경우를 제외하고는 제트누출의 경우, 누출원에서의 농도가 즉시 $LFL$ 이하로 희석될 가능성은 적다. 따라서 누출원에서의 희석등급을 높게 정하는 경우는 아주 드물다.

(2) 나머지 공간의 희석등급은 강제환기의 배치 및 환기량에 크게 영향을 받으므로, 누출등급은 〈그림 3〉 및 〈그림 4〉에 제시된 두 개의 요인 모두에 아주 예민하게 작용한다.

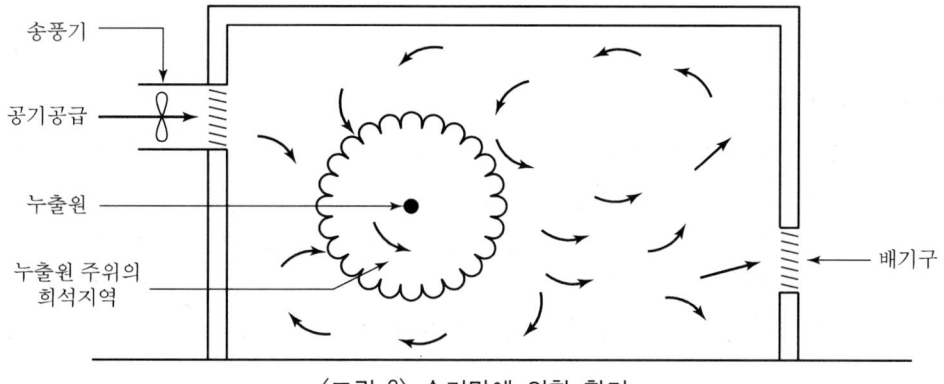

〈그림 3〉 송기만에 의한 환기

(3) 〈그림 3〉에서는 밀폐공간에 통기구를 통하여 배출되는 양과 같은 양의 신선한 공기가 공급된다.
  (가) 시간당 환기횟수가 높다하더라도 부적절한 환기배치로 인해 밀폐구획 내부에 순환 공기유동이 발생하여 배경농도가 상승될 수 있다.
  (나) 다시 흡기된 가스가 누출원의 희석체적을 증가시키는지를 살펴보아 이러한 일이 발생할 경우에는 희석등급은 낮은 것으로 판단한다.

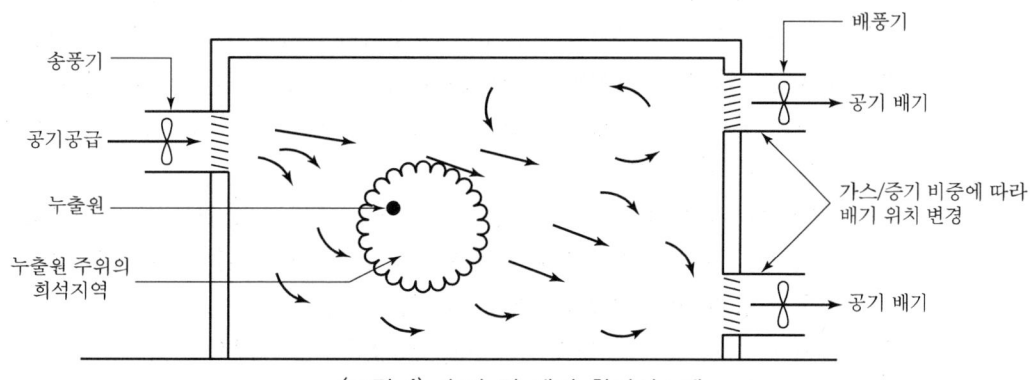

〈그림 4〉 송기 및 배기 환기시스템

(4) 〈그림 4〉는 공급과 배기가 같이 되는 밀폐공간으로, 공급만 있는 경우와 마찬가지로 부적절한 환기배치로 인해 순환공기유동이 발생하여 제트누출로 희석된 가스가 다시 흡기되어 배경 가스농도가 증가할 가능성이 있다.
  (가) 환기배치와 배기 지점의 위치를 주의 깊게 살펴 재순환 공기 패턴을 최소화하는 경우, '중' 또는 '고' 희석등급을 달성할 수 있다.
  [비고] 환기는 전체 환기 또는 국소배기 둘 중의 하나만의 배기시스템을 적용하는 것이 일반적이다.

## 3.5 저속 누출

(1) 저속누출은 배출·용액·배수 또는 도장 등으로 인한 인화성 액체의 증발과 같은 많은 생산 공정에서는 일반적인 현상이다.
  (가) 제트누출이 임의 표면에 충돌하는 경우, 저속으로 간주하며 이 경우, 제트 누출의 속도는 제트가 비활성 연기 풀룸으로 변환시켜 그 속도는 감소된다.
  (나) 저속누출에서 분산과 희석은 공간에서의 공기유동과 가스 또는 증기의 부력에 크게 영향을 받는다.
  (다) 제트누출의 경우, 희석등급은 건물 또는 구획의 크기, 누출률, 전체 환기에 의한 배경농도의 제어능력 등에 의하여 영향을 받게 된다.

## 3.6 비산 누출

(1) 비산누출은 압력용기로 부터의 가스 또는 증기의 소량 누출(일반적으로 $10^{-7} \sim 10^{-9}$ kg/s 크기)을 말하며, 이와 같은 소량 누출이라도 환기가 되지 않는 밀폐공간에서는 축적되어 폭발 위험을 야기할 수도 있다.
(2) 분석실(Analyzer houses) 및 기밀된 용기(예 : 계기용 패널 또는 방수형 용기, 단열된 가열 용기 또는 파이프 설비와 단열재 또는 고압가스 배관이 있는 이와 유사품 사이의 밀폐된 공간) 와 같이 특별히 설계되는 설비 및 장비는 유의하여야 한다.
  (가) 이러한 설비는 특정 시간(Critical time)만이라도 환기 또는 가스 분산을 위한 장치를 구비하도록 한다.
  (나) 만약 이것이 현실적으로 불가능한 경우에는 주요 누출원을 용기 외부로 위치하도록 한다(예 : 배관 접속부를 잠재적인 누출원이 될 수 있는 다른 장비와 같이 보온된 용기 밖에 설치하도록 한다. 등).
(3) 완전 밀봉된 용기가 자연 환기되는 이러한 밀폐공간 내에서 사용되는 경우, 환기의 유효성과 이용도는 각각 '저희석', '미흡'으로 고려한다.

KOSHA GUIDE
E - 180 - 2020

### 3.7 국소배기장치

(1) 국소배기장치는 설치 가능한 모든 장소에 권고한다(〈그림 5〉 참조).
(2) 국소배기장치는 누출원 인근의 희석등급을 개선하기 위하여 설치하는데, 더 중요한 것은 국소배기는 국소배기시스템의 범위 밖의 가스 또는 증기의 유동을 제어하는 것으로, 이것이 이루어지는 경우, 누출원 주변의 희석등급은 '양호'로 할 수 있다.
(3) 국소배기장치는 누출원 가까운 곳에 설치해야 효과적이며, 누출원의 누출속도가 아주 낮을 경우에 매우 효과적이다. 가스 또는 증기의 누출속도를 극복하여 누출 유동을 제어하는데 국소배기장치가 필요하기 때문에 제트누출에 대한 국소배기장치 적용은 다양한 형태의 누출에 따라 크게 달라진다.

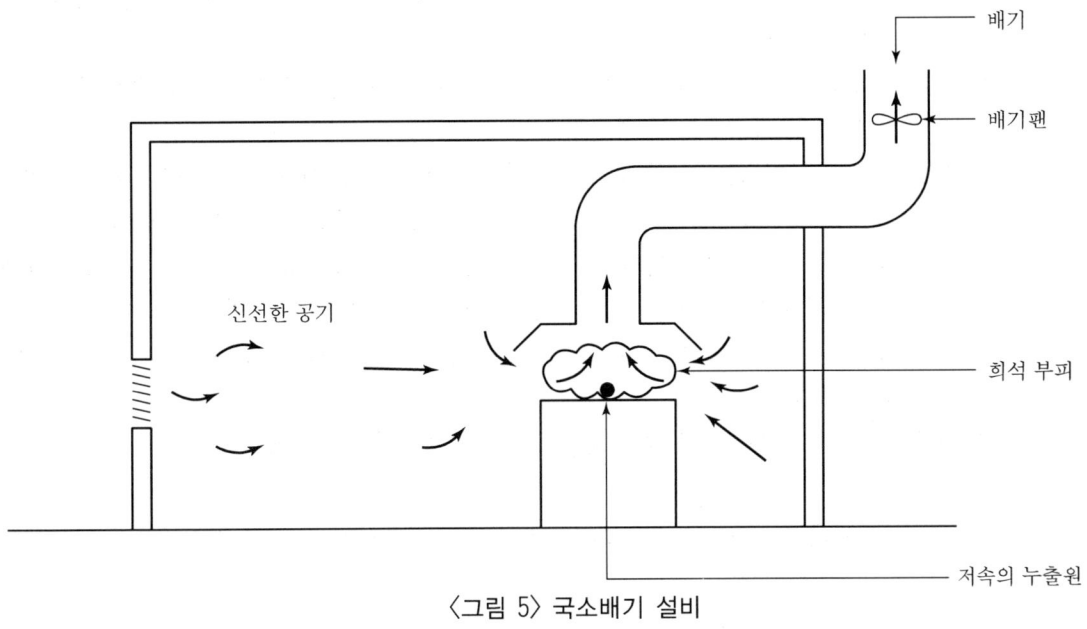

〈그림 5〉 국소배기 설비

## 4. 건물 내의 자연환기

### 4.1 일반사항

(1) 이 절은 건물 내의 자연환기 평가 수단에 대하여 기술한다.
(2) 자연환기를 증진시키는 조치와 특정 건물 구조 변경없이 이를 적용하는 것은 유의하여야 하며, 건물의 크기와 모양은 자연 환기를 증진시키기 위한 조치가 될 수 없고 이

러한 예는 자연환기 효율성을 낮추는 것으로 간주될 수 있다.

### 4.2 바람에 의한 환기

(1) 건물 내부의 공기 이동은 건물의 형상뿐만 아니라 바람방향에 따른 개구부의 크기와 위치와도 관련된다.

　(가) 환기흐름은 벽 및/또는 지붕에 건축물 상의 개구부가 없거나 닫혀있는 경우라 하더라도 구조물의 기밀되지 않는(Non-airtight) 문 및 창문 또는 벌어진 틈 등을 통한 공기 유입에 의할 수도 있다.

　(나) 아래에서 사용되는 방정식은 틈새 등을 통한 환기가 아닌 환기를 위해 설계된 개구부를 통한 공기흐름을 가정한 것으로 이 개념은 위험장소 설정을 위하여 채택하도록 한다.

(2) 환기는 공기의 유입과 유출 모두를 포함하며, 개구부는 주로 인입 개구부의 역할을 의미하나 인출 개구부도 포함한다.

　(가) 바람이 불어오는 쪽(Upwind) 개구부는 통상 유입 개구부의 역할을 하고 바람이 나가는 쪽(Downwind)과 천장 개구부는 유출 개구부의 역할을 한다.

　　※ 이는 바람에 의한 환기는 특정지역에서의 풍향도(Wind rose diagram)에 대한 해박한 지식을 갖고 있을 경우에만 평가할 수 있음을 의미한다.

　(나) 통상 바람에 의한 환기 구동력은 건물에서 바람이 불어오는 쪽과 나가는 쪽 사이의 압력차에 의한다.

(3) 바람에 의한 기류는 다음과 같은 수식으로 나타낼 수 있다.

$$Q_a = C_d A_e u_w \sqrt{\frac{\Delta C_p}{2}} \ (\text{m}^3/\text{s}) \quad \cdots\cdots\cdots\cdots\cdots\cdots (식\ 2)$$

$$A_e = \sqrt{\frac{2 A_1^2 A_2^2}{A_1^2 + A_2^2}} \ (\text{m}^2) \quad \cdots\cdots\cdots\cdots\cdots\cdots (식\ 3)$$

$C_d$값은 환기 또는 건축물 관련 코드로부터 구할 수 있다.

$A_1$ 및 $A_2$의 값은 바람이 불어오는 쪽과 나가는 쪽 개구부의 유효면적을 말한다.

(4) CFD 모델링 또는 풍동(Wind tunnel) 시험은 건물의 압력 계수에 비하여 보다 더 신뢰성 있는 평가를 위하여 이용할 수도 있다.

## KOSHA GUIDE
## E - 180 - 2020

(5) 풍력 및 풍향은 다양하며 일반적으로 예측 불가능하나, 풍속에 대한 지침은 〈표 1〉을 참고한다.

(6) 바람이 다른 유형의 환기를 보완하는지 아니면 방해하는지를 확인하기 위해 다른 유형의 환기와 함께 고려해야 한다. 순수하게 바람에 의한 환기용 유입구와 유출구가 다른 환기원에도 이용될 수 있는 것이라면 바람은 긍정적인 영향을 줄 수 있지만, 반대일 경우 악영향을 줄 수 있다. 즉, 어느 방향의 공기이든 천장 끝에 환기구가 있다면 긍정적인 영향을 줄 것이지만, 환기유출구가 바람이 불어오는 쪽에 있다면 악영향을 주게 될 것이다.

### 4.3 부력에 의한 환기(Buoyancy induced ventilation)

(1) 부력에 의한 '굴뚝효과(Stack effect)' 환기는 옥내외 온도차에 의한 공기 이동에 의하여 이루어지며, 이러한 구동력은 온도차로 인한 공기밀도의 차이에 의하여 발생한다. 수직 압력 경사도는 공기밀도에 따라 달라지는데 옥내와 옥외가 동일하지 않으며 이는 압력차로 이어진다.

(2) 옥내 평균온도가 옥외온도보다 높으면 옥내 공기의 밀도는 더 낮아지게 되고, 밀폐공간 내의 다양한 높이에 개구부들이 있다면, 하단 개구부로 공기가 유입되어 상단 개구부로 유출되게 되고 온도차가 클수록 이 풍속은 증가한다.

　(가) 부력에 의한 환기는 옥외온도가 옥내온도보다 더 낮으면 더 효과적이고, 옥외온도가 더 높으면 부력에 의한 환기의 효과가 떨어져서 옥외온도가 옥내온도 높게 올라간다면 유동은 역전된다.

　(나) 옥내온도는 자연적 원인이나 난방 또는 공정열(Process heat)로 인해 더 높아질 수도 있고, 열기류가 옥내로 유입되어 옥내평균온도가 달라질 수도 있다.

　(다) 건물 내부에서 기류가 충분히 혼합된다고 가정하면, 내부와 외부 모두에 일정한 온도가 될 수 있다. 온도 기울기에서, 하단 개구부의 내부 온도가 옥외온도 $T_{out}$와 같고 상단 개구부의 내부온도가 $T_{in}$이라고 가정하면, 공기의 부피 유속은 다음 식을 통해 계산할 수 있다.

$$Q_a = C_d A_e \sqrt{\frac{\Delta T}{(T_{in} + T_{out})} gH} \, (\text{m}^3/\text{s}) \quad \cdots\cdots\cdots\cdots\cdots\cdots (\text{식 4})$$

$$A_e = \sqrt{\frac{2A_1^2 A_2^2}{A_1^2 + A_2^2}} \ (\text{m}^2) \quad \cdots\cdots\cdots\cdots\cdots\cdots\cdots\cdots\cdots\cdots\cdots\cdots\cdots\cdots\cdots\cdots\cdots\cdots \ (식\ 5)$$

$A_1$과 $A_2$의 값은 각각 하단과 상단 개구부의 유효면적을 나타낸다.

① 이 방정식은 서로 반대쪽 벽에 인입구와 배출구가 있고, 기류를 방해할 수 있는 장애물이 아주 적거나 없는 룸의 경우에만 합리적인 결과를 얻을 수 있다(<그림 7> 참조).

② 또한 하단 및 상단 개구부의 중간 지점 사이의 수직거리 $H$가 작고 수평거리가 크다면, 부력에 의한 환기는 줄어들어 그 계산도 덜 정확할 수 있다.
즉, $H$가 룸의 폭보다 작을 경우, 환기의 비능률에 관련된 안전계수를 적용하여야 한다(5.6.1 참조).

③ 누출계수 $C_d$는 누출 사례 및 개구부 또는 틈새의 유형에 따른 일련의 실험을 통하여 얻은 경험 값으로, 0.75 이상의 값은 실제 적용을 위해 설정한 기준 값으로 한다.

(3) 부력에 의한 환기를 위해 필요한 조건을 달성하기 위해서는 옥내온도는 옥외온도보다 높아야 한다.

(가) 옥외온도가 높을 경우에는 내부에 특별한 열원이 있는 경우를 제외하고는 옥내온도는 옥외온도보다 높을 수가 없다.

(나) 온도 구배는 특정 조건하에서 옥내온도가 옥외온도보다 낮을 수 있는 건물 및 일부 구조의 실체에 의해 영향을 받을 수도 있다. 옥내온도가 옥외온도보다 낮다면, (식 4)는 적용할 수 없다.

(4) 하부 및 상부 개구부의 중간 점 사이의 수직 거리가 크면 클수록 자연환기의 효과는 더 커지게 된다. 부력에 의한 환기의 경우, 입구 개구부의 가장 바람직한 위치는 반대 벽의 개구부 바닥이고 출구는 천장 끝이다. 그러나 이것이 가능하지 않은 경우에는 인입 및 인출 개구부는 공기흐름이 전체 지역을 통과하도록 서로 반대쪽에 위치하도록 한다.

(5) 낮은 옥내온도를 높이기 위하여 열을 가해야 할 때에는 다음의 조치를 검토한다.

(가) 자연환기에 의한 환기 보완 또는 환기용 개구부를 줄이거나 닫는다.

(나) 폭발성분위기의 희석을 저해하는 부적합한 자연 환기가 될 수도 있는 개구부를 축소하는 것을 검토하되, 일반적으로 문, 창, 조정식 루버 등과 같이 통상 닫을 수 있는 모든 개구부는 환기용 개구부로 간주하지 않는다.

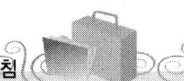

| KOSHA GUIDE |
|---|
| E - 180 - 2020 |

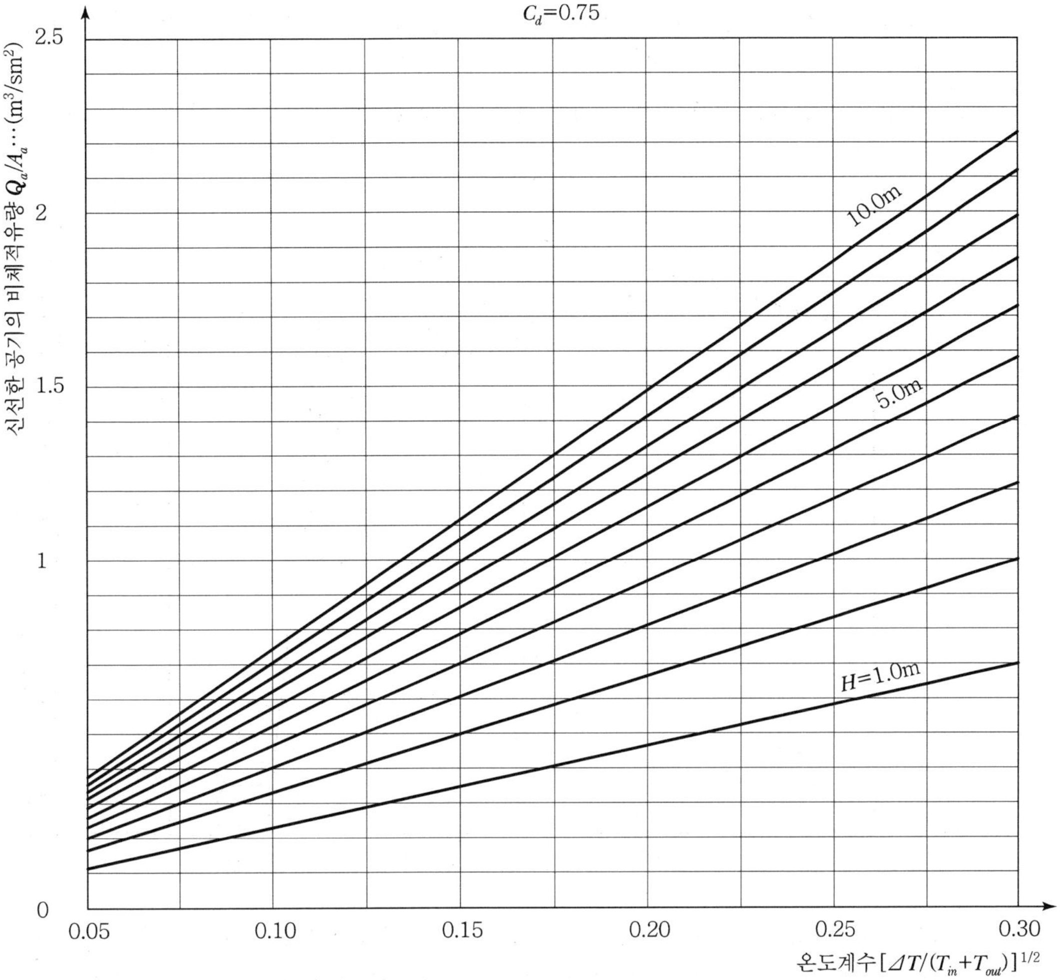


〈그림 6〉 등가 유효 개구부 면적 $m^2$당 신선한 공기 체적량

(6) 〈그림 6〉의 그래프는 (식 4)를 바탕으로 작성되었으므로, 7.2에 기술된 이러한 계산식 사용의 제한 사항을 반영한다.

## 4.4 바람과 부력에 의한 자연환기 조합

(1) 바람과 부력에 의한 환기는 따로 일어날 수 있지만 동시에 일어날 수도 있다.

(2) 열부력으로 인한 압력차는 일반적으로 바람이 없는 조용하고 추운 날에 우세한 추진력이 되는 반면에, 바람에 의한 압력차는 바람 부는 더운 날에 우세한 추진력이 된다.

이러한 추진력은 풍향과 관련한(부력에 의한 환기의) 흡입구와 배출구의 위치에 따라 서로 방해하거나 보완 할 수 있다(<그림 7> 참조).

(3) 확률기반 평가는 특정위치의 기후, 풍배도(wind rose diagram)와 옥내온도를 고려하여 적용한다.

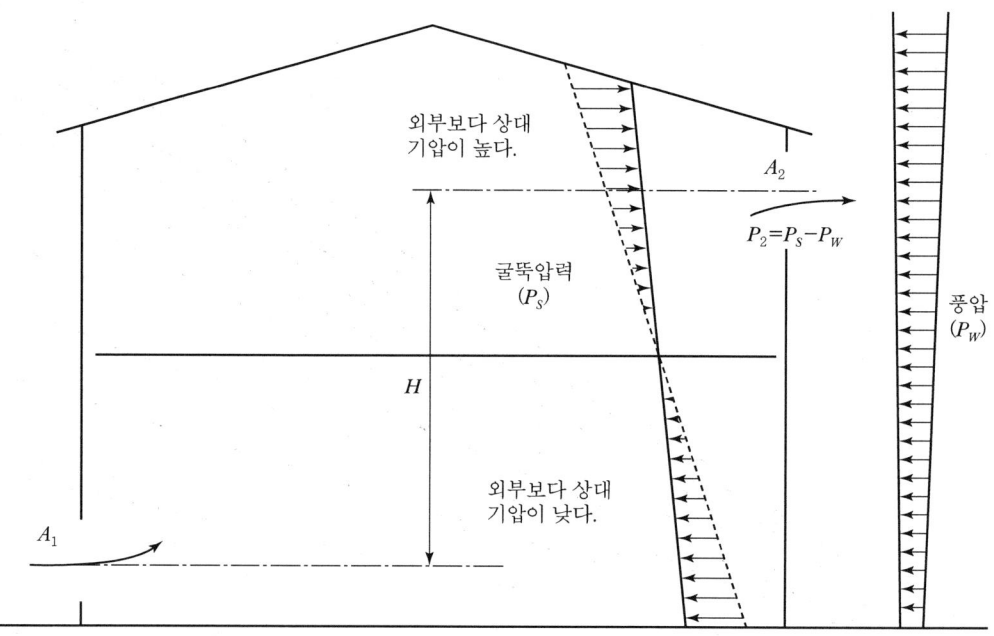

〈그림 7〉 서로 반대 방향에서의 환기추진력의 예

(4) 압력차, 바람 또는 온도차로 인한 환기 흐름 계산에서 환기용으로 설계된 개구부가 더 클 경우, 바람으로 인한 압력차와 평균 온도로 인한 공기밀도의 변화를 이용하는 다음 식으로부터 공기 흐름을 구할 수 있다.

$$Q_a = C_d A_e \sqrt{\frac{2 \Delta C_p}{p_a}} \text{ (m}^3\text{/s)} \quad \cdots\cdots\cdots\cdots\cdots\cdots\cdots\cdots\cdots \text{(식 6)}$$

$$A_e = \sqrt{\frac{2 A_1^2 A_2^2}{A_1^2 + A_2^2}} \text{ (m}^2\text{)} \quad \cdots\cdots\cdots\cdots\cdots\cdots\cdots\cdots\cdots \text{(식 7)}$$

## KOSHA GUIDE
E - 180 - 2020

〈참고〉 기호

$A_1$ : 역풍 또는 하부 개구부에 해당되는 경우의 유효 단면적($m^2$)

$A_2$ : 순풍 또는 상부 개구부에 해당되는 경우의 유효 단면적($m^2$)

$A_e$ : 같은 높이에서 역풍 및 순풍 개구부의 등가 유효 단면적($m^2$)

$A_e$ : 하부 개구부의 등가 유효 단면적($m^2$)

$C$ : 룸 내 공기 교환주기($s^{-1}$)

$\Delta C_p$ : 건물의 압력 계수 특성(단위없음)

$C_d$ : 누출계수(단위없음), 대형 환기구, 입·출구, 난류와 점성 등을 나타내는 누출계수는 일반적으로 0.5~0.75

$f$ : 환기효율계수, 실내의 평균 배경농도 $X_b$를 배기구측 농도로 나눈다.(단위없음)

$g$ : 중력가속도(9.81m/$s^2$)

$H$ : 하부 및 상부 개구부의 중간 지점 사이의 수직 거리(m)

$k$ : 하한(LFL)의 안전계수

$LFL$ : 인화하한계(vol/vol)

$M$ : 가스 또는 증기의 몰 질량(kg/kmol)

$Pa$ : 대기압(101,325 Pa)

$\Delta P$ : 바람이나 온도 영향에 의한 압력 차(Pa)

$Q_a$ : 공기의 체적 유량($m^3$/s)

$Q_1$ : 개구부를 통해 실내로 들어오는 공기의 체적 유량($m^3$/s)

$Q_g$ : 누출원으로부터 누출되는 인화성 가스의 체적 유량($m^3$/s)

$Q_2 = Q_1 + Q_g$ : 룸 내에서 나오는 공기/가스 혼합물의 체적 유량($m^3$/s)

$R$ : 이상기체 상수(8,314 J/kmol K)

$pa$ : 공기밀도(kg/$m^3$)

$pg$ : 가스 또는 증기의 밀도(kg/$m^3$)

$T_a$ : 주위 온도(K)

$T_{in}$ : 옥내온도(K)

$T_{out}$ : 옥외온도(K)

$\Delta T$ : 옥내와 옥외 온도차이(K)

$u_w$ : 특정 기준 높이에서 풍속, 또는 해당되는 경우 주어진 누출조건에서의 환기속도($m^3$)

$V_o$ : 대상체적($m^3$)

$W_g$ : 인화성 물질의 질량 누출률(kg/s), 혼합물의 경우, 인화성 물질의 총 질량 고려

$X_b$ : 배경농도(vol/vol)

# KOSHA GUIDE
## E - 180 - 2020

설비 :
지역 :

<표 2> 인화성 물질 목록 및 특성_폭발위험장소 구분 데이터 시트(파트 1)

관련도면:

| 인화성 물질 | | | | | | 휘발성ª | | | 인화하한값(LFL) | | 방폭 특성 | 비 고 (기타 관련정보) |
|---|---|---|---|---|---|---|---|---|---|---|---|---|
| 물질명 | 분자식 (구성성분) | 분자량 (kg/mol) | 비중 (가스:공기) | 단열팽창폴리 트로프 지수 | 인화점 (℃) | 발화점 (℃) | 비점 (℃) | 증기압 20℃ (kPa) | vol (%) | ($kg/m^3$) | 기기그룹 및 온도등급 | |
| 1 | | | | | | | | | | | | |
| 2 | | | | | | | | | | | | |
| 3 | | | | | | | | | | | | |
| 4 | | | | | | | | | | | | |
| 5 | | | | | | | | | | | | |
| 6 | | | | | | | | | | | | |
| 7 | | | | | | | | | | | | |
| 8 | | | | | | | | | | | | |
| 9 | | | | | | | | | | | | |
| 10 | | | | | | | | | | | | |

a 일반적으로 증기압 값이 주어지며, 증기압 값이 없는 주어지지 않은 경우, 비점 사용 가능

# KOSHA GUIDE
## E - 180 - 2020

12. 가스폭발위험장소의 설정에 관한 기술지침

설비 :
지역 :
관련도면 :

<표 3> 누출원 목록_폭발위험장소 구분 데이터 시트(파트 II)

| 누출원 | | | | | 인화성 물질 | | | | 환기 | | | 폭발위험장소 | | | 비고 (기타 관련정보) |
|---|---|---|---|---|---|---|---|---|---|---|---|---|---|---|---|
| 설비명 | 위치 | 누출등급[a] | 누출률 (kg/s) | 누출특성 ($m^3/s$) | 참조[b] | 운전온도 및 압력 (℃) (kPa) | 상태[c] | 형태[d] | 희석 등급 | 이용도 | 위험장소종별 (0,1,2) | 위험장소범위(m) | | 참조[f] | |
| | | | | | | | | | | | | 수직 | 수평 | | |
| 1 | | | | | | | | | | | | | | | |
| 2 | | | | | | | | | | | | | | | |
| 3 | | | | | | | | | | | | | | | |
| 4 | | | | | | | | | | | | | | | |
| 5 | | | | | | | | | | | | | | | |
| 6 | | | | | | | | | | | | | | | |
| 7 | | | | | | | | | | | | | | | |
| 8 | | | | | | | | | | | | | | | |
| 9 | | | | | | | | | | | | | | | |
| 10 | | | | | | | | | | | | | | | |

a : C(연속), S(2차), P(1차),   b : 파트 I 목록 인용 번호,   c : G(가스), L(액체), S(고체),   d : N(자연환기), AG(강제 전체환기), AL(국소배기),
e : 부속서 C 참조,   f : 사용된 코드/표준 번호, 계산 기준 표시

KOSHA GUIDE
E - 180 - 2020

〈부록 3〉

# 가스폭발위험장소의 범위설정

## 1. 일반사항

### 1.1 일반사항

(1) 폭발위험장소의 범위를 설정하기 위해서는 다음을 고려한다.
  (가) 위험장소의 범위는 공기 중 인화성 물질의 농도가 인화하한 이하로 희석되기 전 폭발성분위기가 존재하는 추정 또는 계산된 거리를 말한다.
    ① 위험장소 범위의 결정은 불확실성의 평가수준을 고려한 안전율을 적용한다.
    ② 인화하한값 이하로 희석되기 전의 가스 또는 증기의 확산범위를 평가할 때에는 전문가의 의견을 구하는 것이 바람직하다.
  (나) 공기보다 무거운 가스는 지면보다 낮은 장소(예 : 피트, 우묵한 곳 등)로 흐를 수 있고, 공기보다 가벼운 가스는 높은 장소(지붕 쪽 등)에 체류할 가능성이 있다.
  (다) 누출원이 외부에 있거나 인접한 곳에 위치하는 경우에는 다음과 같은 적합한 조치에 의해 해당 장소로 인화성 가스나 증기가 침입하는 것을 방지할 수 있다.
    ① 물리적인 장벽의 설치
      [비고] 물리적 장벽의 예는 대기압에서 기체 또는 증기의 이동 통로를 제한하는 벽 또는 기타 장애물을 말하며, 이는 인화성 분위기의 축적을 예방하기 위한 것이다.
    ② 해당 장소에 충분한 양압을 유지하여 인접된 위험장소의 폭발성 가스분위기가 침입하는 것을 막는다.
    ③ 충분한 유량의 신선한 공기로 해당 지역을 치환시킴으로써 인화성 가스나 증기가 들어올 우려가 있는 모든 개구부를 통해 공기가 배출되도록 한다.
  (라) 위험장소의 범위는 인화성 물질의 화학적 및 물리적인 매개변수에 주로 영향을 받는데, 이중 일부는 인화성 물질의 속성이며 나머지는 환경특성이다.
    ① 질량이 작은 물질의 누출에서는 누출이 진행되는 동안에도 더 짧은 거리가 작용된다.
    ② 공기보다 무거운 상태의 가스 및 증기는 쏟아지는 액체처럼 지면 위의 플랜트 내 배수구 또는 배관 트렌치 내로 흘러 들어갈 수 있으며, 원래의 누출지점으로부터 멀리 떨어진 곳에서 발화되어 넓은 플랜트 전역이 위험해질 수도 있다.
    ③ 가능하다면 플랜트의 배치는 폭발성 가스분위기의 신속한 분산이 이루어지도록 설계한다.

KOSHA GUIDE
E - 180 - 2020

(마) 환기가 제한되는 장소(예 : 피트 또는 트랜치 내부)는 2종장소가 아닌 1종장소로 구분한다. 반면에 펌프 또는 배관이 위치해 있는 넓고 얕은 침하지에는 이러한 엄격한 적용을 하지 않을 수도 있다.

(2) 폭발위험장소의 종별 및 범위를 추정하기 위해서는 다음을 규명하여야 한다.
　(가) 누출등급(〈부록 1〉)
　(나) 환기 효율성 및 희석 등급(〈부록 2〉)
　(다) 환기 이용도(〈부록 2〉)

(3) 폭발위험장소 종별의 추정
　〈표 1〉은 옥내 및 옥외 폭발위험장소의 추정에 사용할 수 있다.

〈표 1〉 누출 등급 및 환기유효성에 따른 폭발위험장소 설정

| 누출 등급 | 환기유효성 ||||||| 
|---|---|---|---|---|---|---|---|
| | 고희석 ||| 중희석 ||| 저희석 |
| | 환기 이용도 |||||||
| | 우수 (good) | 양호 (fair) | 미흡 (poor) | 우수 | 양호 | 미흡 | 우수, 양호, 미흡 |
| 연속 | 비위험 (0종 NE)[a] | 2종 장소 (0종 NE)[a] | 1종 장소 (0종 NE)[a] | 0종 장소 | 0종 장소 +1종 장소 | 0종 장소 +1종 장소 | 0종 장소 |
| 1차 | 비위험 (1종 NE)[a] | 2종 장소 (1종 NE)[a] | 2종 장소 (1종 NE)[a] | 1종 장소 | 1종 장소 +2종 장소 | 1종 장소 +2종 장소 | 1종 또는 0종 장소[c] |
| 2차[b] | 비위험 (2종 NE)[a] | 비위험 (2종 NE)[a] | 2종 장소 | 2종 장소 | 2종 장소 | 2종 장소 | 1종 및 0종 장소[c] |

a 0종 NE, 1종 NE, 2종 NE는 정상조건에서는 무시될 수 있는 범위의 이론적 폭발위험장소를 말한다.
b 2차 누출등급으로 형성된 2종 장소가 1차 또는 연속 누출등급에 의한 장소보다 클 수 있다. 이 경우, 더 큰 거리를 선정하는 것이 좋다.
c 환기가 아주 약하고 실제로 폭발성 가스분위기가 지속되는 누출의 경우(즉, 환기되지 않는 것에 가까운 상태)에는 0종 장소에 속할 수 있다.
'+'는 '~에 둘러싸여 있음'을 뜻한다.
자연환기가 일어나는 밀폐공간에서의 환기이용도는 '우수'로 고려해서는 안 된다.

## 1.2 폭발위험장소 범위의 추정

(1) 인화성 가스가 발생할 수 있는 폭발위험장소의 범위는 누출률과 가스특성, 누출형상

(Geometry) 및 주위의 기하학적 구조 등 다양한 요소들에 의해 결정되며, 〈그림 1〉은 다양한 유형의 누출에 대한 폭발위험장소의 범위를 결정하기 위한 지침으로 사용할 수 있다. 신뢰할만한 자료를 기초로 하는 다른 유형의 추정이나 평가(예 : 전산유체역학, CFD)도 적용할 수 있다.

(2) 폭발위험장소의 범위는 〈그림 1〉에서 다음 중 하나에 속하는 누출특성에 따라 적절한 곡선을 선택한다.

　(가) 방해받지 않는 고속 제트 누출

　(나) 저속의 확산 누출 또는 누출형상이나 주위 표면의 충돌로 인한 속도 손실 제트 누출

　(다) 수평표면(예 : 지표면)을 따라 확산되는 무거운 가스 또는 증기

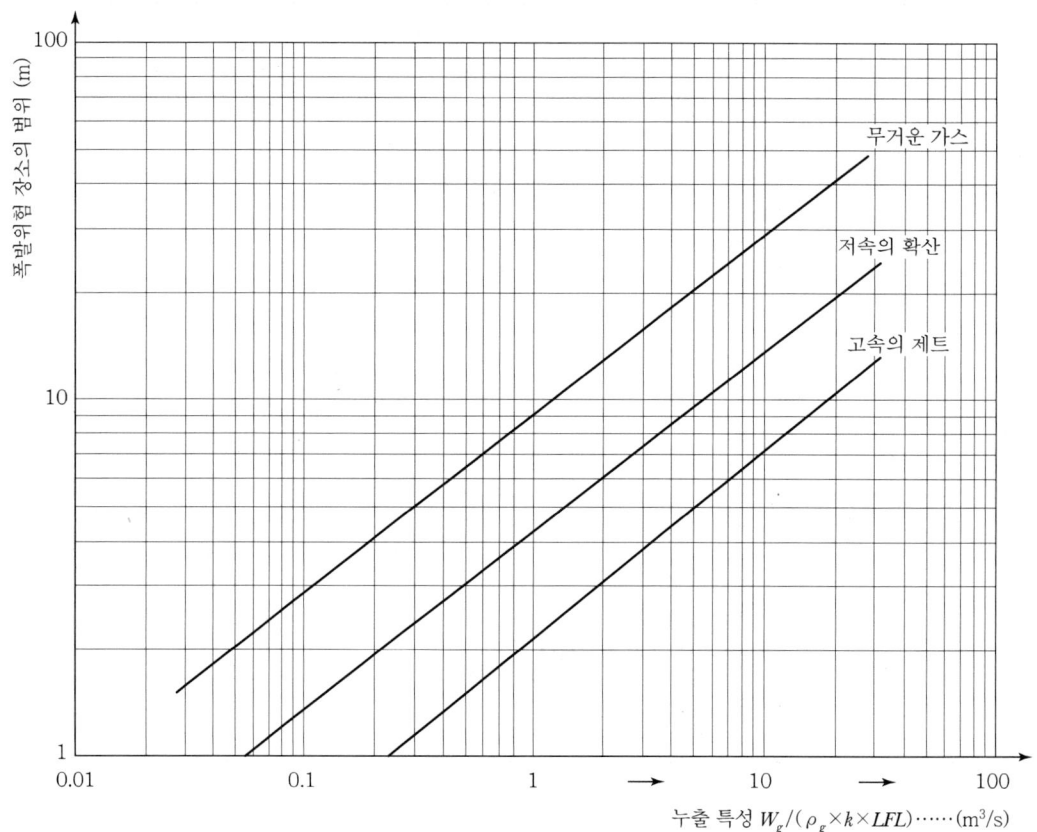

〈그림 1〉 폭발위험장소의 범위(거리) 추정 그래프

KOSHA GUIDE
E - 180 - 2020

여기서, $\dfrac{W_g}{\rho_g k LFL}$ : 누출특성(m³/s)

$\rho_g = \dfrac{P_a M}{RT_a}$ : 가스/증기 밀도(kg/m³)

$k$ : LFL에 따른 안전계수, 보통 0.5~1.0 사이

[비고] NE 장소의 경우, 이 그래프를 사용할 수 없다.

(3) 이 그래프는 제로배경농도를 바탕으로 한 것으로 옥내 저희석 조건에는 적용하지 않는다.

[비고] 이 그래프는 연속등식과 선별된 전산유체공학 시뮬레이션(CFD)을 기반으로 개발된 것으로 X축 제곱근 대 확산거리 비율을 바탕으로 추정되었으며, 그 결과는 이 표준의 목적에 맞게 수정되었다.

(4) 〈그림 1〉의 그래프를 이용하는 방법에 대해서는 5(폭발위험장소 구분 예)에 나타내었다(〈그림 3, 6, 8, 11 및 14〉 참조).

## 2. 폭발위험장소의 구분 예시

### 2.1 일반사항

(1) 이 지침은 누출되었을 때 인화성 가스 및 액체의 거동에 대한 지식과 지정된 조건 하의 설비성능에 대한 경험을 바탕으로 하는 올바른 공학적 판단(Sound engineering judgement)을 포함한다. 이러한 이유로 설비 및 공정의 특성에 대해 생각할 수 있는 모든 변경사항을 예로 하는 것은 실행 가능하지 않다.

(2) 이 예는 이 표준을 적용하기 위한 의도가 아니고 이 표준에서 제시된 평가의 선택 방법을 설명하기 위한 것이다.

### 2.2 폭발위험장소의 설정 예

#### 2.2.1 인화성액체

(1) 산업용 펌프(기계 씰(다이아프램) 이용, 옥외 지면 설치)

KOSHA GUIDE
E - 180 - 2020

① 누출 특성

| | |
|---|---|
| 인화성 물질 | 벤젠(CAS no. 71-43-2) |
| 몰 질량 | 78.11kg/kmol(78 g/mol) |
| 인화하한값, LFL | 1.2%vol.(0.012 vol./vol.) |
| 자연발화온도, AIT | 498℃ |
| 가스밀도, $\rho_g$ | 3.25kg/m³(대기 조건에서 계산)<br>가스밀도는 〈그림 1〉 그래프의 커브로 나타남 |
| 누출원, SR | 기계 씰 |
| 누출등급 | 2차(씰 파열로 인한 누출) |
| 액체 누출률, $W$ | 0.19kg/s(누출계수 $C_d$=0.75, 구멍 크기 $S$=5mm² 액체밀도 $\rho$=876.5kg/m³, 압력차 $\Delta p$=15 bar) |
| 가스누출률, $W_g$ | 3.85×10⁻³kg/s, 누출 지점에서 증기화된 액체비율을 고려하여 결정($W$의 2%) ; 남은 액체는 배출 |
| 누출특성, $W_g/(\rho_g \times k \times LFL)$ | 0.1m³/s |
| 안전계수, $k$ | 1.0 |

② 위치 특성

| | |
|---|---|
| 옥외 상황 | 탁 트인 장소(장애물 없음) |
| 주위 압력(대기압), Pa | 101,325Pa |
| 주위 온도, $T$ | 20℃(293K) |
| 환기속도, $u_w$ | 0.3m/s |
| 환기이용도 | 우수(기상학적으로 안정된 풍속) |

③ 누출 영향(결과)

| | |
|---|---|
| 희석등급(〈그림 2〉 참조) | 중희석 |
| 폭발위험장소 종별 | 2종 장소 |
| 설비그룹 및 온도등급 | IIA T1 |

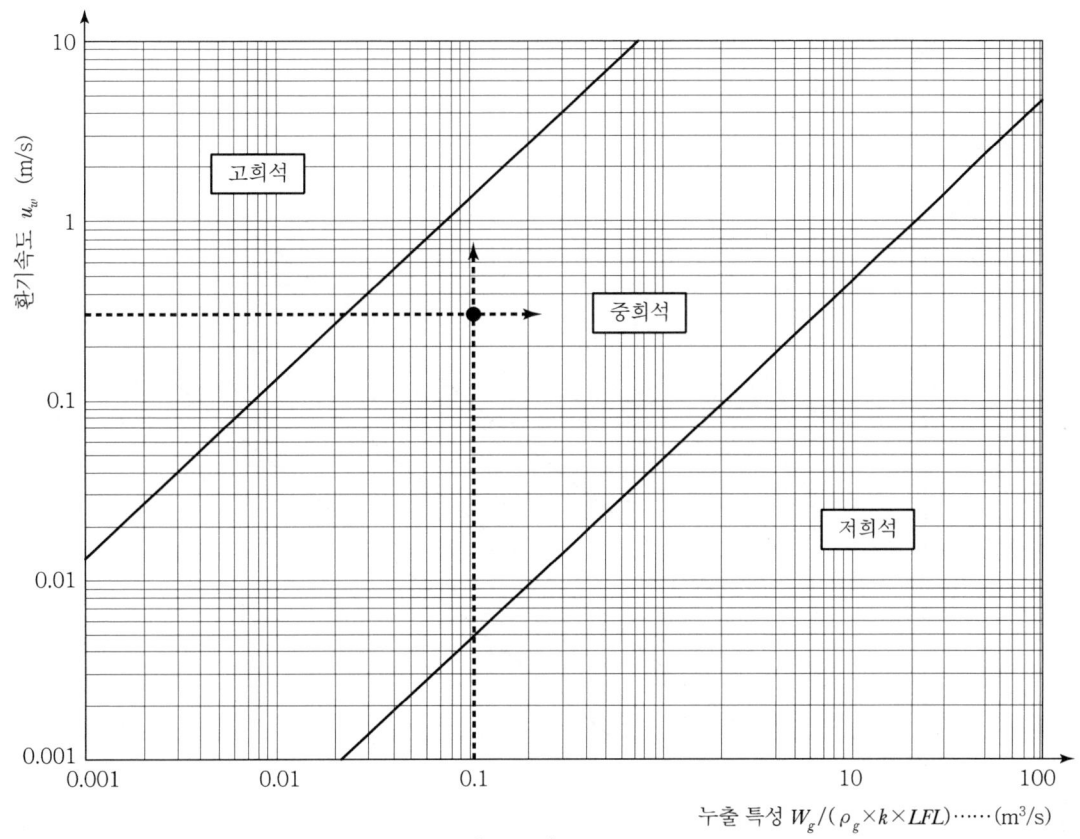

〈그림 2〉 희석등급

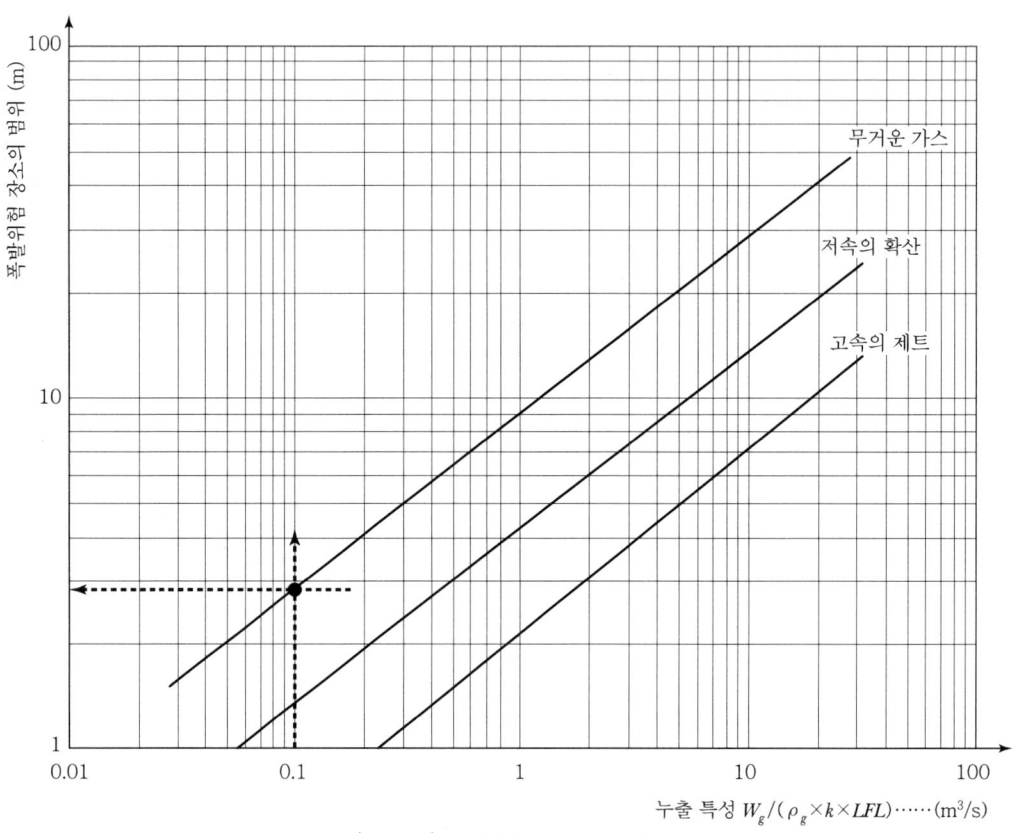

〈그림 3〉 폭발위험장소 거리

④ 폭발위험장소 구분

〈그림 4〉는 공기보다 무거운 물질의 설비 정면도를 나타낸다. 이 그림은 공기보다 무거운 증기에서의 폭발위험장소 구분도이며, 수직거리는 수평거리보다 짧다.

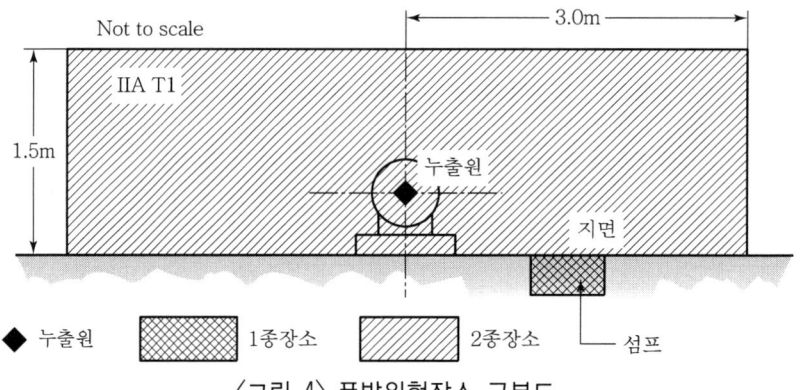

〈그림 4〉 폭발위험장소 구분도

## KOSHA GUIDE
## E - 180 - 2020

비고) 섬프는 저희석으로 더 가혹한 폭발장소로 된다.

(2) 산업용 펌프(기계 씰(다이아프램)을 이용, 옥내 바닥 설치)
　① 누출 특성

| 인화성 물질 | 액체 벤젠(CAS No 71-43-2) |
|---|---|
| 몰 질량 | 78.11 kg/kmol(78 g/mol) |
| 인화하한값, LFL | 1.2% vol.(0.012 vol./vol.) |
| 자연발화온도, AIT | 498℃ |
| 가스밀도, $\rho_g$ | 3.25kg/m³(대기 조건에서 계산)<br>가스밀도는 〈그림 1〉 그래프의 커브로 나타남 |
| 누출원, SR | 기계 씰 |
| 누출등급 | 2차(씰 파열로 인한 누출) |
| 액체 누출률, $W$ | 0.19kg/s(누출계수 $C_d$=0.75, 구멍 크기 $S$=5 mm² 액체밀도 $\rho$=876.5kg/m³, 압력차 $\Delta p$=15 bar) |
| 증발율, $W_e$ | 3.85×10⁻³kg/s, 누출 지점에서 증기화된 액체비율을 고려하여 결정($W$의 2%); 남은 액체는 배출 |
| 가스부피누출률, $Q_g$ | 1.19×10⁻³m³/s |
| 누출특성, $W_g/(\rho_g \times k \times LFL)$ | 0.2m³/s |
| 안전계수, $k$ | 0.5(LFL과 관련된 높은 불확실성) |

　② 위치 특성

| 옥내 | 자연환기 건물(바람에 의한) |
|---|---|
| 대기압, Pa | 101,325Pa |
| 대기온도, T | 20℃(293K) |
| 밀폐공간의 크기, $L \times B \times H = V_0$ | 6.0m×5.0m×5.0m=150.0m³ |
| 공기 흐름량, $Q_a$ | 306m³/h(0.085m³/s) |
| 공기유량, 이용도 | 우수, 최악의 환경조건을 감안하여 결정<br>(기상학적으로 안정적인 상태에서의 풍속) |
| 환기속도, $u_w$ | 0.003m/s $Q_a/(L \times B)$로 추산 |
| 임계 농도, $X_{crit}$ | 0.003 vol./vol., =(0.25×LFL) |

③ 누출 영향(결과)

| | |
|---|---|
| 환기유효계수, $f$ | 5 |
| 배경농도, $X_b$ | 0.07 vol./vol |
| 농도비교 | $X_b > X_{crit}$ |
| $X_{crit}$ 도달 소요시간($t_d$) | 7.67h(안전계수=$f$) |
| 환기등급(〈그림 5〉참조) | 저희석($X_b > X_{crit}$로 인해) |
| 폭발위험장소 종별 | 1종 장소 |
| 설비그룹 및 온도등급 | IIA T1 |

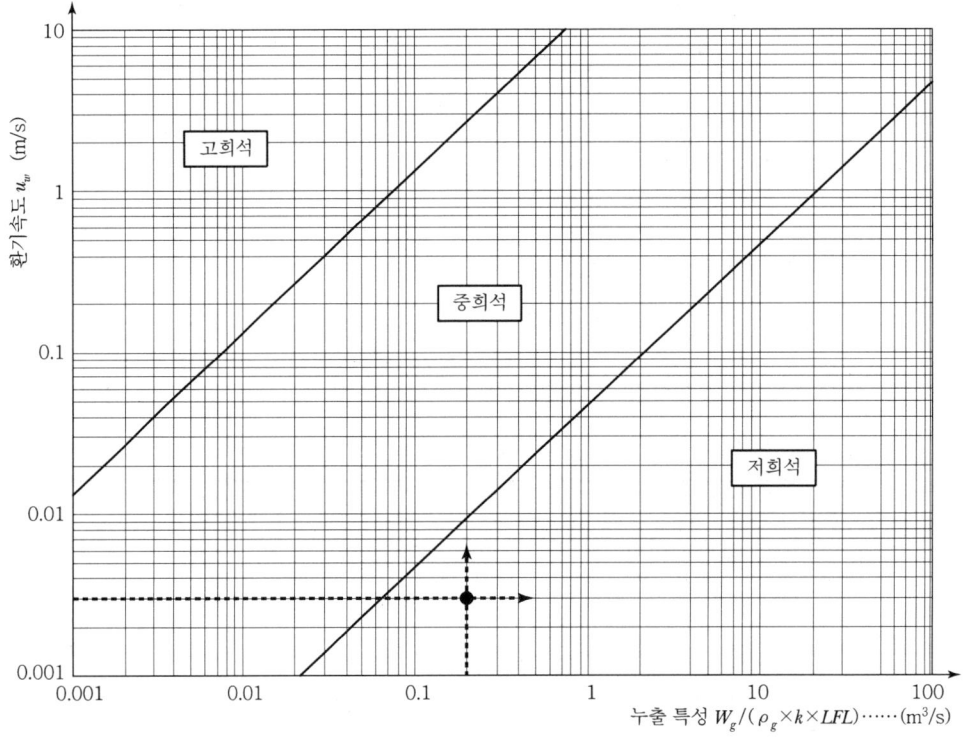

〈그림 5〉 희석등급

[비고] 밀폐공간에서의 배경농도가 임계농도($X_b > X_{crit}$)보다 높기 때문에 그래프를 이용한 희석등급의 평가절차는 필요하지 않다. 따라서 희석등급은 '저희석'이며, 〈그림 5〉는 단지 평가를 확인하기 위한 것이다.

KOSHA GUIDE
E - 180 - 2020

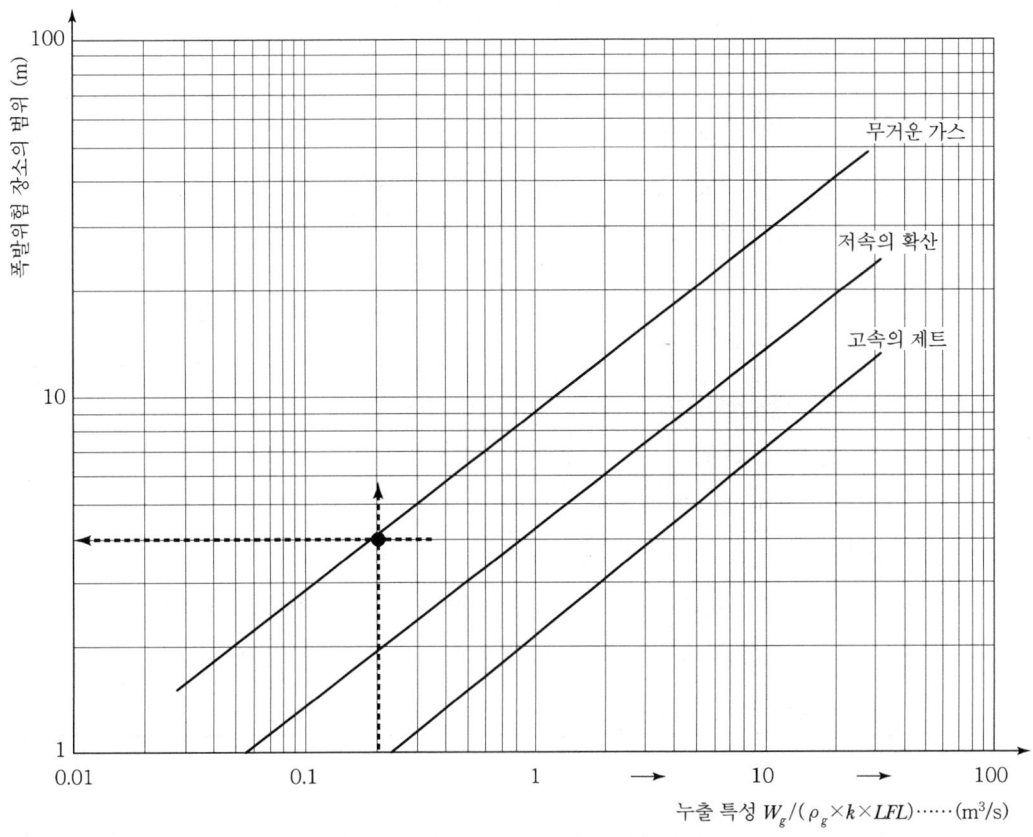

〈그림 6〉 폭발위험장소 거리 산정

폭발위험장소의 범위(〈그림 6〉 참조), r=4.0m

④ 폭발위험장소의 구분
- 설정된 폭발위험장소는 누출이 멈춘 후, 임계농도 도달에 소요되는 시간과 농도를 비교하여 옥내 위치의 부피를 포함한다. 만약, 개구부가 있다면 이를 잠재적인 누출원으로 고려한다.
- 만약, 공기 유량이 증가(개선)되었다면, 희석등급은 '중희석'이 될 수 있고, 위험장소는 작아지고 1종장소를 2종장소로 변경할 수 있다.

KOSHA GUIDE
E - 180 - 2020

(3) 브리더밸브(옥외, 공정용 용기(Vessel))
  ① 누출 특성

| 인화성 물질 | 벤젠(CAS no. 71-43-2) |
|---|---|
| 몰 질량 | 78.11kg/kmol(78 g/mol) |
| 인화하한값, LFL | 1.2%vol.(0.012vol./vol.) |
| 자연발화온도, AIT | 498℃ |
| 가스밀도, $\rho_g$ | 3.25 kg/m³(대기 조건에서 계산)<br>가스밀도는 〈그림 1〉 그래프의 커브로 나타남 |
| 누출원, SR | 브리더 밸브 |
| 누출등급 | 1차(공정용 용기 채우기) |
| 누출률, $W_g$ | 4.50×10⁻³ kg/s,(제조사 데이터) |
| 누출특성, $W_g/(\rho_g \times k \times LFL)$ | 0.12m³/s ($k=1.0$) |
| 누출등급 | 2차(밀폐장치 파열로 인한 누출) |
| 누출률, $W_g$ | 4.95×10⁻² kg/s,(제조사 데이터) |
| 누출특성, $W_g/(\rho_g \times k \times LFL)$ | 1.27m³/s ($k=1.0$) |

  ② 위치 특성

| 옥외 상황 | 탁 트인 장소 |
|---|---|
| 대기압, Pa | 101,325Pa |
| 주위 온도, $T_a$ | 20℃(293K) |
| 환기속도, $u_w$ | 1.0m/s |
| 환기 이용도 | 우수 (안정된 조건에서의 풍속) |

  ③ 누출 영향(결과)

| 환기등급(〈그림 5〉 참조) | 중희석 |
|---|---|
| 폭발위험장소 유형 | 1종 장소+2종 장소 |
| 설비그룹 및 온도등급 | IIA T1 |

KOSHA GUIDE
E - 180 - 2020

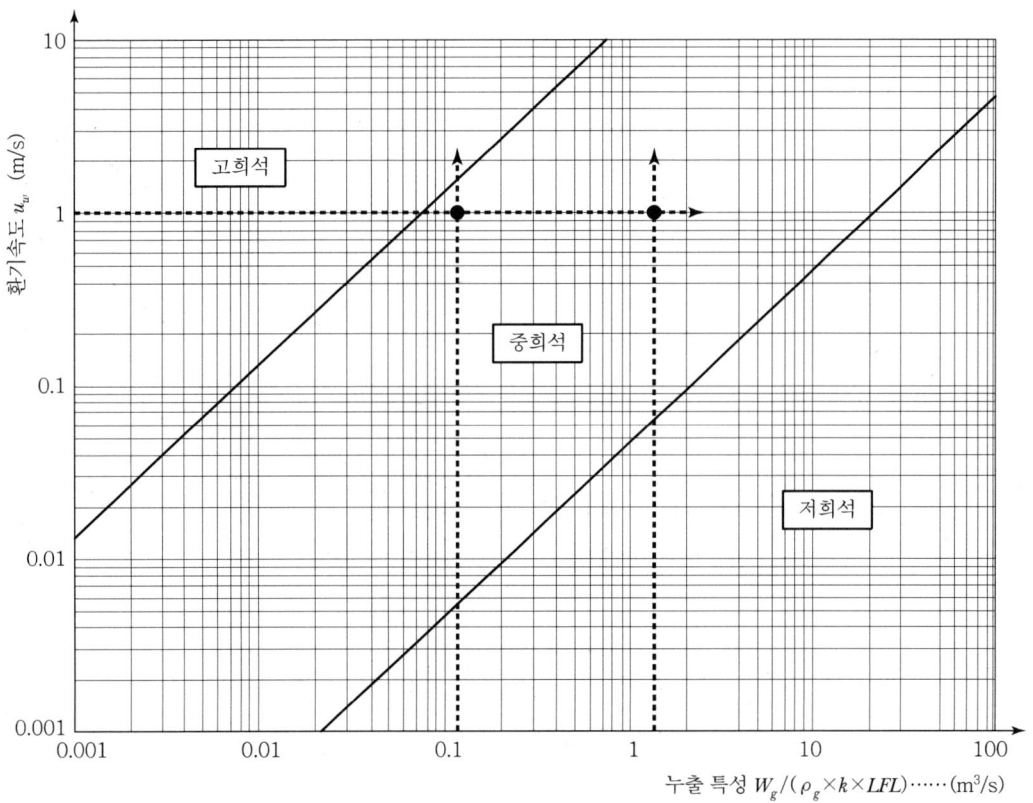

〈그림 7〉 희석등급

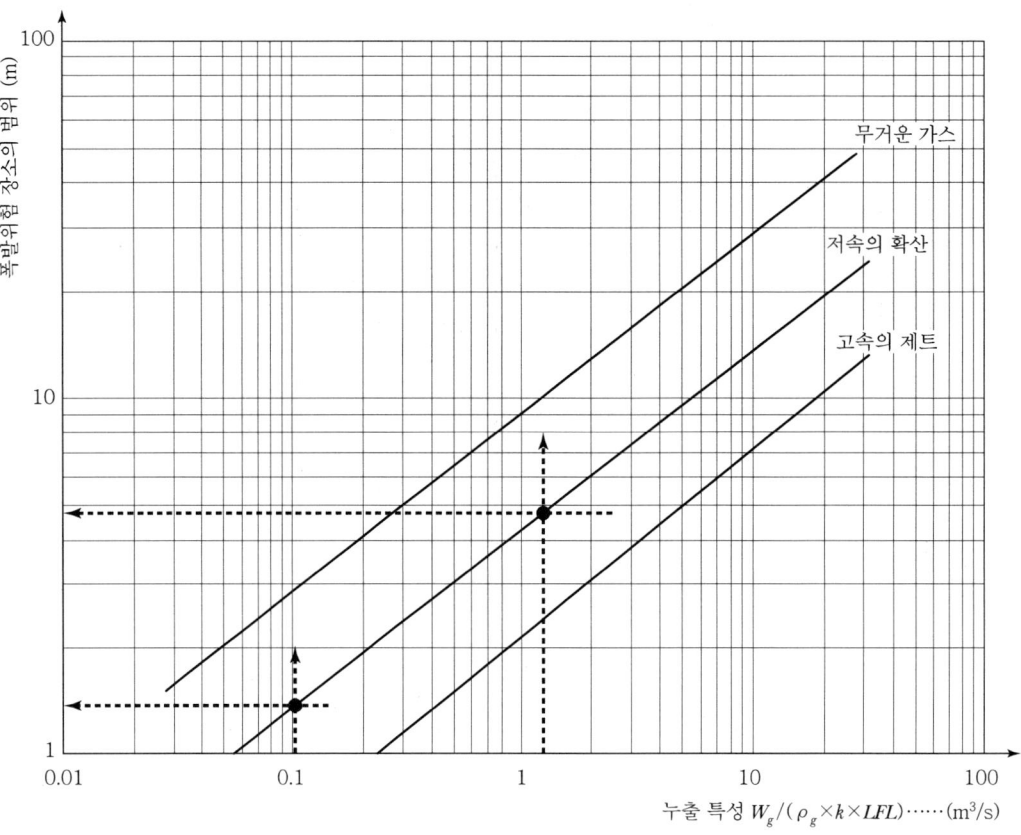

폭발위험장소의 범위(거리) : 1종장소(1.5m), 2종장소(5.0m)

〈그림 8〉 폭발위험장소의 거리 산정

④ 폭발위험장소의 추정

관련변수를 고려한 폭발위험장소는 브리더밸브를 기준으로 〈그림 9〉와 같다.

KOSHA GUIDE
E - 180 - 2020

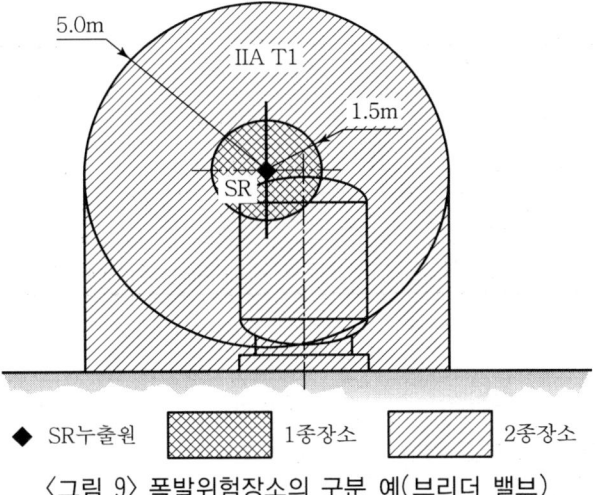

◆ SR누출원　▩ 1종장소　▨ 2종장소

〈그림 9〉 폭발위험장소의 구분 예(브리더 밸브)

2.2.2 인화성가스

(1) 제어밸브(인화성 가스, 폐쇄형 배관시스템)

① 누출 특성

| 인화성 물질 | 프로판 가스혼합물 |
|---|---|
| 몰 질량 | 44.1kg/kmol |
| 인화하한값, LFL | 1.7%vol.(0.017vol./vol.) |
| 자연발화온도, AIT | 450℃ |
| 가스밀도, $\rho_g$ | 1.83kg/m³(대기 조건에서 계산)<br>가스밀도는 〈그림 1〉 그래프의 커브로 나타남 |
| 누출원, SR | 밸브 스템 패킹 |
| 누출등급 | 2차(패킹 파열로 인한 누출) |
| 누출률, $W_g$ | $5.57\times10^{-3}$ kg/s, 사용압력 $p$ =10bar, 온도 $T$ =15℃, 구멍크기 $S$ =2.5mm², 압축계수 $Z$ =1, 단열팽창폴리트로프 지수 $\gamma$ =1.1, 누출계수 $C_d$ =0.75로 계산 |
| 안전계수, $k$ | 0.8(LFL의 불확실성으로) |
| 누출특성, $W_g/(\rho_g \times k \times LFL)$ | 0.22m³/s |

KOSHA GUIDE
E - 180 - 2020

② 위치 특성

| 옥외상황 | 탁 트인 장소 |
|---|---|
| 대기압, Pa | 101,325Pa |
| 대기온도, T | 20℃(293K) |
| 환기속도, $u_w$ | 0.03m/s |
| 환기이용도 | 우수(안정된 조건에서의 풍속) |

③ 누출 영향(결과)

| 환기등급 | 중희석 |
|---|---|
| 폭발위험장소 종별 | 2종 장소 |
| 설비그룹 및 온도등급 | IIA T1 |

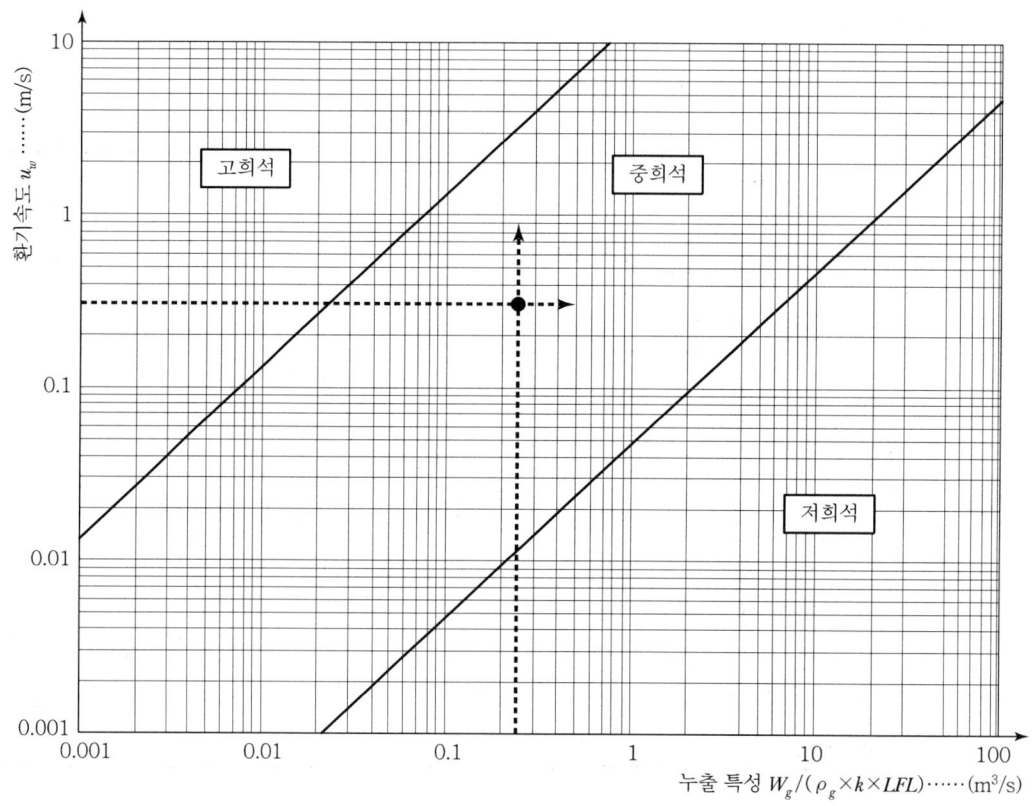

〈그림 10〉 희석등급

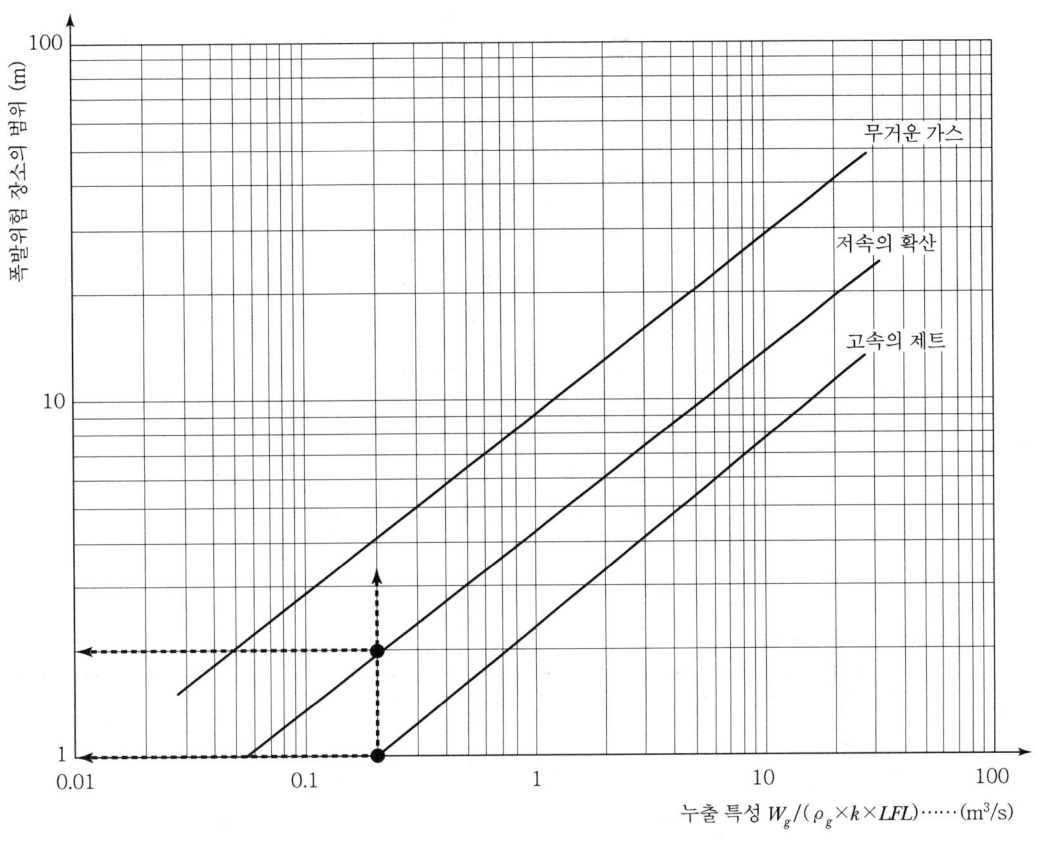

〈그림 11〉 폭발위험장소의 거리 산정

폭발위험장소의 크기(거리), $r$
주위 특성(방해 여부와 무관한 제트 누출)으로 인해 폭발위험장소의 범위는 1.0~2.0m로 한다.

④ 폭발위험장소의 추정

관련변수를 고려한 폭발위험장소는 컨트롤밸브를 기준으로 〈그림 12〉와 같다.

KOSHA GUIDE
E - 180 - 2020

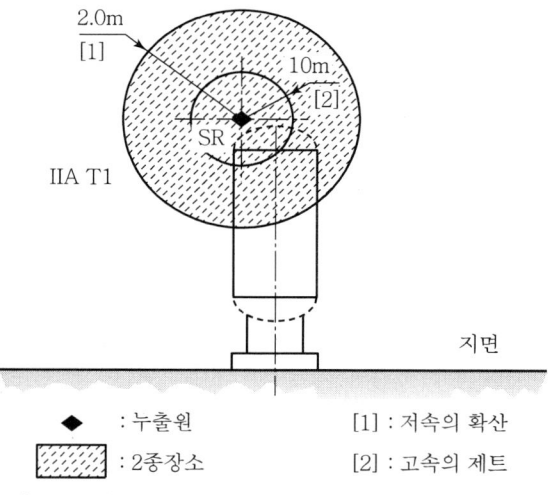

- ◆ : 누출원
- ▨ : 2종장소
- [1] : 저속의 확산
- [2] : 고속의 제트

〈그림 12〉 폭발위험장소의 구분도 예(제어 밸브)

(2) 폐쇄형 공정 배관시스템(인화성 가스, 옥내 설치)
  ① 누출 특성

| 인화성 물질 | 천연가스유정, wet |
|---|---|
| 몰 질량 | 20kg/kmol |
| 인화하한값, LFL | 4%vol.(0.04 vol./vol.) |
| 자연발화온도, AIT | 500℃ |
| 가스밀도, $\rho_g$ | 0.83kg/m³(대기 조건에서 계산)<br>가스밀도는 〈그림 1〉 그래프의 값으로 나타남 |

다중 누출원, MSR

| a) 누출등급 | 연속(비산 배출) |
|---|---|
| -(누출원) 유형 | 배관 부품(배관 불연속성) |
| -한 개당 누출률, $W_g$ | $1.0 \times 10^{-9}$ kg/s(실험실 데이터) |
| -한 개당 부피누출률, $Q_g$ | $1.2 \times 10^{-8}$ m³/s |
| -누출원의 수 | 10 |

# KOSHA GUIDE
## E - 180 - 2020

| b) 누출등급 | 1차 |
|---|---|
| -(누출원) 유형 | 씰링부품(저속으로 가동, 컨트롤밸브 스템패킹) |
| -한 개당 누출률, $W_g$ | $1.5 \times 10^{-6}$ kg/s(제조사 데이터) |
| -한 개당 부피누출률, $Q_g$ | $1.8 \times 10^{-6}$ m³/s |
| -누출원의 수 | 3 |
| c) 누출등급 | 2차 |
| -(누출원) 유형 | 씰링부품(고정부, 파이버 개스킷 플랜지) |
| -한 개당 누출률, $W_g$ | $1.95 \times 10^{-3}$ kg/s, 사용압력 $p$=5bar, 온도 $T$=15℃, 구멍 크기 $S$=2.5mm², 압축요소 $Z$=1, 단열팽창폴리트로프 지수 $\gamma$=1.1, 누출계수 $C_d$=0.75로 계산 |
| -한 개당 부피누출률, $Q_g$ | $2.35 \times 10^{-3}$ m³/s |
| -누출원의 수 | 1, 가장 큰 것 |

② 위치 특성

| 옥내 | 자연환기 건물(바람에 의한) |
|---|---|
| 대기압, Pa | 101,325Pa |
| 주위온도, T | 20℃(293K) |
| 밀폐공간의 크기, $L \times B \times H = V_0$ | 2.5m×2.5m×3.5m=21.9m³ |
| 공기 유량, $Q_a$ | 266.4m³/h(0.074m³/s) |
| 공기유량 이용도 | 우수, (WCS로 상정, 안정된 조건에서의 풍속) |
| 환기유효계수, $f$ | 3 |
| 환기속도, $u_w$ | 0.008m/s $Q_a/(L \times B)$로 계산 |
| 임계 농도, $X_{crit}$ | 0.01vol./vol., = (0.25×LFL) |

③ 다중누출원의 누출결과

| ■ 누출등급 | 연속(비산배출) |
|---|---|
| - 누출률의 합, $\Sigma W_g$ | $1.0 \times 10^{-8}$ kg/s |
| - 부피 누출률의 합, $\Sigma Q_g$ | $1.2 \times 10^{-8}$ m³/s |
| - 배경농도, $X_b$ | $4.88 \times 10^{-7}$ vol./vol. |
| - 농도비교 | $X_b \ll X_{crit}$ |
| - 누출특성, $W_g/(\rho_g \times k \times LFL)$ | $6.01 \times 10^{-8}$ m³/s |
| - 안전계수, $k$ | 0.5(LFL의 불확실성으로) |
| - 희석등급 | 고희석 |
| - 폭발위험장소 유형 | 0종장소 NE |

| ■ 누출등급 | 1차 누출 + 연속 누출 |
|---|---|
| - 누출률의 합, $\Sigma W_g$ | $4.5 \times 10^{-6}$ kg/s |
| - 부피 누출률의 합, $\Sigma Q_g$ | $5.42 \times 10^{-6}$ m³/s |
| - 배경농도, $X_b$ | $2.2 \times 10^{-4}$ vol./vol. |
| - 농도비교 | $X_b \ll X_{crit}$ |
| - 누출특성, $W_g/(\rho_g \times k \times LFL)$ | $9.02 \times 10^{-5}$ m³/s |
| - 안전계수, $k$ | 0.5(LFL의 불확실성으로) |
| - 희석등급 | 고희석 |
| - 폭발위험장소 유형 | 1종장소 NE |

| ■ 누출등급 | 2차 누출 + 1차 누출 + 연속 누출 |
|---|---|
| - 누출률의 합, $\Sigma W_g$ | $2.18 \times 10^{-3}$ kg/s |
| - 부피 누출률의 합, $\Sigma Q_g$ | $2.63 \times 10^{-3}$ m³/s |
| - 배경농도, $X_b$ | 0.103 vol./vol. |
| - 농도비교 | $X_b > X_{crit}$ |
| - 소요시간($t_d$), $X_{crit}$에 도달 시간 | 0.57h(안전계수 = $f$) |
| - 안전계수, $k$ | 0.5(LFL의 불확실성으로) |

| | |
|---|---|
| - 누출특성, $W_g/(\rho_g \times k \times LFL)$ | 0.13 m³/s |
| - 희석등급(〈그림 13〉 참조) | 저희석($X_b > X_{crit}$로 인하여) |
| - 폭발위험장소 유형 | 1종장소 |

| | |
|---|---|
| ■ 설비 그룹 및 온도등급 | ⅡA T1 |

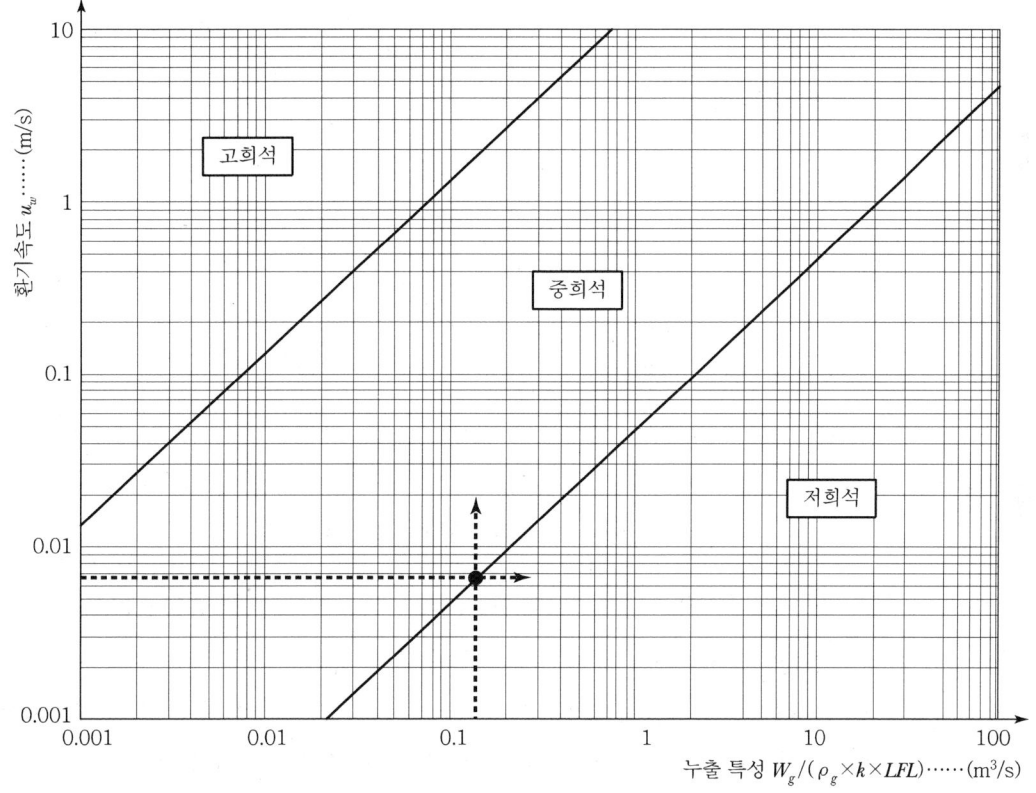

〈그림 13〉 희석등급

[비고] 밀폐공간에서의 배경농도가 임계농도($X_B > X_{crit}$)보다 높은 같은 경우에는 이 그래프를 이용한 희석등급 절차를 거치지 않고 바로 '저희석'으로 한다. 〈그림 13〉에서 두선의 교차점이 '중희석'에 위치하지만, 거의 구분선에 근접되어 있을 보여준다. 이는 이 평가절차의 불확실성을 갖고 있지만 적절함을 나타내는 것이다.

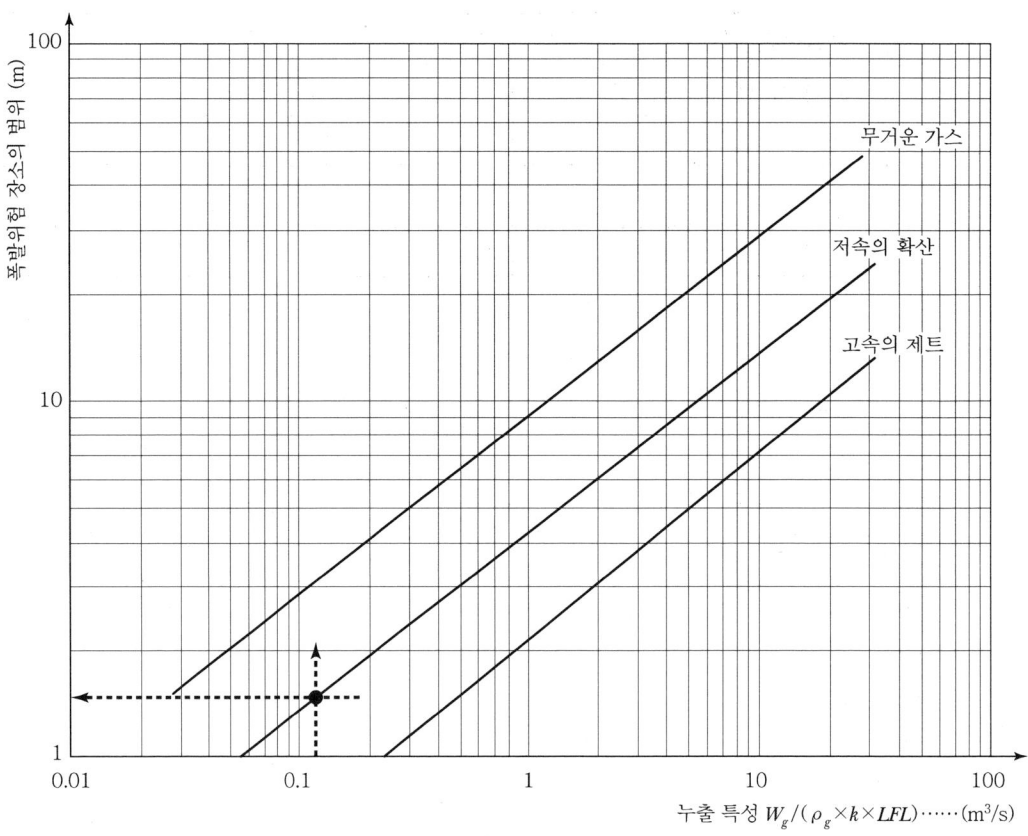

〈그림 14〉 폭발위험장소의 범위 산정

폭발위험장소의 크기(거리), $r$
주위 특성(방해 여부와 무관한 제트 누출)으로 인해 폭발위험장소의 범위는 1.5m로 한다.

④ 폭발위험장소의 구분

폭발위험장소는 배경농도가 임계농도를 초과하고 누출이 멈춘 후, 임계농도까지 떨어지는데 많은 시간이 소요되므로 옥내 전체 지역을 설정한다.

## 3. 폭발위험장소의 구분을 위한 예시 사례 연구

(1) 이 절은 위험장소를 어떻게 구분하고 표시하는 지에 대한 예시로, 위험장소의 세부사항은 특정 설비상세도 및 관련 규정 등의 적용에 따라 달라질 수 있다.

(가) 이 예시는 독립적, 여러 조합 또는 다양한 맥락에서 빈번하게 일어나는 누출의 다양한 형태를 보여주기 위한 것이다.

KOSHA GUIDE
E - 180 - 2020

(나) 컴프레서는 천연가스(〈그림 15〉 참조)를 취급하는 설비로, 가스엔진, 컴프레셔, 혼합형 공기냉각기, 공정 배관, 온스키드 스크러버, 파동병(Pulsation bottles) 및 부속 장비로 구성된다.

(다) 이 예에서 가스엔진과 컴프레셔는 바닥에 있는 루버방식의 개구부와 셸터 전면부 개구부를 통해 공기가 유입되어 천장 끝 개구부로 배출되는 자연 환기가 이루어지는 옥내에 설치된 것으로 한다(〈표 2〉 참조).

(2) 설비의 외부는 냉각수와 공정가스 열교환기의 혼합형 공기냉각기, 배관, 밸브(비상차단, 차단 및 조절), 오프 스키드 스크러버 등으로 구성되어 있다.

(3) 이 예시에서의 인화성물질 : (〈표 3〉 참조)
  ① 공정가스(메탄 80%인 천연가스)
  ② 공정가스는 스크러버에 모아 응축시켜 저장조로 자동 배출(주로, 각 압축 단계에서 평형상태인지에 따라 결정되는 많은 양의 무거운 탄화수소)
  ③ 가스엔진 연료와 기동가스(건식 배관용 천연가스, 최소 95%vol의 메탄)
  ④ 공정에 적용되는 다양한 화학약품(예, 부식방지제, 동결방지 첨가제)

(4) 예시에서 추정되는 누출원 : (〈표 4〉 참조)
  ① 기동가스 통기구(1차 누출원 : 엔진의 각 기동 단계에서 발생)
  ② 컴프레셔 블로우다운 통기구(1차 누출원 : 컴프레셔(각 단)의 감압 단계에서 발생)
  ③ 가스엔진 차단밸브 통기구(1차 누출원 : 들어온 연료가스가 가로 막히고 갇힐 때, 가스가 대기 중으로 방출되는데, 이 때 엔진의 각 셧다운 단계에서 발생)
  ④ 압력분출밸브 통기구(2차 누출원 : 압력 업스트림이 설정점 이상으로 높아지면 발생 : 통상 셧다운 안전장치는 안전릴리프밸브가 개방되기 전에 작동시키기 위해 컴프레셔의 보호시스템에 설치되므로 1차 누출원으로 간주하지 않는다.
  ⑤ 컴프레셔 피스톤 로드패킹 통기구(일반적으로 1차 누출원 : 모니터링과 제어, 품질관리가 의심되는 경우, 이 통기구는 연속누출로 간주
  ⑥ 가스엔진, 컴프레셔 및 에어쿨러(2차 누출원)
  ⑦ 공정 가스 스크러버와 드레인(액체상태의 2차 누출원)
  ⑧ 셸터 내/외부 밸브(2차 누출원)
  ⑨ 배관 연결부(2차 누출원)

(5) 예시에서 누출률을 산출하기 위한 요소(변수)
  ① 기동 가스의 경우 ; 제조사 데이터 시트에 있는 공기 시동장치의 가스유량
  ② 블로우다운 통기구의 경우 : 컴프레셔 실린더에 갇힌 가압가스, 스크러버, 파동병

(Pulsation bottles) 및 공정배관
③ 가스엔진 셧오프 밸브 통기구의 경우 ; 연료라인 및 실린더에 갇힌 가스
④ 안전릴리프 밸브 통기구의 경우 : 제조사의 데이터 시트에 있는 각각의 압력 설정점의 가스유량 또는 기타 방법으로 추산된 가스 유량
⑤ 기타 누출원의 경우 ; 기타 다른 방법으로 추산된 가스 유량

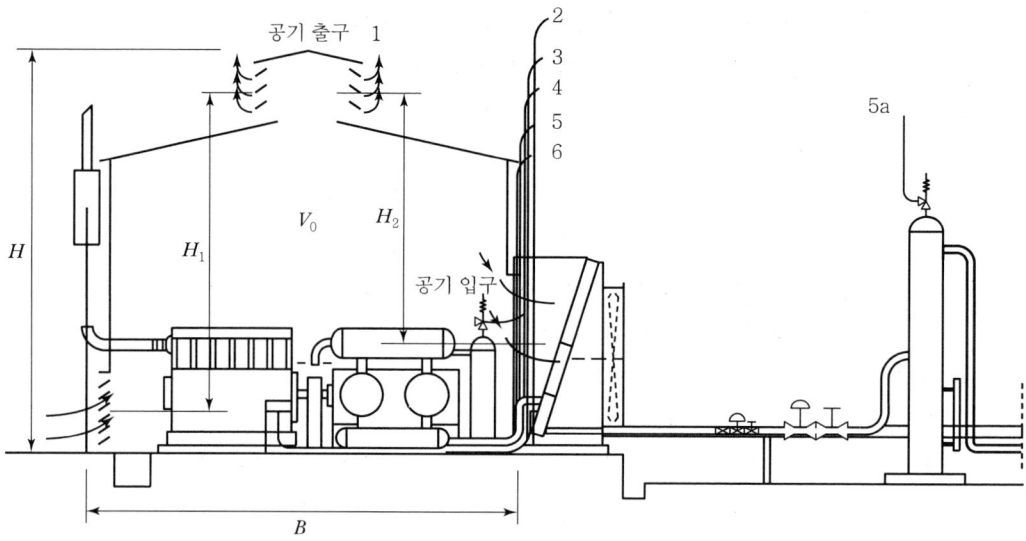

| 1 | 환기구의 공기 배출구 | L | 쉘터 길이 |
| --- | --- | --- | --- |
| 2 | 기동 가스 배기구 | B | 쉘터 폭 |
| 3 | 압축기 블로우다운 배기구 | $V_0$ | 쉘터 대상 체적 |
| 4 | 연료가스차단밸브 배기구 | H | 쉘터 높이 |
| 5 및 5a | 압력 릴리프밸브 배기구 | $H_1$ | 후면의 유입부와 유출부 중심점 사이의 수직거리 |
| 6 | 압축기피스톤 로드패킹배기구 | $H_2$ | 전면의 유입구와 유출부 중심점 사이의 수직거리 |
|  |  | $H_3$ | 개구부의 중심점 사이의 평균 수직거리 |

〈그림 15〉 천연가스를 취급하는 밀폐 컴프레셔

KOSHA GUIDE
E - 180 - 2020

<표 2> 천연가스 취급 압축기

| 쉘터의 폭발위험장소의 설정 절차 | | |
|---|---|---|
| 1 | 인화성 물질의 종류는? | 콤프레셔와 엔진의 연료 및 기동가스의 스크러버에 모인 공정가스, 응축가스 등 |
| 2 | 인화성 물질의 조성에 대하여 알고 있는가? | 공정, 연료 및 기동 가스에 대해서는 알려져 있으나, 공정 가스의 응축물에 대해서는 알려져 있지 않음. 대부분 물과 혼합된 펜탄과 헥산과 같은 높은 탄화수소물의 여러 혼합물로 추정 |
| 3 | 인화성 물질의 폭발하한 값 (LFL)의 계산 또는 추정가능한가? | - 공정 가스 : LFL=0.04<br>- 연료 및 기동 가스 : LFL=0.05<br>- 응축물 : LFL=0.013~0.08(압축 단계에 따라) |
| 4 | 쉘터 내에서의 누출원은? | 현장 계장부 접속부와 같은 가스 엔진, 컴프레셔, 스크러버 및 배관 등의 배관접속부 |
| 5 | 누출등급은? | 누출등급은 모두 2차 누출. 설비가 잘 모니터링 및 정비되고 있는 정상운영조건에서 옥내에 가스는 없다고 추정 |
| 6 | 주어진 조건에서 가장 대표적인 누출원은? | - 왕복 콤프레셔의 실린더에서는 거의 누출이 발생하지 않으나, 동력 및 열변형력에 노출되는 공정 배관과 함께 진동이 있는 기계류와 열간 배관의 연결부는 누출원이 될 수도 있음<br>- 또 다른 현실적인 누출원은 컴프레셔의 크랭크 케이스 브리더 밸브임, 피스톤 로드 패킹이 닳거나 손상되면 압축가스가 크랭크 케이스로 유입되어 브리더 밸브를 통해 대기로 누출될 수 있음<br>- 기타 누출원은 조사가 필요함 |
| 7 | 2차 누출원을 모두 합산하지 않았다면 어떻게 누출원을 선정했는가? | 가장 누출률이 많은 누출원, 즉 응력을 더 많이 받는 2단 압축의 오리피스 누출 선정(2.5mm²)〈(KOSHA GUIDE E-151(누출원평가지침, 〈표 1〉 참조)<br>• M=21.6kg/kmol  • $\gamma$=1.2<br>• $\rho$=51bar,  • T=422K(최대허용온도) |
| 8 | 손상된 개스킷에서 더 많은 누출이 발생한다면 그 누출률은 얼마인가? | 운전압력이 음속누출이라면, 그 결과는 다음과 같음<br>$W_g \fallingdotseq 1.54 \times 10^{-2}$kg/s,<br>$C_d=0.75$, $S=2.5$mm²(KOSHA GUIDE E-151(누출원평가지침, (식 4) 참조)<br>$Q_g \fallingdotseq 1.85 \times 10^{-2}$m³/s |

## KOSHA GUIDE
E - 180 - 2020

| | | |
|---|---|---|
| 9 | 쉘터의 자연환기가 연중 내내 이루어지는가? | 예. 뜨거운 여름철에도 자연환기로 인한 부력 작용(엔진과 컴프레셔의 지속적인 열공급으로 옥내온도가 대기온도보다 지속적으로 높게 유지). 쉘터 구조는 바람의 방향과 관계없이 충분한 환기가 유지됨 |
| 10 | 건물은 기하학적 구조는? | • 쉘터 길이 : $L=12$m<br>• 쉘터 폭 : $B=12$m<br>• 쉘터 전체높이 : $H=8.0$m<br>• 총 체적 : $V≒1,000$m$^3$<br>• 대상 체적 : $V_0≒0.8V=800$m$^3$<br>$V_0$ 이하의 체적은 밀폐 설비의 유효체적을 줄이기 위하여 허용면적 적용<br>• 공기 유입 개구부 총 유효면적 : $A_1=30$m$^2$<br>• 대기유출 개구부 총 유효면적 : $A_2=24$m$^2$<br>• 후면의 유입부와 유출부 중심점 사이의 수직거리 : $H_1=7.0$m<br>• 전면의 유입구와 유출부 중심점 사이의 수직거리 : $H_2=5.4$m<br>• 개구부의 중심점 사이의 평균 수직거리 : $H_a=6.2$m |
| 11 | 하부 개구부의 등가 유효면적은? | $A_e≒26.5$m$^2$(KOSHA GUIDE E-152(환기평가지침의 7.2 참조) |
| 12 | 가장 불리한 조건에서의 온도는? | 평균 옥내 온도 : $T_{in}=316$K<br>옥외 온도 : $T_{out}=313$K |
| 13 | 신선한 공기의 부피환기유량은? | $Q_a≒10.7$m$^3$/s, $C_d=0.75$<br>(〈부록 2〉(식 4) 참조) |
| 14 | 대상 체적의 시간당 환기횟수는? | $C=\dfrac{Q_a}{V_0}≒48h^{-1}$<br>시간당 48회의 환기횟수는 환기조건이 아주 좋은 상태이나 실제의 조건에서는 적용 곤란 |
| 15 | 환기속도는? | 환기속도는 공기 흐름 패턴에 따라 계산하며, 이 쉘터의 기준 단면이 수평임으로<br>$u_W=\dfrac{Q_a}{L\times B}≒0.075$m/s |

| 16 | 대상 부피 내의 배경농도는? | $X_b = \dfrac{f \times Q_g}{CV_0} \fallingdotseq 0.18\% \fallingdotseq 4.5\%LFL$<br>(〈부록 2〉〈식 1〉 참조) |
|---|---|---|
| 17 | 누출특성은? | $\dfrac{W_g}{\rho_g kLFL} \approx 0.5\,m^3/s\,(k=1.0)$<br>공기흐름 패턴이 상승기류를 나타내므로, 1.0 적용 |
| 18 | 희석 등급은? | (〈부록 2〉〈그림 1〉)에서 X축과 Y축 값이 교차하는 지점을 찾으면 중희석 |
| 19 | 이 부피의 배경농도가 LFL의 25%보다 높은가? | 아니오. LFL의 4.5%. 희석등급은 중희석 |
| 20 | 환기 이용도는? | 밀폐된 공간에서의 자연환기 이용도는 다양한 불확실성으로 인하여 '우수'가 아닌 '양호'로 간주 |
| 21 | 쉘터 내의 폭발위험장소의 종별은? | 2종 장소로 구분, 누출등급, 희석등급 및 환기이용도를 고려(〈표 1〉 참조) |
| 22 | 누출원으로 간주할 수 있는 또 다른 개구부는? | 예, 옥상의 출구 개구부. A형 개구부 |
| 23 | 이 개구부(22)를 통한 가스의 누출률(질량)은? | $W_g = u_2 A_2 \rho_g X_b = u_w LB \rho_g X_b \qquad W_g \approx 1.54 \times 10^{-2}\,kg/s$<br>이 결과는 질량보존의 법칙을 따르는(〈부록 1〉〈식 4〉와 같음 |
| 24 | 희석등급은? | 희석등급은(본문 〈그림 1〉)를 이용하여 다시 구함. 다만, 환기속도 $U_w$가 풍속일 경우 제외. 지면 위의 개구부의 높이를 고려할 때 1.0m/s는 합리적인 값(〈부록 2〉의 〈표 1〉 참조)으로 이때의 희석등급은 '중'임 |
| 25 | 개구부 주변의 폭발위험장소는? | 폭발위험장소는 2종 장소(〈그림 16, 17〉 참조). |
| 26 | 개구부 주변의 위험범위는? | 위험범위는 〈그림 1〉을 참고하여 추정. 누출원 위치를 고려하여 지나치게 엄격하게 적용할 필요는 없이 아래쪽 곡선을 선택하는 것이 논리적일 수 있음. 그래프에서 위험거리는 1.0m보다 약간 긴 1.5m로 함(〈그림 16〉 참조) |
| 27 | 결론 | 쉘터 아래 전체 지역을 2종 장소로 함. 부력에 의한 자연환기가 이루어지므로 가스혼합물이 빠져나가는 옥상을 제외하고는 벽 바깥까지 위험장소를 확장할 필요없음(〈그림 16 및 17〉 참조) |

## KOSHA GUIDE
## E - 180 - 2020

<표 3> 인화성 물질 목록 및 특성_폭발위험장소 구분 데이터 시트(파트 I)

설비 : 천연가스 취급 컴프레서 설비
지역 :
관련도면: <그림 16, 17> 참조

| 물질명 | 화학식 (구성성분) | 분자량 (kg/m³) | 인화성 물질 비중 (가스/공기) | 단열평창폴리트로프 지수 | 인화점 (℃) | 발화점 (℃) | 휘발성ª 비점 (℃) | 증기압 20℃ (kPa) | 인화하한값(LFL) vol (%) | (kg/m³) | 방폭 특성 기기그룹 및 온도등급 | 비고 (기타 관련정보) |
|---|---|---|---|---|---|---|---|---|---|---|---|---|
| 1 공정 가스 | 80% vol 메탄 + 높은 탄화수소 | 21.6 | 0.8 | 1.2 | - | >400 | - | - | 4.0 | 0.036 | IIA/T2 | |
| 2 공정 가스 응축물 | ISO- 및 노말 펜탄, 헥산, 및 헵탄 | 46 | >3.0 | - | <30 | <300 | < 50 | 자료없음 | 1.3~8.0 | 0.025~0.153 | IIA/T3 | 추정값 |
| 3 연료 가스 | 96% vol 메탄 + 높은 탄화수소 | 16.8 | 0.6 | 1.3 | - | >500 | - | - | 5.0 | 0.035 | IIA/T1 | |
| 4 | | | | | | | | | | | | |
| 5 | | | | | | | | | | | | |
| 6 | | | | | | | | | | | | |
| 7 | | | | | | | | | | | | |
| 8 | | | | | | | | | | | | |
| 9 | | | | | | | | | | | | |
| 10 | | | | | | | | | | | | |

ª 일반적으로 증기압 값이 주어지며, 증기압 값이 주어지지 않은 경우, 비점 사용 가능

## KOSHA GUIDE
### E - 180 - 2020

**<표 4> 누출원 목록_폭발위험장소 구분 데이터 시트(파트 II)(1)**

설비 : 천연가스 취급 컴퓨레셔 설비
지역 :

관련도면 : <그림 16, 17> 참조

| | 누출원 | | | | 인화성 물질 | | | | 환기 | | | 폭발위험장소 | | | 비 고 (기타 관련정보) |
|---|---|---|---|---|---|---|---|---|---|---|---|---|---|---|---|
| 설비 | 설비명 | 위치 | 누출등급[a] | 누출률 (kg/s) | 누출성 ($m^3$/s) | 참조[b] | 운전온도 (℃) | 및 압력 (kPa) | 상태[c] | 형태[d] | 희석등급 | 이용도 | 위험장소 종별 (0,1,2) | 위험장소범위(m) 수직 / 수평 | 참조[f] | |
| 1 | 배기구(대구부) | 지붕위 | 2차 | 1.54×$10^{-2}$ | 0.5 | 1 | - | 101.325 | G | N | 중 | 양호 | 2종 | 1.5 / 1.5 | | 제조사 데이터 |
| 2 | 기통 가스 통기구 | 지붕위 | 1차 | 0.5 | 16 | 3 | 25 | 1,000 | G | N | 중 | 양호 | 1종 | 9.0 / 9.0 | | 통기구 야 출입부에서 |
| 3 | 컴프레서 윤활유단 통기구 | 지붕위 | 1차 | 1.75 | 52 | 1 | 35 | 5,000 | G | N | 중 | 양호 | 1종 | 8.0 / 8.0 | | 통기구 야 출입부에서 |
| 4 | 연료가스 녹아웃 벨브 | 지붕위 | 1차 | 0.25 | 7.7 | 3 | 25 | 50 | G | N | 중 | 양호 | 1종 | 6.0 / 6.0 | | 통기구 야 출입부에서 |
| 5 | 안전벨브 통기구 | 지붕위 | 2차 | 1.8×$10^{-2}$ | 0.54 | 1 | 149 | 2,800 | G | N | 중 | 양호 | 2종 | 3.0 / 3.0 | | 통기구 야 출입부에서 |
| 5a | 안전벨브 통기구 | 스크러버 | 2차 | 1.8×$10^{-2}$ | 0.54 | 1 | 50 | 5,500 | G | N | 중 | 양호 | 2종 | 3.0 / 3.0 | | 통기구 야 출입부에서 |
| 6 | 피스톤로드 팩킹 통기구 | 지붕위 | 1차/연속 | 1.0×$10^{-2}$ | 0.3 | 1 | 25 | 101.325 | G | N | 중 | 양호 | 0종 보 1종 | 1.5 / 1.5 | | 통기구 야 출입부 |
| 7 | 가스엔진 | 쉘터내부 | 2차 | 1.54×$10^{-2}$ | 0.5 | 3 | 25 | 50 | G | N | 중 | 양호 | 2종 | 쉘터 내부 | | |
| 7a | 컴프레서 | 쉘터내부 | 2차 | 1.54×$10^{-2}$ | 0.6 | 1 | 149 | 200 ~5,000 | G | N | 중 | 양호 | 2종 | 쉘터 내부 | | |
| 7b | 에어쿨러 | 쉘터전면 | 2차 | 1.8×$10^{-2}$ | 0.54 | 1 | 50 | 2,500 ~5,000 | G | N | 중 | 양호 | 2종 | 예어쿨러에서 3.0 | | |

a : C(연속), S(2차), P(1차), b : 파트 Ⅰ 목록 인용 번호, c : G(가스), L(액체), S(고체), d : N(자연환기), AG(강제 전체환기), AL(국소배기),
e : 부속서 C 참조, f : 사용된 코드/표준 번호, 계산 기준 표시

KOSHA GUIDE
E - 180 - 2020

<표 4> 누출원 목록_폭발위험장소 구분 데이터 시트(파트 II)(2)

설비 :
지역 :

| 누출원 | | | | | 인화성 물질 | | | | 환기 | | | 폭발위험장소 | | | 비고 (기타 관련정보) |
|---|---|---|---|---|---|---|---|---|---|---|---|---|---|---|---|
| 설비명 | 위치 | 누출 등급[a] | 누출률 (kg/s) | 누출 특성 ($m^3/s$) | 참조[b] | 운전온도 및 압력 (℃) (kPa) | | 상태[c] | 형태[d] | 희석 등급[e] | 이용도 | 위험장소 종별 (0,1,2) | 위험장소범위(m) | | 참조[f] |
| | | | | | | | | | | | | | 수직 | 수평 | |
| 8 | 공정 가스 스크러버 | 쉘터 내부 | 2차 | 0.93 ×10⁻² | 0.4 | 2 | 50 | 2,500 | L | N | 중 | 양호 | 2종 | 쉘터 내부 | 쉘터 내부 | |
| 8a | 공정 가스 스크러버 | 쉘터 외부 | 2차 | 0.93 ×10⁻² | 0.4 | 2 | 50 | 5,000 | L | N | 중 | 양호 | 2종 | 스크러버에서 3.0 | 스크러버에서 3.0 | |
| 9 | 펌프 | 쉘터 내부 | 2차 | 1.8 ×10⁻² | 0.54 | 1/2/3 | 50 | 2,500 ~5,000 | G/L | N | 중 | 양호 | 2종 | 쉘터 내부 | 쉘터 내부 | |
| 9a | 펌프 | 쉘터 외부 | 2차 | 1.8 ×10⁻² | 0.54 | 1/2/3 | 50 | 2,500 ~5,000 | G/L | N | 중 | 양호 | 2종 | 밸브에서 3.0 | 밸브에서 3.0 | |
| 10 | 배관연결부 | 쉘터 내부 | 2차 | 1.8 ×10⁻² | 0.54 | 1/2/3 | 50 | 2,500 ~5,000 | G/L | N | 중 | 양호 | 2종 | 쉘터 내부 | 쉘터 내부 | |
| 10a | 배관연결부 | 쉘터 외부 | 2차 | 1.8 ×10⁻² | 0.54 | 1/2/3 | 50 | 2,500 ~5,000 | G/L | N | 중 | 양호 | 2종 | 배관연결 부에서 3.0 | 배관연결 부에서 3.0 | |

관련도면 : <그림 16, 17> 참조

a : C(연속), S(2차), P(1차), b : 파트 I 목록 인용 번호, c : G(가스), L(액체), S(고체), d : N(자연환기), AG(강제 전체환기), AL(국소배기),
e : 부속서 C 참조, f : 사용점 코드(표준 번호, 계산 기준 표시)

| KOSHA GUIDE |
|---|
| E - 180 - 2020 |

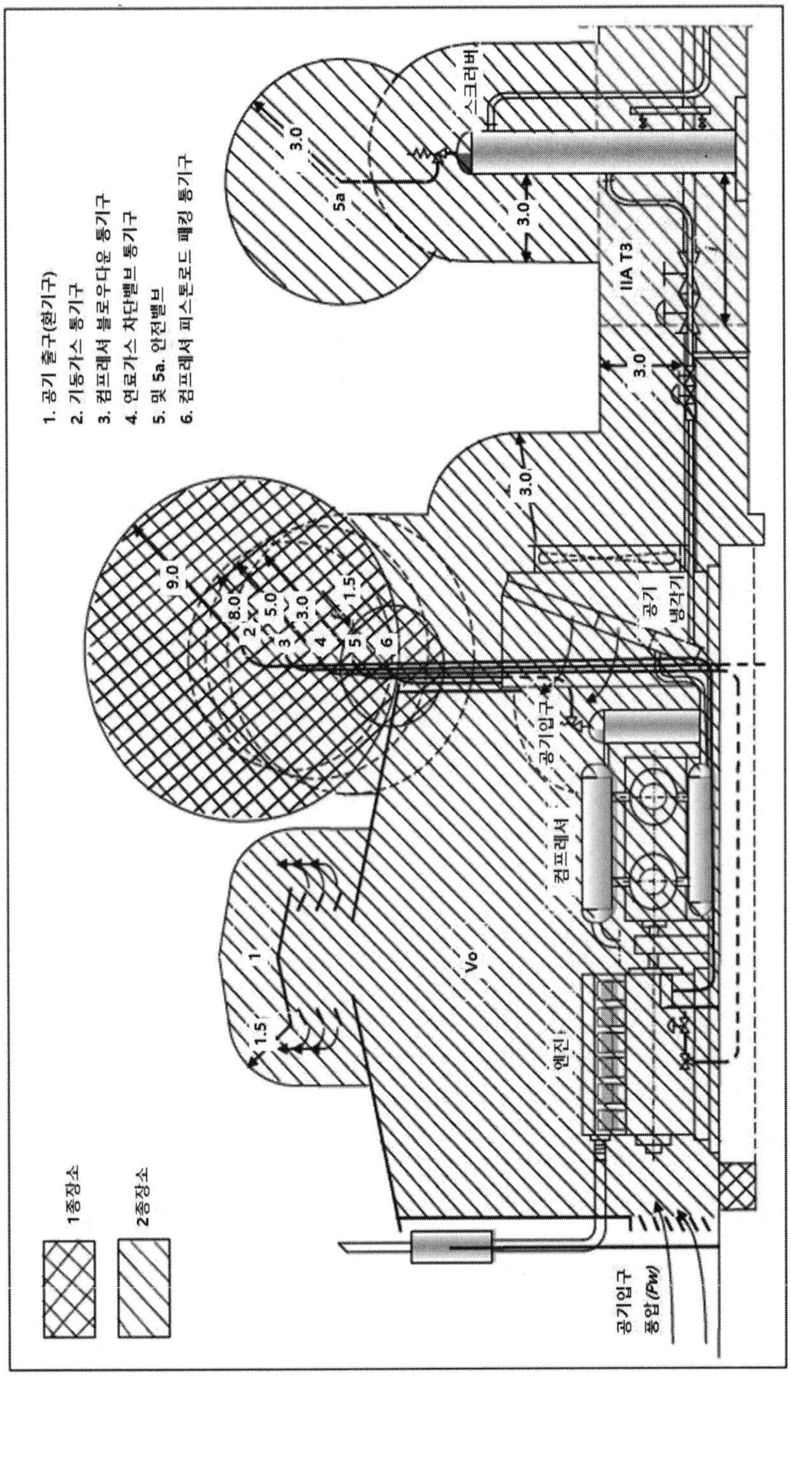
1종장소
2종장소
1. 공기 출구(환기구)
2. 기동가스 통기구
3. 컴프레서 블로우다운 통기구
4. 연료가스 차단밸브 통기구
5. 및 5a. 안전밸브
6. 컴프레서 피스톤로드 패킹 통기구
공기입구
풍압(Pw)
스크러버
컴프레서
엔진
공기입구
공기
냉각기
IIA T3
Vo
5a
9.0
8.0
5.0
3.0
1.5

<그림 16> 천연가스를 취급하는 컴프레서 설비의 폭발위험장소 구분도의 예(정면도)

# KOSHA GUIDE
E - 180 - 2020

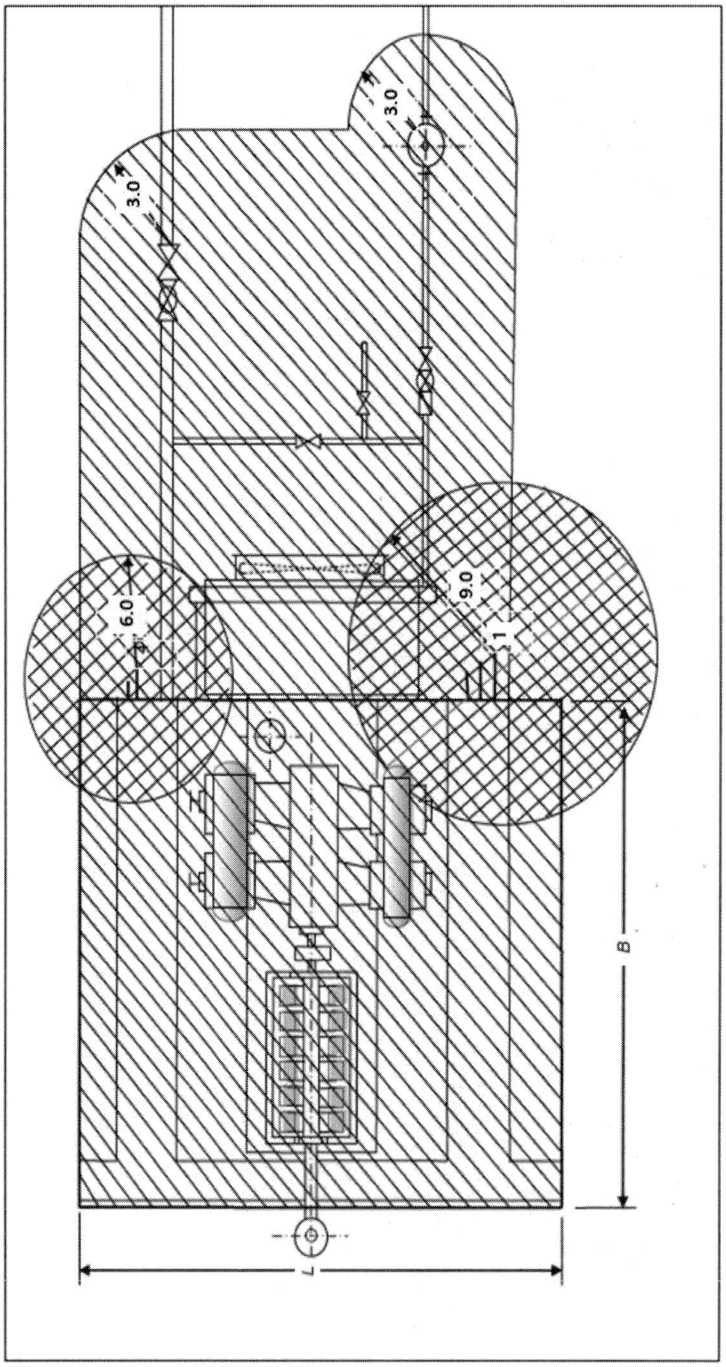

<그림 17> 천연가스를 취급하는 컴프레셔 설비의 폭발위험장소 구분도의 예(평면도)

KOSHA GUIDE
E - 180 - 2020

〈부록 4〉

# 실험실 등 소량의 인화성액체 취급장소에서의 폭발위험장소 설정

## 1. 실험실 등에서의 인화성물질을 사용할 때의 유의사항

(1) 연구·개발용 장비는 일반적으로 다양한 인화성물질을 사용·취급 또는 저장(이하 "사용 등"이라 한다)하고 있기 때문에 상시 잠재적인 화재·폭발의 위험성이 있으므로, 일정 양 (10리터) 이상의 인화성물질을 사용 또는 보관하고 있는 실험실이나 파일롯 플랜트는 폭발위험장소(이하 "위험장소"라 한다) 설정을 고려한다.

　주) 폭발위험장소의 설정을 고려할 경우에는〈가스 폭발위험장소의 설정 및 관리에 관한 기술지침〉,〈부록 4〉를 참조한다.

(2) 위험장소를 설정하고자 하는 경우, 먼저 누출원을 파악하고 설비의 정상운전은 물론 고장이나 취급 부주의로 인한 누출의 결과를 알아야 한다.

(3) 실험실에서의 인화성액체 또는 가스의 1차 누출원은 규모가 일반적으로 아주 작으므로 실험실 내의 양호한 환기로 충분히 통제가 가능할 수 있다.

(4) 경우에 따라 유해물질의 누출로 인한 건강상의 위험을 관리할 필요가 있다.

(5) 실험실에서는 인화성액체를 많이 사용하고 있으나 1차 등급에 의한 증기의 누출은 일반적으로 아주 작다고 본다.

　주) 증발되는 용제(Solvent)나 분무되는(Spray) 액체와 같이 정상 실험 중에 증기가 많이 발생되는 누출 작업은 작업자의 노출을 제어하기 위하여 흄후드(Fume cupboard) 내에서 작업하여야 하며, 폭발위험 분위기를 최소화하여야 한다.

(6) 외부의 흄후드 벤트는 후드 내에서 누출이 발생하는 경우에 위험장소를 생성할 수 있으므로 이를 고려한다.

(7) 2차 누출원은 시약 유리병의 파손, 냉각기의 냉각 실패, 가스봄베와 기기 사이의 임시 배관, 반응기의 끓어 넘침, 취급 부주의 등으로 인한 쏟아짐, 저장용기의 뚜껑 개방, 오염된 걸레의 부적절한 폐기 등이 있다.

　주) 2차 누출원의 경우에는 그 크기와 지속시간을 고려하여 위험장소를 설정한다.

## 2. 실험실 등에서의 화재·폭발 방지대책

(1) 실험실 장비 중에는 취급하고 있는 물질을 충분히 점화시킬 수 있는 히팅 맨틀(Heating

mantle), 고온 판(Hot plate), 오븐 등이 많이 있으며, 이들 중 상당부분이 인화성 분위기에서 점화 위험을 억제하기 위한 조치는 충분하지 않다.

주) 소형 전동기 및 계장기기 등도 잠재적인 점화원이다.

(2) 일반적으로 실험실 등의 폭발위험장소 설정은 현실적이지 않으므로 폭발위험장소 설정 이외의 다른 방법 즉, 다음과 같은 방법으로 폭발위험장소 설정을 회피하는 것이 바람직하다.

  (가) 평상시에 누출원의 누출 빈도와 양을 줄이기 위한 방법에 대하여 훈련한다. 예로써 액체의 누출 위험을 줄이기 위한 취급 방법 습득 등
  (나) 1차 누출원 또는 큰 2차 누출원을 통제하기 위하여 이러한 누출원은 적합한 흄 후드에서만 사용, 취급하도록 한다.
  (다) 화재위험에 대한 인식을 높이기 위하여 높은 수준의 작업 표준 등을 제정하고, 인화성액체가 흐르거나 누설되었을 경우 취하여야 하는 조치에 대하여 훈련을 실시한다.
  (라) 충전상태(Live)의 전기설비는 인화성액체와 직접 접촉(누설 등)되는 것을 방지하기 위한 조치를 취한다.
  (마) 소형 화재를 진화하기 위한 적합한 장비를 비치하고 취급방법에 대하여 훈련을 실시한다.
  (바) 어떠한 누출원도 신속히 찾아내고 조치할 수 있는 기기(인화성가스 검출기 등)를 설치하여 근접 감시를 한다.
  (사) 만약 인화성물질이 누출되었을 경우에 폭발 위험분위기가 형성되지 않도록 충분한 환기를 실시한다.

(3) (2)가 준비된 상태에서 실험실 직원이 하나의 소화기나 방염포(Fire blanket) 등으로 실험실의 화재를 안전하게 소화시킬 수 있다고 위험성평가에 의하여 판단된다면, 폭발위험장소를 설정하지 않을 수 있다.

(4) 또한 만약 사고가 발생할 경우, 그 사고가 확대될 위험성을 제한하는 것이 필요하며, 이를 위해 사용되는 모든 가연성 물질의 양을 제한하고, 고독성 물질은 화재로부터 완전히 보호하는 조치 등도 필요하다.

## 3. 실험실 등에서의 인화성 물질의 취급

(1) 실험실 내에서 보관할 수 있는 인화성 물질(액체 또는 기체)의 양을 최소한으로 제한한다.
(2) 흄후드 내에 보관할 수 있는 인화성 액체의 최대량은 50L로 제한한다. 보다 많은 양의 저장은 적절히 설계된 실내나 옥외에 보관하도록 한다.

KOSHA GUIDE
E - 180 - 2020

  (3) 인화성액체 저장용기(Storage vessel)는 사용한 후에 신속히 흄후드에서 이동시켜 흄후드에 남아 있지 않도록 개방 벤치 위에 두도록 한다.
  (4) 압축 또는 액화 인화성가스는 건물 외부나 특별히 환기되는 지역에서 저장한다.
  (5) 작은 실린더는 실험실 내에서 사용할 수 있지만, 실린더를 사용하지 않을 경우에는 주 실린더 밸브는 항상 닫혀 있어야 한다.
  (6) 충분한 강도의 배관과 적절한 압력제어는 인화성물질의 누설이나 유리제품의 손상 위험을 최소화하는 데 필요하다.
  (7) 인화성가스 배관은 금속관으로 고정 설치하고 사용 압력은 가급적 낮게 사용하는 것이 바람직하다.

## 4. 대형 실험실, 파일롯 플랜트 등에서의 폭발위험장소 설정

  (1) 대형 실험실과 파일럿 공정에서 위험장소를 엄밀히 구분 설정하기는 쉽지 않으므로 개별적으로 여러 요인들을 고려하여 판단한다.
  (2) 기기에 국소배기장치나 대형 흄 후드가 설치되어 있어 충분한 환기로 인화성 분위기가 형성되지 않는다면 폭발위험장소를 설정하지 않을 수 있다.
    주) 폭발위험장소의 설정할 경우에는 〈부록 4〉를 참조한다.
  (3) 기기는 주로 실험실 등의 바닥에 설치되므로, 하나의 기기에서 다른 기기로 인화성액체가 흘러가 확대되는 것을 방지하기 위해 기기 사이에 낮은 턱을 설치하는 것을 고려한다.
  (4) 실험실에 전체 환기시설만 구비된 경우나 하나 이상의 기기로 부터 누설이 확대될 수 있는 경우에는 실 전체를 폭발위험장소로 설정할 필요가 있다.
  (5) 인화성액체 또는 공기보다 무거운 인화성 증기가 누설될 경우, 그 증기 등이 실 바닥면 쪽으로 모이게 되므로 실내의 낮은 곳을 2종장소로 설정한다.
  (6) 실험실 내에서 위험장소로 설정하여야 하는 경우, 위험장소와 비위험장소의 구분은 물론 이를 유지하는 것도 쉽지 않기 때문에 실내부 전체를 위험장소로 설정하도록 한다.
  (7) 비록 위험장소로 설정하지 않는다 하더라도 가연성물질은 열이나 전기로부터 격리시키고 점화 위험이 없는 경보설비를 설치하는 것이 바람직하다.

KOSHA GUIDE
E - 180 - 2020

〈부록 5〉

# 위험성평가를 기반으로 하는 폭발위험장소 설정

## 1. 일반 사항

### 1.1 일반 원칙

이 지침에서 특별히 규정하지 않는 한, 위험장소 설정에 대한 일반 사항은 다음 표준 등의 순서대로 적용함을 원칙으로 한다.
(1) KS C IEC 60079-10-1(폭발분위기 - 제10-1부 : 폭발위험장소의 구분)
(2) NFPA 497(Recommended practice for the classification of flammable liquids, gases, or vapors and of hazardous locations in electrical installations at chemical process areas)
(3) API 505(Classification of locations for electrical installations at petroleum facilities classified as class 1, zone 0, zone 1, and zone 2)
(4) EI 15(Area classification code for installations handling flammable fluids)
(5) EN 1127-1 : 2011(Explosive atmospheres - Explosion prevention and protection)

### 1.2 전문가적 판단

이 지침은 위험장소에 적합한 전기설비를 선정하는데 도움을 주기 위한 가이드이며, 실제로 위험장소를 설정할 때에는 전문가적인 명확한 공학적 판단(Sound engineering judgment)에 의할 수 있다.
(1) 옥내를 위험장소로 설정할 때에는 이전의 동일하거나 유사한 설비에 대한 경험을 바탕으로 신중하게 판단한다.
  주) 이는 건물 내에 인화성 가스의 누출원이 있다는 것만으로 1종 또는 2종장소와 그 범위를 정하는 것은 적절하지 않음을 의미한다. 또한 설비의 특별한 설계로 비위험장소를 위험 장소로 분류하거나 2종장소를 1종장소로 설정하는 등 보다 위험하게 분류하는 것이 합리적이지 않을 수도 있다는 것으로, 경험을 바탕으로 위험장소 설정결과를 재분류할 때 기존의 1종장소가 2종장소로, 2종장소가 비위험장소로 구분되는 경우가 적지 않다.
(2) 공기보다 가벼운 가스가 비교적 낮은 압력으로 사용되는 공정에서, 개스킷 불량 등으로 인한 가스 누출을 방지하는 조치를 취하고 가스 누출 시에 폭발하한값의 25% 이하에서 검출하여 적절한 조치를 취하는 경우에는 전문가의 판단에 의하여 비위험장소로

할 수 있다.
(3) 누출된 인화성 가스의 양은 위험장소의 범위를 결정하는 데 아주 중요한 요소로, 명확한 공학적 판단의 적용이 특히 중요하다. 이때 이러한 판단의 목적, 즉 위험장소의 설정은 오로지 전기설비의 적정 설치를 위한 것이라는 것을 생각한다.

### 1.3 기타 고려 사항

(1) 자연 또는 인공의 공기 흐름을 방해하는 벽·격벽 등의 장애물이 없는 경우, 인화성 가스는 확산되며, 이때 공기보다 무거운 가스는 아래쪽으로, 공기보다 가벼운 가스는 위쪽으로 퍼진다. 만약 누출원이 하나의 점이라면, 가스에 의한 수평면은 원을 그리게 된다.
(2) 공기보다 무거운 가스가 지면 또는 그 인근에서 누출되는 경우, 위험분위기는 주로 지면 아래로 흐르다가 지면 쪽으로 체류되어 지면 위로 올라갈수록 증기의 존재 확률은 낮아진다. 반면에 공기보다 가벼운 가스는 지면 아래쪽으로 위험분위기가 형성될 확률이 아주 적고 대부분이 지면 위쪽으로 존재하게 된다.
(3) 압력이 걸린 인화성 가스가 누출되는 경우, 누출원의 위치에 따라 위험장소의 경계는 크게 변화된다. 즉, 약하고 부드러운 바람은 위험장소를 확대시키지만 보다 강한 바람은 인화성 가스의 농도를 희석시키기 때문에 위험장소의 범위를 크게 감소시킨다.
(4) 건물의 크기와 구조는 옥내 공간의 위험장소 구분에 영향을 미칠 수도 있다. 즉 환기가 미흡하고 좁은 옥내의 경우, 전체를 1종장소로 설정하는 것이 보다 합리적일 수 있다.

## 2. 천연가스(NG)를 사용·취급하는 보일러실의 위험장소 설정

### 2.1 위험장소의 설정 방법

위험장소 설정 방법은 다음의 3가지 방법이 있다(〈그림 1〉 참조).
(1) 도표이용(DEA, Direct Example Approach) : 인화성 물질 취급설비의 위험장소를 직접 구분하는 전형적인 방법으로, 설비 배치도 및 크기·취급물질의 종류·환기 등을 고려한 경험적 방법이다(2.2.5.3 참조).
(2) 점누출원(PSA, Point Source Approach) : 설비의 운전 온도 및 압력·환기의 정도 및 유형 등의 변화가 커서 도표 이용방법이 곤란한 경우에 적용하는 것으로 누출원의 누출 확률을 알아야 한다.
(3) 위험성평가기법(RBA, Risk-Based Approach) : 누출확률을 모르거나 자주 변화되는

시스템에서 2차 누출의 크기를 결정할 때 사용하는 방법으로, 주로 기존 설비에 유용하다.

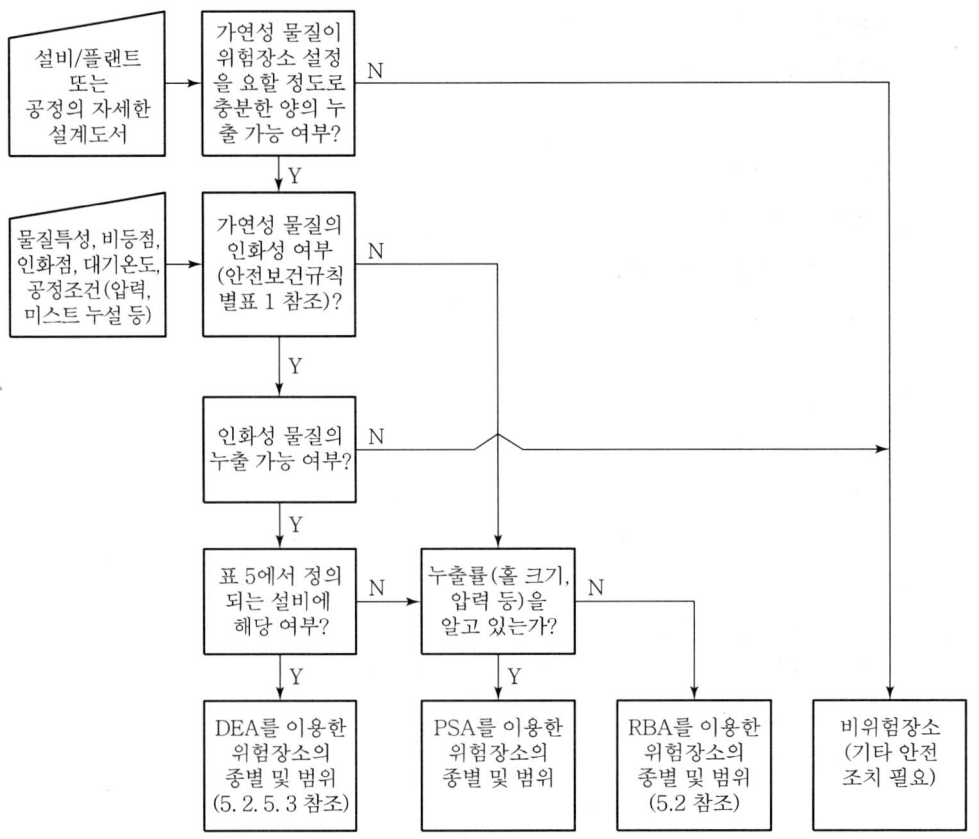

〈그림 1〉 위험장소 구분 방법의 설정

## 2.2 폭발 위험장소의 설정 절차

위험장소의 범위를 설정하고자 하는 경우에는 일반적으로 〈그림 1〉의 절차에 따라 5.1항의 세 가지 방법 중 하나 이상의 방법을 선정하여 활용한다. 아래에 위험성평가기법을 바탕으로 하는 위험장소를 설정하는 절차에 대하여 기술한다(〈그림 2〉 참조).

### 2.2.1 【1단계】 : 위험장소 설정 대상 검토

관련 설비에서 사용, 처리, 취급 또는 저장하는 물질이 인화성 가스에 해당된다면 위험장소의 설정 대상이 된다.

KOSHA GUIDE
E - 180 - 2020

2.2.2 【2단계】 : 관련 정보 수집

설계도면상에서만 존재하는 설비를 바탕으로 필요로 하는 방폭 전기설비 및 계장 설비 등을 선정·구매하기 위하여 위험장소 구분도(초안)를 작성한다. 이러한 도면은 명확하게 그려지는 경우가 거의 없기 때문에 차후에 실제 설비를 바탕으로 수정·보완된다. 이 구분도 작성에 필요한 정보(자료)는 다음과 같다.

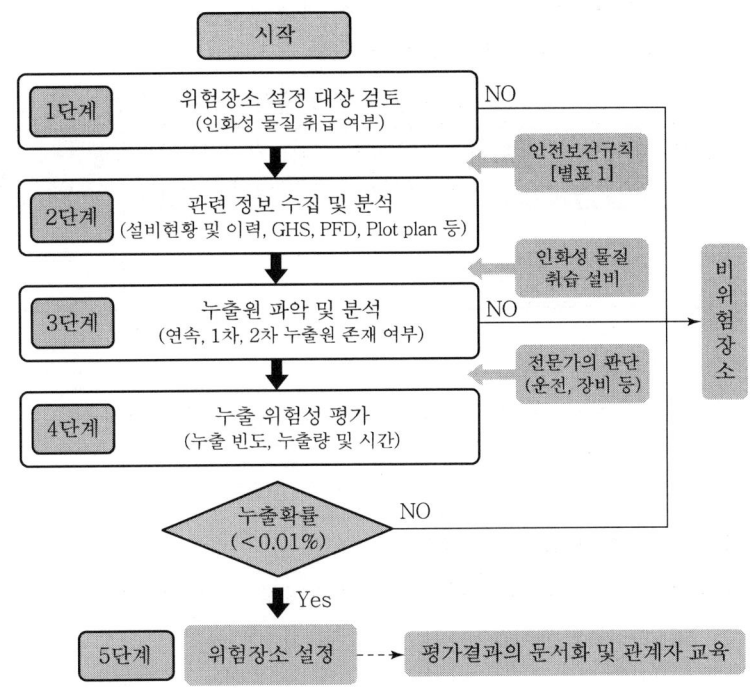

〈그림 2〉 위험성평가를 기반으로 하는 위험장소 설정 절차

2.2.2.1 설비 목록 및 기존 설비의 이력

설비 목록 및 기존 설비의 운전 경험은 위험장소 설정에 있어서 아주 중요한 자료이므로, 해당 또는 유사 설비의 운전 및 정비 경험자를 통하여 다음과 같이 설비의 운전(누출관련) 이력을 수집한다.

    (1) 누출 사례를 경험했는가?
    (2) 누출이 얼마나 자주 발생하는가?
    (3) 누출이 정상 또는 비정상적인 작동 중에 발생하는가?
    (4) 설비의 상태가 정상, 불안전 또는 보수를 필요로 하는 상태인가?

KOSHA GUIDE
E - 180 - 2020

　(5) 정비작업을 할 때, 위험분위기가 형성되는가?

2.2.2.2 취급 물질의 물리·화학적 특성

　(1) 취급 물질의 특성을 안전보건공단(KOSHA) 홈페이지의 MSDS/GHS에서 검색하여 〈표 1〉을 작성한다. 만약, 사용되는 물질명이나 CAS 번호로 찾을 수 없는 경우에는 공급자로부터 직접 구할 수도 있다.

　(2) 법 시행령 별표 10에서 정하는 인화성 가스에 해당되지 않을 경우, 위험장소 설정에서 제외할 수 있다(강제 기준에서는 최소한의 기준을 규제하므로 현장에서는 이 보다 강화하여 적용할 수 있다).

〈표 1〉 취급 물질의 물리·화학적 특성

| 차례 | 물질명<br>(CAS번호) | 인화점<br>(℃) | 폭발범위<br>(vol %) | 비중 /<br>증기밀도 | 사용압력<br>(kPa) | 발화온도<br>(℃) | 그룹 및<br>온도 등급 | 비고 |
|---|---|---|---|---|---|---|---|---|
| 1 | | | | | | | | |
| 2 | | | | | | | | |

2.2.2.3 공정흐름도

　공정 압력, 온도, 유량, 각종 물질의 성분 및 양(물질수지 시트 등)을 나타내는 공정흐름도(PFD)를 입수한다.

2.2.2.4 평면도(Plot Plan)

　인화성 가스의 확산에 영향을 미칠 수 있는 모든 요소(탱크, 트렌치, 섬프, 구조물, 칸막이, 둑 등)의 위치를 표시한 평면도를 확보한다. 여기에는 공기흐름을 방해하는 요소도 포함한다.

2.2.3 【3단계】 : 누출원 파악 및 분석

2.2.3.1 누출원 파악

　(1) 일반적으로 천연가스를 취급·사용하는 경우, 그 양이 〈표 2〉보다 작을 경우에는 위험장소를 설정하지 않을 수 있다.

〈표 2〉 폭발위험장소 설정의 하한값(IP 15)

| 구분 | 기체(1기압 환산) | 액화가스 |
|---|---|---|
| 옥내 | 50리터 | 5리터 |
| 옥외 | 1,000리터 | 100리터 |

KOSHA GUIDE
E - 180 - 2020

주) 1) 인화성 액체를 취급·사용하는 경우, 일반적으로 액체가 분당 40~400L(10~100 갤런)의 누출·폭발 시의 사망확률을 수용 가능한 위험(ALARP)으로 보고 있다. 따라서 여기에 안전율을 고려하여 분당 12~20L 이상이 누출될 수 있는 것을 「누출원」으로 판단한다.

주 2) 누출원의 대부분은 글랜드 패킹이며, 이를 판단하는 경우에는 패킹에서 누출되는 양은 일반적으로 0.95L/분(또는 360갤런/일)을 넘지 않고, 옥외에서 분당 1.0L 정도의 인화성 물질이 누출된다 하여도 가연성 가스 검지기(LEL의 25% 설정)가 이를 검출하기 어렵다는 것을 고려한다.

(2) 배관도 등에서 용접으로 연결된 부분을 제외한 모든 연결부(밸브, 펌프, 압축기, 계기 등)를 누출원으로 한다(3.2.4 참조).

주) 배관도 또는 설비배치도를 통해 모든 예상 가능한 누출원을 파악하여 표시하고, 각각의 누출 높이를 〈표 3〉에 표기한다.

〈표 3〉 누출원 목록

| 차례 | 누출원 | | 누출[a] 등급 | 참조[b] | 인화성 물질 | | 상태[c] | 환기 | | | | 수평 (m) | 수직 (m) | 참조 | 비고 |
|---|---|---|---|---|---|---|---|---|---|---|---|---|---|---|---|
| | 설비명 | 위치 | | | 운전온도 (℃) | 운전압력 (kPa) | | 형태[d] | 등급[e] | 유효성[e] | 종류 | | | | |
| 1 | | | | | | | | | | | | | | | 1) 누출원상부  2) 누출원에서 |
| 2 | | | | | | | | | | | | | | | 1) 탱크 내부 |

[a] C : 연속, S : 2차, P : 1차, [b] 〈표 1〉에서의 차례, [c] G : 가스, L : 액체, LG : 액화가스, S : 고체  [d] N : 자연환기, A : 강제환기, [e] H : 고환기, M : 중환기, L : 저환기

2.2.3.2 누출원 분석

(1) 설비·장치·배관 등의 누출원이 표시된 평면도의 누출원에서 설비의 운전 중 또는 정상작업 중의 누출 가능성을 다음에 따라 평가한다.

(가) 해당 설비의 운전 안정성(정상조건을 벗어난 상황의 발생 가능성)
(나) 해당 설비의 운전 및 점검 주기
(다) 해당 설비에서의 사고이력
(라) 해당 작업에 대한 작업표준의 존재 여부
(마) 해당 작업자의 자격, 훈련, 경험 등을 고려한 인적오류 발생 가능성
(바) 기타 사고발생가능성에 영향을 줄 수 있는 요인 등

(2) 연속, 1차 또는 2차 누출원에 관한 사항은 안전보건기술지침(가스 폭발위험장

소의 설정 및 관리에 관한 기술기준)(이하 "가이드"라 한다)의 〈부록 1〉을 참조한다.

　(3) 누출원의 위험성평가 절차 및 방법은 (폭발위험장소에서의 폭발방지에 관한 기술지침)에 따른다.

### 2.2.4 【4단계】: 누출 위험성 평가

(1) 일반적으로 「발생확률(Probability)」×「중대성(Consequence)」으로 정의되는 위험성(risk)에서 「발생확률」은 '누출확률'로 보고, 「중대성(Consequence)」은 위험분위기를 생성하는 누출량으로 본다.

(2) 일정 양 이상의 인화성 가스 누출로 인한 사망 확률로 정의되는 '중대성'을 '누출량'으로 보며, 이에 대하여는 5.2.3을 참조한다.

### 2.2.5 【5단계】: 위험장소의(종별 및 범위) 설정

#### 2.2.5.1 위험장소의 종별

(1) 0종 장소 : 위험분위기가 연속적 또는 장기간 존재할 수 있는 다음의 장소는 0종장소로 한다.

　(가) 인화성 가스를 담은(통기되는) 탱크 또는 베셀의 내부

　(나) 인화성 가스의 배기에 사용되는 배기 닥트의 내부 등

(2) 1종 장소 : 위험분위기가 정상 작동상태에서 존재할 수 있는 장소의 평가는 다음에 따른다. 다음 중 1개 이상이 해당되는 경우, 1종장소로 하는 것을 원칙으로 한다.

　(가) 정상 작동 상태에서 위험분위기가 존재할 가능성이 있는가?

　(나) 정비, 수리작업 또는 누출로 인하여 빈번하게 위험분위기가 존재할 가능성이 있는가?

　(다) 인화성 가스의 농도가 폭발범위에 이를 정도까지 누출될 수 있는 설비의 고장 또는 오작동의 발생과 동시에 점화원이 될 수 있는 전기설비가 동시에 고장을 일으킬 수 있는가?

　(라) 0종장소에서 위험분위기가 전파될 수 있는 인근 지역인가?(단, 위험분위기가 유입되지 않도록 신선한 공기 공급 양압설비가 설치되고 환기설비가 고장 날 경우 효과적인 안전장치가 구비된 경우 제외)

(3) 2종 장소 : 위험분위기가 비정상 운전 또는 사고의 경우에만 존재할 수 있는 장소의 평가는 다음에 따른다. 다음 중 1개 이상이 해당되는 경우, 그 지역은 2종장소로 하는 것을 원칙으로 한다.

(가) 정상 상태에서 위험분위기가 조성되지 않는가(발생할 경우 아주 짧은 시간 동안)?
(나) 정상 상태에서 취급·처리 또는 사용되는 위험분위기가 폐쇄된(Closed) 용기 또는 설비 내에 제한되는가(용기 또는 설비의 사고로 인한 파손이나 설비의 비정상 작동의 경우에만 인화성 물질이 누출되는 경우는 제외)?
(다) 위험분위기가 강제 환기(양압)에 의하여 차단되는가(환기설비가 오작동이나 고장났을 때 위험장소로 될 수 있는 경우)?
(라) 1종장소의 위험분위기가 전파될 수 있는 인근 지역인가(단 위험분위기가 유입되지 않도록 신선한 공기공급 양압설비가 있고 이 설비가 고장날 경우 효과적인 안전장치가 구비된 경우)?

2.2.5.2 위험장소의 범위 설정

(1) 누출확률에 따른 위험장소 설정에 관하여 정해진 규칙(rule)은 없지만, 위험분위기의 생성빈도와 누출량에 의한 폭발위험분위기의 지속시간에 따라 0종장소·1종장소·2종장소 또는 비위험장소로 구분하는 경험적 규칙인 〈표 4〉를 사용한다.

〈표 4〉 가스폭발분위기의 생성확률에 따른 위험장소의 설정

| 위험장소 구분 | 가스폭발분위기의 생성 시간(확률) | 비고 |
|---|---|---|
| 0종장소 | 1,000시간 초과/연(10%) | 1년은 8,760시간이지만 10,000시간으로 하여 가스폭발분위기의 생성 확률을 %로 계산함 |
| 1종장소 | 10~1,000시간/연(0.1~10%) | |
| 2종장소 | 1~10 시간 미만/연(0.01~0.1%) | |
| 비위험장소 | 1시간 미만/연(0.01%) | |

(2) 위험장소의 종별 및 범위 설정을 도표를 이용하고자 하는 경우에는 〈부록〉 도표에 의한 위험장소의 종별 및 범위설정을 참조한다.

2.2.5.3 비위험장소

(1) 위험분위기 생성 확률이 낮은 장소

다음과 같이 경험상 기기 및 공정운전에서 위험분위기의 생성 확률이 아주 낮은(연 1시간 또는 0.01% 미만) 경우는 비위험장소로 볼 수 있다.

(가) 충분한 환기가 이루어지며 인화성 가스가 외부로 누출되지 않도록 적절하게 관리되고 있는 폐쇄된 배관계통(Closed piping system)이 있는 장소
  주) 충분한 환기의 예는 다음과 같다.
   • 옥외 지역

- 수직 또는 수평적으로 자연 환기를 방해하는 장애물이 없는 개방된 건물, 방 또는 공간 (벽이 아예 없거나 한쪽 벽(또는 바람막이)만 있는 지붕 등)
- 사방 또는 부분적으로 막힌 공간에 시간당 환기량이 해당 용적의 5배 이상이고 그 환기설비가 실질적/연속적으로 가동됨을 보증할 수 있도록 고장검출기가 2중으로 설치된 지역

(나) 충분한 환기가 이루어지지 않는 장소이나, 누출 가능성이 있는 밸브·피팅·플랜지 및 기타 유사한 설비가 없는 배관계통이 있는 장소

(다) 인화성 가스의 사용압력이 0.1MPa 이하이며, 배관, 플랜지부 등 가스누출 위험부위에 테프론 테이프 등으로 누출방지 조치를 하고 가스감지기를 설치하여 가스누출 시 주차단기가 차단되도록 인터록을 실시하는 경우

(라) 인화성 가스가 밀폐된 용기에 저장되는 장소 등

(2) 개방 화염 또는 고온 표면 주위

열에너지를 갖는 보일러·가열기 등과 같이 운전 중에 개방 화염이나 고온 표면 등의 점화원을 갖는 설비의 바로 인근은 위험장소로 설정하는 것은 적절하지 않다.

주) 연료 공급 또는 재순환 관련으로 펌프·밸브 등의 잠재적인 누출원이 있는 곳에는 점화원이 될 수 있는 전기설비의 설치는 피한다.

## 2.3. 위험장소 구분도의 작성

### 2.3.1 일반 사항

위험장소의 종별 및 범위는 3.2.5에서 기술된 방법에 의하여 도면을 작성하기 위하여 명확한 공학적 판단으로 결정한다.

(1) 위험장소 구분도는 인화성 물질의 누출원을 중심으로 위험장소의 종별과 그 범위를 표기한 것이다. 도면의 일부는 밀폐 공간 또는 보일러 지역에서의 단일 누출원 또는 복수의 노출원에 적용한다. 각 누출원에서 위험장소의 최소한의 범위를 정하기 위한 도표 선정의 예를 찾을 경우, 그 범위는 다음사항을 참조하여 정한다.

(가) 설비의 수리, 정비 또는 누설로 인해 위험분위기가 자주 생성되는지 여부?

(나) 인화성 가스가 채워져 있는 보일러 설비, 저장 용기, 배관설비의 정비 또는 감시 상태에서 누출이 발생할 가능성이 있는지?

(다) 인화성 가스가 트렌치, 배관, 전선관, 닥트 등을 통하여 이송될 수 있는지 여부

(라) 해당지역의 환기 또는 통풍장애, 인화성 가스의 확산율 등

(2) 도표의 용도는 공정설비, 건물 등의 구분도 작성에 도움을 주기 위한 것으로, 대부분의 도면은 평면도로 작성되며, 필요한 경우에는 입면도 또는 단면도를 작성할 수 있다.
(3) 펌프·컴프레서·베셀·탱크 및 열교환기 등 인화성 물질의 누출원은 상호 연결되어 있고, 이러한 설비들은 플랜지 및 나사 접속부·피팅류·밸브·계기류 등과 같은 누출원이 차례로 존재하므로, 위험장소를 설정할 경우에는 0종, 1종 및 2종장소의 경계를 정할 필요가 있다. 경계표시는 벽·지지물·칸막이의 가장자리 등을 활용하되, 전기기술자·계장전문가·운전자·기타 직원들이 쉽게 식별할 수 있도록 한다.
(4) 보일러 지역에서 다수의 점 누출원에서 개별 위험장소 설정은 현실적이지도 않고 비경제적이므로, 이런 경우 전체 누출원을 하나의 누출원으로 할 수도 있다. 그러나 이것은 그 설비와 인접설비 등의 다양한 누출원의 범위와 상호 작용의 평가를 통해서만 고려하여야 한다.

### 2.3.2 위험장소 구분도의 문서화

#### 2.3.2.1 포함할 정보

(1) 위험장소 구분도 작성을 위한 문서에는 다음과 같은 정보를 포함하여야 한다.
　(가) 적합한 코드와 지침
　(나) 가스의 확산 특성 및 계산 자료
　(다) 환기 유효성평가를 위한 가스의 누출변수에 관련된 환기 특성 검토 자료 등
　(라) 누출원의 위치와 표시, 위험장소의 구분자료(Data sheet)와 도면이 상호 참조되도록 하기 위해 누출원을 목록화 또는 계량화한 자료
　(마) 건물 내의 개구부 위치 등(예, 환기용 문·창 및 출입구)
(2) 모든 가스의 특성, 즉 물질명·인화점·폭발범위·발화온도·증기밀도·사용압력·가스군 및 온도등급 등을 목록화(〈표 1〉에서 〈표 3〉 참조) 한다.

#### 2.3.2.2 위험장소 구분도의 작성

(1) 구분도에는 위험장소의 형태와 범위, 발화온도, 온도등급 및 가스군 등을 표시하되, 평면도와 입면도로 나타낸다.
(2) 구분도에 표기하여야 할 사항은 다음과 같다.
　(가) 위험장소 구분에 관한 평면도와 입면도
　(나) 위험장소의 종류와 범위 및 가스 등의 발화도·온도등급과 가스군
(3) 지형이 위험장소 범위에 영향을 미치는 경우에는 이를 문서화한다.
(4) 필요한 경우에는 다수의 기기군 및/또는 온도등급을 동일한 장소 내에 여러 기호를

함께 표시할 수 있다.(예를 들어, ⅡC T1 2종장소 및 ⅡA T3 2종장소 등)

주) 미흡할 경우에는 가이드, NEC 505, NFPA 497 또는 API 505에서의 적합한 도표를 찾아 보완할 수 있다.

### 2.3.3 폭발위험장소 구분도의 관리

(1) 구분도 작성이 완료되고 필요한 모든 기록이 만들어지면, 장소 구분에 책임이 있는 자와의 사전 협의 없이는 보일러 설비나 작동 절차의 어떠한 변경도 있어서는 안 된다.
   (가) 승인 없는 임의 구분도 변경은 장소 구분 효과를 저해할 수 있다.
   (나) 장소 구분에 영향을 미치는 설비 중 정비가 필요한 설비들이 안전에 영향을 미칠 수 있는 경우, 방폭설비에 대한 지식이 풍부한 자가 정비하고 재조립하되, 재작동하기 전에 당초 설계의 안전성이 보증될 수 있어야 한다.
(2) 정비작업 등의 경우, 위험장소는 일시적으로 확대될 수 있으나 이러한 제반 사항은 "안전작업허가 기준"에 명시한다.
(3) 비상사태하에서는 필요에 따라 해당 위험장소에 적합하지 않은 전기설비의 격리, 작동의 정지, 용기의 격리, 유출물질의 저장 및 비상 배출 설비의 구비 등의 보완조치를 추가적으로 적용하는 것이 바람직하다.

## 2.4 도표에 의한 위험장소의 종별 및 범위설정 예시(API 505 발췌)

### 2.4.1 위험장소의 종별

(1) 0종 장소 : 위험분위기가 연속적 또는 장기간 존재할 수 있는 다음의 장소는 0종 장소로 한다.
   (가) 인화성 가스를 담은(통기되는) 탱크 또는 용기의 내부
   (나) 인화성 가스의 배기에 사용되는 배기 닥트의 내부 등
(2) 1종 장소 : 위험분위기가 정상 작동상태에서 존재할 수 있는 장소의 평가는 다음에 따른다. 다음 중 1개 이상이 해당되는 경우, 1종장소로 하는 것을 원칙으로 한다.
   (가) 정상 작동 상태에서 위험분위기가 존재할 가능성이 있는가?
   (나) 정비, 수리작업 또는 누출로 인하여 빈번하게 위험분위기가 존재할 가능성이 있는가?
   (다) 인화성 가스의 농도가 폭발범위에 이를 정도까지 누출될 수 있는 설비의 고장 또는 오작동의 발생과 동시에 점화원이 될 수 있는 전기설비가 동시에 고장을 일으킬 수 있는가?

KOSHA GUIDE
E - 180 - 2020

(라) 0종장소에서 위험분위기가 전파될 수 있는 인근 지역(단, 위험분위기가 유입되지 않도록 신선한 공기 공급 양압설비가 설치되고 환기설비가 고장 날 경우 효과적인 안전장치가 구비된 경우 제외)인가?

(3) 2종 장소 : 위험분위기가 비정상 운전 또는 사고의 경우에만 존재할 수 있는 장소의 평가는 다음에 따른다. 다음 중 1개 이상이 해당되는 경우, 그 지역은 2종장소로 하는 것을 원칙으로 한다.

(가) 정상 상태에서 위험분위기가 조성되지 않는가(발생할 경우 아주 짧은 시간동안)?

(나) 정상 상태에서 취급·처리 또는 사용되는 위험분위기가 폐쇄된(Closed) 용기 또는 설비 내에 제한되는가(용기 또는 설비의 사고로 인한 파손이나 설비의 비정상 작동의 경우에만 인화성 물질이 누출되는 경우는 제외)?

(다) 위험분위기가 강제 환기(양압)에 의하여 차단되는가(환기설비가 오작동이나 고장났을 때 위험장소로 될 수 있는 경우)?

(라) 1종장소의 위험분위기가 전파될 수 있는 인근 지역인가(단 위험분위기가 유입되지 않도록 신선한 공기공급 양압설비가 있고 이 설비가 고장날 경우 효과적인 안전장치가 구비된 경우)?

2.4.2 적절한 도표 선정(Selecting the appropriate classification diagram)

(1) 위험장소의 범위를 설정할 때, 고려하여야 하는 파라미터는 다음과 같다.
   (가) 인화성 가스의 종류
   (나) 인화성 가스의 증기 밀도
   (다) 인화성 가스의 온도
   (라) 공정 또는 저장 압력
   (마) 누출의 크기
   (바) 환기 등

(2) 〈표 1〉에서 〈표 3〉 및 위(1)을 고려하여 다음 사항에 따라 그림 3 내지 그림 5 중에서 적합한 도표를 선정한다.

주) 미흡할 경우에는 가이드, NEC 505, NFPA 497 또는 API 505에서의 적합한 도표를 찾아 보완할 수 있다.

   (가) 인화성 가스 압력이 1,900kPa보다 큰가 아니면 작은가?
   (나) 인화성 가스 밀도가 공기보다 무거운가(밀도 〈1) 또는 가벼운가(밀도 〈1)?
   (다) 누출원의 위치가 지면 위 또는 아래쪽 어느 쪽인가?

KOSHA GUIDE
E - 180 - 2020

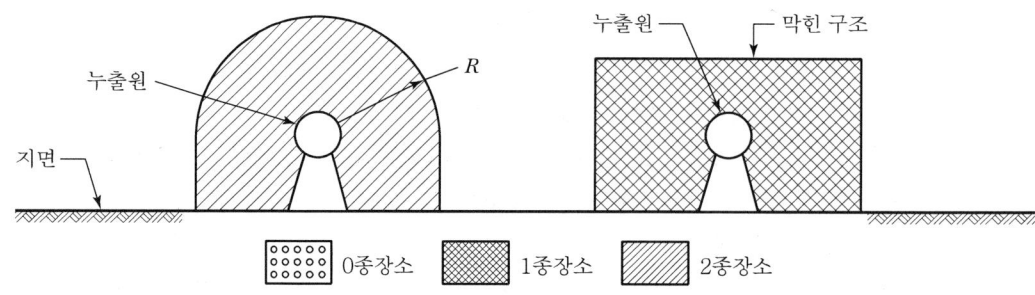

| 취급 가스의 압력(kPa) | 위험장소 범위 L/(R(m)) |
|---|---|
| 1,900(19kg/cm²) 이하 | 4.5 |
| 1,900(19kg/cm²) 넘는 경우 | 7.5 |

〈그림 3〉 공기보다 가벼운 가스 - 옥외(컴퓨레셔 등)

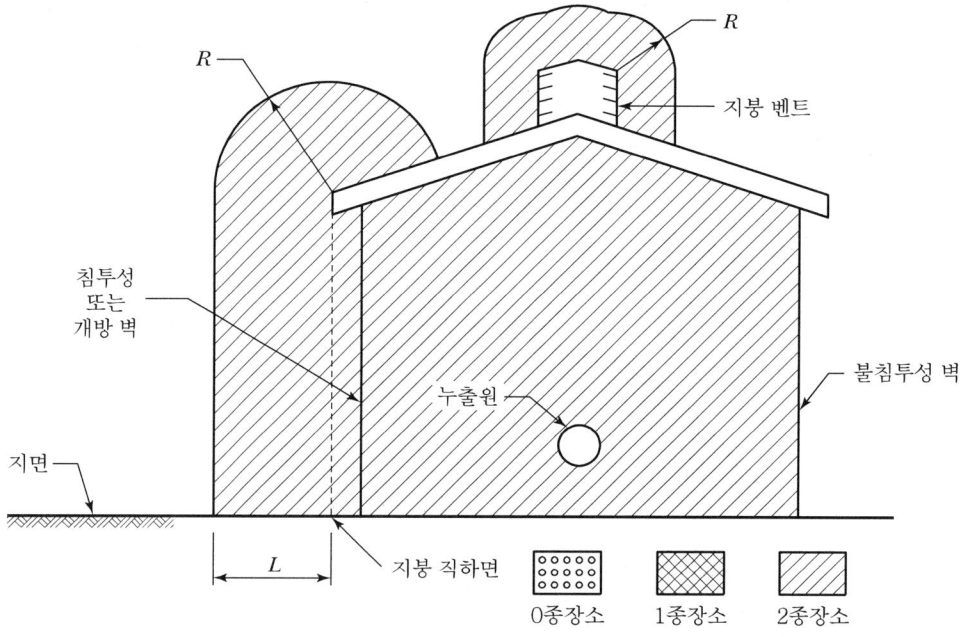

| 취급 가스의 압력(kPa) | 위험장소 범위 L/(R(m)) |
|---|---|
| 1,900(19kg/cm²) 이하 | 3.0 |
| 1,900(19kg/cm²) 넘는 경우 | 7.5 |

〈그림 4〉 공기보다 가벼운 가스 - 적합한 환기의 옥내(컴퓨레서 등)

KOSHA GUIDE
E - 180 - 2020

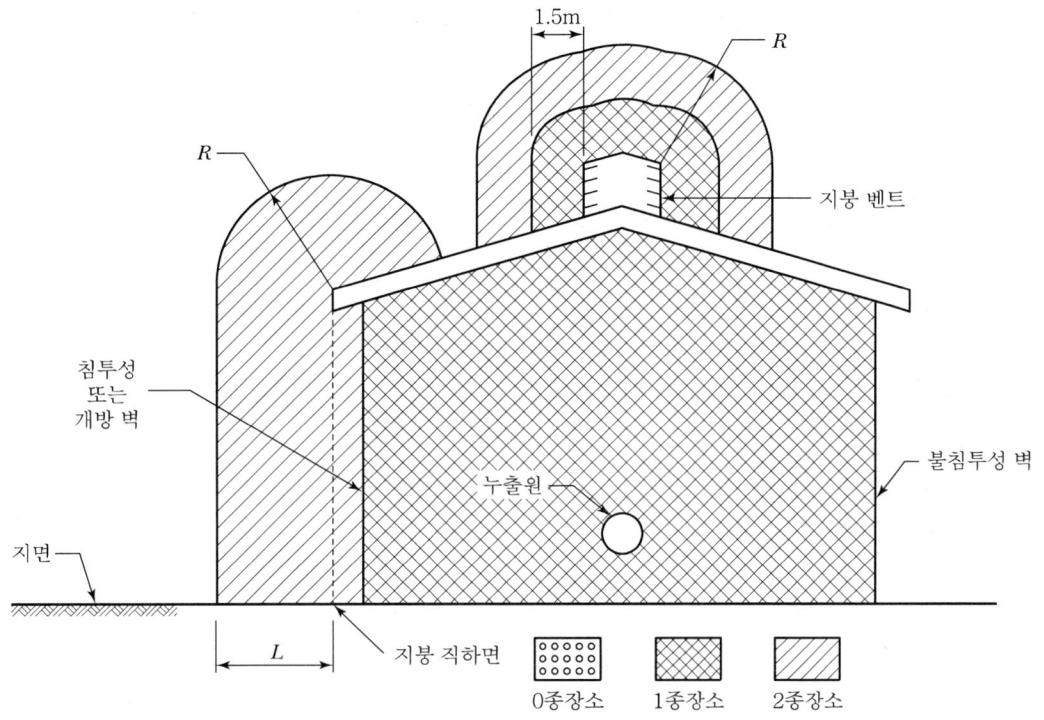

| 취급 가스의 압력(kPa) | 위험장소 범위 L/(R(m)) |
|---|---|
| 1,900(19kg/cm²) 이하 | 3.0 |
| 1,900(19kg/cm²) 넘는 경우 | 7.5 |

〈그림 5〉 공기보다 가벼운 가스 – 부적합한 환기의 옥내(컴퓨레서 등)

## 3. 인화성 액체의 취급장소의 위험장소 설정

### 3.1 폭발 위험장소의 설정

위험장소 설정 방법은 다음의 3가지 방법이 있다(〈그림 1〉 참조).

(1) 도표이용(DEA, Direct Example Approach) : 인화성 물질 취급설비의 위험장소를 직접 구분하는 전형적인 방법으로, 설비 배치도 및 크기·취급물질의 종류·환기 등을 고려한 경험적 방법이다(3.2.5.3 참조).

(2) 점누출원(PSA, Point Source Approach) : 설비의 운전 온도 및 압력·환기의 정도 및 유형 등의 변화가 커서 도표 이용방법이 곤란한 경우에 적용하는 것으로 누출원의 누

출 확률을 알아야 한다(EI 50의 Chapter 5 및 Chapter 6 참조).
(3) 위험기반(RBA, Risk-Based Approach) : 누출확률을 모르거나 자주 변화되는 시스템에서 2차 누출의 크기를 결정할 때 사용하는 방법으로, 주로 기존 설비에 유용하다.

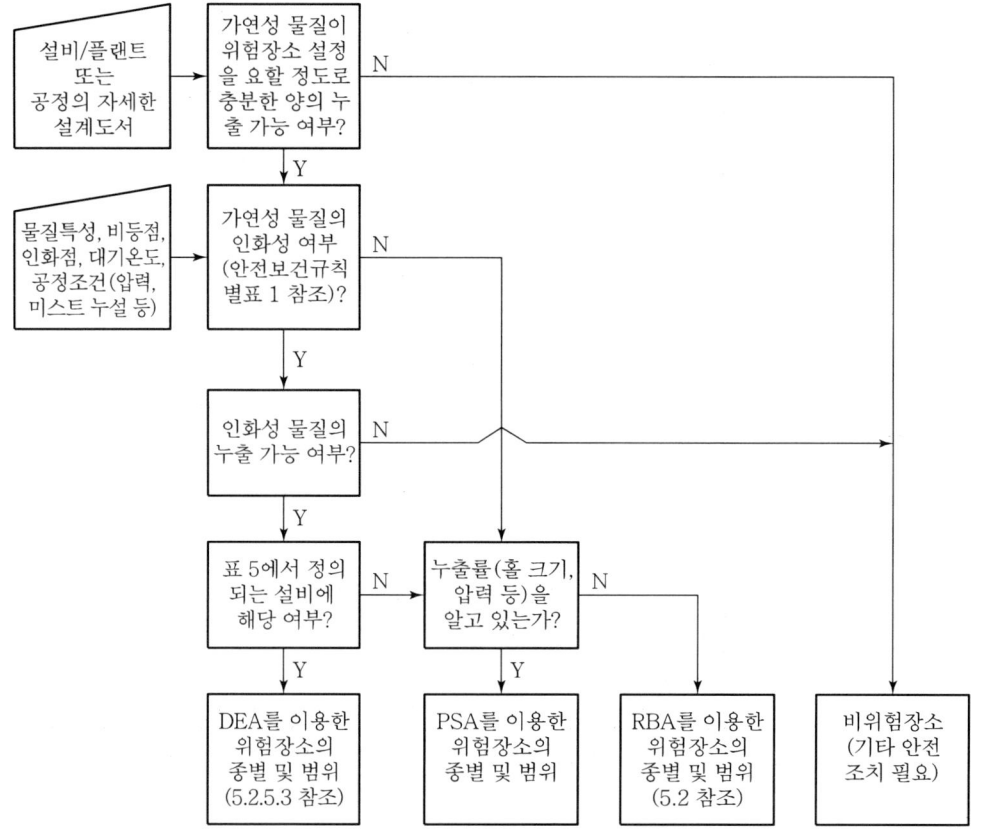

〈그림 1〉 위험장소 구분 방법의 설정

## 3.2 폭발 위험장소의 설정 절차

위험장소를 설정하고자 하는 경우에는 일반적으로 〈그림 1〉의 절차에 따라 5.1항의 세 가지 방법 중 하나 이상의 방법을 서로 혼용하여 활용한다. 아래에 위험성평가기법을 바탕으로 하는 위험장소를 설정하는 절차에 대하여 기술한다.(〈그림 2〉 참조)

### 3.2.1 【1단계】 : 위험장소 설정 대상 검토

관련 설비에서 사용, 처리, 취급 또는 저장하는 물질이 인화성 액체에 해당된다면 위험장

KOSHA GUIDE
E - 180 - 2020

소의 설정 대상이 된다.

주) 가연성 물질이 인화점 이상에서 취급되는 경우에도 위험장소의 설정 대상이 되는 경우도 있다.

### 3.2.2 【2단계】: 관련 정보 수집

설계도면상에서만 존재하는 설비를 바탕으로 필요로 하는 방폭 전기설비 및 계장설비 등을 선정·구매하기 위하여 위험장소 구분도(초안)를 작성한다. 이러한 도면은 명확하게 그려지는 경우가 거의 없기 때문에 차후에 실제 설비를 바탕으로 수정·보완된다. 이 구분도 작성에 필요한 정보(자료)는 다음과 같다.

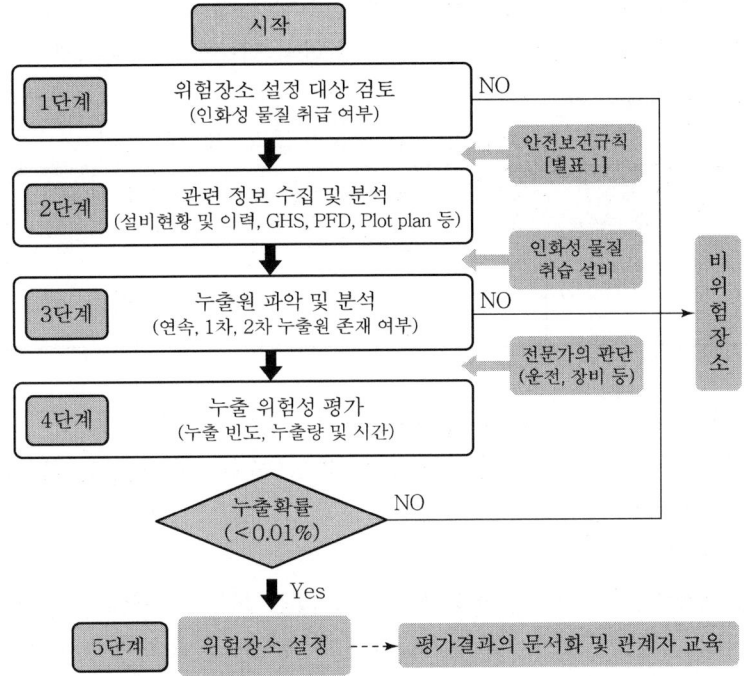

〈그림 2〉위험성평가를 기반으로 하는 위험장소 설정 절차

#### 3.2.2.1 설비 목록 및 기존 설비의 이력

설비 목록 및 기존 설비의 운전 경험은 위험장소 설정에 있어서 아주 중요한 자료이므로, 해당 또는 유사 설비의 운전 및 정비 경험자를 통하여 다음과 같이 설비의 운전(누출관련) 이력을 수집한다.

(1) 누출 사례를 경험했는가?
(2) 누출이 얼마나 자주 발생하는가?
(3) 누출이 정상 또는 비정상적인 작동 중에 발생하는가?

KOSHA GUIDE
E - 180 - 2020

(4) 설비의 상태가 정상, 불안전 또는 보수를 필요로 하는 상태인가?
(5) 정비작업을 할 때, 위험분위기가 형성되는가?
(6) 공정 배관 내부의 세정, 필터 교환, 설비 개방 등의 경우에 위험분위기가 형성되는가?

3.2.2.2 취급 물질의 물리·화학적 특성

(1) 취급 물질의 특성을 안전보건공단(KOSHA) 홈페이지의 MSDS/GHS에서 검색하여 〈표 1〉을 작성한다. 만약, 사용되는 물질명이나 CAS 번호로 찾을 수 없는 경우에는 공급자로부터 직접 구할 수도 있다.

(2) 법 시행령 별표 10에서 정하는 인화성 액체에 해당되지 않을 경우, 위험장소 설정에서 제외할 수 있다(강제 기준에서는 최소한의 기준을 규제하므로 현장에서는 이보다 강화하여 적용할 수 있다).

〈표 1〉 취급 물질의 물리·화학적 특성

| 차례 | 물질명<br>(CAS번호) | 인화점<br>(℃) | 폭발범위<br>(vol %) | 비중 /<br>증기밀도 | 사용압력<br>(kPa) | 발화온도<br>(℃) | 그룹 및<br>온도 등급 | 비고 |
|---|---|---|---|---|---|---|---|---|
| 1 | | | | | | | | |
| 2 | | | | | | | | |

3.2.2.3 공정흐름도(Process Flow Diagram)

공정 압력, 온도, 유량, 각종 물질의 성분 및 양(물질수지 시트 등)을 나타내는 공정흐름도(PFD)를 입수한다.

3.2.2.4 평면도(Plot Plan)

인화성 액체의 증기 확산에 영향을 미칠 수 있는 모든 요소(베셀, 탱크, 트렌치, 섬프, 구조물, 다이크, 칸막이, 둑 등)의 위치를 표시한 평면도를 확보한다, 여기에는 공기흐름을 방해하는 요소도 포함한다.

3.2.3 【3단계】: 누출원 파악 및 분석

3.2.3.1 누출원 파악

(1) 일반적으로 인화성 액체를 취급·사용하는 경우, 액체가 분당 40~400L(10~100갤런)의 누출·폭발 시의 사망확률을 수용 가능한 위험(ALARP)으로 보고 있다. 따라서 여기에 안전율을 고려하여 분당 12~20L 이상 누출 가능한 것을 「누출원」으로 판단한다.

<표 2> 폭발위험장소 설정의 하한값(티 15)

| 구분 | 인화점 이상의 인화성 액체 |
|---|---|
| 옥내 | 25리터 |
| 옥외 | 200리터 |

주) 누출원의 대부분은 글랜드 패킹이나, 여기에서 누출되는 양은 일반적으로 0.95$l$/분(또는 360갤런/일)을 넘지 않고, 옥외에서 분당 1.0$l$ 정도의 인화성 액체가 누출된다 하여도 가연성 가스 검지기(LEL의 25% 설정)로 검출하기 어려움을 고려한다.

(2) 배관도 등에서 용접으로 연결된 부분을 제외한 모든 연결부(밸브, 펌프, 압축기, 계기 등)를 누출원으로 한다(3.2.4 참조).

주) 배관도 또는 설비배치도를 통해 모든 예상 가능한 누출원을 파악하여 표시하고, 각각의 누출 높이를 <표 3>에 표기한다.

<표 3> 누출원 목록

설비명 : ○○○(<도면 ○○ 참조>)

| 차례 | 누출원 | | 누출[a] 등급 | 참조[b] | 인화성 물질 | | 상태[c] | 환기 | | | | 수평 (m) | 수직 (m) | 참조 | 비고 |
|---|---|---|---|---|---|---|---|---|---|---|---|---|---|---|---|
| | 설비명 | 위치 | | | 운전온도 (℃) | 운전압력 (kPa) | | 형태[d] | 등급[e] | 유효성[e] | 종류 | | | | |
| 1 | | | | | | | | | | | | | | | 1) 누출원상부<br>2) 누출원에서 |
| 2 | | | | | | | | | | | | | | | 1) 탱크 내부 |

[a] C : 연속, S : 2차, P : 1차, [b] <표 1>에서의 차례, [c] G : 가스, L : 액체, LG : 액화가스, S : 고체 [d] N : 자연환기, A : 강제환기, [e] H : 고환기, M : 중환기, L : 저환기

3.2.3.2 누출원 분석

(1) 설비·장치·배관 등의 누출원이 표시된 평면도의 누출원에서 설비의 운전 중 또는 정상작업 중의 누출 가능성을 다음에 따라 평가한다.

　(가) 해당 설비의 신뢰성
　(나) 해당 설비의 운전 안정성(정상조건을 벗어난 상황의 발생 가능성)
　(다) 해당 설비의 운전 및 점검 주기
　(라) 해당 설비에서의 사고이력
　(마) 해당 작업에 대한 작업표준의 존재 여부
　(바) 작업표준의 적절성 여부
　(사) 해당 작업자의 자격, 훈련, 경험 등을 고려한 인적오류 발생 가능성

(아) 기타 사고발생가능성에 영향을 줄 수 있는 요인 등
(2) 연속, 1차 또는 2차 누출원에 관한 사항은 안전보건기술지침(가스 폭발위험장소의 설정 및 관리에 관한 기술기준)의 〈부록 1〉을 참조한다.
(3) 누출원의 위험성평가 절차 및 방법은 〈부록 2〉에 따른다.

### 3.2.4 【4단계】: 누출 위험성 평가

일반적으로 「발생확률(Probability)」×「중대성(Consequence)」으로 정의되는 위험성(Risk)에서 「발생확률」은 '누출확률'로 보고, 「중대성(Consequence)」은 위험분위기 생성원(Source)인 누출원(Source of release)으로 본다.

(1) 일정 양 이상의 인화성 액체 누출로 인한 사망 확률로 정의되는 '중대성'은 '누출원'으로 보며, 이에 대하여는 3.2.3을 참조한다.
(2) 누출확률에 따른 위험장소 설정에 관하여 정해진 규칙(Rule)은 없지만, 위험분위기의 생성빈도와 지속시간에 따라 0종장소·1종장소·2종장소 또는 비위험장소로 구분하는 경험적 규칙인 〈표 4〉를 주로 사용한다.

〈표 4〉 가스폭발분위기의 생성확률에 따른 위험장소의 설정

| 위험장소 구분 | 가스폭발분위기의 생성 시간(확률) | 비고 |
|---|---|---|
| 0종장소 | 1,000시간 초과/연(10%) | 1년은 8,760시간이지만 10,000시간으로 하여 가스폭발분위기의 생성 확률을 %로 계산함 |
| 1종장소 | 10~1,000시간/연(0.1~10%) | |
| 2종장소 | 1~10시간 미만/연(0.01~0.1%) | |
| 비위험장소 | 1시간 미만/연(0.01%) | |

### 3.2.5 【5단계】: 위험장소의(종별 및 범위) 설정

#### 3.2.5.1 위험장소의 종별

(1) 0종 장소 : 위험분위기가 연속적 또는 장기간 존재할 수 있는 다음의 장소는 0종장소로 한다.
　(가) 인화성 액체를 담은(통기되는) 탱크 또는 베셀의 내부
　(나) 인화성 솔벤트(용제) 사용 분무 또는 코팅용(미흡한 통기되는) 밀폐구조 내부
　(다) 인화성 액체를 담은 부동형 루프 탱크의 내부 벽과 외부 벽 사이
　(라) 인화성 액체를 담고 있는 용기 또는 피트의 내부
　(마) 인화성 가스 또는 증기의 배기에 사용되는 배기 닥트의 내부 등

```
KOSHA GUIDE
E - 180 - 2020
```

(2) 1종 장소 : 위험분위기가 정상 작동상태에서 존재할 수 있는 장소의 평가는 다음에 따른다. 다음 중 1개 이상이 해당되는 경우, 1종장소로 하는 것을 원칙으로 한다.
  (가) 정상 작동 상태에서 위험분위기가 존재할 가능성이 있는가?
  (나) 정비, 수리작업 또는 누출로 인하여 빈번하게 위험분위기가 존재할 가능성이 있는가?
  (다) 인화성 액체의 농도가 폭발범위에 이를 정도까지 누출될 수 있는 설비의 고장 또는 오작동의 발생과 동시에 점화원이 될 수 있는 전기설비가 동시에 고장을 일으킬 수 있는가?
  (라) 0종장소에서 위험분위기가 전파될 수 있는 인근 지역인가(단, 위험분위기가 유입되지 않도록 신선한 공기 공급 양압설비가 설치되고 환기설비가 고장 날 경우 효과적인 안전장치가 구비된 경우 제외)?

(3) 2종 장소 : 위험분위기가 비정상 운전 또는 사고의 경우에만 존재할 수 있는 장소의 평가는 다음에 따른다. 다음 중 1개 이상이 해당되는 경우, 그 지역은 2종장소로 하는 것을 원칙으로 한다.
  (가) 정상 작동 상태에서 위험분위기가 조성되지 않는가(발생할 경우 아주 짧은 시간에 한함)?
  (나) 정상 작동 상태에서 취급·처리 또는 사용되는 위험분위기가 폐쇄된(Closed) 용기 또는 설비 내에 제한되는가(용기 또는 설비의 사고로 인한 파손이나 설비의 비정상 작동의 경우에만 인화성 액체가 누출되는 경우는 제외)?
  (다) 위험분위기가 강제 환기(양압)에 의하여 차단되는가(환기설비가 오작동이나 고장났을 때 위험장소로 될 수 있는 경우)?
  (라) 1종장소의 위험분위기가 전파될 수 있는 인근 지역인가(단 위험분위기가 유입되지 않도록 신선한 공기공급 양압설비가 있고 이 설비가 고장 날 경우 효과적인 안전장치가 구비된 경우)?

3.2.5.2 비위험장소

(1) 위험분위기 생성 확률이 낮은 장소
  다음과 같이 경험상 기기 및 공정운전에서 위험분위기의 생성 확률이 아주 낮은(연 1시간 또는 0.01% 미만) 경우는 비위험장소로 볼 수 있다.
  (가) 충분한 환기가 이루어지며 인화성 액체가 외부로 누출되지 않도록 적절하게 관리되고 있는 폐쇄된 배관계통(Closed pipng system)이 있는 장소
    주) 충분한 환기의 예는 다음과 같다.

- 옥외 지역
- 수직 또는 수평적으로 자연 환기를 방해하는 장애물이 없는 개방된 건물, 방 또는 공간(벽이 아예 없거나 한쪽 벽(또는 바람막이)만 있는 지붕 등)
- 사방 또는 부분적으로 막힌 공간에 시간당 환기량이 해당 용적의 5배 이상이고 그 환기설비가 실질적/연속적으로 가동됨을 보증할 수 있도록 고장검출기가 2중으로 설치된 지역

(나) 충분한 환기가 이루어지지 않는 장소나, 누출 가능성이 있는 밸브·피팅·플랜지 및 기타 유사한 설비가 없는 배관계통이 있는 장소

(다) 인화성 액체가 밀폐된 용기에 저장되는 지역 등

(2) 개방 화염 또는 고온 표면 주위

열에너지를 갖는 보일러·가열기 등과 같이 운전 중에 개방 화염이나 고온 표면 등의 점화원을 갖는 설비의 바로 인근은 위험장소로 설정하는 것은 적절하지 않다.

주) 연료 공급 또는 재순환 관련으로 펌프·밸브 등의 잠재적인 누출원이 있는 곳에는 점화원이 될 수 있는 전기설비의 설치는 피하도록 한다.

(3) 인화점이 높거나 없는 액체 등

(가) 경험에 따르면 인화점이 93℃를 넘는 가연성 액체는 가열된다하여도 위험분위기가 생성되기 어렵기 때문에 정상 작동하는 일반형 전기설비가 점화원으로 작용하지 않는다.

(나) 인화점이 없이 연소범위만을 갖는 트리클로로에틸렌, 1,1,1-트리클로에탄, 메틸렌 클로라이드 및 1,1-디클로로-1-프로로에탄(HCFC-141b) 등과 같은 할로겐계 액화 탄화수소는 실용상, 불연성으로 폭발위험장소로 설정하지 않는다.

3.2.5.3 적절한 도표 선정(Selecting the appropriate classification diagram)

(1) 위험장소의 범위를 설정할 때, 고려하여야 하는 파라미터는 다음과 같다.

　(가) 인화성 액체의 종류
　(나) 인화성 액체의 증기 밀도
　(다) 인화성 액체의 온도
　(라) 공정 또는 저장 압력
　(마) 누출의 크기
　(바) 환기 등

(2) 〈표 1〉에서 〈표 3〉 및 위 (1)을 고려하여 다음 사항을 〈표 4〉에서 적합한 항목을 정하고 1.1(일반원칙)의 원칙에 따라 적당한 도표를 선정할 수 있다.

　(가) 공정설비의 크기가 대·중 또는 소 중 어느 것에 해당하는가?
　(나) 공정설비의 압력이 대·중 또는 소 중 어느 것에 해당하는가?

KOSHA GUIDE
E - 180 - 2020

(다) 공정설비의 유량이 대·중 또는 소 중 어느 것에 해당하는가?
(라) 인화성 액체의 증기 밀도가 공기보다 무거운지(증기밀도 〉1) 또는 가벼운지(증기밀도 〈 1)?
(마) 누출원의 위치가 지면 위 또는 아래쪽 어느 쪽인가?

<표 5> 인화성 액체 취급 공정설비 및 배관의 상대적 크기

| 공정설비 | 소(저) | 중(보통) | 대(고) |
|---|---|---|---|
| 설비 크기(kl, m³) | 18 미만 | 18~93 | 93 초과 |
| 최대 운전 압력(kPa/kg/cm²) | 686/6.9 미만 | 686/6.9~3,450/35 | 3,450/35 초과 |
| 최대 운전 유량(l/분) | 380 미만 | 380~1,900 | 1,900 초과 |

주) 1) 펌프 및 교반기 축 글랜드 패킹부, 배관 연결부 및 밸브 등의 누출은 누출원으로부터의 확산 거리 및 면적과 공정설비의 크기, 압력, 유량 등에 따라 증가한다.
2) <표 5>를 적용하기 곤란한 누출원이 아주 작거나 배치공정설비인 경우, 점누출(3.1.(1)(가))을 적용하고, 석유화학설비 등과 같이 크고 고압인 공정 설비는 <표 5>를 참고하여 API 코드를 활용하는 것이 바람직하다.
3) 화학 공장의 대부분이 인화성 액체를 취급하는 설비 및 배관에서 위 표의 중(보통)범위의 크기·압력 및 유량에 속하나, 이 지침에서 적용하는 공정에서의 최고 압력은 100kPa(1.0 kg/cm²) 이하, 최대 유량은 분당 100l 이하이므로, <표 3>의 소(저)와도 많은 차이가 나므로 이를 적용할 때에는 전문적인 판단이 필요할 수 있다.

(3) 위험장소의 종별과 범위를 설정할 때에는 KS C IEC 60079-10-1의 도표를 우선 적용하되, 누출 등급과 환기 등급을 고려하여 정한다.
  주) 미흡할 경우에는 가이드, NEC 505, NFPA 497 또는 API 505에서의 적합한 도표를 찾아 보완할 수 있다.

## 3.3 위험장소 구분도의 작성

### 3.3.1 일반 사항

위험장소의 종별 및 범위는 3.2.5에서 기술된 방법에 의하여 도면을 작성하기 위하여 명확한 공학적 판단으로 결정한다.
(1) 위험장소 구분도는 인화성 액체의 누출원을 나타내는 도면을 말하며, 위험장소의 종별과 그 범위를 표기한 것이다. 도면의 일부는 밀폐 공간 또는 공정지역에서의 단일 누출원 또는 복수의 노출원에 적용한다. 각 누출원에서 위험장소의 최소한의 범위를 정

KOSHA GUIDE
E - 180 - 2020

하기 위한 도표 선정의 예를 찾을 경우, 그 범위는 다음 사항을 참조하여 정한다.
    (가) 설비의 수리, 정비 또는 누설로 인해 위험분위기가 자주 생성되는지 여부?
    (나) 인화성 액체를 담고 있는 공정설비, 저장 베셀, 배관설비의 정비 또는 감시상태에서 누출이 발생할 가능성이 있는지?
    (다) 인화성 액체가 트렌치, 배관, 전선관, 닥트 등을 통하여 이송될 수 있는지 여부
    (라) 해당지역의 환기 또는 바람 저해, 인화성 액체의 확산율 등
(2) 도표의 용도는 공정설비, 건물 등의 구분도 작성에 도움을 주기 위한 것으로, 대부분의 도면은 평면도로 작성되며, 필요한 경우에는 입면도 또는 단면도를 작성할 수 있다.
(3) 펌프·컴프레서·베셀·탱크 및 열교환기 등 인화성 액체의 누출원은 상호 연결되어 있고, 이러한 설비들은 플랜지 및 나사 접속부·피팅류·밸브·계기류 등과 같은 누출원이 차례로 존재하므로, 위험장소를 설정할 경우에는 0종, 1종 및 2종장소의 경계를 정할 필요가 있다. 경계표시는 보도·다이크·벽·지지물·도로의 가장자리 등을 활용하되, 전기기술자·계장전문가·운전자·기타 직원들이 쉽게 식별할 수 있도록 한다.
(4) 공정지역에서 다수의 점 누출원에서 개별 위험장소 설정은 현실적이지도 않고 비경제적이므로, 이런 경우, 전체 누출원을 하나의 누출원으로 할 수도 있다. 그러나 이것은 그 설비와 인접설비 등의 다양한 누출원의 범위와 상호 작용의 평가를 통해서만 고려하여야 한다.

### 3.3.2 위험장소 구분도의 문서화

3.3.2.1 포함할 정보
(1) 위험장소 구분도는 다음과 같은 정보 등을 참조하여 문서화한다.
    (가) 적합한 코드와 지침
    (나) 가스의 확산 특성 및 계산 자료
    (다) 환기 유효성평가를 위한 가스의 누출변수에 관련된 환기 특성 검토 자료 등
(2) 모든 가스의 특성, 즉 물질명·인화점·폭발범위·발화온도·증기밀도·사용압력·가스군 및 온도등급 등을 목록화(〈표 1〉 및 〈표 2〉 참조) 한다.

3.3.2.2 위험장소 구분도의 작성
(1) 구분도에는 위험장소의 형태와 범위, 점화온도, 온도등급 및 가스군 등을 표시하되, 평면도와 입면도로 나타낸다.
(2) 구분도에 표기하여야 할 사항은 다음과 같다.
    (가) 위험장소 구분에 관한 평면도와 입면도
    (나) 위험장소의 종류와 범위 및 가스 등의 발화도·온도등급과 가스군

KOSHA GUIDE
E - 180 - 2020

(3) 지형이 위험장소 범위에 영향을 미치는 경우에는 이를 문서화한다.
(4) 위험장소 구분도에는 상기사항 이외에도 다음과 같은 정보를 나타낸다.
　(가) 누출원의 위치와 표시, 위험장소의 구분자료(Data sheet)와 도면이 상호 참조되도록 하기 위해 누출원을 목록화 또는 계량화한 자료
　(나) 건물 내의 개구부 위치 등(예 : 환기용 문·창 및 출입구)
(5) 위험장소의 종별과 범위를 설정할 때에는 KS C IEC 60079-10-1의 도표(가이드의 〈부록 3〉 예제 그림)를 우선 적용하되, 누출 및 환기 등급을 고려하여 다음에 따라 설정한다.
　주) 미흡할 경우에는 가이드, NEC 505, NFPA 497 또는 API 505에서의 적합한 도표를 찾아 보완할 수도 있다.
　(가) 위험장소 종별의 표기 방법은 〈그림 3〉에 따르되 각 도면 모두에 나타낸다.
　(나) 필요한 경우에는 다수의 기기군 및/또는 온도등급을 동일한 장소 내에 여러 기호를 함께 표시할 수 있다(예를 들어, ⅡC T1 2종장소 및 ⅡA T3 2종장소 등).

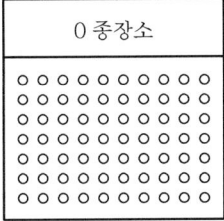
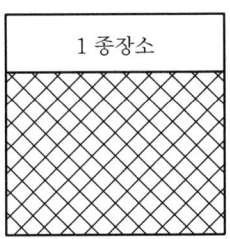

〈그림 3〉 위험장소의 표시 구분

### 3.3.3 폭발위험장소 구분도의 관리

(1) 구분도 작성이 완료되고 필요한 모든 기록이 만들어지면, 장소 구분에 책임이 있는 자와의 사전 협의 없이는 설비나 작동 절차의 어떠한 변경도 있어서는 안 된다.
　주) 구분도 등의 변경은 이 지침의 엄격한 절차에 따라야 한다.
　(가) 승인 없는 임의 구분도 변경은 장소 구분 효과를 저해할 수 있다.
　(나) 장소 구분에 영향을 미치는 설비 중 정비가 필요한 설비들이 안전에 영향을 미칠 수 있는 경우, 방폭설비에 대한 지식이 풍부한 자가 정비하고 재조립하되, 재작동하기 전에 당초 설계의 안전성이 보증될 수 있어야 한다.
(2) 정상작동이 아닌 정비작업 등의 경우, 위험장소는 일시적으로 확대될 수 있으나 이러한 제반 사항은 "안전작업허가 기준"에 명시한다.
(3) 비상사태하에서는 필요에 따라 해당 위험장소에 적합하지 않은 전기설비의 격리, 작동

의 정지, 용기의 격리, 유출물질의 저장 및 비상 배출 설비의 구비 등의 보완조치를 추가적으로 적용하는 것이 바람직하다.

## 4. 배터리실의 위험장소 설정

### 4.1 【1단계】 : 위험장소 설정 대상 검토

수소가스(그룹 IIC)를 배출하는 배터리, 즉 충전식 배터리가 설치되어 있다면 위험장소의 설정 대상이 된다.

### 4.2 【2단계】 : 관련 정보 수집

설계도면상에서만 존재하는 설비를 바탕으로 필요로 하는 방폭 전기설비 및 계장설비 등을 선정·구매하기 위하여 위험장소 구분도(초안)를 작성한다. 이러한 도면은 명확하게 그려지는 경우가 거의 없기 때문에 차후에 실제 설비를 바탕으로 수정·보완된다. 이 구분도 작성에 필요한 정보(자료)는 다음과 같다.

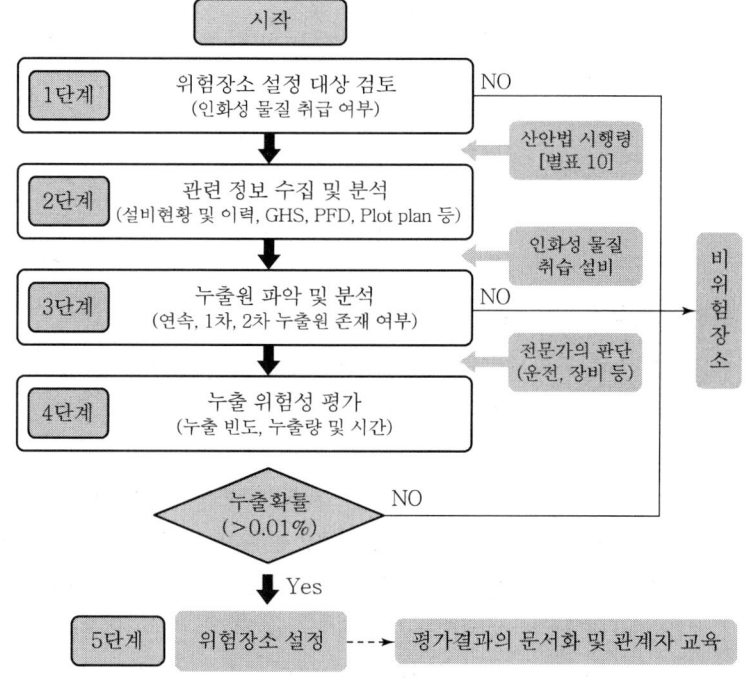

〈그림 1〉 배터리실의 위험장소 설정 절차

KOSHA GUIDE
E - 180 - 2020

### 4.2.1 설비 목록 및 기존 설비의 이력

배터리의 구조, 수소가스 배출방식, 실내 환기 방식, 운전 경험 등은 위험장소 설정에 있어서 아주 중요한 자료이므로, 해당 또는 유사 설비의 운전 및 정비 경험자를 통하여 다음과 같이 수소 가스 운전(누출관련) 이력을 수집한다.

(1) 누출 사례를 경험했는가?
(2) 누출이 얼마나 자주 발생하는가?
(3) 누출이 정상 또는 비정상적인 작동 중에 발생하는가?
(4) 설비의 상태가 정상, 불안전 또는 보수를 필요로 하는 상태인가?
(5) 정비작업을 할 때, 위험분위기가 형성되는가?

### 4.2.2 취급 물질의 물리 · 화학적 특성

(1) 취급 물질(주로 수소가스)의 특성을 안전보건공단(KOSHA) 홈페이지의 MSDS/GHS 에서 검색하여 〈표 1〉을 작성한다.

〈표 1〉 취급 물질의 물리 · 화학적 특성

| 차례 | 물질명<br>(CAS번호) | 인화점<br>(℃) | 폭발범위<br>(vol %) | 비중 /<br>증기밀도 | 사용압력<br>(kPa) | 발화온도<br>(℃) | 그룹 및<br>온도 등급 | 비고 |
|---|---|---|---|---|---|---|---|---|
| 1 | | | | | | | | |
| 2 | | | | | | | | |

### 4.2.3 배터리실의 입면도 및 평면도

수소 가스의 확산 및 희석에 영향을 미칠 수 있는 모든 요소(실내 크기, 배터리 배치도, 벤트 등)의 위치를 표시한 평면도 및 입면도를 확보한다. 여기에는 공기흐름을 방해하는 요소도 포함한다.

### 4.3 【3단계】 : 배터리 구조에 따른 평가

옥내 설치된 충전식 배터리가 다음과 같은 구조의 경우, 비위험장소로 한다.

(1) (1) 배터리에 ① 벤트(통기구)가 없고 ② 니켈-카드뮴 또는 니켈-수소 또는 리튬-이온 타입인 경우
   주) 여기에서 배터리 벤트는 산화납(VRLA) 배터리에서 조절 밸브와 같이 개방되는 밸브, 즉 릴리프 밸브를 말한다.
(2) 배터리에 ① 벤트(통기구)가 없고 ② 배터리 전체 부피가 옥내 체적의 1/100을 넘지 않거나, 또는 정격출력이 200W를 넘지 않고 과충전(Inadvertent overcharging) 예방

조치가 마련된 충전시스템이 있는 경우

### 4.4 【4단계】: 배터리 수소가스 벤트 방식 및 옥내 환기 평가

#### 4.4.1 배터리의 수소가스 벤트 방식

(1) 옥내에 설치된 충전식 배터리의 벤트를 옥외로 직접 또는 간접적으로 배출하는 경우에는 위험장소로 하지 않는다.

> 주) 직접배출방식은 배터리에서 발생하는 수소를 배관시스템 또는 이와 유사한 기구를 이용하여 옥외로 직접 배출하는 방식을 말하며, 간접배출방식은 배터리에서 발생하는 수소를 배터리 함(배터리를 싸도록 설계된 전기 외함) 내에서 포집하여 옥외로 배출하거나 배기 후드 등을 이용하여 포집하여 옥외로 배출하는 설비를 말한다.

(2) 간접배출방식에서 다음의 경우 배터리 함 내부를 위험장소로 설정하지 않는다.

　(가) 체적 $0.14m^3$당 단면적 $6.45\ cm^2$ 이상의 벤트를 구비한 배터리 함
　(나) 벽 관통부를 제외한 모든 점에서의 벤트 기울기가 45도를 넘지 않는 경우
　(다) 배터리 함의 가장 높은 지점에 설치된 벤트

> 주) 벽 관통부는 배터리 함의 벽과 배터리실(또는 이와 유사한 옥내)의 벽을 통과하는 것을 포함한다.

(3) 배터리 함의 내부가 적절하게 환기되는 경우에는 위험장소로 설정하지 않는다.

> 주) 환기방법은 배터리 함이 설치되어 있는 지역의 폭발위험장소 구분에 영향을 줄 수 있으므로 환기방법은 신중하게 고려한다.

#### 4.4.2 배터리실 내의 환기 평가

(1) 배터리가 설치된 옥내가 막힌 장소가 아니고 적합하게 통풍되는 경우에는 위험장소로 하지 않는다.

(2) 배터리(5.4.1에 의한 배터리 함 제외)가 충분히 환기되는 옥내 설치의 경우, 위험장소 구분은 다음에 따른다.

　(가) ① 옥내 자연환기로 정상 부동충전 중에 발생된 수소가스의 축적이 LFL의 25%가 넘지 않음이 계산에 의하여 검증되고 ② 배터리 충전설비가 부적절한 과충전이 되지 않도록 설계된 경우에는 위험장소로 설정하지 않는다.
　(나) ① 옥내 강제환기로 정상 부동충전 중에 발생된 수소가스의 축적이 LFL의 25%가 넘지 않음이 계산에 의하여 검증되고 ② 배터리 충전설비가 부적절한 과충전이 되지 않도록 설계되고, ③ 환기불량에 대한 효과적인 보완장치가 구비된 경우에는 위험장소로 설정하지 않는다.

> 주) 환기율은 해당 배터리의 수소최대 방출률을 바탕으로 한다. 납안티몬 배터리의 최대 수소 방출률은 완전 방전된 배터리를 충전기의 최대전류로 충전하였을 경우 25 ℃에서 1셀, 1 A, 1분당 7.6

cm³(8×10⁻⁶m³)가 발생하는 것으로 본다. 납, 칼슘 및 니켈 카드뮴 등 다른 형식의 배터리도 같은 조건으로 계산한다.

### 4.5 【5단계】: 위험장소의(종별 및 범위) 설정

#### 4.5.1 수소가스의 간접 배출방식

(1) 위 5.4.1의(1),(2) 또는(3)에서 규정하는 조건을 충족하지 못하는 환기 부족 배터리 함의 내부는 1종장소로 설정한다.

주) 일반적으로는 배터리 설치장소는 0종 및 1종장소를 금한다.

(2) 다음의 경우에는 배터리 함 내부를 2종장소로 설정한다.

(가) 배터리 함의 벤트 단면적이 배터리 체적 0.14m³당 3.23~6.45cm²인 경우

(나) 배터리 함 최상부의 벤트 기울기가 수직에서 45도를 넘지 않는 경우

#### 4.5.2 배터리실 내의 환기

충분한 환기가 유지되지 않는 옥내에 배터리를 설치하는 경우, ① 수소가스의 축적이 LFL의 25%가 넘는 적절한 환기가 유지되고 ② 배터리 충전설비가 부적절한 과충전을 방지하도록 설계된 경우에는 2종장소로 구분한다.

주) 위의 조건을 충족하지 못하는 경우에는 1종장소로 한다.

### 4.6 위험장소 구분도의 작성

#### 4.6.1 일반 사항

(1) 위험장소 구분도는 인화성 가스의 누출원을 나타내는 도면으로 위험장소의 종별과 그 범위를 표기한 것이다. 도면의 일부는 밀폐 공간 또는 공정지역에서의 단일 누출원 또는 복수의 노출원에 적용한다.

(2) 도표는 공정설비, 건물 등의 위험장소 구분도 작성에 필요한 것이며, 도면은 평면도로 작성하되, 필요한 경우에는 입면도 또는 단면도를 추가할 수 있다.

(3) 공정지역에서 다수의 점 누출원에서 개별 위험장소 설정은 현실적이지도 않고 비경제적이므로, 이런 경우, 전체 누출원을 하나의 누출원으로 할 수도 있다. 그러나 이것은 그 설비와 인접설비 등의 다양한 누출원의 범위와 상호 작용의 평가를 통해서만 고려하여야 한다.

#### 4.6.2 위험장소 구분도의 문서화

##### 4.6.2.1 포함할 정보

(1) 위험장소 구분도는 다음과 같은 정보 등을 참조하여 문서화한다.
    (가) 적합한 코드와 지침
    (나) 가스의 확산 특성 및 계산 자료
    (다) 환기 유효성평가를 위한 가스의 누출변수에 관련된 환기 특성 검토 자료 등
(2) 모든 가스의 특성, 즉 물질명·인화점·폭발범위·발화온도·증기밀도·사용압력·가스군 및 온도등급 등을 목록화(〈표 1〉 참조) 한다.

4.6.2.2 위험장소 구분도의 작성

(1) 구분도에는 위험장소의 형태와 범위, 발화온도, 온도등급 및 가스군 등을 표시하되, 평면도와 입면도로 나타낸다.
(2) 구분도에 표기하여야 할 사항은 다음과 같다.
    (가) 위험장소 구분에 관한 평면도와 입면도
    (나) 위험장소의 종류와 범위 및 가스 등의 발화도·온도등급과 가스군
(3) 지형이 위험장소 범위에 영향을 미치는 경우에는 이를 문서화한다.
(4) 위험장소 구분도에는 상기사항 이외에도 다음과 같은 정보를 나타낸다.
    (가) 누출원의 위치와 표시, 위험장소의 구분자료(Data sheet)와 도면이 상호 참조하기 위한 누출원의 목록화 또는 계량화 자료
    (나) 건물 내의 개구부 위치 등(예 : 환기용 문·창 및 출입구)

4.6.3 폭발위험장소 구분도의 관리

(1) 구분도 작성이 완료되고 필요한 모든 기록이 만들어지면, 책임이 있는 자와의 사전 협의 없이는 설비나 작동 절차의 어떠한 변경도 있어서는 안 된다.
    주) 구분도 등의 변경은 엄격한 절차에 따라야 한다.
    (가) 승인 없는 임의의 구분도 변경은 장소 구분 효과를 저해할 수 있다.
    (나) 장소 구분에 영향을 미치는 설비 중 정비가 필요한 설비들이 안전에 영향을 미칠 수 있는 경우, 방폭설비에 대한 지식이 풍부한 자가 정비하고 재조립하되, 재작동하기 전에 당초 설계의 안전성이 보증될 수 있어야 한다.
(2) 정상작동이 아닌 정비작업 등의 경우, 위험장소는 일시적으로 확대될 수 있으나 이러한 제반 사항은 "안전작업허가 기준"에 명시한다.
(3) 비상사태하에서는 필요에 따라 해당 위험장소에 적합하지 않은 전기설비의 격리, 작동의 정지, 용기의 격리, 유출물질의 저장 및 비상 배출 설비의 구비 등의 보완조치를 추가적으로 적용하는 것이 바람직하다.

KOSHA GUIDE
E - 151 - 2017

# 가스폭발위험장소 설정에서의 인화성물질 누출원평가에 관한 기술지침

2017. 10.

한 국 산 업 안 전 보 건 공 단

## 안전보건기술지침의 개요

○ 작성자 : 서울과학기술대학교 류보혁

○ 개정자 : 서울과학기술대학교 류보혁

○ 제·개정 경과
- 2016년 11월 전기분야 제정위원회 심의(제정)
- 2017년 09월 전기분야 제정위원회 심의(개정)

○ 관련규격 및 자료
- KS C IEC 60079-10-1(폭발분위기- 제10-1부 : 폭발위험장소의 구분)
- NFPA 497(Recommended practice for the classification of flammable liquids, gases, or vapors and of hazardous locations in electrical installations at chemical process areas)
- KOSHA GUIDE(가스폭발위험장소 설정에 관한 일반지침)
- KOSHA GUIDE(가스폭발위험장소 설정에서의 환기평가에 관한 기술지침)
- KOSHA GUIDE(가스폭발위험장소 범위설정에 관한 기술지침)

○ 관련법규·규칙·고시 등
- 산업안전보건법 제41조의 2(위험성평가)
- 산업안전보건기준에 관한 규칙 제230조(폭발위험이 있는 장소의 설정 및 관리)

○ 기술지침의 적용 및 문의
- 이 기술지침에 대한 의견 또는 문의는 한국산업안전보건공단 홈페이지(www.kosha.or.kr)의 안전보건기술지침 소관 분야별 문의처 안내를 참고하시기 바랍니다.

공표일자 : 2016년 10월 31일
제 정 자 : 한국산업안전보건공단 이사장

KOSHA GUIDE
E - 151 - 2017

# 가스폭발위험장소 설정에서의 인화성물질 누출원 평가에 관한 기술지침

## 1. 목 적

이 지침은 산업안전보건기준에 관한 규칙 제230조(폭발위험이 있는 장소의 설정 및 관리) 및 KOSHA GUIDE E-150(가스폭발위험장소 설정에 관한 기술지침)에 따라 인화성 액체 또는 증기를 취급하는 가스폭발위험장소(이하 '폭발위험장소' 라 한다)에서의 인화성물질 누출원 평가에 관한 기술적 사항을 정함을 목적으로 한다.

## 2. 적용 범위

(1) 이 지침은 정상대기상태에서 공기와 혼합되어 있는 인화성 액체 또는 가스의 존재로 인하여 발화 위험이 조성될 우려가 있는 장소에 적용한다.
   [비고] 이 지침에서 보다 더 자세한 사항은 「KOSHA GUIDE E-150(가스폭발위험장소 설정에 관한 기술지침)」을 참조한다.
(2) 이 지침은 다음의 경우에는 적용하지 아니한다.
   (가) 폭발성 갱내가스가 존재할 우려가 있는 광산
   (나) 폭발성 물질의 제조 및 취급공정
   (다) 이 지침에서 다루는 비정상(Abnormal) 상태를 벗어나는 매우 드물게 또는 치명적 고장
   (라) 의료용으로 사용되는 공간
   (마) 저압의 연료가스가 취사, 온수 기타 유사한 용도로 사용되는 상업용 및 산업용 기기(Appliances), 다만 해당설비(Installation)가 관련 도시가스사업법에 부합되는 경우에 한함
      주) 도시가스의 경우 관련법에 따라 "저압"은 0.1 MPaG(게이지 압력) 미만을 말한다.
   (바) 주거 공간 및 시설(Domestic premise)
   (사) 가연성 분진 또는 섬유로 인한 폭발위험의 우려가 있는 장소(KS C IEC 60079-10-2 참조)

## KOSHA GUIDE
## E - 151 - 2017

### 3. 용어의 정의

(1) 이 지침에서 사용되는 용어의 정의는 다음과 같다.

(가) "폭발성 가스분위기(Explosive gas atmosphere)"라 함은 점화 후 연소가 계속될 수 있는 가스, 증기 형태의 인화성 물질이 대기상태에서 공기와 혼합되어 있는 상태를 말한다.

[비고] 인화상한(UFL) 이상 농도의 혼합기체는 폭발성가스분위기는 아니지만 쉽게 폭발성분위기로 될 수 있으므로 폭발위험장소 구분 목적상 폭발성 가스분위기로 간주한다.

(나) "폭발위험장소(Hazardous area)"라 함은 전기설비를 제조·설치·사용함에 있어 특별한 주의를 요구하는 정도의 폭발성 가스분위기가 조성되거나 조성될 우려가 있는 장소를 말한다.

[비고] 공정설비의 대부분의 구성품 내부에는 공기가 인입될 가능성이 없어 인화성 분위기로 간주되지 않음에도 불구하고 그 설비 내부는 폭발위험장소로 간주한다. 내부에 불활성화와 같은 특정 조치를 하는 경우에는 폭발위험장소로 구분하지 않을 수 있다.

(다) "비폭발위험장소(Non-hazardous area)"라 함은 전기설비를 제조·설치·사용함에 있어 특별한 주의를 요하는 정도의 폭발성 가스분위기가 조성될 우려가 없는 장소를 말한다.

(라) "폭발위험장소 종별(Zones)"라 함은 폭발성 가스분위기의 생성 빈도와 지속시간을 바탕으로 하는 구분되는 폭발위험장소를 말하며, 다음과 같이 3가지로 구분한다.

① "0종장소(Zone 0)"라 함은 폭발성 가스분위기가 연속적으로 장기간 또는 빈번하게 존재할 수 있는 장소를 말한다.

② "1종장소(Zone 1)"라 함은 폭발성 가스분위기가 정상작동 중 주기적 또는 빈번하게 생성되는 장소를 말한다.

③ "2종장소(zone 2)"라 함은 폭발성 가스분위기가 정상작동(운전) 중 조성되지 않거나 조성된다 하더라도 짧은 기간에만 지속될 수 있는 장소를 말한다.

[비고] 폭발성 가스분위기의 발생 빈도와 지속시간은 해당 산업 또는 적용에 관련된 별도의 코드를 적용할 수 있다.

(마) "폭발위험장소의 범위(Extent of zone)"라 함은 누출원에서 가스/공기 혼합물의 농도가 공기에 의하여 인화하한 값 이하로 희석되는 지점까지의 거리를 말한다.

(바) "누출원(Source of release)"이라 함은 폭발성가스분위기를 조성할 수 있는 인화성 가스, 증기, 미스트 또는 액체가 대기 중으로 누출될 우려가 있는 지점 또는 위치를 말한다. 누출원의 등급은 다음과 같이 3가지로 분류한다.

① "연속 누출등급(Continuous grade of release)"이라 함은 연속, 빈번 또는 장

기간 발생할 것으로 예상되는 누출을 말한다.

② "1차 누출등급(Primary grade of release)"이라 함은 정상작동 중에 주기적 또는 빈번하게 발생할 수 있을 것으로 예상되는 누출을 말한다.

③ "2차 누출등급(Secondary grade of release)"이라 함은 정상작동 중에는 누출되지 않고 만약 누출된다 하더라도 아주 드물거나 단시간 동안의 누출을 말한다.

(사) "누출률(Release rate)"이라 함은 누출원에서 단위 시간당 누출되는 인화성 가스, 액체, 증기 또는 미스트의 양(kg/s)을 말한다.

(아) "환기(Ventilation)"라 함은 바람 또는 공기의 온도차에 의한 영향이나 인위적인 수단(예를 들면 환풍기, 배출기 등)을 이용하여 공기를 이동시켜 신선한 공기로 치환시키는 것을 말한다.

(자) "희석(Dilution)"이라 함은 공기와 혼합된 인화성 증기 또는 가스가 시간이 지나면서 인화성 농도가 감소되는 것을 말한다.

(차) "배경농도(Background concentration)"라 함은 누출 플룸(Plume) 또는 제트(Jet)의 외곽 내부 부피에서의 인화성 물질의 평균농도를 말한다.

(카) "인화성 물질(Flammable substance)"이라 함은 물질 자체가 인화성으로 인화성 가스, 증기 또는 미스트를 생성할 수 있는 물질을 총칭하여 말한다.

(타) "인화성 액체(Flammable liquid)"라 함은 예측 가능한 작동조건에서 인화성 증기가 생성될 수 있는 액체로, 「산업안전보건법 시행령」 별표 10에서 정하는 바에 따라 표준압력(101.3 kPa)하에서 인화점이 60 ℃ 이하인 물질이거나 고온의 공정운전조건으로 인하여 화재폭발위험이 있는 상태에서 취급하는 가연물질을 말한다.

[비고] 예측 가능한 작동조건의 한 예는 인화성액체가 인화점 이상에서 취급되는 것을 말하며, 상온에서 다루어지는 물질은 이 지침의 목적상 NFPA 497의 3.3.6(Flammable liquid)에 따라 인화점이 40 ℃ 이하인 물질을 말한다.

(파) "인화성 가스(Flammable gas)"라 함은 산업안전보건법 시행령 별표 10에서 정하는 바에 따라 인화한계 농도의 최저한도가 13 % 이하 또는 최고한도와 최저한도의 차가 12 % 이상인 것으로서 표준압력(101.3 ㎪) 하의 20 ℃에서 가스 상태인 물질을 말한다.

(하) "가스 또는 증기의 비중(Relative density of a gas or a vapor)"이라 함은 같은 압력과 온도에서 공기 밀도(공기 1.0)에 대한 가스 또는 증기의 상대 밀도를 말한다.

(거) "인화점(Flash point)"이라 함은 어떠한 표준조건에서 인화성 가스/공기 혼합물이 형성될 수 있는 양의 증기를 발생시키는 액체의 최저온도를 말한다.

(너) "비점(Boiling point)"이라 함은 대기압 101.3 kPa(1,013 mbar)에서 액체가 끓는

KOSHA GUIDE
E - 151 - 2017

온도를 말한다.
- (더) "증기압(Vapour pressure)"이라 함은 고체 또는 액체가 그 자신의 증기와 평형상태에 있을 때 발생하는 압력을 말한다.
- (러) "폭발성가스분위기 발화온도(ignition temperature of an explosive gas atmosphere)"라 함은 특정조건(IEC 60079-20-1)에서, 공기와 혼합된 가스 또는 증기의 형태인 인화성 물질을 발화시키는 가열된 표면의 최저온도를 말한다.
- (머) "인화하한값(LFL : Lower flammable Limit)"이라 함은 공기 중에서 인화성 가스, 증기 또는 미스트의 농도가 이 값 미만에서는 폭발성 가스분위기가 조성되지 않는 한계 값을 말한다.
- (버) "인화상한값(UFL : Upper flammable Limit)"이라 함은 공기 중에서 인화성 가스, 액체, 증기 또는 미스트의 농도가 이 값 넘어서는 폭발성 가스분위기가 조성되지 않는 한계 값을 말한다.
- (서) "정상작동(Normal operation)"이라 함은 설비가 설계변수 범위 내에서 작동되는 상태를 말한다.
  [비고] 1. 수리 또는 가동정지 등의 사고로 인한 고장(펌프 씰, 플랜지 개스킷의 손상 또는 넘침 등)은 정상작동의 일부로 보지 않는다.
  2. 기동 및 정지 조건, 일상 정비는 정상작동에 포함되[지만 시운전의 일환인 처음 기동은 제외한다.
- (어) "일상 정비(Routine maintenance)"라 함은 설비의 적절한 성능 유지를 위하여 정상 작동 중에 가끔 또는 주기적으로 실시하는 활동을 말한다.

(2) 기타 이 지침에서 사용하는 용어의 정의는 특별한 규정이 있는 경우를 제외하고는 산업안전보건법, 같은 법 시행령, 같은 법 시행규칙 및 산업안전보건기준에 관한 규칙에서 정하는 바에 의한다.

## 4. 누출등급의 예

### 4.1 일반사항

4.2~4.4에 주어진 예들은 특정 공정, 설비와 상황에 따라 다양하게 변경될 수 있으므로 엄격하게 적용하지 않는다. 일부 설비는 하나 이상의 누출등급을 가질 수 있다.

### 4.2 연속누출등급의 누출원

(1) 대기와 연결되는 고정 통기구(Vent)가 설치된 고정 지붕탱크(Fixed roof tank) 내

부의 인화성액체 표면
(2) 지속적으로 또는 장시간 동안 대기에 개방되어 있는 인화성 액체 표면

### 4.3 1차누출등급 누출원

(1) 정상작동 중에 인화성 물질의 누출이 예상되는 펌프, 압축기 또는 밸브의 씰(Seals) 등
(2) 정상작동 중의 배수과정에서 대기로 인화성 물질이 누출될 수 있는 용기의 배수점(Water drainage point) 등
(3) 정상작동 중 인화성 물질의 대기 누출이 예상되는 시료 채취점(Sample point)
(4) 정상작동 중 인화성 물질의 대기 누출이 예상되는 릴리프밸브[1], 통기구 및 기타 개구부(Openings) 등

### 4.4 2차누출등급의 누출원

(1) 설비의 정상작동 중에는 인화성 물질의 누출이 예상되지 않는 펌프, 압축기 및 밸브의 씰(Seals) 등
(2) 정상작동 중에는 인화성 물질의 누출이 예상되지 않는 플랜지, 연결부(Connections), 배관 피팅부(Pipe fittings) 등
(3) 정상작동 중에는 인화성 물질의 대기 누출이 예상되지 않는 시료 채취점
(4) 정상작동 중 인화성 물질의 대기 누출이 예상되지 않는 릴리프밸브, 통기구 및 기타 개구부 등

## 5. 누출등급의 평가

(1) 누출등급의 잘못된 평가는 전체 평가과정에서 잘못된 결과를 초래할 수 있고, 누출등급(연속누출(4.2 참조), 1차누출(4.3 참조), 2차누출(4.4 참조)에 대하여 정의하였음에도 실제적으로는 다른 누출등급과 구별하는 것이 항상 쉽지는 않다.
  (가) 일반적으로 정상 작동상태에서 발생되지 않는 모든 누출은 2차누출로 간주되고 누출의 예측주기는 통상 무시한다.
    ① 2차누출은 누출이 아주 짧은 시간만 발생한다는 가정을 바탕으로 한다.
    ② 이는 누출현상이 발생하자마자 즉시 이를 감지해서 진행되는 누출원에 대해

---

[1] 릴리프밸브(Relief Valve) : 설정된 압력 직하에서 작동되도록 사용자가 압력을 조정하여 사용할 수 있는 밸브
안전밸브(Safety Valve) : 설정된 압력 이상에서만 작동되도록 조립 시 제조공장에서 고정시킨 것으로 압력조정이 불가능한 밸브

가능한 한 신속히 필요한 조치를 취한다는 것을 전제로 하는 것으로, 이러한 가정은 장비와 설비의 정기적인 감시 및 정비의 문제로 이어진다.

(나) 정기적인 감시와 정비가 미흡할 경우, 누출이 감지되기 전까지 수 시간 동안 지속될 수도 있다. 이와 같은 감지 지연이 누출원의 등급을 1차 또는 연속누출 등급으로 해야 한다는 의미는 아니다.

① 무인 원격설비에서 합리적 및 규칙적으로 누설 감시와 검사가 이루어진다 하더라도 이러한 설비에서는 누출이 발생할 경우, 상당 기간 동안 이를 알아차릴 수 없는 경우가 있다. 이들의 누출등급의 평가는 제조자의 지침서, 관련 규정 및 프로토콜과 엔지니어링 지침 등에 따라 합리적인 방법으로 장비와 설비의 감시와 검사가 실시된다는 신중한 고려와 가정을 바탕으로 이루어져야 한다.

② 위험장소 구분이 미흡한 정비지침을 외면해서도 안 되겠지만, 사용자는 미흡한 지침이 위험장소 구분을 위태롭게 할 수 있음을 알아야 한다.

(2) 대부분의 누출원에서, 정의로만 보면 1차누출등급으로 보는 것이 편할 수 있다. 그러나 누출 특성을 조사할 때, 폭발위험분위기가 누출원 인근에 존재하지 않음을 논리적으로 보증할 수 없는 누출이 자주 발생할 수 있다는 것을 알아야 한다. 이러한 경우에는 연속 누출등급의 정의가 더 적합 할 수 있다. 따라서 연속 누출등급의 정의는 연속 누출뿐만 아니라 고빈도의 누출도 포함하고 있다(4.2 참조).

## 6. 누출의 합

(1) 하나 이상의 누출원이 있는 실내에서 위험장소의 종별 및 범위를 정하기 위해서는 희석등급 및 배경농도(Background concentration)를 결정하기 전에 누출원을 모두 합할 필요가 있다. 누출원을 합산하는 정기(예측 가능한)활동에는 운전조건의 자세한 분석을 바탕으로 하되, 누출원의 합산(질량과 부피 모두)은 다음에 따른다.

(가) 연속누출은 모든 개별 연속 누출원의 합으로 한다.
(나) 1차누출은 모든 연속 누출원과 조합되는 일부 개별 1차누출원의 합으로 한다.
(다) 2차누출은 모든 1차누출과 조합되는 가장 큰 개별 2차누출원의 합으로 한다.

(2) 다양한 인화성 물질이 누출된다면 그 상황은 보다 복잡해지며, 모두 합하기 전에 각 물질 누출특성을 정하여 가장 큰 2차누출원을 사용한다.

(3) 배경농도를 결정하는 경우, 체적 누출률을 직접 합할 수 있다.

(가) 배경농도와 비교되는 임계농도는 일반적으로 LFL의 25%로 한다.
(나) 다양한 인화성 물질이 있다면 혼합 LFL을 비교기(Comparator)로서 활용할 수

KOSHA GUIDE
E - 151 - 2017

있다.
(4) 일반적으로 연속 및 1차누출원이 저희석 지역에 놓여있는 것은 바람직하지 않으므로, 이러한 누출원이 하나라도 있다면 누출원의 재배치, 또는 환기를 개선하거나 누출등급을 낮추도록 한다.

## 7. 누출구멍 크기 및 누출원 반경

(1) 시스템에서 판단해야 하는 가장 중요한 인자는 누출구멍의 반경(Hole radius)이며, 이를 이용하여 인화성물질의 누출률과 위험장소의 형태 및 범위를 결정한다.
(2) 누출률은 누출구멍 반경의 제곱에 비례하므로 누출구멍의 크기를 추정할 때에는 신중하고 균형 잡힌 접근이 필요하다.
  (가) 누출구멍 크기의 과소평가는 누출률에 대한 계산 값의 과소평가로 이어진다.
  (나) 안전상의 이유로 누출구멍 크기의 보수적인 계산은 과대평가로 이어져서 결국은 과도한 위험장소 범위로 나타날 수 있어 이 또한 주의한다.
  [비고] 누출구멍의 반경을 정할 때, 대부분의 누출구멍은 원형이 아님에도 이를 사용하는 것은 누출계수가 등가영역의 누출구멍에 주어지는 누출률을 줄이기 위한 보상용어로 사용되기 때문이다.
(3) 연속 및 1차누출등급에서 누출구멍 크기는 누출 오리피스(예, 상대적으로 예측 가능한 조건하에서 가스가 누출되는 다양한 통기구와 브리더 밸브 등)의 형태와 크기에 따라 정해진다. 2차누출등급의 누출구멍 크기에 대한 가이드는 〈표 1〉에 나타내었다.
(4) 〈표 1〉에서 하한 값은 고장확률이 낮은(예, 설계정격 이하에서의 운전 등) 이상적인 조건일 경우 선택하고, 상한 값은 운전조건이 설계정격에 가까운 상태에서 고장확률이 상승할 수 있는 불리한 조건(진동, 온도변화, 취약한 환경 조건 또는 가스의 오염 등)에서 선택한다.
  (가) 일반적으로 무인설비는 심각한 고장시나리오를 피하기 위해 특별히 고려한다.
  (나) 누출구멍 선정의 기본은 적합한 문서화, 기록이다.

KOSHA GUIDE
E - 151 - 2017

<표 1> 2차누출등급의 누출구멍 단면적(권고)

| 구분 | 항목 | 누출 고려사항 | | |
|---|---|---|---|---|
| | | 누출개구부가 확대되지 않는 조건에서의 일반값, $S(mm^2)$ | 누출개구부가 부식 등에 의해 확대될 수 있는 조건에서의 일반값, $S(mm^2)$ | 누출 개구부가 심한 고장 등에 의해 확대 될 수 있는 조건에 대한 일반 값, $S(mm^2)$ |
| 고정부의 실링 요소 | 압축섬유 개스킷 류의 플랜지 | $\geq 0.025 \sim 0.25$ | $> 0.25 \sim 2.5$ | (두 볼트 사이의 거리)×(개스킷 두께) 보통 $\geq 1mm$ |
| | 나선형 운드 (spiral wound) 개스킷 류의 플랜지 | 0.025 | 0.25 | (두 볼트 사이의 거리)×(개스킷 두께) 보통 $\geq 0.5mm$ |
| | 링형태조인트 연결부품 | 0.1 | 0.25 | 0.5 |
| | 50mm 이하 구멍연결부[a] | $\geq 0.025 \sim 0.1$ | $> 0.1 \sim 0.25$ | 1.0 |
| 저속 가동 부 품류의 실링 요소 | 밸브 스템 패킹 | 0.25 | 2.5 | 제조사 자료 또는 공정 설비 배치에 따라 결정, $2.5mm^2$ 미만[d] |
| | 압력누출밸브[b] | 0.1 (오리피스부위) | NA | NA |
| 고속 가동 부 품류의 실링 요소 | 펌프, 압축기[c] | NA | $\geq 1 \sim 5$ | 제조사 자료 또는 공정 설비 배치에 따라 결정, 최소 $5mm^2$ [d 및 e] |

[a] 소규경 배관의 링 조인트, 나사 연결, 압축 조인트(예, 금속 압축 피팅) 및 래피드 조인트에 제안되는 누출구멍 단면

[b] 여기에서는 밸브의 완전 개방을 전제하지는 않지만, 밸브 부품의 고장으로 다양한 누설이 있을 수 있다. 특이한 경우, 제안된 것보다 큰 누출구멍 단면을 가질 수 있다.

[c] 왕복 압축기-압축기의 프레임과 실린더에서는 통상 누설이 일어나지 않지만, 공정설비의 피스톤로드 패킹과 다양한 배관 연결부에서 누설이 일어난다.

[d] 장비 제조자 데이터-예상되는 고장의 경우 그 영향을 평가하기 위하여 장비 제조자의 협력 필요(예, 밀봉장치 관련 세부 도면의 이용성)

[e] 공정설비 배치-특정 상황(예, 사전 연구), 인화성 물질의 최대 허용 누출률로 정의하는 운전 분석은 장비 제조자 데이터의 부족을 보완할 수 있다.

주) 기타 일반적인 값은 특정 응용에 대한 관련 국가 또는 산업 코드에서 구할 수 있다.

KOSHA GUIDE
E - 151 - 2017

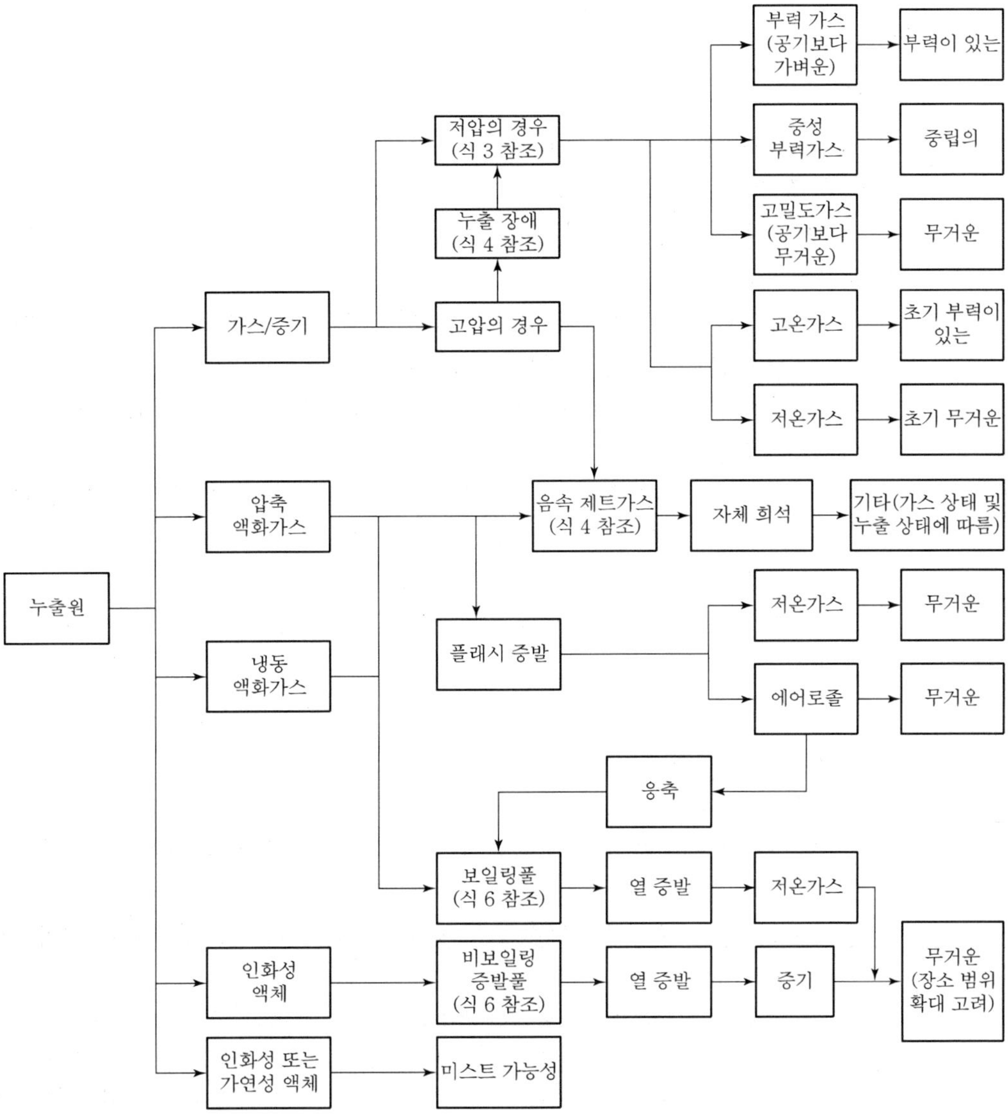

〈그림 1〉 누출의 형태

## 8. 누출의 형태

〈그림 1〉은 다양한 누출의 일반적인 특성을 나타낸다.

KOSHA GUIDE
E - 151 - 2017

## 9. 누출률

### 9.1 일반 사항

(1) 누출률은 다음과 같은 매개변수에 따라 달라진다.

(가) 누출 특성 및 형태(Nature and type of release)

이는 개방 표면, 플랜지 누설 등과 같은 누출원의 물리적 특성에 관한 것이다.

(나) 누출 속도

① 누출원에서의 누출률은 누출압력에 따라 증가한다. 아음속(음속 이하)누출에서 누출속도는 공정 압력과 관련된다.

② 인화성 가스 또는 증기운의 크기는 인화성 증기 누출률과 희석률에 의하여 결정된다.

③ 고속으로 누출되는 가스와 증기 흐름은 공기에 혼합되어 자체적으로 희석될 수 있으나, 폭발성 가스 분위기의 범위는 공기 흐름과는 거의 관련이 없다.

④ 인화성 물질이 저속으로 누출되거나 고형체에 부딪쳐 속도가 감소될 경우, 그 물질은 공기흐름에 따라 이동 희석되어 공기 흐름에 영향을 받게 된다.

(다) 농도

누출된 인화성 물질의 질량은 누출된 혼합물 내의 인화성 증기 또는 가스의 농도에 따라 증가한다.

(라) 인화성 액체의 휘발성

① 휘발성은 증기 압력과 증발 엔탈피(열)에 주로 관련된다. 증기압이 알려지지 않은 경우, 끓는점과 인화점을 가이드로 사용할 수 있다.

② 폭발분위기는 해당 인화성 액체의 인화점 보다 낮은 온도에서 사용한다면 존재하지 않는다.

[비고] 인화성액체가 사용 중에 인화점 이상으로 특별히 가열 등이 이루어지지 않는다면 인화점이 40℃ 이하의 경우에만 적용한다.(NFPA 479의 4.2.6(Flammable Liquids), API RP 505의 5.2.2(Class I)에서 37.8℃ 이하인 경우에만 폭발위험장소 설정, 참조)

③ 인화점이 낮으면 낮을수록 폭발분위기의 범위는 더 커질 수 있다. 그러나 인화성 물질이 안개(분무) 형태로 누출된다면, 폭발위험분위기는 그 물질의 인화점 이하에서도 형성 될 수 있다.

[비고] 1. 인화점에 대해 주어진 실험값이나 발행 본이 정확히 기록되지 않을 수 있고 시험 데이터도 달라질 수 있다. 인화점이 정확하게 알려져 있지 않는 한 인용값에 대한 약간의 오차는 허용된다. 혼합물의 경우, 순수 액체의 인화점 보다 ±5℃ 넘는 허용오차는 일반적이지 않다.

KOSHA GUIDE
E - 151 - 2017

2. 인화점은 두 가지 측정, 즉 밀폐 컵(Closed cup)과 개방 컵(Open cup)에 의한다. 밀폐된 설비는 밀폐 컵에 의한 인화점을 사용한다. 개방 장소에서의 인화성 액체의 경우, 개방컵 인화점을 사용할 수 있다.

3. 일부 액체들(예, 할로겐화 탄화수소 등)은 폭발성 가스분위기를 생성 할 수 있음에도 불구하고 인화점을 갖고 있지 않다. 이 경우, 최저 인화한계(LFL)에서 포화 농도에 상응하는 등가 액체 온도를 최대 액체 온도와 상대적으로 비교하도록 한다.

(마) 액체 온도

액체는 온도증가에 따라 증기압이 상승하는데 이는 증발에 따라 누출률이 증가하기 때문이다.

[비고] 액체의 온도는 누출이 발생한 후 상승할 수도 있다(예, 고온의 표면이나 외기온도). 그러나 증기화는 에너지의 인가와 액체의 엔탈피에 기초한 등가조건에 도달될 때까지 액체를 냉각시키는 경향이 있다.

### 9.2 누출률의 추정

#### 9.2.1 일반 사항

(1) 여기에서 제시된 방정식과 평가방법은 모든 설비에 적용하기 위한 것이 아니고 각 항에서 제시된 제한 조건에서만 적용가능하다. 이 방정식은 간략화된 수학적 모델로 복잡한 문제를 나타내고자 함에 따른 제한적인 결과만을 제공하므로 다른 계산 방법도 선택할 수 있다.

(2) 다음 방정식은 인화성 액체 및 가스의 대략적인 누출률을 계산 할 수 있으므로, 보다 정리된 누출률은 개구부의 특성과 액체 또는 기체의 점도를 고려하여 추정할 수 있다.

(가) 인화성 물질이 누출되는 개구부의 길이가 그 폭에 비해 긴 경우에는 물질의 점도가 누출률을 상당히 많이 감소시킬 수 있다. 이러한 요소는 일반적으로 누출계수($C_d \leq 1$)로 간주한다.

(나) 누출계수 $C_d$는 특정 오리피스에서 특정 누출 사례에 대한 일련의 실험을 통하여 구한 경험 값이므로, $C_d$는 각각의 특정 누출에 따라 다양한 값을 갖게 된다.

① 누출구멍 평가에 관련된 적절한 정보가 없다면, $C_d$의 값은 통기구(Vent)와 같이 원형 형태를 가진 누출구멍은 최소한 0.99, 기타 원형이 아닌 누출구멍은 0.75로 하면 타당한 안전 근사값을 갖게 된다.

② 만약 $C_d$에 계산값을 적용한다면, 그 값은 현장 적용에 적합한 가이드인 참고자료로 사용할 수 있다.

9.2.2 액체의 누출률
(1) 액체의 누출률은 다음의 근사식을 이용하여 추정 할 수 있다.

$$W = C_d S \sqrt{2\rho \Delta \rho} \text{ (kg/s)} \quad \cdots\cdots\cdots\cdots\cdots\cdots\cdots\cdots\cdots \text{(식 1)}$$

(2) 이어서 액체누설의 증발량 결정이 필요하다. 액체의 누설은 다양한 형태로 누설상태와 증기 또는 가스가 어떻게 생성되느냐는 다양한 변수에 의하여 결정되며, 누설의 예는 다음과 같다.

(가) 2상의 누출(예, 액체와 가스의 복합 누출)

액화석유가스(LPG)와 같은 액체는 열역학적 또는 기계적 상호 작용의 변화에 따라 오리피스에서 누출되기 전 또는 누출 후 즉시 가스와 액체의 두 개의 상이 존재할 수도 있다. 이는 증기운 발생에 기여하는 액체를 끓게 하는 기름방울 및/또는 풀(Pool)형성에 영향을 줄 수도 있다.

(나) 1상의 누출(Single phase release of a non-flashing liquid)

① 비점이 높은(대기 범위 이상) 액체의 누설은 누출원 인근에서 증발될 수도 있는 중요한 액체 성분이 일반적으로 포함된다. 누출은 제트 분출 결과로써 작은 방울로 쪼개질 수도 있다. 이어서 누출된 증기는 누출점으로 부터 작은 방울 또는 이어지는 풀 형성으로부터 제트 형성과 증기화가 이루어진다.

② 많은 조건 및 변수로 인하여 액체 누출의 증기 조건 평가 방법들은 이 지침에서는 제공하지 않는다. 사용자는 모델의 한계를 판단하고 그 결과의 적절한 보수적인 접근을 통하여 적합한 모델을 선택한다.

9.2.3 가스 또는 증기의 누출률

9.2.3.1 일반 사항

(1) 다음 방정식은 가스 누출률을 합리적으로 추정하기 위한 것으로, 만약 가스밀도가 액화가스의 밀도에 근접하는 경우, 9.2.2에 따라 2상을 고려한다.

(2) 가압된 기체 밀도가 액화 가스 농도보다 훨씬 낮다면, 용기의 가스 누출률은 이상 기체의 단열 팽창을 기초하여 추정할 수 있다.

(가) 가스 용기의 내부 압력이 임계 압력($P_c$)보다 높다면, 누출 가스의 속도는 음속(Sonic, Choked)이다. 임계압력은 다음 방정식에

의하여 정해진다.

$$P_c = p_a \left(\frac{\gamma+1}{2}\right)^{\gamma/(\gamma-1)} \ (\text{P}_\text{a}) \quad \cdots\cdots\cdots\cdots\cdots (식\ 2)$$

이상 기체에서 방정식 $\gamma = \dfrac{M_{c_p}}{M_{c_p} - R}$을 사용할 수 있다.

  (나) 대부분의 가스에서 빠른 계산을 위해 근사값을 $P_C \approx 1.89 P_a$ 로 한다.
   ① 임계압력은 산업공정에서 사용되는 통상 압력에 비해 일반적으로 낮다.
   ② 임계압력 미만의 압력은 가스 공급배관에서 히터·오븐·반응기·소각로·기화기·증기 발생기·보일러 및 기타 공정설비와 같은 열 설비, 그리고 과압(통상 50,000 Pa(0.5바))을 억제하는 대기압 저장탱크에서도 나타난다.
 (3) (식 3)에서 이상기체의 압축계수는 1.0이다. 실제 가스에서 압축계수는 관련 가스의 압력, 온도 및 유형에 따라 1.0 이하 또는 그 이상의 값을 갖는다.
 (4) 중간 압력까지의 낮은 압력에서 Z=1.0은 보수적일 수도 있으나 합리적인 근사값으로써 사용될 수 있다. 보다 높은 압력, 예를 들어, 500 kPa(50바) 이상의 압력의 경우에는 개선된 정확성이 필요하고 실제의 압축계수를 적용하도록 한다. 압축계수의 값은 가스 특성 데이터 북에서 찾을 수 있다.

9.2.3.2 아음속 누설(Non choked gas velocity(Subsonic releases))의 가스 누출률
  아음속 가스속도는 가스가 음속 미만의 속도로 누출되는 속도를 말하며, 이때의 용기의 가스 누출률은 (식 3)으로 구한다.

$$W_g = C_d Sp \sqrt{\frac{M}{ZRT} \frac{2\gamma}{\gamma-1} \left[1 - \left(\frac{p_a}{p}\right)^{(\gamma-1)/\gamma}\right]} \left(\frac{p_a}{p}\right)^{1/\gamma} \ (\text{kg/s}) \ \cdots\cdots (식\ 3)$$

9.2.3.3 음속 누설(Choked gas velocity(Sonic releases))의 가스 누출률
  음속 누설가스는 가스 속도가 음속인 것을 말하며, 이론적으로 최대 누출 속도이다.

가스속도가 음속과 같다면, 용기에서의 가스 누출률은 다음 식으로 구한다.

$$W_g = C_d S p \sqrt{\gamma \frac{M}{ZRT}\left(\frac{2}{\gamma+1}\right)^{(\gamma+1)(\gamma-1)}} \text{ (kg/s)} \quad \cdots\cdots (식\ 4)$$

가스의 시간당 부피 유량(m³/s)은 다음과 같다.

$$Q_g = \frac{W_g}{\rho_g} \text{ (m}^3\text{/s)} \quad \cdots\cdots\cdots\cdots (식\ 5)$$

여기서,

$$\rho_g = \frac{p_a M}{R T_a} \text{은 가스의 비중(kg/m}^3\text{)이다;}$$

[비고] 누출부에서의 가스온도가 주위 온도 이하일 경우, $T_a$는 보다 쉬운 계산을 위하여 근사값으로 제공되는 가스온도를 사용하기도 한다.

### 9.3 증발 풀의 누출률

(1) 증발풀(Evaporative pool)은 액체 유출(Spillage) 또는 누설(Leakage) 결과뿐만 아니라 개방된 용기에서 인화성 액체를 저장 또는 취급하는 공정설비의 일부에 서도 나타날 수 있다. 여기에서의 평가는 흘러내린 액체 표면에서의 열역학과 같은 특정 요소를 고려하지 않는 얇은 표면유출에는 적용하지 않는다. 다음의 가정은 아래와 같은 평가하에 이루어졌다.

(가) 대기온도에서 상변화(Phase change)와 플룸(Plume)이 없다.(상 및 온도변화는 분산 및 증발률의 변화를 가져온다.)

(나) 누출된 인화성 물질은 중간정도의 부력을 갖는다. 비교평가 분석에서 공기보다 무거운 중간정도의 증기는 부력가스와 같은 방법으로 취급한다.

(다) 다량의 연속 누출의 경우에는 이 분석에서 고려하지 않는다.

(라) 용기에서 흘러나오는 액체는 즉시 1cm 깊이의 풀(Pool)로써 평평한 표면을 형성하고 대기 조건에서 증발된다.

① 이때의 증발률은 다음 식을 사용하여 추정할 수 있다.

$$W_e = \frac{6.55 u_w^{0.78} A_p P_v M^{0.667}}{R \times T} \text{ (kg/s)} \quad \cdots\cdots\cdots\cdots (식\ 6)$$

증기의 밀도(kg/m³)  $\rho_g = \dfrac{p_a M}{R T_a}$ (kg/m³)로 나타내므로, 부피증발률(m³/s)은 다음 식으로 구한다.

$$Q_g \approx \dfrac{6.5 u_w^{0.78} A_p P_v}{10^5 M^{0.333}} \times \dfrac{T_a}{T} \ (m^3/s) \ \cdots\cdots\cdots\cdots\cdots\cdots (식\ 7)$$

② 풀의 표면적 1.0m², 지표면의 풍속 0.5m/s, 액체 온도를 대기온도와 같다고 했을 때의 부피증발률(m³/s)은 다음 식으로 구한다.

$$Q_g \approx \dfrac{3.78 \times 10^{-5} P_v}{M^{0.333}} \ (m^3/s) \ \cdots\cdots\cdots\cdots\cdots\cdots (식\ 8)$$

③ 실제 풀면적은 유출된 액체의 양을 기준으로 하되, 유출된 지역의 경사나 둑 등과 같은 현장 조건을 고려한다.

(2) 증발률 평가에서의 풍속은 희석등급 추정하기 위한 차후의 풍속과 일치시켜야 한다. 이는 풍속은 증발을 가속시키지만 동시에 인화성 가스 또는 증기의 희석에도 기여하고 있음을 강조하는 것이다.

(3) 〈그림 2〉는 〈식 8〉을 바탕으로 작성한 것으로, 수직 축의 값은 풀 표면적 1.0m²를 기준으로 했으므로, 실제의 증발률은 풀 표면적에 수직 축의 값을 곱하여 구한다.

(가) 0.5m/s의 풍속은 기상학적으로는 지면 위가 잔잔함을 나타낸다. 일반적으로 이는 증기의 분산뿐만 아니라 증발률에 있어서도 가장 나쁜 경우임을 나타내는 것이다.

(나) 수평축에 있어서의 증기압의 값은 해당 액체의 온도를 취하면 된다.

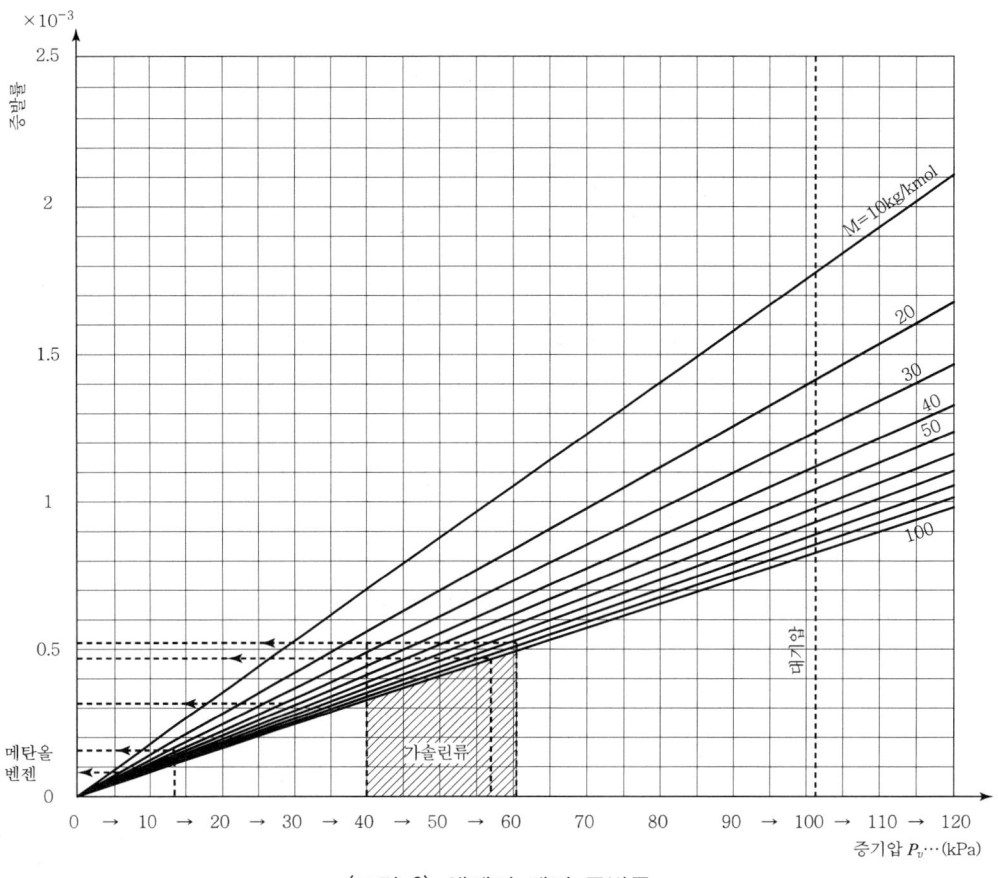

〈그림 2〉 액체의 체적 증발률

## 10. 건물 개구부에서의 누출

다음은 건물 또는 벽의 개구부(Opening)의 예로, 이 내용은 엄격히 적용하려는 의도는 아니므로 특정상황에 따라 적합하게 변경할 필요가 있다.

### 10.1 누출원의 개구부

구역 사이의 개구부는 누출원으로 간주하며, 누출등급은 다음에 따라 좌우된다.
- 인접구역의 위험장소의 종별
- 개구부의 열림 주기의 빈도와 지속시간
- 밀봉 부분/연결부분의 유효성
- 관련 구역사이의 압력차

KOSHA GUIDE
E - 151 - 2017

10.2 개구부의 분류
   (1) 개구부는 다음과 같은 특징을 가진 A형, B형, C형 및 D형으로 구분한다.
      (가) A형(Type A)
         B, C 또는 D형으로 규정된 특징을 충족하지 않는 개구부
         - 접근용 또는 유틸리티용 개구부 통로(벽, 천장 및 바닥을 통과하는 닥트 또는 배관을 포함하는 유틸리티의 예)
         - 빈번하게 개방되는 개구부
         - 룸, 건물 및 기타 개구부 내의 고정된 환기배기구
      (나) B형(Type B)
         상시 닫혀 있어(자동 닫힘) 드물게 열리고 완전 밀착 폐쇄되는 개구부
      (다) C형(Type C)
         상시 닫혀 있어(자동 닫힘) 드물게 열기고, 개구부 전체 둘레가 밀봉(개스킷 등) 되어있는 개구부, 또는 독립적인 자동 닫힘 장치가 되어있는 B형 개구부 2개가 직렬로 연결된 개구부
      (라) D형(Type D)
         유틸리티 통로와 같이 효과적으로 밀봉되는 개구부, 또는 특별한 수단에 의하거나 비상시에만 열릴 수 있는 C형을 충족하는 상시 닫혀있는 개구부, 또는 위험장소에 인접한 하나의 C형 개구부와 직렬로 연결된 하나의 B형 개구부
   (2) 〈표 2〉는 이들 개구부 상류에 폭발위험장소가 있을 때, 누출등급의 개구부의 영향에 대하여 나타낸다.

KOSHA GUIDE
E - 151 - 2017

<표 2> 누출원에서의 개구부의 위험장소 종별 영향

| 개구부 상류의 위험장소 | 종별 개구부의 형태 | 누출원으로 간주되는 개구부의 누출등급 |
|---|---|---|
| 0종장소 | A | 연속 |
|  | B | (연속)/1차 |
|  | C | 2차 |
|  | D | 2차/누출 없음 |
| 1종장소 | A | 1차 |
|  | B | (1차)/2차 |
|  | C | (2차)/누출 없음 |
|  | D | 누출 없음 |
| 2종장소 | A | 2차 |
|  | B | (2차)/누출 없음 |
|  | C | 누출 없음 |
|  | D | 누출 없음 |

괄호 속의 누출등급은 설계 시에 개구부의 조작 빈도를 고려한다.

(3) 개구부의 누출등급은 기본 원칙에 따라 정의할 수도 있다.
(4) 옥내의 자연 환기되는 폭발위험장소와 옥외의 비위험장소 사이의 개구부 누출원은 옥내 위험장소에서 생성되는 누출원 등급을 고려하여 정의할 수도 있다.

KOSHA GUIDE
E - 151 - 2017

〈부록〉

# 단위 기호

$A_p$    풀 표면적($m^2$)

$C_d$    난류 및 점도 등의 영향에 관련되는 누출 개구부 특성과 판단에 의한 누출계수로 모난 오리피스는 0.5~0.75, 원형오리피스는 0.95~0.99(단위 없음)

$C_p$    일정 압력에서의 비열(J/kg K)

$\gamma$    단열 팽창 또는 비열비의 폴리트로프 지수(단위 없음)

$M$    가스 또는 증기의 몰 질량(kg/kmol)

$P$    용기의 내부압력(Pa)

$\Delta P$    개구부에서의 누설 압력 차(Pa)

$P_a$    대기압(101,325Pa)

$P_c$    임계압력(Pa)

$P_v$    온도 T에서의 액체 증기압(kPa)

$Q_g$    누출원에서의 인화성 가스의 부피유량($m^3/s$)

$R$    이상 기체상수(8,314J/kmol K)

$p$    액체밀도($kg/m^3$)

$p_g$    가스 또는 증기밀도($kg/m^3$)

$S$    유체가 누출되는 개구부(구멍)의 단면적($m^2$)

$T$    유체, 기체 또는 액체의 절대온도(K)

$T_a$    주위 온도(K)

$u_w$    액체 풀 표면의 풍속(m/s)

$W$    액체의 누출률(시간당 질량, kg/s)

$W_e$    액체의 증발률(kg/s)

$W_g$    가스의 질량 누출률(kg/s)

$Z$    압축 인자(단위 없음)

# KOSHA GUIDE
### E - 151 - 2017

설비 :
지역 :
관련도면 :

〈표 3〉 인화성 물질 목록 및 특성_폭발위험장소 구분 데이터 시트(파트 I)

| 물질명 | 인화성 물질 | | | | | 휘발성ª | | 인화하한값 (LFL) | | 방폭 특성 | 비 고 (기타 관련 정보) |
|---|---|---|---|---|---|---|---|---|---|---|---|
| | 분자식 (구성 성분) | 분자량 (kg/kmol) | 비중 (가스, 공기) | 단열팽창 폴리트로프 지수 | 인화점 (℃) | 발화점 (℃) | 비점 (℃) | 증기압 20℃ (kPa) | vol (%) | (kg/m³) | 기기그룹 및 온도등급 |
| 1 | | | | | | | | | | | | |
| 2 | | | | | | | | | | | | |
| 3 | | | | | | | | | | | | |
| 4 | | | | | | | | | | | | |
| 5 | | | | | | | | | | | | |
| 6 | | | | | | | | | | | | |
| 7 | | | | | | | | | | | | |
| 8 | | | | | | | | | | | | |
| 9 | | | | | | | | | | | | |
| 10 | | | | | | | | | | | | |

a : 일반적으로 증기압 값이 주어지며, 증기압 값이 주어지지 않은 경우, 비점 사용 가능

# KOSHA GUIDE
## E - 151 - 2017

설비 :
지역 :
관련도면 :

**〈표 4〉 누출원 목록_폭발위험장소 구분 데이터 시트(파트 II)**

| 설비명 | 누출원 | | | 인화성 물질 | | | | 환기 | | | 폭발위험장소 | | | 비고 (기타관련 정보) |
|---|---|---|---|---|---|---|---|---|---|---|---|---|---|---|
| | 위치 | 누출률 등급$^a$ (kg/s) | 누출 특성 (m³/s) | 참조$^b$ | 운전온도 및 압력 | | 상태$^c$ | 형태$^d$ | 희석 등급$^e$ | 이용도 | 위험장소 종별 (0,1,2) | 위험장소 범위(m) | | 참조$^f$ |
| | | | | | (℃) | (kPa) | | | | | | 수직 | 수평 | |
| 1 | | | | | | | | | | | | | | |
| 2 | | | | | | | | | | | | | | |
| 3 | | | | | | | | | | | | | | |
| 4 | | | | | | | | | | | | | | |
| 5 | | | | | | | | | | | | | | |
| 6 | | | | | | | | | | | | | | |
| 7 | | | | | | | | | | | | | | |
| 8 | | | | | | | | | | | | | | |
| 9 | | | | | | | | | | | | | | |
| 10 | | | | | | | | | | | | | | |

a : C(연속), S(2차), P(1차), b : 파트 I 목록 인용 번호, c : G(가스), L(액체), LG(액화가스), S(고체), d : N(자연환기), AG(강제 전체환기), AL(국소배기), e : 부속서 C 참조, f : 사용된 코드/표준 번호, 계산 기준 표시

KOSHA GUIDE
E - 152 - 2017

# 가스폭발위험장소 설정에 있어서의 환기평가에 관한 기술지침

2017. 10.

한 국 산 업 안 전 보 건 공 단

# 14. 가스폭발위험장소 설정에 있어서의 환기평가에 관한 기술지침

## 안전보건기술지침의 개요

o 작성자 : 서울과학기술대학교 류보혁

o 개정자 : 서울과학기술대학교 류보혁

o 제·개정 경과
- 2016년 11월 전기분야 제정위원회 심의(제정)
- 2017년 09월 전기분야 제정위원회 심의(개정)

o 관련규격 및 자료
- KS C IEC 60079-10-1(폭발분위기- 제10-1부 : 폭발위험장소의 구분)
- NFPA 497(Recommended practice for the classification of flammable liquids, gases, or vapors and of hazardous locations in electrical installations at chemical process areas)
- KOSHA GUIDE(가스폭발위험장소 설정에 관한 일반지침)
- KOSHA GUIDE(가스폭발위험장소 설정에서의 인화성물질 누출원 평가에 관한 기술지침)
- KOSHA GUIDE(가스폭발위험장소 범위설정에 관한 기술지침)

o 관련법규·규칙·고시 등
- 산업안전보건법 제41조의 2(위험성평가)
- 산업안전보건기준에 관한 규칙 제230조(폭발위험이 있는 장소의 설정 및 관리)

o 기술지침의 적용 및 문의
- 이 기술지침에 대한 의견 또는 문의는 한국산업안전보건공단 홈페이지(www.kosha.or.kr)의 안전보건기술지침 소관 분야별 문의처 안내를 참고하시기 바랍니다.

공표일자 : 2017년 10월 31일

제 정 자 : 한국산업안전보건공단 이사장

KOSHA GUIDE
E - 152 - 2017

# 가스폭발위험장소 설정에서의 환기평가에 관한 기술지침

## 1. 목 적

이 지침은 「산업안전보건기준에 관한 규칙 제230조(폭발위험이 있는 장소의 설정 및 관리)」 및 KOSHA GUIDE E-150(가스폭발위험장소 설정에 관한 기술지침)에 따라 가스폭발위험장소(이하 '폭발위험장소'라 한다)에서의 환기평가에 관한 기술적 사항을 정함을 목적으로 한다.

## 2. 적용 범위

(1) 이 지침은 정상대기상태에서 공기와 혼합되어 있는 인화성 액체 또는 가스의 존재로 인하여 발화 위험이 조성될 우려가 있는 사업장에 적용한다.

[비고] 이 지침에서 보다 더 자세한 사항은 「KOSHA GUIDE E-150(가스폭발위험장소 설정에 관한 기술지침)」을 참조한다.

(2) 이 지침은 다음의 경우에는 적용하지 아니한다.

(가) 폭발성 갱내가스가 존재할 우려가 있는 광산

(나) 폭발성 물질의 제조 및 취급공정

(다) 이 지침에서 다루는 비정상(Abnormal) 상태를 벗어나는 매우 드물게 또는 치명적 고장

(라) 의료용으로 사용되는 공간

(마) 저압의 연료가스가 취사, 온수 기타 유사한 용도로 사용되는 상업용 및 산업용 기기(Appliances), 다만 해당설비(Installation)가 관련 도시가스사업법에 부합되는 경우에 한함

주) 도시가스의 경우 관련법에 따라 "저압"은 0.1 MPaG(게이지 압력) 미만을 말한다.

(바) 주거 공간 및 시설(Domestic premise)

(사) 가연성 분진 또는 섬유로 인한 폭발위험의 우려가 있는 장소(KS C IEC 60079-10-2 참조)

KOSHA GUIDE
E - 152 - 2017

3. 용어의 정의
   (1) 이 지침에서 사용되는 용어의 정의는 다음과 같다.
      (가) "폭발성 가스분위기(Explosive gas atmosphere)"라 함은 점화 후 연소가 계속 될 수 있는 가스, 증기 형태의 인화성 물질이 대기상태에서 공기와 혼합되어 있는 상태를 말한다.
         [비고] 인화상한(UFL) 이상 농도의 혼합기체는 폭발성가스분위기는 아니지만 쉽게 폭발성분위기로 될 수 있으므로 폭발위험장소 구분 목적상 폭발성 가스분위기로 간주한다.
      (나) "폭발위험장소(Hazardous area)"라 함은 전기설비를 제조.설치.사용함에 있어 특별한 주의를 요구하는 정도의 폭발성 가스분위기가 조성되거나 조성될 우려가 있는 장소를 말한다.
         [비고] 공정설비의 대부분의 구성품 내부에는 공기가 인입될 가능성이 없어 인화성 분위기로 간주되지 않음에도 불구하고 그 설비 내부는 폭발위험장소로 간주한다. 내부에 불활성화와 같은 특정 조치를 하는 경우에는 폭발위험장소로 구분하지 않을 수 있다.
      (다) "비폭발위험장소(Non-hazardous area)"라 함은 전기설비를 제조.설치.사용함에 있어 특별한 주의를 요하는 정도의 폭발성 가스분위기가 조성될 우려가 없는 장소를 말한다.
      (라) "폭발위험장소 종별(Zones)"라 함은 폭발성 가스분위기의 생성 빈도와 지속시간을 바탕으로 하는 구분되는 폭발위험장소를 말하며, 다음과 같이 3가지로 구분한다.
         ① "0종장소(Zone 0)"라 함은 폭발성 가스분위기가 연속적으로 장기간 또는 빈번하게 존재할 수 있는 장소를 말한다.
         ② "1종장소(Zone 1)"라 함은 폭발성 가스분위기가 정상작동 중 주기적 또는 빈번하게 생성되는 장소를 말한다.
         ③ "2종장소(Zone 2)"라 함은 폭발성 가스분위기가 정상작동(운전) 중 조성되지 않거나 조성된다 하더라도 짧은 기간에만 지속될 수 있는 장소를 말한다.
         [비고] 폭발성 가스분위기의 발생 빈도와 지속시간은 해당 산업 또는 적용에 관련된 별도의 코드를 적용할 수 있다.
      (마) "폭발위험장소의 범위(Extent of zone)"라 함은 누출원에서 가스/공기 혼합물의 농도가 공기에 의하여 인화하한 값 이하로 희석되는 지점까지의 거리를 말한다.
      (바) "누출원(Source of release)"이라 함은 폭발성가스분위기를 조성할 수 있는 인화성 가스, 증기, 미스트 또는 액체가 대기 중으로 누출될 우려가 있는 지점 또는 위치를 말한다. 누출원의 등급은 다음과 같이 3가지로 분류한다.
         ① "연속 누출등급(Continuous grade of release)"이라 함은 연속, 빈번 또는 장

## KOSHA GUIDE
### E - 152 - 2017

기간 발생할 것으로 예상되는 누출을 말한다.

② "1차 누출등급(Primary grade of release)"이라 함은 정상작동 중에 주기적 또는 빈번하게 발생할 수 있을 것으로 예상되는 누출을 말한다.

③ "2차 누출등급(Secondary grade of release)"이라 함은 정상작동 중에는 누출되지 않고 만약 누출된다 하더라도 아주 드물거나 단시간 동안의 누출을 말한다.

(사) "누출률(Release rate)"이라 함은 누출원에서 단위 시간당 누출되는 인화성 가스, 액체, 증기 또는 미스트의 양(kg/s)을 말한다.

(아) "환기(Ventilation)"라 함은 바람 또는 공기의 온도차에 의한 영향이나 인위적인 수단(예를 들면 환풍기, 배출기 등)을 이용하여 공기를 이동시켜 신선한 공기로 치환시키는 것을 말한다.

(자) "희석(Dilution)"이라 함은 공기와 혼합된 인화성 증기 또는 가스가 시간이 지나면서 인화성 농도가 감소되는 것을 말한다.

(차) "희석부피(Dilution volume)"라 함은 인화성 가스 또는 증기의 농도가 안전한 수준 까지 희석되지 않는 누출원 인근의 부피를 말한다.

(카) "배경농도(Background concentration)"라 함은 누출 기둥(Plume) 또는 제트(Jet)의 외곽 내부 부피에서의 인화성 물질의 평균농도를 말한다.

(타) "인화성 물질(Flammable substance)"이라 함은 물질 자체가 인화성으로 인화성 가스, 증기 또는 미스트를 생성할 수 있는 물질을 총칭하여 말한다.

(파) "인화성 액체(Flammable liquid)"라 함은 예측 가능한 작동조건에서 인화성 증기가 생성될 수 있는 액체로,「산업안전보건법 시행령」별표 10에서 정하는 바에 따라 표준압력(101.3 kPa)하에서 인화점이 60℃ 이하인 물질이거나 고온의 공정운전조건으로 인하여 화재폭발위험이 있는 상태에서 취급하는 가연물질을 말한다.

[비고] 예측 가능한 작동조건의 한 예는 인화성액체가 인화점 이상에서 취급되는 것을 말하며, 상온에서 다루어지는 물질은 이 지침의 목적상 NFPA 497의 3.3.6(Flammable liquid)에 따라 인화점이 40℃ 이하인 물질을 말한다.

(하) "인화성 가스(Flammable gas)"라 함은 산업안전보건법 시 행령 별표 10에서 정하는 바에 따라 인화한계 농도의 최저한도가 13% 이하 또는 최고한도와 최저한도의 차가 12% 이상인 것으로서 표준압력(101.3 kPa)하의 20℃에서 가스 상태인 물질을 말한다.

(거) "가스 또는 증기의 비중(Relative density of a gas or a vapor)"이라 함은 같은 압력과 온도에서 공기 밀도(공기 1.0)에 대한 가스 또는 증기의 상대 밀도를 말한다.

(너) "인화점(Flash point)"이라 함은 어떠한 표준조건에서 인화성 가스/공기 혼합물

KOSHA GUIDE
E - 152 - 2017

이 형성될 수 있는 양의 증기를 발생시키는 액체의 최저온도를 말한다.

(더) "정상작동(Normal operation)"이라 함은 설비가 설계변수 범위 내에서 작동되는 상태를 말한다.

[비고] 1. 수리 또는 가동정지 등의 사고로 인한 고장(펌프 씰, 플랜지 개스킷의 손상 또는 넘침 등)은 정상작동의 일부로 보지 않는다.
2. 기동 및 정지 조건, 일상 정비는 정상작동에 포함되지만 시운전의 일환인 처음 기동은 제외한다.

(러) "일상 정비(Routine maintenance)"라 함은 설비의 적절한 성능 유지를 위하여 정상 작동 중에 가끔 또는 주기적으로 실시하는 활동을 말한다.

(2) 기타 이 지침에서 사용하는 용어의 정의는 특별한 규정이 있는 경우를 제외하고는 산업안전보건법, 같은 법 시행령, 같은 법 시행규칙 및 산업안전보건기준에 관한 규칙에서 정하는 바에 의한다.

## 4. 일반사항

### 4.1 일반사항

(1) 이 지침은 가스 또는 증기의 누출 정도와 형태의 평가, 그리고 환기 또는 공기 이동에 의한 가스나 증기의 분산 및 희석시키는 계수 비교에 의한 위험장소의 종별을 결정하는 지침을 제공한다.

(2) 누출에는 여러 형태가 있고 다음과 같은 조건에 의해 영향을 받을 수 있다.
- 가스, 증기 또는 액체
- 옥내 또는 옥외 상황
- 음속 또는 아음속 제트누출, 비산(Fugitive) 또는 증발 누출
- 방해물의 유무 조건
- 가스 또는 증기의 밀도

(3) 여기에서 제시된 정보는 위험장소 종별을 결정하기 위한 환기 및 분산 조건의 평가에 대한 정성적인 지침을 제공하기 위한 것으로, 이 지침에서 제시된 조건에 대하여서만 적용 가능하므로 모든 설비에 적용할 수는 없다.

(가) 이 지침은 밀폐공간에서의 인화성가스 및 증기의 누출 제어와 분산에 가장 중요한 강제 환기설비와 자연 환기시설의 선정과 평가에 사용할 수 있다.

[비고] 세부적용에 관한 환기기준은 국가표준이나 산업코드를 활용할 수 있다.

(나) 여기에서 '환기'(룸이나 밀폐된 공간에 공기가 들어가고 나오는 메커니즘)와

KOSHA GUIDE
E - 152 - 2017

'희석'(증기운의 희석 메커니즘) 사이의 개념을 확실히 구분하는 것이 중요하고, 이는 서로 아주 다른 개념이지만 둘 모두 중요하다.

(4) 옥내 환경에서 위험은 환기량, 가스의 상태 및 누출 가스의 특성, 특히 가스의 밀도와 부력에 관련됨에 유의한다. 일부 상황에서 위험은 환기에 민감하게 작용할 수도 있고 무관할 수도 있다.

(5) 옥외에서의 환기 개념은 엄격하게 적용할 수 없으며 그 위험은 누출원의 상태, 가스의 특성 및 대기의 공기 흐름에 관련된다. 개방공간에서 공기 이동은 대부분이 그 지역에서 발생할 수 있는 폭발성가스분위기를 분산시키기에 충분하다. 〈표 1〉은 옥외 상황에 대한 풍속 지침을 제공한다.

## 5. 폭발위험장소에 대한 환기, 희석 및 그 영향에 대한 평가

### 5.1 일반 사항

(1) 이 지침은 누출이 정지된 이후에 인화성 가스 또는 증기운의 크기와 지속되는 시간은 환기 수단에 의해 제어할 수 있고, 폭발성 분위기의 위험범위 및 지속시간을 제어하는데 필요한 희석등급을 평가하는 접근방법에 대하여 규정한다. 누출원에 대하여 다른 계산방법 또는 전산유체역학(CFD ; Computational Fluid Dynamics)에 의한 방법으로도 계산 할 수 있다.

(2) 희석등급을 평가하려면 먼저 누출원에서 가스 또는 증기의 누출원 크기와 최대 누출률 등을 포함하는 예상 누출조건의 평가가 필요하다.

[비고] 누출조건 평가는「KOSHA GUIDE E-151(가스폭발위험장소 설정에서의 인화성물질 누출원평가에 관한 기술지침)」을 참조한다.

(3) 일반적으로 연속 누출등급은 0종장소, 1차 누출등급은 1종장소, 2차 누출등급은 2종장소를 나타낸다. 그러나 항상 그렇지는 않으며 안전수준 이하로 희석시킬 수 있는 충분한 공기와의 혼합능력에 따라 많이 다를 수 있다.

(가) 희석등급과 환기유효성이 너무 높아서 실제로 위험장소가 존재하지 않거나 무시할 수 있을 정도로 되거나 반대로 희석등급이 너무 낮아서 위험장소의 종별이 누출등급에 해당하는 것보다 더 높아 질수도 있다(예, 2차누출 등급의 누출원이 1종장소로 구분).

(나) 환기수준에 따라 가스 또는 증기가 누출되는 중에는 폭발성가스 분위기가 지속되고 누출이 중단된 이후에만 서서히 분산되는 경우가 있으므로 폭발성가스 분위기는 누출등급에 따라 예상되는 것보다 더 오래 지속될 수 있다.

KOSHA GUIDE
E - 152 - 2017

(4) 누출의 희석은 누출의 관성력과 부력의 상호작용, 그리고 누출의 분산에 관련되는 주위의 대기조건에 따라 달라진다.
  (가) 방해받지 않는(Unimpeded) 제트누출의 경우(예, 통기구 방출 등) 제트관성과 초기 분산은 누출과 주위 대기 사이의 전단응력(Shear)에 의해 영향을 받는다.
  (나) 제트누출이 저속 또는 제트누출 관성의 방향이 바뀌거나 흩어짐으로 인하여 위험장소 범위가 방해받는다면, 누출부력과 주위 분위기의 영향을 더욱 많이 받게 된다.
  (다) 공기보다 가벼운 가스의 소량 누출의 경우에는 담배 연기 분산과 유사하게 주위분위기가 분산을 지배하고, 공기보다 가벼운 가스의 대량누출, 특히 풍량이 작은 상태에서는 누출부력이 중요하며, 누출은 지면에서 풀름(Plume) 형태(예, 큰 모닥불 형태와 유사한)로 솟아오르는 게 된다.
  (라) 액체 표면에서의 증기 누출은 증기부력과 현장 공기 이동이 분산거동에 영향을 미치게 된다.
(5) 누출을 아주 낮은 농도(LFL 훨씬 아래)로 희석시키기에 충분한 공기가 있는 경우에는 희석된 가스 또는 증기는공기의 질량에 따라 이동하면서 중립거동(Neutral behavior)을 나타내는 경향이 있다.
  (가) 이러한 중립거동에 도달하는 정확한 농도는 공기에 대한 가스 또는 증기의 상대밀도에 좌우된다.
  (나) 상대밀도의 차이가 더 클 경우, 중립거동에는 보다 낮은 가스 또는 증기의 농도를 필요로 한다.

### 5.2 환기의 유효성

(1) 가장 중요한 요소는 환기 유효성(인화성 물질의 누출형태, 누출위치, 누출률 대비 상대적인 공기의 양)이다.
(2) 누출률에 관련된 환기 양이 많으면 많을수록, 폭발위험 범위(폭발위험장소)는 더 작아지고 폭발성 분위기의 지속시간도 더 짧아진다.
(3) 정해진 누출률 대비 환기효과가 충분히 큰 경우, 위험범위가 줄어들어서 무시할 수 있는 범위(NE Negligible Extent)가 되거나 비위험장소로 간주될 수 있다.

### 5.3 희석기준

희석기준은 모든 누출에 대하여 다음의 두 값을 바탕으로 하며, 이들 값 사이의 관계를 이용하여 희석등급을 결정한다〈그림 1 참조〉.
- 상대 누출률(누출률과 LFL의 비율(질량단위)
- 환기속도(대기의 불안정성을 나타내는 값, 즉 환기 또는 옥외 풍속에 의한 공기흐름)

### 5.4 환기속도 평가

(1) 가스가 누출되면 이동하면서 확산 또는 축적되며, 가스는 누출의 관성력, 부력, 자연 또는 강제 환기로 인한 흐름, 바람 등을 통해 이동된다.
  (가) 누출 자체의 관성에 의한 흐름이 충돌이나 기하학적 구조에 의하여 그 관성이 차단된다는 것이 명확하다면 이를 고려하지 않는다.
  (나) 가스를 이동시키는 흐름은 옥내 환기에 의한 평가를 근거로 하거나 옥외 바람에 의해 발생하는 흐름을 통해 평가한다.

(2) 옥내에서 공기흐름 또는 환기속도는 환기에 의한 평균 풍속을 바탕으로 하며, 이는 공기/가스 혼합물의 부피유량(Volumetric flow)을 흐름방향에 수직인 단면적으로 나누어 계산할 수 있다.
  (가) 이 공기속도는 환기의 비효율성 또는 다른 물체에 흐름이 막히는 요소에 의하여 감소될 수 있다.
  (나) 대상 룸의 여러 위치에서 특별히 자세하거나 정확한 값의 환기속도를 추정하기 위해서는 전산유체역학(CFD) 시뮬레이션을 하는 것이 바람직하다.

(3) 자연환기되고 있는 구내(Enclosure) 환기시간의 95%가 개방공간의 환기속도를 넘는 것으로 평가된다면, 이때 환기의 이용도는 '양호(Fair)'로 한다.

(4) 개방공간의 환기속도는 기후통계에서 기준높이를 고려한 저감계수(Reduction factor)를 사용하는 풍속 통계를 활용할 수도 있다.
  (가) 일반적으로 공개된 값은 공정설비 이상의 높이에서도 사용할 수 있으며, 지형·건물·초목 및 기타 장애물과 같은 현장 여건에 따라 축소할 수도 있다.
  (나) 많은 구조물, 배관, 공정설비가 있는 공정지역의 경우, 유효 환기속도는 일반적으로 공장 위의 방해없는 풍속의 1/10 정도로 낮게 할 필요가 있다.
  (다) 평가는 공장 주변의 일부 장소에서 풍속을 측정하고 이를 공표된 값과 비교할 수도 있다. 또한 현장 공기 유동에 영향을 미칠 수 있는 많은 장치들이 있는 복잡한 공장에서는 CFD를 적용할 것을 권고한다.

(5) 통상 환기가 양호할 경우, 공기보다 가벼운 가스는 위로 이동되는 경향이 있고 부력으로 가스가 이동될 수도 있다.
  (가) 이러한 누출에서는 유효 환기속도를 증가시키는 것을 고려한다.

(나) 옥외에서 상대밀도가 0.8 이하 누출의 경우, 일반적으로 유효 환기속도가 최소한 0.5m/s 라고 하면 안전하다고 간주할 수 있다. 이러한 최소 환기의 이용도는 '우수(Good)'한 것으로 본다.

(6) 통상 환기가 불량한 경우, 공기보다 무거운 가스는 아래로 이동되는 경향으로 인하여 지표면에 축적된다.

(가) 이러한 경우에는 유효 환기속도를 낮추는 것을 고려한다.

(나) 가스는 분자량 또는 저온 때문에 무거울 수 있고, 저온은 고압력의 누출로 인해 발생할 수 있다.

① 비중(상대 밀도)이 1.0 이상인 가스의 경우, 유효 환기속도는 약 2의 인자에 의하여 축소시킨다.

② 통계 데이터를 사용할 수 없을 경우, 〈표 1〉의 옥외 환기속도 값을 정의할 수 있는 실제 접근방법의 예를 활용한다.

〈표 1〉 옥외 환기속도($u_w$)

| 옥외 위치의 형태 | 장애물 없는 지역(m/s) | | | 장애물 있는 지역(m/s) | | |
|---|---|---|---|---|---|---|
| 지표면에서 부터의 높이 | ≤2m | >2~5m | >5m | ≤2m | >2~5m | >5m |
| 공기보다 가벼운 가스/증기의 누출을 추정하기 위한 환기속도 | 0.5 | 1.0 | 2.0 | 0.5 | 0.5 | 1.0 |
| 공기보다 무거운 가스/증기의 누출을 추정하기 위한 환기속도 | 0.3 | 0.6 | 1.0 | 0.15 | 0.3 | 1.0 |
| 모든 고도에서 액체 풀(pool) 증발률을 추정하기 위한 환기속도 | 0.25 | | | 0.1 | | |

- 일반적으로, 표의 값은 양호한 환기로 간주한다.
- 옥내의 경우, 일반적으로 평가는 최소 공기 속도 0.05m/s를 가정을 근거로 하며, 이는 실제로 어디서나 해당된다.
- 특정 상황에서는 다양한 값을 가정할 수 있다(예, 공기 인입구/배출구 입구에 가까운 곳).
- 환기배치를 제어할 수 있는 경우, 최소 환기속도를 환산할 수 있다.

## 5.5 희석등급평가

(1) 희석등급은 초기 제로배경농도(Initial zero background concentration)를 바탕으로 작성된 〈그림 1〉의 그래프에 의하여 평가한다.

KOSHA GUIDE
E – 152 – 2017

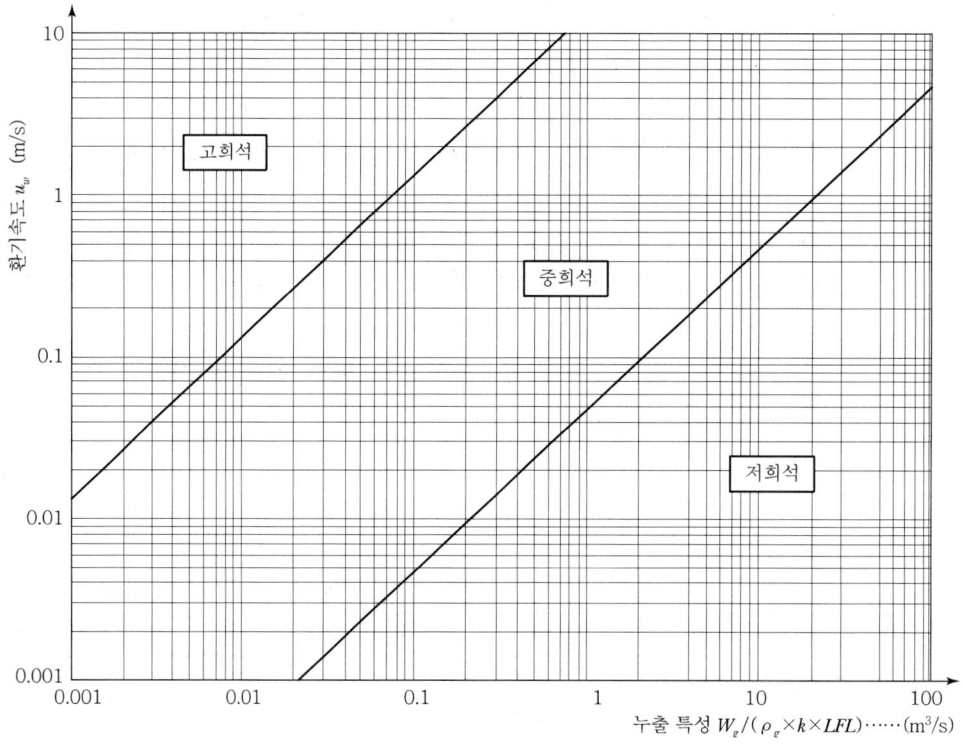

〈그림 1〉 희석등급 평가용 그래프

여기서, $\dfrac{W_g}{\rho_g k LFL}$ : 누출 특성($m^3/s$)

$\rho_g = \dfrac{P_a M}{R T_a}$ : 가스/증기의 밀도($kg/m^3$)

$k$ : $LFL$ 안전계수(일반적으로 0.5~1.0 값)

(2) 희석등급은 수평 및 수직 축에 표시되는 각각의 값 교차점을 찾아서 구한다. '고희석' 및 '중희석'의 차트 영역을 나누는 직선은 0.1$m^3$의 인화성물질 부피를 나타내므로 곡선 좌측의 교차 지점은 인화성물질 부피가 더 작다는 것을 의미한다.

(3) 기류에 중요한 제약이 없는 옥외장소의 경우, '고희석'의 조건을 충족하지 못한다면 희석등급은 '중희석'으로 한다. 일반적으로 야외상태에서 '저희석'은 발생하지 않으나 구덩이와 같이 기류에 제약이 있는 상태는 밀폐된 지역으로 본다.

(4) 옥내용의 경우, 사용자는 5.6.2에 따라 배경농도로 평가할 수도 있으며, 만약 배경농도가 $LFL$의 25%를 넘는다면 희석등급은 일반적으로 '저희석'으로 간주한다.

## 5.6 룸의 희석

### 5.6.1 일반사항

(1) 희석은 가스 또는 증기의 누출농도를 지배하는 신선한 공기의 교환에 의하거나 최소한의 공기에 의해서라도 가스 또는 증기를 낮은 농도로 분산시킬 수 있는 충분한 양을 통하여 이룰 수도 있다. 후자의 경우, 희석에 필요한 환기량은 예상되는 누출률 보다 많아야 한다.

(2) 가스 제트누출의 경우, 확장제트의 흡기현상으로 인해 국소 공기이동 없이도 희석이 일어날 수 있다. 그러나 제트누출이 주위 물체와의 충돌로 인해 방해가 된다면, 자기희석 역량이 크게 감소된다.

(3) 희석등급은 인화성 물질의 평균배경농도 평가에 의하여 평가다(5.6.2 참조).

　(가) 환기율 대비 누출률의 비율이 높으면 높을수록, 배경농도 $X_b$는 더 높아지고 희석등급은 더 낮아지게 된다.

　(나) 배경농도의 평가에서 누출률, 환기율 및 효율계수는 적합한 안전율을 고려하여 모든 관련 요인을 주의 깊게 살펴 선택한다. 우수한 공기흐름 형태와 비교하여 효율이 떨어질 수 있는 공간에서 환기가 재순환되거나 방해받는 공기흐름의 가능성이 있다면 환기효율계수를 고려한다.

　(다) 제로 배경농도는 옥외 또는 누출원 주변에 인화성 물질의 이동을 제어하는 국소 배기장치가 있는 곳에서만 고려한다.

　　① 무시할 수 있는 정도의 배경농도는 $X_b \ll X_{crit}$로 나타낼 수 있는데, 환기가 잘되는 룸 또는 밀폐구획에서 고려할 수 있다.

　　② $X_{crit}$는 $LFL$ 이하의 임의 값으로 가스검출기가 경보를 발하도록 설정된 값이다.

(4) 배경농도가 낮다고 룸 전체가 비위험장소임을 의미하지 않는다. 룸의 대부분은 비위험장소로 간주될 수 있지만, 누출원 주위 지역은 누출이 충분히 분산될 때까지는 여전히 위험장소이다(옥외와 유사).

　(가) 누출원 주위의 배경농도와 위험장소의 범위는 밀폐공간의 분산 패턴의 변화를 고려하는 실제 요인에 따라 조정할 필요가 있다.

　(나) 다수의 누출원을 포함하고 있는 많은 밀폐지역에서 비위험장소로 분류되는 밀폐지역 내의 다수의 작은 위험장소가 있는 것은 좋은 방법이 아니고, 상대적으로 작은 룸 내부에 제한된 위험장소가 있는 것도 좋지 않으므로 룸 전체를 균일하게 구분하는 것이 바람직하다.

## KOSHA GUIDE
E - 152 - 2017

5.6.2 환기되는 룸의 배경농도와 누출

(1) 옥내누출에서는 환기효과를 나타내는 룸 배경농도 $X_b$를 명시할 필요가 있다. 여기에서 배경농도는 누출과 환기에 의한 기류 사이의 정상 상태(Steady state)가 확정되는 기간 이후에 대상 부피(룸 또는 건물) 내에 인화성물질의 평균농도이다.

(2) 배경농도를 검토하는 경우, 가스 또는 증기의 분산과 비교하여 가스 또는 증기를 제거하는 룸 내 환기를 평가할 수 있는 척도로 제공한다. 이어서 이 비율은 희석등급의 검토에 영향을 미친다.

(가) 배경농도($X_b$)는 다음 식에 의하여 평가할 수 있다.

$$X_b = \frac{f \times Q_g}{Q_g + Q_1} = \frac{f \times Q_g}{Q_2} \text{ (Vol/vol)} \quad \cdots\cdots\cdots\cdots\cdots \text{(식 1)}$$

① 공기교체 빈도와 환기플럭스(Ventilation fluxes)는 다음 식으로 나타낸다.

$$Q_2 = CV_0 (\text{m}^3/\text{kg})$$

② 평균배경농도 $X_b$는 궁극적으로는 누출원과 환기플럭스의 상대적인 크기에 의하여 정해지지만, 그 시간척도(Time scale)는 공기교체주기에 반비례한다.

③ 인자 $f$는 누출지역 외부의 공기가 잘 혼합되고 있는 밀폐 지역에서의 등급을 나타내는 척도로 다음과 같이 고려한다.

 - $f = 1$: 배경농도는 기본적으로 균일하며, 배출구는 누출 자체로부터 떨어져 있기 때문에 배출구의 농도를 평균 배경농도에 반영한다.
 - $f > 1$: 배출구가 누출원과 떨어져 있고 균질하지 못한 혼합으로 인해 룸 내의 배경농도는 기울기가 있으며, 배출구의 농도는 평균 배경농도보다 낮다. $f$는 일부 비균질한 혼합의 경우에는 1.5, 많이 비균질한 혼합의 경우 5 사이의 값을 가질 수 있다.

④ $f = 1$ 또는 $f > 1$이 주어질 때, 이 값은 혼합의 비균질함에 관련되는 안전계수로 표시할 수 있다(값이 더 커질수록 룸 내부의 공기가 더 비균질하게 혼합됨을 나타낸다). 이 계수는 장애물이 있고 최대

KOSHA GUIDE
E - 152 - 2017

환기를 위한 이상적인 배치가 되어 있지 않은 환기구가 있는 실제 공간의 기류패턴의 불충분 상태를 고려한다(5항 참조).

[비고] 환기는 룸 내로 공기가 어떻게 들어오는지만 기술되며, 예상 위험체적에 대해서는 언급하지 않는다. 이는 가스 또는 증기와 공기가 룸 내에서 어떻게 분포 또는 분산되는지에 달려있다.

### 5.7 환기 이용도 기준

#### 5.7.1 일반사항

(1) 환기 이용도는 폭발성 가스의 존재 또는 형성에 영향을 미치므로, 환기 이용도(등급 같은)는 위험장소의 종별을 결정할 때 고려한다. 환기 이용도의 3가지 등급은 다음과 같다.

[비고] 「KOSHA GUIDE E-153(가스폭발위험장소 범위설정에 관한 기술지침)의 〈표 1〉」 참조

(가) 우수(Good) : 환기가 실제적으로 지속되는 상태

(나) 양호(Fair) : 환기의 정상작동이 지속됨이 예측되는 상태. 빈번하지 않은 단기간 중단은 허용된다.

(다) 미흡(Poor) : 환기가 양호 또는 우수 기준을 충족하지 않지만, 장기간 중단이 예상되지 않는 상태

(2) 요구사항을 만족시키지 못하는 미흡한 환기이용도는 그 지역의 환기, 즉 저 희석으로 해당 영역의 환기에 도움이 되지 못하는 것으로 간주한다.

(가) 환기의 다양한 형태는 환기이용도 평가를 위하여 다양한 접근을 필요로 한다.

(나) 옥내 자연환기의 이용도는 외기조건(즉, 외기 온도와 바람 등)에 의하여 크게 영향을 받기 때문에 절대로 우수하다고 할 수 없다(7. 참조).

(다) 자연환기의 이용도는 옥외 또는 옥내의 조건을 '최악의 조건(WCS)'으로 평가할지 안할지에 대하여 얼마나 현실적으로 접근할 것이냐에 달려있다. 만약에 '예(yes)'라고 한다면, 이용도는 '양호'라고 할 수 있어도 절대로 '우수'라고 할 수 없다. 계산에 적용되는 옥내 및 옥외온도의 차가 클수록, 폭발분위기의 희석측면에서 환기이용도의 등급은 더 낮아지게 된다.

(3) 폭발성 조건이 노출된 지역에서의 강제 환기는 이용도가 높은 기술적 수단을 제공할 수 있기 때문에 통상 '우수' 이용도로 한다.

(가) 이용도 수준은 모든 관련 요소를 고려하여 가능한 한 현실적으로 평가한다.

KOSHA GUIDE
E - 152 - 2017

(나) 옥외 가스제트 누출 희석은 외기 바람과 무관하게 이루어지기 때문에 옥내환기이용도의 '우수'와 동등하게 간주한다.

5.7.2 자연환기 기준

(1) 자연환기에서의 환기등급 결정은 최악의 시나리오를 가정한다. 이러한 시나리오는 높은 등급의 이용도를 유도할 수 있다. 일반적으로 자연환기는 낮은 환기등급이므로 고환기이용도를 요구하게 되나 과도한 최적의 가정은 환기등급평가 과정에서 보완하게 된다.

(2) 특별히 유의해야 하는 일부 상황, 즉 밀폐공간에서의 자연환기는 적합하지 않은 조건의 상황 발생 빈도와 확률을 고려한다. 예로써 뜨겁고 바람 부는 여름날에는 다음과 같은 두 개의 시나리오가 존재한다.

(가) 하나는 옥내온도가 옥외온도보다 약간 높을 경우인데 환기에 의한 부력은 거의 일어나지 않을 수 있고 임의 방향의 바람은 이러한 공기흐름을 방해할 수도 있다. 따라서 이러한 시나리오에서는 더 불리한 위험장소가 될 수 있는 미흡한 환기와 부족한 이용도의 조합으로 볼 수 있다.

(나) 부력만을 고려하는 또 다른 시나리오에서 환기로 인한 적당한 부력은 언제든지 나타날 수 있으므로 환기이용도는 '우수'는 아니지만 '양호'로 평가한다.

(3) 개방된 환경에서 희석등급은 일반적으로 '중'으로 간주하는 반면, 바람에 의한 환기 이용도는 피트, 제방이나 높은 구조물로 둘러싸인 지역 같은 곳과 같이 제한된 환기가 없는 한 '양호'로 간주할 수 있다.

5.7.3 강제 환기 기준

(1) 강제환기 이용도를 평가할 때에는 장비의 신뢰성과 이용도, 예를 들어 예비 송풍기 등을 고려한다.

(2) 우수한 이용도는 환기설비가 고장이 났을 경우, 예비 송풍기의 자동 기동을 필요로 한다. 그러나 환기설비가 고장 났을 때, 인화성 물질의 누출을 방지하기 위한 조치(예, 공정의 자동 폐쇄 등)가 구비된다면, 환기작동에 따라 위험장소가 결정되는 경우에는 수정할 필요 없이 그 이용도를 우수한 것으로 가정한다.

KOSHA GUIDE
E - 152 - 2017

## 6. 환기 배치 및 평가의 예

### 6.1 일반사항

(1) 희석은 제트 누출의 경계점에서 흡기현상이나 환기유동 또는 대기의 불안정성으로 인한 공기와의 혼합을 통해 발생하는 복잡한 과정으로, 제트 누출은 결국 풀룸에 영향을 받는 비활성(Passive) 증기운 풀룸이 되기 때문에 통상 2가지 메커니즘 모두를 고려한다. 일반적으로 공기와의 혼합은 환기되는 공간에서 균일하게 나타나지 않으며, 공기와의 혼합 결과인 배경농도는 대상 체적의 평균혼성(Contamination)을 측정하는 것도 개략적일 수밖에 없다.

(2) 환기되는 공간에서 인화성 물질을 균일하게 희석하기 위하여 설치한 환기시설이 적합하지 않을 수 있고, 실질적으로 분산 및 희석의 룸 특성은 계산으로 구한 평균값과도 많이 다를 수 있다. 환기배치 즉, 누출원에 대한 입·출구 개구부의 상대적 위치와 각각의 상대적 위치가 간혹 환기 용량 그 자체보다 주위 분위기에 더 많은 영향을 줄 수도 있다.

[비고] 다음의 예는 특수한 상황에 적합한 환기배치를 보다 더 잘 이해하는 데 도움이 될 수 있는 몇 가지 시나리오의 예이다.

### 6.2 대형 건물에서의 제트 누출

〈그림 2〉는 넓은 공간에서 제한된 수의 가스 누출원(배관 피팅부에서의 누출 등)이 있는 조건을 나타낸다.

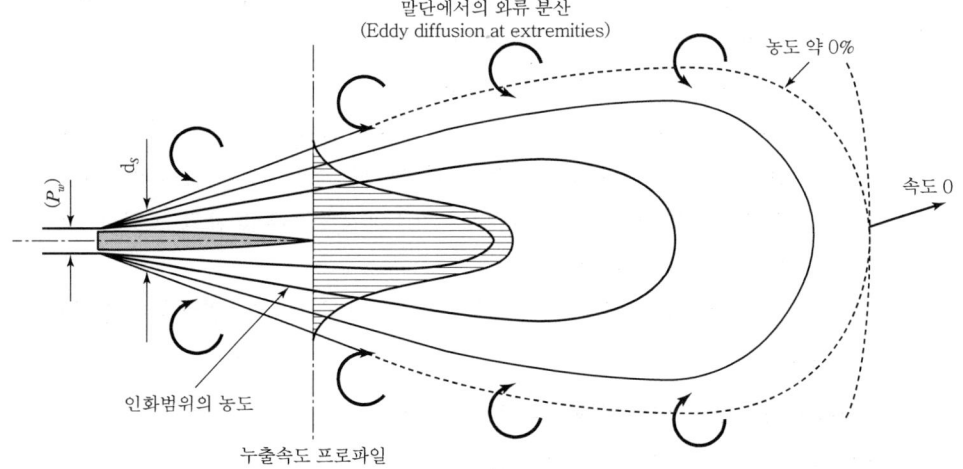

$d_s$는 가상누출원의 반경, 즉 하류 측 단면에서의 제트누출의 반경은 등압이 된다.(대기압으로 감소)

〈그림 2〉 장애물 없는 고속의 제트 누출에서의 자가 희석

KOSHA GUIDE
E - 152 - 2017

(1) 배관 피팅부에서의 소량 누출이라도 압력이 높으면 고속의 제트 누출이 생성될 수 있다. 이러한 제트누출은 건물 내에서 별 다른 공기 유동없이 자가 희석되어 분산 되기도 한다.
(2) 정상 환기(충분한 크기의 문과 벽 개구부 및/또는 지붕 환기 또는 기타 환기 설비 구비)가 되는 공간의 경우, 공간 부피 및 자연 공기이동에서는 희석등급은 '중', 환기이용도는 '양호'라고 판단한다.
(3) 환기가 불량한 공간(환기되지 않는 지하 등)에서 제트 누출은 처음에는 자가 희석되면서 공간으로 분산되지만, 공기 유동의 부족으로 장기적으로는 공간에 가스가 축적될 수 있다.
  (가) 이러한 상황에서 누출로 희석된 가스는 지속되는 제트누출에 다시 흡기되며, 그로 인해 배경가스 농도가 증가된다.
  (나) 환기설비가 공간의 배경농도를 제어하는데 적절하지 않는 한, 희석등급은 낮은 것으로 간주하며, 따라서 공간 전체를 서로 다른 위험장소로 설정하는 것이 실용적이다.

### 6.3 자연환기되는 소형 건물에서의 제트 누출

이 예는 소형 룸 또는 건물에서 가스 누출원이 있는 조건에 대한 설명이다.
(1) 분산 및 희석계수는 「KOSHA GUIDE E-150(가스폭발위험장소 설정에 관한 일반지침)」의 6.5.3에 기술된 내용에 따른다.
(2) 건물 내에 누출된 가스를 적절히 제거할 수 있는 환기설비가 설치되어 있는 경우, 건물 내부의 희석등급은 '중'으로 한다.
(3) 제한된 수의 누출원(또는 누출원의 장소)이 있을 경우, 위험장소를 누출원 주위지역으로 제한하는 것이 실용적이고, 다수의 잠재 누출원이 있을 경우에는 일반적으로 전체 공간을 하나의 구역으로 분류한다. 이는 많은 위치에서의 제트로 인한 자가 희석부피와 다양한 위치에서의 가스 또는 증기 분산의 변화에 대한 고려사항을 반영하기 위한 것이다.
(4) 희석등급이 낮을 경우에는 누출원의 수와 관계없이 밀폐공간을 하나의 영역으로 구분하는 것이 일반적이다.

### 6.4 강제환기되는 소형건물에서의 제트 누출

이 예(〈그림 3〉 참조)는 가스 컴프레서 룸과 같은 상황에 적용한다.
(1) 환기시스템의 환기량 또는 배치와 관계없이 압력이 아주 낮은 경우를 제외하고는

## KOSHA GUIDE
## E - 152 - 2017

제트누출의 경우, 누출원에서의 농도가 즉시 $LFL$ 이하로 희석될 가능성은 적다. 따라서 누출원에서의 희석등급을 높게 정하는 경우는 아주 드물다.

(2) 나머지 공간의 희석등급은 강제환기의 배치 및 환기량에 크게 영향을 받으므로, 누출등급은 〈그림 3〉 및 〈그림 4〉에 제시된 두 개의 요인 모두에 아주 예민하게 작용한다.

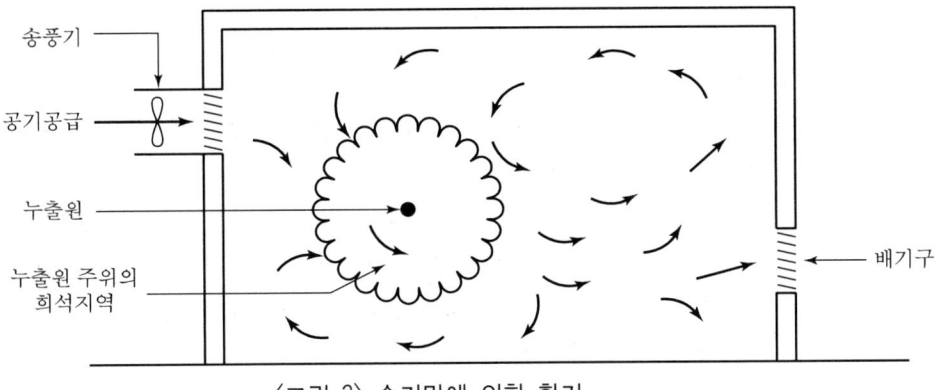

〈그림 3〉 송기만에 의한 환기

(3) 〈그림 3〉에서는 밀폐공간에 통기구를 통하여 배출되는 양과 같은 양의 신선한 공기가 공급된다.
  (가) 시간당 환기횟수가 높다하더라도 부적절한 환기배치로 인해 밀폐구획 내부에 순환 공기유동이 발생하여 배경농도가 상승될 수 있다.
  (나) 다시 흡기된 가스가 누출원의 희석체적을 증가시키는지를 살펴보아 이러한 일이 발생할 경우에는 희석등급은 낮은 것으로 판단한다.

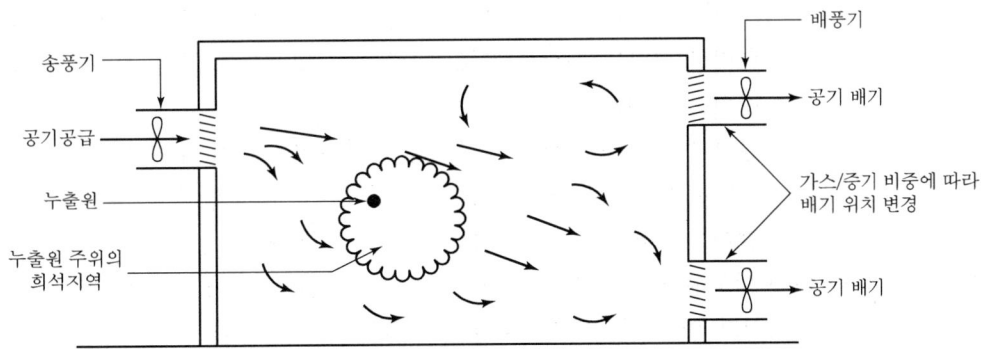

〈그림 4〉 송기 및 배기 환기시스템

(4) 〈그림 4〉는 공급과 배기가 같이 되는 밀폐공간으로, 공급만 있는 경우와 마찬가지로 부적절한 환기배치로 인해 순환공기유동이 발생하여 제트누출로 희석된 가스가 다시 흡기되어 배경 가스농도가 증가할 가능성이 있다.

 (가) 환기배치와 배기 지점의 위치를 주의 깊게 살펴 재순환 공기 패턴을 최소화하는 경우, '중' 또는 '고' 희석등급을 달성할 수 있다.

  [비고] 환기는 전체 환기 또는 국소배기 둘 중의 하나 만의 배기시스템을 적용하는 것이 일반적이다(KOSHA GUIDE E-150(가스폭발위험장소설정에 관한 일반지침)6.5.2.3(참조).

## 6.5 저속 누출

(1) 저속누출은 배출·용액·배수 또는 도장 등으로 인한 인화성 액체의 증발과 같은 많은 생산 공정에서는 일반적인 현상이다.

 (가) 제트누출이 임의 표면에 충돌하는 경우, 저속으로 간주하며 이 경우, 제트 누출의 속도는 제트가 비활성 연기 풀룸으로 변환시켜 그 속도는 감소된다.

 (나) 저속누출에서 분산과 희석은 공간에서의 공기유동과 가스 또는 증기의 부력에 크게 영향을 받는다.

 (다) 제트누출의 경우, 희석등급은 건물 또는 구획의 크기, 누출률, 전체 환기에 의한 배경농도의 제어능력 등에 의하여 영향을 받게 된다.

## 6.6 비산 누출

(1) 비산누출은 압력용기로 부터의 가스 또는 증기의 소량 누출(일반적으로 $10^{-7} \sim 10^{-9}$ kg/s 크기)을 말하며, 이와 같은 소량 누출이라도 환기가 되지 않는 밀폐공간에서는 축적되어 폭발 위험을 야기할 수도 있다.

(2) 분석실(Analyzer houses) 및 기밀된 용기(예 : 계기용 패널 또는 방수형 용기, 단열된 가열 용기 또는 파이프 설비와 단열재 또는 고압가스 배관이 있는 이와 유사품 사이의 밀폐된 공간)와 같이 특별히 설계되는 설비 및 장비는 유의하여야 한다.

 (가) 이러한 설비는 특정 시간(Critical time)만이라도 환기 또는 가스 분산을 위한 장치를 구비하도록 한다.

 (나) 만약 이것이 현실적으로 불가능한 경우에는 주요 누출원을 용기 외부로 위치하도록 한다(예, 배관 접속부를 잠재적인 누출원이 될 수 있는 다른 장비와 같이 보온된 용기 밖에 설치하도록 한다. 등).

(3) 완전 밀봉된 용기가 자연 환기되는 이러한 밀폐공간 내에서 사용되는 경우, 환기의 유효성과 이용도는 각각 '저희석', '미흡'으로 고려한다.

6.7 국소배기장치

(1) 국소배기장치는 설치 가능한 모든 장소에 권고한다(<그림 5> 참조).
(2) 국소배기장치는 누출원 인근의 희석등급을 개선하기 위하여 설치하는데, 더 중요한 것은 국소배기는 국소배기시스템의 범위 밖의 가스 또는 증기의 유동을 제어하는 것으로, 이것이 이루어지는 경우, 누출원 주변의 희석등급은 '양호'로 할 수 있다.
(3) 국소배기장치는 누출원 가까운 곳에 설치해야 효과적이며, 누출원의 누출속도가 아주 낮을 경우에 매우 효과적이다. 가스 또는 증기의 누출속도를 극복하여 누출유동을 제어하는데 국소배기장치가 필요하기 때문에 제트누출에 대한 국소배기장치 적용은 다양한 형태의 누출에 따라 크게 달라진다.

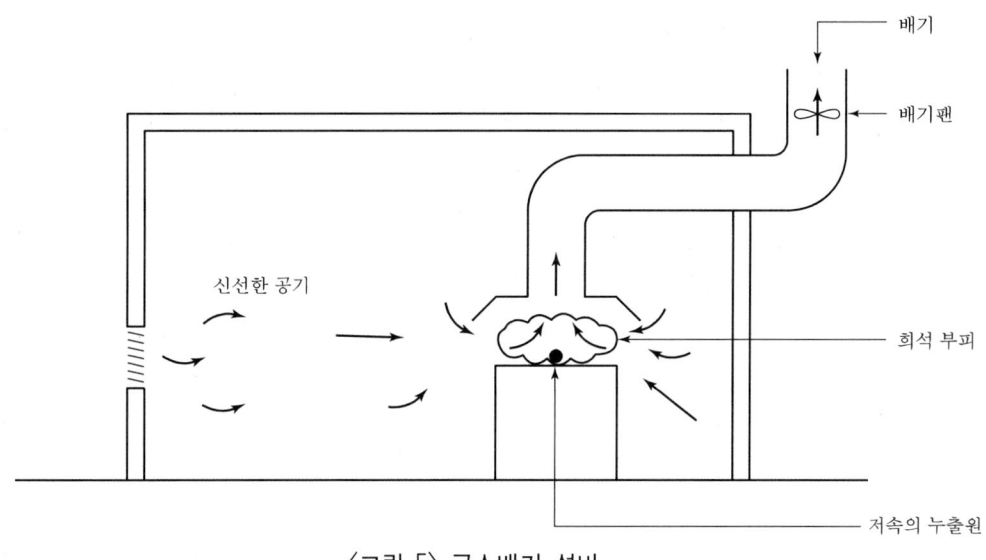

<그림 5> 국소배기 설비

## 7. 건물 내의 자연환기

7.1 일반사항

(1) 이 절은 건물 내의 자연환기 평가 수단에 대하여 기술한다.
(2) 자연환기를 증진시키는 조치와 특정 건물 구조 변경없이 이를 적용하는 것은 유의하여야 하며, 건물의 크기와 모양은 자연 환기를 증진시키기 위한 조치가 될 수 없고 이러한 예는 자연환기 효율성을 낮추는 것으로 간주될 수 있다.

KOSHA GUIDE  
E - 152 - 2017

7.2 바람에 의한 환기
  (1) 건물 내부의 공기 이동은 건물의 형상뿐만 아니라 바람방향에 따른 개구부의 크기와 위치와도 관련된다.
    (가) 환기흐름은 벽 및/또는 지붕에 건축물 상의 개구부가 없거나 닫혀있는 경우라 하더라도 구조물의 기밀되지 않는(Non-airtight) 문 및 창문 또는 벌어진 틈 등을 통한 공기 유입에 의할 수도 있다.
    (나) 아래에서 사용되는 방정식은 틈새 등을 통한 환기가 아닌 환기를 위해 설계된 개구부를 통한 공기흐름을 가정한 것으로 이 개념은 위험장소 설정을 위하여 채택하도록 한다.
  (2) 환기는 공기의 유입과 유출 모두를 포함하며, 개구부는 주로 인입 개구부의 역할을 의미하나 인출 개구부도 포함한다.
    (가) 바람이 불어오는 쪽(Upwind) 개구부는 통상 유입 개구부의 역할을 하고 바람이 나가는 쪽(Downwind)과 천장 개구부는 유출 개구부의 역할을 한다.
      ※ 이는 바람에 의한 환기는 특정지역에서의 풍향도(Wind rose diagram)에 대한 해박한 지식을 갖고 있을 경우에만 평가할 수 있음을 의미한다.
    (나) 통상 바람에 의한 환기 구동력은 건물에서 바람이 불어오는 쪽과 나가는 쪽 사이의 압력차에 의한다.
  (3) 바람에 의한 기류는 다음과 같은 수식으로 나타낼 수 있다.

$$Q_a = C_d A_e u_w \sqrt{\frac{\Delta C_p}{2}} \, (m^3/s) \quad \cdots\cdots (식\ 2)$$

$$A_e = \sqrt{\frac{2A_1^2 A_2^2}{A_1^2 + A_2^2}} \, (m^2) \quad \cdots\cdots (식\ 3)$$

    $C_d$값은 환기 또는 건축물 관련 코드로부터 구할 수 있다.
    $A_1$ 및 $A_2$의 값은 바람이 불어오는 쪽과 나가는 쪽 개구부의 유효면적을 말한다.
  (4) CFD 모델링 또는 풍동(Wind tunnel) 시험은 건물의 압력 계수에 비하여 보다 더 신뢰성 있는 평가를 위하여 이용할 수도 있다.
  (5) 풍력 및 풍향은 다양하며 일반적으로 예측 불가능하나, 풍속에 대한 지침은 〈표 1〉을 참고한다.
  (6) 바람이 다른 유형의 환기를 보완하는지 아니면 방해하는지를 확인하기 위해 다른

유형의 환기와 함께 고려해야 한다. 순수하게 바람에 의한 환기용 유입구와 유출구가 다른 환기원에도 이용될 수 있는 것이라면 바람은 긍정적인 영향을 줄 수 있지만, 반대일 경우 악영향을 줄 수 있다. 즉, 어느 방향의 공기이든 천장 끝에 환기구가 있다면 긍정적인 영향을 줄 것이지만, 환기유출구가 바람이 불어오는 쪽에 있다면 악영향을 주게 될 것이다.

### 7.3 부력에 의한 환기(Buoyancy induced ventilation)

(1) 부력에 의한 '굴뚝효과(Stack effect)' 환기는 옥내외 온도차에 의한 공기 이동에 의하여 이루어지며, 이러한 구동력은 온도차로 인한 공기밀도의 차이에 의하여 발생한다. 수직 압력 경사도는 공기밀도에 따라 달라지는데 옥내와 옥외가 동일하지 않으며 이는 압력차로 이어진다.

(2) 옥내 평균온도가 옥외온도보다 높으면 옥내 공기의 밀도는 더 낮아지게 되고, 밀폐 공간 내의 다양한 높이에 개구부들이 있다면, 하단 개구부로 공기가 유입되어 상단 개구부로 유출되게 되고 온도차가 클수록 이 풍속은 증가한다.

  (가) 부력에 의한 환기는 옥외온도가 옥내온도보다 더 낮으면 더 효과적이고, 옥외온도가 더 높으면 부력에 의한 환기의 효과가 떨어져서 옥외온도가 옥내온도 높게 올라간다면 유동은 역전된다.

  (나) 옥내온도는 자연적 원인이나 난방 또는 공정열(Process heat)로 인해 더 높아질 수도 있고, 열기류가 옥내로 유입되어 옥내평균온도가 달라질 수도 있다.

  (다) 건물 내부에서 기류가 충분히 혼합된다고 가정하면, 내부와 외부 모두에 일정한 온도가 될 수 있다. 온도 기울기에서, 하단 개구부의 내부 온도가 옥외온도 $T_{out}$와 같고 상단 개구부의 내부온도가 $T_{in}$이라고 가정하면, 공기의 부피유속은 다음 식을 통해 계산할 수 있다.

$$Q_a = C_d A_e \sqrt{\frac{\Delta T}{(T_{in} + T_{out})} gH} \ (m^3/s) \quad \cdots\cdots\cdots\cdots\cdots\cdots (식\ 4)$$

$$A_e = \sqrt{\frac{2 A_1^2 A_2^2}{A_1^2 + A_2^2}} \ (m^2) \quad \cdots\cdots\cdots\cdots\cdots\cdots\cdots\cdots\cdots\cdots\cdots (식\ 5)$$

$A_1$과 $A_2$의 값은 각각 하단과 상단 개구부의 유효면적을 나타낸다.

① 이 방정식은 서로 반대쪽 벽에 인입구와 배출구가 있고, 기류를 방해할

수 있는 장애물이 아주 적거나 없는 룸의 경우에만 합리적인 결과를 얻을 수 있다(<그림 7> 참조).

② 또한 하단 및 상단 개구부의 중간 지점 사이의 수직거리 $H$가 작고 수평거리가 크다면, 부력에 의한 환기는 줄어들어 그 계산도 덜 정확할 수 있다. 즉, $H$가 룸의 폭보다 작을 경우, 환기의 비능률에 관련된 안전계수를 적용하여야 한다(5.6.1 참조).

③ 누출계수 $C_d$는 누출 사례 및 개구부 또는 틈새의 유형에 따른 일련의 실험을 통하여 얻은 경험 값으로, 0.75 이상의 값은 실제 적용을 위해 설정한 기준 값으로 한다.

(3) 부력에 의한 환기를 위해 필요한 조건을 달성하기 위해서는 옥내온도는 옥외온도보다 높아야 한다.

(가) 옥외온도가 높을 경우에는 내부에 특별한 열원이 있는 경우를 제외하고는 옥내온도는 옥외온도보다 높을 수가 없다.

(나) 온도 구배는 특정 조건하에서 옥내온도가 옥외온도보다 낮을 수 있는 건물 및 일부 구조의 실체에 의해 영향을 받을 수도 있다. 옥내온도가 옥외온도보다 낮다면, (식 4)는 적용할 수 없다.

(4) 하부 및 상부 개구부의 중간 점 사이의 수직 거리가 크면 클수록 자연환기의 효과는 더 커지게 된다. 부력에 의한 환기의 경우, 입구 개구부의 가장 바람직한 위치는 반대 벽의 개구부 바닥이고 출구는 천장 끝이다. 그러나 이것이 가능하지 않은 경우에는 인입 및 인출 개구부는 공기흐름이 전체 지역을 통과하도록 서로 반대쪽에 위치하도록 한다.

(5) 낮은 옥내온도를 높이기 위하여 열을 가해야 할 때에는 다음의 조치를 검토한다.

(가) 자연환기에 의한 환기 보완 또는 환기용 개구부를 줄이거나 닫는다.

(나) 폭발성분위기의 희석을 저해하는 부적합한 자연 환기가 될 수도 있는 개구부를 축소하는 것을 검토하되, 일반적으로 문, 창, 조정식 루버 등과 같이 통상 닫을 수 있는 모든 개구부는 환기용 개구부로 간주하지 않는다.

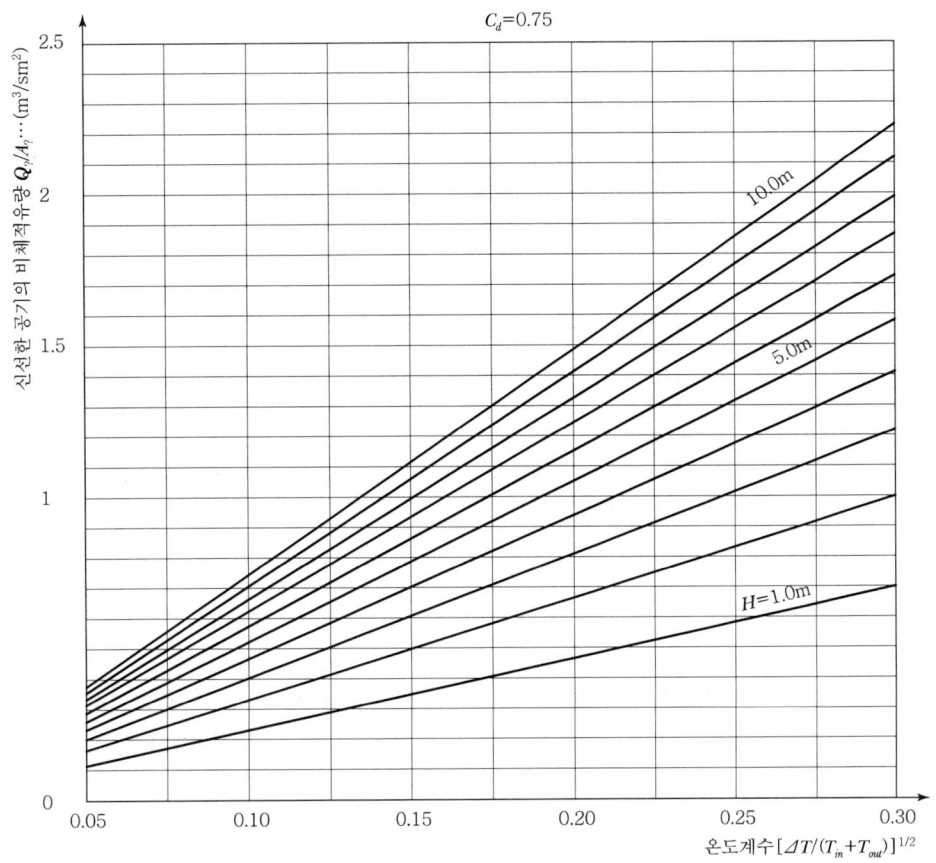

〈그림 6〉 등가 유효 개구부 면적 m²당 신선한 공기 체적량

(6) 〈그림 6〉의 그래프는 (식 4)를 바탕으로 작성되었으므로, 7.2에 기술된 이러한 계산식 사용의 제한 사항을 반영한다.

### 7.4 바람과 부력에 의한 자연환기 조합

(1) 바람과 부력에 의한 환기는 따로 일어날 수 있지만 동시에 일어날 수도 있다.

(2) 열부력으로 인한 압력차는 일반적으로 바람이 없는 조용하고 추운 날에 우세한 추진력이 되는 반면에, 바람에 의한 압력차는 바람 부는 더운 날에 우세한 추진력이 된다. 이러한 추진력은 풍향과 관련한 (부력에 의한 환기의) 흡입구와 臭?배출구의 위치에 따라 서로 방해하거나 보완 할 수 있다(〈그림 7〉 참조).

(3) 확률기반 평가는 특정위치의 기후, 풍배도(wind rose diagram)와 옥내온도를 고려하여 적용 한다.

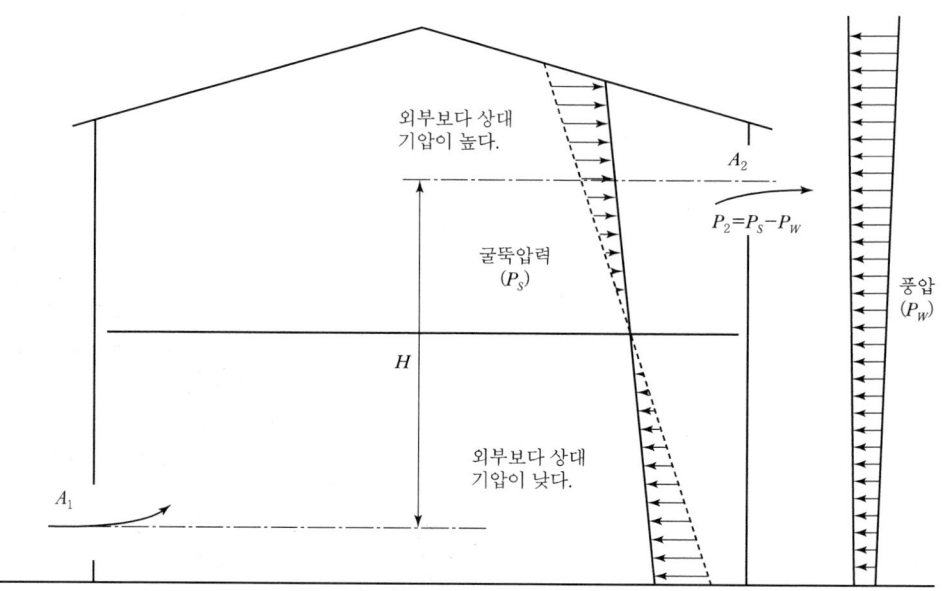

〈그림 7〉 서로 반대 방향에서의 환기추진력의 예

(4) 압력차, 바람 또는 온도차로 인한 환기 흐름 계산에서 환기용으로 설계된 개구부가 더 클 경우, 바람으로 인한 압력차와 평균 온도로 인한 공기밀도의 변화를 이용하는 다음 식으로부터 공기 흐름을 구할 수 있다.

$$Q_a = C_d A_e \sqrt{\frac{2\Delta C_p}{p_a}} \ (m^3/s) \quad \cdots\cdots\cdots (식\ 6)$$

$$A_e = \sqrt{\frac{2A_1^2 A_2^2}{A_1^2 + A_2^2}} \ (m^2) \quad \cdots\cdots\cdots (식\ 7)$$

# 14. 가스폭발위험장소 설정에 있어서의 환기평가에 관한 기술지침

KOSHA GUIDE
E - 152 - 2017

〈부 록〉

## 기 호

| | |
|---|---|
| $A_1$ | 역풍 또는 하부 개구부에 해당되는 경우의 유효 단면적(m²) |
| $A_2$ | 순풍 또는 상부 개구부에 해당되는 경우의 유효 단면적(m²) |
| $A_e$ | 같은 높이에서 역풍 및 순풍 개구부의 등가 유효 단면적(m²) |
| $A_e$ | 하부 개구부의 등가 유효 단면적(m²) |
| $C$ | 룸내 공기 교환주기($s^{-1}$) |
| $\Delta C_p$ | 건물의 압력 계수 특성(단위 없음) |
| $C_d$ | 누출계수(단위 없음), 대형 환기구, 입·출구, 난류와 점성 등을 나타내는 누출계수는 일반적으로 0.5~0.75 |
| $f$ | 환기효율계수, 실내의 평균 배경농도 $X_b$를 배기구측 농도로 나뉜다.(단위 없음) |
| $g$ | 중력가속도(9.81m/s²) |
| $H$ | 하부 및 상부 개구부의 중간 지점 사이의 수직 거리(m) |
| $k$ | 하한(LFL)의 안전계수 |
| $LFL$ | 인화하한계(vol/vol) |
| $M$ | 가스 또는 증기의 몰 질량(kg/kmol) |
| $Pa$ | 대기압(101,325Pa) |
| $\Delta P$ | 바람이나 온도 영향에 의한 압력 차(Pa) |
| $Q_a$ | 공기의 체적 유량(m³/s) |
| $Q_1$ | 개구부를 통해 실내로 들어오는 공기의 체적 유량(m³/s) |
| $Q_g$ | 누출원으로부터 누출되는 인화성 가스의 체적 유량(m³/s) |
| $Q_2 = Q_1 + Q_g$ | 룸 내에서 나오는 공기/가스 혼합물의 체적 유량(m³/s) |
| $R$ | 이상기체 상수(8,314J/kmol K) |
| $p_a$ | 공기밀도(kg/m³) |
| $p_g$ | 가스 또는 증기의 밀도(kg/m³) |
| $T_a$ | 주위 온도(K) |
| $T_{in}$ | 옥내온도(K) |
| $T_{out}$ | 옥외온도(K) |
| $\Delta T$ | 옥내와 옥외 온도차이(K) |
| $u_w$ | 특정 기준 높이에서 풍속, 또는 해당되는 경우 주어진 누출조건에서의 환기속도(m³) |
| $V_0$ | 대상체적(m³) |
| $W_g$ | 인화성 물질의 질량 누출률(kg/s), 혼합물의 경우, 인화성 물질의 총 질량 고려 |
| $X_b$ | 배경농도(vol/vol) |

# KOSHA GUIDE
## E - 152 - 2017

〈표 2〉 인화성 물질 목록 및 특성_폭발위험장소 구분 데이터 시트(파트 I)

설비 :
지역 :

관련도면 :

| 인화성 물질 | | | | | | 휘발성[a] | | | 인화하한값 (LFL) | | 방폭 특성 | | 비고 |
|---|---|---|---|---|---|---|---|---|---|---|---|---|---|
| 물질명 | 화학식 (구성성분) | 분자량 (kg/kmol) | 비중 (가스, 공기) | 단열팽창 폴리트로프 지수 | 인화점 (℃) | 발화점 (℃) | 비점 (℃) | 증기압 20℃ (kPa) | vol (%) | (kg/m³) | 기기그룹 및 온도 등급 | | (기타 관련 정보) |
| 1 | | | | | | | | | | | | | |
| 2 | | | | | | | | | | | | | |
| 3 | | | | | | | | | | | | | |
| 4 | | | | | | | | | | | | | |
| 5 | | | | | | | | | | | | | |
| 6 | | | | | | | | | | | | | |
| 7 | | | | | | | | | | | | | |
| 8 | | | | | | | | | | | | | |
| 9 | | | | | | | | | | | | | |
| 10 | | | | | | | | | | | | | |

a : 일반적으로 증기압 값이 주어지며, 증기압 값이 주어지지 않은 경우, 비점 사용 가능

# KOSHA GUIDE
# E - 152 - 2017

14. 가스폭발위험장소 설정에 있어서의 환기평가에 관한 기술지침

〈표 3〉 누출원 목록_폭발위험장소 구분 데이터 시트(파트 II)

설비 :
지역 :
관련도면 :

| 설비명 | 누출원 | | | 인화성 물질 | | | | 환기 | | 폭발위험장소 | | | |
|---|---|---|---|---|---|---|---|---|---|---|---|---|---|
| | 위치 | 누출 등급$^a$ | 누출률 (kg/s) | 누출 특성 (m³/s) | 참조$^b$ | 운전온도 및 압력 (℃) (kPa) | 상태$^c$ | 형태$^d$ | 희석 등급 | 이용도$^e$ | 위험장소 종별 (0,1,2) | 위험장소범위(m) 수직 / 수평 | 참조$^f$ | 비고 (기타 관련 정보) |
| 1 | | | | | | | | | | | | | | |
| 2 | | | | | | | | | | | | | | |
| 3 | | | | | | | | | | | | | | |
| 4 | | | | | | | | | | | | | | |
| 5 | | | | | | | | | | | | | | |
| 6 | | | | | | | | | | | | | | |
| 7 | | | | | | | | | | | | | | |
| 8 | | | | | | | | | | | | | | |
| 9 | | | | | | | | | | | | | | |
| 10 | | | | | | | | | | | | | | |

a : C(연속), S(2차), P(1차),  b : 파트 I 부록 인용 번호,  c : G(가스), L(액체), S(고체),  d : N(자연환기), AG(강제 전체환기), AL(국소배기),
e : 부속서 C 참조,  f : 사용된 코드/표준 번호, 계산 기준 표시

KOSHA GUIDE
E - 153 - 2017

# 가스폭발위험장소 범위설정에 관한 기술지침

2017. 10.

한 국 산 업 안 전 보 건 공 단

15. 가스폭발위험장소 범위설정에 관한 기술지침

## 안전보건기술지침의 개요

○ 작성자 : 서울과학기술대학교 류보혁

○ 개정자 : 서울과학기술대학교 류보혁

○ 제·개정 경과
 - 2016년 11월 전기분야 제정위원회 심의(제정)
 - 2017년 09월 전기분야 제정위원회 심의(개정)

○ 관련규격 및 자료
 - KS C IEC 60079-10-1(폭발분위기- 제10-1부 : 폭발위험장소의 구분)
 - KOSHA GUIDE(가스폭발위험장소 설정에 관한 일반지침)
 - KOSHA GUIDE(가스폭발위험장소 설정에서의 인화성물질 누출원 평가에 관한 기술지침)
 - KOSHA GUIDE(가스폭발위험장소 설정에서의 환기평가에 관한 기술지침)

○ 관련법규·규칙·고시 등
 - 산업안전보건법 제41조의 2(위험성평가)
 - 산업안전보건기준에 관한 규칙 제230조(폭발위험이 있는 장소의 설정 및 관리)

○ 기술지침의 적용 및 문의
 - 이 기술지침에 대한 의견 또는 문의는 한국산업안전보건공단 홈페이지(www.kosha.or.kr)의 안전보건기술지침 소관 분야별 문의처 안내를 참고하시기 바랍니다.

공표일자 : 2017년 10월 31일

제 정 자 : 한국산업안전보건공단 이사장

# KOSHA GUIDE
E - 153 - 2017

# 가스폭발위험장소 범위설정에 관한 기술지침

## 1. 목 적

이 지침은 「산업안전보건기준에 관한 규칙 제230조(폭발위험이 있는 장소의 설정 및 관리)」 및 「KOSHA GUIDE E-150(가스폭발위험장소 설정에 관한 일반지침)」에 따라 가스폭발위험장소(이하 '폭발위험장소' 라 한다)에서의 범위설정에 관한 기술적 사항을 정함을 목적으로 한다.

## 2. 적용 범위

(1) 이 지침은 정상대기상태에서 공기와 혼합되어 있는 인화성 액체 또는 가스의 존재로 인하여 발화 위험이 조성될 우려가 있는 사업장에 적용한다.

[비고] 이 지침에서 보다 더 자세한 사항은 「KOSHA GUIDE E-150(가스폭발위험장소 설정에 관한 기술지침」을 참조한다.

(2) 이 지침은 다음의 경우에는 적용하지 아니한다.

(가) 폭발성 갱내가스가 존재할 우려가 있는 광산

(나) 폭발성 물질의 제조 및 취급공정

(다) 이 지침에서 다루는 비정상(Abnormal) 상태를 벗어나는 매우 드물게 또는 치명적 고장

(라) 의료용으로 사용되는 공간

(마) 저압의 연료가스가 취사, 온수 기타 유사한 용도로 사용되는 상업용 및 산업용 기기(Appliances), 다만 해당설비(Installation)가 관련 도시가스사업법에 부합되는 경우에 한함

주) 도시가스의 경우 관련법에 따라 "저압"은 0.1 MPaG(게이지 압력) 미만을 말한다.

(바) 주거 공간 및 시설(Domestic premise)

(사) 가연성 분진 또는 섬유로 인한 폭발위험의 우려가 있는 장소(KS C IEC 60079-10-2 참조)

## 3. 용어의 정의

(1) 이 지침에서 사용되는 용어의 정의는 다음과 같다.

(가) "폭발성 가스분위기(Explosive gas atmosphere)"라 함은 발화 후 연소가 계속될

수 있는 가스, 증기 형태의 인화성 물질이 대기상태에서 공기와 혼합되어 있는 상태를 말한다.

> [비고] 인화상한(UFL) 이상 농도의 혼합기체는 폭발성가스분위기는 아니지만 쉽게 폭발성분위기로 될 수 있으므로 폭발위험장소 구분 목적상 폭발성 가스분위기로 간주한다.

(나) "폭발위험장소(Hazardous area)"라 함은 전기설비를 제조·설치·사용함에 있어 특별한 주의를 요구하는 정도의 폭발성 가스분위기가 조성되거나 조성될 우려가 있는 장소를 말한다.

> [비고] 공정설비의 대부분의 구성품 내부에는 공기가 인입될 가능성이 없어 인화성 분위기로 간주하지 않음에도 불구하고 그 설비 내부는 일반적으로 폭발위험장소로 구분한다.

(다) "비폭발위험장소(Non-hazardous area)"라 함은 전기설비를 제조·설치·사용함에 있어 특별한 주의를 요하는 정도의 폭발성 가스분위기가 조성될 우려가 없는 장소를 말한다.

(라) "폭발위험장소 종별(Zones)"라 함은 폭발성 가스분위기의 생성 빈도와 지속시간을 바탕으로 하는 구분되는 폭발위험장소를 말하며, 다음과 같이 3가지로 구분한다.

① "0종장소(Zone 0)"라 함은 폭발성 가스분위기가 연속적으로 장기간 또는 빈번하게 존재할 수 있는 장소를 말한다.

② "1종장소(Zone 1)"라 함은 폭발성 가스분위기가 정상작동 중 주기적 또는 빈번하게 생성되는 장소를 말한다.

③ "2종장소(Zone 2)"라 함은 폭발성 가스분위기가 정상작동 중 조성되지 않거나 조성된다 하더라도 짧은 기간에만 지속될 수 있는 장소를 말한다.

> [비고] 폭발성 가스분위기의 발생 빈도와 지속시간은 해당 산업 또는 적용에 관련된 별도의 코드를 적용할 수 있다.

(마) "폭발위험장소의 범위(Extent of zone)"라 함은 누출원에서 가스/공기 혼합물의 농도가 공기에 의하여 폭발하한 값 이하로 희석되는 지점까지의 거리를 말한다.

(바) "누출원(Source of release)"이라 함은 폭발성가스분위기를 조성할 수 있는 인화성 가스, 증기, 미스트 또는 액체가 대기 중으로 누출될 우려가 있는 지점 또는 위치를 말한다. 누출원의 등급은 다음과 같이 3가지로 분류한다.

① "연속 누출등급(Continuous grade of release)"이라 함은 연속, 빈번 또는 장기간 발생할 것으로 예상되는 누출을 말한다.

② "1차 누출등급(Primary grade of release)"이라 함은 정상작동 중에 주기적 또는 빈번하게 발생할 수 있을 것으로 예상되는 누출을 말한다.

③ "2차 누출등급(Secondary grade of release)"이라 함은 정상작동 중에는 누출

되지 않고 만약 누출된다 하더라도 아주 드물거나 단시간 동안의 누출을 말한다.

(사) "누출률(Release rate)"이라 함은 누출원에서 단위 시간당 누출되는 인화성 가스, 액체, 증기 또는 미스트의 양(kg/s)을 말한다.

(아) "환기(Ventilation)"라 함은 바람 또는 공기의 온도차에 의한 영향이나 인위적인 수단(예를 들면 환풍기, 배출기 등)을 이용하여 공기를 이동시켜 신선한 공기로 치환시키는 것을 말한다.

(자) "희석(Dilution)"이라 함은 공기와 혼합된 인화성 증기 또는 가스가 시간이 지나면서 인화성 농도가 감소되는 것을 말한다.

(차) "배경농도(Background concentration)"라 함은 누출 플룸 또는 제트의 외곽 내부 부피에서의 인화성 물질의 평균농도를 말한다.

(카) "인화성 물질(Flammable substance)"이라 함은 물질 자체가 인화성으로 인화성 가스, 증기 또는 미스트를 생성할 수 있는 물질을 총칭하여 말한다.

(타) "인화성 액체(Flammable liquid)"라 함은 예측 가능한 작동조건에서 인화성 증기가 생성될 수 있는 액체로,「산업안전보건법 시행령」별표 10에서 정하는 바에 따라 표준압력(101.3kPa)하에서 인화점이 60℃ 이하인 물질이거나 고온의 공정운전조건으로 인하여 화재폭발위험이 있는 상태에서 취급하는 가연물질을 말한다.)

[비고] 예측 가능한 작동조건의 한 예는 인화성액체가 인화점 이상에서 취급되는 것을 말하며, 상온에서 다루어지는 물질은 이 지침의 목적상 NFPA 497의 3.3.6(Flammable liquid)에 따라 인화점이 40 ℃ 이하인 물질을 말한다.

(파) "인화성 가스(Flammable gas)"라 함은 산업안전보건법 시행령 별표 10에서 정하는 바에 따라 인화한계 농도의 최저한도가 13% 이하 또는 최고한도와 최저한도의 차가 12% 이상인 것으로서 표준압력(101.3kPa) 하의 20℃에서 가스 상태인 물질을 말한다.

(하) "가스 또는 증기의 비중(Relative density of a gas or a vapor)"이라 함은 같은 압력과 온도에서 공기 밀도(공기 1.0)에 대한 가스 또는 증기의 상대 밀도를 말한다.

(거) "인화점(Flash point)"이라 함은 어떠한 표준조건에서 인화성 가스/공기 혼합물이 형성될 수 있는 양의 증기를 발생시키는 액체의 최저온도를 말한다.

(너) "비점(Boiling point)"이라 함은 대기압 101.3kPa(1,013mbar)에서 액체가 끓는 온도를 말한다.

(더) "증기압(Vapour pressure)"이라 함은 고체 또는 액체가 그 자신의 증기와 평형상태에 있을 때 발생하는 압력을 말한다.

(러) "폭발성가스분위기 발화온도(Ignition temperature of an explosive gas atmosphere)"라 함은 특정조건(IEC 60079-20-1)에서, 공기와 혼합된 가스 또는 증기의 형태인 인화성 물질을 발화시키는 가열된 표면의 최저온도를 말한다.

(머) "인화하한값(LFL : Lower flammable Limit)"이라 함은 공기 중에서 인화성 가스, 증기 또는 미스트의 농도가 이 값 미만에서는 폭발성 가스분위기가 조성되지 않는 한계 값을 말한다.

(버) "가스 또는 증기의비중(Relative density of a gas or a vapor)"이라 함은 같은 압력과 온도에서 공기 밀도(공기 1.0)에 대한 가스 또는 증기의 상대 밀도를 말한다.

(2) 기타 이 지침에서 사용하는 용어의 정의는 특별한 규정이 있는 경우를 제외하고는 산업안전보건법, 같은 법 시행령, 같은 법 시행규칙 및 산업안전보건기준에 관한 규칙에서 정하는 바에 의한다.

## 4. 일반 사항

### 4.1 일반사항

(1) 폭발위험장소의 범위를 설정하기 위해서는 다음을 고려한다.

(가) 위험장소의 범위는 공기 중 인화성 물질의 농도가 인화하한 이하로 희석되기 전 폭발성분위기가 존재하는 추정 또는 계산된 거리를 말한다.

① 위험장소 범위의 결정은 불확실성의 평가수준을 고려한 안전율을 적용한다.

② 인화하한값 이하로 희석되기 전의 가스 또는 증기의 확산범위를 평가할 때에는 전문가의 의견을 구하는 것이 바람직하다.

(나) 공기보다 무거운 가스는 지면보다 낮은 장소(예 : 피트, 우묵한 곳 등)로 흐를 수 있고, 공기보다 가벼운 가스는 높은 장소(지붕 쪽 등)에 체류할 가능성이 있다.

(다) 누출원이 외부에 있거나 인접한 곳에 위치하는 경우에는 다음과 같은 적합한 조치에 의해 해당 장소로 인화성 가스나 증기가 침입하는 것을 방지할 수 있다.

① 물리적인 장벽의 설치

[비고] 물리적 장벽의 예는 대기압에서 기체 또는 증기의 이동 통로를 제한하는 벽 또는 기타 장애물을 말하며, 이는 인화성 분위기의 축적을 예방하기 위한 것이다.

② 해당 장소에 충분한 양압을 유지하여 인접된 위험장소의 폭발성 가스분위기가 침입하는 것을 막는다.

③ 충분한 유량의 신선한 공기로 해당 지역을 치환시킴으로써 인화성 가스나

KOSHA GUIDE
E - 153 - 2017

증기가 들어올 우려가 있는 모든 개구부를 통해 공기가 배출되도록 한다.
(라) 위험장소의 범위는 인화성 물질의 화학적 및 물리적인 매개변수에 주로 영향을 받는데, 이중 일부는 인화성 물질의 속성이며 나머지는 환경특성이다.
　① 질량이 작은 물질의 누출에서는 누출이 진행되는 동안에도 더 짧은 거리가 작용된다.
　② 공기보다 무거운 상태의 가스 및 증기는 쏟아지는 액체처럼 지면 위의 플랜트 내 배수구 또는 배관 트렌치 내로 흘러들어 갈 수 있으며, 원래의 누출지점으로부터 멀리 떨어진 곳에서 발화되어 넓은 플랜트 전역이 위험해 질 수도 있다.
　③ 가능하다면 플랜트의 배치는 폭발성 가스분위기의 신속한 분산이 이루어지도록 설계한다.
(마) 환기가 제한되는 장소(예 : 피트 또는 트렌치 내부)는 2종장소가 아닌 1종장소로 구분한다. 반면에 펌프 또는 배관이 위치해 있는 넓고 얕은 침하지에는 이러한 엄격한 적용을 하지 않을 수도 있다.

(2) 폭발위험장소의 종별 및 범위를 추정하기 위해서는 다음을 규명하여야 한다.
　(가) 누출등급(KOSHA GUIDE E-151(가스폭발위험장소의 누출원 평가에 관한 기술지침)
　(나) 환기 효율성 및 희석 등급 E-152(KOSHA GUIDE E-152(가스폭발위험장소의 환기평가에 관한 기술지침)
　(다) 환기 이용도(KOSHA GUIDE E-152(가스폭발위험장소의 환기평가에 관한 기술지침)

(3) 폭발위험장소 종별의 추정
　〈표 1〉은 옥내 및 옥외 폭발위험장소의 추정에 사용할 수 있다.

KOSHA GUIDE
E - 153 - 2017

〈표 1〉 누출 등급 및 환기유효성에 따른 폭발위험장소 설정

| 누출 등급 | 환기유효성 ||||||| 
|---|---|---|---|---|---|---|---|
| | 고희석 ||| 중희석 ||| 저희석 |
| | 환기 이용도 |||||||
| | 우수<br>(good) | 양호<br>(fair) | 미흡<br>(poor) | 우수 | 양호 | 미흡 | 우수,<br>양호,<br>미흡 |
| 연속 | 비위험<br>(0종 NE)[a] | 2종 장소<br>(0종 NE)[a] | 1종 장소<br>(0종 NE)[a] | 0종 장소 | 0종 장소<br>+1종 장소 | 0종 장소<br>+1종 장소 | 0종 장소 |
| 1차 | 비위험<br>(1종 NE)[a] | 2종 장소<br>(1종 NE)[a] | 2종 장소<br>(1종 NE)[a] | 1종 장소 | 1종 장소<br>+2종 장소 | 1종 장소<br>+2종 장소 | 1종 또는<br>0종 장소[c] |
| 2차[b] | 비위험<br>(2종 NE)[a] | 비위험<br>(2종 NE)[a] | 2종 장소 | 2종 장소 | 2종 장소 | 2종 장소 | 1종 및 0종<br>장소[c] |

a 0종 NE, 1종 NE, 2종 NE 는 정상조건에서는 무시될 수 있는 범위의 이론적 폭발위험장소를 말한다.
b 2차 누출등급으로 형성된 2종 장소가 1차 또는 연속 누출등급에 의한 장소보다 클 수 있다. 이 경우, 더 큰 거리를 선정하는 것이 좋다.
c 환기가 아주 약하고 실제로 폭발성 가스분위기가 지속되는 누출의 경우(즉, 환기되지 않는 것에 가까운 상태)에는 0종 장소에 속할 수 있다.

'+'는 '~에 둘러싸여 있음'을 뜻한다.
자연환기가 일어나는 밀폐공간에서의 환기이용도는 '우수'로 고려해서는 안 된다.

### 4.2 폭발위험장소 범위의 추정

(1) 인화성 가스가 발생할 수 있는 폭발위험장소의 범위는 누출률과 가스특성, 누출형상(Geometry) 및 주위의 기하학적 구조 등 다양한 요소들에 의해 결정되며, 〈그림 1〉은 다양한 유형의 누출에 대한 폭발위험장소의 범위를 결정하기 위한 지침으로 사용할 수 있다. 신뢰할만한 자료를 기초로 하는 다른 유형의 추정이나 평가(예, 전산유체역학, CFD)도 적용할 수 있다.

(2) 폭발위험장소의 범위는 〈그림 1〉에서 다음 중 하나에 속하는 누출특성에 따라 적절한 곡선을 선택한다.

(가) 방해받지 않는 고속 제트 누출

KOSHA GUIDE
E - 153 - 2017

(나) 저속의 확산 누출 또는 누출형상이나 주위 표면의 충돌로 인한 속도 손실 제트 누출
(다) 수평표면(예, 지표면)을 따라 확산되는 무거운 가스 또는 증기

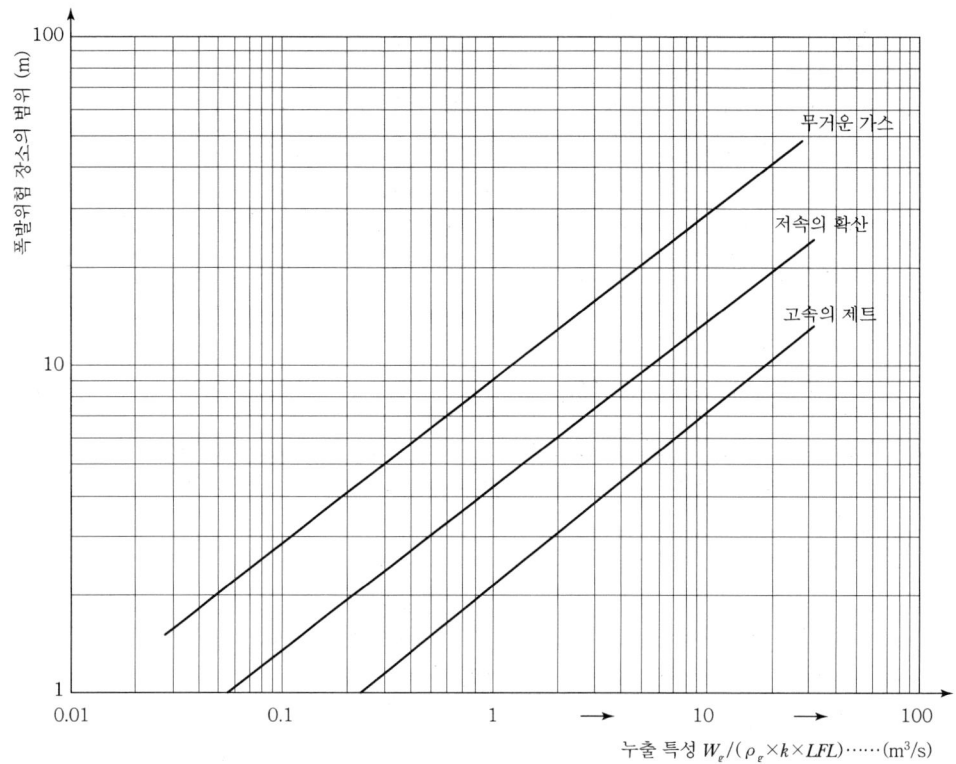

〈그림 1〉 폭발위험장소의 범위(거리) 추정 그래프

여기서,

$\dfrac{W_g}{\rho_g k LFL}$ 는 누출특성($m^3/s$)

$\rho_g = \dfrac{P_a M}{R T_a}$ 는 가스/증기 밀도($kg/m^3$)

$k$는 $LFL$에 따른 안전계수, 보통 0.5 ~ 1.0 사이

[비고] NE 장소의 경우, 이 그래프를 사용할 수 없다.

(3) 이 그래프는 제로배경농도를 바탕으로 한 것으로 옥내 저희석 조건에는 적용하지 않는다.

[비고] 이 그래프는 연속등식과 선별된 전산유체공학 시뮬레이션(CFD)을 기반으로 개발된 것으로 X축 제곱근 대 확산거리 비율을 바탕으로 추정되었으며, 그 결과는 이 표준의 목적에 맞게 수정되었다.

## 15. 가스폭발위험장소 범위설정에 관한 기술지침

KOSHA GUIDE
E - 153 - 2017

(4) 〈그림 1〉의 그래프를 이용하는 방법에 대해서는 5(폭발위험장소 구분 예)에 나타내었다(그림 3, 6, 8, 11 및 14 참조).

## 5. 폭발위험장소의 구분 예시

### 5.1 일반사항

이 지침은 누출되었을 때 인화성 가스 및 액체의 거동에 대한 지식과 지정된 조건 하의 설비성능에 대한 경험을 바탕으로 하는 올바른 공학적 판단(Sound engineering judgement)을 포함한다. 이러한 이유로 설비 및 공정의 특성에 대해 생각할 수 있는 모든 변경사항을 예로 하는 것은 실행 가능하지 않다.

이 예는 이 표준을 적용하기 위한 의도가 아니고 이 표준에서 제시된 평가의 선택 방법을 설명하기 위한 것이다.

### 5.2 폭발위험장소의 설정 예

#### 5.2.1 인화성액체

(1) 산업용 펌프(기계 씰(다이아프램) 이용, 옥외 지면 설치)

■ 누출 특성

| 인화성 물질 | 벤젠(CAS no. 71-43-2) |
|---|---|
| 몰 질량 | 78.11kg/kmol(78g/mol) |
| 인화하한값, LFL | 1.2% vol.(0.012 vol./vol.) |
| 자연발화온도, AIT | 498℃ |
| 가스밀도, $\rho_g$ | 3.25kg/m³(대기 조건에서 계산)<br>가스밀도는 〈그림 1〉 그래프의 커브로 나타남 |
| 누출원, SR | 기계 씰 |
| 누출등급 | 2차(씰 파열로 인한 누출) |
| 액체 누출률, W | 0.19kg/s(누출계수 $C_d$=0.75, 구멍크기 $S$=5mm², 액체밀도 $\rho$=876.5kg/m³, 압력차 $\Delta p$=15bar) |
| 가스누출률, $W_g$ | 3.85×10⁻³kg/s, 누출 지점에서 증기화된 액체비율을 고려하여 결정 (W의 2%) ; 남은 액체는 배출 |
| 누출특성,<br>$W_g/(\rho_g \times k \times LFL)$ | 0.1m³/s |
| 안전계수, k | 1.0 |

**KOSHA GUIDE**
E - 153 - 2017

■ 위치 특성

| 옥외 상황 | 탁 트인 장소(장애물 없음) |
|---|---|
| 주위 압력(대기압), Pa | 101,325Pa |
| 주위 온도, T | 20℃(293K) |
| 환기속도, $u_w$ | 0.3m/s |
| 환기이용도 | 우수(기상학적으로 안정된 풍속) |

■ 누출 영향(결과)

| 희석등급(〈그림 2〉 참조) | 중희석 |
|---|---|
| 폭발위험장소 종별 | 2종 장소 |
| 설비그룹 및 온도등급 | IIA T1 |

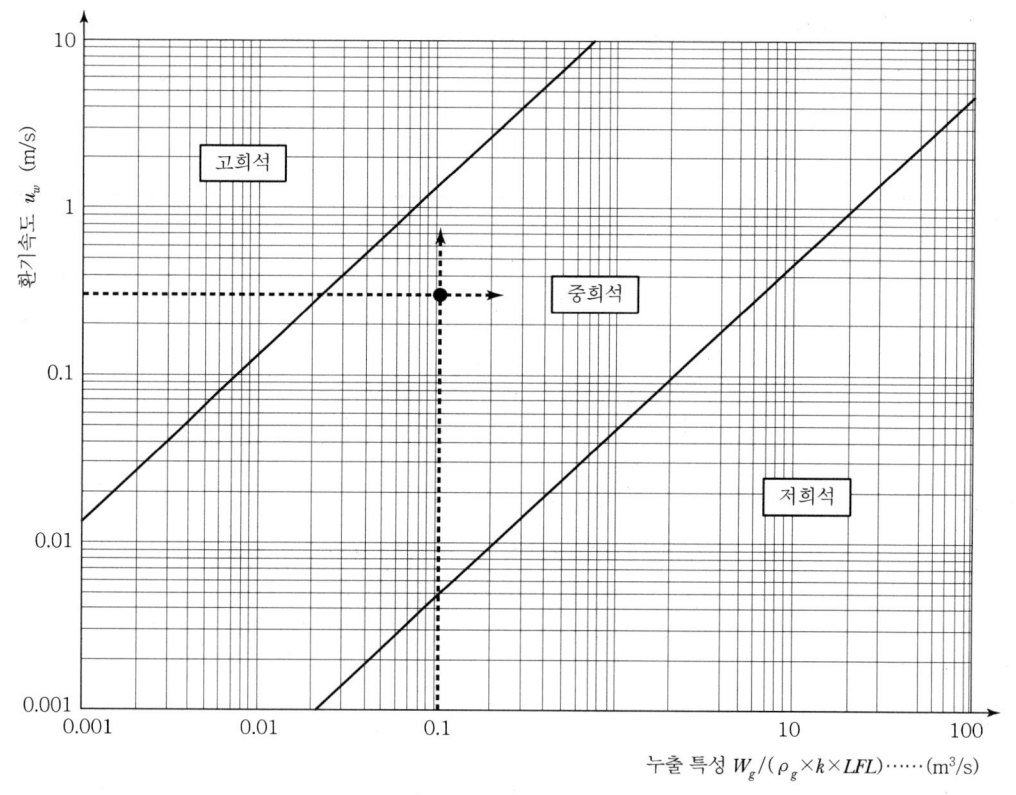

〈그림 2〉 희석등급

KOSHA GUIDE
E - 153 - 2017

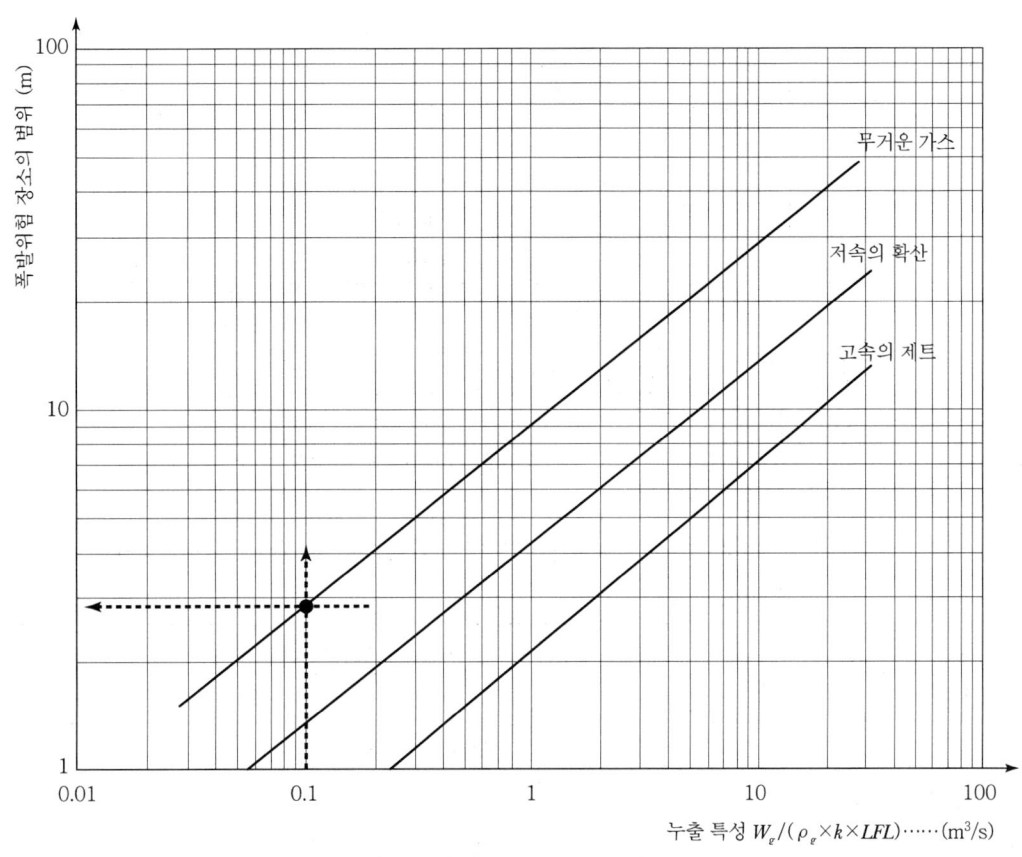

〈그림 3〉 폭발위험장소 거리

■ 폭발위험장소 구분
〈그림 4〉는 공기보다 무거운 물질의 설비 정면도를 나타낸다. 이 그림은 공기보다 무거운 증기에서의 폭발위험장소 구분도이며, 수직거리는 수평거리 보다 짧다.

KOSHA GUIDE
E - 153 - 2017

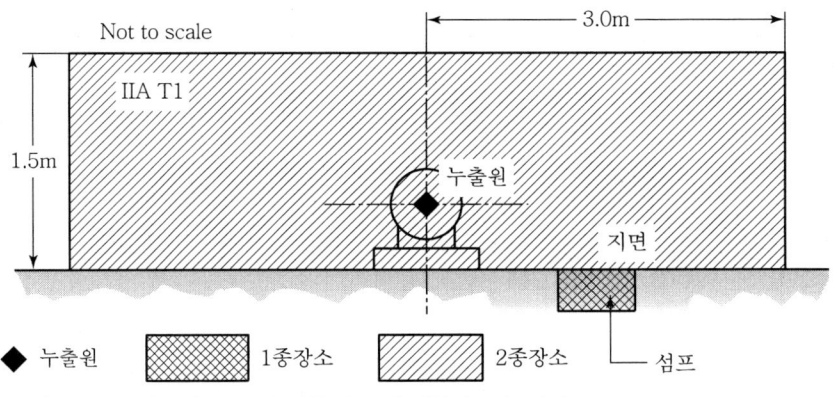

[비고] 섬프는 저희석으로 더 가혹한 폭발위험장소가 된다.
〈그림 4〉 폭발위험장소 구분도

(2) 산업용 펌프(기계 씰(다이아프램)을 이용, 옥내 바닥 설치)
   ■ 누출 특성

| 인화성 물질 | 액체 벤젠(CAS No 71-43-2) |
|---|---|
| 몰 질량 | 78.11kg/kmol(78g/mol) |
| 인화하한계, LFL | 1.2%vol.(0.012vol./vol.) |
| 자연발화온도, AIT | 498℃ |
| 가스밀도, $\rho_g$ | 3.25kg/m³(대기 조건에서 계산)<br>가스밀도는 〈그림 1〉 그래프의 커브로 나타남 |
| 누출원, SR | 기계 씰 |
| 누출등급 | 2차(씰 파열로 인한 누출) |
| 액체누출률, W | 0.19kg/s(누출계수 $C_d$=0.75, 구멍크기 $S$=5mm², 액체밀도 $\rho$=876.5kg/m³, 압력차 $\Delta p$=15bar) |
| 증발율, $W_e$ | 3.85×10⁻³kg/s, 누출 지점에서 증기화된 액체비율을 고려하여 결정(W의 2%) 남은 액체는 배출 |
| 가스부피누출률, $Q_g$ | 1.19×10⁻³m³/s |
| 누출특성 $W_g/\rho_g(k \times LFL)$ | 0.2m³/s |
| 안전계수, k | 0.5(LFL과 관련된 높은 불확실성) |

KOSHA GUIDE
E - 153 - 2017

■ 위치 특성

| 옥내 | 자연환기 건물(바람에 의한) |
|---|---|
| 대기압, Pa | 101,325Pa |
| 대기온도, T | 20℃(293K) |
| 밀폐공간의 크기, $L \times B \times H = V_0$ | 6.0m×5.0m×5.0m=150.0m³ |
| 공기 흐름량, $Q_a$ | 306m³/h(0.085m³/s) |
| 공기유량, 이용도 | 우수, 최악의 환경조건을 감안하여 결정 (기상학적으로 안정적인 상태에서의 풍속) |
| 환기속도, $u_w$ | 0.003m/s $Q_a/(L \times B)$로 추산 |
| 임계 농도, $X_{crit}$ | 0.003vol./vol., =(0.25×LFL) |

■ 누출 영향(결과)

| 환기유효계수, f | 5 |
|---|---|
| 배경농도, $X_b$ | 0.07vol./vol |
| 농도비교 | $X_b > X_{crit}$ |
| $X_{crit}$ 도달 소요시간($t_d$) | 7.67h(안전계수=f) |
| 환기등급 〈그림 5〉 | 저희석($X_b > X_{crit}$로 인해) |
| 폭발위험장소 종별 | 1종 장소 |
| 설비그룹 및 온도등급 | IIA T1 |

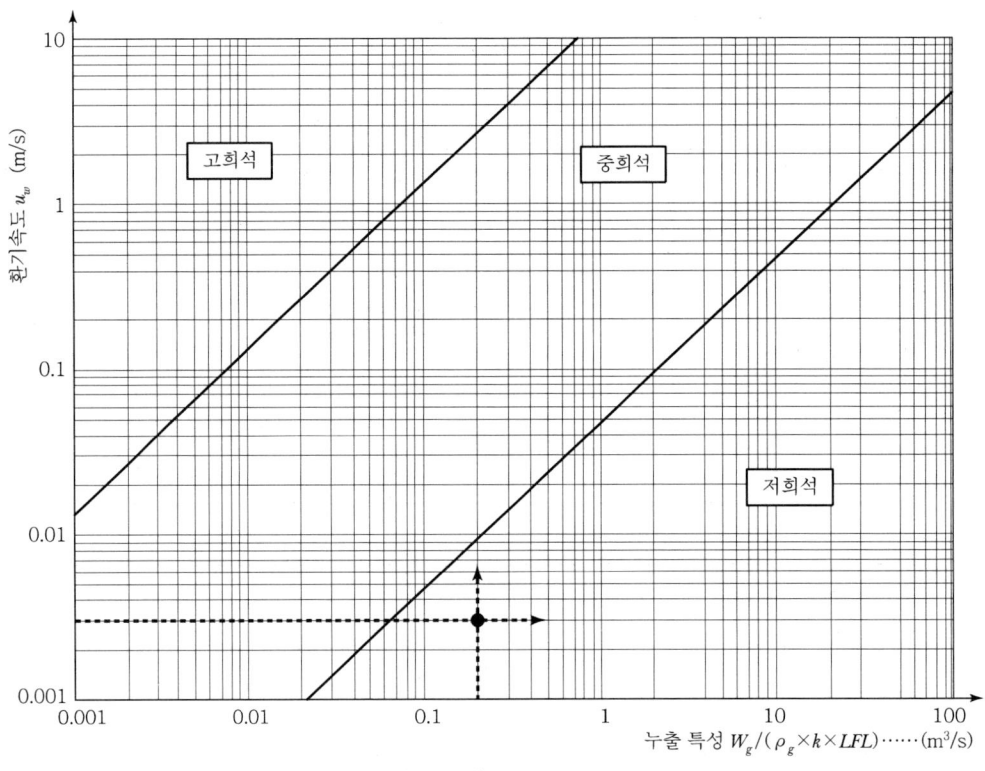

〈그림 5〉 희석등급

[비고] 밀폐공간에서의 배경농도가 임계농도($X_b > X_{crit}$)보다 높기 때문에 그래프를 이용한 희석등급의 평가절차는 필요하지 않다. 따라서 희석등급은 '저희석'이며, 〈그림 5〉는 단지 평가를 확인하기 위한 것이다.

## 15. 가스폭발위험장소 범위설정에 관한 기술지침

KOSHA GUIDE
E - 153 - 2017

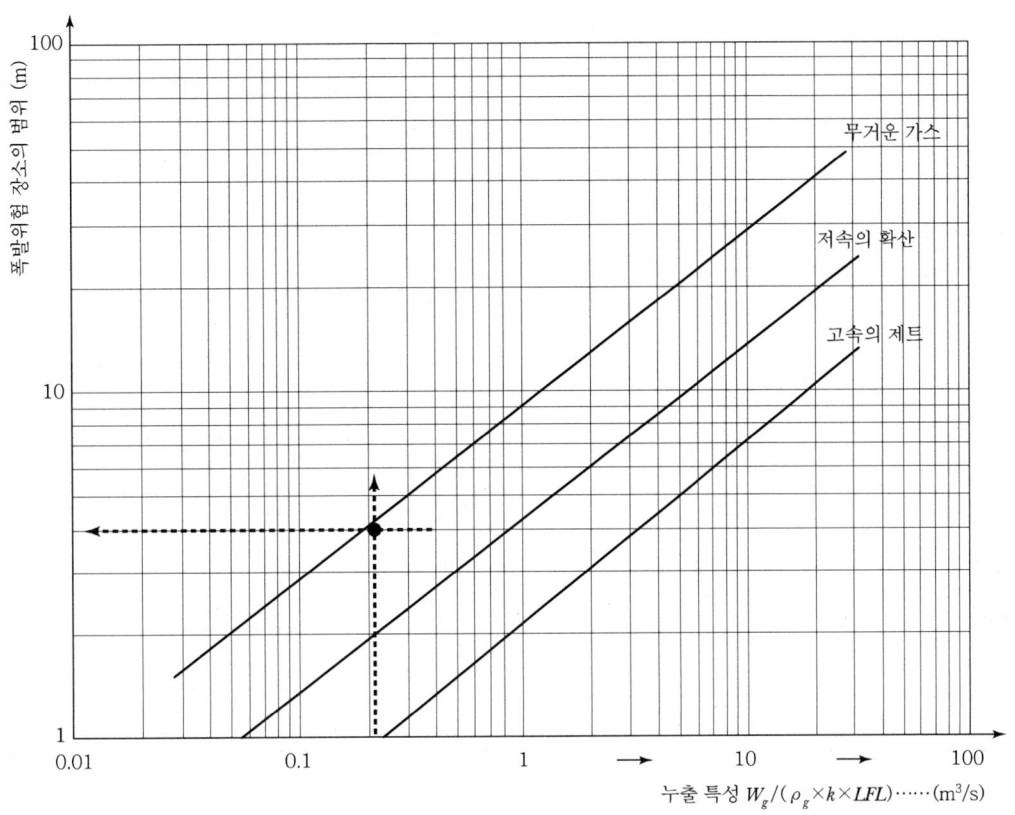

폭발위험장소의 범위(〈그림 6〉 참조), r = 4.0 m

〈그림 6〉 폭발위험장소 거리 산정

- 폭발위험장소의 구분
  - 설정된 폭발위험장소는 누출이 멈춘 후, 임계농도 도달에 소요되는 시간과 농도를 비교하여 옥내 위치의 부피를 포함한다. 만약, 개구부가 있다면 이를 잠재적인 누출원으로 고려한다.
  - 만약, 공기 유량이 증가(개선)되었다면, 희석등급은 '중희석'이 될 수 있고, 위험장소는 작아지고 1종장소를 2종장소로 변경할 수 있다.

KOSHA GUIDE
E - 153 - 2017

(3) 브리더밸브(옥외, 공정용 용기(Vessel))
■ 누출 특성

| 인화성 물질 | 벤젠(CAS no. 71-43-2) |
| --- | --- |
| 몰 질량 | 78.11kg/kmol(78g/mol) |
| 인화하한계, LFL | 1.2%vol.(0.012vol./vol.) |
| 자연발화온도, AIT | 498℃ |
| 가스밀도, $\rho_g$ | 3.25kg/m³(대기 조건에서 계산)<br>가스밀도는 〈그림 1〉 그래프의 커브로 나타남 |
| 누출원, SR | 브리더 밸브 |
| 누출등급 | 1차(공정용 용기 채우기) |
| 누출률, $W_g$ | 4.50×10⁻³kg/s, (제조사 데이터) |
| 누출특성, $W_g/(\rho_g \times k \times LFL)$ | 0.12m³/s(k=1.0) |
| 누출등급 | 2차(밀폐장치 파열로 인한 누출) |
| 누출률, $W_g$ | 4.95×10⁻²kg/s(제조사 데이터) |
| 누출특성, $W_g/(\rho_g \times k \times LFL)$ | 1.27m³/s(k=1.0) |

■ 위치 특성

| 옥외 상황 | 탁 트인 장소 |
| --- | --- |
| 대기압, Pa | 101,325Pa |
| 주위 온도, Ta | 20℃(293K) |
| 환기속도, $u_w$ | 1.0m/s |
| 환기이용도 | 우수(안정된 조건에서의 풍속) |

■ 누출 결과

| 환기등급 | 중희석 |
| --- | --- |
| 폭발위험장소유형 | 1종 장소+2종 장소 |
| 설비그룹 및 온도등급 | IIA T1 |

KOSHA GUIDE
E - 153 - 2017

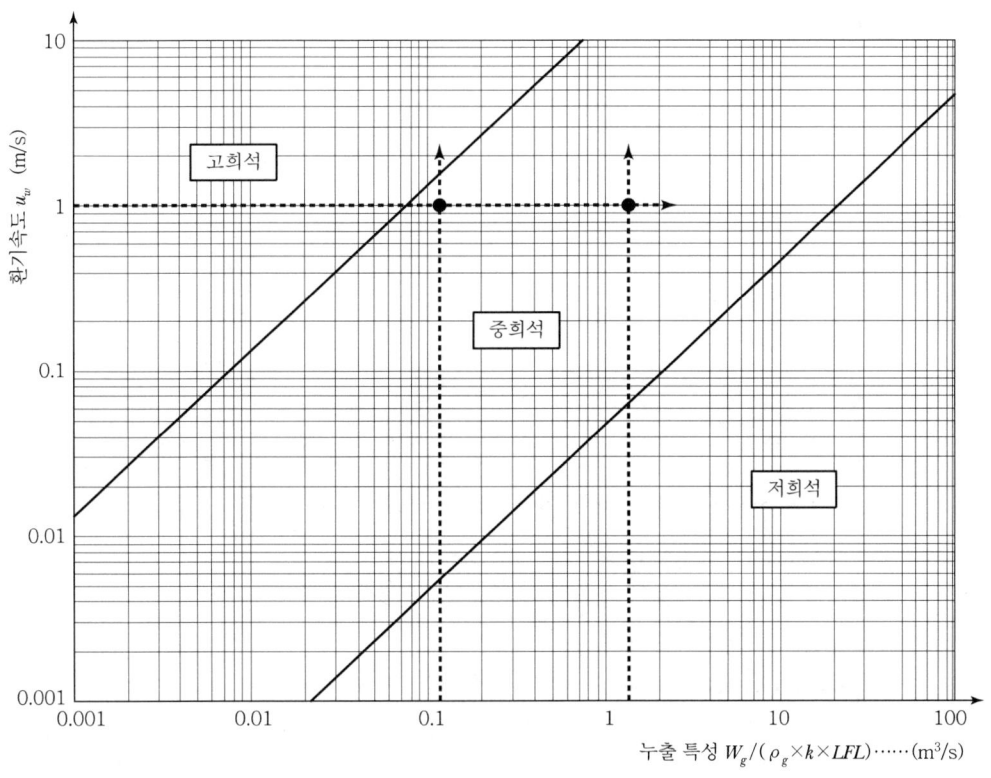

〈그림 7〉 희석등급

KOSHA GUIDE
E - 153 - 2017

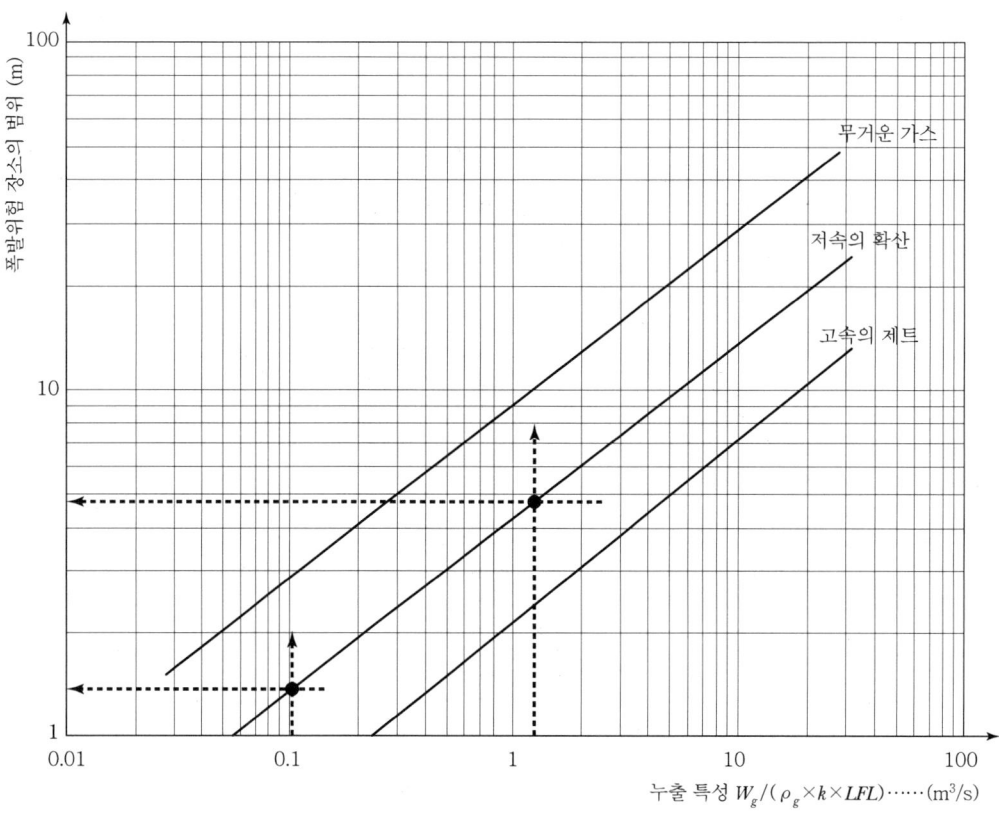

폭발위험장소의 범위(거리) : 1종장소(1.5 m), 2종장소(5.0 m)

〈그림 8〉 폭발위험장소의 거리 산정

KOSHA GUIDE
E - 153 - 2017

■ 폭발위험장소의 추정 :
관련변수를 고려한 폭발위험장소는 브리더밸브를 기준으로 〈그림 9〉와 같다.

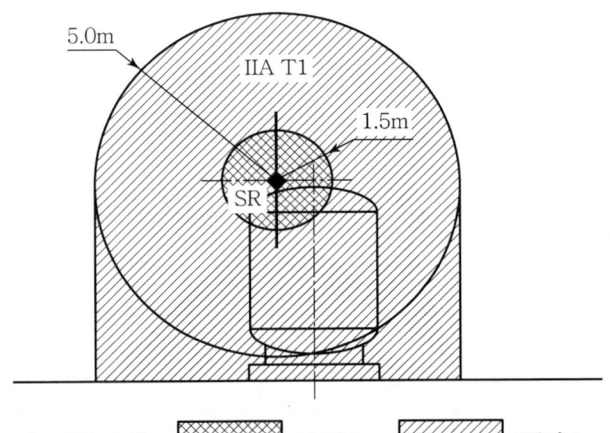

〈그림 9〉 폭발위험장소의 구분 예(브리더 밸브)

5.2.2 인화성가스
　(1) 제어밸브(인화성 가스, 폐쇄형 배관시스템)
　　■ 누출특성

| 인화성 물질 | 프로판 가스혼합물 |
|---|---|
| 몰 질량 | 44.1kg/kmol |
| 인화하한계, LFL | 1.7%vol.(0.017vol./vol.) |
| 자연발화온도, AIT | 450℃ |
| 가스밀도, $\rho_g$ | 1.83kg/m³(대기 조건에서 계산)<br>가스밀도는 〈그림 1〉 그래프의 커브로 나타남 |
| 누출원, SR | 밸브 스템 패킹 |
| 누출등급 | 2차(패킹 파열로 인한 누출) |
| 누출률, $W_g$ | $5.57\times10^{-3}$kg/s, 사용압력 $p=10$bar, 온도 $T=15℃$, 구멍크기 $S=2.5$mm², 압축계수 $Z=1$, 단열팽창폴리트로프 지수 $\gamma=1.1$, 누출계수 $C_d=0.75$로 계산 |
| 안전계수, k | 0.8(LFL의 불확실성으로) |
| 누출특성, $W_g/(\rho_g \times k \times LFL)$ | 0.22m³/s |

KOSHA GUIDE
E - 153 - 2017

■ 위치특성

| 옥외 상황 | 탁 트인 장소 |
|---|---|
| 대기압, Pa | 101,325Pa |
| 주위 온도, T | 20℃(293K) |
| 환기속도, $u_w$ | 0.3m/s |
| 환기이용도 | 우수(안정된 조건에서의 풍속) |

■ 누출결과

| 환기등급 | 중희석 |
|---|---|
| 폭발위험장소유형 | 2종 장소 |
| 설비그룹 및 온도등급 | IIA T1 |

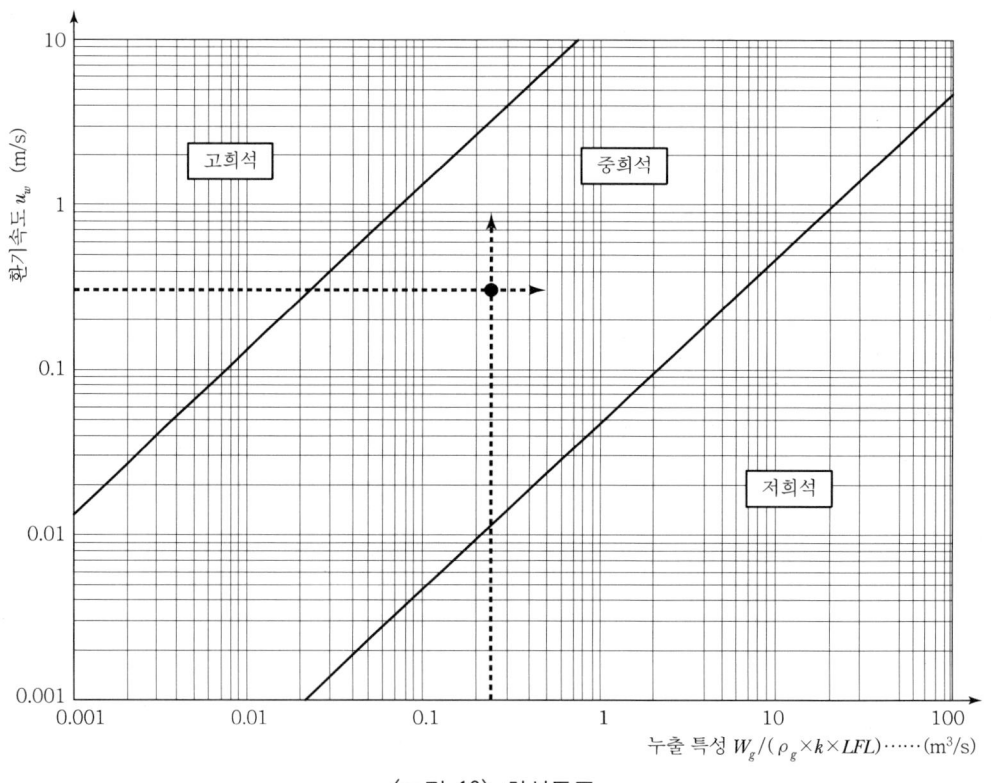

〈그림 10〉 희석등급

KOSHA GUIDE
E - 153 - 2017

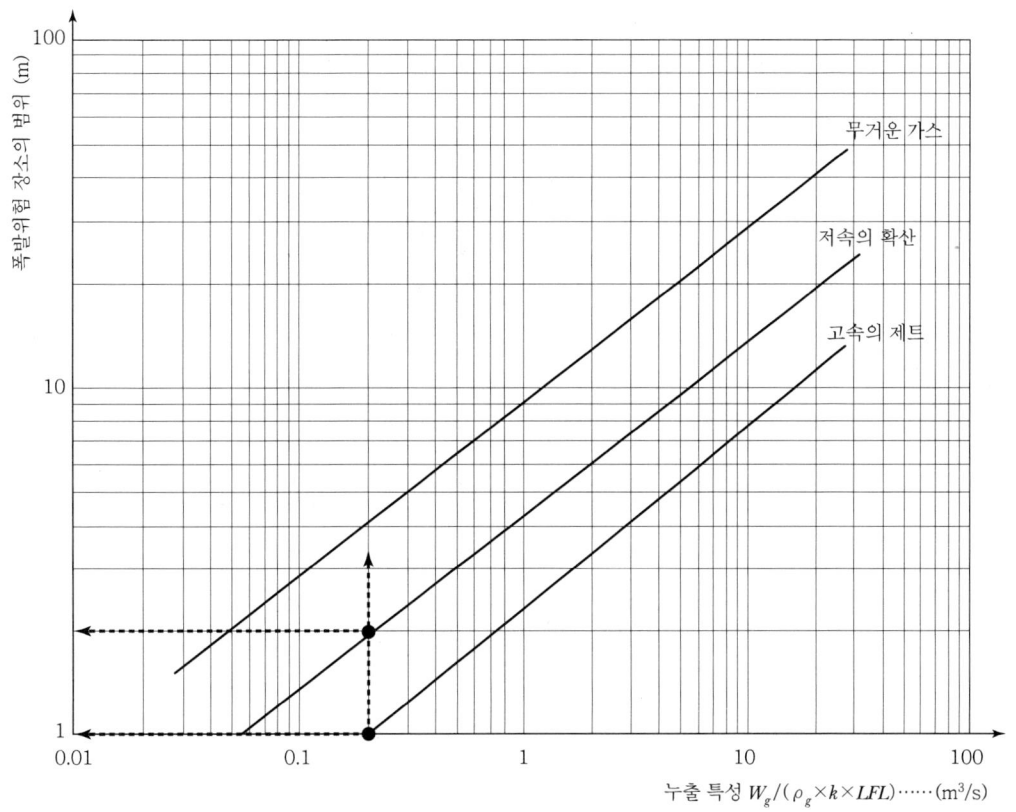

폭발위험장소의 크기(거리), r : 주위 특성(방해 여부와 무관한 제트 누출)으로 인해 폭발위험장소의 범위는 1.0 ~ 2.0m로 한다.

〈그림 11〉 폭발위험장소의 거리 산정

## KOSHA GUIDE
### E - 153 - 2017

■ 폭발위험장소의 추정

관련변수를 고려한 폭발위험장소는 컨트롤밸브를 기준으로 〈그림 12〉와 같다.

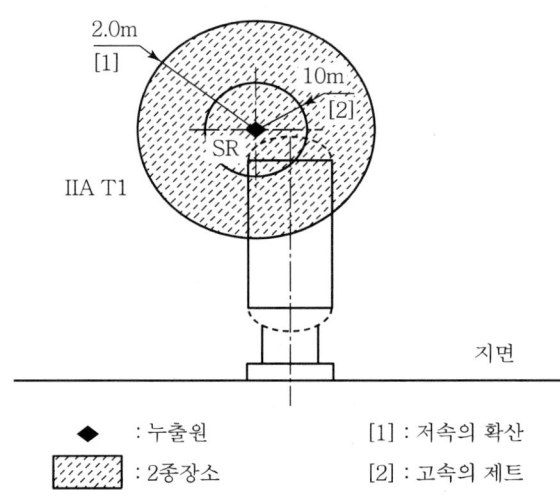

◆ : 누출원      [1] : 저속의 확산
▨ : 2종장소    [2] : 고속의 제트

〈그림 12〉 폭발위험장소의 구분도 예(제어 밸브)

(2) 폐쇄형 공정 배관시스템(인화성 가스, 옥내 설치)

■ 누출특성

| 인화성 물질 | 천연가스유정, wet |
|---|---|
| 몰 질량 | 20kg/kmol |
| 인화하한계, LFL | 4%vol.(0.04vol./vol.) |
| 자연발화온도, AIT | 500℃ |
| 가스밀도, $\rho_g$ | 0.83kg/m³(대기 조건에서 계산)<br>가스밀도는 〈그림 1〉 그래프의 값으로 나타남 |

## KOSHA GUIDE
## E - 153 - 2017

### 다중 누출원, MSR

| a) 누출등급 | 연속(비산 배출) |
|---|---|
| - (누출원) 유형 | 배관 부품(배관 불연속성) |
| - 한 개당 누출률, $W_g$ | $1.0×10^{-9}$kg/s(실험실 데이터) |
| - 한 개당 부피누출률, $Q_g$ | $1.2×10^{-8}$m³/s |
| - 누출원의 수 | 10 |
| b) 누출등급 | 1차 |
| - (누출원) 유형 | 씰링부품(저속으로 가동, 컨트롤밸브 스템패킹) |
| - 한 개당 누출률, $W_g$ | $1.5×10^{-6}$kg/s, (제조사 데이터) |
| - 한 개당 부피누출률, $Q_g$ | $1.8×10^{-6}$m³/s |
| - 누출원의 수 | 3 |
| c) 누출등급 | 2차 |
| - (누출원) 유형 | 씰링부품(고정부, 파이버 개스킷 플랜지) |
| - 한 개당 누출률, $W_g$ | $1.95×10^{-3}$kg/s, 사용압력 $p$=5bar, 온도 $T$=15℃, 구멍크기 $S$=2.5mm², 압축요소 $Z$=1, 단열팽창 폴리트로프 지수 $γ$=1.1, 누출계수 $C_d$=0.75로 계산 |
| - 한 개당 부피누출률, $Q_g$ | $2.35×10^{-3}$m³/s |
| - 누출원의 수 | 1, 가장 큰 것 |

■ 위치특성

| 옥내 | 자연환기 건물(바람에 의한) |
|---|---|
| 대기압, Pa | 101,325Pa |
| 대기온도, T | 20℃(293K) |
| 밀폐공간의 크기, $L×B×H=V_0$ | 2.5m×2.5m×3.5m=21.9m³ |
| 공기 유량, $Q_a$ | 266.4m³/h(0.074m³/s) |
| 공기유량, 이용도 | 우수(WCS로 상정, 안정된 조건에서의 풍속) |
| 환기유효계수, f | 3 |
| 환기속도, $u_w$ | 0.008m/s $Q_a/(L×B)$으로 계산 |
| 임계 농도, $X_{crit}$ | 0.01vol./vol., (0.25×LFL) |

■ 다중누출원의 누출결과

| ○ 누출등급 | 연속(비산배출) |
|---|---|
| - 누출률의 합, $\Sigma W_g$ | $1.0 \times 10^{-8}$ kg/s |
| - 부피 누출률의 합, $\Sigma Q_g$ | $1.2 \times 10^{-8}$ m³/s |
| - 배경농도, $X_b$ | $4.88 \times 10^{-7}$ vol./vol. |
| - 농도비교 | $X_b \ll X_{crit}$ |
| - 누출특성, $W_g/(\rho_g \times k \times LFL)$ | $6.01 \times 10^{-8}$ m³/s |
| - 안전계수, k | 0.5(LFL의 불확실성으로) |
| - 희석등급 | 고희석 |
| - 폭발위험장소 유형 | 0종장소 NE |

| ○ 누출등급 | 1차 누출 + 연속 누출 |
|---|---|
| - 누출률의 합, $\Sigma W_g$ | $4.5 \times 10^{-6}$ kg/s |
| - 부피 누출률의 합, $\Sigma Q_g$ | $5.42 \times 10^{-6}$ m³/s |
| - 배경농도, $X_b$ | $2.2 \times 10^{-4}$ vol./vol. |
| - 농도비교 | $X_b \ll X_{crit}$ |
| - 누출특성, $W_g/(\rho_g \times k \times LFL)$ | $9.02 \times 10^{-5}$ m³/s |
| - 안전계수, k | 0.5(LFL의 불확실성으로) |
| - 희석등급 | 고희석 |
| - 폭발위험장소 유형 | 1종장소 NE |

## KOSHA GUIDE
## E - 153 - 2017

| | |
|---|---|
| ○ 누출등급 | 2차 누출 + 1차 누출 + 연속 누출 |
| - 누출률의 합, $\Sigma W_g$ | $2.18 \times 10^{-3}$ kg/s |
| - 부피 누출률의 합, $\Sigma Q_g$ | $2.63 \times 10^{-3}$ m³/s |
| - 배경농도, $X_b$ | 0.103 vol./vol. |
| - 농도비교 | $X_b > X_{crit}$ |
| - 소요시간($t_d$), $X_{crit}$에 도달 시간 | 0.57h(안전계수=f) |
| - 안전계수, k | 0.5(LFL의 불확실성으로) |
| - 누출특성, $W_g / (\rho_g \times k \times LFL)$ | 0.13 m³/s |
| - 희석등급(<그림 13> 참조) | 저희석($X_b > X_{crit}$로 인하여) |
| - 폭발위험장소 유형 | 1종장소 |
| | |
| ○ 설비 그룹 및 온도등급 | ⅡA T1 |

KOSHA GUIDE
E - 153 - 2017

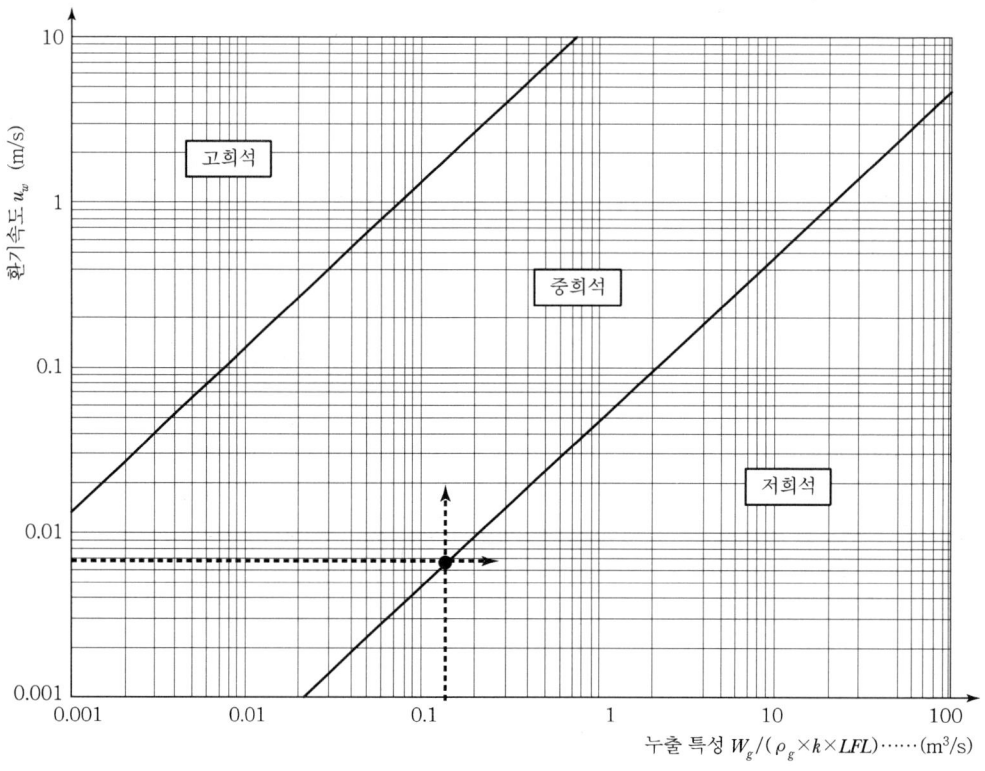

〈그림 13〉 희석등급

[비고] 밀폐공간에서의 배경농도가 임계농도($X_B > X_{crit}$)보다 높은 같은 경우에는 이 그래프를 이용한 희석등급 절차를 거치지 않고 바로 '저희석'으로 한다. 〈그림 13〉에서 두선의 교차점이 '중희석'에 위치하지만, 거의 구분선에 근접되어 있을 보여준다. 이는 이 평가절차의 불확실성을 갖고 있지만 적절함을 나타내는 것이다.

KOSHA GUIDE
E - 153 - 2017

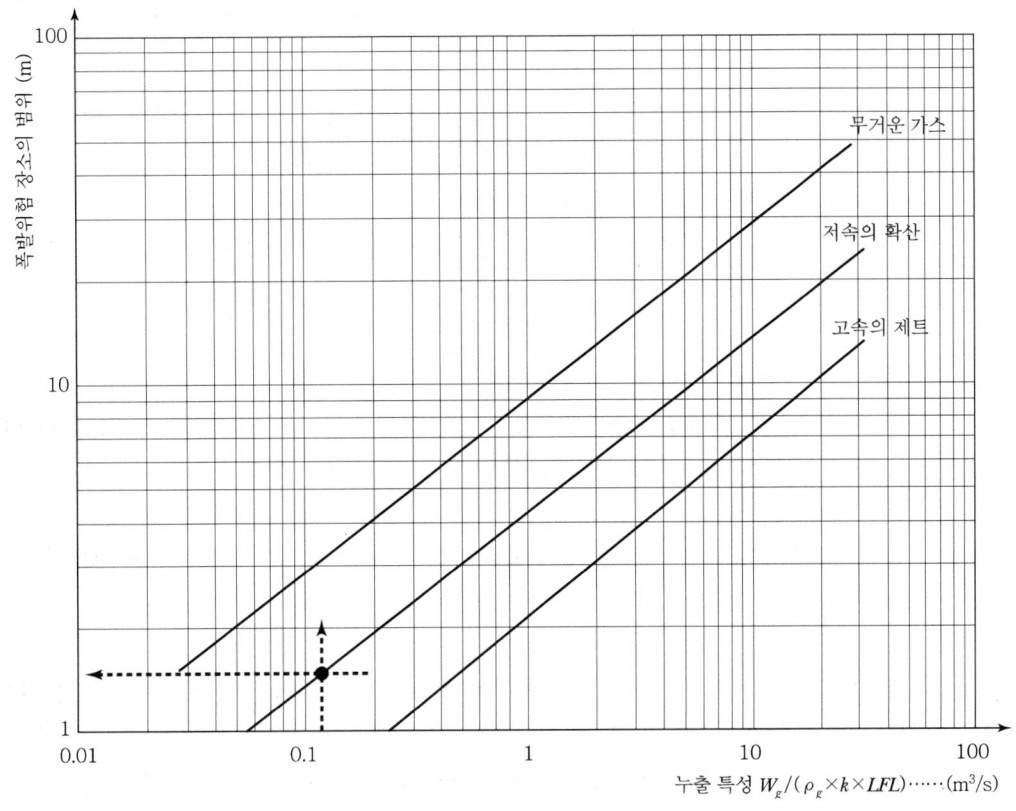

폭발위험장소의 크기(거리), r : 주위 특성(방해 여부와 무관한 제트 누출)으로 인해 폭발위험장소의 범위는 1.5m로 한다.

〈그림 14〉 폭발위험장소의 범위 산정

■ 폭발위험장소의 구분

폭발위험장소는 배경농도가 임계농도를 초과하고 누출이 멈춘 후, 임계농도까지 떨어지는데 많은 시간이 소요되므로 옥내 전체 지역을 설정한다.

## 6. 폭발위험장소의 구분을 위한 예시 사례 연구

(1) 이 절은 위험장소를 어떻게 구분하고 표시하는 지에 대한 예시로, 위험장소의 세부사항은 특정 설비상세도 및 관련 규정 등의 적용에 따라 달라질 수 있다.

　(가) 이 예시는 독립적, 여러 조합 또는 다양한 맥락에서 빈번하게 일어나는 누출의 다양한 형태를 보여주기 위한 것이다.

　(나) 컴프레서는 천연가스(〈그림 15〉 참조)를 취급하는 설비로, 가스엔진, 컴프레서,

## KOSHA GUIDE
E - 153 - 2017

혼합형 공기냉각기, 공정 배관, 온스키드 스크러버, 파동병(Pulsation bottles) 및 부속 장비로 구성된다.

(다) 이 예에서 가스엔진과 컴프레서는 바닥에 있는 루버방식의 개구부와 셸터 전면부 개구부를 통해 공기가 유입되어 천장 끝 개구부로 배출되는 자연 환기가 이루어지는 옥내에 설치된 것으로 한다(〈표 2〉 참조).

(2) 설비의 외부는 냉각수와 공정가스 열교환기의 혼합형 공기냉각기, 배관, 밸브(비상차단, 차단 및 조절), 오프 스키드 스크러버 등으로 구성되어 있다.

(3) 이 예시에서의 인화성물질 : (〈표 3〉 참조)
  ① 공정가스(메탄 80% 인 천연가스)
  ② 공정가스는 스크러버에 모아 응축시켜 저장조로 자동 배출(주로, 각 압축 단계에서 평형상태인지에 따라 결정되는 많은 양의 무거운 탄화수소)
  ③ 가스엔진 연료와 기동가스(건식 배관용 천연가스, 최소 95% vol의 메탄)
  ④ 공정에 적용되는 다양한 화학약품(예, 부식방지제, 동결방지 첨가제)

(4) 예시에서 추정되는 누출원 : (〈표 4〉 참조)
  ① 기동가스 통기구(1차 누출원 엔진의 각 기동 단계에서 발생)
  ② 컴프레서 블로다운 통기구(1차누원 컴프레서(각 단)의 감압 단계에서 발생)
  ③ 가스엔진 차단밸브 통기구(1차누출원 들어온 연료가스가 가로 막히고 갇힐 때, 가스가 대기 중으로 방출되는데, 이 때 엔진의 각 셧다운 단계에서 발생)
  ④ 압력분출밸브 통기구(2차누출원 압력 업스트림이 설정점 이상으로 높아지면 발생 통상 셧다운 안전장치는 안전릴리프밸브가 개방되기 전에 작동시키기 위해 컴프레서의 보호시스템에 설치되므로 1차 누출원으로 간주하지 않는다.
  ⑤ 컴프레서 피스톤 로드패킹 통기구(일반적으로 1차누출원 모니터링과 제어, 품질관리가 의심되는 경우, 이 통기구는 연속누출로 간주
  ⑥ 가스엔진, 컴프레서 및 에어쿨러(2차누출원)
  ⑦ 공정 가스 스크러버와 드레인(액체상태의 2차누출원)
  ⑧ 셸터 내/외부 밸브(2차누출원)
  ⑨ 배관 연결부(2차누출원)

(5) 예시에서 누출률을 산출하기 위한 요소(변수)
  ① 기동 가스의 경우 제조사 데이터 시트에 있는 공기 시동장치의 가스유량
  ② 블로다운 통기구의 경우 컴프레서 실린더에 갇힌 가압가스, 스크러버, 파동병(Pulsation bottles) 및 공정배관

③ 가스엔진 셧오프 밸브 통기구의 경우 연료라인 및 실린더에 갇힌 가스
④ 안전릴리프 밸브 통기구의 경우 제조사의 데이터 시트에 있는 각각의 압력 설정점의 가스유량 또는 기타 방법으로 추산된 가스 유량
⑤ 기타 누출원의 경우 기타 다른 방법으로 추산된 가스 유량

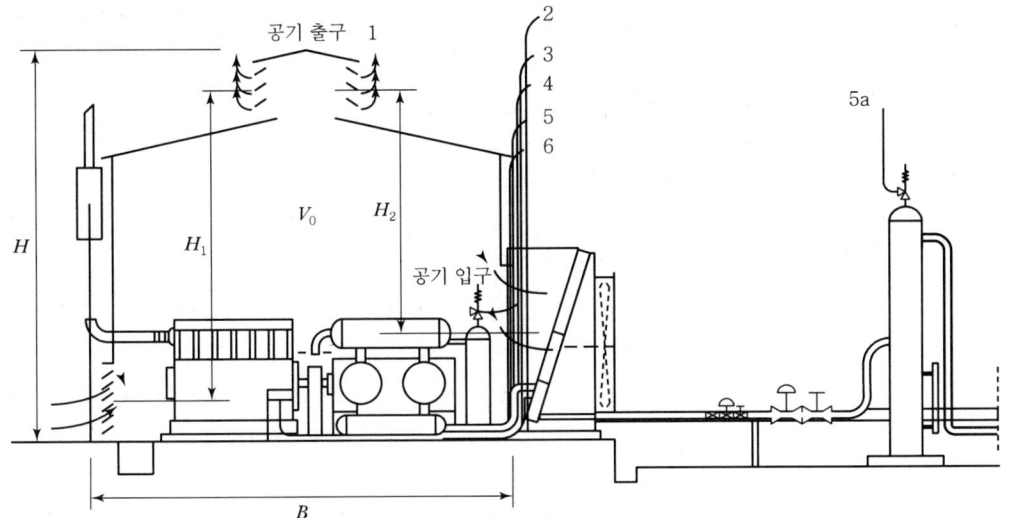

| 1 | 환기구의 공기 배출구 | L | 셸터 길이 |
| --- | --- | --- | --- |
| 2 | 기동 가스 배기구 | B | 셸터 폭 |
| 3 | 압축기 블로우다운 배기구 | $V_0$ | 셸터 대상 체적 |
| 4 | 연료가스차단밸브 배기구 | H | 셸터 높이 |
| 5 및 5a | 압력 릴리프밸브 배기구 | $H_1$ | 후면의 유입부와 유출부 중심점 사이의 수직거리 |
| 6 | 압축기피스톤 로드패킹배기구 | $H_2$ | 전면의 유입구와 유출부 중심점 사이의 수직거리 |
|  |  | $H_3$ | 개구부의 중심점 사이의 평균 수직거리 |

〈그림 15〉 천연가스를 취급하는 밀폐 컴프레서

## KOSHA GUIDE
E - 153 - 2017

〈표 2〉 천연가스 취급 압축기

| | 셸터의 폭발위험장소의 설정 절차 | |
|---|---|---|
| 1 | 인화성 물질의 종류는? | 콤프레셔와 엔진의 연료 및 기동가스의 스크러버에 모인 공정가스, 응축가스 등 |
| 2 | 인화성 물질의 조성에 대하여 알고 있는가? | 공정, 연료 및 기동 가스에 대해서는 알려져 있으나, 공정 가스의 응축물에 대해서는 알려져 있지 않음. 대부분 물과 혼합된 펜탄과 헥산과 같은 높은 탄화수소물의 여러 혼합물로 추정 |
| 3 | 인화성 물질의 폭발하한 값(LFL)의 계산 또는 추정가능한가? | - 공정 가스 : LFL=0.04<br>- 연료 및 기동 가스 : LFL=0.05<br>- 응축물 : LFL=0.013~0.08(압축 단계에 따라) |
| 4 | 셸터 내에서의 누출원은? | 현장 계장부 접속부와 같은 가스 엔진, 컴프레서, 스크러버 및 배관 등의 배관접속부 |
| 5 | 누출 등급은? | 누출등급은 모두 2차 누출. 설비가 잘 모니터링 및 정비되고 있는 정상운영 조건에서 옥내에 가스는 없다고 추정 |
| 6 | 주어진 조건에서 가장 대표적인 누출원은? | - 왕복 콤프레셔의 실린더에서는 거의 누출이 발생하지 않으나, 동력 및 열변형력에 노출되는 공정 배관과 함께 진동이 있는 기계류와 열간 배관의 연결부는 누출원이 될 수도 있음<br>- 또 다른 현실적인 누출원은 컴프레서의 크랭크 케이스 브리더 밸브임, 피스톤 로드 패킹이 닳거나 손상되면 압축가스가 크랭크 케이스로 유입되어 브리더 밸브를 통해 대기로 누출 될 수 있음<br>- 기타 누출원은 조사가 필요함 |
| 7 | 2차 누출원을 모두 합산하지 않았다면 어떻게 누출원을 선정했는가? | 가장 누출률이 많은 누출원, 즉 응력을 더 많이 받는 2단 압축의 오리피스 누출 선정(2.5mm²)〈(KOSHA GUIDE E-151(누출원평가지침, 〈표 1〉 참조))〉<br>$M$=21.6kg/kmol, $\gamma$=1.2, $\rho$=51bar, $T$=422K (최대허용온도) |
| 8 | 손상된 개스킷에서 더 많은 누출이 발생한다면 그 누출률은 얼마인가? | 운전압력이 음속누출이라면, 그 결과는 다음과 같음<br>$W_g$≒$1.54\times10^{-2}$kg/s, $C_d$=0.75, $S$=2.5mm²<br>(KOSHA GUIDE E-151(누출원평가지침, (식 4) 참조))<br>$Q_g$≒$1.85\times10^{-2}$m³/s |
| 9 | 셸터의 자연환기가 연중 내내 이루어지는가? | 예) 뜨거운 여름철에도 자연환기로 인한 부력 작용(엔진과 컴프레서의 지속적인 열공급으로 옥내온도가 대기온도보다 지속적으로 높게 유지). 셸터 구조는 바람의 방향과 관계없이 충분한 환기가 유지됨 |

KOSHA GUIDE
E - 153 - 2017

| | | |
|---|---|---|
| 10 | 건물의 기하학적 구조는? | • 셸터 길이 : L=12m<br>• 셸터 폭 : B=12m<br>• 셸터 전체높이 : H=8.0m<br>• 총 체적 : V≒1,000m³<br>• 대상 체적 : V₀≒0.8V=800m³<br>  V₀ 이하의 체적은 밀폐 설비의 유효체적을 줄이기 위하여 허용면적 적용<br>• 공기 유입 개구부 총 유효면적 : A₁=30m²<br>• 대기유출 개구부 총 유효면적 : A₂=24m²<br>• 후면의 유입부와 유출부 중심점 사이의 수직거리 : H₁=7.0m<br>• 전면의 유입구와 유출부 중심점 사이의 수직거리 : H₂=5.4m<br>• 개구부의 중심점 사이의 평균 수직거리 : Hₐ=6.2m |
| 11 | 하부 개구부의 등가 유효면적은? | $A_e ≒ 26.5m^2$(KOSHA GUIDE E-152(환기평가지침의 7.2 참조) |
| 12 | 가장 불리한 조건에서의 온도는? | 평균 옥내 온도 : $T_{in}$=316K,<br>옥외 온도 : $T_{out}$=313K |
| 13 | 신선한 공기의 부피환기유량은? | $Q_a ≒ 10.7 m^3/s$, $C_d = 0.75$<br>(KOSHA GUIDE E-152(환기평가지침, (식 4) 참조) |
| 14 | 대상 체적의 시간당 환기횟수는? | $C = \dfrac{Q_a}{V_0} ≒ 48h^{-1}$<br>시간당 48회의 환기횟수는 환기조건이 아주 좋은 상태이나 실제의 조건에서는 적용 곤란 |
| 15 | 환기속도는? | 환기속도는 공기 흐름 패턴에 따라 계산하며, 이 셸터의 기준 단면이 수평임으로<br>$u_W = \dfrac{Q_a}{L \times B} ≒ 0.075 m/s$ |
| 16 | 대상 부피 내의 배경농도는? | $X_b = \dfrac{f \times Q_g}{CV_0} ≒ 0.18\% ≒ 4.5\% LFL$<br>(KOSHA GUIDE E-152(환기평가지침, (식 1) 참조) |
| 17 | 누출특성은? | $\dfrac{W_g}{\rho_g kLFL} ≈ 0.5 m^3/s(k=1.0)$<br>공기흐름 패턴이 상승기류를 나타내므로, 1.0 적용 |

## KOSHA GUIDE
## E - 153 - 2017

| | | |
|---|---|---|
| 18 | 희석 등급은? | KOSHA GUIDE(환기평가지침, 〈그림 1〉)에서 X축과 Y축 값이 교차하는 지점을 찾으면 중희석 |
| 19 | 이 부피의 배경농도가 LFL의 25%보다 높은가? | 아니오. LFL의 4.5%. 희석등급은 중희석 |
| 20 | 환기 이용도는? | 밀폐된 공간에서의 자연환기 이용도는 다양한 불확실성으로 인하여 '우수'가 아닌 '양호'로 간주 |
| 21 | 셸터 내의 폭발위험장소의 종별은? | 2종 장소로 구분, 누출등급, 희석등급 및 환기이용도를 고려 (〈표 1〉 참조) |
| 22 | 누출원으로 간주할 수 있는 또 다른 개구부는? | 예, 옥상의 출구 개구부. A형 개구부 |
| 23 | 이 개구부(22)를 통한 가스의 누출률(질량)은? | $W_g = u_2 A_2 \rho_g X_b = u_w L B \rho_g X_b$, $W_g \approx 1.54 \times 10^{-2}$ kg/s<br>이 결과는 질량보존의 법칙을 따르는 KOSHA GUIDE(누출원평가지침의 (식 4)와 같음 |
| 24 | 희석등급은? | 희석등급은 KOSHA GUIDE(폭발위험장소 일반지침의 〈그림 1〉)를 이용하여 다시 구함. 다만, 환기속도 Uw가 풍속일 경우 제외. 지면 위의 개구부의 높이를 고려할 때 1.0 m/s는 합리적인 값 (KOSHA GUIDE(환기평가지침의 〈표 1〉 참조)으로 이때의 희석등급은 '중'임 |
| 25 | 개구부 주변의 폭발 위험 장소는? | 폭발위험장소는 2종 장소(〈그림 16, 17〉 참조). |
| 26 | 개구부 주변의 위험범위는? | 위험범위는 〈그림 1〉을 참고)하여 추정. 누출원 위치를 고려하여 지나치게 엄격하게 적용할 필요는 없이 아래쪽 곡선을 선택하는 것이 논리적일 수 있음.<br>그래프에서 위험거리는 1.0m 보다 약간 긴 1.5m로 함(〈그림 16〉 참조) |
| 27 | 결론 | 셸터 아래 전체 지역을 2종 장소로 함. 부력에 의한 자연환기가 이루어지므로 가스혼합물이 빠져나가는 옥상을 제외하고는 벽 바깥까지 위험장소를 확장할 필요없음(〈그림 16 및 17〉 참조) |

## KOSHA GUIDE
## E - 153 - 2017

**〈표 3〉 인화성 물질 목록 및 특성_폭발위험장소 구분 데이터 시트(파트 I)**

설비 : 천연가스 취급 컴퓨레서 설비
지역 :
관련도면: 〈그림 16, 17〉 참조

| | 물질명 | 화학식 (구성분) | 인화성 물질 분자량 (kg/kmol) | 비중 (가스, 공기) | 단열팽창 폴리트로피 지수 | 인화점 (℃) | 발화점 (℃) | 휘발성$^a$ 비점 (℃) | 증기압 20℃ (kPa) | 인화하한값 (LFL) vol (%) | (kg/m³) | 방폭특성 기기그룹 및 온도등급 | 비 고 (기타 관련 정보) |
|---|---|---|---|---|---|---|---|---|---|---|---|---|---|
| 1 | 공정 가스 | 80%vol 메탄 + 높은 탄화수소 | 21.6 | 0.8 | 1.2 | - | >400 | - | - | 4.0 | 0.036 | IIA/T2 | |
| 2 | 공정 가스 응축물 | Iso- 및 노말- 펜탄, 핵산 및 헵탄 | 46 | >3.0 | - | <30 | <300 | <50 | 자료 없음 | 1.3~8.0 | 0.025~0.153 | IIA/T3 | 추정값 |
| 3 | 연료 가스 | 96%vol 메탄 + 높은 탄화수소 | 16.8 | 0.6 | 1.3 | - | >500 | - | - | 5.0 | 0.035 | IIA/T1 | |
| 4 | | | | | | | | | | | | | |
| 5 | | | | | | | | | | | | | |
| 6 | | | | | | | | | | | | | |
| 7 | | | | | | | | | | | | | |
| 8 | | | | | | | | | | | | | |
| 9 | | | | | | | | | | | | | |
| 10 | | | | | | | | | | | | | |

a : 일반적으로 증기압 값이 주어지며, 증기압 값이 주어지지 않은 경우, 비점 사용 가능

## KOSHA GUIDE
### E - 153 - 2017

〈표 4〉 누출원 목록_폭발위험장소 구분 데이터 시트(파트 II)(1)

설비 : 천연가스 취급 컴퓨레서 설비  
지역 :  
관련도면 : 〈그림 16, 17〉 참조

| | 누출원 | | | 인화성 물질 | | | | 환기 | | | 폭발위험장소 | | | 비고 |
|---|---|---|---|---|---|---|---|---|---|---|---|---|---|---|
| | 설비명 | 위치 | 누출<br>등급$^a$ | 누출률<br>(kg/s) | 누출<br>특성<br>(m³/s) | 참조$^b$ | 운전온도<br>(℃) | 및 압력<br>(kPa) | 상태$^c$ | 형태$^d$ | 희석<br>등급$^e$ | 이용도 | 위험장<br>소종별<br>(0,1,2) | 위험장소범위(m) | | 참조$^f$ | (기타 관련<br>정보) |
| | | | | | | | | | | | | | | 수직 | 수평 | | |
| 1 | 배기구<br>(개구부) | 지붕 위 | 2차 | 1.54<br>×10$^{-2}$ | 0.5 | 1 | - | 101,325 | G | N | 중 | 양호 | 2종 | 1.5 | 1.5 | | |
| 2 | 가동 가스<br>통기구 | 지붕 위 | 1차 | 0.5 | 16 | 3 | 25 | 1,000 | G | N | 중 | 양호 | 1종 | 통기구<br>중부에서<br>9.0 | 통기구<br>중부에서<br>9.0 | | 제조사<br>데이터 |
| 3 | 컴프레서<br>블로다운<br>통기구 | 지붕 위 | 1차 | 1.75 | 52 | 1 | 35 | 5,000 | G | N | 중 | 양호 | 1종 | 통기구<br>중부에서<br>8.0 | 통기구<br>중부에서<br>8.0 | | 제한된<br>체적량 |
| 4 | 연료가스<br>셧오프 밸브<br>통기구 | 지붕 위 | 1차 | 0.25 | 7.7 | 3 | 25 | 50 | G | N | 중 | 양호 | 1종 | 통기구<br>중부에서<br>6.0 | 통기구<br>중부에서<br>6.0 | | 제한된<br>누출량 |
| 5 | 안전밸브<br>통기구 | 지붕 위 | 2차 | 1.8<br>×10$^{-2}$ | 0.54 | 1 | 149 | 2,800 | G | N | 중 | 양호 | 2종 | 통기구<br>중부에서<br>3.0 | 통기구<br>중부에서<br>3.0 | | 전체<br>유량 아님 |
| 5a | 안전밸브<br>통기구 | 스크<br>러버 | 2차 | 1.8<br>×10$^{-2}$ | 0.54 | 1 | 50 | 5,500 | G | N | 중 | 양호 | 2종 | 통기구<br>중부에서<br>3.0 | 통기구<br>중부에서<br>3.0 | | 전체<br>유량 아님 |
| 6 | 피스톤로드<br>패킹 통기구 | 지붕 위 | 1차/<br>연속 | 1.0<br>×10$^{-2}$ | 0.3 | 1 | 25 | 101,325 | G | N | 중 | 양호 | 0종 또는<br>1종 | 통기구<br>중부에서<br>1.5 | 통기구<br>중부에서<br>1.5 | | |
| 7 | 가스엔진 | 셸터<br>내부 | 2차 | 1.54<br>×10$^{-2}$ | 0.5 | 3 | 25 | 50 | G | N | 중 | 양호 | 2종 | 셸터<br>내부 | 셸터<br>내부 | | |
| 7a | 컴프레서 | 셸터<br>내부 | 2차 | 1.54<br>×10$^{-2}$ | 0.6 | 1 | 149 | 200<br>~5,000 | G | N | 중 | 양호 | 2종 | 셸터<br>내부 | 셸터<br>내부 | | |
| 7b | 에어쿨러 | 셸터<br>내부 | 2차 | 1.8<br>×10$^{-2}$ | 0.54 | 1 | 50 | 2,500<br>~5,000 | G | N | 중 | 양호 | 2종 | 에어<br>쿨러에서<br>3.0 | 에어<br>쿨러에서<br>3.0 | | |

a : C(연속), S(2차), P(1차), b : 파트 I 목록 인용 번호, c : G(가스), L(액체), S(고체), d : N(자연환기), AG(강제 전체환기), AL(국소배기).
e : 부속서 C 참조, f : 사용된 코드/표준 번호, 계산 기준 표시

# KOSHA GUIDE
## E - 153 - 2017

설비 :
지역 :

〈표 4〉 누출원 목록_폭발위험장소 구분 데이터 시트(파트 II)(2)

관련도면 : 〈그림 16, 17〉 참조

| 설비명 | 누출원 위치 | 누출 등급[a] | 인화성 물질 | | | | | | 환기 | | | 폭발위험장소 | | | 비고 (기타 관련 정보) |
|---|---|---|---|---|---|---|---|---|---|---|---|---|---|---|---|
| | | | 누출률 (kg/s) | 누출 특성 ($m^3/s$) | 참조[b] | 온도 및 압력 (℃) | 및 압력 (kPa) | 상태[c] | 형태[d] | 희석 등급[e] | 이용도 | 위험장소 종별 (0,1,2) | 위험장소범위(m) 수직 | 수평 | 참조[f] |
| 8 공정 가스 스크러버 | 셀터 내부 | 2차 | 0.93 ×10⁻² | 0.4 | 2 | 50 | 2,500 | L | N | 중 | 양호 | 2종 | 셀터 내부 | 셀터 내부 | |
| 8a 공정 가스 스크러버 | 셀터 외부 | 2차 | 0.93 ×10⁻² | 0.4 | 2 | 50 | 5,000 | L | N | 중 | 양호 | 2종 | 스크러버 에서 3.0 | 스크러버 에서 3.0 | |
| 9 밸브 | 셀터 내부 | 2차 | 1.8 ×10⁻² | 0.54 | 1/2/3 | 50 | 2,500 ~5,000 | G/L | N | 중 | 양호 | 2종 | 셀터 내부 | 셀터 내부 | |
| 9a 밸브 | 셀터 외부 | 2차 | 1.8 ×10⁻² | 0.54 | 1/2/3 | 50 | 2,500 ~5,000 | G/L | N | 중 | 양호 | 2종 | 밸브에서 3.0 | 밸브에서 3.0 | |
| 10 배관 연결부 | 셀터 내부 | 2차 | 1.8 ×10⁻² | 0.54 | 1/2/3 | 50 | 2,500 ~5,000 | G/L | N | 중 | 양호 | 2종 | 셀터 내부 | 셀터 내부 | |
| 10a 배관 연결부 | 셀터 외부 | 2차 | 1.8 ×10⁻² | 0.54 | 1/2/3 | 50 | 2,500 ~5,000 | G/L | N | 중 | 양호 | 2종 | 배관연결 부에서 3.0 | 배관연결 부에서 3.0 | |

a : C(연속), S(2차), P(1차), b : 파트 I 목록 인용 번호, c : G(가스), L(액체), S(고체), d : N(자연환기), AG(강제 전체환기), AL(국소배기),
e : 부속서 C 참조, f : 사용된 코드/표준 번호, 계산 기준 표시

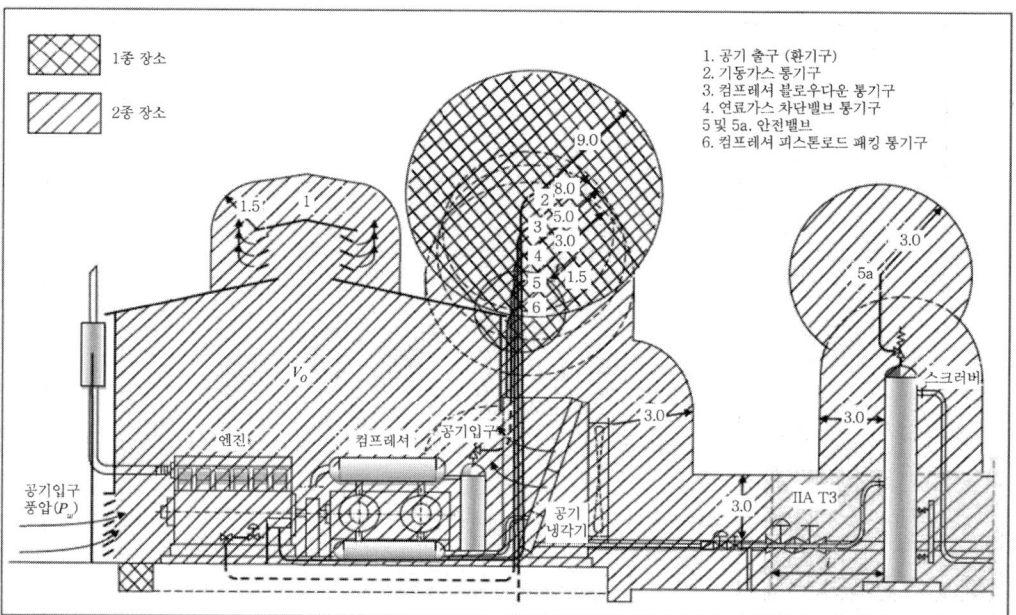

〈그림 16〉 천연가스를 취급하는 컴프레서 설비의 폭발위험장소 구분도의 예(정면도)

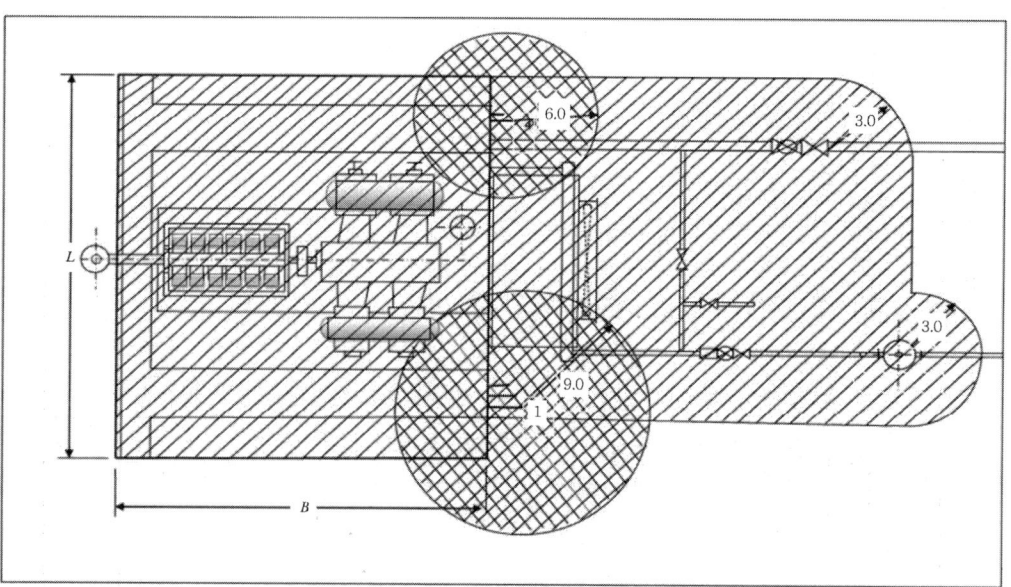

〈그림 17〉 천연가스를 취급하는 컴프레서 설비의 폭발위험장소 구분도의 예(평면도)

KOSHA GUIDE
E - 99 - 2013

# 분진폭발 위험장소 설정에 관한 기술지침

2013. 11

한 국 산 업 안 전 보 건 공 단

## 안전보건기술지침의 개요

○ 제정자 : 한국산업안전보건공단 류보혁
○ 개정자 : 한국산업안전보건공단 류보혁
○ 개정자 : 한국산업안전보건공단 산업안전보건연구원 안전시스템연구실
○ 개정자 : 한국산업안전보건공단 류창환

○ 제 · 개정 경과
  - 1999년 3월 전기안전분야 기준제정위원회 심의
  - 1999년 5월 총괄기준제정위원회 심의
  - 2006년 4월 전기안전분야 기준제정위원회 심의
  - 2006년 5월 총괄기준제정위원회 심의
  - 2011년 12월 전기안전분야 제정위원회 심의(개정)
  - 2013년 11월 전기안전분야 제정위원회 심의(개정)

○ 관련 규격
  - KS C IEC 61241-10(분진방폭 전기기계 · 기구 - 제10부 : 폭발위험장소)
  - KS C IEC 61241-14(분진방폭 전기기계 · 기구 - 제14부 : 선정 및 설치)
  - IEC 60079-10-2(Explosive atmospheres-Part 10-2 : Classification of areas-Combustible dusts atmospheres)

○ 관련 법규 · 규칙 · 고시 등
  - 산업안전보건기준에 관한 규칙 제230조(폭발위험이 있는 장소의 설정 및 관리), 제311조(폭발위험장소에서 사용하는 전기 기계 · 기구의 선정 등)

○ 기술지침의 적용 및 문의
  이 기술지침에 대한 의견 또는 문의는 한국산업안전보건공단 홈페이지 안전보건기술지침 소관 분야별 문의처 안내를 참고하시기 바랍니다.

공표일자 : 2013년 11월 30일

제 정 자 : 한국산업안전보건공단 이사장

KOSHA GUIDE
E - 99 - 2013

# 분진폭발 위험장소 설정에 관한 기술지침

## 1. 목적

이 지침은 산업안전보건기준에 관한 규칙(이하 "안전보건규칙"이라 한다.) 제230조(폭발위험이 있는 장소의 설정 및 관리), 제311조(폭발위험장소에서 사용하는 전기 기계·기구의 선정 등)의 규정에 의거, 가연성 분진으로 인한 화재·폭발위험이 있는 장소에서 사용하는 방폭 전기기계·기구의 적절한 선정 및 설치를 위하여 가연성 분진 폭발위험이 있는 장소의 설정에 관하여 필요한 사항을 정함을 목적으로 한다.

## 2. 적용범위

(1) 이 지침은 다음의 경우에 적용한다.

(가) 정상 대기조건하에서 가연성 분진과 공기의 혼합물(이하 "분진폭발 혼합물"이라 한다) 또는 가연성 분진층의 존재로 인하여 폭발위험이 있을 수 있는 장소

(나) 폭발위험이 있는 가연성의 섬유 또는 부유물이 존재할 수 있는 장소

> 주) 1. 이 지침은 공장이 청소(Housekeeping) 설비에 의해 효과적인 청소가 이루어진다는 것을 전제로 한다.
> 2. 여기에서의 청소는 분진의 누출, 비산, 퇴적 등이 발생하지 않도록 하는 제반 행위, 즉 넓은 의미에서의 청소를 말한다.

(2) 이 지침은 다음의 경우에는 적용하지 아니한다.

(가) 지하광산

(나) 혼성 혼합물(Hybrid mixture)의 존재로 인한 위험이 발생할 수 있는 장소

(다) 연소할 때 산소를 필요로 하지 않는 폭발성 분진 또는 자연발화성 물질이 있는 장소

(라) 이 지침에 규정된 이상상태를 넘는 아주 위험한 고장(Catastrophic failure)의 경우

> 주) 1. 여기에서 아주 위험한 고장은 사일로 또는 공압식 컨베이어의 파열 등을 말한다.
> 2. 공정플랜트(크기와 무관)에는 전기기기에 관련된 점화원 이외에도 많은 다른 점화원이 있을 수 있다. 따라서 안전을 확보하는 데 적합한 예방조치가 필요할 수는 있지만 이것은 이 지침의 범위를 벗어난다.

(마) 분진으로부터 발생되는 인화성 또는 독성가스의 누출에 의한 위험이 있는 경우

(3) 이 지침은 화재 또는 폭발에 따른 피해 영향은 고려하지 않는다.

KOSHA GUIDE
E - 99 - 2013

### 3. 용어의 정의

(1) 이 지침에서 사용되는 용어의 정의는 다음과 같다.

(가) "대기조건(Atmospheric conditions, Surrounding conditions)"이라 함은 압력 101.3kPa(1,013mbar) 및 온도 20℃(293K)의 기준조건에서 상하 편차(가연성 분진의 폭발성에 무시할 정도의 영향을 주는 편차)를 포함하는 조건을 말한다.

(나) "혼성 혼합물(Hybrid mixture)"이라 함은 공기 중에서 서로 다른 물리적 특성을 갖는 가연성 물질의 혼합물을 말한다.

주) 혼성 혼합물의 대표적인 예는 메탄, 석탄분진 및 공기의 혼합물이다.

(다) "분진(Dust)"이라 함은 가연성 분진과 가연성 부유물을 포함하는 포괄적인 용어를 말한다.

(라) "분진폭발 분위기(Explosive dust atmosphere)"라 함은 대기 중에서 점화 후에 연소가 확산되는 분진, 섬유, 부유물 형태의 가연성 물질과 공기가 혼합된 상태를 말한다.

(마) "가연성 분진(Combustible dust)"이라 함은 대기압 및 정상 온도에서 공기와 폭발성 혼합물을 형성하고 공기 중에서 연소 및 발염할 수 있는 공기 중 부유 및 자중에 의한 침적 가능한 직경 500㎛ 이하의 미세 고체 입자를 말한다.

(바) "도전성 분진(Conductive dust)"이라 함은 전기저항률이 $10^3 \Omega \cdot m$ 이하인 가연성 분진을 말한다.

(사) "비도전성 분진(Non-conductive dust)"이라 함은 전기저항률이 $10^3 \Omega \cdot m$ 초과인 가연성 분진을 말한다.

(아) "가연성 부유물(Combustible flyings)"이라 함은 대기압 및 정상 온도에서 공기와 폭발성 혼합물을 형성하고 공기 중에서 연소 및 발염할 수 있는 공기 중 부유 및 자중에 의한 침적 가능한 직경 500㎛ 초과의 고상입자(섬유 포함)를 말한다.

주) 이러한 예로 레이온, 면(면 보풀 및 폐면 포함), 사이잘(Sisal), 삼베, 대마, 코코아 섬유, 뱃밥(Oakum) 및 케이폭 뭉치가 있다.

(자) "분진폭발 위험장소(Hazardous area(dust))"라 함은 장비의 구조상 또는 사용상에서 분진과 공기의 폭발성 혼합물의 점화를 방지하기 위하여 특별한 조치를 취하여야 할 정도의 구름 형태의 가연성 분진(분진운)이 존재하거나 존재할 수 있는 장소를 말한다.

KOSHA GUIDE
E - 99 - 2013

주) 폭발위험장소는 분진과 공기의 폭발성 혼합물의 발생빈도와 지속시간을 기초로 하여 구분한다(6.1항 및 6.2항 참조).

(차) "비폭발 위험장소(분진)(Non hazardous area(dust))"라 함은 분진과 공기의 폭발성 혼합물의 형성이 심각히 우려될 정도로 가연성 분진이 존재하지 않는 장소를 말한다.

(카) "분진 격납용기(Dust containment)"라 함은 물질을 취급, 처리, 이송 또는 저장 시에 분진이 대기 중으로 누출되는 것을 방지하기 위한 공정설비 내부의 일부를 말한다.

(타) "분진 누출원(Source of dust release)"이라 함은 가연성 분진이 공기 중으로 누출될 수 있는 부위 또는 위치를 말하며, 누출원은 누출 정도에 따라 다음과 같이 구분한다.

주) 가연성 분진은 분진격납용기 또는 분진층에서도 나올 수 있다.

① 연속 누출등급 누출원 : 분진운의 연속적 또는 장기간의 존재가 예측되거나, 또는 단기간 빈번하게 존재할 수 있는 누출원
② 1차 누출등급 누출원 : 정상작동 중에 주기적 또는 간헐적으로 가연성 분진이 누출될 수 있는 누출원
③ 2차 누출등급 누출원 : 정상작동 중에 누출 우려가 없는 장소이거나 만약 누출된다면 아주 드물게 또는 아주 짧은 시간 동안만 누출될 수 있는 누출원

(파) "범위(Extent of zone)"라 함은 누출원의 끝에서 누출로 인한 분진폭발 위험을 일으킬 수 있는 점(범위)까지의 거리를 말한다.

(하) "정상작동(Normal operation)"이라 함은 전기적·기계적으로 설계명세에 만족하며, 제조자 규정 제한범위 내에서 사용되는 장비의 운전을 말한다.

주) 분진운 또는 분진층에서의 가벼운 누출(예 : 필터로 부터의 누출)발생은 정상작동으로 간주될 수 있다.

(거) "비정상작동(Abnormal operation)"이라 함은 공정과 연관된 오작동으로 드물게 발생하는 것을 말한다.

(너) "분진층의 발화온도(Ignition temperature of a dust layer)"라 함은 고온표면 위에 규정된 두께로 분진층이 쌓여 있을 때, 점화될 수 있는 고온표면의 최저온도를 말한다.

주) 분진층의 발화온도는 KS C IEC 61241-2-1에 주어진 시험방법으로 결정될 수 있다.

(더) "분진운의 발화온도(Ignition temperature of a dust cloud)"라 함은 공기를 포함한 분진운에서 발화가 발생할 수 있는 고온벽면부의 최저온도를 말한다.

주) 분진운의 발화온도는 KS C IEC 61241-2-1에 주어진 시험방법으로 결정될 수 있다.

(2) 기타 이 지침에서 사용하는 용어의 정의는 이 지침에서 특별히 규정하는 경우를 제외하고는 산업안전보건법, 같은 법 시행령, 같은 법 시행규칙 및 안전보건규칙에서 정하는 바에 따른다.

## 4. 분진폭발 위험장소의 설정

### 4.1 일반 사항

(1) 이 지침에서 분진운에 의한 화재·폭발 위험성을 평가하기 위한 장소설정은 인화성 가스 및 증기의 장소구분에서 사용되는 것과 유사한 개념을 적용한다.

(2) 가연성 분진은 폭발범위 내의 농도로 축적되어 있을 경우에만 폭발분위기를 형성한다. 분진운의 농도가 폭발범위 이상으로 높을 경우에는 폭발하지 않을 수 있지만, 농도가 떨어지면 폭발범위 내가 되어 위험할 수 있다. 또한, 환경조건에 따라 모든 누출원이 분진과 공기의 폭발 혼합물을 형성하지는 않는다.

(3) 기계 환기설비에 의해 제거되지 않은 분진은 입자 크기 등의 특성에 따라 분진층을 이루거나 퇴적될 수 있다. 따라서 잠재적인 위험 분진층을 형성할 수 있는 희석되었거나 작은 연속 누출원도 고려한다.

(4) 가연성 분진에 의하여 나타나는 위험은 다음과 같다.

(가) 폭발분위기를 형성하는 분진층 또는 축적을 포함하는 누출원으로부터의 분진운 형성(5항 참조)

(나) 분진운을 형성하기는 어려우나 자체 열 또는 고온 표면으로 인해 점화될 수도 있는 분진층의 형성과 장비의 화재 위험이나 과열을 일으킬 수 있는 분진층의 형성. 점화된 분진층은 폭발 분위기의 점화원으로 작용할 수 있다(7항 참조).

(5) 폭발성 분진운 및 가연성 분진층이 존재할 수 있는 장소에는 가급적 점화원을 두지 않도록 한다. 만약, 이것이 불가능할 경우에는 가연성 분진과 점화원의 동시 발생을 허용 가능한 정도까지 줄이기 위하여 가연성 분진이나 점화원의 발생가능성을 줄이기 위한 조치를 취한다. 경우에 따라, 폭발 배출(Explosion venting) 또는 폭발 억제(Explosion suppression)와 같은 방법을 채용할 필요도 있다.

KOSHA GUIDE
E - 99 - 2013

(6) 이 지침에서는 분진폭발분위기 및 가연성 분진층에 관하여 각각 규정한다. 여기에서는 폭발성 분진운의 장소구분은 하나의 누출원으로써 작용하는 분진층과 함께 기술한다. 분진층의 점화위험성에 대해서는 7항에서 규정한다.

### 4.2 분진폭발 위험장소의 구분 목적

(1) 가연성 분진이 존재할 수 있는 대부분의 실제적인 상황에서 분진폭발 혼합물이 발생하지 않도록 한다는 것은 아주 어렵다. 또한 장비가 절대로 점화원이 되지 않도록 하는 것도 용이하지 않다. 그러므로 분진폭발 혼합물이 발생할 가능성이 클 때에는 점화원이 될 가능성이 아주 낮은 장비를 사용하도록 설계하기 위한 것이다.

(2) 반대로, 분진폭발 혼합물이 발생할 가능성이 낮은 경우에는 보다 덜 엄격하게 설계된 장비를 사용할 수 있다.

### 4.3 분진폭발 위험장소의 구분 절차

(1) 장소구분은 점화원의 수량을 기초로 하여 작성하되, 위험장소 결정은 분진의 가연성 여부에 따라 결정한다. 분진의 가연성은 시험에 의하여 결정되고, 필요한 공정에서 사용되는 물질의 특성은 공정기술자로부터 얻을 수 있다.

이때 공장 설비의 운전·정비 제도와 청소 등을 모두 고려하여 결정한다. 또한 공장 설비의 특정분야의 누출특성에 대한 정보를 확보하기 위하여 전문가의 지식뿐만 아니라, 안전 및 설비 전문가의 밀접한 상호협력이 필요하다. 위험장소를 정의하고자 할 때에는 분진운 및 분진운을 발생시킬 수 있는 분진층을 고려한다.

(2) 위험장소를 구분하기 위한 절차는 다음과 같다.

(가) 첫째 단계는 물질 특성의 확인이다. 즉, 가연성 여부, 입자 크기, 수분 함량, 분진운과 분진층의 최소 발화온도와 전기저항률, 적절한 분진그룹(가연성 부유물은 그룹 IIIA, 비도전성 분진은 그룹 IIIB, 도전성 분진은 그룹 IIIC) 등

(나) 둘째 단계는 5.2항에 규정된 분진 격납용기 또는 분진 누출원이 존재하는 지를 확인하는 것이다. 이를 위해서는 공정 배관도와 공장 배치도가 필요하다. 이 단계에서는 7항에 규정된 분진층 형성의 가능성을 확인하는 것을 포함한다.

(다) 셋째 단계는 이들 누출원으로부터 누출될 가능성과 5.2항에 규정된 설비의 다양한 부분에서 분진폭발 혼합물의 발생 가능성 여부를 결정하는 것이다.

(3) 이러한 단계를 거친 후에만이 장소구분과 그 범위를 명확히 정할 수 있다. 장소구분도에는 위험장소의 종류, 그 범위와 분진층의 존재를 표시하여야 한다.
(이 도면은 차후의 장비 선정의 기초 자료로 활용된다.)

KOSHA GUIDE
E - 99 - 2013

(4) 향후의 장소구분 검토 시에 활용하기 위하여 장소구분을 결정하게 된 이유를 구분도에 주석(Note)으로 기입하도록 한다. 공정 또는 공정 물질의 변경 시, 또는 설비의 열화로 인하여 누출이 보다 일반화된다면, 장소구분을 정기적으로 재검토한다.

(5) 이 지침에서는 넓은 범위의 주위환경을 감안하기 때문에 개개의 사례에 필요한 조치는 별도로 고려하지 않는다. 따라서 장소구분 원칙, 사용되는 공정 물질, 포함된 설비 및 그 기능 등에 관한 지식을 보유한 전문가가 위의 절차에 따라 장소구분을 하는 것이 아주 중요하다.

## 5. 분진폭발분위기의 누출원

### 5.1 일반사항

(1) 분진폭발분위기는 분진 누출원에서 형성된다. 분진 누출원은 분진폭발 혼합물을 형성할 수 있는, 즉 가연성 분진이 누출되거나 증가될 수 있는 부위 또는 위치이다. 이 정의는 분진운을 형성하기 위해 확산될 수 있는 가연성 분진층을 포함한다.

(2) 주위환경에 따라 모든 누출원이 분진폭발 혼합물을 형성하는 것은 아니다. 반대로, 아주 작은 연속적인 누출원이라도 잠재적인 위험 분진층을 형성할 수 있다.

### 5.2 누출원의 확인

분진폭발 혼합물 또는 가연성 분진층을 형성할 수 있는 공정 설비, 공정 단계 또는 공정상에서 예측되는 기타 조치를 확인할 필요가 있다. 누출원의 확인은 분진 격납용기의 내부 및 외부에서 각각 별도로 행한다.

#### 5.2.1 분진 격납용기

공정설비의 일부인 분진 격납용기 내부에서의 분진은 대기 속으로 누출되지 않지만, 연속적인 분진운을 형성할 수 있다. 이것들은 연속적이거나, 장기간 또는 단기간 동안 연속될 수도 있다. 이러한 형상이 나타나는 빈도는 공정 주기(Cycle)에 달려 있다. 장비는 분진운과 분진층의 발생빈도를 확인할 수 있도록 정상작동, 비정상 작동 및 정지조건에서 검토되어야 한다. 두꺼운 분진층이 형성될 수 있는 경우, 이를 기록한다(7항 분진층의 위험 참조).

#### 5.2.2 누출원

(1) 분진 격납용기 외부의 많은 요소들이 장소구분에 영향을 줄 수 있다. 분진 격납용기 내부에서 사용되는 압력이 대기압보다 높은 경우(양압 공기압 이송의 경우)에는 분진이 장비 밖으로 쉽게 누출될 수 있다. 분진 격납용기 내

의 압력이 음압인 경우에는 장비 외부에 분진지역이 형성될 가능성은 아주 낮다. 분진 입자, 습기 함유량, 해당된다면 이송 속도, 분진 배출량, 낙하 높이 등이 잠재적인 누출량에 영향을 줄 수 있다. 잠재적인 누출과정이 일단 알려지면, 각각의 누출원을 확인하고 누출등급을 결정하여야 한다.

(2) 누출등급은 다음과 같다.
   (가) 연속 누출등급, 즉 분진운이 지속적 또는 오랜 기간 존재할 것으로 예측되거나, 짧은 기간존재하나 빈번히 발생하는 장소
   (나) 1차 누출등급, 즉 정상작동조건에서 주기적 또는 자주 발생할 것으로 예측될 수 있는 누출. 예를 들면, 개방된 백의 충전부 또는 배출부 근접 주위
   (다) 2차 누출등급, 즉 정상작동조건에서는 누출이 발생하지 않을 것으로 예측되며, 발생하더라도 아주 드물게, 짧게만 지속되는 누출. 예를 들면, 분진퇴적물이 존재하는 분진취급 플랜트

(3) 다음의 설비들은 정상 또는 비정상 운전 중의 누출원으로 보지 않는다.
   (가) 막힌 노즐과 맨홀 등의 주요 구조를 포함하는 쉘이나 압력 용기
   (나) 연결부가 없는 배관, 덕트 및 트렁킹
   (다) 설계, 구조 및 기타 적절한 방법으로 분진이 누출되지 않도록 조치한 밸브 그랜드 및 평면 접합

(4) 잠재적인 분진폭발 혼합물의 형성 가능성을 기초로 하여 〈표 1〉에 따라 위험장소를 설정한다.

〈표 1〉 가연성 분진의 존재에 따른 위험장소 설정

| 가연성 분진의 존재 | 분진운 장소의 구분 결과 |
| --- | --- |
| 분진운의 연속 존재 | 20종 |
| 1차 누출원 | 21종 |
| 2차 누출원 | 22종 |

주) 1. 사일로를 채우거나 비우는 작업이 간헐적으로 이루어지는 경우에는 그 내부는 21종 장소로 구분할 수 있다. 사일로 내부의 장비가 사일로를 채우거나 비울 때만 사용되는 경우, 장비를 선정할 때에는 장비가 운전 중인 동안에 분진운이 존재한다는 사실을 고려한다.
2. 대형 분진 컨테이너의 파괴와 같은 아주 드문 고장의 경우, 많은 분진층이 형성될 수 있다. 이와 같이 많은 분진층이 형성된다면 신속하게 이를 제거하거나 장비의 전원을 차단한다. 이러한 경우에는 이 지역을 22종 장소로 구분할 필요는 없다.

3. 곡물이나 설탕과 같은 대부분의 제품은 많은 알갱이 형태의 물질 내에 작은 양의 분진이 혼합되어 있다. 이러한 곳에서는 분진 폭발의 위험성은 없다 하더라도 입자가 거친 물질이 과열 및 화재를 일으킬 수 있는 위험성이 있다는 사실을 고려한다. 연소될 수 있는 알갱이는 공정을 통하여 전달될 수 있고 이것은 어느 곳에서든 폭발할 위험성이 있다.

## 6. 분진폭발 위험장소

### 6.1 일반 사항

분진폭발분위기의 장소구분은 폭발성 분진과 공기 분위기의 발생 빈도와 지속시간에 따라 6.2항과 같이 구분한다.

### 6.2 분진폭발 위험장소의 종류

가연성 분진의 층, 퇴적물, 더미 등은 폭발성 분위기를 형성할 수 있는 '기타 발생원'으로 간주한다.

(1) 20종 장소 : 공기 중에 가연성 분진운의 형태가 연속적, 장기간 또는 단기간 자주 폭발분위기로 존재하는 장소

(2) 21종 장소 : 공기 중에 가연성 분진운의 형태가 정상 작동 중 빈번하게 폭발분위기를 형성할 수 있는 장소

(3) 22종 장소 : 공기 중에 가연성 분진운의 형태가 정상작동 중 폭발분위기를 거의 형성하지 않고, 만약 발생한다 하더라도 단기간만 지속될 수 있는 장소

### 6.3 분진폭발 위험장소 구분의 예

(1) 20종 장소 : 20종 장소가 될 수 있는 지역의 예는 다음과 같다.
  (가) 분진 격납용기 내부 지역
  (나) 호퍼(Hopper), 사일로, 집진장치 및 필터 등
  (다) 분진 이송 설비(벨트 및 체인 컨베이어의 일부 제외) 등
  (라) 배합기, 제분기, 건조기, 배깅 장비(Bagging equipment) 등

(2) 21종 장소 : 21종 장소가 될 수 있는 지역의 예는 다음과 같다.
  (가) 분진 격납용기 외부, 내부에 분진폭발 혼합물이 존재할 때 조작을 위하여 빈번하게 제거 또는 개방하는 문 근접 장소
  (나) 분진폭발 혼합물의 형성을 방지하기 위한 조치를 취하지 않은 충전 및 배출 지점, 이송 벨트, 샘플링 지점, 트럭덤프지역, 벨트 덤프 인근의 분진 격납용기 외부 장소

KOSHA GUIDE
E - 99 - 2013

(다) 분진층과 분진폭발 혼합물이 형성될 수 있는 공정 운전으로 인하여 분진이 축적될 수 있는 분진 격납용기의 외부 장소
(라) 폭발성 분진운이 발생할 수 있는(연속적, 장기간 또는 빈번하지 않은) 분진 격납용기, 즉 (빈번하게 채우고 비우는)사일로 및 필터의 분진 쪽(만약 자체 청소 주기가 정해진 경우)

(3) 22종 장소 : 22종 장소가 될 수 있는 지역의 예는 다음과 같다.
(가) 백필터 배기구의 배출구. 오작동 시 분진폭발 혼합물이 누출될 수 있다.
(나) 간헐적인 주기로 열리는 장비 인근 장소 또는 대기압보다 높은 압력 때문에 분진이 쉽게 누설될 수 있는 장비 인근, 분진 분출부(쉽게 손상될 수 있는 공기압 장비, 유연 접속부 등)
(다) 분진 제품을 담는 저장 백. 백 취급 중에 손상될 경우 분진 분출
(라) 통상 21종 장소로 분류되나 분진폭발 혼합물의 형성을 방지하기 위하여 적절한 조치를 취하는 경우에는 22종으로 구분. 이러한 조치에는 배기 설비를 포함하며, 배기설비를 (백) 충전 및 배출 지점, 피드 벨트, 샘플링 지점, 트럭 덤프 지역, 벨트 덤프 지역 등의 인근 장소에 설치한다.
(마) 분진층 또는 분진폭발 혼합물이 형성되는 것을 제어하는 장소. 만약 위험한 분진과 공기의 혼합물이 형성되기 전에 청소하여 분진층을 완전히 제거하면, 비위험장소로 할 수 있다.

(4) 분진폭발 위험장소의 범위
분진폭발분위기의 범위는 분진 누출원의 끝으로부터 그 위험이 더 이상 존재하지 않는 점까지를 범위로 하여 정한다. 아주 미세한 분진은 건물 내의 공기 흐름에 따라 누출원으로부터 상부로 확산된다는 사실을 고려한다. 장소구분 시에는 분류된 지역 사이의 구분되지 않은 작은 지역이 있을 경우, 이를 포함한 전체 범위를 구분하도록 한다.
(가) 20종 장소 : 20종 장소는 분진폭발 혼합물이 오랫동안 또는 빈번하게 존재할 수 있는 덕트, 생산 및 취급 설비의 내부를 포함한다. 만약 분진격납용기의 외부에 분진폭발분위기가 지속적으로 존재한다면, 20종 장소로 지정되어야 한다.
(나) 21종 장소
① 대부분의 환경에서, 21종 장소의 범위는 분진폭발 혼합물을 발생시키는 환경과 관련된 누출원을 평가함으로써 정할 수 있다.

② 21종 장소의 범위는 다음과 같다.
㉮ 분진폭발 혼합물이 발생할 수 있는 일부 분진취급 장비의 내부
㉯ 분진의 양, 유량, 분진 입자 및 분진생성물의 수분함유량과 관련된 누출원에 의해 형성되는 장비 외부 지역. 일반적으로 그 범위는 누출원 주위 1m면 충분하다(수직방향으로는 지면 또는 단단한 바닥면까지). 건물 외부(개방 장소)에서의 21종 장소는 바람, 비 등과 같은 기후 영향에 따라 변할 수 있다.
㉰ 분진 확산 범위가 구조물(벽 등)에 의하여 제한되는 경우, 범위를 정할 때 그 표면을 고려할 수 있다.

주) 만약, 21종 장소 외부에 분진층이 발견되었다면, 분진층의 크기와 분진층이 분진운을 생성시킬 수 있는 가능성을 고려하여 21종 장소를 확장시킬 필요(22종 장소가 될 수도 있음)가 있다.

(다) 22종 장소
① 대부분의 환경에서, 22종 장소의 범위는 분진폭발 혼합물을 발생시키는 환경과 관련한 2차 누출등급 누출원을 평가함으로써 정할 수 있다.
② 누출원에 의해 형성되는 장소 범위는 분진의 양, 유량, 입자크기, 생성물의 수분 함유량 등의 여러 분진 변수에 따라 변한다.
㉮ 일반적으로 22종 장소는 누출원 주위 및 21종 장소 밖 3m까지면 충분하다(수직방향으로는 지면 또는 단단한 바닥면까지). 건물 밖(개방 장소)에서 22종 장소의 경계는 바람, 비 등과 같은 기후 영향에 따라 다소 축소시킬 수 있다.
㉯ 분진의 확산이 구조물(벽 등)에 의해 제한되는 경우, 그 구조의 표면은 지역의 경계로 간주될 수 있다.
③ 22종 장소로 구분할 때 고려되는 사항이외에 모든 장소에서 실제 상황을 고려할 필요가 있다.
④ 옥내에 위치하나 21종 장소로 구분되지 않은 장소(맨홀이 있는 용기 등과 같이 구조물로 제한되지 않은 곳)는 22종 장소로 구분하여야 한다.

주) 만약, 장소구분을 재검토하는 중에 당초의 22종 장소 이외에서 축적된 분진층이 발견되었다면, 분진층의 범위와 생성되는 분진운을 생성시키는 분진층의 교란상태를 고려하여 장소구분을 확대할 필요가 있다.

KOSHA GUIDE
E - 99 - 2013

## 7. 분진층의 위험성

(1) 파우더를 취급 또는 처리하는 분진 격납용기 내부에서, 분진이 공정 전체에 있다면 분진층의 제어할 수 없는 두께를 방지할 수 없는 경우가 종종 있을 수 있다.

(2) 기본적으로 장비 외부의 분진층의 두께는 청소(Housekeeping)로 제어할 수 있다. 누출원에서 고려할 사항을 검토 할 때, 설비 관리에서 청소 상태와 일치시키는 것을 필수 요소로 한다. 분진층의 청소 효과는 〈부록 3〉에 기술하였다.

(3) 분진층의 고온 표면 점화의 위험성과 분진 점화를 방지하기 위해 선정된 장비의 최대 허용 표면온도에 대한 검토는 〈부록 2〉에 기술하였다.

## 8. 문서화

### 8.1 일반 사항

(1) 여러 단계를 거쳐 지역을 구분하여 최종 폭발위험장소 구분도를 작성하고 이를 적절하게 문서화할 것을 권고한다. 그리고 분진폭발 위험장소의 표시 예를 〈그림 1〉에 제시한다.

(2) 사용된 모든 정보를 참조할 수 있어야 한다. 이러한 정보의 예 또는 사용된 방법의 예는 다음과 같다.
   (가) 관련코드 및 지침의 권고 사항
   (나) 모든 누출원으로부터의 분진확산 평가
   (다) 분진과 공기의 혼합물 및 분진층의 형성에 영향을 미치는 공정 변수

(3) 장소구분 결과와 필요시 그 대안을 기록한다.

(4) 설비에 사용되는 모든 공정 물질과 관련되는 장소구분의 특성은 목록으로 작성한다. 여기에는 분진운 및 분진층의 점화온도, 폭발한계, 저항률, 수분 함유량 및 입자크기 등에 관한 정보를 포함시킨다.

### 8.2 폭발위험 구분도(도면, 데이터 시트 및 표 등의 표시사항)

(1) 장소구분 문서는 위험장소의 형태와 범위 모두, 분진의 최소 점화온도와 점화를 방지하기 위하여 선정된 장비의 최대 표면온도, 분진층의 양 등을 나타내는 평면도와 입면도(가능하다면)를 포함하도록 한다.

(2) 문서에는 (1) 이외에도 다음과 같은 정보를 포함하도록 한다.
   (가) 누출원의 위치 및 표시 : 대형 종합 플랜트 또는 공정지역에서, 서로 참조할

수 있도록 작성된 장소구분 자료 시트 및 도면 등은 누출원의 개수 또는 목록 등의 작성에 많은 도움이 될 수 있다.
(나) 장소구분을 하기 위한 청소 및 기타 예방조치에 관한 정보
(다) 공정 물질, 방법 및 장비 변경 시의 재검토와 같은 방법과 같은 구분도의 정비 및 재검토 방법
(라) 장소 구분도의 배포처
(마) 장소구분의 범위 및 분진층의 정도를 정하기 위하여 선택한 방법과 그 이유

(3) 폭발위험장소 구분도의 적용

폭발위험장소 구분도는 〈부록〉의 그림에 나타나 있는 위험장소구분 표시들 중 가장 적합한 것을 선정 적용한다. 이 지역구분 표시에서 특별히 적합한 것을 찾을 수 없는 경우에는 타 규격이나 코드 등을 적용하되 이에 관한 특기 사항을 상기 문서에 확실하게 기술하여야 한다.

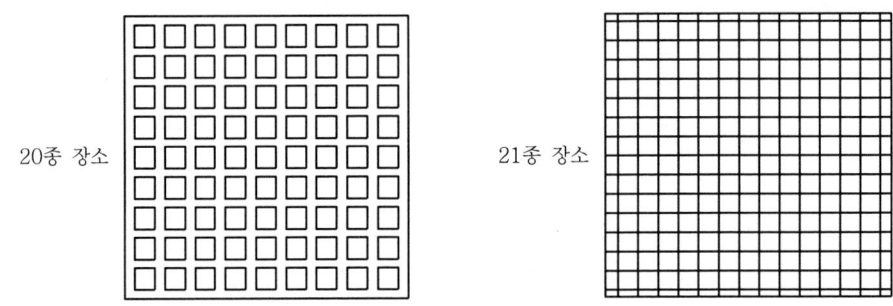

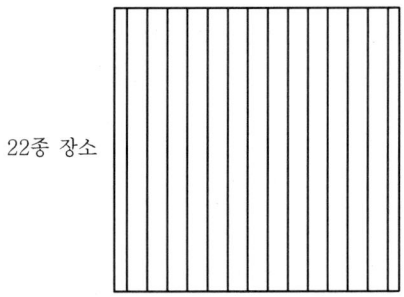

〈그림 1〉 분진폭발 위험장소 표시의 예

```
KOSHA GUIDE
E - 99 - 2013
```

〈부록 1〉

# 분진폭발 위험장소의 설정 예

## 1. 배기설비가 없는 건물 내부의 호퍼 주위

이 예에서는 사람이 빈번하게 백(자루)의 내용물을 호퍼에 붓고, 이 내용물을 공기로 플랜트의 다른 곳으로 이송하는 것으로, 호퍼는 보통 제품이 일부 차 있다.

(1) 20종 장소 : 분진폭발 혼합물이 빈번하게 또는 지속적으로 존재하는 호퍼 내부
(2) 21종 장소 : 개방 맨홀은 1차 누출원이다. 따라서 21종 장소는 맨홀 주위, 즉 맨홀 끝에서 1m까지와 이를 바닥까지 연장한 장소이다.

주) 만약, 분진층이 축적된다면 분진층, 청소 및 분진운을 발생시키는 분진층의 교란 등을 고려하여 위험장소를 더 넓게 정할 수 있다(부록 3 참조). 자루에서 분진을 쏟을 때 공기의 이동이 있다면, 21종 장소 밖으로 분진운이 생길 수 있다. 이때에는 추가로 22종 장소를 고려한다.

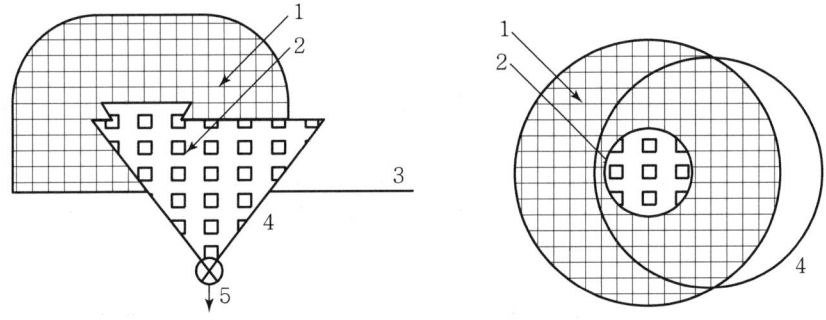

1 : 21종 장소(통상 1m 반경), 2 : 20종 장소, 3 : 바닥, 4 : 백 배출 호퍼, 5 : 공정으로

주) 1. 상대적 크기는 단지 예이고, 실제적으로는 다른 거리가 필요하다.
  2. 폭발, 배기 또는 폭발 격리 등과 같은 추가적인 보호조치가 필요할 수도 있지만 이 지침 범위 밖이므로 여기서는 다루지 않는다.

〈부록 그림 1〉 배기설비가 없는 건물 내부의 호퍼 주위

## 2. 배기설비가 있는 호퍼 주위

이것은 〈부록 1〉의 1항과 유사한 예이나, 이 시스템의 경우 배기 설비가 구비되어 있다. 이러한 경우에는 대부분의 분진을 설비 내로 제한할 수 있다.

(1) 20종 장소 : 분진폭발 혼합물이 빈번하게 또는 지속적으로 존재하는 호퍼 내부

(2) 22종 장소 : 개방된 맨홀은 2차 누출원이다. 배기설비가 있으므로 정상 상태에서는 분진의 누출이 없다. 잘 설계된 배기 설비에서는 누출된 모든 분진을 빨아들일 수 있다. 따라서 22종 장소는 맨홀 주위가 되며, 그 범위는 맨홀 끝에서 3m까지와 이를 바닥까지 연장한 장소이다.

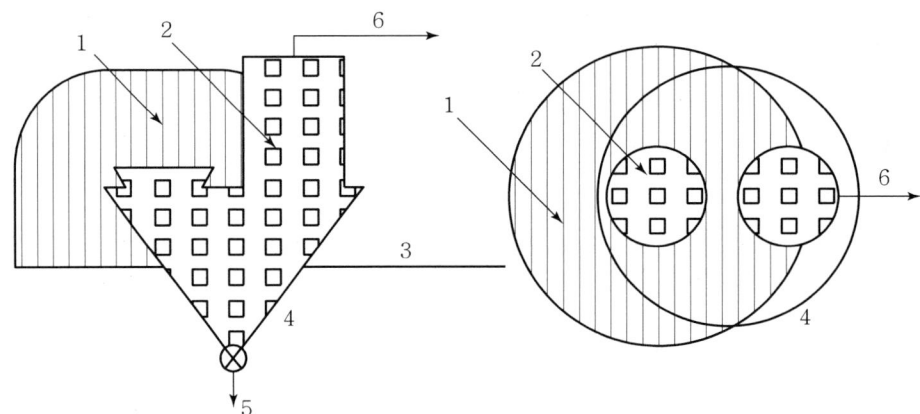

1 : 22종 장소(통상 3m 반경), 2 : 20종 장소, 3 : 바닥, 4 : 백 배출 호퍼, 5 : 공정으로,
6 : 격납용기 내에서 배출

주) 1. 상대적 크기는 단지 예이고, 실제적으로는 다른 거리가 필요하다.
   2. 폭발, 배기 또는 폭발 격리 등과 같은 추가적인 보호조치가 필요할 수도 있지만 이 지침 범위 밖이므로 여기서는 다루지 않는다.

〈부록 그림 2〉 배기설비가 있는 곳의 호퍼 주위

### 3. 옥외 집진장치 및 여과기

집진장치와 여과기는 추출 설비 흡입측의 일부로, 추출된 제품은 연속적으로 작동되는 회전밸브를 통과하여 닫힌 저장소 내부로 떨어진다. 미세 분진의 양이 아주 작으므로 자체 청소 주기는 길다. 따라서 내부는 정상 작동 중에만 가연성 분진이 때때로 형성될 수 있다. 필터 유닛의 추출 팬은 외부로 공기를 추출하는 설비이다.

(1) 20종 장소 : 분진폭발 혼합물이 빈번하게 또는 지속적으로 존재하는 집진장치 내부
(2) 21종 장소 : 적은 양의 분진이 정상 작동 중에 사이클론에 의하여 포집되지 않는 경우에만 필터의 입구 측(Dirty side)은 21종 장소이다. 그렇지 않다면, 필터의 입구 측은 20종 장소이다.

(3) 22종 장소 : 필터의 출구 측(Clean side)은 필터가 고장 난다면 가연성 분진운이 나타날 수 있다. 이를 필터 내부, 추출 덕트 및 추출 덕트의 배출 주위에 적용한다. 22종 장소는 덕트 출구 주위 3m와 이를 바닥까지 연장한 장소이다(그림에 표시되지 않음).

주) 분진층이 장비 외부에 축적된다면, 분진층의 형성 정도와 분진운을 형성시키는 분진층의 교란을 고려하여 위험장소를 확대할 필요가 있다. 외부 환경의 영향, 즉 바람, 비 또는 습기는 가연성 분진층의 축적을 억제할 수 있음을 고려한다.

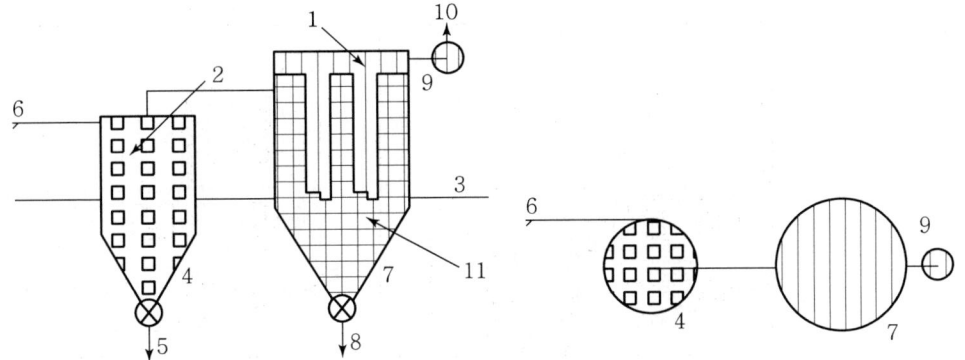

1 : 22종 장소, 2 : 20종 장소, 3 : 바닥, 4 : 집진장치, 5 : 제품 사일로로, 6 : 입구 7 : 필터, 8 : 미세 분진 통으로, 9 : 추출 팬, 10 : 출구로, 11 : 21종 장소

주) 1. 상대적 크기는 단지 예이고, 실제적으로는 다른 거리가 필요하다.
    2. 폭발, 배기 또는 폭발 격리 등과 같은 추가적인 보호조치가 필요할 수도 있지만 이 지침 범위 밖이므로 여기서는 다루지 않는다.

〈부록 그림 3〉 옥외의 깨끗한 출구가 있는 집진장치와 필터

## 4. 배기설비가 없는 건물 내의 드럼 덤프차

200 L 드럼 내의 분진을 스크류 컨베이어로 인접된 방으로 이송하기 위해 호퍼 내의 분진을 비우는 작업이다. 플랫홈 위에 분진이 가득 차고 마개가 열린 드럼이 있다. 닫힘 다이어프램 밸브에 드럼을 유압 실린더로 고정시킨다. 호퍼 뚜껑이 열리고 호퍼 상부의 다이어프램 밸브에 있는 드럼 캐리어가 회전한다. 다이어프램 밸브가 열리고 드럼이 완전히 빌 때까지 스크류 컨베이어가 분진을 이송한다.

새로운 드럼이 들어오면 다이어프램 밸브가 닫히고, 드럼 캐리어는 회전되어 원래의 위치로 돌아가고 호퍼 뚜껑은 닫힌다. 그리고 유압 실린더는 드럼과 그 마개를 풀어서 드럼을 분리시킨다.

## KOSHA GUIDE
### E - 99 - 2013

(1) 20종 장소 : 분진운이 자주 지속 존재하는 드럼, 호퍼 및 스크류 컨베이어의 내부
(2) 21종 장소 : 드럼마개와 호퍼뚜껑이 열리고 호퍼 상부의 다이어프램 밸브를 달거나 철거할 때 분진누출이 분출운 형태를 발생시킨다. 따라서 21종 장소는 드럼, 호퍼상부 및 다이어프램 밸브 주위 1m로 하되, 이를 바닥까지 연장한다.
(3) 22종 장소 : 실내의 나머지 지역은 많은 양의 분진의 누출 가능성과 교란을 고려하여 22종 장소로 구분한다.

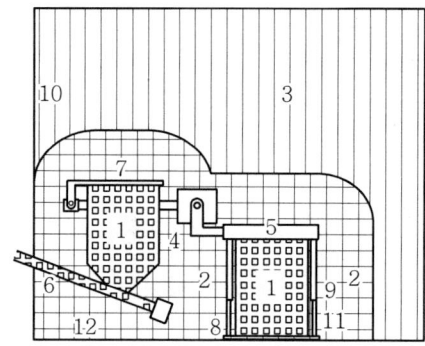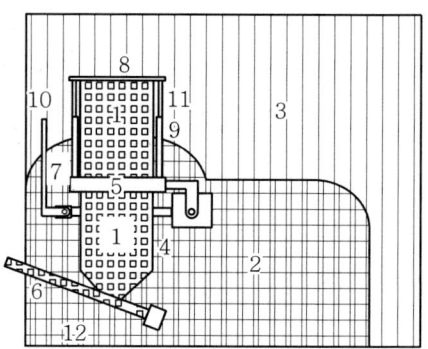

1 : 20종 장소, 2 : 21종 장소, 3 : 22종 장소, 4 : 호퍼, 5 : 다이어프램 밸브, 6 : 스크류 컨베이어, 7 : 호퍼 마개, 8 : 드럼 플랫폼, 9 : 유압 실린더, 10 : 벽, 11 : 드럼, 12 : 바닥

주) 1. 상대적 크기는 단지 예이고, 실제적으로는 다른 거리가 필요하다.
    2. 폭발, 배기 또는 폭발 격리 등과 같은 추가적인 보호조치가 필요할 수도 있지만 이 지침 범위 밖이므로 여기서는 다루지 않는다.

〈부록 그림 4〉 배기설비가 없는 건물 내의 드럼 덤프차

<부록 2>

# 고온표면에서의 분진층의 점화 위험성

점화의 위험성은 분진층이 고온 표면 또는 장비로부터의 열속(Heat flux)에 폭로된 온도로 인하여 점화원이 될 수 있는 가능성을 근본으로 한다. 이 위험성을 제어하기 위한 적절한 조치는 고려 대상 장비로부터 누출되는 에너지 누출을 제한하거나 분진층에 접촉되는 표면의 온도를 제한하는 것이다.

전기기기의 적용과 설치에 관한 세부사항은 안전보건기수지침 "분진폭발 위험장소에서의 전기설비 선정에 관한 기술지침"을 참조한다.

KOSHA GUIDE
E - 99 - 2013

〈부록 3〉

# 청소(Housekeeping)

## 1. 일반사항

(1) 이 지침에서 위험장소를 구분할 때에는 분진층을 특별히 고려하지는 않으므로, 분진층에 의해 나타나는 위험성은 분진운과는 별도로 고려한다.

(2) 분진층에 의한 위험은 다음과 같이 3가지로 볼 수 있다.
   (가) 건물 내의 1차 폭발은 분진운을 발생시킬 수 있어 1차 폭발보다 더 위험한 2차 폭발을 일으킬 수도 있다. 따라서 분진층은 이러한 위험을 줄이기 위하여 항상 제어되어야 한다.
   (나) 분진층은 그 층이 형성되어 있는 장비의 열속(Heat flux)에 의하여 점화될 수도 있다. 폭발보다는 화재의 위험성이 서서히 발생할 수도 있다.
   (다) 분진층이 분진운을 발생시켜 고온 표면에 점화되어 폭발이 일어날 수도 있다.

(3) 이들 위험성은 분진의 특성과 청소 상태에 의하여 영향을 받는 분진층의 두께와 관련된다. 화재요인이 되는 분진층의 생성확률은 적절한 장비 선정과 효과적인 청소에 의하여 제어할 수 있다.

## 2. 청소의 수준

(1) 청소 주기 하나만으로 분진층의 위험을 제거하기에는 다소 미흡하다. 즉, 분진 축적률은 다양한 영향을 받게 되는데, 예를 들면 고축적률을 갖는 2차 누출등급은 저축적률을 갖는 1차 누출등급보다 훨씬 빨리 위험한 분진층을 생성할 수도 있다. 청소주기와 청소유효성 모두가 중요하다.

(2) 그러므로 분진층의 존재와 지속시간은 다음과 관련된다.
   (가) 분진누출원의 누출등급
   (나) 분진 축적률
   (다) 청소의 유효성
   (라) 청소의 등급은 다음과 같이 3등급으로 구분한다.
      ① 우수(Good) : 누출등급과 관련이 아주 없거나 무시할 정도의 분진층의 존재. 이러한 경우, 분진층으로부터 폭발성 분진운이 발생할 위험성과 화재 위험성은 제거된다.
      ② 양호(Fair) : 분진층이 잠깐씩 존재한다(1교대 이내). 분진의 열적 안정성과

## KOSHA GUIDE
## E - 99 - 2013

　　　　장비의 표면온도가 상호 작용하여 화재가 발생하기 전에 분진은 제거될 수도 있다.

　　　③ 미흡(Poor) : 분진층이 1교대 이상 존재한다. 화재의 위험성이 높을 수도 있고, 〈부록 2〉에 주어진 지침에 따라 선정된 장비에 의하여 제어한다.

(3) 정상작동 중에 분진층이 분진운을 발생시킬 수 있는 조건과 결합된 불량한 청소는 억제한다. 위험장소 구분 시 모든 분진운이 생성되는 조건(예를 들면, 누군가 방에 들어오는 것) 등을 고려해야 한다.

　주) 1. 계획된 청소의 수준이 유지되지 않을 때에는 추가적인 화재 및 폭발이 일어날 수 있다. 또한 일부 장비는 더 이상 적절할 수 없다.
　　　2. 분진층의 상태 변화, 즉 습기 흡수는 분진층이 분진운으로 되는 것이 불가능할 수도 있다. 이러한 경우, 2차 폭발위험성은 없으나, 화재 위험성은 그대로 남아 있다.

KOSHA GUIDE
G - 4 - 2011

# 배관내 이송물질 표시에 관한 안전가이드

2011. 12

한 국 산 업 안 전 보 건 공 단

## 안전보건기술지침의 개요

○ 작성자 : 숭실대학교 기계공학과 서상호 교수

○ 개정자 : 한국산업안전보건공단 산업안전보건연구원 안전시스템연구실

○ 제·개정 경과
- 2009년 6월 일반안전분야 기준제정위원회 심의(제정)
- 2011년 12월 산업안전일반분야 제정위원회 심의(개정, 법규개정조항 반영)

○ 관련 규격 및 자료
- Scheme for the identificatiom of piping systems, ANSI, 1997
- KS A 0503 배관계의 식별 표시, 기술표준원
- 산업안전보건용어사전, 한국산업안전보건공단

○ 관련법령·규칙·고시 등
- 「산업안전기준에 관한 규칙」 제285조(밸브 등의 개폐방향의 표시 등)

○ 가이드 적용 및 문의
- 이 기술지침에 대한 의견 및 문의는 한국산업안전보건공단 홈페이지 안전보건기술지침 소관 분야별 문의처 안내를 참고하시기 바랍니다.

공표일자 : 2011년 12월 29일

제 정 자 : 한국산업안전보건공단 이사장

KOSHA GUIDE
G - 4 - 2011

# 배관내 이송물질 표시에 관한 안전가이드

## 1. 목적

이 지침은 배관장치를 통해 이송되는 위험물질의 표시에 대한 통일된 체계를 수립하므로써 장치를 효율적으로 관리하여 산업재해를 예방하고 쾌적한 작업환경을 조성함을 목적으로 한다.

## 2. 적용범위

이 지침은 산업체 및 발전소에 설치되어 있는 배관장치에 대하여 적용하며, 상업목적, 공공 목적으로 사용되는 건물 내의 배관장치에 대하여는 적용이 권장된다.
단, 지중 매립된 배관이나 전기 배관에는 적용되지 않는다.

## 3. 용어의 정의

(1) 이 지침에서 사용하는 용어의 정의는 다음과 같다.
 (가) "배관"이라 함은 가스, 액체, 반 액체 혹은 분체의 이송을 위한 관을 말한다.
 (나) "원천적으로 위험한 물질"이라 함은 인화성 혹은 폭발성 물질과 산화성 또는 독성 물질 그리고 온도 및 압력 위험물질을 말한다.
 (다) "인화성 또는 폭발성 물질"이라 함은 각각 대기압 하에서 인화점이 65℃ 이하인 가연성 물질과 가열, 마찰, 충격 또는 다른 화학물질과의 접촉 등으로 인하여 산소나 산화제의 공급이 없더라도 폭발 등 격렬한 반응을 일으킬 수 있는 물질을 말한다.
 (라) "산화성 혹은 독성 물질"이라 함은 산화력이 강하고 가열, 충격 다른 화학물질과의 접촉 등으로 인해 격렬하게 분해되거나 반응하는 물질과 독성이 강한 물질을 말한다.
 (마) "온도 및 압력 위험물질"이라 함은 배관에서 배출될 경우 분사 충돌 혹은 기체상태의 섬광에 의해 부상 혹은 물적 손상을 초래할 가능성이 있는 물질을 말한다.
 (바) "방사성 물질"이라 함은 이온화된 방사선을 방사하는 물질을 말한다.
 (사) "원천적으로 위험도가 낮은 물질"이라 함은 물질방출시에도 대기 압력과 온도와 비슷하여 이들 물질을 이송하는 시스템에서 작업하는 근로자에게 위험성이 적은 물질을 말한다.

KOSHA GUIDE
G - 4 - 2011

(2) 그 밖에 이 지침에 사용하는 용어의 정의는 이 지침에 특별한 규정이 있는 경우를 제외하고는 산업안전보건법, 같은 법 시행령, 같은 법 시행규칙, 산업안전보건기준에 관한 규칙 및 관련고시에서 정하는 바에 의한다.

## 4. 이송물질의 표시

(1) 배관장치의 이송물질에 대한 표시는 이송물질의 명칭을 모두 다 나타내거나 또는 약자 형태로 나타내는 표지로 표시한다.
(2) 표지명은 최대의 효율성을 위해 간략하고 정보 제공성이 있는 글머리로 간결하게 표시한다.
(3) 표지는 밸브, 플랜지, 앨보우, 분기관, 배관이 벽이나 바닥을 관통하는 부위에 근접하여 부착하고 직선 배관에는 일정한 간격으로 충분하게 부착한다.
(4) 물질의 유동방향을 표시하기 위해 화살표를 사용한다.
(5) 이송물질의 위험성을 확인하기 위하여 온도, 압력 등의 충분한 추가 정보를

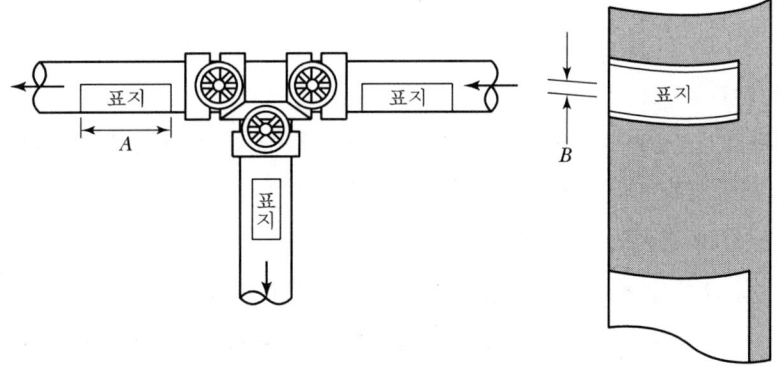

〈그림 1〉 배관 내 이송물질의 표시

## 5. 이송물질의 표시 방법

### 5.1 색상

(1) 이송물질의 종류에 따라 위험도 특성을 쉽게 확인하기 위해 〈표 1〉과 같이 색상으로 구분하여 나타낸다.

KOSHA GUIDE
G - 4 - 2011

〈표 1〉 이송물질의 종류에 따른 바탕색상과 표지의 색상

| 분류 | 바탕 색상 | 표지의 색상 | 비고 |
|---|---|---|---|
| 인화성 혹은 폭발성 | 노란색 | 검정색 | 원천적으로 위험도가 높은 물질 |
| 산화성 혹은 독성 | 노란색 | 검정색 | |
| 극한 온도 혹은 압력 | 노란색 | 검정색 | |
| 방사성 | 노란색 | 검정색 | |
| 액체 혹은 액체 혼합물 | 녹색 | 하얀색 | 원천적으로 위험도가 낮은 물질 |
| 가스 혹은 가스 혼합물 | 파란색 | 하얀색 | |
| 물, 거품, $CO_2$, 하론 등 | 빨간색 | 하얀색 | 소화성 물질 |

주) 〈표 1〉의 내용은 ANSI규격 중에서 "Scheme for the identification of piping systems"에 제시되어 있다.

(2) 색상은 배관 위 혹은 가까이에 부착하는 방법을 이용하여 표시하여야 하며, 표지에 나타나게 한다.

(3) 색상은 연속으로 배관의 전체 길이에 걸쳐 표시하거나 또는 일부 구간만 표시할 수 있다.

5.2 가시성

배관이 시야보다 높거나 낮게 위치하는 경우 문자 표시가 배관의 수평 중심선 위나 아래에 표시되도록 배관 표지의 가시성에 주의를 기울여야 한다.

5.3 문자의 종류와 크기

(1) 알기 쉽게 색상과 표지 사이에는 대비 효과가 있어야 한다. 〈표 1〉은 본지침에서 다루는 다양한 이송물질의 색상에 대한 표지의 색상에 관한 권장사항을 제시한다.

(2) 15mm 이상 크기의 문자 사용을 권장하며 세부 크기 권장 사항은 〈표 2〉를 참조한다.

주) (2)의 15mm는 ANSI규격 중에서 "Scheme for the identification of piping systems"에 제시되어 있는 수치이다.

KOSHA GUIDE
G - 4 - 2011

〈표 2〉 표지 문자의 크기

| 배관 혹은 커버의 외경 | 표지의 길이(〈그림 1〉의 A) | 문자 크기(〈그림 1〉의 B) |
|---|---|---|
| 20~32mm | 200mm | 15mm |
| 40~50mm | 200mm | 20mm |
| 65~150mm | 300mm | 30mm |
| 200~250mm | 600mm | 60mm |
| 250mm 이상 | 800mm | 90mm |

주) 〈표 2〉의 수치는 ANSI규격 중에서 "Scheme for the identification of piping systems"에 제시되어 있는 수치이다.

(3) 직경 20mm 미만의 배관 내 물질과 밸브 및 관 부속품에 관한 표시에는 영구적인 꼬리표(Tag)의 사용이 권장된다.

주) (3)의 20mm는 ANSI규격 중에서 "Scheme for the identification of piping systems"에 제시되어 있는 수치이다.

## 6. 비정상적 혹은 극단 상황 시의 표시

(1) 접근하기 어렵거나 대단히 복잡한 제한지역에서 배관 배치를 해야 할 경우, 이러한 배치 구획은 명확한 식별을 위해 대용기술이 필요할 수 있다.

(2) 대용기술의 사용은 이러한 구획에 제한될 것이며, "표지", "색상", 그리고 "이송물질의 종류에 따른 색상과 표지의 색상"에서 기술된 식별 개념에서 벗어나지 않을 것이다.

KOSHA GUIDE
P - 15 - 2012

# 위험기반검사(RBI) 기법에 의한 설비의 신뢰성 향상 기술지침

2012. 7

한 국 산 업 안 전 보 건 공 단

## 안전보건기술지침의 개요

○ 작성자 : 한국안전 E&C 이헌창

○ 개정자 : 최이락

○ 제·개정 경과
  - 2009년 11월 화학안전분야 기준제정위원회 심의
  - 2012년 7월 총괄 제정위원회 심의(개정, 법규개정조항 반영)

○ 관련 규격 및 자료
  - API Publication 581, "Risk-Based Inspection Based Resource Document", First Edition, May 2000
  - API RP 580, "Risk-Based Inspection", First Edition, May 2002
  - API RP 571, "Damage Mechanisms Affecting Fixed Equipment in the Refining Industry", First Edition, Dec. 2003

○ 관련 법규·규칙·고시 등
  산업안전보건법 시행령 제28조(의무안전인증대상 기계·기구등)

○ 기술지침 적용 및 문의
  이 기술지침에 대한 의견 또는 문의는 한국산업안전보건공단 홈페이지 안전보건기술지침 소관 분야별 문의처 안내를 참고하시기 바랍니다.

공표일자 : 2012년 7월 18일

제 정 자 : 한국산업안전보건공단 이사장

# KOSHA GUIDE
P - 15 - 2012

# 위험기반검사(RBI) 기법에 의한 설비의 신뢰성 향상 기술지침

## 1. 목적
이 기술지침은 유해·위험기계 등에서 설비의 안전성을 평가하고, 위험도에 근거하여 설비의 종합적인 검사계획을 수립하는 등 설비의 신뢰성 향상에 관한 기술적 사항을 제시하는 데 그 목적이 있다.

## 2. 적용범위
이 기술지침은 「산업안전보건기준에관한규칙」 별표 7에서 정의한 화학설비 및 그 부속설비의 종류를 대상으로 한다.

## 3. 용어의 정의
(1) 이 기술지침에서 사용되는 용어의 뜻은 다음과 같다.
  (가) "위험기반검사(Risk Based Inspection, RBI)"란 설비의 고장발생 가능성과 사고피해 크기의 곱에 의해 결정되는 위험도에 의해 검사의 우선순위를 결정하는 기법을 말한다.
  (나) "고장발생 가능성(Likelihood of failure, LOF)"란 설비의 고장발생확률 및 고장발생 빈도를 말한다.
  (다) "사고피해 크기(Consequence of failure, COF)"란 사고에 의해 영향을 받는 장치 손상범위 또는 재정적 손실의 크기를 말한다.
  (라) "손상메커니즘(Damage mechanism)"이란 설비를 손상시키는 부식 또는 기계적 작용을 말한다.
  (마) "설비변경계수(Equipment modification factor, FE)"란 기술종속계수, 보편적 종속계수, 기계적 종속계수, 공정 종속계수에 의해 결정된 설비의 복잡성을 나타내는 인자를 한다.
  (바) "관리시스템 평가계수(Management system evaluation factor, FM)"란 공정안전 관리시스템의 차이에 의해 일반 고장 발생 빈도를 보정하기 위한 인자를 말한다.

(사) "검사표준(Specific equipment inspection plan, SEIP)"이란 설비의 검사를 위하여 검사부위, 부식원인, 완화 및 예방, 감시 등을 표준화하여 검사에 대한 계획을 수립함을 말한다.

(아) "검출시스템(Detection system)"이란 화학물질의 누출 시간을 줄이기 위해 설치되는 감지기 등을 말 한다.

(자) "차단시스템(Isolation system)"이란 누출 량을 줄이기 위해 설치된 밸브 등을 말한다.

(차) "완화시스템(Mitigation system)"이란 위험물질의 누출 영향을 차단하고 줄이기 위해 설치되는 시스템을 말한다.

(카) "인벤토리 그룹(Inventory group)"이란 누출 설비에서 블록을 형성할 수 있는 구간에 속한 모든 설비를 말 한다.

(2) 그 밖에 이 기술지침에서 사용하는 용어의 뜻은 특별한 규정이 있는 경우를 제외하고는 「산업안전보건법」, 같은 법 시행령, 같은 법 시행규칙 및 「산업안전보건기준에 관한규칙」에서 정하는 바에 의한다.

## 4. 위험기반검사의 개요

(1) RBI는 검사 및 유지·보수 계획의 수립, 관리 그리고 시행에 위험성 평가를 이용하는 것이다. RBI는 각 설비별로 위험도에 입각한 검사계획을 수립하는 것이다.

(2) 설비별 검사계획은 안전·보건·환경과 경제성 관점에서의 위험도를 나타낸다. RBI는 또한 설비의 검사 및 유지 보수 기술의 향상과 기계고장으로 인한 위험도를 체계적으로 줄일 수 있도록 해준다.

(3) RBI에서는 정량화된 위험도를 제공함으로써 위험도 등급이 높은 경우 검사의 주기를 짧게 하며, 반대로 위험도 등급이 낮은 경우 검사의 주기를 연장함으로써 검사와 관련된 검사비용을 절감할 수 있도록 해주고 있다.

### 4.1 위험도

(1) RBI는 확률론적인 방법에 기초를 두고 있다. 즉, 위험도는 특정시간 동안 발생하는 사고발생 가능성(LOF)과 사람, 재산 및 환경에 미치는 피해의 정도를 정량적으로 나타내는 사고피해 크기(COF)의 곱(Matrix)으로 나타낸다.

(2) 위험도(Risk)는 인명의 손실, 설비의 파괴, 환경오염 등 사회·경제적인 위험까지 포함하고 있다.

### 4.2 사고발생 가능성

(1) 사고발생 가능성은 설비의 파손확률이나 파손횟수로서, 일반 사고발생 빈도에 설비변경계수(FE)와 관리시스템 평가계수(FM)를 곱하여 보정된 사고발생 빈도로 나타낸다.
(2) 설비변경계수는 단위공정들과 단위공정 내 설비 구성요소들 간의 차이를 반영하는 것으로, 설비의 해당부분에만 적용되기 때문에 각 설비와 그 설비가 운전되는 환경에 따라 영향을 받는다.
(3) 관리시스템 평가계수는 공장의 기계적인 건전성에 미치는 설비 관리시스템의 영향을 위해 적용된다.

### 4.3 사고피해 크기

(1) 사고피해 크기의 예측은 위험에 근거하여 설비들에 대한 상대적인 등급을 책정하는데 도움을 주기 위해 실시된다.
(2) 사고피해 크기는 누출 시나리오를 작성하여 누출속도를 산출한 후 누출량과 확산을 고려하여 피해범위를 산정한다. 또한 완화조치는 설비 내의 검출시스템과 차단시스템의 형태에 따라 누출 지속시간과 피해크기를 일률적으로 변화시킨다.

## 5. RBI 수행

### 5.1 수행 절차

(1) 위험기반검사에 의한 수행절차는 〈그림 1〉에서와 같이 RBI 수행 전, 위험성 평가, 세부 평가, 검사계획의 4 단계로 구분된다.
(2) 1 단계(RBI 수행 전 단계)는 RBI를 수행하기 위한 팀 구성, 시스템화(P&ID 및 PFD에 유체정보 및 인벤토리 구간을 정의), 자료 수집/분석의 단계로 구성된다.
(3) 2 단계(위험성 평가 단계)는 수집 및 분석된 자료를 RBI 프로그램에 입력하여 정성적인 방법 또는 정량적인 방법으로 개별 설비에 대한 위험도 산출하여 평가하는 단계이다.
(4) 3 단계(상세 평가 단계)는 정량적으로 평가된 설비의 위험도를 기준으로 상세 평가가 필요한 설비에 대하여 설비의 위험경감 방안 수립 및 잔여수명(RUL)을 평가 수행하는 단계이다.

(5) 4 단계(검사계획 단계)에서는 검사주기, 검사부위 및 검사방법 등을 정의하여 표준검사계획(SEIP)을 수립하는 단계이다. 표준검사계획이 수립되면 검사계획보고서에 의해 유지·관리되며, 검사를 수행 후 2단계에서 검사이력을 반영하여 지속적으로 피드백(Feedback)될 수 있도록 한다.

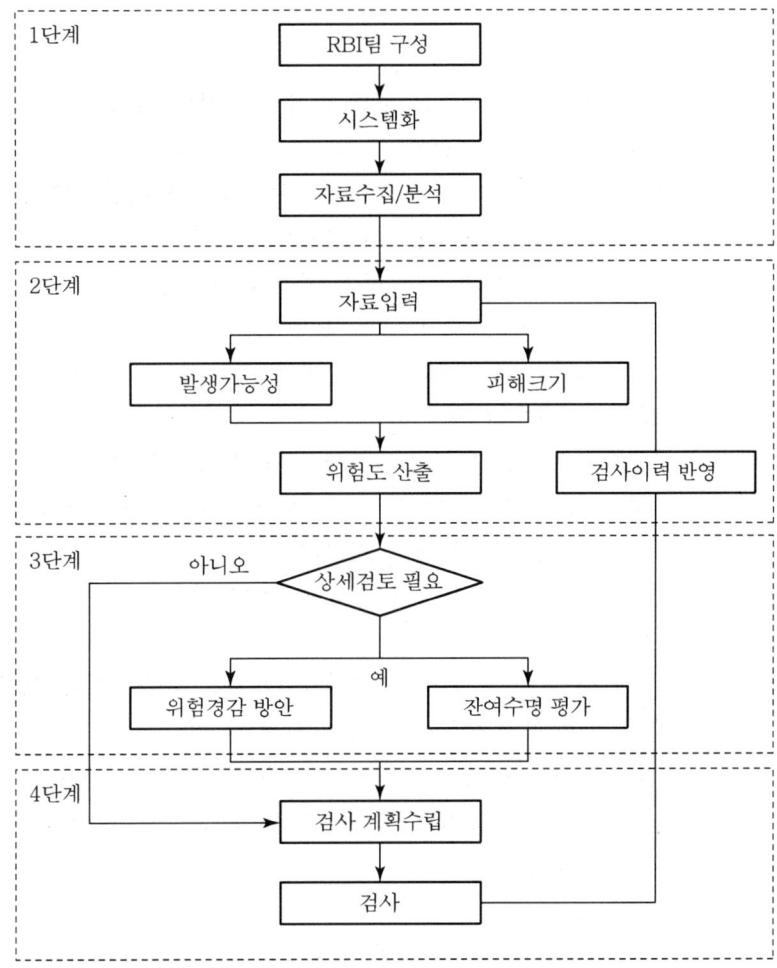

<그림 1> RBI 수행 절차

```
KOSHA GUIDE
P - 15 - 2012
```

5.2 RBI 수행 전 단계 : 1 단계

  5.2.1 팀 구성

팀책임자 및 팀구성원으로 RBI 팀을 구성하고, 팀구성원은 설비 및 기계 검사자, 재료 부식 전문가, 공정 기술자, 운전 및 정비 전문가, 위험성 평가 전문가로 구성한다. 또한 팀 구성원은 RBI 평가 경험자 또는 교육을 받은 전문가로 구성되어야 한다.

(1) 팀 책임자
  (가) 위험설비의 운전 또는 검사에 충분한 경험과 지식을 겸비할 것
  (나) RBI 팀을 조직화
  (다) RBI 추진 진도관리 및 수집된 자료에 대한 정확도 검증
  (라) 임의의 가정치에 대한 논리 확보 및 문서화
  (마) 자료 수집 또는 가정치 설정을 자문하는 전문가 확보
  (바) RBI 최종보고서 작성 및 보급
  (사) 위험도 감소계획의 실행여부 확인 등

(2) 설비 및 기계 검사자
  (가) 설비상태 및 운전조건에 대한 자료를 확보
  (나) 재료 또는 부식 전문가와 함께 설비 상태를 예측
  (다) 부식전문가와 함께 과거의 검사효율 평가
  (라) RBI 추진결과의 검사계획서를 이행 등

(3) 재료부식 전문가
  (가) 손상 또는 파손 메커니즘의 형태와 적용방법에 대한 평가
  (나) 현재의 설비상태에 대한 평가
  (다) 현재 상태와 예측치의 차이 발생 시 그 이유 규명
  (라) 재질변경, 부식방지 물질 추가, 코팅 추가 등 사고발생가능성 감소방안 제시 등

(4) 공정 기술자
  (가) 위험설비의 운전조건, 유체조성, 독성 및 인화성 등 공정 기술정보 제공
  (나) 공정조건 변경 등을 통해 위험도 감소방안 제시 및 평가 등

(5) 운전 및 정비 전문가
 (가) 운전변수들이 규정된 운전범위 내에서 운전되고 있는지 확인
 (나) 검사원으로부터 제공된 검사결과 또는 설비상태에 적합하도록 정비 및 교체 등에 대한 평가책임과 결정된 정비방안 수행 등
(6) 위험성 평가 전문가
 (가) RBI 분석에 필요한 자료를 이용하여 위험성을 분석 및 평가
 (나) 자료 종류 및 정확도, 가정치 등의 결정
 (다) 전산자료에 입력할 자료 확보
 (라) 전산시스템의 운영 등

5.2.2 시스템화

RBI를 수행하기 위해서는 P&ID 및 PFD를 이용하여 시스템화를 수행하여야 한다. 시스템화에서는 인벤토리 그룹 설정, 인벤토리 그룹별 시스템 등급결정, 유체 흐름 정의, 설비 구분 등을 정의하게 된다.

(1) 인벤토리 그룹
 (가) 한 설비로부터 누출될 수 있는 유체 량의 상한선(Upper limit)을 정하기 위해 인벤토리(Inventory)를 사용하며, 인벤토리 그룹의 개념은 피해영역을 계산하는데 사용된다.
 (나) 인벤토리 그룹 내의 모든 설비의 총 누출량은 인벤토리 그룹 하나의 계 내에서 압력설비(장치)에서 고장이 발생할 경우, 잠재적으로 누출될 수 있는 량으로 간주한다.
 (다) 인벤토리 구간을 설정하는 기준은 아래와 같다.
  ① P&ID 상의 전동밸브(MOV : Motor operated valve)
  ② 제어밸브(Control valve) 및 비상시 차단 가능한 수동밸브
  ③ 원격 제어 가능한 펌프
 (라) 〈그림 2〉는 P&ID상에 인벤토리 그룹을 나눈 예이다.

KOSHA GUIDE
P - 15 - 2012

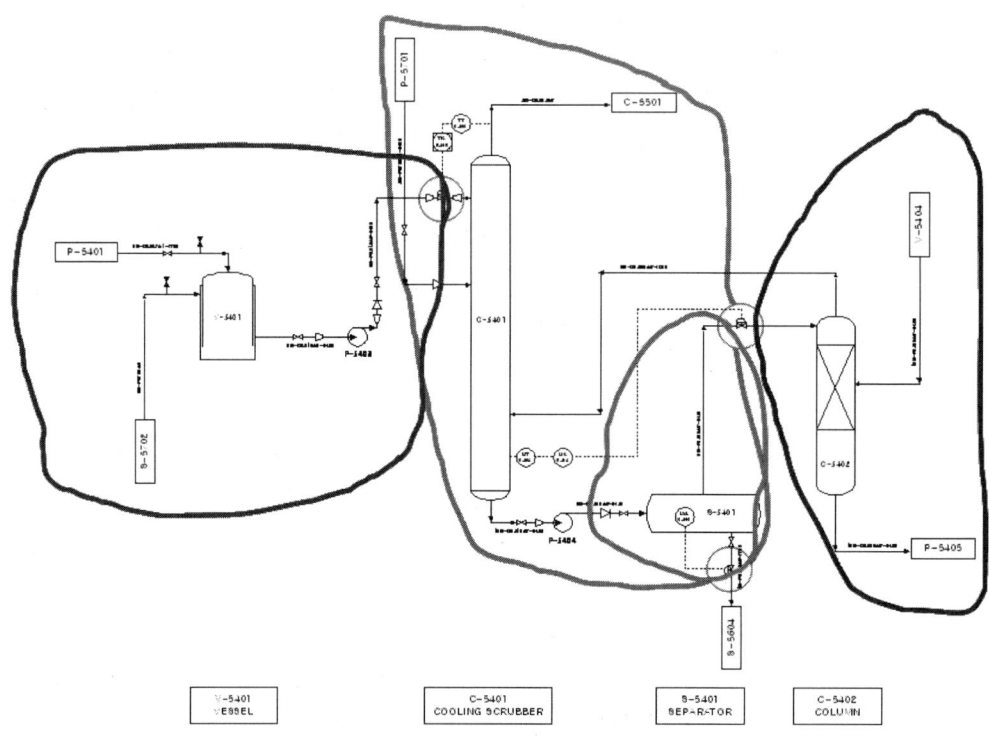

〈그림 2〉 인벤토리 그룹 예시

(2) 시스템 등급 결정
    (가) 인벤토리 그룹 내에 주어진 검출 시스템, 차단시스템 및 완화시스템의 수준을 고려하여 등급을 부여한다.
    (나) 인벤토리 그룹별 시스템의 등급 부여 기준은 〈표 1〉과 같다.
(3) 유체흐름 정의
    (가) 유체의 영역은 함유 유체에서 화학 조성의 변화가 일어나는 곳에 의해 구분된다.
    (나) 화학적 변화는 주로 공정용기, 열교환기, 로, 2개 이상의 흐름이 합쳐지는 배관, 부식억제제 주입되는 흐름 등에서 일어난다.
    (다) 유체흐름에 따른 압력과 온도의 변화에 대해서는 개별 설비에 대해 온도와 압력이 입력되기 때문에 유체 흐름에서는 이를 반영하지 않아도 된다.

KOSHA GUIDE
P - 15 - 2012

(라) 〈그림 3〉은 유체흐름을 정의한 예이다.

〈표 1〉 검출 및 차단시스템의 등급 분류

| 검출시스템 | 차단시스템 | 등급 |
|---|---|---|
| 시스템 계기로 검출 | 완전자동<br>(시스템 상에서 자동 차단) | A |
| 외부 시스템에 의한 검출 | 반자동<br>(운전자 제어에 의한 차단) | B |
| 육안검출 및 카메라에 의한 검출 | 수동 | C |

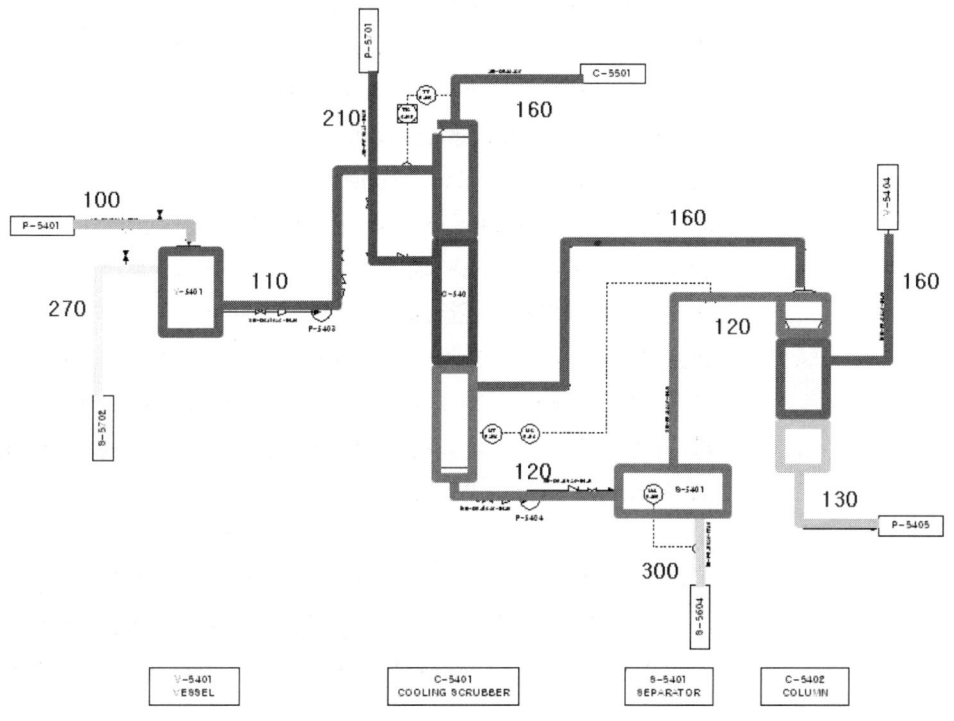

〈그림 3〉 유체흐름 정의 예시

(4) 설비 구분

　　(가) 동일한 설비 일지라도 상(Phase) 분리, 서비스 유체, 재질 등에 의해 손상메커니즘에서 차이가 발생될 수 있는 경우 설비를 세분화 하여야 한다.

　　(나) 타워류와 같은 경우 상 분리를 기준으로, 열교환기의 경우 서비스 유체를 기준으로 설비를 상세 분류하여야 한다.

5.2.3 자료 수집 및 분석

(1) 요구 자료

자료를 습득하기 위하여 아래의 항목을 근거하여 자료를 취득할 수 있다.

① 공정 설명서(Process description)
② PFD(Process flow diagrams)
③ P&ID(Piping & Instrumentation Diagrams)
④ 공정흐름데이터(Process stream data)
⑤ 배관 사양(Piping specification)
⑥ 재질 자료(Materials of construction)
⑦ 설계 기초자료(Design assumptions & information)
⑧ 배관 목록(Pipe line list)
⑨ 설비 데이터시트(Equipment data sheets)
⑩ 검사 및 유지관리 기록(Maintenance, inspection records)
⑪ 수리 및 변경 기록(Repair and modification records)
⑫ 용기 피복 및 보온 사양(Vessels coating and insulation specifications)
⑬ 기타 설비 관련 자료 등

(2) 유체 자료

　　(가) 입력하여야 할 유체의 정보는 유체번호, 유체명, HCl(Cl-), 산소/산화제, Sulfur, TAN, $H_2S$, 탄화수소, $H_2SO_4$, HF, $NH_3$, MEA, DEA, MDEA, 열안정 아민염, $CO_2$, NaOH, 수분, $CO_3$, $H_2$, 실제유체, 몰분율이다.

　　(가) 유체번호는 5.2.2항의 (3)호에 의해 정의된 유체번호를 입력하여야 한다.

(3) 설비 자료

　　(가) 배관, 용기, 회전기계, 밸브에 대하여 자료를 입력하여야 한다.

　　(나) 배관의 입력 자료는 설비번호, 설비형태, 운전개시일, 인벤토리, 유체번

KOSHA GUIDE
P - 15 - 2012

호, PFD, 연결설비, 배관 스펙, 직경, 길이, 사용압력, 사용온도, 유속, 상, 액체%, 측정 부식률, 측정두께, 최종 검사일, 온라인 감시 유형, 플랜지 수, 주입점 수, 가지배관 수, 밸브 수, 배관/이음쇠, 설계유형, 데드레그(Deadleg) 존재, 후열처리 여부, 강판의 황 함량, 피로파괴 횟수, 진동 심각도, 진동 지속주기, 반복응력 발생원, 교정장치, 배관상태, 비정상 운전조건, 비정상 온도, 라이닝 유형, 라이닝 조건, 외부부식 조정자, 보온재, 보온상태, 증기배출 여부, 라이닝, 후열처리(PWHT) 여부 등이다.

(다) 용기의 입력 자료는 설비번호, 설비형태, 운전개시일, 인벤토리, 유체번호, P&ID, 연결설비, 물질재질, 직경, 길이, 최소두께, 실제두께, 설계압력, 설계온도, 입구압력, 입구온도, 출구압력, 출구온도, 유속, 상, 액체%, 측정 부식률, 측정두께, 부식허용여유, 최종 검사일, 온라인 감시, 안전밸브 수, 노즐 수, 후열처리 여부, 강판의 황 함량, 과열의 심각도, 과열 지속시간, 비정상운전조건, 비정상 온도, 라이닝 유형, 라이닝 조건, 외부부식 조정자, 보온재, 보온상태, 증기배출 여부, 라이닝, PWHT 여부 등이다.

(라) 회전기계의 입력 자료는 설비번호, 설비형태, 운전개시일, 인벤토리, 유체번호, P&ID, 연결설비, 물질재질, 직경, 길이, 설계압력, 설계온도, 압력, 온도, 유속, 상, 액체%, 최종 검사일, 온라인 감시, 강판의 황 함량, 비정상운전조건, 비정상 온도, 라이닝 유형, 라이닝 조건, 보온재, 보온상태, 증기배출 여부 등이다.

(마) 밸브의 입력 자료는 설비번호, 설비형태, 운전 개시일, 인벤토리, 유체번호, P&ID, 연결설비, Body재질, Sheet재질, Spring재질, Bellows재질, 설계압력, 설계온도, 운전압력, 운전온도, 설정압력, 측정부식률, 측정두께, 부식허용여유, 최종 검사일, 밸브 타입 등이다.

(4) 자료 분석

(가) 자료 분석은 평가대상 설비요소에 대한 설계, 제작, 사용조건 및 검사프로그램 등을 완벽하게 설정해야 한다.

(나) 분석결과가 정확하고, 재현이 가능하며, 현재 분석으로부터 다음 분석에 이르기까지 일관성을 유지할 수 있어야 한다.

(다) 모든 데이터 수집은 전문 인력에 의해 수행되어야 한다.

KOSHA GUIDE
P - 15 - 2012

### 5.3 위험성 평가 단계 : 2 단계

#### 5.3.1 자료 입력

(1) 5.2.3항에서 자료 수집 및 분석이 완료되면 위험기반검사 프로그램에 데이터를 입력하게 된다. 위험기반검사 프로그램의 데이터 입력 및 운영에 관한 절차는 〈그림 4〉와 같다.

(2) 위험기반검사 프로그램은 정성적 및 정량적 방법에 의해 설비의 위험도를 평가할 수 있으며, 일관된 규칙은 유지하여야 한다.

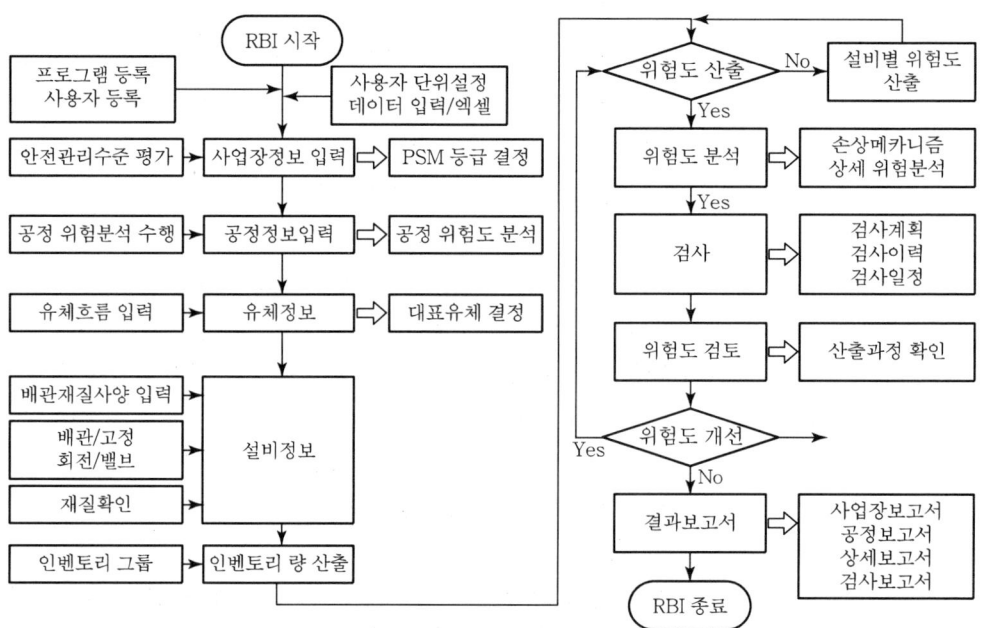

〈그림 4〉 위험기반검사의 데이터 입력 및 운영 절차

#### 5.3.2 위험 평가

(1) 발생가능성 평가

(가) 설비에 대한 고장 발생 가능성을 평가하기 위하여 두께감소(Thinning), 응력부식균열(SCC), 고온수소침식(HTHA), 크립손상(Creep), 기계적 피로(Mechanical fatigue), 취성파괴(Brittlement), 라이닝손상(Lining), 외부손상(External damage)의 손상 형태에 대하여 분석하여야 한다.

이에 국한된 것은 아니다.
- (나) 설비에 대한 고장률을 평가하여야 한다.
- (다) 고장 발생 가능성에 영향을 주는 주요 인자로는 화학물질, 몰분율, 유속, 온도 등의 공정 조건과 재질의 특성에 따라 손상메커니즘의 정도가 달라지기 때문에 손상메커니즘이 예상된다면 예방 및 완화를 위한 방법이 마련되어야 한다.

(2) 피해크기 평가
- (가) 설비에 피해크기는 장치손상 영역과 재정적 손실의 방법으로 산출이 가능하다. 인화성 물질을 사용하는 경우 장치손상 영역 또는 재정적 손실의 방법 중 하나를 선택해서 사용할 수 있다. 공기, 질소, 스팀 등과 같은 유틸리티를 사용하는 경우 장치손상 영역이 없기 때문에 재정적 손실 방법을 택하여 평가하여야 한다.
- (나) 피해크기범위는 누출시나리오에 따라 소(Small), 중(Medium), 대(Large), 파열(Rupture)로 4가지로 나타나며, 피해예측을 위한 대책을 마련하기 위해서는 가중평균과 파열로 인한 최악의 경우를 고려하여야 한다.
- (다) 피해크기에 영향을 주는 인자로는 공정 유체의 물리화학적 특성, 공정 조건에 의해 결정된다.

5.3.3 위험등급 결정
(1) 설비에 대한 위험도 등급은 일반적으로 〈그림 5〉와 같이 5×5의 위험도 행렬이 많이 사용되나, 5×5의 행렬로 제한된 것은 아니다.
(2) 5×5의 행렬을 사용하는 경우 위험도 등급은 고위험도(High), 중상위험도(High-medium), 중위험도(Medium), 저위험도(Low) 등급으로 분류한다.

5.3.4 검사이력 반영
(1) 설비의 발생 가능성은 설비의 신뢰도에 영향을 받으며, 설비의 신뢰도를 확보할 수 있는 방법은 개방검사에 의한 비파괴검사를 통해 얻어질 수 있다.
(2) 개방검사를 수행 후 설비에 대한 검사이력을 위험기반검사 프로그램에 입력하고, 설비에 대한 위험도를 재산출하여야 한다.

KOSHA GUIDE
P - 15 - 2012

〈그림 5〉 위험도 등급 행렬

5.4 상세 평가 단계 : 3 단계

　5.4.1 상세 평가 대상 선정 및 평가

　　(1) 5.3항의 위험성 평가 단계 후 상세 평가 대상 선정을 위하여 〈그림 6〉의 위험도 행렬을 이용하여 상세검토 확인 대상을 선정한다.

　　(2) 상세 평가 대상은 위험도 행렬에서 고위험도, 중상위험도 등급에 해당하는 설비는 위험경감방안 수립과 잔여수명평가를 수행하여야 한다.

　　(3) 중 위험도 설비의 경우 발생가능성 등급이 4등급에 해당할 경우 잔여수명평가를 수행하여 설비의 신뢰성을 확보할 수 있어야 한다.

　5.4.2 위험경감 방안

　　(1) 발생가능

　　　(가) 손상메커니즘이 예측된 경우 부식 억제 또는 이를 완화할 수 있도록 고려하야여 한다.

　　　(나) 부식 억제 또는 완화가 불가능한 경우 재질의 변경을 고려하여야 한다.

　　　(다) 유속, 온도 등의 공정 변수를 변경하여 부식 범위를 벗어나도록 고려하여야 한다.

　　　(라) 대등한 화학물질로 교체를 고려하여야 한다.

　　　(마) 주기적으로 개방검사를 수행하여 설비의 신뢰성을 확보하여야 한다.

(바) 발생가능성을 줄이기 위한 방법은 5.4.2항 (1)호의 (가)에서 (마)에 국한되지 않으며, 공정에 적합하게 경감방안을 수립하여야 한다.

(2) 피해크기

(가) 검출 및 차단시스템을 자동화하여 누출량을 최소화할 수 있도록 한다.

(나) 위험물질 인벤토리 량을 감소하여야 한다.

(다) 대등한 화학물질로 교체를 고려하여야 한다.

(라) 완화시스템을 고려하여 피해 범위를 줄일 수 있도록 하여야 한다.

(마) 피해크기를 줄이기 위한 방법은 5.4.2항 (2)호의 (가)에서 (라)에 국한되지 않으며, 공정의 특성에 적합하게 경감방안을 수립하여야 한다.

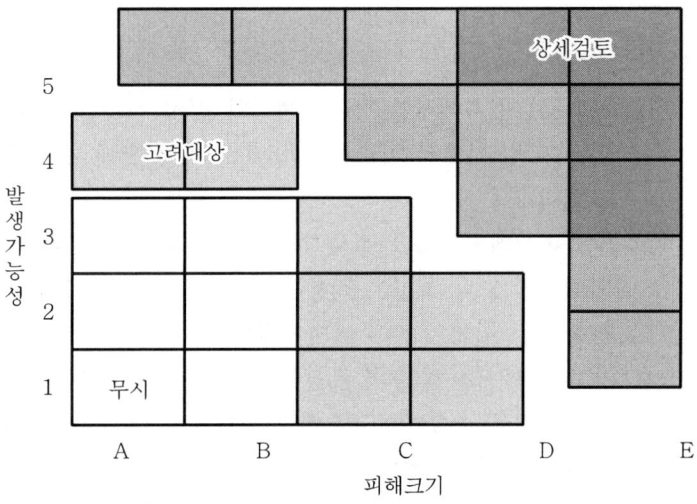

〈그림 6〉 상세 검토 대상 확인

## 5.5 검사계획 단계 : 4 단계

### 5.5.1 검사계획 수립 개요

(1) 검사계획은 정량화된 위험도에 근거하여 수립할 경우 검사자원을 보다 효율적으로 관리해줄 수 있으며, 매우 효과적이다.

(2) 검사계획 수립에서는 설비의 유지 및 보존 상태, 경제성, 안전성에 따라 가장 효과적이고 적절한 시기에 검사 및 보수를 할 수 있도록 해주어야 한다.

KOSHA GUIDE
P - 15 - 2012

   (3) 가장 효과적인 시기에 검사주기, 검사항목, 검사방법, 검사 일정 등을 검사계획에 반영하여 체계적으로 수립하여야 한다.
   (4) 검사의 초점이 "어떤 종류의 손상메커니즘을 찾기 위해 검사하는가? 어디를 검사해야하는가? 어디를 검사해야하는가? 언제 검사를 해야 하는가? 어떠한 방법으로 적용해야하는가?"에 가장 적합하게 이루어져야 한다.
  5.5.2 육안검사 판단기준 수립
   (1) 설비의 검사는 육안검사와 비파괴 검사에 의해 이루어 질 수 있으며, 육안검사에서 문제점이 발견될 경우 비파괴 검사를 병행하게 된다.
   (2) 육안검사 판단 기준에서는 부위와 검사 내용에 대하여 정의를 하게 된다. 〈표 2〉는 타워류에서 육안검사를 수행하기 위한 검사부위별 검사항목과 검사 내용에 대한 예이다.
  5.5.3 손상메커니즘의 확인
   (1) API-581 절차에서는 〈표 3〉에서와 같이 두께감소, 응력부식균열, 고온수소침식, 크립, 기계적 피로, 취성파괴, 외부손상에 대한 손상메커니즘을 제공하고 있다.
   (2) 이들 손상메커니즘은 검사기법과 검사 유효성을 적용할 수 있도록 제시되었기 때문에 보다 폭넓은 적용을 위해서는 API 571에서 제공되는 손상메커니즘에 대한 확인이 이루어져야 한다.
   (3) API-571에서는 63종의 손상메커니즘은 〈표 4〉에서와 같다. 손상메커니즘에 대한 확인은 손상메커니즘에 영향을 미치는 인자, 완화 및 방지방법, 모니터링 방법 등에 대하여 검토가 되어야 한다.

KOSHA GUIDE
P - 15 - 2012

<표 2> 타워류 내·외부에 대한 육안검사 기준

| 항목 | 구분 | 부위 | 검사내용 |
|---|---|---|---|
| 외부 | 본체 | - Shell, Head 표면<br>- Nozzle노즐<br><br>- 보온, 보랭재 | - 부식, Crack, 변형 상태<br>- Skirt와 본체 용접부 결함<br>- 도장의 박리<br>- 탈락 |
| | 지지부 | - Skirt, Saddle, foundation<br><br>- 고정장치 볼트/너트 | - 부식, 균열, 변형 상태<br>- Sliding Point의 Sliding 가능여부<br>- 부식, 조임상태 |
| | 부착류 | - Platform, Ladder, Cage<br>- Bolt/Nut<br>- Fire Proofing<br>- Grounding | - 부식, 도장 박리 상태<br>- 부식, 조임 상태<br>- 균열 및 빗물 침투 여부<br>- 탈락 여부 |
| 내부 | 본체 | - 모재 및 용접부<br><br>- Nozzle<br><br>- Cladding, Lining, Weld Overlay | - 부식, 마모, Crack, 변형유무<br>- Pitting 깊이 측정<br>- 마모, 부식, Crack 유무<br>- Gasket면의 부식 유무<br>- 부식, Crack 유무<br>- Disbonding 유무 |
| | Internal | - Tray 부위<br><br>- Distribution Pipe<br>- Demister | - Cap 탈락수<br>- 변형(Bending) 유무<br>- Bold/Nut 조임, 부식 상태<br>- Cap Hole 변형정도<br>- Hole 막힘 유무, 부식 상태<br>- 부식 상태 |

KOSHA GUIDE
P - 15 - 2012

〈표 3〉 API-581절차에 의한 손상메커니즘 분류

| 손상의 형태 | 관련 메커니즘 | 손상의 형태 | 관련 메커니즘 |
|---|---|---|---|
| 두께감소 | 염산부식 | 응력부식 균열 | 부식성 균열 |
| | 고온황산염/나프텐산 부식 | | 아민 균열 |
| | 고온 $H_2S/H_2$ 부식 | | 황화물 응력균열 |
| | $H_2SO_4$ 부식 | | HIC/SOHIC 균열 |
| | HF 부식 | | 탄산염 균열 |
| | 산성수 부식 | | PTA 균열 |
| | 아민 부식 | | ClSCC 균열 |
| | 고온산화 부식 | | HSC-HF 균열 |
| 수소침식 | 고온수소침식 | | HIC/SOHIC-HF 균열 |
| 크립 | 크립(Creep) 손상 | 취성파괴 | 낮은 온도/인성 |
| 외부손상 | 외부 부식 | | 뜨임취성 |
| | 보온밑 부식 | | 457℃ 취성 |
| | 외부 응력부식균열 | | 시그마 취성 |
| | 보온밑 응력부식균열 | Fatigue | 기계적 피로 |
| 라이닝 손상 | 설비 라이닝 손상 | | |

KOSHA GUIDE
P - 15 - 2012

〈표 4〉 API-571에 의한 손상 메커니즘

| DM# | Damage Mechanism | DM# | Damage Mechanism |
|---|---|---|---|
| 1 | Sulfidation | 33 | 885°F(475°C) Embrittlement |
| 2 | Wet H$_2$S Damage(Blistering/HIC/SOHIC/SSC) | 34 | Softening(Spheroidization) |
| 3 | Creep/Stress Rupture | 35 | Reheat Cracking |
| 4 | High temp H$_2$/H$_2$S Corrosion | 36 | Sulfuric Acid Corrosion |
| 5 | Polythionic Acid Corrosion | 37 | Hydrofluoric Acid Corrosion |
| 6 | Naphthenic Acid Corrosion | 38 | Flue Gas Dew Point Corrosion |
| 7 | Ammonium Bisulfide Corrosion | 39 | Dissimilar Metal Weld(DMW) Cracking |
| 8 | Ammonium Chloride Corrosion | 40 | Hydrogen Stress Cracking in HF |
| 9 | HCl Corrosion | 41 | Dealloying(Dezincification/Denickelification) |
| 10 | High Temperature Hydrogen Attack | 42 | CO$_2$ Corrosion |
| 11 | Oxidation | 43 | Corrosion Fatigue |
| 12 | Thermal Fatigue | 44 | Fuel Ash Corrosion |
| 13 | Sour Water Corrosion(acidic) | 45 | Amine Corrosion |
| 14 | Refractory Degradation | 46 | Corrosion Under Insulation(CUI) |
| 15 | Graphitization | 47 | Atmospheric Corrosion |
| 16 | Temper Embrittlement | 48 | Ammonia Stress Corrosion Cracking |
| 17 | Decarburization | 49 | Cooling Water Corrosion |
| 18 | Caustic Cracking | 50 | Boiler Water/Condensate Corrosion |
| 19 | Caustic Corrosion | 51 | Microbiologically Induced Corrosion(MIC) |
| 20 | Erosion/Erosion-Corrosion | 52 | Liquid Metal Embrittlement |
| 21 | Carbonate SCC | 53 | Galvanic Corrosion |
| 22 | Amine Cracking | 54 | Mechanical Fatigue |
| 23 | Chloride Stress Corrosion Cracking | 55 | Nitriding |
| 24 | Carburization | 56 | Vibration-Induced Fatigue |
| 25 | Hydrogen Embrittlement | 57 | Titanium Hydriding |
| 27 | Thermal Shook | 58 | Soil Corrosion |
| 28 | Cavitation | 59 | Metal Dusting |
| 29 | Graphitic Corrosion(See Dealloying) | 60 | Strain Aging |
| 30 | Short term Overheating-Stress Rupture | 61 | Steam Blanketing |
| 31 | Brittle Fracture | 62 | Phosphoric Acid Corrosion |
| 32 | Sigma Phase/Chi Embrittlement | 63 | Phenol(carbolic acid) Corrosion |

KOSHA GUIDE
P - 15 - 2012

5.5.4 검사부위 선정
　(1) 설비형태와 손상메커니즘과 부식 영향인자를 고려하여 설비의 검사부위를 결정하여야 한다.
　(2) 검사부위 결정 시 고려할 부식 영향인자는 설비의 형태 및 유체의 거동 특성 등을 기반으로 결정되어야 한다.
　(3) 〈그림 7〉은 타워류에서 검사부위를 나타낸 것으로서, 고려된 부식 영향 인자는 응력집중, 기-액상 경계면, 침전물, 유속, 유체충격 등 이다.
　(4) 〈그림 8〉은 배관에서 제어밸브가 설치된 부위에서 고려된 부식 영향 인자를 나타낸 것이다. 고려된 부식 영향인자로는 유체정체, 유속변화, 응력집중, 냉각 등을 고려할 수 있다. 특히 배관의 경우 사용되는 직경에 따라 유체의 거동 특성을 고려하여 검사해야 할 부위를 달리하여야 한다.

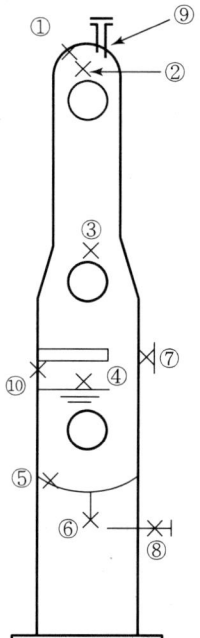

| 검사부위 | 부식 영향인자 |
|---|---|
| ① | 응력집중 |
| ② | 〃 |
| ③ | 〃 |
| ④ | 기-액상 경계면 |
| ⑤ | 응력집중, 침전물 |
| ⑥ | 유속 |
| ⑦ | 〃 |
| ⑧ | 〃 |
| ⑨ | 〃 |
| ⑩ | 유체 충격 |

X 표 : 측정 지점

〈그림 7〉 타워류에서 검사부위 선정

KOSHA GUIDE
P - 15 - 2012

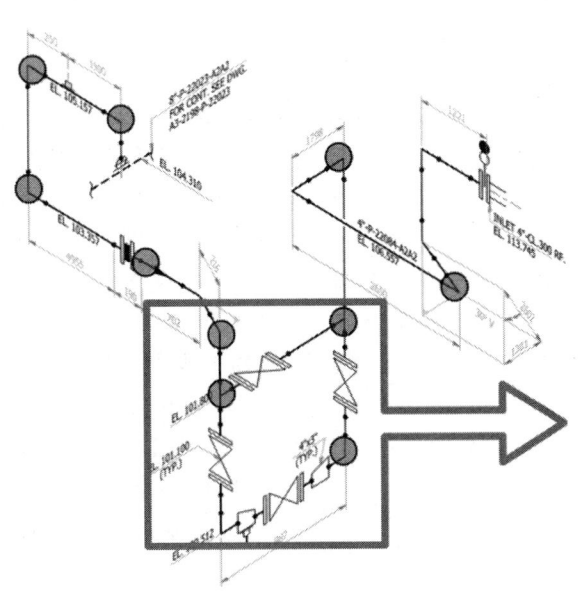

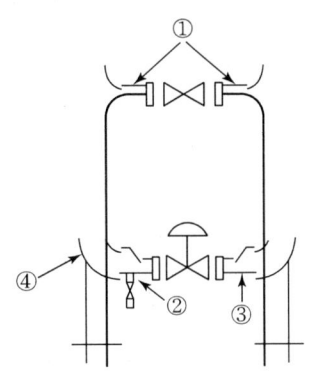

| 검사부위 | 부식 영향인자 |
|---|---|
| ① | 유체정치 |
| ② | 유체정체 |
| ③ | 유속변환 |
| ④ | 응력집중, 냉각 |

〈그림 8〉 제어밸브 및 연결부위에서 검사 위치 선정

5.5.5 검사효율 및 검사기법

(1) 설비의 검사부위 선정 후 각 부위별로 비파괴 검사를 수행하게 된다. 이때 비파괴검사를 수행하기 위해 손상메커니즘별로 검사효율을 달리 적용하게 된다.

(2) 손상메커니즘의 수준을 고려하여 심각한 경우 매우 효과적(Highly)으로 수행하고, 정도가 심각하지 않은 경우는 약간 효과적(Poorly)한 방법으로 검사를 수행하게 된다. 이때 적용할 수 있는 검사효율 등급은 매우 효과적(Highly), 대체로 효과적(Usually), 효과적(Fairly), 약간 효과적(Poorly)로 구분된다.

(3) 검사의 형식은 용기인 경우 개방검사를, 그리고 배관인 경우 사용중 검사를 선택하여 검사효율에 맞게 적용하야 한다. 〈표 5〉는 두께감소에 대한 검사방법을 나타낸 예이다.

(4) 손상메커니즘과 검사효율을 고려하여 가장 적합한 비파괴검사기법을 설정하여야 한다. 〈표 6〉은 손상메커니즘별로 검사기법(비파괴검사)에 대해 적

용 가능성의 예시를 나타낸 것으로, 손상메커니즘과 검사효율을 고려하여 선택하게 된다.

<표 5> 두께감소에 대한 검사 방법

| 검사효율 | 개방검사 | 사용중 검사 |
|---|---|---|
| 매우 효과적<br>(Highly) | 50~100% 표면검사(내부물 부분적으로 제거 후)와 두께산출 | 50~100% 초음파 스캐닝(자동 또는 수동) 또는 형상 방사선 검사 |
| 대체로 효과적<br>(Usually) | 명목상의 20% 검사(내부물 제거하지 않음)와 지점 외부 초음파 두께산출 | 명목상 20% 초음파 스캐닝(자동 또는 수동) 또는 형상 방사선 검사 또는 외부 지점 두께(통계적으로 유효한) 산출 |
| 효과적<br>(Fairly) | 두께산출 없이 육안검사 | 2~3% 검사 또는 지점 외부 초음파 두께 산출과 내부 육안검사를 하지 않거나 거의 하지 않음 |
| 약간 효과적<br>(Poorly) | 지점 두께 읽음 값만 육안검사 | 2~3차례 두께산출과 문서화된 검사계획 시스템 |

<표 6> 손상메커니즘별 검사기법 예시

| 검사기법 | 두께 감소 | 표면 균열 | 표면하 균열 | 미세 균열 | 금속 변화 | 치수 변화 | 부풀음 |
|---|---|---|---|---|---|---|---|
| Visual Examination | 1-3 | 2-3 | X | X | X | 1-3 | 1-3 |
| Ultrasonic Straight Beam | 1-3 | 3-X | 3-X | 2-3 | X | X | 1-2 |
| Ultrasonic Shear Wave | X | 1-2 | 1-2 | 2-3 | X | X | X |
| Fluorescent Magnetic Particle | X | 1-2 | 3-X | X | X | X | X |
| Dye Penetrant | X | 1-3 | X | X | X | X | X |
| Acoustic Emission | X | 1-3 | 1-3 | 3-X | X | X | 3-X |
| Eddy Current | 1-2 | 1-2 | 1-2 | 3-X | X | X | X |
| Flux Leakage | 1-2 | X | X | X | X | X | X |
| Radiography | 1-3 | 3-X | 3-X | X | X | 1-2 | X |
| Dimensional Measurements | 1-3 | X | X | X | X | 1-2 | X |
| Metallography | X | 2-3 | 2-3 | 2-3 | 1-2 | X | X |

1=매우 효과적, 2=알맞게 효과적, 3=가능한 효과적, X=정상적으로 사용되지 않음

KOSHA GUIDE
P - 15 - 2012

5.5.6 검사주기 설정
(1) 설비의 검사주기를 설정하는 방법은 크게 두 가지 방법을 사용하게 된다. RBI 프로그램에서 현재 이후의 설비 상태를 예측할 수 없을 경우 첫 번째 경우를 사용해야 하며, 10년 후까지 설비의 상태를 예측할 수 있는 경우는 두 번째 경우를 사용한다.
   (가) 첫 번째는 정적인 위험도에 근거한 방법으로 위험도 행렬에 검사주기를 설정 후 해당 설비에서 위험도 등급을 위험도 행렬에 적용하여 검사주기를 찾는 방법이다.
   (나) 두 번째 방법은 동적인 위험도에 근거하여 시간 경과에 따른 위험도의 증가를 고려하여 설정된 위험도 값에 도달할 때까지의 걸리는 시간을 고려하여 이를 검사주기로 설정하는 방법이다. 이때 적용되는 검사 유효성 등급을 반영하여 다음 검사의 주기에 영향을 미치게 된다.
   (다) 위험도 행렬에 의한 검사주기를 사용할 경우 설비의 잔여수명이 검사주기보다 짧은 경우 이를 고려하여 검사주기를 재설정하여야 하며, 현재와 향후 10년 후까지의 설비의 상태를 예측하여 설비의 설정 위험도에 도달하는 시간에 의해 검사주기를 결정하는 방법을 권장한다.
(2) 위험기반검사 프로그램에서 사용하고 있는 검사주기는 위험도 행렬에 의해 검사주기를 설정하고 있으며, 기본 검사주기는 〈그림 9〉와 같다.

| 발생가능성 | A | B | C | D | E |
|---|---|---|---|---|---|
| 5 | 3 | 2 | 2 | 1 | 1 |
| 4 | 5 | 4 | 3 | 2 | 1 |
| 3 | 6 | 6 | 4 | 3 | 2 |
| 2 | 8 | 8 | 5 | 4 | 3 |
| 1 | 8 | 8 | 6 | 5 | 4 |

피해크기

〈그림 9〉 RBI에 의한 검사주기

KOSHA GUIDE
P - 15 - 2012

## 6. 위험 관리

### 6.1 위험도 감소

(1) 위험수준(Risk level)을 체계적으로 감소시키기 위해서는 사고발생 빈도가 낮고, 피해정도가 적은 위험설비보다 발생빈도는 크고 피해정도가 심각한 위험설비에 중점을 두어 소수의 고위험 설비(전체 설비의 10~20%)를 집중 관리함으로써 가능하다.

(2) 고위험 설비에 대하여는 즉각적인 검사를 수행하여 설비에 대한 신뢰도를 확보할 수 있어야 하며, 이외의 설비에 대해서는 향후 설비의 사용조건 및 상태에 따라 적절한 검사주기를 연장하고, 계속적인 모니터링을 통해 설비의 상태를 최적의 조건으로 관리해 주어야 한다.

### 6.2 설비관리

(1) 검사를 수행하여야 할 설비가 선정되면 설비에서 취약부위를 분석하여 육안검사 및 비파괴검사 방법을 선정하게 된다.

(2) 취약 부위에 대해 손상메커니즘의 형태 및 영향인자를 파악하여 예방 및 완화 방법을 강구하여야 할 뿐만 아니라 향후 검사방법과 모니터링 방법을 결정하여 체계적으로 관리하여야 한다.

### 6.3 검사이력 전산화

(1) 검사가 완료되면 각종 검사결과에 대해 이력을 관리해야 한다.

(2) 검사이력은 기록표로써 수기의 형태로 보존할 수도 있으나 설비수가 많을 경우는 전산시스템을 구축하여 관리하기도 한다. 특히, 배관의 경우는 관리대상이 방대하므로, 이력의 전산화가 효율적이다.

(3) 검사이력은 설비관리에 있어서 중요한 자료가 되므로, 반드시 작성, 유지 및 보존해야 한다. 해당설비가 폐기된 이후에도 이력은 상당기간 보존되어야 하는데, 그 이유는 유사한 설비를 신설 또는 증설하는 경우에 초기 관리등급 및 중점 검사부위의 선정에 중요한 참조자료가 되기 때문이다.

### 6.4 부식지도 작성

(1) 설비에 대한 검사를 효율적으로 관리하기 위해서는 부식지도(Corrosion map)를 작성하여야 한다.

KOSHA GUIDE
P - 15 - 2012

(2) 부식지도는 위험기반검사를 수행 후 얻어진 개별 설비의 손상메커니즘을 PFD와 같이 유체 및 설비에 대한 정보를 나타낼 수 있는 도면에 〈그림 10〉과 같이 나타내도록 하여 공정별로 관리하는 기술이다.

(3) 부식지도를 작성함으로써 해당 공정의 설비에 대해 예측 가능한 손상메커니즘을 정의함으로써 공정을 보다 효율적으로 관리할 수 있을 것이며, 공정에서 문제 발생 시 원인을 예측함에 있어 가장 효율적인 방법이다.

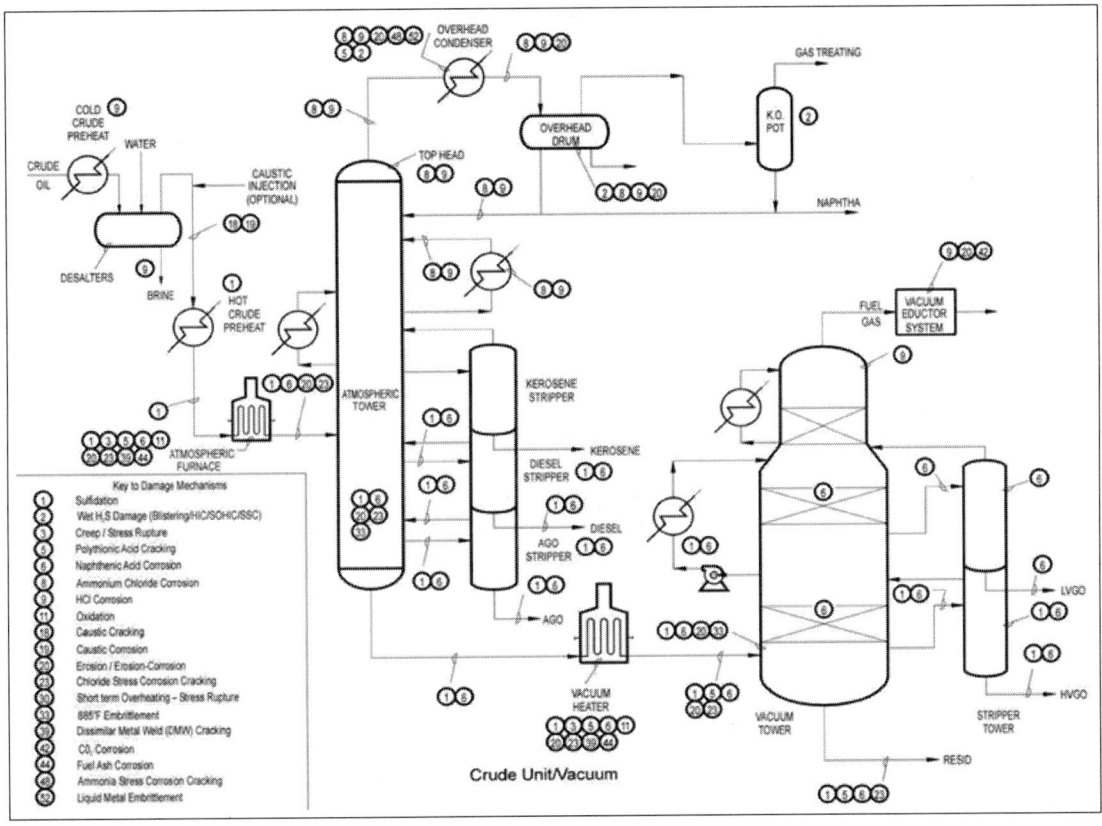

〈그림 10〉 공정에서 부식지도 작성 예

KOSHA GUIDE
P - 70 - 2019

# 화염방지기 설치 등에 관한 기술지침

2019. 12

한 국 산 업 안 전 보 건 공 단

### 안전보건기술지침의 개요

○ 작성자 : 한국산업안전보건공단 주종대
○ 개정자 :
  - 한국산업안전보건공단 장희
  - 한국산업안전보건공단 전남권중대산업사고예방센터 강성광
  - 한국산업안전보건공단 전문기술실 구채칠

○ 제·개정경과
  - 1992년 9월 화학안전분야 제정위원회 심의
  - 1994년 9월 총괄기준제정위원회 심의
  - 1995년 4월 화학안전분야 제정위원회 심의
  - 1996년 4월 총괄기준제정위원회 심의
  - 2002년 11월 화학안전분야 제정위원회 심의
  - 2002년 12월 총괄제정위원회 심의
  - 2008년 12월 총괄제정위원회 심의
  - 2011년 6월 화학안전분야 제정위원회 심의(개정)
  - 2012년 7월 총괄 제정위원회 심의(개정, 법규개정조항 반영)
  - 2016년 6월 화학안전분야 제정위원회 심의(개정)
  - 2019년 11월 화학안전분야 제정위원회 심의(개정)

○ 관련 규격 및 자료
  - 한국산업규격 KS B 6845 : 화염방지장치의 성능 시험 방법
  - 위험물안전관리법
  - API RP2028, "Flame Arresters in Piping Systems"
  - API RP 12N, "Recommended Practice for the Operation, Maintenance and Testing of Firebox Flame Arrestors" 2nd Ed.
  - IEC 60079 20 1, "Material Characteristics for Gas and Vapour Classification, Test Methods and Data"

○ 기술지침의 적용 및 문의
  - 이 기술지침에 대한 의견 또는 문의는 한국산업안전보건공단 홈페이지(www.kosha.or.kr)의 안전보건기술지침 소관분야별 문의처 안내를 참고하시기 바랍니다.
  - 동 지침 내에서 인용된 관련 규격 및 자료, 법규 등에 관하여 최근 개정본이 있을 경우에는 해당 개정본의 내용을 참고하시기 바랍니다.

공표일자 : 2019년 12월 24일
제 정 자 : 한국산업안전보건공단 이사장

KOSHA GUIDE
P - 70 - 2019

# 화염방지기 설치 등에 관한 기술지침

## 1. 목 적

이 지침은 인화성 가스 및 증기를 대기로 방출하는 설비의 화염전파 방지를 위한 화염 방지기 설치 등에 필요한 사항을 정함을 목적으로 한다.

## 2. 적용범위

이 지침은 인화점 60℃ 이하인 인화성 액체 또는 인화점이 100℃ 이하이고 저장온도가 인화점을 초과하는 물질의 증기 또는 가스를 대기로 방출하는 설비와 화염의 전파 우려가 있는 배관 및 설비에 적용한다.

## 3. 용어의 정의

(1) 이 지침에서 사용하는 용어의 정의는 다음과 같다.
   (가) "화염방지기"라 함은 가연성가스 또는 인화성 액체를 저장하거나 수송하는 설비 내·외부에서 화재가 발생 시 폭연 및 폭굉화염이 인접설비로 전파되지 않도록 차단하는 장치를 말한다.
   (나) "폭연방지기"라 함은 폭연의 전파를 방지하기 위하여 설계된 화염방지기를 말한다.
   (다) "폭굉방지기"라 함은 폭굉의 전파를 방지하기 위하여 설계된 화염방지기를 말한다.
   (라) "폭연"이라 함은 연소에 의한 폭발 충격파가 미반응 매질 속에서 음속 이하의 속도로 이동하는 폭발현상을 말한다.
   (마) "폭굉"이라 함은 연소에 의한 폭발 충격파가 미반응 매질 속에서 음속보다 빠른 속도로 이동하는 폭발현상을 말한다.
   (바) "통기관"이라 함은 화학설비가 진공 또는 가압상태가 되지 않도록 대기로 개방된 배관을 말한다.
   (사) "소염소자"라 함은 화염방지기 내부에 설치되는 금망, 소결금속, 다공판, 주름리본, 기타 금속이나 무기재료를 이용한 것으로서 화염을 차단시키는 역할을 하는 것을 말한다.
   (아) "액봉식 화염방지기"라 함은 소염소자를 사용하지 않고 통기관 끝부분을 액체에 담금으로써 외부의 화염이 설비 내부로 전달되지 않도록 한 것을 말한다.
   (자) "인화방지망"이라 함은 외부에서 발생한 화염의 전파를 억제하기 위하여 통기관

끝에 설치하는 40메시(Mesh)(단위 인치 면적당 구멍 수) 이상의 구리망 등으로 만들어진 인화방지장치를 말한다.

(차) "최대 시험안전틈새"라 함은 가연성증기나 가스의 모든 농도에 대하여 내부의 혼합가스에 점화하였을 때 25mm의 틈새길이를 통하여 외부의 혼합가스에 점화를 일으키지 않는 최대 틈새크기를 말하며, 틈새가 0.9mm 이상인 경우 ⅡA, 0.5mm 이상 0.9mm 미만인 경우 ⅡB, 0.5mm 이하인 경우 ⅡC로 구분한다.

(2) 그 밖에 용어의 정의는 이 지침에서 특별한 규정이 있는 경우를 제외하고는 산업안전보건법, 같은 법 시행령, 시행규칙, 안전보건규칙 및 관련 고시에서 정하는 바에 따른다.

## 4. 사용목적에 따른 화염방지기의 종류

### 4.1 관말단 화염방지기

대상물질을 저장·취급하는 설비로부터 증기 또는 가스를 대기로 방출하는 통기관의 말단부분에 설치하여 설비 외부에서 발생한 화염이 설비 내부로 전파되지 않게 하는 보호기능을 가지고 있다.

### 4.2 관내 폭연방지기

대상물질을 저장·취급하는 설비 사이에 연결된 배관 중에 설치하여 일방의 설비에서 화재 및 폭발이 발생할 경우 반대편으로의 화염전파를 차단하는 보호기능을 가지고 있다.

### 4.3 관내 폭굉방지기

대상물질을 저장·취급하는 설비 사이에 일방의 설비에서 화재 및 폭발이 발생하여 긴 배관 내에서 가속화된 폭굉파가 발생할 경우 폭굉의 전파를 차단하는 보호기능을 가지고 있다.

## 5. 화염방지기의 성능

### 5.1 관말단 화염방지기

(1) 관말단 화염방지기는 인화성 액체를 저장·취급하는 화학설비의 통기관을 통하여 외부의 화염이 설비 내부로 전파되는 것을 방지하기에 충분한 성능이어야 한다.

(2) 화염방지기는 보호대상 화학설비에서 인화성액체를 최대속도로 인입·배출할 때

와 태양열에 의해 증발되는 증기 등에 의해 당해 설비에 진공 또는 가압상태가 되지 않는 용량이어야 한다.

(3) 화염방지기의 성능은 한국산업규격 KS B 6845 2014 "화염방지장치의 성능시험방법"의 관말단 폭연방지장치 성능시험에 따른다.

### 5.2 관내 폭연방지기

(1) 관내 폭연방지기는 화학설비 사이에서 발생된 화염이 배관을 통하여 인접한 보호대상 화학설비로 전파되는 것을 방지하기에 충분한 성능이어야 한다.

(2) 관내 화염방지기의 성능은 한국산업규격 KS B 6845 2014 "화염방지장치의 성능시험방법"의 관내 폭연방지장치 성능시험에 따른다.

### 5.3 관내 폭굉방지기

(1) 관내 폭굉방지기는 화학설비 사이에서 발생된 폭굉파가 보호대상 화학설비로 전파되는 것을 방지하기에 충분한 성능이어야 한다.

(2) 관내 폭굉방지기의 성능은 한국산업규격 KS B 6845 2014 "화염방지장치의 성능시험방법"의 폭굉방지장치 성능시험에 따른다.

## 6. 화염방지기의 형식 및 구조

### 6.1 소염소자식 화염방지기

(1) 본체는 금속제로서 내식성이 있어야 하며, 폭발 및 화재로 인한 압력과 온도에 견딜 수 있어야 한다.

(2) 소염소자는 내식성이 있고, 1,000℃ 이상에서 변형 등이 없는 내열성이 있는 재질이어야 하며, 이물질 등의 제거를 위한 정비작업이 용이하여야 한다.

(3) 개스킷은 내식·내열성 재질이어야 한다.

(4) 모든 접합부는 화염이 소염소자를 우회하지 않고, 방지장치의 내부로 전파되지 않는 구조이거나 밀봉되어야 한다.

(5) 황화수소, 황성분 등이 함유된 가스가 배관 내에서 자연발화성 물질로 전환될 우려가 있는 경우에는 소염소자식 화염방지기를 사용할 수 없다.

## 6.2 액봉식 화염방지기

(1) 본체는 불연성이고 1,000℃ 이상의 내열성이 있어야 하고, 담금 액체에 대하여 내식성이 있어야 한다.
(2) 담금 액체는 비독성이며 불연성 액체로서 보호대상 화학설비에서 취급하는 물질에 대하여 화학적으로 안정하여야 한다.
(3) 액봉식 화염방지기는 인입배관 등의 전체 압력손실을 고려하여 채우는 액체의 높이를 설정하여야 하고, 담금 액체로 물을 사용하는 경우와 같이 결빙의 우려가 있는 경우에는 동결방지조치를 하여야 한다. 또한 내부의 액면을 확인하기 위한 액면계 또는 투시창(Sight glass)을 설치하고, 물 등을 보충하거나 배출하기 위한 장치를 설치해야 한다.
(4) 액체의 액면이 높거나 낮아서 화염방지기능이 저하될 우려가 있는 경우에는 자동 액면조절장치를 설치하고, 자동으로 운전을 정지하거나 경보할 수 있도록 경보장치를 설치하여야 한다.

## 7. 설치 위치 및 방법

(1) 화염방지기는 가능한 보호대상 화학설비의 통기관 끝단에 설치하는 것을 권장한다.
(2) 화염방지기의 유지보수 등을 위하여 배관 중간에 설치할 경우에는 인화성 가스나 증기의 특성 등을 고려하여 관내 폭연방지기 또는 관내 폭굉방지기를 설치하여야 한다.
(3) 상온에서 저장·취급하는 액체의 인화점이 38℃ 이상이고, 60℃ 이하인 경우에는 화염방지기의 설치를 생략하고 인화방지망을 설치할 수 있다.
(4) 인화점이 100℃ 이하이고, 저장온도가 인화점을 초과하는 경우에는 화염방지기를 설치하여야 한다.
(5) 소염소자는 매년 1회 이상 막힘, 부식, 변형, 파손 등의 상태를 확인하고, 통기가 잘 되도록 청소를 하여야 한다. 다만 분진, 중합 등으로 막힘이 자주 일어날 우려가 있는 경우에는 점검주기를 단축하여야 한다.
(6) 화염방지기는 설치하는 설비의 설계압력을 초과하지 않도록 충분한 용량의 성능으로 설치하여야 한다.
(7) 통기관에 통기밸브(Breather valve)가 있는 경우는 당해 화학설비와 통기밸브 사이에 화염방지기를 설치하여야 한다. 다만, 화염방지기의 성능을 갖는 통기밸브인

경우에는 화염방지기의 설치를 생략할 수 있다.
(8) 화염방지기를 배관에 설치할 경우에는 관내 폭연방지기를 설치하되 배관의 길이가 길어 폭굉으로 인한 손상 등 화염방지기의 기능이 상실될 우려가 있는 경우에는 폭굉방지기를 설치하여야 한다. 다만, 사전에 폭발압력을 배출할 수 있도록 파열판을 설치하는 등 화염방지기의 손상을 방지하기 위하여 적합한 폭발압력 방산구조로 한 경우에는 그러하지 아니하다.
(9) 화염방지기가 결빙, 승화, 응축 등으로 막힐 우려가 있는 경우에는 화염방지기에 보온 등 적절한 결빙 방지조치를 하여야 한다.

## 8. 선정 및 표시방법

### 8.1 폭발등급

(1) 화염방지기를 설치할 때에는 저장·취급하는 화학물질의 최대 시험안전틈새(mm)에 따른 폭발등급을 고려하여야 한다.

〈표 1〉 폭발등급 분류

| 폭발등급 | ⅡA | ⅡB | ⅡC |
|---|---|---|---|
| 최대 시험안전틈새(mm) | 0.9 이상 | 0.5 이상 0.9 미만 | 0.5 이하 |

(2) 폭발등급 ⅡC의 화염방지기는 ⅡA, ⅡB 화염방지기를 사용해야 하는 장소에 사용할 수 있으며, ⅡB의 화염방지기는 ⅡA 화염방지기를 사용해야 하는 장소에 사용이 가능하다.

### 8.2 표시방법

화염방지기 제조자는 다음 사항을 제품에 표시하여야 한다.
(1) 형식 : 관말단 화염방지기, 관내 폭연방지기, 관내 폭굉방지기 중 해당 형식 표시
(2) 폭발등급 : ⅡA, ⅡB, ⅡC 중 해당 폭발등급 표시
(3) 재질
(4) 제조번호 및 제조연월
(5) 제조자명

### 8.3 성능시험 결과

제조자는 화염방지기 종류별로 한국산업규격 KS B 6845 2014 "화염방지장치의 성능시험방법"에 의해 실시한 성능시험 결과를 사용자에게 제공하여야 한다.

KOSHA GUIDE
P - 70 - 2019

〈별표 1〉

## 물질별 폭발등급

| 번호 | CAS No | 가스/증기 | 화학식 | 발화온도(℃) | MESG (mm) | T 등급 | 폭발등급 |
|---|---|---|---|---|---|---|---|
| 1 | 100-44-7 | (Chloromethyl)benzene (=Benzylchloride) (=α-Chlorotoluene) (=Tolylchloride) | $C_6H_5CH_2Cl$ | 585 | | T1 | ⅡA |
| 2 | 100-52-7 | Benzaldehyde | $C_6H_5CHO$ | 192 | | T4 | ⅡA |
| 3 | 103-09-3 | Aceticacid-2-ethylhexylester (=2 Ethylhexylacetate) | $CH_3COOCH_2CH(C_2H_5)C_4H_9$ | 335 | 0.88 | T2 | ⅡB |
| 4 | 105-45-3 | 3-Oxo butanoicacidmethylester (=Acetoaceticacidmethylester) (=1 Methoxybutane-1,3-dione) (=Methylacetoacetate) | $CH_3COOCH_2COCH_3$ | 280 | 0.85 | T3 | ⅡB |
| 5 | 105-58-8 | Carbonicaciddiethylester (=Diethylcarbonate) | $(CH_3CH_2O)_2CO$ | 450 | 0.83 | T2 | ⅡB |
| 6 | 106-46-7 | 1,4-Dichlorobenzene (=Dichlorocide) | $C_6H_4Cl_2$ | 648 | | T1 | ⅡA |
| 7 | 106-89-8 | (Chloromethyl)oxirane (=Epichlorohydrin) (=1-Chloro-2,3-epoxypropane) (=2-Chloropropyleneoxide) | $OCH_2CHCH_2Cl$ | 385 | 0.74 | T2 | ⅡB |
| 8 | 106-92-3 | (2-Propenyloxy)methyl]oxirane (=Allyl2,3-epoxypropylether) (=1-(Allyloxy)-2,3-epoxypropan) (=Glycidylallylether) (=Allylglycidylether) | $CH_2=CH-CH_2-O-CHCH_2CH_2O$ | 249 | 0.7 | T3 | ⅡB |
| 9 | 106-97-8 | n-Butane (=Butylhydride) (=Diethyl) | $CH_3(CH_2)_2CH_2$ | 372 | 0.98 | T2 | ⅡA |

## KOSHA GUIDE
P - 70 - 2019

| 번호 | CAS No | 가스/증기 | 화학식 | 발화온도(℃) | MESG(mm) | T 등급 | 폭발등급 |
|---|---|---|---|---|---|---|---|
| 10 | 106-98-9 | 1-Butene<br>(=n-Butylene) | $CH_2=CHCH_2CH_3$ | 345 | 0.94 | T2 | ⅡA |
| 11 | 106-99-0 | 1,3-Butadiene<br>(=Biethylene)<br>(=Bivinyl)<br>(=Divinyl)<br>(=Erythrene)<br>(=Vinylethylene) | $CH_2=CHCH=CH_2$ | 420 | 0.79 | T2 | ⅡB |
| 12 | 107-02-8 | 2-Propenal(inhibited)<br>(=Acraldehyde)<br>(=Acrylaldehyde)<br>(=Acrylicaldehyde)<br>(=Allylaldehyde)<br>(=Propenal)<br>(=Acrolein) | $CH_2=CHCHO$ | 217 | 0.72 | T3 | ⅡB |
| 13 | 107-05-1 | 3-Chloro-1-propène<br>(=Chlorured'allyle) | $CH_2=CHCH_2Cl$ | 390 | 1.17 | T2 | ⅡA |
| 14 | 107-06-2 | 1,2-Dichloroethane<br>(=Ethylenechloride)<br>(=Ethylenedichloride) | $CH_2ClCH_2Cl$ | 438 | 1.8 | T2 | ⅡA |
| 15 | 107-07-3 | Ethylenechlorohydrin<br>(=2-Chloroethanol)<br>(=2-Chloroethylalcohol) | $CH_2ClCH_2OH$ | 425 |  | T2 | ⅡA |
| 16 | 107-13-1 | 2-Propenenitrile<br>(=Acrylonitrile) | $CH_2=CHCN$ | 480 | 0.87 | T1 | ⅡB |
| 17 | 107-18-6 | 2-Propen-1-ol<br>(=Allylicalcohol)<br>(=Propenol) | $CH_2=CHCH_2OH$ | 378 | 0.84 | T2 | ⅡB |
| 18 | 107-19-7 | 2-Propine-1-ol<br>(=Prop-2-yn-1-ol)<br>(=Propargylalcohol) | $HC≡CCH_2OH$ | 346 | 0.58 | T2 | ⅡB |

KOSHA GUIDE
P - 70 - 2019

| 번호 | CAS No | 가스/증기 | 화학식 | 발화온도(℃) | MESG(mm) | T 등급 | 폭발등급 |
|---|---|---|---|---|---|---|---|
| 19 | 107-30-2 | Chloromethoxymethane<br>(=Chloromethylmethylether)<br>(=Chlorodimethylether)<br>(=Chloromethoxymethane)<br>(=Dimethylchloroether)<br>(=Methylchloromethylether) | $CH_3OCH_2Cl$ | | | | ⅡA |
| 20 | 108-03-2 | 1-Nitropropane | $CH_3CH_2CH_2NO_2$ | 420 | 0.84 | T2 | ⅡB |
| 21 | 108-24-7 | Acetic anhydride | $(CH_3CO)_2O$ | 316 | 1.23 | T2 | ⅡA |
| 22 | 108-90-7 | Chlorobenzene<br>(=Phenylchloride)<br>(=Monochlorobenzene) | $C_6H_5Cl$ | 593 | | T1 | ⅡA |
| 23 | 108-91-8 | Cyclohexylamine<br>(=Aminocyclohexane)<br>(=Aminohexahydro-benzene)<br>(=Hexahydroaniline)<br>(=Hexahydro-benzenamine) | $CH_2(CH_2)_4CHNH_2$ | 275 | | T3 | ⅡA |
| 24 | 108-93-0 | Cyclohexanol<br>(=Cyclohexylalcohol)<br>(=Hexahydrophenol)<br>(=Hexalin) | $CH_2(CH_2)_4CHOH$ | 300 | | T3 | ⅡA |
| 25 | 108-94-1 | Cyclohexanone<br>(=Anone)<br>(=Cyclohexylketone)<br>(=Pimelicketone) | $CH_2(CH_2)_4CO$ | 419 | 0.95 | T2 | ⅡA |
| 26 | 109-65-9 | 1-Bromobutan | $CH_3(CH_2)_2CH_2Br$ | 265 | | T3 | ⅡA |
| 27 | 109-69-3 | 1-Chlorobutane<br>(=n-Butylchloride)<br>(=n-Propylcarbinylchloride) | $CH_3(CH_2)_2CH_2Cl$ | 245 | 1.06 | T3 | ⅡA |
| 28 | 109-73-9 | 1-Aminobutane<br>(=Butylaminen) | $CH_3(CH_2)_3NH_2$ | 312 | 0.92 | T2 | ⅡA |

## KOSHA GUIDE
P - 70 - 2019

| 번호 | CAS No | 가스/증기 | 화학식 | 발화온도(℃) | MESG (mm) | T 등급 | 폭발등급 |
|---|---|---|---|---|---|---|---|
| 29 | 109-86-4 | 2-Methoxyethanol (=Ethyleneglycolmonomethyl ether) | $CH_3OCH_2CH_2OH$ | 285 | 0.85 | T3 | ⅡB |
| 30 | 109-87-5 | Dimethoxymethane (=Methylal) (=Dimethylacetalmethanal) (=Dimethylacetalformaldehyde) (=Dimethylformal) (=2,4-Dioxapentane) | $CH_2(OCH_3)_2$ | 235 | 0.86 | T3 | ⅡB |
| 31 | 109-89-7 | n-Ethylethanamine (=Diethamine) (=Diethylamine) | $(C_2H_5)_2NH$ | 312 | 1.15 | T2 | ⅡA |
| 32 | 109-99-9 | Tetrahydrofuran (=1,4-Epoxybutane) (=Oxolane) (=Oxacyclopentane) (=Tetramethyleneoxide) | $CH_2(CH_2)_2CH_2O$ | 230 | 0.87 | T3 | ⅡB |
| 33 | 110-00-9 | Furan (=Divinyleneoxide) (=Furfuran) (=Tetrole) (=Oxole) (=Oxacyclopentadiene) | $CH=CHCH=CHO$ | 390 | 0.68 | T2 | ⅡB |
| 34 | 110-05-4 | bis(1,1-Diméthyléthyl)peroxyde (=Peroxydetert-Dibutyle) | $(CH_3)_3COOC(CH_3)_3$ | 170 | 0.84 | T4 | ⅡB |
| 35 | 110-71-4 | 1,2-Dimethoxyethane (=Monoglyme) (=Ethyleneglycoldimethylether) (=Dimethylglycol) (=2,5-Dioxahexane) | $CH_3O(CH_2)_2OCH_3$ | 197 | 0.72 | T4 | ⅡB |

KOSHA GUIDE
P - 70 - 2019

| 번호 | CAS No | 가스/증기 | 화학식 | 발화온도(℃) | MESG(mm) | T 등급 | 폭발등급 |
|---|---|---|---|---|---|---|---|
| 36 | 110-80-5 | 2-Ethoxyethanol<br>(=Ethane-1,2-diolethylether)<br>(=Ethylcellosolve)<br>(=3-Oxapentan-1-ol)<br>(=Ethyleneglycolethylether)<br>(=Ethyleneglycolmonoethylether) | $CH_3CH_2OCH_2CH_2OH$ | 235 | 0.78 | T3 | ⅡB |
| 37 | 110-82-7 | Cyclohexane<br>(=Hexahydrobenzene)<br>(=Hexamethylene)<br>(=Hexanaphthene) | $CH_2(CH_2)_4CH_2$ | 244 | 0.94 | T3 | ⅡA |
| 38 | 110-83-8 | Cyclohexene<br>(=Benzenetetrahydride)<br>(=Tetrahydrobenzene) | $CH_2(CH_2)_3CH=CH$ | 244 | 0.94 | T3 | ⅡA |
| 39 | 110-88-3 | 1,3,5-Trioxane<br>(=Trioxymethylene) | $OCH_2OCH_2OCH_2$ | 410 | 0.75 | T2 | ⅡB |
| 40 | 110-96-3 | 2-Methyl-n-(2-methylpropyl)-1-propanamine<br>(=Diisobutylamine) | $((CH_3)_2CHCH_2)_2NH$ | 256 | 1.12 | T3 | ⅡA |
| 41 | 111-43-3 | 1,1´-Oxybispropane<br>(=Dipropylether)<br>(=1-propoxy-propane) | $CH_3(CH_2)_2O$ | 175 | | T4 | ⅡB |
| 42 | 111-49-9 | Hexahydro-1H-acepine<br>(=Azepane) | $CH_2(CH_2)_5NH$ | 279 | 1 | T3 | ⅡA |
| 43 | 111-84-2 | Nonane<br>(=Nonylhydride) | $CH_3(CH_2)_7CH_2$ | 205 | | T3 | ⅡA |
| 44 | 1120-56-5 | Methylenecyclobutane | $C(=CH_2)(CH_2)_2CH_2$ | 352 | 0.76 | T2 | ⅡB |
| 45 | 112-58-3 | 1,1´-Oxybishexane<br>(=DihexylEther) | $(CH_3(CH_2)_5)_2O$ | 187 | | T4 | ⅡA |

KOSHA GUIDE
P - 70 - 2019

| 번호 | CAS No | 가스/증기 | 화학식 | 발화온도(℃) | MESG (mm) | T 등급 | 폭발등급 |
|---|---|---|---|---|---|---|---|
| 46 | 115-10-6 | Oxybismethane (=Methylether) (=Dimethylether) (=Woodether) (=Methoxymethane) | $(CH_3)_2O$ | 240 | 0.84 | T3 | ⅡB |
| 47 | 116-14-3 | Tetrafluoroethylene | $CF_2=CF_2$ | 255 | 0.6 | T3 | ⅡB |
| 48 | 123-38-6 | 1-Propanal (=Propionicaldehyde) | $CH_3CH_2CHO$ | 188 | 0.86 | T4 | ⅡB |
| 49 | 12-34-5 | 2-(2-Butoxyethoxy)ethanol (=Butyldiglykol) | $CH_3(CH_2)_3OCH_2CH_2OCH_2CH_2OH$ | 225 | 1.11 | T3 | ⅡA |
| 50 | 123-72-8 | 1-Butanal (=Butyraldehyde) (=Butylaldehyde) | $CH_3CH_2CH_2CHO$ | 205 | 0.92 | T3 | ⅡA |
| 51 | 123-86-4 | Aceticacidn-butylester (=n-Butylacetate) (=n-Butylesterofaceticacid) (=Butylethanoate) | $CH_3COOCH_2(CH_2)_2CH_3$ | 370 | 1.04 | T2 | ⅡA |
| 52 | 123-91-1 | 1,4-Dioxane (=Diethylenedioxide) (=Diethyleneether) | $OCH_2CH_2OCH_2CH_2$ | 375 | 0.7 | T2 | ⅡB |
| 53 | 124-18-5 (n-Decane) | Decane (mixedisomers) | $C_{10}H_{22}$ | 235 | 1.05 | T3 | ⅡA |
| 54 | 1319-77-3 (o-Cresol) | Cresol (mixedisomers) | $CH_3C_6H_4OH$ | 557 |  | T1 | ⅡA |
| 55 | 1333-74-0 | Hydrogen | $H_2$ | 560 | 0.29 | T1 | ⅡC |
| 56 | 140-88-5 | 2-Propenoicacidethylester (=Acrylicacidethylester) (=Ethylacrylate) (=Ethylpropenoate) | $CH_2=CHCOOCH_2CH_3$ | 350 | 0.86 | T2 | ⅡB |

## KOSHA GUIDE
## P - 70 - 2019

| 번호 | CAS No | 가스/증기 | 화학식 | 발화온도(℃) | MESG (mm) | T 등급 | 폭발등급 |
|---|---|---|---|---|---|---|---|
| 57 | 141-32-2 | 2-Propenoicacidbutylester (inhibited) (=n-Butylacrylate) (=Butylesterofacrylicacid) (=Butyl-2-propenoate) | $CH_2=CHCOOC_4H_9$ | 268 | 0.88 | T3 | ⅡB |
| 58 | 141-43-5 | 2-Aminoethanol (=Ethanolamine) | $NH_2CH_2CH_2OH$ | 410 | | T2 | ⅡA |
| 59 | 142-29-0 | cyclopentene | $CH=CHCH_2CH_2CH$ | 309 | 0.96 | T2 | ⅡA |
| 60 | 142-96-1 | 1,1´-Oxybisbutane (=Dibutylether) (=1-Butoxybutane) | $(CH_3(CH_2)_3)_2O$ | 175 | 0.86 | T4 | ⅡB |
| 61 | 1634-04-4 | 2-Methoxy-2-methylpropane (=tert-Butylmethylether) (=Methyltert-butylether) | $CH_3OC(CH_3)_3$ | 385 | 1 | T2 | ⅡA |
| 62 | 1712-64-7 | Nitricacid-1-methylethylester (=iso-Propylnitrate) (=Nitricacidisopropylester) (=Propane-2-nitrate) | $(CH_3)_2CHONO_2$ | 175 | | T4 | ⅡB |
| 63 | 1719-53-5 | Dichlorodiethylsilane (=Diethyl-dichloro-silane) | $(C_2H5)_2SiCl_2$ | | 0.45 | | ⅡC |
| 64 | 1975-01-04 | Chloroethene (=VinylChloride) (=Chloroethylene) | $CH_2=CHCl$ | 415 | 0.99 | T2 | ⅡA |
| 65 | 2032-35-1 | 2-Bromo-1,1-diethoxyethane | $(CH_3CH_2O)_2CHCH_2Br$ | 175 | 1 | T4 | ⅡA |
| 66 | 2426-08-06 | Oxirane(Butoxyméthyle) (=Etherglycidilebutylen) | $(CH_2)_3OCH_2$ | 215 | 0.78 | T3 | ⅡB |
| 67 | 287-23-0 | Cyclobutane (=Tertamethylene) | $CH_2(CH_2)_2CH_2$ | | | | ⅡA |
| 68 | 287-92-3 | Cyclopentane | $CH_2(CH_2)_3CH_2$ | 320 | 1.01 | T2 | ⅡA |

# KOSHA GUIDE
P - 70 - 2019

| 번호 | CAS No | 가스/증기 | 화학식 | 발화온도(℃) | MESG (mm) | T 등급 | 폭발등급 |
|---|---|---|---|---|---|---|---|
| | | (=Pentamethylene) | | | | | |
| 69 | 291-64-5 | Cycloheptane | $CH_2(CH_2)_3CH_2$ | | | | ⅡA |
| 70 | 2993-85-3 | 2,2,3,3,4,4,5,5,6,6,7,7-Dodecafluoroheptylmethacrylate | $CH_2=C(CH_3)COOCH_2$ $(CF_2)_6$ | 390 | 1.46 | T2 | ⅡA |
| 71 | 300-62-9 | (+-)-α-Methylbenzeneethanamine (=Amphetamine) | $C_6H_5CH_2CH(NH_2)$ $CH_3$ | | | | ⅡA |
| 72 | 30525-89-4 | Paraformaldehyde (=Polyoxymethylene) (=Polymerisedformaldehyde) (=Formaldehydepolymer) | $poly(CH_2O)$ | 380 | 0.57 | T2 | ⅡB |
| 73 | 4170-30-3 | 2-Butenal (=Crotonaldehyde) (=beta-Methylacrolein) (=Propylenealdehyde) | $CH_3CH=CHCHO$ | 230 | 0.81 | T3 | ⅡB |
| 74 | 461-53-0 | Butanoylfluoride (=Butyrylfluoride) | $CH_3(CH_2)_2COF$ | 440 | 1.14 | T2 | ⅡA |
| 75 | 463-58-1 | Carbonyl sulfide | COS | 209 | 1.35 | T3 | ⅡA |
| 76 | 493-02-7 | trans-Decahydronaphthalene | $CH_2(CH_2)_3CHCH$ $(CH_2)_3CH_2$ | 288 | | T3 | ⅡA |
| 77 | 507-20-0 | 2-Chloro-2-methylpropane | $(CH_3)_3CCl$ | 541 | 1.4 | T1 | ⅡA |
| 78 | 513-36-0 | 1-Chloro-2-methylpropane | $(CH_3)_2CHCH_2Cl$ | 416 | 1.25 | T2 | ⅡA |
| 79 | 536-74-3 | Phenylacetylene (=Ethynylbenzene) (=Phenylethyne) | $C_6H_5C\equiv CH$ | 420 | 0.86 | T2 | ⅡB |
| 80 | 540-54-5 | 1-Chloropropane | $CH_3CH_2CH_2Cl$ | 520 | | T1 | ⅡA |
| 81 | 540-59-0 | 1,2-Dichloroethene (=Acetylenedichloride) | $ClCH=CHCl$ | 440 | 3.91 | T2 | ⅡA |

KOSHA GUIDE
P - 70 - 2019

| 번호 | CAS No | 가스/증기 | 화학식 | 발화온도(℃) | MESG(mm) | T 등급 | 폭발등급 |
|---|---|---|---|---|---|---|---|
| | | (=trans-Acetylenedichloride)<br>(=sym-Dichloroethylene) | | | | | |
| 82 | 540-67-0 | Ethylmethylether<br>(=Methoxythane) | $CH_3OCH_2CH_3$ | 190 | | T4 | ⅡB |
| 83 | 542-92-7 | 1,3-Cyclopentadiene | $CH_2CH=CHCH=CH$ | 465 | 0.99 | T1 | ⅡA |
| 84 | 557-99-3 | Acetyl fluoride | $CH_3COF$ | 434 | 1.54 | T2 | ⅡA |
| 85 | 563-47-3 | 3-Chloro-2-methyl-1-propene | $CH_2=C(CH_3)CH_2Cl$ | 476 | 1.16 | T1 | ⅡA |
| 86 | 57-14-7 | 1,1-Dimethylhydrazine | $(CH_3)_2NNH_2$ | 240 | 0.85 | T3 | ⅡB |
| 87 | 5891-21-4 | 5-Chloro-2-pentanone | $CH_3CO(CH_2)_3Cl$ | 440 | 1.1 | T2 | ⅡA |
| 88 | 590-01-2 | Propionicacidbutylester<br>(=Propanoicacid,butylester)<br>(=Butylpropanoate)<br>(=Butylpropionate) | $C_2H_5COOC_4H_9$ | 405 | 0.93 | T2 | ⅡA |
| 89 | 590-18-1 | 2-Butene(cis) | $CH_3CH=CHCH_3$ | 325 | 0.89 | T2 | ⅡB |
| 90 | 591-87-7 | Aceticacid-2-propenylester<br>(=Allylacetate) | $CH_2=CHCH_2OOCCH_3$ | 348 | 0.96 | T2 | ⅡA |
| 91 | 60-29-7 | 1,1´-Oxybisethane<br>(=Diethylether)<br>(=Diethyloxide)<br>(=Ethylether)<br>(=Ethyloxide)<br>(=Ether) | $(CH_3CH_2)_2O$ | 175 | 0.87 | T4 | ⅡB |
| 92 | 623-36-9 | 2-Methylpent-2-enal | $CH_3CH_2CHC(CH_3)COH$ | 206 | 0.84 | T3 | ⅡB |
| 93 | 62-53-3 | Benzenamine<br>(=Aminobenzene)<br>(=Aniline)<br>(=Phenylamine) | $C_6H_5NH_2$ | 615 | | T1 | ⅡA |

## KOSHA GUIDE
P - 70 - 2019

| 번호 | CAS No | 가스/증기 | 화학식 | 발화온도(℃) | MESG (mm) | T 등급 | 폭발등급 |
|---|---|---|---|---|---|---|---|
| 94 | 629-14-1 | 1,2-Diethoxyethane (=3,6-Dioxaoctane) | $CH_3CH_2O(CH_2)_2OCH_2CH_3$ | 170 | 0.81 | T4 | ⅡB |
| 95 | 630-08-0 | Carbonmonoxide (watersaturatedairat 18°C) | CO | 607 | 0.84 | T1 | ⅡB |
| 96 | 64-19-7 | Acetic acid | $CH_3COOH$ | 510 | 1.78 | T1 | ⅡA |
| 97 | 645-62-5 | 2-Ethyl-2-hexenal (=Ethylpropylacrolein) | $CH_3CH(CH_2CH_3)=CH(CH_2)_2CH_3$ | 184 | 0.86 | T4 | ⅡB |
| 98 | 646-06-0 | 1,3-Dioxolane (=glycolformal) (=formaldehydeethyleneacetal) (=ethyleneglycolformal) | $OCH_2CH_2OCH_2$ | 245 |  | T3 | ⅡB |
| 99 | 64-67-5 | Sulfuricaciddiethylester (=Diethylsulphate) | $(CH_3CH_2)_2SO_4$ | 360 | 1.11 | T2 | ⅡA |
| 100 | 674-82-8 | 4-Methylene-2-oxetanone (=Acetylketene) (=But-3-en-3-olide) (=Diketene) | $CH_2=CCH_2C(O)O$ | 262 | 0.84 | T3 | ⅡB |
| 101 | 67-64-1 | 2-Propanone (=Acetone) | $(CH_3)_2CO$ | 539 | 1.01 | T1 | ⅡA |
| 102 | 71-23-8 | 1-Propanol (=Propan-1-ol) (=n-Propylalcohol) | $CH_3CH_2CH_2OH$ | 385 | 0.89 | T2 | ⅡB |
| 103 | 71-36-3 | 1-Butanol (=Alcoolnbutylique) (=n-Butanol) (=Alcoolbutylique) (=1-Hydroxybutane) (=Carbinaolnpropylique) | $CH_3(CH_2)_2CH_2OH$ | 343 | 0.91 | T2 | ⅡA |

| 번호 | CAS No | 가스/증기 | 화학식 | 발화온도(℃) | MESG (mm) | T 등급 | 폭발등급 |
|---|---|---|---|---|---|---|---|
| 104 | 71-43-2 | Benzene (=Phenylhydride) | $C_6H_6$ | 498 | 0.99 | T1 | ⅡA |
| 105 | 7397-62-8 | Hydroxyaceticbutylester (=Butylglycolate) | $HOCH_2COO(CH_2)_3CH_3$ | | 0.88 | | ⅡB |
| 106 | 74-85-1 | Ethene (=Ethylene) | $CH_2=CH_2$ | 440 | 0.65 | T2 | ⅡB |
| 107 | 74-86-2 | Ethine (=Acetylene) (=Ethyne) | $CH≡CH$ | 305 | 0.37 | T2 | ⅡC |
| 108 | 74-87-3 | Methylchloride (=Chloromethane) (=Monochloromethane) | $CH_3Cl$ | 625 | 1 | T1 | ⅡA |
| 109 | 74-89-5 | Methylamine (=Aminomethane) (=Carbinamine) | $CH_3NH_2$ | 430 | 1.10 | T2 | ⅡA |
| 110 | 74-90-8 | Hydrocyanicacid (=Hydrogencyanide) (=Formicanammonide) (=Hydrocyanicacid) (=Methanenitrile) (=Prussicacid) | HCN | 538 | 0.8 | T1 | ⅡB |
| 111 | 74-96-4 | Bromoethane (=Ethylbromide) (=Monobromoethane) | $CH_3CH_2Br$ | 511 | | T1 | ⅡA |
| 112 | 74-99-7 | Propyne (=Allylene) (=Methylacetylen) | $CH_3C≡CH$ | 340 | | T2 | ⅡB |
| 113 | 75-00-3 | Chloroethane (=Ethylchloride) (=Hydrochloricether) | $CH_3CH_2Cl$ | 510 | | T1 | ⅡA |

KOSHA GUIDE
P - 70 - 2019

| 번호 | CAS No | 가스/증기 | 화학식 | 발화온도(℃) | MESG(mm) | T등급 | 폭발등급 |
|---|---|---|---|---|---|---|---|
| | | (=Monochloroethane)<br>(=Muriaticether) | | | | | |
| 114 | 75-05-08 | Acetonitrile | $CH_3CN$ | 523 | 1.5 | T1 | ⅡA |
| 115 | 75-07-0 | Ethanal<br>(=Aceticaldehyde)<br>(=Acetaldehyde) | $CH_3CHO$ | 155 | 0.92 | T4 | ⅡA |
| 116 | 75-08-01 | Ethanethiol<br>(=EthylMercaptan)<br>(=Ethylsulfhydrate)<br>(=Mercaptoethane) | $CH_3CH_2SH$ | 295 | 0.90 | T3 | ⅡA |
| 117 | 75-15-0 | Carbon Disulfide | $CS_2$ | 90 | 0.34 | T6 | ⅡC |
| 118 | 75-19-4 | Cyclopropane<br>(=Trimethylene) | $CH_2CH_2CH_2$ | 500 | 0.91 | T1 | ⅡA |
| 119 | 75-21-8 | Oxirane<br>(=Ethyleneoxide)<br>(=Epoxyethan) | $CH_2CH_2O$ | 429 | 0.59 | T2 | ⅡB |
| 120 | 75-28-5 | 2-Methylpropane<br>(=iso-Butane) | $(CH_3)_2CHCH_3$ | 460 | 0.95 | T1 | ⅡA |
| 121 | 75-29-6 | 2-Chloropropane | $(CH_3)_2CHCl$ | 590 | 1.32 | T1 | ⅡA |
| 122 | 75-34-3 | 1,1-Dichloroethane<br>(=Asymmetricaldichloroethane)<br>(=Ethylidenechloride)<br>(=1,1-Ethylidenedichloride) | $CH_3CHCl_2$ | 439 | 1.82 | T2 | ⅡA |
| 123 | 75-36-5 | Acethylchloride | $CH_3COCl$ | 390 | | T2 | ⅡA |
| 124 | 75-38-7 | 1,1-Difluoroethene<br>(=Vinylidenefluoride)<br>(=Vinylidenedifluoride) | $CH_2=CF_2$ | 380 | 1.10 | T2 | ⅡA |
| 125 | 75-56-9 | 2-Methyloxirane<br>(=1,2-Epoxypropane) | $CH_3CHCH_2O$ | 430 | 0.70 | T2 | ⅡB |

## KOSHA GUIDE
P - 70 - 2019

| 번호 | CAS No | 가스/증기 | 화학식 | 발화온도(℃) | MESG (mm) | T 등급 | 폭발등급 |
|---|---|---|---|---|---|---|---|
| | | (=Propyleneoxide) | | | | | |
| 126 | 760-23-6 | 3,4-Dichlorobut-1-ene | $CH_2=CHCHClCH_2Cl$ | 469 | 1.38 | T1 | ⅡA |
| 127 | 764-48-7 | 2-Vinyloxyethanol (=2-Ethenoxyethanol) | $CH_2=CH-OCH_2CH_2OH$ | 250 | 0.86 | T3 | ⅡB |
| 128 | 765-43-5 | 1-Cyclopropylethanone (=acetylcyclopropane) (=Cyclopropylmethylketone) | $CH_2CH_2CHCOCH_3$ | 452 | 0.97 | T1 | ⅡA |
| 129 | 7664-41-7 | Ammonia | $NH_3$ | 630 | 3.18 | T1 | ⅡA |
| 130 | 77-73-6 | 3a,4,7,7a-Tetrahydro-4,7-me thano-1Hindene (=Dicyclopentadiene) (=Cyclopentadienedimer) | $C10H_{12}$ | 455 | 0.91 | T1 | ⅡA |
| 131 | 7783-06-04 | HydrogenSulfide (=Hydrosulfuricacid) (=Sewergas) (=Sulfurettedhydrogen) | $H_2S$ | 260 | 0.83 | T3 | ⅡB |
| 132 | 78-80-8 | 2-Methyl-1-buten-3-yne | $HC\equiv CC(CH_3)CH_2$ | 272 | 0.78 | T3 | ⅡB |
| 133 | 78-81-9 | 2-Methylpropan-1-amine (=iso-Butylamine) | $(CH_3)_2CHCH_2NH_2$ | 374 | 1.15 | T2 | ⅡA |
| 134 | 78-84-2 | 2-Methyl-1-propanal (=iso-Butanal) (=iso-Butyraldehyde) | $(CH_3)_2CHCHO$ | 165 | 0.92 | T4 | ⅡA |
| 135 | 78-86-4 | 2-Chlorobutane (=sec-Butylchloride) | $CH_3CHClCH_2CH_3$ | 415 | 1.16 | T2 | ⅡA |
| 136 | 78-87-5 | 1,2-Dichloropropane (=Propylenedichloride) | $CH_3CHClCH_2Cl$ | 557 | | T1 | ⅡA |
| 137 | 78-93-3 | 2-Butanone (=Ethylmethylketone) (=Methylacetone) | $CH_3CH_2COCH_3$ | 404 | 0.84 | T2 | ⅡB |

## KOSHA GUIDE
## P - 70 - 2019

| 번호 | CAS No | 가스/증기 | 화학식 | 발화온도(℃) | MESG (mm) | T 등급 | 폭발등급 |
|---|---|---|---|---|---|---|---|
| | | (=Methylethylketone) | | | | | |
| 138 | 79-10-07 | 2-Propenoicacid (=Acroleicacid) | $CH_2=CHCOOH$ | 406 | 0.86 | T2 | ⅡB |
| 139 | 79-24-3 | Nitroethane | $CH_3CH_2NO_2$ | 412 | 0.87 | T2 | ⅡB |
| 140 | 79-31-2 | 2-Methylpropanocacid (=iso-Butyricacid) (=Dimethylaceticacid) | $(CH_3)_2CHCOOH$ | 443 | 1.02 | T2 | ⅡA |
| 141 | 79-38-9 | Chlorotrifluoroethene (=Chlorotrifluoroethylene) | $CF_2=CFCl$ | 607 | 1.5 | T1 | ⅡA |
| 142 | 814-68-6 | Acryloyl chloride | $CH_2CHCOCl$ | 463 | 1.06 | T1 | ⅡA |
| 143 | 926-57-8 | 1,3-Dichloro-2-butene | $CH_3CCl=CHCH_2Cl$ | 469 | 1.31 | T1 | ⅡA |
| 144 | 95-92-1 | Ethanedioicaciddiethylester (=DiethylOxalate) (=Oxalicaciddiethylester) | $(COOCH_2CH_3)_2$ | | 0.90 | | ⅡA |
| 145 | 97-85-8 | ester(=iso-Butylisobutyrate) | $(CH_3)_2CHCOOCH_2CH(CH_3)_2$ | 424 | 1 | T2 | ⅡA |
| 146 | 97-88-1 | 2-Methyl-2-propenoicacidbutylester (=Butylmethacrylate) (=Butyl-2-methylprop-2-enoate) | $CH_2=C(CH_3)COO(CH_2)_3CH_3$ | 289 | 0.95 | T3 | ⅡA |
| 147 | 97-99-4 | Tetrahydro-2-furanmethanol) (=Tetrahydrofurfurylalcohol) (=Tetrahydrofuran-2-yl-methanol) (=Tetrahydro-2-furancarbinol) (=2-Hydroxymethyloxolane) | $OCH_2CH_2CH_2CHCH_2OH$ | 280 | 0.85 | T3 | ⅡB |
| 148 | 98-00-0 | 2-Furylmethanol (=FurfurylAlcohol) (=2-Hydroxymethylfuran) | $OC(CH_2OH)CHCHCH$ | 370 | 0.8 | T2 | ⅡB |
| 149 | 98-01-01 | 2-Furancarboxaldehyde | $OCH=CHCH=$ | 316 | 0.88 | T2 | ⅡB |

## KOSHA GUIDE
## P - 70 - 2019

| 번호 | CAS No | 가스/증기 | 화학식 | 발화온도(℃) | MESG (mm) | T 등급 | 폭발등급 |
|---|---|---|---|---|---|---|---|
|  |  | (=Fural)<br>(=Furfural)<br>(=2-Furaldehyde) | CHCHO |  |  |  |  |
| 150 | 98-82-8 | (1-Methylethyl)benzene<br>(=Cumene)<br>(=Isopropylbenzene)<br>(=2-Phenylpropane) | $C_6H_5CH(CH_3)_2$ | 424 | 1.05 | T2 | ⅡA |
| 151 | 98-83-9 | α-Methylstyrene<br>(=Isopropenylbenzene)<br>(=1-Methyl-1-phenylethylene)<br>(=2-Phenylpropylene) | $C_6H_5C(CH_3)=CH_2$ | 445 | 0.88 | T2 | ⅡB |
| 152 | 99-87-6 | 1-Methyl-4-(1-methylethyl)benzene<br>(=p-Cymene)<br>(=p-isopropyltoluene) | $CH_3C_6H_4CH(CH_3)_2$ | 436 |  | T2 | ⅡA |
| 153 | - | watergas | Mixture of $CO+H_2$ |  |  | T1 | ⅡC |
| 154 | - | But-1-yne | $CH_3CH_2C=CH$ |  | 0.71 |  | ⅡB |
| 155 | - | 4-Methylenetetra-hydropyran | $OCH_2CH_2C(=CH_2)CH_2CH_2$ | 255 | 0.89 | T3 | ⅡB |
| 156 | - | 1-Chloro-2,2,2-trifluoroethyl methyl ether | $CF_3CHClOCH_3$ | 430 | 2.8 | T2 | ⅡA |
| 157 | - | Coke oven gas |  |  |  |  | ⅡB or ⅡC |

KOSHA GUIDE

P - 80 - 2011

# 불활성 가스 치환에 관한 기술지침

2011. 12

한 국 산 업 안 전 보 건 공 단

20. 불활성 가스 치환에 관한 기술지침

## 안전보건기술지침의 개요

○ 작성자 : 신승부

○ 개정자 : 이근원

○ 제·개정 경과
- 2001년 11월 화학안전분야 기준제정위원회 심의
- 2001년 11월 총괄기준제정위원회 심의
- 2011년 12월 화학안전분야 제정위원회 심의(개정, 법규개정조항 반영)

○ 관련 규격 및 자료
- Chemical process safety : Fundamentals with applications, Daniel A. Crowl/Joseph F. Louvar
- Loss prevention in the process industires, Frank P. Lees
- 화학안전공학, 목연수 등 4명, 동화기술
- 국내·외 화학공장 작업안전표준

○ 관련 법령·고시 등
- 산업안전보건기준에관한규칙 제4편(폭발·화재 및 위험물 누출에 의한 위험방지)

○ 기술지침의 적용 및 문의
이 기술지침에 대한 의견 또는 문의는 한국산업안전보건공단 홈페이지 안전보건기술지침 소관 분야별 문의처 안내를 참고하시기 바랍니다.

공표일자 : 2011년 12월 29일

제 정 자 : 한국산업안전보건공단 이사장

KOSHA GUIDE
P - 80 - 2011

# 불활성 가스 치환에 관한 기술지침

## 1. 목적

이 지침은 산업안전보건기준에 관한 규칙(이하 "안전보건규칙"이라 한다) 제2장(폭발·화재 및 위험물 누출에 의한 위험방지) 규정에 의하여 화학설비의 점검·정비시 화재·폭발을 예방하기 위하여 실시하는 불활성 가스 치환(Purging)에 관한 지침을 정하는 데 그 목적이 있다.

## 2. 적용범위

이 지침은 화학설비의 점검·정비를 위하여 불활성 가스를 주입하는 작업에 적용한다.

## 3. 용어의 정의

(1) 이 지침에서 사용하는 용어의 정의는 다음과 같다.

(가) "이너팅(Inerting)"이라 함은 산소농도를 안전한 농도로 낮추기 위하여 불활성 가스를 용기에 주입하는 것을 말한다.

(나) "치환(Purging)"이라 함은 가연성 가스 또는 증기에 불활성 가스를 주입하여 산소의 농도를 최소산소농도(MOC)이하로 낮게 하는 작업을 통하여 제한된 공간에서 화염이 전파되지 않도록 유지된 상태를 말하며, 불활성 가스로는 질소, 이산화탄소 및 수증기 등이 있다.

(다) "최소산소농도(MOC : Minimum Oxygen Concentration)"라 함은 가연성 혼합가스 내에 화염이 전파될 수 있는 최소한의 산소농도를 말한다.

(라) "폭발하한계(LEL : Lower Explosive Limit)"란 공기 중에서의 가스 등의 농도가 이 범위 미만에서는 폭발되지 않는 한계를 말한다.

(마) "폭발상한계(UEL : Upper Explosive Limit)"라 함은 공기 중에서의 가스 등의 농도가 이 범위를 초과하는 경우에서는 폭발하지 않는 한계를 말한다.

(바) "화학양론적 계수"라 함은 화학반응식에 반응물질의 단위몰수에 대한 해당물질의 몰수를 말한다.

(사) "스위프치환(Sweep-through purging)"이라 함은 용기의 한 개구부로 불활성 가스를 이너팅하고 다른 개구부로 대기 또는 스크로버 등으로 혼합가스를 용기에서 방출하는 치환방법을 말한다.

KOSHA GUIDE
P - 80 - 2011

(아) "사이폰치환(Siphon purging)"이라 함은 용기에 물 또는 비가연성, 비반응성의 적합한 액체를 채운 후 액체를 뽑아내면서 불활성 가스를 주입하는 치환방법을 말한다.

(2) 그 밖에 이 지침에서 사용하는 용어의 정의는 이 지침에서 특별한 규정이 있는 것을 제외하고는 산업안전보건법, 같은 법 시행령, 같은 법 시행규칙, 안전보건규칙에서 정하는 바에 의한다.

## 4. 일반규정

(1) 화학설비의 치환작업은 다음에 적합하여야 한다.
　(가) 일반적으로 치환작업의 제어점은 산소농도를 최소산소농도보다 4% 이상 낮게 한다, 즉 최소산소농도가 10%인 경우 치환작업으로 산소농도가 6% 이하로 되게 한다.
　(나) 비어 있는 용기에 가연성 물질을 충전할 경우 미리 용기 내부를 불활성 가스로 치환하여야 하며 액체 위의 증기공간에 불활성분위기를 유지할 수 있어야 한다.
　(다) 공기가 용기 속으로 들어가는 것을 차단하기 위하여 증기공간 내에 일정한 불활성 가스 압력을 유지하도록 불활성화 시스템에 압력조정기를 설치하여야 한다.
　(라) 불활성화 제어시스템은 산소분석기가 연속적으로 산소농도를 감시하여 최소산소농도 이상인 경우 자동으로 불활성 가스를 주입하여 산소농도가 최소산소농도 이하가 되도록 하여야 한다. 다만, 설비를 보수나 정비시에는 수동으로 할 수 있다.

(2) 용기 내의 초기 산소농도를 최소산소농도 이하로 감소시키도록 하는 데 이용되는 치환(Purging)방법에는 진공, 압력, 스위프, 사이폰치환이 있으며 용기의 상태, 주위환경 조건 등에 따라 적절한 방법을 선택하여야 한다.

## 5. 최소산소농도 산정

(1) 가연성 가스 또는 증기의 최소산소농도는 공기와 가연성성분에 대한 산소의 백분율을 말하며, 연소반응식 상의 산소의 화학양론적 계수와 폭발하한의 곱한 값으로 다음과 같이 계산한다.
　(가) 가연성 가스 또는 인화성 증기의 연소반응식을 작성하여 산소의 화학양론계수를 구한다.
　(나) 가연성 가스 또는 인화성 증기의 폭발하한계를 계산한다.

(다) 연소반응식중의 산소의 화학양론적 계수와 폭발하한계의 곱을 구한다.

최소산소농도(MOC) = 화학양론적 계수 × 폭발하한계 ·················· (1)

즉, $MOC = \left(\dfrac{완전연소에\ 필요한\ 산소의\ 몰수}{가연성가스의\ 몰수}\right) \times \left(\dfrac{가연성가스의\ 몰수}{가연성가스의\ 몰수 + 공기의\ 몰수}\right)$

## 6. 진공치환

### 6.1 일반사항

(1) 진공치환(Vacuum purging)은 용기에 대한 가장 통상적인 치환절차로서 저압에만 견딜 수 있도록 설계된 큰 저장용기에서는 사용될 수 없다.

(2) 진공치환은 진공에 견딜 수 있도록 설계된 반응기에 일반적으로 쓰이는 절차로서 진공치환 단계는 다음과 같다.

　(가) 원하는 진공도에 이를 때까지 용기를 진공으로 한다.
　(나) 질소나 이산화탄소와 같은 불활성 가스를 주입하며 대기압과 같게 한다.
　(다) 원하는 산소농도가 될 때까지 단계 (가)와 (나)를 반복한다.

### 6.2 이너팅 횟수 및 불활성 가스량 산정

(1) 이상기체라고 가정하고 대기압과 진공상태에서 전체 몰수 산정

$$n_H = \dfrac{P_H V}{R_g T} \quad \cdots\cdots\cdots (2)$$

$$n_L = \dfrac{P_L V}{R_g T} \quad \cdots\cdots\cdots (3)$$

여기서, $n_H, n_L$ : 대기압과 진공상태에서 전체 몰수(mol)
　　　　$P_H, P_L$ : 대기압과 진공상태의 압력(kg$_f$/cm²)
　　　　V : 대기압과 진공상태의 부피(m³)
　　　　T : 대기압과 진공상태의 온도(°K)
　　　　$R_g$ : 이상기체 상태방정식의 상수(8.3143J/mol°K = 0.08206 $\ell$ atm/mol°K)

(2) 대기압과 진공상태에서 산소몰수 산정

$$(n_{oxy})_{1H} = y_0 n_H \quad \cdots\cdots (4)$$
$$(n_{oxy})_{1L} = y_0 n_L \quad \cdots\cdots (5)$$

여기서, $(n_{oxy})_{1H}, (n_{oxy})_{1L}$ : 대기압과 진공상태에서 처음 산소몰수
$y_0$ : 진공상태의 처음 전체몰수에 대한 산소몰수비
(=대기압상태의 처음 산소농도비)

(3) 1차 이너팅 후 산소농도비 산정

$$y_1 = \frac{(n_{oxy})_{1L}}{n_H} \quad \cdots\cdots (6)$$

여기서, $y_1$ : 1차 이너팅 후 진공상태의 전체몰수에 대한 산소몰수비
(=1차 이너팅 후 대기압상태의 산소농도비)

식(5)를 식(6)에 대입하면

$$y_1 = \frac{(n_{oxy})_{1L}}{n_H} = y_0 \left(\frac{n_L}{n_H}\right) \quad \cdots\cdots (7)$$

(4) 진공과 이너팅 공정이 반복될 때 두번째 이너팅 후의 산소농도비 산정

$$y_2 = \frac{(n_{oxy})_{2L}}{n_H} = y_1 \left(\frac{n_L}{n_H}\right) = y_0 \left(\frac{n_L}{n_H}\right)^2 \quad \cdots\cdots (8)$$

(5) j번째 이너팅 후의 산소농도비 산정

이 공정은 산소농도가 원하는 농도로 감소되도록 반복한다. j회 치환 순환 후 즉, 진공과 불활성 가스 주입을 j회 반복 후 전체몰수에 대한 산소몰수비는 다음과 같이 일반식으로 표현된다.

$$y_j = y_0 \left(\frac{n_L}{n_H}\right)^j = y_0 \left(\frac{P_L}{P_H}\right)^j \quad \cdots\cdots (9)$$

(6) 불활성 가스량 산정

각 사이클 동안 가한 질소의 전체 몰수는 일정하다. 따라서 j사이클에 대하여 전체

## KOSHA GUIDE
P - 80 - 2011

불활성 가스량은 다음과 같이 일반식으로 표현된다.

$$\triangle n_{Inerting\ gas} = j(P_H - P_L)\frac{V}{R_g T} \quad \cdots\cdots\cdots\cdots (10)$$

## 7. 압력치환

### 7.1 일반사항

(1) 압력치환(Pressure purging)은 용기에 가압된 불활성 가스를 주입하는 방법으로 가압한 가스가 용기 내에서 충분히 확산된 후 그것을 대기로 방출하여야 한다.

(2) 압력치환은 진공치환에 비해 치환시간이 크게 단축되는 장점이 있으나 불활성 가스를 많이 소모하게 되는 단점이 있다.

(3) 압력치환은 압력용기에 주로 사용하는 방법으로 불활성 가스의 압력은 압력용기의 설계압력을 고려하여 결정하여야 하여야 하며 일반적으로 쓰이는 압력치환 단계는 다음과 같다.

　(가) 용기에 원하는 압력까지 불활성 가스를 주입한다.
　(나) 주입가스가 용기내에서 충분히 확산되면 대기로 방출한다.
　(다) 단계 (가)와 (나)를 원하는 산소농도가 될 때까지 반복한다.

### 7.2 이너팅 횟수 및 불활성 가스량 산정

압력치환에 사용된 식은 진공치환과 동일하므로 이너팅 횟수 및 불활성 가스량은 식 (9), (10)을 사용하여 구할 수 있으며

여기서, $n_H, n_L$ : 고압과 대기압상태에서 전체 몰수(mol)
　　　　$P_H, P_L$ : 고압과 대기압상태의 압력($kg_f/cm^2$)
　　　　$y_0$ : 대기압상태의 전체몰수에 대한 산소몰수비를 나타낸다.

## 8. 스위프치환

### 8.1 일반사항

(1) 스위프치환(Sweep-through purging)은 보통 용기나 장치를 압력이나 진공으로 할 수 없는 경우에 주로 사용된다.

(2) 스위프치환은 저압으로 불활성 가스를 공급하여 대기압으로 방출시키므로 많은

불활성 가스를 필요로 한다.

(3) 따라서 대형 저장용기를 치환할 경우 많은 양의 불활성 가스를 필요로 하여 경비가 많이 소요되므로 액체를 용기 내에 채운 다음 용기 상부의 잔류산소를 제거하는 스위프치환 방법의 사용이 바람직하다.

### 8.2 불활성 가스량 산정

(1) 용기 안에서 완전혼합, 정온 및 정압이라 가정하면 산소농도변화는 다음과 같다.

$$V\frac{dC}{dt} = C_0 Q_V - C Q_V \quad \cdots\cdots\cdots\cdots\cdots\cdots\cdots\cdots (11)$$

여기서, $V$ : 용기의 부피($m^3$)
$Q_V$ : 부피유량($m^3$/sec)
$C$ : 용기 내부의 산소의 부피농도비
$C_0$ : 이너팅가스에 포함된 산소의 부피농도비
$t$ : 시간

(2) 식(11)를 적분하여 불활성 가스량은

$$Q_V t = V \ell n \left( \frac{C_1 - C_0}{C_2 - C_0} \right) \quad \cdots\cdots\cdots\cdots\cdots\cdots\cdots\cdots (12)$$

여기서, $C_1$ : 치환 전의 산소의 부피농도비
$C_2$ : 치환 후의 산소의 부피농도비

## 9. 사이폰치환

### 9.1 일반사항

(1) 사이폰치환은 치환 시 불활성 가스 주입량을 최소로 하기 위하여 주로 사용된다.
(2) 사이폰치환은 산소의 농도를 매우 낮은 수준으로 줄일 수 있으며 일반적으로 쓰이는 절차는 다음과 같다.
　(가) 용기에 액체(물 또는 적합한 액체)를 채운다.
　(나) 용기로부터 액체를 뽑아내면서 증기층에 불활성 가스를 주입한다.

### 9.2 불활성 가스량 산정

불활성 가스량은 용기의 부피와 같고 불활성 가스 이너팅속도는 액체를 방출하는 용적속도와 같다.

〈부록 1〉

# 최소산소농도(MOC) 계산 예

부탄($C_4H_{10}$)에 대한 최소산소농도를 추정

(1) 부탄의 연소반응식 작성

$$C_4H_{10} + \frac{13}{2}O_2 \rightarrow 4CO_2 + 5H_2O$$

(2) 부탄의 폭발하한계 : 1.6%(VOL.)

(3) 최소산소농도 계산

식(1)으로부터 최소산소농도는 다음과 같다.

$$MOC = \frac{13}{2}\left(\frac{산소의\ 몰수}{부탄의\ 몰수}\right) \times 1.6\left(\frac{부탄의\ 몰수}{부탄의\ 몰수 + 공기의\ 몰수}\right)$$
$$= 10.4 VOL.\%\left(\frac{산소의\ 몰수}{부탄의\ 몰수 + 공기의\ 몰수}\right)$$

여기서, 부탄 1mol을 연소시키는 데 필요한 산소량은 13/2mol이므로 폭발하한계 1.6vol.%를 연소시키는 데 필요한 최소산소농도는 10.4vol.%가 된다.

KOSHA GUIDE
P - 80 - 2011

〈부록 2〉

# 이너팅 횟수 및 불활성 가스량 계산 예

> 3.8m³ 용기 안의 산소농도를 1ppm까지 줄이려고 한다. 이를 충족시키기 위해 필요한 이너팅 횟수와 질소 사용량을 계산해 본다.
> 이때 온도는 25℃이고, 용기는 주위의 공기로 가득 차 있다.
> (1) 절대압력 20mmHg까지 도달할 수 있는 진공펌프가 사용되고, 진공에 도달한 후에 절대압력이 1기압이 될 때까지 순수한 질소를 주입하는 경우
> (2) 5.5kg$_f$/cm²G 압력의 25℃에서 순수한 질소로 압력치환를 실시하는 경우

(1) 진공치환
   (가) 초기 및 마지막 상태에서의 산소농도비는 다음과 같다.

$$y_0 = 0.21 \text{moles } O_2/\text{total moles}$$

$$y_f = 1\text{ppm} = 1 \times 10^{-6} \text{moles } O_2/\text{total moles}$$

   (나) 이너팅 횟수 계산
      식(9)을 이용하여 이너팅 횟수를 계산하면

$$y_j = y_0 \left(\frac{P_L}{P_H}\right)^j$$

$$\ell n\left(\frac{y_j}{y_0}\right) = j \, \ell n\left(\frac{P_L}{P_H}\right)$$

$$j = \frac{\ell n(10^{-6}/0.21)}{\ell n(20\text{mmHg}/760\text{mmHg})} = 3.37$$

따라서, 산소농도를 1ppm까지 줄이려면 4번의 이너팅 단계가 필요하다.

   (다) 불활성 가스량
      식(10)을 이용하여 불활성 가스량을 계산하면

$$P_L = \left(\frac{20\text{mmHg}}{760\text{mmHg}}\right)(1\text{atm}) = 0.026\text{atm}$$

$$\triangle n_{N_2} = j(P_H - P_L)\frac{V}{R_g T}$$

$$= 4(1-0.026)\text{atm}\frac{(3.8\ \text{m}^3)(1{,}000\ \ell/1\ \text{m}^3)}{(0.08206\ \text{atm}\ \ell/\text{molK})(25+273)\text{K}}$$

$$= 605.4\text{moles} = 16.95\text{kg의 질소가 필요하다.}$$

(2) 압력치환

  (가) 이너팅 횟수 계산

    식(9)를 이용하여 이너팅 횟수를 계산하면

$$y_j = y_0\left(\frac{P_L}{P_H}\right)^j$$

$$\ell n\left(\frac{y_j}{y_0}\right) = j\,\ell n\left(\frac{P_L}{P_H}\right)$$

$$j = \frac{\ell n(10^{-6}/0.21)}{\ell n[1.0336\text{kg}_f/\text{cm}^2/(5.5+1.0336)\text{kg}_f/\text{cm}^2]} = 6.64$$

따라서, 산소농도를 1ppm까지 줄이려면 7번의 이너팅 단계가 필요하다.

  (나) 불활성 가스량

    식(10)을 이용하여 불활성 가스량을 계산하면

$$P_H = \left(\frac{(5.5+1.0336)\text{kg}_f/\text{cm}^2}{(1.0336)\text{kg}_f/\text{cm}^2}\right)(1\text{atm}) = 6.32\text{atm}$$

$$\triangle n_{N_2} = j(P_H - P_L)\frac{V}{R_g T}$$

$$= 7(6.32-1)\text{atm}\frac{(3.8\text{m}^3)(1{,}000\ \ell/1\text{m}^3)}{(0.08206\text{atm}\ \ell/\text{molK})(25+273)\text{K}}$$

$$= 5{,}787\text{moles} = 162.04\text{kg의 질소가 필요하다.}$$

KOSHA GUIDE
P - 80 - 2011

〈부록 3〉

# 스위프치환시 불활성 가스량 계산 예

> 저장용기에 100%의 공기가 차 있는데 산소농도가 1.25%(부피%) 이하가 될 때까지 질소로 불활성화시켜야 한다. 용기의 부피는 28m³이고, 질소는 0.01%의 산소를 포함하고 있다고 가정할 때 얼마 만큼의 질소가 부가되여야 되는지 계산해 본다.

필요한 불활성 가스량은 식(11)으로부터

$$Q_V t = V \ln\left(\frac{C_1 - C_0}{C_2 - C_0}\right)$$

$$= (28\text{m}^3) \ln\left(\frac{21.0 - 0.01}{1.25 - 0.01}\right) = 79.2\text{m}^3$$

이 값은 오염된 질소(0.01%의 산소를 포함)의 가스량이다. 산소의 농도를 1.25%이하로 줄이기 위해 필요한 순수한 질소의 양은

$$Q_V t = (28\text{m}^3) \ln\left(\frac{21.0}{1.25}\right) = 79\text{m}^3 \text{이 된다.}$$

KOSHA GUIDE
P - 84 - 2012

# 결함수 분석 기법

2012. 7

한 국 산 업 안 전 보 건 공 단

## 안전보건기술지침의 개요

○ 제정자 : 주종대
○ 개정자 : 주종대
　　　　　이수희

○ 제정경과
- 1996년 4월 화학안전분야 기준제정위원회 심의
- 1996년 4월 총괄기준제정위원회 심의
- 1999년 11월 화학안전분야 기준제정위원회 심의
- 1999년 12월 총괄기준제정위원회 심의
- 2005년 11월 KOSHA Code 화학안전분야 제정위원회 심의
- 2005년 12월 KOSHA Code 총괄제정위원회 심의
- 2012년 7월 총괄 제정위원회 심의(개정, 법규개정조항 반영)

○ 관련 규격
- 국제노동기구(ILO)협약 174호 중대산업사고예방 실무지침
- 미국 CCPS : Guidelines for engineering process quantitative risk analysis
- 한국원자력연구소 : 원자력 발전소의 확률론적 안전성평가를 위한 계통 분석절차서

○ 관련 법규·규칙·고시 등
- 산업안전보건법 제49조의2 (공정안전보고서의 제출 등)
- 산업안전보건법 시행령 제33조의6 (공정안전보고서의 내용)
- 산업안전보건법 시행규칙 제130조의2 (공정안전보고서의 세부내용)
- 노동부고시 "공정안전보고서의 제출·심사·확인 및 이행상태평가 등에 관한 규정"

○ 기술지침의 적용 및 문의
이 기술지침에 대한 의견 또는 문의는 한국산업안전보건공단 홈페이지 안전보건기술지침 소관 분야별 문의처 안내를 참고하시기 바랍니다.

공표일자 : 2012년 7월 18일
제 정 자 : 한국산업안전보건공단 이사장

KOSHA GUIDE
P - 84 - 2012

# 결함수 분석 기법

## 1. 목적

이 지침은 산업안전보건법(이하 "법"이라 한다) 제49조의 2(공정안전보고서의 제출 등) 동법 시행령 제33조의 6(공정안전보고서의 내용) 및 동법 시행규칙 제130조의 2(공정안전보고서의 세부내용 등) 규정에 의해 사업주가 작성해야할 공정위험성 평가서의 원활한 작성을 위하여 시행규칙에서 허용하고 있는 결함수 분석 기법(FTA, Fault tree analysis)에 대한 지침을 정하는 데 목적이 있다.

## 2. 적용범위

이 지침은 사고의 원인이 되는 장치의 이상이나 고장의 다양한 조합 및 작업자실수원인을 규명하는 방법으로서 설계 또는 운전단계에 있는 공정위험성 평가시 사고의 발생빈도와 예상 사고시나리오를 추정하는 데 적용한다.

## 3. 용어의 정의

(1) 이 지침에서 사용되는 용어의 정의는 다음과 같다.

(가) "정상사상(Top event)"이라 함은 재해의 위험도를 고려하여 결함수 분석을 하기로 결정한 사고나 결과를 말한다.

(나) "기본사상(Basic event)"이라 함은 더 이상 원인을 독립적으로 전개할 수 없는 기본적인 사고의 원인으로서 기기의 기계적 고장, 보수와 시험 이용불능 및 작업자 실수사상 등을 말한다.

(다) "중간사상(Intermediate event)"이라 함은 정상사상과 기본사상 중간에 전개되는 사상을 말한다.

(라) "결함수(Fault tree)기호"라 함은 결함에 대한 각각의 원인을 기호로서 연결하는 표현수단을 말한다.

(마) "컷세트(Cutset)"라 함은 정상사상을 발생시키는 기본사상의 집합을 말한다.

(바) "최소컷세트(Minimal cutset)"라 함은 정상사상을 발생시키는 기본사상의 최소 집합을 말한다.

(사) "계통분석(System analysis)"이라 함은 계통의 기능상실을 초래하는 모든 사상 조합을 체계적으로 분석하고 그 발생가능성을 평가하는 작업을 말한다.

(아) "고장률(Failure rate)"이라 함은 설비가 시간당 또는 작동 횟수 당 고장이 발생하는 확률을 말한다.

(자) "이용불능도(Unavailability)"라 함은 주어진 시간에 설비가 보수 등의 이유로 인하여 이용할 수 없는 가능성을 말한다.

(2) 기타 이 지침에서 사용하는 용어의 정의는 특별한 규정이 있는 경우를 제외하고는 법, 동법 시행령, 동법 시행규칙 및 산업안전보건기준에 관한 규칙에서 정하는 바에 따른다.

## 4. 대상항목

결함수 분석 기법의 적용대상은 다음과 같다.

(1) 공정수준(Process level)에 대한 위험성 평가
(2) 계통수준(System level)에 대한 위험성 평가
(3) 구간수준(Node level)에 대한 위험성 평가
(4) 단락수준(Segment level)에 대한 위험성 평가
(5) 기기수준(Component level)에 대한 위험성 평가
(6) 작업자실수 및 일반원인고장에 대한 분석
(7) 기타 결함수 분석 기법의 적용이 가능한 항목

## 5. 적용시기

(1) 결함수 분석 기법은 현재 설계 또는 건설 중인 공장에 대하여는 공정의 개발단계나 초기 시운전 단계에 적용하며, 기존 공장에 대하여는 공정 또는 운전절차의 변경이나 개선이 필요한 경우 등에 적용한다.

(2) 결함수 분석 기법의 적용 시기는 다음과 같다.

　(가) 공정개발 단계
　(나) 설계 및 건설 단계
　(다) 시운전 단계
　(라) 운전 단계
　(마) 공정 및 운전절차의 수정 또는 변경시
　(바) 예상되는 사고나 사고원인 조사시

KOSHA GUIDE
P - 84 - 2012

## 6. 팀의 구성

결함수 분석에 필요한 인원은 공정의 수와 크기에 비례하나 팀의 구성에는 해당공정 및 설비에 경험이 있는 다음과 같은 전문가가 필요하다.
(1) 팀 리더
(2) 결함수 분석 전문가
(3) 공정운전 기술자
(4) 공정설계 기술자
(5) 검사 및 정비 기술자
(6) 비상계획 및 안전관리자

## 7. 필요한 자료

결함수 분석에 필요한 자료는 다음과 같다.
(1) 단위 기기 및 설비에 대한 고장률
(2) 단위 기기 및 설비에 대한 이용불능도
(3) 작업자 실수관련자료
(4) 일반원인 고장확률자료(Common cause failure probability)
(5) 공정배관계장도(P&ID)
(6) 안전운전절차
(7) 설계개념 및 공정설명서
(8) 주요기계장치 기본설계자료(Equipment data sheet)
(9) 설계개념을 포함한 제어시스템 및 계통설명서
(10) 경보 및 자동운전정지 설정치 목록
(11) 배치도(Plot plan) 및 기기배치도(Equipment layout drawing)
(12) 배관재료 등 표준 및 사양서
(13) 안전밸브의 설정치 및 용량 산출자료
(14) 물질안전보건자료
(15) 공정흐름도(PFD) 및 물질수지(Material balance)
(16) 유틸리티 사양서
(17) 정비절차서
(18) 운전자의 책무
(19) 비상조치계획
(20) 기타 결함수 분석에 필요한 서류

## 8. 평가절차

### 8.1 분석절차

(1) 결함수 분석은 분석대상 공정이 이용불능상태가 되는 모든 경우를 논리적 도형으로 표현한다.
(2) 공정의 기능상실을 정상사상으로 정의하고 그러한 정상사상이 발생할 수 있는 원인과 경로를 연역적으로 분석한다.
(3) 공정 또는 기기의 기능실패 상태를 확인하고 계통의 환경 및 운전조건 등을 고려하여 기능상실을 초래하는 모든 사상과 그 발생원인을 도식적 논리로 분석한다.
(4) 결함수 분석의 세부절차는 〈그림 1〉과 같다.

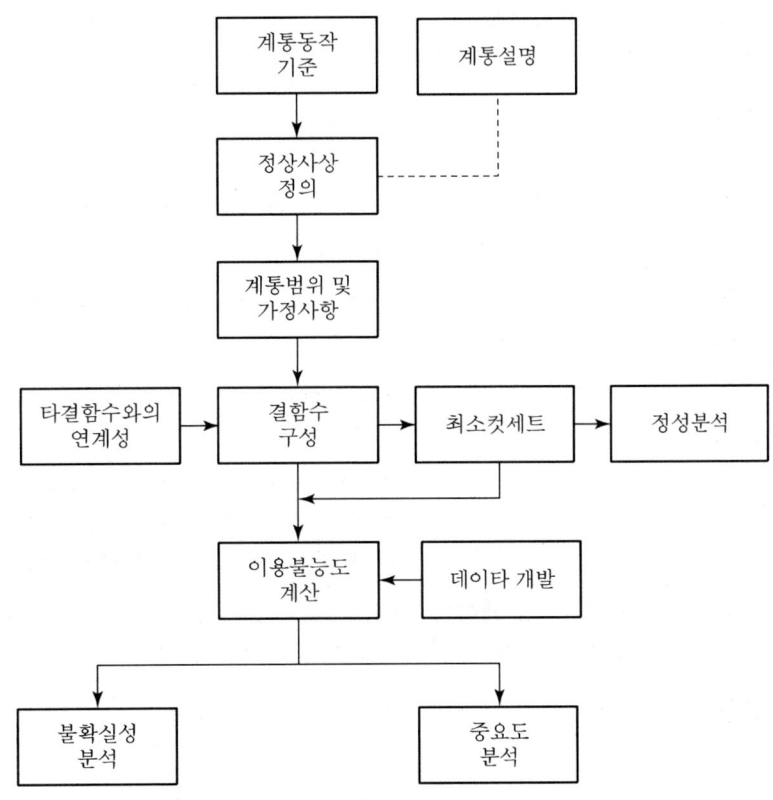

〈그림 1〉 결함수 분석세부절차

```
KOSHA GUIDE
P - 84 - 2012
```

### 8.2 결함수 기호

결함수 분석에 사용되는 주요기호는 〈표 1〉과 같으며 기본사상 및 기호 명명 요령은 〈붙임 1〉을 참조한다.

〈표 1〉 결함수에서 사용되는 일반적인 기호

| 기호 | 명명 | 기호설명 |
|---|---|---|
| ○ | 기본사상<br>(Basic event) | 더 이상 전개할 수 없는 사건의 원인 |
| ⬭ | 조건부사상<br>(Conditional event) | 논리게이트에 연결되어 사용되며, 논리에 적용되는 조건이나 제약 등을 명시<br>(우선적 억제 게이트에 우선적으로 적용) |
| ◇ | 생략사상<br>(Undeveloped event) | 사고 결과나 관련정보가 미비하여 계속 개발될 수 없는 특정 초기사상 |
| ⌂ | 통상사상<br>(External event) | 유동계통의 층 변화와 같이 일반적으로 발생이 예상되는 사상 |
| ▭ | 중간사상<br>(Intermediate event) | 한개 이상의 입력사상에 의해 발생된 고장사상으로서 주로 고장에 대한 설명 서술 |
| ⌒ | OR 게이트<br>(OR gate) | 한개 이상의 입력사상이 발생하면 출력사상이 발생하는 논리게이트 |
| ∩ | AND 게이트<br>(AND gate) | 입력사상이 전부 발생하는 경우에만 출력사상이 발생하는 논리게이트 |
| ⬡-⬭ | 억제 게이트<br>(Inhibit gate) | AND 게이트의 특별한 경우로서 이 게이트의 출력사상은 한개의 입력사상에 의해 발생하며, 입력사상이 출력사상을 생성하기 전에 특정조건을 만족하여야 하는 논리게이드 |
| △ | 배타적 OR 게이트<br>(Exclusive OR gate) | OR 게이트의 특별한 경우로서 입력사상중 오직 한개의 발생으로만 출력사상이 생성되는 논리게이트 |
| ⌒ | 우선적 AND 게이트<br>(Priority AND gate) | AND 게이트의 특별한 경우로서 입력사상이 특정 순서별로 발생한 경우에만 출력사상이 발생하는 논리게이트 |
| △ | 전이기호<br>(Transfer symbol) | 다른 부분에 있는(예 : 다른 페이지) 게이트와의 연결관계를 나타내기 위한 기호. 전입(Transfer in)과 전출(Transfer out) 기호가 있음. |

## 8.3 정량화

결함수 분석에서 정량화 단계는 입력된 모든 기본 사상들의 이용불능도 계산에 필요한 고장률, 작동시간 등의 관련정보를 입력하는 것과 정상사상, 이용불능도의 계산 및 결과해석을 수행하는 것을 말한다.

### 8.3.1 신뢰도 자료

결함수 분석에 사용되는 기본사상의 고장률, 이용불능도 등의 신뢰도 자료는 다음의 이용가능한 자료중에서 신뢰성이 높은 것을 선택하여 사용한다.
(1) 해당공정의 운전, 정비 자료로 부터 계산한 신뢰도 자료
(2) 화학설비 신뢰도 자료(한국산업안전보건공단, K-RDB)
(3) 국내·외 신뢰도 자료
(4) 설비 제작자가 제공하는 신뢰도 자료
(5) 기타 객관적으로 증명이 가능한 설비 신뢰도 자료

### 8.3.2 기본사상의 정량화 방법

결함수 분석에 필요한 기본사상의 정량화 방법은 다음과 같으며 〈붙임 2〉의 계산예를 참고한다.

(1) 기계적 고장(Hardware failures)으로 인한 이용불능도

기계적 고장은 대기 중 기동실패나 운전 중 작동실패로서 다음과 같이 분류한다.

(가) 대기 중 기동실패(Standby failure)

대기상태에 있는 기기가 작동 요구 시 기동이 실패하는 경우나 기동은 했지만 지속적으로 기능을 수행하지 못하는 경우로서 식 (1) 내지 식 (3)에 의하여 계산한다.

예 : Fail to Start, Fail to Open/Close

① 시간당 고장률로서의 대기중인 기기의 기동실패 확률

$$q_c = \tfrac{1}{2}\lambda_s T_T \quad \cdots\cdots\cdots\cdots\cdots\cdots\cdots\cdots\cdots\cdots\cdots (1)$$

여기서, $q_c$ : 기기의 평균 이용불능도
$\lambda_s$ : 시간당고장률(고장/시간)
$T_T$ : 시험주기(시간)

KOSHA GUIDE
P - 84 - 2012

② 요구 시 고장확률로서의 대기중인 기기의 기동실패 확률

$$q_c = q_d \quad \cdots\cdots\cdots (2)$$

여기서, $q_c$ : 기기의 평균 이용불능도
$q_d$ : 요구 시 고장확률

③ 시간당 고장률과 요구 시 고장확률을 모두 포함하는 경우의 대기 중인 기기의 기동실패 확률

$$q_c = q_d + \tfrac{1}{2}\lambda_s T_T \quad \cdots\cdots\cdots (3)$$

(나) 운전 중 작동실패(Running failure)
운전 중인 기기가 일정시간동안 계속 작동하지 못하는 작동 중 실패확률은 식 (4)와 같다.
예 : Fail to run, Transfer closed

$$q_c = \lambda_o T_M \quad \cdots\cdots\cdots (4)$$

여기서, $q_c$ : 작동실패확률
$\lambda_o$ : 운전 중 시간당 고장률(고장/시간)
$T_M$ : 작동시간(Mission time)

(2) 보수정지로 인한 이용불능도(Maintenance outage unavailability)
기기의 보수정지로 인한 이용불능도는 시험, 예방보수, 수리 등으로 인하여 사용할 수 없는 상황을 의미하며 다음과 같이 분류한다.
(가) 주기적인 시험과 계획예방 보수로 인한 계획 보수정지

$$q_{SM} = f_M(\tau_M / T_T) \quad \cdots\cdots\cdots (5)$$

여기서, $q_{SM}$ : 계획보수로 인한 기기의 이용불능도
$f_M$ : 시험주기동안에 발생 가능한 보수빈도
$\tau_M$ : 평균 기기보수 정지시간(시간)
$T_T$ : 시험주기(Test period, 시간)

(나) 고장기기의 수리로 인한 비계획 보수정지

$$q_{RM} = f_R(\tau_R/T_T) \quad \cdots\cdots\cdots\cdots\cdots\cdots\cdots\cdots\cdots\cdots\cdots\cdots\cdots \text{(6)}$$

여기서, $q_{RM}$ : 비계획 보수로 인한 기기의 이용불능도
  $f_R$ : 시험주기동안에 발생가능한 보수빈도
  $\tau_R$ : 평균기기 보수시간(시간)
  $T_T$ : 시험주기(시간)

(3) 시험으로 인한 이용불능도(Test outage unavailability)

특정기기의 시험절차로 인하여 그 기능을 수행하지 못하는 경우로서 식 (7) 로 구한다.

$$q_t = \tau_t/T_T \quad \cdots\cdots\cdots\cdots\cdots\cdots\cdots\cdots\cdots\cdots\cdots\cdots\cdots\cdots\cdots \text{(7)}$$

여기서, $q_t$ : 시험보수정지로 인한 평균 이용불능도
  $\tau_t$ : 평균시험시간(시간)
  $T_T$ : 시험주기(시간)

(4) 작업자 실수확률(Human error probability)

작업자에 대한 인간신뢰도 분석은 사고경위 전개과정에서 발생가능한 모든 실수를 파악하여 이를 모델링하고 정량화 한다.

(5) 공통원인 고장확률(Common cause failure probability)

중복설계는 계통의 신뢰도를 향상시키기 위한 것이나 이 중복설계의 효과를 감소시키는 것이 공통원인 고장으로서 유사한 환경에서 운전되는 동일 기기는 모두 일반원인고장의 대상이 될 수 있다.

8.3.3 결함수 분석의 정량화 절차

결함수 분석의 정량화는 정상사상에 대하여 구성된 결함수를 정량적으로 분석하여 이용불능도를 계산하는 단계로서 다음과 같이 수행한다.

(1) 구성된 결함수로부터 정상사상을 유발시키는 사상들의 조합을 부울대수(Boolean algebra)로 표현한다.
(2) 부울대수를 풀어 정상사상을 유발시키는 기본 사상들의 조합인 최소컷세트(Minimal cutsets)를 구한다.

(3) 각각의 최소컷세트에 포함된 기본사상의 확률값을 대입하여 최소컷세트에 대한 확률값을 구한다.

(4) 정상사상을 유발시키는 모든 최소컷세트에 대한 발생확률을 더하여 정상사상에 대한 확률을 산출한다.

(5) 각 기본사상이 정상사상에 미치는 중요도 분석을 수행하여 기본사상의 중요도를 계산한다.

### 8.4 기록

(1) 각각의 조치권고사항은 신중히 고려되어야 하고 만약 시행하도록 받아 들여진다면 실제로 조치가 될 수 있도록 최종 보고서에 포함하여 보고한다.

(2) 조치를 해야 할 결과들의 위험정도와 결함수 분석 결과로 산출된 이들이 발생 가능한 빈도를 조합하여 특정한 권고사항을 작성한다.

(3) 후속조치를 담당하는 다른팀이 이해할 수 있도록 다음과 같은 자료들을 권고사항에 포함시켜 전달한다.

(가) 팀이 검토하였던 정상사상의 선정 과정
(나) 팀에 의해 파악된 결과
(다) 팀이 제안한 변경의 요지
(라) 변경대상 또는 권고되는 검토사항

(4) 모든 권고사항은 다음과 같은 사항을 고려하여 작성한다.

(가) 무슨 조치가 필요한가?
(나) 어디에 이 조치가 필요한가?
(다) 왜 이 조치가 시행되어야 하나?

(5) 기록은 한글과 영문을 혼용할 수 있다.

## 9. 보고서 작성 및 후속조치

### 9.1 보고서 작성

#### 9.1.1 문서화

결함수 분석을 수행한 결과로서 다음과 같은 내용을 문서화하여 보고서를 작성한다.

KOSHA GUIDE
P - 84 - 2012

(1) 개요
   (가) 공정 및 설비의 개요
   (나) 공정의 위험특성
   (다) 정상사상의 설명 및 선정배경
   (라) 팀 리더 및 구성원의 인적사항(〈별지 양식 1〉 참조)
(2) 결함수 분석 내용
   (가) 평가방법
   (나) 기본가정사항
   (다) 공정설명 및 주요 운전조건
   (라) 결함수 분석도(Fault tree analysis diagram)
   (마) 게이트(Gate) 정보표(〈별지 양식 2〉 참조)
   (바) 기본사상(Basic event)정보표(〈별지 양식 3〉 참조)
(3) 정량화 결과 및 해석
   (가) 최소컷세트 계산결과표(〈별지 양식 4〉 참조)
   (나) 예상사고 시나리오(〈별지 양식 5〉 참조)
   (다) 위험성 평가결과 조치계획(〈별지 양식 6〉 참조)
(4) 개선 후의 결함수 분석내용
   (가) 개선 후 결함수 분석도
   (나) 게이트(Gate) 정보표(〈별지 양식 2〉 참조)
   (다) 기본사상(Basic event) 정보표(〈별지 양식 3〉 참조)
   (라) 최소컷세트 계산결과표(〈별지 양식 4〉 참조)
   (마) 개선 후의 예상사고시나리오(〈별지 양식 5〉 참조)

9.1.2 참고자료

결함수 분석 시 사용하였던 기술자료의 사본과 팀 리더가 사용했던 주요기기가 표시된 공정배관계장도를 위험성 평가 서류에 함께 철하고, 검토보고서의 후속조치, 재설계 서류, 부기적인 권고사항 등 권고사항을 제시하기 위해 작성된 모든 작업서류도 모아 함께 철한다.

9.2 개선권고사항의 후속조치

9.2.1 후속조치의 우선순위

결함수 분석결과 최소컷세트가 하나의 기본사상으로 구성되어 있는 경우에는 반드시 개선권고사항에 대한 후속조치를 취해야 하며 나머지 개선권고사항에 대한

## KOSHA GUIDE
P - 84 - 2012

　　　　내용은 다음의 우선순위에 따라 적절한 조치를 강구하도록 한다.
　　　　(1) 발생확률
　　　　(2) 최소컷세트에 포함되는 기본사상의 빈도
　　9.2.2 감사
　　　　경영자는 공정안전관리 담당부서에게 평가결과 보고서의 내용들이 적절하게 추진되고 있는지를 감사하도록 한다.
　　9.2.3 책임부서의 지정
　　　　후속조치의 책임부서는 회사의 특성에 따라 정비부, 기술부, 사업부 등에서 각각 시행할 수 있도록 책임부서를 지정하여야 한다.

| KOSHA GUIDE |
|---|
| P - 84 - 2012 |

〈별지 양식 1〉

## 팀 리더 및 구성원 인적사항(예)

| 구 분 | 성 명 | 학력 및 전공 | 경 력 | 비 고 |
|---|---|---|---|---|
| 리  더 | ○○○ | 화학공학 | 공정기술 20년 | |
| 안  전 | ○○○ | 안전공학 | 안전/환경 12년 | |
| 외부전문가 | ○○○ | 산업공학 | 시스템안전 15년 | |
| | | | | |

※ 구분란에는 팀 리더, 담당분야(전기기사, 공정기사 등)를 기재

KOSHA GUIDE
P - 84 - 2012

〈별지 양식 2〉

# 게이트(Gate) 정보표(예)

| 번호 | 게이트명 | 형식[1] | 차하위게이트[2] | 차상위게이트[3] | 비 고 |
|---|---|---|---|---|---|
| 1 | GMK13567 | AND | 3 | 1 | |
| 2 | GMA12764 | OR | 2 | 2 | |

주 1) '+' : OR, '*' : AND, '=' : EQUAL 게이트
　　2) 해당 게이트 차하위 게이트 또는 기본사상의 수
　　3) 해당 게이트 차상위 게이트 수

| KOSHA GUIDE |
| --- |
| P - 84 - 2012 |

〈별지 양식 3〉

## 기본사상(Basic event) 정보표(예)

| 번호 | 기본사상 | | 고장확률(회/년) | | | 비 고 |
| --- | --- | --- | --- | --- | --- | --- |
| | 명칭[1] | 내용[2] | 개선전[3] | 개선후[4] | 참고문헌[5] | |
| 1 | DMPF1234 | P-101 기동실패 | $5.7 \times 10^{-7}$ | $8.6 \times 10^{-8}$ | K-RDB | |
| 2 | RKPF3267 | P-306 작동중정지 | $3.6 \times 10^{-8}$ | $2.1 \times 10^{-9}$ | CCPS | |

주 1) 기본사상의 결함수 표기 명칭을 기재
   2) 기본사상의 구체적 내용을 간단히 기재
   3) 개선 전 기기/장치의 고장률
   4) 개선 후 기기/장치의 고장률
   5) 고장확률 자료의 근거문헌을 표시

KOSHA GUIDE
P - 84 - 2012

〈별지 양식 4〉

# 최소컷세트(Minimal cutsets) 계산결과표(예)

총 컷세트 : 146개    계산범위 : $1 \times 10^{-8}$

중복컷세트 :  40개    정상사상발생확률 : $2.7 \times 10^{-3}$회/년

최소컷세트 : 106개

| 번호 | 컷세트확률 | f-v | f-N | 기본사상구성내용 |
|---|---|---|---|---|
| 1 | $5.7 \times 10^{-7}$ | 0.3333 | 0.3333 | DMPF1234 |
| 2 | $3.6 \times 10^{-8}$ | 0.1000 | 0.4333 | RKPF3267 |

KOSHA GUIDE
P - 84 - 2012

〈별지 양식 5〉

# 예상사고 시나리오(예)

| 컷세트 | | | 예상사고 시나리오 | 재해발생확률 (회/년) |
|---|---|---|---|---|
| 번호 | 기본사상 구성요소 | 결함수[1] 분석도 | | |
| 1 | P-101 기동실패 | 4 쪽 | 냉각수 펌프 기동실패로 인한 반응기 온도제어불능 | $5.7 \times 10^{-7}$ |
| 2 | P-306 작동중정지 | 6 쪽 | 배출펌프 작동중정지로 인한 반응기 압력상승 | $3.6 \times 10^{-8}$ |

주 1) 기본사상이 표시된 결함수분석도의 위치

KOSHA GUIDE
P - 84 - 2012

〈별지 양식 6〉

# 위험성 평가결과 조치계획(예)

| 번호 | 컷세트 | | 기본사상 구성요소 | 재해발생확률(회/년) | | 개선권고사항 | 책임 부서 | 조치 일정 | 결과 |
| | 우선순위 | | | | | | | | |
| | 개선전 | 개선후 | | 개선전 | 개선후 | | | | |
|---|---|---|---|---|---|---|---|---|---|
| 1 | 1 | 4 | DMPF1234 | $5.7 \times 10^{-7}$ | $8.6 \times 10^{-8}$ | 예비펌프신설 | 공무 | '99.11 | 완료 |
| 2 | 2 | 6 | RKPF3267 | $3.6 \times 10^{-8}$ | $2.1 \times 10^{-9}$ | 배출배관에 By-pass신설 | 공무 | '99.12 | 완료 |

KOSHA GUIDE
P - 84 - 2012

〈붙임 1〉

# 기본사상 및 게이트 명명 요령

결함수 분석에 사용되는 기본사상 및 게이트는 이름을 통해 해당사항의 계통, 기기종류, 고장의 형태를 쉽게 파악할 수 있도록 다음과 같은 방법으로 명명하도록 한다.

## 1. 게이트(Gate)

(1) 최대 16자 이내로 명명한다.
(2) 첫번째 자리는 항상 "G"로 시작한다.
(3) 두번째와 세번째 자리는 각 계통을 나타내는 계통약어를 사용한다.
(4) 4번째부터 16번째 자리는 다른 게이트 이름과 구별하는 이름을 사용한다.

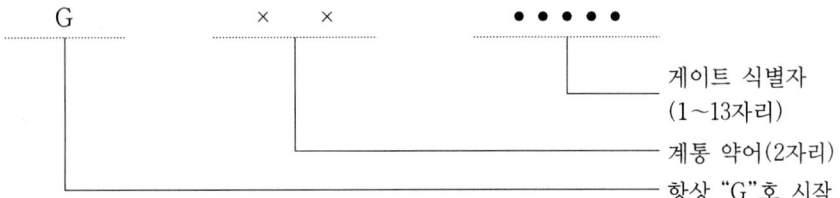

## 2 기본사상

다음과 같은 방법으로 기본사상을 명명한다.

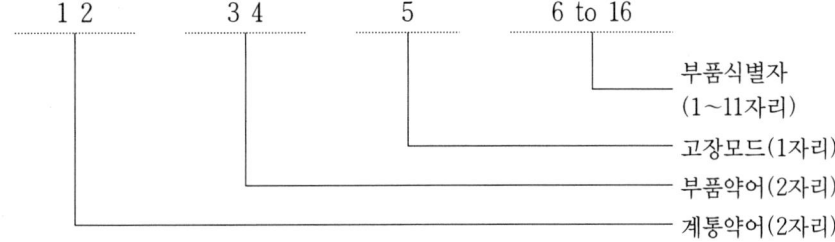

(1) 계통약어(System designator)
    첫번째와 두번째 자리에 계통을 가리키는 계통약어를 쓴다.
(2) 부품약어(Component designator)
    세번째와 네번째 자리에는 부품을 가리키는 부품약어를 쓴다.
(3) 고장모드(Failure mode)
    다섯번째 자리는 고장모드를 나타낸다.
(4) 부품 식별자(Component identifier)
    6번째부터 16번째 자리는 각각의 다른 부품의 기본사상들과의 구별을 위해 사용된다. 그러나 11자리를 모두 사용할 필요는 없다. 다음과 같은 사항을 표기함으로써 다른 기본사상들과 구별을 한다.
    (가) 계통도에 표기된 부품의 이름
    (나) 간략한 사상설명

KOSHA GUIDE
P - 84 - 2012

〈붙임 2〉

# 신뢰도 계산방법(예)

기본적인 신뢰도 자료로부터 여러가지 종류의 신뢰도 자료를 어떠한 방법으로 구할 수 있는지와 각 자료의 의미는 어떠한 것인지를 살펴본다.

A라는 단위공장에서 단위공장의 정상운전 중에 펌프에 대하여 다음과 같은 자료가 수집되었다고 가정하자.

- 분석대상설비 : 펌프 10대에 대한 자료수집
- 자료수집기간 : 3년
- 펌프들의 총 운전시간 : 4500일(펌프 1대당 연평균 운전시간 : 150일)
- 펌프들의 총 작동횟수 : 300번(펌프 1대당 연평균 기동횟수 : 10번)
- 펌프들의 총 보수횟수 : 100번
- 펌프들의 총 보수시간 : 45일(펌프 1대당 연평균 보수기간 : 1.5일)
- 펌프들의 총 이용불능(Out of service)시간 : 60일(펌프 1대당 연평균 이용불능시간 : 2일)
- 펌프들의 고장모드별 총고장횟수

| 고장모드 | 고장횟수 |
|---|---|
| 가동중정지 | 10 |
| 기동실패 | 2 |
| 외부누출 | 35 |

1. 가동 중 정지에 대한 고장률은 다음과 같이 계산할 수 있다.
   (1) 가동 중 정지 시간당 고장률
      =(가동 중 정지 횟수)/(펌프들의 총 운전시간)
      =10/4500일
      =0.0022/일
      =0.81 회/년
   (2) 년 가동 중 정지 발생율
      =(가동중정지 횟수)/(펌프들의 총 필요시간)
      =(가동중정지 횟수)/(자료수집기간×펌프수)

= 10/(3년×10)
= 0.33회/년

2. 기동실패 고장률은 다음과 같이 계산할 수 있다.
   (1) 기동실패 작동횟수당 고장률
       = (기동실패 횟수)/(펌프들의 총 작동횟수)
       = 2/300
       = 0.0067
   (2) 기동실패 시간당 고장률
       = (기동실패 횟수)/(펌프들의 총 필요시간)
       = (기동실패 횟수)/(자료수집기간×펌프수)
       = 2/(3년×10)
       = 0.067회/년

3. 외부누출 고장률은 다음과 같이 계산할 수 있다.
   외부누출 시간당 고장률
   = (외부누출 횟수)/(펌프들의 총 필요시간)
   = 35/(3년×10)
   = 1.17회/년

4. 연평균 이용불능도는 다음과 같이 계산할 수 있다.
   연평균 이용불능도
   = (펌프들의 총 이용불능시간)/(펌프들의 총 필요시간)
   = 60일/(3년×10)
   = 0.031

5. 펌프 보수 및 고장당 평균 이용불능시간은 다음과 같이 계산할 수 있다.
   보수 및 고장당 평균이용불능시간
   = (펌프들의 총 이용불능시간)/(펌프들의 총 보수횟수)
   = 60일/100
   = 0.6일 = 14.4시간

KOSHA GUIDE  
P - 84 - 2012

6. 펌프 보수 및 고장당 평균보수시간은 다음과 같이 계산할 수 있다.
   보수 및 고장당 평균보수시간
   =(펌프들의 총 보수시간)/(펌프들의 총 보수횟수)
   =45일/100
   =0.45일=10.8시간

7. 펌프 보수 및 고장 빈도는 다음과 같이 계산할 수 있다.
   보수 및 고장 빈도
   =(펌프들의 총 보수횟수)/(펌프들의 총 필요시간)
   =100/(3년×10)
   =3.3회/년

KOSHA GUIDE
P - 92 - 2012

# 누출원 모델링에 관한 기술지침

2012. 7

한 국 산 업 안 전 보 건 공 단

# 안전보건기술지침의 개요

○ 작성자 : 김기영

○ 개정자 : 이정석

○ 제정경과
- 2000년 11월 화학안전분야 기준제정위원회 심의
- 2000년 12월 총괄기준제정위원회 심의
- 2012년 7월 총괄 제정위원회 심의(개정, 법규개정조항 반영)

○ 관련 규격
- 미국 CCPS의 "Guidelines for consequence analysis of chemical release"
- 미국 AIChE의 "Consequence Assessment and Mitigation"

○ 관련 법규
- 산업안전보건법 제49조의2, 같은 법 시행령 제33조의7, 같은 법 시행규칙 제130조의 2

○ 적용 및 문의
이 기술지침에 대한 의견 또는 문의는 한국산업안전보건공단 홈페이지 안전보건기술지침 소관 분야별 문의처 안내를 참고하시기 바랍니다.

공표일자 : 2012년 7월 18일

제 정 자 : 한국산업안전보건공단 이사장

## KOSHA GUIDE
P - 92 - 2012

# 누출원 모델링에 관한 기술지침

## 1. 목적

이 지침은 산업안전보건법 제49조의 2, 같은 법 시행령 제33조의 7, 같은 법 시행규칙 제130조의 2의 규정에 의하여 공정위험성 평가시 화재·폭발, 누출과 같은 사고시의 피해정도 및 피해범위 등을 정량적으로 산정하고 피해최소화 대책 등을 수립하는 데 필요한 누출량 등을 산정하는 기준을 정하는 데 그 목적이 있다.

## 2. 적용범위

이 지침은 산업안전보건기준에 관한 규칙 별표1의 위험물질 중 인화성 액체, 인화성 고체, 인화성 가스 및 가연성 가스 및 급성독성물질을 취급하는 화학설비 및 그 부속설비에 대한 사고피해예측에 적용한다.

## 3. 정의

(1) 이 지침에서 사용하는 용어의 정의는 다음과 같다.
 (가) "누출원 모델링(Source term modeling)"이라 함은 화재·폭발·누출 등에 의한 사고시의 피해예측에 필요한 입력자료, 즉 누출량(또는 누출속도), 누출되는 기간 및 누출되는 위험물질의 상태 등을 예측하는 방법을 말한다.
 (나) "용기 등"이라 함은 산업안전보건기준에 관한 규칙 별표7의 화학설비 및 그 부속설비를 말한다.
 (다) "배관"이라 함은 산업안전보건기준에 관한 규칙 별표7 제2호의 화학설비의 부속설비 중 "가"항의 설비를 말한다.
 (라) "포화액체(Saturated liquid)"라 함은 취급·저장온도에서 그 물질의 포화증기압 하에서 취급·저장되는 액체를 말한다.
 (마) "과냉각 액체(Subcooled liquid)"라 함은 취급·저장온도에서 그 물질의 포화 증기압 이상으로 취급·저장되는 액체를 말한다.

(2) 그 밖에 이 지침에서 사용하는 용어의 정의는 특별한 규정이 있는 경우를 제외하고는 산업안전보건법, 같은 법 시행령, 같은 법 시행규칙 및 산업안전보건기준에 관한 규칙에서 정하는 바에 따른다.

KOSHA GUIDE
P - 92 - 2012

## 4. 누출원인 및 상태

### 4.1 누출 원인

위험물질의 누출을 야기시키는 원인은 다음과 같다.
(1) 용기 등의 균열 또는 파손
(2) 오조작에 의한 밸브의 열림
(3) 비상 배출(Emergency vent)

### 4.2 누출 상태

위험물질이 용기 등으로부터 누출될 때 누출되는 위험물질의 상태는 다음과 같다.
(1) 가스 또는 증기(Vapor)
(2) 액체
(3) 액체-증기(Two phase flashing liquid-vapor)

## 5. 누출원의 면적

누출량을 산정하기 위한 누출원의 면적은 다음과 같이 산정하거나 가정한다.
(1) 이송 또는 압축설비를 제외한 화학설비의 균열 또는 파손에 의한 경우
　　그 화학설비에서 취급·저장하는 위험물질이 10분 동안에 모두 누출될 수 있는 구멍(Hole)의 면적
(2) 배관의 균열 및 파열에 의한 경우
　　가. 배관의 호칭지름이 50mm 미만인 경우 : 배관의 단면적
　　나. 배관의 호칭지름이 50mm 이상 100mm 이하인 경우 : 50mm 배관의 단면적
　　다. 배관의 호칭지름이 100mm를 초과하는 경우 : 배관 단면적의 20%
(3) 이송 또는 압축설비의 균열 또는 파손에 의한 경우
　　흡인측 배관의 크기에 따라 전항에서 규정하는 면적
(4) 오조작에 의하여 밸브가 열린 경우
　　그 밸브의 구멍(Full bore)의 면적
(5) 비상 배출인 경우
　　비상 배출관의 내경에 의한 면적

KOSHA GUIDE
P - 92 - 2012

## 6. 화학설비에서 누출되는 경우

### 6.1 가스 또는 증기 상태로 누출되는 경우(계산 예는 〈붙임 1〉참조)

#### 6.1.1 임계흐름압력비($P_{CF}/P_1$) 산정

$$\frac{P_{CF}}{P_1} = \left(\frac{2}{\gamma+1}\right)^{\frac{\gamma}{\gamma-1}} \quad \cdots\cdots\cdots\cdots\cdots\cdots\cdots (1)$$

여기서, $P_{CF}$ : 임계흐름압력($kg_f/cm^2$, $lb_f/cm^2$)
  $P_1$ : 화학설비의 운전압력($kg_f/cm^2$, $lb_f/cm^2$)
  $\gamma$ : 비열계수($C_P/C_V$)

#### 6.1.2 누출량 산정

(1) 누출속도가 음속 이상($P_a/P_1 \leq P_{CF}/P_1$)인 경우

$$Q = C_D A P_1 \sqrt{\frac{\gamma g_c M_W}{RT_1}\left(\frac{2}{\gamma+1}\right)^{\frac{(\gamma+1)}{(\gamma-1)}}} \quad \cdots\cdots\cdots\cdots (2)$$

여기서, $P_a$ : 대기압력($kg/cm^2$, $lb_f/ft^2$)
  $Q$ : 누출량(kg/sec, lb/sec)
  $C_D$ : 누출계수(무차원)
  $g_c$ : 중력상수($9.8 kg \cdot m/kg_f \cdot sec^2$, $32.2\ lb \cdot ft/lb_f \cdot sec^2$)
  $M_W$ : 분자량(kg/kg-mole, lb/lb-mole)
  $A$ : 누출원 면적($m^2$, $ft^2$)
  $T_1$ : 화학설비의 운전온도(K, R)
  $R$ : 가스 상수($847m \cdot kg_f/kg\text{-}mole \cdot K$, $1,545 ft \cdot lb_f/lb\text{-}mole \cdot R$)

〈표 1〉 누출계수

| 누출지점의 형태 | 흐름의 상태 | 누출계수($C_D$) |
|---|---|---|
| 벤츄리메터/노즐 | - | 0.05~0.99 |
| 오리피스/구멍 | 음속 미만 | 0.61~067 |
| | 음속 이상, $P_a/P_1 \simeq P_{CF}/P_1$ | 0.75 |
| | 음속 이상, $P_1 \gg P_a$ | 0.84 |

※ $C_D$가 불확실한 경우에는 $C_D = 1$로 가정

(2) 누출속도가 음속 미만($P_a/P_1 > P_{CF}/P_1$)인 경우

$$Q = C_D A P_1 \sqrt{\frac{2g_c M_W}{RT_1} \frac{\gamma}{\gamma-1} \left[\left(\frac{P_a}{P_1}\right)^{\frac{2}{\gamma}} - \left(\frac{P_a}{P_1}\right)^{\frac{(\gamma+1)}{\gamma}}\right]} \quad \cdots\cdots (3)$$

## 6.2 액체 상태로 누출되는 경우(계산 예는 〈붙임 2〉 참조)

$$Q = C_D \rho_L A \left[\frac{2g_c(P_1 - P_a)}{\rho_L} + 2gh\right]^{\frac{1}{2}} \quad \cdots\cdots (4)$$

여기서, $\rho_L$ : 누출되는 위험물질의 밀도(kg/m³, lb/ft³)
        $g$ : 중력가속도(9.8m/sec², 32.2ft/sec²)
        $h$ : 누출지점과 화학설비 내의 액체 높이 차(m, ft)

## 6.3 액체-증기 상태로 누출되는 경우

### 6.3.1 일반사항

(1) 2상 유체의 누출은 액체가 누출되면서 압력의 차에 의하여 액체가 증기 상태로 플래쉬(Flash)되어 일어난다.

(2) 2상 유체의 누출은 다음과 같은 위험물질이 누출되는 경우로 분류한다.
  (가) 포화 액체(Saturated liquid)
     - 평형(Equilibrium) : 누출되는 지점이 화학설비 외부로부터 0.1m 이상인 경우
     - 비평형(Nonequilibrium) : 누출되는 지점이 화학설비 외부로부터 0.1m 이내인 경우
  (나) 과냉각 액체(Subcooled liquid)

(3) 2상 유체의 누출 시에 생성되는 증기의 비율(Flash fraction)은 다음과 같이 계산한다.

$$f_v = 1 - e^{-\frac{\overline{C_{PL}}}{\Delta H_V}(T_1 - T_b)} \quad \cdots\cdots (5)$$

여기서, $f_v$ : 생성되는 증기 비율(Flash fraction)
$\overline{C_{PL}}$ : 액체의 평균 정압 비열(kcal/kg·K, Btu/lb·R)
$T_b$ : 대기압하에서의 액체의 비점(K, R)
$\overline{\Delta H_V}$ : 평균 증발 잠열(kcal/kg, Btu/lb)

6.3.2 평형 포화액체가 누출되는 경우(계산 예는 〈붙임 3〉 참조)

$$Q = \left[\frac{A\Delta H_V}{\rho_G^{-1} - \rho_L^{-1}}\right]\left[\frac{Kg_c}{T_1 C_{P_L}}\right]^{\frac{1}{2}} \quad \cdots\cdots (6)$$

여기서, $\Delta H_V$ : 운전온도에서의 증발 잠열(kcal/kg, Btu/lb)
$\rho_G$ : 운전압력에서의 증기 밀도(kg/m³, lb/ft³)
$K$ : 상수(427m·kg_f/kcal, 778ft·lb_f/Btu)
$C_{P_L}$ : 운전온도에서의 액체의 비열(kcal/kg·K, Btu/lb·R)

6.3.3 비평형 포화액체가 누출되는 경우(계산 예는 〈붙임 4〉 참조)

$$Q = \left[\frac{A\Delta H_V}{\rho_G^{-1} - \rho_L^{-1}}\right]\left[\frac{Kg_c}{T_1 C_{P_L} N}\right]^{\frac{1}{2}} \quad \cdots\cdots (7)$$

여기서, $N = \dfrac{\Delta H_V^2 K}{2(P_1 - P_a)\rho_L C_D^2 (\rho_G^{-1} - \rho_L^{-1})^2 T_1 C_{P_L}} + \dfrac{L_P}{L_e}$ ...... (8)

$L_P$ : 화학설비의 외면으로부터 누출되는 지점까지의 배관길이(m, ft)
단, 0.1m 미만
$L_e$ : 실험 상수(0.1m, 0.33ft)

6.3.4 과냉각 액체가 누출되는 경우(계산 예는〈붙임 5〉참조)

$$Q = C_D \rho_L A \left[\frac{2g_c(P_1 - P_v)}{\rho_L} + 2gh + \left(\frac{Q_S}{C_D \rho_L A}\right)^2\right]^{\frac{1}{2}} \quad \cdots\cdots (9)$$

여기서, $P_v$ : 운전온도에서 증기압(kg_f/cm², lbf/ft²)
$Q_S$ : $L_P \geq 0.1m$인 경우에는 식(6)에 의한 Q
$L_P < 0.1m$인 경우에는 식(7)항에 의한 Q

## 7. 배관에서 누출되는 경우

### 7.1 가스 또는 증기 상태로 누출되는 경우(계산 예는 <붙임 6> 참조)

#### 7.1.1 마찰계수 산정

(1) 배관의 거칠기 계수(Roughness factor)가 0을 초과하는 경우

$$\frac{1}{\sqrt{f}} = -4\log_{10}\left[\frac{1}{3.7}\left(\frac{\epsilon}{D}\right)\right] \quad \cdots\cdots\cdots (10)$$

여기서, $f$ : 마찰계수(무차원)
$\epsilon$ : 배관의 거칠기 계수(m, ft)
$D$ : 배관의 내경(m, ft)

<표 2> 거칠기 계수

| 배관 재질 | 단 위 | |
|---|---|---|
| | m | ft |
| 주철관(Cast Iron) | $2.6 \times 10^{-4}$ | $8.5 \times 10^{-4}$ |
| 아연도 강관 | $1.5 \times 10^{-4}$ | $4.9 \times 10^{-4}$ |
| 일반 강관 | $4.6 \times 10^{-5}$ | $1.5 \times 10^{-4}$ |
| 단철관(Wrought Iron) | $4.6 \times 10^{-5}$ | $1.5 \times 10^{-4}$ |
| 압연 튜브(Drawn Tube) | $1.5 \times 10^{-6}$ | $4.9 \times 10^{-6}$ |
| 유리관 | 0 | 0 |
| 프라스틱관 | 0 | 0 |

(2) 배관의 거칠기 계수가 0인 경우

$f = 0$

### 7.1.2 마하번호 산정

다음 식을 이용하여 시행착오 방법으로 마하번호를 산정한다.

$$\frac{\gamma+1}{2}\log_e\left[\frac{2+(\gamma-1)Ma^2}{(\gamma+1)Ma^2}\right]-\left(\frac{1}{Ma^2}-1\right)+\gamma\left(\frac{4fL_P}{D}\right)=0 \quad\cdots\cdots (11)$$

여기서, $Ma$ : 마하번호(무차원)
  $L_P$ : 화학설비의 외면으로부터 파손된 부위까지의 배관길이(m, ft)
  $D$ : 배관의 내경(m, ft)

### 7.1.3 임계흐름 압력비 산정

$$\frac{P_{CF}}{P_1}=Ma\sqrt{\frac{2+(\gamma-1)Ma^2}{\gamma+1}} \quad\cdots\cdots (12)$$

여기서, $P_1$ : 배관 내의 운전압력(kg$_f$/cm², lb$_f$/ft²)
  $P_{CF}$ : 임계흐름압력(kg$_f$/cm², lb$_f$/ft²)

### 7.1.4 가스누출온도(Gas release temperature) 산정

다음 식을 이용하여 시행착오 방법으로 가스누출온도를 산정한다.

$$\left(\frac{\gamma+1}{\gamma}\right)\log_e\left(\frac{P_1T}{P_aT_1}\right)-\left(\frac{\gamma-1}{2\gamma}\right)\left(\frac{P_1^{\,2}T^2-P_a^{\,2}T_1^{\,2}}{T-T_1}\right)$$
$$\left(\frac{1}{P_1^{\,2}T}-\frac{1}{P_a^{\,2}T_1}\right)+\left(\frac{4fL_P}{D}\right)=0 \quad\cdots\cdots (13)$$

여기서, $T$ : 가스누출온도(K, R)

### 7.1.5 누출량 산정

(1) 가스의 유속이 음속 이상($P_a/P_1 \leq P_{CF}/P_1$)인 경우

$$Q=AMaP_1\sqrt{\frac{\gamma g_c M_W}{RT_1}} \quad\cdots\cdots (14)$$

KOSHA GUIDE
P - 92 - 2012

(2) 가스의 유속이 음속 미만($P_1/P_a > P_{CF}/P_1$)인 경우

$$Q = A \sqrt{\left(\frac{2g_c M_W}{R}\right)\left(\frac{\gamma}{(\gamma-1)}\right)\left[\frac{T-T_1}{\left(\frac{T_1}{P_1}\right)^2 - \left(\frac{T}{P_a}\right)^2}\right]} \quad \cdots\cdots\cdots (15)$$

### 7.2 액체상태로 누출되는 경우(계산 예는 〈붙임 7〉 참조)

#### 7.2.1 마찰계수 산정

$$Re\sqrt{f} = \frac{D\rho_L}{\mu_L}\sqrt{\frac{D}{2L_P}\left[\frac{g_c(P_1-P_a)}{\rho_L}+gh\right]} \quad \cdots\cdots\cdots (16)$$

여기서, $Re$ : 레이놀드 수(Reynold's number)(무차원)
$\mu_L$ : 액체의 점도(kg/cm·sec, lb/ft·sec)

#### 7.2.2 누출량 산정

(1) 층류(Laminar flow)인 경우($Re\sqrt{f} \leqq 180$)

$$Q = \frac{A\rho_L(Re\sqrt{f})\sqrt{\frac{D}{2L_P}\left[\frac{g_c(P_1-P_a)}{\rho_L}+gh\right]}}{16} \quad \cdots\cdots\cdots (17)$$

(2) 난류(Turbulent flow)인 경우($Re\sqrt{f} \geqq 525$)

$$Q = -4A\rho_L\log_{10}\left[\frac{1}{3.7}\left(\frac{\varepsilon}{D}\right)+\frac{1.255}{Re\sqrt{f}}\right]\sqrt{\frac{D}{2L_P}\left[\frac{g_c(P_1-P_a)}{\rho_L}+gh\right]} \quad \cdots (18)$$

### 7.3 액체-증기로 누출되는 경우(계산 예는 〈붙임 8〉 참조)

#### 7.3.1 포화액체인 경우

$$Q = F\left[\frac{A\Delta H_V}{\rho_G^{-1}-\rho_L^{-1}}\right]\left[\frac{Kg_c}{T_1 C_{P_L}}\right]^{\frac{1}{2}} \quad \cdots\cdots\cdots (19)$$

여기서, $F$ : 유량감소계수(Flow reduction factor)(무차원)

KOSHA GUIDE
P - 92 - 2012

<표 3> 유량감소계수

| $L_P/D$ | 유량감소계수(F) |
|---|---|
| 0 | 1 |
| 50 | 0.85 |
| 100 | 0.75 |
| 200 | 0.65 |
| 400 | 0.55 |

7.3.2 과냉각 액체인 경우

식(9)을 이용하여 $L_P$가 0.1m 이상인 경우로 누출량을 산정한다.

## KOSHA GUIDE
P - 92 - 2012

〈붙임 1〉

# 압력용기로부터 가스누출 계산 예

길이가 41ft(12.5m)이고 지름이 8½ft(2.6m)인 액체염소 이송용 철도차량에 설치된 1½″(38mm)의 안전밸브가 열리는 경우에 안전밸브로부터 누출되는 양은?

취급조건은 다음과 같다.
- 사고당시(안전밸브가 열릴 때)의 저장량 : 용량의 ½정도
- 취급온도 : 70°F/21℃
- 취급압력 : 105psia/7.39kg$_f$/cm²(포화상태)

염소의 물성은 다음과 같다.
- 비열계수($\gamma$) : 1.325
- 분자량($M_W$) : 70.9
- 상압(14.7psia/1.033kg$_f$/cm²)에서 비점 : -29°F(-34℃)
- 취급조건 하에서의 액체밀도($\rho_L$) : 87.7lb$_m$/ft³(1,405kg/m³)
- -29°F/-34℃, 14.7psia/1.033kgf/cm²에서 액체밀도 : 97.6lb$_m$/ft³(1,563kg/m³)
- 취급조건 하에서의 가스밀도($\rho_G$) : 1.35lb$_m$/ft³(21.6kg/m³)
- -29°F/-34℃, 14.7psia/1.033kg$_f$/cm²에서 가스밀도 : 0.225lb$_m$/ft³(3.6kg/m³)
- 취급조건 하에서의 증발잠열(ΔHV) : 109Btu/lb$_m$(60.6kcal/kg)
- -29°F/-34℃, 14.7psia/1.033kg$_f$/cm²에서의 증발잠열 : 124Btu/lb$_m$(68.9kcal/kg)
- 취급조건하에서의 엔탈피 : 234Btu/lb$_m$(130kcal/kg)
- 50°F/10℃, 14.7psia/1.033kg$_f$/cm²에서의 엔탈피 : 234Btu/lb$_m$(130kcal/kg)
- 평균액체비열($\overline{C_{P_L}}$, -29°F/-34℃~70°F/21℃) : 0.24Btu/lb$_m$°F(0.24kcal/kg・℃)

KOSHA GUIDE
P - 92 - 2012

I  MKS 단위

1. 임계흐름 압력비 $P_{CF}/P_1$을 계산하여 음속이상 여부 결정

$$\frac{P_{CF}}{P_1} = \left[\frac{2}{\gamma+1}\right]^{\frac{\gamma}{\gamma-1}} \quad (식(1))$$

$\gamma = 1.325$

$$\frac{P_{CF}}{P_1} = \left[\frac{2}{1.325+1}\right]^{\frac{1.325}{1.325-1}} = 0.5413$$

$P_a = 1.033 \text{kg}_f/\text{cm}^2 = 1.033 \times 10^4 \text{kg}_f/\text{m}^2$

$P_1 = 7.39 \text{kg}_f/\text{cm}^2 = 7.39 \times 10^4 \text{kg}_f/\text{m}^2$

$$\frac{P_a}{P_1} = \frac{1.033 \times 10^4}{7.39 \times 10^4} = 0.14 < 0.5413 = \frac{P_{CF}}{P_1}$$

∴ 음속 이상임.

2. 누출량 산정

$$Q = C_D A P_1 \sqrt{\frac{\gamma g_c M_W}{R T_1}\left[\frac{2}{\gamma+1}\right]^{\frac{(\gamma+1)}{(\gamma-1)}}} \quad (식(2))$$

$C_D = 0.84$ (표 1로부터)

$D = 38\text{mm} = 0.038\text{m}$

$A = \frac{\pi D^2}{4} = \frac{\pi \times 0.038^2}{4} = 1.134 \times 10^{-3} \text{m}^2$

$P_1 = 7.39 \times 10^4 \text{kg}_f/\text{m}^2$

$\gamma = 1.325$

$g_c = 9.8 \text{kg} \cdot \text{m}/\text{kg}_f \cdot \text{sec}^2$

$M_W = 70.9 \text{kg}/\text{kg-mole}$

$R = 847 \text{m} \cdot \text{kg}_f/\text{kg-mole} \cdot \text{K}$

$T_1 = 21℃ = 294\text{K}$

$$Q = (0.84)(1.134 \times 10^{-3})(7.39 \times 10^4)\sqrt{\frac{(1.325)(9.8)(70.9)}{(847)(294)}\left[\frac{2}{1.325+1}\right]^{\frac{(1.325+1)}{(1.325-1)}}}$$

$\boxed{Q = 2.5 \text{kg/sec}}$

KOSHA GUIDE
P - 92 - 2012

Ⅱ FPS 단위
1. 임계흐름 압력비 $P_{CF}/P_1$을 계산하여 음속이상 여부 결정

$$\frac{P_{CF}}{P_1} = \left[\frac{2}{\gamma+1}\right]^{\frac{\gamma}{\gamma-1}} \quad (식(1))$$

$\gamma = 1.325$

$$\frac{P_{CF}}{P_1} = \left[\frac{2}{1.325+1}\right]^{\frac{1.325}{1.325-1}} = 0.5413$$

$P_a = 14.7\text{psia} = 2,117\text{lb}_f/\text{ft}^2$

$P_1 = 105\text{psia} = 15,120\text{lb}_f/\text{ft}^2$

$$\frac{P_a}{P_1} = \frac{14.7}{105} = 0.14 < 0.5413 = \frac{P_{CF}}{P_1}$$

∴ 음속 이상임.

2. 누출량 산정

$$Q = C_D A P_1 \sqrt{\frac{\gamma g_c M_W}{RT_1}\left[\frac{2}{\gamma+1}\right]^{\frac{(\gamma+1)}{(\gamma-1)}}} \quad (식(2))$$

$C_D = 0.84$ (표 1로부터)

$D = 1\frac{1}{2}'' = 0.125\text{ft}$

$$A = \frac{\pi D^2}{4} = \frac{\pi(0.125)^2}{4} = 0.012\text{ft}^2$$

$P_1 = 15,120\text{lb}_f/\text{ft}^2$

$\gamma = 1.325$

$g_c = 32.2\text{lb}_m \cdot \text{ft}/\text{lb}_f \cdot \sec^2$

$M_W = 70.9\text{lb}_m/\text{lb-mole}$

$R = 1,545\text{ft} \cdot \text{lb}_f/\text{lb-mole R}$

$T_1 = 70°\text{F} = 530\text{R}$

$$Q = (0.84)(0.012)(15,120)\sqrt{\frac{(1.325)(32.2)(70.9)}{(1,545)(530)}\left[\frac{2}{1.325+1}\right]^{\frac{(1.325+1)}{(1.325-1)}}}$$

$$\boxed{Q = 5.4\text{lb}_m/\sec}$$

KOSHA GUIDE
P - 92 - 2012

〈붙임 2〉

# 압력용기로부터 액체누출 계산 예

길이가 41ft(12.5m)이고 지름이 8½ft(2.6m)인 액체염소 이송용 철도차량의 바닥에 1½″(38mm) 크기의 파열이 생긴 경우에 누출량은?

취급조건은 다음과 같다.
- 파열 시의 저장량 : 용량의 ½ 정도
- 취급온도 : 70℉/21℃
- 누출시의 압력 : 105psia/7.39kgf/cm²(포화상태)

염소의 물성은 〈붙임 1〉의 예와 같다.

I MKS 단위

$$Q = C_D \rho_L A \left[ \frac{2g_c(P_1 - P_a)}{\rho_L} + 2gh \right]^{\frac{1}{2}} \quad (식(4))$$

$C_D = 0.61$ (표 1로부터)

$\rho_L = 1,405 kg/m^3$

$D = 38mm = 0.038m$

$A = \dfrac{\pi D^2}{4} = \dfrac{\pi \times 0.038^2}{4} = 1.134 \times 10^{-3} m^2$

$g_c = 9.8 kg \cdot m/kg_f \cdot sec^2$

$P_1 = 7.39 kg_f/cm^2 = 7.39 \times 10^4 kg_f/m^2$

$P_a = 1.033 kg_f/cm^2 = 1.033 \times 10^4 kg_f/m^2$

$g = 9.8 m/sec^2$

$h = \dfrac{1}{2} \times 2.6m = 1.3m$

$$Q = (0.61)(1,405)(1.134 \times 10^{-3}) \left[ \frac{2(9.8)(7.39 \times 10^4 - 1.033 \times 10^4)}{(1,405)} + 2(9.8)(1.3) \right]^{\frac{1}{2}}$$

KOSHA GUIDE
P - 92 - 2012

$$Q = (0.972)[887+25]^{\frac{1}{2}}$$

$$\boxed{Q = 29.4 \text{kg/sec}}$$

Ⅱ FPS 단위

$$Q = C_D \rho_L A \left[\frac{2g_c(P_1-P_a)}{\rho_L} + 2gh\right]^{\frac{1}{2}} \quad (식(4))$$

$C_D = 0.61$ (표 1로부터)
$\rho_L = 87.7 \text{lb}_m/\text{ft}^3$
$D = 1\frac{1}{2}'' = 0.125 \text{ft}$
$A = \dfrac{\pi D^2}{4} = \dfrac{\pi(0.125)^2}{4} = 0.012 \text{ft}^2$
$g_c = 32.2 \text{lb}_m \cdot \text{ft}/\text{lb}_f \cdot \text{sec}^2$
$P_1 = 105 \text{psia} = 15,120 \text{lb}_f/\text{ft}^2$
$P_a = 14.7 \text{lb}_f/\text{in}^2 = 2,117 \text{lb}_f/\text{ft}^2$
$g = 32.2 \text{ft}/\text{sec}^2$
$h = \frac{1}{2} \times 8\frac{1}{2}\text{ft} = 4.25\text{ft}$

$$Q = (0.61)(87.7)(0.012)\left[\frac{2(32.2)(15,120-2,117)}{(87.7)} + 2(32.2)(4.25)\right]^{\frac{1}{2}}$$

$$Q = (0.642)[9,548+274]^{\frac{1}{2}}$$

$$\boxed{Q = 64 \text{lb}_m/\text{sec}}$$

KOSHA GUIDE
P - 92 - 2012

〈붙임 3〉

# 압력용기로부터 평형 포화액체 누출 계산 예

> 높이가 12ft(3.7m)이고 지름이 8½ft(2.6m)인 염소저장용 압력용기의 바닥에 설치된 1½″(38mm) 배관이 압력용기 외벽으로부터 6″(0.15m)되는 지점에서 파열된 경우 누출량은?
>
> 운전조건은 다음과 같다.
> - 파열되었을 때의 취급량 : 용량의 ½ 정도
> - 취급온도 : 70°F/21℃
> - 취급압력 : 105psia/7.39kgf/cm²(포화상태)
>
> 염소의 물성은 〈붙임 1〉의 예와 같다.

## Ⅰ MKS 단위

### 1. 평형 포화액체 또는 비평형 포화액체 여부 결정

누출되는 지점이 압력용기 외면으로 0.15m이므로 평형 포화액체

### 2. 누출량 계산

$$Q = \left[\frac{A \Delta H_V}{\rho_G^{-1} - \rho_L^{-1}}\right] \left[\frac{Kg_c}{T_1 C_{P_L}}\right]^{\frac{1}{2}} \quad (식(6))$$

$D = 38\text{mm} = 0.038\text{m}$

$A = \dfrac{\pi D^2}{4} = \dfrac{\pi (0.038)^2}{4} = 1.134 \times 10^{-3} \text{m}^2$

$\Delta H_V = 60.6 \text{kcal/kg}$

$\rho_G = 21.6 \text{kg/m}^3$

$\rho_L = 1,405 \text{kg/m}^3$

$K = 427 \text{m} \cdot \text{kg/kcal}$

$g_c = 9.8 \text{kg} \cdot \text{m/kg}_f \cdot \text{sec}^2$

$T_1 = 21℃ = 294\text{K}$

$C_{P_L} = 0.24 \text{kcal/kg} \cdot ℃$

KOSHA GUIDE
P - 92 - 2012

$$Q = \left[\frac{(1.134 \times 10^{-3})(60.6)}{(21.6)^{-1} - (1,405)^{-1}}\right]\left[\frac{(427)(9.8)}{(294)(0.24)}\right]^{\frac{1}{2}}$$

$$\boxed{Q = 11.6 \text{kg/sec}}$$

Ⅱ FPS 단위

1. 평형 포화액체 또는 비평형 포화액체 여부 결정

   누출되는 지점이 압력용기 외면으로 0.15m이므로 평형 포화액체

2. 누출량 계산

$$Q = \left[\frac{A \Delta H_V}{\rho_G^{-1} - \rho_L^{-1}}\right]\left[\frac{Kg_c}{T_1 C_{P_L}}\right]^{\frac{1}{2}} \quad (식(6))$$

$D = 1\frac{1}{2}'' = 0.125\text{ft}$

$A = \dfrac{\pi D^2}{4} = \dfrac{\pi (0.125)^2}{4} = 0.012\text{ft}^2$

$\Delta H_V = 109 \text{Btu/lb}_m$

$\rho_G = 1.35 \text{lb}_m/\text{ft}^3$

$\rho_L = 87.7 \text{lb}_m/\text{ft}^3$

$K = 778 \text{ft} \cdot \text{lb}_f/\text{Btu}$

$g_c = 32.2 \text{lb}_m \cdot \text{ft/lb}_f \cdot \text{sec}^2$

$T_1 = 70°\text{F} = 530\text{R}$

$C_{P_L} = 0.24 \text{Btu/lb}_m \cdot °\text{F}$

$$Q = \left[\frac{(0.012)(109)}{(1.35)^{-1} - (87.7)^{-1}}\right]\left[\frac{(778)(32.2)}{(530)(0.24)}\right]^{\frac{1}{2}}$$

$$\boxed{Q = 25 \text{lb}_m/\text{sec}}$$

KOSHA GUIDE
P - 92 - 2012

〈붙임 4〉

# 압력용기로부터 비평형 포화액체 누출 계산 예

높이가 12ft(3.7m)이고 지름이 8½ft(2.6m)인 염소저장용 압력용기의 바닥에 설치된 1½″(38mm) 배관이 압력용기 외벽으로부터 2″(0.05m)되는 지점에서 파열된 경우 누출량은?

운전조건은 다음과 같다.
- 파열되었을 때의 취급량 : 용량의 ½ 정도
- 취급온도 : 70°F/21℃
- 취급압력 : 105psia/7.39kg$_f$/cm² (포화상태)

염소의 물성은 〈붙임 1〉의 예와 같다.

Ⅰ MKS 단위
1. 평형 포화액체 또는 비평형 포화액체 여부 결정
   누출되는 지점이 압력용기 외면으로부터 0.05m이므로 비평형 포화액체

2. 누출량 계산

$$Q = \left[\frac{A \Delta H_V}{\rho_G^{-1} - \rho_L^{-1}}\right] \left[\frac{Kg_c}{T_1 C_{P_L} N}\right]^{\frac{1}{2}} \quad \cdots\cdots\cdots (식(7))$$

$$N = \frac{\Delta H_V^2 K}{2(P_1 - P_a)\rho_L C_D^2 (\rho_G^{-1} - \rho_L^{-1})^2 T_1 C_{P_L}} + \frac{L_P}{L_e} \quad \cdots\cdots (식(8))$$

$D = 38\text{mm} = 0.038\text{m}$

$A = \dfrac{\pi D^2}{4} = \dfrac{\pi (0.038)^2}{4} = 1.134 \times 10^{-3} \text{m}^2$

$\Delta H_V = 60.6 \text{kcal/kg}$

$\rho_G = 21.6 \text{kg/m}^3$

$\rho_L = 1,405 \text{kg/m}^3$

KOSHA GUIDE
P - 92 - 2012

$K = 427 \text{m} \cdot \text{kg/kcal}$

$g_c = 9.8 \text{kg} \cdot \text{m/kg}_f \cdot \text{sec}^2$

$T_1 = 21℃ = 294\text{K}$

$C_{P_L} = 0.24 \text{kcal/kg} \cdot ℃$

$P_1 = 7.39 \text{kg}_f/\text{cm}^2 = 7.39 \times 10^4 \text{kg}_f/\text{m}^2$

$P_a = 1.033 \text{kg}_f/\text{cm}^2 = 1.033 \times 10^4 \text{kg}_f/\text{m}^2$

$C_D = 0.84$(표 1로부터)

$L_P = 0.05 \text{m}$

$L_e = 0.1 \text{m}$

$$Q = \left[\frac{(1.134 \times 10^{-3})(60.6)}{(21.6)^{-1} - (1,405)^{-1}}\right]\left[\frac{(427)(9.8)}{(294)(0.24)N}\right]^{\frac{1}{2}}$$

$$Q = 1.5 \left[\frac{59.3}{N}\right]^{\frac{1}{2}}$$

$$N = \frac{(60.6)^2(427)}{2(7.39 \times 10^4 - 1.033 \times 10^4)(1,405)(0.84)^2[(21.6)^{-1} - (1,405)^{-1}]^2(294)(0.24)}$$
$$+ \frac{0.05}{0.1}$$

$N = 0.085 + 0.5 = 0.585$

$$Q = 1.5 \left[\frac{59.3}{0.585}\right]^{\frac{1}{2}}$$

$$\boxed{Q = 15 \text{kg/sec}}$$

Ⅱ FPS 단위
1. 평형 포화액체 또는 비평형 포화액체 여부 결정
   누출되는 지점이 압력용기 외면으로부터 0.05m이므로 비평형 포화액체

2. 누출량 계산

$$Q = \left[\frac{A \Delta H_V}{\rho_G^{-1} - \rho_L^{-1}}\right]\left[\frac{K g_c}{T_1 C_{P_L} N}\right]^{\frac{1}{2}} \quad (식(7))$$

KOSHA GUIDE  
P - 92 - 2012

$$N = \frac{\Delta H_V^2 K}{2(P_1 - P_a)\rho_L C_D^2 (\rho_G^{-1} - \rho_L^{-1})^2 T_1 C_{P_L}} + \frac{L_P}{L_e} \quad (식(8))$$

$D = 1\frac{1}{2}'' = 0.125\text{ft}$

$A = \frac{\pi D^2}{4} = \frac{\pi (0.125)^2}{4} = 0.012\text{ft}^2$

$\Delta H_V = 109\text{Btu/lb}_m$

$\rho_G = 1.35\text{lb}_m/\text{ft}^3$

$\rho_L = 87.7\text{lb}_m/\text{ft}^3$

$K = 778\text{ft} \cdot \text{lb}_f/\text{Btu}$

$g_c = 32.2\text{lb}_m \cdot \text{ft}/\text{lb}_f \cdot \text{sec}^2$

$T_1 = 70°\text{F} = 530\text{R}$

$C_{P_L} = 0.24\text{Btu/lb}_m \cdot °\text{F}$

$P_1 = 105\text{psia} = 15,120\text{lb}_f/\text{ft}^2$

$P_a = 14.7\text{psia} = 2,117\text{lb}_f/\text{ft}^2$

$C_D = 0.84$(표 1로부터)

$L_P = 2'' = 0.167\text{ft}$

$L_e = 0.33\text{ft}$

$$Q = \left[\frac{(0.012)(109)}{(1.35)^{-1} - (87.7)^{-1}}\right]\left[\frac{(778)(32.2)}{(530)(0.24)N}\right]^{\frac{1}{2}}$$

$$Q = 1.8\left[\frac{197}{N}\right]^{\frac{1}{2}}$$

$$N = \frac{(109)^2(778)}{2(15,120 - 2,117)(87.7)(0.84)^2[(1.35)^{-1} - (87.7)^{-1}]^2(530)(0.24)} + \frac{0.167}{0.33}$$

$N = 0.085 + 0.50 = 0.585$

$$Q = 1.8\left[\frac{197}{0.585}\right]^{\frac{1}{2}}$$

$$\boxed{Q = 33\text{lb}_m/\text{sec}}$$

KOSHA GUIDE
P - 92 - 2012

〈붙임 5〉

# 과냉각 액체 누출량 계산 예

높이가 12ft(3.7m)이고 지름이 8½ft(2.6m)인 염소저장용 압력용기의 바닥에 설치된 1½″ 배관이 압력용기 외벽으로부터 6″(0.15m)되는 지점에서 파열된 경우 누출량은?

운전조건은 다음과 같다.
- 파열되었을 때의 취급량 : 용량의 ½ 정도
- 취급온도 : 70℉/21℃
- 취급압력 : 120psia/8.45kg$_f$/cm²(포화증기압은 105psia/7.39kg$_f$/cm²)

염소의 물성은 〈붙임 1〉의 예와 같다.

Ⅰ MKS 단위

$$Q = C_D \rho_L A \left[ \frac{2g_c(P_1 - P_v)}{\rho_L} + 2gh + \left( \frac{Q_S}{C_D \rho_L A} \right)^2 \right]^{\frac{1}{2}} \quad (식(9))$$

$$Q_s = \left[ \frac{A \Delta H_V}{\rho_G^{-1} - \rho_L^{-1}} \right] \left[ \frac{K g_c}{T_1 C_{P_L}} \right]^{\frac{1}{2}} \quad (식(6))$$

$D = 38\text{mm} = 0.038\text{m}$

$A = \dfrac{\pi D^2}{4} = \dfrac{\pi (0.038)^2}{4} = 1.134 \times 10^{-3} \text{m}^2$

$\Delta H_V = 60.6 \text{kcal/kg}$

$\rho_G = 21.6 \text{kg/m}^3$

$\rho_L = 1{,}405 \text{kg/m}^3$

$K = 427 \text{m} \cdot \text{kg/kcal}$

$g_c = 9.8 \text{kg} \cdot \text{m/kg}_f \cdot \text{sec}^2$

$T_1 = 21℃ = 294 \text{K}$

$C_{P_L} = 0.24 \text{kcal/kg} \cdot ℃$

$P_1 = 8.45 \text{kg}_f/\text{cm}^2 = 8.45 \times 10^4 \text{kg}_f/\text{m}^2$

$P_v = 7.39 \text{kg}_\text{f}/\text{cm}^2 = 7.39 \times 10^4 \text{kg}_\text{f}/\text{m}^2$

$C_D = 0.84$ (표 1로부터)

$g = 9.8 \text{m/sec}^2$

$h = 3.7\text{m} \times \frac{1}{2} = 1.85\text{m}$

$$Q = (0.84)(1,405)(1.134 \times 10^{-3}) \left[ \frac{2(9.8)(8.45 \times 10^4 - 7.39 \times 10^4)}{(1,405)} + 2(9.8)(1.85) + \left[ \frac{Q_S}{(0.84)(1,405)(1.134 \times 10^{-3})} \right]^2 \right]^{\frac{1}{2}}$$

$$Q = (1.338)\left[ 147.9 + 36.3 + 0.56 Q_s^2 \right]^{\frac{1}{2}}$$

$$Q_s = \left[ \frac{(1.134 \times 10^{-3})(60.6)}{(21.6)^{-1} - (1,405)^{-1}} \right] \left[ \frac{(427)(9.8)}{(294)(0.24)} \right]^{\frac{1}{2}}$$

$Q_s = 11.6 \text{kg/sec}$

$$Q = (1.338)\left[ 147.9 + 36.3 + 0.56 \times 11.6^2 \right]^{\frac{1}{2}}$$

$$\boxed{Q = 21.6 \text{kg/sec}}$$

Ⅱ FPS 단위

$$Q = C_D \rho_L A \left[ \frac{2g_c(P_1 - P_v)}{\rho_L} + 2gh + \left( \frac{Q_S}{C_D \rho_L A} \right)^2 \right]^{\frac{1}{2}} \quad (\text{식}(9))$$

$$Q_s = \left[ \frac{A \Delta H_V}{\rho_G^{-1} - \rho_L^{-1}} \right] \left[ \frac{K g_c}{T_1 C_{P_L}} \right]^{\frac{1}{2}} \quad (\text{식}(6))$$

$D = 1\frac{1}{2}'' = 0.125 \text{ft}$

$A = \dfrac{\pi D^2}{4} = \dfrac{\pi (0.125)^2}{4} = 0.012 \text{ft}^2$

$\Delta H_V = 109 \text{Btu/lb}_\text{m}$

$\rho_G = 1.35 \text{lb}_\text{m}/\text{ft}^3$

$\rho_L = 87.7 \text{lb}_\text{m}/\text{ft}^3$

$K = 778 \text{ft} \cdot \text{lb}_\text{f}/\text{Btu}$

$g_c = 32.2 \text{lb}_\text{m} \cdot \text{ft/lb}_\text{f} \cdot \text{sec}^2$

KOSHA GUIDE
P - 92 - 2012

$T_1 = 70°F = 530R$

$C_{P_L} = 0.24 \text{Btu/lb}_m \cdot °F$

$P_1 = 120 \text{psia} = 17,280 \text{lb}_f/\text{ft}^2$

$P_v = 105 \text{psia} = 15,120 \text{lb}_f/\text{ft}^2$

$C_D = 0.84$ (표 1로부터)

$g = 32.2 \text{ft/sec}^2$

$h = 12\text{ft} \times \tfrac{1}{2} = 6\text{ft}$

$Q = (0.84)(87.7)(0.012)\left[\dfrac{2(32.2)(17,280-15,120)}{(87.7)} + 2(32.2)(6) + \left[\dfrac{Q_S}{(0.84)(87.7)(0.012)}\right]^2\right]^{\frac{1}{2}}$

$Q = (0.884)\left[1586.1 + 386.4 + 1.28 Q_s^2\right]^{\frac{1}{2}}$

$Q_s = \left[\dfrac{(0.012)(109)}{(1.35)^{-1} - (87.7)^{-1}}\right]\left[\dfrac{(778)(32.2)}{(530)(0.24)}\right]^{\frac{1}{2}}$

$Q_s = 25 \text{lb}_m/\text{sec}$

$Q = (0.884)\left[1586.1 + 386.4 + 1.28(25)^2\right]^{\frac{1}{2}}$

$\boxed{Q = 47 \text{lb}_m/\text{sec}}$

KOSHA GUIDE
P - 92 - 2012

〈붙임 6〉

# 배관으로부터 가스누출 계산 예

높이가 12ft(3.7m)이고 지름이 8½ft(2.6m)인 염소저장용 압력용기에 설치된 일반 강관재질로 된 1½″(38mm) 크기와 가스 배관이 압력용기의 외면으로부터 40ft(12.2m)되는 지점에서 파열된 경우 누출량은?

운전조건은 다음과 같다.
- 파열되었을 때의 취급량 : 용량의 ½ 정도
- 취급온도 : 70℉/21℃
- 취급압력 : 105psia/7.39kg$_f$/cm² (포화상태)

염소의 물성은 〈붙임 1〉의 예와 같다.

## I MKS 단위

### 1. 마찰계수 산정

$$\frac{1}{\sqrt{f}} = -4\log_{10}\left[\frac{1}{3.7}\left(\frac{\epsilon}{D}\right)\right] \quad (식(10))$$

$D = 38\text{mm} = 0.038\text{m}$

$\epsilon = 4.6 \times 10^{-5}\text{m}$ (표 2로부터)

$$\frac{1}{\sqrt{f}} = -4\log_{10}\left[\frac{1}{3.7}\left(\frac{4.6 \times 10^{-5}}{0.038}\right)\right]$$

$$\frac{1}{\sqrt{f}} = 13.96$$

$f = 5.13 \times 10^{-3}$

### 2. 마하번호 산정

$$\frac{\gamma+1}{2}\log_e\left[\frac{2+(\gamma-1)Ma^2}{(\gamma+1)Ma^2}\right] - \left(\frac{1}{Ma^2}-1\right) + \gamma\left(\frac{4fL_P}{D}\right) = 0 \quad (식(11))$$

$\gamma = 1.325$

$L_P = 12.2\text{m}$

## KOSHA GUIDE
P - 92 - 2012

$$\frac{1.325+1}{2} \log_e \left[ \frac{2+(1.325-1)Ma^2}{(1.325+1)Ma^2} \right] - \left[ \frac{1}{Ma^2} - 1 \right] + (1.325) \left[ \frac{4(5.13 \times 10^{-3})(12.2)}{(0.038)} \right] = 0$$

$$1.163 \log_e \left[ \frac{2+0.325Ma^2}{2.325Ma^2} \right] - \left[ \frac{1}{Ma^2} - 1 \right] + 8.7 = 0$$

반복하여 계산하면

$M_a = 0.283$

3. 임계흐름 압력비 산정

$$\frac{P_{CF}}{P_1} = Ma \sqrt{\frac{2+(\gamma-1)Ma^2}{\gamma+1}} \quad (식(12))$$

$$\frac{P_{CF}}{P_1} = (0.283) \sqrt{\frac{2+(1.325-1)(0.283)^2}{(1.325+1)}}$$

$$\frac{P_{CF}}{P_1} = 0.264$$

4. 흐름의 음속 이상 여부 결정

$P_a = 1.033 \text{kg}_f/\text{cm}^2 = 1.033 \times 10^4 \text{kg}_f/\text{m}^2$

$P_1 = 7.39 \text{kg}_f/\text{cm}^2 = 7.39 \times 10^4 \text{kg}_f/\text{m}^2$

$$\frac{P_a}{P_1} = \frac{1.033}{7.39} = 0.14 < 0.264 = \frac{P_{CF}}{P_1}$$

∴ 흐름이 음속 이상

5. 누출량 산정

$$Q = AMaP_1 \sqrt{\frac{\gamma g_c M_W}{RT_1}} \quad (식(14))$$

$D = 38\text{mm} = 0.038\text{m}$

$$A = \frac{\pi D^2}{4} = \frac{\pi (0.038)^2}{4} = 1.134 \times 10^{-3} \text{m}^2$$

$g_c = 9.8 \text{kg} \cdot \text{m/kg}_f \cdot \text{sec}^2$

$M_W = 70.9 \text{kg/kg-mole}$

$R = 847 \text{m} \cdot \text{kg}_f/\text{kg-mole} \cdot \text{K}$

$T_1 = 21℃ = 294K$

$Q = (1.134 \times 10^{-3})(0.283)(7.39 \times 10^4)\sqrt{\dfrac{(1.325)(9.8)(70.9)}{(847)(294)}}$

$\boxed{Q = 1.4 \text{kg/sec}}$

II FPS 단위

1. 마찰계수 산정

$\dfrac{1}{\sqrt{f}} = -4\log_{10}\left[\dfrac{1}{3.7}\left(\dfrac{\epsilon}{D}\right)\right]$   (식(10))

$D = 1\frac{1}{2}'' = 0.125 \text{ft}$

$\epsilon = 1.5 \times 10^{-4} \text{ft}$ (표 2로부터)

$\dfrac{1}{\sqrt{f}} = -4\log_{10}\left[\dfrac{1}{3.7}\left(\dfrac{1.5 \times 10^{-4}}{0.125}\right)\right]$

$\dfrac{1}{\sqrt{f}} = 13.96$

$f = 5.13 \times 10^{-3}$

2. 마하번호 산정

$\dfrac{\gamma+1}{2}\log_e\left[\dfrac{2+(\gamma-1)Ma^2}{(\gamma+1)Ma^2}\right] - \left(\dfrac{1}{Ma^2}-1\right) + \gamma\left(\dfrac{4fL_P}{D}\right) = 0$   (식(11))

$\gamma = 1.325$

$L_P = 40 \text{ft}$

$\dfrac{1.325+1}{2}\log_e\left[\dfrac{2+(1.325-1)Ma^2}{(1.325+1)Ma^2}\right] - \left[\dfrac{1}{Ma^2}-1\right] + (1.325)\left[\dfrac{4(5.13 \times 10^{-3})(40)}{(0.125)}\right] = 0$

$1.163\log_e\left[\dfrac{2+0.325Ma^2}{2.325Ma^2}\right] - \left[\dfrac{1}{Ma^2}-1\right] + 8.7 = 0$

반복하여 계산하면

$M_a = 0.283$

3. 임계흐름 압력비 산정

KOSHA GUIDE
P - 92 - 2012

$$\frac{P_{CF}}{P_1} = Ma\sqrt{\frac{2+(\gamma-1)Ma^2}{\gamma+1}} \quad (식(12))$$

$$\frac{P_{CF}}{P_1} = (0.283)\sqrt{\frac{2+(1.325-1)(0.283)^2}{(1.325+1)}}$$

$$\frac{P_{CF}}{P_1} = 0.264$$

4. 흐름의 음속 이상 여부 결정

$P_a = 14.7\text{psia} = 2,117\text{lb}_f/\text{ft}^2$

$P_1 = 105\text{psia} = 15,120\text{lb}_f/\text{ft}^2$

$$\frac{P_a}{P_1} = \frac{2,117}{15,120} = 0.14 < 0.264 = \frac{P_{CF}}{P_1}$$

∴ 흐름이 음속 이상

5. 누출량 산정

$$Q = AMaP_1\sqrt{\frac{\gamma g_c M_W}{RT_1}} \quad (식(14))$$

$D = 1\frac{1}{2}'' = 0.125\text{ft}$

$$A = \frac{\pi D^2}{4} = \frac{\pi(0.125)^2}{4} = 0.012\text{ft}^2$$

$g_c = 32.2\text{lb}_m \cdot \text{ft}/\text{lb}_f \cdot \text{sec}^2$

$M_W = 70.9\text{lb}_m/\text{lb-mole}$

$R = 1,545\text{ft} \cdot \text{lb}_f/\text{lb-mole} \cdot \text{R}$

$T_1 = 70°\text{F} = 530\text{R}$

$$Q = (0.012)(0.283)(15,120)\sqrt{\frac{(1.325)(32.2)(70.9)}{(1,545)(530)}}$$

$$\boxed{Q = 3.1\text{lb}_m/\text{sec}}$$

## KOSHA GUIDE
P - 92 - 2012

〈붙임 7〉

# 배관으로부터 액체누출 계산 예

높이가 12ft(3.7m)이고 지름이 8½ft(2.6m)인 벤젠저장용 압력용기의 바닥에 설)치된 일반 강관재질로 된 1½″(38mm) 크기의 액체배관의 압력용기 외면으로부터 40ft(12.2m)되는 지점에서 파열된 경우 누출량은?

운전조건은 다음과 같다.
- 파열되었을 때 취급량 : 용량의 ½ 정도
- 취급온도 : 70°F/21℃
- 취급압력 : 30psia/2.1kg_f/cm²

벤젠의 물성은 다음과 같다.
- 분자량 : 78
- 70°F/21℃, 30psia/2.1kg_f/cm²에서의 액체비중($\rho_L$) : 54.81b_m/ft³(878kg/m³)
- 70°F/21℃, 30psia/2.1kg_f/cm²에서의 액체점도($\mu_L$) : 4.3×10⁻⁴ lb_m/ft·sec
  (6.4×10⁻⁴ kg/m·sec)
- 70°F/21℃, 14.7psia/1.033kg_f/cm²에서의 증기압 : 1.57psia(0.11kg_f/cm²)
- 80°F/27℃, 14.7psia/1.033kg_f/cm²에서의 기체비중($\rho_r$) : 0.0861b_m/ft³
  (1.38kg/m³)

Ⅰ MKS 단위

1. $Re\sqrt{f}$ 산정 및 흐름종류 확인

$$Re\sqrt{f} = \frac{D\rho_L}{\mu_L}\sqrt{\frac{D}{2L_P}\left[\frac{g_c(P_1-P_a)}{\rho_L}+gh\right]} \quad (식(16))$$

$D = 38\text{mm} = 0.38\text{m}$
$\rho_L = 878\text{kg/m}^3$
$\mu_L = 6.4\times10^{-4}\text{kg/m}\cdot\text{sec}$
$L_P = 12.2\text{m}$

KOSHA GUIDE  
P - 92 - 2012

$$g_c = 9.8 \text{kg} \cdot \text{m/kg}_f \cdot \text{sec}^2$$
$$P_1 = 2.1 \text{kg}_f/\text{cm}^2 = 2.1 \times 10^4 \text{kg}_f/\text{m}^2$$
$$P_a = 1.033 \text{kg}_f/\text{cm}^2 = 1.033 \times 10^4 \text{kg}_f/\text{m}^2$$
$$g = 9.8 \text{m/sec}^2$$
$$h = 3.7\text{m} \times \tfrac{1}{2} = 1.85\text{m}$$

$$Re\sqrt{f} = \frac{(0.038)(878)}{(6.4 \times 10^{-4})}\sqrt{\frac{(0.038)}{2(12.2)}\left[\frac{(9.8)(2.1 \times 10^4 - 1.033 \times 10^4)}{(878)} + (9.8)(1.85)\right]}$$

$$Re\sqrt{f} = 24{,}288 > 525$$

∴ 난류 흐름임

2. 누출량 산정

$$Q = -4A\rho_L \log_{10}\left[\frac{1}{3.7}\left(\frac{\epsilon}{D}\right) + \frac{1.255}{Re\sqrt{f}}\right]\sqrt{\frac{D}{2L_P}\left[\frac{g_c(P_1 - P_a)}{\rho_L} + gh\right]} \quad \text{식(18)}$$

$$D = 38\text{mm} = 0.038\text{m}$$

$$A = \frac{\pi D^2}{4} = \frac{\pi(0.038)^2}{4} = 1.134 \times 10^{-3} \text{m}^2$$

$$\epsilon = 4.6 \times 10^{-5}\text{m}(\text{표 2로부터})$$

$$Q = -4(1.134 \times 10^{-3})(878)\log_{10}\left[\frac{1}{3.7}\left(\frac{4.6 \times 10^{-5}}{0.038}\right) + \frac{1.255}{24{,}288}\right]$$

$$\sqrt{\frac{0.038}{2(12.2)}\left[\frac{9.8(2.1 \times 10^4 - 1.033 \times 10^4)}{878} + (9.8)(1.85)\right]}$$

$$\boxed{Q = 6.3 \text{kg/sec}}$$

Ⅱ FPS 단위

1. $Re\sqrt{f}$ 산정 및 흐름종류 확인

$$Re\sqrt{f} = \frac{D\rho_L}{\mu_L}\sqrt{\frac{D}{2L_P}\left[\frac{g_c(P_1 - P_a)}{\rho_L} + gh\right]} \quad (\text{식}(16))$$

$$D = 1\tfrac{1}{2}'' = 0.125\text{ft}$$
$$\rho_L = 54.8 \text{lb}_m/\text{ft}^3$$
$$\mu_L = 4.3 \times 10^{-4} \text{lb}_m/\text{ft} \cdot \text{sec}$$

$L_P = 40\text{ft}$

$g_c = 32.2 \text{lb}_m \cdot \text{ft/lb}_f \cdot \text{sec}^2$

$P_1 = 30\text{psia} = 4,320 \text{lb}_f/\text{ft}^2$

$P_a = 14.7\text{psia} = 2,117 \text{lb}_f/\text{ft}^2$

$g = 32.2 \text{ft/sec}^2$

$h = 12\text{ft} \times \frac{1}{2} = 6\text{ft}$

$Re\sqrt{f} = \dfrac{(0.125)(54.8)}{(4.3\times 10^{-4})}\sqrt{\dfrac{(0.125)}{2(40)}\left[\dfrac{(32.2)(4,320-2,117)}{(54.8)}+(32.2)(6)\right]}$

$Re\sqrt{f} = 24,288 > 525$

∴ 난류 흐름임

2. 누출량 산정

$Q = -4A\rho_L \log_{10}\left[\dfrac{1}{3.7}\left(\dfrac{\epsilon}{D}\right)+\dfrac{1.255}{Re\sqrt{f}}\right]\sqrt{\dfrac{D}{2L_P}\left[\dfrac{g_c(P_1-P_a)}{\rho_L}+gh\right]}$  식(18)

$D = 1\frac{1}{2}'' = 0.125\text{ft}$

$A = \dfrac{\pi D^2}{4} = \dfrac{\pi(0.125)^2}{4} = 0.012\text{ft}^2$

$\varepsilon = 1.5\times 10^{-4}\text{ft}$ (표 2로부터)

$Q = -4(0.012)(54.8)\log_{10}\left[\dfrac{1}{3.7}\left(\dfrac{1.5\times 10^{-4}}{0.125}\right)+\dfrac{1.255}{24,288}\right]$

$\sqrt{\dfrac{0.125}{2(40)}\left[\dfrac{32.2(4,320-2,117)}{54.8}+(32.2)(6)\right]}$

$\boxed{Q = 14 \text{lb}_m/\text{sec}}$

KOSHA GUIDE
P - 92 - 2012

〈붙임 8〉

# 배관으로부터 2상의 액체-증기누출 계산 예

높이가 12ft(3.7m)이고 지름이 8½ft(2.6m)인 염소저장용 압력용기의 바닥에 설치된 일반 강관재질로 된 1½″(38mm) 크기의 액체배관의 압력용기의 외면으로부터 40ft(12.2m)되는 지점에서 파열된 경우 누출량은?
운전조건은 다음과 같다.
• 파열되었을 때 취급량 : 용량의 ½ 정도
• 취급온도 : 70°F/21℃
• 취급압력 : 105psia/7.39kg$_f$/cm² (포화상태)
염소의 물성은 〈붙임 1〉의 예와 같다.

Ⅰ MKS 단위
  1. 유량감소계수 산정
     $L_P = 12.2\text{m}$
     $D = 38\text{mm} = 0.038\text{m}$
     $\dfrac{L_P}{D} = \dfrac{12.2}{0.038} = 320$
     〈표 3〉으로부터 유추하면 $F = 0.59$

  2. 누출량 산정

     $$Q = F\left[\dfrac{A\Delta H_V}{\rho_G^{-1} - \rho_L^{-1}}\right]\left[\dfrac{Kg_c}{T_1 C_{P_L}}\right]^{\frac{1}{2}} \quad \text{식(19)}$$

     $D = 38\text{mm} = 0.038\text{m}$
     $A = \dfrac{\pi D^2}{4} = \dfrac{\pi(0.038)^2}{4} = 1.134 \times 10^{-3}\text{m}^2$
     $\Delta H_V = 60.6\text{kcal/kg}$
     $\rho_G = 21.6\text{kg/m}^3$
     $\rho_L = 1{,}405\text{kg/m}^3$
     $K = 427\text{m} \cdot \text{kg}_f/\text{kcal}$
     $g_c = 9.8\text{kg} \cdot \text{m/kg}_f \cdot \text{sec}^2$

$T_1 = 21\,°C = 294K$

$C_{P_L} = 0.24 \text{kcal/kg} \cdot °C$

$$Q = (0.59)\left[\frac{(1.134 \times 10^{-3})(60.6)}{(21.6)^{-1} - (1,405)^{-1}}\right]\left[\frac{(427)(9.8)}{(294)(0.24)}\right]^{\frac{1}{2}}$$

$\boxed{Q = 6.8 \text{kg/sec}}$

II FPS 단위

1. 유량감소계수 산정

$L_P = 40 \text{ft}$

$D = 1\frac{1}{2}'' = 0.125 \text{ft}$

$\frac{L_P}{D} = \frac{40}{0.125} = 320$

⟨표 3⟩로부터 유추하면 $F = 0.59$

2. 누출량 산정

$$Q = F\left[\frac{A \Delta H_V}{\rho_G^{-1} - \rho_L^{-1}}\right]\left[\frac{Kg_c}{T_1 C_{P_L}}\right]^{\frac{1}{2}} \quad \text{식}(19)$$

$A = \frac{\pi D^2}{4} = \frac{\pi(0.125)^2}{4} = 0.012 \text{ft}^2$

$\Delta H_V = 109 \text{Btu/lb}_m$

$\rho_G = 1.35 \text{lb}_m/\text{ft}^3$

$\rho_L = 87.7 \text{lb}_m/\text{ft}^3$

$K = 778 \text{ft} \cdot \text{lb}_f/\text{Btu}$

$g_c = 32.2 \text{lb}_m \cdot \text{ft/lb}_f \cdot \text{sec}^2$

$T_1 = 70°F = 530R$

$C_{P_L} = 0.24 \text{Btu/lb}_m \cdot °F$

$$Q = (0.59)\left[\frac{(0.012)(109)}{(1.35)^{-1} - (87.7)^{-1}}\right]\left[\frac{(778)(32.2)}{(530)(0.24)}\right]^{\frac{1}{2}}$$

$\boxed{Q = 15 \text{lb}_m/\text{sec}}$

# 방호계층분석(LOPA)기법에 관한 기술지침

KOSHA GUIDE
P - 113 - 2012

2012. 7

한 국 산 업 안 전 보 건 공 단

## 안전보건기술지침의 개요

○ 작성자 : 이경성

○ 개정자 : 이근원

○ 제정 경과
  - 2009년 9월 화공안전분야 제정위원회 심의
  - 2009년 11월 총괄제정위원회 심의
  - 2012년 7월 총괄 제정위원회 심의(개정, 법규개정조항 반영)

○ 관련 규격 및 자료
  - KS X IEC 61511-3 : 2002

○ 관련법령, 규칙, 고시 등
  - 「산업안전보건법」제48조의2 (공정안전보고서의 제출 등)

○ 기술지침의 적용 및 문의
  이 기술지침에 대한 의견 또는 문의는 한국산업안전보건공단 홈페이지 안전보건기술지침 소관 분야별 문의처 안내를 참고하시기 바랍니다.

공표일자 : 2012년 7월 18일

제 정 자 : 한국산업안전공단 이사장

KOSHA GUIDE
P - 113 - 2012

# 방호계층분석(LOPA)기법에 관한 기술지침

## 1. 목적

이 지침은 「산업안전보건법」 제49조의2(공정안전보고서의 제출 등), 같은 법 시행령 제33조의7(공정안전보고서의 내용) 및 같은 법 시행규칙 제130조의2(공정안전보고서의 세부 내용 등) 규정에 따라 사업주가 수행하여야 할 공정위험성 평가에 활용할 수 있는 기법 중 방호계층분석(LOPA)에 관한 기술적 내용을 정하는 데 그 목적이 있다.

## 2. 적용범위

이 지침은 공정의 수명주기 동안 기본적인 설계 대안들을 검사하고 더 나은 종류의 독립방호계층(IPL)을 검토하는 것에 적용한다.

## 3. 정의

(1) 이 지침에서 사용하는 용어의 뜻은 다음과 같다.

(가) "방호계층분석기법(Layer of protection analysis, LOPA)"이란 원하지 않는 사고의 빈도나 강도를 감소시키는 독립방호계층의 효과성을 평가하는 방법 및 절차를 말한다.

(나) "독립방호계층(Independent protection layer, IPL)"이란 초기사고나 사고 시나리오와 관련한 다른 어떤 방호계층의 작동과는 관계없이 원하지 않는 결과로 전개되는 것으로부터 사고를 방호할 수 있는 장치나 시스템 또는 동작을 말한다. 독립적이라는 것은 방호계층의 성능은 초기사고의 영향을 받지 않고 다른 방호계층의 고장으로 인한 영향을 받지 않는다는 것을 말한다.

(다) "초기사고"란 원하지 않는 결과로 유도하는 시나리오를 개시시키는 사고를 말한다.

(라) "시나리오"란 원하지 않는 결과를 가져오는 사건이나 사건의 연속을 말한다.

(마) "기본공정제어 시스템(Basic Process Control System, BPCS)"이란 공정이나 운전원으로 부터 나온 입력신호에 대응하는 시스템으로서 출력 신호를 발생시켜 공정이 원하는 형태로 운전되도록 하는 것을 말한다. 기본공정제어 시스템은 센서, 논리연산기, 공정제어기 및 최종제어요소로 구성되며 공정을 정상 생산범위 내에서 운전되도록 제어한다. HMI(Human machine interface)도 포함한다. 또한

공정제어시스템으로도 간주된다.

(바) "공통원인고장 또는 공통형태고장"이란 다중시스템에서는 동시고장을 야기하고 다중 채널시스템에서는 2이상의 다른 채널에서의 동시고장을 야기하여 시스템 고장으로 유도하는 하나 이상의 사고결과인 고장을 말한다. 공통 원인고장의 출처는 영향을 받는 시스템의 내부나 외부일 수 있다. 공통원인 고장은 초기사고 및 하나 이상의 방호장치 또는 여러 개의 방호장치의 상호관계를 포함할 수 있다.

(사) "최종조작요소(Final Control Element)"란 제어를 달성하기 위하여 공정 변수를 조작하는 장치를 말한다.

(아) "영향"이란 위험한 사고의 궁극적인 잠재적 결과를 말한다. 영향은 재해자수(사망자수), 환경이나 재산손실, 사업중단의 측면으로 표현된다.

(자) "논리해결기(Logic Solver)"란 상태제어 즉, 논리함수를 실행하는 기본 공정 제어시스템이나 안전계장시스템의 일부분을 말한다. 안전계장시스템의 논리해결기는 일반적으로 고장이 허용되는 프로그램 가능 논리제어기(Programmable logic controller, PLC)이다. 기본공정 제어시스템상의 단일 중앙처리장치는 연속식 공정제어와 상태제어기능을 수행할 수도 있다.

(차) "작동요구 시 고장확률(Probability of failure on demand, PFD)"이란 시스템 이 특정한 기능을 작동하도록 요구받았을 때 실패할 확률을 말한다.

(카) "방호계층(Protection Layer)"이란 시나리오가 원하지 않는 방향으로 진행 하지 못하도록 방지할 수 있는 장치, 시스템, 행위를 말한다.

(타) "안전계장기능(Safety Instrumented Function, SIF)"이란 한계를 벗어나는(비정상적인) 조건을 감지하거나, 공정을 인간의 개입 없이 기능적으로 안전한 상태로 유도하거나 경보에 대하여 훈련받은 운전원을 대응하도록 하는 특정한 안전무결수준(SIL)을 가진 감지장치, 논리해결장치 그리고 최종요소의 조합을 말한다.

(파) "안전계장시스템(Safety Instrumented System, SIS)"이란 하나 이상의 안전계장기능을 수행하는 센서, 논리해결기, 최종요소의 조합을 말한다.

(하) "안전무결수준(Safety Integrity Level, SIL)"이란 작동요구 시 그 기능을 수행하는데 실패한 안전계장기능의 확률을 규정하는 안전계장기능에 대한 성능기준을 말한다.

KOSHA GUIDE
P - 113 - 2012

| 안전무결수준 운전상의 요구형태 | 평균 작동요구시 고장확률 | 위험도 감소 |
|---|---|---|
| 4 | $\geq 10^{-5} \sim 10^{-4}$ | $> 10{,}000 \sim \leq 100{,}000$ |
| 3 | $\geq 10^{-4} \sim 10^{-3}$ | $> 1{,}000 \sim \leq 10{,}000$ |
| 2 | $\geq 10^{-3} \sim 10^{-2}$ | $> 100 \sim \leq 1{,}000$ |
| 1 | $\geq 10^{-2} \sim 10^{-1}$ | $> 10 \sim \leq 100$ |

(2) 그 밖에 용어의 뜻은 이 지침에서 규정하는 경우를 제외하고는 「산업안전보건법」, 같은 법 시행령, 같은 법 시행규칙 및 「산업안전기준에 관한 규칙」에서 정하는 바에 따른다.

## 4. 일반사항

### 4.1 방호계층분석 팀 구성

(1) 방호계층 분석을 위한 팀은 다음과 같이 구성되어야 한다.
   (가) 관련공정을 운전한 경험이 있는 운전원
   (나) 공정 엔지니어
   (다) 공정제어 엔지니어
   (라) 생산관리 엔지니어
   (마) 관련 공정에 경험이 있는 계장/전기 보수전문가
   (바) 위험성 평가 전문가

### 4.2 방호계층분석에 활용할 자료

(1) 팀 리더는 위험성 평가의 목적과 범위를 정한 후 평가에 필요한 자료를 수집한다.
(2) 위험성 평가에 사용되는 설계도서는 최신의 것이어야 한다.
(3) 기존공장의 위험성 평가에 사용되는 설계도서는 현장과 일치되어야 한다.
(4) 방호계층분석에 필요한 자료 목록은 다음과 같다.
   (가) 위험과운전분석 등의 정성적 위험성 평가 실시 결과서
   (나) 안전장치 및 설비 고장률 자료
   (다) 인간실수율 자료
   (라) 회사에서 별도로 정하는 위험허용기준(또는 규제당국에서 요구하는 기준)
   (마) 공정흐름도면(PFD), 물질 및 열수지
   (바) 공정배관・계장도면(P&ID)

KOSHA GUIDE
P - 113 - 2012

　(사) 공정 설명서 및 제어계통 개념과 제어 시스템
　(아) 정상 및 비정상 운전절차
　(자) 모든 경보 및 자동 운전정지 설정치 목록
　(차) 유해·위험물질의 물질안전보건자료(MSDS)
　(카) 설비배치도면
　(타) 배관 표준 및 명세서
　(파) 안전밸브 및 파열판 사양
　(하) 과거의 중대산업사고, 공정사고 및 아차사고 사례 등

## 5. 방호계층분석 수행

### 5.1 방호계층분석 수행흐름도

방호계층분석을 위한 수행흐름도는 〈그림 1〉과 같다.

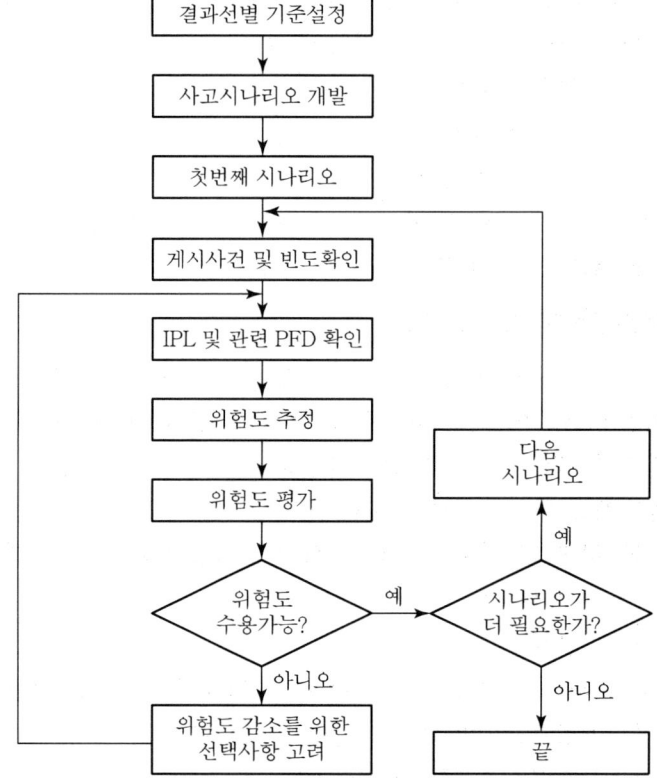

〈그림 1〉 방호계층분석 수행 흐름도

KOSHA GUIDE
P - 113 - 2012

5.2 방호계층분석 단계별 수행절차
  (1) 1단계 - 시나리오를 선별하기 위해 영향을 확인한다.
    (가) 방호계층분석은 이전에 실시한 위험성 평가에서 개발된 시나리오를 이용하여 평가한다.
    (나) 방호계층분석 평가의 첫 번째 단계는 시나리오를 선별하는 것이다. 시나리오를 선별하는 방법은 영향을 기반으로 한다.
    (다) 영향은 보통 위험과 운전분석 평가와 같은 정성적 위험성 평가에서 확인한다.
    (라) 다음으로 영향을 평가하고 그 크기를 추정한다.
  (2) 2단계 - 사고 시나리오를 선택한다.
    (가) 방호계층분석은 한 번에 한 시나리오에만 적용한다.
    (나) 시나리오는 하나의 원인(초기사고)과 쌍을 이루는 하나의 결과로 제한한다.
  (3) 3단계 - 시나리오의 초기사고를 확인하고 초기사고빈도(연간 사고수)를 정한다.
    (가) 초기사고는 반드시 영향을 나타내어야 한다.(모든 안전장치가 실패한 경우).
    (나) 빈도는 시나리오가 타당하게 적용될 수 있는 운전형태의 빈도와 같은 시나리오의 배경적인 면을 포함하여야 한다.
    (다) 평가팀은 방호계층분석 결과와의 일관성을 얻기 위해 빈도를 평가하는 것에 관한 지침을 별도로 만드는 것이 필요하다.
  (4) 4단계 - 독립방호계층을 규명하고 각 독립방호계층의 작동요구 시 고장확률을 평가한다.
    (가) 몇몇의 사고 시나리오는 하나의 독립된 방호계층만을 필요로 하고, 다른 사고 시나리오는 시나리오에 대한 허용가능한 위험을 얻기 위해 많은 독립방호계층 또는 아주 낮은 작동요구 시 고장확률을 가진 독립방호계층을 필요로 한다.
    (나) 주어진 시나리오에 대해 독립방호계층의 필요조건을 충족하는 기존의 안전장치를 알아내는 것이 방호계층분석의 핵심이다.
    (다) 평가팀은 평가 시 사용할 수 있도록 이미 결정된 독립방호계층값들을 준비하여야 한다. 따라서 평가팀은 분석 대상인 시나리오에 가장 잘 맞는 값을 선택할 수 있다.
  (5) 5단계 - 영향, 초기사고, 독립방호계층 데이터를 결합하여 시나리오의 위험을 수학적으로 평가한다.

KOSHA GUIDE
P - 113 - 2012

(가) 사고 영향의 정의에 따라 다른 요소들도 계산 과정에 포함할 수 있다. 접근 방법에는 산술적 공식과 그래프식의 방법이 있다.
(나) (가)항의 방법과는 상관없이 평가팀은 결과를 문서화하는 표준형식을 자체적으로 만들어 사용할 수도 있다.
(6) 6단계 - 시나리오에 관련된 결정에 도달하기 위한 위험도를 평가한다.
(가) 방호계층분석으로 위험도 결정을 해야 하는 방법을 기술한다.
(나) 이 방법은 시나리오의 위험을 사업장의 허용위험기준이나 관련된 목표와의 비교를 포함하여야 한다.

5.3 방호계층분석 수행에 필요한 정보
(1) 방호계층분석에 필요한 정보는 위험과운전분석 평가에 의해 개발되고 수집된 자료를 기본으로 하여 수행한다.
(2) 방호계층분석에 필요한 자료와 위험과운전분석 평가 동안에 개발된 자료와의 관계는 〈표 1〉과 같다.
(3) 평가팀은 방호계층분석 대상 시나리오를 선정한 후 〈별지서식 1〉의 방호계층 분석 기록지를 작성한다.

〈표 1〉 방호계층분석을 위한 위험과운전분석 개발 자료

| 방호계층분석(LOPA)에 필요한 정보 | 위험과운전분석(HAZOP) 개발 정보 |
|---|---|
| 영향 사고 | 영향 |
| 강도 수준 | 영향강도 |
| 초기사고 원인 | 원인 |
| 초기사고 빈도 | 원인발생 빈도 |
| 방호계층 | 기존 안전장치 |
| 추가적인 완화대책 | 권고하는 새로운 안전장치 |

5.4 방호계층분석 보고서에 포함될 사항
(1) 방호계층분석 보고서에는 다음과 같은 사항이 포함되어야 한다.
(가) 영향
(나) 강도수준
(다) 개시원인
(라) 초기사고빈도

(마) 방호계층
(바) 추가적인 완화대책
(사) 독립방호계층
(아) 중간사고빈도
(자) 안전계장기능 무결성수준
(차) 완화된 사고빈도
(카) 전체위험도

## 5.5 방호계층분석 보고서 작성

〈별지서식 1〉는 방호계층분석 수행동안에 필요한 작성 양식을 나타낸 것이다.

(1) 영향

위험과운전분석 평가에서 결정한 각각의 영향에 대한 설명은 〈별지서식 1〉의 제1항에 입력한다.

(2) 강도수준

강도 수준은 〈표 2〉와 같이 영향에 따라 미약, 심각, 매우 심각으로 구분하여 결정하며 〈별지서식 1〉의 제2항에 입력한다.

〈표 2〉 영향사고 강도 수준

| 강도수준 | 영향 |
|---|---|
| 미약 | 넓은 지역에 영향을 미칠 수 있는 잠재성을 가진 영향은 처음에는 국소지역으로 제한된다. |
| 심각 | 영향사고는 공정지역이나 공정 외곽지역에 심각한 부상이나 사망을 유발할 수 있다. |
| 매우 심각 | 심각한 사고보다 5배 이상인 영향 사고 |

(3) 개시원인

(가) 모든 영향사고에 대한 개시원인을 〈별지서식 1〉의 제3항에 기입한다.

(나) 영향사고는 많은 개시원인을 가질 수 있으며, 모든 개시원인을 나열하는 것이 중요하다.

(4) 초기사고빈도

(가) 초기사고의 빈도값은 연간 사고건수로 표현하며 그 값을 〈별지서식 1〉의 제4항에 기록한다.

(나) 일반적인 초기사고 빈도값은 〈표 3〉을 이용하여 구한다.

KOSHA GUIDE
P - 113 - 2012

(다) 팀의 경험이 초기사고빈도를 결정하는데 있어 매우 중요하다.
(5) 방호계층
　(가) 〈그림 2〉는 일반적인 공정산업체에서 제공될 수 있는 다중 방호계층을 나타낸다. 각각의 방호계층은 다른 방호계층과 연관하여 작동하는 장치나 행정적인 제어의 결합으로 구성되어 있다. 높은 신뢰도를 가지고서 기능을 수행하는 방호계층은 독립방호계층으로서 인정이 된다.
　(나) 초기사고가 발생하였을 때, 영향사고의 빈도를 감소시키기 위한 공정설계는 〈별지서식 1〉의 제5항에 기록한다. 이에 대한 예는 재킷(Jacket) 파이프 또는 재킷 Vessel이 될 수 있다. 재킷은 재킷 내부 배관이나 재킷 내부 Vessel의 무결성이 타협되면 공정물질의 누출을 예방할 수 있다.
　(다) 기본공정제어 시스템은 〈별지서식 1〉의 제5항에 기록한다.
　(라) 기본공정제어 시스템의 제어루프에서 초기사고가 발생하였을 때 영향 사고를 예방한다면 제어루프의 PFDavg(작동요구 시 고장확률)에 근거한 인정점수(Credit)를 받게 된다.
　(마) 운전원에게 경보를 발하고 운전원의 개입을 활용하는 경보설비에 대한 인정은 〈별지서식 1〉의 제5항에서의 마지막 항에 작성한다.
　(바) 일반적인 방호계층의 PFDavg 값은 〈표 4〉에서 구한다.

〈표 3〉 초기사고 빈도

| | | |
|---|---|---|
| 저 | 설비의 예상 수명기간동안에 매우 낮은 발생 확률을 가진 고장이나 연속적인 고장<br>보기 - 3개 이상의 동시적인 계장의 고장이나 인간오류<br>　　　- 하나의 탱크 또는 공정용기의 자체고장 | $f < 10^{-4}$, /yr |
| 중 | 설비의 예상 수명기간동안에 낮은 발생확률을 가진 고장이나 연속적인 고장<br>보기 - 이중의 계장이나 밸브고장<br>　　　- 계장설비고장과 운전원 실수의 결합<br>　　　- 작은 공정배관이나 피팅류의 단일고장 | $10^{-4} < f < 10^{-2}$, /yr |
| 고 | 설비의 예상 수명기간동안에 합리적으로 발생한다고 예상되는 고장<br>보기 - 공정 누출<br>　　　- 단일 계장이나 밸브고장<br>　　　- 물질의 누출을 야기할 수 있는 인간실수 | $10^{-2} < f$, /yr |

<표 4> 일반적인 방호계층(예방 및 완화)의 작동요구 시 고장확률

| 방호계층 | 작동요구 시 고장확률 |
|---|---|
| 제어 루프 | $1.0 \times 10^{-1}$ |
| 인적 오류(훈련, 스트레스 받지 않음) | $1.0 \times 10^{-2}$부터 $1.0 \times 10^{-4}$ |
| 인적 오류(스트레스 상황) | 0.5에서 1.0 |
| 경보에 대한 운전원의 대응 | $1.0 \times 10^{-1}$ |
| 내부 및 외부의 압력을 받고 있는 상황에서 최대발생 압력이상으로 계산된 용기압력 | $10^{-4}$ 이상(용기의 무결성이 유지된다면, 즉 부식을 알고 있고 검사나 정비가 예정대로 수행된다면) |

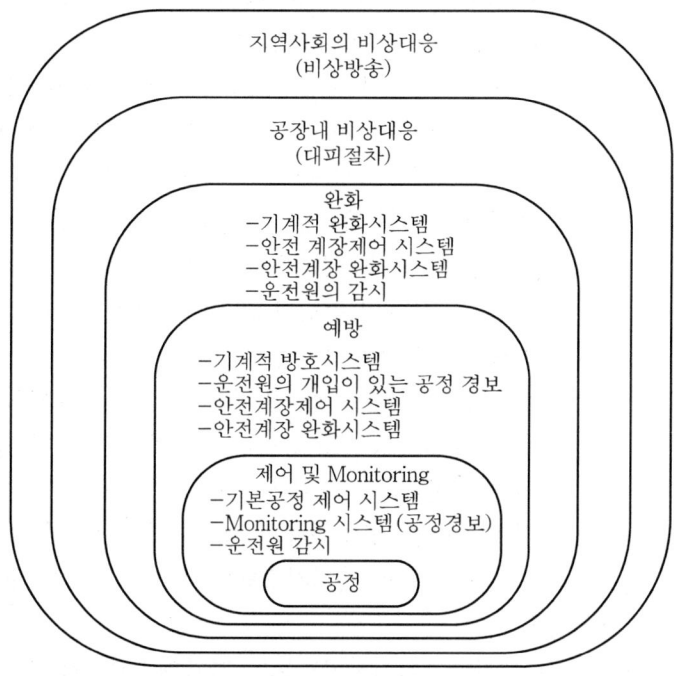

<그림 2> 공정설비에서 발견되는 일반적인 위험감소방법

(6) 추가적인 완화대책
　(가) 완화계층은 일반적으로 기계설비, 구조물, 절차 등과 관련하며 그 예는 압력 방출장치, 방류둑(Dike, Bund), 출입제한 등과 같다.

KOSHA GUIDE
P - 113 - 2012

　　　(나) 완화계층은 영향사고의 강도를 감소시킬 수는 있지만 발생자체를 예방할 수는 없다. 그 예는 화재나 연기발생을 위한 Deluge시스템, 연기 경보시설, 대비절차 등이다.
　　　(다) 평가팀은 모든 완화계층에 대하여 적절한 작동요구 시 고장확률을 결정하여야 하며 그 결과를 〈별지서식 1〉의 제6항에 작성한다.
　(7) 독립방호계층
　　　(가) 독립방호계층에 대한 기준을 만족하는 방호계층은 〈별지서식 1〉의 제7항 에 나열한다.
　　　(나) 방호계층을 독립방호계층으로서 인정하기 위한 기준은 다음과 같다.
　　　　① 방호계층은 확인된 위험을 최소 100배 이상 감소할 수 있어야 한다.
　　　　② 방호기능은 0.9이상의 유용성(Availability)을 제공할 수 있어야 한다.
　　　　③ 다음과 같은 중요한 특성을 지녀야 한다.
　　　　　㉮ 구체성 : 하나의 독립방호계층은 하나의 잠재된 위험한 사고의 결과를 유일하게 예방하거나 완화할 수 있도록 설계되어야 한다(예를 들면, 반응폭주, 독성물질 누출, 내용물 손실, 화재 등). 다중원인이 같은 위험한 사고를 유도할 수 있다. 따라서 다중사고 시나리오는 하나의 독립방호계층작동을 개시할 수 있다.
　　　　　㉯ 독립성 : 하나의 독립방호계층은 확인된 위험과 관련된 다른 방호계층으로부터 독립적이다.
　　　　　㉰ 신뢰성 : 독립방호계층은 무엇을 위해 설계되었느냐에 따라 달라지므로 우발(Random)고장이나 시스템고장 형태 양쪽 다 설계에서 간주되어야 한다.
　　　　　㉱ 확인가능성 : 방호기능의 정기적인 정상작동을 입증하기위해 설계하며 입증시험과 안전시스템의 정비가 필요하다.
　(8) 중간사고빈도
　　　(가) 중간사고빈도는 초기사고빈도에 방호계층과 완화계층의 작동요구 시 고장확률(〈별지서식 1〉의 항목 5, 6, 7)을 곱하여 구한다.
　　　(나) 계산된 수치는 연간 사고건수로 표시되며 〈별지서식 1〉의 제8항에 입력 한다.
　　　(다) 중간사고빈도가 사업장에서 규정한 강도수준의 사고 기준보다 적다면 추가적인 방호계층은 필요가 없다. 그러나 경제적으로 적절하다면 추가적인 위험감소대책은 적용되어야 한다.

(라) 특정 시나리오에 대한 일반적인 중간사고의 빈도는 식(1)과 같이 계산한다.

$$f_i^c = f_i^I \times \prod_{j=1}^{j} PFD_{ij} = f_i^I \times PFD_{i1} \times PFD_{i2} \times \cdots \times PFD_{ij} \cdot (1)$$

여기서, $f_i^c$는 초기사고 i에 대한 결과 C의 빈도이다.
$f_i^I$는 초기사고 i에 대한 초기사고빈도이다.
$PFD_{ij}$는 초기사고 i의 결과 C에 대해 방호하는 j번째 독립방호계층의 작동요구시 고장확률이다.

(마) 중간사고빈도가 회사에서 규정된 강도수준의 사고 기준보다 크다면 추가적인 완화대책이 필요하다.
(바) 안전계장시스템형태로 추가적인 방호대책을 적용하기 전에 본질적으로 더 안전한 방법과 해결대책을 고려하여야 한다.
(사) 만약 본질적으로 안전한 설계변경이 가능하다면 〈별지서식 1〉은 수정되어야 하고 중간사고빈도는 회사의 허용기준 이하인지를 결정하기 위해 다시 계산하여야 한다.
(아) 앞의 시도가 중간빈도를 회사의 위험허용기준이하로 감소시키는 것이 어렵다면 안전계장시스템이 필요하다.

(9) 안전계장기능 무결성수준
　(가) 새로운 안전계장기능이 필요하다면 필요한 무결성 수준은 사고의 강도 수준에 대한 회사의 허용기준을 중간사고빈도로 나누어서 다시 계산할 수 있다.
　(나) 이 수치보다 낮은 안전계장기능에 대한 PFDavg는 안전계장시스템에 대한 최대치로서 결정하고 〈별지서식 1〉의 제9항에 입력한다.

(10) 완화된 사고빈도
　(가) 완화된 사고빈도는 〈별지서식 1〉의 제8항과 제9항을 곱해서 다시 계산하고 그 값을 제10항에 입력한다.
　(나) 이렇게 계속해서 평가팀은 확인가능한 각 영향사고에 대한 완화된 사고 빈도를 계산할 때까지 계속한다.

(11) 전체 위험도
　(가) 마지막 단계는 같은 위험성이 있는 심각하거나 매우 심각한 범위의 영향사고에 대한 모든 완화된 사고빈도를 합한다. 예를 들면, 화재를 발생시키는 모든 심각하거나 매우 심각한 영향사고에 대한 완화된 사고빈도는 합해

져서 식(2)와 같이 이용한다.

$$f_i^{fire\,injury} = f_i^I \times [\Pi \prod_{j=1}^{J} PFD_{ij}] \times P^{ignition} \times P^{person\,present} \times P^{injury}$$

.................................................................................. (2)

여기서, $f_i^{fire\,injury}$ = 화재로 인한 사망 위험

$f_i^I \times [\Pi \prod_{j=1}^{J} PFD_{ij}]$ = 누출된 모든 인화성물질의 완화된 사고빈도

$P^{ignition}$ = 점화확률
$P^{person\,present}$ = 그 지역에 사람이 있을 확률
$P^{injury}$ = 화재로 치명상을 입을 확률을 나타낸다.

(나) 독성물질을 누출시키는 모든 심각하거나 매우 심각한 범위의 영향사고를 합한 후에 식(3)과 같이 이용한다.

$$f_i^{toxic} = f_i^I \times [\Pi \prod_{j=1}^{J} PFD_{ij}] \times P^{person\,present} \times P^{injury} \cdots\cdots (3)$$

여기서, $f_i^{toxic}$ = 독성물질 누출로 인한 사망위험

$f_i^I \times [\Pi \prod_{j=1}^{J} PFD_{ij}]$ = 누출된 모든 독성물질의 완화된 사고빈도

$P^{person\,present}$ = 그 지역에 사람이 있을 확률
$P^{injury}$ = 누출로 인해 치명상을 입을 확률을 나타낸다.

(다) 위험성 평가팀의 전문성과 지식이 공정설비의 조건과 작업, 영향지역에 대한 공식에서 요인들을 보정하는 데 있어서 중요하다. 이 과정으로부터 공정에 대한 전체 위험은 이 공식을 적용하여 얻어진 결과를 합해서 결정할 수 있다.

(라) 만약 이 결과 영향을 받은 사람들에 대한 사업장기준을 만족하거나 작다면 방호계층분석은 완료된다. 그러나 영향을 받은 사람들이 다른 기존 설비나 새로운 프로젝트로부터 나온 위험에 따라 다를 수도 있기 때문에, 경제적으로 수행가능하다면 추가적인 위험 완화 및 감소를 시키는 것이 필요하다.

KOSHA GUIDE
P - 113 - 2012

<별지서식 1>

# 방호계층분석(방호계층분석) 결과서 양식

| # | 1 | 2 | 3 | 4 | 5 방호계층 | | | 6 | 7 | 8 | 9 | 10 | 11 |
|---|---|---|---|---|---|---|---|---|---|---|---|---|---|
| 순서 | 영향 설명 | 강도 수준 | 초기 사고 원인 | 초기 사고 빈도 | 일반적인 공정 설계 | 기본 공정 제어 시스템 | 경보 등 | 추가적인 완화 대책, 접근 제한 등 | 독립방호 계층, 추가적인 완화대책, 다이크, 압력방출 | 중간 단계의 사고 빈도 | 안전계장 기능 무결 수준 | 완화된 사고 발생 빈도 | 비고 |
| 1 | | | | | | | | | | | | | |
| 2 | | | | | | | | | | | | | |
| | | | | | | | | | | | | | |
| N | | | | | | | | | | | | | |

KOSHA GUIDE
P - 113 - 2012

〈부록〉

〈예시〉

다음은 위험과운전분석평가(HAZOP)에서 확인된 하나의 영향사고를 평가하는 방호계층분석 방법의 예시이다.

## 1. 영향사고와 강도 수준
- 회분식 중합반응기에 대한 위험과운전분석(HAZOP)평가에서 고압을 이탈로 선정하였다.
- 스테인리스 스틸 반응기가 FRP탑 및 스테인리스 스틸 콘덴서로 연속으로 연결되어 있다.
- FRP탑의 파열은 점화원만 존재한다면 화재발생의 가능성이 있는 인화성 증기를 배출할 수 있다.
- 영향사고는 그 지역에서의 심각한 상해나 치명상을 유발하기 때문에 방호 계층분석 팀은 〈표 2〉를 이용하여 심각도 수준의 엄격성을 선정하도록 한다.

## 2. 개시원인
- 위험과운전분석 평가결과 고압이라는 이탈에 대하여 콘덴서의 냉각수 공급실패와 반응기의 스팀 제어루프의 고장이라는 2가지의 개시원인을 확인하였다.
- 2가지의 개시원인을 예시보고서의 제3항에 입력한다.

## 3. 초기사고빈도
- 공정운전경험으로 이 지역에서는 15년에 한번 냉각수 공급실패의 경험을 가지고 있다.
- 평가팀은 냉각수 공급실패를 엄격하게 적용하여 10년마다 1회 적용하는 것으로 결정했다. 따라서 년간 0.1번의 사고 수치를 예시보고서의 제4항에 입력한다.
- 이렇게 해서 다른 개시원인(반응기 스팀제어 루프의 고장)을 표현하기 전까지 개시원인을 결론까지 줄곧 유지하는 것이 필요하다.

## 4. 방호계층설계
- 공정지역은 방폭지역으로 설계되어 있고 그 지역은 사실상 공정안전관리계획을 가지고 있다. 그 계획의 한 가지 요소는 위험지역에서 전기설비를 교체할 때의 변경관리절차이다.

KOSHA GUIDE
P - 113 - 2012

- 방호계층분석팀은 변경관리절차 때문에 10이라는 인자에 의해 존재하는 점화원의 위험도는 감소한다고 평가한다.
- 따라서 0.1이라는 값을 예시보고서의 제5항에 입력한다.

### 5. 기본공정제어시스템

- 반응기에서의 고압은 반응기에서의 고온에 의해 동반되어 발생한다. 기본공정제어시스템은 반응기의 온도를 기준으로 반응기 쟈켓으로 투입되는 스팀량을 조절할 수 있는 제어루프를 가지고 있다.
- 기본공정제어시스템은 반응기의 온도가 설정값이상으로 상승하면 투입되는 스팀을 차단할 것이다. 고압을 예방하기 위해 스팀을 차단하는 것만으로 충분하기 때문에 기본공정제어시스템은 방호계층이다.
- 기본공정제어시스템은 매우 신뢰할 수 있는 분산제어시스템이고 생산관련 인력들은 온도제어회로의 작동을 못하게 할 수 있는 고장을 단 한 번도 경험하지 못했다.
- 따라서 방호계층분석팀은 $PFD_{avg}$가 0.1이 적절하다고 결정하고, 예시보고서의 5항에 있는 기본공정제어시스템 항목에 입력한다(0.1이 기본공정제어시스템은에 대한 최소허용값).

### 6. 경보

- 응축기로 투입되는 냉각수 공급배관에 계전기가 설치되어 있고 그 회로는 온도제어 회로보다는 다른 기본공정제어시스템(BPCS)의 입력 및 제어기에 연결되어 있다.
- 콘덴서로 투입되는 저온 냉각수의 유량이 적을 때는 경보를 울리고 스팀을 차단하기 위해 운전자가 개입하도록 되어있다.
- 이 경보는 온도제어회로보다는 다른 기본공정제어시스템이 제어기에 위치하고 있기 때문에 방호계층으로 인정될 수 있다.
- 평가팀은 운전원이 제어실에 항상 있기 때문에 $0.1 PFD_{avg}$로 하는 것에 동의하고 이 값을 예시보고서 제5항의 경보란에 입력한다.

### 7. 추가적인 완화대책

- 운전지역으로의 접근허용은 공정이 가동 중일 때에는 제한된다.
- 설비가 가동중지되고 Lock-out되어 있을 때만 정비가 허용된다.

- 공정안전관리계획은 모든 비운전인력은 반드시 공정출입시 등록 및 허락을 받아야 하고 공정운전원에게 통보를 하여야 한다.
- 강화된 출입제한 조치 때문에 방호계층분석팀은 공정지역에 있는 직원의 위험성은 10이라는 인자에 의해 감소된다고 평가한다.
- 따라서 0.1을 예시보고서의 6항의 추가적인 완화대책과 위험감소항에 입력한다.

### 8. 독립방호계층(독립방호계층)

- 반응기는 냉각수손실에 따른 온도 및 압력에 따라 생성된 가스의 체적을 적절히 다루도록 계산된 안전밸브를 장착하고 있다.
- 물질재고량과 성분을 재검토한 후에 위험감소라는 측면에서의 안전밸브의 기여도를 평가한다. 안전밸브는 FRP탑의 설계압력이하로 설정되고 운전기간동안 안전밸브로부터 이 탑을 고립시킬 수 있는 인간실수의 가능성이 없기 때문에 안전밸브는 방호계층으로 고려한다.
- 안전밸브는 1년에 1회 분리되어 시험되고 15년 동안 운전되면서 안전밸브내에서나 배관 내에서의 어떠한 막힘 현상도 발생하지 않았다.
- 안전밸브는 독립방호계층기준을 만족하기 때문에 예시보고서의 제7항에 0.01의 PFDavg 값을 입력한다.

### 9. 중간사고빈도

- 〈그림 1〉의 제1열에 있는 항들을 서로 곱한 다음 그 값을 예시보고서의 8항의 중간사고빈도 항목에 입력한다. 이 예제에서 얻어진 답은 $10^{-7}$이다.

### 10. 안전계장시스템

- 방호계층에 의해 얻어진 완화 및 위험감소는 회사의 위험허용기준을 만족하기에 충분하지만 압력용기에 압력전송기가 설치되어 있고 기본공정제어시스템에서 경보가 가능하기 때문에 최소의 비용으로 추가적인 완화대책은 획득가능하다.
- 방호계층분석팀은 반응기 재킷 스팀공급배관에 있는 차단밸브에 연결된 솔레노이드밸브의 전원 차단을 하기 위해서 전류스위치와 계전기로 구성된 안전계장기능(SIF)을 추가하기로 결정한다.
- 이 안전계장기능은 SIL 1의 낮은 범위까지 설계되고 0.01의 PFDavg의 값을 가진다.

KOSHA GUIDE
P - 113 - 2012

- 따라서 예시보고서의 안전계장기능무결수준(SIL) 하단에 입력한다.
- 완화된 사고빈도는 이제 제8항을 제9항에 곱해서 얻을 수 있으며, 그 결과($1 \times 10^{-9}$)를 예시보고서의 10항에 입력한다.

## 11. 다음 안전계장기능(SIF)

(1) 방호계층분석팀은 이제 2번째의 개시원인(반응기 스팀 제어회로)을 고려한다. 〈표 3〉은 제어밸브고장 빈도를 결정하는데 이용되며 0.1이 예시보고서의 4항 초기사고빈도 아래에 입력한다.

(2) 공정설계, 경보, 추가적인 완화대책, 안전계장시스템으로부터 얻어진 방호계층은 스팀 제어회로의 고장이 발생하면 여전히 있을 수 있다. 실패한 유일한 방호계층은 기본공정제어시스템이다. 방호계층분석팀은 중간사고빈도($1 \times 10^{-6}$)와 완화된 사고빈도($1 \times 10^{-9}$)를 계산한다. 그 값을 예시보고서의 제8항과 제10항에 각각 입력한다.

(3) 위험과운전분석(HAZOP)에서 확인된 모든 이탈들이 규명될 때까지 이 분석을 계속한다.

(4) 마지막 단계는 완화된 사고빈도를 같은 위험성이 존재하는 심각한 사고 및 매우 심각한 사고에 대해 더하도록 한다.

(5) 이 보기에서, 전체과정에서 오직 하나의 영향사고가 확인되었다면 그 수는 $1.1 \times 10^{-8}$이 된다. 점화확률은 공정설계(0.1)하에서, 공정지역에 사람이 있을 확률은 추가적인 완화대책(0.1)하에서 설명되기 때문에 화재로 인한 사망사고의 위험에 관한 계산은 다음과 같이 줄어든다.
- 화재로 인한 사망사고 = (모든 인화성물질의 누출의 완화된 사고빈도) × (화재로 인한 사망사고의 확률) 또는,
- 화재로 인한 사망사고의 위험도 = ($1.1 \times 10^{-8}$) × (0.5) = $5.5 \times 10^{-9}$

이 수치는 회사의 위험허용기준이하이므로 더 이상의 위험감소대책은 경제적으로 적정하지 않다고 고려되며, 이로서 방호계층분석 작업은 종료된다.

## 방호계층분석 결과서(예시)

| # | 1 | 2 | 3 | 4 | 5 | 6 | 7 | 8 | 9 | 10 | 11 |
|---|---|---|---|---|---|---|---|---|---|---|---|
| | | | | | 방호계층 | | | | | | |
| 순서 | 영향 설명 | 강도 수준 | 초기 사고 원인 | 초기 사고 빈도 | 일반적인 공정 설계 | 기본 공정 제어 시스템 | 경보 등 | 추가적인 완화 대책, 접근 제한 등 | 독립 방호 계층, 추가적인 완화 대책, 다이크, 압력 방출 | 중간 단계의 사고 빈도 | 안전 계장 기능 무결 수준 | 완화된 사고 발생 빈도 | 비고 |
| 1 | 증류탑 파열로 인한 화재 | 심각 | 냉각수 손실 | 0.1 | 0.1 | 0.1 | 0.1 | 0.1 | PRV 01 | $10^{-7}$ | $10^{-2}$ | $10^{-9}$ | 고압으로 인한 증류탑 파손 |
| 2 | 증류탑 파열로 인한 화재 | 심각 | 스팀제어루프 고장 | 0.1 | 0.1 | | 0.1 | 0.1 | PRV 01 | $10^{-6}$ | $10^{-2}$ | $10^{-8}$ | 위와 동일 |
| | | | | | | | | | | | | | |
| N | | | | | | | | | | | | | |

KOSHA GUIDE
P - 115 - 2012

# 정유 및 석유화학 공장의 소방설비에 관한 기술지침

2012. 8

한 국 산 업 안 전 보 건 공 단

## 안전보건기술지침의 개요

○ 작성자 : Air Products Korea 이윤호

○ 제·개정 경과
  - 2012년 7월 화학안전분야 제정위원회 심의(제정)

○ 관련 규격 및 자료
  - 국내 위험물 법규, 2012
  - API RP 2001, Fire Protection in Refineries, 2012
  - CCPS, Guidelines for Fire Protection in Chemical, Petrochemical, and Hydrocarbon Processing Facilities, 2005
  - NFPA 30, Flammable and Combustible Liquid Code, 2012
  - NFPA 30H, Flammable and Combustible Liquid Handbook, 2012
  - FM Global Property Loss Prevention Data Sheets, 2012
  - 국내·외 정유 및 석유화학 회사 소방 설계 엔지니어링 가이드라인
  - KOSHA Guide P-43-2010, 화학설비의 소방 용수 산출 및 소방 펌프 유지관리에 관한 기술 지침, 2012
  - KOSHA Guide, 화재방지를 위한 방화벽 및 방화방벽 설치에 관한 기술 지침, 2012
  - KOSHA Guide, 화학 공장의 화재 예방에 관한 기술지침, 2012
  - KOSHA Guide, 긴급차단밸브 설치에 관한 기술지침, 2012
  - KOSHA Guide, 원격 차단밸브의 선정 및 설치에 관한 기술지침, 2012
  - KOSHA Guide, 전기 공급 장소의 주변압기 화재 예방 등에 관한 기술지침, 2012

○ 기술지침의 적용 및 문의
  이 기술지침에 대한 의견 또는 문의는 한국산업안전보건공단 홈페이지 안전보건기술지침 소관 분야별 문의처 안내를 참고하시기 바랍니다.

공표일자 : 2012년 8월 27일

제 정 자 : 한국산업안전보건공단 이사장

KOSHA GUIDE
P - 115 - 2012

# 정유 및 석유화학 공장의 소방설비에 관한 기술지침

## 1. 목적

이 지침은 대규모 정유·석유화학 공장의 상세설계 시 적용되는 플랜트 소방 설계 기준을 공정 특성과 피해 최소화 측면을 고려하여 각 공정 지역과 설비별로 활용할 수 있는 소방설비 설치 기준을 제시하는 데 그 목적이 있다.

## 2. 적용범위

이 지침은 정유·석유화학 공장의 옥외 시설과 원재료 및 제품 이송에 관계되는 탱크 터미널 지역의 소방설비 설계에 적용한다.

## 3. 정의

(1) 이 지침에서 사용되는 용어의 정의는 다음과 같다.

(가) "모니터형 소화전"이라 함은 모니터 노즐이 장착된 소화전으로, 기본적으로 물모니터를 말한다.

(나) "지정수량"이라 함은 인화성 액체종류별로 「위험물안전관리법 시행령 별표 14」에 규정된 양을 말하며, 그 기준은 〈부록 1〉을 참조한다.

(다) "등급 (Class)"이라 함은 미국소방협회(National Fire Protection Association, NFPA)에서 정의하는 인화성 액체를 분류할 때 사용하는 기호를 말하며, 〈부록 2〉를 참조한다.

(라) "경질 탄화수소"라 함은 인화점이 40℃ 미만인 인화성 액체를 말한다.

(마) "위험층(Hazardous floor)"이라 함은 지면보다 낮은 모든 지하층, 4층 이상의 층, 무창층(창의 면적이 바닥 면적의 1/30보다 작은 창이 설치된 층)을 말한다.

(바) "화재 인접 탱크(Exposed tank)"라 함은 화재 발생 탱크의 쉘(Shell)로부터 화재가 발생한 탱크 지름의 1.5배 안에 있는 모든 탱크를 말한다.

(사) "포 연결구(Foam lateral)"라 함은 반고정식 포 시스템에서 포 저장 트럭과 같은 포 공급장치로부터 호스를 이용하여 고정식 배출구 배관에 연결하는 장치를 말한다.

(아) "제품출하장(Product terminal)"이라 함은 제품 출하를 위한 제품 저장시설을 말한다.

```
KOSHA GUIDE
P - 115 - 2012
```

   (자) "방화벽(Fire wall)"이라 함은 내화성능 및 화재 전파를 방지하기 위해 설치한 구조적 안전성을 가지고 있는 벽을 말하며, 관련 사항은 KOSHA Guide "화재방지를 위한 방화벽 및 방화방벽 설치에 관한 기술지침"과 KOSHA Guide "전기공급 장소의 주변압기 화재 예방 등에 관한 기술지침"을 참조한다.
   (차) "주요 화재 위험지역"이라 함은 공정지역, 저장지역, 출하설비지역, 공정지역 내 건물 및 기타 설비지역을 말한다.
   (카) "체절 압력"이라 함은 토출 쪽의 모든 밸브가 막힌 상태에서 원심 펌프가 낼 수 있는 최대 압력을 말하며, 이때 운전을 "체절 운전"이라 한다.
 (2) 기타 이 지침에서 사용하는 용어의 정의는 특별한 규정이 있는 주요 물질의 경우를 제외하고는 「산업안전보건법」, 같은 법 시행령, 같은 법 시행규칙 및 「산업안전보건기준에 관한 규칙」에서 정의하는 바에 의한다.

## 4. 정유 및 석유화학 공장의 화재·폭발 사고유형

 (1) 정유, 석유화학, 폴리머 또는 가스 등의 제조, 취급, 저장 시설에서 원료 및 부원료나 제품에 속하는 인화성 액체 및 가스의 화재는 높은 연소열, 빠른 열방출 속도, 유동성 등의 특성으로, 다른 일반 건축물 화재에 비해 잠재 위험성이 높으며, 화재 또는 폭발 중에 한 가지 또는 동시에 두 가지 이상이 복합적으로 발생한다.
 (2) 여러 가지 형태로 발생하는 플랜트 사고 관련 사항은 KOSHA Guide "화학 공장의 화재 예방에 관한 기술지침"을 참조한다.

## 5. 주요 화재 위험지역의 수계 소방시설

### 5.1 일반사항

 (1) 여러 가지 형태의 플랜트 화재 및 폭발 사고 시에 사고 종류에 따라 선별적으로 화재·폭발 방지 및 사고 최소화 활동이 이루어져야 한다.
 (2) 화재·폭발이 발생하여 옥내·외 지역에서 고정식 소방시설에 의해 제어하지 못하는 경우에는 다른 특수한 소방활동 전략이 동시에 반영되어야 하며, 초기설계 시부터 이러한 진화 활동을 고려해야 한다.
 (3) 일반적으로 수계 소방 시설은 공장지역 내에 위치한 수원을 통해서 옥내·외 소화전, 공정설비의 물 분무 시설, 포 소화설비, 공장 건축물의 옥내 소방설비, 이동식 소방시설인 소방차 그리고 대용량 포 방출 설비를 포함한다.

KOSHA GUIDE
P - 115 - 2012

(4) 해당 사업장의 소방설비 설계방침(Fire protection philosophy)에 따라 위험성을 정의하여 실행한다.

(5) 공정지역 내의 소방설비를 설계할 때에는 공정 위험성 평가와 화재 위험성 평가(Fire risk assessment)를 통해 빈도 및 피해범위를 산정하여 사고를 방지하고 피해를 최소화할 수 있도록 하여야 한다.

(6) 수계 소방설비 설계 시 실제 필요한 소방 용수의 유량 및 유속 계산을 통해 정량적으로 배관 및 설비를 선정하여 공학적인 타당성을 확보해야 하며, 관련 사항은 KOSHA Guide "화학설비의 소방 용수 산출 및 소방펌프 유지관리에 관한 기술지침"을 참조한다.

(7) 소화전, 모니터, 물분무 설비, 포설비 및 기타 지침에서 정하는 고정식 소방시설은 모두 소방시설 배치 및 설계 도면에 표시되어야 하고, 이동식 소방시설에 대해서도 동일하게 적용하여야 한다.

(8) 실제 공정지역 내 소방 활동은 여러 소방설비들의 조합으로, 고정식 소방설비와 이동식 소방설비인 소방차, 기타 휴대용 소방 장비들이 동시에 가용되므로, 이에 대한 충분한 유량과 장시간 공급이 가능한 수원을 확보해야 한다.

(9) 고온, 고압의 공정지역에서는 포 소화설비와 같은 액면 화재의 질식소화 방법은 분출 화재 특성상 적용이 어렵다. 특히, 격렬한 반응과 화재·폭발이 수반되는 사고에서는 일반적으로 고성능 화학소방차에 의한 분말 소화약제가 혼합된 포소화 방출설비 이외에 일반 소화전을 통한 포소화전이나 기타 소화설비는 화재 진화 효과가 높지 않으므로 유의하여야 한다.

(10) 모든 공정의 화재 및 폭발 사고의 첫 번째 단계는 가연물(연료)로 작용하는 인화성 액체 및 가스의 공급 차단이며, 이와 관련된 사항은 KOSHA Guide "긴급차단밸브 설치에 관한 기술지침"과 KOSHA Guide "원격 차단밸브의 선정 및 설치에 관한 기술지침"을 참조한다.

(11) 점화되지 않은 인화성 액체 및 가스의 방출로 인한 증기운폭발(Vapor cloud explosion)이 발생하는 것을 방지하기 위해 주변 및 해당 설비에 대해서는 냉각 소화를 주 기능으로 하는 소방설비를 설치해야 한다.

(12) 모든 소방시설은 「위험물안전관리법 시행규칙」에서 요구하는 바에 따라 위험물의 종류를 고려하여 선별적으로 설치하여야 한다.

(13) 이 지침에서 다루지 않은 분말 및 기타 가스계 약제 소방시설에 대해서는 관련 위험물 법규 및 해외 문헌을 참조하도록 한다.

KOSHA GUIDE
P - 115 - 2012

5.2 공정지역의 수계 소방설비
   (1) 소화전(모니터 설치)은 공정지역의 내부와 외부에 각각 설치하며, 다음 사항을 고려하여 설치하여야 한다.
      (가) 각 공정설비의 위험도와 「위험물안전관리법 시행규칙 별표 17」에 따라 수평거리를 40m 이하로 한다.
      (나) 각 소화전들의 간격이 최소 30m, 최대 45m로 방사거리가 중복되도록 한다.
      (다) 소방차 및 소화전의 모니터로 소방 활동이 가능하도록 공간을 확보한다.
   (2) 「위험물안전관리법 시행규칙 별표 17」에서 규정하는 적응성에 따른 포 소화설비 이외에 추가로 설치하는 물 소화전들은 방호 대상물로부터는 선별적으로 최소 15m에서 90m까지 소화용수 도달 공간에 따라 배치를 해야 한다. 특히, 화재 위험 범위 내에서 소방 활동이 이루어지지 않도록 설치하여야 한다.
      (가) 소화전은 도로, 모든 배관의 가장자리 및 드레인(Drain)의 가장자리 또는 갓길로부터 0.9~1.5m 이상 이격하여 설치한다.
      (나) 각 소화전의 호스 연결구는 지면으로부터 0.5m 이상 높게 설치하고, 소방차용의 연결 송수구는 소방차가 쉽게 연결할 수 있도록 통행로 방향으로 설치한다.
      (다) 소화전 아래에서는 가로, 세로, 높이가 0.6m인 자갈로 포설된 배수 박스를 설치하여야 한다. 다만, 배수가 잘 이루어지지 않는 지역에 설치할 경우에는 최단 거리에 위치한 드레인 시설에 연결하여 상시 배수가 이루어지도록 한다.
      (라) 모든 소화전은 발생 가능한 물리적 충돌위험이 발생하지 않도록 충분한 방호 조치를 한다.
   (3) 물분무(Water spray) 소화설비는 공정지역 내 냉각용으로 설치하여야 하고, 이에 대한 상세설계는 「위험물안전관리법 시행규칙 별표 17」과 「위험물안전관리에 관한 세부기준」에 따르며, 필요시 미국석유협회(API)나 미국소방협회(NFPA)의 코드에서 제공하는 상세기준을 적용한다.
      (가) 인화성 액체 및 가스를 취급하는 배관, 펌프, 압축기 및 기타 설비에는 아래와 같이 물분무 설비를 설치하여야 한다.
         ① 3.5MPa 이상의 압력 또는 260℃ 이상의 인화성 액체를 취급하는 펌프 또는 액화 가연성 가스를 취급하는 펌프. 단, 샤프트 실이 없어 인화성 물질의 누출 위험성이 없는 펌프들은 제외
         ② 인화성 가스를 취급하는 200 마력 이상의 압축기

KOSHA GUIDE
P - 115 - 2012

③ 액화 인화성 가스(탄소수가 1에서 4인 탄화수소류)의 액체 체적이 $5m^3$ 이상이고 보온기능이 없는 반응기, 타워류, 또는 용기류에 설치. 단, 금속 표면 온도가 260℃ 이상인 용기 중 냉각으로 인해 재질에 손상을 줄 수 있는 경우는 제외.

④ 절연유가 충전된 변압기는 만일 다른 변압기와 충분한 이격거리를 만족하지 못할 경우에는 물분무 설비와 방화벽을 통해 화재가 전이되지 않도록 설치하며, 관련 사항은 KOSHA Guide "전기 공급장소의 주변압기 화재예방 등에 관한 기술 지침"을 참조한다.

(나) 이외 각 사업장의 소방설비 설계 방침이나 기준에 따라 선별적으로 설치할 수 있다.

(4) 고소 원격제어 모니터는 다음과 같이 고공 시설물이나 소방대가 접근하기 어려운 장소에 설치한다.

(가) 지상 소화전 모니터와 소방 호스의 물줄기가 도달하지 않는 지역
(나) 고정식 물분무 설비가 설치되지 않은 지역
(다) 소방차의 접근이 어려운 지역

5.8 저장탱크 지역의 수계 소방설비

(1) 저장탱크 지역은 「위험물 안전관리법」, 미국석유협회(API) 및 미국소방협회(NFPA) 코드와 기준에 따라 설계하고 설치한다.
(2) 가장 보편적인 탱크는 위험물 저장탱크이며, 최악의 사고 시나리오에 의한 수원 용량도 대부분 인화성 가스 및 액체 저장탱크의 화재 위험성 평가에 따라 달라진다.

(가) 각 탱크 주위에는 소화전 또는 소화전과 모니터를 방유제 외곽에 75m 간격으로 설치하여야 한다.
(나) 다음 중 하나에 해당하는 저장탱크에는 고정식 물분무 설비를 설치하여 과열 및 기타 2차 피해가 발생하지 않도록 하여야 한다. 단, 저장탱크의 물분무 설비는 냉각설비로, 반드시 포 소화설비와 같은 화재 진화설비가 수원 및 소방 설비 투자 측면에서 우선시 되어야 한다.

① 모든 압력 탱크
② 47,000$m^3$ 이상의 모든 탱크
③ 보온기능이 없는 인화성 액체 및 가스 탱크
④ 인화점이 40℃ 미만인 인화성 액체를 1,600$m^3$ 이상 저장한 보온기능이 없는 고정식 지붕 탱크

KOSHA GUIDE  
P - 115 - 2012

⑤ 인화성 물질을 저장하는 초저온 또는 보온기능이 없는 돔 지붕 탱크
⑥ 소방활동을 위한 접근이 어렵거나, 위험하여 사업장에서 특별하게 요구하는 시설

(3) 내부 부유식 지붕 저장탱크(Internal floating roof tank)는 고정식 지붕 저장탱크(Cone roof tank)와 같이 적용하며, 다음을 별도로 고려한다.

(가) 잠기지 않도록 설계된 부유 지붕을 가진 내부 부유식 지붕 저장탱크(Unsinkable steel floater type roof tank), 이중 데크(Double deck) 또는 폰툰 데크(Pontoon deck)는 부유식 지붕 저장탱크와 동일하게 고정식 포소화시설과 물분무 시설을 설치하여야 한다.

(나) 저장탱크 간 보유 공지가 〈표 1〉을 만족하지 못할 경우에는 반드시 물분무 설비를 설치하도록 한다.

(다) 인화점이 130℃ 이하인 제품을 다음과 같이 저장하는 경우는 포 소화설비를 설치하여야 하며, 이때 저장 탱크간 보유 공지가 법규 및 코드 등의 〈표 1〉을 만족하지 못할 경우에는 물분무 설비를 같이 설치하도록 하여야 한다.

① 탱크 저장물질의 액체 표면적이 40m² 이상인 탱크
② 높이가 6m 이상인 탱크

〈표 1〉 지정 수량별 보유 공지(거리)

| 지정 수량 대비 위험물의 최대 수량 | 보유 공지(거리) |
|---|---|
| 지정 수량의 500배 이하 | 3m 이상 |
| 지정 수량의 500배 초과 1,000배 이하 | 5m 이상 |
| 지정 수량의 1,000배 초과 2,000배 이하 | 9m 이상 |
| 지정 수량의 2,000배 초과 3,000배 이하 | 12m 이상 |
| 지정 수량의 3,000배 초과 4,000배 이하 | 15m 이상 |
| 4,000 배 초과 | 해당 탱크의 최대 지름과 높이 또는 길이 중 큰 것과 같은 탱크의 거리 이상이어야 한다. 다만, 30m 초과의 경우에는 30m 이상으로 할 수 있고, 15m 미만의 경우에는 15m 이상으로 하여야 한다. |

KOSHA GUIDE
P - 115 - 2012

(4) 저장탱크의 포 소화설비는 다음과 같은 사항을 만족하여야 한다.
   (가) 포 소화설비는 일반적인 유류 제품의 경우 3% 저발포형 수성막포(Aqueous film forming foam)를 사용하고, 수용성 제품인 경우 6% 저발포형 수성막포를 사용하여야 한다. 단, 포 제품 공급자가 수용성과 비수용성에 모두 사용될 수 있도록 인증을 받은 경우에는 이에 관계없이 가능하다.
   (나) 만약, 해수를 소방용수로 사용하는 경우, 포 용액 배관에는 해수에 견딜 수 있는 아연 도금 탄소강 재질 배관을 사용해야 한다.
   (다) 화재 시 포 원액 공급 펌프에 전원이 차단되지 않도록 전원 공급을 구성해야 한다. 다만, 이러한 전원 공급이 불가능할 경우에는 비상 전원 공급설비를 설치해야 한다.
   (라) 포 소화설비의 주입방식은 상부 주입과 표면하 주입방식으로 구분되며, 대규모 저장탱크 지역은 인라인 밸런스 압력비례(In-line balance pressure proportioner) 시스템으로 설계하여야 하며, 이는 중앙 집중적으로 포를 공급할 수 있는 시스템으로, 대규모 탱크 저장지역에서는 가장 효율적인 시설이다.
   (마) 미국석유협회(API)와 미국소방협회(NFPA)에서는 대규모 저장탱크 시설의 포 소화시설의 경우, 고정식 포 저장시설을 갖춘 포 소화설비보다는 효율적인 설비 관리를 위해 반고정식 포 소화설비를 권고하고 있으나, 현재 국내 「위험물 안전관리법」에 위배되므로, 국내 법규를 준용하여야 한다.
(5) 이외에 상세한 포 소화설비와 물분무 설비기준은 국내 위험물 안전관리법규를 기본으로 하고 미국석유협회(API) 및 미국소방협회(NFPA) 기준을 적용한다.

5.4 출하 설비지역의 수계 소방설비
(1) 위험물 저장시설의 출하지역은 각 공정시스템이 개방되어 가연물(연료), 점화원, 공기(산소) 등의 연소의 3 요소가 존재할 수 있는 곳으로, 각종 화재 및 폭발 사고의 잠재적인 위험성이 높은 지역 중의 하나이다.
(2) 트럭 출하장은 다음과 같은 소방시설을 설치해야 한다.
   (가) 필요한 소방 용수 이상을 분출할 수 있는 소화전과 포 모니터를 트럭 출하장 주위에 설치하여야 한다. 단, 출하장에 2개 이상의 출하대가 있을 경우에는 최소한 2개 이상의 소화전과 모니터를 설치하여야 한다.
   (나) 모든 경질 액화탄화수소용 트럭 출하장에는 포 소화설비로 포 소화전이나 폼 스프링클러를 설치하여야 한다.

(다) 액화석유가스(LPG) 출하장에는 각 출하장마다 최소 2개의 소화전과 포 모니터를 설치하여야 한다.

(라) 고정식 물분무 소화설비를 설치하여 냉각기능을 갖추도록 하여야 한다.

(3) 철도 출하장은 다음과 같은 소방시설을 설치하여야 한다.

　(가) 필요한 소방용수 이상을 분출하고, 각 출하장마다 최소 2개의 소화전의 공급을 위한 충분한 소방배관을 설치하여야 한다.

　(나) 출하지점이 최소한 1개 이상의 모니터 노즐의 유효 방사거리 이내에 위치하도록 소화전에 고소 원격제어 모니터를 설치하여야 한다.

(4) 부두 출하장은 다음과 같은 소방시설을 설치하여야 한다.

　(가) 필요한 소방용수 이상을 분출할 수 있는 충분한 수량의 소화전을 부두 출하장을 따라 설치하여야 한다.

　(나) 포 소화전의 수평거리가 40m 이하로 방호대상물에 소방 활동이 가능하도록 배치하고, 각 소화전과의 간격은 60m 이하로 제한한다.

　(다) 로딩암을 포함한 부두 출하시설(Pier area)은 1,900L/min(「위험물 안전관리법 시행규칙」은 450L/min로 규정함.)의 용량을 가진 고소 원격제어 모니터를 최소한 한 개 이상 설치하는 것이 바람직하다.

　(라) 부두 출하장에서 가장 중요한 소방 활동은 화재 선박을 최대한 부두 또는 돌핀 지역에서 벗어나도록 부두 지역으로부터 소방 방재선 및 기타 예인선을 이용하여 이격시키는 것이다. 이는 부두 출하지역에 충분한 소방설비를 설치하는 것이 지리적 여건상 어렵고, 선박에 저장된 위험물의 용량이 상대적으로 크기 때문에 피해를 최소화하기 위해 해상지역으로 벗어나게 하는 것이다.

(5) 드럼 출하장은 다음과 같은 소방시설을 설치해야 한다.

　(가) 필요한 소방용수 이상을 공급할 수 있는 충분한 크기의 소방배관을 설치하고, 각 출하장마다 최소 2개의 소화전을 설치해야 한다.

　(나) 포 소화시설을 모든 경질 탄화수소 출하장에 설치해야 한다.

### 5.5 공장지역 내 건축물 및 기타 설비의 수계 소방설비

(1) 냉각탑(Cooling tower)에는 다음과 같은 소방설비를 설치해야 한다.

　(가) 필요한 소방용수 이상을 분출할 수 있고, 최소한 각 냉각탑마다 2개 이상의 소화전을 설치하여야 한다.

KOSHA GUIDE
P - 115 - 2012

(나) 불연재나 내화 구조(예 : 콘크리트 재질)로 설치할 경우에는 이러한 소방시설은 제외될 수 있다.

(2) 공장지역 내 건물 및 창고에 대한 소방설비를 설치해야 한다.
 (가) 건물, 정비고 및 창고 주위에는 「위험물 안전관리법」의 위험물안전관리에 관한 세부기준에 따라 설치하되, 방호대상물로부터 소화전까지의 수평거리를 30m 이하가 되도록 한다. 이때 각 소화전들의 간격은 90m 이하로 설치하여야 한다.
 (나) 위험층(Hazardous floor)이고, 바닥 면적이 1,000$m^2$ 이상일 경우에는 국내 「위험물 안전관리법」을 준수하여 스프링클러 설비를 설치하여야 한다.
 (다) 공장지역 내 건물, 정비고 및 창고 내 소방시설은 국내 「위험물 안전관리법」을 준수하여야 하며, 필요 시 미국소방협회(NFPA) 기준을 인용하여 고정식 포 소화시설이나 물분무 등 소화설비를 설치하여야 한다.

(3) 보일러실(Boiler house)에는 소방설비를 다음과 같이 설치하여야 한다.
 (가) 보일러실에서 가용할 수 있는 소화전을 주위에 설치하여야 한다.
 (나) 다음과 같은 경우에는 「위험물안전관리법 시행규칙」과 미국소방협회(NFPA)에 따른 고정식 포 소화시설이나 물분무 시설을 설치하여야 한다.
  ① 지정수량 100배 이상의 인화성 액체를 취급하는 보일러실
  ② 인화성 액체를 취급하는 바닥 면적이 1,000$m^2$을 초과하는 보일러실

(4) 기타 공장 설비지역에 대한 소방설비의 설치기준은 다음과 같다.
 (가) 인화성 액체를 저장하는 주요 공정지역 밖의 펌프지역(Major off site pump area)에는 필요한 소화전과 모니터를 설치할 수 있는 충분한 크기의 소방용수 공급배관을 설치한다.
 (나) 정량적 위험성 기법이 적용된 화재 위험성 평가를 실시하여 피해 범위 및 빈도를 산정하고 그 결과에 따라 적정 소방설비를 파악한 후 소방시설을 설치한다.
 (다) 폐가스 소각지역(Flare stack area)과 공정지역에 인접한 산불 화재 가능 지역에는 소화전이나 연결 살수설비를 설치한다.

KOSHA GUIDE
P - 115 - 2012

## 6. 소방용수 공급설비

### 6.1 일반사항

(1) 위험물 공정지역에서 가장 중요한 소방시설은 크게 다음과 같이 분류할 수 있다.
   ① 수원 공급을 위한 소방용수 탱크 또는 옥외 저수조
   ② 펌프
   ③ 수원을 각 소방설비에 연결하는 배관시설

(2) 소방용수 공급설비의 신뢰도 유지 및 공정지역의 화재 위험성에서 벗어나기 위해 최대한 공정 외 지역 또는 화재 위험지역 외부에 소방펌프실과 소방용수 탱크 또는 옥외 저수조를 설치해야 한다.

(3) 소방펌프의 신뢰도를 유지하기 위해 일반 건축물 소방 설비보다 높은 신뢰도를 인증하는 UL 또는 FM 승인을 받은 소방펌프 사용을 권장한다.

(4) 이외 소방용수 산출 및 소방펌프 유지에 대한 상세사항은 KOSHA Guide "화학설비의 소방 용수 산출 및 소방펌프 유지 관리에 관한 기술 지침"을 적용한다.

### 6.2 수원(Water supply)의 공급기준

(1) 수원의 무한적 공급이 불가능한 경우 공장 지역의 최소 저수량은 소방펌프 정격유량을 기준으로 소방용수를 최소 2~4시간 이상 공급하는 것이 미국석유협회(API)의 일반적인 기준이며, 가솔린 등의 저장소만이 위치한 제품출하장은 최소 2시간 이상 공급이 가능하도록 수원을 설계하여야 한다.

(2) 수원 확보가 가능한 경우에는 최소 2개 이상의 소방펌프를 사용하여야 하며, 각기 다른 수원에 위치시켜 신뢰성을 유지하는 것이 중요하다. 단, 규모가 크지 않을 경우에는 고려하지 않는다.

(3) 화학물질이나 유분에 오염된 물은 포 용액 혼합용으로 사용해서는 안 되며, 또한 심하게 오염된 경우에도 사용을 해서는 안 된다.

(4) 수원으로 흐르는 물(Flowing water)을 사용할 경우, 흐르는 물의 유량은 소방펌프 정격유량의 150% 이상이 되어야 한다.

### 6.3 소방펌프의 기술기준

(1) 소방펌프 용량은 화재 위험지역의 최대 요구 용수량을 충분히 제공할 수 있어야 한다. 이때 용수량은 네트워크 시뮬레이션 계산(수리계산) 등을 통해 산정하는 것을 권장한다.

KOSHA GUIDE
P - 115 - 2012

(2) 일반적으로 공정지역 및 47,000m³이상의 저장탱크를 가진 저장지역은 필요량의 50% 이상의 여분 용량을 보유하고 있어야 한다.
(3) 소방펌프는 원심펌프로 구성하고, 토출압력은 정격 유량의 150%가 토출될 때 정격 압력의 65% 이상이 되어야 한다. 또한, 체절 압력은 수평 펌프의 경우 정격 압력의 120%, 수직 펌프의 경우 140% 미만이어야 한다.
(4) 소방펌프의 토출압력은 정격 유량에서 일반적으로 1.05MPa 이상이어야 한다.
(5) 하나의 대형 펌프보다는 가능한 소형 펌프로 나누어 설치하는 것이 신뢰도 유지 측면에서 바람직하다.
(6) 소방펌프는 전기모터, 스팀터빈, 디젤엔진에 의해 구동될 수 있으며, 일반적으로 전체 소방펌프 용량의 50% 이상은 디젤엔진으로 구성하여 신뢰도를 높이도록 한다.
(7) 압력 유지를 위한 모터구동 충압펌프는 56m³/hr 이상으로 하여야 하고, 용량은 전체 소방펌프 용량에 포함하지 않는다. 이때, 대형 시스템의 경우 모터구동 충압펌프는 115m³/hr이며, 225m³/hr를 초과해서는 안 된다.
(8) 충압펌프를 제외한 모든 펌프는 시스템 압력이 떨어질 경우 압력 유지를 위해 순차적으로 소방펌프 자동 구동이 가능하도록 압력 설정 장치 또는 시간 설정 장치를 해야 하고, 근로자가 상시 상주하는 지역에 원격 조정이 가능하도록 장비를 설치해야 한다.
(9) 충압 펌프를 제외한 모든 펌프는 수동으로 멈출 수 있어야 한다.
(10) 펌프 흡입배관에는 외부 이물질에 의한 흡입관 막힘을 방지하기 위해 스트레이너 또는 검증된 여과기를 설치해야 하고, 펌프 가동 중에 청소할 수 있도록 이동식 또는 이중 제거막을 설치하는 것이 좋다.
(11) 각 소방펌프의 흡입 및 토출관 모두에 압력계를 설치해야 하고, 흡입관의 게이지는 압력/진공 복합형의 연성 압력계이어야 한다.
(12) 펌프 토출측에 체절 운전 시 발생할 수 있는 펌프 과열을 방지하기 위해 순환배관을 설치해야 한다.
(13) 펌프가 가변 속도 구동기에 연결되어 있거나, 일정 속도의 모터에 연결되어 있고, 펌프 체절 압력과 흡입 양정을 포함한 압력 시스템에 견딜 수 있는 압력보다 높을 경우에는 안전밸브를 설치해야 한다.
(14) 각 엔진 소방펌프의 연료 공급 탱크와 공급 배관은 독립적으로 연결하여 신뢰도를 확보하여야 한다.

(15) 기타 상세 엔지니어링 조건은 국내 위험물 안전관리법규와 미국소방협회 코드를 참조한다.

### 6.4 소방 배관시스템의 기술기준

(1) 소방 배관시스템의 배관은 소화전이 설치된 모든 지역에서 필요한 소방 용수량에서 0.7MPa의 토출압력이 나올 수 있도록 소방배관을 선정하고, 특히 주 배관은 최소 200mm 이상으로 하여야 한다.

(2) 공정지역과 저장탱크 지역에 설치된 주 배관은 두 방향으로 해당 지역에 소방용수를 공급받을 수 있는 루프(Loop) 네트워크 시스템으로 설치하고, 배관 파열에 대비한 차단을 위해 차단밸브를 설치하여야 한다.

(3) 주 소방배관(공정 내 두 개 이상의 가지 배관으로 연결된 배관)은 두 개의 분리된 구획(차단 밸브로 각 소방 배관이 격리 가능)과 연결되어야 한다.

(4) 소방용수 시스템의 상태를 알 수 있도록 차단밸브는 개폐 지시형 밸브(Post indicate valve)를 사용하여야 한다.

(5) 지하 배관은 부식 방지를 위한 조치를 하여야 한다.

(6) 소방용수 배관은 건물, 공정시설 및 저장탱크 등의 하부에 설치해서는 안 된다.

(7) 복잡한 네트워크나 그리드(Grid) 형태의 배관망을 구성할 경우에는 네트워크 시뮬레이션 소프트웨어를 사용하여 정확한 분출 압력 및 유량을 산정하여 설계하도록 하여야 한다.

(8) 이외 상세사항은 KOSHA Guide "화학설비의 소방 용수 산출 및 소방펌프 유지관리에 관한 기술 지침"을 적용한다.

## 7. 이동식 소방설비

### 7.1 소방차

(1) 대규모 플랜트 소방시설에서 중요 설비 중의 하나인 고성능 소방차는 건축물 화재를 위한 일반 소방차보다 높은 사양의 차량이어야 한다.

(2) 특히, 플랜트 화재·폭발 특성상 화재·폭발로 인해 기존 고정식 소방설비가 손상되거나, 근거리 접근이 어려울 가능성이 높으므로, 고정식 소방설비 설계 및 화재 방호 전략 구축 시 이동식 소방설비 운영에 대해서도 반드시 고려하여야 한다.

(3) 고성능 소방차는 포 소화 모니터가 탑재되고, 분말 소화 약제 방출이 가능한 소방차로서 플랜트 화재·폭발 제어 시 화재 방호 전략에 포함되어야 한다.

```
KOSHA GUIDE
P - 115 - 2012
```

### 7.2 대용량 포 방출설비

(1) 대규모 위험물 저장시설로써 최소 47,000m³ 이상의 단일 저장탱크의 경우 다음 사항을 고려한다.

(가) 탱크 상부 전면 화재가 발생할 시 고성능 화학 소방차나 고정식 소방시설인 포 챔버로는 제어가 불가능하므로, 대용량(최소 2,300m³/hr) 포 소화설비 및 관련 장비를 보유하여 대용량 저장탱크 화재에 대비하는 것이 필요하다.

(나) 대용량 소방용수 공급장비의 기본 사양은 다음과 같다.
  ① 소방배관 : 최소 500mm 이상
  ② 이동식 소방펌프 : 2,300∼6,800m³/hr
  ③ 기타 소방호스, 대용량 이동식 포 탱크 등

(다) 사용 중 포 설비의 압력을 보충하기 위해 최소 450∼680m³/hr 의 용량을 갖는 소방펌프를 탑재한 고성능 소방차를 보유한다.

(2) 이와 같은 설비를 설계 및 보유 시에는 플랜트 전문 종합 소방설비 전문가에 의한 종합적인 설계가 반드시 필요하다.

KOSHA GUIDE
P - 115 - 2012

〈부록 1〉

## 지정수량 분류표

| 인화성 액체 | 지정 수량 |
|---|---|
| 인화점 < 21℃<br>- 수용성 액체인 경우<br>- 비수용성 액체인 경우 | 200 L<br>400 L |
| 21℃ ≤ 인화점 < 70℃<br>- 수용성 액체인 경우<br>- 비수용성 액체인 경우 | 1,000 L<br>2,000 L |
| 70℃ ≤ 인화점 < 200℃<br>- 수용성 액체인 경우<br>- 비수용성 액체인 경우 | 2,000 L<br>4,000 L |
| 200℃ ≤ 인화점 | 6,000 L |

KOSHA GUIDE
P - 115 - 2012

〈부록 2〉

# 인화성 액체 분류 비교표

| NFPA 등급(Class) 분류 | 「위험물안전관리법 시행령」 제4류 인화성 액체 분류 |
|---|---|
| - | '특수인화물'이라 함은 이황화탄소, 디에틸에테르, 그 밖에 1기압에서 발화점이 100℃ 이하인 것 또는 인화점이 영하 20℃이고 비점이 40℃ 이하인 것을 말한다.<br>'동식물유류'라 함은 동물의 지육 등 또는 식물의 종자나 과육으로부터 추출한 것으로서 1기압에서 인화점이 250℃ 미만인 것을 말한다. |
| Class IA이라 함은 인화점 23℃미만, 비점 40℃미만을 말한다. | 제1석유류라 함은 아세톤, 휘발유 그 밖에 1기압에서 인화점이 21℃ 미만인 것을 말한다. |
| Class IB이라 함은 인화점 23℃미만, 비점 40℃이상을 말한다.<br>Class IC이라 함은 인화점 23℃ 이상, 40℃ 미만을 말한다.<br>Class II이라 함은 인화점 40℃이상, 60℃ 미만을 말한다. | 제2석유류라 함은 등유, 경유, 그 밖에 1기압에서 인화점이 21℃ 이상 70℃ 미만인 것을 말한다. 다만, 도료류 그 밖의 물품에 있어서 인화성 액체량이 40중량퍼센트 이하이면서 인화점이 40℃ 이상인 동시에 연소점이 60℃ 이상인 것은 제외한다. |
| Class IIIA이라 함은 인화점 60℃ 이상, 93℃ 미만을 말한다.<br>Class IIIB이라 함은 인화점 93℃ 이상을 말한다. | 제3석유류라 함은 중유, 클레오소트유, 그 밖에 1 기압에서 인화점이 70℃이상 200℃ 미만인 것을 말한다. 다만, 도료류 그 밖의 물품은 인화성 액체량이 40중량퍼센트 이하인 것은 제외한다.<br>제4석유류라 함은 기어유, 실린더유 그 밖에 1기압에서 인화점이 200℃ 이상 250℃ 미만인 것을 말한다. 다만, 도료류 그 밖의 물품은 인화성 액체량이 40 중량 퍼센트 이하인 것은 제외한다. |

KOSHA GUIDE
D - 52 - 2013

# 배관계통의 공정설계에 관한 기술지침

2013. 6

한 국 산 업 안 전 보 건 공 단

# 안전보건기술지침의 개요

○ 작성자 : 이창규

○ 제정 경과
  - 2013년 6월 화학안전분야 제정위원회 심의(제정)

○ 관련 규격 및 자료
  - CCPS, "Guideline for Engineering Design for Process Safety", 1993
  - Chemical Engineering Magazine, "Process Piping Systems", McGraw Hill Pub. Co., USA, 1980
  - ASME Code B31.3, "Chemical Plant and Petroleum Refinery Piping"
  - CCPS, "Guideline for Design Solution for Process Equipment Failure", 1994

○ 기술지침의 적용 및 문의
  이 기술지침에 대한 의견 또는 문의는 한국산업안전보건공단 홈페이지 안전보건기술지침 소관 분야별 문의처 안내를 참고하시기 바랍니다.

공표일자 : 2013년 7월 19일

제 정 자 : 한국산업안전보건공단 이사장

# KOSHA GUIDE
D - 52 - 2013

# 배관계통의 공정설계에 관한 기술지침

## 1. 목적

이 지침은 사업장에서 화학설비 및 부속설비의 배관을 안전하게 설계하는 데 필요한 사항을 제공하는 데 그 목적이 있다.

## 2. 적용범위

이 지침은 탄화수소, 가스, 증기, 물, 공기 및 인화성 액체를 이송하는 공정배관 및 유틸리티 배관에 적용한다.

## 3. 정의

(1) 이 지침에서 사용되는 용어의 정의는 다음과 같다.
   (가) "인화성 유체"라 함은 산업안전보건기준에 관한 규칙 〈별표 1〉에서 규정하는 인화성 액체와 인화성 가스를 말한다.
   (나) "독성물질"이라 함은 산업안전보건기준에 관한 규칙 〈별표 1〉에서 규정하는 급성독성물질을 말한다.
   (다) "딥배관(Dip pipe)"이라 함은 인입배관의 출구를 액체가 있는 바닥까지 설치하는 배관을 말한다.
   (라) "데드맨(Deadman)"이라 함은 손을 떼면 동력이 멈추는 등의 비상제어장치를 말한다.
   (마) "데드엔드(Deadend)"라 함은 배관에 캡이나 블라인드 플랜지로 막았거나 드레인 밸브 전단의 배관과 같이 유체가 흐름이 없고 정체되어 있는 배관을 말한다.
   (바) "열 트레이싱(Heat Tracing)"이라 함은 배관 내의 유체가 응고하거나 얼지 않도록 수증기 코일이나 전기히터로 배관을 감아서 온도를 유지하는 것을 말한다.

(2) 기타 이 지침에서 사용하는 용어의 정의는 특별한 규정이 있는 주요 물질의 경우를 제외하고는 「산업안전보건법」, 같은 법 시행령, 같은 법 시행규칙 및 「산업안전보건기준에 관한 규칙」에서 정의하는 바에 의한다.

## 4. 공정서비스의 범위

(1) 배관계통의 안전과 운전에 영향을 미치는 매개변수(Parameter)는 다음과 같다.
   (가) 유체의 화학반응, 압력, 온도, 유속, 점도, 밀도, 비중, 오염물질, 촉매 및 수압시험을 위한 물
   (나) 층류, 난류 또는 2상 흐름(Two phase flow) 등 흐름의 형태
   (다) 수평, 수직 또는 경사 등 배관의 방향
   (라) 밸브의 스템, 핸드휠 및 조작자의 방향
   (마) 부주의한 잠금이나 열팽창에 의한 과압과 같은 예상되는 국부적인 조건들

(2) 입자상 물질들은 밸브 시트가 새는 원인이 될 수 있고, 밸브의 시트나 디스크에 손상을 줄 수 있으며, 오염물질들은 배관의 부식과 마모의 원인이 될 수 있다.

(3) 유체의 전이(Fluid transients)는 다음 예와 같이 시스템이 시작되거나 정지 유량이 증가하거나 감소하거나 열적 조건의 변화가 있을 때 일어난다.
   (가) 안전밸브, 체크밸브 및 빠르게 동작하는 유량조절밸브와 차단밸브의 경우
   (나) 유체의 전이를 예방하기 위해서는 배관에 힘과 모멘트를 줄 수 있는지를 설계 시 고려한다.

## 5. 재료의 사용 제한

(1) 주연철(Ductile iron)은 -29℃ 이하 또는 343℃ 이상의 온도에서 압력이 있는 곳에 사용해서는 안 된다. 다만, 오스테나이트계 주철은 저온에서 사용할 수 있다.
(2) A571 스테인리스강은 -196℃ 이하의 온도에서 사용할 수 없다.
(3) 주철(Cast iron)은 온도가 149℃ 이상이거나 게이지압력이 1.03MPa 이상에서 탄화수소나 다른 인화성 유체를 사용하는 공정지역에서는 사용할 수 없으며, 다른 지역에서는 2.76MPa 이상에서 사용할 수 없다.
(4) 가단주철(Malleable iron)은 -29℃ 이하 또는 343℃ 이상의 온도에서는 어느 유체에도 사용할 수 없고, 인화성 유체의 경우에는 온도가 149℃ 이상이거나 게이지압력이 2.76MPa 이상에서 사용할 수 없다.
(5) 고함유 실리콘 철(14.5% Si)은 인화성 유체에 사용할 수 없다.
(6) 납과 주석 및 이들의 합금은 인화성 유체에 사용할 수 없다.

## 6. 유속의 제한

### 6.1 부식, 마모 및 진동 방지

#### 6.1.1 액체의 유속 제한

(1) 탄소 및 스테인리스강 관의 경우 산이나 알칼리 모두 어느 속도 이상이 되면 부식이나 마모의 원인이 된다.

(2) NaOH 및 KOH 수용액과 NaOH 및 KOH가 5% 이상 함유된 탄화수소 혼합물 등 알칼리는 1.2m/s 이하이어야 한다.

(3) 80wt% 이상인 황산이나 5vol% 이상인 황산 혼합물 등 농황산은 1.2m/s 이하이어야 한다.

(4) 1vol% 이상 페놀이 포함된 물은 0.9m/s 이하이어야 한다.

(5) MEA 및 DEA와 같은 아민 수용액은 3m/s 이하이어야 한다.

(6) 플라스틱이나 고무라이닝 관은 심한 마모를 피하기 위하여 3m/s 이하이어야 한다.

(7) 고형물이 포함된 슬러리와 같은 경우는 1.5m/s 이하이어야 한다.

(8) 부식이나 마모가 없는 대부분의 액체는 6m/s 이하이어야 한다.

#### 6.1.2 증기 및 가스

(1) 순수한 증기나 가스는 마모의 문제가 없으며, 보통 다음 식으로부터 구한다.

$$V = \frac{25}{\sqrt{\rho_G}} \quad \cdots\cdots\cdots\cdots\cdots\cdots\cdots\cdots\cdots\cdots\cdots\cdots\cdots\cdots\cdots\cdots\cdots\cdots\cdots\cdots\cdots (1)$$

여기서, $V$ : 유속(m/s),
$\rho_G$ : 가스 또는 증기의 밀도(kg/m³)

#### 6.1.3 습한 증기는 마모를 일으킬 수 있으므로, 페놀의 습한 증기(Wet vapor)는 18m/s 이하이고, 습한 배기(Wet exhaust)는 135m/s 이하로 한다.

#### 6.1.4 증기와 액체혼합물

환형(Annular)에서 고속의 유체이거나 또는 미스트 영역(Regimes)에서 운전되는 공정라인과 같은 2상계에서는 마모가 일어날 수 있다. 이 경우에는 4종류의 관계식들이 있다.

(가) 관경 150A 이상 : $\dfrac{\rho_{av} V_m}{1,900} \leq 4$ ················································ (2)

관경 100A : $\dfrac{\rho_{av} V_m}{1,900} \leq 3.5$ ················································ (3)

관경 80A : $\dfrac{\rho_{av} V_m}{1,900} \leq 3$ ················································ (4)

(나) 모든 관경 : $\rho_{av} V_m^3 \leq 20,390$ ················································ (5)

(다) 모든 관경 : $V_m \sqrt{\rho_{av}} \leq 8.0$ ················································ (6)

여기서, $V_m$ : 혼합물의 유속(m/s),
$\rho_{av}$ : 혼합물의 평균 밀도(kg/m³)

(라) 모든 관경 : $V_m \leq \dfrac{40}{\rho_h} 8.0$ ················································ (7)

여기서, $\rho_h = \rho_L \lambda + \rho_G(1-\lambda)$ : 균일 혼합물의 밀도(kg/m³)
$\lambda = \dfrac{Q_L}{Q_L + Q_G}$, $\rho_L$ 및 $\rho_G$ : 액체 및 기체의 밀도(kg/m³)
$Q$ : 유량(m³/s)

## 6.2 정전기 발생 방지

(1) 전도도가 50pS/m보다 작고, 물과 비혼합성 액체인 경우에는 유속을 2m/s 이하로 설계한다.
(2) 인화성 액체를 탱크 등에 초기에 주입하는 경우에는 유속을 1m/s 이하로 한다.
(3) 기타 정전기 발생억제조치는 KOSHA Guide, "화학설비 및 부속설비에서 정전기의 계측·제어에 관한 기술지침"을 참조한다.

## 6.3 소음의 발생 방지

(1) 액체의 유속을 10m/s 이하로 한다.
(2) 가스 및 증기 : $V \leq \dfrac{25}{\sqrt{\rho}}$

여기서, $V$ : 유속(m/s)
$\rho$ : 밀도(kg/m³)

**KOSHA GUIDE**
**D - 52 - 2013**

## 7. 밸브의 선정 등

### 7.1 설계 시 일반적인 고려 사항

(1) 안전한 밸브의 선정과 설치를 위하여 일반사양을 작성한다.

(2) 밸브는 개·폐(On/off), 조절(Throttling) 및 역류방지 등의 기능, 압력손실과 밸브의 허용 누수량에 따라 게이트, 볼, 글로브, 니들, 콕, 버터플라이 및 다이어프램 등 형식을 선정하며, 〈부록 1〉의 밸브 선정을 위한 가이드를 참조한다.
    (가) 개·폐(On/off) 밸브 : 게이트 밸브, 플러그 밸브 및 볼밸브
    (나) 조절 밸브 : 글로브 밸브, 버터플라이 밸브, 다이어프램 밸브 및 핀치밸브
    (다) 역지 밸브 : 체크밸브
    (라) 혼합 밸브 : 자동조절밸브 및 솔레노이드 등 계기와 연동되는 밸브

(3) 게이트밸브의 스템이나 버터플라이, 플러그와 볼밸브의 1/4 개도(Quarter turn)와 같이 밸브가 열리고 닫힘을 시각적으로 알 수 있도록 하는 것이 안전상 도움이 되며, 필요한 경우에는 꼬리표를 제작하여 부착한다.

(4) 화학물질의 종류, 상, 온도, 압력 및 유량 등 공정유체의 조건에 적합하여야 하며, 압력-온도 등급, 연결방법과 부식, 마모 및 온도 스트레스 등을 고려하여 밸브의 몸체와 부속품의 재질을 결정한다.

### 7.2 자동조절밸브의 고장모드(Failure mode)

배관 및 계장도(P&ID) 및 밸브의 사양에 다음의 고장 모드 중 하나를 명기하여야 한다.
(1) 고장 시 열림(Fail open)
(2) 고장 시 닫힘(Fail close)
(3) 고장 시 상태로 있음(Fail in place)

### 7.3 긴급차단밸브(Emergency isolation valve)

(1) 긴급차단밸브는 인화성 유체 또는 독성물질의 대량 손실을 막기 위하여 설치한다.
(2) 대량의 누출이 우려되는 곳은 펌프 주변, 드레인 포인트 및 호스 연결부 등이 있다.
(3) 설치위치 등에 대해서는 KOSHA Guide, "긴급차단밸브 설치에 관한 기술 지침"을 참조한다.

KOSHA GUIDE
D - 52 - 2013

## 8. 배관 시스템 설계 시 주요 체크리스트

### 8.1 배관

(1) 모든 배관에서 취급할 HCN이나 질소 등 독성 또는 치사 물질들은 파악되었는가?
(2) 폭연이나 폭굉을 위한 설계가 필요한 배관이 있는가?
(3) 가성소다와 같은 막힐 우려가 있는 배관의 넘침 배관(Overflow line)을 감시할 필요가 있는가?
(4) 유체를 이송하는 데 적절한 재질을 선정하였는가? 예를 들어, 암모니아를 취급하는 곳에서 구리 그리고 염화벤질을 취급하는 곳에 구리나 철을 사용하지 않는 것과 같이 구조상 문제가 될 수 있는 재료를 피하였는가?
(5) 열에 민감한 물질이나 반응성 물질을 취급하는 펌프를 위해 고온이 되면 정지하도록 조치를 하였는가?
(6) 염소와 같이 유해한 액체의 열팽창에 대비하여 안전밸브 대신 서지드럼을 두었는가?
(7) 기계적 교반이 이루어지지 않아서 위험한 조건이 되는 경우를 대비하여 비상교반이나 딥배관(Dip pipe)을 설치하였는가?
(8) 설비의 가동이 정지되었을 때 배관 안에 있는 물질을 배출시킬 수 있도록 구멍(Weep hole)을 두었는가?
(9) 조작자의 부주의로 인화성 물질이나 매우 유해한 물질이 펌프 다음의 용기에서 넘쳐흐르는 것을 예방하기 위해 펌프 기동 스위치 스테이션에 데드맨을 설치하였는가?
(10) 다른 지역에서 공정지역으로 인화성 물질을 이송하는 펌프를 원격으로 정지시킬 필요가 있는가?
(11) 보일러의 물 공급 배관의 레귤레이터와 같이 열 방출을 위해 보온을 하지 않는 배관이 있는가?
(12) 위험물질 취급배관에는 적절한 가스킷의 형식과 재질을 사용하였는가?

### 8.2 밸브

(1) 플라스틱 공기튜브를 사용한 자동조절밸브들은 화재 시를 대비하여 고장 시 닫침 형식으로 선정하여야 하는 밸브가 있는가?
(2) 멀리 떨어져서 운전되는 밸브로서 비상 시에 수동으로 열거나 닫아야 하는 밸브인가?
(3) 암모니아, 염소 및 고압가스 시스템에 과유량 체크밸브(Excess flow check valve)를 설치하였는가?

(4) 열팽창으로 인한 과압을 대비하기 위하여 버터플라이 밸브에 구멍을 냈는가? 구멍을 낼 수 없다면 안전밸브를 설치하였는가?

(5) 고압, 인화성 물질 또는 독성물질을 취급하는 시료채취 밸브에 조작자가 무능력하게 되었을 때 물질이 계속해서 흘러 나가지 않도록 스프링에 의해 잠기는 데드맨을 두었는가?

(6) 제어가 불가능한 반응을 멈추게 하거나 내부의 소방 능력을 높이기 위해 수동으로 기동시키는 물소화(Flush or quench) 시스템이 있는가?

(7) 정비기간 중에 공기로 기동되는 밸브들은 잠금장치를 하거나 기능을 제거하는가?

(8) 전기나 계장용 공기와 같은 유틸리티의 공급이 중단되었을 때 자동조절밸브가 페일세이프(Fail safe)한지에 대한 공정위험성 평가를 실시하였는가?

(9) 탱크차나 트럭하역 배관에 배관이 연결되지 않은 경우와 배관 연결을 분리하고자 할 때 잠기는 밸브를 설치하였는가?

(10) 냉수, 계기용 및 예비펌프 주변의 배관에 동파방지를 위한 조치를 하였는가?

(11) 피로나 충격이 예상되는 배관에 주철제의 밸브나 부속품들을 사용하지 않도록 하였는가?

(12) 밸브의 개·폐 여부를 시각적으로 알 수 있도록 하기 위하여 스템이 올라가지 않는 밸브의 설치를 피했는가?

(13) 부지 경계선에 있는 배관, 비상시 상호연결을 적극적으로 차단해야 하는 곳 및 원치 않는 상호 오염을 방지하기 위해 2중으로 밸브를 설치하였는가?

(14) 수증기로부터 응축수를 포집(Trapping)하고 드레인시킬 수 있는 수단이 있는가?

## 9. 고장 시나리오별 대처 방법

### 9.1 과압 발생

(1) 고형물의 축적에 의한 배관, 밸브 또는 화염방지기의 막힘

(가) 본질적 방법

① 고형물의 축적을 방지하기 위한 유속 이상으로 관경을 설계

② 배관이 예상되는 과압에서 견딜 수 있도록 설계

③ 화염방지기의 제거

(나) 적극적 방법

① 압력방출장치의 설치

KOSHA GUIDE
D - 52 - 2013

② 여과기 또는 녹아웃 포트 등을 설치하여 자동적으로 고형물을 제거
③ 고형물 축적을 최소화하기 위한 배관을 트레이싱
④ 화염감지기를 병렬로 설치
(다) 절차적인 방법
① 여과기 또는 녹아웃 포트 등을 설치하여 자동적으로 고형물을 수동으로 제거
② 정기적인 수동 청소
③ 고압 경보 시 조작자의 대응
④ 주기적인 피그(Pig) 등과 같은 기구를 이용한 청소
(2) 밸브가 급격히 닫힘으로 인해 액체 해머나 배관 파열
(가) 본질적 방법
① 기어비를 통한 밸브를 잠그는 속도 제한
② 공기배관에 오리피스(Restriction orifice)를 설치하여 공기 작동기의 잠그는 속도를 제한
③ 수동 볼밸브와 같은 4분의 1씩(Quarter turn) 잠글 수 있는 밸브 대신에 게이트밸브를 사용
(나) 적극적 방법 : 서지 어레스터(Surge arrestor) 설치
(다) 절차적인 방법 : 밸브를 서서히 잠그도록 운전 절차에 명기
(3) 막힌 배관에서 액체의 열팽창으로 배관 파열
(가) 본질적 방법
① 밸브나 블라인드 플랜지를 제거
② 압력을 균등화할 수 있도록 게이트 등에 작은 구멍을 냄
(나) 적극적 방법
① 압력방출장치의 설치
② 팽창탱크(Expansion tank) 설치
(다) 절차적인 방법 : 운전을 정지하는 동안에는 배관을 비우도록 절차서에 명기
(4) 자동조절밸브가 고장으로 열려 밸브 후단의 압력이 상승
(가) 본질적 방법
① 밸브 후단의 모든 배관과 설비의 설계압력을 밸브 전단의 설계압력으로 설계

KOSHA GUIDE
D - 52 - 2013

② 밸브가 완전히 개방되지 않도록 정지 장치를 두거나 공기배관 오리피스 설치

(나) 적극적 방법 : 밸브 후단에 압력방출장치의 설치

(5) 압력방출장치의 흡입 또는 토출 측에 설치된 밸브가 사고로 잠겨 압력 방출기능을 상실

　(가) 본질적 방법
　　① 압력방출장치 전·후단에 설치된 밸브 제거
　　② 압력방출장치를 2중으로 설치
　(나) 적극적 방법 : 없음
　(다) 절차적인 방법 : 자물쇠형 밸브(C.S.O 또는 L.O) 사용

(6) 압력방출장치가 중합 또는 고형화에 의한 고형물로 막힘

　(가) 본질적 방법 : 압력방출장치 입구 측에 고형물 청소를 위한 부속품(Fitting)을 설치
　(나) 적극적 방법
　　① 파열판을 설치하거나 안전밸브와 파열판을 직렬로 설치. 다만, 후자의 경우 파열판이 새는지를 알 수 있도록 조치
　　② 퍼지를 이용한 자동 세정장치 설치
　(다) 절차적인 방법 : 퍼지를 통한 주기적이거나 연속적인 수동세정

(7) 제한이 안 됨에 따른 폭굉 및 폭연

　(가) 본질적 방법
　　① 온도, 압력 또는 배관의 직경에 제한을 둔다.
　　② 난류와 불꽃의 가속에 원인이 되는 엘보와 부속품의 사용을 피하거나 최소화
　(나) 적극적 방법
　　① 잠재적인 점화원과 보호하여야 할 설비 사이에 폭굉 또는 폭연 어레스터 설치
　　② 플레어헤더와 같은 곳에는 점화원과 차단이 되도록 액체 실 드럼 설치
　　③ 산소 또는 탄화수소 농도를 분석하여 불활성 가스의 퍼지나 성분이 많은 가스의 주입을 조절하여 연소범위 밖에서 운전
　　④ 불꽃을 감지하여 신속하게 밸브를 잠그게 하거나 진압시스템 설치
　(다) 절차적인 방법 : 시운전 전에 불활성 가스의 퍼지

KOSHA GUIDE
D - 52 - 2013

9.2 고온 발생

(1) 발열반응에서 핫스폿(Hot spot)를 야기하는 트레이싱이나 재킷팅의 결함 고형물의 축적에 의한 배관, 밸브 또는 화염방지기의 막힘
　(가) 본질적 방법
　　① 샌드위치 트레이서와 같이 트레이서와 배관사이에 단열물질 사용
　　② 재킷 배관의 경우 안전 수준에 따라 온도를 제한할 수 있는 열전달 유체를 사용
　(나) 적극적 방법 : 온도를 조절할 수 있는 전기적 트레이싱을 적용
　(다) 절차적인 방법 : 고온의 온도 지시와 경보에 따라 조작자의 적절한 대응

(2) 아세틸렌의 분해와 같은 원하지 않는 반응을 일으키는 외부화재
　(가) 본질적 방법
　　① 스테인리스강으로 덮개와 밴딩을 한 내화목적의 보온
　　② 플랜지 등이 없는 용접 이음 배관
　(나) 적극적 방법 : 자동식 물분무 설비가 있는 화재 탐지 시스템 설치
　(다) 절차적인 방법 : 수동식 물분무 설비가 있는 화재 탐지 시스템 설치

9.3 저온 발생

(1) 배관 내나 데드엔드(Deadend)에 있는 제품을 고형화시키거나 축적된 수분을 얼게 하는 추운 기후
　(가) 본질적 방법
　　① 배관의 보온
　　② 물이나 제품이 모이는 곳이나 데드엔드를 없게 함
　　③ 데드엔드와 블로다운 배관에 축적을 막기 위한 경사를 줌
　(나) 적극적 방법
　　① 열 트레이싱(Heat tracing) 실시
　　② 잠재적으로 물이나 제품이 모일 수 있는 곳에 자동 드레인 설치
　(다) 절차적인 방법
　　① 배관에는 최소흐름을 유지하도록 절차에 반영
　　② 잠재적으로 물이나 제품이 모일 수 있는 곳에 수동 드레인 설치

(2) 증기 해머를 일으킬 수 있는 추운 외기에 의한 증기배관의 응축
　(가) 본질적 방법 : 배관의 견고한 고정

KOSHA GUIDE
D - 52 - 2013

　　　　(나) 적극적 방법 : 열 트레이싱(Heat tracing) 실시
　　　　(다) 절차적인 방법 : 후속 배관을 서서히 시작하도록 절차에 반영
　9.4 유량 과다
　　(1) 유체의 빠른 속도로 2상 흐름이나 연마성 고체가 있는 경우 저장의 손실을 야기할 수 있는 마모의 원인이 될 수 있다.
　　　　(가) 본질적 방법
　　　　　　① 제한 속도 이하에서 배관경의 크기를 결정
　　　　　　② 마모가 잘 안 되는 재질을 선정
　　　　　　③ 티, 엘보 및 마모가 우려되는 배관은 보다 두꺼운 재료 사용
　　　　　　④ 마모가 일어날 수 있는 곳에서는 부속품의 사용을 최소화
　　　　　　⑤ 연마성 고체가 있는 곳에는 엘보 대신 티를 사용
　　　　(나) 적극적 방법 : 없음
　　　　(다) 절차적인 방법
　　　　　　① 배관 내의 제한 속도를 절차서에 명기
　　　　　　② 중요한 곳은 주기적으로 점검
　　(2) 자동조절밸브에서 높은 차압이 발생하여 내용물의 손실을 가져올 수 있는 프레싱이나 진동 발생
　　　　(가) 본질적 방법
　　　　　　① 밸브를 가능한 한 용기 입구에서 가깝게 설치
　　　　　　② 밸브나 오리피스와 같은 여러 개의 중간 감압장치를 사용
　　　　　　③ 견고하게 배관을 고정
　　　　(나) 적극적 방법 : 없음
　　　　(다) 절차적인 방법 : 없음
　9.5 역류
　　(1) 연결 배관, 드레인 또는 임시배관에서 역류가 일어나 원하지 않는 반응이나 월류(Over flow) 발생
　　　　(가) 본질적 방법
　　　　　　① 원하지 않는 연결을 하지 않도록 호환성이 없는 부속품 사용
　　　　　　② 최종 목적물까지 분리 배관

KOSHA GUIDE
D - 52 - 2013

(나) 적극적 방법
① 압력이 낮은 배관에 체크밸브 설치
② 낮은 차압이 감지되면 자동으로 격리
(다) 절차적인 방법
① 상호 연결배관을 적절히 격리할 수 있도록 절차서에 명기
② 낮은 차압이 감지되면 수동으로 격리

9.6 내용물의 손실

(1) 시료채취 배관, 드레인 밸브 및 다른 부속품을 잠그지 못해 내용물이 방출되어 환경오염 초래
 (가) 본질적 방법 : 자체적으로 잠기는 밸브 등 데드맨 설치
 (나) 적극적 방법 : 시료채취 시스템에 자동 잠금 루프 채용
 (다) 절차적인 방법 : 2중 밸브, 플러그, 캡 및 블라인드 등을 설치
(2) 투시창(Sight glass) 또는 유리로 된 로터미터가 과압, 열응력 또는 물리적인 충격에 의해 파손
 (가) 본질적 방법
  ① 투명창 및 유리로 된 로터미터 사용 배제
  ② 유리연결부에 유량 제한 오리피스 설치
  ③ 물리적임 보호커버 설치
  ④ 설계압력 이상에서 견딜 수 있는 유리를 선정
 (나) 적극적 방법 : 투시창과 유리로 된 로터미터 파손 시 동작할 수 있는 과유량 방지 체크밸브 설치
 (다) 절차적인 방법 : 투시창과 유리로 된 로터미터를 사용하지 않는 동안에는 격리밸브를 잠그도록 절차서에 명기
(3) 플랜지나 밸브에서 샘, 배관파열, 충돌 또는 부적절한 배관지지로 배관에서 내용물의 손실 발생
 (가) 본질적 방법
  ① 모든 배관의 용접 이음을 최대화
  ② 매설배관을 지양
  ③ 2중관의 사용
  ④ 불필요한 부속품의 사용을 최소화
  ⑤ 클램프 연결과 같은 신뢰성이 높은 막음장치 사용

⑥ 조작자의 피폭방지를 위한 보호장치(Shield)를 플랜지에 설치
⑦ 물리적 강도를 위한 최소 구경의 배관 사용
⑧ 적절한 배관 지지
⑨ 충돌 방지를 위한 방책 설치

(나) 적극적 방법
① 고유량, 저압 또는 외부 누설 감지시 자동 잠금장치 설치
② 화재 시 자동폐쇄를 위하여 용융 링크 밸브 설치

(다) 절차적인 방법
① 수동밸브를 위험지역에서 먼 곳에 설치
② 크레인 등 중장비에 의한 충돌을 방지하기 위한 제한조치
③ 주기적인 누설 검사

(4) 과도한 열응력에 의한 배관 파손

(가) 본질적 방법
① 팽창 루프(Expansion loop) 및 연결부(Joint)
② 팽창연결부의 보온
③ 처짐을 막기 위한 추가적인 배관 지지

(나) 적극적 방법 : 없음

(다) 절차적인 방법 : 없음

(5) 호스의 낡음으로 호스에서 누출

(가) 본질적 방법
① 호스연결을 제거
② 금속제의 심이 있는 신뢰성이 높은 호스 사용
③ 보다 높은 압력에 견딜 수 있는 호스 사용

(나) 적극적 방법
① 호스 전단에 과유량 방지 체크밸브 후단에 체크밸브 설치
② 고유량, 저압 또는 외부 누설 감지시 자동 잠금장치 설치

(다) 절차적인 방법
① 호스를 사용 전에 압력 시험
② 고유량, 저압 또는 외부 누설 감지시 수동 잠김장치 설치
③ 주기적인 호스의 교체
④ 도로를 횡단하는 호스는 보호 램프 설치

⑤ 호스가 꼬이지 않도록 조치
(6) 라이닝 된 배관과 호스의 라이닝 손상
   (가) 본질적 방법
      ① 특별히 요구되지 않으면 금속제 배관 사용
      ② 정전기 축적에 의한 열화를 줄이려면 반도전성의 라이나 사용
      ③ 두꺼운 라이나 사용
      ④ 정전기 축적을 방지하기 위한 액체의 유속을 제한
   (나) 적극적 방법 : 없음
   (다) 절차적인 방법
      ① 주기적인 금속 배관의 두께 측정
      ② 주기적인 공정흐름의 금속 성분 분석

### 9.7 내용물 조성의 잘못

조작자가 퀵 커플링을 잘못 연결
(1) 본질적 방법
   (가) 연결을 잘못하지 않도록 서로 다른(크기, 색상) 사용
   (나) 유해·위험물질인 경우에는 퀵 커플링 사용
(2) 적극적 방법 : 없음
(3) 절차적인 방법
   (가) 연결방법을 절차서에 명기
   (나) 라인의 컬러 코드를 정함

KOSHA GUIDE
D - 52 - 2013

〈부록 1〉

# 밸브 선정을 위한 가이드

| 형식 | 구경(A) | 압력(MPa) | 온도(℃) | 재질 | 기능 | 비고 |
|---|---|---|---|---|---|---|
| 글로브 | 3~750 | ~17.6 | ~538 | 청동, 주철, 탄소강, 스테인리스강, 특수합금 | 깨끗한 유체의 조절 및 개·폐 | 비교적 압력 손실이 큼 |
| 앵글 | 10~250 | ~17.6 | ~538 | 청동, 주철, 탄소강, 스테인리스강, 특수합금 | 깨끗한, 점성, 슬러리가 있는 유체의 조절 및 개·폐 | 비교적 압력 손실이 작음 |
| 게이트 | 15~1,500 | ~17.6 | ~538 | 청동, 주철, 탄소강, 스테인리스강, 특수합금 | 깨끗하거나 슬러리가 있는 유체의 개·폐(제한된 조절) | 압력 손실이 작음 |
| 버터플라이 | 50~수 m | 14.2(제한된 압력 손실) | ~1,090 (라이너나 연질 시트 사용 시 낮은 온도) | 캐스타블 등 라이나는 플라스틱 고무 또는 세라믹 | 깨끗하거나 슬러리가 있는 유체의 조절(개·폐 오직 특별한 설계 또는 시트인 경우) | 간단하고 가벼우며, 비용이 저렴하며 압력 손실이 작음 |
| 플러그 | ~750 | ~35.2 | ~320 | 주철, 탄소강, 스테인리스강 및 여러 합금 완전히 고무 또는 플라스틱 라이닝을 한 밸브도 유용함 | 개·폐(조절용으로 설계한 경우는 조절) | 압력 손실이 작음 |
| 볼 | 3~1,050 | ~70.3 | 극저온~538 | 주철, 탄소강, 황동, 청동, 플라스틱 및 원자력에는 특수 합금, 완전한 플라스틱 라이닝 밸브 | 깨끗하거나 점성이 있는 유체 및 슬러리의 조절 및 개·폐 | |
| 안전 | 15~300 | ~70.3 | 극저온~538 | 주철, 청동, 탄소강, 스테인리스 강, 니켈 및 특수합금 | 압력을 제한하는 목적 | |
| 니들 | 3~25 | ~70.3 | 극저온~260 | 주철, 청동, 탄소강 및 스테인리스 강 | 깨끗한 유체의 미세한 유량조절 및 개·폐 | 글로브 밸브와 같으며 계장용에 많이 사용 |
| 체크 | 3~250 | ~70.3 | ~650 | 주철, 청동, 탄소강, 스테인리스 강 및 특수합금 | 유체의 역지 방지(특별히 설계하는 경우 과유량 방지밸브) | 가용 압력 정도에 따라 형식을 결정 |

주) 자료출처 : Chemical Engineering, 1980, McGraw Hill Pub. Co. USA, N.Y

KOSHA GUIDE
P - 2 - 2012

# 저장탱크 과충전방지에 관한 기술지침

2012. 7

한 국 산 업 안 전 보 건 공 단

## 안전보건기술지침의 개요

○ 작성자 : 서울산업대학교 안전공학과 이영순 교수

○ 개정자 : 이정석

○ 제・개정 경과
 - 2009년 8월 화학안전분야 기준제정위원회 심의
 - 2012년 7월 총괄 제정위원회 심의(개정, 법규개정조항 반영)

○ 관련 규격 및 자료
 - NFPA 30 「Flammable and Combustible Liquids Code」
 - KOSHA GUIDE 「방유제 설치 기술지침」

○ 관련 법규
 - 산업안전보건기준에 관한 규칙 제225조(위험물질등의 제조등 작업시의 조치)
 - 산업안전보건기준에 관한 규칙 제272조(방유제 설치)
 - 산업안전보건기준에 관한 규칙 제273조(계측장치등의 설치)
 - 위험물안전관리법, 유해화학물질관리법 등

○ 적용 및 문의
 이 기술지침에 대한 의견 또는 문의는 한국산업안전보건공단 홈페이지 안전보건기술지침 소관 분야별 문의처 안내를 참고하시기 바랍니다.

공표일자 : 2012년 7월 18일

제 정 자 : 한국산업안전보건공단 이사장

KOSHA GUIDE
P - 2 - 2012

# 저장탱크 과충전방지에 관한 기술지침

## 1. 목적

이 지침은 위험물의 제조, 저장 및 취급시설에 설치된 옥내 및 옥외 저장탱크에서 배관으로부터 인화성 액체 주입 시 위험물의 과충전으로 인한 위험을 방지하기 위한 기술지침을 제공하는 데 그 목적이 있다.

## 2. 적용범위

(1) 이 지침은 산업안전보건 기준에 관한 규칙 별표 9(위험물질의 기준량)의 제4호 인화점 38℃ 미만의 인화성 액체를 주입하는 옥내 및 옥외 저장탱크가 설치된 위험물 제조, 저장 및 취급시설에만 적용한다. 다만, 「위험물안전관리법」 등 다른 법에서 적용받는 위험물은 해당 법을 따른다.

(2) 이 지침은 다음 각 호의 사항에는 적용되지 않는다.
   (가) 용량이 2.271m³(600갤런) 미만인 옥내 및 옥외 저장탱크
   (나) 인화점 60℃ 이상 액체를 주입하거나 저장한 탱크로서 용량이 2.271m³(600갤런)을 초과하는 옥내 및 옥외 저장탱크
   (다) 불연성 액체와 기타 비석유류 제품을 저장하는 옥내 및 옥외 저장탱크
   (라) 주 배관라인이나 해상 이송 이외의 방법(유조차, 궤도 유조차량으로부터의 주입, 다른 탱크, 시설공정 장치, 사설 배관라인 및 원유 생산시설로부터의 이송)을 통해 주입하는 인화점 37.8℃(100°F) 미만의 액체를 저장하는 옥내 및 옥외 저장탱크
   (마) 지하저장탱크

## 3. 정의

(1) 이 지침에서 사용하는 용어의 정의는 다음과 같다.
   (가) "액위감지기(Level detector)"라 함은 탱크 등의 내·외부에 설치되어 탱크 안의 위험물이 설정된 액위에 도달하기 전에 위험물의 흐름을 차단하거나 우회 이송시키기 위해 운전자가 인식하고 조치를 취하는 데 필요한 충분한 시간을 갖도록 초기 경보/신호 장치를 작동시키는 장치를 말한다.
   (나) "최고액위감지기(High-high level detector)"라 함은 대개 안전충전높이 또는 이보다 높게 위치하며, 과충전 높이에 도달하기 전에 경보/신호 장치를 작동시켜

위험물의 흐름을 차단하거나 우회 이송시키는 데 충분한 시간을 갖도록 하는 1단식 감지설비와 2단식 감지설비에 있는 위험물 액위 감지장치를 말한다.

(다) "고액위감지기(High level detector)"라 함은 최고액위감지기가 설치된 높이 아래에 설정된 높이까지 탱크에 위험물이 충전되면 1차로 경보/신호 장치를 작동시켜 탱크 안의 위험물이 최고액위감지기의 설정 위치에 도달하기 전에 위험물의 흐름을 차단하거나 우회 이송시키는 데 충분한 시간을 갖도록 하는 2단식 감지설비에 있는 위험물 액위 감지장치를 말한다.

(라) "1단식 감지설비의 최고액위감지기(Single stage detector system ; High-high level detector)"라 함은 안전충전높이 또는 이보다 높게 위치하여, 위험물이 과충전 높이에 도달하기 전에 경보/신호 장치를 작동시켜 위험물의 흐름을 차단하거나 우회 이송시키는 데 충분한 시간을 갖도록 하는 1단식 감지설비의 최고액위감지기를 말한다.

(마) "2단식 감지설비의 고액위 및 최고액위(Two stage detector system ; High level and high-high level detector)"라 함은 2단식 감지설비에서,
① 1단계(고액위) 감지기는 위치가 정상 충전높이보다 높게 설치하여 위험물이 안전충전높이에 도달하기 전에 경보/신호 장치를 작동시켜 위험물의 흐름을 차단하거나 우회 이송시키는 데 충분한 시간을 갖도록 하고,
② 2단계(최고액위) 감지기는 위치가 안전충전높이 보다 높게 설치하여 위험물이 과충전높이에 도달하기 전에 경보/신호 장치를 작동시켜 위험물의 흐름을 차단하거나 우회 이송시키는 데 충분한 시간을 갖도록 하는 감지기를 말한다.

(바) "전용 액위감지기(Independent level detector)"라 함은 탱크에 설치되어 있는 자동계량장치와 별도로 설치되는 위험물 액위감지기를 말하며, 1단식 감지설비와 2단식 감지설비에 있는 최고액위감지기는 반드시 전용 액위감지기여야 하며, 2단식 감지설비에 있는 고액위감지기는 전용이거나 그렇지 않을 수 있다.

(사) "과충전높이(최대용량)(Overfill level ; Maximum capacity)"라 함은 위험물 탱크의 최대충전높이로 이 높이를 초과하여 위험물이 주입되면 과충전되어 탱크 밖으로 흘러 넘치거나 부유식 지붕 탱크의 지붕과 탱크 구조물 또는 부속장치 사이에 접촉하거나 손상이 발생되는 높이를 말한다.

(아) "안전충전높이(탱크 정격용량)(Safe fill level ; Tank rated capacity)"라 함은 위험물 탱크의 정상충전 높이보다 위에 위치하며, 이 높이까지 탱크에 위험물의 주입이 허용되는 높이를 말한다. 안전충전높이는 반드시 과충전높이보다 아래에

위치해야 한다. 탱크의 위험물의 높이가 과충전높이에 도달하기 전에 위험물의 흐름을 완전히 차단시키거나 우회 이송시키는 데 필요한 조치를 취하는 데 필요한 시간을 결정함으로써 안전충전높이가 설정된다. 안전충전높이는 각 특정 탱크에 대해 운전자가 설정하며 탱크의 종류, 탱크 내부 형태 또는 조건과 운전자 실행기준에 좌우된다.

(자) "정상충전높이(정상용량)(Normal fill level ; Normal capacity)"라 함은 위험물이 안전충전높이에 도달하기 전에 설정된 시간 동안 탱크가 최대 허용 주입유량으로 위험물을 이송 받는 높이를 말한다. 정상충전높이는 과충전을 방지하기 위해 적절한 조치를 취할 수 있도록 다음 2가지 높이 중 더 낮은 것으로 설정하여야 한다.

① 탱크의 위험물 높이가 설정된 안전충전높이에 도달하기 전이나 도달했을 때 위험물의 흐름을 완전히 차단시키거나 우회 이송하는 데 충분한 시간을 가질 수 있는 높이(정상충전높이는 안전충전높이를 초과해서는 안 됨)

② 탱크의 물리적 상태(누출, 구조 강도 등)에 따라 운전자나 작업 실행기준(예를 들어, 위험물의 부분주입 또는 분할주입, 릴리프 허용오차, 기타 등등)에 의해 결정한 높이로서, 보통 안전충전높이보다 더 낮게 탱크 용량을 제한한다.

(2) 그 밖에 이 지침에서 사용하는 용어의 정의는 특별한 규정이 있는 경우를 제외하고는 「산업안전보건법」, 같은 법 시행령, 같은 법 시행규칙 및 산업안전보건기준에 관한 규칙에서 정하는 바에 의한다.

## 4. 과충전 방지를 위한 고려사항

### 4.1 사전 검토 시

(1) 위험물저장탱크의 과충전 방지를 위해 필요한 사항은 다음과 같다.
   (가) 탱크의 최대 적재량과 재고량 파악 : 탱크의 최대 적재량은 수동적인 방법이나 탱크의 자동계량장치로 파악한다.
   (나) 위험물의 반입·반출 상황을 주의 깊게 감시 및 제어

(2) 비상사태 긴급차단절차와 위험물의 우회 이송절차를 이용하여 탱크의 과충전을 방지하는 것이 바람직하다.

### 4.2 작업절차 작성 시

(1) 과충전을 방지하기 위한 서면작업절차는 운송업자와 협의하여 운전자가 수립하여

## KOSHA GUIDE
## P - 2 - 2012

야 한다. 서면절차를 작성할 때에는 다음 사항을 고려하여야 한다.
   (가) 서면작업절차는 관계법규와 요구사항을 준수하여야 한다.
   (나) 운전자는 법 요구사항을 준수하고 이 기술지침의 요구사항을 고려하여야 한다.
   (다) 작업절차는 간단하고 명료하게 위험물 흐름의 차단 및 우회 이송절차, 그리고 통신설비의 단절, 정전 등을 포함하여 비상사태 시 취해야 할 기타 모든 조치를 기술하여야 한다.
(2) 운전자는 탱크의 과충전 방지절차의 준수 여부를 확인하기 위해 위험물의 주입작업을 검토하거나 점검을 실시하여야 한다.
(3) 서면작업절차는 정기적으로 검토를 해야 하고 적용 가능한 규제 사항이 변경되거나 운전자 또는 운송업자 실행기준, 위험물, 장치, 탱크 및 탱크의 규제사항, 계측설비, 시스템 및 조건 등이 변할 때마다 보완작업을 실시하여야 한다.
(4) 장치, 계측설비, 탱크 및 시설의 종류와 운송업자의 작업 지침이 다양하기 때문에, 모든 시설에 일반 작업 절차를 일률적으로 적용할 수는 없으며, 경우에 따라서 동일 시설 안의 모든 탱크나 작업도 일률적으로 적용할 수 없다. 그러므로 필요한 경우, 서면 작업 절차는 특정 장소, 탱크 및 이 기술지침에서 기술된 요구사항을 특정 조건과 상황에 적합하게 별도로 작성하여야 한다.

### 4.3 작업계획 수립 시

(1) 탱크의 용량을 최대한 이용하기 위해서는, 이송작업 전에 주입할 위험물의 양을 결정하고 서면작업절차를 수립하여야 한다. 주입작업을 수행하기 전 마지막 순간이나 위험물을 주입받는 지정된 탱크에서의 이송작업을 철회해야 할 경우를 최소화할 수 있도록 완벽하게 주입작업계획을 수립하여야 한다.
   (가) 각 탱크의 정상충전높이를 계산할 때는 과충전에 대한 여유를 고려하여 유효 용량을 확인하여야 한다.
   (나) 각 탱크의 예상 최종 위험물의 높이는 안전충전높이를 초과하지 않도록 각각 특정 주입작업계획을 수립하기 이전에 결정하여야 한다.
(2) 운전자는 주입작업 개시 이전에 선임된 책임자에게 필요한 임무를 부여받아야 한다.
(3) 주입작업 관련 특정 서면 지침은 관련된 모든 운전자 및 운송업자와 함께 검토하여 작성하여야 한다.
   (가) 탱크 주입작업과 관련하여 정상충전높이까지 탱크를 충전시키기 위한 정상적인 작업 통제방법 및 절차를 포함하여야 한다.
   (나) 탱크의 정상충전높이를 초과하여 충전될 때와 같은 주입시기에 한 탱크에서

다른 탱크로 바꿀 때 철저한 준비와 통제가 필요하다.
(4) 위험물이 이송되거나 주입되기 전에, 위험물이 지정된 탱크나 탱크저장소에 도달되도록 하기 위해 밸브의 정렬 상태가 적절한지 확인하여야 한다.
(5) 배관이 동일한 주입 분기관에서 다른 탱크로 연결된 경우, 다음 사항을 확인하여야 한다.
   (가) 위험물을 주입하기로 지정된 탱크의 주입밸브만 개방상태로 있어야 한다.
   (나) 그 밖의 모든 탱크와 관련된 주입밸브는 닫혀 있어야 한다.
(6) 주입 받는 탱크가 위치한 방유제의 배수밸브는 위험물의 주입작업 중에는 닫힌 상태로 유지해야 한다. 방유제의 배수밸브는 방유제 밖으로 물을 배수시킬 때를 제외하고는 항상 닫힌 상태로 유지하여야 한다.
(7) 작업자가 상주하는 시설로서 위험물의 이송작업을 시작하기 전에, 운송업자와 운전자 사이에 통신설비를 갖추어야 하고, 위험물의 이송작업 중에는 통신이 가능한 상태로 유지해야 한다.

### 4.4 주입작업 모니터링

(1) 서면작업절차에는 위험물의 주입작업에 대한 정기적인 모니터링이 포함되어야 한다.
(2) 모니터링은 현장이나 원격지에서, 수동식 또는 전자식으로 실시할 수 있으며, 주입작업 시 유량의 변화와 위험물의 이송에 관한 서면기록 또는 전산기록을 포함하여야 한다.
(3) 서면작업절차에는 최초의 탱크용량, 초기 유량 및 추정 충전시간을 기초로 해서, 다음과 같은 정보에 대해 정기적인 비교·기록 작업을 포함해야 한다.
   (가) 탱크에 저장되어 있는 위험물의 양과 당해 탱크에 주입할 위험물의 양을 비교해야 한다.
   (나) 계측기에 표시된 위험물의 액위와 일정시간 동안 위험물의 이송작업 시 예상되는 액위를 비교하여야 한다.
(4) 동일 분기관에 연결되어 있지만 위험물을 주입할 계획이 없는 탱크는 주입밸브가 닫혀 있는지 확인하고, 일부 개방된 밸브나 고장 난 밸브를 통해서 위험물이 주입되지 않도록 확인하여야 한다.
(5) 위험물을 주입받아야 할 탱크의 설비가 작동하지 않고, 적기에 수리할 수 없는 경우에, 주입작업은 다음 방법 중 하나로 실시하여야 한다.
   (가) 경보/신호장치가 제 기능을 발휘하는 대체탱크로 주입작업 수행
   (나) 과충전방지장치가 설치되지 않은 유인시설에 있는 탱크로 주입작업 수행

(다) 주입작업 취소

### 4.5 주입작업 완료 시

(1) 주입작업이 완료된 때는 주입설비의 작동을 중지시켜야 한다.
(2) 위험물의 주입작업을 위해 열어 놓았던 탱크의 주입밸브, 당해 설비의 위험물 주입밸브나 분기관 밸브 등을 닫아야 한다.

### 4.6 자동계량장치 사용 시

(1) 대부분의 탱크에는 설치된 기계식 또는 전자식 탱크 자동계량장치에서 고장이 발생할 경우 탱크의 과충전이 발생할 수 있으므로 이들 계량장치를 확인하여야 한다.
   (가) 자가진단기능(Self-check features)이 있는 전자식 탱크 자동계량장치는 장치의 고장으로 인한 위험물의 과충전 위험을 감소시키기 위해 사용된다.
   (나) 자가진단기능이 있는 탱크 자동계량장치도 고장이 발생할 수 있으므로, 1단식 및 2단식 액위감지설비에 전용액위스위치를 설치하여야 한다.
(2) 고액위감지장치는 다른 어떠한 계량장치와도 독립적으로 설치하고, 위험물 이송작업 중 운전자가 위험물의 흐름을 차단하거나 우회 이송조치를 즉시 취할 수 있는 위치에 경보장치가 설치하여야 한다.
(3) 자동으로 위험물의 흐름을 차단하거나 우회·이송시키기 위해서는 전용 고액위감지설비를 탱크에 설치하여야 한다.

### 4.7 액위감지기 사용 시

(1) 고액위 및 최고액위 감지기용 접점 스위치/탐침을 선정할 때는 습한 환경이나 해양 환경으로 인한 부식 및 진동과 관련된 문제를 고려하여야 한다.
(2) 많은 전자식 액위 감지설비는 감지장치로 탐침을 사용하고 있는데, 탐침에 증기가 응축되면 오동작 경보를 발생할 수 있으므로 주의하여야 한다. 측면에 설치된 탐침에 증기가 응축되는 것을 최소화하기 위해서는 탐침을 수평면에 대해서 최소 20도 이상의 각도로 기울여 설치하여야 한다.
(3) 지하저장탱크의 과충전방지
   (가) 탱크가 95% 이하 충전되었을 때, 탱크에 위험물의 공급을 자동적으로 차단하거나,
   (나) 탱크가 90% 이하 충전되었을 때, 탱크에 위험물의 공급을 제한하거나 고액위경보장치가 작동되어 이송작업 담당자에 필요한 조치를 취할 수 있도록 설치하여야 한다.

KOSHA GUIDE
P - 2 - 2012

## 5. 과충전 방지장치 구성요소별 고려사항

### 5.1 설계 시 고려사항

(1) 탱크의 과충전을 방지하기 위하여 탱크의 최대 적재량과 탱크에 저장된 위험물의 양을 정확히 파악하고 위험물의 이동을 주의 깊게 감시·제어하여야 한다.

(2) 탱크의 최대 적재량은 수동식 또는 자동식 과충전 방지장치를 이용하여 감시할 수 있다. 무인시설에는 자동식 과충전 방지설비를 설치하여야 하나, 유인시설에는 필요하지 않다.

(3) 주배관으로부터 인화성 액체를 주입받는 탱크에 설치된 과충전 방지장치는 다음 기준을 충족시켜야 하고, 과충전 방지설비는 어떠한 탱크의 계량장치나 설비로부터 영향을 받지 않도록 독립되어 있어야 한다.

  (가) 어떠한 계측장치와도 독립적인 고액위 감지장치가 설치되어야 한다.

  (나) 위험물의 이송작업 중 운전자가 위험물의 흐름을 차단하거나 우회 이송조치를 즉시 취할 수 있는 위치에 경보장치가 설치되어 있어야 한다.

  (다) 자동으로 위험물의 흐름을 차단하거나 우회 이송시킬 수 있는 전용 고액위 감지설비가 설치되어야 한다.

(4) 특정 설계와 작동형식에 따라서 과충전방지 설비는 다음과 같은 기본 부품을 포함한다.

  (가) 액위감지기와 경보/신호장치의 스위치/탐침

  (나) 경보/신호장치의 제어반

  (다) 음향 및 시각 경보/신호장치

  (라) 위험물 흐름의 우회 이송이나 자동 차단용 전동식 위험물 흐름 제어밸브

(5) 과충전방지 설비의 고장, 오동작 등으로 인하여 비상사태의 발생 가능성이 매우 높기 때문에 설비의 구성부품은 매우 정밀하고 신뢰할 수 있는 제품이어야 한다.

(6) 전기적으로 감시되거나 이에 상응하는 고장방지장치를 과충전방지 설비에 설치하여 경보/신호 상황이 발생하여 회로가 열려서 감지기 스위치가 작동하거나 전원이 차단되는 경우에 과충전방지 설비가 경보/신호 장치를 작동시키도록 하여야 한다.

(7) 운전자는 과충전방지 설비를 항상 작동 가능한 상태로 유지·관리하여야 하며, 계량장치, 감지기 계측장치 및 관련 설비를 연 1회 이상 검사 및 정비하여야 한다.

(8) 휘발성·인화성 액체 위험물을 저장 및 취급하는 탱크에 대한 과충전방지설비의

설계 시 설치될 지역의 전기계장설비는 폭발위험장소 분류기준에 적합한 장치를 설치하여야 한다.

### 5.2 액위감지기 설치 시 고려사항

(1) 감지기는 탱크에 저장된 위험물의 액위를 측정하기 위해 사용되며, 위험물의 높이가 설정된 위치에 도달하면 작동하는 장치로서, 위험물 탱크에는 다음과 같은 형식의 감지기 중 하나를 사용하는 것이 바람직하다.

  (가) 플로트 감지기(Float detectors) : 콘 루프 탱크에서 위험물의 액위를 측정하기 위해 사용되며, 탱크에 위험물이 충전됨에 따라 위험물의 액위가 상승하고 설정된 충전높이에 도달할 때까지 플로트를 상승시켜 플로트가 경보/신호 장치를 작동시킨다.

  (나) 디스플레이서 감지기(Displacer detectors) : 교반되거나, 소용돌이, 거품을 일으키는 탱크나 낮은 비중의 위험물이 저장된 탱크의 위험물이 액위를 측정하기 위해 플로트 감지기 대신 종종 사용된다.

  (다) 광전식 감지기(Opto-electronic detectors) : 인화성 액체를 저장하는 모든 형태의 탱크에서 위험물의 액위를 측정하는 데 사용되며, 공기나 가스 증기로 둘러싸였을 때는 상이한 비율로 굴절되는 광도체를 통과하는 적외선 광원을 갖고 있다. 예를 들어, 탱크 안에서 상승하는데 위험물이 고액위 및 최고액위 설정위치에 도달하면 감지기로 넘쳐흐르는 액체가 센서의 굴절률을 변화시켜 경보/신호장치를 작동시킨다.

  (라) 추 감지기(Weight detectors) : 플로팅 루프 탱크에서 위험물의 액위를 측정하기 위해 사용되며, 위험물이 충전됨에 따라 플로팅 루프가 상승하여 설정된 충전 높이에 도달하면서 추와 접촉한다. 루프가 추를 들어 올리면 케이블이 느슨해지고 액위 스위치가 열려 경보/신호 장치를 작동시킨다.

  (마) 농도계 감지기(Densitometer detectors) : 설정된 위치에서 액위를 확인하기 위해 방사선 장치를 사용한다.

  (바) 기타 감지기 : 정전용량, 열, 적외선, 시각(광학), 초음파, 무선 주파수 방출 및 중량 측정 등을 이용하는 감지기 등이 있으나 위에서 언급된 형식보다는 이용 빈도가 낮다.

(2) 플로트 감지기 또는 디스플레이서 감지기를 사용할 때에는 다음 사항을 고려하여야 한다.

  (가) 감지기를 선정할 때에 운전자는 플로트 또는 디스플레이서가 위험물에 잠기

지 않고 위험물의 액면에 떠 있도록 하기 위해 탱크에 저장된 위험물의 비중을 알아야 한다.
  - (나) 플로트 및 디스플레이서 감지기의 작동의 신뢰성을 확보하기 위해 정기적으로 검사, 시험 및 정비를 하여야 한다.
 - (3) 추 감지기를 사용하는 경우, 플로팅 루프가 가라앉은 사고 발생 시 디스플레이서가 위험물의 액면 위에 떠 있도록 하기 위해 위험물의 비중을 측정하여야 한다. 추 감지기는 정기적으로 검사 및 정비하여 신뢰도를 유지하여야 한다.
 - (4) 정전용량, 무선 주파수 방출 및 초음파 액위 감지기는 플로트 또는 디스플레이서 감지기에 비해 감지기 부속품에 축적된 위험물의 영향을 적게 받기 때문에 아스팔트, 잔사유 등과 같은 중질, 점성이 큰 위험물을 저장하는 탱크용으로 사용하는 것이 바람직하다.
 - (5) 감지기 선정에는 다음과 같은 많은 요소를 포함하나 이에 국한되지는 않는다.
   - (가) 탱크의 형식, 구조, 탱크의 부속품 및 지붕
   - (나) 탱크에 저장된 위험물
   - (다) 날씨, 습도 및 기타 환경 조건
   - (라) 전기 위험장소 분류 및 전기기계·기구 등급
   - (마) 필요한 경보/신호장치 타입
   - (바) 검사, 시험 및 정비 요구사항
   - (사) 운전자와 운송업자 방침, 코드 및 법규 요구사항
   - (아) 고장 모드
   - (자) 정전기 방전 조건
   - (차) 설치 중의 화기작업 요구사항
   - (카) 현장 고려사항 및 상황에 따른 기타 요소들
 - (6) 위험물의 액면에서 탱크의 동체로 정전기를 방출하는 점화원을 생성하지 않도록 탱크에 설치된 액위 감지기와 기타 과충전방지설비 구성부품의 선정 및 설치에 각별한 주의를 기울여야 한다.
 - (7) 운전실행기준, 저장된 위험물, 탱크개조 등의 변경사항이 생길 경우에는 변경절차를 잘 관리하여 적합한 감지기를 사용하도록 한다.

### 5.3 경보/신호 제어반 설치 시 고려사항

 - (1) 탱크의 액위가 설정된 높이에 도달했다는 신호를 감지하였을 때 선임된 운전자 또는 운송자가 경보를 받고 쉽게 대응 조치를 취할 수 있도록 과충전방지설비의

경보/신호 제어반(신호 표시기)의 위치를 정해야 한다.
(2) 감지기를 감시하고 기타 작동장치에 출력을 보내기 위해 여러 가지 형식의 경보/신호 제어반을 사용할 수 있다. 제어반의 최종 선택은 운전자 및 운송자의 실행기준, 필요한 다양한 기능과 현장 요구사항에 따라 달라질 수 있다.
(3) 경보/신호 제어반이나 경보/신호 제어반 대신 사용하는 기타 장치들(즉, 신호 표시기, 컴퓨터 디스플레이 시스템 등)은 시험기능, 예비전원, 그리고 다음과 같은 원격통신시설을 갖춘 적절한 시각 및 음향경보 기능이 있어야 하나 여기에 제한되지는 않는다.
  (가) 경보/신호 표시등 : 각 탱크에는 표시등 두 개를 사용하는 것이 바람직하다. 한 개의 표시등만 사용할 경우, 탱크에서 경보/신호상태가 발생하면 표시등이 반짝거려야 하며 경보/신호를 수신한 후 일정하게 빛을 내야 한다. 표시등의 색깔은 운전자나 운송업자 실행기준 또는 현장 요구사항에 따라 선택될 수 있다.
  (나) 음향/인식기능이 있는 제어반 음향경보/신호
  (다) 제어반 및 오버플로우 방지설비의 자체시험(Self test)기능
  (라) 제어반에서 원격지점에 있는 사람에게 경보할 수 있는 시각표시 신호장치 및 음향경보장치를 작동시키는 장치
  (마) 자동 차단이나 우회 이송용 전동밸브의 기동장치
  (바) 원격지점(즉, 배관라인 제어센터, 원격지 운전자 사무실, 해양 도크, 보안시설 등)에 신호를 보내거나 통신할 수 있는 장치
  (사) 경보/신호 제어설비에 정전사고를 알릴 수 있는 내장형 배터리설비와 경보/신호장치
  (아) 전기식 감시설비 또는 이와 동등한 것
  (자) 상용전원의 고장 시에도 고액위상황을 계속 감시할 수 있는 비상전원 설치
(4) 경보/신호 제어반에는 시스템의 전원을 차단하는 작동정지(Deactivation) 스위치를 설치해서는 안 된다. 주 배전반의 회로차단기는 일상적인 정비와 시험을 위해 시스템을 정지시키는 경우에 한해 사용해야 한다.

### 5.4 음향 및 시각 경보/신호장치 설치 시 고려사항

(1) 경보/신호 제어반 외에도, 탱크 내 위험물의 고액위 및 최고액위 상태를 경보/신호해 주는 장치가 탱크저장소, 해양도크, 배관라인 분기관 및 운송업자 제어 위치 등과 같은 기타 시설 지역에 설치되어야 하며, 상기 장소에서 과충전을 방지하기

KOSHA GUIDE
P - 2 - 2012

위한 정확한 행동을 하는 데 책임이 있는 담당자가 쉽게 장치를 보거나 들을 수 있어야 한다.

(2) 주입작업 동안 담당자가 상시 근무하지 않는 시설에서는 경보/신호장치가 과충전방지를 위한 조치를 취할 수 있는 장소에서 작동하도록 하여야 한다.

(3) 경고음, 경고등 및 경고신호 등의 선택은 설치될 지역의 폭발위험장소 분류에 따라야 한다.

(4) 비상상황이 발생할 때 혼란을 방지하기 위해, 과충전방지설비와 관련된 경고음, 경고등 및 경고신호는 시설이나 운송업자 위치에 설치된 기타 경보/신호장치와 구별되어야 한다. 또한, 2단식 감지설비에서는 고액위 경보/신호가 최고액위 경보/신호와 구분되어야 한다.

(5) 다음과 같은 상황이 발생되면 경고음, 경고등 및 경고신호가 작동되어야 한다.
　(가) 탱크 내 위험물 액위가 설정된 경보/신호 높이에 도달
　(나) 당해 시설용 상용전원의 손실
　(다) 최고액위 감지설비 회로 또는 경보/신호장치 회로의 정전이나 지락
　(라) 최고액위 감지설비 제어장치(내부 감시) 또는 신호발생장치의 고장이나 오작동
　(마) 시스템으로부터 제동장치(Trigger, 플로트, 디스플레이서 등)의 제거

## 5.5 전동밸브 설치 시 고려사항

(1) 자동차단설비나 위험물의 우회 이송을 위해 전기식, 유압식, 공압식 전동밸브를 사용할 수 있다.

(2) 자동차단설비 또는 우회 이송설비가 설치되어 있을 경우, 각 탱크의 주입밸브 또는 밸브류에는 현장 또는 원격제어용 전동장치가 있어야 한다.
　(가) 분리, 원격 또는 현장 제어 위치를 선택할 수 있는 수동 제어스위치를 설치하여야 한다.
　(나) 밸브 위치 및 작동상태를 나타내는 위치 표시장치를 설치하여야 한다.
　(다) 수동 밸브 작동장치를 설치해야 한다.

(3) 밸브작동 사이클은 밸브가 닫힐 때 과도한 압력이나 유압 충격이 발생하지 않아야 한다.
　(가) 분기배관의 저압을 방지하기 위해 당해 시설 배관계통의 운전자가 분석하여 릴리프 시스템의 필요성 여부를 결정하여야 한다.
　(나) 차단 시스템의 설계 및 작동에 관한 사항은 운송자와 합의하여야 한다.

(4) 탱크의 위험물 액위가 자동 차단이나 우회 이송 설정높이까지 충전되었다는 경보/신호를 수신 받았을 때 전동밸브 시스템은 다음과 같은 조치를 취해야 한다.
   (가) 운전자나 운송업자에 의해 설정한 속도로 즉시 밸브를 닫기 시작한다.
   (나) 이송작업 완료 후에 경보/신호가 재설정될 때까지 밸브의 원격 작동을 차단한다.
   (다) 탱크의 위험물 액위가 최고액위 감지 설정 위치보다 위에 있는 경우, 밸브 설치 지점에서 수동으로만 밸브를 작동할 수 있어야 한다.
   (라) 최고액위 감지 경보/신호를 수신 받았을 때, 원격지에서 열리고 있는 밸브는 개방을 멈추고 즉시 설정된 속도로 닫히기 시작해야 한다.
   (마) 최고액위 감지 경보/신호를 수신 받았을 때, 원격지에서 닫히고 있는 밸브는 설정된 속도로 계속 닫혀야 한다.

## 6. 비상조치 절차 및 계획절차

(1) 운전자와 운송업자 모두는 다음 사항을 포함하여 여러 종류의 잠재적인 비상사태를 처리하기 위한 간단, 명료한 서면 비상(긴급)조치절차 및 작업지침을 작성하여 항상 이용 가능하도록 해야 한다.
   (가) 경보/신호장치 작동 시 취할 조치(긴급운전중지나 위험물의 우회 이송)
   (나) 과충전 사고 발생과 그에 따른 위험물 및 증기운 발생 시 취할 조치
(2) 필요한 경우 비상조치 절차 및 지침은 작업 조건이나 규제 요구사항이 변경되었을 때 갱신하여야 한다.
(3) 기계장치, 계측기기, 전기설비 등의 고장 사고 시 준수하여야 할 적절한 비상조치 절차는 서면으로 작성하여 당해 시설에서 이용할 수 있어야 한다.
   (가) 수동 작동하는 시설 및 운송업자가 주입작업을 통제하는 시설의 경우, 비상조치 절차는 운전자가 운송업자의 도움을 받아 수립해야 하고,
   (나) 당해 시설에서 그리고 운송업자의 작업 또는 통제 관점에서 서면으로 작성하여 이용할 수 있어야 한다.
(4) 비상사태 사고 시 운송업자와 운전자 간에 관로전화설비, 공중전화나 개인 휴대폰, 전산망 및 구내 무선전화 등 적절한 통신설비를 갖출 수 있도록 규정을 마련하여야 한다.
(5) 운전자와 운송업자 담당직원은 비상조치 절차, 긴급출동, 통신설비에 대한 교육을 받아야 한다.

KOSHA GUIDE
P - 132 - 2013

# 화학공장의 혼합공정에서 화재 및 폭발 예방에 관한 기술지침

2013. 6

한 국 산 업 안 전 보 건 공 단

# 안전보건기술지침의 개요

○ 작성자 : 한국산업안전보건공단 한우섭

○ 제정 경과
- 2013년 06월 화학안전분야 제정위원회 심의(제정)

○ 관련 규격 및 자료
- 化学工業爆発火災防止対策指針策定委員会, "化学工業における爆発火災防止対策指針", 1997
- Frank P. Lees, "Loss prevention in the process industries", 2nd Ed., Butterworth-Heinemann, 1996

○ 기술지침의 적용 및 문의
 이 기술지침에 대한 의견 또는 문의는 한국산업안전보건공단 홈페이지 안전보건기술지침 소관 분야별 문의처 안내를 참고하시기 바랍니다.

공표일자 : 2013년 7월 19일

제 정 자 : 한국산업안전보건공단 이사장

KOSHA GUIDE
P - 132 - 2013

# 화학공장의 혼합공정에서 화재 및 폭발 예방에 관한 기술지침

## 1. 목적

이 지침은 화학공장의 혼합공정 작업과정에서 발생할 수 있는 위험으로 인해 발생하는 화재 및 폭발 사고를 사전에 파악하고, 예방 및 방호 대책을 강구하는 데 필요한 사항을 제시하는 데 그 목적이 있다.

## 2. 적용범위

이 지침은 화학물질을 사용하는 화학공장의 혼합공정에 적용한다.

## 3. 용어의 정의

(1) 이 지침에서 사용하는 용어의 정의는 다음과 같다.

(가) "폭주반응(Runaway reaction)"이라 함은 일정한 반응조건하에서 제어가 불가능할 정도로 반응속도가 지수함수적으로 증가하여 화재 및 폭발로 이어지는 반응을 말한다.

(나) "이상반응(Abnormal reaction)"이라 함은 정상적인 반응조건에서 벗어나서 본래 목적 이외의 예기치 못한 반응이 일어나거나 설계단계에서 예측하지 못한 물질이 생성하거나, 축적 또는 혼입하여 일어나는 원인불명의 반응을 말한다.

(다) "혼합위험성(Mixing hazard)"이라 함은 2종류 이상의 물질이 혼합하거나 접촉에 의하여 발화나 폭발을 일으키기도 하고, 급격한 분해가스를 발생하기도 하며, 열 및 충격에 대해서 불안정한 물질을 생성하는 위험성을 말한다.

(라) "연속식 반응기(Continuous reactor)"라 함은 농도, 온도, 압력 등이 시간적인 변화가 없이 반응물질을 일정한 속도로 계속 투입하고 배출하는 반응기로서 원료의 투입과 반응 그리고 생성물의 회수를 동시에 실시하여 조작하는 방식을 말한다.

(마) "회분식 반응기(Batch reactor)"라 함은 반응기에서 반응생성물을 얻는 경우에 반응기에 원료의 일정량을 투입하고 교반하면서 가열, 냉각 등을 실시하여 반응을 진행시켜 일정량의 생성물을 제조하고 회수하여 1회의 조작을 끝낸 뒤 이를 반복적으로 실시하여 조작하는 방식을 말한다.

KOSHA GUIDE
P - 132 - 2013

(바) "측온도료(Heat sensitive paint)"라 함은 일정한 온도가 되면 색이 변하는 안료를 사용하여 만든 것으로서 도막 중에 안료를 포함시켜 일정한 온도에서 변색에 의해 온도를 측정할 수 있기 때문에 각종 기기의 과열표시 신호용으로 이용되고 있는 특수도료를 말한다.

(사) "분산제어시스템(Distributed control system)"이라 함은 교환기 제어부를 분산된 개개의 독립된 회로로 구성하는 것으로서 공정 시스템을 제어하거나 모니터링 하는 것에 의해 공정 자동화를 실현시키고자 하는 방식을 말한다.

(2) 기타 이 지침에서 사용하는 용어의 정의는 특별한 규정이 있는 주요 물질의 경우를 제외하고는 「산업안전보건법」, 같은 법 시행령, 시행규칙 및 「산업안전보건기준에 관한 규칙」에서 정의하는 바에 따른다.

## 4. 혼합공정의 위험에 따른 안전대책

### 4.1 일반 사항

(1) 화학물질은 물성을 확인하고, 혼합위험이 있는 물질과 같은 장소에 보관하지 않는다.
(2) 화학물질의 사용은 적정량으로 제한하고 불필요한 양은 보관하지 않는다.
(3) 원재료 등이 입하했을 때에는 조성, 품질, 입하량 등이 발주한 것과 차이가 없는지를 확인한다.
(4) 사용 화학물질의 물성은 MSDS 등으로 확인한다.
(5) 보관기간이 지난 화학물질은 적절하게 폐기하거나 다시 그 물질의 성상을 확인하고, 보관기간 연장이 가능한지를 검토한다.
(6) 부식성 물질의 보관에는 내식성 용기를 사용한다.
(7) 화학물질의 보관용기가 개방되어 있지 않은지 또는 파손되지 않았는지 정기적으로 체크한다.
(8) 화학물질을 옥외에 보관하는 경우는 시트 등을 사용하여 우천에 의한 대비를 확실하게 하고, 팔레트 등을 사용하여 지면과 접촉되지 않도록 한다.
(9) 저장된 화학물질이 누출된 경우에는 누출물질을 충분히 희석하여 배출할 수 있는 조건을 갖추도록 한다.
(10) 혼합공정설비의 안전밸브의 분출구는 퍼지밸브의 전단으로부터 갑자기 내부 유체가 분출할 수 있으므로 방출방향을 주의하여 설치한다.
(11) 공정이 이상 시에는 어느 정도까지 승온과 승압을 하는지를 고려하고, 그 처리방법을 결정하여 둔다.

# KOSHA GUIDE
P - 132 - 2013

(12) 배관의 막힘 가능성을 고려하여 예방대책을 검토한다.
(13) 안전밸브는 내부 유체에 적합한 재질로 된 것을 사용하고, 1년에 1회 이상 분출 압력의 검사를 실시한다.
(14) 안전밸브의 분출구가 통로로 향하지 않도록 하고, 사람의 키 높이 이상으로 설치한다.
(15) 혼합공정에서 다음의 위험이 예상되는 장치에는 안전밸브를 반드시 설치해야 한다.
   (가) 화재 등의 열로 인하여 압력용기나 열교환기가 가열되고, 반응 내용물이 팽창하여 압력이 증가하는 경우
   (나) 고온 영역에서 높은 휘발성 물질이 혼입하여 다량의 증기 발생으로 압력 상승의 우려가 있는 경우
   (다) 용기나 장치 등의 출구가 어떠한 원인으로 폐쇄되어 유체의 흐름이 멈추어서 압력이 증가하는 경우
   (라) 자동제어계의 트러블 발생으로 유량, 압력, 온도 등이 제어되지 않아서 압력 상승의 가능성이 있는 경우
   (마) 폭발성 물질이 용기 내에서 폭발을 일으켜 압력 상승이 일어날 수 있는 경우
   (바) 냉각수가 정지하여 응축이 멈추면서 압력이 상승할 수 있는 열교환기
   (사) 비응축성 가스가 축적하여 냉각이 불충분하게 되어 응축 불량이 일어난 결과 시스템 내 온도상승이 우려되는 열교환기
   (아) 튜브의 파손이나 누출로 인해 온도가 서로 다른 유체가 혼합되면서 휘발성이 높은 물질이 증발하여 압력상승이 일어날 수 있는 열교환기
(16) 파열판은 안전밸브와 병용하여 설치하는데, 내부 유체의 성상, 유량, 공정 전체의 영향 등을 고려하여 결정한다.
(17) 호흡밸브(Breather valve)는 비교적 저압 또는 대기압에서 사용하는 타워나 탱크류에 설치하여 본체 내부 압력이 대기압 이하가 되게 함으로써 파괴되는 것을 방지하기 위하여 사용하며, 액화 또는 냉각 용기에 사용하는 경우에는 부압에 대해서도 고려해야 한다.
(18) 점검작업 시에는 투입과 배출을 중지하고, 질소 퍼지를 완전히 정지하지 않고 미량을 공급한다.
(19) 점검 시에는 비 스파크형 공구를 사용한다.
(20) 시스템 다운 시에 온도, 압력 등의 안전하게 정지하는 데에 필요한 정보는 분산제어시스템(DCS)으로부터 독립적으로 얻을 수 있게 한다.

(21) 회분식(Batch) 공정은 데이터 입력의 변경 등이 자주 이루어지고 있기 때문에 이중 체크 시스템에 대해서도 검토한다.
(22) 배치 순서의 운전, 정지의 확인, 비상 정지, 안전장치의 스위치류 등은 명확하게 구분하여 둔다.
(23) 정전이 발생 시에는 자동제어장치에 의한 계측, 통제 불능, 냉각 장치 및 교반기 등의 정지에 의한 온도상승이 이상 반응의 원인이 되기 때문에 정전 발생 시의 대응으로 자동제어장치에 예비전원 등을 설치한다.
(24) 질소, 계장용 공기, 냉각수, 전기 등이 정지하였을 때의 대책으로서 플랜트 설계 시에 사고방지에 필요한 기기에 대한 백업 전원의 확보를 검토한다.
(25) 예비 전원은 정전 발생 시에 기능이 확실하게 발휘되어야 하므로 이를 위해서는 무정전형 배터리 등의 정기적인 점검과 예비 전원의 정기적인 시운전 등을 실시하고, 기능을 유지 관리하는 것이 중요하다.
(26) 예비 동력원의 유지 관리를 위해 소화용 디젤펌프 등의 예비 전원은 정기적인 시운전을 실시하고, 전환 조작은 훈련을 통하여 학습해 둔다.
(27) 정전이 발생 시의 대응으로서 교반기나 방재시설의 순환펌프 등에는 비상용 발전기를 설치하도록 한다.
(28) 비상용 발전기의 사양은 전원을 정지한 후에 1분간 최대 운전하여 비상 시에 필요한 전력에 여유가 있는 정도로 한다.
(29) 분산제어시스템(DCS), 경보 등의 백업 전원은 무정전형 배터리를 사용한다.
(30) 정전이 발생 시의 조치로, 정전 시에는 예비전원에 인한 운전정지작업을 실시하고, 예비 동력원을 사용하여 운전을 계속하지 않는다.
(31) 정전 발생 시에는 반응기는 물론이고, 반응 전후의 원료 공급탱크 및 긴급배출용기에서 이상반응 등에 의한 발열 위험성에 대해서도 검토한다.
(32) 정전이 해소된 후에 운전 재개는 미리 정해진 절차에 따라 실시하며, 특히 교반기의 재가동에 대해서는 급격한 반응개시 등의 위험이 있기 때문에 작업절차를 준수한다.
(33) 교반기 등은 기동 전류가 높기 때문에 현장 스위치에 의해 한 대씩 기동한다.
(34) 가연성 가스 등의 불활성 가스 퍼지에 대량으로 질소를 사용하는 공정에서는 압력과 사용량의 확보를 위해 질소 전용 홀더를 설치한다.
(35) 공기 배관에 질소를 투입할 수 있는 경우도 있지만 계측실 등에 계장용 공기를 공급하고 있는 경우에는 산소 결핍에 주의해야 한다.

KOSHA GUIDE
P - 132 - 2013

(36) 교반기, 자동제어장치, 긴급차단장치, 긴급배출장치, 냉각수 공급펌프, 외부냉각 순환펌프, 가스누설검지경보설비, 경보설비, 비상용 조명설비 등에는 반드시 예비전원을 설치해야 한다.

(37) 공정장치의 운전자는 온도, 압력, 유량, 액면 등의 운전관리 범위를 정확히 파악하고, 계측기의 지시 상태가 정상인지 여부와 공정 현장에 있는 장치의 지시값과 계측실의 지시값이 일치하는지를 정기적으로 확인하여야 한다.

(38) 공정 현장에 있는 계기류에는 통상적인 값 이외에 최대값 또는 최소값을 표시하여 지시값이 정상인지의 여부를 알기 쉽게 확인할 수 있도록 한다.

(39) 액면계의 경우에는 액면계 취출 노즐의 막힘에 의해 지시값이 정상적으로 기능하지 않을 가능성이 있으므로, 주기적인 확인이 필요하다.

(40) 지시값의 단위 표기가 서로 다른 압력계를 혼재하여 사용하는 것을 금지하고, SI 단위 표기가 되는 압력계를 사용하도록 한다.

(41) 공정제어에 필요한 중요한 현장의 계측기는 매일 점검한다.

(42) 운전자가 계기류의 지시 오류를 발견하였을 때에는 단독으로 문제를 처리해서는 안 되며, 정비 또는 교체 업무를 전담하는 담당자에게 의뢰하여야 한다.

(43) 계기류의 수치를 기록하는 경우에는 반드시 단위를 함께 기록하도록 해야 한다.

(44) 현장 공정의 압력계 교환은 운전자가 교환하는 것은 가능하지만 계기류의 교체는 계장 전문 담당자가 작업하도록 해야 한다.

(45) 계기류의 분리작업은 운전자가 계장작업 담당자와 연락을 긴밀히 취하면서 함께 실시해야 한다.

(46) 공정계기 배관의 내용물을 퍼지하는 경우에는 주위 상황이나 정전기 발생에 주의해야 한다.

4.2 원료 투입

(1) 화학물질 원료를 반응탱크에 잘못 투입했을 때에는 그 직후의 대응 및 혼합물의 2차 대응조치가 부족한 경우에는 예상치 못한 화재 및 폭발 위험이 있으므로 주의하여야 한다.

(2) 혼합액 등의 2차 처리가 필요한 폐액을 받아서 탱크에 저장하는 경우에는 저장물질에 따라 탱크의 재질을 고려하여야 한다.

(3) 탱크의 내용물을 변경하거나 이를 위해 배관 개조를 할 시에는 혼합 위험물질이 유입되지 않도록 배관 분리를 실시하여야 한다.

(4) 탱크 내에 수분이 있는 경우에는 저장 전에 물 빼기를 충분히 실시하여야 한다.

(5) 작업 내용, 입출하 전표, 분석표 등을 참조하여 작업 예정인 화학물질 인가를 확인하여야 한다.
(6) 작업 항목별로 작업 책임 분담을 명확히 하고, 작업을 구체적으로 구분하여야 한다.
(7) 저장탱크까지의 라인업을 명확히 하고, 밸브 조작 등에 의해 다른 라인에서의 혼입을 피하여야 한다.
(8) 탱크에 화학물질 투입 시에는 탱크 내용물과 가능한 한 온도 차이가 나지 않은 상태에서 작업을 실시하고, 위험물을 취급하는 경우에는 접지 및 질소 퍼지 등의 안전대책을 실시하여야 한다.
(9) 저장탱크 간의 혼합방지를 위해 다른 물질이 들어 있는 탱크 사이의 배관은 원칙적으로 분리하여 두어야 하며, 분리가 불가능한 경우에는 조작금지의 경고 패찰을 붙인 2중 밸브를 탱크 사이에 설치하고, 격리판(Stoppage plate)을 삽입·설치하여야 한다.
(10) 혼합액이 발생한 경우에는 혼합액의 물성을 파악·평가하고, 그 물성에 따른 재질의 탱크를 준비하여야 하고, 가연성 액체는 정전기 대책과 롤리와 펌프를 사용하여 혼합액을 탱크로 이송한다. 만일 혼합에 의해 발열 반응이 일어날 시에는 탱크에 물을 뿌리는 등의 냉각 처리를 신속하게 실시하여야 한다.
(11) 사전에 각종 혼합액의 발생에 따른 이상반응의 상태를 가정하여 대응방법을 표준화함으로써 신속한 안전대책의 실시가 가능하도록 하여야 한다.
(12) 물 빼기가 불충분한 탱크에 100℃ 이상의 열매유를 탱크에 넣으면 보일 오버 현상으로 인하여 탱크로부터 물질이 분출되거나 착화원이 존재하는 경우에는 화재 및 폭발로 이어질 수 있으므로 주의하여야 한다.
(13) 장치의 운전정지 시에 시스템 내의 잔류 오일을 고온인 상태에서 경질 성분이 많은 폐유가 저장되어 있던 폐유 탱크에 회수할 때에는 고온 폐유에 노출된 경질 유가 탱크에서 증발하여 정전기 등의 착화원이 존재하는 경우에 발화하여 폭발 위험에 주의하여야 한다.

4.3 혼합 반응

(1) 화학공정의 혼합위험을 방지하고 안전을 확보하기 위해서는 우선적으로 다음의 사항을 확인하고, 필요한 대책을 강구하는 것이 중요하다.
　(가) 화학물질의 혼합이 고려되고 있지 않지만 혼합될 위험성은 없는지?
　(나) 혼합 위험성을 인지하고 있어서 관리를 통해 안전하게 조업을 하고 있지만 안전범위를 벗어날 위험은 없는지?

KOSHA GUIDE
P - 132 - 2013

　　　(다) 기타 미량 성분의 화학물질의 축적이나 농축 등에 의한 위험이 없는지?
(2) 사용하고 있는 사업장 내의 모든 화학물질을 열거하고, 그 혼합 위험성을 확인하며, 예상치 못한 오염의 경우도 포함하여 검토하여야 한다.
(3) 취급 화학물질의 수에 따라 매트릭스의 크기가 다르므로 물질 개수에 맞게 혼합위험 매트릭스를 작성하여야 한다. 이때, 가로 및 세로 방향으로 취급물질명을 기입하고, 취급물질은 외부로부터의 오염도 고려해야 하기 때문에 산화철, 금속 이온, 기계유, 열매유, 냉매 등을 포함시킨다.
(4) 혼합위험 매트릭스에서 위험 가능성이 있는 유형을 "○ 위험성 없음", "△ 제3성분이 더 해지면 위험", "× 위험성 있음", "? 자료가 없어 불명" 등과 같이 분류·기입하고, 기존의 물성 데이터에서 누락된 부분은 MSDS 및 기타 문헌을 조사하여 보완하여야 한다.
(5) 취급물질의 혼합위험 매트릭스에서 "△ 제3성분이 더해지면 위험, × 위험성 있음"으로 분류된 물질은 1시트에 1물질로 하여야 한다.
(6) 혼합위험 사고사례에서 동종사고를 예방하고, 안전대책을 강구하기 위해 필요한 해당 공정의 사고사례를 수집하여야 한다.
(7) 폭발방지 대책을 세우기 위해 화학공정 내의 어느 공정에 위험성이 있으며 현재 어떠한 대책이 강구되어 있는지, 그리고 안전대책에 부족한 점이 없는지를 확인하여야 한다.
(8) 혼합위험 사고를 방지하기 위해 먼저 다음의 사항을 검토하고, 현재의 미비점이 있으면 조기에 검토하여 안전대책을 강구하여야 한다.
　　　(가) 탱크 야드(Tank yard), 반응공정, 정제공정, 저장공정, 폐수처리공정, 배기가스 처리공정, 폐기물 처리공정, 출하공정 등의 각 공정에 대하여 검토하여야 한다.
　　　(나) 공정 내 각 설비와 장치마다 목록에 따라 체크하여야 한다.
(9) 사용 화학물질 중에서 다음의 사항에 해당되는 경우에는 혼합위험 대책을 반드시 실시하여야 한다.
　　　(가) 분해, 혼촉, 흡수, 산화, 흡착 등과 같이 혼합에 의해 실온에서 급격한 반응이 일어나는 물질
　　　(나) 니트로화, 산화, 할로겐화, 중합, 분해 등과 같이 혼합하면 폭발성 물질이나 분해물질을 생성하는 물질

KOSHA GUIDE
P - 132 - 2013

　　　　(다) 재활용 용매에 포함된 불순물이나 축적성 물질과 같이 혼합에 의해 반응개시온도 및 분해개시온도가 감소하는 물질
　　　　(라) 폭발범위의 가연성 가스나 유증기를 형성하여 착화원이 존재하면 폭발할 위험이 있는 물질
　　　　(마) 관리범위와 위험영역과의 관계를 정량적으로 고려하여 사용 중에 폭발범위 밖으로 제어되어 있는 물질이지만 제어 실패에 의해 폭발성 가스나 유증기를 형성할 수 있는 물질
　　　　(바) 기타 재활용 시스템, 폐수, 배기가스, 폐기물 등에 대해서는 축적성과 혼촉위험 측면에서 조사·검토하여야 한다.
　　(10) 과산화소다와 유기물, 금속분 및 비금속분과의 혼합물은 자연발화 또는 폭발위험성이 있으며, 과산화소다는 산화성이 강하고, 금속을 부식시키므로 용기 재질을 고려하여야 한다.
　　(11) 물과 반응하여 열과 산소를 발생하기 때문에 수분의 침입에 따른 혼합위험을 방지하기 위하여 보관방법에 주의하여야 한다.

### 4.4 연속식 반응기

　　(1) 연속식 반응기에 원료 및 용매와 촉매의 공급량, 공급 속도 및 농도에 대한 안전작업 표준은 반응 메커니즘, 반응속도 등의 각종 데이터에 근거하여 작성하여야 한다.
　　(2) 사용 화학물질의 반응 메커니즘 등은 운전자가 시간이 지나면 기억하기 쉽지 않기 때문에 작업 표준에 명기하는 수치에 대해서는 결정한 근거에 대해서 함께 기록하여야 하며, 운전자에게는 반응에 대한 위험성과 대응책 등에 대해 교육하여야 한다.
　　(3) 작업표준의 작성 시에는 반응기구, 반응 속도 등의 각종 데이터의 조사결과를 반영하고 숫자 등의 정해진 근거에 대해서도 명기하여야 한다.
　　(4) 온도 상승 등의 이상상태가 발생했을 때에 실시하는 위험 회피를 위한 조치는 사전에 작업표준에 규정하여야 한다.
　　(5) 원료, 용매 및 촉매의 공급작업은 작업표준에 규정된 원료 등의 조성 농도, 공급량, 공급속도 등을 확인한 후에 실시하여야 한다.
　　(6) 운전 중에는 원료 등의 공급량을 모니터링하고, 일정 운전조건의 유지가 되도록 하여야 하며, 원료와 촉매의 공급량 등에 대해서는 가능한 한 자동에 의한 비율제어방식을 사용하여야 한다.
　　(7) 원료 및 촉매 등의 공급 펌프, 압축기 등을 운전 중에 예비장치로 전환하는 경우에는 최대한 공급량 등을 변화시키지 않도록 주의하여야 한다.

KOSHA GUIDE
P - 132 - 2013

(8) 촉매 유량계 등 중요한 측정기기는 정기적으로 테스트하여 정확도 확인을 실시하고, 촉매 계량조의 레벨 등과의 상호 체크를 수시로 실시하여야 한다.
(9) 공급 조작 실수를 한 경우에는 즉시 보고하고, 필요한 대책을 검토하여야 한다.
(10) 촉매 농도 등의 운전조건을 변경하는 경우에는 운전조건의 변경요령 등에 따라 운전, 안전, 설비면 등에 관해 검토를 실시하고, 필요한 대책을 강구하여야 한다.
(11) 원료 및 촉매 등을 변경하는 등 운전조건을 크게 변경하는 경우에는 사전에 안전 환경 및 연구 부서 등의 확인을 거친 후에 실시하여야 한다.

4.5 회분식 반응기

(1) 회분식 반응기에 원료 등의 투입량, 적하량, 투입순서 등이 정상적으로 이루어지지 않으면 폭주반응 위험에 주의하여야 한다.
(2) 반응기에 원료 등의 투입순서 등에 관한 제조지시서 등은 반응 메커니즘과 안전기술정보 등의 데이터에 근거하여 작성하는 것이 필요하다.
(3) 원료 등의 투입 실수에 의한 온도상승 등의 이상상태가 발생했을 경우의 위험 회피 조작작업은 가능한 한 인터록 장치에 의한 자동화가 되도록 하여야 한다.
(4) 회분식 반응기에서 사용하는 화학물질의 규정량이 지켜지지 않아서 사고로 이어지는 경우가 있으므로, 반응 원료 등의 투입량은 제조지시서 등에 규정된 투입량을 반드시 지켜야 한다.
(5) 원료 투입 등의 일상 조작은 가능한 한 순차적 제어를 실시하여야 한다.
(6) 원료의 투입 시에 연결 호스 등을 사용하는 경우에는 접속 실수를 피하기 위해서 호스를 색상별 또는 호스 접속구의 형상 변경을 실시하여야 한다.
(7) 고체 촉매를 투입할 경우에는 최대한 용해시켜 농도가 균일하게 되도록 하여야 한다.
(8) 회분식 반응기의 원료 투입 조작은 각 공정의 종료 시마다 운전자가 원료 투입량을 확인한 다음에 공정이 진행되는 반자동형 시퀀스 제어를 사용함으로써 반응기의 이상상태의 조기 발견과 계기류의 오작동에 의한 투입 조작 실수를 방지하도록 하여야 한다.
(9) 원료나 촉매 등을 용기로부터 투입하는 경우에는 용기 용량을 필요 이상으로 크게 하지 않도록 하여 만일의 과량 투입에도 안전한 용량으로 하여야 한다.

4.6 반응물질 온도

(1) 반응물질의 분해온도를 조사하여 운전 중의 관리 한계온도를 사전에 결정하여야

하며, 또한 이상반응의 조기 발견을 위해 운전온도를 지속적으로 모니터링하여야 한다.
(2) 반응기에는 국부 가열, 온도분포의 불균일 등을 고려하여 적정한 위치에 필요한 개수의 온도계를 설치하여야 하고, 온도계에는 경계 단계마다 알람 기능을 갖추게 한다.
(3) 관리 한계온도인 분해온도 이상에 도달한 반응기에는 반응물질을 공급하지 않도록 하여야 한다.
(4) 반응기의 초기 가동 시의 승온작업은 미리 작업표준에 정해진 승온곡선에 따라 실시하여야 한다.
(5) 운전 중의 원료의 성분 조성의 변동에 대하여 모니터링하여야 한다.
(6) 운전 중의 관리 한계온도를 결정하고, 운전온도가 관리 한계온도에 접근하거나 도달했을 때에 실시하는 다음의 위험회피 조작을 작업표준으로 규정하여야 한다.
 (가) 반응물질의 공급온도 감소
 (나) 반응물질 공급 정지
 (다) 반응물질 등의 긴급 탈압
(7) 위험 회피조작 중에 긴급을 요하는 사항에 대해서는 가능한 한 인터록 기구에 의해 자동화를 사용하여야 한다.
(8) 유체의 흐름이 정지한 경우에는 온도계 설치 개소의 국부적인 온도만이 검출되어 전반적인 온도 분석을 파악할 수 없기 때문에 온도계는 적정한 위치에 필요한 개수를 설치하여야 한다.
(9) 반응기 본체 외부에 보온 시공하지 않고 내부에 알루미나 세멘트 등과 같은 내화물을 시공하는 경우에는 내화물의 파손이나 이상 온도 상승 등에 의한 열점(Hot spot)의 조기 발견을 위해 반응기 외부 전체에 측온도료(Thermocolor)를 시공하는 방법을 사용할 수 있다.
(10) 에틸렌 제조장치의 긴급 정지 후의 재가동 준비 중에 아세틸렌-수소첨가반응 용기 내에 체류하고 있던 에틸렌이 밸브에서 누출 유입된 과잉 수소와 접촉하는 경우에는 발열반응에 의한 발화 위험성 대책을 강구하여야 한다.
(11) 아세틸렌-수소첨가반응 공정은 팔라듐 촉매를 사용하는 고정상 반응으로서 반응기에 수소가 과잉 공급되거나 촉매 온도가 400℃ 이상인 경우에는 발열반응이 급격히 진행하여 화재 및 폭발 위험성이 있기 때문에 주의하여야 한다.

KOSHA GUIDE
P - 132 - 2013

4.7 불순물 혼입

(1) 반응물의 온도가 정상이라 하더라도 오조작 등에 의해 예상치 못한 물질이 혼입하게 되면 급격한 발열반응을 일으킬 위험이 있으므로, 이러한 원인이 되는 물질을 사전에 조사하여 혼입 방지를 강구하는 것이 필요하다.
(2) 반응기에 혼입될 우려가 있는 불순물의 종류와 불순물에 의한 위험을 사용 전에 조사하여야 한다.
(3) 원료나 용제 중의 미량 성분의 종류와 양을 확인하기 위해 정기적으로 분석을 실시하여야 한다.
(4) 회분식 반응기에서는 이전 배치의 잔여물이나 세정 시의 수분 및 세정제의 혼입을 방지하기 위해 반응개시 전에 반응기의 내부검사를 실시하여야 한다.
(5) 장치의 재료로부터 산화철, 열매유, 냉각수 등의 혼입을 방지하기 위해 정기적으로 반응기 내부나 냉각용 열교환기 등의 검사를 실시하여야 한다.
(6) 연구단계에서는 순수한 시약을 사용하므로, 불순물의 존재는 문제가 되지 않지만 생산설비는 순도가 낮은 산업 제품을 사용하거나 미반응 모노머와 용제 등을 재활용하여 여러 종류의 불순물의 혼입 가능성이 있기 때문에 연구설비에서 생산설비로의 확장을 계획할 때에는 불순물의 존재, 반응성 등을 충분히 검토하여야 한다.

4.8 교반기 정지

(1) 교반기가 정지한 경우에는 국부가열이나 이상 발열의 위험성이 있으므로, 용기 내 온도 및 압력을 관찰 및 확인한 다음에 공정 작업 운전을 재개하여야 한다.
(2) 이상상태에 대한 긴급 대응방법은 계획적인 교육을 통하여 훈련을 하여야 한다.
(3) 정전 시에 대비한 비상용 발전기를 설치하고, 교반정지 시에는 경보장치가 울리도록 하여야 한다.
(4) 교반기 정지 시에는 가열이나 원료 공급이 자동적으로 정지하도록 인터록 장치를 설치하여야 한다.
(5) 반응기나 저장조 내에 불활성 가스를 넣어 폭발범위에 들어가지 않도록 안전조치를 취해야 한다.
(6) 사고예방을 위하여 블로다운 탱크의 설치도 고려하여야 한다.
(7) 교반기 정지 후의 운전 재개 매뉴얼을 작성하여야 한다.
(8) 교반기가 정지 중에 있더라도 온도와 압력을 항시 감시할 수 있는 설비를 갖추어야 하며, 조기에 정지원인을 조사하여 운전이 복귀되도록 하여야 한다.

(9) 교반기를 재운전할 때에는 용기 및 반응 상황을 확인하고, 2~3회 단시간 운전 후에 통상적인 운전으로 재개하여야 한다.
(10) 교반기의 선정은 점도나 비중과 같은 취급물질의 성질과 반응조건을 고려하여야 한다.
(11) 교반기가 정지하고 있는데도 불구하고, 반응물이나 촉매를 지속적으로 첨가하다가 화재 및 폭발 사고로 이어지는 경우가 많으므로 주의가 필요하며, 특히 니트로화, 술폰화 및 중화 반응에서 사고빈도가 높다.
(12) 반응과정 중에 넣은 첨가제와 반응 중간체가 교반기의 정지에 의해 부분적으로 쌓이면서 급격한 분해반응을 일으키고, 반응계의 열 이동속도가 감소하면서 축열이 일어날 가능성이 높아지므로, 이러한 위험에 주의하여야 한다.
(13) 이상반응에 의한 사고예방을 위하여 교반기의 기동 시스템에 주파수 제어와 같은 인버터 제어기가 설치되어 있는 경우에는 최초의 운전 시에 저속으로 기동하고, 점차로 정상 회전수로 속도를 올려야 한다.

## 4.9 미반응 물질의 축적

(1) 미반응 물질 성분이 혼합장치 내에서 축적이 일어나면 확인되지 않은 위험이 발생하거나 물질과 반응하여 위험한 물질을 생성하고, 이것이 국소적으로 축적하므로 미반응 물질 성분을 분석하고, 그 결과에 따라 안전조치를 강구하여야 한다.
(2) 화학반응에 따른 부반응의 발생량은 운전조건에 따라 달라지므로, 미반응 물질 성분은 정상적으로 생성되거나 일시적으로 생성되는지를 확인하여야 한다.
(3) 미반응 물질은 공정 내에서 제거되는지, 공정 내의 일정 공간에 농축되는지, 아니면 다른 물질과의 혼합 위험이 없는지 등을 검토하여야 한다.
(4) 미반응 물질을 포함하고 있는 펌프 및 흡입 배관 등은 취급물질의 전용으로 사용하여야 한다.
(5) 부득이하게 여러 물질을 동일한 장치에서 사용하는 경우에는 작업자에게 세정방법과 기준치 등을 활용한 세정 확인방법 등을 철저히 교육시켜야 한다.
(6) 작업에 이상을 발견하거나 검출된 경우에는 연락처 및 처리에 관한 사항을 현장에 게시하여야 한다.

KOSHA GUIDE
P - 37 - 2012

# 인화성 잔류물이 있는 탱크의 청소 및 가스제거에 관한 기술지침

2012. 7

한 국 산 업 안 전 보 건 공 단

## 안전보건기술지침의 개요

○ 작성자 : 김나영

○ 개정자 : 한우섭

○ 제·개정 경과
 - 2010년 8월 화학안전분야 제정위원회 심의(제정)
 - 2012년 7월 총괄 제정위원회 심의(개정, 법규개정조항 반영)

○ 관련 규격 및 자료
 CS 15, "The Cleaning and Gas freeing of tanks containing flammable residues", 1985

○ 기술지침의 적용 및 문의
 이 기술지침에 대한 의견 또는 문의는 한국산업안전보건공단 홈페이지 안전보건기술지침 소관 분야별 문의처 안내를 참고하시기 바랍니다.

공표일자 : 2012년 7월 18일

제 정 자 : 한국산업안전보건공단 이사장

KOSHA GUIDE
P - 37 - 2012

# 인화성 잔류물이 있는 탱크의 청소 및 가스제거에 관한 기술지침

## 1. 목적

이 지침은 인화성 잔류물이 있는 탱크의 청소와 가스 제거 시 잠재된 화재 및 폭발의 위험을 설명하고 이를 예방하기 위해 고려하거나 실행하여야 할 조치 등에 관한 사항을 제시함으로써 작업 시 발생 가능한 화재나 폭발의 위험을 예방하는 데 그 목적이 있다.

## 2. 적용범위

이 지침은 인화성 가스 또는 액체를 저장했던 육상의 이동형 또는 고정형 탱크 및 용기에 적용한다. 다만, LPG와 인화성 액화가스를 저장했던 탱크는 제외한다.

## 3. 용어의 정의

(1) 이 지침에서 사용되는 용어의 정의는 다음과 같다.

(가) "인화성 잔류물(Flammable residue)"이라 함은 인화성 가스나 액체를 저장했던 탱크를 비운 후에 탱크에 잔류하는 인화성 가스나 액체 그리고 화기작업과 같은 외부의 작업에 의해 쉽게 가연성 분위기를 형성하는 슬러지, 중합체 및 고형물 형태의 잔류물을 말한다.

(나) "인화성 액체(Flammable liquid)"라 함은 표준압력 하에서 인화점이 60℃ 이하이거나 고온·고압의 공정 운전 조건으로 인하여 화재·폭발위험이 있는 상태에서 취급되는 가연성 액체를 말한다.

(다) "인화점(Flash point)"이라 함은 액체 표면에서 가연성 혼합물을 형성할 정도의 충분한 증기를 발생시키는 최소 온도를 말한다.

(라) "폭발하한(LEL : Lower explosive limit)"이라 함은 공기 중에서 가스 등의 농도가 이 범위 미만에서는 폭발되지 않는 한계를 말한다.

(마) "한계산소농도(LOC : Limiting Oxygen Concentration)"이라 함은 "최소산소농도(MOC : Minimum oxygen concentration)"라고도 하며 가연성 혼합가스가 연소하는 데 필요한 최소한의 산소농도를 말한다.

KOSHA GUIDE
P - 37 - 2012

(2) 그 밖에 이 지침에서 사용하는 용어의 정의는 특별한 규정이 있는 경우를 제외하고는 「산업안전보건법」, 같은 법 시행령, 같은 법 시행규칙 및 「산업안전보건기준에 관한 규칙」에서 정하는 바에 의한다.

## 4. 잠재 위험요인(Hazard)

### 4.1 폭발

(1) 액체 저장에 사용된 탱크와 같이 좁은 공간 내에서 인화성 증기의 점화는 탱크의 설계압력보다 높은 압력을 유발할 수 있다.

(2) 압력용기로 설계된 탱크라 해도 내부 폭발에 의해 생겨난 충격파를 견딜 수 있도록 설계되지는 않는다. 그러므로 탱크에서의 폭발은 용기의 파손을 야기한다.

### 4.2 가연성 분위기 형성

(1) 아주 작은 입자의 액체가 생성되거나 높은 인화점을 가진 액체 또는 대기온도보다 낮은 인화점을 가진 액체나 가스가 존재하는 경우에는 가연성 분위기를 형성할 수 있다.

(2) 대부분의 인화성 탄화수소는 약 1~2%의 폭발하한을 가지므로, 작은 양의 증발로도 가연성 분위기를 형성할 수 있다. 예로, 200L 용기에서 20mL 정도의 액체가 증발하거나, $10m^3$의 탱크에서 100L의 액체가 증발하는 경우에도 가연성 분위기를 형성할 수 있다.

(3) 인화점이 높은 액체라 해도 탱크 외부의 용접이나 절단토치로 인해 발생한 열에 의해 쉽게 가연성 분위기를 형성한다. 또 이들은 에어로졸의 형태로 작은 액체방울이 분산된 형태일 때는 인화점보다 낮은 온도에서 점화할 수도 있다.

(4) 단단한 중합체 잔류물을 침전시키는 액체는 열에 의해 인화성 증기를 생성하여 가연성 분위기를 형성한다.

(5) (1)항 내지 (4)항에서 언급된 혼합물들은 독성이거나 산소의 배제로 인한 질식을 유발하기도 한다.

### 4.3 점화

(1) 탱크 내부의 점화원은 스파크나 불꽃이 대부분이고, 외부에서 발생한 불꽃은 빠르게 탱크 안으로 확산되어 폭발의 원인이 될 수 있다.

(2) 밀폐된 탱크 내부는 외부 화기작업으로 뜨거워진 표면에 의해 점화될 수 있다.

(3) 단열재에 기름이 스며든 경우에는 자연발화의 가능성이 있다.
(4) 탱크를 청소하는 동안에 생성된 정전기도 점화원이 될 수 있다.
(5) 황화철(FeS)과 같은 자연발화성 물질이 함유된 잔류물은 자연발화할 수 있다.
(6) 탱크를 청소하거나 가스를 제거하는 작업을 하는 동안 인화성 증기가 탱크 주변으로 방출되어 낮은 지역에 축적되었다가 이들 지역에 존재하는 점화원에 의해 점화될 수 있다. 그러므로 주변 지역에도 점화원 관리와 독성 물질에 대한 방지 조치를 실시하여야 한다.

## 5. 탱크 청소 및 가스제거 절차

(1) 인화성 가스나 액체를 저장했다가 비운 탱크는 가스 제거와 세척작업 또는 불활성화를 실시하고 난 후에야 다음과 같은 절차를 진행할 수 있다.
(2) 가스 제거와 세척작업을 통한 준비절차는 아래와 같다.
   (가) 스팀, 물, 공기 등을 이용한 가스의 제거 및 퍼지
   (나) 증기 검사
   (다) 스팀, 뜨거운 물, 용제 등을 이용한 세척작업
   (라) 탱크의 사용 준비 완료
(3) 가스제거를 수행할 수 없거나 불가능한 경우에는 아래와 같은 불활성화 작업을 통해 준비한다.
   (가) 물, 이산화탄소, 질소, 질소 폼 등을 이용한 불활성화
   (나) 산소 검사. 다만 물을 이용할 경우는 제외
   (다) 탱크의 사용 준비 완료
(4) 〈그림 1〉은 탱크 청소 및 가스제거 절차의 개요이며 상한 절차는 다음의 6항 내지 9항을 따른다.

KOSHA GUIDE
P - 37 - 2012

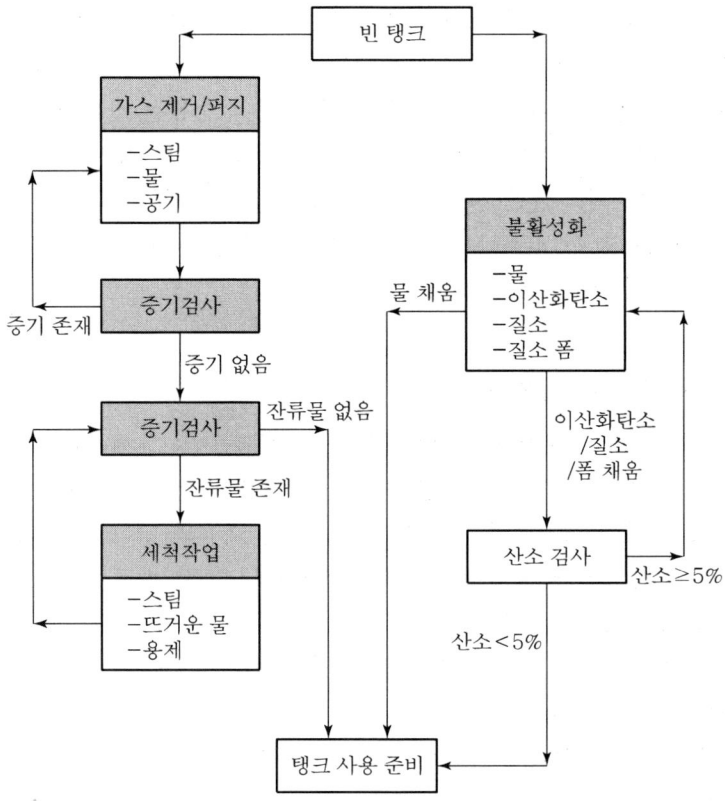

〈그림 1〉 탱크 청소 및 가스 제거 절차

## 6. 가스제거 및 세척작업을 위한 사전 준비

### 6.1 일반사항

(1) 세척작업은 액체나 고체 잔류물을 제거하는 것이고 가스 제거는 인화성 가스나 증기의 제거를 의미한다.

(2) 가스가 제거된 빈 탱크라 할지라도 슬러지, 중합체 또는 다른 고형물 형태의 잔류물이 잔류할 수 있으므로 인화성이나 독성물질이 완전히 제거되었다고 할 수는 없다.

(3) 조인트나 구멍에도 인화성 물질이 존재할 수 있으므로 가연성 가스가 감지되지 않았다고 해서 화기작업에 안전하다고는 할 수 없다.

(4) 탱크를 물로 세척한다고 해서 가스가 제거된 것은 아니며 안전한 작업을 위해서는

추가의 준비가 필요하다.

(5) 부식의 결과로 수소가 많아지거나 산소가 부족하지 않도록 가스검사를 실시하고 환기를 해야 한다.

(6) 인화점이 대기온도보다 높은 액체를 저장했던 탱크의 내부는 보통 가연성 분위기가 아니며 잔류물이 존재하더라도 가스가 없는 것처럼 보일 수 있다. 그러므로 연소가스감지기가 "0"으로 측정되어도 잔류물이 존재하는 탱크는 화기작업에 안전하지 않다는 것이 강조되어야 한다.

(7) 가스 제거 후 비휘발성잔류물이 존재하는 경우에는 세척작업이 필요하다. 또한 세척작업 후에는 잔류물이 완전히 제거되었는지 확인하는 검사를 실시하여야 하고 사람의 내부 입장이 필요한 경우 산소가 부족하지 않고 독성가스가 제거 되었는지 확인하는 검사도 실시하여야 한다.

(8) 환기에 의해서 안전한 상태를 유지하는 것이 불가능한 경우 호흡기구를 사용해야 한다.

(9) 탱크의 환기는 유지 관리되어야 하며 내부 농도를 지속적으로 모니터링하여야 한다.

(10) 탱크 내부에서 폭발하한의 25% 이상의 증기가 측정되는 경우 사람이 탱크 내부에 있으면 안 된다.

(11) 가스가 완전히 제거되는 동안 점화원이 생성될 수 있는 어떠한 장치나 전기기구도 들어가서는 안 된다.

## 6.2 잔류액체 제거

(1) 잔류액체는 크기가 적당하고 밀폐가 가능한 용기로 이송한다.

(2) 탱크 바닥의 잔류액체(물보다 가벼운 탄화수소의 경우)를 물 층 위로 띄우기 위해 물로 씻어 내릴 수 있다. 이때 정전기가 발생될 수 있으므로 철벅거리거나 빠른 펌핑(Pumping) 속도는 피하는 것이 좋다.

(3) 용기의 재킷(Jacket)에 사용되는 열매나 냉매는 가연성 액체일 수 있으므로 추후에 잔류액체나 증기가 화기작업에 의해 점화되지 않도록 물로 재킷을 가득 채운 후 배수하여 처리한다. 또 재킷은 내부에서 압력상승이 일어나지 않도록 대기 중으로 벤트 처리한다.

(4) 스팀코일이나 전기 침수전열기가 설치된 경우, 잔류액체를 제거하는 초기단계에서는 펌핑을 위해 열이 공급될 수 있도록 남겨두어야 할 경우 인화성 증기가 생성되는 것을 피하기 위해서는 잔류액체의 액위가 온도센서나 가열표면으로부터 0.5m 내외로 떨어지기 전에 에너지원을 차단해야 한다.

### 6.3 잔류물 폐기

일반적으로 폐기물과 기타 잔류물들은 위험한 폐기물로 처리되어야 한다.

### 6.4 탱크 격리

(1) 액체나 가스로 채워져 있던 탱크를 비울 때는 위험하며, 특히 탱크 내부로 사람이 들어가는 경우는 매우 위험하다. 그러므로 탱크는 작업이 진행되기 전에 모든 연결로부터 물리적으로 격리되어야 한다.

(2) 소형 탱크의 경우 완전히 연결을 끊고 안전한 장소로 이동시키는 반면 대형 탱크는 밸브를 닫고 연결된 배관을 제거한다. 만약 연결된 배관의 물리적인 제거가 어렵다면 맹판을 사용하여야 한다.

(3) 음극방식법(Cathodic protection system)이 장착된 탱크의 전원은 작업이 시작되기 전에 12시간 이상 격리되어야 한다.

(4) 액위 알람, 교반기와 히터(Heater)같은 보조 장비는 격리되어야 한다.

### 6.5 가스 확산

(1) 인화성 증기의 부피가 증가할 확률이 높은 작업의 경우 증기의 분산을 제어할 수 있도록 준비하여야 하며, 환기 시 근접한 큰 구조물로부터 떨어진 환기지역이나 야외로 배출되어야 한다.

(2) 퍼지 작업은 벤트스택(Vent stack)을 사용하기도 하고 점화불꽃(Pilot flame)으로 대체한 증기를 태우기도 한다.

(3) 화염방지기(Flame arrester)는 탱크로의 역화를 방지하기 위해 환기배관에 맞게 설치되어야 한다.

(4) 대형 탱크로부터 나오는 증기가 확산되지 않는 경우 환기를 실시해서는 안 된다.

(5) 탱크유조차(Road tanker)는 차량이 작업장으로 들어가기 전에 가스가 제거되어야 한다.

(6) 작업이 시작되기 전에 그 지역에 있는 하수구와 드레인은 증기의 진입을 막기 위해 밀봉시켜야 하며, 이 지역으로 사람과 차량의 접근은 차단되어야 한다.

(7) 주변 지역의 증기를 모니터링해야 하며, 휴대용 가스경보기를 설치할 수도 있다.

KOSHA GUIDE
P - 37 - 2012

## 7. 가스 제거방법

### 7.1 소형 탱크, 드럼 및 컨테이너(Container)

(1) 용량 $60m^3$ 이하의 소형 탱크와 드럼을 위한 가스 제거방법은 보통 세척작업과 동시에 이루어지며 8.1항의 세척방법과 같다.

(2) 탱크의 가스 제거는 일정 기간 동안의 자연 환기에만 의존할 수는 없다.

### 7.2 이동식 탱크

(1) 가스, 휘발유 또는 기타 휘발성 물질을 사용하는 이동식 탱크(도로 및 철도용)는 송풍기(Air mover)나 이덕터(Eductor)를 사용하여 공기를 불어넣고 물로 씻어내어 가스를 제거할 수 있다.

(2) 화기작업을 수행해야 하는 경우라면 화기작업 전에 슬러지나 증기가 내부 벽에 잔존할 수 있으므로 반드시 세척작업이 필요하다.

(3) 송풍기, 이덕터 또는 이와 유사한 장치는 접지하여야 한다.

### 7.3 대형 탱크

(1) 용량이 $60m^3$ 이상인 대형 탱크는 강제식 환기장치(Forced air ventilation)로 가스를 제거한다.

(2) 송풍기와 이덕터를 사용하여 점화원을 발생시키지 않는 방법으로 공기를 불어넣는 경우 환기배관의 출구는 인화성이나 독성 증기를 배출할 수 있으므로 장치나 사람들로부터 멀리 떨어진 야외에 위치하여야 한다.

(3) 탄화수소 증기는 대부분 공기보다 무거우므로, 탱크 하단부의 맨홀을 개방할 때에는 주의하여야 한다.

(4) 방호설비가 아닌 전기설비는 탱크에서 가스가 제거되는 동안 사용하면 안 된다.

(5) 증기의 농도가 폭발하한의 5% 이하로 떨어질 때까지 모니터링하며 환기작업을 하여야 한다. 일단 이 수준에 도달하면 가연성 증기의 배출로 인한 위험은 작아지므로 맨홀의 덮개를 제거할 수 있다.

(6) 환기는 탱크의 모든 부분에서 가연성 증기가 "0"으로 될 때까지 계속되어야 하며 그 상황이 적어도 30분은 유지되어야 한다. 그러나 이 단계의 탱크는 가스가 거의 제거되었으나 내부 부속물에 슬러지나 스케일이 남아 있을 수 있으므로 아직 완벽하게 안전한 상태는 아니다.

(7) 환기와 검사는 세척작업을 하는 동안에도 계속되어야 한다.

(8) 부유식 지붕탱크나 내부 부유덮개가 있는 고정식 지붕탱크는 증기와 액체가 부유 지붕위의 공간과 지붕을 지지하는 부유 지붕이나 덮개의 구멍 사이로 침투할 수 있다.

(9) 폴리우레탄 폼(Foam)이 있는 부유덮개의 경우 이 폼은 그 자체로 인화성이며 가연성 증기나 액체를 흡수할 수 있다. 그러므로 이런 형태의 탱크 주변에서 화기작업을 수행해야 할 경우 우선 이 덮개를 탱크에서 제거하여야 한다.

(10) 휘발성 물질이 저장되는 부유식 지붕탱크의 지붕에서는 독성 또는 인화성 증기가 존재하기 쉬우므로 가스 검사를 포함하는 허가시스템으로 접근을 제어하는 것이 좋다.

## 8. 세척 방법

### 8.1 소형 탱크, 드럼 및 컨테이너

#### 8.1.1 스팀 세척

(1) 빈 탱크의 설계압력을 초과하지 않도록 주의하면서 스팀을 사용하여 세척작업을 한다. 이때 증기는 가능한 건조되어 있어야 한다.

(2) 응축수는 가능한 낮은 지점에서 배수시켜야 슬러지와 중유(Heavy oil)를 처리할 수 있다.

(3) 잔류물을 제거하기 위하여 0.2MPa의 스팀으로 탱크의 벽을 가열하고 적어도 30분 동안 온도를 유지해야 한다. 그 후의 응축수에 기름이 존재한다면 스팀 세척작업이 추가로 실시하여야 한다.

(4) 스팀 세척작업을 위한 절차는 정전기의 위험을 최소화하도록 만들어져야 한다.

(가) 스팀 호수와 탱크는 접지되어 있어야 한다.

(나) 모든 컨덕터는 스팀이 유입되기 전에 탱크 내부에서 제거되어야 하며, 이를 위해 사람이 출입해서는 안 된다.

(다) 스팀의 온도는 장치에 손상을 주거나 자연발화를 유도할 만큼 높아서는 안 된다.

(라) 처음에는 스팀을 낮은 속도로 유입시켜야 하며, 그 속도는 탱크 내부가 공기로 치환되고 난 후에는 증가시킬 수 있다.

(마) 부근의 작업자들과 사람들은 제전화(Conducting footwear)를 신어야 한다.

(5) 어떤 스팀 세척작업이든 탱크의 열팽창이나 냉각으로 인한 진공의 발생으로 인해 배관시스템이나 부속품에 영향이 가지 않도록 주의해야 한다.

(6) 탱크 내부의 온도가 대기온도로 떨어질 동안 탱크를 계속 개방하여야 하며, 내부검사는 그 후에 실시할 수 있다.

8.1.2 물 세척

(1) 소형 탱크는 가소성 또는 세제 수용액과 함께 끓일 수도 있는데 이 방법은 차량용 연료탱크를 위해 자주 사용된다. 이 경우 전체 탱크가 용액에 완전히 잠기도록 해야 하며 적어도 30분가량 끓여야 한다.

(2) 소형제트 청소기로 탱크 내부 표면에 뜨거운 세척액을 높은 압력으로 분사하여 세척작업을 할 수도 있다.

(3) 200L의 상업용 세탁드럼의 내부를 세척하는 데는 제트세척과 스팀 세척을 조합하여 사용하는 것이 좋다.

8.1.3 용제 분사

(1) 드럼 청소에 사용되는 방법으로 단단한 잔류물과 점성액체를 제거하는 데 효과적인 방법이다. 이 작업은 초기상태에 관계없이 가연성 분위기를 형성하므로 주의해야 하며 작업 후에 화기작업이 수행되어야 한다면 충분히 가스를 제거해야 한다.

(2) 스팀 세척이나 뜨거운 물 세척을 조합하여 사용하는 것이 효과적이다. 만약 물-혼합 용제를 사용한다면 인화성 증기를 제어하여야 하며 정전기의 축적을 최소화하도록 접지하여야 한다.

(3) 탱크의 세척을 위해 고압분사를 사용하거나 용제를 분무하는 것은 정전기에 의한 폭발 위험을 증가시키므로 반드시 전문가에 의해 불활성화된 탱크에서 수행되거나 정전기 축적이 방지되도록 설계된 분사시스템을 사용하여야 한다.

8.2 이동식 탱크(Mobile Tank)

(1) 도로나 철도로 운송되는 이동식 탱크의 세척은 8.1.1항을 적용한다.

(2) 철도로 이동하는 여러 칸의 탱크 차량은 구조상의 구멍과 칸막이벽에 갇힌 액체나 기체를 가지고 있으므로 화기작업을 수행하기 전에 탱크 설계에 관한 상세한 검토와 환기작업을 필요로 한다.

## 8.3 대형 고정식 지붕탱크

### 8.3.1 스팀 세척
(1) 많은 양의 공정 스팀이 공급이 가능하다면 대형 탱크의 가스 제거와 세척작업에 스팀을 사용하기도 한다.
(2) 휘발성 물질을 함유했던 대형 저장탱크에는 정전기에 의한 위험이 존재하므로 스팀을 사용하지 않는다.
(3) 스팀 세척은 8.1.1항을 적용한다.

### 8.3.2 물 분사
(1) 비휘발성 잔류물에 의해 가스가 점화될 수 있는 위험을 낮추기 위하여 가스를 제거한 후에 물 분사에 의한 세척작업을 수행하여야 하며, 잔류물로 인한 독성가스의 위험에도 주의하여야 한다.
(2) 고압 물 분사를 사용할 경우 물 분사 자체의 접촉으로 인한 재해의 위험이 존재하므로 주의해야 한다.
(3) 인화성 잔류물에 오염된 물은 수집하여 안전하게 폐기하여야 하며, 인화성 물질을 처리할 수 있도록 설계되지 않은 드레인(Drain) 시스템으로 유입시켜서는 안 된다.

### 8.3.3 수동 세척
(1) 독성 잔류물이 존재하는 곳에서는 수동 세척작업 시 작업자를 보호하여야 한다.
(2) 잔류물에 자연발화 물질이 포함되어 있는 경우에는 세척작업이 진행되는 동안 엄격하게 감독하여야 한다.
(3) 인화성 용제를 사용하는 것은 작업자를 독성 위험에 노출시키므로 권하지 않는다.

## 8.4 부유식 지붕탱크 및 부유덮개가 있는 고정식 지붕탱크

(1) 휘발성 물질을 저장하는 데 사용되는 부유식 지붕탱크나 내부 부유덮개가 있는 탱크는 세척작업 시 여러 어려움이 있다.
  (가) 액체나 증기가 지붕이나 덮개의 구멍과 플랫폼 부분으로 침투한 경우
  (나) 지붕 지지대(Roof support legs)와 중공(中空)부(Hollow section)에 액체가 존재하는 경우
  (다) 지붕 아랫면에서 기름이 탱크 바닥으로 방울져서 떨어지는 경우

KOSHA GUIDE
P - 37 - 2012

(2) 작업 절차는 탱크의 구조와 부속품에 관한 모든 정보를 고려하여야 하고 특히 탱크의 중공부와 밀폐된 공간(Enclosed section)의 액체나 증기의 존재에 대한 모니터링을 하도록 해야 한다.
(3) 액체나 증기가 흡수되거나 숨어 있을 수 있는 지붕 이음매(Seal)에는 특별한 주의가 필요하다.
(4) 부유식 지붕 위와 아래의 공간에 대한 환기 시에도 주의가 필요하다.
(5) 용제 분사는 부유식 지붕탱크에서 수행되며 인화성 증기나 미스트에 따른 위험이 존재한다.

8.5 탱크 바닥

(1) 탱크의 불완전한 이음매를 통해 인화성 액체가 새거나 격판 밑의 공간에 축적될 수 있으므로 대형 수직 탱크의 바닥면 보수작업은 위험성이 크다. 그러므로 탱크 내의 가스가 제거되고 내부 화기작업이 가능하도록 깨끗하게 세척된 후에 바닥의 화기작업을 수행하여야 한다.
(2) 탱크의 바닥을 보수하기 전에 바닥면을 냉각 절단(Cold cutting) 또는 드릴링(Drilling)으로 검사하고, 위험의 존재 여부를 결정하기 위해 바닥 아래에서 샘플을 취하기도 한다.
(3) 탱크 바닥에서 인화성 액체가 발견되는 경우 몇 지점을 뚫고 물을 흘려 액체를 대체하는 것이 필요할 수도 있다.
(4) 작은 보수의 경우 바닥의 구멍을 통해 불활성 기체를 통과시키는 것으로 충분할 수도 있다.

9. 불활성화

9.1 일반사항

(1) 가스 제거가 수행될 수 없거나 불가능한 경우 탱크 외부의 화기작업을 하기 위해서는 탱크 내부를 비인화성, 비폭발성으로 만드는 불활성화 작업이 필요하다.
(2) 불활성화가 진행되는 동안 탱크 내부는 산소가 부족하고 독성 분위기일 수 있음을 기억하고 주의해야 한다.
(3) 사람이 보호 장비 없이 탱크 내부로 들어가기 위해서는 내부 대기의 검사가 필요하며 탱크 내부의 산소농도는 적어도 19%(산소결핍 농도 18%)는 되어야 한다. 또한 25%가 넘는 농후 산소의 경우는 심각한 화재위험이 있으므로 주의해야 한다.

(4) 관련 제품이 산소 결핍 상태에서 발열 분해할 수 있는 경우 화기작업을 하기 위해서는 불활성화가 필요하다.

(5) 탱크나 배관이 가연성 액체로 가득 차 있어서 화기작업 영역에 증기 공간이 없는 경우 핫태핑(Hot tapping) 절차를 사용할 수도 있으나 이는 위험한 작업이므로 반드시 숙련된 전문가가 수행하여야 한다.

### 9.2 물

(1) 소형 탱크나 드럼을 불활성화하는 가장 간단하고 쉬운 방법은 공기 방울을 제거하기 위해 물로 가득 채우는 것이다. 이 방법은 보수해야 하는 부분이 용기의 가장 위에 자리하게 하는 것이 가능한 소형 컨테이너의 연납땜(Soldering)이나 경납땜(Brazing) 작업 시 사용 가능하다.

(2) 물로 채우는 것은 가연성 가스 감지기를 사용하지 않는 유일한 불활성화 방법으로 기폭측정기(Explosimeter)를 사용할 수 없는 환경에 추천되는 방법이다.

(3) 대형 탱크의 동체(Shell)를 보수하기 위한 불활성화 방법으로도 사용 가능하나 물에 의한 수압(Hydraulic pressure)과 오염된 물의 처리법을 고려하여 적용하여야 한다.

### 9.3 이산화탄소 및 질소

#### 9.3.1 이산화탄소

(1) 대부분의 탄화수소의 경우 탄화수소 혼합물(탄화수소 증기, 이산화탄소 및 공기)의 연소를 위한 한계산소농도(LOC)는 약 10~14%이므로 적절한 안전 여유를 제공하기 위하여 산소가 5% 이하가 되도록 퍼지한다.

(2) 실린더에 담긴 액체 이산화탄소를 사용하는 것은 액체의 분사에 의해 고체 입자가 생성되고 또 이로 인해 정전기가 발생할 수 있으므로 권할 만한 방법은 아니다. 만약 실린더에 담긴 액체 이산화탄소를 사용하는 경우에는 서리가 끼지 않도록 설계된 방출시스템을 사용하여야 한다.

(3) 고체 이산화탄소 1kg은 표준상태에서 0.5$m^3$ 부피의 가스가 되므로 불활성화를 위해 필요한 이산화탄소의 양은 탱크 용량 1$m^3$당 2kg으로 대략 추정할 수 있다.

(4) 탱크내부에서 이산화탄소 가스가 골고루 확산되는 데는 상당한 시간이 필요하다.

KOSHA GUIDE
P - 37 - 2012

9.3.2 질소
   (1) 질소는 이산화탄소보다는 비효율적이지만 불활성화에 사용한다.
   (2) 대부분의 탄화수소의 경우 탄화수소 혼합물(탄화수소 증기, 질소 및 공기)의 한계산소농도는 약 8~12% 정도이므로 적절한 안전 여유를 제공하기 위하여 산소가 5% 이하가 되도록 퍼지한다.
   (3) 질소는 실린더에 담긴 압축 질소가스와 벌크 액체가 유용하다.
   (4) 벌크 액체 질소의 경우 충분한 증기 공간의 확보가 중요하다. 낮은 온도로 인한 탱크 재료물질의 취성을 방지하기 위하여 증발기는 적어도 -10℃에서 가스를 데워야 한다.
   (5) 질소는 이산화탄소에 비해 반응성이 훨씬 낮으므로 이산화탄소의 산성으로 인해 영향을 받을 수 있는 고순도의 물질을 저장하는 탱크에 사용한다.

9.3.3 공기 폼
   (1) 화기작업 전에 불활성 분위기를 만들기 위하여 소화에 사용되는 것과 비슷한 폼을 탱크에 가득 채우는 데 사용한다.
   (2) 무거운 잔류물과 높은 인화점을 가진 기름을 함유했던 탱크에는 고-팽창형(High expansion type) 폼을 공기와 함께 송풍한다.
   (3) 32℃ 이하의 인화점을 가진 액체에는 사용하면 안 된다.

9.3.4 질소 폼
   (1) 불활성 매체의 존재를 가시적으로 감지하는 불활성화 방법은 질소 폼을 사용하는 것인데 질소와 물 그리고 세제폼 혼합물로 고-팽창 폼을 생산하여 맨홀이나 신축성 있는 덕트를 통해 직접 탱크로 유입시킨다.
   (2) 일단 탱크가 폼으로 가득 차고 나면 화기작업을 수행하는 동안 공기의 유입을 막기 위해 지속적인 보충이 필요하다.
   (3) 장치는 휴대용이며 가스를 공급하는 이동식 액체질소탱크와 같이 사용되는데 대형 탱크의 불활성화도 가능하다.
   (4) 화기작업이 완료되면 폼은 질소가스를 방출하고 붕괴되어 물혼합물이 되는데, 이 경우 폼은 고순도 액체의 오염물로 작용하거나 탱크에서 물을 제거하는 것이 중요한 곳에서는 문제가 된다.
   (5) 폼이 꺼지고 환기가 된 후에도 탱크나 근접지역의 대기는 산소결핍 상태로 될 수 있으므로 주의해야 한다.

KOSHA GUIDE
E - 143 - 2015

# 위험성평가를 기반으로 하는 인화성 액체 취급장소에서의 폭발위험장소 설정에 관한 기술지침

2015. 6

한 국 산 업 안 전 보 건 공 단

# 안전보건기술지침의 개요

○ 작성자
- 서울과학기술대학교 정재희
- 한국산업안전보건공단 류보혁

○ 개정자 : 주식회사 류앤컴퍼니 류보혁

○ 제·개정 경과
- 2013년 11월 전기안전분야 제정위원회 심의(제정)
- 2015년 6월 전기안전분야 제정위원회 심의(개정)

○ 관련 규격 및 자료
- 산업안전보건기준에 관한 규칙 별표 1(인화성 액체의 용어 정의)
- 고용노동부 고시 제2014-48호(사업장 위험성평가에 관한 지침)
- KS C IEC 60079-10-1(폭발분위기- 제0-1부 : 폭발위험장소의 구분)
- NFPA 497 (Recommended practice for the classification of flammable liquids, gases, or vapors and of hazardous locations in electrical installations at chemical process areas)
- API 505(Classification of locations for electrical installations at petroleum facilities classified as class 1, zone 0, zone 1, and zone 2)
- EI 15(Area classification code for installations handling flammable fluids)
- EN 1127-1 : 2011(Explosive atmospheres-Explosion prevention and protection)
- Safety and Area Classification(John Propst, PE Senior Member IEEE)

○ 관련 법규·규칙·고시 등
- 산업안전보건기준에 관한 규칙 제230조(폭발위험이 있는 장소의 설정 및 관리)

○ 기술지침의 적용 및 문의
- 이 기술지침에 대한 의견 또는 문의는 한국산업안전보건공단 홈페이지(www._kosha.or.kr)의 안전보건기술지침 소관분야별 문의처 안내를 참고하시기 바랍니다.
- 동 지침 내에서 인용된 관련규격 및 자료 법규 등에 관하여 최근 개정본이 있을 경우에는 해당 개정본의 내용을 참고하시기 바랍니다.

공표일자 : 2015년 6월 29일
제 정 자 : 한국산업안전보건공단 이사장

KOSHA GUIDE
E - 143 - 2015

# 위험성평가를 기반으로 하는 인화성 액체 취급장소에서의 폭발위험장소 설정에 관한 기술지침

## 1. 목적

이 지침은 산업안전보건기준에 관한 규칙 제230조(폭발위험이 있는 장소의 설정 및 관리 및 안전보건기술지침(가스 폭발위험장소의 설정 및 관리에 관한 기술기준)에 따라 인화성 액체를 사용·취급 또는 저장하는 장소 등에서의 가스폭발위험장소의 설정에 관한 기술지침의 제공을 목적으로 한다

## 2. 적용범위

(1) 이 지침은 인화성 액체를 사용·취급 또는 저장하는 설비 등에 적용한다.
(2) 이 지침은 베셀·배관·탱크 또는 시스템에서 예측하기 곤란한 대규모의 파열이나 누출사고 그리고 과산소 분위기 또는 자연발화성 물질에는 적용하지 않는다.

## 3. 용어의정의

(1) 이 지침에서 사용하는 용어의 정의는 다음과 같다.
  (가) "인화성액체(Flammable liquid)"라 함은 산업안전보건기준에 관한 규칙 별표에서 정하고 있는 다음의 물질을 말한다.
    ① 에틸에테르, 가솔린, 아세트알데히드, 산화프로필렌, 그 밖에 인화점이 섭씨 23도 미만이고 초기 끓는점이 섭씨 35도 이하인 물질
    ② 노르말헥산, 아세톤, 메틸에틸케톤, 메틸알코올, 에틸알코올, 이황화탄소, 그 밖에 인화점이 섭씨 23도 미만이고 초기 끓는점이 섭씨 35도를 초과하는 물질
    ③ 크실렌, 아세트산아밀, 등유, 경유, 테레핀유, 이소아밀알코올, 아세트산, 하이드라진, 그 밖에 인화점이 섭씨 23도 이상 섭씨 60도 이하인 물질
  (나) "가스폭발분위기(Explosive atmosphere)"라 함은 대기상태에서 발화·소비되지 않은 혼합물로 연소가 계속될 수 있는 가스나 증기 상태의 인화성 액체가 혼합되어 있는 상태를 말한다.
    주) 혼합물의 농도가 폭발상한(UEL : Upper Explosive Limit)을 넘을 경우에는 가스폭발 분위기는 아니지만 폭발위험장소가 되기 쉬우므로 가스폭발분위기로 간주한다.

(다) "가스폭발위험장소(Hazardous area)"라 함은 전기기계·기구(이하 "전기기기"라 한다.)를 설치·사용함에 있어 특별한 주의를 요하는 가스폭발분위기(이하 "위험분위기"라 한다.)가 조성되거나 조성될 우려가 있는 장소를 말한다. 이 가스 폭발위험장소(이하 "위험장소"라 한다.)는 위험분위기의 생성빈도와 지속시간에 따라 0종, 1종, 2종 또는 비위험장소로 구분한다.

(라) "비위험장소(Non-hazardous area)"라 함은 전기기기를 설치·사용함에 있어 특별한 주를 요하는 위험분위기가 조성될 우려가 없는 장소를 말한다.

(마) "누출원(Source of release)"이라 함은 위험분위기를 조성할 수 있는 인화성 액체가 대기 중으로 누출될 우려가 있는 지점 또는 위치를 말한다.

(바) "환기(Ventilation)"라 함은 바람, 공기의 온도차에 의한 영향 또는 인위적인 수단(팬, 배출기 등)을 이용하여 공기를 이동시켜 신선한 공기로 대체시키는 것을 말한다.

(사) "비중(Relative density)"이라 함은 같은 압력과 온도에서 공기의 비중 대비 가스 또는 증기의 비중을 말한다.

(아) "인화점(Flash point)"이라 함은 어떠한 표준조건하에서 인화성 액체가 증발하여 공기 중에서 폭발하한 농도 이상의 혼합기체를 생성할 수 있는 가장 낮은 온도를 말한다.

(2) 그 밖에 용어의 뜻은 이 지침에서 특별히 규정하는 경우를 제외하고는 산업안전보건법, 같은 법 시행령, 같은 법 시행규칙 및 산업안전보건기준에 관한 규칙에서 정하는 바에 따른다.

## 4. 일반 사항

### 4.1 일반 원칙

이 지침에서 특별히 규정하지 않는 한, 위험장소 설정에 대한 일반 사항은 다음 표준 등의 순서대로 적용함을 원칙으로 한다.

(1) KS C IEC 60079-10-1(폭발분위기-제10-1부 : 폭발위험장소의 구분) (안전보건기술지침(가스 폭발위험장소의 설정 및 관리에 관한 기술기준))

(2) NFPA 497(Recommended practice for the classification of flammable liquids, gases, or vapors and of hazardous locations in electrical installations at chemical process areas)

(3) API 505(Classification of locations for electrical installations at petroleum facilities classified as class 1, zone 0, zone 1, and zone 2)

> 주) 일반 제조업 공정에서는 KS C IEC 60079-10-1을 기본으로 하되 보다 구체적인 사항은 NFPA 497를 적용한다. 반면 석유화학설비는 주로 고온에서 물질의 다량의 취급·처리·저장 등으로 특정화되므로, 보다 엄격한 API 505를 적용하는 것이 바람직하다.

(4) EI 15(Area classification code for installations handling flammable fluids)
(5) EN 1127-1 : 2011(Explosive atmospheres-Explosion prevention and protection)

### 4.2 전문가적 판단

이 지침은 당해 위험장소에 적합한 전기설비를 선정하는 데 도움을 주기 위한 가이드이며, 실제로 위험장소를 설정할 때에는 전문가적인 명확한 공학적 판단(Sound engineering judgment)에 따를 수 있다.

(1) 옥내를 위험장소로 설정할 때에는 이전의 동일하거나 유사한 설비에 대한 경험을 바탕으로 신중하게 판단한다. 이는 건물 내에 인화성 액체의 누출원이 있다는 것만으로 1종 또는 2종 장소와 그 범위를 정하는 것은 적절하지 않음을 의미한다. 즉, 설비의 특별한 설계로 비위험장소를 위험 장소로 분류하거나 2종 장소를 1종 장소로 설정하는 등 보다 위험하게 분류하는 것이 합리적이지 않을 수도 있다는 것으로, 경험을 바탕으로 위험장소 설정결과를 재분류할 때 기존의 1종 장소가 2종 장소로, 2종 장소가 비위험장소로 구분되는 경우가 적지 않다.

(2) 인화성 액체의 증기가 비교적 적은 양으로 취급·사용되는 공정에서, 밀폐 구조나 개스킷 등의 불량으로 인한 액체 누출을 방지하는 조치를 취하고 액체 누출 시에 폭발하한값 25% 이하에서 검출하여 적절한 조치를 취하는 경우에는 비위험장소로 구분할 수 있다.

(3) 누출된 인화성 액체의 양은 위험장소의 범위를 결정하는 데 아주 중요한 요소로, 이때 공학적 판단이 특히 중요하다. 이때 이러한 판단의 목적, 즉 위험장소의 설정은 오로지 전기설비의 적정 설치를 위한 것이라는 것을 생각한다.

(4) 실험실 등과 같이 잠재적인 위험성은 있지만 취급하는 인화성 물질의 양이 아주 적어 폭발위험분위기 생성 가능성이 거의 희박한 경우에는 전문가의 공학적 판단에 따라 폭발위험장소로 설정하지 않을 수 있으며, 이 경우 개별적으로 그 장소 특유의 위험성에 고려하여 별도의 안전조치를 취하도록 한다.

### 4.3 기타 고려 사항

(1) 먼저 취급하는 물질 및 증기 밀도를 파악하여야 한다. 대부분의 인화성 증기는 일반적으로 공기보다 무거우나 수소·메탄 등의 가스는 공기보다 가벼우므로 다음을 고려한다.

  (가) 자연 또는 인공의 공기 흐름을 방해하는 벽·격벽 등의 장애물이 없는 경우, 인화성 액체는 확산되며, 이때 공기보다 무거운 증기는 아래쪽으로 넓게, 공기보다 가벼운 증기는 위쪽으로 퍼진다. 만약 증기원이 하나의 점이라면, 증기에 의한 수평면은 원을 그리게 된다.

  (나) 공기보다 무거운 증기가 지면 또는 그 인근에서 누출되는 경우, 위험분위기는 주로 지면 아래로 흐르다가 지면 쪽으로 체류되어 지면 위로 올라갈수록 증기의 존재 확률은 낮아진다. 반면에 공기보다 가벼운 가스는 지면 아래쪽으로 위험 분위기가 형성될 확률이 아주 적고 대부분이 지면 위쪽으로 존재하게 된다.

  (다) 압력이 걸린 인화성 액체가 누출되는 경우, 누출원의 위치에 따라 위험장소의 경계는 크게 변화된다. 또한, 약하고 부드러운 바람은 위험장소를 확대시키지만 보다 강한 바람은 인화성 액체의 농도를 희석시키기 때문에 위험장소의 범위를 크게 감소시킨다. 따라서 이론적인 증기확산모델만으로 하기보다는 경험을 바탕으로 하는 것이 바람직하다.

(2) 건물의 크기와 구조는 옥내공간의 위험장소 구분에 영향을 미칠 수도 있다.

## 5. 위험성 평가를 기반으로 하는 위험장소 설정

### 5.1 폭발 위험장소의 설정

위험장소 설정 방법은 다음의 3가지 방법이 있다(그림 1 참조).

(1) 도표이용(DEA, Direct example approach) : 인화성 물질 취급설비의 위험장소를 직접 구분하는 전형적인 방법으로, 설비 배치도 및 크기·취급물질의 종류·환기 등을 고려한 경험적 방법이다(5.2.5.3 참조).

(2) 점누출원(PSA, Point source approach) : 설비의 운전 온도 및 압력·환기의 정도 및 유형 등의 변화가 커서 도표 이용방법이 곤란한 경우에 적용하는 것으로 누출원의 누출확률을 알아야 한다(EI 50의 Chapter 5 및 Chapter 6 참조).

(3) 위험기반(RBA, Risk-based approach) : 누출확률을 모르거나 자주 변화되는 시

스템에서 2차 누출의 크기를 결정할 때 사용하는 방법으로 주로 기존 설비에 유용하다.

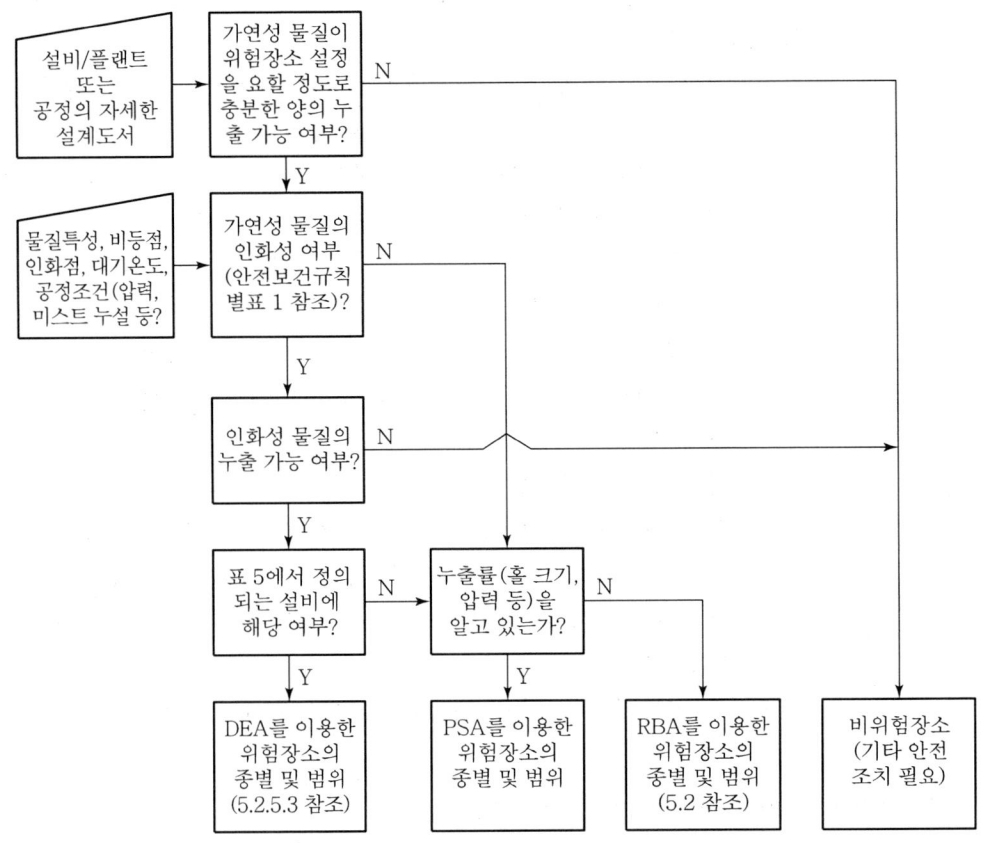

〈그림 1〉 위험장소 구분 방법의 설정

## 5.2 폭발 위험장소의 설정 절차

위험장소를 설정하고자 하는 경우에는 일반적으로 〈그림 1〉의 절차에 따라 5.1항의 세 가지 방법 중 하나 이상의 방법을 서로 혼용하여 활용한다. 아래에 위험성평가기법을 바탕으로 하는 위험장소를 설정하는 절차에 대하여 기술한다.(〈그림 2〉 참조)

### 5.2.1 【1단계】: 위험장소 설정 대상 검토

관련 설비에서 사용, 처리, 취급 또는 저장하는 물질이 인화성 액체에 해당된다면 위험장소의 설정 대상이 된다.

주) 가연성 물질이 인화점 이상에서 취급되는 경우에도 위험장소의 설정 대상이 되는 경우도 있다.

5.2.2 【2단계】 : 관련 정보 수집

설계도면상에서만 존재하는 설비를 바탕으로 필요로 하는 방폭 전기설비 및 계장설비 등을 선정·구매하기 위하여 위험장소 구분도(초안)를 작성한다. 이러한 도면은 명확하게 그려지는 경우가 거의 없기 때문에 차후에 실제 설비를 바탕으로 수정·보완된다. 이 구분도 작성에 필요한 정보(자료)는 다음과 같다.

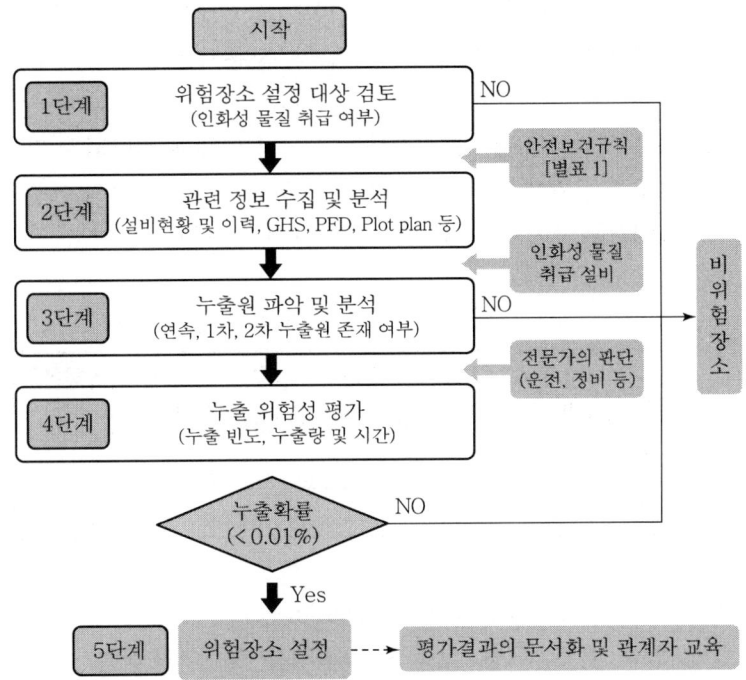

〈그림 2〉 위험성 평가를 기반으로 하는 위험장소 설정 절차

5.2.2.1 설비 목록 및 기존 설비의 이력

설비 목록 및 기존 설비의 운전 경험은 위험장소 설정에 있어서 아주 중요한 자료이므로, 해당·또는 유사 설비의 운전 및 정비 경험자를 통하여 다음과 같이 설비의 운전(누출 관련) 이력을 수집한다.

(1) 누출 사례를 경험했는가?
(2) 누출이 얼마나 자주 발생하는가?

# KOSHA GUIDE
E - 143 - 2015

(3) 누출이 정상 또는 비정상적인 작동 중에 발생하는가?
(4) 설비의 상태가 정상, 불안전 또는 보수를 필요로 하는 상태인가?
(5) 정비작업을 할 때, 위험분위기가 형성되는가?
(6) 공정 배관 내부의 세정, 필터 교환, 설비 개방 등의 경우에 위험분위기가 형성되는가?

### 5.2.2.2 취급 물질의 물리·화학적 특성
(1) 취급 물질의 특성을 안전보건공단(KOSHA) 홈페이지의 MSDS/GHS에서 검색하여 〈표 1〉을 작성한다. 만약, 사용되는 물질명이나 CAS 번호로 찾을 수 없는 경우에는 공급자로부터 직접 구할 수도 있다.
(2) 법 시행령 별표 10에서 정하는 인화성 액체에 해당되지 않을 경우, 위험장소 설정에서 제외할 수 있다(강제 기준에서는 최소한의 기준을 규제하므로 현장에서는 이보다 강화하여 적용할 수 있다).

〈표 1〉 취급 물질의 물리·화학적 특성

| 차례 | 물질명 (CAS번호) | 인화점 (℃) | 폭발범위 (vol %) | 비중/ 증기밀도 | 사용압력 (kPa) | 발화온도 (℃) | 그룹 및 온도 등급 | 비고 |
|---|---|---|---|---|---|---|---|---|
| 1 | | | | | | | | |
| 2 | | | | | | | | |

### 5.2.2.3 공정흐름도(Process Flow Diagram)
공정 압력, 온도, 유량, 각종 물질의 성분 및 양(물질수지 시트 등)을 나타내는 공정 흐름도(PFD)를 입수한다.

### 5.2.2.4 평면도(Plot Plan)
인화성 액체의 증기 확산에 영향을 미칠 수 있는 모든 요소(베셀, 탱크, 트렌치, 섬프, 구조물, 다이크, 칸막이, 둑 등)의 위치를 표시한 평면도를 확보한다. 여기에는 공기 흐름을 방해하는 요소도 포함한다.

## 5.2.3 【3단계】: 누출원 파악 및 분석
### 5.2.3.1 누출원 파악
(1) 일반적으로 인화성 액체를 취급·사용하는 경우, 액체가 분당 40~400L(10~100갤런)의 누출·폭발 시의 사망확률을 수용 가능한 위험(ALARP)으

KOSHA GUIDE
E - 143 - 2015

로 보고 있다. 따라서 여기에 안전율을 고려하여 분당 12~20L 이상 누출 가능한 것을 「누출원」으로 판단한다.

<표 2> 폭발위험장소 설정의 하한값(EI 15)

| 구분 | 인화점 이상의 인화성 액체(L) |
|---|---|
| 옥내 | 25 |
| 옥외 | 200 |

주) 누출원의 대부분은 글랜드 패킹이나, 여기에서 누출되는 양은 일반적으로 0.95L/분(또는 360갤런/일)을 넘지 않고, 옥외에서 분당 1.0L 정도의 인화성 액체가 누출된다 하여도 가연성 가스 검지기(LEL의 25% 설정)로 검출하기 어려움을 고려한다.

(2) 배관도 등에서 용접으로 연결된 부분을 제외한 모든 연결부(밸브, 펌프, 압축기, 계기 등)를 누출원으로 한다(5.2.4 참조).

주) 배관도 또는 설비배치도를 통해 모든 예상 가능한 누출원을 파악하여 표시하고, 각각의 누출 높이를 <표 3>에 표기한다.

<표 3> 누출원 목록

설비명 : ○○○(<도면 ○○ 참조>)

| 차례 | 누출원 | | 누출[a] 등급 | 인화성 액체 | | | 상태[c] | 환기 | | | 폭발위험장소 | | | | 비고 |
|---|---|---|---|---|---|---|---|---|---|---|---|---|---|---|---|
| | 설비명 | 위치 | | 참조[b] | 운전온도(℃) | 운전압력(kPa) | | 형태[d] | 등급[e] | 유효성 | 종류 | 수평(m) | 수직(m) | 참조 | |
| 1 | | | | | | | | | | | | | | | 1) 누출원 상부 2) 누출원 에서 |
| 2 | | | | | | | | | | | | | | | 1) 탱크 내부 |

a) C : 연속, S : 2차, P : 1차,    b) <표 1>에서의 차례,    c) G : 가스, L : 액체, LG : 액화가스, S : 고체
d) N : 자연환기, A : 강제환기,    e) H : 고환기, M : 중환기, L : 저환기

5.2.3.2 누출원 분석

(1) 설비·장치·배관 등의 누출원이 표시된 평면도의 누출원에서 설비의 운전 중 또는 정상작업 중의 누출 가능성을 다음에 따라 평가한다.

(가) 해당 설비의 신뢰성
(나) 해당 설비의 운전 안정성(정상조건을 벗어난 상황의 발생 가능성)
(다) 해당 설비의 운전 및 점검 주기
(라) 해당 설비에서의 사고이력
(마) 해당 작업에 대한 작업표준의 존재 여부
(바) 작업표준의 적절성 여부
(사) 해당 작업자의 자격, 훈련, 경험 등을 고려한 인적 오류 발생 가능성
(아) 기타 사고 발생 가능성에 영향을 줄 수 있는 요인 등

(2) 연속, 1차 또는 2차 누출원에 관한 사항은 안전보건기술지침(가스 폭발위험장소의 설정 및 관리에 관한 기술기준)(이하 "가이드"라 한다)의 〈부록 1〉을 참조한다.

(3) 누출원의 위험성평가 절차 및 방법은 KOSHA Guide E-21(폭발위험장소에서의 폭발방지에 관한 기술지침)에 따른다.

### 5.2.4 【4단계】: 누출 위험성 평가

일반적으로 「발생확률(probability)」 × 「중대성(consequence)」으로 정의되는 위험성(risk)에서 「발생확률」은 '누출확률'로 보고, 「중대성(consequence)」은 위험분위기 생성원(Source)인 누출원(Source of release)으로 본다.

(1) 일정 양 이상의 인화성 액체 누출로 인한 사망 확률로 정의되는 '중대성'은 '누출원'으로 보며, 이에 대하여는 5.2.3을 참조한다.

(2) 누출확률에 따른 위험장소 설정에 관하여 정해진 규칙(rule)은 없지만, 위험분위기의 생성빈도와 지속시간에 따라 0종 장소·1종 장소·2종 장소 또는 비위험장소로 구분하는 경험적 규칙인 〈표 4〉를 주로 사용한다.

〈표 4〉 가스폭발분위기의 생성확률에 따른 위험장소의 설정

| 위험장소 구분 | 가스폭발분위기의 생성 시간 (확률) | 비고 |
|---|---|---|
| 0종 장소 | 1,000시간 초과/연(10%) | 1년은 8,760시간이지만 10,000시간으로 하여 가스폭발분위기의 생성확률을 %로 계산함 |
| 1종 장소 | 10~1,000시간/연(0.1~10%) | |
| 2종 장소 | 1~10시간 미만/연(0.01~0.1%) | |
| 비위험장소 | 1시간 미만/연(0.01%) | |

```
KOSHA GUIDE
E - 143 - 2015
```

5.2.5 【5단계】 : 위험 장소의(종별 및 범위) 설정

  5.2.5.1 위험장소의 종별

    (1) 0종 장소 : 위험분위기가 연속적 또는 장기간 존재할 수 있는 다음의 장소는 0종 장소로 한다.

      (가) 인화성 액체를 담은 (통기되는) 탱크 또는 베셀의 내부

      (나) 인화성 솔벤트(용제) 사용 분무 또는 코팅용(미흡한 통기되는) 밀폐구조 내부

      (다) 인화성 액체를 담은 부동형 루프 탱크의 내부 벽과 외부 벽 사이

      (라) 인화성 액체를 담고 있는 용기 또는 피트의 내부

      (마) 인화성 가스 또는 증기의 배기에 사용되는 배기 덕트의 내부 등

    (2) 1종 장소 : 위험분위기가 정상 작동상태에서 존재할 수 있는 장소의 평가는 다음에 따른다. 다음 중 1개 이상이 해당되는 경우, 1종 장소로 하는 것을 원칙으로 한다.

      (가) 정상 작동 상태에서 위험분위기가 존재할 가능성이 있는가?

      (나) 정비, 수리작업 또는 누출로 인하여 빈번하게 위험분위기가 존재할 가능성이 있는가?

      (다) 인화성 액체의 농도가 폭발범위에 이를 정도까지 누출될 수 있는 설비의 고장 또는 오작동의 발생과 동시에 점화원이 될 수 있는 전기설비가 동시에 고장을 일으킬 수 있는가?

      (라) 0종 장소에서 위험분위기가 전파될 수 있는 인근 지역인가?(단, 위험분위기가 유입되지 않도록 신선한 공기 공급 양압설비가 설치되고 환기설비가 고장 날 경우 효과적인 안전장치가 구비된 경우 제외)

    (3) 2종 장소 : 위험분위기가 비정상 운전 또는 사고의 경우에만 존재할 수 있는 장소의 평가는 다음에 따른다. 다음 중 1개 이상이 해당되는 경우, 그 지역은 2종 장소로 하는 것을 원칙으로 한다.

      (가) 정상 작동 상태에서 위험분위기가 조성되지 않는가?(발생할 경우 아주 짧은 시간에 한함)

      (나) 정상 작동 상태에서 취급·처리 또는 사용되는 위험분위기가 폐쇄된 (Closed) 용기 또는 설비 내에 제한되는가?(용기 또는 설비의 사고로 인한 파손이나 설비의 비정상 작동의 경우에만 인화성 액체가 누출되는 경우는 제외)

(다) 위험분위기가 강제 환기(양압)에 의하여 차단되는가?(환기설비가 오
    작동이나 고장 났을 때 위험장소로 될 수 있는 경우)
(라) 1종 장소의 위험분위기가 전파될 수 있는 인근 지역인가?(단, 위험분위
    기가 유입되지 않도록 신선한 공기공급 양압설비가 있고 이 설비가 고
    장 날 경우 효과적인 안전장치가 구비된 경우)

5.2.5.2 비위험장소
(1) 위험분위기 생성 확률이 낮은 장소
    다음과 같이 경험상 기기 및 공정운전에서 위험분위기의 생성 확률이 아주
    낮은(연 1시간 또는 0.01% 미만) 경우는 비위험장소로 볼 수 있다.
    (가) 충분한 환기가 이루어지며 인화성 액체가 외부로 누출되지 않도록 적
        절하게 관리되고 있는 폐쇄된 배관계통(Closed pipng system)이 있는
        장소

        주) 충분한 환기의 예는 다음과 같다.
          • 옥외 지역
          • 수직 또는 수평적으로 자연 환기를 방해하는 장애물이 없는 개방된 건물, 방
            또는 공간(벽이 아예 없거나 한쪽 벽(또는 바람막이)만 있는 지붕 등)
          • 사방 또는 부분적으로 막힌 공간에 시간당 환기량이 해당 용적의 5배 이상이
            고 그 환기설비가 실질적/연속적으로 가동됨을 보증할 수 있도록 고장검출
            기가 2중으로 설치된 지역

    (나) 충분한 환기가 이루어지지 않는 장소이나, 누출 가능성이 있는 밸브·
        피팅·플랜지 및 기타 유사한 설비가 없는 배관계통이 있는 장소
    (다) 인화성 액체가 밀폐된 용기에 저장되는 지역 등
(2) 개방 화염 또는 고온 표면 주위
    열에너지를 갖는 보일러·가열기 등과 같이 운전 중에 개방 화염이나 고온
    표면 등의 점화원을 갖는 설비의 바로 인근은 위험장소로 설정하는 것은 적
    절하지 않다.

        주) 연료 공급 또는 재순환 관련으로 펌프·밸브 등의 잠재적인 누출원이 있는 곳에
          는 점화원이 될 수 있는 전기설비의 설치는 피하도록 한다.

(3) 인화점이 높거나 없는 액체 등
    (가) 경험에 따르면 인화점이 93℃를 넘는 가연성 액체는 가열된다 하여도
        위험분위기가 생성되기 어렵기 때문에 정상 작동하는 일반형 전기설비
        가 점화원으로 작용하지 않는다.
    (나) 인화점이 없이 연소범위만을 갖는 트리클로로에틸렌, 1,1,1-트리클로에

```
KOSHA GUIDE
E - 143 - 2015
```

탄, 메틸렌 클로라이드 및 1,1-디클로로-1-프로로에탄(HCFC-141b) 등과 같은 할로겐계 액화 탄화수소는 실용상, 불연성으로 폭발위험장소로 설정하지 않는다.

5.2.5.3 적절한 도표 선정(Selecting the Appropriate Classification Diagram)

(1) 위험장소의 범위를 설정할 때 고려하여야 하는 파라미터는 다음과 같다.
  (가) 인화성 액체의 종류
  (나) 인화성 액체의 증기 밀도
  (다) 인화성 액체의 온도
  (라) 공정 또는 저장 압력
  (마) 누출의 크기
  (바) 환기 등

(2) 〈표 1〉에서 〈표 3〉 및 위 (1)을 고려하여 다음 사항을 〈표 4〉에서 적합한 항목을 정하고 4.1(일반원칙)의 원칙에 따라 적당한 도표를 선정할 수 있다.
  (가) 공정설비의 크기가 대·중 또는 소 중 어느 것에 해당하는가?
  (나) 공정설비의 압력이 대·중 또는 소 중 어느 것에 해당하는가?
  (다) 공정설비의 유량이 대·중 또는 소 중 어느 것에 해당하는가?
  (라) 인화성 액체의 증기 밀도가 공기보다 무거운지(증기밀도 > 1) 또는 가벼운지(증기밀도 < 1)?
  (마) 누출원의 위치가 지면 위 또는 아래쪽 어느 쪽인가?

〈표 5〉 인화성 액체 취급 공정설비 및 배관의 상대적 크기

| 공정설비 | 소(저) | 중(보통) | 대(고) |
|---|---|---|---|
| 설비 크기(kL, m³) | 18 미만 | 18~93 | 93 초과 |
| 최대 운전 압력(kPa/kg/cm²) | 686/6.9 미만 | 686/6.9~3,450/35 | 3,450/35 초과 |
| 최대 운전 유량(L/분) | 380 미만 | 380~1,900 | 1,900 초과 |

주 1) 펌프 및 교반기 축 글랜드 패킹부, 배관 연결부 및 밸브 등의 누출은 누출원으로부터의 확산 거리 및 면적과 공정설비의 크기, 압력, 유량 등에 따라 증가한다.
  2) 표 5를 적용하기 곤란한 누출원이 아주 작거나 배치공정설비인 경우, 점누출(5.1.(1)(가))을 적용하고, 석유화학설비 등과 같이 크고 고압인 공정 설비는 표 5를 참고하여 API 코드를 활용하는 것이 바람직하다.
  3) 화학 공장의 대부분이 인화성 액체를 취급하는 설비 및 배관에서 위 표의 중(보통) 범위의 크기·압력 및 유량에 속하나, 이 지침에서 적용하는 공정에서의 최고 압력

은 100kPa(1.0 kg/cm²) 이하, 최대 유량은 분당 100L 이하이므로, 〈표 3〉의 소(저)와도 많은 차이가 나므로 이를 적용할 때에는 전문적인 판단이 필요할 수 있다.

(3) 위험장소의 종별과 범위를 설정할 때에는 KS C IEC 60079-10-1의 도표를 우선 적용하되, 누출 등급과 환기 등급을 고려하여 정한다.

주) 미흡할 경우에는 가이드, NEC 505, NFPA 497 또는 API 505에서의 적합한 도표를 찾아 보완할 수 있다.

## 6. 위험장소 구분도의 작성

### 6.1 일반 사항

위험장소의 종별 및 범위는 5.2.5에서 기술된 방법에 의하여 도면을 작성하기 위하여 명확한 공학적 판단으로 결정한다.

(1) 위험장소 구분도는 인화성 액체의 누출원을 나타내는 도면을 말하며, 위험장소의 종별과 그 범위를 표기한 것이다. 도면의 일부는 밀폐 공간 또는 공정지역에서의 단일 누출원 또는 복수의 노출원에 적용한다. 각 누출원에서 위험장소의 최소한의 범위를 정하기 위한 도표 선정의 예를 찾을 경우, 그 범위는 다음 사항을 참조하여 정한다.

(가) 설비의 수리, 정비 또는 누설로 인해 위험분위기가 자주 생성되는지 여부?
(나) 인화성 액체를 담고 있는 공정설비, 저장 베셀, 배관설비의 정비 또는 감시 상태에서 누출이 발생할 가능성이 있는지?
(다) 인화성 액체가 트렌치, 배관, 전선관, 닥트 등을 통하여 이송될 수 있는지 여부
(라) 해당지역의 환기 또는 바람 저해, 인화성액체의 확산율 등

(2) 도표의 용도는 공정설비, 건물 등의 구분도 작성에 도움을 주기 위한 것으로, 대부분의 도면은 평면도로 작성되며, 필요한 경우에는 입면도 또는 단면도를 작성할 수 있다.

(3) 펌프·컴프레서·베셀·탱크 및 열교환기 등 인화성 액체의 누출원은 상호 연결되어 있고, 이러한 설비들은 플랜지 및 나사 접속부·피팅류·밸브·계기류 등과 같은 누출원이 차례로 존재하므로, 위험장소를 설정할 경우에는 0종, 1종 및 2종 장소의 경계를 정할 필요가 있다. 경계표시는 보도·다이크·벽·지지물·도로의 가장자리 등을 활용하되, 전기기술자·계장전문가·운전자·기타 직원들이 쉽게 식별할 수 있도록 한다.

(4) 공정지역에서 다수의 점 누출원에서 개별 위험장소 설정은 현실적이지도 않고 비

경제적이므로 이런 경우, 전체 누출원을 하나의 누출원으로 할 수도 있다. 그러나 이것은 그 설비와 인접설비 등의 다양한 누출원의 범위와 상호 작용의 평가를 통해서만 고려하여야 한다.

### 6.2 위험장소 구분도의 문서화

#### 6.2.1 포함할 정보

(1) 위험장소 구분도는 다음과 같은 정보 등을 참조하여 문서화한다.
  (가) 적합한 코드와 지침
  (나) 가스의 확산 특성 및 계산 자료
  (다) 환기유효성평가를 위한 가스의 누출변수에 관련된 환기 특성 검토 자료 등

(2) 모든 가스의 특성, 즉 물질명·인화점·폭발범위·발화온도·증기밀도·사용압력·가스군 및 온도등급 등을 목록화(표 1 및 표 2 참조)한다.

#### 6.2.2 위험장소 구분도의 작성

(1) 구분도에는 위험장소의 형태와 범위, 점화온도, 온도등급 및 가스군 등을 표시하되, 평면도와 입면도로 나타낸다.

(2) 구분도에 표기하여야 할 사항은 다음과 같다.
  (가) 위험장소 구분에 관한 평면도와 입면도
  (나) 위험장소의 종류와 범위 및 가스 등의 발화도·온도등급과 가스군

(3) 지형이 위험장소 범위에 영향을 미치는 경우에는 이를 문서화한다.

(4) 위험장소 구분도에는 상기사항 이외에도 다음과 같은 정보를 나타낸다.
  (가) 누출원의 위치와 표시, 위험장소의 구분자료(Data sheet)와 도면이 상호 참조되도록 하기 위해 누출원을 목록화 또는 계량화한 자료
  (나) 건물 내의 개구부 위치 등(예 : 환기용 문·창 및 출입구)

(5) 위험장소의 종별과 범위를 설정할 때에는 KS C IEC 60079-10-1의 도표(가이드의 〈부록 3〉 예제 그림)를 우선 적용하되, 누출 및 환기 등급을 고려하여 다음에 따라 설정한다.

  주) 미흡할 경우에는 가이드, NEC 505, NFPA 497 또는 API 505에서의 적합한 도표를 찾아 보완할 수도 있다.

  (가) 위험장소 종별의 표기 방법은 그림 3에 따르되 각 도면 모두에 나타낸다.
  (나) 필요한 경우에는 다수의 기기군 및/또는 온도등급을 동일한 장소 내에 여러 기호를 함께 표시할 수 있다(예를 들어, ⅡC T1 2종장소 및 ⅡA T3 2종장소 등).

| 0 종장소 | 1 종장소 | 2 종장소 |

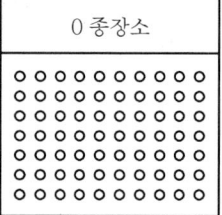 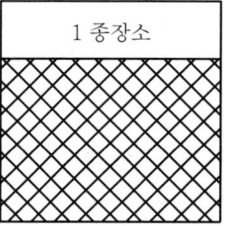 

〈그림 3〉 위험장소의 표시 구분

6.3 폭발위험장소 구분도의 관리

　(1) 구분도 작성이 완료되고 필요한 모든 기록이 만들어지면, 장소 구분에 책임이 있는 자와의 사전 협의 없이는 설비나 작동 절차의 어떠한 변경도 있어서는 안 된다.

　　주) 구분도 등의 변경은 이 지침의 엄격한 절차에 따라야 한다.

　　(가) 승인 없는 임의 구분도 변경은 장소 구분 효과를 저해할 수 있다.

　　(나) 장소 구분에 영향을 미치는 설비 중 정비가 필요한 설비들이 안전에 영향을 미칠 수 있는 경우, 방폭설비에 대한 지식이 풍부한 자가 정비하고 재조립하되, 재작동하기 전에 당초 설계의 안전성이 보증될 수 있어야 한다.

　(2) 정상작동이 아닌 정비작업 등의 경우, 위험장소는 일시적으로 확대될 수 있으나 이러한 제반사항은 "안전작업허가 기준"에 명시한다.

　(3) 비상사태하에서는 필요에 따라 해당 위험장소에 적합하지 않은 전기설비의 격리, 작동의 정지, 용기의 격리, 유출물질의 저장 및 비상 배출 설비의 구비 등의 보완 조치를 추가적으로 적용하는 것이 바람직하다.

KOSHA GUIDE
H - 123 - 2013

# 불산/불화수소 취급근로자의 중독 예방 및 응급대응 지침

2013. 12

한 국 산 업 안 전 보 건 공 단

안전보건기술지침의 개요

○ 작성자 : 고려대학교 의과대학 직업환경의학과 박종태

○ 제 · 개정경과
  2013년 11월 산업보건관리분야 제정위원회 심의(제정)

○ 관련 규격 및 자료
  - KOSHA GUIDE P-58 2012. 한국산업안전보건공단. 위험물질 사고대응에 관한 기술 지침
  - KOSHA GUIDE H-57 2012. 한국산업안전보건공단. 현장 응급처치의 원칙 및 관리지침
  - Safe Operation of Hydrofluoric Acid Alkylation Units, API RECOMMENDED PRACTICE 751, FOURTH EDITION, NOVEMBER 2012
  - NIOSH Emergency Response Safety and Health Database : HYDROGEN FLUORIDE/ HYDROFLUORIC ACID : Systemic Agent

○ 관련 법규 · 규칙 · 고시 등
  - 산업안전보건법 제5조(사업주 등의 의무)
  - 산업안전보건법 시행령 제3조의7(사업주 등의 협조)
  - 산업안전보건기준에 관한 규칙 제3편 제1장(관리대상 유해물질에 의한 건강장해의 예방)
  - 산업안전보건기준에 관한 규칙 제3편 제10장(밀폐공간 작업으로 인한 건강장해의 예방)

○ 기술지침의 적용 및 문의
  이 기술지침에 대한 의견 또는 문의는 한국산업안전보건공단 홈페이지 안전보건기술지침 소관 분야별 문의처 안내를 참고하시기 바랍니다.

공표일자 : 2013년 12월 17일

제 정 자 : 한국산업안전보건공단 이사장

KOSHA GUIDE
H - 123 - 2013

# 불산/불화수소 취급근로자의 중독 예방 및 응급대응 지침

## 1. 목적

이 지침은 산업안전보건법(이하 "법"이라 한다) 제24조(보건조치), 제39조(유해인자의 관리 등) 및 산업안전보건기준에 관한 규칙(이하 "안전보건규칙"이라 한다) 제3편(보건기준) 제1장(관리대상 유해물질에 의한 건강장해의 예방)의 규정에 의하여 작업장에서 불산/불화수소를 취급하는 근로자의 중독을 예방하고 응급대응 조치를 마련하는 데 필요한 사항을 정함을 목적으로 한다.

## 2. 적용범위

이 지침은 불산/불화수소를 취급하는 사업장에 적용한다.

## 3. 용어의 정의

(1) 이 지침에서 사용하는 용어의 정의는 다음과 같다.
  (가) "불산"이라 함은 불화수소(HF ; Hydrofluoric Acid, 플루오린화 수소)의 수용액으로 불화수소산 또는 플루오린화수소산으로도 불리운다.
  (나) "자급식 공기호흡기(SCBA : Self-Contained Breathing Apparatus)"라 함은 압축공기용기가 부착된 공기호흡기로 연기나 유독가스로 오염된 장소에서 안전하게 호흡을 할 수 있도록 착용하는 보호장구로서 압축공기의 압력을 조정하는 압력조정기와 공기를 압축하여 저장한 압축공기 저장용기, 공기를 호흡하기 위한 면체, 등에 짊어질 수 있는 밴드로 구성되어 있다.

(2) 그 밖에 이 지침에서 사용하는 용어의 정의는 이 지침에 특별한 규정이 있는 경우를 제외하고는 산업안전보건법, 같은 법 시행령, 같은 법 시행규칙, 산업안전보건기준에 관한 규칙 및 관련 고시에서 정하는 바에 의한다.

## 4. 불산/불화수소의 물리화학적 특성

불화수소의 물리화학적 특성은 〈표 1〉과 같다. 불화수소는 분자량 20.01, 녹는점 −83.53℃, 끓는점 19.51℃이다. 불화수소는 독성, 부식성, 불연성의 성질을 가진 액화가스이며, 가스

KOSHA GUIDE
H - 123 - 2013

는 무색이지만, 공기 중의 수분과 접촉하면 흰색의 흄을 발생한다. 불화수소가 물과 반응하게 되면, 열을 발생하여 매우 부식성이 강한불산(Hydrofluoricacid)을 형성하게 된다.

〈표 1〉 불화수소의 물리화학적 특성

| 항목 | 내용 |
|---|---|
| 물질명 | 불화수소 |
| 분자량 | 20.01 |
| CAS No. | 7664-39-3 |
| 화학식 | HF |
| 물리적 성상 | 무색의 기체, 강한 자극성 냄새(냄새의 역치 : 0.042ppm) |
| 비중 | 0.988(20℃) |
| 녹는점 | -83.53℃ |
| 끓는점 | 19.51℃ |
| 증기압 | 760mmHg(20℃) |
| 용해도 | 물에 잘 녹음 |

## 5. 용도 및 노출

### 5.1 용도

(1) 불화칼슘[형석, $CaF_2(S)$]과 진한 황산($H_2SO_4$)을 반응시켜 불화수소 제조
(2) 불화수소를 냉각시켜서 액체인 순수한 불산 제조
(3) 옥탄가가 높은 휘발유, 탄화수소 제조의 촉매제
(4) 유리를 서리 내린 듯 흐리게 하거나 식각 및 연마하는 용액
(5) 테프론 생산 : 테프론(Polytetrafluoroethylene(PTFE) 제조에 필요한 원료인 4-플루오린에틸렌($CF_2CF_2$)을 합성
(6) 금속 주조물에서 모래를 제거하는 용액
(7) 반도체를 제조할 때 실리콘 판(웨이퍼)의 식각
(8) 나노미터 크기의 매우 정교한 미세가공
(9) 치약에 첨가하는 불소화합물 제조
(10) 핵 연료로 사용되는 불소가 결합된 우라늄 화합물($UF_6$)을 합성

KOSHA GUIDE
H - 123 - 2013

5.2 주로 노출되는 공정

(1) 상기 5.1의 용도로 사용하는 공정에서 노출될 수 있다.
(2) 불소 제조와 불화알루미늄 제조 시에 노출될 수 있다.
(3) 우라늄 정제공정에서 노출될 수 있다.

## 6. 불산/불화수소의 독성 및 인체 영향

6.1 독성

(1) 불산은 강한 자극성을 가진 무색 액체로 강한 부식성을 나타낸다.
(2) 높은 농도에서 생체 조직과 접촉 시 즉각 괴사반응 및 통증이 발생하며 즉각적인 의학적 조치가 필요하다.
(3) 염산과 질산 등과는 달리 불산은 화상을 일으킬 뿐만 아니라 쉽게 피부 내로 침투하여 기저 조직을 손상시키고 혈류로 흡수된다.
(4) 대부분의 불산/불화수소 노출은 피부, 눈의 접촉 및 가스 흡입을 통해 이루어지며 피부 및 심부조직에 심각한 화상을 입힐 수 있다.
(5) 흡수된 불산/불화수소는 체내 칼슘 및 마그네슘과 결합하여 불용성 염을 생성한다. 이 과정에서 저칼슘혈증 및 저마그네슘혈증이 유발될 수 있다.
(6) 불산/불화수소를 취급하는 공정에서 발생하는 오염물 및 부산물과, 불산에 노출된 근로자에 의한 오염물, 부산물에 의한 2차 오염의 위험이 초래될 수 있다.

6.2 농도에 따른 인체 영향

(1) 급성 영향
    (가) 불화수소는 심한 호흡기 자극제이다. 불화수소를 흡입하면 일시적으로 숨이 막히고 기침이 난다. 노출 후 1~2일 동안 아무런 증상이 없다가도 그 이후에 발열, 기침, 호흡곤란, 청색증 및 폐수종이 발생할 수 있다.
    (나) 용액(불산)이 피부에 닿으면 심한 동통성 화상을 일으킨다.
    (다) 경피 또는 흡입되면 상당량의 불산이 흡수되며 저칼슘혈증과 저마그네슘혈증이 초래되어 부정맥이 생긴다.
    (라) 불화수소의 노출농도에 따라 증상이 달라진다.
        ① 120ppm 농도에 1분 동안 노출된 사람에서 결막염과 호흡기 자극증상이 나타나고 피부 부위에 바늘로 찌르는 듯한 통증이 생겼다는 보고가 있다.

② 30ppm 농도에 5~6분간 노출된 사람에서는 눈, 코 및 피부 자극증상은 나타났지만 호흡기 자극증상은 나타나지 않았다.
(마) 불산 용액이 피부에 닿으면 조직파괴가 심하게 일어난다. 불산노출이 인체에 미치는 영향은 노출된 불산의 농도에 따라 달라진다.
① 50% 이상의 농도에서는 즉각적으로 인지 가능한 심한 통증을 동반한 화상이 발생하는 것으로 알려져 있다.
② 20~50%의 농도에서는 노출 후 1시간에서 8시간 경과 후 지연된 증상이 발생할 수 있다.
③ 20% 미만의 농도에서는 24시간 이후에도 증상이 발생할 수 있다.
④ 희석된 용액에 닿은지 모르고 있다가 늦게 씻으면 심한 화상을 입는다.

(2) 만성영향
(가) 1년 이상 불소화합물에 지나치게 반복 노출되면, X-선으로 확인하였을 때 뼈의 음영농도가 증가되며, 뼈에 불소 침착증이 일어난다. 처음에는 요추 및 골반에 불화물 침착소견이 먼저 나타난다.
(나) 요 중 불화물 배설량으로 총 섭취량을 알 수 있다. 작업 후의 요 중 불화물 농도가 8mg/L 이하인 때는 골경화증이 나타나지 않는다.

### 6.3 노출기준

(1) 고용노동부 노출기준(고용노동부고시 제2013-38호, 화학물질 및 물리적인자의 노출기준)은 하루 8시간 근무할 때 시간가중평균농도(Time Weighted Average : TWA)로 0.5ppm이고, 최고 노출기준(Ceiling)로 3ppm(2.5mg/m$^3$)이다.
(2) 미국 산업위생전문가협의회(ACGIH)는 눈과 코의 자극증상을 최소한도로 줄이고 불소침착증이 생기지 않을 정도로 하여 하루 평균 8시간 근무할 때 시간가중평균농도(TWA ; Time Weighted Average)는 0.5ppm이고, 최고 노출기준(Ceiling)은 2ppm으로 정하였다.
(3) 생물학적 노출기준으로 미국 산업위생전문가협의회(ACGIH)는 요 중 불화물은 작업 전 3mg/g Cr, 작업 후 10mg/g Cr으로 제시하고 있다.

KOSHA GUIDE
H - 123 - 2013

## 7. 응급대응

### 7.1 응급처치

(1) 피부의 노출 범위가 4평방인치(=25.864cm$^2$) 이내로 작고, 불산 농도가 20% 미만이며 칼슘 글루코네이트 젤로 통증이 완화될 경우에는 응급처치로 충분하다.

(2) 통증의 완화는 치료 효과를 나타내는 유일한 지표이다. 그러므로 국소 진통제 또는 마취제는 사용을 금한다.

(3) 전문적·의학적 처치 및 병원으로 즉각 이송해야 할 경우는 다음과 같다.

　(가) 눈과의 접촉, 위장관 섭취, 기도 흡입한 모든 경우

　(나) 생식기, 항문, 외이도, 손발에 노출된 모든 경우 및 불산농도 또는 노출 범위를 확실하게 모르는 경우

　(다) 가스형태의 불화수소에 노출되어 호흡기 자극을 느낀 경우

　(라) 불산 농도가 20% 이상인 경우는 치명적 피해가 잠재하고 있다고 간주해야 한다. 따라서 화상을 입거나 통증이 있는 피해자가 발생한 경우 즉각 피해 상황을 파악해야 한다.

### 7.2 피부 화상

(1) 불산이 피부와 접촉한 경우, 즉각 홍반이 생기며 종종 조직의 응집으로 인해 백색 또는 회색으로 변색될 수 있다.

(2) 낮은 농도의 불산에 노출된 경우 피부에 수포가 발생하며, 수포가 발견될 경우, 즉시 환부를 열어두고 괴사된 조직을 제거해야 한다.

(3) 모든 피복은 반드시 탈의해야 하며, 즉시 많은 양의 흐르는 물로 최소 30분 이상 씻어 낸다. 조직에 흡수되는 시간 이전인 5분 이내로 최대한 빨리 씻어 내도록 한다.

(4) 즉각적인 전문 의학적 처치 및 응급처치를 취한다.

(5) 2.5% 칼슘 글루코네이트 젤을 15분마다 발라주고, 통증이 사라질 때까지 지속해서 환부를 마사지한다. 환자를 만질 때에는 반드시 고무 또는 라텍스 장갑을 착용하여야 한다.

(6) 노출범위가 4평방인치(=25.864cm$^2$) 이상인 경우 즉시 입원하여 집중치료실로 보낸다. 최소 24~48시간 동안 집중적으로 관리한다.

### 7.3 눈접촉

(1) 많은 양의 흐르는 물로 최소 30분 이상 씻어 낸다.

(2) 오염원을 제거하는 동안에도 쉬지 말고 계속 씻어 내야 하며 콘택트렌즈를 착용한 경우 제거 가능하다면 제거하고 씻어 낸다.
(3) 기름, 연고, 기타 불산 피부화상 치료제를 사용하지 않는다.
(4) 즉각 안과 전문의의 치료를 받도록 한다.

### 7.4 불화수소흡입

(1) 주의 깊게 관찰하며, 즉각 전문병원으로 후송한다. 집중관리를 위해 전문 의료진의 치료를 받도록 한다.
(2) 불산 누출 구역에서 즉각 피해자를 멀리 이송하여 추가적인 흡인을 방지한다.
(3) 만약 호흡하지 않는다면, 즉각 인공호흡을 실시한다. 이때 구강 대 구강법은 지양한다.
(4) 마스크로 100%의 산소를 공급한다.

### 7.5 불산 섭취

(1) 즉각 전문병원으로 후송하여 집중치료를 받도록 조치한다.
(2) 강제로 구토를 유발시키거나 베이킹소다 또는 구토제를 먹이지 않는다.
(3) 1~3컵 정도의 우유 또는 물을 마시게 하거나 마그네슘이나 칼슘을 함유한 10% 농도의 제산제를 먹인다.

### 7.6 손톱 화상

(1) 15분 간격으로 2.5% 칼슘 글루코네이트 젤을 바르고 통증이 완화될 때까지 지속적으로 환부를 마사지한다. 통증이 재발할 경우 같은 처치를 반복한다.
(2) 대체 치료법으로서, 손톱을 차가운 0.13% 제피란(Zephiran) 용액(살균·방부제인 벤잘코늄의 상품명)에 담가 놓는다. 이때 동상 발생에 유의한다.

### 7.7 비상대응조치

(1) 누출 시 근로자 및 인근주민에 대한 비상경보를 내린다.
(2) 대피경보 시스템, 원격조정 긴급차단밸브, 살수설비, 신속한 제품 이송, 인근 주민 고지 등 비상대응 시스템을 갖춘다.
(3) 사고 시 임시로 대피할 수 있는 피난처를 갖추고 피난처에 개인보호구를 구비해 둔다.
(4) 노출 피해자 발생 시 즉각 응급조치를 할 수 있는 자를 현장에 상주시킨다.
(5) 응급조치 키트를 갖추고 이를 보관할 냉장설비를 구비한다.

(6) 후송 시스템을 갖추어, 사고 발생 시 전문병원에 즉각 후송 후 바로 전문 의료진의 처치를 받을 수 있도록 한다.

## 8. 불산/불화수소 취급자에 대한 응급대응 교육

### 8.1 교육

(1) 단독으로 불산/불화수소를 다루는 모든 작업은 반드시 사전 훈련 및 고지를 거쳐야 한다.

(2) 단독으로 불산/불화수소를 다루는 모든 작업자는 반드시 근무 장소에 비치된 표준작업지침서에 대한 내용을 숙지하고 있어야 한다.

(3) 취급공정에 배치할 근로자에게는 불산/불화수소의 물리·화학적 특성, 개인보호구, 안전한 취급방법, 응급조치 요령 등에 대한 정기적인 교육 및 훈련을 실시하여야 한다.

(4) 불산/불화수소 취급설비를 점검·정비하는 작업자의 경우에도 불산/불화수소의 물리·화학적 특성, 개인보호구, 안전한 취급방법, 응급조치 요령 및 기계장치의 특성, 사용금지 재질, 안전정비절차 등을 반드시 사전에 확인토록 하여야 한다.

(5) 이상의 내용에 추가하여 불산/불화수소를 취급하는 근로자 및 해당 업무에 종사하게 될 근로자에 대해서는 다음 내용이 포함된 특별안전보건 교육을 16시간 이상 실시한다.

　(가) 당해 작업장에서 사용하는 불산/불화수소에 대한 물질안전보건자료에 관한 사항

　(나) 불산/불화수소에 의한 중독과 건강장해 예방대책

　(다) 직업병 예방을 위해 취해진 현재 조치 사항 및 유지, 관리 요령

　(라) 국소배기장치 및 안전설비에 관한 사항

　(마) 기타 안전·보건상의 조치 등

### 8.2 작업시 주의사항

(1) 절대 혼자 떨어져서 근무하지 않는다.

(2) 누출감지 경보설비를 설치하고 기능을 유지하도록 관리한다.

(3) 응급상황에서 바로 쓸 수 있는 도구를 구비해 놓는다.

(4) 누출시 중화시킬 수 있는 수산화칼슘($Ca(OH)_2$), 산화칼슘($CaO$) 혹은 염화칼슘($CaCl_2$)을 준비해 둔다.

(5) 개인보호구(내산성 보호복, 호흡용보호구, 내산성 안전장갑, 내산성 보호장화 등)를 철저하게 착용한다. 불산을 다룰 때는 피부 전체는 물론 보호안경까지 착용을 해야 사고로 인한 피해를 막을 수 있다.
(6) 불산/불화수소 관련 모든 컨테이너 및 파이프, 오염물 및 부산물에 라벨링을 한다. 이때 물과 쉽게 구별할 수 있도록 한다.
(7) 작업구역 표시를 철저히 한다.
(8) 사전에 누출을 대시한 누출 시의 위험성 평가를 실시하여 위험성을 인식하고, 누출상황별 비상조치계획을 수립하도록 한다.
(9) 불산이 엎어지거나 쏟는 것을 막는다.
 (가) 불산 추급설비의 뚜껑, 플랜지, 밸브 및 콕 등의 접합부에서 누출을 방지하기 위한 밸브교체주기 준수 및 적정 개스킷을 사용하고, 예방정비를 실시한다.
 (나) 탱크 컨테이너와 화학설비를 안전하게 연결하는 순서를 준수한다.
 (다) 불산 공급탱크 등 화학설비를 개조하거나 수리할 때에는 작업책임자를 지정하여 해당 작업을 지휘하도록 한다.
 (라) 불산 탱크 수리 시 탱크내부 잔류 불산을 제거한 후에 실시한다.
 (마) 밸브교체작업 후 재사용하기 전에 배관과 밸브의 이상 유무를 확인하기 위한 누설시험을 실시한다.
(10) 사고 발생 시 확산을 최소화한다. 불산의 누출 및 실내농도 증가 시에는 신속하게 작업중단조치를 한다.
(11) 작업절차를 준수하고 작업절차를 주기적으로 검토하여 보완하고 근로자들을 교육한다.

## 9. 개인보호구

### 9.1 보호구 등급 선정

작업환경 및 취급조건을 고려하여 적절한 등급의 보호구를 선정하여야 한다. 보호구는 A~D의 4등급으로 구분한다.

(1) A등급 : 완전 밀폐형 내산 양압 자가호흡장치(SCBA)로서 불산 등을 포함하고 있는 장치 및 설비 등으로부터 고농도, 대량의 불산 등에 노출될 우려가 있는 경우에 한한다. 이 장비는 보호복 내에 의사소통을 할 수 있는 라디오같은 장치를 마련해야 한다.

KOSHA GUIDE
H - 123 - 2013

(2) B등급 : 송기마스크, 내산성 장갑, 내산성 고무장화와 내산 재킷 및 내산 작업복. 만약, 작업장의 위치, 작업 내용에 따라 더 높은 등급의 안전조치가 필요한 경우 자급식 공기호흡기(SCBA) 또는 공기 호흡기 등을 비치한다. 이 장비는 저농도의 불산에 노출될 우려가 있는 경우에 사용한다.

(3) C등급 : 전면 보안면, 추가 고글, 내산성 장갑, 내산성 고무장화와 내산 재킷 및 내산 작업복. 불산/불화수소가 포함된 장비를 다루는 일상적인 근무 시 사용한다. 단 불산/불화수소의 직접적인 노출 우려가 없는 경우에 한한다.

(4) D등급 : 전면 보안면 또는 고글, 내산성 장갑, 내산성 고무장화와 내산 재킷. 불산/불화수소가 포함된 장비가 신체와 직접적인 접촉이 없는 경우에 사용한다.

## 9.2 보조작업자 및 취급장소

(1) A, B등급에 해당하는 작업장소에서 작업 시, 반드시 주 작업자와 함께 적절한 보호장구를 갖춘 보조작업자가 같이 동행해야 한다.

(2) 응급상황 시 사용할 수 있는 개인보호구는 1개 이상의 장소에 보관해 두어야 한다.

## 9.3 사용 후 관리

(1) 사용 후에는 개인보호구를 즉시 중화하고 세척해야 한다.
(2) 보호구의 중화 및 세척 장비를 갖추어야 한다.
(3) 중화 및 세척과정 시 노출될 위험성을 고려하고 이에 대한 안전장치를 마련한다.

KOSHA GUIDE
P - 130 - 2013

# 화학설비 고장률 산출기준에 관한 기술지침

2013. 6

한 국 산 업 안 전 보 건 공 단

## 코드개요

o 작성자 : 임대식

o 개정자 : 이근원

o 제정경과
- 2000년 6월 기계안전분야 기준제정위원회 심의
- 2000년 11월 총괄기준제정위원회 심의
- 2013년 6월 총괄 제정위원회 심의(개정, 법규개정 조항 반영)

o 관련 규격
미국 화학공학회, "Guidelines for process equipment reliability data with data tables", 1989

o 관련 법규·규칙·고시 등
산업안전보건법 시행규칙 제130조의2항(공정안전보고서의 세부내용 등)

o 코드적용 및 문의
이 기술지침에 대한 의견 또는 문의는 한국산업안전보건공단 홈페이지 안전보건기술지침 소관 분야별 문의처 안내를 참고하시기 바랍니다.

공표일자 : 2013년 7월 19일

제 정 자 : 한국산업안전보건공단 이사장

**KOSHA GUIDE**
P - 130 - 2013

# 화학설비 고장률 산출기준에 관한 기술지침

## 1. 목적

이 지침은 산업안전보건법에 의하여 위험성평가를 실시하기 위하여 및 그 화학 설비의 부속설비에 대한 고장률을 산출하는 데 필요한 기준을 정하는 데 그 목적이 있다.

## 2. 적용범위

이 기준은 화학공장에서 공정의 정량적 위험성평가를 위해 화학설비 및 그 부속설비에 대한 고장률 산출 시 적용한다.

## 3. 용어의 정의

(1) 이 기준에서 사용하는 용어의 정의는 다음과 같다.
  (가) "설비 고장률"이라 함은 설비의 시간당 또는 작동횟수당 고장발생률을 말한다. 시간당 고장률은 고장횟수의 합을 운전시간의 합으로 나눔으로써 계산할 수 있으며, 작동횟수당 고장률은 고장횟수의 합을 작동횟수의 합으로 나눔으로써 계산한다.
  (나) "설비 이용불능도"라 함은 주어진 시간에 설비가 보수 등의 이유로 인하여 이용할 수 없는 가능성을 말한다.
  (다) "설비이용불능시간"이라 함은 설비의 기능을 수행하지 못한 시간을 말한다.

(2) 기타 이 지침에서 사용하는 용어의 정의는 특별한 규정이 있는 경우를 제외하고는 산업안전보건법, 같은 법 시행령, 같은 법 시행규칙, 산업안전보건기준에 관한 규칙 및 관련 고시에서 정하는 바에 의한다.

## 4. 고장모드 및 고장심각도

### 4.1 고장모드

고장모드는 설비의 고장을 기능 측면에서 분류하는 것이다. 예로서 펌프가 전동기 단락, 제어회로 고장 등의 원인에 의해 기동을 실패하였을 경우 고장모드는 기동실패가 되며, 펌프가 냉각실패, 베어링손상 등으로 가동 중 정지가 될 경우 고장모드는 가동 중 정지가 된다.

KOSHA GUIDE
P - 130 - 2013

### 4.2 고장심각도

고장심각도는 설비의 기능상실 정도를 나타내며 다음과 같이 구분한다.

(1) 기능상실

설비가 주어진 기능을 수행하지 못하는 경우에 해당한다. 펌프가 가동 중 정지하는 경우 등이 이에 해당한다.

(2) 기능저하

설비가 주어진 기능을 어느 정도 수행하나 완전한 기능을 수행하지 못하는 경우가 이에 해당한다. 또한 기능저하 상태를 그대로 두면 설비가 기능을 완전히 상실할 수 있다.

(3) 고장 징후 발생

설비가 정해진 기능을 수행하고 있으나, 진동이나 소음 등이 발생하여 적어도 다음 연차보수 기간 내에는 보수가 수행되어야 하는 경우이다. 예로 펌프에 소음이 있다거나 밸브에 적은 균열이 있는 경우가 이에 해당한다.

### 4.3 기타 사항

펌프와 동력구동밸브의 고장모드 및 고장심각도의 예는 〈표 1〉 및 〈표 2〉와 같이 구분할 수 있다.

〈표 1〉 펌프의 고장모드와 고장심각도 예

| 설비 종류 | 고장심각도 | 고장모드 |
|---|---|---|
| 펌프 | 기능상실 | • 가동 중 정지(Fails while running)<br>• 기동실패(Fails to start on demand)<br>• 오작동 기동(Spurious start/Command fault) |
| | 기능저하 | • 외부누출(External leakage)<br>• 심한 진동(High vibration)<br>• 과열(Over-temperature)<br>• 과전류(Over-current) |
| | 고장징후 발생 | 소음(Noise) |

<표 2> 동력구동 밸브의 고장모드와 고장심각도 예

| 설비 종류 | 고장심각도 | 고장모드 |
|---|---|---|
| 동력구동밸브 | 기능상실 | • 열림 실패(Fails to open)<br>• 닫힘 실패(Fails to close)<br>• 작동 안 됨(Fails to operate)<br>• 오작동(Spurious operation)<br>• 막힘(Plugging)<br>• 우연히 닫힘(Transfer closed) |
| | 기능저하 | • 외부누출(External leakage)<br>• 내부누출(Internal leakage) |
| | 고장징후 발생 | • 소음(Noise)<br>• 균열(Crack) |

4.4 각 설비별 고장모드의 분류는 KOSHA Guide "유해위험설비의 점검·정비 유지관리 지침"에 따른다.

## 5. 이용불능시간 산정방법

설비에 대한 여러 가지 보수상황별 이용불능시간은 <그림 1> 및 <그림 2>를 참고하여 선정한다.

### 5.1 기능상실인 경우

(1) 고장이 즉시 발견되는 경우
    이용불능시간은 고장 발견 시점부터 설비작동 시점까지를 말한다.
(2) 고장이 즉시 발견되지 않는 경우
    이용불능시간은 고장 발생 시점부터 설비작동 시점까지를 말한다.

5.2 기능상실이 아닌 경우 이용불능시간은 보수시간과 같다.

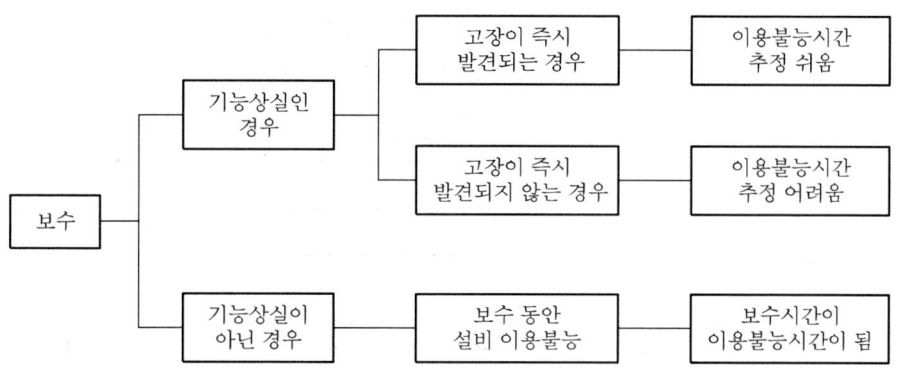

〈그림 1〉 설비에 대한 보수상황

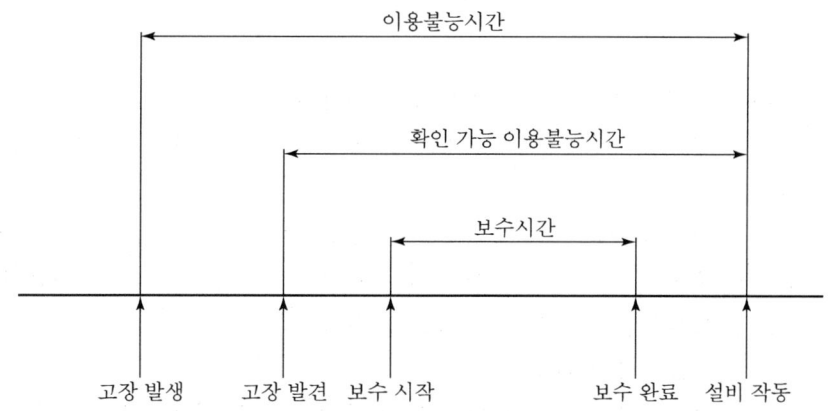

〈그림 2〉 보수시간과 이용불능시간

KOSHA GUIDE
P - 130 - 2013

## 6. 고장률 산출을 위한 자료수집 및 분석절차

설비고장률 산출을 위한 자료수집 및 분석절차는 다음과 같다.

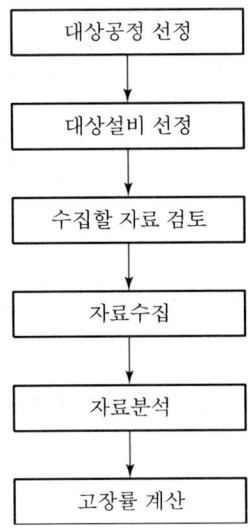

(1) 설비 고장률을 산출하고자 하는 대상공정을 선정한다.
(2) 대상공정이 선정되면 플랜트 운전 및 안전에 중요한 설비들을 도출하여 목록을 작성한다.
(3) 선정된 대상설비에 대해 보수·정비작업의뢰서, 사고조사보고서, 설비이력카드, 시험보고서, 운전일지, 운전절차서, 정기점검 및 보수 절차서 등의 자료원을 확인한다.
(4) 자료원으로부터 다음과 같은 자료를 수집한다.
   (가) 단위공장 운전이력
      단위공장의 운전상태 변화를 알 수 있는 정상운전기간 및 연차 보수기간 등
   (나) 설비목록 및 사양
      설비번호, 설비명, 설비의 상세사양 및 설계·운전조건 등
   (다) 설비별 운전시간
      실제 설비가 운전된 시간
   (라) 설비별 보수 및 고장이력
      보수시작일, 보수완료일, 고장발견일, 보수시간, 이용불능시간, 고장원인 및 고장내용, 보수작업 내용 등

KOSHA GUIDE
P - 130 - 2013

(5) 수집한 자료들로부터 다음과 같은 사항에 대한 분석을 실시한다.
   (가) 설비별 고장원인 분류 및 고장모드 선정
   (나) 고장심각도 결정
   (다) 보수작업 내용 및 보수시간
(6) 수집 또는 분석된 자료로부터 설비고장률 계산을 위해서 필요한 다음과 같은 자료를 구한다.
   (가) 고장모드별 고장횟수
        설비별 고장모드에 대한 고장횟수
   (나) 설비운전시간
        설비의 보수 또는 고장자료가 수집된 기간 동안의 설비운전시간
   (다) 설비작동횟수
        설비가 실제로 작동한 횟수
   (라) 이용불능시간
        설비가 보수 또는 고장으로 인하여 설비의 기능을 수행하지 못한 시간
   (마) 설비필요시간
        설비의 보수 또는 고장자료가 수집된 기간
(7) 설비의 고장모드별 고장률 및 이용불능도는 다음과 같이 계산된다.
   (가) 시간당 고장률

        시간당 고장률 = 고장모드별 고장횟수 ÷ 설비운전시간

   (나) 작동횟수당 고장률

        작동횟수당 고장률 = 고장모드별 고장횟수 ÷ 설비작동횟수

   (다) 이용불능도

        이용불능도 = 이용불능시간 ÷ 설비필요시간

KOSHA GUIDE
P - 130 - 2013

〈부록〉

# 설비고장률 산출(예시)

## 1. 자료수집

단위공정에서 운전 중에 다음과 같은 자료가 수집·분석되었다고 가정한다.
(1) 대상 단위공정 : ○○○ 단위공정
(2) 분석 대상 설비 : 펌프 10대에 대한 자료수집
(3) 자료수집기간 : 3년
(4) 펌프들의 총 운전시간 : 4,500일(펌프 1대당 연평균 운전시간 : 150일)
(5) 펌프들의 총 작동횟수 : 300회(펌프 1대당 연평균 작동횟수 : 10회)
(6) 펌프들의 총 보수횟수 : 100회
(7) 펌프들의 총 보수시간 : 45일(펌프 1대당 연평균 보수기간 : 1.5일)
(8) 펌프들의 총 이용불능시간 : 60일(펌프 1대당 연평균 이용불능시간 : 2일)
(9) 펌프들의 고장모드별 총 고장횟수

| 고장모드 | 고장횟수 |
|---|---|
| 가동 중 정지 | 10 |
| 기동 실패 | 2 |
| 외부 누출 | 35 |

## 2. 가동 중 정지에 대한 고장률

가동 중 정지 시간당 고장률＝(가동 중 정지횟수) ÷ (펌프들의 총 운전시간)
　　　　　　　　　　　＝10회 ÷ 4,500일
　　　　　　　　　　　＝0.0022회/일
　　　　　　　　　　　＝0.81회/연

## 3. 기동실패 고장률

기동실패 작동횟수당 고장률＝(기동실패 횟수)/(펌프들의 총 작동횟수)
　　　　　　　　　　　＝2회 ÷ 300회
　　　　　　　　　　　＝0.0067

KOSHA GUIDE
P - 130 - 2013

기동실패 시간당 고장률 = (기동실패 횟수) ÷ (펌프들의 총 필요시간)
= (기동실패 횟수) ÷ (자료수집기간 × 펌프 수)
= 2회 ÷ (3년 × 10)
= 0.067회/연

4. 연평균 이용불능도

연평균 이용불능도 = (펌프들의 총 이용불능시간) ÷ (펌프들의 총 필요시간)
= 60일 ÷ (3년 × 10)
= 0.031

5. 펌프 보수평균이용불능시간

보수평균이용불능시간 = (펌프들의 총 이용불능시간) ÷ (펌프들의 총 보수횟수)
= 60일 ÷ 100회
= 0.6일/회
= 14.4시간/회

6. 펌프 평균보수시간

평균보수시간 = (펌프들의 총 보수시간) ÷ (펌프들의 총 보수횟수)
= 45일 ÷ 100회
= 0.45일/회
= 10.8시간/회

7. 펌프 보수빈도

보수빈도 = (펌프들의 총 보수횟수) ÷ (펌프들의 총 필요시간)
= 100회 ÷ (3년 × 10)
= 3.3회/연

# 화공안전기술사 기출문제

Part 06

## Contents

- 63회 화공안전기술사 기출문제(2001년도)
- 65회 화공안전기술사 기출문제(2001년도)
- 66회 화공안전기술사 기출문제(2002년도)
- 68회 화공안전기술사 기출문제(2002년도)
- 69회 화공안전기술사 기출문제(2003년도)
- 71회 화공안전기술사 기출문제(2003년도)
- 72회 화공안전기술사 기출문제(2004년도)
- 75회 화공안전기술사 기출문제(2005년도)
- 78회 화공안전기술사 기출문제(2006년도)
- 81회 화공안전기술사 기출문제(2007년도)
- 84회 화공안전기술사 기출문제(2008년도)
- 87회 화공안전기술사 기출문제(2009년도)
- 90회 화공안전기술사 기출문제(2010년도)
- 93회 화공안전기술사 기출문제(2011년도)
- 96회 화공안전기술사 기출문제(2012년도)
- 99회 화공안전기술사 기출문제(2013년도)
- 102회 화공안전기술사 기출문제(2014년도)
- 105회 화공안전기술사 기출문제(2015년도)
- 108회 화공안전기술사 기출문제(2016년도)
- 111회 화공안전기술사 기출문제(2017년도)
- 114회 화공안전기술사 기출문제(2018년도)
- 117회 화공안전기술사 기출문제(2019년도)
- 119회 화공안전기술사 기출문제(2019년도)
- 120회 화공안전기술사 기출문제(2020년도)
- 122회 화공안전기술사 기출문제(2020년도)
- 123회 화공안전기술사 기출문제(2021년도)
- 125회 화공안전기술사 기출문제(2021년도)
- 126회 화공안전기술사 기출문제(2022년도)

# 63회 화공안전기술사 기출문제(2001년도)

[1교시] 다음 13문제 중 10문제를 선택하여 설명하십시오.(각 10점)

1. 영구전 노동 불능
2. 최소 발화에너지 정의 및 영향인자
3. 이상모드 영향 위험도분석(Failure Modes Effects & Criticality Analysis)
4. 인화점과 발화점 차이
5. 안전성 재검토(Safety Review)
6. Fail-Safe와 Fool Proof 정의 차이점
7. FT 기호 중 △ ▽ 의 차이점
8. 제1종 위험장소
9. 공정 흐름도(Process Flow Diagram)
10. 박막폭굉(Film Detonation)
11. 한계 산소지수(Limited Oxygen Index)
12. 공동현상(Cavitation)
13. 증기 위험도 지수(Vapor Hazard Index)

[2교시] 다음 6문제 중 4문제를 선택하여 설명하십시오.(각 25점)

1. 저유소의 유류저장 탱크($10,000m^3$) 화재가 발생하였다. 유류탱크 화재 시 나타나는 현상과 방지 안전대책에 관하여 논하시오.
2. 증기운 폭발단계의 증기운에 영향을 주는 인자를 들고 이에 대한 안전대책방안을 기술하시오.
3. 화학설비 내부의 기체압력이 대기압을 초과할 우려가 있는 경우 화학설비에는 안전 밸브 또는 이에 대처할 수 있는 방호장치를 설치하여야 한다. 화학설비의 안전밸브 설치대상, 설치방법 및 안전밸브 배출물 처리방법에 관한 기술 기준을 기술하시오.
4. 산업현장에서 사고의 재발을 방지하고 안전대책을 구체적으로 세워 안전활동을 추진하기 위한 재해사례연구 진행방법을 구체적으로 기술하시오.
5. 연소의 종류를 5가지 이상 제시하고 공통적인 안전대책을 논하시오.
6. 안전 및 위생 보호구는 여러 가지 제약조건이 있다. 보호구가 갖추어야 할 공통적인 구비요건 및 보호구 사용의 효율증대방안에 관하여 상세히 기술하시오.

## [3교시] 다음 5문제 중 4문제를 선택하여 설명하십시오.(각 25점)

1. 공정 설계 중 가장 중요한 안전상 조치는 운전 및 설계조건 결정 시의 안전기준이다. 이 조건을 만족시키는 주요사항을 요약하여 기술하시오.
2. 메틸알콜과 에틸에테르의 1 : 3 혼합증기의 폭발한계를 구하려 한다. $n_a=0.25$, $n_b=0.75$, $x_a=7.3\%$, $x_b=1.9\%$, $x'_a=36\%$, $x'_b=48\%$ 일 때 $x_m$, $x'_m$을 구하시오.
3. Acetic Acid Unloading & Storage Tank System에 대한 P& ID를 작성하고 위험물 하역 및 저장공정 설계 시 고려사항 및 운전시 안전대책을 논하시오.
4. 분체를 다량 취급하는 공장이 있다. 귀하가 안전엔지니어로써 분체 취급 공정의 분진폭발을 방지하기 위한 대책에 주안점을 두어 구체적인 예방대책을 기술해 보시오.
5. 산업안전보건법에서 정하고 있는 관리감독자의 안전업무 내용에 관하여 기술하시오.

## [4교시] 다음 5문제 중 4문제를 선택하여 설명하십시오.(각 25점)

1. 액화프로판 저장탱크 바닥이 파열되어 가연성 증기의 증기운이 형성된 후 일정기간이 경과하면서 점화원에 의하여 증기운 폭발이 발생되었다. 이 사고에 관하여 Consequence Analysis(C.A) Modeling을 이용한 정량적 위험성 평가방법을 기술하시오.
2. 불안전 행동요인은 심신기능에 좌우된다. 심신기능의 장애요인을 분류하고 이에 따른 안전대책, 특히 교육훈련방법을 상세히 기술하시오.
3. 한 시간에 코크스 200lb를 태울 수 있는 로를 설계하려 한다. 탄소 89.1%, 회분 10.9%의 코크스 조성을 90% 연소시킬 수 있는 로가 있다. 공기는 완전 연소에 필요한 양보다 30% 과잉으로 공급하고 연소된 탄소 중 97%는 $CO_2$로 산화되고 나머지는 CO로 산화된다.
   1) 로를 나오는 연소가스의 용적조성을 계산하시오.
   2) 만일 550°F, 743mmHg에서 연소가스가 로를 나온다면 연통설계에 필요한 연소가스 유속(ft/min)을 계산하시오.
4. 액체 암모니아가 24℃, $1.5\times10^6$Pa 압력으로 탱크 내에 저장되어 있다. 탱크에 0.0845m의 누출공이 생성되어 이를 통해 플래시 암모니아가 빠져나간다. 이 온도에서 액체 암모니아의 포화증기압은 $0.868\times10^6$pa이며 밀도는 603kg/m³이다. 누출되는 암모니아 질량유속을 구하라. 평형 플래시 상태로 가정한다.(단, 배출계수는 0.61로 가정한다.)
5. 화학공정의 폭발사고 예방을 위하여 위험공정의 폭발발생제어방식의 기본개념과 폭발진압 및 방호시스템에 관하여 논하시오.

# 65회 화공안전기술사 기출문제(2001년도)

[1교시] 다음 13문제 중 10문제를 선택하여 설명하십시오.(각 10점)
 1. 위험기반검사(Risk Based Inspection)
 2. 화학설비의 내화기준
 3. 화학설비의 안전거리
 4. 용접 후 열처리
 5. 최악의 누출 시나리오에서 끝점(End Point)
 6. 결함수 분석(FTA)와 사건수분석(ETA)의 차이
 7. 시간가중 평균농도(TLV-TWA)
 8. 프로비트(Probit)
 9. 내압(耐壓) 방폭 구조
 10. 트라우즐 연통시험(Trauzl Lead Block Test)
 11. 화염검출기(Flame Eye)
 12. 비파괴검사방법(4가지 이상)
 13. 서징(Surging)현상

[2교시] 다음 6문제 중 4문제를 선택하여 설명하십시오.(각 25점)
 1. 현장에서 행하여지는 정비방법 4가지를 열거하고 설명하시오.
 2. 결함수 분석(FTA) 결과 산출된 최소 컷 세트를 활용하는 방법에 대하여 설명하시오.
 3. 액면화재(Pool Fire)의 TNO모델식과 가정 및 제한사항은?
 4. 플랜트에서 반응 폭주가 일어나는 원인 여섯 가지를 들고, 각각에 대하여 설명하시오.
 5. 파열판과 스프링식 안전밸브를 직렬로 함께 설치하여야 하는 경우와 그 이유를 설명하시오.
 6. 안전보건 관리책임자의 역할과 주요업무에 대하여 설명하시오.

[3교시] 다음 6문제 중 4문제를 선택하여 설명하십시오.(각 25점)
 1. 산업재해의 경영적 판단은 사고의 발생 빈도와 치명도를 고려하여야 한다. 이를 도시하고 상응하는 4가지 위험관리전략을 설명하시오.
 2. 화학공장에서 단열팽창으로 인한 공정사고 발생 예를 3가지 이상 열거하고 설명하시오.
 3. 위험물 저장탱크 누출사고에 대비한 방유제 설치기준에 대하여 설명하시오.

4. 화학공장에서 누출사고에 대비하여 확산모델을 이용하여 피해 범위와 피해 강도를 추정하는데 그 추정과정과 이때 사용되는 모델에 대하여 설명하시오.
5. 방폭지역의 종별 구분 중 1종 장소로 구분되는 조건과 그 예를 다섯 가지만 열거하시오.
6. 안전진단의 시기와 진단내용에 대하여 설명하시오.

## [4교시] 다음 6문제 중 4문제를 선택하여 설명하십시오.(각 25점)

1. 화학공장설계 시 본질적 안전설계의 5가지 방법을 열거하고 설명하시오.
2. 액체침투탐상의 원리와 특징에 대하여 설명하시오.
3. 다단식 왕복동형 압축기를 설계하고자 한다.
   압축단수는 4단이며 각단의 압축비는 2.5배이다. 최초 인입측 조건은 상압, 30℃일 때 배출 측(최종) 온도 및 압력은?(℃, kg/cm²G), 단, $n$(비열비)=Cp/Cv=1.4
4. 일반적인 물질안전보건자료(MSDS)에 포함되어야 하는 내용 중 10가지를 열거하시오.
5. 압력용기의 설계압력을 100으로 하였을 때 통상적인 최대운전 압력, 블로다운, 최대허용 설정압력을 그림으로 그려 표시하고 각각의 용어에 대하여 설명하시오.
6. 작업 중인 인간에게서 나타나는 행동특성 중 대표적인 불합리한 행동특성의 예를 네 가지만 들어 설명하시오.

# 66회 화공안전기술사 기출문제(2002년도)

[1교시] 다음 13문제 중 10문제를 선택하여 설명하십시오.(각 10점)

1. 불활성화(INERTING)
2. 방폭구조의 3종류
3. MAN-MACHINE SYSTEM에서 직렬 연결시 신뢰도
4. 산업안전보건법상 중대 재해로 간주되는 3가지 조건
5. VARIABLE SPRING HANGER
6. 분해폭발(EXPLOSIVE DECOMPOSITION)
7. 폭연과 폭굉의 차이
8. FLASH OVER
9. SWITCH LOADING
10. TLV(THRESHOLD LIMIT VALUES)
11. 환상 RING
12. 희생양극(SACRIFICLAL ANODE)
13. 발화온도(AIT)

[2교시] 다음 6문제 중 4문제를 선택하여 설명하십시오.(각 25점)

1. 산업안전보건법상 위험물의 종류를 나열하고 해당물질 3가지 이상을 기술하시오.
2. GAS 용접작업을 수행하고자 한다. 안전작업을 위하여 조치하여야 할 사항을 7가지 이상 기술하시오.
3. 위험물을 연료로 사용하는 건조실(직화건조)을 신규로 설치하고자 한다. 귀하가 책임자로서 설계 시 고려해야 할 사항과 건조설비의 단면도를 도시하고, GAS의 흐름 방향을 표시하시오.
4. 화학공장에서 발생한 배관계통 폭발사고 사례를 들고 원인과 대책을 기술하시오.
5. 분진폭발방지를 위한 기술지침에 포함되어야 할 내용을 쓰고 설명하시오.
6. LPG 충전소에서 LPG가 충전된 탱크로리차가 도착하여 지하 탱크저장소에 하역 작업을 하던 중 화재폭발이 발생되었다. 사고 원인 가능요소 중 가스 누출 형성 원인을 추정하여 기술하시오.

**[3교시]** 다음 6문제 중 4문제를 선택하여 설명하십시오.(각 25점)

1. 화학장치 시설에 설치한 긴급차단 VALVE의 설치목적, 설치범위 및 구조에 대하여 설명하시오.
2. 화학공장에서 방출되는 방출물 처리방법을 설명하고 VCM(Vinyl Chloride Monorner)를 FLARE STACK에서 연소처리할 경우 발생되는 문제점을 기술하시오.
3. 다음 부식의 원인과 특징 및 대책을 기술하시오.
   1) Chloride에 의한 부식
   2) 용존산소와 산소에 의한 부식
   3) 대기 중에서의 부식
4. 석유화학공장의 방폭지역 내에 중앙 Control Room을 설치하고자 한다. 안전시설을 기술하시오.
5. 사고비율(Accident Rate) 중에서 버드(Buird)의 이론을 도식화하고, 각 단계별 내용을 기술하고, 사고예방을 위하여 무엇을 통제(Control)하는 것이 바람직한지를 기술하시오.
6. 다음 그림은 반응기의 안전시스템 도면이다. 이 반응기는 반응기 내 압력이 어느 한계점을 넘으면 반응기 원료 주입기에 원료 주입이 자동적으로 차단되는 차단시스템이 작동하도록 되어 있다. 이 차단시스템은 압력측정장치, 압력제어기, 차단밸브로 구성되어 있다. 아래 Data를 이용하여 이 차단 시스템의 전체 신뢰도, 전체 고장 확률, 전체 고장률을 구하시오. 단, 운전기간은 1년으로 한다.

〈필요 Data〉

| 구성요소 | 고장률($\mu$) |
|---|---|
| 제어기 | 0.29 |
| 압력계 | 1.41 |
| 솔레노이드밸브 | 0.42 |

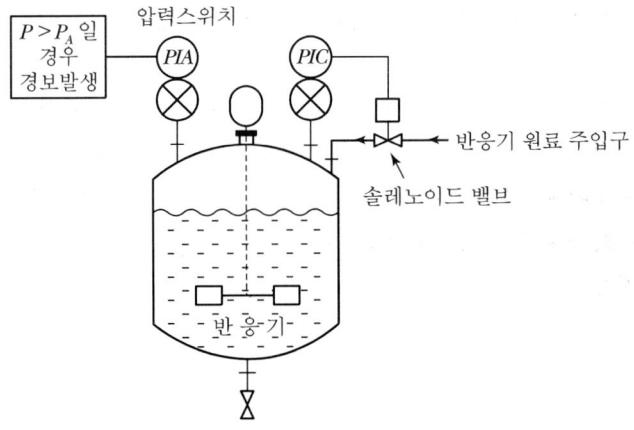

**[4교시] 다음 6문제 중 4문제를 선택하여 설명하십시오.(각 25점)**

1. 산업안전·보건법상 근로자 정기안전·보건 교육대상, 교육시간, 교육내용을 쓰시오.
2. 산업안전보건법 제20조에 의거 사업주는 사업장의 안전·보건을 유지하기 위하여 안전·보건관리규정을 작성하고, 게시 또는 비치하고 이를 근로자들에게 알려야 한다. 그 내용을 쓰시오.
3. 유독물질의 분산모델(DISPERSION MODELS)은 유속물질이 사고지점에서 공장이나 다른 인근 지역으로 대기 분산되는데 이때 영향을 주게되는 1)매개 변수를 나열하고 2)물질의 연속적인 누출시 형성되는 특정플럼(PLUME)을 도식화하시오.
4. 비등액체팽창증기 폭발(BLEVE)은 다량의 물질이 발생되는 특별한 형태의 재해이다. BLEVE 발생단계를 순서대로 쓰시오.
5. 화학공장에서 저장취급하는 황산($H_2SO_4$) 저장탱크(CARBON STEEL 재질)에서 화재·폭발 사고가 자주 발생하고 있다. 사고 발생원인 대책을 쓰시오.
6. 산업안전보건법에서 정하는 안전색채를 쓰시오.

# 68회 화공안전기술사 기출문제(2002년도)

[1교시] 다음 13문제 중 10문제를 선택하여 설명하십시오.(각 10점)

1. 분진폭연지수 및 분진폭발 위험 등급
2. TNT당량
3. 고장률($\mu$), 신뢰도[R(t)], 고장확률[P(t)], 평균고장간격(MTBF) 간의 관계
4. Pool Fire와 Jet Fire
5. 간결성의 원리
6. Choked Pressure
7. 릴리프(Relief) 시나리오
8. 폭발과압(Over Pressure)과 임펄스(Impulse)
9. 수격작용(Water Hammer)
10. 폭발효율(Explosion Efficiency)
11. TWA(Time Weighted Arerage Concentration)
12. 강도율(Severity Rate of Injury)
13. UVCE와 BLEVE

[2교시] 다음 6문제 중 4문제를 선택하여 설명하십시오.(각 25점)

1. 인간 동기부여에 관한 Douglas McGregor의 X, Y 이론과 Abraham Maslow의 욕구의 수직 구조론을 설명하고 동기부여관리를 위한 실제원칙(6가지)에 대하여 쓰시오.
2. 화학공장의 위험성 평가절차를 쓰고 간단히 설명하시오.
3. 분진폭발의 특징 및 분진폭발의 거동에 영향을 주는 요인(factor)에 대하여 쓰시오.
4. 안전진단의 대상에 대하여 기술하시오.
5. 화학공장 공정설계(Process Design)시 고려해야 할 안전과 관련된 사항에 대해 설명하시오.
6. 비상조치계획에 포함되어야 할 최소한의 내용들을 열거하시오.

[3교시] 다음 6문제 중 4문제를 선택하여 설명하십시오.(각 25점)

1. 위험물질의 양을 줄이거나 위험하지 않은 물질 또는 공정조건을 사용하여 위험성을 없애는 방법 등으로 설계된 플랜트(Plant)를 본질적으로 안전한 플랜트(Inherently safe Plant)라 한다. 본질적으로 안전한 플랜트를 설계하는 방법에 대하여 간단히 예를 들어 설명하시오.

2. 위험성 평가기법 중 HAZOP Study에 대해서 논하시오.
3. 화학 플랜트에서 자주 일어나는 반응폭주의 원인을 쓰고 설명하시오.
4. 최근 정전기에 대한 사고 발생이 많이 보고되고 있다. 정전기의 발생원인 및 사고방지 대책에 대해 기술하시오.
5. 내화구조에 대해 설명하시오.
6. 발열공정의 연속식 반응기 운전에서 공정안전상 필요한 일반적인 형식의 계장(Instrumentation), 제어(Control), 인터록, 기타 공정설비에 관해 설명하시오.

[4교시] 다음 6문제 중 4문제를 선택하여 설명하십시오.(각 25점)

1. 인간의 불안전한 행동의 배후 요인을 인적요인과 환경적 요인으로 나누어 설명하시오.
2. 새로 취급하려는 화학물질의 위험성 유무는 먼저 문헌조사를 하는 것이 상식적이다. 문헌조사시 찾아 확인해야 될 DATA를 열거하시오.
3. 화학설비의 점검 시 필요한 도면 또는 자료를 열거하시오.
4. 방폭구조의 종류에 대하여 설명하시오.
5. 다음은 API(American Petroleum Institute)에서 제시한 액체설비에 장착할 스프링식 안전밸브의 방출면적을 구하는 식이다. 이 식에서 사용된 기호의 의미와 단위를 쓰시오.

$$A = \left[ \frac{in^2(Psi)^{\frac{1}{2}}}{38.0 gpm} \right] \frac{Q_v}{C_o K_r K_p K_b} \sqrt{\frac{(\rho/\rho ref)}{1.25 P_s - P_b}}$$

6. 내용적이 238ℓ이고 압력이 100atm(gauge)인 질소로 충전된 용기가 대기 중에서 파열될 때 내는 에너지를 구하고 이를 TNT 당량으로 환산하시오.
단, 대기압은 1atm(abs.)이고 질소의 γ=1.4이다.

# 69회 화공안전기술사 기출문제(2003년도)

[1교시] 다음 13문제 중 10문제를 선택하여 설명하십시오.(각 10점)

1. 릴리프 시스템(Relief system)
2. 설계압력(Design Pressure)
3. Fool Proof
4. 사고(Accident)와 재해(Injury)의 차이점
5. 가이드 워드(Guide Word)
6. 과압(Overpressure)
7. 최소산소농도(Minimum Oxygen Concentration)
8. 최소컷세트(Minimal Cut Sets)
9. 양론농도(Stoichiometric Concentration)
10. 화염방지기(Flame Arrestor)
11. 화학설비 자체검사 항목
12. 단열압축
13. 위험기반검사(Risk Based Inspection)

[2교시] 다음 6문제 중 4문제를 선택하여 설명하십시오.(각 25점)

1. 산업안전보건법 제2조에서 정하는 산업재해의 정의와 국제노동기구(ILO)에서 정하는 산업재해의 정의를 요약 기술하시오.
2. 사업장에서 화재폭발 등 중대산업사고 발생시 피해를 최소화하기 위하여 비상조치계획을 수립하여 시행하고자 한다. 비상조치 계획에 포함되어야 할 내용을 기술하시오.
3. 설비의 본질 안전화를 위하여 Fail Safe 개념을 도입한다. Fail Safe는 기능 면에서 Fail Passive, Fail Active, Fail Operational의 3단계로 분류한다. 각 단계를 설명하시오.
4. 액화가스 저장 설비에 있어서 증기운폭발(VCE) 위험성을 최소화하기 위하여 만족되어야 할 설계조건을 기술하시오.
5. 가연성 혼합가스에 불활성 가스를 주입하여 산소의 농도를 연소를 위한 최소산소농도 이하로 낮게 하여 폭발을 방지하는 방법을 불활성화(Inerting)라 한다. 용기 내의 초기 산소농도를 설정치 이하로 감소시키도록 하는 데 이용되는 파지(parging) 방법에 대하여 4가지로 나누어 상세히 설명하시오.

6. 휴먼에러(Haman Error) 원인은 개인특성, 개인능력, 환경조건으로 구분하고 있다. 상기 원인 중 개인 능력에 영향을 미치는 관련요소를 나열하고 예를 들어 보시오.

## [3교시] 다음 6문제 중 4문제를 선택하여 설명하십시오.(각 25점)

1. 상압탱크에 있어서의 압력에 의한 위험성을 과압과 진공에 대한 위험성이 있는데 과압의 원인을 기술하고 필요한 방지 장치를 나열하시오.
2. 제조물 책임(PL)법에서 결함을 크게 3가지로 구분하고 있다. 결함의 종류를 나열하고 각각에 대하여 기술하시오.
3. 화학설비를 근원적으로 안전하게 설계하는 방법을 5가지로 나누어 열거하고 구체적으로 그 예를 들어 설명하시오.
4. 물질안전보건자료(MSDS) 작성시 포함되어야 할 항목(10개 이상)을 순서대로 나열하시오.
5. 사고비율연구(Accident Ratio)에서 버드(Frank. E. Bird)의 이론을 도시하고 이 이론이 함축하고 있는 의미를 설명하시오.
6. 산업안전보건법에서 정하는 특수화학설비의 종류를 5가지 이상 열거하고 설명하시오.

## [4교시] 다음 6문제 중 4문제를 선택하여 설명하십시오.(각 25점)

1. 회분식(Batch) 공정에서 HAZOP 수행절차을 열거하고 설명하시오.
2. 산업안전보건법에서 요구하는 화학설비의 내화기준
3. 공식(Pitting)의 특성과 공식에 미치는 영향을 예를 들어 설명하시오.
4. 액면화재(Pool Fire) 모델의 가정과 제한사항을 5가지 이상 열거하고 대기 투과율에 대하여 설명하시오.
5. 가스누출감지경보기의 성능기준에 대하여 가연성 및 독성가스를 중심으로 설명하시오.
6. 욕조곡선(Bath-tub curve)과 Burn-in 기간에 대한 의미를 설명하시오.

# 71회 화공안전기술사 기출문제(2003년도)

**[1교시] 다음 13문제 중 10문제를 선택하여 설명하십시오.(각 10점)**

1. 위험요인확인(Hazard identification)
2. 화염일주한계
3. 본질안전방폭구조
4. 제1종 위험물
5. 가연성 가스
6. 도수강도치
7. 일시적 노동불능
8. 기호 중 각 명칭과 차이를 설명하시오.

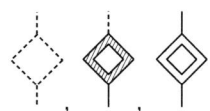

9. 3성분계
10. 예비위험분석기법(Preliminary Hazard analysis)
11. 안전코드(Safety Code)와 안전표준(Safety Standard)용어 차이점
12. 화학공장의 표류전류
13. 연소형식의 분류 및 정의

**[2교시] 다음 7문제 중 4문제를 선택하여 설명하십시오.(각 25점)**

1. 석유화학공정의 방폭지역구분에 대하여 구체적으로 논하고 안전대책을 기술하시오.
2. 위험물의 일반적특성 및 위험분석에 필요한 물리화학적 특성 및 안전대책을 쓰시오.
3. 연소위험성을 종합적으로 판정하는데 연소발생과 확대특성 지표에 대하여 기술하시오.
4. 화학공장의 정전기 발생에 영향을 주는 인자를 들어 설명하고 이에 따른 방지대책을 기술하시오.
5. 화학공정의 위험확인 및 위험평가과정을 Flowsheet로 그리고 중요부분은 구체적으로 기술하시오.
6. 기상폭발에 의한 요인, 피해종류, 피해예측에 대해 기술하고 안전대책을 쓰시오.
7. 산재예방을 위한 휴면에러와 근골격계예방질환과 연계된 휴면에러방지 안전대책 법적, 공학적 측면에서 논하라.

## [3교시] 다음 6문제 중 4문제를 선택하여 설명하십시오.(각 25점)

1. 제조물 책임법상의 결함요소를 분석하고 기업이 대응해야 할 산업안전대책을 기술하시오.
2. 안전성 평가에 필요한 정성적 해석기법과 정량적 해석기법 각각 3가지씩 개요, 적정시기, 필요정보, 결과형태 등을 기술하시오.
3. 고압가스는 고압상태 하에서 3가지로 구분된다. 각각의 용어정의와 관련 가스 안전취급 대책을 기술하시오.
4. 폐쇄된 장소(탱크, 사이로, 맨홀, 피트 등)에서 작업을 시키려 한다. 안전책임전문가로서 취해야 할 안전대책을 안전지침, 안전순서 조치사항순으로 기술하시오.
5. 내용적이 40m³, 게이지압력 55kg/cm²로 압축된 질소의 압력용기가 파열했을 때 에너지 TNT당량을 구하라. 대기압을 1kg/cm²로 하면 $P_2$=56kg/cm², 공기, 질소 모두 $\gamma$=1.4, 온도는 13℃다. Baker formula식을 이용하라.(TNT 환산계수=0.0269659)
6. KOSHA 18000 인증을 신규 신청하려는 기업에서 안전 전문가의 도움을 얻고자 한다. 안 전문전문가가 자문해야 할 자체평가 내용을 기술하시오.

## [4교시] 다음 6문제 중 4문제를 선택하여 설명하십시오.(각 25점)

1. 다음과 같은 간단한 탱크공정의 흐름도(PFD)가 있다.

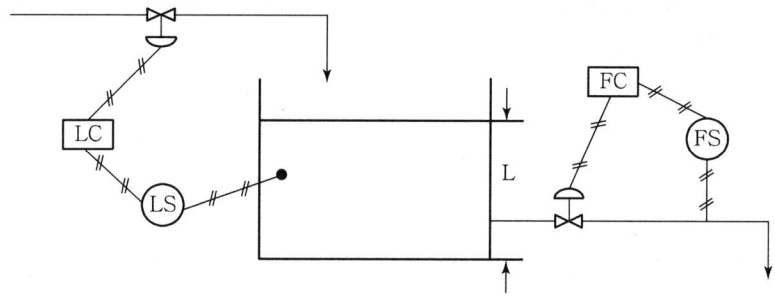

(단, 제어루프 F=유량, C=제어기, S=sensor : 계기, L=유량 레블)
원천적인 사고원인(Root Cause) 5가지를 나열하시오.

2. LPG저장탱크에 가연성 물질이 저장되어 있으며, 만약 점화원이 존재한다면 BLEVE를 유발할 가능성이 충분히 존재한다. 만약 즉시 점화되지 않는다면 증기운이 주거지역 쪽으로 충분히 이동한 후 VCE를 유발하거나 Flash Fire를 유발할 수 있다. 바람부는 방향 쪽으로의 점화가능성은 매우 적으며 이와 관련된 데이터는 다음과 같다.
   1) 가압상태의 LPG의 대량 누출빈도 : $1.0 \times 10^{-5}$
   2) 탱크에서의 즉시 점화 가능성 : 0.2

3) 주거지역으로의 풍향가능성 : 0.3
4) 주거지역 또는 비주거지역에서의 자연점화가능성 : 0.8
5) Flash Fire보다 VCE가 발생할 가능성 : 0.4

이 데이터를 사용하여 이벤트 트리(Event Tree)를 작성하고 각각의 사건에 대한 빈도를 계산하고, 각 빈도의 합이 초기사건 빈도인 $1.0 \times 10^{-5}$와 일치함을 보여라.

3. 공정안전관리체계(PSM)에서 사고조사는 매우 중요하다. 다시 말하면 사고조사는 신속하면서도 정확하여야 한다. 또한 명백한 증거 중심의 객관성도 유지하여야 한다. 사고조사 절차를 5단계로 분류하고 각 단계별로 유의할 점을 명시하여 설명하여라.

4. 이상트리분석(FTA, Fault Tree Analysis)기법은 화학공정의 정량적 위험분석을 위한 주요한 기법 중에 하나이다. 간단한 공정의 예를 들어서 기법을 설명하고 특히 확률계산기법을 예시하여 보여주시오. 또한 이상트리(FT)모델의 구성요소와 특징을 설명하시오.

5. 선진국(구미 및 일본 등)은 이미 공정안전관리체계(PSM)를 1980년대 확립을 기초로 통합위기관리체계(IRMS 또는 RMPP) 및 SHE체계(안전, 보건 및 환경체계)로 확장 내지 확대하여 가고 있다. PSM과 비교하여 IRMS 및 SHE에 무엇이 추가 내지 확장되었는지를 명시하고 IRMS와 SHE를 설명하시오.

6. 화학공장조업제어 체계는 아날로그(Analog)로부터 디지털(Digital) 중앙분산제어체계(DCS)로 국내·외에서 변화하고 있다. 소위 $C^3$(제어 : Control, 컴퓨터 : Computer, 통신 : Communication)등 IT(Information Technology)기술이 미래 안전관리에 미칠 변화와 영향을 논하여 보시오.

# 72회 화공안전기술사 기출문제(2004년도)

### [1교시] 다음 13문제 중 10문제를 선택하여 설명하십시오.(각 10점)

1. 사고 결과 영향(Consequence Analysis)에 관해 기술하시오.
2. Roll over 현상에 대하여 설명하시오.
3. 안전진단 대상에 대하여 기술하시오.
4. 공간속도와 공간시간에 대하여 설명하시오
5. FMEA 실시목적, 특징, 기본종류 및 활용형태를 설명하시오.
6. 화학공장 설비의 위험수준(Hazard Level)을 명시하고, 신호문구(Signal Word)의 종류를 3가지 쓰고, 간략히 설명하시오.
7. 위험요인(Hazard)와 위험성(Risk)에 대해 BS8800 규격기준으로 정의하고, 사례를 간략히 설명하시오.
8. 화학공장의 제어기술 형태에 대하여 열거하시오.
9. 자연발화에 대해 설명하고, 발화온도에 영향을 주는 인자들을 열거하시오.
10. 불안전 행동의 인적요인 가운데 심리적 요인을 열거하시오.
11. VCE(Vapor Cloud Explosion) 거동에 영향을 주는 인자를 설명하시오.
12. Butane gas 완전연소 Jones식을 이용하여 LFL(LEL)과 MOC를 예측하시오.
13. 화학설비 재료의 피로현상(Fatigue)에 대해 설명하시오.

### [2교시] 다음 6문제 중 4문제를 선택하여 설명하십시오.(각 25점)

1. 폭발재해 발생의 형태와 방지대책에 대해 기술하시오.
2. 위험과 손해의 관계에 대해 설명하시오.
3. 산업안전보건법상 화학제품 관련 제조물 책임(PL, Product Liability) 규정에 대해 기술하시오.
4. 공정설계(Process Design) 단계에서 고려해야 할 안전과 관련된 사항을 기술하시오.
5. 화학설비의 가동은 많은 계측기기 등이 설비되어 가동되므로 주의가 필요하다. 계측기기의 미확인 및 착오의 메커니즘에 대해 기술하시오.
6. 열교환기 운전에 있어 냉각수를 이용하는 열교환기의 구체적 취급방법에 대해 기술하시오.

## [3교시] 다음 6문제 중 4문제를 선택하여 설명하십시오.(각 25점)

1. 시스템 위험성분석(SHA : System hazard Analysis)의 개요 및 분석내용을 기술하시오.
2. 산업안전보건법상 특수 화학설비에 대한 범위를 기술하시오.
3. 고정 지붕형 탱크의 저비점 원료 저장시 Breathing loss와 Working loss가 문제가 된다. 이에 대해 설명하시오.
4. 화학공장의 반응기 설계에 관계되는 주요 인자를 열거하고 설명하시오.
5. 환기방법 중 자연환기법(Natural Ventilation)과 강제환기법(Forced Ventilation)에 대해 설명하시오.
6. 안전밸브의 전후에는 원칙적으로 차단 밸브를 설치할 수 없다. 예외적으로 차단 밸브를 설치할 수 있는 경우를 그림을 그려 언급하시오.

## [4교시] 다음 6문제 중 4문제를 선택하여 설명하십시오.(각 25점)

1. 인간과오(Human Error)의 심리적 요인(내적요인) 및 물리적 요인(외적요인)에 대해 기술하시오.
2. 화학공장의 위험성 평가방법 중 하나인 HAZOP에서 고려해야 할 위험의 형태와 검토에 필요한 자료 및 도면 목록을 열거하시오.
3. 연소소음(Combustion Noise)에 대해 설명하시오.
4. NCC Plant(납사 분해공장)의 안전진단시 반드시 확인해야 할 항목을 분야별(공정, 전기 기계)로 나누어 기술하시오.
5. 화학설비와 화학설비의 배관 또는 그 부속설비를 사용하여 작업할 때 화재 및 폭발을 방지하기 위한 작업요령을 작성하고 설명하시오.
6. 후드(Hood)의 누출 안전계수에 대해 기술하시오.

# 75회 화공안전기술사 기출문제(2005년도)

### [1교시] 다음 13문제 중 10문제를 선택하여 설명하십시오.(각 10점)

1. 가열로의 일상점검항목(5가지)과 정기검사항목(5가지)
2. 전지부식(Galvanic Corrosion)
3. 압력용기의 설계압력과 최대허용사용압력(MAWP)
4. 파열판을 사용하여야 하는 경우 5가지 이상 설명
5. 고무라이닝에서 겹수(Plies)와 층수(Layers)
6. FAR(Fatal Accident Rate : 사망재해율)
7. 성공적인 안전프로그램의 구성요소 5가지
8. 용기두께 측정에 의한 잔존수명 계산방법
9. 공장의 근원적(Inherent) 안전설계방법 5가지
10. Control Valve의 "Fail close" 및 "Fail open" 적용예
11. S.I.S(Safety Instrumented System)
12. 단열압축(Adiabatic Compression)
13. 사업장 방폭구조 관련고시 중 "환기가 충분한 장소"라 함은?

### [2교시] 다음 6문제 중 4문제를 선택하여 설명하십시오.(각 25점)

1. 산업재해조사 및 재해발생구조에 대하여 논하시오.
2. 화학공정 위험분석에 사용되는 고장률($\mu$), 신뢰도($R_{(t)}$), 고장확률($P_{(t)}$), 평균고장 간격(MTBF) 등을 설명하고 이들 간의 상호관계를 식으로 표시하시오.
3. 기계식 화염방지기의 KOSHA Code 기준, 구조, 종류, 설치기준, 사용장소에 대하여 상세히 설명하시오.
4. 위험물의 NFPA 위험도 평가방법의 개요, 표시예, NFPA 위험물 분류에 대하여 상세히 설명하시오.
5. 석유화학공장설비에 대한 수소손상의 종류 및 대책에 대하여 상세히 설명하시오.
6. 공정안전보고서 주요 관계법령 중에서 1)주요구조의 변경, 2)고온, 고압의 공정운전조건으로 인하여 화재, 폭발 위험이 있는 상태, 3)위험성 평가실시 심사기준에 대하여 상세히 설명하시오.

## [3교시] 다음 6문제 중 4문제를 선택하여 설명하십시오.(각 25점)

1. 재해코스트 계산방식 중 하인리히(H. W. Heinrich) 방식과 시몬즈(R. H. Simonds & J. V. Grimaldi) 방식을 비교 설명하시오.
2. 사건수분석(E.T.A)에서 대응단계(조치)를 일반적 대응 순서대로 열거하고 설명하시오.
3. 화학공장의 Flare stack 설계 시 고려사항에 대하여 상세히 기술하시오.
4. 위험물질 저장탱크의 방유제 설치대상과 유효용량기준 및 설치시 고려하여야 할 주요사항에 대하여 설명하시오.
5. 공장에서 행하여지는 4가지 정비방법에 대하여 특징과 적용사례를 들어 설명하시오.
6. 헥산($C_6H_{14}$), 메탄($CH_4$), 에틸렌($C_2H_4$)의 폭발하한계를 구하고, 이 값을 이용하여 헥산 0.8vol%, 메탄 2.0vol%, 에틸렌 0.5vol%와 나머지는 공기로 구성된 혼합가스의 폭발하한계를 계산하시오.

## [4교시] 다음 6문제 중 4문제를 선택하여 설명하십시오.(각 25점)

1. 화학공장의 Utility failure의 종류 및 Utility failure 시에 영향을 받는 기기 및 설비에 대하여 상세히 설명하시오.
2. 화학공장에서 RBI를 수행하려 한다. RBI 기법의 내용, RBI 구축시 장점, RBI의 투자비와 경비절감에 대한 상관관계를 상세히 설명하시오.
3. 암모니아 실린더가 저장창고에 보관되어 있다. 암모니아는 실린더에서 고정식 배관(Fixed Pipe)을 통해 기화기를 거쳐 공정으로 공급된다. 암모니아 저장창고에서 발생할 수 있는 잠재위험요소를 찾아 나열하고 이 설비에 대한 사고결과 피해규모를 예측하기 위해 사용하는 모델 및 적용절차를 설명하시오.
4. 화학공장의 비파괴검사방법을 열거하고 설명하시오.
5. 회분식 공정에 대한 HAZOP 검토 시 시간(time)으로 인하여 발생할 수 있는 이탈의 종류와 내용을 설명하시오.
6. 계장설비(온도, 압력, 유량, 액면, 농도계)에서 발생하는 주요 고장 원인을 열거하고 설명하시오.

# 78회 화공안전기술사 기출문제(2006년도)

[1교시] 다음 13문제 중 10문제를 선택하여 설명하십시오.(각 10점)
1. MIE(최소착화에너지)에 영향을 주는 요소란?
2. AIT(자연발화온도)는 무엇의 함수인가?
3. 폭발보호방법 6가지는 무엇인가?
4. 점화지연(Ignition delay)이란?
5. 기체의 시료채취에서 호흡반경이란?
6. HAZOP에서 공정단계와 관련한 가이드 워드를 언급하고 설명하시오.
7. 화염일주한계란?
8. 공정특수위험인자(Special Process Hazard Factor)란?
9. 열간균열이란?
10. 틈부식이란?
11. NFPA(National Fire Protection Association)지수란?
12. 화학제품의 제조물책임법(PL)상의 결함 3가지를 열거하시오.
13. 산업안전보건법상 중대재해란?

[2교시] 다음 6문제 중 4문제를 선택하여 설명하십시오.(각 25점)
1. 화학공장 설계 및 운전 시에 온도, 압력, 유속 결정을 위한 중요사항을 설명하시오.
2. 화학공장 사고 시 반응폭주로 일어나는 경우가 많은데 그 발생원인과 대책에 대해 설명하시오.
3. 화학공장의 위험요인과 화재폭발원인을 설명하시오.
4. 화학설비의 안전성 확보를 위한 사전 안전성 평가방법을 5단계로 나누어 설명하시오.
5. 화학공장 설비관리에 대한 검토를 할 경우에 물질, 배치, 예방 국소화 및 설비보전항목 내용에 대해 설명하시오.
6. 산업안전보건법에서 정하는 위험물의 저장, 취급 시의 화학설비 및 부속설비의 안전거리를 설명하시오.

## [3교시] 다음 6문제 중 4문제를 선택하여 설명하십시오.(각 25점)

1. 부식발생에 영향을 주는 인자를 설명하고, 전기방식법을 희생양극법과 외부전원법으로 분류하여 설명하시오.
2. 산업안전보건법에서 규정하는 위험물질의 종류와 특성을 설명하고, 위험물안전관리법과의 관련성에 대하여 설명하시오.
3. 산업안전보건법 관련규정에서 정하는 방폭지역의 구분기준을 설명하고, 방폭구조의 종류에 대하여 설명하시오.
4. 폭발한계에 미치는 환경적인 효과(온도, 압력, 산소 및 기타 산화물 등)를 설명하시오.
5. 제전기의 원리를 설명하고 제전기의 종류별로 제전특성을 설명하시오.
6. 화학장치산업에서 열분석기술의 필요성을 설명하고 열분석기법에 대하여 설명하시오.

## [4교시] 다음 6문제 중 4문제를 선택하여 설명하십시오.(각 25점)

1. DCS(Distributed Control System)와 PLC(Programmable Logic Controller) 기능 및 차이점을 설명하시오.
2. 산업안전보건법에 의하면 화학물질을 수입, 양도, 취급하는 자는 MSDS(물질안전 보건자료)를 확보하여 유통하도록 하고 있다. 이 제도의 실시배경, 목적 그리고 적용대상물질을 설명하시오.
3. 화학설비의 신뢰성을 결정하는 고장발생의 유형과 욕조곡선(Bathtub Curve)을 상세하게 설명하시오.
4. 화학공장의 유류저장탱크 배관의 용단작업을 하려고 한다. 이때, 발생할 수 있는 제반위험요소 등을 예측하고 필요한 안전대책을 작업 전·후 및 작업 중으로 구분하여 설명하시오.
5. 저유조의 유류저장탱크($30,000m^3$)에서 화재가 발생했는데 유류화재 시 나타나는 현상과 화재예방대책에 대해서 설명하시오.
6. 산업안전보건법에 의한 가스누출감지경보기를 설치하여야 할 장소를 나열하시오.

# 81회 화공안전기술사 기출문제(2007년도)

### [1교시] 다음 13문제 중 10문제를 선택하여 설명하십시오.(각 10점)

1. 위험성 평가기법 중 위험과 운전분석기법(HAZOP)의 장·단점을 설명하시오.
2. Process Safety Management(PSM)의 기본적 취지에 대해서 설명하시오.
3. 산업안전보건법에 의한 안전보건관리책임자의 직무에 대해서 설명하시오.
4. 공정안전관리에 의한 위험성 평가 중에 부식 재해사고를 분류하고 설명하시오.
5. 심리활동에 있어서 간결성의 원리를 설명하시오.
6. TNT당량(Equivalent amount of TNT)에 대해서 설명하시오.
7. 공정위험평가(Process Risk Assessment)의 목적에 대해서 설명하시오.
8. 폭발효율(Explosion Efficiency)에 대해서 설명하시오.
9. 부동태(Passivity)에 대해서 설명하시오.
10. 근골격계 질환의 유해요인 중에서 접촉 스트레스에 대해서 설명하시오.
11. 피드백(Feedback) 제어와 시퀀스(Sequence) 제어의 차이를 설명하시오.
12. 오조작방지장치(Fail safe)에 대해서 설명하시오.
13. Gaussian Model에 대하여 설명하고 Model에 적용되는 전제조건을 쓰시오.

### [2교시] 다음 6문제 중 4문제를 선택하여 설명하십시오.(각 25점)

1. 산업안전보건법에서 사업주가 행하여야 할 유해·위험예방 조치사항에 대하여 설명하시오.
2. 분진제거장치를 분류하고 안전과 관련하여 설명하시오.
3. 안전진단의 대상에 대해서 설명하시오.
4. 화학설비 및 건축물의 내화(Fire Proofing)구조 목적을 기술하고 산업안전기준에서 설명하는 내화재료는 시험체 강재표면의 평균온도가 538℃ 이하, 최고온도는 649℃ 이하로 하는 이유를 설명하시오.
5. 화학공장에서 취급되는 조작 중에 정전기적 유도현상에 의하여 비전도성 물체가 전도성 물체 주위에서 전하를 띄게 되는 현상을 5가지 설명하시오.
6. 작업 위험분석에 대하여 설명하시오.

## [3교시] 다음 6문제 중 4문제를 선택하여 설명하십시오.(각 25점)

1. 산업재해의 직접원인을 인적원인(불안전한 행동)과 물적원인(불완전한 상태)으로 구분하여 설명하시오.
2. 공정안전보고서의 세부내용에 포함되어야 할 내용을 설명하시오.
3. 유해물질 중 액상 유기화합물의 처리법에 대해서 설명하시오.
4. 저장탱크 및 가스시설을 지하에 설치할 때 유의할 사항을 설명하시오.
5. 가연성 물질의 화학적 폭발 방지대책을 제시하고 설명하시오.
6. 화학공장의 안전작업허가서(Safety Work Permit) 종류와 그 관리방법에 대해서 설명하시오.

## [4교시] 다음 6문제 중 4문제를 선택하여 설명하십시오.(각 25점)

1. 산업안전보건법상 산소결핍의 정의 및 안전담당자의 직무에 대해 설명하시오.
2. 화학공장 설비의 안전대책 중 증류탑의 점검사항에 대해서 일상점검항목(운전 중 점검)과 개방 시 점검해야 할 항목(운전정지시 점검)을 설명하시오.
3. 특정 화학물질에 대한 장해예방대책에 대하여 설명하시오.
4. 화학공장의 공정설계 단계에서 고려되어야 할 안전과 관련된 사항을 설명하시오.
5. MSDS의 활용범위와 효과에 대해 설명하시오.
6. 「유해화학물질관리법」의 독성기준에 따른
    1) 독성물질의 생체 내 투입경로
    2) 독성물질의 측정단위
    3) 산업안전보건법상의 기준
    4) 독극물의 응급처치에 대해서 설명하시오.

## 84회 화공안전기술사 기출문제(2008년도)

[1교시] 다음 13문제 중 10문제를 선택하여 설명하십시오.(각 10점)

1. 안전막(Safety Barrier)에 대해 설명하시오.
2. 안전계수(Safety Factor)에 대해 설명하시오
3. 증류시스템에서 위험물질 정체량을 감소시킬 수 있는 방법을 설명하시오.
4. 화학설비 중 특수화학설비에 대해 설명하시오.
5. 서징(Surging)의 의미 및 방지책에 대해 설명하시오.
6. 폭발의 Scaling 법칙에 대해 설명하시오.
7. 산소수지(Oxygen balance)란 무엇인지 정의를 중심으로 설명하시오.
8. 인너팅(Inerting)과 치환(Purging)이 무엇인지 설명하시오.
9. 금수성 물질 중 수분과 반응하여 수소가스를 발생시키는 물질 두 가지만 예를 들고 그 물질의 반응식을 쓰시오.
10. 사업주가 안전밸브를 설치해야 하는 화학설비 및 그 부속설비에 대하여 쓰시오.
11. SI단위의 특징과 기본단위, 조립단위 기호를 표시하시오.
12. 공정기기의 운전시 위험성에 대해 설명하시오.
13. 단독고장원(Single Failure Point)에 대해 설명하시오.

[2교시] 다음 6문제 중 4문제를 선택하여 설명하십시오.(각 25점)

1. 화학물질 및 화학반응의 위험성을 설명하고 이의 판정에 필요한 인자는 무엇인지 설명하시오.
2. 염소저장 및 공급시설의 안전대책을 기술하시오.
3. 석유화학공장과 중소규모 화학공장과의 안전관리 특성을 비교 설명하시오.
4. 반응기 점검사항을 설명하시오.
5. PFD/P&ID의 기술자료 상세 검토방법에 대해 설명하시오.
6. EU REACH 제도와 국내의 MSDS 제도를 비교 설명하시오.

## [3교시] 다음 6문제 중 4문제를 선택하여 설명하십시오.(각 25점)

1. 공정안전성분석(PHR, Process Hazard Review)을 정의하고 회분식 공정에서 PHR 평가 시 가이드 워드를 설명하시오.
2. 공정설계 시 저장시설, 반응시설, 증류시설, 혼합시설, 이송시설 등과 같은 설비에서 혼합금지 물질이 존재할 경우 필요한 안전상의 조치를 설명하시오.
3. 화학공정의 연동설비(Inter-Lock)의 By-Pass절차 작성요령을 설명하시오.
4. 폭발보호(Explosion Protection)의 대책을 제시하고 설명하시오.
5. 화학공정에서의 사업장 내 안전과 사업장의 환경과의 연관성을 단계별로 설명하시오.
6. 독성물질의 피해예측 및 누출확산시의 ERPG(Emergency Response Planning Guideline) 농도에 대해 설명하시오.

## [4교시] 다음 6문제 중 4문제를 선택하여 설명하십시오.(각 25점)

1. 실내화재에서 환기지배화재(Ventilation Control Fire)란 무엇이며 실내화재의 연소속도(R)가 개구면의 면적(A)과 개구면의 높이(H)와는 어떤 관계인지 설명하시오.
2. 플레어스텍에서 Molecular Seal의 역할과 원리를 설명하시오.
3. 반응기의 원리와 단위반응 종류, 인자 및 반응의 분류에 대하여 기술하시오.
4. 분자식이 $C_mH_nO_xF_k$인 가연성 가스가 산소($O_2$)와 연소될 때 연소반응식과 함께 이론혼합비(Cst)를 제시하시오(단, 단위는 부피퍼센트(Vol%)로 나타내시오.)
5. 화학물질의 반응공정에서 이상반응의 발생요인을 열거하고 이상반응에 대응하기 위해 고려해야 할 위험방지설비를 제시하시오.
6. 방폭지역의 1종 장소의 예를 5가지 이상 열거하시오.

## 87회 화공안전기술사 기출문제(2009년도)

**[1교시] 다음 13문제 중 10문제를 선택하여 설명하십시오.(각 10점)**

1. 바이오 에탄올의 개념 및 활용도에 대하여 설명하시오.
2. 활동도(Activity)와 활동도계수(Activity Coefficient)에 대하여 설명하시오.
3. 화학공장에 적용하는 위험성 평가 중 인적오류분석(Human Error Analysis) 기법에 대하여 설명하시오.
4. 공정안전보고서 관계법령에서 규정하는 가연성 가스와 인화성 물질의 규정수량(kg) 및 정의에 대하여 설명하시오.
5. 화학공장의 사고발생 분석 시 인적 측면에서 본 공통적인 배경을 설명하시오.
6. 릴리프시스템(Relief System)을 설계하기 위한 순서를 기술하고 설계 시 유의해야 할 사항을 설명하시오.
7. 중질유 저장탱크 화재 시의 Slopover와 Frothover 현상에 대하여 설명하시오.
8. 산업안전보건법에서 규정한 가스누출감지경보기 설치장소 5개소를 쓰시오.
9. 화학공장에서의 폭발진압 및 보호시스템 5가지에 대하여 설명하시오.
10. 화공안전분야 산업안전지도사의 PSM 확인에 대한 규정을 포함한 산업안전보건법 제49조의2 동 시행규칙 제130조의6(확인 등)에 대하여 설명하시오.
11. RfC(Reference Concentration)과 RfD(Reference Dose)에 대하여 설명하시오.
12. 화학공장에 설치되어 있는 방폭형 전기기기의 구조는 발화도 및 최대표면온도에 따른 분류와 폭발성 가스 위험등급으로 분류되는데, 국내와 IEC의 분류기준을 설명하시오.
13. 화학공장의 안전관리상 부적응의 유형 5가지에 대하여 설명하시오.

**[2교시] 다음 6문제 중 4문제를 선택하여 설명하십시오.(각 25점)**

1. 화학공장에서 발생할 수 있는 증기운폭발(Vapor Cloud Explosion)의 개념, 영향인자 및 예방대책에 대하여 설명하시오.
2. 정유・석유화학 공장에서의 염화물 응력부식균열의 발생요인, 손상에 취약한 설비, 방지대책에 대하여 설명하시오.
3. 신뢰도 중심의 유지보수(RCM, Reliability Centred Maintenance) 개념 및 각 적용단계에 따른 세부사항을 설명하시오.
4. 인화성 물질 저장탱크에서 펌프를 이용하여 위험물질을 이송하고자 할 때 발생할 수 있는 위험상태와 대책을 설명하시오.

5. 화학공장의 정량적 위험성 평가 중 QRA(Quantitative Risk Assessment)를 수행하고자 한다. QRA의 개요, 구성요소 및 특징에 대하여 설명하시오.
6. 화학공장에서 사고를 유발할 수 있는 운전원의 불안전한 행동의 종류에 따른 세부사항을 설명하시오.

## [3교시] 다음 6문제 중 4문제를 선택하여 설명하십시오.(각 25점)

1. 특정화학물질에 대한 장해예방대책을 설비, 환경 및 근로자의 안전화 관점에서 설명하시오.
2. 산업안전보건법상 산소결핍의 정의, 예상 위험작업의 종류 및 사고방지방법에 대하여 설명하시오.
3. 화학공장의 화재·폭발 위험성을 평가하고자 사고결과영향분석(Consequence Analysis)을 수행하기 위한 화재모델링(Pool fire, Jet fire, Flash fire) 및 폭발모델링(용기폭발모델링, BLEVE 모델링)에 대하여 설명하시오.
4. 화학공장의 방폭대책을 폭발억제 및 확대방지의 관점에서 설명하시오.
5. PSM 대상 시설 혹은 공정에서 변경 및 시운전단계에서의 공정안전보고서 확인 시 사업장에서 준비하여야 하는 서류를 25가지 쓰시오.
6. 국내 및 해외에서의 수소·연료전지 안전연구현황 및 향후 국내의 안전연구방향에 대하여 설명하시오.

## [4교시] 다음 6문제 중 4문제를 선택하여 설명하십시오.(각 25점)

1. 유해물질 노출 시의 허용농도인 TLV(Threshold Limit Value) 3가지에 대하여 설명하시오.
2. 화학공장의 반응기에서 발생할 수 있는 Runaway(반응폭주)의 개요, 발생요인, 방지대책에 대하여 설명하시오.
3. SIS(Safety Instrumented System) 및 SIL(Safety Integrity Level)에 대하여 설명하시오.
4. 국내 및 해외의 태양광 산업시장 현황 및 향후 전망에 대하여 설명하시오.
5. 화학공장의 작업위험분석(Job Safety Analysis)에 대하여 설명하시오.
6. Risk assessment 관점에서 Bathtub 형태의 고장률($\mu$)을 시간(t)의 함수로 도식하고, 고장률($\mu$), 신뢰도(R), 고장확률(P)에 대하여 설명하시오.

# 90회 화공안전기술사 기출문제(2010년도)

### [1교시] 다음 13문제 중 10문제를 선택하여 설명하십시오.(각 10점)

1. 산업안전보건법에 정하는 화학물질의 물질적 위험성 분류 기준에 따라 다음 용어를 설명하시오.
   1) 인화성 액체
   2) 인화성 에어로졸
   3) 고압가스
   4) 유기과산화물
2. 평균고장간격(MTBF)과 평균고장수명(MTTF)을 설명하시오.
3. 한계산소농도(LOC)와 불활성화(Inerting)에 대하여 설명하시오.
4. 박막폭굉(Film Detonation)에 대하여 설명하시오.
5. 화재와 폭발의 차이점에 대하여 설명하시오.
6. Fire ball의 형성메커니즘에 대하여 설명하시오.
7. 중복설비(Redundancy)의 개념에 대하여 설명하시오.
8. 분출화재(Jet fire)와 액면화재(Pool fire)에 대하여 설명하시오.
9. 화학설비 등의 공정설계 기준에 의한 다음 용어에 대하여 설명하시오.
   1) 유효양정(Net Positive Suction Head)
   2) 슬러그흐름(Slug flow)
10. 화학물질 또는 화학물질 함유 제제를 담은 용기의 경고표지에 포함되어야 할 사항을 5가지 이상 쓰고 설명하시오.
11. 분진방폭구조의 종류 3가지에 대하여 설명하시오.
12. 위험성(Hazard)과 위험도(Risk)의 차이점을 설명하시오.
13. 화학반응의 열적위험성 평가를 위한 안전에 관련된 변수(Parameters)와 특성(Properties)을 4단계로 구분하여 쓰시오.

### [2교시] 다음 6문제 중 4문제를 선택하여 설명하십시오.(각 25점)

1. 화학물질이 들어있는 반응기 및 탱크 내부 등의 밀폐공간에서 작업 중 중대재해 발생빈도가 매년 증가 추세에 있다. 밀폐공간내 작업 시 사전 안전조치사항 및 재해예방대책을 설명하시오.

2. 화학물질 분류 및 경고표지에 대한 세계조화시스템(GHS) 제도의 우리나라 도입의 필요성과 GHS가 미치는 영향 및 파급효과에 대하여 설명하시오.
3. 화학공장에서 정전기에 의한 화재폭발 사고가 종종 발생되고 있다. 정전기 생성원리와 위험성을 분석하고, 정전기 방지대책을 설명하시오.
4. 화염전파 방지장치의 종류 및 용도에 대하여 설명하시오.
5. 화학설비의 근원적 안전성 확보를 위해서는 설계단계에서부터 접근해야 하는데, 산업안전기준에 관한 규칙에 의거한 공정안전관리를 위한 설계방법, 개선사례, 효과에 대하여 설명하시오.
6. 정유플랜트에서의 수소공격(Hydrogen attack) 발생원인과 방지대책에 대하여 설명하시오.

## [3교시] 다음 6문제 중 4문제를 선택하여 설명하십시오.(각 25점)

1. 산업안전보건법에서 규정하고 있는 위험물질 및 관리대상 유해물질의 흐름을 차단하는 긴급차단밸브의 구조 및 설치 범위에 대하여 설명하시오.
2. 화학공장에서 많이 접할 수 있는 단위조작 공정 중 저장설비, 반응장치, 압력용기, 증류장치 및 건조설비에 대한 안전대책을 설명하시오.
3. 낙뢰로 인한 서지발생으로 화학공장의 화재 및 폭발사고 예방을 위하여 피뢰설비를 설치하여야 하는데, 화학공장의 피뢰설비 설치방법에 대하여 설명하시오.
4. 화학공장의 건설 혹은 유지보수 시 안전작업 허가절차(Safety permit to work procedure)의 목적과 관리감독자가 안전작업허가서의 확인·서명 전에 점검 확인해야 될 항목을 설명하시오.
5. 2007년 6월부터 EU(유럽연합)는 신화학물질관리(REACH) 제도를 시행하였으며, 이에 대한 국내 산업계에서 다양한 대응활동을 전개하고 있다. 이와 관련하여 REACH 제도는 무엇이며, 화학제품을 생산하고 있는 기업에서 어떠한 대응전략을 수립해야 하는지를 설명하시오.
6. 화학공장에서 예상되는 산업재해 발생요인을 발굴하고 사고가능성을 최소화하기 위하여 위험성 평가(Risk assessment)를 실시하는데, 위험성 평가의 목적과 기법 및 단계별 수행방법을 설명하시오.

## [4교시] 다음 6문제 중 4문제를 선택하여 설명하십시오.(각 25점)

1. 하인리히(Heinrich)의 사고예방대책 기본원리와 단계별(5단계) 조치사항을 설명하시오.
2. 화학공업에서 폭주반응(Runaway reaction)의 의미와 원인이 무엇이며, 폭주반응에 의한 이상상태 발생 시 방지대책을 설명하시오.
3. 공정안전보고서 제출 시 안전운전지침과 절차서
4. 탄소시장의 개념과 국내·외 탄소시장 동향에 대하여 설명하시오.
5. 석유화학공장 설계 시 내진설계의 필요성과 가스시설의 기초에 대한 얕은 기초의 내진설계와 깊은기초(말뚝기초)의 내진설계에 대하여 설명하시오.
6. 화학공장에서 화재·폭발 발생 시 임직원, 고객, 주주 등에게 막대한 피해를 줄 수 있다. 생산 등 조업중단이 계속되면 기업 및 국가에 큰 영향을 미칠 수 있어 사업연속성 관리(Business Continuity Management)에 대한 중요성이 절실히 요구되고 있는데 이에 대한 도입의 필요성, 절차 및 선진기업의 추진사례를 설명하시오.

## 93회 화공안전기술사 기출문제(2011년도)

### [1교시] 다음 13문제 중 10문제를 선택하여 설명하십시오.(각 10점)

1. 폭발 효율(Explosion Efficiency)에 대하여 설명하시오.
2. 재해율 중 강도율(Severity Rate of Injury)에 대하여 설명하시오.
3. 작업위험분석에 대하여 설명하시오.
4. 공정설비 중 안전성이 완벽하게 유지되어야 하는 위험설비 7가지를 쓰시오.
5. 화염전파(Flame Propagation) 속도에 대하여 설명하시오.
6. 가연성 분진의 착화 폭발순서에 대하여 설명하시오.
7. 재해예방의 안전대책 중 3E원칙과 작업기준에 대하여 설명하시오.
8. 폭발위험에 대한 안전장치의 성격, 설계순서와 압력방출장치의 종류를 말하시오.
9. 공정안전관리(PSM, Process Safety Management)의 공정안전자료를 열거하시오.
10. 탱크화재를 예방하고 화재 시 초기 진압할 수 있는 대책을 설명하시오.
11. Fool Proof에 대하여 설명하시오.
12. 비상조치계획에 포함되어야 할 최소한의 내용을 열거하시오.
13. 산업안전보건법상 화학물질 취급자에 대한 MSDS(물질안전보건자료) 교육을 실시하도록 하고 있다. 그에 대한 교육내용을 쓰시오.

### [2교시] 다음 6문제 중 4문제를 선택하여 설명하십시오.(각 25점)

1. 방호계층분석(LOPA, Layer Of Protection Analysis)과 독립방호계층(IPL, Independent Protection Layer)에 대하여 설명하시오.
2. 프로젝트에 대한 위험도 분류(Projet Hazard Identification)에 대해 설명하시오.
3. 화학공장에 중대재해 조사 시 조사순서와 참고자료를 기술하시오.
4. 화학공장에서 가스폭발재해예방의 기본은 어떠한 위험성이 있는가를 조사하여 그 위험성이 재해원인으로 되지 않도록 대책을 세워야하는데 이 경우 정적인 위험성과 동적인 위험성에 대하여 설명하시오.
5. 발열공정의 연속식운전에서 공정안전상 필요한 일반적인 형식의 계장(Instrument), 제어(Control), 인터록(Interlock) 설비에 대하여 설명하시오.
6. 화학공장에서의 대형사고 예방을 위한 장·단기 안전대책에 대하여 설명하시오.

[3교시] 다음 6문제 중 4문제를 선택하여 설명하십시오.(각 25점)

1. 인화성 액체를 저장하는 탱크(원추형 지붕 및 유동형 지붕)에서의 정전기 완화조치에 대하여 설명하시오.
2. 화학공장에서 사용되는 반응기의 압력, 온도, 이상반응에 대한 설계 시 고려해야 할 사항을 설명하시오.
3. 신규 공장건설을 위해 취급하려는 화학물질의 유해성 유무는 먼저 문헌조사를 하는 것이 우선이다. 문헌조사시 확인해야 할 자료를 열거하시오.
4. 충격 감도(Impact Sensitivity)와 증기위험도지수(Vapor Hazard Index)에 대하여 설명하시오.
5. 공정안전의 다중보호기능(Redundent Protection)의 핵심사항에 대하여 설명하시오.
6. RBI(Risk Based Inspection)의 적용분야와 설비를 나열하고 직접효과와 간접효과에 대하여 설명하시오.

[4교시] 다음 6문제 중 4문제를 선택하여 설명하십시오.(각 25점)

1. 화학반응공정의 위험확인에 있어 주반응에서 안전에 관련된 특성과 변수에 대하여 설명하시오.
2. 열매체의 요건과 열매체 선정 시 고려해야 할 사항에 대하여 설명하시오.
3. 공정설계단계에서부터 정상조업 및 일상적인 보수에 있어 화재, 폭발, 누출사고 예방을 위한 방안과 실행관리 항목을 설명하시오.
4. 산업안전보건법에서 정의하고 있는 '산업재해'와 '중대재해'에 대한 의미와 법에서 규정하고 있는 '산업재해보고'에 대한 내용을 쓰시오.
5. 폭주반응 예방을 위한 기술적인 예방조치에 대하여 설명하시오.
6. 인화성 액체의 저장탱크에서 펌프를 이용하여 액체를 이송할 때 발생될 수 있는 위험의 종류를 7가지 이상 기술하고 대책을 설명하시오.

# 96회 화공안전기술사 기출문제(2012년도)

[1교시] 다음 13문제 중 10문제를 선택하여 설명하십시오.(각 10점)

1. 공장안전보고서 제출대상 7개 업종을 나열하고 유해·위험물질로 제출대상이 될 경우 인화성 가스와 인화성 액체의 규정량(kg)을 각각 기술하시오.
2. 산업재해 통계에서 활용되는 재해율, 사망만인율, 도수율, 강도율의 산출식을 기술하시오.
3. 산업안전보건법상 공정안전보고서 제출 의무가 있는 "주요 구조부분의 변경"에 해당하는 3가지 경우를 기술하시오.
4. 산업안전보건법상 위험방지가 특히 필요한 작업을 10가지만 기술하시오.
5. 긴급차단 밸브의 설치가 필요한 곳에 대하여 설명하시오.
6. 폭발성물질의 화학구조와 위력의 관계를 나타내는 산소수지(Oxygen Index or Oxygen Balance)에 대하여 계산방법과 함께 설명하시오.
7. 폭연(Deflagration)과 폭굉(Detonation)에 대하여 설명하시오.
8. 안전밸브 대신에 파열판(Rupture disk)을 사용하는 목적과 특성에 대하여 설명하시오.
9. 안전밸브를 Lift(밸브 본체가 밀폐된 위치에서 분출량 결정압력의 위치까지 상승했을 때의 수직방향 치수)에 따라 분류하고 각각 설명하시오.
10. 화학장치에 제작 및 정비를 할 때 내부결함방지를 위하여 실시하는 주요한 비파괴검사 방법 4가지의 특성을 설명하시오.
11. F-N(Frequency Number) Curve에 대하여 설명하시오.
12. 재해발생빈도(하인리히, 버드, 콘패스) 이론에 대하여 설명하시오.
13. 열교환기의 용도를 사용목적과 상태에 따라 분류하고 설명하시오.

[2교시] 다음 6문제 중 4문제를 선택하여 설명하십시오.(각 25점)

1. 화학공장의 다중방호대책(LOPA)의 의미와 적용방법에 대하여 설명하시오.
2. 산업안전보건법에 명시된 안전교육의 종류와 시간에 대하여 설명하시오.
3. 회분식 반응기에 맨홀을 통해 고체연료를 투입한 후 인화성 물질인 용제를 배관을 통해 투입하면서 철제 맨홀 덮개를 닫는 순간 반응기 내부에 비산되는 과정에서 생성된 용제 증기가 점화원에 의해 폭발하였다. 이때 맨홀 덮개가 작업자를 가격한 사고가 발생했다고 가정한다면 예상되는 점화원 및 사고재발방지대책에 대하여 설명하시오.

4. 공정안전관리제도(PSM)의 12가지 요소 중 변경요소관리에서 변경발의 부서의 장이 변경관리 요구서를 제출하기 전 검토해야 할 사항을 설명하고, 1974년 영국의 Flixborough에서 발생한 사이클로헥산공장 폭발사고 원인을 변경관리요소 측면에서 설명하시오.
5. 화학플랜트에서 반응폭주의 위험성을 예측하여 문제점을 발굴하고, 대책에 대하여 설명하시오.
6. 반응기의 조작방법과 구조에 따라 분류하고 각각에 대하여 설명하시오.

## [3교시] 다음 6문제 중 4문제를 선택하여 설명하십시오.(각 25점)

1. 공정안전보고서 이행상태 평가의 종류별 실시시기 및 등급부여기준을 설명하시오.
2. 화학설비의 기능상실 정도를 나타내는 고장심각도를 3가지로 구분하고 설명하시오.
3. 반응폭주위험의 한계에 있어 Semenove 이론에 대하여 설명하시오.
4. 증류탑(포종탑) 내의 액량최소 허용한계 및 증기량의 최소효용한계선의 용어를 정의하고, 적정운전부하를 유지하지 못하였을 경우 생길 수 있는 현상에 대하여 설명하시오.
5. 안전대책의 기본이 되는 Fail Safe System과 Fool Proof System의 차이점과 특징을 설명하시오.
6. 화학공정에서 폭발이 일어나는 위험성 때문에 산업안전보건기준에 관한 규칙으로 폭발억제장치에 관해서 필요한 사항을 정하고 있는데, 폭발억제장치의 구조와 원리를 나열하고 설계 및 설치 시 고려사항을 설명하시오.

## [4교시] 다음 6문제 중 4문제를 선택하여 설명하십시오.(각 25점)

1. 최근 저탄소사회 구축을 위해 환경성과 향상을 넘어선 혁신적인 탄소제로(Zero) 혁신활동을 전개하고 있는데, 이에 따른 온실가스 목표관리제와 기업의 대응방향에 대하여 설명하시오.
2. 가연성 또는 독성물질의 가스나 증기의 누출을 감지하기 위한 가스누출감지경보기 설치에 필요한 사항을 산업안전보건기준에 관한 규칙에 정하고 있는데, 가스누출감지경보기의 설치 장소, 구조 및 성능에 대하여 설명하시오.
3. 화학공장(나프타 분해 공정 등)에 설치되는 Fired Heater의 설계 시 안전 측면에서 확인하여야 할 사항을 구체적으로 설명하시오.
4. 분진폭발의 방출에너지 및 발화에 필요한 발화에너지가 가스폭발보다 큰 이유와 함께 분진이 폭발하는 과정(Mechanism)을 설명하시오.
5. 고분자화합물의 연소 시 훈소(Smoldering)의 원리와 생성물에 대하여 설명하시오.
6. 가연성 가스의 폭발로 인한 피해를 최소화하는 데 필요한 폭연방출구의 종류와 설치방법에 대해서 산업안전보건기준에 관한 규칙에 의거하여 설명하시오.

# 99회 화공안전기술사 기출문제(2013년도)

### [1교시] 다음 13문제 중 10문제를 선택하여 설명하십시오.(각 10점)

1. 염산을 저장하는 시설물의 재료에 대하여 설명하시오.
2. LNG 탱크에서 발생할 수 있는 Roll Over 현상에 대하여 설명하시오.
3. 아세틸렌 용접장치를 사용하여 금속을 용접·용단 또는 가열작업 시 준수하여야 할 사항에 대하여 설명하시오.
4. 스폴링(Spalling)현상에 대하여 설명하시오.
5. 화학공장 건설시 체크리스트를 이용하여 공정 위험성 평가를 실시할 경우 정상운전(Normal Operation)과 비정상운전(Abnormal Operation)에 대하여 설명하시오.
6. 재해발생원인 중에서 불안전한 상태에서 물적 요인과 불안전행동의 인적 요인에 대하여 설명하시오.
7. 산업안전보건법상 위험성 평가의 절차에 대하여 설명하시오.
8. 블랙스완(Black Swan)에 대하여 설명하시오.
9. 인간과오율예측법(THERP ; Technique for Human Error Rate Prediction)에 대한 내용과 장단점을 설명하시오.
10. 산업안전보건법상 산소결핍 위험작업의 종류와 방지대책에 대하여 설명하시오.
11. 알더퍼(Alderfer)의 ERG욕구이론에 대하여 설명하시오.
12. 가연성 물질의 폭발방지 대책에 대하여 설명하시오.
13. 산업안전보건법상 화학설비 및 부속설비의 종류에 대하여 설명하시오.

### [2교시] 다음 6문제 중 4문제를 선택하여 설명하십시오.(각 25점)

1. 화학반응공정의 위험요인 확인 시 주 반응에서의 안전에 관련된 특성과 변수에 대하여 설명하시오.
2. 충격감도(Impact Sensitivity)와 증기위험도지수(Vapor Hazard Index)에 대하여 설명하시오.
3. 화학플랜트에서 발생하는 정전기방출과 관계된 전하축적에 대하여 설명하시오.
4. 산업심리에서 인간의 일반적 특성 내용인 간결성의 원리, 군화의 법칙에 대하여 설명하시오.
5. 혼합위험성 물질(混合危險性 物質)에 대하여 설명하시오.
6. 캐비테이션의 의미와 발생조건, 발생 시 일어나는 현상, 방지법에 대하여 설명하시오.

## [3교시] 다음 6문제 중 4문제를 선택하여 설명하십시오.(각 25점)

1. 화학공정의 기기조작에 따른 사고예방을 위한 반응기 잔유물 제거 방법에 대하여 설명하시오.
2. 화학설비에서 화재폭발 및 누출사고가 일어나지 않도록 공정안전상 요구되는 사항을 설명하시오.
3. 화학공장의 공정설계(Process Design) 단계에서 고려해야 할 안전사항과 안전하게 운전할 수 있도록 운전 및 설계조건 결정 시 주요 안전기준을 설명하시오.
4. 반도체 공정의 독성 및 인화성 가스 실린더의 교체 작업 안전에 대하여 설명하시오.
5. 분진폭발의 특징 및 분진 폭발에 영향을 주는 요인에 대하여 설명하시오.
6. 학습이론에서 S-R이론과 형태설(Gestalt Theory)에 대하여 설명하시오.

## [4교시] 다음 6문제 중 4문제를 선택하여 설명하십시오.(각 25점)

1. 화학설비의 설비별 위험물 누출부위와 원인에 대하여 설명하시오.
2. 인간의 의식수준을 5단계로 구분할 때 각 단계의 의식상태 및 생리적 상태에 대하여 설명하시오.
3. 가연성 가스의 폭발방지를 위한 수단으로 사용되는 불활성화(Inerting)에 대하여 설명하시오.
4. 독성물질의 관리와 확산방지대책에 대하여 설명하시오.
5. Batch Process(회분식) 제조공정위험성에 대한 예비조사의 경우 저장, 반응, 건조 등 각 공정에 대한 위험성과 항목을 설명하시오.
6. 산업안전보건법에서 정하는 안전인증 및 안전검사에 대하여 설명하시오.

# 102회 화공안전기술사 기출문제(2014년도)

## [1교시] 다음 13문제 중 10문제를 선택하여 설명하십시오.(각 10점)

1. 금수성 물질인 금속 칼륨과 금속 마그네슘의 화재·폭발 특성에 대하여 설명하시오.
2. 연소효율과 열효율의 차이점에 대하여 설명하시오.
3. 폭발위험장소 구분의 환기등급 평가에 있어 가상체적($V_Z$)에 대하여 설명하시오.
4. 변경요소관리의 분류에는 정상, 비상, 임시로 구분한다. 이 중 비상 변경요소관리절차에 대하여 설명하시오.
5. 화학물질의 폭로영향지수(ERPG ; Emergency Response Guideline)를 계산하기 위한 준비자료 및 계산절차에 대하여 설명하시오.
6. 산소농도 17% 이하인 지하맨홀 작업장에서 전동송풍기식 호스마스크를 사용 시 주의사항에 대하여 설명하시오.
7. 산업안전보건법에서 규정한 방독마스크의 종류와 등급, 형태분류, 정화통의 제독능력에 대하여 설명하시오.
8. 제조업 등 유해위험방지 계획서 심사확인 제출대상 사업장으로 전기계약용량 300kW 이상인 업종 10가지를 쓰시오.
9. 화염방지기의 형식, 구조 및 설치방법에 대하여 설명하시오.
10. 연소속도(Burning rate)에 대해서 설명하시오.
11. 인화성 액체 취급장소의 폭발위험장소 설정방법 3가지에 대해 설명하시오.
12. 공기 중 프로판가스를 완전연소시 화학적 양론비(vol%)와 최소산소농도(%)를 계산하시오.
13. 공기 중 산소의 질량비(Weight %)를 계산하시오.

## [2교시] 다음 6문제 중 4문제를 선택하여 설명하십시오.(각 25점)

1. 최근 화학물질 사용량이 증가하고 있는 불화수소(HF)의 누출사고 예방을 위한 불화수소(HF)의 물리 화학적 특성, 인체에 미치는 영향, 응급대응, 취급자에 대한 응급대응교육에 대해서 설명하시오.
2. 벤트배관 내 인화성 증기 및 가스로 인한 폭연으로 배관이 손상되는 것을 최소화하기 위하여 관련 장치와 시스템의 폭연벤트기준에 대해서 설명하시오.
3. 화학공장에서 혼합공정의 원료를 투입할 때 화재 및 폭발위험 요인을 나열하고 그에 따른 안전대책을 설명하시오.
4. 배관계통의 과압, 고온, 저온, 유량과다, 역류 발생 시 대처방법에 대하여 본질적 방법, 적극적 방법 그리고 절차적 방법으로 구분하여 설명하시오.

5. 연소 또는 폭발범위 내에 있는 가연성 가스 증기의 연소폭발에 영향을 주는 인자에 대해서 설명하시오.
6. 반응의 온도 의존성 및 충돌이론(Collision theory)에 대해서 설명하시오.

## [3교시] 다음 6문제 중 4문제를 선택하여 설명하십시오.(각 25점)

1. 산업안전보건기준에 관한 규칙에 의하면 스프링식 안전밸브의 분출압력 시험에 관한 사항을 정하고 있는데 안전밸브 분출압력시험의 필요성, 주기 및 안전밸브의 분출압력 시험기준과 분출압력 시험장치에 대해서 설명하시오.
2. 인화성 잔유물이 있는 탱크의 가스제거 시 잠재된 화재폭발의 위험요인을 나열하고 탱크 가스제거 절차, 세척작업을 위한 사전준비사항, 가스제거방법, 세척방법을 각각 구분하여 상세하게 설명하시오.
3. 유해·위험물질 누출사고가 발생했을 때 대응절차 및 평가절차에 대하여 설명하시오.
4. 화학설비 고장률 산출을 위한 자료수집 및 분석방법에 대하여 설명하시오.
5. 연소의 3요소 중 산소결핍으로 인한 이상현상에 대하여 4가지 이상 설명하시오.
6. 폭발현상에서 균일반응과 전파반응의 차이를 설명하고, 폭연에서 폭굉으로 전이되어가는 과정, 메커니즘을 설명하시오.

## [4교시] 다음 6문제 중 4문제를 선택하여 설명하십시오.(각 25점)

1. 위험물의 제조, 저장 및 취급소에 설치된 옥내·외 저장탱크에 배관을 통하여 인화성 액체 위험물 주입 시 과충전 방지를 위한 고려사항, 과충전 방지장치의 구성요소별 고려사항, 비상조치절차에 대하여 설명하시오.
2. 공정위험 평가 시 화재, 폭발, 누출과 같은 사고 시의 피해 정도 및 피해범위 등을 정량적으로 산정하고 피해 최소화대책을 수립하는 등의 공정위험성 평가서를 작성하는 데 있어서 가우시안 플름(Gaussian Plume) 모델과 가우시안 퍼프(Gaussian Puff) 모델에 대해서 적용대상, 전제조건, 농도예측순서를 설명하시오.
3. 배관의 부식, 마모 및 진동방지를 위한 액체, 증기 및 가스, 증기와 액체혼합물의 유속제한에 대하여 설명하시오.
4. 발열반응에서 반응기 내의 발열속도(Q)와 방열속도(q) 및 온도(T)와 관계를 Semenov 이론을 이용하여 반응의 위험한계 그래프를 그리고 설명하시오.
5. 인화성 액체 취급공정에서의 위험성 평가를 기반으로 하는 위험장소의 설정절차에 대하여 4단계로 구분하여 절차도를 그리고 단계별로 설명하시오.
6. Fire ball 정의, 특성, 크기, 지속시간, 높이계산, 발생단계, 형성에 영향을 미치는 인자에 대하여 설명하시오.

## 105회 화공안전기술사 기출문제(2015년도)

### [1교시] 다음 13문제 중 10문제를 선택하여 설명하십시오.(각 10점)

1. 화염방지기(Flame Arrester)설치 대상설비에 대하여 설명하시오.
2. 사고예방대책 5단계에 대하여 설명하시오.
3. SIL(Safety Integrity Level) #3에 대하여 설명하시오.
4. 안전관련법에서 PSV(Process Safety Valve) 전·후단 차단밸브(Block Valve)설치에 대하여 설명하시오.
5. 위해관리계획서에 대하여 설명하시오.
6. 선행지표(Leading Indicator)와 후행지표(Lagging Indicator)를 설명하시오.
7. 인간적 측면에서 사고발생의 공통적인 배경을 설명하시오.
8. 새로 취급하려는 화학물질의 위험성 유무는 먼저 문헌조사를 하여야 한다. 이 경우 문헌에서 확인해야 할 Data를 설명하시오.
9. 폭연방출구(Explosion Vent)를 설명하시오.
10. 화학공장의 제어기술 중 캐스케이드 제어(Cascade Control)에 대하여 설명하시오.
11. 연소속도(際燒速度, Burning Velocity)를 설명하시오.
12. 인간과오(Human Error)의 심리적 요인(내적요인) 및 물리적 요인(외적요인)에 대하여 설명하시오.
13. 사고예방을 위한 안전관리자의 역할에 대하여 설명하시오.

### [2교시] 다음 6문제 중 4문제를 선택하여 설명하십시오.(각 25점)

1. 공정안전성분석(K-PSR or PHR) 기법에서 평가에 필요한 자료목록과 위험형태(Guide Word)에 대하여 설명하시오.
2. 최근 ○○공단 PS(Poly-Styrene)중합반응기의 냉각기(Condenser) 냉각수 문제로 폭주반응이 발생하여 재해(3명 사망)가 발생하였다. 발생 Mechanism과 재발방지 설계 대책을 설명하시오.
3. 증류탑의 일상 점검항목과 개방 시 점검항목을 설명하시오.
4. 탱크화재 시 Slopover와 Frothover 현상에 대하여 설명하시오.
5. 특정화학물질에 대한 재해예방대책에 대하여 설명하시오.
6. 증기운 폭발(VCE ; Vapor Cloud Explosion)을 최소화하기 위한 설계조건을 설명하시오.

## [3교시] 다음 6문제 중 4문제를 선택하여 설명하십시오.(각 25점)

1. 화학물질관리법(화관법)에서는 장외영향평가서를 작성하여 제출하도록 정하고 있다. 이에 대하여 설명하시오.
2. Tank Oil Fire(Pool Fire) 진압방법에 대하여 설명하시오.
3. 화학공정의 연동설비(Interlock) By-pass 절차와 운영방법을 설명하시오.
4. 재해율 중 강도율(Severity Rate of Injury)에 대하여 설명하시오.
5. 폭발재해의 유형을 구분하여 설명하고, 각 형태에 맞는 폭발방지 대책을 설명하시오.
6. 인간의 의식수준에서 주의와 부주의에 대하여 설명하고, 부주의 예방을 위한 대책을 설명하시오.

## [4교시] 다음 6문제 중 4문제를 선택하여 설명하십시오.(각 25점)

1. 국내에서 적용되는 방폭기준(KS C IEC 60079-10)에서 환기등급과 환기유효성에 대하여 설명하시오.
2. 폭발안전조치(Explosion Safety Measures) 방법에 대하여 설명하시오.
3. 탱크 내부에 폭발성 혼합가스가 형성되는 경우와 주의사항에 대하여 설명하시오.
4. 초저온 액화가스인 LNG(Liquified Natural Gas) 저장탱크의 안전장치에 대하여 설명하시오.
5. 화학공장 사고가 발생하면 그 피해가 대형화하는 경우가 많다. 그 이유와 안전관리상의 문제점에 대하여 설명하시오.
6. Breather Valve, Rupture Disc의 용도와 그 기능에 대하여 설명하시오.

# 108회 화공안전기술사 기출문제(2016년도)

**[1교시]** 다음 13문제 중 10문제를 선택하여 설명하십시오.(각 10점)

1. 유해위험방지계획서 제출대상 화학설비에 대하여 설명하시오.
2. 「산업표준화법」의 한국산업표준에 따른 0종, 1종, 2종 폭발위험장소에 해당하는 경우로서 방폭구조 전기·기계기구를 설치하였더라도 반드시 가스누설경보기를 설치하여야 할 지역에 대하여 설명하시오.
3. 염산 및 황산탱크 설계 시 재질 선정 기준에 대해 설명하시오.
4. 산업안전보건법상 관리감독자의 유해·위험방지 업무 중 관리대상 유해물질을 취급하는 작업 시에 수행해야 할 직무 내용을 설명하시오.
5. 사업주가 자율적으로 공정안전관리제도를 이행하기 위해 필요한 공정안전 성과지표 작성과정을 6단계로 설명하시오.
6. 화학물질의 반응공정에서 이상 반응이 발생되는 요인을 설명하시오.
7. 가연성 분진의 착화 폭발메카니즘을 설명하시오.
8. 유해화학물질에 대한 폭로를 최소화하기 위한 방법을 설명하시오.
9. 벤젠, 톨루엔 등 유해물질과 특정 화학물질의 취급 안전을 위하여 화학용기 등에 표시하여야 하는 사항을 설명하시오.
10. 인화성 물질을 저장·취급하는 고정식 지붕탱크 또는 용기에 통기설비를 산업안전보건기준에 관한 규칙에 의하여 설치하여야 한다. 이때 통기량과 통기설비에 대해서 정상운전과 비정상 운전으로 구분하여 설명하시오.
11. 보우 타이(BOW-TIE) 리스크 평가기법의 특징 및 분석방법을 설명하시오.
12. 위험기반검사(Risk Based Inspection) 기법에 의한 수행절차 4단계를 설명하시오.
13. Hexane의 LEL(A) 및 혼합가스(Mixed Gas)의 LEL(B)을 계산하시오.

| 가스명 | 부피(Vol.%) | LEL(Vol.%) | UEL(Vol.%) |
|---|---|---|---|
| Hexane | 0.8 | A | 7.5 |
| Methane | 2.0 | 5.0 | 15.0 |
| Ethylene | 0.5 | 2.7 | 36.0 |
| Air | 96.7 | – | – |
| Mixed Gas | 100 | B | – |

**[2교시]** 다음 6문제 중 4문제를 선택하여 설명하십시오.(각 25점)

1. 사고예방대책 기본원리 5단계를 설명하시오.
2. 산업안전보건법상의 위험물질 취급에 대한 안전조치 중 공통적인 조치사항, 호스를 사용한 인화성 물질의 주입, 가솔린이 남아 있는 설비에 등유의 주입 및 저장, 산화에틸렌의 취급에 대하여 각각 구분하여 설명하시오.
3. 화학공장 등에서 설비 증설 또는 변경 등 변경요소관리에 있어서 변경관리 원칙, 변경 관리 등급, 변경관리 수행절차와 변경관리 시의 필요한 검토절차를 설명하시오.
4. 인화성 물질이 유입되거나 발생 할 수 있는 화학공장의 공정용 폐수 집수조의 위험성과 폐수 집수조의 안전조치 및 작업방법에 대해서 설비적 측면과 관리적 측면으로 구분하여 설명하시오.
5. 연소소각(RTO)에 의한 휘발성 유기화합물 처리설비의 안전대책을 설명하시오.
6. 인화성 물질을 사용하는 "K"사의 반응기(내용적 15m³) 내부 폭발 시 폭발영향을 추정하기 위해 TNT 당량으로 환산하였더니 1,160kg의 TNT에 상당하였다. 아래의 참고 자료를 활용하여 이 반응기가 폭발할 때 반응기와 42m 떨어져 있는 제어실(컨트롤룸)이 파괴될 가능성을 설명하시오.

[참고자료]
- 반응기 설치위치에서 컨트롤룸 사이에 존재하는 배관, 설비 등 폭발영향에 미치는 방해 요소는 무시
- 폭풍피해의 영향은 Probit 분석을 이용하여 추정
- 원인을 제공하는 인자가 원인변수 V로 나타낼 때 확률변수 $Y = k_1 + k_2 \ln V$

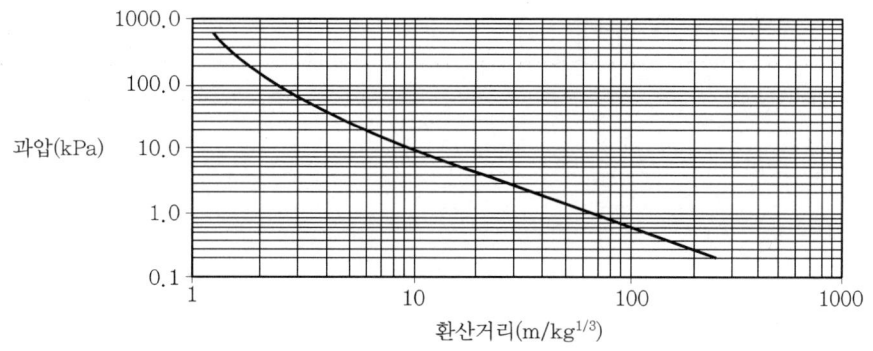

〈그림1〉 과압과 환산거리 상관관계

〈표 1〉 부상 및 손상의 형태와 확률단위의 상관관계

| 부상 및 손상의 형태 | 원인변수(V) | 확률단위 상수들 | |
|---|---|---|---|
| | | $k_1$ | $k_2$ |
| 폐손상에 의한 사망 | $J$ | 39.1 | 4.45 |
| 고막손상 | $J$ | −27.1 | 4.26 |
| 컨트롤룸 파괴 | $P^o$ | −32.0 | 3.50 |

〈표 2〉 백분율로부터 확률단위로의 환산

| % | 0 | 1 | 2 | 3 | 4 | 5 | 6 | 7 | 8 | 9 |
|---|---|---|---|---|---|---|---|---|---|---|
| 0 | − | 2.67 | 2.95 | 3.12 | 3.25 | 3.36 | 3.45 | 3.52 | 3.59 | 3.66 |
| 10 | 3.72 | 3.77 | 3.82 | 3.87 | 3.92 | 3.96 | 4.01 | 4.05 | 4.08 | 4.12 |
| 20 | 4.16 | 4.19 | 4.23 | 4.26 | 4.29 | 4.33 | 4.36 | 4.39 | 4.42 | 4.45 |
| 30 | 4.48 | 4.50 | 4.53 | 4.56 | 4.59 | 4.61 | 4.64 | 4.67 | 4.69 | 4.72 |
| 40 | 4.75 | 4.77 | 4.80 | 4.82 | 4.85 | 4.87 | 4.90 | 4.92 | 4.95 | 4.97 |
| 50 | 5.00 | 5.03 | 5.05 | 5.08 | 5.10 | 5.13 | 5.15 | 5.18 | 5.20 | 5.23 |
| 60 | 5.25 | 5.28 | 5.31 | 5.33 | 5.36 | 5.39 | 5.41 | 5.44 | 5.47 | 5.50 |
| 70 | 5.52 | 5.55 | 5.58 | 5.61 | 5.64 | 5.67 | 5.71 | 5.74 | 5.77 | 5.81 |
| 80 | 5.84 | 5.88 | 5.92 | 5.95 | 5.99 | 6.04 | 6.08 | 6.13 | 6.18 | 6.23 |
| 90 | 6.28 | 6.34 | 6.41 | 6.48 | 6.55 | 6.64 | 6.75 | 6.88 | 7.05 | 7.33 |
| % | 0.0 | 0.1 | 0.2 | 0.3 | 0.4 | 0.5 | 0.6 | 0.7 | 0.8 | 0.9 |
| 99 | 7.33 | 7.37 | 7.41 | 7.46 | 7.51 | 7.58 | 7.65 | 7.65 | 7.88 | 8.09 |

[3교시] 다음 6문제 중 4문제를 선택하여 설명하십시오.(각 25점)

1. 유해물질 중 유기화합물 6개의 종류를 제시하고 각각의 유해·위험성에 대하여 설명하시오.
2. 가연성 물질의 화학적 폭발방지대책을 설명하시오.
3. 화학설비 배관의 내면 및 외면의 손상, 변형, 부식 등으로 인한 재해방지를 위해서 배관 등의 비파괴검사 및 후열처리에 대해서 산업안전보건기준에 관한 규칙에서 정하고 있다. 이에 따른 비파괴 검사 적용대상, 비파괴 검사방법 및 배관의 후열처리기준, 열처리 방법에 대해서 설명하시오.
4. 최근 기상한파로 미국의 동부, 유럽과 동아시아에 기록적인 폭설과 맹추위가 기승을 부리고 있어 화학설비의 동파가 우려되는 상황이며, 이는 제트기류 기후변화의 영향이 주요 원인일 수 있다. 이와 관련하여 엘리뇨(El Nino) 현상과 라니냐(La Nina) 현상에 대해서 설명하시오.
5. 액면화재(Pool Fire) 및 증기운 폭발(VCE)에 대한 피해예측절차를 설명하시오.
6. 방유제의 설치대상, 유효용량 및 설치 시 고려사항에 대하여 관통배관의 안전조치를 반드시 포함하여 설명하시오.

[4교시] 다음 6문제 중 4문제를 선택하여 설명하십시오.(각 25점)

1. 표백, 살균, 탈색 등에 사용되는 아염소산나트륨($NaClO_2$)의 위험성 및 유독성을 제시하고, 저장·취급방법을 설명하시오.
2. 화학설비 또는 그 부속설비의 개조, 수리, 청소 등의 작업에 대해 실시하는 점검·정비 방법을 설명하시오.
3. 사업장에서 새로운 설비의 설치, 공정·설비의 변경 또는 공정·설비의 정비보수 후 공장의 안전성 확보를 위하여 설비 가동전 점검을 할 때 실시하는 가동 전 안전 점검과 산업안전보건기준에 관한 규칙에서 정하는 사용 전의 점검에 대하여 각각 구분하여 설명하시오.
4. 인화성 액체의 증기 또는 가스에 의한 폭발위험장소와 분진에 의한 폭발위험장소에 설치하는 건축물의 기둥 및 보, 위험물 저장·취급용기의 지지대, 배관·전선관 등의 지지대는 내화구조로 하여야 한다. 이때 산업안전보건기준에 관한 규칙에 근거하여 내화구조의 대상 및 범위, 내화성능에 대해서 설명하시오.
5. 독성가스의 확산방지 및 제독조치방법에 대하여 설명하시오.
6. 유해화학물질의 시료를 취급할 때 요구되는 일반적인 사항과 폭발성 물질(유기 과산화물 포함), 인화성 가스 및 액체, 산화성 물질의 시료채취 시의 안전조치에 대하여 설명하시오.

# 111회 화공안전기술사 기출문제(2017년도)

**[1교시] 다음 13문제 중 10문제를 선택하여 설명하십시오.(각 10점)**

1. 증기밀도(Vapour Density)와 증기압(Vapour Pressure)
2. 극인화성 물질(Extremely Flammable Material)
3. 위험도 등급(Dangerous Grade)
4. 트레이 범람(Flooding Trays)과 트레이 건조(Dry Trays)
5. 위험물 옥외탱크저장소의 형태에 따른 화재발생 시 소화방법
6. 작업환경 요소의 복합지수 중 열 스트레스 지수(Heat Stress Index)
7. 리포밍(Reforming)공정과 크래킹(Cracking) 공정의 개요와 원리
8. 재해발생의 메커니즘(Mechanism)에 대한 발생과정을 도식화하고, 불안전한 상태와 불안전한 행동별 원인
9. 연소의 4요소에서 연쇄반응 과정과 연쇄반응 억제 메커니즘(Mechanism)
10. 무기 과산화물류(Inorganic Peroxide)의 성질
11. 화학물질의 등록 및 평가 등에 관한 법률 시행규칙에서 정한 화학물질의 안전사용을 위한 자료 작성방법
12. 산업안전보건법상 중대재해에 해당하는 재해 3가지
13. 작업안전 분석 기법(JSA ; Job Safety Analysis)

**[2교시] 다음 6문제 중 4문제를 선택하여 설명하십시오.(각 25점)**

1. 석유화학, 정유 플랜트 설비에서 발생될 수 있는 수소취성(Hydrogen Embrittlement)의 원인 및 방지대책에 대하여 설명하시오.
2. 화학설비 등의 공정 용기를 설계할 때 온도, 압력, 부식여유에 대한 설계조건을 설명하시오.
3. 화학물질 및 물리적 인자의 노출기준[시간가중평균노출기준(TWA ; Time Weighted Average), 단시간노출기준(STEL ; Short Term Exposure Limit) 또는 최고노출기준(C ; Ceiling)]의 정의, 적용범위, 사용상 유의사항을 설명하시오.
4. 풀 프루프(Fool Proof)와 페일 세이프(Fail Safe)를 정의하고 각각의 예를 2가지씩 들어 설명하시오.
5. 석유제품 및 유지류 등이 연소할 때 생성되는 아크롤레인(Acrolein)의 일반성질, 용도, 위험성, 화재 및 누출 시 대응방법을 설명하시오.
6. 액체 상태의 화학물질 하역 및 출하장에서 누출방지설비의 종류와 설치기준을 설명하시오.

## [3교시] 다음 6문제 중 4문제를 선택하여 설명하십시오.(각 25점)

1. 방호계층분석(Layer of Protection Analysis)의 정의 및 단계별 수행절차에 대하여 설명하시오.
2. 최근 ○○비축기지에서 직경 44inch, 길이 150m인 원유배관에 체류되어 있는 유증기가 점화원에 의해 발생된 폭발사고의 위험요인과 안전대책에 대하여 설명하시오.
3. 가스 용접·용단 작업 시 폭발이 일어나는 주요 발생원인 3가지와 각각의 방지대책을 설명하시오.
4. 고용노동부장관은 안전보건진단을 받아 안전보건개선계획을 수립·제출하도록 명할 수 있다. 이에 해당하는 대상사업장에 대하여 설명하시오.
5. 화학물질관리법에 있어서 장외영향평가서의 작성방법에 대하여 설명하시오.
6. 위험물질을 액체 상태로 저장하는 저장탱크에서 위험물질 누출 시 외부로 확산되는 것을 방지하기 위한 방유제 설치에 대하여 설명하시오.

## [4교시] 다음 6문제 중 4문제를 선택하여 설명하십시오.(각 25점)

1. 신뢰도 중심의 유지보수(Reliability Centred Maintenance) 원리 및 프로세스 절차에 대하여 설명하시오.
2. 폐수 집수조의 화재·폭발 등 위험성에 대한 안전작업 방법을 설비적 측면과 관리적 측면에서 각각 설명하시오.
3. 석유화학공장의 위험성과 폭발사고의 방지대책을 설명하시오.
4. 증류장치를 정기보수 후 가동을 위한 절차를 쓰고, 세부적인 점검사항 및 가동 시 주의사항을 설명하시오.
5. 알킬알루미늄(Alkyl Aluminium)의 일반성질, 위험성, 저장 및 취급방법, 소화방법, 운반 시 안전수칙에 대하여 설명하시오.
6. 위해관리계획서 작성항목에 대하여 설명하시오.

# 114회 화공안전기술사 기출문제(2018년도)

### [1교시] 다음 문제 중 10문제를 선택하여 설명하시오.(각 10점)

1. 줄-톰슨효과(Joule-Thomson Effect)를 설명하시오.
2. 금속 부식성 물질의 정의와 구분 기준을 설명하시오.
3. 지진으로부터 가스설비를 보호하기 위하여 내진설계를 적용하여야 하는 시설 중 압력 용기(탑류) 또는 저장탱크 시설을 3가지만 쓰시오.
4. 화학물질관리법령상 특수반응설비의 종류를 3가지만 쓰고, 특수반응설비에서 누출한 화학물질이 체류하기 쉬운 경우 누출검지경보장치의 검출부 설치 개수 기준을 쓰시오.
5. 한국산업표준 폭발성 분위기 장소 구분(KS C IEC 60079-10-1 : 2015)은 저압의 연료가스가 취사, 물의 가열(Water heating) 용도로 사용되는 산업용기기(Appliances) 등에는 적용하지 않는다. 연료가스로 도시가스를 사용할 경우 저압의 기준을 설명하시오.
6. 미국방화협회(NFPA)의 규정에 따른 인화성액체(Flammable Liquids)와 가연성 액체(Combustible Liquids)의 구분기준을 설명하시오.
7. 화재하중(Fire Load)의 개념과 산출공식을 설명하시오.
8. 산업현장에서는 용접·용단용으로 프로판($C_3H_8$)가스와 아세틸렌($C_2H_2$)가스를 많이 사용한다. 위험도 측면을 고려할 때 어느 물질이 더 위험한지에 대하여 설명하시오.
9. 대형 유류저장탱크 화재의 소화작업 시 발생하는 윤화(Ring Fire)현상에 대하여 설명하시오.
10. 산업안전보건법령상 위험물질의 종류를 7가지로 구분하고 있다. 7가지를 모두 쓰시오.
11. 고압가스 용기 표면에는 제조자 명칭, 내용적, 검사합격일 등을 직접 각인하거나 명판을 부착하고 용기 외면에 도색하거나 가스명칭을 표시하도록 하고 있다. 수소, 아세틸렌 및 액화석유가스의 각 고압가스 용기 외면의 도색 색상과 문자 색상을 쓰시오.
12. 산업안전보건법령상 안전밸브 등의 작동요건에서 화재가 아닌 경우의 복수(Dual)의 안전밸브를 설치·운영할 시 첫 번째와 두 번째(나머지) 안전밸브의 설정압력(%)과 축적압력(%)을 쓰시오.
13. 녹아웃드럼에서 발생하는 버닝레인(Burning Rain) 현상을 설명하시오.

### [2교시] 다음 문제 중 4문제를 선택하여 설명하시오.(각 25점)

1. A 사업장의 정보를 분석하여 이 사업장이 유해·위험설비를 보유하여 중대산업사고 예방이 요구되는 사업장에 해당하는지를 판단하고, 그 이유를 설명하시오.

[A사업장의 화학물질 취급·저장량 정보]

| 화학물질 | 조성 및 순도(중량기준) | 저장 또는 취급량(kg) | 비고 |
|---|---|---|---|
| 톨루엔 | 100% | 하루 동안 최대 취급량 : 1,000 | 주원료 |
| 유기용제 | (메틸에틸케톤 50% + 노르말헥산 10% + 톨루엔 40%) | 하루 동안 최대 취급량 : 1,000 | 주원료 |
| 프로판 | 100% | 하루 동안 최대 취급량 : 1,000<br>저장 : 20,000 | |
| 도시가스 | (메테인 86% + 기타 14%) | 하루 동안 최대 취급량 : 1,000 | 보일러 연료 |
| 황산 | 20% | 하루 동안 최대 취급량 : 1,250 | |
| 염산 | 10% | 저장 : 1,250 | |
| 초산 | 100% | 하루 동안 최대 취급량 : 1,250 | |
| 암모니아수 | 5% | 저장 : 1,250 | |
| 수산화나트륨 | 40% | 하루 동안 최대 취급량 : 1,000 | |

[A사업장의 사업 및 화학물질 정보]

- A사업장의 사업은 한국표준산업분류에 따른 일반용 도료 및 관련 제품 제조업에 해당한다.
- 프로판은 「고압가스안전관리법」을 적용받는 설비 내부에서만 취급된다.
- 도시가스는 사무실 및 기숙사 난방용 연료로 100% 사용된다.
- 황산은 물과 접촉 시 발열을 한다. A 사업장에서는 배관을 통하여 폐수처리와 도료제조 공정에 사용한다.
- 염산(중량 10% 이상)의 유해·위험설비 판단 기준량은 20,000kg이다.
- 초산(Acetic acid)은 피부와 점막에 닿으면 심한 염증을 일으킨다.

2. 플레어시스템(Flare System)에서 중간 녹아웃드럼 설치가 필요한 경우와 설치 시 고려할 사항을 각각 설명하시오.
3. 산업안전보건법령상 화학설비 및 부속설비의 안전거리와 위험물안전관리법령상 위험물 제조소 등의 안전거리 기준에 대하여 각각 설명하시오.
4. 석유화학의 기본물질인 파라핀계 탄화수소에 대하여 다음 물음에 답하시오.
   1) 파라핀계 탄화수소(Alkane)의 일반식을 쓰고, 탄소수 1~10번까지 명명하시오.
   2) 폭발하한계(LFL, vol%)와 연소열($\Delta Hc$, kcal/mole) 사이의 관계를 설명하시오.
   3) 폭발범위(LFL, UFL)와 이론혼합비(화학양론조성, $C_{st}$) 사이의 관계를 설명하시오.
5. 발열 반응은 폭주반응의 위험이 있다. SEMENOV 이론을 기초하여 열발화이론을 설명하시오.
6. 긴급차단밸브(ESV, Emergency Shutoff Valve)를 설치해야 할 대상에 대하여 설명하시오.

## [3교시] 다음 문제 중 4문제를 선택하여 설명하시오.(각 25점)

1. 사업장에서 독성물질 누출과 같은 사고 시나리오에 대하여 피해를 최소화하기 위한 비상대응계획을 작성할 때 활용하는 내용 중 단시간비상폭로한계(TEEL, Temporary Emergency Exposure Limits)와 즉시건강위험농도(IDLH, Immediately Dangerous to Life or Health)를 설명하고, 독성물질의 ERPG2 및 AEGL2 값이 없는 경우 끝점농도 적용기준을 설명하시오.
2. 유해화학물질 취급시설의 설치를 마친 자 및 유해화학물질 취급시설을 설치·운영하는 자가 받아야 하는 검사 및 안전진단의 대상 및 시기(주기)를 설명하시오.
3. 위험물안전관리법령상 자체소방대를 설치하여야 하는 사업소의 종류, 화학소방자동차 수량 및 자체소방대원의 수, 화학소방자동차가 갖추어야 하는 소화능력에 대하여 설명하시오.
4. 오존파괴지수(ODP, Ozone Depletion Potential)와 지구온난화지수(GWP, Global Warming Potential)에 대하여 개념을 각각 설명하시오.
5. 화학설비에 파열판과 안전밸브를 직렬로 설치할 때 안전밸브 전단에 파열판을 설치할 경우와 안전밸브 후단에 파열판을 설치할 경우의 요구조건을 각각 설명하시오.
6. 변경요소 관리의 원칙을 쓰고, 정상변경 관리 절차 및 비상변경 관리 절차에 대하여 각각 설명하시오.

## [4교시] 다음 문제 중 4문제를 선택하여 설명하시오.(각 25점)

1. 공정위험성평가 실시 후 일정 기간이 경과함에 따라 기존에 실시한 공정위험성평가의 유효성을 재확인하였을 때 갱신이 필요한 이유를 3가지만 제시하고, 정기적 공정위험성평가 시 전면 재실시와 부분 재실시를 구분하여 평가방식을 설명하시오.
2. 석유화학공장에서 분진폭발의 위험이 있는 플라스틱 분체 저장설비를 설치하려고 한다. 이때 분진폭발 방지를 위하여 저장설비에 설치하여야 할 폭연방출구(폭발구) 크기를 다음의 설계조건과 그림을 활용하여 구하시오.

> [설계조건]
> ① 폭연의 최대압력($P_{max}$) = 10bar
> ② 분진폭연지수($K_{st}$ : bar·m/sec), $K_{st} = \left(\dfrac{dP}{dt}\right)_{max} \times V^{\frac{1}{3}}$
> ③ 폭연 방출구(폭발구) 개방압력($P_{stat}$) = 0.5bar
> ④ 방출되는 설비의 최대압력(저감압력 $P_{red}$) = 0.5bar
> ⑤ 최고압력상승률 = 85.5bar/sec
> ⑥ 저장설비 체적($V$) = 15m³
> ⑦ 저장설비 길이/저장설비 직경($L/D$) = 3.0

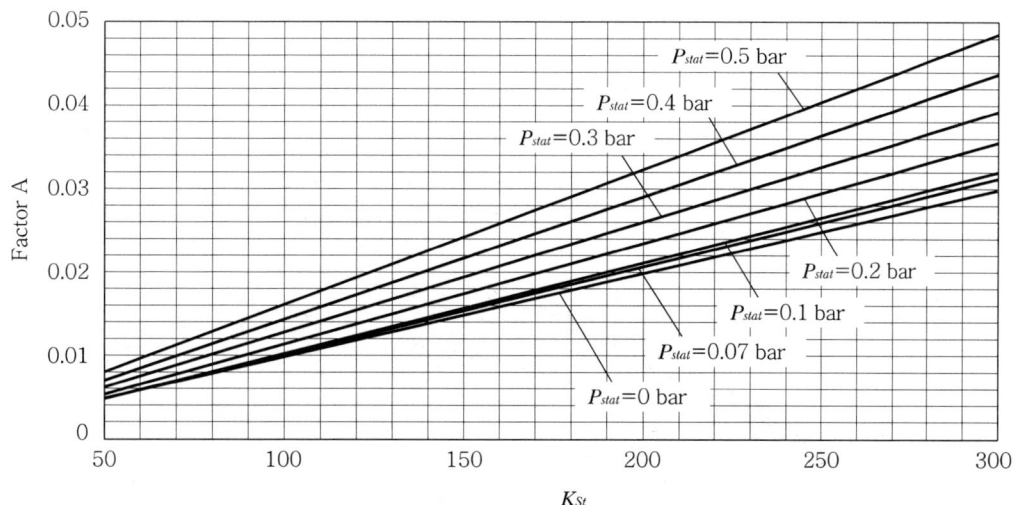

〈그림 1〉 Factor A 결정

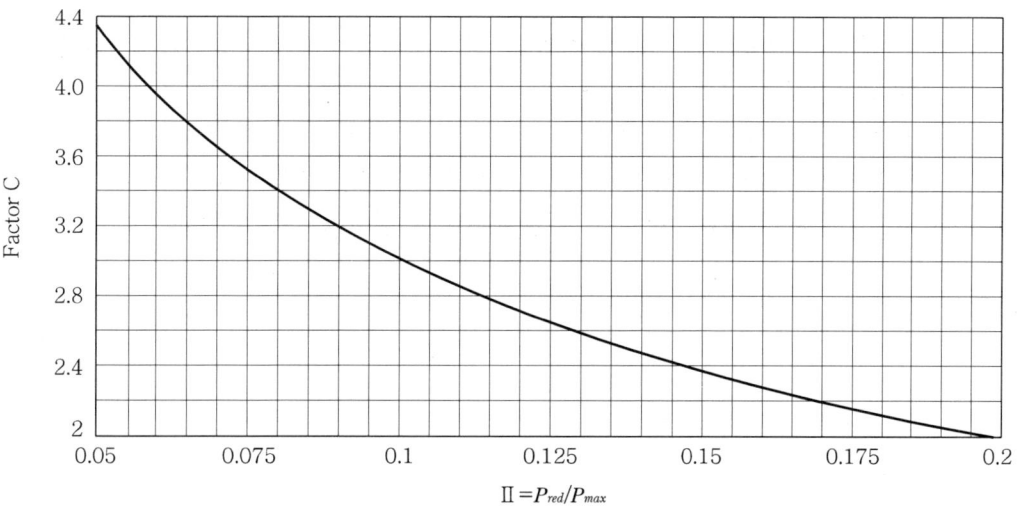

〈그림 2〉 Factor B 결정

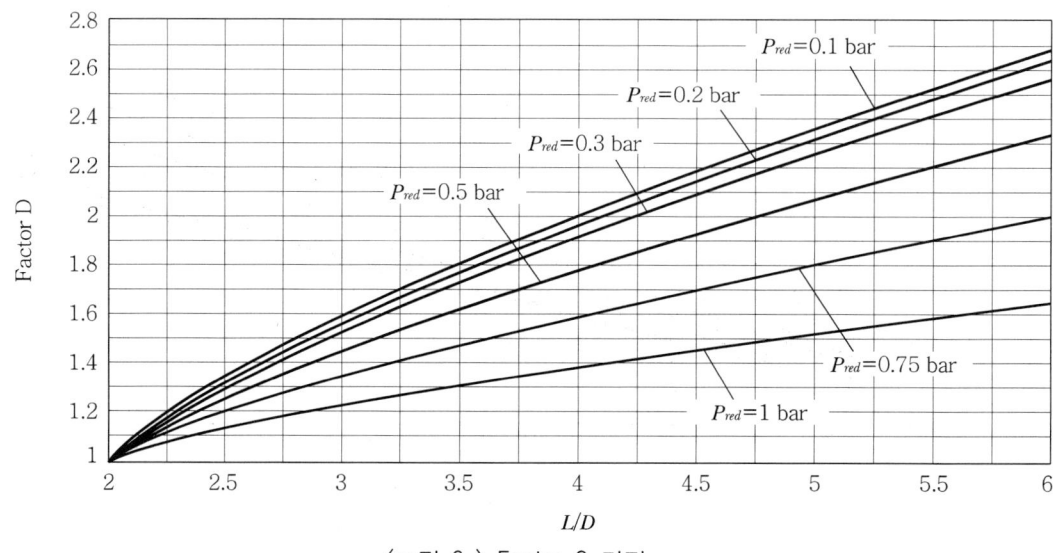

〈그림 3〉 Factor C 결정

3. 화학공장의 혼합 공정운전 중 혼촉 시 발화 위험성이 있는 위험물질의 종류를 쓰고, 공정상 안전조치사항을 설명하시오.
4. 가스화재 및 가스폭발에 영향을 주는 인자에 대하여 설명하시오.
5. 산소밸런스(Oxygen Balance)에 대하여 설명하고, 계산방법을 쓰시오.
6. 화학설비의 고장률 산출을 위한 자료수집 및 분석절차를 설명하시오.

# 117회 화공안전기술사 기출문제(2019년도)

### [1교시] 다음 문제 중 10문제를 선택하여 설명하시오.(각 10점)

1. 산업안전보건법상 밀폐공간 유해공기의 산소, 탄산가스, 일산화탄소, 황화수소 농도기준과 밀폐공간에서 내부구조법으로 사고자를 구조하는 경우에 대하여 설명하시오.
2. 화학공정장치 안전운전을 위한 CSO(Car Sealed Open)와 CSC(Car Sealed Close)에 대하여 설명하시오.
3. 열팽창용 안전밸브를 설치하여야 하는 경우에 대하여 설명하시오.
4. 공정안전보고서의 비상조치계획에 포함되어야 할 최소한의 내용에 대하여 설명하시오.
5. 고압가스안전관리법상 단위 공정별로 안전성 평가를 하고 안전성향상계획을 작성하여 허가관청에 제출하여야 하는 '주요 구조부분의 변경'에 해당하는 3가지 경우에 대하여 설명하시오.
6. 산업안전보건법상 산업재해, 중대재해, 중대산업사고에 대하여 설명하시오.
7. 화학물질관리법에 의한 화학사고 영향조사 실시사항에 대하여 설명하시오.
8. 증기운 폭발 해석모델인 TNT equivalency method, TNO multienergy method, Baker-Strehlow-Tang method의 주요 차이점에 대하여 설명하시오.
9. 화학물질관리법에서 규정하고 있는 다음 유해화학물질에 대하여 설명하시오.

   | a) 유독물질 | b) 허가물질 | c) 제한물질 | d) 금지물질 | e) 사고대비물질 |
   |---|---|---|---|---|

10. 물질안전보건자료를 작성·비치하여야 할 물질은 취급하는 작업공정별로 관리요령을 게시하여야 한다. 여기에 포함되어야 할 사항에 대하여 설명하시오.
11. 하인리히는 '산업재해 방지론'에서 재해가 발생되기까지 5단계 요소가 상관적으로 그리고 연쇄적으로 작용하게 된다고 하였다. 5단계 요소에 대하여 설명하시오.
12. 화학 반응기에 있어서 이상반응에 대비하여 설치해야 할 설비 및 장치에 대하여 설명하시오.
13. 비상대응계획수립지침(ERPG : Emergency Response Planning Guideline)에서 사용되는 농도를 공기 중의 농도에 따라 3가지로 구분하고 설명하시오.

### [2교시] 다음 문제 중 4문제를 선택하여 설명하시오.(각 25점)

1. 폭주반응 예방을 위한 위험감소 대책에 대하여 설명하시오.
2. 연구 실험용 파일럿 플랜트(Pilot plant)의 위험성 및 설계 시 안전사항에 대하여 설명하

시오.
3. 석유화학 플랜트 내 폭발 위험장소 종류의 구분을 누출등급 및 환기 유효성 등에 따라 결정하는 절차에 대하여 설명하시오.
4. 2018년 1월 국내 석유화학플랜트에서 아래와 같은 3건의 공정 셧다운이 발생하였다. 화학공장에서 유사 사고를 예방하기 위한 안전관리방안에 대하여 설명하시오.

> [사고사례]
> 1) 2018년 1월 24일 A사 NCC 공정 Shutdown
>    - Charge Gas Compressor 구동용 터빈 스팀 공급라인의 압력전송기 센싱라인 동결
> 2) 2018년 1월 24일 B사 NCC 공정 Shutdown
>    - Deaerator 액위계 동결로 인한 오작동으로 스팀생산 중단
> 3) 2018년 1월 24일 C사 윤활기유 공정 Shutdown
>    - 기액분리기 액위계 및 밸브 동결

5. 화학설비 및 부속설비에서 정전기를 관리하는 방법 5가지를 제시하고 설명하시오.
6. 우리나라 원자력안전위원회에서 제시한 '사건 등급평가 지침'상의 등급을 구분하고 설명하시오.

## [3교시] 다음 문제 중 4문제를 선택하여 설명하시오.(각 25점)

1. 화학공정 장치에 설치한 긴급차단밸브의 구조 및 기능, 설치대상에 대하여 설명하시오.
2. 용접·용단 작업 시 발생되는 비산불티의 특성, 화재 감시인의 배치 대상과 임무에 대하여 설명하시오.
3. 정유 및 석유화학 공장에서 화재 시 과열 및 기타 2차 피해가 발생하지 않도록 고정식 물분무 설비를 설치하여야 할 저장탱크 및 시설의 기준에 대하여 설명하시오.
4. 산업안전보건법에서 과압에 따른 폭발을 방지하기 위하여 폭발 방지 성능과 규격을 갖춘 안전밸브 또는 파열판을 설치하여야 하는 설비 5가지에 대하여 설명하시오.
5. 안전밸브 또는 파열판으로부터 배출되는 위험물을 연소·흡수·세정·포집 또는 회수 등의 방법으로 처리하지 않고 안전한 장소로 유도하여 외부로 직접 배출할 수 있도록 산업안전보건법에서 규정하고 있는 5가지 경우에 대하여 설명하시오.
6. 급성 독성물질의 누출로 인한 위험을 방지하기 위하여 사업주가 취해야 할 산업안전보건법상의 조치에 대하여 설명하시오.

## [4교시] 다음 문제 중 4문제를 선택하여 설명하시오.(각 25점)

1. 화학설비의 점검·정비 시 화재·폭발을 예방하기 위해 실시하는 불활성가스 치환에 대하여 설명하시오.

2. 석유화학공장에서 발생 가능한 탈성분 부식(Selective Leaching)에 대하여 설명하시오.
3. 분진폭발의 발생조건과 발생메커니즘 그리고 분진폭발에 영향을 주는 중요 인자에 대하여 설명하시오.
4. 화학물질관리법에 따른 안전진단 대상 및 시기, 안전진단의 항목 및 방법에 대하여 설명하시오.
5. 고용노동부장관의 인가를 받아 사업장 내 도급이 가능하였으나 2019년 1월 15일 공포(2020년 1월 16일 시행)된 산업안전보건법 전부개정법률에 따라 도급이 금지되는 작업의 종류와 예외적으로 허용되는 경우에 대하여 설명하시오.
6. 공정안전성 분석기법(K-PSR : KOSHA Process Safety Review)을 정의하고, 공정안전성 평가결과 보고서에 포함되어야 할 내용에 대하여 설명하시오.

# 119회 화공안전기술사 기출문제(2019년도)

### [1교시] 다음 문제 중 10문제를 선택하여 설명하시오.(각 10점)

1. 폭염, 호우, 강풍, 오존, 미세먼지(PM-10), 초미세먼지(PM-2.5) 중 3가지를 선택하여 주의보 발령기준을 쓰시오.
2. 매슬로(A. H. Maslow)의 욕구단계이론(hierarchy of needs theory) 중 안전의 욕구를 설명하시오.
3. 블랙스완(Black Swan) 효과를 안전 측면에서 설명하시오.
4. 평균 고장 간격(Mean Time Between Failure)과 평균 고장 시간(Mean Time To Failure)을 설명하시오.
5. 비금속 개스킷(Gasket)의 인장강도 저하에 따른 누설 원인 3가지를 쓰시오.
6. 화염방지기(Flame Arrester)의 형식 및 구조와 설치위치에 대하여 설명하시오.
7. 이상 위험도 분석(FMECA : Failure Modes Effects and Criticality Analysis)의 개요 및 특성에 대하여 설명하시오.
8. 장외영향평가서 구성항목에 대하여 설명하시오.
9. 자기발화온도(AIT : Auto Ignition Temperature)의 정의 및 영향인자에 대하여 설명하시오.
10. 유해화학물질 취급시설의 설치검사, 정기검사 및 수시검사 결과 경미한 검사항목에 부적합한 경우에는 조건부 합격으로 처리할 수 있다. 이에 해당하는 경우 5가지를 쓰시오.
11. 산업안전보건법령상 화재감시자를 지정하여 화재위험작업 장소에 배치하여야 할 작업장소와 화재감시자의 임무 및 화재감시자에게 지급해야 할 물품을 설명하시오.
12. 산업안전보건법령상 위험물질의 종류 중 인화성가스를 정의하시오.
13. 공정위험성평가 기법 중 방호계측분석을 수행하는 데 활용되는 독립방호계층으로 인정받기 위한 중요한 특성 4가지를 쓰시오.

### [2교시] 다음 문제 중 4문제를 선택하여 설명하시오.(각 25점)

1. 반도체공정에서 사용하는 고순도 불화수소의 노출기준, GHS-MSDS 기준상 유해성·위험성 분류(예 : 피부자극성 : 구분 1) 4가지 및 피부에 접촉하였을 때 응급조치 요령을 설명하시오.
2. 안전밸브 등으로부터 배출되는 위험물의 처리 방법을 5가지 설명하고, 위험물을 안전한 장소로 유도하여 대기로 직접 방출할 수 있는 경우를 4가지 쓰시오.

3. 화학설비에서 발생하는 응력부식균열(SCC : Stress Corrosion Crack)과 부식피로 균열(CFC : Corrosion Fatigue Crack)을 비교하여 설명하시오.
4. 화학공장에서 발생되는 주요 화재의 형태와 예방법에 대하여 설명하시오.
5. 공정안전보고서 이행상태평가 체크리스트 중 안전경영 수준을 평가할 때 공장장 면담 항목 중 7가지를 설명하시오.
6. 산업안전보건법령상 사업장에서 발생한 화학사고 3가지(중대산업사고, 중대한 결함, 그 밖의 화학사고)에 대한 판단기준을 쓰시오.

## [3교시] 다음 문제 중 4문제를 선택하여 설명하시오.(각 25점)

1. 최근 고온으로 운전하는 화학설비(열교환기 등)를 정비작업 후 재가동하다가 열팽창으로 인한 플랜지(Flange) 부분의 틈새로 인화성물질이 누출되어 화재가 발생한 사고가 여러 건 발생하였다. 이러한 사고를 예방하기 위한 설비적 측면의 개선대책을 제시하고, 작업절차 측면의 대책에 해당하는 볼트 재조임을 설명하시오.
2. 폭발위험장소 구분(KS C IEC 60079-10-1 : 2015)에 따라 희석등급과 환기이용도 기준을 설명하시오.
3. 고압가스 특정제조시설에서 내부반응 감시장치를 설치하여야 할 특수반응기 종류 및 내부반응 감시장치에 대하여 설명하시오.
4. 위험성 평가기법 중 결함수 분석기법(FTA : Fault Tree Analysis)의 특징 및 분석에 필요한 자료와 분석절차에 대하여 설명하시오.
5. 비등액체팽창증기폭발(BLEVE)의 발생조건과 메커니즘에 대하여 설명하고, BLEVE 발생 시 피해를 일으키는 가장 큰 요인을 설명하시오.
6. 산업안전보건법상 위험물질의 종류 중 급성독성물질의 정의를 기술하고, 근로자 건강을 보호하기 위하여 국소배기장치를 설치할 때 후드의 설치기준을 쓰시오.

## [4교시] 다음 문제 중 4문제를 선택하여 설명하시오.(각 25점)

1. 안전보건경영시스템 국제기준(ISO45001)이 공표·시행됨에 따라 기존의 안전보건경영시스템(KOSHA18001)이 새로운 안전보건경영시스템(KOSHA-MS)으로 전환되었다(2019년 7월 1일 시행). 전환배경과 새롭게 바뀌는 내용을 쓰시오.
2. 수소경제(Hydrogen Economy)에 대하여 설명하고 수소취성을 예방하기 위하여 화학 설비의 배관 재질 선정 시 킬드강(Killed Carbon Steel) 또는 이와 동등 이상의 재질을 사용하여야 하는 경우를 3가지 쓰시오.
3. 플레어시스템의 역화방지설비 중 액체밀봉드럼 설계 시 고려하여야 할 사항에 대하여 설

명하시오.

4. 화학공장에서 취급하는 포스핀(Phosphine)의 자연발화성 및 가연성 성질과 화재 시 대응방법에 대하여 설명하시오.
5. 산업안전보건법상 위험물질의 종류 중 인화성 액체와 위험물안전관리법에서 규정하는 인화성 액체(제4류) 중 제1, 제2, 제3 및 제4 석유류를 인화점을 기준으로 구분하여 설명하시오.
6. 과압방지를 위하여 압력방출장치를 설치할 때 반드시 파열판을 설치해야 하는 경우를 쓰고 그 이유를 설명하시오.

# 120회 화공안전기술사 기출문제(2020년도)

### [1교시] 다음 문제 중 10문제를 선택하여 설명하시오.(각 10점)

1. 산업안전보건법의 목적을 달성하기 위한 정부의 책무를 설명하시오.
2. 중대재해가 발생하였을 때 어느 해당 작업으로 인하여 해당 사업장에 산업재해가 다시 발생할 급박한 위험이 있다고 판단되는 경우에 해당하는 ① 해당 작업과 ② 고용노동부 장관의 역할을 설명하시오.
3. 사업주가 사업장의 안전 및 보건을 유지하기 위하여 작성하여야 하는 안전관리보건규정에 대하여 설명하시오.
4. 화학물질 및 화학물질을 함유한 혼합물을 제조하거나 수입하려는 자는 물질안전보건자료(MSDS)를 작성하여야 한다. 물질안전보건자료에 포함되어야 할 내용을 기술하시오.
5. 스테인리스스틸의 종류 중 304와 304L, 316과 316L의 ① 차이점은 무엇이며, ② 구분하여 제작하는 이유에 대하여 설명하시오.
6. 플래어스택의 버너에 스팀을 공급하는데, 이 스팀의 역할에 대하여 설명하시오.
7. 도로가 아닌 옥외형 공장의 공정구역 지면을 아스팔트나 시멘트로 포장하고 포장하지 않는 부분은 자갈을 도포한다. 그 이유에 대하여 설명하시오.
8. 고체 물질을 450㎛ 이하로 만들어 공기 중에 부유시켜 폭발분위기를 형성한 상태에서 충분한 점화원을 가하면 분진폭발이 일어난다. 다음 중 분진폭발의 조건을 갖추어도 ① 폭발하지 않는 물질은 무엇이며, ② 이유를 설명하시오.

   | ㉮ Polyethylene | ㉯ Polysilicon | ㉰ PVC | ㉱ 산화철 | ㉲ 구리 |
   | ㉳ $CaF_2$ | ㉴ 다이아몬드 | ㉵ 유리 | ㉶ 304 스테인리스스틸 |

9. LNG를 저장·취급하는 설비에는 일반강을 사용하지 못하고, 적용 가능한 재료가 4가지로 한정되어 사용되었다. 이 재료들은 높은 가격으로 인해 관련 설비를 설치하는 투자비용이 많이 소요되는 문제점이 있었다. 최근 국내 모 제철사에서 가격이 저렴하면서 성능을 만족시키는 재료를 개발하여 국제규격을 획득하고 산업시설에 적용 중이다.
   ① 일반강을 사용하지 못하는 이유를 제시하시오.
   ② 적용 가능한 4가지 재료를 제시하시오.
   ③ 새로 개발된 재료를 제시하시오.
10. 산업안전보건법의 제조업 유해·위험방지계획서 제출·심사·확인에 관한 고시에서 유해 또는 위험한 작업 및 장소에서 사용하는 기계·기구 및 설비 중 주요구조 부분 변경

사항에 해당하는 5가지를 설명하시오.

11. 위해관리계획서 작성 등에 관한 규정에서 화학사고 발생 시 영향범위에 있는 주민이 유사시에 적절한 대응을 할 수 있도록 주민소산계획에 포함되어야 할 사항 4가지를 설명하시오.

12. 비등액체팽창증기폭발(Boiling Liquid Expanding Vapor Explosion, BLEVE)과 증기운폭발(Vapor Cloud Explosion, VCE)에 대하여 설명하시오.

13. 공정안전보고서의 제출·심사·확인 및 이행상태 평가 등에 관한 규정 중 공정위험성 평가서에 포함되어야 할 사항 6가지를 설명하시오.

## [2교시] 다음 문제 중 4문제를 선택하여 설명하시오.(각 25점)

1. 안전보건관리책임자의 업무에 대하여 설명하시오.

2. 2018년 경기도 고양시 소재의 고양저유소에서 발생한 휘발유저장탱크 화재사고는 풍등에 의해 점화된 잔디가 타면서 점화원이 전파되었다. 잔디에 의해 전파된 불씨는 휘발유저장 탱크로 유입되어 탱크 2기가 폭발하였으며, 그중 1기는 장시간 화재로 이어졌다. 불씨가 저장탱크 내부로 유입된 경로와 문제점에 대하여 설명하시오.
(단, 저장탱크는 API standard 650을 기준으로 설계된 IFRT임)

3. 플레어시스템의 규모가 크고 복잡한 경우 주배관(Header Line)은 Dry Flare와 Wet Flare로 구분하는데, ① 구분기준은 무엇이고, ② 각각 고려하여야 할 사항이 무엇인지 설명하시오.

4. 메탄올 등 인화성물질을 포함한 위험물을 고무타이어가 있는 탱크로리, 탱크차에 주입하는 설비의 경우 "정전기 재해예방을 위한 기술상의 지침"에서 정한 정전기 완화조치에 대하여 설명하시오.

5. 화학물질관리법의 사고시나리오 선정에 관한 기술지침에서 영향범위 산정 시에 풍속 및 대기안정도, 대기온도 및 대기습도, 누출원의 높이, 누출물질의 온도에 대하여 최악의 사고 시나리오와 대안의 사고 시나리오를 나누어 각각 설명하시오.

6. 압력용기의 설계압력을 결정하는 기준을 제시하고, 다음의 간략한 도면을 참조하여 A, B 증류탑의 설계압력을 결정하시오.
(단, 각 위치에 표시한 수치는 최대운전압력이며, 단위는 도면에서 제시한 단위를 사용하고, 계산 값은 소수점 셋째 자리에서 반올림한다.)

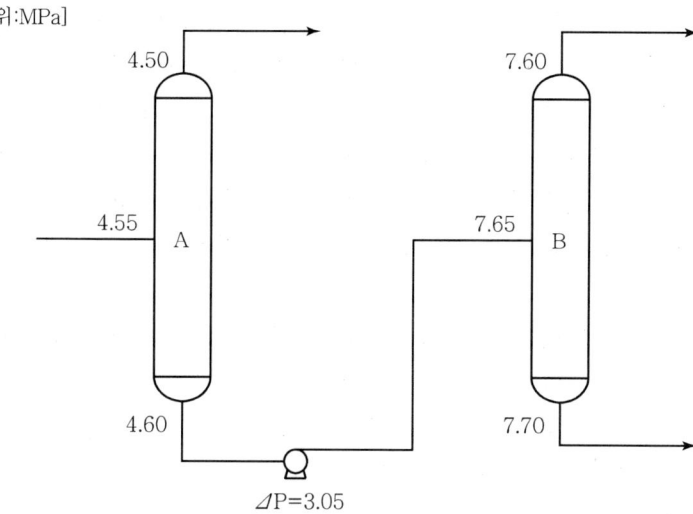

### [3교시] 다음 문제 중 4문제를 선택하여 설명하시오. (각 25점)

1. 사업주가 사업을 할 때 위험으로 인한 산업재해를 예방하기 위하여 필요한 조치에 대하여 설명하시오.
2. 도급사업에 있어서 도급인은 관계수급인 근로자가 도급인의 사업장에서 작업을 하는 경우 어떤 사항을 이행하여야 하는지 설명하시오.
3. 설정치가 1.5MPa인 안전밸브와 3.0MPa 안전밸브 후단을 플레어시스템에 연결한다면 ① 각각 어떤 형태의 안전밸브를 선정해야 하며, ② 그 이유를 설명하시오.
   (단, Conventional형, Bellow형 중 선택)
4. 콘루프, 돔루프와 같은 상압(대기압)저장탱크는 인화성액체를 저장할 경우 탱크의 파손과 파손 시 2차 재해를 예방하기 위하여 3단계의 안전조치를 설계에 반영하고, 설계 내용에 따라 제작하게 된다. 여기에서 말하는 3단계의 안전조치와 목적에 대하여 설명하시오.
5. 장외영향평가서를 제출한 사업장에서 변경된 장외영향평가서를 다시 제출하여야 하는 경우 5가지를 설명하시오.
6. 안전작업허가서에서 화기작업 안전작업허가서 발급 시에 사전 안전 조치 확인 항목에 대하여 6가지를 설명하시오.

### [4교시] 다음 문제 중 4문제를 선택하여 설명하시오. (각 25점)

1. 산업안전지도사 및 산업보건지도사가 수행하는 직무에 대하여 각각 설명하시오.
2. 제조공정 중 반응, 분리(증류, 추출 등), 이송시스템 및 전기계장시스템 등의 단위공정에 선정하여야 할 공정위험성평가기법의 종류 8가지와 기법의 개요를 각각 설명하시오.

3. A 기업은 제품생산과정에 용매로 톨루엔을 대량 사용한다. 옥외에는 톨루엔 저장탱크 6기가 설치되어 있고, 환경관련법에 따라 저장탱크에서 발생하는 증기와 생산과정에서 발생하는 증기를 대기로 적절한 처리 없이 내보낼 수 없다. 소각처리를 하기 위하여 RTO나 RCO를 설치하는 것은 좋은 방법이나 중소규모의 업체에서는 쉽지 않은 방법이다. 경제성 등을 포함하여 검토한 결과 세정기(Scrubber)를 설치하고, 톨루엔 증기를 세정기에서 흡수처리하기로 하였다. 톨루엔 증기를 세정기에서 흡수처리가 가능한지에 대하여 설명하시오.
4. 정유사나 저유소 출하장에서는 휘발유가 남아 있는 탱크로리, 드럼 등에 등유나 경유를 주입하지 못하도록 통제하고 있다. 그 이유를 설명하시오.
5. 다음의 간략한 도면을 대상으로 공정적인 측면의 위험성평가를 실시하고, 가장 중요한 문제점을 한 가지만 발췌하여 대책을 제시하시오.

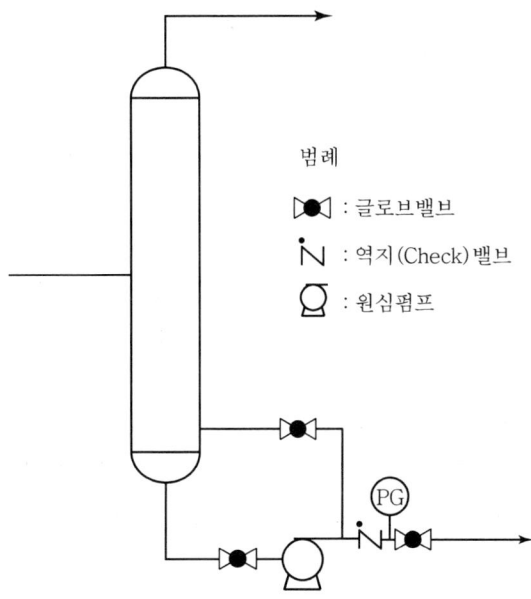

6. 폭발위험장소 구분(KS C IEC 60079-10-1 : 2015) 산정 시에 고려해야 하는 중요한 인자 중 하나가 누출구멍의 면적이다. 2차 누출 등급의 누출 구멍 단면적($mm^2$) 산정 시 구분, 항목, 누출 고려사항이 있으며, 구분에는 고정부의 기밀부위, 저속 구동 부품류의 기밀부위, 고속 구동 부품류의 기밀부위가 있다. 이 구분별 세부항목과 누출 고려사항에 대하여 설명하시오.

## 122회 화공안전기술사 기출문제(2020년도)

**[1교시]** 다음 문제 중 10문제를 선택하여 설명하시오.(각 10점)

1. 산업안전보건법령상 "산업재해"와 화학물질관리법령상 "화학사고"의 정의를 쓰시오.
2. 산업안전보건법령상 특수형태근로종사자의 뜻과 범위를 쓰시오.
3. 산업안전보건법령상 용접 용단 작업을 하는 경우 사업주가 화재감시자를 지정하여 배치하여야 하는 장소 3가지를 쓰시오.
4. 산업안전보건법령에 따라 반응기·증류탑·배관 또는 저장탱크와 관련되는 작업을 도급하는 자는 수급인에게 해당 작업 시작 전에 안전 및 보건에 관한 정보를 문서로 제공하여야 한다. 이에 해당하는 작업의 종류 3가지를 쓰시오.
5. 제품의 기획, 설계, 생산, 유통에서 판매까지 비즈니스 프로세스의 정보화 및 생산시스템의 자동화를 실현하는 스마트 공장(Smart Factory)의 3가지 주요기능에 대하여 설명하시오.
6. 산업재해의 원인분석 방법 중 통계적 원인분석 방법 4가지를 쓰시오.
7. 안전보건경영시스템(KOSHA MS) 인증 심사 결과 내용 중 부적합(Nonconformity), 관찰 사항(Observation), 권고사항(Recommendation)에 대하여 쓰시오.
8. 플레어시스템의 그을음 억제를 위하여 스팀 주입 시 사용되는 제어장치 또는 시스템 중 4가지를 쓰시오.
9. 압력용기에 설치된 안전밸브가 작동할 때 안전밸브 후단에 형성될 수 있는 중첩배압(Superimposed back pressure)과 누적배압(Built-up back pressure)의 뜻을 쓰시오.
10. 사업장 위험성평가 시에 위험수준을 결정할 경우 허용불가 리스크 영역(unacceptable risk region), 허용가능 리스크 영역(acceptable risk region) 및 조건부 허용 리스크 영역(tolerable risk region)으로 구분할 수 있다. 조건부 허용 리스크 영역에 대한 정의와 사업장에서 취하여야 할 리스크 감소대책을 쓰시오.
11. 화학공장에서 사용할 수 있는 공정안전 성과지표 중 선행지표(Leading indicator)의 정의와 선행지표의 예를 쓰시오.
12. 인화성 물질을 용기에 저장하거나 취급할 경우 폭발분위기 형성을 억제하기 위해 불활성화 방법을 활용한다. 이러한 불활성화 방법 중 3가지를 쓰시오.
13. 인화성 가스인 수소($H_2$)는 고온이나 고압에서 잘못 취급할 경우 높은 위험성이 있다. 수소의 물리·화학적 특성 및 안정성에 대하여 쓰시오.

## [2교시] 다음 문제 중 4문제를 선택하여 설명하시오.(각 25점)

1. 국내 공정안전관리(PSM) 제도 12대 요소와 미국 등 선진국에서 도입하고 있는 리스크 기반 공정안전(Risk Based Process Safety)에서 요구하는 20개 요소를 비교하여 설명하시오.
2. 석유화학공장의 탑류나 배관 등에서 발생할 수 있는 수소 손상(Hydrogen damage)의 종류 2가지와 수소부식의 발생환경 및 탑류 등의 부식방지대책을 설명하시오.
3. 인화성 액체를 용기에 주입 시 스플래쉬 필링(Splash filling)에 의해 발생할 수 있는 정전기 대전에 의한 화재폭발의 위험성과 대책을 쓰시오.
4. 산업재해 발생 형태 4가지를 사람과 에너지(Energy) 관계로 분류하여 쓰시오.
5. 아래 양식은 화학물질관리법령상 제출하는 위해관리계획서 내용 중 "안전밸브 및 파열판 명세" 양식이다. 연번 1의 √ 표시된 항목의 작성요령을 쓰고, 연번 2에 기재된 내용 중 잘못된 내용 5개를 찾아서 무엇이 잘못되었는지를 쓰시오.

| 연번 | 구분기호 | 보호기기 | 취급물질 | 상태 | 노즐크기 | | 배출용량 | | 압력 | | | 안전밸브재질 | | 정밀도(오차범위) | 배출연결부위 | 비고 |
| | | | | | 입구(mm) | 출구(mm) | 소요배출용량(kg/hr) | 정격배출용량(kg/hr) | 보호기기운전압력(MPa) | 보호기기설계압력(MPa) | 안전밸브설정압력(MPa) | 몸체 | 취급물질접촉부 | | | |
|---|---|---|---|---|---|---|---|---|---|---|---|---|---|---|---|---|
| 1 | √ | | | | | | √ | | | | | | | | √ | √ |
| 2 | PSV-1 | 반응기(R1) | 불화수소 | 기상 | 50 | 25 | 3,500 | 3,000 | 0.9 | 1.0 | 0.9 | A352-LCB | PTFE | ±3% | 대기배출 | 과압 |

6. K사업장의 정보를 종합적으로 분석하여 K사업장의 공정안전보고서 제출 대상 여부를 판단하고 그 이유를 쓰시오.

[K사업장의 화학물질 취급·저장량 정보]

| 화학물질 | 조성 및 순도 | 취급·저장량(kg) | 비고 |
|---|---|---|---|
| 아크릴로니트릴 | 100% | 하루 동안 최대 취급량 : 4,000<br>저장 : 5,000 | 주원료 |
| 1,3-부타디엔 | 100% | 하루 동안 최대 취급량 : 500 | 주원료 |
| 스티렌 모노머 혼합물 | 스티렌 모노머 99% + 에틸벤젠 1% | 하루 동안 최대 취급량 : 1,000<br>저장 : 30,000 | 주원료 |
| 수산화나트륨 | NaOH 40% | 하루 동안 최대 취급량 : 100<br>저장 : 100,000 | 부원료 및 수처리 |

[K사업장의 사업 및 화학물질 정보]

- K사업장은 2020년 7월 1일 신설되었고, 사업은 한국표준산업분류에 따른 "합성수지 및 기타 플라스틱물질 제조업"에 해당하며, 현재 공장 내부에는 생산설비가 존재하지 않는다.
- 화학물질들은 K사업장의 연구소에서 ABS수지 신제품 개발을 위한 시험생산설비(Pilot plant)에서 취급 또는 저장될 예정이다.
- 아크릴로니트릴의 끓는점은 77℃, 인화점은 -1℃, 공정안전 보고서 제출대상을 판단하는 규정량은 10,000kg(제조·취급·저장)이다.
- 1,3-부타디엔은 산업안전보건법령상 인화성 가스에 해당한다.
- 스티렌모노머 혼합물은 산업안전보건법령상 인화성 액체에 해당한다.
- 인화성 가스와 인화성 액체의 공정안전보고서 제출대상을 판단하는 규정량은 5,000kg(제조·취급) 및 200,000kg(저장)이다.
- 수산화나트륨(농도 40%)은 산업안전보건법령상 위험물질(부식성 물질)에 해당한다.

## [3교시] 다음 문제 중 4문제를 선택하여 설명하시오.(각 25점)

1. 아래 양식은 산업안전보건법령상 제출하는 공정안전보고서 내용 중 "장치 및 설비명세" 양식이다. 아래 양식에 기재된 비파괴검사율(방사선투과시험 기준)이 용접효율에 미치는 영향과 용접효율이 반응기 등 압력용기의 계산두께에 미치는 영향 및 사용두께를 선택하는 방법을 설명하시오.

| 장치번호 | 장치명 | 내용물 | 용량 | 압력(MPa) | | 온도(℃) | | 사용재질 | | | 용접효율 | 계산두께(mm) | 부식여유(mm) | 사용두께(mm) | 후열처리여부 | 비파괴검사율(%) | 비고 |
|---|---|---|---|---|---|---|---|---|---|---|---|---|---|---|---|---|---|
| | | | | 운전 | 설계 | 운전 | 설계 | 본체 | 부속품 | 개스킷 | | | | | | | |
| | | | | | | | | | | | | | | | | | |

2. 산업안전보건법령상의 위험물질의 종류 중 급성 독성 물질 기준을 쓰고, 산업안전보건법령상 급성 독성 물질 기준에는 해당하지 않으나, 「화학물질의 분류 및 표지에 관한 세계조화시스템(GHS)」의 급성 독성 물질의 분류에는 포함되는 "급성 독성 물질 구분4"(단일물질에 한함)의 구분기준을 쓰시오.

3. 회분식 공정(Batch process)에서 위험과 운전분석(HAZOP)기법으로 공정위험성 평가 시 "시간과 관련된 이탈" 및 "시퀀스와 관련된 이탈"에 대하여 쓰시오.

4. 석유화학공장에 설치하는 안전계장설비(Safety Instrumented System)에서 발생할 수 있는 공통원인고장(Common Cause Failure, CCF)의 정의를 쓰고, CCF의 전형적인 발생원인과 잠재적인 고장감소 방법을 쓰시오.

5. 건축물 단열재로 사용하는 경질폴리우레탄 폼 시공(작업)시 화재발생 위험, 우레탄폼 원료의 위험성, 시공 시 화재예방대책을 설명하시오.

6. 펌프에서의 공동현상(Cavitation) 정의, 발생조건, 발생 시의 문제점, 방지대책 및 IoT (Internet of Things) 등을 활용한 펌프의 이상 유무 확인방법을 설명하시오.

## [4교시] 다음 문제 중 4문제를 선택하여 설명하시오.(각 25점)

1. 작업 중 발생되는 불안전한 행동 특성을 "지식의 부족, 기능의 미숙, 태도의 불량, 인간에러"로 구분하여 설명하시오.
2. 석유화학공장이나 원자력 발전소에서 사고발생 원인과 대책을 수립하기 위한 위험성 평가 기법으로 활용되고 있는 Bow-Tie 분석 기법에 대한 이론과 수행절차를 쓰시오.
3. KS C IEC60079-10-1 (2015) '장소 구분-폭발성 가스 분위기'에는 폭발위험장소의 범위를 정하는 방법이 규정되어 있다. 본 규격 부속서 C '환기지침'에서 정한 환기속도평가방법에 대하여 쓰고, 옥외에서 지표면 고도에 따른 유추 환기속도(m/s)를 "장애물이 없는 영역"과 "장애물이 있는 영역"으로 구분하여 쓰시오.
4. 스티렌 모노머(Styrene Monomer) 저장탱크에서의 폭주 중합반응(Runaway Polymerization) 발생 환경과 이를 예방하기 위한 중합방지제의 사용 조건을 설명하시오.
5. 고형물의 축적에 의한 배관, 밸브 또는 화염방지기의 막힘으로 과압 발생 시 대처방법을 본질적 방법, 적극적 방법, 절차적인 방법으로 나누어 설명하시오.
6. 아래 표는 위험물안전관리법령상 "유별을 달리하는 위험물의 혼재기준"표의 혼재 가능 여부 표시란에 ①~㉚의 번호를 적어 놓은 것이다. ①~㉚ 중 혼재 할 수 있는 번호를 10개 쓰시오. 또한, 산업안전보건법령상 물반응성 물질 및 인화성고체에 해당하는 물질 중 5개를 선택하여 물과의 반응식을 쓰시오.

〈표〉 유별을 달리하는 위험물의 혼재기준

| 위험물의 구분 | 제1류 산화성 고체 | 제2류 가연성 고체 | 제3류 자연발화성 및 금수성 물질 | 제4류 인화성 액체 | 제5류 자기반응성 물질 | 제6류 산화성 액체 |
|---|---|---|---|---|---|---|
| 제1류 산화성 고체 |  | ① | ② | ③ | ④ | ⑤ |
| 제2류 가연성 고체 | ⑥ |  | ⑦ | ⑧ | ⑨ | ⑩ |
| 제3류 자연발화성 및 금수성 물질 | ⑪ | ⑫ |  | ⑬ | ⑭ | ⑮ |
| 제4류 인화성 액체 | ⑯ | ⑰ | ⑱ |  | ⑲ | ⑳ |
| 제5류 자기반응성 물질 | ㉑ | ㉒ | ㉓ | ㉔ |  | ㉕ |
| 제6류 산화성 액체 | ㉖ | ㉗ | ㉘ | ㉙ | ㉚ |  |

비고. 이 표는 지정수량의 1/10 이하의 위험물에 대하여는 적용하지 아니한다.

# 123회 화공안전기술사 기출문제(2021년도)

**[1교시]** 다음 문제 중 10문제를 선택하여 설명하시오.(각 10점)

1. 고용노동부장관은 산업안전보건법령에 따라 산업 안전 및 보건에 관한 의식을 북돋우기 위하여 어떤 시책을 마련해야 하는지 설명하시오.
2. 고용노동부장관은 산업안전보건법령에 따라 산업재해 예방 통합정보시스템을 구축·운영하는 경우에는 어떤 정보를 처리해야 하는지 설명하시오.
3. 산업안전보건법령에 따라 상시근로자 20명 이상 50명 미만인 사업장에 안전보건관리담당자를 1명 이상 선임해야 한다. 해당하는 사업의 업종에 대하여 설명하시오.
4. 산업안전보건법령상 고용노동부장관이 사업주에게 안전보건진단을 받아 안전보건 개선계획을 수립하여 시행할 것을 명할 수 있는 사업장에 대하여 쓰시오.
5. 결함수분석법(fault tree analysis, FTA)에 의하여 다음 시스템의 신뢰도(R)와 고장확률(P)을 구하시오.

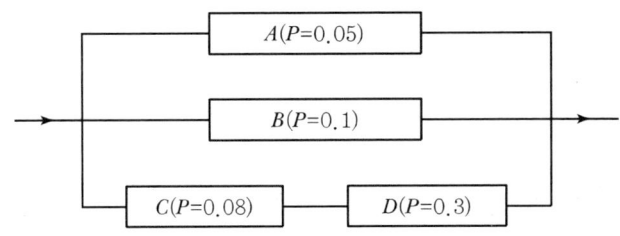

6. 정전기 방전현상의 종류 5가지에 대하여 각각 설명하시오.
7. 산업안전보건기준에 관한 규칙에 명시된 가스폭발 위험장소 또는 분진폭발 위험장소에 설치되는 건축물 등에 대해 적용하는 내화구조의 목적, 범위 및 예외 사항에 대하여 설명하시오.
8. 하나의 안전밸브 설치 시와 여러 개의 안전밸브 설치 시의 안전밸브의 설정압력, 축적압력 및 초과압력을 설계압력 또는 최고허용압력의 퍼센트(%)로 각각 나타내시오.
9. 아세틸렌 용접장치의 아세틸렌 발생기실의 설치 장소 및 발생기실을 설치하는 경우 준수해야할 사항에 대하여 쓰시오.
10. 표면화재와 표면연소의 차이점에 대하여 설명하시오.
11. 새로운 설비의 설치, 공정·설비의 변경 또는 공정·설비의 정비·보수 후 공장의 안전운전을 위하여 설비 가동 전 점검 시에 최소한의 점검 내용을 6가지 쓰시오.

12. 인간공학적인 관점에서 근로자의 과오방지를 위한 대책수립 시 고려해야 하는 기본적 요소를 쓰시오.
13. 박막폭굉(Film detonation)에 대하여 설명하시오.

## [2교시] 다음 문제 중 4문제를 선택하여 설명하시오.(각 25점)

1. 산업안전보건법령상 도급인의 산업재해발생 건수 등에 관계수급인의 산업재해발생건수 등을 포함하여 공표하여야 하는 장소에 대하여 설명하시오.
2. Fire Ball의 형성 Mechanism에 대하여 설명하시오.
3. 밀폐공간 작업프로그램에 포함할 내용 및 추진절차에 대하여 설명하시오.
4. 변경관리 수행절차에 대하여 설명하시오.
5. 안전밸브 등으로부터 배출되는 위험물을 처리하는 방법 5가지와 산업안전보건법령에서 규정하고 있는 위험물을 안전한 장소로 유도하여 외부로 직접 배출할 수 있는 경우 5가지를 쓰시오.
6. 그림의 화학 반응기에는 위험한 반응압력에 도달되면 작업자에게 알리는 고압경보기가 설치되어 있으며, 이 경보기에는 경보지시계와 안전조치를 위해 위험압력보다 높을 경우 자동적으로 반응기의 작동을 중지시킬 수 있는 자동고압 반응장치시스템이 설치되어 있다. 이 자동시스템은 위험한 압력이 발생했을 경우 반응물의 유입을 차단시키게 된다. 이 시스템이 고압의 상태에 도달할 경우에 대한 전체 고장률, 고장확률, 신뢰도 및 평균고장간격(MTBF)을 〈표〉의 자료를 이용하여 구하시오.(단, 거동기간은 1년으로 가정, 경보기와 주입구 입구에 솔레노이드 밸브가 설치되어 있으며, 경보시스템과 주입구 차단시스템은 병렬로 연결되어 있고, 전체 고장확률은 $P = 1 - \prod_{i=1}^{n}(1-P_i)$을 이용하여 계산함.)

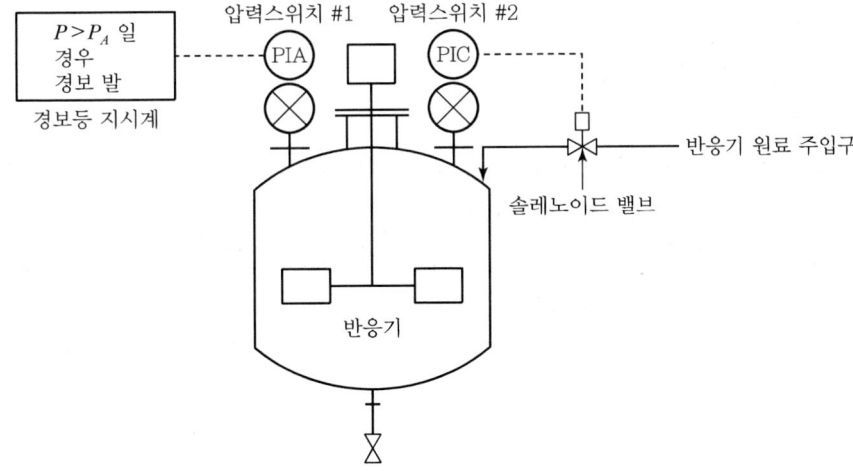

| 구성요소 | 고장률<br>(고장횟수/년), $\mu$ | 신뢰도<br>$R = e^{-\mu t}$ | 고장확률<br>$P = 1 - R$ |
|---|---|---|---|
| 1. 압력스위치 #1 | 0.14 | 0.87 | 0.13 |
| 2. 경보등 지시계 | 0.044 | 0.96 | 0.04 |
| 3. 압력스위치 #2 | 0.14 | 0.87 | 0.13 |
| 4. 솔레노이드 밸브 | 0.42 | 0.66 | 0.34 |

### [3교시] 다음 문제 중 4문제를 선택하여 설명하시오.(각 25점)

1. 산업안전보건법령상 안전관리자의 업무는 무엇인지 설명하시오.
2. 안전대책의 기본이 되는 FAIL SAFE SYSTEM과 FOOL PROOF SYSTEM의 차이점과 특성을 설명하시오.
3. 분진폭발 위험장소를 구분하는 절차에 대하여 설명하시오.
4. 화학공정설비에 적용하는 윈터라이제이션(Winterization)의 목적, 방법, 적용 시 고려사항, 윈터라이제이션(Winterization) 적용이 필요 없는 경우에 대하여 설명하시오.
5. 작업안전분석(Job Safety Analysis) 기법 실행절차를 3단계로 구분하여 설명하시오.
6. 산업안전보건법령상 안전검사대상기계 등에서 "대통령령으로 정하는 것"이란 어느 것인지 쓰시오.

### [4교시] 다음 문제 중 4문제를 선택하여 설명하시오.(각 25점)

1. Human Error에 관하여 정의하고 기본유형과 종류에 관하여 설명하시오.
2. 산업안전보건법령상 유해위험방지계획서 제출 등에서 "대통령령으로 정하는 사업의 종류 및 규모에 해당하는 사업"을 쓰시오.(단, 해당하는 사업은 전기 계약용량이 300킬로와트 이상인 경우를 말한다.)
3. 산업재해방지 5단계에 대하여 설명하시오.
4. 수소유기균열(HIC, Hydrogen Induced Cracking)이 발생하기 쉬운 환경, 발생 메커니즘, 특징, 방지대책에 대하여 설명하시오.
5. 위험물질 및 관리대상 유해물질의 흐름을 차단할 수 있는 긴급차단밸브의 구조 및 기능, 설치 대상에 대하여 설명하시오.
6. 안전밸브 등의 전단, 후단에 차단밸브(block valve) 설치가 가능한 경우에 대하여 설명하시오.

# 125회 화공안전기술사 기출문제(2021년도)

**[1교시]** 다음 문제 중 10문제를 선택하여 설명하시오.(각 10점)

1. 산업안전보건법령상 "중대재해"와 고압가스안전관리법령상 "정밀안전검진"의 정의를 설명하시오.
2. 제조물책임법령상에서 규정하고 있는 3가지 결함의 종류에 대하여 설명하시오.
3. 압력용기 및 정변위 펌프의 토출 측 막힘 등에 의한 압력상승을 예방하기 위하여 설치되는 안전밸브의 소요분출량(Required capacity)과 배출용량(Relieving capacity)에 대하여 설명하시오.
4. 공정안전관리(PSM, Process Safety Management) 사업장 위험경보제의 사고위험징후 체크리스트 중 1등급의 위험징후와 이에 해당하는 확인사항 5가지를 설명하시오.
5. 물질안전보건자료의 기재내용을 변경할 경우 상대방에게 제공해야 할 사항을 설명하시오.
6. 사업장에서 위험성 평가를 수행하기 위해서 사전에 조사해야 할 안전보건정보의 종류를 설명하시오.
7. 유해화학물질 취급 시 착용하는 보호복 중 2형식, 3형식, 4형식, 5형식, 6형식 구분 기준을 설명하시오.
8. 위험성 평가결과 도출된 위험성이 허용가능한 범위가 아닐 경우 위험감소를 위한 개선대책 수립 시 고려할 사항을 설명하시오.
9. 위험물안전관리법령상에서 국가는 위험물에 의한 사고를 예방하기 위해 규정하고 있는 "국가의 책무"에 대하여 설명하시오.
10. 화학물질관리법령상에서 규정하고 있는 "유해화학물질" 정의에 대하여 설명하시오.
11. 위험물 선박운송 및 저장규칙에서 규정하는 "위험물의 분류"를 9가지로 분류하여 설명하시오.
12. 위험물안전관리법령상에서 규정하는 6종류(1류~6류)의 위험물에서 서로 다른 종류의 위험물에 대한 혼재기준을 설명하시오.
13. 폭발위험장소 구분에 적용되는 KS C IEC 60079-10-1(2015)에 의한 환기효율계수(f)에 대하여 설명하시오.

## [2교시] 다음 문제 중 4문제를 선택하여 설명하시오.(각 25점)

1. 최악 및 대안의 사고 시나리오 선정시 독성물질에 대한 끝점농도 선정기준에 대하여 설명하시오.
2. 산업안전보건법령상 "안전보건관리책임자"의 업무와 "산업안전지도사"의 직무에 대하여 설명하시오.
3. 공정위험성평가 보고서에 대해서 정기적으로 평가의 유효성을 재확인하고 갱신하는 중요한 이유 5가지에 대하여 설명하시오.
4. 화학물질관리법령상 "화학물질의 관리에 관한 기본계획" 수립 내용과 "유해화학물질 취급기준"에 대하여 설명하시오.
5. 작업위험성평가(Job risk assessment) 시 사용하는 작업 유해위험요인 분석기법의 종류에 대하여 설명하시오.
6. 정전 등 비정상적으로 전원이 차단될 경우 화재·폭발을 방지하기 위하여 비상 전원을 공급해야 할 부하설비를 5가지 이상 나열하고 비상발전기 용량산출시 적용하는 PG(Power generator)법에 대하여 설명하시오.

## [3교시] 다음 문제 중 4문제를 선택하여 설명하시오.(각 25점)

1. 위험물안전관리법령상 "탱크안전성능검사"의 종류별 신청 시기에 대하여 설명하시오.
2. 위험기반검사(Risk based inspection)의 도입목적과 수행절차를 4단계로 구분하여 수행사항을 설명하시오.
3. 인화성 가스나 증기 등에 의한 폭발을 방지하기 위한 방법으로 사용되는 불활성화(Inerting)에 대하여 최소산소농도(MOC, Minimum Oxygen Concentration)와 불활성화 방법 4가지에 대해서 설명하시오.
4. 고압가스안전관리법령상 "중간검사를 받아야 하는 공정"과 "정기검사의 검사대상시설" 종류에 대하여 설명하시오.
5. 화학공정플랜트에서 안전프로그램을 성공적으로 이행하는데 필요한 구성요소를 설명하시오.
6. 정유 및 석유화학, 펄프 및 제지 등의 다양한 산업에서 발생되는 공통 손상메커니즘의 유형 중 환경 기인 균열(Environment assisted cracking)의 유형에 해당되는 손상메커니즘, 핵심변수 및 범위를 설명하시오.

## [4교시] 다음 문제 중 4문제를 선택하여 설명하시오.(각 25점)

1. 산업안전보건법령상 사업주(제조업의 경우)가 유해·위험 방지에 관한 사항을 적은 계획서를 작성하여 고용노동부령으로 정하는 바에 따라 고용노동부장관에게 제출하고 심사를 받아야 하는 경우를 설명하시오.

2. 가스폭발위험장소 인근에 위치한 사무실 등의 벽을 방호구조로 설치할 경우의 기준에 대하여 설명하시오.

3. 체크밸브(Check Valve)의 정의, 역류방지 기능 유지를 위한 필요 사항 및 선정 시 고려사항을 설명하시오.

4. 인화성 액체가 채워진 회분식 반응기의 맨홀로 가연성 분진 원료를 투입 중 화재·폭발 사고가 자주 발생하고 있다. 사고발생 원인과 예방대책에 대하여 설명하시오.

5. 수소 충전소는 운영 및 안전상 필요로 배기(Vent)설비를 설치한다. 수소취급 및 저장공정에 설치되는 배기 설비에 대해서 상온수소 배기시스템과 대비되는 저온수소 배기시스템의 설계상 고려사항을 설명하시오.

6. 기능공명분석법(FRAM, Functional Resonance Analysis Method)의 4가지 원칙과 6가지 측면에서 기능의 특성화에 대하여 설명하시오.

# 126회 화공안전기술사 기출문제(2022년도)

**[1교시]** 다음 문제 중 10문제를 선택하여 설명하시오.(각 10점)

1. 산업안전보건법상 규정하는 중대산업사고의 정의와 중대산업사고 예방센터 운영규정(고용노동부 고시)에서 정하는 중대산업사고 판단기준을 각각 설명하시오.
2. HAZOP 수행기법 중 하나인 브레인스토밍(Brain storming)의 4원칙에 관해 설명하시오.
3. 통기밸브(Breather valve)의 설치목적과 기능을 설명하시오.
4. 다음의 물질 중 분진폭발의 조건을 갖추어도 폭발하지 않는 물질을 모두 선택하여 쓰고, 그 이유를 설명하시오.
   ① NaCl ② $Al_2O_3$ ③ 흑연 ④ 철 ⑤ 폴리프로필렌 ⑥ 규사
   ⑦ S ⑧ 폴리실리콘 ⑨ 티타늄 ⑩ 질산칼륨
5. 산업안전보건법상 물질안전보건자료의 구성항목 및 근로자에게 교육시켜야 하는 경우에 대하여 각각 쓰시오.
6. 폭발예방대책의 시스템안전 분석의 정의와 PHA(Preliminary Hazard Analysis), FHA(Fault Hazard Analysis), FMEA(Failure Mode and Effect Analysis)에 대해 설명하시오.
7. 다음 A, B 압력용기에 설치된 안전밸브 ①~④의 설정치(Setting value)를 결정하고, 그렇게 결정한 이유를 설명하시오.(안전밸브 설정치는 가능한 값 중 최고치를 기록)

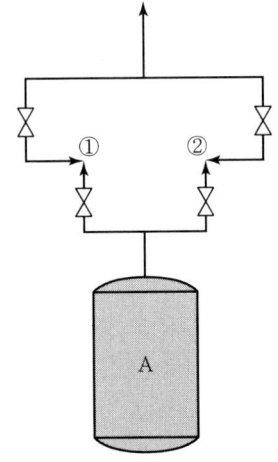

- 설계압력 : 4.0
- 배출원인 : 배출구 닫힘

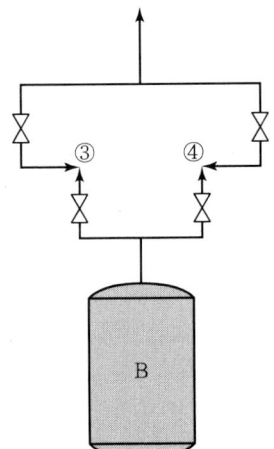

- 설계압력 : 2.8
- 최대허용운전압력(MAWP) : 3.0
- 배출원인 : 외부화재

8. 폭발·화재를 방지하기 위한 기본적 대책으로 분진 폭발방지대책과 수증기 폭발방지대책에 대해 각각 설명하시오.
9. 화학 공정은 그 운영 방식에 따라 연속식 공정(Continuous process)과 회분식 공정(Batch process)으로 구분하는데, 이 중 회분식 공정설계의 최적화에 대해 설명하시오.
10. 산업안전보건법상 위험물질의 종류와 위험물안전관리법상 위험물의 종류를 쓰고, 화학물질관리법상 유해화학물질의 정의를 쓰시오.
11. 고압가스안전관리법에서 규정하는 특수반응설비와 산업안전보건법에서 규정하는 특수화학설비에 대하여 각각 쓰시오.
12. 고압가스안전관리법상 가연성 가스의 정의 및 산업안전보건법상 인화성 가스의 정의를 각각 쓰고, 공정안전보고서 제출 대상 물질인 인화성 가스의 취급 규정량을 50,000kg으로 적용하는 경우에 대하여 설명하시오.
13. 산업안전보건법상 유해·위험물질의 규정량에서 공정안전보고서 제출 대상을 판단하는 기준에 대하여 한 종류 유해·위험물질을 제조·취급·저장하는 경우, 두 종류 이상의 유해·위험물질을 제조·취급·저장하는 경우로 구분하여 설명하시오.

### [2교시] 다음 문제 중 4문제를 선택하여 설명하시오.(각 25점)

1. 암모니아 냉동기를 사용하는 곳에서 배관의 용접 부위가 파열되는 사례가 가끔 발생하고 있다. 이와 유사한 사례로 액상 암모니아를 담아 판매하는 이동용 압력용기를 일정 기간 사용 후 정기검사 시 내압시험을 실시하는 과정에서 압력용기가 파열되어 검사자 1명이 사망하는 사고가 발생한 적이 있다. 용기의 제원과 사고 개략도를 참조하여 제시된 범주 내에서 원인과 재발방지 대책을 설명하시오.
   (내압 시험압력은 500psi인데, 승압 과정의 300psi에서 정체 중에 파열됨)
   사고 용기의 제원
   - 명칭 : 이동식 압력용기
   - 용도 : 암모니아 충전용기
   - 사용압력 : 114psi(8.0 kgf/cm$^2$)
   - 재질 : A285 - AA(저온용 탄소강)
   - 내경×길이(용량) : 762×2,070mm(731liter)
   - 최소 두께 : 경판(17.5mm), 동체(10.3mm)

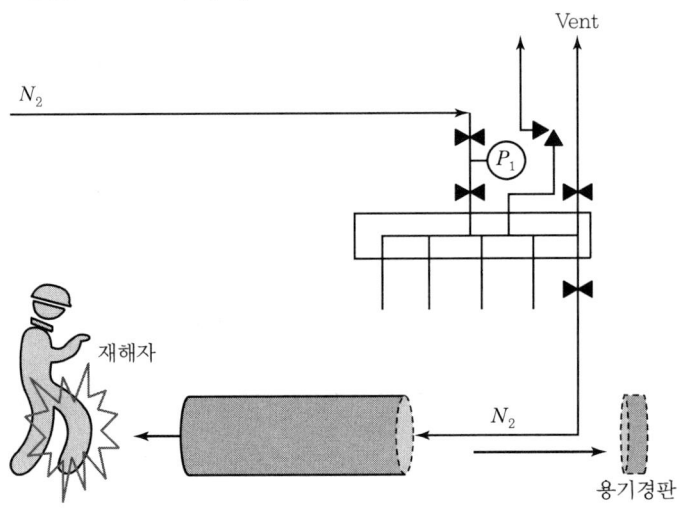

2. 고압가스안전관리법에서 정의하는 독성가스, 산업안전보건법에서 정의하는 급성독성 물질에 대하여 각각 기술하고, '화학물질의 분류·표시 및 물질안전보건자료에 관한 기준'에서 $LC_{50}$(쥐, 1시간 흡입)에서 얻어진 기존의 시험자료를 $LC_{50}$(쥐, 4시간 흡입)으로 적용하는 방법에 대하여 설명하시오.
3. 정전기 예방을 위해 설계단계부터 고려되어야 할 안전기준에 대하여 설명하시오.
4. A 기업에서는 기체 상태의 고압산소를 취급하는 배관에서 급속한 화재 사고가 2차례 발생하여 각각 3명씩 6명이 사망하는 사고가 있었다. 첫 번째 사고 때 배관의 재질은 304

스테인리스강이고, 두 번째 사고의 재질은 탄소강이다. 산소배관에서 급속한 화재가 발생하는 원인과 재발방지대책을 설명하시오.
5. 파이프랙(Pipe rack)에 설치된 배관은 길이 방향 일정 간격마다 배관 간에 등전위본딩을 실시하고 본딩선은 접지한다. 등전위본딩을 실시하는 이유를 설명하시오.
6. 화학공장에서 배출되는 가연성물질은 가연성을 제거한 후 안전하게 배출되도록 설계해야 한다. 압력용기와 상압용기에서 배출되는 가연성의 물질은 각각 어떠한 전용설비로 처리해서 배출해야 하는지를 설명하시오.(플레어시스템, RTO(Regenerative Thermal Oxidizer), RCO(Regenerative Catalytic Oxidizer)를 중심으로 기술)

### [3교시] 다음 문제 중 4문제를 선택하여 설명하시오.(각 25점)

1. 그림의 중합반응기는 반응열을 냉각수로 조절하는데 냉각수의 공급이 중단되면 폭주반응(Runaway reaction)이 발생할 수도 있다. 다음에 나타낸 ETA를 참조하여 냉각수가 공급중단될 때 작업이 계속될 확률과 폭주반응이 발생할 확률을 각각 구하시오.

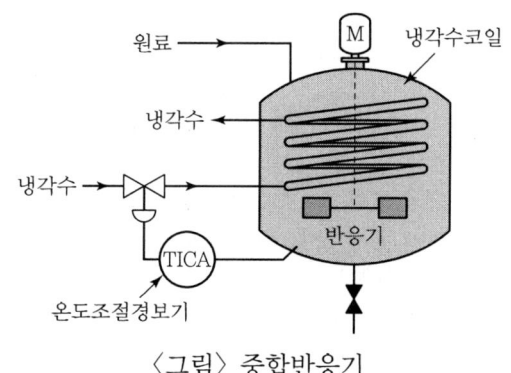

〈그림〉 중합반응기

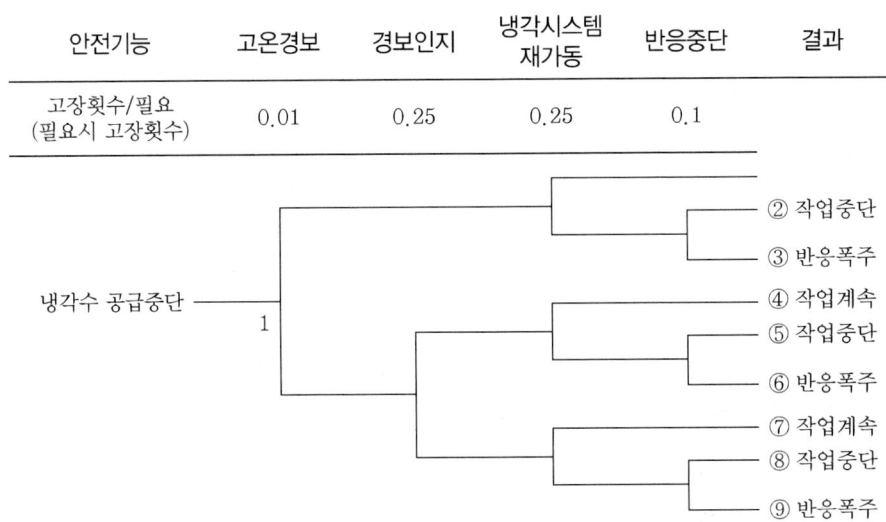

2. 아래 A 사업장에 대하여 공정안전보고서 및 제조업 등 유해·위험방지계획서 제출 대상 여부를 각각 판단하고 A 사업장에서 최종 제출해야 하는 사항에 대하여 설명하시오.

   [A 사업장 정보]
   - A 사업장은 화학물질 및 화학제품을 생산하는 사업장으로 2022년 4월에 신설될 예정이다.
   - 한국표준산업분류표상 업종은 석유화학계 기초화학물질 제조업(20111)이다.
   - 전기계약용량은 300 킬로와트, 전기정격용량은 280 킬로와트이다.
   - 주요 취급 물질은 벤젠 등 인화성 액체이며, 인화성 액체의 하루 최대 취급량은 6,000kg, 최대 저장량은 80,000kg이다.
   - 주요 화학설비는 반응기, 증류탑, 저장탱크 등이 있다.
   - 상시 근로자는 4명이다.(5명 미만 사업장)

3. 산업안전보건기준에 관한 규칙에 의하여 설치하는 가스누출감지경보기의 설치장소 및 배치기준에 대하여 설명하시오.
4. 화학공장의 플레어시스템은 연소의 3요소 중 2개 요소가 상시 존재하므로 관리대상은 1개 요소다. 이 1개 요소가 무엇이고, 어떻게 관리해야 하는지 설명하시오.
5. 화학공장에서 범용적으로 사용하는 펌프의 설계조건(용량, 양정, 유효양정)을 설명하시오.
6. 위험물질을 취급하는 용기나 배관에 실시하는 비파괴검사(방사선투과검사, 초음파탐상검사, 자분탐상검사)의 특징에 대해 설명하시오.

[4교시] 다음 문제 중 4문제를 선택하여 설명하시오.(각 25점)

1. 고장률을 기반으로 FTA에서 정상사상(반응기 과압)의 발생확률을 구하시오.
   (단, 운전기간은 1년으로 한다.)

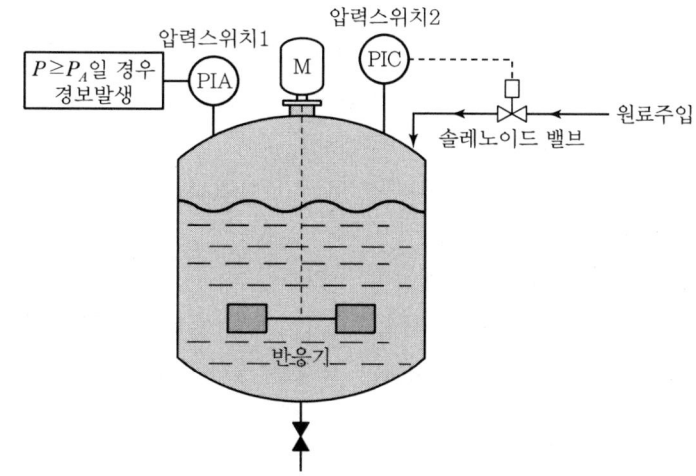

| 구성요소 | 고장률(고장횟수/년), $\mu$ |
|---|---|
| 1. 압력스위치 #1 | 0.14 |
| 2. 압력경보계 | 0.044 |
| 3. 압력스위치 #2 | 0.14 |
| 4. 솔레노이드 밸브 | 0.42 |

〈그림〉 경보기와 원료주입구에 솔레노이드 밸브가 설치된 반응기

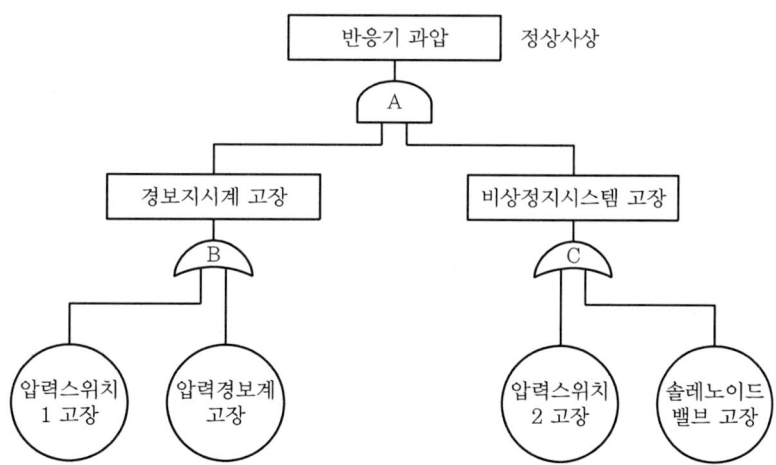

2. 설비의 운용효율과 안전성 등을 고려하여 공장의 기기를 배치한 결과 120dB의 강한 소음을 발생하는 2기의 스팀터빈이 같은 장소에 설치되었다. 2기의 터빈이 동시에 가동될 때 발생하는 소음의 크기를 구하고, 여기에서 소음을 줄이기 위한 기술적인 조치에 관해 설명하시오.
3. 인화성 액체 등 위험물 저장탱크 통기관에 역화를 방지하기 위하여 설치하는 화염방지기(화염방지장치)에 대하여 산업안전보건법 및 위험물안전관리법에서 각각 규정하는 사항에 대하여 설명하시오.
4. 산업안전보건기준에 관한 규칙에서 정하는 보일러의 폭발 사고를 예방하기 위한 안전장치 4가지에 대하여 설명하시오.
5. 분진폭발의 조건과 위험성에 대하여 설명하시오.
6. 산업안전보건법에 따른 유해한 작업의 도급 금지, 예외적 도급 허용, 도급 승인 대상작업 및 도급 승인 시 제출 서류에 대하여 각각 설명하시오.

# 128회 화공안전기술사 기출문제(2022년도)

### [1교시] 다음 문제 중 10문제를 선택하여 설명하시오.(각 10점)

1. 부주의의 심리적 특징, 발생원인 및 방지대책에 대하여 설명하시오.
2. 산업안전보건표지의 종류, 대상, 기본 모형에 대하여 설명하시오.
3. 공정관리의 3가지 원칙과 공정안전보고서의 제출대상 업종에 대하여 설명하시오.
4. 폭발 화재에 있어서 주대상이 되는 인화성 위험물과 관련된 물성의 종류 10가지를 설명하시오.
5. 메탄($CH_4$)과 아세틸렌($C_2H_2$)의 연소 시 어느 종이 더 위험한지 화학결합이론에 의해 설명하시오.
6. 산업안전보건기준에 관한 규칙에서 규정한 화재감시자의 업무 및 화재감시자에게 지급하여야 하는 물품을 설명하시오.
7. 산업안전보건법령상 부식성 물질의 종류와 부식성 물질을 동력을 사용하여 호스로 압송(壓送)하는 작업을 하는 경우의 조치사항에 대하여 설명하시오.
8. 화학물질관리법령상 화학사고예방관리계획서에 포함되어야 하는 내용에 대하여 설명하시오.
9. 산업안전보건법령상 폭발성·물반응성·자기반응성·자기발열성 물질, 자연발화성 액체·고체 및 인화성 액체의 제조 또는 취급작업(시험연구를 위한 취급작업은 제외)시 실시하여야 하는 특별교육의 내용을 설명하시오.
10. 회분식 공정(Batch Process)에 대한 위험과 운전분석기법(HAZOP)에 적용되는 특정 변수에 대하여 설명하시오.
11. 가스누출감지경보기의 성능기준을 설명하시오.
12. 한국산업표준(KS)상 폭발위험장소 구분에 사용되는 희석등급 3종류의 정의 및 인화성 물질의 누출률, 환기량과 희석등급의 관계를 설명하시오.
13. 가스시설의 비파괴 시험방법 중 육안검사의 기준을 설명하시오.

### [2교시] 다음 문제 중 4문제를 선택하여 설명하시오. (각25점)

1. 화재의 종류 및 각각의 화재를 진압하기 위하여 유효한 소화방법·소화약제를 설명하시오.
2. 결함수분석법(fault tree analysis, FTA)에 의하여 다음 시스템의 신뢰도(R), 시스템의 고장확률(P)과 평균고장간격(MTBF)을 구하시오.(단, P는 개별 장치의 고장확률, 운전기간은 1년이다.)

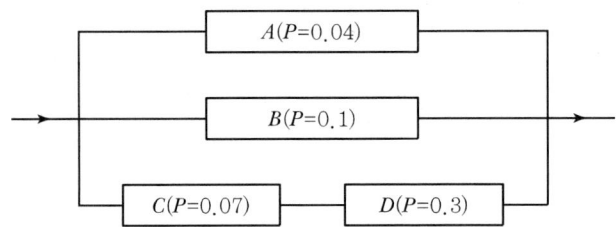

3. 정전기 재해예방을 위한 기술상의 지침에서 위험물을 고무타이어가 있는 탱크로리, 탱크차 및 드럼 등에 주입하는 설비에 있어서 정전기 완화조치 방법과 본딩 접지 시 준수사항, 본딩 접지를 생략할 수 있는 경우에 대하여 각각 설명하시오.
4. 화학설비 내부에 생성될 수 있는 폭발위험 분위기를 불활성화하는 방법 중 가연성 물질의 퍼지(Purge)에 대하여 회분식(Batch), 연속식(Continuous)으로 구분하여 각각의 특성을 설명하시오.
5. 분산모델에서는 유독물질이 누출지점으로부터 공장이나 다른 인근지역으로 전달되는 현상을 풍매전달(Airbone transport)로 설명한다. 유독물질의 대기 누출 후 거동현상과 이에 영향을 미치는 매개변수에 대하여 설명하시오.
6. 인간-기계 통합시스템에서 인간-기계의 기본기능 4가지 및 인간의 정보처리능력을 설명하시오.

### [3교시] 다음 문제 중 4문제를 선택하여 설명하시오. (각25점)

1. 화학설비의 안전대책 중 증류탑의 점검 사항에 대하여 일상점검 항목(운전 중 점검)과 개방 시 점검해야 할 항목(운전정지 시 점검)을 설명하시오.
2. 전기화재의 대표적인 원인을 열거하여 설명하시오.
3. 산업안전보건법령상 관계수급인 근로자가 도급인의 사업장에서 작업을 하는 경우의 이행사항과 산업재해를 예방하기 위하여 작업시작 전에 수급인에게 안전 및 보건에 관한 정보를 문서로 제공하여야 하는 작업에 대하여 설명하시오.
4. 폭발압력을 받는 구조물의 방호구조 설계기준에 대하여 방호목적에 따른 재료의 변형 한계를 중심으로 설명하시오.

5. 화염방지기(Flame Arrester)의 설치 목적과 올바른 적용을 위해 검토할 사항을 화염의 확산형태와 화염방지기의 종류를 중심으로 설명하시오.
6. 압력용기 제작 시 용접이음부에 온길이 방사선 투과시험을 적용해야 하는 경우를 나열하고 맞대기 용접 시 방사선 투과시험의 적용정도에 따른 용접이음효율(Joint efficiency)을 설명하시오.

### [4교시] 다음 문제 중 4문제를 선택하여 설명하시오. (각25점)

1. 인간에 대한 감시방법을 인간공학의 관점에서 설명하시오.
2. 공정안전보고서의 변경요소관리계획에 포함되어야 할 사항과 변경관리 대상, 정상변경 관리절차에 대하여 설명하시오.
3. 산업안전보건법령상 추락·붕괴, 화재·폭발, 유해하거나 위험한 물질의 누출 등 산업재해 발생의 위험이 현저히 높은 사업장에 안전보건진단을 받을 것을 명할 수 있다. 종합진단의 진단내용과 안전보건진단 결과보고서에 포함될 사항에 대하여 설명하시오.
4. 압력용기, 배관 등 화학설비에 대해 수행하는 내압시험(압력시험)과 기밀시험에 관해서 각각 구분하여 그 목적과 기준을 제시하고 안전성 확보 방안을 설명하시오.
5. 본질적으로 안전한 플랜트를 설계하기 위한 접근방법을 4가지 범주로 나누어 설명하시오.
6. 중대재해 처벌 등에 관한 법률에 의한 안전보건관리체계를 구축하기 위한 7가지 핵심 요소에 대하여 설명하시오.

# 참고문헌

1. 강성두 외 「산업안전기사」(예문사, 2012)
2. 강성두 외 「건설안전기사」(예문사, 2012)
3. 강성두 외 「산업안전보건법」(예문사, 2014)
4. 한국산업안전보건공단 「만화로 보는 산업안전·보건기준에 관한 규칙」(안전신문사, 2005)
5. 한국산업안전보건공단 「만화로 보는 산업안전·보건기준에 관한 규칙」(안전신문사, 2005)
6. 유철진 「화공안전공학」(경록, 1999)
7. DANIEL A. CROWL 외 「화공안전공학」(대영사, 1997)
8. 조성철 「소방기계시설론」(신광문화사, 2008)
9. 현성호 외 「위험물질론」(동화기술, 2008)
10. Charles H. Corwin 「기초일반화학」(탐구당, 2000)
11. 김병석 「산업안전관리」(형설출판사, 2005)
12. 이진식 「산업안전관리공학론」(형설출판사, 1996)
13. 김병석·성호경·남재수 「산업안전보건 현장실무」(형설출판사, 2000)
14. 정국삼 「산업안전공학개론」(동화기술, 1985)
15. 김병석 「산업안전교육론」(형설출판사, 1999)
16. 기도형 「(산업안전보건관리자를 위한)인간공학」(한경사, 2006)
17. 박경수 「인간공학, 작업경제학」(영지문화사, 2006)
18. 양성환 「인간공학」(형설출판사, 2006)
19. 정병용·이동경 「(현대)인간공학」(민영사, 2005)
20. 김병석·나승훈 「시스템안전공학」(형설출판사, 2006)
21. 갈원모 외 「시스템안전공학」(태성, 2000)
22. 이영순 외 「화공안전공학」(대영사, 1994)
23. 이수경 외 「가스안전공학」(동화기술, 1999)
24. 여영구 외 「화학공장설계」(한국맥그로힐(주), 2003)
25. 황순용 「대기오염 방지시설의 안전관리 실태분석 및 개선방안」(명지대학교 박사논문, 2007)
26. 김홍 외 「방화공학」(동화기술, 1993)
27. 김홍 외 「방폭공학」(동화기술, 1994)
28. 하정호 「핵심소방기술」(도서출판 호태, 2004)
29. 안병순 외 「가스기술사」(현능사, 1998)
30. 이의호 외 「부식과 방식의 원리」(동화기술, 1999)
31. API 520, 521, API RP 521 「Sizing, Selection, and Installation of Pressure-Relieving Devices in Refineries Part 1-Sizing and Selection」(2000)
32. Crowl/Louvar 著, 이영순 외 3명 譯 "화공안전공학"(대영사, 1997)

**에듀인컴**

**홈페이지** www.eduincom.co.kr
**E-mail** eduincom@eduincom.co.kr

# 화공안전기술사

**발행일** | 2013. 1. 10  초판 발행
2014. 6. 10  개정 1판 1쇄
2018. 1. 5  개정 2판 1쇄
2019. 1. 20  개정 3판 1쇄
2020. 5. 10  개정 4판 1쇄
2022. 7. 20  개정 5판 1쇄

**저 자** | 에듀인컴
**발행인** | 정용수
**발행처** | ㈜ 예문사

저자협의
인지생략

**주 소** | 경기도 파주시 직지길 460(출판도시) 도서출판 예문사
**T E L** | 031) 955-0550
**F A X** | 031) 955-0660
**등록번호** | 11-76호

• 이 책의 어느 부분도 저작권자나 발행인의 승인 없이 무단 복제하여 이용할 수 없습니다.
• 파본 및 낙장은 구입하신 서점에서 교환하여 드립니다.
• 예문사 홈페이지 http://www.yeamoonsa.com

정가 : 75,000원
ISBN 978-89-274-4754-2  13570